소방자격증 **합격교재**

# 소방설비기사
## 단원별 기출문제집

**1차** 기계분야

서울고시각

**Stand by
Strategy
Satisfaction**

새로운 출제경향에 맞춘 수험서의 완벽서

# 머리말

본 교재는 소방설비기사 필기시험의 기출문제를 단원별, 과목별로 풀이할 수 있도록 구성하였으며 이론과 예상문제를 통한 기초학습 이후 실전대비를 위한 필수 참고자료로서 활용될 것입니다.

본서는 대영소방전문학원 소방설비기사 필기강의의 최종 참고자료로 합격의 나침반이 될 것입니다.

[본서의 특징]

1. 본 교재와 더불어 동영상강의와 연계하면 최종 실력향상에 도움이 됩니다.
2. 단원별, 과목별로 기출문제를 정리함으로써 각 과목에서 높은 점수를 받으실 수 있도록 도움을 드립니다.
3. 소방설비기사 전체 기출문제를 수록함으로써 시험트렌드를 분석할 수 있습니다.
4. 대영소방전문학원의 강의용 교재로서 교재만으로 활용이 어려운 부분은 홈페이지를 통해 쉽게 해결받을 수 있습니다.
   [www.dyedu.co.kr]

부족하지만 심혈을 기울여 쓴 본 교재가 수험생 여러분의 합격에 일조할 수 있는 수험서가 되기를 간절히 바라며, 다시 한 번 합격의 영광을 위해 불철주야 공부에 매진하고 있는 수험생 여러분께 가슴으로부터 우러나오는 격려와 애정을 표현하면서 수험생 여러분의 합격을 진심으로 기원합니다.

끝으로 본서가 나오기까지 물심양면으로 힘써주신 서울고시각 김용관 회장님, 김용성 사장님, 그리고 편집부 직원 여러분께 지면으로나마 감사의 말씀을 전합니다.

편저자 씀

# 시험 GUIDE

- **자격명** : 소방설비기사(기계분야)
- **영문명** : Engineer Fire Protection System – Mechanical
- **관련부처** : 소방청
- **시행기관** : 한국산업인력공단
- **취득방법**
  ① 시 행 처 : 한국산업인력공단
  ② 관련학과 : 대학 및 전문대학의 소방학, 건축설비공학, 기계설비학, 가스냉동학, 공조냉동학 관련학과
  ③ 시험과목
   - 필기 : 1. 소방원론 2. 소방유체역학 3. 소방관계법규 4. 소방기계시설의 구조 및 원리
   - 실기 : 소방기계시설 설계 및 시공실무
  ④ 검정방법
   - 필기 : 객관식 4지 택일형 과목당 20문항(과목당 30분)
   - 실기 : 필답형(3시간)
  ⑤ 합격기준
   - 필기 : 100점을 만점으로 하여 과목당 40점 이상, 전과목 평균 60점 이상
   - 실기 : 100점을 만점으로 하여 60점 이상
- **필기시험 출제기준**

| 필기과목명 | 문제수 | 주요항목 | 세부항목 | 세세항목 |
|---|---|---|---|---|
| 소방원론 | 20 | 1. 연소이론 | 1. 연소 및 연소현상 | 1. 연소의 원리와 성상<br>2. 연소생성물과 특성<br>3. 열 및 연기의 유동의 특성<br>4. 열에너지원과 특성<br>5. 연소물질의 성상<br>6. LPG, LNG의 성상과 특성 |
| | | 2. 화재현상 | 1. 화재 및 화재현상 | 1. 화재의 정의, 화재의 원인과 영향<br>2. 화재의 종류, 유형 및 특성<br>3. 화재 진행의 제요소와 과정 |
| | | | 2. 건축물의 화재현상 | 1. 건축물의 종류 및 화재현상<br>2. 건축물의 내화성상<br>3. 건축구조와 건축내장재의 연소 특성<br>4. 방화구획<br>5. 피난공간 및 동선계획<br>6. 연기확산과 대책 |
| | | 3. 위험물 | 1. 위험물 안전관리 | 1. 위험물의 종류 및 성상<br>2. 위험물의 연소특성<br>3. 위험물의 방호계획 |

| 필기과목명 | 문제수 | 주요항목 | 세부항목 | 세세항목 |
|---|---|---|---|---|
| | | 4. 소방안전 | 1. 소방안전관리 | 1. 가연물·위험물의 안전관리<br>2. 화재시 소방 및 피난계획<br>3. 소방시설물의 관리유지<br>4. 소방안전관리계획<br>5. 소방시설물 관리 |
| | | | 2. 소화론 | 1. 소화원리 및 방식<br>2. 소화부산물의 특성과 영향<br>3. 소화설비의 작동원리 및 점검 |
| | | | 3. 소화약제 | 1. 소화약제이론<br>2. 소화약제 종류와 특성 및 적응성<br>3. 약제유지관리 |
| 소방유체역학 | 20 | 1. 소방유체역학 | 1. 유체의 기본적 성질 | 1. 유체의 정의 및 성질<br>2. 차원 및 단위<br>3. 밀도, 비중, 비중량, 음속, 압축률<br>4. 체적탄성계수, 표면장력, 모세관현상 등<br>5. 유체의 점성 및 점성측정 |
| | | | 2. 유체정역학 | 1. 정지 및 강체유동(등가속도)유체의 압력 변화, 부력<br>2. 마노미터(액주계), 압력측정<br>3. 평면 및 곡면에 작용하는 유체력 |
| | | | 3. 유체유동의 해석 | 1. 유체운동학의 기초, 연속방정식과 응용<br>2. 베르누이 방정식의 기초 및 기본응용<br>3. 에너지 방정식과 응용<br>4. 수력기울기선, 에너지선<br>5. 유량측정(속도계수, 유량계수, 수축계수), 피토관, 속도 및 압력측정<br>6. 운동량 이론과 응용 |
| | | | 4. 관내의 유동 | 1. 유체의 유동형태(층류, 난류), 완전발달유동<br>2. 무차원수, 레이놀즈수, 관내 유량측정<br>3. 관내 유동에서의 마찰손실<br>4. 부차적 손실, 등가길이, 비원형관손실 |
| | | | 5. 펌프 및 송풍기의 성능특성 | 1. 기본개념, 상사법칙, 비속도, 펌프의 동작(직렬, 병렬) 및 특성곡선, 펌프 및 송풍기 종류<br>2. 펌프 및 송풍기의 동력 계산<br>3. 수격, 서징, 캐비테이션, NPSH, 방수압과 방수량 |
| | | 2. 소방 관련 열역학 | 1. 열역학 기초 및 열역학 법칙 | 1. 기본개념(비열, 일, 열, 온도, 에너지, 엔트로피 등)<br>2. 물질의 상태량(수증기 포함)<br>3. 열역학 1법칙(밀폐계, 교축과정 및 노즐)<br>4. 열역학 2법칙 |

# 시험 GUIDE

| 필기과목명 | 문제수 | 주요항목 | 세부항목 | 세세항목 |
|---|---|---|---|---|
| | | 2. 소방 관련 열역학 | 2. 상태변화 | 1. 상태변화(폴리트로픽 과정 등)에 따른 일, 열, 에너지 등 상태량의 변화량 |
| | | | 3. 이상기체 및 카르노사이클 | 1. 이상기체의 상태방정식<br>2. 카르노사이클<br>3. 가역 사이클 효율<br>4. 혼합가스의 성분 |
| | | | 4. 열전달 기초 | 1. 전도, 대류, 복사의 기초 |
| 소방관계 법규 | 20 | 1. 소방기본법 | 1. 소방기본법, 시행령, 시행규칙 | 1. 소방기본법<br>2. 소방기본법 시행령<br>3. 소방기본법 시행규칙 |
| | | 2. 화재의 예방 및 안전관리에 관한 법 | 1. 화재의 예방 및 안전관리에 관한 법, 시행령, 시행규칙 | 1. 화재의 예방 및 안전관리에 관한 법률<br>2. 화재의 예방 및 안전관리에 관한 시행령<br>3. 화재의 예방 및 안전관리에 관한 시행규칙 |
| | | 3. 소방시설 설치 및 관리에 관한 법 | 1. 소방시설 설치 및 관리에 관한 법, 시행령, 시행규칙 | 1. 소방시설 설치 및 관리에 관한 법률<br>2. 소방시설 설치 및 관리에 관한 시행령<br>3 소방시설 설치 및 관리에 관한 시행규칙 |
| | | 4. 소방시설공사업법 | 1. 소방시설공사업법, 시행령, 시행규칙 | 1. 소방시설공사업법<br>2. 소방시설공사업법 시행령<br>3. 소방시설공사업법 시행규칙 |
| | | 5. 위험물안전관리법 | 1. 위험물안전관리법, 시행령, 시행규칙 | 1. 위험물안전관리법<br>2. 위험물안전관리법 시행령<br>3. 위험물안전관리법 시행규칙 |
| 소방기계 시설의 구조 및 원리 | 20 | 1. 소방기계 시설 및 화재안전성능기준·화재안전기술기준 | 1. 소화기구 | 1. 소화기구의 화재안전성능기준·화재안전기술기준<br>2. 설치대상과 기준, 종류, 특징, 동작원리 및 기타 관련사항 |
| | | | 2. 옥내·외 소화전설비 | 1. 옥내소화전설비의 화재안전성능기준·화재안전기술기준 및 기타 관련사항<br>2. 옥외소화전설비의 화재안전성능기준·화재안전기술기준 및 기타 관련사항<br>3. 설치대상과 기준, 종류, 특징, 동작원리 및 기타 관련사항 |
| | | | 3. 스프링클러 설비 | 1. 스프링클러설비의 화재안전성능기준·화재안전기술기준 및 기타 관련사항<br>2. 간이스프링클러소화설비의 화재안전성능기준·화재안전기술기준 및 기타 관련사항<br>3. 화재조기진압용 스프링클러설비의 화재안전성능기준·화재안전기술기준 기타 관련사항<br>4. 설치대상과 기준, 종류, 특징, 동작원리 및 기타 관련사항 |

| 필기과목명 | 문제수 | 주요항목 | 세부항목 | 세세항목 |
|---|---|---|---|---|
| | | 1. 소방기계 시설 및 화재안전성능기준·화재안전기술기준 | 4. 포 소화설비 | 1. 포 소화설비의 화재안전성능기준·화재안전기술기준<br>2. 설치대상과 기준, 종류, 특징, 동작원리 및 기타 관련사항 |
| | | | 5. 이산화탄소, 할론, 할로겐화합물 소화설비 및 불활성기체 소화설비 | 1. 이산화탄소 소화설비의 화재안전성능기준·화재안전기술기준 및 기타 관련사항<br>2. 할론 소화설비의 화재안전성능기준·화재안전기술기준 기타 관련사항<br>3. 할로겐화합물 및 불활성기체 소화설비의 화재안전성능기준·화재안전기술기준 기타 관련사항<br>4. 불활성기체 소화설비 화재안전성능기준·화재안전기술기준 기타 관련사항<br>5. 설치대상과 기준, 종류, 특징, 동작원리 및 기타 관련사항 |
| | | | 6. 분말 소화설비 | 1. 분말소화설비의 화재안전성능기준·화재안전기술기준<br>2. 설치대상과 기준, 종류, 특징, 동작원리 및 기타 관련사항 |
| | | | 7. 물분무 및 미분무 소화설비 | 1. 물분무 및 미분무 소화설비의 화재안전성능기준·화재안전기술기준<br>2. 설치대상과 기준, 종류, 특징, 동작원리 및 기타 관련사항 |
| | | | 8. 피난구조설비 | 1. 피난기구의 화재안전성능기준·화재안전기술기준<br>2. 인명구조기구의 화재안전성능기준·화재안전기술기준 및 기타 관련사항 |
| | | | 9. 소화 용수 설비 | 1. 상수도소화용수설비<br>2. 소화수조 및 저수조화재안전성능기준·화재안전기술기준 및 기타 관련사항 |
| | | | 10. 소화 활동 설비 | 1. 제연설비의 화재안전성능기준·화재안전기술기준 및 기타 관련사항<br>2. 특별피난계단 및 비상용승강기 승강장 제연설비<br>3. 연결송수관설비의 화재안전성능기준·화재안전기술기준<br>4. 연결살수설비의 화재안전성능기준·화재안전기술기준 및 기타 관련사항<br>5. 연소방지시설의 화재안전성능기준·화재안전기술기준 |
| | | | 11. 기타 소방기계설비 | 1. 기타 소방기계설비의 화재안전성능기준·화재안전기술기준 |

# Contents

## Chapter 1

### [제1과목] 소방원론 / 1

- 2015년 제1회 소방설비기사[기계분야] 1차 필기 ·············································· 3
- 2015년 제2회 소방설비기사[기계분야] 1차 필기 ·············································· 7
- 2015년 제4회 소방설비기사[기계분야] 1차 필기 ·············································· 11
- 2016년 제1회 소방설비기사[기계분야] 1차 필기 ·············································· 15
- 2016년 제2회 소방설비기사[기계분야] 1차 필기 ·············································· 19
- 2016년 제4회 소방설비기사[기계분야] 1차 필기 ·············································· 23
- 2017년 제1회 소방설비기사[기계분야] 1차 필기 ·············································· 27
- 2017년 제2회 소방설비기사[기계분야] 1차 필기 ·············································· 32
- 2017년 제4회 소방설비기사[기계분야] 1차 필기 ·············································· 37
- 2018년 제1회 소방설비기사[기계분야] 1차 필기 ·············································· 42
- 2018년 제2회 소방설비기사[기계분야] 1차 필기 ·············································· 46
- 2018년 제4회 소방설비기사[기계분야] 1차 필기 ·············································· 50
- 2019년 제1회 소방설비기사[기계분야] 1차 필기 ·············································· 54
- 2019년 제2회 소방설비기사[기계분야] 1차 필기 ·············································· 58
- 2019년 제4회 소방설비기사[기계분야] 1차 필기 ·············································· 62
- 2020년 제1,2회 소방설비기사[기계분야] 1차 필기 ·········································· 67
- 2020년 제3회 소방설비기사[기계분야] 1차 필기 ·············································· 72
- 2020년 제4회 소방설비기사[기계분야] 1차 필기 ·············································· 76
- 2021년 제1회 소방설비기사[기계분야] 1차 필기 ·············································· 80
- 2021년 제2회 소방설비기사[기계분야] 1차 필기 ·············································· 84
- 2021년 제4회 소방설비기사[기계분야] 1차 필기 ·············································· 88
- 2022년 제1회 소방설비기사[기계분야] 1차 필기 ·············································· 92
- 2022년 제2회 소방설비기사[기계분야] 1차 필기 ·············································· 96
- 2022년 제4회 소방설비기사[기계분야] 1차 필기 ·············································· 100
- 2023년 제1회 소방설비기사[기계분야] 1차 필기 ·············································· 104
- 2023년 제2회 소방설비기사[기계분야] 1차 필기 ·············································· 108
- 2023년 제4회 소방설비기사[기계분야] 1차 필기 ·············································· 112
- 2024년 제1회 소방설비기사[기계분야] 1차 필기 ·············································· 116
- 2024년 제2회 소방설비기사[기계분야] 1차 필기 ·············································· 120
- 2024년 제3회 소방설비기사[기계분야] 1차 필기 ·············································· 124

# Chapter 2

## [제2과목] 소방유체역학 / 129

- 2015년 제1회 소방설비기사[기계분야] 1차 필기 ········· 131
- 2015년 제2회 소방설비기사[기계분야] 1차 필기 ········· 136
- 2015년 제4회 소방설비기사[기계분야] 1차 필기 ········· 142
- 2016년 제1회 소방설비기사[기계분야] 1차 필기 ········· 148
- 2016년 제2회 소방설비기사[기계분야] 1차 필기 ········· 154
- 2016년 제4회 소방설비기사[기계분야] 1차 필기 ········· 160
- 2017년 제1회 소방설비기사[기계분야] 1차 필기 ········· 165
- 2017년 제2회 소방설비기사[기계분야] 1차 필기 ········· 171
- 2017년 제4회 소방설비기사[기계분야] 1차 필기 ········· 177
- 2018년 제1회 소방설비기사[기계분야] 1차 필기 ········· 183
- 2018년 제2회 소방설비기사[기계분야] 1차 필기 ········· 188
- 2018년 제4회 소방설비기사[기계분야] 1차 필기 ········· 193
- 2019년 제1회 소방설비기사[기계분야] 1차 필기 ········· 200
- 2019년 제2회 소방설비기사[기계분야] 1차 필기 ········· 206
- 2019년 제4회 소방설비기사[기계분야] 1차 필기 ········· 212
- 2020년 제1,2회 소방설비기사[기계분야] 1차 필기 ······· 217
- 2020년 제3회 소방설비기사[기계분야] 1차 필기 ········· 223
- 2020년 제4회 소방설비기사[기계분야] 1차 필기 ········· 229
- 2021년 제1회 소방설비기사[기계분야] 1차 필기 ········· 234
- 2021년 제2회 소방설비기사[기계분야] 1차 필기 ········· 239
- 2021년 제4회 소방설비기사[기계분야] 1차 필기 ········· 245
- 2022년 제1회 소방설비기사[기계분야] 1차 필기 ········· 252
- 2022년 제2회 소방설비기사[기계분야] 1차 필기 ········· 258
- 2022년 제4회 소방설비기사[기계분야] 1차 필기 ········· 263
- 2023년 제1회 소방설비기사[기계분야] 1차 필기 ········· 269
- 2023년 제2회 소방설비기사[기계분야] 1차 필기 ········· 274
- 2023년 제4회 소방설비기사[기계분야] 1차 필기 ········· 279
- 2024년 제1회 소방설비기사[기계분야] 1차 필기 ········· 285
- 2024년 제2회 소방설비기사[기계분야] 1차 필기 ········· 291
- 2024년 제3회 소방설비기사[기계분야] 1차 필기 ········· 297

# Contents

## Chapter 3

### [제3과목] 소방관계법규 / 303

- 2015년 제1회 소방설비기사[기계분야] 1차 필기 ········ 305
- 2015년 제2회 소방설비기사[기계분야] 1차 필기 ········ 311
- 2015년 제4회 소방설비기사[기계분야] 1차 필기 ········ 316
- 2016년 제1회 소방설비기사[기계분야] 1차 필기 ········ 322
- 2016년 제2회 소방설비기사[기계분야] 1차 필기 ········ 327
- 2016년 제4회 소방설비기사[기계분야] 1차 필기 ········ 334
- 2017년 제1회 소방설비기사[기계분야] 1차 필기 ········ 340
- 2017년 제2회 소방설비기사[기계분야] 1차 필기 ········ 348
- 2017년 제4회 소방설비기사[기계분야] 1차 필기 ········ 356
- 2018년 제1회 소방설비기사[기계분야] 1차 필기 ········ 363
- 2018년 제2회 소방설비기사[기계분야] 1차 필기 ········ 370
- 2018년 제4회 소방설비기사[기계분야] 1차 필기 ········ 377
- 2019년 제1회 소방설비기사[기계분야] 1차 필기 ········ 384
- 2019년 제2회 소방설비기사[기계분야] 1차 필기 ········ 391
- 2019년 제4회 소방설비기사[기계분야] 1차 필기 ········ 395
- 2020년 제1,2회 소방설비기사[기계분야] 1차 필기 ········ 401
- 2020년 제3회 소방설비기사[기계분야] 1차 필기 ········ 408
- 2020년 제4회 소방설비기사[기계분야] 1차 필기 ········ 415
- 2021년 제1회 소방설비기사[기계분야] 1차 필기 ········ 421
- 2021년 제2회 소방설비기사[기계분야] 1차 필기 ········ 431
- 2021년 제4회 소방설비기사[기계분야] 1차 필기 ········ 439
- 2022년 제1회 소방설비기사[기계분야] 1차 필기 ········ 448
- 2022년 제2회 소방설비기사[기계분야] 1차 필기 ········ 455
- 2022년 제4회 소방설비기사[기계분야] 1차 필기 ········ 462
- 2023년 제1회 소방설비기사[기계분야] 1차 필기 ········ 468
- 2023년 제2회 소방설비기사[기계분야] 1차 필기 ········ 475
- 2023년 제4회 소방설비기사[기계분야] 1차 필기 ········ 484
- 2024년 제1회 소방설비기사[기계분야] 1차 필기 ········ 492
- 2024년 제2회 소방설비기사[기계분야] 1차 필기 ········ 500
- 2024년 제3회 소방설비기사[기계분야] 1차 필기 ········ 510

# Chapter 4

## [제4과목] 소방기계구조원리 / 519

- 2015년 제1회 소방설비기사[기계분야] 1차 필기 ·········· 521
- 2015년 제2회 소방설비기사[기계분야] 1차 필기 ·········· 529
- 2015년 제4회 소방설비기사[기계분야] 1차 필기 ·········· 536
- 2016년 제1회 소방설비기사[기계분야] 1차 필기 ·········· 543
- 2016년 제2회 소방설비기사[기계분야] 1차 필기 ·········· 551
- 2016년 제4회 소방설비기사[기계분야] 1차 필기 ·········· 558
- 2017년 제1회 소방설비기사[기계분야] 1차 필기 ·········· 567
- 2017년 제2회 소방설비기사[기계분야] 1차 필기 ·········· 574
- 2017년 제4회 소방설비기사[기계분야] 1차 필기 ·········· 583
- 2018년 제1회 소방설비기사[기계분야] 1차 필기 ·········· 590
- 2018년 제2회 소방설비기사[기계분야] 1차 필기 ·········· 600
- 2018년 제4회 소방설비기사[기계분야] 1차 필기 ·········· 607
- 2019년 제1회 소방설비기사[기계분야] 1차 필기 ·········· 616
- 2019년 제2회 소방설비기사[기계분야] 1차 필기 ·········· 624
- 2019년 제4회 소방설비기사[기계분야] 1차 필기 ·········· 634
- 2020년 제1,2회 소방설비기사[기계분야] 1차 필기 ·········· 641
- 2020년 제3회 소방설비기사[기계분야] 1차 필기 ·········· 647
- 2020년 제4회 소방설비기사[기계분야] 1차 필기 ·········· 654
- 2021년 제1회 소방설비기사[기계분야] 1차 필기 ·········· 662
- 2021년 제2회 소방설비기사[기계분야] 1차 필기 ·········· 670
- 2021년 제4회 소방설비기사[기계분야] 1차 필기 ·········· 678
- 2022년 제1회 소방설비기사[기계분야] 1차 필기 ·········· 686
- 2022년 제2회 소방설비기사[기계분야] 1차 필기 ·········· 692
- 2022년 제4회 소방설비기사[기계분야] 1차 필기 ·········· 699
- 2023년 제1회 소방설비기사[기계분야] 1차 필기 ·········· 705
- 2023년 제2회 소방설비기사[기계분야] 1차 필기 ·········· 712
- 2023년 제4회 소방설비기사[기계분야] 1차 필기 ·········· 718
- 2024년 제1회 소방설비기사[기계분야] 1차 필기 ·········· 724
- 2024년 제2회 소방설비기사[기계분야] 1차 필기 ·········· 731
- 2024년 제3회 소방설비기사[기계분야] 1차 필기 ·········· 739

CHAPTER 01

[제1과목]
# 소방원론

소방설비기사 기출문제집 [필기]

# 2015년 제1회 소방설비기사[기계분야] 1차 필기

[제1과목 : 소방원론]

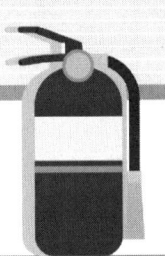

**01** 위험물안전관리법령상 제4류 위험물인 알코올류에 속하지 않는 것은?

① $C_2H_5OH$   ② $C_4H_9OH$
③ $CH_3OH$    ④ $C_3H_7OH$

**해설** 위험물안전관리법상 제4류 위험물에 해당되는 알코올류란 한 분자 내의 탄소원자 수가 1개 내지 3개인 포화 1가 알코올로서 변성알코올을 포함한다($CH_3OH$, $C_2H_5OH$, $C_3H_7OH$, 변성알코올).

**02** 이산화탄소의 증기비중은 약 얼마인가?

① 0.81   ② 1.52
③ 2.02   ④ 2.51

**해설**
증기비중 = $\dfrac{\text{측정물질의 분자량}}{\text{공기의 분자량}}$
= $\dfrac{44}{29}$ = 1.52

**03** 화재 시 불티가 바람에 날리거나 상승하는 열기류에 휩쓸려 멀리 있는 가연물에 착화되는 현상은?

① 비화   ② 전도
③ 대류   ④ 복사

**해설** 불티가 바람에 날려 인근의 가연물에 착화되는 것을 비화연소라 하며 비화의 조건은 불티, 바람, 주변의 가연물이다.

**04** 할로겐화합물 소화약제에 관한 설명으로 틀린 것은?

① 비열, 기화열이 작기 때문에 냉각효과는 물보다 작다.

② 할로겐 원자는 활성기의 생성을 억제하여 연쇄반응을 차단한다.

③ 사용 후에도 화재현장을 오염시키지 않기 때문에 통신 기기실 등에 적합하다.

④ 약제의 분자 중에 포함되어 있는 할로겐 원자의 소화 효과는 F>Cl>Br>I의 순이다.

**해설** 할로겐화합물 소화약제에 포함된 할로겐족 원소의 소화 효과순서 F<Cl<Br<I

**05** 불활성기체 소화약제인 IG-541의 성분이 아닌 것은?

① 질소    ② 아르곤
③ 헬륨    ④ 이산화탄소

**해설** 불활성기체 소화약제의 종류별 성분
㉠ IG-01 : Ar : 100[%]
㉡ IG-100 : $N_2$ : 100[%]
㉢ IG-541 : $N_2$ : 52[%]
        Ar : 40[%]
        $CO_2$ : 8[%]
㉣ IG-55 : $N_2$ : 50[%], Ar : 50[%]

**06** 벤젠의 소화에 필요한 $CO_2$의 이론소화농도가 공기 중에서 37[vol%]일 때 한계산소농도는 약 몇 [vol%]인가?

① 13.2[vol%]   ② 14.5[vol%]
③ 15.5[vol%]   ④ 16.5[vol%]

**해설**
$CO_2$의 농도 = $\dfrac{21 - O_2}{21} \times 100$
$O_2$ : 약제 방사 후 산소의 [%]

**정답** 01.② 02.② 03.① 04.④ 05.③ 06.①

$$\therefore O_2 = 21 - \frac{21 \times CO_2}{100}$$
$$= 21 - \frac{21 \times 37}{100} = 13.2[\%]$$

**07** 소방안전관리대상물에 대한 소방안전관리자의 업무가 아닌 것은?

① 소방계획서의 작성
② 자위소방대의 구성
③ 소방훈련 및 교육
④ 소방용수시설의 지정

[해설] 소방안전관리자의 업무
- 소방계획서 작성
- 자위소방대의 조직
- 피난시설 및 방화시설의 유지·관리
- 소방훈련 및 교육
- 소방시설 그 밖의 소방관련시설의 유지·관리
- 화기 취급의 감독
- 그 밖에 소방안전관리상 필요한 업무

**08** 착화에너지가 충분하지 않아 가연물이 발화되지 못하고 다량의 연기가 발생되는 연소형태는?

① 훈소         ② 표면연소
③ 분해연소     ④ 증발연소

[해설] 훈소(Smoldering)란 빛이 없는 연소로 연소조건에 맞지 않는 연소이므로 연기가 많이 발생된다.

**09** 가연성 액화가스의 용기가 과열로 파손되어 가스가 분출된 후 불이 폭발하는 현상은?

① 블레비(Bleve)
② 보일오버(Boil Over)
③ 슬롭오버(Slop Over)
④ 플래시오버(Flash Over)

[해설]
• **보일오버(Boil Over) 현상**
유류탱크 화재 시 액체 위험물 밑부분에 존재하고 있는 물이 열파에 의해 비점 이상으로 되어 급격히 증발하면서 가연성 액체를 탱크 밖으로 비산시키는 현상

• **슬롭오버(Slop Over) 현상**
액체 위험물 화재 시 화재의 계속 진행에 의해 연소 유면이 가열된 상태에서 물이 포함되어 있는 소화약제를 방사할 경우 물이 갑자기 기화하면서 액체위험물을 탱크 밖으로 비산시키는 현상

• **프로스오버(Froth Over) 현상**
화재 이외의 경우에 발생할 수 있는 현상으로 점도가 높은 유류를 저장하는 탱크의 바닥에 있는 수분이 어떤 원인에 의해 비등하면서 액체위험물과 물이 넘치는 현상

• **블레비(Bleve) 현상**
용기 내부의 액화가스가 열로 인해 급격한 팽창과 함께 비등하면서 압력에너지를 형성하는데 용기에 균열이 생겨 파열되면서 주위 공간으로 날아가 거대한 화구를 형성하는 현상

**10** 그림에서 내화구조 건물의 표준 화재 온도−시간 곡선은?

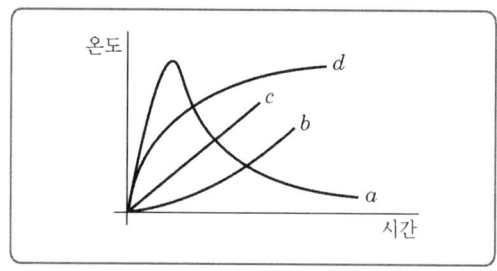

① $a$         ② $b$
③ $c$         ④ $d$

[해설] 목조건축물은 고온단기형, 내화건축물은 저온장기형으로 그림의 $a$는 목조건축물, $d$는 내화건축물의 곡선이다.

**11** 할론 소화약제의 분자식이 틀린 것은?

① 할론 2402 : $C_2F_4Br_2$
② 할론 1211 : $CCl_2FBr$
③ 할론 1301 : $CF_3Br$
④ 할론 1040 : $CCl_4$

[해설] 할론약제의 명명법
할론 ⓐ ⓑ ⓒ ⓓ
ⓐ : 탄소(C)의 수
ⓑ : 불소(F)의 수

정답 07.④ 08.① 09.① 10.④ 11.②

ⓒ : 염소(Cl)의 수
ⓓ : 브롬(Br)의 수

할론 약제별 분자식
㉠ 할론 2402 : $C_2F_4Br_2$
㉡ 할론 1211 : $CF_2ClBr$
㉢ 할론 1301 : $CF_3Br$
㉣ 할론 1011 : $CH_2ClBr$
㉤ 할론 1040 : $CCl_4$

**12** 간이소화용구에 해당되지 않는 것은?
① 이산화탄소소화기  ② 마른모래
③ 팽창질석         ④ 팽창진주암

[해설] 간이소화용구 : 에어로졸식 소화용구, 투척용 소화용구, 팽창질석, 팽창진주암, 마른모래

**13** 건축물의 주요 구조부에 해당되지 않는 것은?
① 기둥     ② 작은 보
③ 지붕틀   ④ 바닥

[해설] 건축물 주요구조부의 종류
내력벽, 기둥, 바닥, 보, 지붕틀, 주계단

**14** 축압식 분말소화기의 충전압력이 정상인 것은?
① 지시압력계의 지침이 노란색부분을 가리키면 정상이다.
② 지시압력계의 지침이 흰색부분을 가리키면 정상이다.
③ 지시압력계의 지침이 빨간색부분을 가리키면 정상이다.
④ 지시압력계의 지침이 녹색부분을 가리키면 정상이다.

[해설] 축압식 분말소화기에는 압력계가 부착되어 있고 정상 압력범위는 0.7~0.95[MPa]이며, 이 부분은 녹색 부분에 해당된다.

**15** 가연물이 되기 쉬운 조건이 아닌 것은?
① 발열량이 커야 한다.
② 열전도율이 커야 한다.
③ 산소와 친화력이 좋아야 한다.
④ 활성화에너지가 작아야 한다.

[해설] 가연물이 되기 쉬운 조건
- 열전도율이 작을수록
- 활성화에너지가 작을수록
- 발열량이 클수록
- 산소와 친화력이 클수록
- 표면적이 클수록
- 주위 온도가 높을수록

**16** 위험물안전관리법령상 옥외 탱크저장소에 설치하는 방유제의 면적기준으로 옳은 것은?
① 30,000[$m^2$] 이하  ② 50,000[$m^2$] 이하
③ 80,000[$m^2$] 이하  ④ 100,000[$m^2$] 이하

[해설] 위험물 옥외탱크저장소 주위에 설치하는 방유제의 면적은 80,000[$m^2$] 이하이어야 한다.

**17** 유류탱크 화재 시 발생하는 슬롭오버(Slop Over) 현상에 관한 설명으로 틀린 것은?
① 소화 시 외부에서 방사하는 포에 의해 발생한다.
② 연소유가 비산되어 탱크 외부까지 화재가 확산된다.
③ 탱크의 바닥에 고인 물의 비등 팽창에 의해 발생한다.
④ 연소면의 온도가 100[℃] 이상일 때 물을 주수하면 발생한다.

[해설] 화재발생 이전부터 존재했던 물이 비등하면서 기름을 넘치게 하는 것은 보일오버(Boil Over) 현상에 해당된다.

**18** 마그네슘에 관한 설명으로 옳지 않은 것은?

① 마그네슘의 지정수량은 500[kg]이다.
② 마그네슘 화재 시 주수하면 폭발이 일어날 수도 있다.
③ 마그네슘 화재 시 이산화탄소 소화약제를 사용하여 소화한다.
④ 마그네슘의 저장·취급 시 산화제와의 접촉을 피한다.

**해설** 마그네슘(Mg)은 금속의 성질을 가지는 2류 위험물로 분진폭발의 우려가 있으며 물과 접촉 시 발열과 함께 가연성 가스인 수소($H_2$)를 발생하고, 가스계 소화약제와 반응하여 가연성 물질을 생성하므로 사용이 금지된다.

**19** 가연성물질별 소화에 필요한 이산화탄소 소화약제의 설계농도로 틀린 것은?

① 메탄 : 34[vol%]   ② 천연가스 : 37[vol%]
③ 에틸렌 : 49[vol%]   ④ 아세틸렌 : 53[vol%]

**해설** 각 가연물의 소화에 필요한 이산화탄소의 설계농도

| 가연물의 종류 | 설계농도[%] | 가연물의 종류 | 설계농도[%] |
|---|---|---|---|
| 수소 | 75[%] | 아세틸렌 | 66[%] |
| 일산화탄소 | 64[%] | 산화에틸렌 | 53[%] |
| 에틸렌 | 49[%] | 에탄 | 40[%] |
| 석탄가스, 천연가스 | 37[%] | 싸이클로프로판 | 37[%] |
| 이소부탄 | 36[%] | 프로판 | 36[%] |
| 부탄 | 34[%] | 메탄 | 34[%] |

**20** 부촉매소화에 관한 설명으로 옳은 것은?

① 산소의 농도를 낮추어 소화하는 방법이다.
② 화학반응으로 발생한 탄산가스에 의한 소화방법이다.
③ 활성기(Free Radical)의 생성을 억제하는 소화방법이다.
④ 용융잠열에 의한 냉각효과를 이용하여 소화하는 방법이다.

**해설** 부촉매소화(억제소화)는 화학반응에 의한 소화방법으로 활성기의 생성을 억제하는 화학적 소화방법에 해당된다.

# 제2회 소방설비기사[기계분야] 1차 필기

[제1과목 : 소방원론]

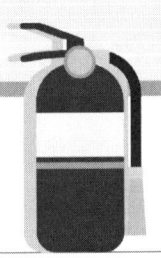

**01** 화재강도(Fire Intensity)와 관계가 없는 것은?
① 가연물의 비표면적   ② 발화원의 온도
③ 화재실의 구조       ④ 가연물의 발열량

**해설** 화재강도(Fire Intensity)는 가연물의 발열량, 가연물의 비표면적, 공기의 공급조절, 화재실의 구조에 의해 크고 작음을 결정한다.

**02** 방화구조의 기준으로 틀린 것은?
① 심벽에 흙으로 맞벽치기한 것
② 철망모르타르로서 그 바름 두께가 2[cm] 이상인 것
③ 시멘트모르타르 위에 타일을 붙인 것으로서 그 두께의 합계가 1.5[cm] 이상인 것
④ 석고판 위에 시멘트모르타르 또는 회반죽을 바른 것으로서 그 두께의 합계가 2.5[cm] 이상인 것

**해설** 방화구조의 기준
㉠ 철망모르타르로서 그 바름두께가 2[cm] 이상인 것
㉡ 석고판 위에 시멘트모르타르 또는 회반죽을 바른 것으로서 그 두께의 합계가 2.5[cm] 이상인 것
㉢ 시멘트모르타르 위에 타일을 붙인 것으로서 그 두께의 합계가 2.5[cm] 이상인 것
㉣ 심벽에 흙으로 맞벽치기한 것
㉤ 기타 방화 2급 이상에 해당하는 것

**03** 분진폭발을 일으키는 물질이 아닌 것은?
① 시멘트 분말   ② 마그네슘 분말
③ 석탄 분말     ④ 알루미늄 분말

**해설** 분진폭발이란 아주 작은 가연성 분진입자가 공기 중에 부유하여 폭발범위를 형성하고 있다가 착화에너지에 의해 착화되어 폭발하는 것으로 착화에너지는 $10^{-3} \sim 10^{-2}$[Joule]이다.
㉠ 분진폭발을 일으키는 물질 : 밀가루, 커피가루, 석탄 분진, 쌀가루, 금속분말 등
㉡ 분진폭발을 일으키지 않는 물질 : 가성소다, 대리석, 시멘트 가루, 석회석

**04** 소화약제로서 물에 관한 설명으로 틀린 것은?
① 수소결합을 하므로 증발잠열이 작다.
② 가스계 소화약제에 비해 사용 후 오염이 크다.
③ 무상으로 주수하면 중질유 화재에도 사용할 수 있다.
④ 타 소화약제에 비해 비열이 크기 때문에 냉각 효과가 우수하다.

**해설** 물은 극성 공유결합 및 수소결합을 하며, 증발잠열이 크다.

**05** 제6류 위험물의 공통성질이 아닌 것은?
① 산화성 액체이다.
② 모두 유기화합물이다.
③ 불연성 물질이다.
④ 대부분 비중이 1보다 크다.

**해설** 6류 위험물의 공통성질
㉠ 산화성 액체로 비중이 1보다 크며 물에 잘 녹는다.
㉡ 불연성이지만 분자 내에 산소를 많이 함유하고 있어 다른 물질의 연소를 돕는 조연성 물질이다.
㉢ 부식성이 강하며 증기는 유독하다.
㉣ 가연물 및 분해를 촉진하는 약품과 접촉 시 분해 폭발한다.

**정답** 01.② 02.③ 03.① 04.① 05.②

## 06. 이산화탄소 소화설비의 적용대상이 아닌 것은?

① 가솔린
② 전기설비
③ 인화성 고체 위험물
④ 나이트로셀룰로오스

**해설** 나이트로셀룰로오스는 자기연소성 물질인 5류 위험물로 질식소화가 불가능하여 이산화탄소 소화설비로는 소화효과를 거둘 수가 없다.

## 07. 표준상태에서 메탄가스의 밀도는 몇 [g/L]인가?

① 0.21[g/L]    ② 0.41[g/L]
③ 0.71[g/L]    ④ 0.91[g/L]

**해설** 표준상태의 기체 밀도 = $\dfrac{분자량}{22.4\ L}$

∴ $\dfrac{16g}{22.4L} = 0.71[g/L]$

## 08. 분말소화약제의 열분해 반응식 중 옳은 것은?

① $2KHCO_3 \rightarrow KCO_3 + 2CO_2 + H_2O$
② $2NaHCO_3 \rightarrow NaCO_3 + 2CO_2 + H_2O$
③ $NH_4H_2PO_4 \rightarrow HPO_3 + NH_3 + H_2O$
④ $2KHCO_3 \rightarrow (NH_2)_2CO + K_2CO_3 + NH_2 + CO_2$

**해설** 분말소화약제의 열분해반응식
㉠ 제1종 분말
   $2NaHCO_3 \rightarrow Na_2CO_3 + CO_2 + H_2O - Qkcal$
㉡ 제2종 분말
   $2KHCO_3 \rightarrow K_2CO_3 + CO_2 + H_2O - Qkcal$
㉢ 제3종 분말
   $NH_4H_2PO_4 \rightarrow NH_3 + HPO_3 + H_2O - Qkcal$
㉣ 제4종 분말
   $2KHCO_3 + NH_2CONH_2 \rightarrow 2NH_3 + K_2CO_3 + 2CO_2 - Qkcal$

## 09. 화재 시 분말소화약제와 병용하여 사용할 수 있는 포 소화약제는?

① 수성막포 소화약제
② 단백포 소화약제
③ 알콜형포 소화약제
④ 합성계면활성제포 소화약제

**해설** 3종 분말소화약제와 수성막포소화약제를 함께 사용할 때 소화력이 증대되며 이런 소화약제를 CDC 소화약제라 한다.

## 10. 위험물안전관리법령상 가연성 고체는 제 몇 류 위험물인가?

① 제1류    ② 제2류
③ 제3류    ④ 제4류

**해설** 위험물별 공통성질
㉠ 제1류 위험물 : 산화성 고체
㉡ 제2류 위험물 : 가연성 고체
㉢ 제3류 위험물 : 자연발화성 물질 및 금수성 물질
㉣ 제4류 위험물 : 인화성 액체
㉤ 제5류 위험물 : 자기연소성(반응성) 물질
㉥ 제6류 위험물 : 산화성 액체

## 11. 버너의 불꽃을 제거한 때부터 불꽃을 올리며 연소하는 상태가 끝날 때까지의 시간은?

① 10초 이내
② 20초 이내
③ 30초 이내
④ 40초 이내

**해설** ㉠ 잔염시간 : 착염 후 버너를 제거한 때부터 불꽃을 올리며 연소하는 상태가 그칠 때까지의 경과시간 [20초 이내]
㉡ 잔진시간 : 착염 후에 버너를 제거한 때부터 불꽃을 올리지 않고 연소하는 상태가 그칠 때까지의 경과시간 [30초 이내]

**정답** 06.④ 07.③ 08.③ 09.① 10.② 11.②

**12** 이산화탄소 소화약제의 주된 소화효과는?

① 제거소화  ② 억제소화
③ 질식소화  ④ 냉각소화

**해설** 이산화탄소의 소화효과는 질식효과, 냉각효과, 피복효과가 있으며 대표적인 소화효과는 질식효과이다.

**13** 화재 시 이산화탄소를 방출하여 산소농도를 13vol%로 낮추어 소화하기 위한 공기 중의 이산화탄소의 농도는 약 몇 vol%인가?

① 9.5vol%  ② 25.8vol%
③ 38.1vol%  ④ 61.5vol%

**해설** 이산화탄소 소화약제의 농도 계산식

$$CO_2의 \% = \frac{21-O_2}{21} \times 100$$

$$= \frac{21-13}{21} \times 100 = 38.1 vol\%$$

**14** 목조건축물에서 발생하는 옥내출화 시기를 나타낸 것으로 옳지 않은 것은?

① 천장속, 벽속 등에서 발염 착화할 때
② 창, 출입구 등에 발염 착화할 때
③ 가옥의 구조에는 천장면에 발염 착화할 때
④ 불연 벽체나 불연 천장인 경우 실내의 그 뒷면에 발염 착화할 때

**해설** 창, 출입문 등에 발염 착화하는 것은 옥외출화에 해당된다.

▶ **옥내출화와 옥외출화**
㉠ 옥내출화
ⓐ 건축물 실내의 천장속, 벽 내부에서 발염착화
ⓑ 준불연성, 난연성으로 피복된 내부의 목재에 착화
㉡ 옥외출화
ⓐ 건축물 외부의 가연물질에 발염착화
ⓑ 창, 출입구 등의 개구부 등에 착화

**15** 전기에너지에 의하여 발생되는 열원이 아닌 것은?

① 저항가열  ② 마찰 스파크
③ 유도가열  ④ 유전가열

**해설** 에너지원의 종류
㉠ 화학적 에너지 : 산화열, 분해열, 화합열, 중합열 등
㉡ 기계적 에너지 : 마찰열, 압축열, 마찰스파크 등
㉢ 전기적 에너지 : 저항가열, 유도가열, 유전가열, 아크가열, 정전기가열 등

**16** 건축물의 방재계획 중에서 공간적 대응 계획에 해당되지 않는 것은?

① 도피성 대응  ② 대항성 대응
③ 회피성 대응  ④ 소방시설방재 대응

**해설** 화재에 대한 인간의 대응
㉠ 공간적 대응
ⓐ 대항성(對抗性)
건축물의 내화성능, 방화구획성능, 화재방어력, 방연성능, 초기소화대응력 등의 화재사상과 대항하여 저항하는 성능을 가진 항력
ⓑ 회피성(回避性)
건축물의 불연화, 난연화, 내장제한, 구획의 세분화, 방화훈련, 불조심 등과 화기취급의 제한 등과 같은 화재의 예방적 조치 및 상황
ⓒ 도피성(逃避性)
화재발생 시 사람이 궁지에 몰리지 않고 안전하게 피난할 수 있는 공간성과 시스템을 말하며 거실의 배치, 피난통로의 확보, 피난시설의 설치 및 건축물의 구조계획서, 방재계획서 등
㉡ 설비적 대응
화재에 대응하여 설치하는 소화설비, 경보설비, 피난설비 등의 소방시설

**17** 플래시 오버(Flash Over) 현상에 대한 설명으로 틀린 것은?

① 산소의 농도와 무관하다.
② 화재공간의 개구율과 관계가 있다.
③ 화재공간 내의 가연물의 양과 관계가 있다.
④ 화재실 내의 가연물의 종류와 관계가 있다.

**해설** 플래시 오버 현상은 실내의 온도가 급격히 상승하여 어느 순간 화재실 전체에 화염이 확대되는 현상으로 산소의 농도가 충분한 화재의 성장기에 발생한다.

**18** 유류탱크 화재 시 기름 표면에 물을 실수하면 기름이 탱크 밖으로 비산하여 화재가 확대되는 현상은?

① 슬롭 오버(Slop Over)
② 보일 오버(Boil Over)
③ 프로스 오버(Froth Over)
④ 블레비(Bleve)

**해설** ㉠ 보일오버(Boil over) 현상
유류탱크 화재 시 액체 위험물 밑부분에 존재하고 있는 물이 열파에 의해 비점 이상으로 되어 급격히 증발하면서 가연성 액체를 탱크 밖으로 비산시키는 현상
㉡ 슬롭 오버(Slop over) 현상
액체 위험물 화재 시 화재의 계속 진행에 의해 연소유면이 가열된 상태에서 물이 포함되어 있는 소화약제를 방사할 경우 물이 갑자기 기화하면서 액체위험물을 탱크 밖으로 비산시키는 현상
㉢ 프로스 오버(Floth over) 현상
화재 이외의 경우에 발생할 수 있는 현상으로 점도가 높은 유류를 저장하는 탱크의 바닥에 있는 수분이 어떤 원인에 의해 비등하면서 액체위험물과 물이 넘치는 현상

**19** 가연물이 공기 중에서 산화되어 산화열의 축적으로 발화되는 현상은?

① 분해연소
② 자기연소
③ 자연발화
④ 폭굉

**해설** 가연물이 공기 중의 산소와 산화반응을 통하여 생성된 산화열을 축적하여 발화점이 되어 스스로 발화하는 현상을 자연발화라 한다.

**20** 저팽창포와 고팽창포에 모두 사용할 수 있는 포소화약제는?

① 단백포 소화약제
② 수성막포 소화약제
③ 불화단백포 소화약제
④ 합성계면활성제포 소화약제

**해설** 포소화약제 중 합성계면활성제 포소화약제는 저팽창포, 고팽창포 모두 사용 가능하지만, 나머지 포소화약제는 저팽창포용으로만 사용 가능하다.

# 2015년 제4회 소방설비기사[기계분야] 1차 필기

### [제1과목 : 소방원론]

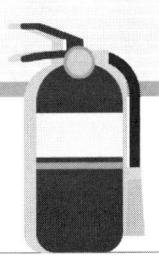

**01** 갑종방화문과 을종방화문의 비차열 성능은 각각 얼마 이상이어야 하는가?
① 갑종 : 90분, 을종 : 40분
② 갑종 : 60분, 을종 : 30분
③ 갑종 : 45분, 을종 : 20분
④ 갑종 : 30분, 을종 : 10분

해설 갑종방화문은 비차열 1시간 이상, 을종방화문은 비차열 30분 이상의 성능이 확보되어야 한다.

[현행개정]
**건축법 시행령 제64조(방화문의 구분)**
① 방화문은 다음 각 호와 같이 구분한다.
1. 60분+ 방화문 : 연기 및 불꽃을 차단할 수 있는 시간이 60분 이상이고, 열을 차단할 수 있는 시간이 30분 이상인 방화문
2. 60분 방화문 : 연기 및 불꽃을 차단할 수 있는 시간이 60분 이상인 방화문
3. 30분 방화문 : 연기 및 불꽃을 차단할 수 있는 시간이 30분 이상 60분 미만인 방화문
② 제1항 각 호의 구분에 따른 방화문 인정 기준은 국토교통부령으로 정한다.

**02** 다음 물질 중 공기에서 위험도($H$)가 가장 큰 것은?
① 에테르  ② 수소
③ 에틸렌  ④ 프로판

해설 $H = \dfrac{U-L}{L}$
$H$ : 위험도, $U$ : 상한값(%), $L$ : 하한값(%)
① 에테르의 위험도 : $\dfrac{48-1.9}{1.9} = 24.26$
② 수소의 위험도 : $\dfrac{75-4}{4} = 17.75$
③ 에틸렌의 위험도 : $\dfrac{36-2.7}{2.7} = 12.33$
④ 프로판의 위험도 : $\dfrac{9.5-2.1}{2.1} = 3.52$

**03** 물리적 소화방법이 아닌 것은?
① 연쇄반응의 억제에 의한 방법
② 냉각에 의한 방법
③ 공기와의 접촉 차단에 의한 방법
④ 가연물 제거에 의한 방법

해설 소화의 방법 중 물리적인 소화방법은 냉각, 질식, 제거소화 등이며, 억제(부촉매)소화에 의한 소화방법은 화학적인 소화방법이다.

**04** 마그네슘의 화재에 주수하였을 때 물과 마그네슘의 반응으로 인하여 생성되는 가스는?
① 산소  ② 수소
③ 일산화탄소  ④ 이산화탄소

해설 마그네슘은 2류 위험물이지만 금속성 물질로 물과 접촉 시 가연성 기체인 수소를 생성하므로 물과의 접촉을 피해야 한다.
$Mg + 2H_2O \rightarrow Mg(OH)_2 + H_2 \uparrow$

**05** 비수용성 유류의 화재 시 물로 소화할 수 없는 이유는?
① 인화점이 변하기 때문
② 발화점이 변하기 때문
③ 연소면이 확대되기 때문
④ 수용성으로 변하여 인화점이 상승하기 때문

**정답** 01.② 02.① 03.① 04.② 05.③

**해설** 유류의 경우 대부분 물보다 가볍고 물에 녹지 않는 비수용성이므로 물을 방사 시 연소면을 확대시킬 우려가 있다.

**06** 제1인산암모늄이 주성분인 분말소화약제는?

① 1종 분말소화약제
② 2종 분말소화약제
③ 3종 분말소화약제
④ 4종 분말소화약제

**해설** 분말소화약제의 주성분에 의한 구분

| 종류 | 주성분 | 착색 | 적응화재 |
|---|---|---|---|
| 제1종 분말 | 탄산수소나트륨 ($NaHCO_3$) | 백색 | B, C급 |
| 제2종 분말 | 탄산수소칼륨 ($KHCO_3$) | 보라색 (자색) | B, C급 |
| 제3종 분말 | 인산암모늄 ($NH_4H_2PO_4$) | 핑크색 (담홍색) | A, B, C급 |
| 제4종 분말 | 탄산수소칼륨 + 요소 ($KHCO_3 + NH_2CONH_2$) | 회색 | B, C급 |

**07** 고비점유 화재 시 무상주수하여 가연성 증기의 발생을 억제함으로써 기름의 연소성을 상실시키는 소화효과는?

① 억제효과
② 제거효과
③ 유화효과
④ 파괴효과

**해설** 유화효과는 고비점 중질유 화재 시 고압의 분무수를 방사하면 불연성의 에멀션층을 생성하여 연소 저하현상으로 인한 소화작용을 촉진하는 효과이다.

**08** 할로겐화합물 소화약제의 구성 원소가 아닌 것은?

① 염소
② 브롬
③ 네온
④ 탄소

**해설** 할로겐화합물 소화약제의 주성분은 주기율표상의 7족 원소인 할로겐족 원소로 불소(F), 염소(Cl), 브롬(Br), 요오드(I) 등이다.

**09** 다음 중 인화점이 가장 낮은 물질은?

① 경유
② 메틸알코올
③ 이황화탄소
④ 등유

**해설** 각 물질의 인화점
① 경유 : 60~70℃
② 메틸알코올 : 11℃
③ 이황화탄소 : -30℃
④ 등유 : 40~70℃

**10** 건물 내에서 화재가 발생하여 실내온도가 20℃에서 600℃까지 상승했다면 온도 상승만으로 건물 내의 공기 부피는 처음의 약 몇 배 정도 팽창하는가? (단, 화재로 인한 압력의 변화는 없다고 가정한다)

① 3배
② 9배
③ 15배
④ 30배

**해설** 기체를 이상기체로 가정하면 보일-샤를(Boyle-Charles)의 법칙을 만족한다.

$\dfrac{P_1 V_1}{T_1} = \dfrac{P_2 V_2}{T_2}$ 에서

압력의 변화가 없으므로 $\dfrac{V_1}{T_1} = \dfrac{V_2}{T_2}$ 이다.

$\therefore V_2 = \dfrac{T_2}{T_1} \times V_1$

$= \dfrac{(600+273)[K]}{(20+273)[K]} \times V_1 = 2.98 V_1 ≒ 3 V_1$

**11** 건축물 화재에서 플래시 오버(Flash over) 현상이 일어나는 시기는?

① 초기에서 성장기로 넘어가는 시기
② 성장기에서 최성기로 넘어가는 시기
③ 최성기에서 감쇠기로 넘어가는 시기
④ 감쇠기에서 종기로 넘어가는 시기

**해설** 플래시 오버 현상
실내의 온도가 급격히 상승하여 어느 순간 화재실 전체에 화염이 확대되는 현상을 말하며, 화재의 성장기에 발생하여 최성기로 넘어가며, 플래시 오버 발생시간까지가 피난허용시간이다.

**정답** 06.③ 07.③ 08.③ 09.③ 10.① 11.②

**12** 화재하중 계산 시 목재의 단위발열량은 약 몇 kcal/kg인가?

① 3,000kcal/kg  ② 4,500kcal/kg
③ 9,000kcal/kg  ④ 12,000kcal/kg

**해설**
- 목재의 단위발열량 : 4,500kcal/kg
- 고무의 단위발열량 : 9,000kcal/kg

**13** 위험물의 유별에 따른 대표적인 성질의 연결이 옳지 않은 것은?

① 제1류 : 산화성 고체
② 제2류 : 가연성 고체
③ 제4류 : 인화성 액체
④ 제5류 : 산화성 고체

**해설** 위험물별 공통성질
㉠ 제1류 위험물 : 산화성 고체
㉡ 제2류 위험물 : 가연성 고체
㉢ 제3류 위험물 : 자연발화성 물질 및 금수성 물질
㉣ 제4류 위험물 : 인화성 액체
㉤ 제5류 위험물 : 자기연소성(반응성) 물질
㉥ 제6류 위험물 : 산화성 액체

**14** 같은 원액으로 만들어진 포의 특성에 관한 설명으로 옳지 않은 것은?

① 발포배율이 커지면 환원시간은 짧아진다.
② 환원시간이 길면 내열성이 떨어진다.
③ 유동성이 좋으면 내열성이 떨어진다.
④ 발포배율이 작으면 유동성이 떨어진다.

**해설** 포의 환원시간이란 포(거품)가 수용액으로 되는 시간으로 보통 25% 환원시간을 많이 이용한다. 환원시간이 길다는 것은 거품상태로 오랜시간 지속된다는 것이므로 환원시간이 길면 내열성이 우수하다는 의미이다.

**15** 가연물의 종류에 따른 화재의 분류방법 중 유류화재를 나타내는 것은?

① A급 화재  ② B급 화재
③ C급 화재  ④ D급 화재

**해설** 화재의 분류

| 화재의 분류 | | 소화기표시색 | 소화방법 |
|---|---|---|---|
| A급 | 일반화재 | 백색 | 냉각효과 |
| B급 | 유류화재 | 황색 | 질식효과 |
| C급 | 전기화재 | 청색 | 질식효과 |
| D급 | 금속화재 | – | 건조사피복 |
| E급 | 가스화재 | – | 질식효과 |
| K급 | 주방화재 | – | 질식소화 |

**16** 제2류 위험물에 해당하지 않는 것은?

① 황  ② 황화인
③ 적린  ④ 황린

**해설** 황린($P_4$)은 3류 위험물 중 위험등급 Ⅰ등급에 해당되는 자연발화성 물질이다.

**17** 다음 중 방염대상물품이 아닌 것은?

① 카펫
② 무대용 합판
③ 창문에 설치하는 커튼
④ 두께 2mm 미만인 종이벽지

**해설** 방염처리 대상물품의 종류
㉠ 창문에 설치하는 커튼류(블라인드를 포함한다)
㉡ 카펫, 두께가 2밀리미터 미만인 벽지류(종이벽지는 제외한다)
㉢ 전시용 합판 또는 섬유판, 무대용 합판 또는 섬유판
㉣ 암막·무대막(영화관에 설치하는 스크린을 포함)
㉤ 섬유류 또는 합성수지 등을 원료로 하여 제작된 소파·의자

**18** 화재의 일반적 특성이 아닌 것은?

① 확대성  ② 정형성
③ 우발성  ④ 불안정성

**해설** 화재의 일반적인 특성은 확대성, 우발성, 불안정성이다.

**정답** 12.② 13.④ 14.② 15.② 16.④ 17.④ 18.②

01. 소방원론

**19** 공기 중에서 연소상한값이 가장 큰 물질은?

① 아세틸렌　② 수소
③ 가솔린　④ 프로판

**해설** 각 물질의 연소범위
① 아세틸렌 : 2.5~81%
② 수소 : 4~75%
③ 가솔린 : 1.4~7.6%
④ 프로판 : 2.1~9.5%

**20** 화재에 대한 건축물의 손실정도에 따른 화재형태를 설명한 것으로 옳지 않은 것은?

① 부분소화재란 전소화재, 반소화재에 해당하지 않는 것을 말한다.
② 반소화재란 건축물에 화재가 발생하여 건축물의 30% 이상 70% 미만 소실된 상태를 말한다.
③ 전소화재란 건축물에 화재가 발생하여 건축물의 70% 이상이 소실된 상태를 말한다.
④ 훈소화재란 건축물에 화재가 발생하여 건물물의 10% 이하가 소실된 상태를 말한다.

**해설** 화재의 소실정도
㉠ 부분소화재 : 전소화재, 반소화재에 해당하지 않는 경우
㉡ 반소화재 : 전체의 30% 이상 70% 미만이 소손된 경우
㉢ 전소화재 : 전체의 70% 이상이 소손되거나 70% 미만이라 할지라도 재수리 사용이 불가능하도록 소손된 경우

**정답** 19.① 20.④

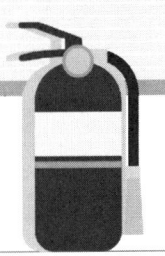

# 제1회 소방설비기사[기계분야] 1차 필기

### [제1과목 : 소방원론]

**01** 무창층 여부를 판단하는 개구부로서 갖추어야 할 조건으로 옳은 것은?

① 개구부 크기가 지름 30cm의 원이 내접할 수 있는 것
② 해당 층의 바닥면으로부터 개구부 밑 부분까지의 높이가 1.5m인 것
③ 내부 또는 외부에서 쉽게 파괴 또는 개방할 수 있을 것
④ 창에 방범을 위하여 40cm 간격으로 창살을 설치한 것

**해설) 무창층**
지상층 중 다음에 해당하는 개구부의 면적의 합계가 그 층의 바닥면적의 30분의 1 이하가 되는 층
㉠ 개구부의 크기가 지름 50cm 이상의 원이 내접할 수 있을 것
㉡ 그 층의 바닥면으로부터 개구부 밑부분까지의 높이가 1.2m 이내일 것
㉢ 도로 또는 차량의 진입이 가능한 공지에 면할 것
㉣ 화재 시 건축물로부터 쉽게 피난할 수 있도록 창살, 그 밖의 장애물이 설치되지 아니할 것
㉤ 내부 또는 외부에서 쉽게 파괴 또는 개방이 가능할 것

**02** 위험물안전관리법령상 제4류 위험물의 화재에 적응성이 있는 것은?

① 옥내소화전설비 ② 옥외소화전설비
③ 봉상수소화기 ④ 물분무소화설비

**해설)** 제4류 위험물은 인화성 액체로 B급 화재에 해당되며, 분무상태의 주수는 B급, C급 화재에 적응성이 있다.

**03** 증기비중의 정의로 옳은 것은? (단, 보기에서 분자, 분모의 단위는 모두 g/mol이다)

① $\dfrac{분자량}{22.4}$ ② $\dfrac{분자량}{29}$

③ $\dfrac{분자량}{44.9}$ ④ $\dfrac{분자량}{100}$

**해설)** 증기비중 $= \dfrac{측정\ 기체의\ 분자량}{공기의\ 분자량} = \dfrac{분자량}{29}$

**04** 건물화재 시 패닉(Panic)의 발생원인과 직접적인 관계가 없는 것은?

① 연기에 의한 시계 제한
② 유독가스에 의한 호흡 장애
③ 외부와 단절되어 고립
④ 불연내장재의 사용

**해설)** 화재 시 열, 연기, 어둠 등은 인간이 공포를 느끼게 되는 원인이 된다. 하지만 건물의 불연내장재는 연소성에 관한 사항으로 패닉(Panic)의 직접적인 원인이 되지 않는다.

**05** 가연성 가스가 아닌 것은?

① 일산화탄소
② 프로판
③ 수소
④ 아르곤

**해설)** 아르곤(Ar)은 주기율표상 0족(8족) 원소인 불활성 기체로 가연물이 될 수 없다.

정답  01.③  02.④  03.②  04.④  05.④

## 01. 소방원론

**06** 공기 중에서 수소의 연소범위로 옳은 것은?
① 0.4~4vol%  ② 1~12.5vol%
③ 4~75vol%  ④ 67~92vol%

**해설** 주요 물질의 연소범위
㉠ 아세틸렌 : 2.5~81%
㉡ 수소 : 4~75%
㉢ 메탄 : 5~15%
㉣ 프로판 : 2.1~9.5%

**07** 위험물안전관리법령상 위험물 유별에 따른 성질이 잘못 연결된 것은?
① 제1류 위험물 - 산화성 고체
② 제2류 위험물 - 가연성 고체
③ 제4류 위험물 - 인화성 액체
④ 제6류 위험물 - 자기반응성 물질

**해설** 위험물의 유별 공통성질
㉠ 제1류 위험물 : 산화성 고체
㉡ 제2류 위험물 : 가연성 고체
㉢ 제3류 위험물 : 자연발화성 물질 및 금수성 물질
㉣ 제4류 위험물 : 인화성 액체
㉤ 제5류 위험물 : 자기연소성(반응성) 물질
㉥ 제6류 위험물 : 산화성 액체

**08** 목조건축물에서 발생하는 옥외 출화 시기를 나타낸 것으로 옳은 것은?
① 창, 출입구 등에 발염 착화한 때
② 천장 속, 벽 속 등에서 발염 착화한 때
③ 가옥 구조에서는 천장면에 발염 착화한 때
④ 불연 천장인 경우 실내의 그 뒷면에 발염 착화한 때

**해설** 출화의 구분
㉠ 옥내 출화
 • 건축물 실내의 천장 속, 벽 내부에서 발염 착화
 • 준불연성, 난연성으로 피복된 내부의 목재에 착화
㉡ 옥외 출화
 • 건축물 외부의 가연물질에 발염 착화
 • 창, 출입구 등의 개구부 등에 착화

**09** 일반적인 자연발화의 방지법으로 틀린 것은?
① 습도를 높일 것
② 저장실의 온도를 낮출 것
③ 정촉매 작용을 하는 물질을 피할 것
④ 통풍을 원활하게 하여 열축적을 방지할 것

**해설** 자연발화 방지법
㉠ 습도가 높은 것을 피한다.
㉡ 저장실의 온도를 낮춘다.
㉢ 통풍을 잘 시킨다.
㉣ 열의 축적을 방지한다.

**10** 제거소화의 예가 아닌 것은?
① 유류화재 시 다량의 포를 방사한다.
② 전기화재 시 신속하게 전원을 차단한다.
③ 가연성 가스 화재 시 가스의 밸브를 닫는다.
④ 산림화재 시 확산을 막기 위하여 산림의 일부를 벌목한다.

**해설** 유류화재 시 포를 방사하는 것은 피복에 의한 질식소화에 해당된다.

**11** 황린의 보관 방법으로 옳은 것은?
① 물속에 보관
② 이황화탄소 속에 보관
③ 수산화칼륨 속에 보관
④ 통풍이 잘 되는 공기 중에 보관

**해설** 황린의 발화점은 34[℃]로 매우 낮아 공기 중에서 자연발화의 위험이 크므로 비열이 큰 물속에 저장한다.

**12** 화재 발생 시 건축물의 화재를 확대시키는 주요인이 아닌 것은?
① 비화  ② 복사열
③ 화염의 접촉(접염)  ④ 흡착열에 의한 발화

**해설** 건축물 화재 확대의 주요인은 접염(화염의 접촉), 복사열, 비화이다.

**정답** 06.③ 07.④ 08.① 09.① 10.① 11.① 12.④

**13** 가연성 가스나 산소의 농도를 낮추어 소화하는 방법은?

① 질식소화   ② 냉각소화
③ 제거소화   ④ 억제소화

**해설**
- 산소의 농도를 낮추는 소화방법 : 질식소화
- 가연성 가스의 농도를 낮추는 소화방법 : 희석소화

**14** 화재 최성기 때의 농도로 유도등이 보이지 않을 정도의 연기농도는? (단, 감광계수로 나타낸다)

① $0.1m^{-1}$   ② $1m^{-1}$
③ $10m^{-1}$   ④ $30m^{-1}$

**해설** 감광계수의 주변 상황

| 감광계수 | 가시거리 | 상황 설명 |
|---|---|---|
| 0.1Cs ($0.1m^{-1}$) | 20~30m | • 희미하게 연기가 감도는 정도의 농도<br>• 연기감지기가 작동되는 농도<br>• 건물구조에 익숙하지 않은 사람이 피난에 지장을 받을 수 있는 농도 |
| 0.3Cs ($0.3m^{-1}$) | 5m | 건물구조를 잘 아는 사람이 피난에 지장을 받을 수 있는 농도 |
| 0.5Cs ($0.5m^{-1}$) | 3m | 약간 어두운 정도의 농도 |
| 1.0Cs ($1.0m^{-1}$) | 1~2m | 전방이 거의 보이지 않을 정도의 농도 |
| 10Cs ($10m^{-1}$) | 수십cm | • 최성기 때 화재층의 연기 농도<br>• 유도등도 보이지 않는 암흑상태의 농도 |
| 30Cs ($30m^{-1}$) | — | 출화실에서 연기가 배출될 때의 농도 |

**15** 화재 발생 시 주수소화가 적합하지 않은 물질은?

① 적린   ② 마그네슘 분말
③ 과염소산칼륨   ④ 황

**해설** 마그네슘(Mg)은 2류 위험물 중 금속분에 해당되는 위험물로 주수 시 가연성 가스인 수소($H_2$)가 발생되므로 사용할 수 없다.

**16** 공기 중의 산소의 농도는 약 몇 vol%인가?

① 10vol%   ② 13vol%
③ 17vol%   ④ 21vol%

**해설** 공기 중 산소의 농도가 체적%는 21%, 중량%는 23%이다.

**17** 이산화탄소($CO_2$)에 대한 설명으로 틀린 것은?

① 임계온도는 97.5[℃]이다.
② 고체의 형태로 존재할 수 있다.
③ 불연성가스로 공기보다 무겁다.
④ 상온, 상압에서 기체 상태로 존재한다.

**해설** $CO_2$의 임계온도는 31.25[℃]이며, −78[℃] 이하에서는 고체 탄산(드라이아이스)이 된다.
$CO_2$는 분자량이 44이므로 공기보다 무겁다.

**18** 화학적 소화방법에 해당하는 것은?

① 모닥불에 물을 뿌려 소화한다.
② 모닥불을 모래로 덮어 소화한다.
③ 유류화재를 할론 1301로 소화한다.
④ 지하실 화재를 이산화탄소로 소화한다.

**해설**
① 냉각소화
② 질식소화
③ 억제소화
④ 질식소화
- 물리적 소화방법 : 냉각, 질식, 제거소화
- 화학적 소화방법 : 억제(부촉매)소화

**19** 제2종 분말 소화약제가 열분해되었을 때 생성되는 물질이 아닌 것은?

① $CO_2$   ② $H_2O$
③ $H_3PO_4$   ④ $K_2CO_3$

**해설** 제2종 분말의 열분해 반응식
$2KHCO_3 \rightarrow K_2CO_3 + CO_2 + H_2O - Qkcal$

정답 13.① 14.③ 15.② 16.④ 17.① 18.③ 19.③

## 20 분말소화약제 중 A급, B급, C급 화재에 모두 사용할 수 있는 것은?

① $Na_2CO_3$
② $NH_4H_2PO_4$
③ $KHCO_3$
④ $NaHCO_3$

**해설** 분말소화약제별 적응화재

| 종류 | 주성분 | 적응화재 |
|---|---|---|
| 제1종 분말 | 탄산수소나트륨($NaHCO_3$) | B, C급 |
| 제2종 분말 | 탄산수소칼륨($KHCO_3$) | B, C급 |
| 제3종 분말 | 인산암모늄($NH_4H_2PO_4$) | A, B, C급 |
| 제4종 분말 | 탄산수소칼륨+요소 ($KHCO_3 + NH_2CONH_2$) | B, C급 |

정답 20.②

# 2016년 제2회 소방설비기사[기계분야] 1차 필기

[제1과목 : 소방원론]

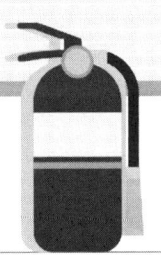

**01** 스테판-볼츠만의 법칙에 의해 복사열과 절대온도와의 관계를 옳게 설명한 것은?

① 복사열은 절대온도의 제곱에 비례한다.
② 복사열은 절대온도의 4제곱에 비례한다.
③ 복사열은 절대온도의 제곱에 반비례한다.
④ 복사열은 절대온도의 4제곱에 반비례한다.

**해설** 스테판-볼츠만의 법칙
복사에너지는 면적에 비례하고 절대온도의 4제곱에 비례한다.

$$Q = 4.887 A\varepsilon \left\{ \left(\frac{T_1}{100}\right)^4 - \left(\frac{T_2}{100}\right)^4 \right\}$$

$Q$ : 복사열량(kcal/hr)
$A$ : 난면적($m^2$), $\varepsilon$ : 계수
$T_1$ : 고온체의 절대온도(K)
$T_2$ : 저온체의 절대온도(K)

**02** 물을 사용하여 소화가 가능한 물질은?

① 트리메틸알루미늄   ② 나트륨
③ 칼륨              ④ 적린

**해설** 트리메틸알루미늄[$(CH_3)_3Al$], 나트륨(Na), 칼륨(K)은 3류 위험물(자연발화성 물질 및 금수성 물질) 중 위험등급 Ⅰ등급에 해당되는 물질로 물과 접촉 시 가연성 가스가 발생하므로 주수소화가 불가능하다.
하지만 적린(P)은 2류 위험물(가연성 고체)로 주수에 의한 냉각소화가 효과적이다.

**03** 화씨 95도를 켈빈(Kelvin)온도로 나타내면 약 몇 K인가?

① 178K   ② 252K
③ 308K   ④ 368K

**해설** ℃ $= \frac{5}{9}$(℉$-32$) $= \frac{5}{9}(95-32) = 35$ ℃
$K = 273 + 35 = 308 K$

**04** 알킬알루미늄 화재에 적합한 소화약제는?

① 물         ② 이산화탄소
③ 팽창질석   ④ 할로겐화합물

**해설** 알킬알루미늄($R_3Al$)은 3류 위험물(자연발화성 물질 및 금수성 물질) 중 위험등급 Ⅰ등급에 해당되는 물질로 물 및 가스계 소화약제와 접촉 시 가연성 가스가 발생하므로 사용 불가능하고, 마른 모래, 팽창질석, 팽창진주암으로 피복소화하는 것이 효과적이다.

**05** 제1종 분말소화약제의 열분해 반응식으로 옳은 것은?

① $2NaHCO_3 \rightarrow Na_2CO_3 + CO_2 + H_2O$
② $2KHCO_3 \rightarrow K_2CO_3 + CO_2 + H_2O$
③ $2NaHCO_3 \rightarrow Na_2CO_3 + 2CO_2 + H_2O$
④ $2KHCO_3 \rightarrow K_2CO_3 + 2CO_2 + H_2O$

**해설** 1종 분말소화약제의 열분해 반응식
$2NaHCO_3 \rightarrow Na_2CO_3 + CO_2 + H_2O$

**06** 폭굉(Detonation)에 관한 설명으로 틀린 것은?

① 연소속도가 음속보다 느릴 때 나타난다.
② 온도의 상승과 충격파의 압력에 기인한다.
③ 압력상승은 폭연의 경우보다 크다.
④ 폭굉의 유도거리는 배관의 지름과 관계가 있다.

정답  01.② 02.④ 03.③ 04.③ 05.① 06.①

해설) 폭연과 폭굉의 비교
- 폭연(Deflagration)
  연소파의 전파속도가 음속보다 느린 것으로 폭속은 0.1~10m/sec 정도이다.
- 폭굉(Detonation)
  연소파의 전파속도가 음속보다 빠른 것으로 폭속은 1,000~3,500m/sec 정도이며 파면에 충격파(압력파)가 진행되어 심한 파괴작용을 동반한다.

**07** 화재의 종류에 따른 표시 색 연결이 틀린 것은?

① 일반화재 – 백색   ② 전기화재 – 청색
③ 금속화재 – 흑색   ④ 유류화재 – 황색

해설) 화재의 분류

| 화재의 분류 | | 소화기표시색 | 소화방법 |
|---|---|---|---|
| A급 | 일반화재 | 백색 | 냉각소화 |
| B급 | 유류화재 | 황색 | 질식소화 |
| C급 | 전기화재 | 청색 | 질식소화 |
| D급 | 금속화재 | – | 건조사피복 |
| E급 | 가스화재 | – | 질식소화 |
| K급 | 주방화재 | – | 질식소화 |

**08** 화재 및 폭발에 관한 설명으로 틀린 것은?

① 메탄가스는 공기보다 무거우므로 가스탐지부는 가스기구의 직하부에 설치한다.
② 옥외저장탱크의 방유제는 화재 시 화재의 확대를 방지하기 위한 것이다.
③ 가연성 분진이 공기 중에 부유하면 폭발할 수도 있다.
④ 마그네슘의 화재 시 주수 소화는 화재를 확대할 수 있다.

해설) 메탄($CH_4$)은 분자량이 16인 기체이며 분자량 29인 공기보다 가벼운 가스로 가스탐지부는 천장 주변에 설치하는 것이 바람직하다.

**09** 굴뚝효과에 관한 설명으로 틀린 것은?

① 건물 내·외부의 온도차에 따른 공기의 흐름 현상이다.
② 굴뚝효과는 고층건물에서는 잘 나타나지 않고 저층건물에서 주로 나타난다.
③ 평상시 건물 내의 기류분포를 지배하는 중요 요소이며 화재 시 연기의 이동에 큰 영향을 미친다.
④ 건물외부의 온도가 내부의 온도보다 높은 경우 저층부에서는 내부에서 외부로 공기의 흐름이 생긴다.

해설) 굴뚝효과(Stack Effect)는 건물의 높이와 밀접한 관계가 있어 고층건축물에서 효과가 크게 나타나므로 고층건축물의 제연에 이용된다.

**10** 위험물안전관리법상 위험물의 지정수량이 틀린 것은?

① 과산화나트륨 – 50[kg]
② 적린 – 100[kg]
③ 트리나이트로톨루엔 – 100[kg]
④ 탄화알루미늄 – 400[kg]

해설) ③ 트리나이트로톨루엔(5류 위험물 1종 : 100kg)
④ 탄화알루미늄($Al_4C_3$) : 3류 위험물, 위험등급 Ⅲ등급, 지정수량 300kg

**11** 연쇄반응을 차단하여 소화하는 약제는?

① 물        ② 포
③ 할론 1301   ④ 이산화탄소

해설) 연쇄반응을 차단하는 억제소화는 화학적인 소화방법에 해당된다.
억제소화는 화학 반응력이 큰 유리기를 생성할 수 있는 할론소화약제와 분말소화약제 방사 시 거둘 수 있는 소화효과이다.

**12** 화재 발생 시 인간의 피난 특성으로 틀린 것은?
① 본능적으로 평상시 사용하는 출입구를 사용한다.
② 최초로 행동을 개시한 사람을 따라서 움직인다.
③ 공포감으로 인해서 빛을 피하여 어두운 곳으로 몸을 숨긴다.
④ 무의식 중에 발화 장소의 반대쪽으로 이동한다.

**해설** 인간의 피난 특성 중 지광본능(智光本能)은 위험에 처했을 때 밝은 곳으로 모이려는 경향을 보이는 것을 말한다.

▶ 인간의 피난 특성
- 귀소본능(歸巢本能)
- 퇴피본능(退避本能)
- 지광본능(智光本能)
- 좌회본능(左廻本能)
- 추종본능(追從本能)

**13** 에스테르가 알칼리의 작용으로 가수분해 되어 알코올과 산의 알칼리염이 생성되는 반응은?
① 수소화 분해반응  ② 탄화반응
③ 비누화반응  ④ 할로겐화반응

**해설** 에스테르가 알칼리와 작용하여 알코올과 산의 알칼리염을 생성하는 반응을 비누화반응이라고 하며, 제1종 분말을 식용유나 지방질유 등의 화재에 방사 시 비누화(검화) 현상에 의해 금속비누를 발생시켜 소화효과를 증대시킨다.

**14** 위험물에 관한 설명으로 틀린 것은?
① 유기금속화합물인 사에틸납은 물로 소화할 수 없다.
② 황린은 자연발화를 막기 위해 통상 물속에 저장한다.
③ 칼륨, 나트륨은 등유 속에 보관한다.
④ 황은 자연발화를 일으킬 가능성이 없다.

**해설** 사에틸납[$(C_2H_5)_4Pb$]은 3류 위험물인 유기금속화합물에 속하지 않으며, 과거 가솔린의 옥탄가를 높이기 위해서 첨가했던 물질이다.

**15** 블레비(BLEVE) 현상과 관계가 없는 것은?
① 핵분열
② 가연성 액체
③ 화구(Fire ball)의 형성
④ 복사열의 대량 방출

**해설** 블레비(BLEVE) 현상
용기 내부의 액화가스가 급격히 비등하여 압력에너지를 형성하면서 용기에 균열이 생겨 파열되며 주위공간으로 날아가 거대한 화구를 형성하는 현상으로 물리적인 폭발에 해당된다.

**16** 소화기구는 바닥으로부터 높이 몇 m 이하의 곳에 비치하여야 하는가? (단, 자동소화장치를 제외한다.)
① 0.5m  ② 1.0m
③ 1.5m  ④ 2.0m

**해설** 소화기구는 바닥으로부터 1.5m 이하의 높이에 설치하여야 한다.

**17** 제4류 위험물의 화재 시 사용되는 주된 소화방법은?
① 물을 뿌려 냉각한다.
② 연소물을 제거한다.
③ 포를 사용하여 질식 소화한다.
④ 인화점 이하로 냉각한다.

**해설** 4류 위험물인 인화성 액체의 소화에는 물을 사용할 수 없으며, 대표적인 소화방법은 포를 이용한 질식소화 방법이다.

**18** 증발잠열을 이용하여 가연물의 온도를 떨어뜨려 화재를 진압하는 소화방법은?
① 제거소화  ② 억제소화
③ 질식소화  ④ 냉각소화

**해설** 가연물의 온도를 떨어뜨림으로써 가연물을 냉각시켜 소화하는 소화방법은 냉각소화에 해당된다.

정답 12.③ 13.③ 14.① 15.① 16.③ 17.③ 18.④

**19** 분말소화약제 중 담홍색 또는 황색으로 착색하여 사용하는 것은?

① 탄산수소나트륨
② 탄산수소칼륨
③ 제1인산암모늄
④ 탄산수소칼륨과 요소와의 반응물

**해설** 분말소화약제의 종류

| 종류 | 주성분 | 착색 |
| --- | --- | --- |
| 제1종 분말 | 탄산수소나트륨 ($NaHCO_3$) | 백색 |
| 제2종 분말 | 탄산수소칼륨 ($KHCO_3$) | 보라색 (자색) |
| 제3종 분말 | 인산암모늄 ($NH_4H_2PO_4$) | 핑크색 (담홍색) |
| 제4종 분말 | 탄산수소칼륨 + 요소 ($KHCO_3 + NH_2CONH_2$) | 회색 |

**20** 건축물의 내화구조 바닥이 철근콘크리트조 또는 철골콘크리트조인 경우 두께가 몇 [cm] 이상이어야 하는가?

① 4[cm]  ② 5[cm]
③ 7[cm]  ④ 10[cm]

**해설** 내화구조의 바닥 기준
- 철근콘크리트조 또는 철골철근콘크리트조로서 두께 10[cm] 이상인 것
- 철재로 보강된 콘크리트블록조·벽돌조 또는 석조로서 철재로 덮은 콘크리트 블록의 두께가 5[cm] 이상인 것
- 철재의 양면을 두께 5[cm] 이상의 철망모르타르 또는 콘크리트로 덮은 것

**정답** 19.③ 20.④

# 2016년 제4회 소방설비기사[기계분야] 1차 필기

[제1과목 : 소방원론]

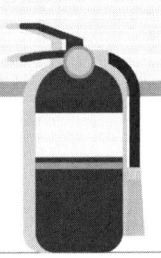

**01** 할로겐 화합물 소화약제 중 HCFC-22를 82[%] 포함하고 있는 것은?

① IG-541
② HFC-227ea
③ IG-55
④ HCFC BLEND A

**해설** HCFC BLENDF A의 주요 성분
- HCFC-123($CHCl_2CF_3$) : 4.75[%]
- HCFC-22($CHClF_2$) : 82[%]
- HCFC-124($CHClFCF_3$) : 9.5[%]
- $C_{10}H_{16}$ : 3.75[%]

**02** 피난계획의 일반원칙 중 Fool Proof 원칙에 해당하는 것은?

① 저지능인 상태에서도 쉽게 식별이 가능하도록 그림이나 색채를 이용하는 원칙
② 피난설비를 반드시 이동식으로 하는 원칙
③ 한 가지 피난기구가 고장이 나도 다른 수단을 이용할 수 있도록 고려하는 원칙
④ 피난설비를 첨단화된 전자식으로 하는 원칙

**해설** Fool Proof
저지능인 상태에서도 쉽게 식별이 가능하도록 그림이나 색채를 이용하는 원칙

Fail Safe
인간이 어처구니 없는 실수를 하지 않도록 하거나 실수를 하여도 사고나 위험상황에 빠지지 않도록 하는 것을 말한다.

**03** 자연발화의 예방을 위한 대책이 아닌 것은?

① 열의 축적을 방지한다.
② 주위 온도를 낮게 유지한다.
③ 열전도성을 나쁘게 한다.
④ 산소와의 접촉을 차단한다.

**해설** 자연발화 방지법
- 통풍이 잘 되는 곳에 저장할 것
- 열의 축적을 방지할 것
- 저장실의 온도를 낮출 것
- 습도가 높은 곳을 피할 것
- 열전도를 크게 할 것

**04** 다음 중 제거소화 방법과 무관한 것은?

① 산불의 확산방지를 위하여 산림의 일부를 벌채한다.
② 화학반응기의 화재 시 원료 공급관의 밸브를 잠근다.
③ 유류화재 시 가연물을 포로 덮는다.
④ 유류탱크 화재 시 주변에 있는 유류탱크의 유류를 다른 곳으로 이동시킨다.

**해설** 유류화재 시 가연물을 포로 덮는 방법은 질식소화에 해당된다.

**05** 건축물의 화재성상 중 내화건축물의 화재성상으로 옳은 것은?

① 저온 장기형
② 고온 단기형
③ 고온 장기형
④ 저온 단기형

**해설** 내화건축물은 견고한 구조로 공기의 유통이 좋지 않아 서서히 연소하는 저온 장기형의 특성을 가지게 된다.

**정답** 01.④ 02.① 03.③ 04.③ 05.①

**06** 정전기에 의한 발화과정으로 옳은 것은?

① 방전 → 전하의 축적 → 전하의 발생 → 발화
② 전하의 발생 → 전하의 축적 → 방전 → 발화
③ 전하의 발생 → 방전 → 전하의 축적 → 발화
④ 전하의 축적 → 방전 → 전하의 발생 → 발화

**해설** 정전기에 의한 발화과정
전하의 발생 → 전하의 축적 → 방전 → 발화

**07** 다음 중 증기비중이 가장 큰 것은?

① 이산화탄소   ② 할론 1301
③ 할론 1211   ④ 할론 2402

**해설** 증기비중 = $\dfrac{측정기체의\ 분자량}{공기의\ 분자량}$

① 이산화탄소의 증기비중 = $\dfrac{44}{29}$ = 1.52

② 할론 1301의 증기비중 = $\dfrac{149}{29}$ = 5.14

③ 할론 1211의 증기비중 = $\dfrac{165.5}{29}$ = 5.71

④ 할론 2402의 증기비중 = $\dfrac{260}{29}$ = 8.97

※ 증기비중은 분자량에 비례한다.

**08** 실내에서 화재가 발생하여 실내의 온도가 21℃에서 650℃로 되었다면, 공기의 팽창은 처음의 약 몇 배가 되는가? (단, 대기압은 공기가 유동하여 화재 전후가 같다고 가정한다)

① 3.14배   ② 4.27배
③ 5.69배   ④ 6.01배

**해설** 샤를의 법칙

$\dfrac{V_1}{T_1} = \dfrac{V_2}{T_2}$

$V_2 = V_1 \times \dfrac{T_2}{T_1} = V_1 \times \dfrac{650+273}{21+273} = V_1 \times 3.14$

∴ 3.14배

**09** 조연성가스로만 나열되어 있는 것은?

① 질소, 불소, 수증기
② 산소, 불소, 염소
③ 산소, 이산화탄소, 오존
④ 질소, 이산화탄소, 염소

**해설** 일반적인 조연성 가스는 산소공급원으로 해석되어 산소, 오존을 말하지만, 화학적으로 산화제의 기능을 하는 할로젠족원소인 플루오(불소), 염소, 브롬(취소), 요오드(옥소)도 조연성 가스로 해석된다.

**10** 분말소화약제의 열분해 반응식 중 다음 ( ) 안에 알맞은 화학식은?

$2NaHCO_3 \rightarrow Na_2CO_3 + H_2O + ($  $)$

① CO   ② $CO_2$
③ Na   ④ $Na_2$

**해설** 1종 분말의 열분해 반응식
$2NaHCO_3 \rightarrow Na_2CO_3 + CO_2 + H_2O - Q\ kcal$

**11** 화재실 혹은 화재공간의 단위바닥면적에 대한 등가가연물량의 값을 화재하중이라 하며 식으로 표시할 경우에는 $Q = \Sigma(H_t \cdot G_t)/H_W \cdot A$와 같이 표현할 수 있다. 여기에서 $H_W$는 무엇을 나타내는가?

① 목재의 단위발열량
② 가연물의 단위발열량
③ 화재실 내 가연물의 전체 발열량
④ 목재의 단위발열량과 가연물의 단위발열량을 합한 것

**해설** 화재하중(Fire Load)
일정한 구역 안에 있는 가연물 전체발열량을 목재의 단위질량당 발열량으로 나누면 목재의 질량으로 환산되고, 이를 다시 바닥면적으로 나누면 단위면적당 가연물(목재)의 질량이 되는데 이를 화재하중이라 하며, 주수시간을 결정하는 주요인이 된다.

정답 06.② 07.④ 08.① 09.② 10.② 11.①

$$Q(\text{kg/m}^2) = \frac{\sum(G_t \cdot H_t)}{H_W \cdot A} = \frac{\sum Q_t}{4{,}500A}$$

$Q$ : 화재하중(kg/m²)
$G_t$ : 가연물 질량(kg)
$H_t$ : 가연물의 단위질량당 발열량(kcal/kg)
$A$ : 바닥면적(m²)
$Q_t$ : 가연물의 전체 발열량(kcal)

**12** 연기에 의한 감광계수가 0.1[m⁻¹], 가시거리가 20~30[m]일 때의 상황을 옳게 설명한 것은?

① 건물 내부에 익숙한 사람이 피난에 지장을 느낄 정도
② 연기감지기가 작동할 정도
③ 어두운 것을 느낄 정도
④ 앞이 거의 보이지 않을 정도

**[해설]** 연기의 농도에 따른 상황

| 감광계수 | 가시거리 | 상황 설명 |
|---|---|---|
| 0.1Cs (m⁻¹) | 20~30[m] | • 희미하게 연기가 감도는 정도의 농도<br>• 연기감지기가 작동되는 농도<br>• 건물구조에 익숙하지 않은 사람이 피난에 지장을 받을 수 있는 농도 |
| 0.3Cs (m⁻¹) | 5[m] | 건물구조를 잘 아는 사람이 피난에 지장을 받을 수 있는 농도 |
| 0.5Cs (m⁻¹) | 3[m] | 약간 어두운 정도의 농도 |
| 1.0Cs (m⁻¹) | 1~2[m] | 전방이 거의 보이지 않을 정도의 농도 |
| 10Cs (m⁻¹) | 수십[cm] | • 최성기 때 화재층의 연기 농도<br>• 유도등도 보이지 않는 암흑상태의 농도 |
| 30Cs (m⁻¹) | — | 출화실에서 연기가 배출될 때의 농도 |

**13** 보일 오버(Boil over) 현상에 대한 설명으로 옳은 것은?

① 아래층에서 발생한 화재가 위층으로 급격히 옮겨 가는 현상
② 연소유의 표면이 급격히 증발하는 현상
③ 기름이 뜨거운 표면 아래에서 끓는 현상
④ 탱크 저부의 물이 급격히 증발하여 기름이 탱크 밖으로 화재를 동반하여 방출하는 현상

**[해설]** 보일 오버(Boil over) 현상
유류탱크 화재 시 액체 위험물 밑부분에 존재하고 있는 물이 열파에 의해 비점 이상으로 되어 급격히 증발하면서 가연성 액체를 탱크 밖으로 비산시키는 현상

**14** 할론소화설비에서 Halon 1211 약제의 분자식은?

① $CBr_2ClF$
② $CF_2BrCl$
③ $CCl_2BrF$
④ $BrC_2ClF$

**[해설]**
㉠ 할론 2402 : $C_2F_4Br_2$
㉡ 할론 1211 : $CF_2ClBr$
㉢ 할론 1301 : $CF_3Br$
㉣ 할론 1011 : $CH_2ClBr$
㉤ 할론 1040 : $CCl_4$

▶ 할론약제의 명명법
할론 ⓐⓑⓒⓓ
ⓐ : 탄소(C)의 수
ⓑ : 불소(F)의 수
ⓒ : 염소(Cl)의 수
ⓓ : 브롬(Br)의 수

**15** 칼륨에 화재가 발생할 경우에 주수를 하면 안 되는 이유로 가장 옳은 것은?

① 산소가 발생하기 때문에
② 질소가 발생하기 때문에
③ 수소가 발생하기 때문에
④ 수증기가 발생하기 때문에

**[해설]** 칼륨(K), 나트륨(Na)은 물과 접촉 시 심한 발열반응과 함께 가연성 가스인 수소($H_2$)가 발생한다.

**16** 위험물안전관리법상 위험물의 적재 시 혼재기준 중 혼재가 가능한 위험물로 짝지어진 것은? (단, 각 위험물은 지정수량의 10배로 가정한다)

① 질산칼륨과 가솔린
② 과산화수소와 황린
③ 철분과 유기과산화물
④ 등유와 과염소산

해설 위험물의 유별 혼재 가능 여부

| 위험물의 구분 | 제1류 | 제2류 | 제3류 | 제4류 | 제5류 | 제6류 |
|---|---|---|---|---|---|---|
| 제1류 |  | × | × | × | × | ○ |
| 제2류 | × |  | × | ○ | ○ | × |
| 제3류 | × | × |  | ○ | × | × |
| 제4류 | × | ○ | ○ |  | ○ | × |
| 제5류 | × | ○ | × | ○ |  | × |
| 제6류 | ○ | × | × | × | × |  |

※ 단, 지정수량 1/10 이하의 위험물은 적용하지 않음.
① 질산칼륨($KNO_3$, 초석) : 1류 위험물, 가솔린(휘발유) : 4류 위험물
② 과산화수소($H_2O_2$) : 6류 위험물, 황린($P_4$) : 3류 위험물
③ 철분(Fe) : 2류 위험물, 유기과산화물 : 5류 위험물
④ 등유(케로신) : 4류 위험물, 과염소산($HClO_4$) : 6류 위험물

**17** 나이트로셀룰로오스에 대한 설명으로 틀린 것은?

① 질화도가 낮을수록 위험성이 크다.
② 물을 첨가하여 습윤시켜 운반한다.
③ 화약의 원료로 쓰인다.
④ 고체이다.

해설 나이트로셀룰로오스는 5류 위험물인 자기연소성 물질로 폭발성 물질이며 질화면이라고도 한다. 질화도란 나이트로셀룰로오스에 함유하고 있는 질소의 함량 %로 질화도가 클수록 폭발성이 강하여 위험성이 크다.

**18** 밀폐된 내화건물의 실내에 화재가 발생했을 때 그 실내의 환경변화에 대한 설명 중 틀린 것은?

① 기압이 강하한다.
② 산소가 감소된다.
③ 일산화탄소가 증가한다.
④ 이산화탄소가 증가한다.

해설 실내에 화재가 발생하면 온도 상승에 의해 내부 기체가 팽창하므로 내부 압력이 상승한다.

**19** 물의 물리·화학적 성질로 틀린 것은?

① 증발잠열은 539.6cal/g으로 다른 물질에 비해 매우 큰 편이다.
② 대기압하에서 100℃의 물이 액체에서 수증기로 바뀌면 체적은 약 1,603배 정도 증가한다.
③ 수소 1분자와 산소 1/2분자로 이루어져 있으며 이들 사이의 화학결합은 극성 공유결합이다.
④ 분자간의 결합은 쌍극자-쌍극자 상호작용의 일종인 산소결합에 의해 이루어진다.

해설 ④ 물 분자간 결합은 분자간 인력인 수소결합이다.

**20** 제1종 분말소화약제인 탄산수소나트륨은 어떤 색으로 착색되어 있는가?

① 담회색      ② 담홍색
③ 회색        ④ 백색

해설 분말소화약제의 종류 및 특성

| 종류 | 주성분 | 착색 | 적응화재 |
|---|---|---|---|
| 제1종 분말 | 탄산수소나트륨 ($NaHCO_3$) | 백색 | B, C급 |
| 제2종 분말 | 탄산수소칼륨 ($KHCO_3$) | 보라색 (자색) | B, C급 |
| 제3종 분말 | 인산암모늄 ($NH_4H_2PO_4$) | 핑크색 (담홍색) | A, B, C급 |
| 제4종 분말 | 탄산수소칼륨+요소 ($KHCO_3 + NH_2CONH_2$) | 회색 | B, C급 |

정답  16.③  17.①  18.①  19.④  20.④

# 2017년 제1회 소방설비기사[기계분야] 1차 필기

[제1과목 : 소방원론]

**01** 고층 건축물 내 연기이동 중 굴뚝효과에 영향을 미치는 요소가 아닌 것은?

① 건물 내·외의 온도차
② 화재실의 온도
③ 건물의 높이
④ 층의 면적

**해설** 굴뚝효과에 영향을 미치는 요소
㉠ 건물 내·외의 온도차
㉡ 밀도차
㉢ 건물의 높이
㉣ 화재실의 온도

**02** 섭씨 30도는 랭킨(Rankine)온도로 나타내면 몇 도인가?

① 546도
② 515도
③ 498도
④ 463도

**해설** $°F = \dfrac{9}{5}°C + 32 = \dfrac{9}{5} \times 30 + 32 = 86°F$

$R = °F + 460 = 86 + 460 = 546R$

**03** 물질의 연소범위와 화재 위험도에 대한 설명으로 틀린 것은?

① 연소범위의 폭이 클수록 화재 위험이 높다.
② 연소범위의 하한계가 낮을수록 화재 위험이 높다.
③ 연소범위의 상한계가 높을수록 화재 위험이 높다.
④ 연소범위의 하한계가 높을수록 화재 위험이 높다.

**해설** 연소범위와 화재위험도
㉠ 연소범위의 폭이 클수록 화재 위험이 높다.
㉡ 연소범위의 하한계가 낮을수록 화재 위험이 높다.
㉢ 연소범위의 상한계가 높을수록 화재 위험이 높다.
㉣ 연소범위의 하한계가 높을수록 화재 위험이 낮다.
④ 높다. → 낮다.
• 연소범위=연소한계=가연한계=가연범위=폭발한계=폭발범위
• 하한계=연소하한값
• 상한계=연소상한값

**04** A급, B급, C급 화재에 사용이 가능한 제3종 분말소화약제의 분자식은?

① $NaHCO_3$
② $KHCO_3$
③ $NH_4H_2PO_4$
④ $Na_2CO_3$

**해설** 분말소화기(질식효과)

| 종별 | 소화약제 | 약제의 착색 | 화학반응식 | 적응화재 |
|---|---|---|---|---|
| 제1종 | 탄산수소나트륨 ($NaHCO_3$) | 백색 | $2NaHCO_3 \rightarrow Na_2CO_3 + CO_2 + H_2O$ | BC급 |
| 제2종 | 탄산수소칼륨 ($KHCO_3$) | 담자색(담회색) | $2KHCO_3 \rightarrow K_2CO_3 + CO_2 + H_2O$ | BC급 |
| 제3종 | 인산암모늄 ($NH_4H_2PO_4$) | 담홍색 | $NH_4H_2PO_4 \rightarrow HPO_3 + NH_3 + H_2O$ | ABC급 |
| 제4종 | 탄산수소칼륨 + 요소 ($KHCO_3 + (NH_2)_2CO$) | 회(백)색 | $2KHCO_3 + (NH_2)_2CO \rightarrow K_2CO_3 + 2NH_3 + 2CO_2$ | BC급 |

• 탄산수소나트륨=중탄산나트륨
• 탄산수소칼륨=중탄산칼륨
• 제1인산암모늄=인산암모늄=인산염
• 탄산수소칼륨+요소=중탄산칼륨+요소

## 05 할론(Halon) 1301의 분자식은?

① $CH_3Cl$
② $CH_3Br$
③ $CF_3Cl$
④ $CF_3Br$

**해설** 할론소화약제의 약칭 및 분자식

| 종류 | 약칭 | 분자식 |
|---|---|---|
| 할론 1011 | CB | $CClBrH_2$ |
| 할론 104 | CTC | $CCl_4$ |
| 할론 1211 | BCF | $CF_2ClBr(CClF_2Br)$ |
| 할론 1301 | BTM | $CF_3Br$ |
| 할론 2402 | FB | $C_2F_4Br_2$ |

## 06 소화약제의 방출수단에 대한 설명으로 가장 옳은 것은?

① 액체 화학반응을 이용하여 발생되는 열로 방출한다.
② 기체의 압력으로 폭발, 기화작용 등을 이용하여 방출한다.
③ 외기의 온도, 습도, 기압 등을 이용하여 방출한다.
④ 가스압력, 동력, 사람의 손 등에 의하여 방출한다.

**해설** 소화약제의 방출수단
㉠ 가스압력($CO_2$, $N_2$ 등)
㉡ 동력(전동기 등)
㉢ 사람의 손

## 07 다음 중 가연성 가스가 아닌 것은?

① 일산화탄소
② 프로판
③ 아르곤
④ 수소

**해설** 가연성 가스와 지연성 가스

| 가연성 가스 | 지연성 가스(조연성 가스) |
|---|---|
| • 수소<br>• 메탄<br>• 일산화탄소<br>• 천연가스<br>• 부탄<br>• 에탄<br>• 암모니아<br>• 프로판 | • 산소<br>• 공기<br>• 염소<br>• 오존<br>• 불소 |

## 08 1기압, 100[℃]에서의 물 1g의 기화잠열은 약 몇 [cal]인가?

① 425[cal]
② 539[cal]
③ 647[cal]
④ 734[cal]

**해설** 물($H_2O$)

| 기화잠열(증발잠열) | 융해잠열 |
|---|---|
| 539[cal/g] | 80[cal/g] |

## 09 건축물의 화재 시 피난자들의 집중으로 패닉(panic) 현상이 일어날 수 있는 피난방향은?

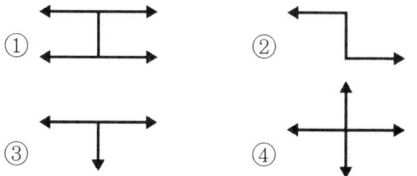

**해설** 피난형태

| 형태 | 피난방향 | 상황 |
|---|---|---|
| X형 |  | 확실한 피난통로가 보장되어 신속한 피난이 가능하다. |
| Y형 |  | |
| CO형 |  | 피난자들의 집중으로 패닉(panic)현상이 일어날 수 있다. |
| H형 |  | |

**정답** 05.④ 06.④ 07.③ 08.② 09.①

**10** 연기의 감광계수(m⁻¹)에 대한 설명으로 옳은 것은?

① 0.5는 거의 앞이 보이지 않을 정도이다.
② 10은 화재 최성기 때의 농도이다.
③ 0.5는 가시거리가 20~30[m] 정도이다.
④ 10은 연기감지기가 작동하기 직전의 농도이다.

**해설** 연기의 농도에 따른 상황

| 감광계수 | 가시거리 | 상황설명 |
|---|---|---|
| 0.1Cs(m⁻¹) | 20~30[m] | • 희미하게 연기가 감도는 정도의 농도<br>• 연기감지기가 작동되는 농도<br>• 건물구조에 익숙하지 않은 사람이 피난에 지장을 받을 수 있는 농도 |
| 0.3Cs(m⁻¹) | 5[m] | 건물구조를 잘 아는 사람이 피난에 지장을 받을 수 있는 농도 |
| 0.5Cs(m⁻¹) | 3[m] | 약간 어두운 정도의 농도 |
| 1.0Cs(m⁻¹) | 1~2[m] | 전방이 거의 보이지 않을 정도의 농도 |
| 10Cs(m⁻¹) | 수십[cm] | • 최성기 때 화재층의 연기 농도<br>• 유도등도 보이지 않는 암흑상태의 농도 |
| 30Cs(m⁻¹) | - | 출화실에서 연기가 배출될 때의 농도 |

**11** 위험물의 저장 방법으로 틀린 것은?

① 금속나트륨 – 석유류에 저장
② 이황화탄소 – 수조 물탱크에 저장
③ 알킬알루미늄 – 벤젠액에 희석하여 저장
④ 산화프로필렌 – 구리 용기에 넣고 불연성 가스를 봉입하여 저장

**해설** 물질에 따른 저장장소

| 물 질 | 저장장소 |
|---|---|
| 황린, 이황화탄소($CS_2$) | 물속 |
| 나이트로셀룰로오스 | 알코올 속 |
| 칼륨(K), 나트륨(Na), 리튬(Li) | 석유류(등유) 속 |
| 알킬알루미늄 | 벤젠액 속 |
| 아세틸렌($C_2H_2$) | 디메틸포름아미드(DMF), 아세톤에 용해 |

**12** 건축방화계획에서 건축구조 및 재료를 불연화하여 화재를 미연에 방지하고자 하는 공간적 대응 방법은?

① 회피성 대응   ② 도피성 대응
③ 대항성 대응   ④ 설비적 대응

**해설**

(1) 공간적 대응

| 종 류 | 설 명 |
|---|---|
| 대항성 | 내화성능·방연성능·초기 소화대응 등의 화재사상의 저항능력 |
| 회피성 | 불연화·난연화·내장제한·구획의 세분화·방화훈련(소방훈련)·불조심 등 출화유발·확대 등을 저감시키는 예방조치 강구 |
| 도피성 | 화재가 발생한 경우 안전하게 피난할 수 있는 시스템 |

(2) 설비적 대응 : 화재에 대응하여 설치하는 소화설비, 경보설비, 피난설비, 소화활동설비 등의 제반소방시설

**13** 할론 가스 45kg과 함께 기동가스로 질소 2kg을 충전하였다. 이때 질소가스의 몰분율은? (단, 할론 가스의 분자량은 149이다)

① 0.19   ② 0.24
③ 0.31   ④ 0.39

**해설** 몰분율

$$몰분율 = \frac{어떤\ 성분의\ 몰수}{전체\ 몰수}$$

$$몰수 = \frac{질량(kg)}{분자량(kg/kmol)}$$

㉠ 할론가스의 몰수 $= \dfrac{질량(kg)}{분자량(kg/kmol)}$

$= \dfrac{45(kg)}{149(kg/kmol)} ≒ 0.3(kmol)$

㉡ 질소가스의 몰수 $= \dfrac{질량(kg)}{분자량(kg/kmol)}$

$= \dfrac{2(kg)}{28(kg/kmol)} ≒ 0.07(kmol)$

**정답** 10.② 11.④ 12.① 13.①

$$\text{질소가스의 몰분율} = \frac{\text{질소의 몰수}}{\text{전체 몰수}}$$
$$= \frac{0.07(\text{kmol})}{(0.3+0.07)(\text{kmol})}$$
$$= 0.189$$
$$\fallingdotseq 0.19$$

**14** 다음 중 착화온도가 가장 낮은 것은?

① 에틸알코올
② 톨루엔
③ 등유
④ 가솔린

**해설**

| 물 질 | 인화온도 | 착화온도 |
|---|---|---|
| 프로필렌 | $-107[℃]$ | $497[℃]$ |
| 에틸에테르<br>디에틸에테르 | $-45[℃]$ | $180[℃]$ |
| 가솔린(휘발유) | $-43[℃]$ | $300[℃]$ |
| 이황화탄소 | $-30[℃]$ | $100[℃]$ |
| 아세틸렌 | $-18[℃]$ | $335[℃]$ |
| 아세톤 | $-18[℃]$ | $538[℃]$ |
| 톨루엔 | $4.4[℃]$ | $480[℃]$ |
| 에틸알코올 | $13[℃]$ | $423[℃]$ |
| 아세트산 | $40[℃]$ | $-$ |
| 등유 | $43\sim72[℃]$ | $210[℃]$ |
| 경유 | $50\sim70[℃]$ | $200[℃]$ |
| 적린 | $-$ | $260[℃]$ |

※ 착화온도＝착화점＝발화온도＝발화점

**15** B급 화재 시 사용할 수 없는 소화방법은?

① $CO_2$ 소화약제로 소화한다.
② 봉상주수로 소화한다.
③ 3종 분말약제로 소화한다.
④ 단백포로 소화한다.

**해설** B급 화재 시 소화방법
㉠ $CO_2$ 소화약제(이산화탄소소화약제)
㉡ 분말약제(1~4종)
㉢ 포(단백포, 수성막포 등 모든 포)
㉣ 할론 소화약제
㉤ 할로겐 화합물 및 불활성기체소화약제
㉻ 봉상주수는 연소면(화재면)이 확대되어 B급 화재에는 오히려 더 위험하다.

**16** 가연물의 제거와 가장 관련이 없는 소화방법은?

① 촛불을 입김으로 불어서 끈다.
② 산불 화재 시 나무를 잘라 없앤다.
③ 팽창 진주암을 사용하여 진화한다.
④ 가스화재 시 중간밸브를 잠근다.

**해설** 팽창진주암 사용은 피복, 질식소화이다.

**17** 유류 저장탱크의 화재에서 일어날 수 있는 현상이 아닌 것은?

① 플래시 오버(Flash Over)
② 보일 오버(Boil Over)
③ 슬롭 오버(Slop Over)
④ 프로스 오버(Froth Over)

**해설** ㉠ 보일 오버(Boil over) 현상
유류탱크 화재 시 액체 위험물 밑 부분에 존재하고 있는 물이 열파에 의해 비점 이상으로 되어 급격히 증발하면서 가연성 액체를 탱크 밖으로 비산시키는 현상
㉡ 슬롭 오버(Slop over) 현상
액체 위험물 화재 시 화재의 계속 진행에 의해 연소 유면이 가열된 상태에서 물이 포함되어 있는 소화약제를 방사할 경우 물이 갑자기 기화하면서 액체위험물을 탱크 밖으로 비산시키는 현상
㉢ 프로스 오버(Floth over) 현상
화재 이외의 경우에 발생할 수 있는 현상으로 점도가 높은 유류를 저장하는 탱크의 바닥에 있는 수분이 어떤 원인에 의해 비등하면서 액체위험물과 물이 넘치는 현상

정답 14.③ 15.② 16.③ 17.①

**18** 분말소화약제 중 탄산수소칼륨($KHCO_3$)과 요소($CO(NH_2)_2$)와의 반응물을 주성분으로 하는 소화약제는?

① 제1종 분말  ② 제2종 분말
③ 제3종 분말  ④ 제4종 분말

**해설** 분말소화약제(질식효과)

| 종 별 | 분자식 | 착 색 | 적응화재 | 비 고 |
|---|---|---|---|---|
| 제1종 | 탄산수소나트륨 ($NaHCO_3$) | 백색 | BC급 | 식용유 및 지방질유의 화재에 적합 |
| 제2종 | 탄산수소칼륨 ($KHCO_3$) | 담자색 (담회색) | BC급 | – |
| 제3종 | 제1인산암모늄 ($NH_4H_2PO_4$) | 담홍색 | ABC급 | 차고·주차장에 적합 |
| 제4종 | 탄산수소칼륨+요소 ($KHCO_3+(NH_2)_2CO$) | 회(백)색 | BC급 | – |

**19** 소화효과를 고려하였을 경우 화재 시 사용할 수 있는 물질이 아닌 것은?

① 이산화탄소  ② 아세틸렌
③ Halon 1211  ④ Halon 1301

**해설** 소화약제
㉠ 물
㉡ 이산화탄소
㉢ 할론 소화약제(Halon 1301, Halon 1211 등)
㉣ 할로겐 화합물 및 불활성기체 소화약제
㉤ 포

② 아세틸렌($C_2H_2$) : 가연성 가스로서 화재 시 사용하면 화재가 더 확대된다.

**20** 인화성 액체의 연소점, 인화점, 발화점을 온도가 높은 것부터 옳게 나열한 것은?

① 발화점 > 연소점 > 인화점
② 연소점 > 인화점 > 발화점
③ 인화점 > 발화점 > 연소점
④ 인화점 > 연소점 > 발화점

**해설** 인화성 액체의 온도가 높은 순서
발화점 > 연소점 > 인화점

**정답** 18.④ 19.② 20.①

# 2017 제2회 소방설비기사[기계분야] 1차 필기

[제1과목 : 소방원론]

**01** 화재 시 이산화탄소를 사용하여 화재를 진압하려고 할 때 산소의 농도를 13[vol%]로 낮추어 화재를 진압하려면 공기 중 이산화탄소의 농도는 약 몇 [vol%]가 되어야 하는가?

① 18.1[vol%]　　② 28.1[vol%]
③ 38.1[vol%]　　④ 48.1[vol%]

**해설**

$$CO_2 = \frac{21 - O_2}{21} \times 100$$

여기서, $CO_2$ : $CO_2$의 농도(vol%)
　　　　$O_2$ : $O_2$의 농도(vol%)

$$CO_2 = \frac{21 - O_2}{21} \times 100$$

$$CO_2 = \frac{21 - 13}{21} \times 100 ≒ 38.1[vol\%]$$

**02** 건물화재의 표준시간-온도곡선에서 화재발생 후 1시간이 경과할 경우 내부 온도는 약 몇 [℃] 정도 되는가?

① 225[℃]
② 625[℃]
③ 840[℃]
④ 925[℃]

**해설** 시간경과시의 온도

| 경과시간 | 온도 |
|---|---|
| 30분 후 | 840[℃] |
| 1시간 후 | 925~950[℃] |
| 2시간 후 | 1010[℃] |

**03** 프로판 50vol%, 부탄 40vol%, 프로필렌 10vol%로 된 혼합가스의 폭발하한계는 약 vol%인가? (단, 각 가스의 폭발하한계는 프로판은 2.2vol%, 부탄은 1.9vol% 프로필렌은 2.4vol%이다.)

① 0.83[vol%]
② 2.09[vol%]
③ 5.05[vol%]
④ 9.44[vol%]

**해설**

$$\frac{100}{L} = \frac{V_1}{L_1} + \frac{V_2}{L_2} + \frac{V_3}{L_3}$$

$$\frac{100}{L} = \frac{50}{2.2} + \frac{40}{1.9} + \frac{10}{2.4}$$

$$\frac{100}{\frac{50}{2.2} + \frac{40}{1.9} + \frac{10}{2.4}} = L$$

$$L = \frac{100}{\frac{50}{2.2} + \frac{40}{1.9} + \frac{10}{2.4}} ≒ 2.09[vol\%]$$

**04** 유류탱크에 화재 시 발생하는 슬롭 오버(Slop over)현상에 관한 설명으로 틀린 것은?

① 소화 시 외부에서 방사하는 포에 의해 발생한다.
② 연소유가 비산되어 탱크 외부까지 화재가 확산된다.
③ 탱크의 바닥에 고인 물의 비등 팽창에 의해 발생한다.
④ 연소면의 온도가 100[℃] 이상일 때 물을 주수하면 발생된다.

정답　01.③　02.④　03.②　04.③

해설
⊙ 보일 오버(Boil over) 현상
유류탱크 화재 시 액체 위험물 밑 부분에 존재하고 있는 물이 열파에 의해 비점 이상으로 되어 급격히 증발하면서 가연성 액체를 탱크 밖으로 비산시키는 현상
ⓒ 슬롭 오버(Slop over) 현상
액체 위험물 화재 시 화재의 계속 진행에 의해 연소유면이 가열된 상태에서 물이 포함되어 있는 소화약제를 방사할 경우 물이 갑자기 기화하면서 액체위험물을 탱크 밖으로 비산시키는 현상
ⓒ 프로스 오버(Floth over) 현상
화재 이외의 경우에 발생할 수 있는 현상으로 점도가 높은 유류를 저장하는 탱크의 바닥에 있는 수분이 어떤 원인에 의해 비등하면서 액체위험물과 물이 넘치는 현상

**05** 에테르, 케톤, 에스테르, 알데히드, 카르복시산, 아민 등과 같은 가연성인 수용성 용매에 유효한 포 소화약제는?

① 단백포
② 수성막포
③ 불화단백포
④ 내알코올포

해설 내알코올형포(알코올포)
⊙ 알코올류 위험물(메탄올)의 소화에 사용
ⓒ 수용성 유류화재(아세트알데히드, 에스테르류)에 사용 : 수용성 용매에 사용
ⓒ 가연성 액체에 사용

**06** 화재의 소화원리에 따른 소화방법의 적용으로 틀린 것은?

① 냉각소화 : 스프링클러설비
② 질식소화 : 이산화탄소소화설비
③ 제거소화 : 포소화설비
④ 억제소화 : 할론소화설비

해설 화재의 소화원리에 따른 소화방법

| 소화원리 | 소화설비 |
| --- | --- |
| 냉각소화 | ① 스프링클러설비<br>② 옥내·외소화전설비 |
| 질식소화 | ① 이산화탄소소화설비<br>② 포소화설비<br>③ 분말소화설비<br>④ 불활성기체소화설비 |
| 억제소화<br>(부촉매효과) | ① 할론소화설비<br>② 할로겐화합물소화설비 |

**07** 동식물유류에서 "요오드값이 크다."라는 의미를 옳게 설명한 것은?

① 불포화도가 높다.
② 불건성유이다.
③ 자연발화성이 낮다.
④ 산소와의 결합이 어렵다.

해설 "요오드값이 크다."라는 의미
⊙ 불포화도가 높다.
ⓒ 건성유이다.
ⓒ 자연발화성이 높다.
ⓔ 산소화 결합이 쉽다.
※ 요오드값 : 기름 100[g]에 첨가되는 요오드의 g수

**08** 다음 중 연소 시 아황산가스를 발생시키는 것은?

① 적린
② 황
③ 트리에틸알루미늄
④ 황린

해설

$$S + O_2 \rightarrow SO_2$$
황　　산소　　아황산가스

**09** 탄화칼슘이 물과 반응할 때 발생되는 기체는?

① 일산화탄소
② 아세틸렌
③ 황화수소
④ 수소

정답 05.④ 06.③ 07.① 08.② 09.②

**해설** 탄화칼슘과 물의 반응식

$$CaC_2 + 2H_2O \rightarrow Ca(OH)_2 + C_2H_2 \uparrow$$
탄화칼슘    물    수산화칼슘   아세틸렌

**10** 주성분이 인산염류인 제3종 분말소화약제가 다른 분말소화약제와 다르게 A급 화재에 적용할 수 있는 이유는?

① 열분해 생성물인 $CO_2$가 열을 흡수하므로 냉각에 의하여 소화된다.
② 열분해 생성물인 수증기가 산소를 차단하여 탈수작용 한다.
③ 열분해 생성물인 메타인산($HPO_3$)이 산소의 차단 역할을 하므로 소화가 된다.
④ 열분해 생성물인 암모니아가 부촉매 작용을 하므로 소화가 된다.

**해설** 제3종 분말의 열분해 생성물
㉠ $H_2O$(물)
㉡ $NH_3$(암모니아)
㉢ $HPO_3$(메타인산) : 산소 차단

**11** 표면온도가 300℃에서 안전하게 작동하도록 설계된 히터의 표면온도가 360℃로 상승하면 300℃에 비하여 약 몇 배의 열을 방출할 수 있는가?

① 1.1배   ② 1.5배
③ 2.0배   ④ 2.5배

**해설** 스테판-볼츠만의 법칙(Stefan-Bolzman's law)

$$\frac{Q_2}{Q_1} = \frac{(273+t_2)^4}{(273+t_1)^4} = \frac{(273+360)^4}{(273+300)^4} \fallingdotseq 1.5배$$

**12** 화재를 소화하는 방법 중 물리적 방법에 의한 소화가 아닌 것은?

① 억제소화   ② 제거소화
③ 질식소화   ④ 냉각소화

**해설** 억제소화는 화학적 소화방법이다.

**13** 위험물의 유별 성질이 자연발화성 및 금수성 물질은 제 몇 류 위험물인가?

① 제1류 위험물   ② 제2류 위험물
③ 제3류 위험물   ④ 제4류 위험류

**해설** 위험물의 유별 공통성질
㉠ 제1류 위험물 : 산화성 고체
㉡ 제2류 위험물 : 가연성 고체
㉢ 제3류 위험물 : 자연발화성 물질 및 금수성 물질
㉣ 제4류 위험물 : 인화성 액체
㉤ 제5류 위험물 : 자기연소성(반응성) 물질
㉥ 제6류 위험물 : 산화성 액체

**14** 다음 중 열전도율이 가장 작은 것은?

① 알루미늄   ② 철재
③ 은         ④ 암면(광물섬유)

**해설** 27℃에서 물질의 열전도율

| 물 질 | 열전도율 |
|---|---|
| 암면(광물섬유) | 0.046[W/m·℃] |
| 철재 | 80.3[W/m·℃] |
| 알루미늄 | 273[W/m·℃] |
| 은 | 427[W/m·℃] |

**15** 건축물의 피난동선에 대한 설명으로 틀린 것은?

① 피난동선은 가급적 단순한 형태가 좋다.
② 피난동선은 가급적 상호 반대방향으로 다수의 출구와 연결되는 것이 좋다.
③ 피난동선은 수평동선과 수직동선으로 구분된다.
④ 피난동선은 복도, 계단을 제외한 엘리베이터와 같은 피난전용의 통행구조를 말한다.

**해설** 피난동선의 특성
㉠ 가급적 단순형태가 좋다.
㉡ 수평동선과 수직동선으로 구분한다.
㉢ 가급적 상호 반대방향으로 다수의 출구와 연결되는 것이 좋다.
㉣ 어느 곳에서도 2개 이상의 방향으로 피난할 수 있으며, 그 말단은 화재로부터 안전한 장소이어야 한다.

**정답** 10.③ 11.② 12.① 13.③ 14.④ 15.④

④ 피난동선 : 복도·통로·계단과 같은 피난전용의 통행구조

**16** 공기와 할론 1301의 혼합기체에서 할론 1301에 비해 공기의 확산속도는 약 몇 배인가? (단, 공기의 평균분자량은 29, 할론 1301의 분자량은 149이다)

① 2.27배
② 3.85배
③ 5.17배
④ 6.46배

**해설** 그레이엄의 확산속도법칙

$$\frac{V_B}{V_A} = \sqrt{\frac{M_A}{M_B}}$$

여기서, $V_A$ : 공기의 확산속도(m/s)
$V_B$ : 할론 1301의 확산속도(m/s)
$M_A$ : 공기의 분자량
$M_B$ : 할론 1301의 분자량

$\frac{V_B}{V_A} = \sqrt{\frac{M_A}{M_B}}$ 는 $\boxed{\frac{V_A}{V_B} = \sqrt{\frac{M_B}{M_A}}}$ 로 쓸 수 있으므로

∴ $\frac{V_A}{V_B} = \sqrt{\frac{M_B}{M_A}} = \sqrt{\frac{149}{29}} = 2.27$ 배

**17** 내화구조의 기준 중 벽의 경우 벽돌조로서 두께가 최소 몇 cm 이상이어야 하는가?

① 5
② 10
③ 12
④ 19

**해설** 내화구조의 벽
㉠ 철근콘크리트조 또는 철골콘크리트조로서 두께가 10[cm] 이상인 것
㉡ 골구를 철골조로 하고 그 양면을 두께 4[cm] 이상의 철망모르타르 또는 두께 5[cm] 이상의 콘크리트블록·벽돌 또는 석재로 덮은 것
㉢ 철재로 보강된 콘크리트블록조·벽돌조 또는 석조로서 철재에 덮은 콘크리트 블록의 두께가 5cm 이상인 것
㉣ 벽돌조로서 두께가 19[cm] 이상인 것
㉤ 고온·고압의 증기로 양생된 경량기포 콘크리트판넬 또는 경량기포 콘크리트블록조로서 두께가 10[cm] 이상인 것

**18** 가연물이 연소가 잘 되기 위한 구비조건으로 틀린 것은?

① 열전도율이 클 것
② 산소와 화학적으로 친화력이 클 것
③ 표면적이 클 것
④ 활성화에너지가 작을 것

**해설** 가연물이 연소하기 쉬운 조건
㉠ 산소와 친화력이 클 것
㉡ 발열량이 클 것
㉢ 표면적이 넓을 것
㉣ 열전도율이 작을 것
㉤ 활성화에너지가 작을 것
㉥ 연쇄반응을 일으킬 수 있을 것
㉦ 산소가 포함된 유기물일 것

**19** 질식소화 시 공기 중의 산소농도는 일반적으로 약 몇 [vol%] 이하로 하여야 하는가?

① 25[vol%]
② 21[vol%]
③ 19[vol%]
④ 15[vol%]

**해설** 소화형태

| 소화형태 | 설 명 |
| --- | --- |
| 냉각소화 | • 점화원을 냉각하여 소화하는 방법<br>• 증발잠열을 이용하여 열을 빼앗아 가연물의 온도를 떨어뜨려 화재를 진압하는 소화<br>• 다량의 물을 뿌려 소화하는 방법 |
| 질식소화 | • 공기 중의 산소농도를 16[vol%](또는 15[vol%]) 이하로 희박하게 하여 소화하는 방법 |
| 제거소화 | • 가연물을 제거하여 소화하는 방법 |
| 부촉매소화 (=화학소화) | • 연쇄반응을 차단하여 소화하는 방법 |
| 희석소화 | • 기체·고체·액체에서 나오는 분해가스나 증기의 농도를 낮춰 소화하는 방법 |

정답  16.① 17.④ 18.① 19.④

**20** 다음 원소 중 수소와의 결합력이 가장 큰 것은?

① F  ② Cl
③ Br  ④ I

**해설** 할로겐화합물소화약제
  ㉠ 부촉매효과(소화능력) 크기 : I>Br>Cl>F
  ㉡ 전기음성도(친화력, 결합력) 크기 : F>Cl>Br>I
  ※ 전기음성도 크기=수소와의 결합력 크기

정답 20.①

# 2017년 제4회 소방설비기사[기계분야] 1차 필기

[제1과목 : 소방원론]

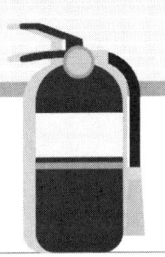

**01** 목재 화재 시 다량의 물을 뿌려 소화할 경우 기대되는 주된 소화효과는?

① 제거효과　② 냉각효과
③ 부촉매효과　④ 희석효과

**해설** 다량의 물 : 냉각소화

**02** 포소화약제 중 고팽창포로 사용할 수 있는 것은?

① 단백포　② 불화단백포
③ 내알코올포　④ 합성계면활성제포

**해설** 포소화약제

| 저팽창포 | 고팽창포 |
|---|---|
| • 단백포소화약제<br>• 수성막포소화약제<br>• 내알코올형포소화약제<br>• 불화단백포소화약제<br>• 합성계면활성제포소화약제 | • 합성계면활성제포소화약제 |

**03** FM-200이라는 상품명을 가지며 오존파괴 지수(ODP)가 0인 할론 대체 소화약제는 무슨 계열인가?

① HFC 계열　② HCFC 계열
③ FC 계열　④ Blend 계열

**해설** 할로겐화합물 및 불활성기체 소화약제의 종류(NFSC 107A 4조)

| 계열 | 소화약제 | 상품명 | 화학식 |
|---|---|---|---|
| FC | 퍼플루오로부탄<br>(FC-3-1-10) | CEA-410 | $C_4F_{10}$ |
| HFC | 트리플루오로메탄<br>(HFC-23) | FE-13 | $CHF_3$ |
| | 펜타플루오로에탄<br>(HFC-125) | FE-25 | $CHF_2CF_3$ |
| | 헵타플루오로프로판<br>(HFC-227ea) | FM-200 | $CF_3CHFCF_3$ |
| HCFC | 클로로테트라플루오로에탄<br>(HCFC-124) | FE-241 | $CHClFCF_3$ |
| | 하이드로클로로플루오로카본혼합제<br>(HCFC BLEND A) | NAF S-Ⅲ | • $C_{10}H_{16}$ : 3.75%<br>• HCFC-123 ($CHCl_2CF_3$) : 4.75%<br>• HCFC-124 ($CHClFCF_3$) : 9.5%<br>• HCFC-22 ($CHClF_2$) : 82% |
| IG | 불연성·불활성 기체혼합가스<br>(IG-541) | Inergen | • $CO_2$ : 8%<br>• Ar : 40%<br>• $N_2$ : 52% |

**04** 화재 시 소화에 관한 설명으로 틀린 것은?

① 내알코올포 소화약제는 수용성용제의 화재에 적합하다.
② 물은 불에 닿을 때 증발하면서 다량의 열을 흡수하여 소화한다.
③ 제3종 분말소화약제는 식용유화재에 적합하다.
④ 할로겐화합물 소화약제는 연쇄반응을 억제하여 소화한다.

**해설** 분말소화약제

| 종별 | 주성분 | 착색 | 적응<br>화재 | 비고 |
|---|---|---|---|---|
| 제1종 | 중탄산나트륨<br>($NaHCO_3$) | 백색 | BC급 | 식용유 및 지방질유의 화재에 적합 |

**정답**　01.②　02.④　03.①　04.③

| | | | | |
|---|---|---|---|---|
| 제2종 | 중탄산칼륨 (KHCO₃) | 담자색 (담회색) | BC급 | - |
| 제3종 | 제1인산암모늄 (NH₄H₂PO₄) | 담홍색 (황색) | ABC급 | 차고·주차장에 적합 |
| 제4종 | 중탄산칼륨+요소 (KHCO₃+ (NH₂)₂CO) | 회(백)색 | BC급 | - |

③ 제3종 → 제1종

**05** 화재의 종류에 따른 분류가 틀린 것은?

① A급 : 일반화재  ② B급 : 유류화재
③ C급 : 가스화재  ④ D급 : 금속화재

**해설** 화재의 종류

| 화재의 분류 | | 소화기표시색 | 소화방법 |
|---|---|---|---|
| A급 | 일반화재 | 백색 | 냉각효과 |
| B급 | 유류화재 | 황색 | 질식효과 |
| C급 | 전기화재 | 청색 | 질식효과 |
| D급 | 금속화재 | - | 건조사피복 |
| E급 | 가스화재 | - | 질식효과 |
| K급 | 주방화재 | - | 질식효과 |

**06** 휘발유의 위험성에 관한 설명으로 틀린 것은?

① 일반적인 고체 가연물에 비해 인화점이 낮다.
② 상온에서 가연성 증기가 발생한다.
③ 증기는 공기보다 무거워 낮은 곳에 체류한다.
④ 물보다 무거워 화재발생 시 물분무소화는 효과가 없다.

**해설** 물보다 가벼우며 분무주수 시 유화효과 이용

**07** 질소 79.2[vol%], 산소 20.8[vol%]로 이루어진 공기의 평균분자량은?

① 15.44  ② 20.21
③ 28.83  ④ 36.00

**해설** 질소 $N_2$ : $14 \times 2 \times 0.792 = 22.176$
산소 $O_2$ : $16 \times 2 \times 0.208 = 6.656$

공기의 평균분자량 $= 28.832 ≒ 28.83$

**08** 고비점 유류의 탱크화재 시 열유층에 의해 탱크 아래의 물이 비등·팽창하여 유류를 탱크 외부로 분출시켜 화재를 확대시키는 현상은?

① 보일 오버(Boil over)
② 롤 오버(Roll over)
③ 백 드래프트(Back draft)
④ 플래시 오버(Flash over)

**해설** 보일 오버(Boil over)
㉠ 중질유의 탱크에서 장시간 조용히 연소하다 탱크 내의 잔존기름이 갑자기 분출하는 현상
㉡ 유류탱크에서 탱크바닥에 물과 기름의 에멀션이 섞여 있을 때 이로 인하여 화재가 발생하는 현상
㉢ 연소유면으로부터 100[℃] 이상의 열파가 탱크 저부에 고여 있는 물을 비등하게 하면서 연소유를 탱크 밖으로 비산시키며 연소하는 현상
㉣ 고비점 유류의 탱크화재 시 열유층에 의해 탱크 아래의 물이 비등·팽창하여 유류를 탱크 외부로 분출시켜 화재를 확대시키는 현상

**09** 전기불꽃, 아크 등이 발생하는 부분을 기름 속에 넣어 폭발을 방지하는 방폭구조는?

① 내압 방폭구조  ② 유입 방폭구조
③ 안전증 방폭구조  ④ 특수 방폭구조

**해설** 방폭구조의 종류
㉠ 내압(耐壓) 방폭구조
용기 내부에서 가연성 가스를 폭발시켰을 때 그 폭발 압력에 견딜 수 있는 특수한 구조로 설계하는 것으로 가장 많이 이용되고 있는 방식이다.
㉡ 압력(壓力) 방폭구조
용기 내부에 불활성 가스 등을 압입시켜 외부의 폭발성 가스의 유입을 방지하는 구조로 내압의 유지방식에 따라 통풍식, 봉입식, 밀봉식으로 구분한다.
㉢ 유입 방폭구조
전기불꽃이 발생될 우려가 있는 부분을 기름 속에 넣어 폭발성 가스와 격리시키는 구조

ⓔ 충전 방폭구조
전기불꽃이 발생될 우려가 있는 부분을 석영가루나 유리입자 등의 충전물로 완전히 덮어 폭발성 가스와 격리시키는 구조

ⓜ 몰드 방폭구조
전기불꽃이 발생될 우려가 있는 부분을 절연성이 있는 콤파운드로 포입하는 구조

ⓗ 안전증 방폭구조
전기불꽃 발생부나 고온부가 존재하지 않는 구조로서 특별히 안전도를 증가시켜 고장을 일으키지 않도록 한 구조

ⓢ 본질안전 방폭구조
안전지역과 위험지역 사이에 안전장치를 설치하여 위험지역으로 유입되는 전압과 전류를 제거하여 폭발을 일으킬 수 있는 최소 에너지보다 작게 하는 구조

## 10. 할로겐원소의 소화효과가 큰 순서대로 배열된 것은?

① I > Br > Cl > F
② Br > I > F > Cl
③ Cl > F > I > Br
④ F > Cl > Br > I

**해설** 할로겐화합물소화약제

| 부촉매효과(소화효과) 크기 | 전기음성도(친화력) 크기 |
|---|---|
| I > Br > Cl > F | F > Cl > Br > I |

- 소화효과=소화능력
- 전기음성도 크기=수소와의 결합력 크기

## 11. 이산화탄소 20g은 몇 mol인가?

① 0.23mol    ② 0.45mol
③ 2.2mol     ④ 4.4mol

**해설** 비례식으로 풀면 44g : 1mol = 20g : $x$

$x = \dfrac{20g}{44g} \times 1mol ≒ 0.45mol$

이산화탄소 $CO_2 = 12 + 16 \times 2 = 44g/mol$
그러므로 이산화탄소는 44g=1mol이다.

## 12. 공기 중에서 연소범위가 가장 넓은 물질은?

① 수소           ② 이황화탄소
③ 아세틸렌       ④ 에테르

**해설** 공기 중의 폭발한계(상온, 1atm)

| 가 스 | 하한계(vol%) | 상한계(vol%) |
|---|---|---|
| 아세틸렌($C_2H_2$) | 2.5 | 81 |
| 수소($H_2$) | 4 | 75 |
| 일산화탄소(CO) | 12.5 | 74 |
| 에테르(($C_2H_5)_2O$) | 1.9 | 48 |
| 이황화탄소($CS_2$) | 1.2 | 44 |
| 에틸렌($CH_2=CH_2$) | 3.1 | 32 |
| 암모니아($NH_3$) | 15 | 28 |
| 메탄($CH_4$) | 5 | 15 |
| 에탄($C_2H_6$) | 3 | 12.4 |
| 프로판($C_3H_8$) | 2.1 | 9.5 |
| 부탄($C_4H_{10}$) | 1.8 | 8.4 |
| 가솔린($C_5H_{12} \sim C_9H_{20}$) | 1.4 | 7.6 |

## 13. 건축물에 설치하는 방화벽의 구조에 대한 기준 중 틀린 것은?

① 내화구조로서 홀로 설 수 있는 구조이어야 한다.
② 방화벽의 양쪽 끝은 지붕면으로부터 0.2[m] 이상 튀어 나오게 하여야 한다.
③ 방화벽의 위쪽 끝은 지붕면으로부터 0.5[m] 이상 튀어 나오게 하여야 한다.
④ 방화벽에 설치하는 출입문은 너비 및 높이가 각각 2.5[m] 이하인 60분+ 또는 60분 방화문을 설치하여야 한다.

**해설** 방화벽의 구조

| 대상 건축물 | • 주요구조부가 내화구조 또는 불연재료가 아닌 연면적 1,000[m²] 이상인 건축물 |
|---|---|
| 구획단지 | • 연면적 1,000[m²] 미만마다 구획 |
| 방화벽의 구조 | • 내화구조로서 홀로 설 수 있는 구조일 것<br>• 방화벽의 양쪽 끝과 위쪽 끝을 건축물의 외벽면 및 지붕면으로부터 0.5[m] 이상 튀어나오게 할 것<br>• 방화벽에 설치하는 출입문의 너비 및 높이는 각각 2.5[m] 이하로 하고 이에 60분+ 또는 60분 방화문을 설치할 것 |

**정답** 10.① 11.② 12.③ 13.②

## 14. 분말소화약제에 관한 설명 중 틀린 것은?

① 제1종 분말은 담홍색 또는 황색으로 착색되어 있다.
② 분말의 고화를 방지하기 위하여 실리콘 수지 등으로 방습처리 한다.
③ 일반화재에도 사용할 수 있는 분말소화약제는 제3종 분말이다.
④ 제2종 분말의 열분해식은 $2KHCO_3 \rightarrow K_2CO_3 + CO_2 + H_2O$이다.

**해설** 분말소화약제

| 종별 | 주성분 | 착색 | 적응화재 | 비고 |
|---|---|---|---|---|
| 제1종 | 중탄산나트륨 ($NaHCO_3$) | 백색 | BC급 | 식용유 및 지방질유의 화재에 적합 |
| 제2종 | 중탄산칼륨 ($KHCO_3$) | 담자색 (담회색) | BC급 | - |
| 제3종 | 제1인산암모늄 ($NH_4H_2PO_4$) | 담홍색 (황색) | ABC급 | 차고·주차장에 적합 |
| 제4종 | 중탄산칼륨+요소 ($KHCO_3$+$(NH_2)_2CO$) | 회(백)색 | BC급 | - |

## 15. 공기 중에서 자연발화 위험성이 높은 물질은?

① 벤젠     ② 톨루엔
③ 이황화탄소   ④ 트리에틸알루미늄

**해설** 제3류 위험물

| 제3류 | 자연발화성 물질 및 금수성 물질 | • 황린<br>• 칼륨<br>• 나트륨<br>• 알칼리토금속<br>• 트리에틸알루미늄 |
|---|---|---|

문제의도는 3류위험물을 묻는 문제임.

## 16. 제3류 위험물로서 자연발화성만 있고 금수성이 없기 때문에 물속에 보관하는 물질은?

① 염소산암모늄   ② 황린
③ 칼륨       ④ 질산

**해설** 물질에 따른 저장장소

| 물질 | 저장장소 |
|---|---|
| 황린, 이황화탄소($CS_2$) | 물 속 |
| 나이트로셀룰로오스 | 알코올 속 |
| 칼륨(K), 나트륨(Na), 리튬(Li) | 석유류(등유) 속 |
| 아세틸렌($C_2H_2$) | 디메틸포름아미드, 아세톤에 용해 |

## 17. 건물의 주요 구조부에 해당되지 않는 것은?

① 바닥    ② 천장
③ 기둥    ④ 주계단

**해설** 주요구조부
- 건축물의 골격을 유지하는 부분
- 종류 : 내력벽, 기둥, 바닥, 보, 지붕 및 주계단(다만, 사잇벽, 사잇기둥, 최하층바닥, 작은보, 차양, 옥외계단 등은 제외)

## 18. 폭발의 형태 중 화학적 폭발이 아닌 것은?

① 분해폭발    ② 가스폭발
③ 수증기폭발   ④ 분진폭발

**해설** 폭발의 종류

| 화학적 폭발 | 물리적 폭발 |
|---|---|
| • 가스폭발<br>• 유증기폭발<br>• 분진폭발<br>• 화약류의 폭발<br>• 산화폭발<br>• 분해폭발<br>• 중합폭발 | • 증기폭발<br>• 전선폭발<br>• 상전이폭발<br>• 압력방출에 의한 폭발 |

## 19. 연소확대 방지를 위한 방화구획과 관계없는 것은?

① 일반 승강기의 승강장 구획
② 층 또는 면적별 구획
③ 용도별 구획
④ 방화댐퍼

**해설** 연소확대 방지를 위한 방화구획
　㉠ 층 또는 면적별 구획
　㉡ 피난용 승강기의 승강로구획
　㉢ 위험용도별 구획(용도별 구획)
　㉣ 방화댐퍼 설치

　① 일반 승강기 → 피난용 승강기
　　 승강장 → 승강로

**20** 피난층에 대한 정의로 옳은 것은?
① 지상으로 통하는 피난계단이 있는 층
② 비상용 승강기의 승강장이 있는 층
③ 비상용 출입구가 설치되어 있는 층
④ 직접 지상으로 통하는 출입구가 있는 층

**해설** 피난층 : 직접 지상으로 통하는 출입구가 있는 층

정답 20.④

# 2018년 제1회 소방설비기사[기계분야] 1차 필기

[제1과목 : 소방원론]

**01** pH 9 정도의 물을 보호액으로 하여 보호액 속에 저장하는 물질은?

① 나트륨　　② 탄화칼슘
③ 칼륨　　　④ 황린

**해설**
- 물속에 저장 : 황린, 이황화탄소($CS_2$)
- 발화점 : 황린 34[℃], 이황화탄소 100[℃]

**02** 고분자 재료와 열적 특성의 연결이 옳은 것은?

① 폴리염화비닐 수지 – 열가소성
② 페놀 수지 – 열가소성
③ 폴리에틸렌 수지 – 열경화성
④ 멜라민 수지 – 열가소성

**해설** 합성수지의 분류
㉠ 열가소성 수지 : 가열하면 용융되어 액체로 되고 식으면 다시 굳어지는 수지로 화재 위험성이 크다.
　예) 폴리에틸렌, 폴리프로필렌, 폴리스티렌, 폴리염화비닐, 아크릴수지 등
㉡ 열경화성 수지 : 가열하여도 용융되지 않고 바로 분해되는 수지로 열가소성에 비해 화재의 위험성이 작다.
　예) 페놀수지, 요소수지, 멜라민수지

**03** 소화약제로 물을 사용하는 주된 이유는?

① 촉매역할을 하기 때문에
② 증발잠열이 크기 때문에
③ 연소작용을 하기 때문에
④ 제거작용을 하기 때문에

**해설** 물의 특성
㉠ 물의 비열은 1[kcal/kg℃]로 다른 약제에 비해 매우 크다.
㉡ 물의 증발잠열은 539[kcal/kg]이다.
㉢ 얼음의 융해잠열은 80[kcal/kg]이다.
㉣ 액체의 물이 기화 시 약 1,700배의 수증기가 된다.
㉤ 겨울철에 동결의 우려가 있으므로 동결방지조치를 강구해야 한다.
㉥ 인체에 독성이 없고 쉽게 구할 수 있다.
㉦ 일반적으로 전기화재에는 사용이 불가하다.

**04** 대두유가 침적된 기름걸레를 쓰레기통에 장시간 방치한 결과 자연발화에 의하여 화재가 발생한 경우 그 이유로 옳은 것은?

① 분해열 축적　　② 산화열 축적
③ 흡착열 축적　　④ 발효열 축적

**해설** ※ 자연발화 : 열축적
　　기름걸레 : 산화열 축적

[자연발화의 원인]
㉠ 분해열에 의한 발열 : 셀룰로이드류, 나이트로셀룰로오스 등
㉡ 산화열에 의한 발열 : 석탄, 건성유 등
㉢ 흡착열에 의한 발열 : 활성탄, 목탄 등
㉣ 미생물에 의한 발열 : 퇴비, 먼지 등
㉤ 중합열에 의한 발열 : 시안화수소 등

**05** 다음 그림에서 목조건물의 표준 화재 온도 시간 곡선으로 옳은 것은?

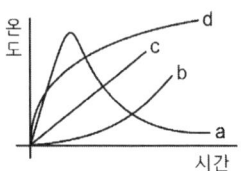

① a　　② b
③ c　　④ d

**정답** 01.④　02.①　03.②　04.②　05.①

해설
- d – 내화건축물(저온 장기) : 800[℃]
- a – 목조건축물(고온 단기) : 1300[℃]

**06** 포소화약제가 갖추어야 할 조건이 아닌 것은?
① 부착성이 있을 것
② 유동성과 내열성이 있을 것
③ 응집성과 안정성이 있을 것
④ 소포성이 있고 기화가 용이할 것

해설 소포성이 없고, 기화가 용이하지 않을 것

**07** 탄화칼슘이 물과 반응 시 발생하는 가연성 가스는?
① 메탄
② 포스핀
③ 아세틸렌
④ 수소

해설
㉠ 탄화칼슘 $CaC_2 + 2H_2O \rightarrow Ca(OH)_2 + C_2H_2$
㉡ 과산화칼륨 $2K_2O_2 + 2H_2O \rightarrow 4KOH + O_2$

**08** 건축물의 바깥쪽에 설치하는 피난계단의 구조 기준 중 계단의 유효너비는 몇 m 이상으로 하여야 하는가?
① 0.6[m]
② 0.7[m]
③ 0.8[m]
④ 0.9[m]

해설 계단의 유효너비는 0.9미터 이상으로 할 것

**09** 0[℃], 1[atm] 상태에서 부탄($C_4H_{10}$) 1[mol]을 완전연소시키기 위해 필요한 산소의 mol수는?
① 2
② 4
③ 5.5
④ 6.5

해설 $C_4H_{10} + \dfrac{13}{2}O_2 = 4CO_2 + 5H_2O$

**10** 상온, 상압에서 액체인 물질은?
① $CO_2$
② Halon 1301
③ Halon 1211
④ Halon 2402

해설

| 상온·상압에서 기체상태 | 상온·상압에서 액체상태 |
|---|---|
| Halon 1301($CF_3Br$) | Halon 1011($CClBrH_2$) |
| Halon 1211($CF_2ClBr$) | Halon 1040($CCl_4$) |
| $CO_2$ | Halon 2402($C_2F_4Br_2$) |

**11** MOC(Minimum Oxygen Concentration : 최소산소농도)가 가장 작은 물질은?
① 메탄
② 에탄
③ 프로판
④ 부탄

해설 MOC(최소산소농도)
= 산소 mol수 × 하한계(vol%)
㉠ 메탄
$CH_4 + 2O_2 \rightarrow CO_2 + 2H_2O$
MOC = 2 × 5 = 10[vol%]
㉡ 에탄
$C_2H_6 + \dfrac{7}{2}O_2 \rightarrow 2CO_2 + 3H_2O$
MOC = $\dfrac{7}{2}$ × 3 = 10.5[vol%]
㉢ 프로판
$C_3H_8 + 5O_2 \rightarrow 3CO_2 + 4H_2O$
MOC = 5 × 2.1 = 10.5[vol%]
㉣ 부탄
$C_4H_{10} + \dfrac{13}{2}O_2 \rightarrow 4CO_2 + 5H_2O$
MOC = $\dfrac{13}{2}$ × 1.8 = 11.7[vol%]

| 가연성 가스 | 하한계(vol%) | 상한계(vol%) |
|---|---|---|
| 아세틸렌 | 2.5 | 81 |
| 산화에틸렌 | 3 | 80 |
| 수소 | 4 | 75 |
| 일산화탄소 | 12.5 | 74 |
| 에테르 | 1.9 | 48 |
| 이황화탄소 | 1.2 | 44 |
| 에틸렌 | 2.7 | 36 |
| 암모니아 | 15 | 28 |
| 메탄 | 5 | 15 |
| 에탄 | 3 | 12.4 |
| 프로판 | 2.1 | 9.5 |
| 부탄 | 1.8 | 8.4 |

정답 06.④ 07.③ 08.④ 09.④ 10.④ 11.①

**12** 분진폭발의 위험성이 가장 낮은 것은?

① 알루미늄분　② 황
③ 팽창질석　　④ 소맥분

**해설** 분진폭발을 일으키지 않는 물질(=물과 반응하여 가연성 기체를 발생하지 않는 것)
㉠ 시멘트
㉡ 석회석
㉢ 탄산칼슘($CaCO_3$)
㉣ 생석회(CaO) = 산화칼슘
㉤ 팽창질석

**13** 소화의 방법으로 틀린 것은?

① 가연성 물질을 제거한다.
② 불연성 가스의 공기 중 농도를 높인다.
③ 산소의 공급을 원활히 한다.
④ 가연성 물질을 냉각시킨다.

**해설** ③ 원활히 한다(×) → 차단한다(○)
① 제거소화
② 희석소화
④ 냉각소화

**14** 수성막포 소화약제의 특성에 대한 설명으로 틀린 것은?

① 내열성이 우수하여 고온에서 수성막의 형성이 용이하다.
② 기름에 의한 오염이 적다.
③ 다른 소화약제와 병용하여 사용이 가능하다.
④ 불소계 계면활성제가 주성분이다.

**해설** • 내열성이 우수 : 단백포 소화약제

**15** 1기압상태에서, 100[℃] 물 1[g]이 모두 기체로 변할 때 필요한 열량은 몇 [cal]인가?

① 429[cal]　② 499[cal]
③ 539[cal]　④ 639[cal]

**해설**
• 기화잠열(증발잠열) : 539[cal/g](539[kcal/kg])
• 융해잠열 : 80[cal/g](80[kcal/kg])

**16** 다음 중 발화점이 가장 낮은 물질은?

① 휘발유　　② 이황화탄소
③ 적린　　　④ 황린

**해설** 발화점
① 휘발유 : 300[℃]
② 이황화탄소 : 100[℃]
③ 적린 : 260[℃]
④ 황린 : 34[℃]

**17** 위험물안전관리법령에서 정하는 위험물의 한계에 대한 정의로 틀린 것은?

① 황은 순도가 60중량퍼센트 이상인 것
② 인화성고체는 고형알코올 그 밖에 1기압에서 인화점이 섭씨 40도 미만인 고체
③ 과산화수소는 그 농도가 35중량퍼센트 이상인 것
④ 제1석유류는 아세톤, 휘발유 그 밖에 1기압에서 인화점이 섭씨 21도 미만인 것

**해설** 위험물
㉠ 과산화수소 : 농도가 36중량퍼센트 이상
㉡ 황 : 순도 60중량퍼센트 이상
㉢ 질산 : 비중 1.49 이상

**18** 건축물 내 방화벽에 설치하는 출입문의 너비 및 높이의 기준은 각각 몇 [m] 이하인가?

① 2.5[m]　② 3.0[m]
③ 3.5[m]　④ 4.0[m]

**해설** 방화벽
㉠ 대상건축물
 - 연면적 1,000[$m^2$] 이상인 건축물로서 그 주요구조부가 내화구조 또는 불연재료가 아닌 건축물에는 다음 기준에 의하여 1,000[$m^2$] 미만마다 방화벽을 설치하여야 한다.

**정답** 12.③　13.③　14.①　15.③　16.④　17.③　18.①

ⓒ 방화벽의 구조
  - 내화구조로서 홀로 설 수 있는 구조일 것
  - 방화벽의 양쪽 끝과 위쪽 끝은 건축물의 외벽면 및 지붕면으로부터 0.5[m] 이상 돌출되도록 할 것
  - 방화벽에 설치하는 출입문의 너비 및 높이는 각각 2.5[m] 이하로 하고 당해 출입문은 60+ 또는 60분 방화문으로 설치할 것
ⓒ 연면적 1,000[m²] 이상인 목조건축물의 방화벽 설치기준
  - 방화구조로 하거나 불연재료로 할 것
  - 외벽 및 처마 밑의 연소할 우려가 있는 부분을 방화구조로 하되 그 지붕은 불연재료로 할 것

**19** Fourier법칙(전도)에 대한 설명으로 틀린 것은?

① 이동열량은 전열체의 단면적에 비례한다.
② 이동열량은 전열체의 두께에 비례한다.
③ 이동열량은 전열체의 열전도도에 비례한다.
④ 이동열량은 전열체 내·외부의 온도차에 비례한다.

$Q(\text{kcal/hr}) = \dfrac{\lambda \cdot A \cdot \Delta T}{l}$

$Q(\text{kcal/hr})$ : 전도열량
$\lambda$ : 열전도도(kcal/m·hr℃)
$A$ : 접촉면적(m²)
$\Delta T$ : 온도차(℃)
$l$ : 두께(m)

**20** 다음의 가연성 물질 중 위험도가 가장 높은 것은?

① 수소         ② 에틸렌
③ 아세틸렌     ④ 이황화탄소

위험도 = $\dfrac{U-L}{L}$

㉠ 수소
위험도 = $\dfrac{75-4}{4} = 17.75$

㉡ 에틸렌
위험도 = $\dfrac{36-2.7}{2.7} = 12.33$

㉢ 아세틸렌
위험도 = $\dfrac{81-2.5}{2.5} = 31.4$

㉣ 이황화탄소
위험도 = $\dfrac{44-1.2}{1.2} = 35.66$

| 가연성 가스 | 하한계(vol%) | 상한계(vol%) |
|---|---|---|
| 아세틸렌 | 2.5 | 81 |
| 산화에틸렌 | 3 | 80 |
| 수소 | 4 | 75 |
| 일산화탄소 | 12.5 | 74 |
| 에테르 | 1.9 | 48 |
| 이황화탄소 | 1.2 | 44 |
| 에틸렌 | 2.7 | 36 |
| 암모니아 | 15 | 28 |
| 메탄 | 5 | 15 |
| 에탄 | 3 | 12.4 |
| 프로판 | 2.1 | 9.5 |
| 부탄 | 1.8 | 8.4 |

cf. 연소범위
  아세틸렌 > 수소 > 이황화탄소 > 에틸렌
cf. 위험도
  이황화탄소 > 아세틸렌 > 수소 > 에틸렌

# 2018년 제2회 소방설비기사[기계분야] 1차 필기

### [제1과목 : 소방원론]

**01** 다음의 소화약제 중 오존파괴지수(ODP)가 가장 큰 것은?

① 할론 104　　② 할론 1301
③ 할론 1211　　④ 할론 2402

**해설** Halon 1301의 특징
㉠ 할론약제 중 소화효과가 가장 좋다.
㉡ 할론약제 중 오존파괴지수가 가장 높다.
㉢ 할론약제 중 독성이 가장 약하다.

$$ODP = \frac{측정물질 1kg이 파괴하는 오존의 양}{CFC-11, 1kg이 파괴하는 오존의 양}$$

$$GWP = \frac{측정물질 1kg에 의한 지구온난화 정도}{CO_2, 1kg에 의한 지구온난화 정도}$$

**02** 자연발화 방지대책에 대한 설명 중 틀린 것은?

① 저장실의 온도를 낮게 유지한다.
② 저장실의 환기를 원활히 시킨다.
③ 촉매물질과의 접촉을 피한다.
④ 저장실의 습도를 높게 유지한다.

**해설** ④ 높게(×) → 낮게(○)

자연발화 방지법
㉠ 습도가 높은 것을 피한다.
㉡ 저장실의 온도를 낮춘다.
㉢ 통풍을 잘 시킨다.
㉣ 열의 축적을 방지한다.

**03** 건축물의 화재발생 시 인간의 피난 특성으로 틀린 것은?

① 평상시 사용하는 출입구나 통로를 사용하는 경향이 있다.
② 화재의 공포감으로 인하여 빛을 피해 어두운 곳으로 몸을 숨기는 경향이 있다.
③ 화염, 연기에 대한 공포감으로 발화지점의 반대방향으로 이동하는 경향이 있다.
④ 화재 시 최초로 행동을 개시한 사람을 따라 전체가 움직이는 경향이 있다.

**해설** 공포감으로 인해서 빛을 따라 외부로 달아나려는 경향이 있다.

**04** 건축물에 설치하는 방화구획의 설치기준 중 스프링클러설비를 설치한 11층 이상의 층은 바닥면적 몇 [m²] 이내마다 방화구획을 하여야 하는가? (단, 벽 및 반자의 실내에 접하는 부분의 마감은 불연재료가 아닌 경우이다)

① 200[m²]　　② 600[m²]
③ 1000[m²]　　④ 3000[m²]

**해설** 방화구획의 구분(층별, 면적별, 수직관통부, 용도별)
㉠ 층별 구획 : 층마다 구획할 것
㉡ 면적별 구획

| 대상물의 구분 | 소화설비 | 구획면적 |
|---|---|---|
| (지하층 포함) 10층 이하의 건축물 | 일반건축물 | 1,000[m²] 이내 |
|  | 자동식 소화설비가 설치된 건축물 | 3,000[m²] 이내 |
| 11층 이상의 건축물 | 일반건축물 | 200[m²] 이내 |
|  | 자동식 소화설비가 설치된 건축물 | 600[m²] 이내 |
| 11층 이상의 건축물(불연재료 마감) | 일반건축물 | 500[m²] 이내 |
|  | 자동식 소화설비가 설치된 건축물 | 1,500[m²] 이내 |

㉢ 수직관통부 구획 : 계단실, 엘리베이터 승강로, 경사로, 전기 PIT실, 린넨슈트 등

**정답** 01.②　02.④　03.②　04.②

㉣ 용도별 구획 : (면적 상관없이) 내화구조/비내화구조
→ 상호 방화구획

**05** 인화점이 낮은 것부터 높은 순서로 옳게 나열된 것은?

① 에틸알코올<이황화탄소<아세톤
② 이황화탄소<에틸알코올<아세톤
③ 에틸알코올<아세톤<이황화탄소
④ 이황화탄소<아세톤<에틸알코올

**해설** 이황화탄소(−30[℃])<아세톤(−18[℃])<에틸알코올(13[℃])

**06** 분말소화약제로서 ABC급 화재에 적응성이 있는 소화약제의 종류는?

① $NH_4H_2PO_4$
② $NaHCO_3$
③ $Na_2CO_3$
④ $KHCO_3$

**해설** ABC급 화재 : 제3종 분말소화약제

**07** 조연성가스에 해당되는 것은?

① 일산화탄소
② 산소
③ 수소
④ 부탄

**해설**
• 조연성가스(=지연성가스) : 공기, 산소, 오존, 염소, 불소
• 가연성가스 : 수소, 메탄, 일산화탄소, 천연가스, 부탄, 에탄, 암모니아, 프로판

**08** 액화석유가스(LPG)에 대한 성질로 틀린 것은?

① 주성분은 프로판, 부탄이다.
② 천연고무를 잘 녹인다.
③ 물에 녹지 않으나 유기용매에 용해된다.
④ 공기보다 1.5배 가볍다.

**해설** 공기보다 1.5배 또는 2배 무겁다.
− LPG의 주성분은 프로판($C_3H_8$), 부탄($C_4H_{10}$)이다.

㉠ 프로판($C_3H_8$) = $\dfrac{\text{프로판의 분자량}}{\text{공기 분자량}} = \dfrac{44}{29} = 1.517$

㉡ 부탄($C_4H_{10}$) = $\dfrac{\text{부탄의 분자량}}{\text{공기 분자량}} = \dfrac{58}{29} = 2$

※ 비중(무차원수, 무게의 비 → 밀도($=\dfrac{\text{부피}}{\text{밀도}}$)의 비)

㉠ 액체・고체의 비중
 $= \dfrac{\text{측정하고자하는 액・고체의 밀도}}{\text{물의 밀도}}$
 $= \dfrac{\text{측정하고자하는 액・고체의 비중량}}{\text{물의 비중량}}$

㉡ 기체의 비중(증기비중)
 $= \dfrac{(\text{표준상태에서})\text{측정하고자하는 기체의 밀도}}{(\text{표준상태에서})\text{공기의 밀도}}$
 $= \dfrac{\dfrac{M_{측정기체}}{22.4}}{\dfrac{M_{공기}}{22.4}} = \dfrac{M_{측정기체}}{M_{공기}} = \dfrac{M_{측정기체}}{29}$

**09** 과산화칼륨이 물과 접촉하였을 때 발생하는 것은?

① 산소
② 수소
③ 메탄
④ 아세틸렌

**해설** ㉠ 탄화칼슘 $CaC_2 + 2H_2O \rightarrow Ca(OH)_2 + C_2H_2$
㉡ 과산화칼륨 $2K_2O_2 + 2H_2O \rightarrow 4KOH + O_2$

**10** 제2류 위험물에 해당되는 것은?

① 황
② 질산칼륨
③ 칼륨
④ 톨루엔

**해설** ② 질산칼륨 : 1류 위험물
③ 칼륨 : 3류 위험물
④ 톨루엔 : 4류 위험물(제1석유류)

**11** 물리적 폭발에 해당되는 것은?

① 분해폭발
② 분진폭발
③ 증기운폭발
④ 수증기폭발

**해설** ①, ②, ③ : 화학적 폭발

**정답** 05.④ 06.① 07.② 08.④ 09.① 10.① 11.④

**12** 산림화재 시 소화효과를 증대시키기 위해 물에 첨가하는 증점제로서 적합한 것은?

① Ethylene Glycol
② Potassium Carbonate
③ Ammonium Phosphate
④ Sodium Carboxy Methyl Cellulose

**해설** CMC(증점제) : Sodium Carboxy Methyl Cellulose
(산림화재에 주로 사용됨)

**13** 물과 반응하여 가연성 기체를 발생하지 않는 것은?

① 칼륨　　② 인화아연
③ 산화칼슘　　④ 탄화알루미늄

**해설** 분진폭발을 일으키지 않는 물질(=물과 반응하여 가연성 기체를 발생하지 않는 것)
㉠ 시멘트
㉡ 석회석
㉢ 탄산칼슘($CaCO_3$)
㉣ 생석회(CaO)=산화칼슘

**14** 피난계획의 일반원칙 중 Fool Proof 원칙에 대한 설명으로 옳은 것은?

① 1가지가 고장이 나도 다른 수단을 이용하는 원칙
② 2방향의 피난동선을 항상 확보하는 원칙
③ 피난수단을 이동식 시설로 하는 원칙
④ 피난수단을 조작이 간편한 원시적 방법으로 하는 원칙

**해설** ①, ② : Fail Safe
③ (이동식 → 고정식) : Fool Proof
④ : Fool Proof

**15** 물체의 표면온도가 250℃에서 650℃로 상승하면 열 복사량은 약 몇 배 정도 상승하는가?

① 2.5배　　② 5.7배
③ 7.5배　　④ 9.7배

**해설** 스테판-볼츠만의 법칙
복사열량 $Q[\text{kcal/hr}]$

$$\frac{Q_2}{Q_1} = \frac{\left(\frac{T_2}{100}\right)^4}{\left(\frac{T_1}{100}\right)^4}$$

$$= \frac{\left(\frac{650+273.15}{100}\right)^4}{\left(\frac{250+273.15}{100}\right)^4}$$

$$= 9.69 ≒ 9.7$$

**16** 화재발생 시 발생하는 연기에 대한 설명으로 틀린 것은?

① 연기의 유동속도는 수평방향이 수직방향보다 빠르다.
② 동일한 가연물에 있어 환기지배형 화재가 연료지배형 화재에 비하여 연기발생량이 많다.
③ 고온상태의 연기는 유동확산이 빨라 화재전파의 원인이 되기도 한다.
④ 연기는 일반적으로 불완전 연소 시에 발생한 고체, 액체, 기체 생성물의 집합체이다.

**해설** 연기의 유동속도
• 수평속도 : 0.5~1[m/s]
• 수직속도 : 2~3[m/s]
• 수직공간 : 3~5[m/s]

**17** 소화방법 중 제거소화에 해당되지 않는 것은?

① 산불이 발생하면 화재의 진행방향을 앞질러 벌목
② 방안에서 화재가 발생하면 이불이나 담요로 덮음
③ 가스 화재 시 밸브를 잠궈 가스흐름을 차단
④ 불타지 않는 장작더미 속에서 아직 타지 않는 것을 안전한 곳으로 운반

**해설** ② 질식소화

**정답** 12.④ 13.③ 14.④ 15.④ 16.① 17.②

**18** 주수소화 시 가연물에 따라 발생하는 가연성 가스의 연결이 틀린 것은?

① 탄화칼슘 – 아세틸렌
② 탄화알루미늄 – 프로판
③ 인화칼슘 – 포스핀
④ 수소화리튬 – 수소

**해설** ② 탄화알루미늄 – 메탄

**19** 포소화약제의 적응성이 있는 것은?

① 칼륨 화재　　② 알킬리튬 화재
③ 가솔린 화재　　④ 인화알루미늄 화재

**해설** **포소화약제** : 제4류 위험물 적응소화약제
①, ②, ④ : 제3류 위험물

**20** 위험물안전관리법령상 지정된 동식물유류의 성질에 대한 설명으로 틀린 것은?

① 요오드가가 작을수록 자연발화의 위험성이 크다.
② 상온에서 모두 액체이다.
③ 물에는 불용성이지만 에테르 및 벤젠 등의 유기용매에는 잘 녹는다.
④ 인화점은 1기압하에서 250[℃] 미만이다.

**해설** 요오드값이 크다.
=불포화도가 높다.
=건성유이다.
=자연발화성이 크다.
=산소와 결합이 쉽다.

**정답** 18.② 19.③ 20.①

# 2018년 제4회 소방설비기사[기계분야] 1차 필기

[제1과목 : 소방원론]

**01** 피난로의 안전구획 중 2차 안전구획에 속하는 것은?

① 복도
② 계단부속실(계단전실)
③ 계단
④ 피난층에서 외부와 직면한 현관

**해설** 안전구획의 종류

| 1차 안전구획 | 복도 |
|---|---|
| 2차 안전구획 | 계단부속실(전실) |
| 3차 안전구획 | 계단 |

**02** 어떤 기체가 0[℃], 1기압에서 부피가 11.2[L], 기체질량이 22[g] 이었다면 이 기체의 분자량은? (단, 이상기체로 가정한다.)

① 22[g/mol]   ② 35[g/mol]
③ 44[g/mol]   ④ 56[g/mol]

**해설** ▶ **방법 1**(이상기체상태 방정식 이용)
이상기체상태방정식 $PV = nRT$
- $P$[atm] : 기압
- $V$[m³] : 부피
- $n$[무차원수] : 몰수($\frac{W(질량)[kg]}{M(분자량)[kg/kmol]}$)
- $R$[기체상수] : 1. $0.082 atm \cdot m^3/kmol \cdot K$
  2. $8.314 kPa \cdot m^3/kmol \cdot K$
- $T$[K] : 절대온도(273.15 + ℃)

$PV = nRT = \frac{W}{M}RT$

$M = \frac{WRT}{PV}$

$= \frac{(0.022kg)(0.082atm \cdot m^3/kmol \cdot K)(273.15K)}{(1atm)(11.2L) \times \left(\frac{1m^3}{1000L}\right)}$

$= 43.99 ≒ 44kg/kmol = 44g/mol$

▶ **방법 2**(아보가드로 법칙 이용)
아보가드로법칙 : 표준상태(0℃, 1atm)에서 모든 기체 1kmol(mol)이 차지하는 부피는 22.4m³(L)이다.

$\frac{22.4[L]}{1[mol]} \times \frac{22[g]}{11.2[L]} = 44[g/mol] = 44[kg/kmol]$

**03** 제3종 분말소화약제에 대한 설명으로 틀린 것은?

① A, B, C급 화재에 모두 적응한다.
② 주성분은 탄산수소칼륨과 요소이다.
③ 열분해 시 발생되는 불연성 가스에 의한 질식 효과가 있다.
④ 분말운무에 의한 열방사를 차단하는 효과가 있다.

**해설** 분말소화약제

| 구분 | 주성분 | 착색 | 적응화재 |
|---|---|---|---|
| 제1종분말 (식용유화재) | 탄산수소나트륨 ($NaHCO_3$) | 백색 | B C |
| 제2종분말 | 탄산수소칼륨 ($KHCO_3$) | 자색 (보라색) | B C |
| 제3종분말 (차고,주차장) | 인산암모늄 ($NH_4H_2PO_4$) | 담홍색 (핑크색) | A B C |
| 제4종분말 | 탄산수소칼륨+ 요소 ($KHCO_3 + (NH_2)_2CO$) | 회색 | B C |

**정답** 01.② 02.③ 03.②

**04** 연소의 4요소 중 자유활성기(free radical)의 생성을 저하시켜 연쇄반응을 중지시키는 소화방법은?

① 제거소화  ② 냉각소화
③ 질식소화  ④ 억제소화

**해설** 자유활성기(원소)의 생성 저하로 인한 소화 : 억제소화(부촉매소화)

**05** 할론계 소화약제의 주된 소화효과 및 방법에 대한 설명으로 옳은 것은?

① 소화약제의 증발잠열에 의한 소화방법이다.
② 산소의 농도를 15% 이하로 낮게하는 소화방법이다.
③ 소화약제의 열분해에 의해 발생하는 이산화탄소에 의한 소화방법이다.
④ 자유활성기(free radical)의 생성을 억제하는 소화방법이다.

**해설** 할론계 소화약제 → 억제소화(부촉매소화)
＝자유활성기(원소)의 생성 저하로 인한 소화

**06** 다음 중 분진폭발의 위험성이 가장 낮은 것은?

① 소석회  ② 알루미늄분
③ 석탄분말  ④ 밀가루

**해설** 분진폭발을 일으키지 않는 물질 (＝물과 반응하여 가연성 기체를 발생하지 않는 것)
㉠ 시멘트
㉡ 석회석
㉢ 탄산칼슘($CaCO_3$)
㉣ 생석회(CaO)＝산화칼슘
㉤ 팽창질석

**07** 갑종방화문과 을종방화문의 비차열 성능은 각각 최소 몇 분 이상이어야 하는가?

① 갑종 90분, 을종 40분
② 갑종 60분, 을종 30분
③ 갑종 45분, 을종 20분
④ 갑종 30분, 을종 10분

**해설** [현행개정된 부분]
건축법 시행령 제64조(방화문의 구분)
① 방화문은 다음 각 호와 같이 구분한다.
1. 60분+ 방화문 : 연기 및 불꽃을 차단할 수 있는 시간이 60분 이상이고, 열을 차단할 수 있는 시간이 30분 이상인 방화문
2. 60분 방화문 : 연기 및 불꽃을 차단할 수 있는 시간이 60분 이상인 방화문
3. 30분 방화문 : 연기 및 불꽃을 차단할 수 있는 시간이 30분 이상 60분 미만인 방화문
② 제1항 각 호의 구분에 따른 방화문 인정 기준은 국토교통부령으로 정한다.

**08** 경유화재가 발생했을 때 주수소화가 오히려 위험할 수 있는 이유는?

① 경유는 물과 반응하여 유독가스를 발생하므로
② 경유의 연소열로 인하여 산소가 방출되어 연소를 돕기 때문에
③ 경유는 물보다 비중이 가벼워 화재면의 확대 우려가 있으므로
④ 경유가 연소할 때 수소가스를 발생하여 연소를 돕기 때문에

**해설** 물보다 비중이 가벼워 물 위에 떠서 화재 확대의 우려가 있다.

**09** 비열이 가장 큰 물질은?

① 구리  ② 수은
③ 물  ④ 철

**해설** 물의 비열 : 1[kcal/kg℃]

**10** TLV(Threshold Limit Value)가 가장 높은 가스는?

① 시안화수소  ② 포스겐
③ 일산화탄소  ④ 이산화탄소

**해설** TLV(Threshold Limit Value) : 독성가스의 허용농도
① 시안화수소 : 10[ppm]
② 포스겐 : 0.1[ppm]
③ 일산화탄소 : 50[ppm]
④ 이산화탄소 : 5000[ppm]

**정답** 04.④ 05.④ 06.① 07.② 08.③ 09.③ 10.④

**11** 소방시설 설치 및 관리에 관한 법령에 따른 개구부의 기준으로 틀린 것은?

① 해당 층의 바닥면으로부터 개구부 밑부분까지의 높이가 1.5[m] 이내일 것
② 크기는 지름 50[cm] 이상의 원이 내접할 수 있는 크기일 것
③ 도로 또는 차량이 진입할 수 있는 빈터를 향할 것
④ 내부 또는 외부에서 쉽게 부수거나 열 수 있을 것

해설 1.5[m] → 1.2[m]

**12** 소화약제로 사용할 수 없는 것은?

① $KHCO_3$ ② $NaHCO_3$
③ $CO_2$ ④ $NH_3$

해설
① $KHCO_3$ : 제2종 분말소화약제(B, C급에 적응성)
② $NaHCO_3$ : 제1종 분말소화약제(B, C급에 적응성)
③ $CO_2$ : 이산화탄소소화약제(B, C급에 적응성)
④ $NH_3$ : 독성이 있으므로 소화약제로 사용할 수 없음

**13** 염소산염류, 과염소산염류, 알칼리금속의 과산화물, 질산염류, 과망가니즈산염류의 특징과 화재 시 소화방법 대한 설명 중 틀린 것은?

① 가열 등에 의해 분해하여 산소를 발생하고 화재 시 산소의 공급원 역할을 한다.
② 가연물, 유기물, 기타 산화하기 쉬운 물질과 혼합물은 가열, 충격, 마찰 등에 의해 폭발하는 수도 있다.
③ 알칼리금속의 과산화물을 제외하고 다량의 물로 냉각소화한다.
④ 그 자체가 가연성이며 폭발성을 지니고 있어 화약류 취급 시와 같이 주의를 요한다.

해설 제1류 위험물(산소공급원)
④ 그 자체가 가연성이며 → 일반적으로 불연성이며

**14** 내화구조에 해당하지 않는 것은?

① 철근콘크리트조로 두께가 10[cm] 이상인 벽
② 철근콘크리트조로 두께가 5[cm] 이상인 외벽 중 비내력벽
③ 벽돌조로서 두께가 19[cm] 이상인 벽
④ 철골철근콘크리트조로서 두께가 10[cm] 이상인 벽

해설 5[cm] 이상 → 7[cm] 이상

**15** 소방시설 중 피난구조설비에 해당하지 않는 것은?

① 무선통신보조설비
② 완강기
③ 구조대
④ 공기안전매트

해설 무선통신보조설비 : 소화활동설비

**16** 폭연에서 폭굉으로 전이되기 위한 조건에 대한 설명으로 틀린 것은?

① 정상연소속도가 작은 가스일수록 폭굉으로 전이가 용이하다.
② 배관 내에 장애물이 존재할 경우 폭굉으로 전이가 용이하다.
③ 배관의 관경이 가늘수록 폭굉으로 전이가 용이하다.
④ 배관 내 압력이 높을수록 폭굉으로 전이가 용이하다.

해설 정상연소속도가 작은 가스일수록 → 큰 가스일수록

**17** 어떤 유기화합물을 원소 분석한 결과 중량백분율이 C : 39.9[%], H : 6.7[%], O : 53.4[%]인 경우 이 화합물의 분자식은? (단, 원자량은 C=12, O=16, H=1이다)

① $C_2H_8O_2$ ② $C_2H_4O_2$
③ $C_2H_4O$ ④ $C_2H_6O_2$

정답 11.① 12.④ 13.④ 14.② 15.① 16.① 17.②

**해설** 화합물의 분자식
$$= \frac{39.9}{12} : \frac{6.7}{1} : \frac{53.4}{16} = 3.33 : 6.7 : 3.33$$
$$= 1 : 2 : 1 = C_2H_4O_2$$

**18** 유류 탱크의 화재 시 탱크 저부의 물이 뜨거운 열 유층에 의하여 수증기로 변하면서 급작스런 부피 팽창을 일으켜 유류가 탱크 외부로 분출하는 현상은?

① 슬롭 오버(Slop Over)
② 블레비(BLEVE)
③ 보일 오버(Boil Over)
④ 파이어 볼(Fire Ball)

**해설** 고비점 액체가연물에서 발생될 수 있는 현상

| 보일오버 | 슬롭오버 | 프로스 오버 |
|---|---|---|
| • 화재 시<br>• 탱크 내에 잔존해 있던 물<br>• 비등하는 현상 | • 화재 시<br>• 소화수(탱크 내 잔존 물 ×)<br>• 비등하는 현상 | • 비화재 시<br>• 외부원인에 의해 탱크 내에 잔존해 있던 물<br>• 비등하는 현상 |

**19** 건축물의 피난·방화구조 등의 기준에 관한 규칙에 따른 철망모르타르로서 그 바름두께가 최소 몇 [cm] 이상인 것을 방화구조로 규정하는가?

① 2[cm]  ② 2.5[cm]
③ 3[cm]  ④ 3.5[cm]

**해설** 방화구조
㉠ 철망모르타르로서 그 바름두께가 2[cm] 이상인 것
㉡ 석고판 위에 시멘트모르타르 또는 회반죽을 바른 것으로서 그 두께의 합계가 2.5[cm] 이상인 것
㉢ 시멘트모르타르 위에 타일을 붙인 것으로서 그 두께의 합계가 2.5[cm] 이상인 것
㉣ 심벽에 흙으로 맞벽치기한 것
㉤ 기타 방화2급 이상에 해당하는 것

**20** 제4류 위험물의 물리·화학적 특성에 대한 설명으로 틀린 것은?

① 증기비중은 공기보다 크다.
② 정전기에 의한 화재발생위험이 있다.
③ 인화성 액체이다.
④ 인화점이 높을수록 증기발생이 용이하다.

**해설** 인화점이 낮을수록 증기발생이 용이하다.

**정답** 18.③ 19.① 20.④

# 2019년 제1회 소방설비기사[기계분야] 1차 필기
## [제1과목 : 소방원론]

**01** 불활성 가스에 해당하는 것은?
① 수증기　　② 일산화탄소
③ 아르곤　　④ 아세틸렌

**[해설]** 불활성가스 : He, Ne, Ar, Kr, Xe, Rn

**02** 이산화탄소소화약제의 임계온도로 옳은 것은?
① 24.4[℃]　　② 31.1[℃]
③ 56.4[℃]　　④ 78.2[℃]

**[해설]** 이산화탄소 임계점 : 31.25[℃]
이산화탄소 삼중점 : -56.7[℃]

**03** 분말소화약제 중 A급, B급, C급 화재에 모두 사용할 수 있는 것은?
① $Na_2CO_3$
② $NH_4H_2PO_4$
③ $KHCO_3$
④ $NaHCO_3$

**[해설]** 분말소화약제 주성분에 의한 구분

| 종류 | 주성분 | 착색 | 적응화재 |
|---|---|---|---|
| 제1종 분말 | 탄산수소나트륨($NaHCO_3$) | 백색 | B, C급 |
| 제2종 분말 | 탄산수소칼륨($KHCO_3$) | 보라색 (자색) | B, C급 |
| 제3종 분말 | 인산암모늄($NH_4H_2PO_4$) | 핑크색 (담홍색) | A, B, C급 |
| 제4종 분말 | 탄산수소칼륨+요소 ($KHCO_3+NH_2CONH_2$) | 회색 | B, C급 |

**04** 방화구획의 설치기준 중 스프링클러 기타 이와 유사한 자동식 소화설비를 설치한 10층 이하의 층은 몇 [m²] 이내마다 구획하여야 하는가?
① 1,000[m²]
② 1,500[m²]
③ 2,000[m²]
④ 3,000[m²]

**[해설]** 방화구획의 구분(층별, 면적별, 수직관통부, 용도별)
㉠ 층별 구획 : 층마다 구획할 것
㉡ 면적별 구획

| 대상물의 구분 | 소화설비 | 구획면적 |
|---|---|---|
| (지하층 포함) 10층 이하의 건축물 | 일반건축물 | 1,000[m²] 이내 |
| | 자동식 소화설비가 설치된 건축물 | 3,000[m²] 이내 |
| 11층 이상의 건축물 | 일반건축물 | 200[m²] 이내 |
| | 자동식 소화설비가 설치된 건축물 | 600[m²] 이내 |
| 11층 이상의 건축물 (불연재료 마감) | 일반건축물 | 500[m²] 이내 |
| | 자동식 소화설비가 설치된 건축물 | 1,500[m²] 이내 |

㉢ 수직관통부 구획 : 계단실, 엘리베이터 승강로, 경사로, 전기 PIT실, 린넨슈트 등
㉣ 용도별 구획 : (면적 상관없이) 내화구조/비내화구조 → 상호 방화구획

**05** 탄화칼슘의 화재 시 물을 주수하였을 때 발생하는 가스로 옳은 것은?
① $C_2H_2$　　② $H_2$
③ $O_2$　　④ $C_2H_6$

**[해설]** 탄화칼슘 $CaC_2+2H_2O → Ca(OH)_2+C_2H_2$
과산화칼륨 $2K_2O_2+2H_2O → 4KOH+O_2$

**정답** 01.③ 02.② 03.② 04.④ 05.①

**06** 이산화탄소의 질식 및 냉각 효과에 대한 설명 중 틀린 것은?

① 이산화탄소의 증기비중이 산소보다 크기 때문에 가연물과 산소의 접촉을 방해한다.
② 액체 이산화탄소가 기화되는 과정에서 열을 흡수한다.
③ 이산화탄소는 불연성 가스로서 가연물의 연소반응을 방해한다.
④ 이산화탄소는 산소와 반응하며 이 과정에서 발생한 연소열을 흡수하므로 냉각효과를 나타낸다.

해설
① 이산화탄소 증기비중 = $\dfrac{M_{측정기체}}{M_{공기}} = \dfrac{44}{29} = 1.51$
② 드라이아이스현상으로 열을 흡수한다.
③ 이산화탄소는 불연성가스이다.
④ 이산화탄소는 안정된 물질로서 산소와 반응하지 않는다.

**07** 증기비중의 정의로 옳은 것은? (단, 분자, 분모의 단위는 모두 g/mol이다.)

① $\dfrac{분자량}{22.4}$   ② $\dfrac{분자량}{29}$
③ $\dfrac{분자량}{44.8}$   ④ $\dfrac{분자량}{100}$

해설
증기비중 = $\dfrac{M_{측정기체}}{M_{공기}} = \dfrac{M_{측정기체}}{29}$

**08** 화재의 분류방법 중 유류화재를 나타낸 것은?

① A급 화재   ② B급 화재
③ C급 화재   ④ D급 화재

해설 화재의 분류 및 소화방법

| 화재의 분류 | | 소화기 표시색 | 소화 방법 | 특성 |
|---|---|---|---|---|
| A급 | 일반화재 | 백색 | 냉각 효과 | • 백색 연기 발생<br>• 연소 후 재를 남김 |
| B급 | 유류화재 | 황색 | 질식 효과 | • 검은색 연기 발생<br>• 연소 후 재가 없음 |
| C급 | 전기화재 | 청색 | 질식 효과 | 전기시설물이 점화원의 기능을 함 |
| D급 | 금속화재 | – | 건조사 피복 | 금속이 열을 생성 |
| E급 | 가스화재 | – | 질식 효과 | 재를 남기지 않음 |
| K급 | 식용유(주방)화재 | – | 냉각 질식 | 강화액소화기 |

**09** 공기와 접촉되었을 때 위험도($H$)가 가장 큰 것은?

① 에테르   ② 수소
③ 에틸렌   ④ 부탄

해설
위험도 = $\dfrac{U-L}{L} = \dfrac{연소범위}{연소하한계}$
① 에테르 위험도 = $\dfrac{U-L}{L} = \dfrac{48-1.9}{1.9} = 24.26$
② 수소 위험도 = $\dfrac{U-L}{L} = \dfrac{75-4}{4} = 17.75$
③ 에틸렌 위험도 = $\dfrac{U-L}{L} = \dfrac{36-2.7}{2.7} = 12.33$
④ 부탄 위험도 = $\dfrac{U-L}{L} = \dfrac{8.4-1.8}{1.8} = 3.66$

**10** 제2류 위험물에 해당하지 않는 것은?

① 황   ② 황화인
③ 적린   ④ 황린

해설 황린 : 제3류 위험물

**11** 주요구조부가 내화구조로 된 건축물에서 피난층이 아닌 층의 거실 각 부분으로부터 하나의 직통계단에 이르는 보행거리는 피난자의 안전상 몇 m 이하이어야 하는가?

① 50   ② 60
③ 70   ④ 80

해설 피난층에서의 보행거리
피난층의 계단 및 거실로부터 건축물 바깥 쪽으로의 출구에 이르는 보행거리

정답 06.④ 07.② 08.② 09.① 10.④ 11.①

㉠ 계단으로부터 옥외의 출구까지는 30m 이하가 되도록 할 것. 다만, 주요구조부가 내화구조 또는 불연재료로 된 건축물에 있어서는 그 보행거리가 50m(층수가 16층 이상인 공동주택의 경우에는 40m) 이하가 되도록 설치할 수 있다.

㉡ 거실로부터 옥외로의 출구까지는 60m 이하가 되도록 할 것. 다만, 주요구조부가 내화구조 또는 불연재료로 된 건축물에 있어서는 그 보행거리가 100m(층수가 16층 이상인 공동주택의 경우에는 80m) 이하가 되도록 설치할 수 있다.

**피난층이 아닌 층에서 거실로부터 계단에 이르는 보행거리**
거실로부터 계단까지의 거리는 30m 이하가 되도록 할 것. 다만, 주요구조부가 내화구조 또는 불연재료로 된 건축물에 있어서는 그 보행거리가 50m(층수가 16층 이상인 공동주택의 경우에는 40m) 이하가 되도록 설치할 수 있다.

**12** 분말소화약제 분말입도의 소화성능에 관한 설명으로 옳은 것은?

① 미세할수록 소화성능이 우수하다.
② 입도가 클수록 소화성능이 우수하다.
③ 입도와 소화성능과는 관련이 없다.
④ 입도가 너무 미세하거나 너무 커도 소화 성능은 저하된다.

**13** 마그네슘의 화재에 주수하였을 때 물과 마그네슘의 반응으로 인하여 생성되는 가스는?

① 산소　　② 수소
③ 일산화탄소　　④ 이산화탄소

**해설** $Mg + H_2O \rightarrow MgO + H_2 \uparrow$

**14** 물질의 취급 또는 위험성에 대한 설명 중 틀린 것은?

① 융해열은 점화원이다.
② 질산은 물과 반응시 발열 반응하므로 주의를 해야 한다.
③ 네온, 이산화탄소, 질소는 불연성 물질로 취급한다.
④ 암모니아를 충전하는 공업용 용기의 색상은 백색이다.

**해설** ㉠ 융해열 : 점화원(×), 용해열 : 점화원(○)
㉡ 질산+물 → 발열반응, 질산+산소 → 흡열반응

**15** 화재에 관련된 국제적인 규정을 제정하는 단체는?

① IMO(International Maritime Organization)
② SFPE(Society of Fire Protection Engineers)
③ NFPA(National fire protection Association)
④ ISO(International Organization for Standardization)

**16** 위험물안전관리법령상 위험물의 지정수량이 틀린 것은?

① 과산화나트륨 – 50kg
② 적린 – 100kg
③ 트리나이트로톨루엔 – 100kg
④ 탄화알루미늄 – 400kg

**해설** ③ 트리나이트로톨루엔(5류 위험물 1종 : 100kg)
④ 탄화알루미늄 – 300kg

**17** 연면적이 1,000m² 이상인 목조건축물은 그 외벽 및 처마 밑의 연소할 우려가 있는 부분을 방화구조로 하여야 하는데 이때 연소우려가 있는 부분은? (단, 동일한 대지 안에 2동 이상의 건물이 있는 경우이며, 공원·광장, 하천의 공지나 수면 또는 내화구조의 벽 기타 이와 유사한 것에 접하는 부분을 제외한다)

① 상호의 외벽 간 중심선으로부터 1층은 3m 이내의 부분
② 상호의 외벽 간 중심선으로부터 2층은 7m 이내의 부분
③ 상호의 외벽 간 중심선으로부터 3층은 11m 이내의 부분
④ 상호의 외벽 간 중심선으로부터 4층은 13m 이내의 부분

**정답** 12.④ 13.② 14.① 15.④ 16.④ 17.①

**해설** 연소할 우려가 있는 건축물
- 1층 기준 : 6m 이내의 부분
- 2층 이상의 층 기준 : 10m 이내의 부분
※ 문제에서 중심선 기준이므로 절반이 되어야 한다.

**18** 물의 기화열이 539.6cal/g인 것은 어떤 의미인가?

① 0℃의 물 1g이 얼음으로 변화하는데 539.6cal의 열량이 필요하다.
② 0℃의 얼음 1g이 얼음으로 변화하는데 539.6cal의 열량이 필요하다.
③ 0℃의 물 1g이 100℃의 물로 변화하는데 539.6cal의 열량이 필요하다.
④ 100℃의 물 1g이 수증기로 변화하는데 539.6cal의 열량이 필요하다.

**해설** 기화열
액체가 기체가 될 때 필요로 하는 열

**19** 인화점이 40℃ 이하인 위험물을 저장, 취급하는 장소에 설치하는 전기설비는 방폭구조로 설치하는데, 용기의 내부에 기체를 압입하여 압력을 유지하도록 함으로써 폭발성가스가 침입하는 것을 방지하는 구조는?

① 압력 방폭구조   ② 유입 방폭구조
③ 안전증 방폭구조  ④ 본질안전 방폭구조

**해설** 방폭구조의 종류
㉠ 내압(耐壓) 방폭구조
  용기 내부에서 가연성 가스를 폭발시켰을 때 그 폭발압력에 견딜 수 있는 특수한 구조로 설계하는 것으로 가장 많이 이용되고 있는 방식이다.
㉡ 압력(壓力) 방폭구조
  용기 내부에 불활성 가스 등을 압입시켜 외부의 폭발성 가스의 유입을 방지하는 구조로 내압의 유지방식에 따라 통풍식, 봉입식, 밀봉식으로 구분한다.
㉢ 유입 방폭구조
  전기불꽃이 발생될 우려가 있는 부분을 기름 속에 넣어 폭발성 가스와 격리시키는 구조

㉣ 충전 방폭구조
  전기불꽃이 발생될 우려가 있는 부분을 석영가루나 유리입자 등의 충전물로 완전히 덮어 폭발성 가스와 격리시키는 구조
㉤ 몰드 방폭구조
  전기불꽃이 발생될 우려가 있는 부분을 절연성이 있는 콤파운드로 포입하는 구조
㉥ 안전증 방폭구조
  전기불꽃 발생부나 고온부가 존재하지 않는 구조로서 특별히 안전도를 증가시켜 고장을 일으키지 않도록 한 구조
㉦ 본질안전 방폭구조
  안전지역과 위험지역 사이에 안전장치를 설치하여 위험지역으로 유입되는 전압과 전류를 제거하여 폭발을 일으킬 수 있는 최소 에너지보다 작게 하는 구조

**20** 화재하중에 대한 설명 중 틀린 것은?

① 화재하중이 크면 단위면적당의 발열량이 크다.
② 화재하중이 크다는 것은 화재구획의 공간이 넓다는 것이다.
③ 화재하중이 같더라도 물질의 상태에 따라 가혹도는 달라진다.
④ 화재하중은 화재구획실 내의 가연물 총량을 목재 중량당비로 환산하여 면적으로 나눈 수치이다.

**해설** 화재하중과 화재구획의 공간은 무관

**정답** 18.④ 19.① 20.②

# 2019년 제2회 소방설비기사[기계분야] 1차 필기

## [제1과목 : 소방원론]

**01** 목조건축물의 화재 진행상황에 관한 설명으로 옳은 것은?

① 화원-발염착화-무염착화-출화-최성기-소화
② 화원-발염착화-무염착화-소화-연소낙하
③ 화원-무염착화-발염착화-출화-최성기-소화
④ 화원-무염착화-출화-발염착화-최성기-소화

**해설** 목조건축물 화재의 진행단계
화재원인-무염착화-발염착화-최성기-연소낙하-소화

**02** 연면적이 1,000m² 이상인 건축물에 설치하는 방화벽이 갖추어야 할 기준으로 틀린 것은?

① 내화구조로서 홀로 설 수 있는 구조일 것
② 방화벽이 양쪽 끝과 위쪽 끝을 건축물의 외벽면 및 지붕면으로부터 0.1m 이상 튀어나오게 할 것
③ 방화벽에 설치하는 출입문의 너비는 2.5m 이하로 할 것
④ 방화벽에 설치하는 출입문의 높이는 2.5m 이하로 할 것

**해설** ② 0.1m(×) → 0.5(m)

**방화벽 기준**
연면적 1,000m² 이상인 건축물로서 그 주요구조부가 내화구조 또는 불연재료가 아닌 건축물에는 다음 기준에 의하여 1,000m² 미만마다 방화벽을 설치하여야 한다.
㉠ 내화구조로서 홀로 설 수 있는 구조일 것
㉡ 방화벽의 양쪽 끝과 위쪽 끝은 건축물의 외벽면 및 지붕면으로부터 0.5m 이상 돌출되도록 할 것
㉢ 방화벽에 설치하는 출입문의 너비 및 높이는 각각 2.5m 이하로 하고 당해 출입문은 갑종방화문으로 설치할 것
㉣ 연면적 1,000m² 이상인 목조건축물의 방화벽 설치기준
ⓐ 방화구조로 하거나 불연재료로 할 것
ⓑ 외벽 및 처마 밑의 연소할 우려가 있는 부분을 방화구조로 하되 그 지붕은 불연재료로 할 것

**03** 화재의 일반적 특성으로 틀린 것은?

① 확대성  ② 정형성
③ 우발성  ④ 불안정성

**해설** 화재의 일반적 특성 : 확대성, 우발성, 불안정성

**04** 공기의 부피 비율이 질소 79%, 산소 21%인 전기실에 화재가 발생하여 이산화탄소 소화약제를 방출하여 소화하였다. 이때 산소의 부피농도가 14%이었다면 이 혼합 공기의 분자량은 약 얼마인가? (단, 화재시 발생한 연소가스는 무시한다)

① 28.9   ② 30.9
③ 33.9   ④ 35.9

**해설** 화재 전 공기의 구성
$N_2$ : 79%, $O_2$ : 21%
화재 후 공기의 구성
$N_2$ : 52.67%(100%−14%−33.33%),
$O_2$ : 14%, $CO_2$ : 33.33%

$$CO_2(\%) = \frac{21-14}{21} \times 100 = 33.33\%$$

질소 : 28×0.5267=14.75[kg/kmol]
산소 : 32×0.14=4.48[kg/kmol]
이산화탄소 : 44×0.3333=14.67[kg/kmol]
14.75+4.48+14.67=33.9[kg/kmol]

**정답** 01.③  02.②  03.②  04.③

**05** 다음 가연성 기체 1몰이 완전 연소하는데 필요한 이론공기량으로 틀린 것은? (단, 체적비로 계산하며 공기 중 산소의 농도를 21vol%로 한다)

① 수소 - 약 2.38몰
② 메탄 - 약 9.52몰
③ 아세틸렌 - 약 16.91몰
④ 프로판 - 약 23.81몰

**해설**
㉠ $H_2 + 0.5O_2 \rightarrow H_2O$
수소 1mol 완전연소되려면 산소 0.5mol이 필요하다.
$\dfrac{\text{산소mol수}}{21\%} = \dfrac{\text{공기mol수}}{100\%}$ 비례식에 의해

[공기mol수 $= \dfrac{100}{21} \times$ 산소mol수]

따라서 공기mol $= \dfrac{100}{21} \times 0.5$
공기mol수 $= 2.38$ mol

㉡ $CH_4 + 2O_2 \rightarrow CO_2 + 2H_2O$
메탄 1mol 완전연소되려면 산소 2mol이 필요하다.
$\dfrac{\text{산소mol수}}{21\%} = \dfrac{\text{공기mol수}}{100\%}$ 비례식에 의해

[공기mol수 $= \dfrac{100}{21} \times$ 산소mol수]

따라서 공기mol $= \dfrac{100}{21} \times 2$
공기mol수 $= 9.52$ mol

㉢ $C_2H_2 + 2.5O_2 \rightarrow 2CO_2 + H_2O$
아세틸렌 1mol 완전연소되려면 산소 2.5mol이 필요하다.
$\dfrac{\text{산소mol수}}{21\%} = \dfrac{\text{공기mol수}}{100\%}$ 비례식에 의해

[공기mol수 $= \dfrac{100}{21} \times$ 산소mol수]

따라서 공기mol $= \dfrac{100}{21} \times 2.5$
공기mol수 $= 11.9$ mol

㉣ $C_3H_8 + 5O_2 \rightarrow 3CO_2 + 4H_2O$
프로판 1mol 완전연소되려면 산소 5mol이 필요하다.
$\dfrac{\text{산소mol수}}{21\%} = \dfrac{\text{공기mol수}}{100\%}$ 비례식에 의해

[공기mol수 $= \dfrac{100}{21} \times$ 산소mol수]

따라서 공기mol $= \dfrac{100}{21} \times 5$
공기mol수 $= 23.81$ mol

**06** 물의 소화능력에 관한 설명 중 틀린 것은?

① 다른 물질보다 비열이 크다.
② 다른 물질보다 융해잠열이 작다.
③ 다른 물질보다 증발잠열이 크다.
④ 밀폐된 장소에서 증발가열되면 산소희석작용을 한다.

**해설** ② 다른 물질보다 융해잠열이 크다.
융해잠열 : 80kcal/kg

**07** 화재실의 연기를 옥외로 배출시키는 제연방식으로 효과가 가장 적은 것은?

① 자연 제연방식
② 스모크타워 제연방식
③ 기계식 제연방식
④ 냉난방설비를 이용한 제연방식

**해설**
㉠ **자연 제연방식** : 평소 사용되고 있는 창, 개구부 등을 통하여 온도차에 의한 밀도차 또는 바람 등을 이용하여 연기를 외부로 배출하는 방법이다. 동력이 필요하지 않고 설비도 간단하지만 풍속, 풍압, 풍향 등에 영향을 많이 받는 단점이 있다.
㉡ **스모크타워 제연방식** : 고층건축물에 적합한 방식으로 제연 전용의 수직 샤프트를 설치하고 온도차에 의한 밀도차를 이용한 흡인력을 이용하여 연기를 옥상부분으로 배출하는 방식이다.
㉢ **기계식 제연방식** : 실내의 연기를 기계적인 동력을 이용하여 강제로 배출하는 방식으로 1종, 2종, 3종 기계제연으로 분류된다.

**08** 분말 소화약제의 취급시 주의사항으로 틀린 것은?

① 습도가 높은 공기 중에 노출되면 고화되므로 항상 주의를 기울인다.
② 충전 시 다른 소화약제와 혼합을 피하기 위하여 종별로 각각 다른 색으로 착색되어 있다.
③ 실내에서 다량 방사하는 경우 분말을 흡입하지 않도록 한다.
④ 분말 소화약제와 수성막포를 함께 사용할 경우 포의 소포현상을 발생시키므로 병용해서는 안 된다.

**해설** **분말 소화약제의 특징**
분말약제는 미세한 고체입자이므로 $CO_2$ 또는 할론약제와 달리 자체 증기압을 가질 수 없다. 그러므로 약제방출을 위한 추진가스로 $N_2$, $CO_2$가 필요하며 저장상태에 따라 축압식과 가압식으로 구분한다. 분말약제는 약제 변질의 우려는 없으나 미세한 고체입자이므로 수분이나 습기에 노출되면 입자끼리 뭉치게 되어 배관 및 관부속물을 막거나 방사에 어려움이 있을 수 있으므로 금속비누(스테아르산아연, 스테아르산알미늄), 실리콘 등으로 방습처리한다. 또한 수성막포와 함께 사용 가능하다.

**09** 건축물의 화재를 확산시키는 요인이라 볼 수 없는 것은?

① 비화(飛火) ② 복사열(輻射熱)
③ 자연발화(自然發火) ④ 접염(接炎)

**해설** **건축물의 화재원인**
㉠ 접염
㉡ 복사열
㉢ 비화

**10** 석유, 고무, 동물의 털, 가죽 등과 같이 황성분을 함유하고 있는 물질이 불완전연소될 때 발생하는 연소가스로 계란 썩는 듯한 냄새가 나는 기체는?

① 아황산가스 ② 시안화수소
③ 황화수소 ④ 암모니아

**해설** **황화수소($H_2S$)**
황을 함유하고 있는 유기화합물이 불완전연소 시 발생되며 연소 시 유독성 기체인 아황산가스를 발생하며 계란 썩는 듯한 냄새가 난다.

**11** 다음 중 동일한 조건에서 증발잠열(kJ/kg)이 가장 큰 것은?

① 질소 ② 할론 1301
③ 이산화탄소 ④ 물

**해설** **물의 증발잠열**
539[kcal/kg]

**12** 탱크화재 시 발생되는 보일오버(Boil Over)의 방지방법으로 틀린 것은?

① 탱크 내용물의 기계적 교반
② 물의 배출
③ 과열방지
④ 위험물 탱크 내의 하부에 냉각수 저장

**해설** **보일오버(Boil Over) 현상**
유류탱크 화재 시 액체위험물의 밑부분에 존재하고 있던 물이 열파에 의해 비점 이상으로 되면 급격히 증발하면서 가연성 액체를 탱크 밖으로 비산시켜 화재를 확대시키는 현상

**보일오버의 발생조건**
• 탱크 내부에 수분이 존재할 것
• 열파를 형성하는 유류일 것
• 적당한 점성과 거품을 가진 유류일 것
• 비점이 물보다 높은 유류일 것

**13** 화재 시 $CO_2$를 방사하여 산소농도를 11vol%로 낮추어 소화하려면 공기 중 $CO_2$의 농도는 약 몇 vol%가 되어야 하는가?

① 47.6vol% ② 42.9vol%
③ 37.9vol% ④ 34.5vol%

**해설** $CO_2(\%) = \dfrac{21-11}{21} \times 100 = 47.6\%$

**14** 물 소화약제를 어떠한 상태로 주수할 경우 전기화재의 진압에서도 소화능력을 발휘할 수 있는가?

① 물에 의한 봉상주수
② 물에 의한 적상주수
③ 물에 의한 무상주수
④ 어떤 상태의 주수에 의해서도 효과가 없다.

**해설** **화재의 분류 및 소화방법**

| 화재의 종류 | 표시색 | 소화효과 | 적응소화기 |
|---|---|---|---|
| A급 일반화재 | 백색 | 냉각효과 | 물, 강화액, 산·알칼리, 포말, 할론, 청정, 분말(3종 소화기) |

정답 09.③ 10.③ 11.④ 12.④ 13.① 14.③

| 급 | 화재종류 | 색 | 효과 | 소화약제 |
|---|---|---|---|---|
| B급 | 유류화재 | 황색 | 질식 효과 | 포말, 탄산가스, 할론, 청정, 분말소화기 |
| C급 | 전기화재 | 청색 | 질식 효과 | 물(분무), 강화액(분무), 탄산가스, 할론, 청정, 분말소화기 |
| D급 | 금속화재 | - | 건조사 피복 | 건조사, 팽창질석, 팽창진주암 |
| E급 | 가스화재 | - | 질식 효과 | 탄산가스, 할론, 분말소화기 |
| K급 | 주방화재 | - | 냉각 질식 | 강화액소화기 |

**15** 도장작업 공정에서의 위험도를 설명한 것으로 틀린 것은?

① 도장작업 그 자체 못지않게 건조공정도 위험하다.
② 도장작업에서는 인화성 용제가 쓰이지 않으므로 폭발의 위험이 없다.
③ 도장작업장은 폭발시를 대비하여 지붕을 시공한다.
④ 도장실의 환기덕트를 주기적으로 청소하여 도료가 덕트 내에 부착되지 않게 한다.

**해설** 도장작업에서는 인화성 용제가 쓰이므로 폭발의 위험이 있다.

**16** 방호공간 안에서 화재의 세기를 나타내고 화재가 진행되는 과정에서 온도에 따라 변하는 것으로 온도-시간 곡선으로 표시할 수 있는 것은?

① 화재저항　　② 화재가혹도
③ 화재하중　　④ 화재플럼

**해설** 화재가혹도(Fire Severity)
㉠ 화재 시 최고온도와 지속시간은 화재의 규모를 판단하는 중요한 요소가 된다.
㉡ 화재가혹도는 최고온도×지속시간으로 표현되며 화재로 인한 피해의 정도를 판단할 수 있는 척도가 된다.
㉢ 화재가혹도의 주요소는 가연물의 연소열, 비표면적, 공기의 공급조절, 화재실의 구조 등이다.

**17** 다음 위험물 중 특수인화물이 아닌 것은?

① 아세톤　　② 디에틸에테르
③ 산화프로필렌　　④ 아세트알데히드

**해설** 아세톤
제4류 위험물 중 제1석유류

**18** 다음 중 가연물의 제거를 통한 소화방법과 무관한 것은?

① 산불의 확산방지를 위하여 산림의 일부를 벌채한다.
② 화학반응기의 화재 시 원료 공급관의 밸브를 잠근다.
③ 전기실 화재 시 IG-541 약제를 방출한다.
④ 유류탱크 화재 시 주변에 있는 유류탱크의 유류를 다른 곳으로 이동시킨다.

**해설** ③ IG-541 : 냉각효과, 질식효과

**19** 화재 표면온도(절대온도)가 2배로 되면 복사에너지는 몇 배로 증가되는가?

① 2　　② 4
③ 8　　④ 16

**해설** 복사에너지는 절대온도의 4승에 비례하므로 16배가 된다.

**20** 산불화재의 형태로 틀린 것은?

① 지중화 형태　　② 수평화 형태
③ 지표화 형태　　④ 수관화 형태

**해설** 산불화재 종류(지중, 지표, 수관, 수간)
㉠ 지중 : 땅 속의 나무뿌리의 유기물에 의한 화재
㉡ 지표 : 땅 위의 낙엽에 의한 화재
㉢ 수관 : 나뭇가지에 의한 화재
㉣ 수간 : 나무기둥에 의한 화재

**정답** 15.② 16.② 17.① 18.③ 19.④ 20.②

# 2019년 제4회 소방설비기사[기계분야] 1차 필기

[제1과목 : 소방원론]

**01** 방화벽의 구조 기준 중 다음 ( ) 안에 알맞은 것은?

- 방화벽의 양쪽 끝과 위쪽 끝을 건축물의 외벽면 및 지붕면으로부터 ( ㉠ )m 이상 튀어 나오게 할 것
- 방화벽에 설치하는 출입문의 너비 및 높이는 각각 ( ㉡ )m 이하로 하고, 해당 출입문에는 갑종방화문을 설치할 것

① ㉠ 0.3, ㉡ 2.5   ② ㉠ 0.3, ㉡ 3.0
③ ㉠ 0.5, ㉡ 2.5   ④ ㉠ 0.5, ㉡ 3.0

**해설** 방화벽 기준
연면적 1,000m² 이상인 건축물로서 그 주요구조부가 내화구조 또는 불연재료가 아닌 건축물에는 다음 기준에 의하여 1,000m² 미만마다 방화벽을 설치하여야 한다.
㉠ 내화구조로서 홀로 설 수 있는 구조일 것
㉡ 방화벽의 양쪽 끝과 위쪽 끝은 건축물의 외벽면 및 지붕면으로부터 0.5m 이상 돌출되도록 할 것
㉢ 방화벽에 설치하는 출입문의 너비 및 높이는 각각 2.5m 이하로 하고 당해 출입문은 60+ 또는 60분 방화문으로 설치할 것
㉣ 연면적 1,000m² 이상인 목조건축물의 방화벽 설치 기준
  ⓐ 방화구조로 하거나 불연재료로 할 것
  ⓑ 외벽 및 처마 밑의 연소할 우려가 있는 부분은 방화구조로 하되 그 지붕은 불연재료로 할 것

**02** 물의 소화력을 증대시키기 위하여 첨가하는 첨가제 중 물의 유실을 방지하고 건물, 임야 등의 입체면에 오랫동안 잔류하게 하기 위한 것은?

① 증점제    ② 강화액
③ 침투제    ④ 유화제

**해설** 소화효과 증대를 위한 첨가제
㉠ 부동액(Antifreeze Agent)
  에틸렌글리콜, 프로필렌글리콜, 글리세린
㉡ 침투제(Wetting Agent)
  물의 표면장력을 낮추고 침투력을 높임
㉢ 증점제(Viscosity Agent)
  점도증가, CMC(카르복시메틸셀룰로오스), gelgard, Organic-gel
㉣ 유화제(Emulsifier)
  친수성콜로이드(기름막형성제), 에틸렌글리콜, 계면활성제

**03** BLEVE 현상을 설명한 것으로 가장 옳은 것은?

① 물이 뜨거운 기름표면 아래에서 끓을 때 화재를 수반하지 않고 over flow 되는 현상
② 물이 연소유의 뜨거운 표면에 들어갈 때 발생되는 over flow 현상
③ 탱크 바닥에 물과 기름의 에멀젼이 섞여 있을 때 물의 비등으로 인하여 급격하게 over flow 되는 현상
④ 탱크 주위 화재로 탱크 내 인화성 액체가 비등하고 가스부분의 압력이 상승하여 탱크가 파괴되고 폭발을 일으키는 현상

**해설** 블레비(BLEVE : Boiling Liquid Expanding Vapor Explosion, 비등액체팽창증기폭발)
액화가스를 저장하는 용기 주변에 화재 등의 발생으로 용기가 가열되는 경우 액화 가스의 비등으로 급격한 압력의 상승이 있다. 이때 안전장치(안전밸브, 봉판)를 통하여 이루어지는 압력의 완화율보다 내부의 압력증가율이 큰 경우 용기가 파열되는 현상을 BLEVE라 한다. 또한 액화가스가 가연성인 경우 거대한 화구를 형성하게 되는데 이런 현상을 파이어볼(Fire ball)이라고 한다.

정답  01.③  02.①  03.④

※ 예방대책
- 방액제를 경사지게 한다(화염이 탱크 외부에 직접 닿지 않도록).
- 저장탱크 주위에 고정식 살수설비를 설치한다.
- 저장탱크 내용물의 긴급 이송장치를 설치한다.
- 용기가 외력에 의해 파괴되는 것을 방지한다.
- 저장탱크 외벽에 단열조치를 한다.

**04** 소화원리에 대한 설명으로 틀린 것은?

① 냉각소화 : 물의 증발잠열에 의해서 가연물의 온도를 저하시키는 소화방법
② 제거소화 : 가연성 가스의 분출화재 시 연료공급을 차단시키는 소화방법
③ 질식소화 : 포소화약제 또는 불연성가스를 이용해서 공기 중의 산소공급을 차단하여 소화하는 방법
④ 억제소화 : 불활성기체를 방출하여 연소범위 이하로 낮추어 소화하는 방법

[해설] 소화의 종류
㉠ 냉각소화 : 발화점 이하의 온도로 낮추어 소화하는 방법
㉡ 질식소화 : 공기 중의 산소농도를 21[vol%]에서 15[vol%] 이하로 낮추어 소화하는 방법
㉢ 제거소화 : 화재현장의 가연물을 없애주어 소화하는 방법
㉣ 억제소화(부촉매소화) : 연쇄반응을 억제하여 소화하는 방법
㉤ 희석소화 : 알코올, 에테르, 에스테르, 케톤류 등 수용성물질에 다량의 물을 방사하여 가연물의 농도를 낮추어 소화하는 방법
㉥ 유화효과 : 물분무소화설비를 중유에 방사하는 경우 유류표면에 형성되는 엷은 막(유화층)으로 산소를 차단하여 소화하는 방법
㉦ 피복효과 : 가연물 주변을 포, 이산화탄소 등으로 피복하여 산소를 차단, 소화하는 방법

**05** 화재강도(Fire Intensity)와 관계가 없는 것은?

① 가연물의 비표면적  ② 발화원의 온도
③ 화재실의 구조   ④ 가연물의 발열량

[해설] 화재강도에 영향을 미치는 인자
① 가연물의 비표면적
② 화재실의 구조
③ 가연물의 발열량
④ 화재의 온도(발화원의 온도×)

**06** 다음 중 인화점이 가장 낮은 물질은?

① 산화프로필렌
② 이황화탄소
③ 메틸알코올
④ 등유

[해설] 인화점
① 산화프로필렌 : $-37℃$
② 이황화탄소 : $-30℃$
③ 메틸알코올 : $11℃$
④ 등유 : $40~70℃$

**07** 에테르, 케톤, 에스테르, 알데히드, 카르복실산, 아민 등과 같은 가연성인 수용성 용매에 유효한 포소화약제는?

① 단백질    ② 수성막포
③ 불화단백포  ④ 내알코올포

[해설] 내알코올형포 소화약제
단백질의 가수분해 생성물과 합성세제 등을 주성분으로 제조하며 일반포로서는 소화작용이 어려운 수용성 액체 위험물의 소화에 적합하다. 약제생성 후 2~3분 이내에 사용하지 않으면 침전이 생겨 소화효과가 떨어지는 단점이 있다.

알코올형포를 사용해야 하는 액체위험물의 종류
알코올류, 아세톤, 초산, 의산, 피리딘, 초산에스테르류, 의산에스테르류 등

**08** 할로겐화합물 소화약제는 일반적으로 열을 받으면 할로겐족이 분해되어 가연물질의 연소과정에서 발생하는 활성종과 화합하여 연소의 연쇄반응을 차단한다. 연쇄반응의 차단과 가장 거리가 먼 소화약제는?

① $FC-3-1-10$   ② $HFC-125$
③ $IG-541$    ④ $FIC-13I1$

정답  04.④  05.②  06.①  07.④  08.③

**해설** IG-541 : 불활성기체 소화약제로서 화재실에 방사 시 상대적으로 산소의 농도를 떨어뜨려 연소반응을 저해시키는 기능이 있다(질식효과).

**09** 화재발생 시 인명피해 방지를 위한 건물로 적합한 것은?

① 피난설비가 없는 건물
② 특별피난계단의 구조로 된 건물
③ 피난기구가 관리되고 있지 않은 건물
④ 피난구 폐쇄 및 피난구유도등이 미비되어 있는 건물

**10** 특정소방대상물(소방안전관리대상물은 제외)의 관계인과 소방안전관리대상물의 소방안전관리자의 업무가 아닌 것은?

① 화기 취급의 감독
② 자체소방대의 운용
③ 소방 관련 시설의 유지·관리
④ 피난시설, 방화구획 및 방화시설의 유지·관리

**해설** 화재예방, 소방시설 설치·유지 및 안전관리에 관한 법률 제20조(특정소방대상물의 소방안전관리)
특정소방대상물(소방안전관리대상물은 제외한다)의 관계인과 소방안전관리대상물의 소방안전관리자의 업무는 다음 각 호와 같다. 다만, 제1호·제2호 및 제4호의 업무는 소방안전관리대상물의 경우에만 해당한다.
1. 제21조의2에 따른 피난계획에 관한 사항과 대통령령으로 정하는 사항이 포함된 소방계획서의 작성 및 시행
2. 자위소방대(自衛消防隊) 및 초기대응체계의 구성·운영·교육
3. 제10조에 따른 피난시설, 방화구획 및 방화시설의 유지·관리
4. 제22조에 따른 소방훈련 및 교육
5. 소방시설이나 그 밖의 소방 관련 시설의 유지·관리
6. 화기(火氣) 취급의 감독
7. 그 밖에 소방안전관리에 필요한 업무

[22.12.1이후 개정]
화재의 예방 및 안전관리에 관한 법률
제24조(특정소방대상물의 소방안전관리) 제5항
⑤ 특정소방대상물(소방안전관리대상물은 제외한다)의 관계인과 소방안전관리대상물의 소방안전관리자는 다음 각 호의 업무를 수행한다. 다만, 제1호·제2호·제5호 및 제7호의 업무는 소방안전관리대상물의 경우에만 해당한다.
1. 제36조에 따른 피난계획에 관한 사항과 대통령령으로 정하는 사항이 포함된 소방계획서의 작성 및 시행
2. 자위소방대(自衛消防隊) 및 초기대응체계의 구성, 운영 및 교육
3. 「소방시설 설치 및 관리에 관한 법률」 제16조에 따른 피난시설, 방화구획 및 방화시설의 관리
4. 소방시설이나 그 밖의 소방 관련 시설의 관리
5. 제37조에 따른 소방훈련 및 교육
6. 화기(火氣) 취급의 감독
7. 행정안전부령으로 정하는 바에 따른 소방안전관리에 관한 업무수행에 관한 기록·유지(제3호·제4호 및 제6호의 업무를 말한다)
8. 화재발생 시 초기대응
9. 그 밖에 소방안전관리에 필요한 업무

**11** $CF_3Br$ 소화약제의 명칭을 옳게 나타낸 것은?

① 할론 1011  ② 할론 1211
③ 할론 1301  ④ 할론 2402

**해설** 할론약제의 종류
㉠ Methane의 유도체
  ⓐ 할론 1211($CF_2ClBr$) : 일취화일염화이불화메탄(BCF)
  ⓑ 할론 1301($CF_3Br$) : 일취화삼불화메탄(BTM)
  ⓒ 할론 1011($CH_2ClBr$) : 이루치화일염화메탄(CB)
  ⓓ 할론 1040($CCl_4$) : 사염화탄소(CTC)
㉡ Ethane의 유도체
  할론 2402($C_2F_4Br_2$) : 이취화사불화에탄(FB)

**12** 화재의 유형별 특성에 관한 설명으로 옳은 것은?

① A급 화재는 무색으로 표시하며, 감전의 위험이 있으므로 주수소화를 엄금한다.
② B급 화재는 황색으로 표시하며, 질식소화를 통해 화재를 진압한다.
③ C급 화재는 백색으로 표시하며, 가연성이 강한 금속의 화재이다.
④ D급 화재는 청색으로 표시하며, 연소 후에 재를 남긴다.

정답  09.② 10.② 11.③ 12.②

**해설** 화재의 종류

| 화재의 분류 | | 소화기 표시색 | 소화 방법 | 소화방법 |
|---|---|---|---|---|
| A급 | 일반화재 | 백색 | 냉각 효과 | • 백색 연기 발생<br>• 연소 후 재를 남김 |
| B급 | 유류화재 | 황색 | 질식 효과 | • 검은색 연기 발생<br>• 연소 후 재가 없음<br>• 정전기로 인한 착화 가능성 있음 |
| C급 | 전기화재 | 청색 | 질식 효과 | 통전 중인 전기시설물이 점화원의 기능을 함 |
| D급 | 금속화재 | – | 건조사 피복 | 금속이 열을 생성 |
| E급 | 가스화재 | – | 질식 효과 | 재를 남기지 않음 |
| K급 | 주방화재 | – | 냉각, 질식 | 주방내 식용유 화재 |

**13** 다음 중 전산실, 통신 기기실 등에서의 소화에 가장 적합한 것은?

① 스프링클러설비
② 옥내소화전설비
③ 분말소화설비
④ 할로겐화합물 및 불활성기체 소화설비

**해설** "할로겐화합물 및 불활성기체소화약제"라 함은 할로겐화합물(할론 1301, 할론 2402, 할론 1211 제외) 및 불활성 기체로서 전기적으로 비전도성이며 휘발성이 있거나 증발 후 잔여물을 남기지 않는 소화약제를 말한다.

**14** 프로판가스의 연소범위(vol%)에 가장 가까운 것은?

① 9.8~28.4
② 2.5~81
③ 4.0~75
④ 2.1~9.5

**해설** 공기 중에서 가연성 가스의 폭발범위

| 가스 | 하한계(%) | 상한계(%) | 가스 | 하한계(%) | 상한계(%) |
|---|---|---|---|---|---|
| 메탄 | 5.0 | 15.0 | 아세트알데히드 | 4.1 | 57.0 |
| 에탄 | 3.0 | 12.4 | 에테르 | 1.9 | 48.0 |
| 프로판 | 2.1 | 9.5 | 산화에틸렌 | 3.0 | 80.0 |
| 부탄 | 1.8 | 8.4 | 벤젠 | 1.4 | 7.1 |
| 에틸렌 | 2.7 | 36.0 | 톨루엔 | 1.4 | 6.7 |
| 아세틸렌 | 2.5 | 81.0 | 이황화탄소 | 1.2 | 44.0 |
| 황화수소 | 4.3 | 45.4 | 메틸알코올 | 7.3 | 36.0 |
| 수소 | 4.0 | 75.0 | 에틸알코올 | 4.3 | 19.0 |
| 암모니아 | 15.0 | 28.0 | 일산화탄소 | 12.5 | 74.0 |

**15** 가연물의 제거와 가장 관련이 없는 소화방법은?

① 유류화재 시 유류공급 밸브를 잠근다.
② 산불화재 시 나무를 잘라 없앤다.
③ 팽창 진주암을 사용하여 진화한다.
④ 가스화재 시 중간밸브를 잠근다.

**해설** 팽창 진주암을 사용하여 진화 : 피복소화

**16** 화재 시 이산화탄소를 방출하여 산소농도를 13vol%로 낮추어 소화하기 위한 공기 중 이산화탄소의 농도는 약 몇 vol%인가?

① 9.5
② 25.8
③ 38.1
④ 61.5

**해설** $CO_2(\%) = \dfrac{21-13}{21} \times 100 = 38.1\%$

**17** 독성이 매우 높은 가스로서 석유제품, 유지(油脂) 등이 연소할 때 생성되는 알데히드 계통의 가스는?

① 시안화수소
② 암모니아
③ 포스겐
④ 아크로레인

**해설** 아크로레인($CH_2CHCHO$)
석유제품이나 유지류 등이 탈 때 발생되는 가스로 일반적인 화재에서 발생되는 경우는 극히 드물며 10[ppm] 이상의 농도를 흡입하면 즉시 사망한다.

**18** 다음 중 인명구조기구에 속하지 않는 것은?

① 방열복
② 공기안전매트
③ 공기호흡기
④ 인공소생기

**해설** 인명구조기구
방열복, 공기호흡기, 인공소생기, 방화복

**19** 불포화 섬유지나 석탄에 자연발화를 일으키는 원인은?

① 분해열
② 산화열
③ 발효열
④ 중합열

**해설** 자연발화의 5가지 원인과 종류
㉠ 분해열에 의한 발열 : 셀룰로이드류, 나이트로셀룰로오스 등
㉡ 산화열에 의한 발열 : 석탄, 건성유(기름걸레) 등
㉢ 흡착열에 의한 발열 : 활성탄, 목탄 등
㉣ 미생물에 의한 발열 : 퇴비, 먼지 등
㉤ 중합열에 의한 발열 : 시안화수소(HCN) 등

**20** 화재의 지속시간 및 온도에 따라 목재건물과 내화건물을 비교했을 때, 목재건물의 화재성상으로 가장 적합한 것은?

① 저온장기형이다.
② 저온단기형이다.
③ 고온장기형이다.
④ 고온단기형이다.

**해설** 목조건축물 : 고온단기형
내화건축물 : 저온장기형

**정답** 18.② 19.② 20.④

# 2020년 제1, 2회 소방설비기사[기계분야] 1차 필기

[제1과목 : 소방원론]

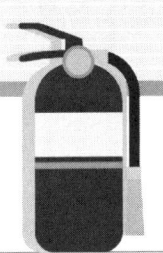

**01** 0[℃], 1기압에서 44.8[m³]의 용적을 가진 이산화탄소를 액화하여 얻을 수 있는 액화탄산 가스의 무게는 약 몇 [kg]인가?

① 88[kg]   ② 44[kg]
③ 22[kg]   ④ 11[kg]

**해설** 1기압 0[℃] 상태에서 1[kmol]은 22.4[m³]의 부피를 갖는다.
44.8[m³]이므로 2[kmol]의 이산화탄소
따라서 $2[kmol] \times \dfrac{44[kg]}{1[kmol]} = 88[kg]$

**02** 제거소화의 예에 해당하지 않는 것은?

① 밀폐 공간에서의 화재 시 공기를 제거한다.
② 가연성 가스 화재 시 가스의 밸브를 닫는다.
③ 산림화재 시 확산을 막기 위하여 산림의 일부를 벌목한다.
④ 유류탱크 화재 시 연소되지 않은 기름을 다른 탱크로 이동시킨다.

**해설** 화재 시 공기를 차단, 제거하는 것은 질식소화이다.
제거소화의 예
㉠ 가스나 유류화재시 밸브를 폐쇄하는 방법
㉡ 촛불을 입으로 불어 소화하는 방법
㉢ 산불 화재시 진행 방향의 나무를 벌목하는 방법
㉣ 유전화재시 질소폭탄을 투하하는 방법
㉤ 전기화재시 전원을 차단하는 방법

**03** 다음 중 소화에 필요한 이산화탄소소화약제의 최소설계농도 값이 가장 높은 물질은?

① 메탄       ② 에틸렌
③ 천연가스   ④ 아세틸렌

**해설** 이산화탄소소화설비의 화재안전기준
가연성 액체 또는 가연성 가스의 소화에 필요한 설계농도(제5조제1호 나목관련)

| 방호대상물 | 설계농도(%) |
|---|---|
| 수소(Hydrogen) | 75 |
| 아세틸렌(Acetylene) | 66 |
| 일산화탄소(Carbon Monoxide) | 64 |
| 산화에틸렌(Ethylene Oxide) | 53 |
| 에틸렌(Ethylene) | 49 |
| 에탄(Ethane) | 40 |
| 석탄가스, 천연가스(Coal, Natural gas) | 37 |
| 사이크로 프로판(Cyclo Propane) | 37 |
| 이소부탄(Iso Butane) | 36 |
| 프로판(Propane) | 36 |
| 부탄(Butane) | 34 |
| 메탄(Methane) | 34 |

**04** 인화알루미늄의 화재 시 주수소화하면 발생하는 물질은?

① 수소     ② 메탄
③ 포스핀   ④ 아세틸렌

**해설** 인화알루미늄은 물 또는 습기와 접촉 시 가연성, 유독성의 포스핀($PH_3$)를 발생한다.
$AlP + 3H_2O \rightarrow Al(OH)_3 + PH_3 \uparrow$
(인화알루미늄)  (물)  (수산화알루미늄)  (포스핀)

**05** 다음 물질의 저장창고에서 화재가 발생하였을 때 주수소화를 할 수 없는 물질은?

① 부틸리튬
② 질산에틸
③ 나이트로셀룰로오스
④ 적린

**정답** 01.① 02.① 03.④ 04.③ 05.①

**해설** 부틸리튬은 제3류 위험물로서 금수성물질
질산에틸, 나이트로셀룰로오스는 제5류 위험물로 주수소화가능
적린은 제2류 위험물로서 주소소화 가능

**06** 이산화탄소에 대한 설명으로 틀린 것은?

① 임계온도는 97.5[℃]이다.
② 고체의 형태로 존재할 수 있다.
③ 불연성 가스로 공기보다 무겁다.
④ 드라이아이스와 분자식이 동일하다.

**해설** 이산화탄소의 물리적 성질

| 구 분 | 물 성 |
|---|---|
| 임계압력 | 72.75[aim] |
| 임계온도 | 31.35[℃](약 31.3[℃]) |
| 3중점 | -56.3[℃](약 -56[℃]) |
| 승화점(비점) | -78.5[℃] |
| 허용농도 | 0.5[%] |
| 증기비중 | 1.529 |
| 수분 | 0.05[%] 이하(함량 99.5[%] 이상) |
| 형상 | 고체의 형태로 존재할 수 있음 |
| 가스 종류 | 불연성 가스로 공기보다 무거움 |
| 분자식 | 드라이아이스와 분자식이 동일 |

**07** 실내 화재 시 발생한 연기로 인한 감광계수($m^{-1}$)와 가시거리에 대한 설명 중 틀린 것은?

① 감광계수가 0.1일 때 가시거리는 20~30[m]이다.
② 감광계수가 0.3일 때 가시거리는 15~20[m]이다.
③ 감광계수가 1.0일 때 가시거리는 1~2[m]이다.
④ 감광계수가 10일 때 가시거리는 0.2~0.5[m]이다.

**해설** 연기의 농도에 따른 현상

| 감광계수 | 가시거리 | 상황설명 |
|---|---|---|
| 0.1[Cs] | 20~30[m] | • 희미하게 연기가 감도는 정도의 농도<br>• 연기감지기가 작동되는 농도<br>• 건물구조에 익숙치 않은 사람이 피난에 지장을 받을 수 있는 농도 |
| 0.3[Cs] | 5[m] | • 건물구조를 잘 아는 사람이 피난에 지장을 받을 수 있는 농도 |
| 0.5[Cs] | 3[m] | • 약간 어두운 정도의 농도 |
| 1.0[Cs] | 1~2[m] | • 전방이 거의 보이지 않을 정도의 농도 |
| 10[Cs] | 수십[cm] | • 최성기 때 화재층의 연기농도<br>• 유도등도 보이지 않는 암흑상태의 농도 |
| 30[Cs] | – | • 출화실에서 연기가 배출될 때의 농도 |

**08** 물질의 화재 위험성에 대한 설명으로 틀린 것은?

① 인화점 및 착화점이 낮을수록 위험
② 착화에너지가 작을수록 위험
③ 비점 및 융점이 높을수록 위험
④ 연소범위가 넓을수록 위험

**해설** 화재 위험성
㉠ 비점 및 융점이 낮을수록 위험하다.
㉡ 발화점 및 인화점이 낮을수록 위험하다.
㉢ 연소하한계가 낮을수록 위험하다.
㉣ 연소범위가 넓을수록 위험하다.
㉤ 증기압이 클수록 위험하다.

**09** 이산화탄소의 증기비중은 약 얼마인가? (단, 공기의 분자량은 29이다)

① 0.81  ② 1.52
③ 2.02  ④ 2.51

**해설** 증기비중 = $\dfrac{어떤 기체의 분자량}{공기의 분자량}$
= $\dfrac{44}{29}$ = 1.52

**10** 위험물안전관리법령상 제2석유류에 해당하는 것으로만 나열된 것은?

① 아세톤, 벤젠
② 중유, 아닐린
③ 에테르, 이황화탄소
④ 아세트산, 아크릴산

**해설** 제4류 위험물의 종류

| 품 명 | 대표물질 |
|---|---|
| 특수인화물 | 이황화탄소·디에틸에테르·아세트알데히드·산화프로필렌·이소프렌·펜탄·디비닐에테르·트리클로로실란 |
| 제1석유류 | • 아세톤·휘발유·벤젠<br>• 톨루엔·크실렌·시클로헥산<br>• 아크롤레인·초산에스테르류<br>• 의산에스테르류<br>• 메틸에틸케톤·에틸벤젠·피리딘 |
| 제2석유류 | • 등유·경유·의산<br>• 초산·테레빈유·장뇌유<br>• 아세트산·아크릴산<br>• 송근유·스티렌·메틸셀로솔브<br>• 에틸셀로솔브·클로로벤젠·알릴알코올 |
| 제3석유류 | • 중유·크레오소트유·에틸렌글리콜<br>• 글리세린·나이트로벤젠·아닐린<br>• 담금질유 |
| 제4석유류 | • 기어유·실린더유 |

**11** 다음 중 연소범위를 근거로 계산한 위험도 값이 가장 큰 물질은?

① 이황화탄소        ② 메탄
③ 수소              ④ 일산화탄소

**해설** 위험도 $H = \dfrac{U-L}{L}$

① 이황화탄소 위험도 $H = \dfrac{44-1.2}{1.2} = 35.66$

② 메탄 위험도 $H = \dfrac{15-5}{5} = 2$

③ 수소 위험도 $H = \dfrac{75-4}{4} = 17.75$

④ 일산화탄소 위험도 $H = \dfrac{74-12.5}{12.5} = 4.92$

**12** 가연물이 연소가 잘되기 위한 구비조건으로 틀린 것은?

① 열전도율이 클 것
② 산소와 화학적으로 친화력이 클 것
③ 표면적이 클 것
④ 활성화에너지가 작을 것

**해설** 가연물이 되기 쉬운 조건
㉠ 열전도율이 작을수록
㉡ 활성화에너지가 작을수록
㉢ 발열량이 클수록
㉣ 산소와 친화력이 클수록
㉤ 표면적이 클수록
㉥ 주위온도가 높을수록

**13** 유류탱크 화재 시 기름 표면에 물을 살수하면 기름이 탱크 밖으로 비산하여 화재가 확대되는 현상은?

① 슬롭 오버(Slop Over)
② 플래시 오버(Flash Over)
③ 프로스 오버(Froth Over)
④ 블레비(BLEVE)

**해설** 고비점 액체가연물에서 발생될 수 있는 현상

| 보일 오버 | 슬롭 오버 | 프로스 오버 |
|---|---|---|
| 화재 시 | 화재 시 | 비화재 시 |
| 탱크 내에 잔존해 있던 물이 비등하는 현상 | 소화수(탱크 내 잔존 물 ×)가 비등하는 현상 | 외부원인에 의해 탱크 내에 잔존해 있던 물이 비등하는 현상 |

**14** 화재 시 나타나는 인간의 피난특성으로 볼 수 없는 것은?

① 어두운 곳으로 대피한다.
② 최초로 행동한 사람을 따른다.
③ 발화지점의 반대방향으로 이동한다.
④ 평소에 사용하던 문, 통로를 사용한다.

**정답** 10.④  11.①  12.①  13.①  14.①

**해설** 인간의 피난특성
  ㉠ 귀소본능(歸巢本能)
    인간은 비상시 본능적으로 자신의 신체를 보호하기 위하여 자주 이용하는 경로 및 원래 온 길로 돌아가려는 특성
  ㉡ 퇴피본능(退避本能)
    위험사태가 발생하면 반사적으로 그 지점에서 멀어지려는 특성
  ㉢ 지광본능(智光本能)
    화재시 정전이나 검은 연기에 의해 암흑상태가 되면 사람들이 밝은 곳으로 모이려는 특성
  ㉣ 좌회본능(左廻本能)
    사람의 대부분은 오른손잡이며, 이로 인해 오른발이 발달해 있어 어둠속에서 걷게 되면 왼쪽으로 돌게 되는 특성
  ㉤ 추종본능(追從本能)
    화재와 같은 급박한 상황에서 리더(Leader) 한 사람의 행동을 따라하는 특성

**15** 종이, 나무, 섬유류 등에 의한 화재에 해당하는 것은?

① A급 화재  ② B급 화재
③ C급 화재  ④ D급 화재

**해설** 화재의 종류

| 구 분 | 표시색 | 적응물질 |
|---|---|---|
| 일반화재(A급) | 백색 | • 일반가연물<br>• 종이류 화재<br>• 목재·섬유화재 |
| 유류화재(B급) | 황색 | • 가연성 액체<br>• 가연성 가스<br>• 액화가스 화재<br>• 석유화재 |
| 전기화재(C급) | 청색 | • 전기설비 |
| 금속화재(D급) | – | • 가연성 금속 |
| 가스화재(E급) | – | • 도시가스, LPG화재 |
| 주방화재(K급) | – | • 식용유화재 |

**16** $NH_4H_2PO_4$를 주성분으로 한 분말소화약제는 제몇 종 분말소화약제인가?

① 제1종  ② 제2종
③ 제3종  ④ 제4종

**해설** 분말소화약제의 주성분에 의한 구분

| 종류 | 주성분 | 착색 | 적응화재 |
|---|---|---|---|
| 제1종 분말 | 탄산수소나트륨($NaHCO_3$) | 백색 | B,C급 |
| 제2종 분말 | 탄산수소칼륨($KHCO_3$) | 보라색(자색) | B,C급 |
| 제3종 분말 | 인산암모늄($NH_4H_2PO_4$) | 핑크색(담홍색) | A,B,C급 |
| 제4종 분말 | 탄산수소칼륨+요소 ($KHCO_3+NH_2CONH_2$) | 회색 | B,C급 |

**17** 다음 물질 중 연소하였을 때 시안화수소를 가장 많이 발생시키는 물질은?

① Polyethylene
② Polyurethane
③ Polyvinyl Chloride
④ Polystyrene

**해설** 연소 시 시안화수소(HCN) 발생물질
  ㉠ 요소
  ㉡ 멜라닌
  ㉢ 아닐린
  ㉣ Polyurethane(폴리우레탄)

**18** 산소의 농도를 낮추어 소화하는 방법은?

① 냉각소화
② 질식소화
③ 제거소화
④ 억제소화

**해설** 질식소화 : 산소의 차단, 제거, 농도저하

**정답** 15.① 16.③ 17.② 18.②

**19** 다음 중 상온·상압에서 액체인 것은?

① 탄산가스   ② 할론 1301
③ 할론 2402   ④ 할론 1211

해설

| 상온·상압에서 기체상태 | 상온·상압에서 액체상태 |
|---|---|
| • 할론 1301<br>• 할론 1211<br>• 이산화탄소($CO_2$) | • 할론 1011<br>• 할론 104<br>• 할론 2402 |

**20** 밀폐된 내화건물의 실내에 화재가 발생했을 때 그 실내의 환경변화에 대한 설명 중 틀린 것은?

① 기압이 급강하한다.
② 산소가 감소한다.
③ 일산화탄소가 증가한다.
④ 이산화탄소가 증가한다.

해설 밀폐된 실내 화재시 기압은 상승한다.

# 2020년 제3회 소방설비기사[기계분야] 1차 필기

[제1과목 : 소방원론]

**01** 화재의 종류에 따른 분류가 틀린 것은?

① A급 : 일반화재
② B급 : 유류화재
③ C급 : 가스화재
④ D급 : 금속화재

**해설** 화재의 종류

| 구 분 | 표시색 | 적응물질 |
|---|---|---|
| 일반화재(A급) | 백색 | • 일반가연물<br>• 종이류 화재<br>• 목재·섬유 화재 |
| 유류화재(B급) | 황색 | • 가연성 액체<br>• 가연성 가스<br>• 액화가스 화재<br>• 석유화재 |
| 전기화재(C급) | 청색 | • 전기설비 |
| 금속화재(D급) | – | • 가연성 금속 |
| 가스화재(E급) | – | • 도시가스, LPG화재 |
| 주방화재(K급) | – | • 식용유화재 |

**02** 다음 중 고체 가연물이 덩어리보다 가루일 때 연소되기 쉬운 이유로 가장 적합한 것은?

① 발열량이 작아지기 때문이다.
② 공기와 접촉면이 커지기 때문이다.
③ 열전도율이 커지기 때문이다.
④ 활성화에너지가 커지기 때문이다.

**해설** 덩어리상태보다 가루상태일 때 표면적이 커지고 산소와의 반응접촉면적이 넓어진다.
가루상태일 때 활성화에너지가 작아진다.

**03** 위험물과 위험물안전관리법령에서 정한 지정수량을 옳게 연결한 것은?

① 무기과산화물 – 300[kg]
② 황화인 – 500[kg]
③ 황린 – 20[kg]
④ 질산에스터류 – 200[kg]

**해설** 위험물지정수량
① 무기과산화물 : 50[kg](제1류 위험물)
② 황화인 : 100[kg](제2류 위험물)
③ 황린 : 20[kg](제3류 위험물)
④ 질산에스터류 : 10[kg](제5류 위험물)

**04** 다음 중 발화점이 가장 낮은 물질은?

① 휘발유
② 이황화탄소
③ 적린
④ 황린

**해설** 발화점
① 휘발유 : 300[℃]
② 이황화탄소 : 100[℃]
③ 적린 : 260[℃]
④ 황린 : 34[℃]

**05** 화재 시 발생하는 연소가스 중 인체에서 헤모글로빈과 결합하여 혈액의 산소운반을 저해하고 두통, 근육조절의 장애를 일으키는 것은?

① $CO_2$
② $CO$
③ $HCN$
④ $H_2S$

**해설** 탄소 함유 가연물의 불완전연소 시 일산화탄소(CO)가 발생되며 일산화탄소는 혈액 중에 헤모글로빈과 결합하여 COHb가 되어 산소운반을 저해하여 두통을 일으키고, 고농도의 경우 의식불명을 초래한다.

정답 01.③ 02.② 03.③ 04.④ 05.②

**06** 다음 원소 중 전기음성도가 가장 큰 것은?
① F    ② Br
③ Cl   ④ I

**해설** 할론소화약제

| 부촉매효과(소화능력) 크기 | 전기음성도(친화력, 결합력) 크기 |
|---|---|
| I > Br > Cl > F | F > Cl > Br > 1 |

• 전기음성도 크기=수소와의 결합력 크기

**07** 탄화칼슘이 물과 반응 시 발생하는 가연성 가스는?
① 메탄    ② 포스핀
③ 아세틸렌  ④ 수소

**해설** 탄화칼슘과 물의 반응식
$CaC_2$ + $2H_2O$ → $Ca(OH)_2$ + $C_2H_2$ ↑
(탄화칼슘) (물)   (수산화칼슘) (아세틸렌)

**08** 공기의 평균 분자량이 29일 때 이산화탄소 기체의 증기비중은 얼마인가?
① 1.44   ② 1.52
③ 2.88   ④ 3.24

**해설**
$$증기비중 = \frac{어떤 기체의 분자량}{공기의 분자량} = \frac{44}{29} = 1.52$$

**09** 밀폐된 공간에 이산화탄소를 방사하여 산소의 체적 농도를 12[%] 되게 하려면 상대적으로 방사된 이산화탄소의 농도는 얼마가 되어야 하는가?
① 25.40[%]   ② 28.70[%]
③ 38.35[%]   ④ 42.86[%]

**해설**
$$CO_2(\%) = \frac{21 - O_2}{21} \times 100 = \frac{21-12}{21} \times 100$$
$$= 42.857 \fallingdotseq 42.86[\%]$$

**10** 화재하중의 단위로 옳은 것은?
① $kg/m^2$      ② $℃/m^2$
③ $kg \cdot L/m^3$   ④ $℃ \cdot L/m^3$

**해설** 화재하중
화재하중(Fire Load)이란 일정한 구역 안에 있는 가연물 전체 발열량을 동일한 발열량의 목재의 질량으로 환산하여 화재구역의 면적으로 나눈 것으로 주수시간 결정의 주요인이 되며 화재의 위험성을 나타낸다.

$$Q[kg/m^2] = \frac{\sum(G_tH_t)}{H_wA} = \frac{\sum Q_t}{4,500A}$$

Q : 화재하중[$kg/m^2$]
$G_t$ : 실내 각 가연물의 중량[kg]
$H_t$ : 실내 각 가연물의 단위 발열량[kcal/kg]
A : 화재실의 바닥면적[$m^2$]
$Q_t$ : 화재실 내 가연물의 전체 발열량[kcal]
$H_W$ : 목재의 단위발열량(4,500[kcal/kg])

**11** 인화점이 20[℃]인 액체위험물을 보관하는 창고의 인화 위험성에 대한 설명 중 옳은 것은?
① 여름철에 창고 안이 더워질수록 인화의 위험성이 커진다.
② 겨울철에 창고 안이 추워질수록 인화의 위험성이 커진다.
③ 20[℃]에서 가장 안전하고 20[℃]보다 높아지거나 낮아질수록 인화의 위험성이 커진다.
④ 인화의 위험성은 계절의 온도와는 상관없다.

**해설** 주위온도가 높을수록 인화위험성은 커진다.

**12** 소화약제인 IG-541의 성분이 아닌 것은?
① 질소    ② 아르곤
③ 헬륨    ④ 이산화탄소

**해설** 불활성기체소화약제의 종류 및 주성분
㉠ IG-01 : Ar
㉡ IG-100 : $N_2$
㉢ IG-541 : $N_2$ : 52[%], Ar : 40[%], $CO_2$ : 8[%]
㉣ IG-55 : $N_2$ : 50[%], Ar : 50[%]

정답  06.①  07.③  08.②  09.④  10.①  11.①  12.③

**13** 이산화탄소소화약제 저장용기의 설치장소에 대한 설명 중 옳지 않은 것은?

① 반드시 방호구역 내의 장소에 설치한다.
② 온도의 변화가 적은 곳에 설치한다.
③ 방화문으로 구획된 실에 설치한다.
④ 해당 용기가 설치된 곳임을 표시하는 표지를 한다.

**해설** 이산화탄소소화설비 저장용기 설치장소 기준
㉠ 방호구역외의 장소에 설치할 것. 다만, 방호구역내에 설치할 경우에는 피난 및 조작이 용이하도록 피난구 부근에 설치하여야 한다.
㉡ 온도가 40[℃] 이하이고, 온도변화가 적은 곳에 설치할 것
㉢ 직사광선 및 빗물이 침투할 우려가 없는 곳에 설치할 것
㉣ 방화문으로 구획된 실에 설치할 것
㉤ 용기의 설치장소에는 해당 용기가 설치된 곳임을 표시하는 표지를 할 것
㉥ 용기간의 간격은 점검에 지장이 없도록 3cm 이상의 간격을 유지할 것
㉦ 저장용기와 집합관을 연결하는 연결배관에는 체크밸브 설치할 것. 다만, 저장용기가 하나의 방호구역만을 담당하는 경우에는 그러하지 아니하다.

**14** 화재의 소화원리에 따른 소화방법의 적용으로 틀린 것은?

① 냉각소화 : 스프링클러설비
② 질식소화 : 이산화탄소소화설비
③ 제거소화 : 포소화설비
④ 억제소화 : 할로겐화합물소화설비

**해설** 포소화설비는 질식, 냉각, 유화소화방법을 이용하는 설비이다.

**15** 건축물의 내화구조에서 바닥의 경우에는 철근콘크리트의 두께가 몇 [cm] 이상이어야 하는가?

① 7[cm]　　② 10[cm]
③ 12[cm]　　④ 15[cm]

**해설** 내화구조의 바닥
㉠ 철근콘크리트조 또는 철골철근콘크리트조로서 두께 10[cm] 이상인 것
㉡ 철재로 보강된 콘크리트블록조・벽돌조 또는 석조로서 철재로 덮은 콘크리트 블록 등의 두께가 5[cm] 이상인 것
㉢ 철재의 양면을 두께 5[cm] 이상의 철망모르타르 또는 콘크리트로 덮은 것

**16** 소화효과를 고려하였을 경우 화재 시 사용할 수 있는 물질이 아닌 것은?

① 이산화탄소
② 아세틸렌
③ Halon 1211
④ Halon 1301

**해설** 아세틸렌($C_2H_2$)
연소범위 2.5~81[%]의 가연성가스, 분해폭발의 위험이 있다.

**17** 질식소화 시 공기 중의 산소농도는 일반적으로 약 몇 [vol%] 이하로 하여야 하는가?

① 25[vol%]　　② 21[vol%]
③ 19[vol%]　　④ 15[vol%]

**해설** 질식소화
정상적인 연소가 진행되기 위해서는 일정 농도 이상의 산소가 필요하며, 대부분의 산소공급은 공기를 통해 이루어진다. 그러므로 가연물 주변의 공기를 차단하여 산소농도를 15[%] 이하로 하면 산소부족에 의해 계속적인 연소가 어려워진다. 질식소화를 위한 산소농도의 유효한 계치는 10~15[%]이다.

**18** 제1종 분말소화약제의 주성분으로 옳은 것은?

① $KHCO_3$
② $NaHCO_3$
③ $NH_4H_2PO_4$
④ $Al_2(SO_4)_3$

**해설** 분말소화약제의 주성분에 의한 구분

| 종류 | 주성분 | 착색 | 적응화재 |
|---|---|---|---|
| 제1종 분말 | 탄산수소나트륨($NaHCO_3$) | 백색 | B,C급 |
| 제2종 분말 | 탄산수소칼륨($KHCO_3$) | 보라색 (자색) | B,C급 |
| 제3종 분말 | 인산암모늄($NH_4H_2PO_4$) | 핑크색 (담홍색) | A,B,C급 |
| 제4종 분말 | 탄산수소칼륨+요소 ($KHCO_3+NH_2CONH_2$) | 회색 | B,C급 |

**19** Halon 1301의 분자식은?

① $CH_3Cl$  ② $CH_3Br$
③ $CF_3Cl$  ④ $CF_3Br$

**해설** 할론약제의 명명법
할론ⓐⓑⓒⓓ
ⓐ : 탄소(C)의 수
ⓑ : 불소(F)의 수
ⓒ : 염소(Cl)의 수
ⓓ : 브롬(Br)의 수
할론약제의 분자식
㉠ 할론 2402 : $C_2F_4Br_2$
㉡ 할론 1211 : $CF_2ClBr$
㉢ 할론 1301 : $CF_3Br$
㉣ 할론 1011 : $CH_2ClBr$
㉤ 할론 1040 : $CCl_4$

**20** 다음 중 연소와 가장 관련 있는 화학반응은?

① 중화반응  ② 치환반응
③ 환원반응  ④ 산화반응

**해설** 연소는 일종의 산화반응으로 열과 빛을 동반한 발열반응을 말한다.

# 2020년 제4회 소방설비기사[기계분야] 1차 필기
## [제1과목 : 소방원론]

**01** 일반적인 플라스틱 분류 상 열경화성 플라스틱에 해당하는 것은?

① 폴리에틸렌  ② 폴리염화비닐
③ 페놀수지   ④ 폴리스티렌

**해설**
㉠ 열경화성 수지 : 열을 가하여도 녹지 않는 수지로 페놀수지, 멜라민수지, 요소수지 등이 있다.
㉡ 열가소성 수지 : 열을 가하면 녹아 액체로 되는 수지로 PVC, PE(폴리에틸렌), PP(폴리프로필렌) 등이 있다.

**02** 공기 중에서 수소의 연소범위로 옳은 것은?

① 0.4~4[vol%]   ② 1~12.5[vol%]
③ 4~75[vol%]   ④ 67~92[vol%]

**해설** 연소범위

| 가연성 가스 | 하한계(vol%) | 상한계(vol%) |
|---|---|---|
| 아세틸렌 | 2.5 | 81 |
| 산화에틸렌 | 3 | 80 |
| 수소 | 4 | 75 |
| 일산화탄소 | 12.5 | 74 |
| 에테르 | 1.9 | 48 |
| 이황화탄소 | 1.2 | 44 |
| 에틸렌 | 2.7 | 36 |
| 암모니아 | 15 | 28 |
| 메탄 | 5 | 15 |
| 에탄 | 3 | 12.4 |
| 프로판 | 2.1 | 9.5 |
| 부탄 | 1.8 | 8.4 |

**03** 건물 내 피난동선의 조건으로 옳지 않은 것은?

① 2개 이상의 방향으로 피난할 수 있어야 한다.
② 가급적 단순한 형태로 한다.
③ 통로의 말단은 안전한 장소이어야 한다.
④ 수직동선은 금하고 수평동선만 고려한다.

**해설** 피난동선의 특성
㉠ 가급적 단순형태가 좋다.
㉡ 수평동선과 수직동선으로 구분한다.
㉢ 가급적 상호 반대방향으로 다수의 출구와 연결되는 것이 좋다.
㉣ 어느 곳에서도 2개 이상의 방향으로 피난할 수 있으며, 그 말단은 화재로부터 안전한 장소이어야 한다.

**04** 증발잠열을 이용하여 가연물의 온도를 떨어뜨려 화재를 진압하는 소화방법은?

① 제거소화   ② 억제소화
③ 질식소화   ④ 냉각소화

**해설** 냉각소화
물의 현열 및 증발잠열을 이용하여 화재장소에서의 온도를 떨어뜨리는 소화방법이다.

**05** 열분해에 의해 가연물 표면에 유리상의 메타인산 피막을 형성하여 연소에 필요한 산소의 유입을 차단하는 분말약제는?

① 요소
② 탄산수소칼륨
③ 제1인산암모늄
④ 탄산수소나트륨

**정답** 01.③ 02.③ 03.④ 04.④ 05.③

**해설** 분말소화약제의 종류 및 특성

| 종류 | 주성분 | 착색 | 적응화재 |
|---|---|---|---|
| 제1종 분말 | 탄산수소나트륨(NaHCO₃) | 백색 | B,C급 |
| 제2종 분말 | 탄산수소칼륨(KHCO₃) | 보라색 (자색) | B,C급 |
| 제3종 분말 | 인산암모늄(NH₄H₂PO₄) | 핑크색 (담홍색) | A,B,C급 |
| 제4종 분말 | 탄산수소칼륨+요소 (KHCO₃+NH₂CONH₂) | 회색 | B,C급 |

제3종분말 방사시 생성되는 메타인산(HPO₃)의 방진작용으로 A급화재에도 적응성이 있다.

**06** 화재를 소화하는 방법 중 물리적 방법에 의한 소화가 아닌 것은?
① 억제소화  ② 제거소화
③ 질식소화  ④ 냉각소화

**해설** 소화방법
소화방법에는 물리적 소화와 화학적 소화가 있으며 부촉매의 연쇄반응 억제작용에 의한 소화방법은 화학적 소화방법에 해당된다.

**07** 물과 반응하여 가연성 기체를 발생하지 않는 것은?
① 칼륨  ② 인화아연
③ 산화칼슘  ④ 탄화알루미늄

**해설** 분진폭발을 일으키지 않는 물질
물과 반응하여 가연성 기체를 발생하지 않는 것
㉠ 시멘트
㉡ 석회석
㉢ 탄산칼슘(CaCO₃)
㉣ 생석회(CaO)=산화칼슘

**08** 다음 물질을 저장하고 있는 장소에서 화재가 발생하였을 때 주수소화가 적합하지 않은 것은?
① 적린  ② 마그네슘 분말
③ 과염소산칼륨  ④ 황

**해설** 칼륨, 나트륨, 마그네슘의 경우 물과 반응하여 수소를 발생시킨다.
마그네슘과 물의 반응식
$Mg + 2H_2O \rightarrow Mg(OH)_2 + H_2 \uparrow$

**09** 과산화수소와 과염소산의 공통성질이 아닌 것은?
① 산화성 액체이다.
② 유기화합물이다.
③ 불연성 물질이다.
④ 비중이 1보다 크다.

**해설** 과산화수소와 과염소산은 제6류 위험물로서 산화성 액체, 불연성이며 비중이 1보다 크다.
유기화합물이란 탄소를 함유하고 있는 화합물이다.

**10** 다음 중 가연성 가스가 아닌 것은?
① 일산화탄소  ② 프로판
③ 아르곤  ④ 메탄

**해설** 아르곤(Ar)은 불활성기체이다.

**11** 화재 발생 시 인간의 피난 특성으로 틀린 것은?
① 본능적으로 평상시 사용하는 출입구를 사용한다.
② 최초로 행동을 개시한 사람을 따라서 움직인다.
③ 공포감으로 인해서 빛을 피하여 어두운 곳으로 몸을 숨긴다.
④ 무의식중에 발화 장소의 반대쪽으로 이동한다.

**해설** 인간의 피난특성
㉠ 귀소본능(歸巢本能)
인간은 비상시 본능적으로 자신의 신체를 보호하기 위하여 자주 이용하는 경로 및 원래 온 길로 돌아가려는 특성
㉡ 퇴피본능(退避本能)
위험사태가 발생하면 반사적으로 그 지점에서 멀어지려는 특성

**정답** 06.① 07.③ 08.② 09.② 10.③ 11.③

ⓒ 지광본능(智光本能)
화재 시 정전이나 검은 연기에 의해 암흑상태가 되면 사람들이 밝은 곳으로 모이려는 특성
ⓔ 좌회본능(左廻本能)
사람의 대부분은 오른손잡이며, 이로 인해 오른발이 발달해 있어 어둠 속에서 걷게 되면 왼쪽으로 돌게 되는 특성
ⓜ 추종본능(追從本能)
화재와 같은 급박한 상황에서 리더(Leader) 한 사람의 행동을 따라하는 특성

**12** 실내화재에서 화재의 최성기에 돌입하기 전에 다량의 가연성 가스가 동시에 연소되면서 급격한 온도상승을 유발하는 현상은?

① 패닉(Panic) 현상
② 스택(Stack) 현상
③ 화이어 볼(Fire Ball) 현상
④ 플래시 오버(Flash Over) 현상

**[해설]** Flash Over는 실내 화재에서 발생될 수 있는 현상으로 화재로 인해 화재실 내부의 온도가 상승되어 있다가 화염이 급격히 확대되는 현상으로 화재 성장기와 최성기의 분기점에서 발생된다. 소화활동 및 피난활동은 Flash Over 이전에 행하여야 한다.

**13** 다음 원소 중 할로겐족 원소인 것은?

① Ne   ② Ar
③ Cl   ④ Xe

**[해설]** 할로겐족 원소란 주기율표상 7족 원소로 다음과 같다.
F(불소), Cl(염소), Br(브롬), I(요오드)

**14** 피난 시 하나의 수단이 고장 등으로 사용이 불가능하더라도 다른 수단 및 방법을 통해서 피난할 수 있도록 하는 것으로 2방향 이상의 피난통로를 확보하는 피난대책의 일반 원칙은?

① Risk-down 원칙
② Feed-back 원칙
③ Fool-proof 원칙
④ Fail-safe 원칙

**[해설]** Fool Proof와 Fail Safe
ⓖ 소방에서 Fool Proof란 인간이 실수를 하거나, 잘못된 판단을 하더라도 충분히 피난활동에는 지장을 주지 않아야 하는 것을 의미한다.
ⓛ 소방에서 Fail Safe란 인간이 아닌 기계, 즉 피난기구에 문제가 발생하더라도 대체할 수 있는 다른 피난기구를 설치하는 것을 의미한다.

**15** 목재건축물의 화재 진행과정을 순서대로 나열한 것은?

① 무염착화 – 발염착화 – 발화 – 최성기
② 무염착화 – 최성기 – 발염착화 – 발화
③ 발염착화 – 발화 – 최성기 – 무염착화
④ 발염착화 – 최성기 – 무염착화 – 발화

**[해설]** 목조건축물 및 내화건축물의 연소과정
ⓖ 목조건축물 : 무염착화 → 발염착화 → 출화 → 최성기 → 연소낙하 → 진화
ⓛ 내화건축물 : 발화 → 성장기 → 최성기 → 감퇴기 → 종기

**16** 탄산수소나트륨이 주성분인 분말소화약제는?

① 제1종 분말
② 제2종 분말
③ 제3종 분말
④ 제4종 분말

**[해설]** 분말소화약제의 종류 및 특성

| 종류 | 주성분 | 착색 | 적응화재 |
|---|---|---|---|
| 제1종 분말 | 탄산수소나트륨($NaHCO_3$) | 백색 | B,C급 |
| 제2종 분말 | 탄산수소칼륨($KHCO_3$) | 보라색 (자색) | B,C급 |
| 제3종 분말 | 인산암모늄($NH_4H_2PO_4$) | 핑크색 (담홍색) | A,B,C급 |
| 제4종 분말 | 탄산수소칼륨+요소 ($KHCO_3+NH_2CONH_2$) | 회색 | B,C급 |

**정답** 12.④ 13.③ 14.④ 15.① 16.①

**17** 공기와 할론 1301의 혼합기체에서 할론 1301에 비해 공기의 확산속도는 약 몇 배인가? (단, 공기의 평균분자량은 29, 할론 1301의 분자량은 149이다)

① 2.27배　　② 3.85배
③ 5.17배　　④ 6.46배

**해설** 그레이엄의 확산속도의 법칙
기체의 확산속도는 그 기체의 분자량(밀도)의 제곱근에 반비례한다.

$$\frac{U_2}{U_1} = \sqrt{\frac{M_1}{M_2}} = \sqrt{\frac{\rho_1}{\rho_2}}$$

$U$ : 확산속도, $M$ : 분자량, $\rho$ : 밀도

$$\frac{U_{공기}}{U_{할론1301}} = \sqrt{\frac{149}{29}} = 2.27$$

**18** 불연성 기체나 고체 등으로 연소물을 감싸 산소공급을 차단하는 소화방법은?

① 질식소화　　② 냉각소화
③ 연쇄반응차단소화　　④ 제거소화

**해설** 소화방법의 종류
㉠ 제거소화
　가연물질을 완전 제거하거나 가연성 액체 또는 가연성증기의 농도를 희석시켜 연소하한계 이하로 하여 연소를 저지시키는 소화방법
㉡ 질식소화
　가연물 주변에 공기를 차단하여 산소농도를 15% 이하로 하면 산소부족에 의해 연소의 계속이 어려워지는데 이와 같이 산소의 농도를 낮추어 소화하는 소화방법
㉢ 냉각소화
　가연물 또는 그 주변의 온도를 냉각시켜 인화점 및 발화점 이하로 낮추어 소화하는 방법
㉣ 억제소화(부촉매소화)
　화학반응력의 차이를 이용한 연쇄반응의 억제를 통한 소화방법으로 화재면에 화학반응성이 큰 원소를 발생시킬 수 있는 소화약제를 방사하여 가연물이 산소와 반응하는 것을 억제하는 소화방법

**19** 공기 중의 산소의 농도는 약 몇 [vol%]인가?

① 10[vol%]　　② 13[vol%]
③ 17[vol%]　　④ 21[vol%]

**해설** 산소%
- 부피%(vol%) : 21[vol%]
- 중량%(wt%) : 23[wt%]

**20** 자연발화 방지대책에 대한 설명 중 틀린 것은?

① 저장실의 온도를 낮게 유지한다.
② 저장실의 환기를 원활히 시킨다.
③ 촉매물질과의 접촉을 피한다.
④ 저장실의 습도를 높게 유지한다.

**해설** 자연발화의 방지법
㉠ 통풍이 잘되는 곳에 저장할 것
㉡ 열의 축적을 방지할 것
㉢ 저장실의 온도를 낮출 것
㉣ 습도가 높은 곳을 피할 것

# 2021년 제1회 소방설비기사[기계분야] 1차 필기

[제1과목 : 소방원론]

**01** 위험물별 저장방법에 대한 설명 중 틀린 것은?

① 황은 정전기가 축적되지 않도록 하여 저장한다.
② 적린은 화기로부터 격리하여 저장한다.
③ 마그네슘은 건조하면 부유하여 분진폭발의 위험이 있으므로 물에 적시어 보관한다.
④ 황화인은 산화제와 격리하여 저장한다.

해설 제2류 위험물(가연성 고체) 저장 및 취급방법
  ㉠ 점화원으로부터 멀리하고 가열을 피할 것
  ㉡ 산화제와의 접촉을 피할 것
  ㉢ 철분, 마그네슘, 금속분류는 산 또는 물과의 접촉을 피할 것
  ㉣ 용기 등의 파손으로 위험물의 누설에 주의할 것

**02** 분자식이 $CF_2BrCl$인 할로겐화합물 소화약제는?

① Halon 1301
② Halon 1211
③ Halon 2402
④ Halon 2021

해설 할론약제의 종류
  ㉠ Methane의 유도체
    ⓐ 할론1211($CF_2ClBr$) : 일취화일염화이불화메탄(BCF)
    ⓑ 할론1301($CF_3Br$) : 일취화삼불화메탄(BTM)
    ⓒ 할론1011($CH_2ClBr$) : 일취화일염화메탄(CB)
    ⓓ 할론1040($CCl_4$) : 사염화탄소(CTC)
  ㉡ Ethane의 유도체
    할론2402($C_2F_4Br_2$) : 이취화사불화에탄(FB)

**03** 건축물의 화재 시 피난자들의 집중으로 패닉(panic) 현상이 일어날 수 있는 피난방향은?

해설 피난형태

| 구 분 | 구 조 | 특 징 |
|---|---|---|
| T형 | | 피난자에게 피난경로를 확실하게 알려주는 형태 |
| Y형 | | |
| X형 | | 양방향으로 피난할 수 있는 확실한 형태 |
| H형 | | |
| CO형 | | 중앙코너방식으로 피난자의 집중으로 패닉현상이 일어날 우려가 있는 형태 |
| Z형 | | 중앙복도형 건축물에서의 피난경로로서 코너식 중 제일 안전한 형태 |

**04** 할로겐화합물 소화약제에 관한 설명으로 옳지 않은 것은?

① 연쇄반응을 차단하여 소화한다.
② 할로겐족 원소가 사용된다.
③ 전기에 도체이므로 전기화재에 효과가 있다.
④ 소화약제의 변질분해 위험성이 낮다.

해설 할로겐화합물 소화약제는 전기에 부도체이므로 전기화재에 적응성이 있다.

정답 01.③ 02.② 03.① 04.③

[할로겐화합물 및 불활성기체소화약제의 소화효과]
㉠ 억제효과[할로겐] : 화재면에 방사 시 열분해에 의한 라디칼을 생성하여 가연물과 산소의 반응을 억제하는 효과에 의한 소화작용을 한다.
㉡ 냉각효과[할로겐, 불활성] : 고압의 할론이 방사되면서 줄-톰슨효과에 의한 저온 상태로 방사되며, 열분해 반응 시 필요한 에너지에 의하여 주변온도를 떨어뜨리는 냉각작용이 있다.
㉢ 질식효과[불활성] : 화재실에 방사 시 상대적으로 산소의 농도를 떨어뜨려 연소반응을 저해시키는 기능이 있다.

**05** 스테판-볼츠만의 법칙에 의해 복사열과 절대온도와의 관계를 옳게 설명한 것은?

① 복사열은 절대온도의 제곱에 비례한다.
② 복사열은 절대온도의 4제곱에 비례한다.
③ 복사열은 절대온도의 제곱에 반비례한다.
④ 복사열은 절대온도의 4제곱에 반비례한다.

**해설** 스테판-볼츠만의 법칙

$$Q = 4.887A\varepsilon\left\{\left(\frac{T_1}{100}\right)^4 - \left(\frac{T_2}{100}\right)^4\right\}$$

$Q$ : 복사열량(kcal/hr)
$A$ : 단면적($m^2$)
$\varepsilon$ : 계수
$T_1$ : 고온체의 절대온도(K)
$T_2$ : 저온체의 절대온도(K)

즉, 복사에너지는 면적에 비례하고 절대온도의 4승에 비례한다.

**06** 일반적으로 공기 중 산소농도를 몇 vol% 이하로 감소시키면 연소속도의 감소 및 질식소화가 가능한가?

① 15vol%  ② 21vol%
③ 25vol%  ④ 31vol%

**해설** 대부분의 가연물은 공기 중 산소농도가 10~15vol% 정도로 낮아지면 산소부족에 의해 질식 소화된다.

**07** 이산화탄소의 물성으로 옳은 것은?

① 임계온도 : 31.35℃, 증기비중 : 0.529
② 임계온도 : 31.35℃, 증기비중 : 1.529
③ 임계온도 : 0.35℃, 증기비중 : 1.529
④ 임계온도 : 0.35℃, 증기비중 : 0.529

**해설** 이산화탄소 임계점 : 31.25[℃]
이산화탄소 증기비중 : 1.529

**08** 조연성 가스에 해당하는 것은?

① 일산화탄소  ② 산소
③ 수소  ④ 부탄

**해설** 조연성 가스란 연소 시 자기자신은 연소하지 않지만 다른 가연물 연소 시 산소공급원의 기능을 할 수 있는 가스로 산소, 오존, 할로겐족원소 등을 말한다.

**09** 가연물질의 구비조건으로 옳지 않은 것은?

① 화학적 활성이 클 것
② 열의 축적이 용이할 것
③ 활성화 에너지가 작을 것
④ 산소와 결합할 때 발열량이 작을 것

**해설** 가연물이 되기 쉬운 조건
㉠ 열전도율이 작을수록
㉡ 활성화 에너지가 작을수록
㉢ 발열량이 클수록
㉣ 산소와 친화력이 클수록
㉤ 표면적이 클수록
㉥ 주위온도가 높을수록

**10** 가연성 가스이면서도 독성 가스인 것은?

① 질소  ② 수소
③ 염소  ④ 황화수소

**해설** 황화수소($H_2S$)
황을 함유하고 있는 유기화합물이 불완전연소 시 발생되며 연소 시 유독성 기체인 아황산가스를 발생하며 계란 썩는 듯한 냄새가 난다.

정답 05.② 06.① 07.② 08.② 09.④ 10.④

**11** 다음 물질 중 연소범위를 통해 산출한 위험도 값이 가장 높은 것은?

① 수소   ② 에틸렌
③ 메탄   ④ 이황화탄소

**해설** 위험도 = $\dfrac{U-L}{L}$

- 수소 위험도 = $\dfrac{75-4}{4} = 17.75$
- 에틸렌 위험도 = $\dfrac{36-2.7}{2.7} = 12.33$
- 메탄 위험도 = $\dfrac{15-5}{5} = 2$
- 이황화탄소 위험도 = $\dfrac{44-1.2}{1.2} = 35.66$

**12** 다음 각 물질과 물이 반응하였을 때 발생하는 가스의 연결이 틀린 것은?

① 탄화칼슘 - 아세틸렌
② 탄화알루미늄 - 이산화황
③ 인화칼슘 - 포스핀
④ 수소화리튬 - 수소

**해설** 탄화알루미늄 - 메탄

**13** 블레비(BLEVE) 현상과 관계가 없는 것은?

① 핵분열
② 가연성 액체
③ 화구(Fire ball)의 형성
④ 복사열의 대량 방출

**해설** 블레비(BLEVE) 현상
용기 내부의 액화가스가 급격히 비등하여 압력에너지를 형성하면서 용기에 균열이 생겨 파열되며 주위공간으로 날아가 거대한 화구를 형성하는 현상으로 물리적인 폭발에 해당된다.

**14** 인화점이 낮은 것부터 높은 순서로 옳게 나열된 것은?

① 에틸알코올 < 이황화탄소 < 아세톤
② 이황화탄소 < 에틸알코올 < 아세톤
③ 에틸알코올 < 아세톤 < 이황화탄소
④ 이황화탄소 < 아세톤 < 에틸알코올

**해설** 이황화탄소(-30[℃]) < 아세톤(-18[℃]) < 에틸알코올(13[℃])

**15** 물에 저장하는 것이 안전한 물질은?

① 나트륨   ② 수소화칼슘
③ 이황화탄소   ④ 탄화칼슘

**해설** 물질에 따른 저장장소

| 물 질 | 저장장소 |
|---|---|
| 황린, 이황화탄소($CS_2$) | 물속 |
| 나이트로셀룰로오스 | 알코올 속 |
| 칼륨(K), 나트륨(Na), 리튬(Li) | 석유류(등유) 속 |
| 알킬알루미늄 | 벤젠액 속 |
| 아세틸렌($C_2H_2$) | 디메틸포름아미드(DMF), 아세톤에 용해 |

**16** 대두유가 침적된 기름 걸레를 쓰레기통에 장시간 방치한 결과 자연발화에 의하여 화재가 발생한 경우 그 이유로 옳은 것은?

① 융해열 축적   ② 산화열 축적
③ 증발열 축적   ④ 발효열 축적

**해설** ※ 자연발화 : 열축적 - 기름걸레 : 산화열 축적
[자연발화의 원인]
㉠ 분해열에 의한 발열 : 셀룰로이드류, 나이트로셀룰로오스 등
㉡ 산화열에 의한 발열 : 석탄, 건성유 등
㉢ 흡착열에 의한 발열 : 활성탄, 목탄 등
㉣ 미생물에 의한 발열 : 퇴비, 먼지 등
㉤ 중합열에 의한 발열 : 시안화수소 등

**17** 건축법령상 내력벽, 기둥, 바닥, 보, 지붕틀 및 주계단을 무엇이라 하는가?

① 내진구조부　　② 건축설비부
③ 보조구조부　　④ 주요구조부

해설 주요구조부는 벽, 보, 지붕틀, 바닥, 주계단, 기둥 등이며 작은 보, 차양, 최하층바닥, 옥외계단, 사잇기둥 등은 제외된다.

**18** 전기화재의 원인으로 거리가 먼 것은?

① 단락　　② 과전류
③ 누전　　④ 절연 과다

해설 전기화재 발생원인
㉠ 단락에 의한 발화
㉡ 과부하(과전류)에 의한 발화
㉢ 정전기에 의한 발화
㉣ 낙뢰에 의한 발화
㉤ 접속기 과열에 의한 발화
㉥ 전기불꽃에 의한 발화
㉦ 누전에 의한 발화

**19** 소화약제로 사용하는 물의 증발잠열로 기대할 수 있는 소화효과는?

① 냉각소화　　② 질식소화
③ 제거소화　　④ 촉매소화

해설 물이 냉각소화제로 효과가 가장 큰 이유 : 비열과 증발잠열
[물의 소화효과]
냉각효과, 질식효과, 희석효과, 유화효과(분무주수시)
[물의 특성]
㉠ 물의 비열은 1kcal/kg℃로 다른 약제에 비해 매우 크다.
㉡ 물의 증발잠열은 539kcal/kg이다.
㉢ 얼음의 융해잠열은 80kcal/kg이다.
㉣ 액체의 물이 기화 시 약 1,700배의 수증기가 된다.
　→ 상대적으로 주변 산소농도 저하 → 질식효과
㉤ 겨울철에 동결의 우려가 있으므로 동결방지조치를 강구해야 한다.
㉥ 인체에 독성이 없고 쉽게 구할 수 있다.

**20** 1기압상태에서, 100℃ 물 1g이 모두 기체로 변할 때 필요한 열량은 몇 cal인가?

① 429cal　　② 499cal
③ 539cal　　④ 639cal

해설 물의 잠열
㉠ 물의 융해잠열 : 80kcal/kg(80cal/g)
㉡ 물의 기화잠열 : 539kcal/kg(539cal/g)

정답　17.④　18.④　19.①　20.③

# 2021년 제2회 소방설비기사[기계분야] 1차 필기
[제1과목 : 소방원론]

**01** 제3종 분말소화약제의 주성분은?
① 인산암모늄
② 탄산수소칼륨
③ 탄산수소나트륨
④ 탄산수소칼륨과 요소

**해설** 분말소화약제의 주성분에 의한 분류

| 종류 | 주성분 | 착색 | 적응화재 |
|---|---|---|---|
| 제1종 분말 | 탄산수소나트륨($NaHCO_3$) | 백색 | B, C급 |
| 제2종 분말 | 탄산수소칼륨($KHCO_3$) | 보라색 (자색) | B, C급 |
| 제3종 분말 | 인산암모늄($NH_4H_2PO_4$) | 핑크색 (담홍색) | A, B, C급 |
| 제4종 분말 | 탄산수소칼륨 + 요소 ($KHCO_3 + NH_2CONH_2$) | 회색 | B, C급 |

**02** 화재발생 시 피난기구로 직접 활용할 수 없는 것은?
① 완강기
② 무선통신보조설비
③ 피난사다리
④ 구조대

**해설** 무선통신보조설비 : 소화활동설비

**03** 소화약제 중 HFC-125의 화학식으로 옳은 것은?
① $CHF_2CF_3$
② $CHF_3$
③ $CF_3CHFCF_3$
④ $CF_3I$

**해설** 할로겐화합물 소화약제의 종류

| 소화약제 | 화학식 |
|---|---|
| 퍼플루오로부턴 (이하 "FC-3-1-10"이라 한다) | $C_4F_{10}$ |
| 하이드로클로로플루오로카본혼화제 (이하 "HCFC BLEND A"라 한다) | HCFC-123 ($CHCl_2CF_3$) : 4.75%<br>HCFC-22 ($CHClF_2$) : 82%<br>HCFC-124 ($CHClFCF_3$) : 9.5%<br>$C_{10}H_{16}$ : 3.75% |
| 클로로테트라플루오로에탄 (이하 "HCFC-124"라 한다) | $CHClFCF_3$ |
| 펜타플루오로에탄 (이하 "HFC-125"라 한다) | $CHF_2CF_3$ |
| 헵타플루오로프로판 (이하 "HFC-227ea"라 한다) | $CF_3CHFCF_3$ |
| 트리플루오로메탄 (이하 "HFC-23"라 한다) | $CHF_3$ |
| 헥사플루오로프로판 (이하 "HFC-236fa"라 한다) | $CF_3CH_2CF_3$ |
| 트리플루오로이오다이드 (이하 "FIC-13I1"라 한다) | $CF_3I$ |
| 도데카플루오르-2-메틸펜탄-3-원 (이하 "FK-5-1-12"라 한다) | $CF_3CF_2C(O)CF(CF_3)_2$ |

**04** 위험물안전관리법령상 제6류 위험물을 수납하는 운반용기의 외부에 주의사항을 표시하여야 할 경우, 어떤 내용을 표시하여야 하는가?
① 물기엄금
② 화기엄금
③ 화기주의 · 충격주의
④ 가연물접촉주의

**정답** 01.① 02.② 03.① 04.④

**해설** 운반용기 외부에 표시해야 하는 사항
㉠ 품명, 위등급, 화학명 및 수용성
㉡ 위험물의 수량
㉢ 위험물에 따른 주의사항

| 유 별 | 품 명 | 운반용기의 주의사항 |
|---|---|---|
| 제1류 | 알칼리금속 과산화물 | 화기·충격주의, 가연물접촉주의, 물기엄금 |
| | 그 밖의 것 | 화기·충격주의, 가연물접촉주의 |
| 제2류 | 철분, 금속분, 마그네슘 | 화기주의, 물기엄금 |
| | 인화성 고체 | 화기엄금 |
| | 그 밖의 것 | 화기주의 |
| 제3류 | 금수성 물질 | 물기엄금 |
| | 자연발화성 물질 | 화기엄금, 공기접촉엄금 |
| 제4류 | 인화성 액체 | 화기엄금 |
| 제5류 | 자기반응성 물질 | 화기엄금, 충격주의 |
| 제6류 | 산화성 액체 | 가연물접촉주의 |

**05** 분말소화약제 중 A급, B급, C급 화재에 모두 사용할 수 있는 것은?

① 제1종 분말   ② 제2종 분말
③ 제3종 분말   ④ 제4종 분말

**해설** 분말소화약제의 주성분에 의한 분류

| 종류 | 주성분 | 착색 | 적응화재 |
|---|---|---|---|
| 제1종 분말 | 탄산수소나트륨 ($NaHCO_3$) | 백색 | B, C급 |
| 제2종 분말 | 탄산수소칼륨 ($KHCO_3$) | 보라색 (자색) | B, C급 |
| 제3종 분말 | 인산암모늄 ($NH_4H_2PO_4$) | 핑크색 (담홍색) | A, B, C급 |
| 제4종 분말 | 탄산수소칼륨+요소 ($KHCO_3 + NH_2CONH_2$) | 회색 | B, C급 |

**06** 열전도도(Thermal Conductivity)를 표시하는 단위에 해당하는 것은?

① $J/m^2 \cdot h$   ② $kcal/h \cdot ℃^2$
③ $W/m \cdot K$   ④ $J \cdot K/m^3$

**해설** 전도열량

$$Q(\text{kcal/hr}) = \frac{\lambda \cdot A \cdot \Delta T}{l}$$

$Q(\text{kcal/hr})$ : 전도열량
$\lambda$ : 열전도도($kcal/m \cdot hr \cdot ℃$)
$A$ : 접촉면적($m^2$)
$\Delta T$ : 온도차($℃$)
$l$ : 두께(m)
※ $kcal/m \cdot hr \cdot ℃ = W/m \cdot k$

**07** 알킬알루미늄 화재에 적합한 소화약제는?

① 물   ② 이산화탄소
③ 팽창질석   ④ 할로겐화합물

**해설** 금수성물질 소화약제 → 마른모래, 팽창질석, 팽창진주암

[자연발화성 물질 및 금수성 물질(제3류 위험물)의 종류]
칼륨, 나트륨, 알킬알루미늄, 알킬리튬, 황린, 알칼리금속, 유기금속화합물, 금속의 수소화물, 금속의 인화물, 칼슘 또는 알루미늄의 탄화물 등

**08** 가연물질의 종류에 따라 화재를 분류하였을 때 섬유류 화재가 속하는 것은?

① A급 화재   ② B급 화재
③ C급 화재   ④ D급 화재

**해설** 섬유류 화재는 A급 화재(일반화재)에 속한다.

**09** 다음 연소생성물 중 인체에 독성이 가장 높은 것은?

① 이산화탄소   ② 일산화탄소
③ 수증기   ④ 포스겐

**해설** 대부분의 가연물은 유기화합물이다. 가연물 중 탄소(C)와 염소(Cl)를 함유한 물질이 연소시 맹독성 가스인 포스겐($COCl_2$)가스가 발생된다.
$COCl_2$의 허용농도는 0.1ppm이다.

**정답** 05.③ 06.③ 07.③ 08.① 09.④

**10** 내화건축물과 비교한 목조건축물 화재의 일반적인 특징을 옳게 나타낸 것은?

① 고온, 단시간형  ② 저온, 단시간형
③ 고온, 장시간형  ④ 저온, 장시간형

**해설** 목조건축물은 공기의 유통이 좋아 급속한 연소현상이 진행되어 고온단기형의 연소특성을 가진다. 반면 내화건축물은 견고한 구조로 공기의 유통이 좋지 않아 서서히 연소하는 저온장기형의 특성을 가지게 된다.

**11** 정전기에 의한 발화과정으로 옳은 것은?

① 방전 → 전하의 축적 → 전하의 발생 → 발화
② 전하의 발생 → 전하의 축적 → 방전 → 발화
③ 전하의 발생 → 방전 → 전하의 축적 → 발화
④ 전하의 축적 → 방전 → 전하의 발생 → 발화

**해설** 정전기에 의한 발화과정
전하의 발생 → 전하의 축적 → 방전 → 발화

**12** 물리적 소화방법이 아닌 것은?

① 산소공급원 차단  ② 연쇄반응 차단
③ 온도 냉각  ④ 가연물 제거

**해설** 소화방법
소화방법에는 물리적 소화방법과 화학적 소화방법이 있으며 부촉매의 연쇄반응 억제(차단)작용에 의한 소화방법은 화학적 소화방법에 해당된다.

**13** 이산화탄소 소화기의 일반적인 성질에서 단점이 아닌 것은?

① 밀폐된 공간에서 사용 시 질식의 위험성이 있다.
② 인체에 직접 방출 시 동상의 위험성이 있다.
③ 소화약제의 방사 시 소음이 크다.
④ 전기가 잘 통하기 때문에 전기설비에 사용할 수 없다.

**해설** 이산화탄소는 전기 절연성이 우수하여 전기화재의 소화에 효과적이다.

**14** 위험물안전관리법령상 위험물에 대한 설명으로 옳은 것은?

① 과염소산은 위험물이 아니다.
② 황린은 제2류 위험물이다.
③ 황화인의 지정수량은 100kg이다.
④ 산화성 고체는 제6류 위험물의 성질이다.

**해설** ① 과염소산은 제6류 위험물이다.
② 황린은 제3류 위험물이다.
④ 산화성 고체는 제1류 위험물의 성질이다.

**15** 탄화칼슘이 물과 반응할 때 발생되는 기체는?

① 일산화탄소  ② 아세틸렌
③ 황화수소  ④ 수소

**해설** 탄화칼슘과 물의 반응식
$CaC_2 + 2H_2O \rightarrow Ca(OH)_2 + C_2H_2 \uparrow$
(탄화칼슘) (물) (수산화칼슘) (아세틸렌)

**16** 다음 중 증기비중이 가장 큰 것은?

① Halon 1301  ② Halon 2402
③ Halon 1211  ④ Halon 104

**해설** [증기비중] = $\dfrac{측정기체의\ 분자량}{공기의\ 분자량}$

① 할론 1301의 증기비중 = $\dfrac{149}{29} = 5.14$
② 할론 2402의 증기비중 = $\dfrac{260}{29} = 8.97$
③ 할론 1211의 증기비중 = $\dfrac{165.5}{29} = 5.71$
④ 할론 1040의 증기비중 = $\dfrac{154}{29} = 5.31$

**17** 분자내부에 나이트로기를 갖고 있는 TNT, 나이트로셀룰로스 등과 같은 제5류 위험물의 연소형태는?

① 분해연소  ② 자기연소
③ 증발연소  ④ 표면연소

**정답** 10.① 11.② 12.② 13.④ 14.③ 15.② 16.② 17.②

**해설** 자기연소(내부연소)
가연물의 분자 내에 산소를 함유하고 있어 외부로부터 산소의 공급 없이도 연소가 계속 진행되는 것으로 질산에스터류, 셀룰로이드류, 나이트로 화합물, 하이드라진, 제5류 위험물 등의 연소형태이다.

**18** IG-541이 15℃에서 내용적 50리터 압력용기에 155kgf/cm²으로 충전되어 있다. 온도가 30℃가 되었다면 IG-541 압력은 약 몇 kgf/cm²가 되겠는가? (단, 용기의 팽창은 없다고 가정한다)

① 78kgf/cm²  ② 155kgf/cm²
③ 163kgf/cm²  ④ 310kgf/cm²

**해설** 보일샤를법칙

$$\frac{P_1 V_1}{T_1} = \frac{P_2 V_2}{T_2} \quad (V_1 = V_2)$$

$$\frac{155[\text{kgf/cm}^2]}{15+273[\text{K}]} = \frac{P_2}{30+273[\text{K}]}$$

$$P_2 = 163.07[\text{kgf/cm}^2]$$

**19** 프로판 50vol%, 부탄 40vol%, 프로필렌 10vol%로 된 혼합가스의 폭발하한계는 약 몇 vol%인가? (단, 각 가스의 폭발하한계는 프로판은 2.2vol%, 부탄은 1.9vol%, 프로필렌은 2.4vol%이다)

① 0.83vol%  ② 2.09vol%
③ 5.05vol%  ④ 9.44vol%

**해설**
$$\frac{100}{L} = \frac{V_1}{L_1} + \frac{V_2}{L_2} + \frac{V_3}{L_3}$$

$$\frac{100}{L} = \frac{50}{2.2} + \frac{40}{1.9} + \frac{10}{2.4}$$

$$\frac{100}{\frac{50}{2.2} + \frac{40}{1.9} + \frac{10}{2.4}} = L$$

$$L = \frac{100}{\frac{50}{2.2} + \frac{40}{1.9} + \frac{10}{2.4}} \fallingdotseq 2.09[\text{vol}\%]$$

**20** 조연성 가스에 해당하는 것은?

① 수소  ② 일산화탄소
③ 산소  ④ 에탄

**해설**
- 조연성 가스(=지연성 가스) : 공기, 산소, 오존, 염소, 불소
- 가연성 가스 : 수소, 메탄, 일산화탄소, 천연가스, 부탄, 에탄, 암모니아, 프로판

# 2021년 제4회 소방설비기사[기계분야] 1차 필기
### [제1과목 : 소방원론]

**01** 소화기구 및 자동소화장치의 화재안전기준에 따르면 소화기구(자동확산소화기는 제외)는 거주자 등이 손쉽게 사용할 수 있는 장소에 바닥으로부터 높이 몇 m 이하의 곳에 비치하여야 하는가?

① 0.5m  ② 1.0m
③ 1.5m  ④ 2.0m

**해설** 소화기구 및 자동소화장치의 화재안전기술기준(NFTC 101) 2.1(설치기준)
2.1.1 소화기구는 다음의 기준에 따라 설치하여야 한다.
2.1.1.6. 소화기구(자동확산소화기를 제외한다)는 거주자 등이 손쉽게 사용할 수 있는 장소에 바닥으로부터 높이 1.5m 이하의 곳에 비치하고, 소화기에 있어서는 "소화기", 투척용소화용구에 있어서는 "투척용소화용구", 마른모래에 있어서는 "소화용모래", 팽창질석 및 팽창진주암에 있어서는 "소화질석"이라고 표시한 표지를 보기 쉬운 곳에 부착할 것. 다만, 소화기 및 투척용소화용구의 표지는 「축광표지의 성능인증 및 제품검사의 기술기준」에 적합한 축광식표지로 설치하고, 주차장의 경우 표지를 바닥으로부터 1.5m 이상의 높이에 설치할 것

**02** 화재의 분류방법 중 유류화재를 나타낸 것은?

① A급 화재  ② B급 화재
③ C급 화재  ④ D급 화재

**해설** 화재의 분류

| 화재의 분류 | | 소화기 표시색 | 소화 방법 | 특성 |
|---|---|---|---|---|
| A급 | 일반화재 | 백색 | 냉각 효과 | • 백색 연기 발생<br>• 연소 후 재를 남김 |
| B급 | 유류화재 | 황색 | 질식 효과 | • 검은색 연기 발생<br>• 연소 후 재가 없음 |
| C급 | 전기화재 | 청색 | 질식 효과 | 전기시설물이 점화원의 기능을 함 |
| D급 | 금속화재 | - | 건조사 피복 | 금속이 열을 생성 |
| E급 | 가스화재 | - | 질식 효과 | 재를 남기지 않음 |
| K급 | 식용유 (주방)화재 | - | 냉각 질식 | 강화액소화기 |

**03** 연기감지기가 작동할 정도이고 가시거리가 20~30m에 해당하는 감광계수는 얼마인가?

① $0.1m^{-1}$
② $1.0m^{-1}$
③ $2.0m^{-1}$
④ $10m^{-1}$

**해설** 연기의 농도에 따른 현상

| 감광계수 | 가시거리 | 상황설명 |
|---|---|---|
| 0.1[Cs] | 20~30[m] | • 희미하게 연기가 감도는 정도의 농도<br>• 연기감지기가 작동되는 농도<br>• 건물구조에 익숙치 않은 사람이 피난에 지장을 받을 수 있는 농도 |
| 0.3[Cs] | 5[m] | • 건물구조를 잘 아는 사람이 피난에 지장을 받을 수 있는 농도 |
| 0.5[Cs] | 3[m] | • 약간 어두운 정도의 농도 |
| 1.0[Cs] | 1~2[m] | • 전방이 거의 보이지 않을 정도의 농도 |
| 10[Cs] | 수십[cm] | • 최성기 때 화재층의 연기농도<br>• 유도등도 보이지 않는 암흑상태의 농도 |
| 30[Cs] | - | • 출화실에서 연기가 배출될 때의 농도 |

**정답** 01.③ 02.② 03.①

**04** 소화약제로 사용되는 물에 관한 소화성능 및 물성에 대한 설명으로 틀린 것은?

① 비열과 증발잠열이 커서 냉각소화 효과가 우수하다.
② 물(15℃)의 비열은 약 1cal/g·℃이다.
③ 물(100℃)의 증발잠열은 439.6kcal/kg이다.
④ 물의 기화에 의한 팽창된 수증기는 질식소화 작용을 할 수 있다.

**[해설]** 물은 대표적인 냉각소화약제이다. 이는 물의 비열 및 잠열이 크기 때문이며, 특히 증발잠열은 539kcal/kg으로 매우 크다.

**05** 소화에 필요한 $CO_2$의 이론소화농도가 공기 중에서 37Vol%일 때 한계산소농도는 약 몇 vol%인가?

① 13.2vol%   ② 14.5vol%
③ 15.5vol%   ④ 16.5vol%

**[해설]** 
$CO_2$의 농도 = $\frac{21-O_2}{21} \times 100$

$O_2$ : 약제 방사 후 산소의 [vol%]

$\therefore O_2 = 21 - \frac{21 \times CO_2}{100}$

$= 21 - \frac{21 \times 37}{100} = 13.2[vol\%]$

**06** 물리적 소화방법이 아닌 것은?

① 연쇄반응의 억제에 의한 방법
② 냉각에 의한 방법
③ 공기와의 접촉 차단에 의한 방법
④ 가연물 제거에 의한 방법

**[해설]** 소화의 방법 중 물리적인 소화방법은 냉각, 질식, 제거소화 등이며, 억제(부촉매)소화에 의한 소화방법은 화학적인 소화방법이다.

**07** Halon 1211의 화학식에 해당하는 것은?

① $CH_2BrCl$   ② $CF_2ClBr$
③ $CH_2BrF$   ④ $CF_2HBr$

**[해설]** 할론약제의 명명법
할론 ⓐ ⓑ ⓒ ⓓ
ⓐ : 탄소(C)의 수
ⓑ : 불소(F)의 수
ⓒ : 염소(Cl)의 수
ⓓ : 브롬(Br)의 수

할론 약제별 분자식
㉠ 할론 2402 : $C_2F_4Br_2$
㉡ 할론 1211 : $CF_2ClBr$
㉢ 할론 1301 : $CF_3Br$
㉣ 할론 1011 : $CH_2ClBr$
㉤ 할론 1040 : $CCl_4$

**08** 마그네슘의 화재에 주수하였을 때 물과 마그네슘의 반응으로 인하여 생성되는 가스는?

① 산소   ② 수소
③ 일산화탄소   ④ 이산화탄소

**[해설]** $Mg + H_2O \rightarrow MgO + H_2 \uparrow$

**09** 제2종 분말소화약제의 주성분으로 옳은 것은?

① $NaH_2PO_4$   ② $KH_2PO_4$
③ $NaHCO_3$   ④ $KHCO_3$

**[해설]** 분말소화약제의 종류 및 특성

| 종류 | 주성분 | 착색 | 적응화재 |
|---|---|---|---|
| 제1종 분말 | 탄산수소나트륨 ($NaHCO_3$) | 백색 | B, C급 |
| 제2종 분말 | 탄산수소칼륨 ($KHCO_3$) | 보라색 (자색) | B, C급 |
| 제3종 분말 | 인산암모늄 ($NH_4H_2PO_4$) | 핑크색 (담홍색) | A, B, C급 |
| 제4종 분말 | 탄산수소칼륨+요소 ($KHCO_3 + NH_2CONH_2$) | 회색 | B, C급 |

**정답** 04.③  05.①  06.①  07.②  08.②  09.④

**10** 조연성 가스로만 나열되어 있는 것은?

① 질소, 불소, 수증기
② 산소, 불소, 염소
③ 산소, 이산화탄소, 오존
④ 질소, 이산화탄소, 염소

**해설** 일반적인 조연성 가스는 산소공급원으로 해석되어 산소, 오존을 말하지만, 화학적으로 산화제의 기능을 하는 할로겐족원소인 플루오르(불소), 염소, 브롬(취소), 요오드(옥소)도 조연성 가스로 해석된다.

**11** 위험물안전관리법령상 자기반응성물질의 품명에 해당하지 않는 것은?

① 나이트로화합물
② 할로겐화합물
③ 질산에스터류
④ 하이드록실아민염류

**해설** 위험물법 시행령 [별표1] 참조
▶ 제5류 위험물(자기반응성 물질)의 종류
  ㉠ 유기과산화물
  ㉡ 질산에스터류
  ㉢ 나이트로화합물
  ㉣ 나이트로소화합물
  ㉤ 아조화합물
  ㉥ 다이아조화합물
  ㉦ 하이드라진유도체
  ㉧ 하이드록실아민
  ㉨ 하이드록실아민염류

**12** 건축물 화재에서 플래시오버(Flash over) 현상이 일어나는 시기는?

① 초기에서 성장기로 넘어가는 시기
② 성장기에서 최성기로 넘어가는 시기
③ 최성기에서 감쇠기로 넘어가는 시기
④ 감쇠기에서 종기로 넘어가는 시기

**해설** Flash Over는 실내화재에서 발생될 수 있는 현상으로 화재성장기말(최성기로 넘어가는 분기점)에 발생하며 화재로 인한 화재실 내부의 온도 상승으로 가연물의 열분해 속도가 빨라져 실 전체가 연소범위에 도달하여 어느 순간 화재가 실 전체로 확산되는 현상이다.

**13** 물과 반응하였을 때 가연성 가스를 발생하여 화재의 위험성이 증가하는 것은?

① 과산화칼슘
② 메탄올
③ 칼륨
④ 과산화수소

**해설** 칼륨, 인화아연, 탄화알루미늄은 제3류 위험물인 자연발화성 물질 및 금수성 물질로 물과 접촉 시 가연성 기체를 생성하는 물질이다.
• 과산화칼슘 : 제1류 위험물(산소공급원)
• 과산화수소 : 제6류 위험물(산소공급원)
• 메탄올(수용성) + 물(수용성) → 희석(섞임)

**14** 인화칼슘과 물이 반응할 때 생성되는 가스는?

① 아세틸렌
② 황화수소
③ 황산
④ 포스핀

**해설** 인화칼슘($Ca_3P_2$)은 제3류 위험물 중 위험등급 Ⅲ등급, 지정수량 300kg에 해당되는 위험물로 물과 반응 시 가연성, 독성인 포스핀(인화수소, $PH_3$)을 생성한다.
$Ca_3P_2 + H_2O \rightarrow Ca(OH)_2 + PH_3$

**15** 다음 중 공기에서의 연소범위를 기준으로 했을 때 위험도(H)값이 가장 큰 것은?

① 디에틸에테르
② 수소
③ 에틸렌
④ 부탄

**해설** 위험도 $= \dfrac{U-L}{L} = \dfrac{연소범위}{연소하한계}$

① 에테르 위험도 $= \dfrac{U-L}{L} = \dfrac{48-1.9}{1.9} = 24.26$

② 수소 위험도 $= \dfrac{U-L}{L} = \dfrac{75-4}{4} = 17.75$

③ 에틸렌 위험도 $= \dfrac{U-L}{L} = \dfrac{36-2.7}{2.7} = 12.33$

④ 부탄 위험도 $= \dfrac{U-L}{L} = \dfrac{8.4-1.8}{1.8} = 3.66$

**정답** 10.② 11.② 12.② 13.③ 14.④ 15.①

**16** 소화약제로 사용되는 이산화탄소에 대한 설명으로 옳은 것은?

① 산소와 반응 시 흡열반응을 일으킨다.
② 산소와 반응하여 불연성 물질을 발생시킨다.
③ 산화하지 않으나 산소와는 반응한다.
④ 산소와 반응하지 않는다.

**해설** 이산화탄소는 안정된 물질로서 산소와 반응하지 않는다.

**17** 다음 중 피난자의 집중으로 패닉현상이 일어날 우려가 가장 큰 형태는?

① T형  ② X형
③ Z형  ④ H형

**해설** 피난형태

| 형태 | 피난방향 | 상황 |
|---|---|---|
| X형 | ↔↕ | 확실한 피난통로가 보장되어 신속한 피난이 가능하다. |
| Y형 | ↘↓↙ | |
| CO형 | →□← | 피난자들의 집중으로 패닉(panic)현상이 일어날 수 있다. |
| H형 | ↔↔ | |

**18** 물리적 폭발에 해당하는 것은?

① 분해 폭발  ② 분진 폭발
③ 중합 폭발  ④ 수증기 폭발

**해설** 폭발의 종류

| 화학적 폭발 | 물리적 폭발 |
|---|---|
| • 가스폭발<br>• 유증기폭발<br>• 분진폭발<br>• 화약류의 폭발<br>• 산화폭발<br>• 분해폭발<br>• 중합폭발 | • 증기폭발<br>• 전선폭발<br>• 상전이폭발<br>• 압력방출에 의한 폭발 |

**19** 다음 중 착화온도가 가장 낮은 것은?

① 아세톤  ② 휘발유
③ 이황화탄소  ④ 벤젠

**해설** 착화점
① 아세톤 : 538℃
② 휘발유 : 300℃
③ 이황화탄소 : 100℃
④ 벤젠 : 538℃

**20** 건물화재 시 패닉(panic)의 발생원인과 직접적인 관계가 없는 것은?

① 연기에 의한 시계 제한
② 유독가스에 의한 호흡 장애
③ 외부와 단절되어 고립
④ 불연내장재의 사용

**해설** 화재 시 열, 연기, 어둠 등은 인간이 공포를 느끼게 되는 원인이 된다. 하지만 건물의 불연내장재는 연소성에 관한 사항으로 패닉(Panic)의 직접적인 원인이 되지 않는다.

# 2022년 제1회 소방설비기사[기계분야] 1차 필기

[제1과목 : 소방원론]

**01** 소화원리에 대한 설명으로 틀린 것은?
① 억제소화 : 불활성기체를 방출하여 연소범위 이하로 낮추어 소화하는 방법
② 냉각소화 : 물의 증발잠열을 이용하여 가연물의 온도를 낮추는 소화방법
③ 제거소화 : 가연성 가스의 분출화재 시 연료 공급을 차단시키는 소화방법
④ 질식소화 : 포소화약제 또는 불연성기체를 이용해서 공기 중의 산소공급을 차단하여 소화하는 방법

**해설** 소화의 종류
㉠ 냉각소화 : 발화점 이하의 온도로 낮추어 소화하는 방법
㉡ 질식소화 : 공기 중의 산소농도를 21[vol%]에서 15[vol%] 이하로 낮추어 소화하는 방법
㉢ 제거소화 : 화재현장의 가연물을 없애주어 소화하는 방법
㉣ 억제소화(부촉매소화) : 연쇄반응을 억제하여 소화하는 방법
㉤ 희석소화 : 알코올, 에테르, 에스테르, 케톤류 등 수용성물질에 다량의 물을 방사하여 가연물의 농도를 낮추어 소화하는 방법
㉥ 유화효과 : 물분무소화설비를 중유에 방사하는 경우 유류표면에 형성되는 엷은 막(유화층)으로 산소를 차단하여 소화하는 방법
㉦ 피복효과 : 가연물 주변을 포, 이산화탄소 등으로 피복하여 산소를 차단, 소화하는 방법

**02** 위험물의 유별에 따른 대표적인 성질의 연결이 옳지 않은 것은?
① 제1류 : 산화성 고체
② 제3류 : 자연발화성 물질 및 금수성 물질
③ 제4류 : 인화성 액체
④ 제6류 : 가연성 액체

**해설** 위험물별 공통성질
㉠ 제1류 위험물 : 산화성 고체
㉡ 제2류 위험물 : 가연성 고체
㉢ 제3류 위험물 : 자연발화성 물질 및 금수성 물질
㉣ 제4류 위험물 : 인화성 액체
㉤ 제5류 위험물 : 자기연소성(반응성) 물질
㉥ 제6류 위험물 : 산화성 액체

**03** 고층건축물 내 연기거동 중 굴뚝효과에 영향을 미치는 요소가 아닌 것은?
① 건물 내외의 온도차
② 화재실의 온도
③ 건물의 높이
④ 층의 면적

**해설** 굴뚝효과의 요소
㉠ 건물 내외의 온도차
㉡ 화재실의 온도
㉢ 건축물의 높이
㉣ 공기유동(강제유동)

**04** 화재에 관련된 국제적인 규정을 제정하는 단체는?
① IMO(International Maritime Organization)
② SFPE(Society of Fire Protection Engineers)
③ NFPA(National Fire Protection Association)
④ ISO(International Organization for Standardization) TC 92

**정답** 01.① 02.① 03.④ 04.④

해설 IMO(International Maritime Organization)
: 국제해사기구
SPPE(Society of Fire Protection Associatin)
: 미국소방기술사회
NFPA(National Fire ProTection Association)
: 미국방화협회
ISO(International Organization for Standardization)
: 국제표준화기구
TC92는 237개 전문기술위원회 중 소방분야지침

**05** 제연설비의 화재안전기준상 예상제연구역에 공기가 유입되는 순간의 풍속은 몇 [m/s] 이하가 되도록 하여야 하는가?

① 2　　　　② 3
③ 4　　　　④ 5

해설 공기유입구 풍도내 풍속 : 20[m/s] 이하
공기유입구 순간풍속 : 5[m/s] 이하
배출기 흡입측풍도내 풍속 : 15[m/s] 이하
배출기 배출측풍도내 풍속 : 20[m/s] 이하

**06** 물에 황산을 넣어 묽은 황산을 만들 때 발생되는 열은?

① 연소열　　　② 분해열
③ 용해열　　　④ 자연발열

해설 물에 황산이 녹을 때 발생하는 열 : 용해열

**07** 화재의 정의로 옳은 것은?

① 가연성 물질과 산소와의 격렬한 산화반응이다.
② 사람의 과실로 인한 실화나 고의에 의한 방화로 발생하는 연소현상으로서 소화할 필요성이 있는 연소현상이다.
③ 가연물과 공기와의 혼합물이 어떤 점화원에 의하여 활성화되어 열과 빛을 발하면서 일으키는 격렬한 발열반응이다.
④ 인류의 문화와 문명의 발달을 가져오게 한 근본 존재로서 인간의 제어수단에 의하여 컨트롤할 수 있는 연소현상이다.

해설 화재의 정의
• 인간의 의도에 반하는 연소현상
• 인적·물적 피해를 주는 연소현상
• 인간의 통제를 벗어난 광적인 연소현상

**08** 이산화탄소 소화약제의 임계온도는 약 몇 [℃]인가?

① 24.4　　　② 31.4
③ 56.4　　　④ 78.4

해설 이산화탄소 임계점 : 31.25[℃]
이산화탄소 삼중점 : -56.7[℃]

**09** 상온·상압의 공기 중에서 탄화수소류의 가연물을 소화하기 위한 이산화탄소 소화약제의 농도는 약 몇 [%]인가? (단, 탄화수소류는 산소농도가 10[%]일 때 소화된다고 가정한다)

① 28.57　　　② 35.48
③ 49.56　　　④ 52.38

해설 $CO_2(\%) = \dfrac{21-O_2}{21} \times 100 = \dfrac{21-10}{21} \times 100$
$= 52.38[\%]$

**10** 과산화수소 위험물의 특성이 아닌 것은?

① 비수용성이다.
② 무기화합물이다.
③ 불연성 물질이다.
④ 비중은 물보다 무겁다.

해설 과산화수소($H_2O_2$)의 성질
㉠ 비중이 1보다 크고 물에 잘 녹는다.
㉡ 산화성물질
㉢ 불연성물질
㉣ 상온에서 액체이다.
㉤ 무기화합물이다.
㉥ 수용성이다.

정답　05.④　06.③　07.②　08.②　09.④　10.①

**11** 건축물의 피난·방화구조 등의 기준에 관한 규칙상 방화구획의 설치기준 중 스프링클러를 설치한 10층 이하의 층은 바닥면적 몇 [m²] 이내마다 방화구획을 구획하여야 하는가?

① 1,000　② 1,500
③ 2,000　④ 3,000

**해설** 방화구획의 구분(층별, 면적별, 수직관통부, 용도별)
㉠ 층별 구획 : 층마다 구획할 것
㉡ 면적별 구획

| 대상물의 구분 | 소화설비 | 구획면적 |
|---|---|---|
| (지하층 포함) 10층 이하의 건축물 | 일반건축물 | 1,000[m²] 이내 |
| | 자동식 소화설비가 설치된 건축물 | 3,000[m²] 이내 |
| 11층 이상의 건축물 | 일반건축물 | 200[m²] 이내 |
| | 자동식 소화설비가 설치된 건축물 | 600[m²] 이내 |
| 11층 이상의 건축물(불연재료 마감) | 일반건축물 | 500[m²] 이내 |
| | 자동식 소화설비가 설치된 건축물 | 1,500[m²] 이내 |

㉢ 수직관통부 구획 : 계단실, 엘리베이터 승강로, 경사로, 전기 PIT실, 린넨슈트 등
㉣ 용도별 구획 : (면적 상관없이) 내화구조/비내화구조 → 상호 방화구획

**12** 다음 중 분진폭발의 위험성이 가장 낮은 것은 어느 것인가?

① 시멘트가루　② 알루미늄분
③ 석탄분말　④ 밀가루

**해설** 분진폭발을 일으키는 물질
㉠ 발생하는 물질 : 밀가루(=소맥분), 커피가루, 솜가루, 쌀가루, 금속분말, 석탄분말 등
㉡ 발생하지 않는 물질 : 가성소다분말, 대리석분진, 시멘트가루, 석회석, 생석회분진 등

**13** 백열전구가 발열하는 원인이 되는 열은?

① 아크열　② 유도열
③ 저항열　④ 정전기열

**해설** 백열전구의 발열 : 저항가열

**14** 동식물유류에서 "요오드값이 크다."라는 의미를 옳게 설명한 것은?

① 불포화도가 높다.
② 불건성유이다.
③ 자연발화성이 낮다.
④ 산소와의 결합이 어렵다.

**해설** 요오드값은 유지(기름) 100[g]에 부가되는 요오드의 g수로 요오드값이 크다는 것은 부가(첨가)반응을 활발히 할 수 있는 불포화도가 크다는 것을 의미한다.

**15** 단백포 소화약제의 특징이 아닌 것은?

① 내열성이 우수하다.
② 유류에 대한 유동성이 나쁘다.
③ 유류를 오염시킬 수 있다.
④ 변질의 우려가 없어 저장 유효기간의 제한이 없다.

**해설** 단백포소화약제 : 동물성, 식물성 단백질 가수분해물이 주성분이며 사용농도는 3%, 6%이다.
㉮ 변질이 잘 되므로 약제를 자주 교환해줘야 한다.
㉯ 포 안정제인 제1철염 때문에 침전되기 쉽다.
㉰ 다른 포 약제에 비해 유동성이 좋지 않다.
㉱ 유류화재에 대한 내성이 약하다.
㉲ 악취(달걀썩는 냄새)

**16** 이산화탄소 소화약제의 주된 소화효과는?

① 제거소화　② 억제소화
③ 질식소화　④ 냉각소화

**해설** 이산화탄소의 소화효과는 질식효과, 냉각효과, 피복효과가 있으며 대표적인 소화효과는 질식효과이다.

**17** 전기불꽃, 아크 등이 발생하는 부분을 기름 속에 넣어 폭발을 방지하는 방폭구조는?

① 내압 방폭구조
② 유입 방폭구조
③ 안전증 방폭구조
④ 특수 방폭구조

정답 11.④ 12.① 13.③ 14.① 15.④ 16.③ 17.②

**해설** 방폭구조의 종류
  ㉠ 내압(耐壓) 방폭구조
    용기 내부에서 가연성 가스를 폭발시켰을 때 그 폭발 압력에 견딜 수 있는 특수한 구조로 설계하는 것으로 가장 많이 이용되고 있는 방식이다.
  ㉡ 압력(壓力) 방폭구조
    용기 내부에 불활성 가스 등을 압입시켜 외부의 폭발성 가스의 유입을 방지하는 구조로 내압의 유지방식에 따라 통풍식, 봉입식, 밀봉식으로 구분한다.
  ㉢ 유입 방폭구조
    전기불꽃이 발생될 우려가 있는 부분을 기름 속에 넣어 폭발성 가스와 격리시키는 구조
  ㉣ 충전 방폭구조
    전기불꽃이 발생될 우려가 있는 부분을 석영가루나 유리입자 등의 충전물로 완전히 덮어 폭발성 가스와 격리시키는 구조
  ㉤ 몰드 방폭구조
    전기불꽃이 발생될 우려가 있는 부분을 절연성이 있는 콤파운드로 포입하는 구조
  ㉥ 안전증 방폭구조
    전기불꽃 발생부나 고온부가 존재하지 않는 구조로서 특별히 안전도를 증가시켜 고장을 일으키지 않도록 한 구조
  ㉦ 본질안전 방폭구조
    안전지역과 위험지역 사이에 안전장치를 설치하여 위험지역으로 유입되는 전압과 전류를 제거하여 폭발을 일으킬 수 있는 최소 에너지보다 작게 하는 구조

**18** 다음 중 자연발화의 방지방법이 아닌 것은 어느 것인가?
  ① 통풍이 잘 되도록 한다.
  ② 퇴적 및 수납시 열이 쌓이지 않게 한다.
  ③ 높은 습도를 유지한다.
  ④ 저장실의 온도를 낮게 한다.

**해설** 자연발화의 방지법
  • 통풍이 잘 되는 곳에 저장할 것
  • 열의 축적을 방지할 것
  • 저장실의 온도를 낮출 것
  • 습도가 높은 곳을 피할 것

**19** 소화약제의 형식승인 및 제품검사의 기술기준상 강화액소화약제의 응고점은 몇 [℃] 이하이어야 하는가?
  ① 0          ② -20
  ③ -25        ④ -30

**해설** 소화기의 사용온도범위
  ㉠ 분말소화기 : -20~40[℃]
  ㉡ 강화액소화기 : -20~40[℃]
  ㉢ 그밖의 소화기 : 0~40[℃]

**20** 상온에서 무색의 기체로서 암모니아와 유사한 냄새를 가지는 물질은?
  ① 에틸벤젠
  ② 에틸아민
  ③ 산화프로필렌
  ④ 사이클로프로판

**해설** ① 에틸벤젠 : 유기화합물로 휘발유와 비슷한 냄새
  ② 에틸아민 : 상온에서 무색의 기체, 암모니아와 유사한 냄새
  ③ 산화프로필렌 : 급성 독성 및 발암성 유기화합물
  ④ 사이클로프로판 : 불안정한 물질로 LPG 혼합물

# 2022년 제2회 소방설비기사[기계분야] 1차 필기

[제1과목 : 소방원론]

**01** 목조건축물의 화재특성으로 틀린 것은?
① 습도가 낮을수록 연소확대가 빠르다.
② 화재진행속도는 내화건축물보다 빠르다.
③ 화재 최성기의 온도는 내화건축물보다 낮다.
④ 화재성장속도는 횡방향보다 종방향이 빠르다.

**해설** 목조건축물과 내화건축물의 비교
- 목조건축물 : 고온 단기형(최성기 때의 온도 1,300[℃] 전후)
- 내화건축물 : 저온 장기형(최성기 때의 온도 800[℃] 전후)

**02** 물이 소화약제로서 사용되는 장점이 아닌 것은?
① 가격이 저렴하다.
② 많은 양을 구할 수 있다.
③ 증발잠열이 크다.
④ 가연물과 화학반응이 일어나지 않는다.

**해설** 물은 일반적인 가연물과는 화학반응이 일어나지 않는 것은 맞지만 그러한 성질이 소화약제로서 장점이라고 볼 수는 없다.

**03** 정전기로 인한 화재를 줄이고 방지하기 위한 대책 중 틀린 것은?
① 공기 중 습도를 일정값 이상으로 유지한다.
② 기기의 전기절연성을 높이기 위하여 부도체로 차단공사를 한다.
③ 공기 이온화 장치를 설치하여 가동시킨다.
④ 정전기 축적을 막기 위해 접지선을 이용하여 대지로 연결작업을 한다.

**해설** 정전기 방지법
㉠ 상대습도를 70[%] 이상으로 한다.
㉡ 공기를 이온화한다.
㉢ 접지를 한다.
㉣ 도체를 사용한다.
㉤ 유류 수송배관의 유속을 낮춘다.

**04** 프로판가스의 최소점화에너지는 일반적으로 약 몇 [mJ] 정도 되는가?
① 0.25      ② 2.5
③ 25        ④ 250

**해설** 가연성가스의 최소점화에너지

| 종류 | 최소점화에너지 |
|---|---|
| 수소 | 0.01[mJ] |
| 벤젠 | 0.2[mJ] |
| 에탄 | 0.24[mJ] |
| 프로판 | 0.25[mJ] |
| 부탄 | 0.25[mJ] |

**05** 목재 화재 시 다량의 물을 뿌려 소화할 경우 기대되는 주된 소화효과는?
① 제거효과      ② 냉각효과
③ 부촉매효과    ④ 희석효과

**해설** 다량의 물 : 냉각소화

**06** 물질의 연소시 산소공급원이 될 수 없는 것은?
① 탄화칼슘      ② 과산화나트륨
③ 질산나트륨    ④ 압축공기

**해설** 탄화칼슘은 제3류위험물로서 산소를 함유하지 않음

정답  01.③  02.④  03.②  04.①  05.②  06.①

**07** 다음 물질 중 공기 중에서의 연소범위가 가장 넓은 것은?

① 부탄 ② 프로판
③ 메탄 ④ 수소

**해설** 각 가스별 연소범위
① 부탄 : 1.8~8.4[%]
② 프로판 : 2.1~9.5[%]
③ 메탄 : 5~15[%]
④ 수소 : 4~75[%]

**08** 이산화탄소 20[g]은 몇 [mol]인가?

① 0.23[mol]
② 0.45[mol]
③ 2.2[mol]
④ 4.4[mol]

**해설** 비례식으로 풀면 44[g] : 1[mol] = 20[g] : $x$
$x = \dfrac{20[g]}{44[g]} \times 1[mol] ≒ 0.45[mol]$
이산화탄소 $CO_2 = 12 + 16 \times 2 = 44[g/mol]$
그러므로 이산화탄소는 44[g] = 1[mol]이다.

**09** 플래시오버(flash over)에 대한 설명으로 옳은 것은?

① 도시가스의 폭발적 연소를 말한다.
② 휘발유 등 가연성 액체가 넓게 흘러서 발화한 상태를 말한다.
③ 옥내화재가 서서히 진행하여 열 및 가연성 기체가 축적되었다가 일시에 연소하여 화염이 크게 발생하는 상태를 말한다.
④ 화재층의 불이 상부층으로 올라가는 현상을 말한다.

**해설** Flash Over는 실내 화재에서 발생될 수 있는 현상으로 화재로 인해 화재실 내부의 온도가 상승되어 있다가 화염이 급격히 확대되는 현상으로 화재 성장기에 발생된다. 소화활동 및 피난활동은 Flash Over 이전에 행하여야 한다.

**10** 제4류 위험물의 성질로 옳은 것은?

① 가연성 고체 ② 산화성 고체
③ 인화성 액체 ④ 자기반응성 물질

**해설** 위험물의 유별 공통성질
• 제1류 위험물 : 산화성 고체
• 제2류 위험물 : 가연성 고체
• 제3류 위험물 : 자연발화성물질 및 금수성물질
• 제4류 위험물 : 인화성 액체
• 제5류 위험물 : 자기연소성(반응성) 물질
• 제6류 위험물 : 산화성 액체

**11** 할론소화설비에서 Halon 1211 약제의 분자식은 어느 것인가?

① $CBr_2ClF$ ② $CF_2BrCl$
③ $CCl_2BrF$ ④ $BrC_2ClF$

**해설** ㉠ 할론 2402 : $C_2F_4Br_2$
㉡ 할론 1211 : $CF_2ClBr$
㉢ 할론 1301 : $CF_3Br$
㉣ 할론 1011 : $CH_2ClBr$
㉤ 할론 1040 : $CCl_4$

**해설** 할론약제의 명명법
할론 ⓐⓑⓒⓓ
ⓐ : 탄소(C)의 수
ⓑ : 불소(F)의 수
ⓒ : 염소(Cl)의 수
ⓓ : 브롬(Br)의 수

**12** 다음 중 가연물의 제거를 통한 소화방법과 무관한 것은?

① 산불의 확산방지를 위하여 산림의 일부를 벌채한다.
② 화학반응기의 화재 시 원료 공급관의 밸브를 잠근다.
③ 전기실 화재 시 IG-541 약제를 방출한다.
④ 유류탱크 화재 시 주변에 있는 유류탱크의 유류를 다른 곳으로 이동시킨다.

**해설** ③ IG-541 : 냉각효과, 질식효과

정답 07.④ 08.② 09.③ 10.③ 11.② 12.③

**13** 건물화재의 표준시간-온도곡선에서 화재발생 후 1시간이 경과할 경우 내부 온도는 약 몇 [℃] 정도 되는가?

① 125[℃]   ② 325[℃]
③ 640[℃]   ④ 925[℃]

**해설** 시간경과시의 온도

| 경과시간 | 온도 |
|---|---|
| 30분 후 | 840[℃] |
| 1시간 후 | 925~950[℃] |
| 2시간 후 | 1010[℃] |

**14** 위험물안전관리법령상 위험물로 분류되는 것은?

① 과산화수소   ② 압축산소
③ 프로판가스   ④ 포스겐

**해설** 과산화수소 : 제6류위험물

**15** 다음 중 연기에 의한 감광계수가 $0.1m^{-1}$, 가시거리가 20~30m일 때의 상황으로 옳은 것은?

① 건물 내부에 익숙한 사람이 피난에 지장을 느낄 정도
② 연기감지기가 작동할 정도
③ 어두운 것을 느낄 정도
④ 앞이 거의 보이지 않을 정도

**해설** 연기의 농도에 따른 현상

| 감광계수 | 가시거리 | 상황설명 |
|---|---|---|
| 0.1[Cs] | 20~30[m] | • 희미하게 연기가 감도는 정도의 농도<br>• 연기감지기가 작동되는 농도<br>• 건물구조에 익숙치 않은 사람이 피난에 지장을 받을 수 있는 농도 |
| 0.3[Cs] | 5[m] | • 건물구조를 잘 아는 사람이 피난에 지장을 받을 수 있는 농도 |
| 0.5[Cs] | 3[m] | • 약간 어두운 정도의 농도 |
| 1.0[Cs] | 1~2[m] | • 전방이 거의 보이지 않을 정도의 농도 |
| 10[Cs] | 수십[cm] | • 최성기 때 화재층의 연기농도<br>• 유도등도 보이지 않는 암흑상태의 농도 |
| 30[Cs] | - | • 출화실에서 연기가 배출될 때의 농도 |

**16** Fourier법칙(전도)에 대한 설명으로 틀린 것은?

① 이동열량은 전열체의 단면적에 비례한다.
② 이동열량은 전열체의 두께에 비례한다.
③ 이동열량은 전열체의 열전도도에 비례한다.
④ 이동열량은 전열체 내·외부의 온도차에 비례한다.

**해설** $Q(\text{kcal/hr}) = \dfrac{\lambda \cdot A \cdot \Delta T}{l}$

$Q(\text{kcal/hr})$ : 전도열량
$\lambda$ : 열전도도(kcal/m·hr℃)
$A$ : 접촉면적(m²)
$\Delta T$ : 온도차(℃)
$l$ : 두께(m)

**17** 물질의 취급 또는 위험성에 대한 설명 중 틀린 것은?

① 융해열은 점화원이다.
② 질산은 물과 반응시 발열 반응하므로 주의를 해야 한다.
③ 네온, 이산화탄소, 질소는 불연성 물질로 취급한다.
④ 암모니아를 충전하는 공업용 용기의 색상은 백색이다.

**해설** ㉠ 융해열 : 점화원(×), 용해열 : 점화원(○)
㉡ 질산+물 → 발열반응, 질산+산소 → 흡열반응

**18** 분말소화약제 중 탄산수소칼륨(KHCO₃)과 요소(CO(NH₂)₂)와의 반응물을 주성분으로 하는 소화약제는?

① 제1종 분말   ② 제2종 분말
③ 제3종 분말   ④ 제4종 분말

**해설** 분말소화약제(질식효과)

| 종별 | 분자식 | 착색 | 적응화재 | 비고 |
|---|---|---|---|---|
| 제종 | 탄산수소나트륨 (NaHCO₃) | 백색 | BC급 | 식용유 및 지방질유의 화재에 적합 |

정답  13.④  14.①  15.②  16.②  17.①  18.④

| 제2종 | 탄산수소칼륨<br>($KHCO_3$) | 담자색<br>(담회색) | BC급 | – |
| 제3종 | 제1인산암모늄<br>($NH_4H_2PO_4$) | 담홍색 | ABC급 | 차고·주차<br>장에 적합 |
| 제4종 | 탄산수소칼륨+요소<br>($KHCO_3+(NH_2)_2CO$) | 회(백)색 | BC급 | – |

**19** 자연발화가 일어나기 쉬운 조건이 아닌 것은?

① 열전도율이 클 것
② 적당량의 수분이 존재할 것
③ 주위의 온도가 높을 것
④ 표면적이 넓을 것

**해설** 자연발화가 쉬운 조건
㉠ 습도가 높을수록
㉡ 주위온도가 높을수록
㉢ 열전도율이 낮을수록
㉣ 발열량이 클수록
㉤ 열의 축적이 잘될수록
㉥ 표면적이 넓을수록
㉦ 공기의 유통이 적을수록

**20** 폭굉(Detonation)에 관한 설명으로 틀린 것은?

① 연소속도가 음속보다 느릴 때 나타난다.
② 온도의 상승과 충격파의 압력에 기인한다.
③ 압력상승은 폭연의 경우보다 크다.
④ 폭굉의 유도거리는 배관의 지름과 관계가 있다.

**해설** 폭연과 폭굉의 비교
• 폭연(Deflagration)
연소파의 전파속도가 음속보다 느린 것으로 폭속은 0.1~10[m/sec] 정도이다.
• 폭굉(Detonation)
연소파의 전파속도가 음속보다 빠른 것으로 폭속은 1,000~3,500[m/sec] 정도이며 파면에 충격파(압력파)가 진행되어 심한 파괴작용을 동반한다.

정답 19.① 20.①

# 2022년 제4회 소방설비기사[기계분야] 1차 필기

[제1과목 : 소방원론]

**01** 제5류 위험물인 자기반응성 물질의 성질 및 소화에 관한 사항으로 가장 거리가 먼 것은?

① 연소속도가 빨라 폭발적인 경우가 많다.
② 질식소화가 효과적이며, 냉각소화는 불가능하다.
③ 대부분 산소를 함유하고 있어 자기연소 또는 내부연소를 한다.
④ 가열, 충격, 마찰에 의해 폭발의 위험이 있는 것이 있다.

**해설** 5류 위험물은 자기연소성 물질로 가연물인 동시에 화합물 내부에 연소 시 필요한 충분한 산소를 함유하고 있어 연소속도가 매우 빠른 물질로 질식소화는 불가능하다.

**02** 0[℃], 1기압에서 44.8[m³]의 용적을 가진 이산화탄소를 액화하여 얻을 수 있는 액화탄산가스의 무게는 약 몇 [kg]인가?

① 44  ② 22
③ 11  ④ 88

**해설** 1기압 0[℃] 상태에서 1[kmol]은 22.4[m³]의 부피를 갖는다.
44.8[m³]이므로 2[kmol]의 이산화탄소
따라서 $2[kmol] \times \dfrac{44[kg]}{1[kmol]} = 88[kg]$

**03** 부촉매효과에 의한 소화방법으로 옳은 것은?

① 산소의 농도를 낮추어 소화하는 방법이다.
② 용융잠열에 의한 냉각효과를 이용하여 소화하는 방법이다.
③ 화학반응으로 발생한 이산화탄소에 의한 소화방법이다.
④ 활성기(free radical)에 의한 연쇄반응을 억제하는 소화방법이다.

**해설** 부촉매소화(억제소화)는 화학반응에 의한 소화방법으로 활성기의 생성을 억제하는 화학적 소화방법에 해당된다.

**04** 제1종 분말소화약제가 요리용 기름이나 지방질 기름의 화재시 소화효과가 탁월한 이유에 대한 설명으로 가장 옳은 것은?

① 요오드화반응을 일으키기 때문이다.
② 비누화반응을 일으키기 때문이다.
③ 브롬화반응을 일으키기 때문이다.
④ 질화반응을 일으키기 때문이다.

**해설** 에스테르가 알칼리와 작용하여 알코올과 산의 알칼리염을 생성하는 반응을 비누화반응이라고 하며, 제1종 분말을 식용유나 지방질유 등의 화재에 방사 시 비누화(검화) 현상에 의해 금속비누를 발생시켜 소화효과를 증대시킨다.

**05** 위험물안전관리법령상 제4류 위험물인 알코올류에 속하지 않는 것은?

① $C_4H_9OH$
② $CH_3OH$
③ $C_2H_5OH$
④ $C_3H_7OH$

**해설** 위험물안전관리법상 제4류 위험물에 해당되는 알코올류란 한 분자 내의 탄소원자 수가 1개 내지 3개인 포화 1가 알코올로서 변성알코올을 포함한다($CH_3OH$, $C_2H_5OH$, $C_3H_7OH$, 변성알코올).

정답 01.② 02.④ 03.④ 04.② 05.①

**06** 플래시오버(flash over)현상에 대한 설명으로 옳은 것은?

① 실내에서 가연성 가스가 축적되어 발생하는 폭발적인 착화현상
② 실내에서 에너지가 느리게 집적되는 현상
③ 실내에서 가연성 가스가 분해되는 현상
④ 실내에서 가연성 가스가 방출되는 현상

**해설** Flash Over는 실내 화재에서 발생될 수 있는 현상으로 화재로 인해 화재실 내부의 온도가 상승되어 있다가 화염이 급격히 확대되는 현상으로 화재 성장기에 발생된다. 소화활동 및 피난활동은 Flash Over 이전에 행하여야 한다.

**07** 다음 중 건물의 화재하중을 감소시키는 방법으로서 가장 적합한 것은?

① 건물 높이의 제한   ② 내장재의 불연화
③ 소방시설증강     ④ 방화구획의 세분화

**해설** 화재하중
단위면적당 가연성 수용물의 양으로서 건물화재 시 발열량 및 화재의 위험성을 나타내는 용어이고, 화재의 규모를 결정하는데 사용되며 건축물의 불연화율을 증가시키면 화재하중을 감소시킬 수 있다.

화재하중
$$Q = \frac{\sum(G_t \times H_t)}{H \times A} = \frac{Q_t}{4,500 \times A} [kg/m^2]$$

여기서, $G_t$ : 가연물의 질량
$H_t$ : 가연물의 단위발열량[kcal/kg]
$H$ : 목재의 단위발열량(4,500[kcal/kg])
$A$ : 화재실의 바닥면적[$m^2$]
$Q_t$ : 가연물의 전체발열량[kcal]

**08** 자연발화가 일어나기 쉬운 조건이 아닌 것은?

① 적당량의 수분이 존재할 것
② 열전도율이 클 것
③ 주위의 온도가 높을 것
④ 표면적이 넓을 것

**해설** 자연발화가 쉬운 조건
㉠ 습도가 높을수록
㉡ 주위온도가 높을수록
㉢ 열전도율이 낮을수록
㉣ 발열량이 클수록
㉤ 열의 축적이 잘될수록
㉥ 표면적이 넓을수록
㉦ 공기의 유통이 적을수록

**09** 건축물 화재에서 플래시오버(Flash over) 현상이 일어나는 시기는?

① 초기에서 성장기로 넘어가는 시기
② 성장기에서 최성기로 넘어가는 시기
③ 최성기에서 감쇠(퇴)기로 넘어가는 시기
④ 감쇠(퇴)기에서 종기로 넘어가는 시기

**해설** Flash Over는 실내화재에서 발생될 수 있는 현상으로 화재성장기말(최성기로 넘어가는 분기점)에 발생하며 화재로 인한 화재실 내부의 온도 상승으로 가연물의 열분해 속도가 빨라져 실 전체가 연소범위에 도달하여 어느 순간 화재가 실 전체로 확산되는 현상이다.

**10** 물속에 저장할 때 안전한 물질은?

① 나트륨
② 수소화칼슘
③ 탄화칼슘
④ 이황화탄소

**해설** 물질에 따른 저장장소

| 물 질 | 저장장소 |
| --- | --- |
| 황린, 이황화탄소($CS_2$) | 물속 |
| 나이트로셀룰로오스 | 알코올 속 |
| 칼륨(K), 나트륨(Na), 리튬(Li) | 석유류(등유) 속 |
| 알킬알루미늄 | 벤젠액 속 |
| 아세틸렌($C_2H_2$) | 디메틸포름아미드(DMF), 아세톤에 용해 |

정답  06.① 07.② 08.② 09.② 10.④

**11** 화재에 관한 설명으로 옳은 것은?
① PVC 저장창고에서 발생한 화재는 D급 화재이다.
② 연소의 색상과 온도와의 관계를 고려할 때 일반적으로 휘백색보다는 휘적색의 온도가 높다.
③ PVC 저장창고에서 발생한 화재는 B급 화재이다.
④ 연소의 색상과 온도와의 관계를 고려할 때 일반적으로 암적색보다는 휘적색의 온도가 높다.

**해설** ㉠ 불꽃의 온도별 색깔

| 색깔 | 암적색 | 적색 | 휘적색 | 황적색 | 백적색 | 휘백색 |
|---|---|---|---|---|---|---|
| 온도 | 700[℃] | 85[0]℃ | 950[℃] | 1,100[℃] | 1,300[℃] | 1,500[℃] |

㉡ PVC 저장창고의 화재는 A급 화재(일반화재)이다.

**12** 표준상태에서 44[g]의 프로판 1몰이 완전연소할 경우 발생한 이산화탄소의 부피는 약 몇 [L]인가?
① 22.4   ② 44.8
③ 89.6   ④ 67.2

**해설** 프로판
$C_3H_8 + 5O_2 \rightarrow 3CO_2 + 4H_2O$
프로판 1몰 연소시 이산화탄소 3몰 생성
따라서 생성된 이산화탄소의 부피는
22.4[L] × 3 = 67.2[L]

**13** 표면온도가 350[℃]인 전기히터의 표면온도를 750[℃]로 상승시킬 경우, 복사에너지는 처음보다 약 몇 배로 상승되는가?
① 1.64   ② 2.14
③ 7.27   ④ 21.08

**해설** 스테판-볼츠만의 법칙
㉠ 복사에너지는 면적에 비례하고 절대온도의 4승에 비례한다.
$$Q = 4.88 A\varepsilon \left\{ \left(\frac{T_1}{100}\right)^4 - \left(\frac{T_2}{100}\right)^4 \right\}$$
$Q$ : 복사열(kcal/hr)
$A$ : 단면적(m²)
$\varepsilon$ : 계수
$T_1$ : 고온체의 절대온도(K) → 350[℃]=623[K]
$T_2$ : 저온체의 절대온도(K) → 750[℃]=1,023[K]

㉡ 스테판-볼츠만의 법칙을 이용하면
$$\left(\frac{273+350}{100}\right)^4 : \left(\frac{273+750}{100}\right)^4 = 1 : X$$
∴ $X = 7.27$

**14** 화재를 발생시키는 에너지인 열원의 물리적 원인으로만 나열한 것은?
① 압축, 분해, 단열
② 마찰, 충격, 단열
③ 압축, 단열, 용해
④ 마찰, 충격, 분해

**해설** 에너지원의 종류
㉠ 화학적 에너지 : 연소열, 자연발열, 분해열, 용해열, 산화열
㉡ 기계적 에너지 : 마찰, 마찰스파크, 압축열
㉢ 전기적 에너지 : 저항가열, 유도가열, 유전가열, 아크가열, 정전기가열, 낙뢰에 의한 발열

**15** 메탄 80[vol%], 에탄 15[vol%], 프로판 5[vol%]로 된 혼합가스의 공기 중 폭발하한계는 약 [vol%]인가? (단, 메탄, 에탄, 프로판의 공기 중 폭발하한계는 5.0[vol%], 3.0[vol%], 2.1[vol%]이다)
① 4.28   ② 3.61
③ 3.23   ④ 4.02

**해설**
$$\frac{100}{L} = \frac{V_1}{L_1} + \frac{V_2}{L_2} + \frac{V_3}{L_3}$$
$$\frac{100}{L} = \frac{80}{5.0} + \frac{15}{3.0} + \frac{5}{2.1}$$
$$\frac{100}{\frac{80}{5.0} + \frac{15}{3.0} + \frac{5}{2.1}} = L$$
$$L = \frac{100}{\frac{80}{5.0} + \frac{15}{3.0} + \frac{5}{2.1}} \fallingdotseq 4.28[vol\%]$$

정답  11.④  12.④  13.③  14.②  15.①

**16** Halon 1301의 증기 비중은 약 얼마인가? (단, 원자량은 C : 12, F : 19, Br : 80, Cl : 35.5이고, 공기의 평균분자량은 29이다)

① 6.14
② 7.14
③ 4.14
④ 5.14

**해설** ㉠ Halon 1301($CF_3Br$)의 분자량
$12 + 19 \times 3 + 80 = 149$
㉡ 증기비중
$\dfrac{\text{Halon 1301 분자량}}{\text{공기 분자량}} = \dfrac{149}{29} = 5.138$

**17** 조연성 가스로만 나열되어 있는 것은?

① 산소, 이산화탄소, 오존
② 산소, 불소, 염소
③ 질소, 불소, 수증기
④ 질소, 이산화탄소, 염소

**해설** 일반적인 조연성 가스는 산소공급원으로 해석되어 산소, 오존을 말하지만, 화학적으로 산화제의 기능을 하는 할로겐족원소인 플루오르(불소), 염소, 브롬(취소), 요오드(옥소)도 조연성 가스로 해석된다.

**18** 다음 중 연소범위를 근거로 계산한 위험도 값이 가장 큰 물질은?

① 이황화탄소
② 수소
③ 일산화탄소
④ 메탄

**해설** 위험도 $H = \dfrac{U - L}{L}$

① 이황화탄소 위험도 $H = \dfrac{44 - 1.2}{1.2} = 35.66$
② 수소 위험도 $H = \dfrac{75 - 4}{4} = 17.75$
③ 일산화탄소 위험도 $H = \dfrac{74 - 12.5}{12.5} = 4.92$
④ 메탄 위험도 $H = \dfrac{15 - 5}{5} = 2$

**19** 알킬알루미늄 화재시 사용할 수 있는 소화약제로 가장 적당한 것은?

① 팽창진주암
② 물
③ Halon 1301
④ 이산화탄소

**해설** 알킬알루미늄($R_3Al$)은 3류 위험물(자연발화성 물질 및 금수성 물질) 중 위험등급 Ⅰ등급에 해당되는 물질로 물 및 가스계 소화약제와 접촉 시 가연성 가스가 발생하므로 사용 불가능하고, 마른 모래, 팽창질석, 팽창진주암으로 피복소화하는 것이 효과적이다.

**20** 다음 중 가연성 가스가 아닌 것은?

① 아르곤
② 메탄
③ 프로판
④ 일산화탄소

**해설** 아르곤(Ar)은 주기율표상 0족(8족) 원소인 불활성 기체로 가연물이 될 수 없다.

정답  16.④  17.②  18.①  19.①  20.①

# 2023년 제1회 소방설비기사[기계분야] 1차 필기

**[제1과목 : 소방원론]**

**01** 다음 물질 중 연소범위를 통해 산출한 위험도 값이 가장 높은 것은?
① 수소    ② 이황화탄소
③ 메탄    ④ 에틸렌

**해설** 위험도($H$) = $\dfrac{연소상한계 - 연소하한계}{연소하한계}$

1. 수소 $H = \dfrac{75-4}{4} = 17.75$
2. 에틸렌 $H = \dfrac{36-2.7}{2.7} = 12.33$
3. 메탄 $H = \dfrac{15-5}{5} = 2$
4. 이황화탄소 $H = \dfrac{44-1.2}{1.2} = 35.7$

**02** 알킬알루미늄 화재에 적합한 소화약제는?
① 물
② 이산화탄소
③ 할로겐화합물
④ 마른모래

**해설** 알킬알루미늄 화재에 적합한 소화약제에는 팽창질석, 팽창진주암, 마른모래 등이 있다.

**03** 인화성 액체의 연소점, 인화점, 발화점을 온도가 높은 것부터 옳게 나열한 것은?
① 발화점 > 연소점 > 인화점
② 연소점 > 인화점 > 발화점
③ 인화점 > 발화점 > 연소점
④ 인화점 > 연소점 > 발화점

**해설**
- 인화점 : 외부점화원으로부터 불을 붙이면 불이 붙는 최저온도, but 그 불이 계속되기에는(연소점) 낮은 온도
- 연소점 : 외부점화원으로부터 발화후 연소를 지속시키기 위한 최저온도
- 발화점 : 외부점화원 없이 스스로 점화되기 위한 최저온도

**04** 다음 물질의 저장창고에서 화재가 발생하였을 때 주수소화를 할 수 없는 물질은?
① 부틸리튬
② 질산에틸
③ 나이트로셀룰로오스
④ 적린

**해설** 부틸리튬, 마그네슘 분말은 수소를 발생시키기 때문에 주수소화시 위험하다.

**05** 피난계획의 일반원칙 중 페일 세이프(fail safe)에 대한 설명으로 옳은 것은?
① 본증적 상태에서도 쉽게 식별이 가능하도록 그림이나 색체를 이용하는 것
② 피난설비를 반드시 이동식으로 하는 것
③ 피난수단을 조작이 간편한 원시적 방법으로 설계하는 것
④ 한 가지 피난기구가 고장이 나도 다른 수단을 이용할 수 있도록 고려하는 것

**해설** fail safe : 시스템에 고장이 생겨도(fail) 다른 수단을 이용할 수 있도록 해서 사고나 재해까지 발전되지 않도록 하는 것(safe)

**정답** 01.② 02.④ 03.① 04.① 05.④

**06** 다음 중 열전도율이 가장 작은 것은?

① 알루미늄　　② 철재
③ 은　　　　　④ 암면(광물섬유)

**해설** 열전도율(W/m·K)
- 알루미늄 : 237
- 철 : 72.1
- 은 : 418.6
- 광물 : 0.036

* '은'은 금속 중에서 가장 열전도율이 높은 물질이다.

**07** 정전기에 의한 발화과정으로 옳은 것은?

① 방전 → 전하의축적 → 전하의 발생 → 발화
② 전하의 발생 → 전하의 축적 → 방전 → 발화
③ 전하의 발생 → 방전 → 전하의 축적 → 발화
④ 전하의 축적 → 방전 → 전하의 발생 → 발화

**해설** 정전기에 의한 발화과정
마찰 등으로 인한 전하의 발생 → 전하의 축적 → 모여있던 정전기가 다른 물체로 순식간에 빠져 나가면서 방전 → 발화

**08** 0℃, 1atm 상태에서 부탄($C_4H_{10}$) 1mol을 완전연소 시키기 위해 필요한 산소의 mol 수는?

① 2　　　② 4
③ 5.5　　④ 6.5

**해설** 부탄의 완전연소 반응식
$2C_4H_{10} + 13O_2 \rightarrow 8CO_2 + 10H_2O$
부탄이 2몰 반응할 때, 산소는 13몰 필요하다.
∴ 부탄이 1몰 반응할 때, 산소는 $\frac{13}{2}$몰 필요하다.

**09** 다음 중 연소시 아황산가스를 발생시키는 것은?

① 적린　　　　　　② 황
③ 트리에틸알루미늄　④ 황린

**해설** 황의 연소 반응식
$S + O_2 = SO_2$
S가 황이므로 연소(산소와 결합)하여 아황산가스가 된다.

**10** PH9 정도의 물을 보호액으로 하여 보호액 속에 저장하는 물질은?

① 나트륨　　② 탄화칼슘
③ 칼륨　　　④ 황린

**해설** 제3류 위험물질인 황린과 제4류 위험물질인 이황화탄소는 모두 물에 녹지 않으므로 물 속에 저장한다.

**11** 아세틸렌 가스를 저장할 때 사용되는 물질은?

① 벤젠　　② 톨루엔
③ 아세톤　④ 에틸알콜

**해설** 아세틸렌 용기내부에는 아세톤이 들어있으며 아세틸렌 가스가 아세톤에 용해되어 있는 상태로 용기 속에 들어 있다.

**12** 연소의 4대 요소로 옳은 것은?

① 가연물 – 열 – 산소 – 발열량
② 가연물 – 열 – 산소 – 순조로운 연쇄반응
③ 가연물 – 발화온도 – 산소 – 반응속도
④ 가연물 – 산화반응 – 발열량 – 반응속도

**해설** 연소의 4대 요소
1) 가연물
2) 열
3) 산소
4) 순조로운 연쇄반응

**13** 다음 중 폭굉(detonation)의 화염전파속도는?

① 0.1~10m/s　　② 10~100m/s
③ 1000~3500m/s　④ 5000~10000m/s

**해설** 폭굉의 화염전파속도는 1,000~3500m/s

**14** 다음 중 휘발유의 인화점은?

① -18℃　② -43℃
③ 11℃　　④ 70℃

**해설** 휘발유 인화점 : -43℃

**정답** 06.④ 07.② 08.④ 09.② 10.④ 11.③ 12.② 13.③ 14.②

**15** 연기에 의한 감광계수가 0.1m$^{-1}$, 가시거리가 20~30m일 때의 상황을 옳게 설명한 것은?

① 건물 내부에 익숙한 사람이 피난에 지장을 느낄 정도
② 연기감지기가 작동할 정도
③ 어두침침한 것을 느낄 정도
④ 앞이 거의 보이지 않을 정도

**해설** 감광계수, 가시거리에 따른 상황

| 감광계수 | 가시거리 | 상 황 |
|---|---|---|
| 0.1 | 20~30 | • 건물 내부구조 미숙지자의 피난한계 농도<br>• 연기감지기가 작동하는 농도 |
| 0.3 | 5 | 건물 내 숙지자의 피난한계 농도 |
| 0.5 | 3 | 어두침침한 것을 느낄 정도의 농도 |
| 1.0 | 1~2 | 거의 앞이 보이지 않을 정도의 농도 |
| 10 | 0.2~0.5 | 화재 최성기 때의 연기농도 |
| 30 | - | 출화실에서 연기가 분출될 때의 연기농도 |

**16** 분진폭발의 위험성이 가장 낮은 것은?

① 알루미늄분    ② 황
③ 팽창질석      ④ 소맥분

**해설** 분진폭발을 일으키는 물질 : 알루미늄분, 황, 소맥분
팽창질석은 화재 시 팽창하면서 질식소화를 유도하며, 가볍고 경제적이라 고체 소화용구로 사용됨. 팽창질석과 더불어, 물과 반응하여 가연성 기체를 발생하지 않는 것(분진폭발의 위험성이 작은 것)에는 산화칼슘(생석회), 탄산칼슘, 시멘트, 석회석 등이 있다.

**17** 다음 중 가연물의 제거를 통한 소화 방법과 무관한 것은?

① 산불의 확산방지를 위하여 산림의 일부를 벌채한다.
② 화학반응기의 화재 시 원료 공급관의 밸브를 잠근다.
③ 전기실 화재 시 IG-541 약제를 방출한다.
④ 유류탱크 화재 시 주변에 있는 유류탱크의 유류를 다른 곳으로 이동시킨다.

**해설** 가연물의 제거를 통한 소화방법 : 제거소화
제거소화의 예
- 산불이 발생하면 화재의 진행방향을 앞질러 벌목한다.
- 화학반응기의 화재 시 연료 공급관의 밸브를 잠근다.
- 유류탱크 화재 시 주변에 있는 유류탱크의 유류를 다른 곳으로 이동시킨다.
* IG-541은 불활성기체로 질식소화의 예시이다.

**18** 분말소화약제로서 ABC급 화재에 적응성이 있는 소화약제의 종류는?

① $NH_4H_2PO_4$    ② $NaHCO_3$
③ $Na_2CO_3$       ④ $KHCO_3$

**해설** 분말 소화약제의 종류
① 탄산수소나트륨($NaHCO_3$)
② 탄산수소칼륨($KHCO_3$)
③ 제1인산암모늄($NH_4H_2PO_4$)
④ 요소 + 탄산수소칼륨($[NH_2]_2CO + KHCO_3$)

* 인산 암모늄은 ABC소화제라 하며 부착성이 좋은 메타인산을 만들어 다른 소화 분말 보다 30% 이상 소화능력이 향상

**19** 액화가스 저장탱크의 누설로 부유 또는 확산된 액화가스가 착화원과 접촉하여 액화가스가 공기 중으로 확산, 폭발하는 현상은?

① 블레비(BLEVE)
② 보일 오버(Boil over)
③ 슬롭 오버(Slop over)
④ 프로스 오버(Forth over)

**해설** ① 블레비 : 가연성 액화가스의 용기가 과열로 파손되어 가스가 분출된 후 불이 붙어 폭발하는 현상
② 보일 오버 : 탱크의 저부에 물이 존재할 시 뜨거운 열에 의해 급격한 부피팽창에 의하여 유류가 탱크 외부로 분출되는 현상
③ 슬롭 오버 : 유류탱크 화재 시 기름 표면에 물을 살수하면 기름이 탱크 밖으로 비산하여 화재가 확대되는 현상
④ 프로스 오버 : 물이 뜨거운 기름표면 아래서 끓을 때 화재를 수반하지 않고 Overflow되는 현상

**20** 방화벽의 구조 기준 중 다음 ( ) 안에 알맞은 것은?

> - 방화벽의 양쪽 끝과 위쪽 끝을 건축물의 외벽면 및 지붕면으로부터 ( ㉠ )m 이상 튀어나오게 할 것
> - 방화벽에 설치하는 출입문의 너비 및 높이는 각각 ( ㉡ )m 이하로 하고, 해당 출입문에는 60분+ 또는 60분 방화문을 설치할 것

① ㉠ 0.3, ㉡ 2.5    ② ㉠ 0.3, ㉡ 3.0
③ ㉠ 0.5, ㉡ 2.5    ④ ㉠ 0.5, ㉡ 3.0

**해설** 방화벽의 구조
1. 내화구조로서 홀로 설 수 있는 구조여야 한다.
2. 방화벽의 양쪽 끝과 위쪽 끝을 건축물의 외벽면 및 지붕면으로부터 0.5m 이상 튀어나오게 하여야 한다.
3. 방화벽에 설치하는 출입문의 너비 및 높이는 각각 2.5m 이하로 한다.
4. 해당 출입문에는 60분+ 또는 60분 방화문을 설치해야 한다. (피난방화규칙 제21조)

# 2023년 제2회 소방설비기사[기계분야] 1차 필기
[제1과목 : 소방원론]

**01** 자연발화가 일어나기 쉬운 조건이 아닌 것은?
① 적당량의 수분이 존재할 것
② 주위의 온도가 낮을 것
③ 주위의 온도가 높을 것
④ 표면적이 넓을 것

**해설** 자연발화가 쉬운 조건
① 습도가 높을수록
② 주위온도가 높을수록
③ 열전도율이 적을수록
④ 발열량이 클수록
⑤ 열의 축적이 잘될수록
⑥ 표면적이 넓을수록
⑦ 공기의 유통이 적을수록

**02** 정전기로 인한 화재를 줄이고 방지하기 위한 대책 중 틀린 것은?
① 공기 중 습도를 일정값 이상으로 유지한다.
② 기기의 전기 절연성을 높이기 위하여 부도체로 차단공사를 한다.
③ 공기 이온화 장치를 설치하여 가동시킨다.
④ 정전기 축적을 막기 위해 접지선을 이용하여 대지로 연결 작업을 한다.

**해설** 정전기 방지법
① 접지를 한다.
② 공기를 이온화한다.
③ 공기 중의 상대습도를 70[%] 이상으로 한다.
④ 전기의 양도체를 사용한다.
⑤ 가급적 마찰을 줄인다.

**03** 건축물의 피난·방화구조 등의 기준에 관한 규칙상 방화구획의 설치기준 중 스프링클러를 설치한 10층 이하의 층은 바닥면적 몇 m² 이내마다 방화구획을 구획하여야 하는가?
① 1000     ② 1500
③ 2000     ④ 3000

**해설** 방화구획의 구분
[면적별 구획]

| 대상물의 구분 | 소화설비 | 구획면적 |
|---|---|---|
| 10층 이하의 건축물 | 일반건축물 | 1,000m² 이내 |
| | 자동식 소화설비가 설치된 건축물 | 3,000m² 이내 |
| 11층 이상의 건축물 | 일반건축물 | 200m² 이내 |
| | 자동식 소화설비가 설치된 건축물 | 600m² 이내 |
| 11층 이상의 건축물 (불연재료 마감) | 일반건축물 | 500m² 이내 |
| | 자동식 소화설비가 설치된 건축물 | 1,500m² 이내 |

**04** 다음은 위험물의 정의이다. 다음 ( ) 안에 알맞은 것은?

"위험물"이라 함은 ( ㉠ ) 또는 발화성 등의 성질을 가지는 것으로서 ( ㉡ )이 정하는 물품을 말한다.

① ㉠ 인화성, ㉡ 국무총리령
② ㉠ 휘발성, ㉡ 국무총리령
③ ㉠ 휘발성, ㉡ 대통령령
④ ㉠ 인화성, ㉡ 대통령령

**해설** "위험물"이라 함은 인화성 또는 발화성 등의 성질을 가지는 것으로서 대통령령이 정하는 물품을 말한다.

**정답** 01.② 02.② 03.④ 04.④

**05** 화재강도(Fire intensity)와 관계가 없는 것은?

① 가연물의 비표면적
② 발화원의 온도
③ 화재실의 구조
④ 가연물의 발열량

해설) 화재강도(Fire Intensity)는 가연물의 발열량, 가연물의 비표면적, 화재실의 구조에 의해 크고 작음을 결정한다.

**06** 소화약제로 물을 사용하는 주된 이유는?

① 촉매역할을 하기 때문에
② 증발잠열이 크기 때문에
③ 연소작용을 하기 때문에
④ 제거작용을 하기 때문에

해설) 물의 특성
- 물의 비열은 1kcal/kg℃로 다른 약제에 비해 매우 크다.
- 물의 증발잠열은 539kcal/kg이다.
- 얼음의 융해잠열은 80kcal/kg이다.
- 액체의 물이 기화 시 약 1,700배의 수증기가 된다.
- 겨울철에 동결의 우려가 있으므로 동결방지조치를 강구해야한다.
- 인체에 독성이 없고 쉽게 구할 수 있다.
- 일반적으로 전기화재에는 사용이 불가하다.

**07** 대두유가 침적된 기름걸레를 쓰레기통에 장시간 방치한 결과 자연발화에 의하여 화재가 발생한 경우 그 이유로 옳은 것은?

① 분해열 축적
② 산화열 축적
③ 흡착열 축적
④ 발효열 축적

해설) ※ 자연발화 : 열축적
- 기름걸레 : 산화열 축적

[자연발화의 원인]
㉠ 분해열에 의한 발열 : 셀룰로이드류, 나이트로셀룰로오스 등
㉡ 산화열에 의한 발열 : 석탄, 건성유 등
㉢ 흡착열에 의한 발열 : 활성탄, 목탄 등
㉣ 미생물에 의한 발열 : 퇴비, 먼지 등
㉤ 중합열에 의한 발열 : 시안화수소 등

**08** 0℃, 1atm상태에서 부탄($C_4H_{10}$) 1mol을 완전연소시키기 위해 필요한 산소의 mol수는?

① 2　　② 4
③ 5.5　　④ 6.5

해설) $C_4H_{10} + \dfrac{13}{2}O_2 = 4CO_2 + 5H_2O$

**09** 상온, 상압에서 액체인 물질은?

① $CO_2$
② Halon 1301
③ Halon 1211
④ Halon 2402

해설)

| 상온·상압에서 기체상태 | 상온·상압에서 액체상태 |
|---|---|
| Halon 1301($CF_3Br$) | Halon 1011($CClBrH_2$) |
| Halon 1211($CF_2ClBr$) | Halon 1040($CCl_4$) |
| $CO_2$ | Halon 2402($C_2F_4Br_2$) |

**10** 다음 중 분진폭발의 위험성이 가장 낮은 것은?

① 소석회
② 알루미늄분
③ 석탄분말
④ 밀가루

해설) 분진폭발을 일으키지 않는 물질 (=물과 반응하여 가연성 기체를 발생하지 않는 것)
1) 시멘트
2) 석회석
3) 탄산칼슘($CaCO_3$)
4) 생석회(CaO) = 산화칼슘

**11** 유류 탱크의 화재 시 탱크 저부의 물이 뜨거운 열 유층에 의하여 수증기로 변하면서 급작스런 부피 팽창을 일으켜 유류가 탱크 외부로 분출하는 현상은?

① 슬롭오버(Slop Over)
② 블레비(BLEVE)
③ 보일오버(Boil Over)
④ 파이어볼(Fire Ball)

정답  05.② 06.② 07.② 08.④ 09.④ 10.① 11.③

**해설** 고비점 액체가연물에서 발생될 수 있는 현상

| 보일오버 | 슬롭오버 | 프로스 오버 |
|---|---|---|
| • 화재 시<br>• 탱크 내에 잔존해 있던 물<br>• 비등하는 현상 | • 화재 시<br>• 소화수(탱크 내 잔존 물 ×)<br>• 비등하는 현상 | • 비화재 시<br>• 외부원인에 의해 탱크 내에 잔존해 있던 물<br>• 비등하는 현상 |

**12** 이산화탄소의 증기비중은 약 얼마인가?

① 0.81  ② 1.52
③ 2.02  ④ 2.51

**해설** $증기비중 = \dfrac{측정물질의\ 분자량}{공기의\ 분자량}$

$= \dfrac{44}{29} = 1.52$

**13** 위험물안전관리법령상 제4류 위험물인 알코올류에 속하지 않는 것은?

① $C_2H_5OH$
② $C_4H_9OH$
③ $CH_3OH$
④ $C_3H_7OH$

**해설** 위험물안전관리법상 제4류 위험물에 해당되는 알코올류란 한 분자 내의 탄소원자 수가 1개 내지 3개인 포화 1가 알코올로서 변성알코올을 포함한다.($CH_3OH$, $C_2H_5OH$, $C_3H_7OH$, 변성알코올)

**14** 비수용성 유류의 화재 시 물로 소화할 수 없는 이유는?

① 인화점이 변하기 때문
② 발화점이 변하기 때문
③ 연소면이 확대되기 때문
④ 수용성으로 변하여 인화점이 상승하기 때문

**해설** 유류의 경우 대부분 물보다 가볍고 물에 녹지 않는 비수용성이므로 물을 방사 시 연소면을 확대시킬 우려가 있다.

**15** 제1인산암모늄이 주성분인 분말 소화약제는?

① 1종 분말소화약제
② 2종 분말소화약제
③ 3종 분말소화약제
④ 4종 분말소화약제

**해설** 분말소화약제의 주성분에 의한 구분

| 종류 | 주성분 | 착색 | 적응화재 |
|---|---|---|---|
| 제1종 분말 | 탄산수소나트륨 ($NaHCO_3$) | 백색 | B, C급 |
| 제2종 분말 | 탄산수소칼륨 ($KHCO_3$) | 보라색 (자색) | B, C급 |
| 제3종 분말 | 인산암모늄 ($NH_4H_2PO_4$) | 핑크색 (담홍색) | A, B, C급 |
| 제4종 분말 | 탄산수소칼륨 + 요소 ($KHCO_3 + NH_2CONH_2$) | 회색 | B, C급 |

**16** 공기 중에서 연소상한값이 가장 큰 물질은?

① 아세틸렌  ② 수소
③ 가솔린   ④ 프로판

**해설** 각 물질의 연소범위
① 아세틸렌 : 2.5~81%
② 수소 : 4~75%
③ 가솔린 : 1.4~7.6%
④ 프로판 : 2.1~9.5%

**17** 무창층 여부를 판단하는 개구부로서 갖추어야 할 조건으로 옳은 것은?

① 개구부 크기가 지름 30cm의 원이 내접할 수 있는 것
② 해당 층의 바닥면으로부터 개구부 밑 부분까지의 높이가 1.5m인 것
③ 내부 또는 외부에서 쉽게 파괴 또는 개방할 수 있을 것
④ 창에 방범을 위하여 40cm 간격으로 창살을 설치한 것

**정답** 12.② 13.② 14.③ 15.③ 16.① 17.③

해설 **무창층**
지상층 중 다음에 해당하는 개구부의 면적의 합계가 그 층의 바닥면적의 30분 1 이하가 되는 층
- 개구부의 크기가 지름 50cm 이상의 원이 내접할 수 있을 것
- 그 층의 바닥면으로부터 개구부 밑부분까지의 높이가 1.2m 이내일 것
- 도로 또는 차량의 진입이 가능한 공지에 면할 것
- 화재 시 건축물로부터 쉽게 피난할 수 있도록 창살, 그 밖의 장애물이 설치되지 아니할 것
- 내부 또는 외부에서 쉽게 파괴 또는 개방이 가능할 것

**18** 위험물안전관리법령상 위험물 유별에 따른 성질이 잘못 연결된 것은?

① 제1류 위험물 – 산화성고체
② 제2류 위험물 – 가연성고체
③ 제4류 위험물 – 인화성액체
④ 제6류 위험물 – 자기반응성물질

해설 **위험물의 유별 공통성질**
- 제1류 위험물 : 산화성 고체
- 제2류 위험물 : 가연성 고체
- 제3류 위험물 : 자연발화성 물질 및 금수성 물질
- 제4류 위험물 : 인화성 액체
- 제5류 위험물 : 자기연소성(반응성) 물질
- 제6류 위험물 : 산화성 액체

**19** 목조건축물에서 발생하는 옥외 출화 시기를 나타낸 것으로 옳은 것은?

① 창, 출입구 등에 발염 착화한 때
② 천장 속, 벽 속 등에서 발염 착화한 때
③ 가옥 구조에서는 천장면에 발염 착화한 때
④ 불연 천장인 경우 실내의 그 뒷면에 발염 착화한 때

해설 **출화의 구분**
㉠ 옥내 출화
- 건축물 실내의 천장 속, 벽 내부에서 발염 착화
- 준불연성, 난연성으로 피복된 내부의 목재에 착화
㉡ 옥외 출화
- 건축물 외부의 가연물질에 발염 착화
- 창, 출입구 등의 개구부 등에 착화

**20** 제거소화의 예가 아닌 것은?

① 유류화재 시 다량의 포를 방사한다.
② 전기화재 시 신속하게 전원을 차단한다.
③ 가연성가스 화재 시 가스의 밸브를 닫는다.
④ 산림화재 시 확산을 막기 위하여 산림의 일부를 벌목한다.

해설 유류화재 시 포를 방사하는 것은 피복에 의한 질식소화에 해당된다.

# 2023년 제4회 소방설비기사[기계분야] 1차 필기

[제1과목 : 소방원론]

**01** 방호공간 안에서 화재의 세기를 나타내고 화재가 진행되는 과정에서 온도에 따라 변하는 것으로 온도-시간 곡선으로 표시할 수 있는 것은?

① 화재저항　　② 화재가혹도
③ 화재하중　　④ 화재플럼

**해설** 화재가혹도 그래프는 화재의 지속 시간에 따른 최고 온도를 나타낸다.

**02** 소화원리에 대한 일반적인 소화효과의 종류가 아닌 것은?

① 질식소화　　② 기압소화
③ 제거소화　　④ 냉각소화

**해설** 소화효과의 종류
- 냉각소화
- 질식소화
- 제거소화
- 억제소화

**03** 다음은 위험물의 정의이다. 다음 ( ) 안에 알맞은 것은?

"위험물"이라 함은 ( ㉠ ) 또는 발화성 등의 성질을 가지는 것으로서 ( ㉡ )이 정하는 물품을 말한다.

① ㉠ 인화성, ㉡ 국무총리령
② ㉠ 휘발성, ㉡ 국무총리령
③ ㉠ 휘발성, ㉡ 대통령령
④ ㉠ 인화성, ㉡ 대통령령

**해설** 위험물안전관리법 – 위험물의 정의
제2조(정의)
1. "위험물"이라 함은 ㉠인화성 또는 발화성 등의 성질을 가지는 것으로서 ㉡대통령령이 정하는 물품을 말한다.

**04** 인화점이 낮은 것부터 높은 순서로 옳게 나열된 것은?

① 에틸알코올 < 이황화탄소 < 아세톤
② 이황화탄소 < 에틸알코올 < 아세톤
③ 에틸알코올 < 아세톤 < 이황화탄소
④ 이황화탄소 < 아세톤 < 에틸알코올

**해설**
- 이황화탄소 인화점 : -30℃
- 아세톤 인화점 : -18℃
- 에틸알코올 인화점 : 13℃

**05** 상온 상압의 공기중에서 탄화수소류의 가연물을 소화하기 위한 이산화탄소 소화약제의 농도는 약 몇 %인가? (단, 탄화수소류는 산소농도가 10%일 때 소화된다고 가정한다.)

① 28.57　　② 35.48
③ 49.56　　④ 52.38

**해설**
$$\text{이산화탄소 농도} = \frac{21 - \text{산소의 농도}}{21} \times 100[\%]$$

여기서, 21은 공기 중 산소의 농도
산소의 부피농도가 10이므로, 위의 공식에 대입하면

$$\text{이산화탄소의 농도} = \frac{21-10}{21} \times 100$$
$$= \frac{11}{21} \times 100 ≒ 52.38[\%]$$

**정답** 01.② 02.② 03.④ 04.④ 05.④

**06** 건축물에 설치하는 방화벽의 구조에 대한 기준 중 틀린 것은?

① 내화구조로서 홀로 설 수 있는 구조이어야 한다.
② 방화벽의 양쪽 끝은 지붕면으로부터 0.2m 이상 튀어 나오게 하여야 한다.
③ 방화벽의 위쪽 끝은 지붕면으로부터 0.5m 이상 튀어 나오게 하여야 한다.
④ 방화벽에 설치하는 출입문은 너비 및 높이가 각각 2.5m 이하인 60분+ 방화문 또는 60분 방화문을 설치하여야 한다.

**해설** 피난방화규칙 제21조(방화벽의 구조)
1. 내화구조로서 홀로 설 수 있는 구조여야 한다.
2. 방화벽의 양쪽 끝과 위쪽 끝을 건축물의 외벽면 및 지붕면으로부터 0.5m 이상 튀어나오게 하여야 한다.
3. 방화벽에 설치하는 출입문의 너비 및 높이는 각각 2.5m 이하로 한다.
4. 해당 출입문에는 60분+ 방화문 또는 60분 방화문을 설치해야 한다.

**07** 분말소화약제 중 탄산수소칼륨($KHCO_3$)과 요소($CO(NH_2)_2$)와의 반응물을 주성분으로 하는 소화약제는?

① 제1종 분말
② 제2종 분말
③ 제3종 분말
④ 제4종 분말

**해설** 분말 소화약제의 종류 및 특성

| 종별 | 주성분 | 색상 | 적응 화재 |
|---|---|---|---|
| 제1종 분말 | 탄산수소나트륨 ($NaHCO_3$) | 백색 | BC |
| 제2종 분말 | 탄산수소칼륨 ($KHCO_3$) | 담회색 | BC |
| 제3종 분말 | 제1인산암모늄 ($NH_4H_2PO_4$) | 담홍색 | ABC |
| 제4종 분말 | 탄산수소칼륨과 요소의 반응물 ($KHCO_3 + (NH_2)_2CO$) | 회색 | BC |

**08** 가스 A가 40vol%, 가스 B가 60vol%로 혼합된 가스의 연소하한계는 몇 vol%인가? (단, 가스 A의 연소하한계는 4.9vol%이며, 가스 B의 연소하한계는 4.15vol%이다.)

① 1.82vol%  ② 2.02vol%
③ 3.22vol%  ④ 4.42vol%

**해설** 르샤틀리에의 혼합가스 폭발범위 계산

$$\frac{100}{L} = \frac{V_1}{L_1} + \frac{V_2}{L_2}$$

$L$ : 혼합가스의 폭발한계(부피%)
$L_1, L_2$ : 가연성가스의 폭발한계(부피%)
$V_1, V_2$ : 가연성가스의 용량(부피%)

$$L = \frac{100}{\frac{V_1}{L_1} + \frac{V_2}{L_2}} = \frac{100}{\frac{40}{4.9} + \frac{60}{4.15}} = 4.42[vol\%]$$

**09** 건축물의 주요구조부가 아닌 것을 고르시오.

① 차양  ② 보
③ 기둥  ④ 바닥

**해설** 건축물의 주요구조부
㉠ 내력벽 ㉡ 기둥 ㉢ 바닥 ㉣ 보 ㉤ 지붕틀 및 주계단

**10** 1kcal의 열은 몇 Joule에 해당하는가?

① 5262  ② 4186
③ 3943  ④ 3330

**해설** 에너지의 관계
1kcal = 3.968BTU = 2.2CHU = 4.184kJ = 4,184J

**11** 블레비(BLEVE) 현상과 관계가 없는 것은?

① 핵분열
② 가연성액체
③ 화구(Fire ball)의 형성
④ 복사열의 대량 방출

**해설** 블레비(BLEVE) 현상
용기 내부의 액화가스가 급격히 비등하여 압력에너지를 형성하면서 용기에 균열이 생겨 파열되며 주위공간으로 날아가 거대한 화구를 형성하는 현상으로 물리적인 폭발에 해당된다.

**12** 위험물의 저장 방법으로 틀린 것은?

① 금속나트륨 – 석유류에 저장
② 이황화탄소 – 수조 물탱크에 저장
③ 알킬알루미늄 – 벤젠액에 희석하여 저장
④ 산화프로필렌 – 구리 용기에 넣고 불연성 가스를 봉입하여 저장

**해설** 물질에 따른 저장장소

| 물 질 | 저장장소 |
|---|---|
| 황린, 이황화탄소($CS_2$) | 물속 |
| 나이트로셀룰로오스 | 알코올 속 |
| 칼륨(K), 나트륨(Na), 리튬(Li) | 석유류(등유) 속 |
| 알킬알루미늄 | 벤젠액 속 |
| 아세틸렌($C_2H_2$) | 디메틸포름아미드(DMF), 아세톤에 용해 |

**13** 건축물 내 방화벽에 설치하는 출입문의 너비 및 높이의 기준은 각각 몇 m 이하인가?

① 2.5
② 3.0
③ 3.5
④ 4.0

**해설** 방화벽의 구조
1. 내화구조로서 홀로 설 수 있는 구조여야 한다.
2. 방화벽의 양쪽 끝과 위쪽 끝을 건축물의 외벽면 및 지붕면으로부터 0.5m 이상 튀어나오게 하여야 한다.
3. 방화벽에 설치하는 출입문의 너비 및 높이는 각각 2.5m 이하로 한다.
4. 해당 출입문에는 60분+ 방화문 또는 60분 방화문을 설치해야 한다.

**14** 화재 시 $CO_2$를 방사하여 산소농도를 11vol.%로 낮추어 소화하려면 공기 중 $CO_2$의 농도는 약 몇 vol.%가 되어야 하는가?

① 47.6
② 42.9
③ 37.9
④ 34.5

**해설** 이산화탄소농도 = $\dfrac{21 - 산소의 농도}{21} \times 100[\%]$

여기서, 21은 공기 중 산소의 농도
산소의 농도가 11일 때, 위의 공식에 대입하면
$\dfrac{21-11}{21} \times 100 = \dfrac{10}{21} \times 100 ≒ 47.6[\%]$

**15** 할론 소화설비에서 Halon 1211 약제의 분자식은?

① $CBr_2ClF$
② $CF_2ClBr$
③ $CCl_2BrF$
④ $BrC_2CLF$

**해설** 할론 소화약제의 명명 : Halon 뒤의 구성 원소들의 개수를 C, F, Cl, Br, I의 순서대로 쓴다. 해당 원소가 없는 경우는 0으로 표시한다. 또한, 맨 끝의 숫자가 0으로 끝나면 0을 생략한다.
Halon 1211(0) : $CF_2ClBr$

**16** 일반적으로 공기 중 산소농도를 몇 vol% 이하로 감소시키면 연소속도의 감소 및 질식 소화가 가능한가?

① 15
② 21
③ 25
④ 31

**해설** 질식소화 : 공기 중의 산소 농도는 21%인데, 이 농도가 15% 이하가 되면 연소가 지속될 수 없다.

**17** 제4류 위험물의 물리화학적 특성에 대한 설명으로 틀린 것은?

① 증기비중은 공기보다 크다.
② 정전기에 의한 화재발생위험이 있다.
③ 인화성 액체이다.
④ 인화점이 높을수록 증기발생이 용이하다.

**정답** 12.④ 13.① 14.① 15.② 16.① 17.④

**해설** 제4류 위험물(인화성 액체)
① 가연성 물질로 인화성 증기를 발생하는 액체위험물, 인화되기 매우 쉽고 착화온도가 낮은 것은 위험(증기는 공기와 약간만 혼합해도 연소의 우려)
② 점화원이나 고온체의 접근을 피하고, 증기발생을 억제해야 한다.
③ 증기는 공기보다 무겁고, 물보다 가벼우며, 물에 녹기 어렵다.

**18** 비수용성 유류의 화재 시 물로 소화할 수 없는 이유는?
① 인화점이 변하기 때문
② 발화점이 변하기 때문
③ 연소면이 확대되기 때문
④ 수용성으로 변하여 인화점이 상승하기 때문

**해설** 유류의 경우 대부분 물보다 가볍고 물에 녹지 않는 비수용성이므로 물을 방사 시 연소면을 확대시킬 우려가 있다.

**19** 할로겐원소의 소화효과가 큰 순서대로 배열된 것은?
① I > Br > Cl > F
② Br > I > F > Cl
③ Cl > F > I > Br
④ F > Cl > Br > I

**해설**
- 할로겐원소의 전기음성도(수소와의 결합력) 크기
  F > Cl > Br > I
- 할로겐원소의 부촉매효과(소화효과) 크기
  I > Br > Cl > F
\* 부촉매효과(소화효과)의 크기와 전기음성도 크기는 반대

**20** Fourier법칙(전도)에 대한 설명으로 틀린 것은?
① 이동열량은 전열체의 단면적에 비례한다.
② 이동열량은 전열체의 두께에 비례한다.
③ 이동열량은 전열체의 열전도도에 비례한다.
④ 이동열량은 전열체 내·외부의 온도차에 비례한다.

**해설** Fourier법칙(푸리에 법칙)
$$q = \frac{kA(T_1 - T_2)}{L}$$
여기서, $q$ : 열전달량(이동열량)[W]
$k$ : 열전도도(물질고유값)[W/m·K]
$A$ : 단면적[m²]
$T_1 - T_2$ : 온도차[K]
$L$ : 전열체의 두께[m]
따라서, 이동열량은 전열체의 열전도도, 단면적, 온도차에 비례하고, 전열체의 두께에 반비례한다.

# 제1회 소방설비기사[기계분야] 1차 필기

### [제1과목 : 소방원론]

**01** 다음은 위험물의 정의이다. 다음 ( ) 안에 알맞은 것은?

> "위험물"이라 함은 ( ㉠ ) 또는 발화성 등의 성질을 가지는 것으로서 ( ㉡ )이 정하는 물품을 말한다.

① ㉠ 인화성, ㉡ 국무총리령
② ㉠ 휘발성, ㉡ 국무총리령
③ ㉠ 휘발성, ㉡ 대통령령
④ ㉠ 인화성, ㉡ 대통령령

**해설** "위험물"이라 함은 인화성 또는 발화성 등의 성질을 가지는 것으로서 대통령령이 정하는 물품을 말한다.

**02** 인화점이 낮은 것부터 높은 순서로 옳게 나열된 것은?

① 에틸알코올 < 이황화탄소 < 아세톤
② 이황화탄소 < 에틸알코올 < 아세톤
③ 에틸알코올 < 아세톤 < 이황화탄소
④ 이황화탄소 < 아세톤 < 에틸알코올

**해설**
- 이황화탄소 인화점 : $-30℃$
- 아세톤 인화점 : $-18℃$
- 에틸알코올 인화점 : $13℃$

**03** 제4류 위험물의 물리·화학적 특성에 대한 설명으로 틀린 것은?

① 증기비중은 공기보다 크다.
② 정전기에 의한 화재발생위험이 있다.
③ 인화성 액체이다.
④ 인화점이 높을수록 증기발생이 용이하다.

**해설** 인화점이 낮을수록 증기발생이 용이하다.

**04** 일반적으로 공기 중 산소농도를 몇 vol% 이하로 감소시키면 연소속도의 감소 및 질식 소화가 가능한가?

① 15
② 21
③ 25
④ 31

**해설** 질식소화 : 공기 중의 산소 농도는 21%인데, 이 농도가 15% 이하가 되면 연소가 지속될 수 없다.

**05** 할로겐원소의 소화효과가 큰 순서대로 배열된 것은?

① I > Br > Cl > F
② Br > I > F > Cl
③ Cl > F > I > Br
④ F > Cl > Br > I

**해설** 할로겐화합물소화약제

| 부촉매효과(소화효과) 크기 | 전기음성도(친화력) 크기 |
|---|---|
| I > Br > Cl > F | F > Cl > Br > I |

- 소화효과=소화능력
- 전기음성도 크기=수소와의 결합력 크기

**06** 프로판가스의 연소범위(vol%)에 가장 가까운 것은?

① 9.8~28.4
② 2.5~81
③ 4.0~75
④ 2.1~9.5

**정답** 01.④ 02.④ 03.④ 04.① 05.① 06.④

**해설** 공기 중에서 가연성 가스의 폭발범위

| 가스 | 하한계(%) | 상한계(%) | 가스 | 하한계(%) | 상한계(%) |
|---|---|---|---|---|---|
| 메탄 | 5.0 | 15.0 | 아세트알데히드 | 4.1 | 57.0 |
| 에탄 | 3.0 | 12.4 | 에테르 | 1.9 | 48.0 |
| 프로판 | 2.1 | 9.5 | 산화에틸렌 | 3.0 | 80.0 |
| 부탄 | 1.8 | 8.4 | 벤젠 | 1.4 | 7.1 |
| 에틸렌 | 2.7 | 36.0 | 톨루엔 | 1.4 | 6.7 |
| 아세틸렌 | 2.5 | 81.0 | 이황화탄소 | 1.2 | 44.0 |
| 황화수소 | 4.3 | 45.4 | 메틸알코올 | 7.3 | 36.0 |
| 수소 | 4.0 | 75.0 | 에틸알코올 | 4.3 | 19.0 |
| 암모니아 | 15.0 | 28.0 | 일산화탄소 | 12.5 | 74.0 |

**07** 위험물안전관리법령상 위험물 유별에 따른 성질이 잘못 연결된 것은?

① 제1류 위험물 – 산화성 고체
② 제2류 위험물 – 가연성 고체
③ 제4류 위험물 – 인화성 액체
④ 제6류 위험물 – 자기반응성 물질

**해설** 위험물의 유별 공통성질
- 제1류 위험물 : 산화성 고체
- 제2류 위험물 : 가연성 고체
- 제3류 위험물 : 자연발화성 물질 및 금수성 물질
- 제4류 위험물 : 인화성 액체
- 제5류 위험물 : 자기연소성(반응성) 물질
- 제6류 위험물 : 산화성 액체

**08** 피난계획의 일반원칙 중 Fool-Proof 원칙에 해당하는 것은?

① 저지능인 상태에서도 쉽게 식별이 가능하도록 그림이나 색채를 이용하는 원칙
② 피난설비를 반드시 이동식으로 하는 원칙
③ 한 가지 피난기구가 고장이 나도 다른 수단을 이용할 수 있도록 고려하는 원칙
④ 피난설비를 첨단화된 전자식으로 하는 원칙

**해설** Fool Proof와 Fail Safe
- 소방에서 Fool Proof란 인간이 실수를 하거나, 잘못된 판단을 하더라도 충분히 피난활동에는 지장을 주지 않아야 하는 것을 의미한다.
- 소방에서 Fail Safe란 인간이 아닌 기계, 즉 피난기구에 문제가 발생하더라도 대체할 수 있는 다른 피난기구를 설치하는 것을 의미한다.

**09** Halon 1301의 분자식에 해당하는 것은?

① $CCl_3H$
② $CH_3Cl$
③ $CF_3Br$
④ $C_2F_2Br_2$

**해설** 할론약제의 명명법
할론 ⓐ ⓑ ⓒ ⓓ
ⓐ : 탄소(C)의 수
ⓑ : 불소(F)의 수
ⓒ : 염소(Cl)의 수
ⓓ : 브롬(Br)의 수

각 할론 약제별 분자식
㉠ 할론 2402 : $C_2F_4Br_2$
㉡ 할론 1211 : $CF_2ClBr$
㉢ 할론 1301 : $CF_3Br$
㉣ 할론 1011 : $CH_2ClBr$
㉤ 할론 1040 : $CCl_4$

**10** 다음 중 Flash Over를 가장 옳게 표현한 것은?

① 소화현상의 일종이다.
② 건물 외부에서 연소가스의 소멸현상이다.
③ 실내에서 폭발적인 화재의 확대현상이다.
④ 폭발로 인한 건물의 붕괴현상이다.

**해설** 플래시 오버(Flash Over) 현상은 실내화재에서 발생될 수 있는 현상으로 화재로 인해 화재실의 내부 온도가 상승되어 있다가 화염이 급격히 확대되는 현상으로 에너지의 축적이 원인이다.

**정답** 07.④ 08.① 09.③ 10.③

**11** 스테판-볼츠만의 법칙에 의해 복사열과 절대온도와의 관계를 옳게 설명한 것은?

① 복사열은 절대온도의 제곱에 비례한다.
② 복사열은 절대온도의 4제곱에 비례한다.
③ 복사열은 절대온도의 제곱에 반비례한다.
④ 복사열은 절대온도의 4제곱에 반비례한다.

**해설** 스테판-볼츠만의 법칙
복사에너지는 면적에 비례하고 절대온도의 4제곱에 비례한다.

$$Q = 4.887 A\varepsilon \left\{ \left(\frac{T_1}{100}\right)^4 - \left(\frac{T_2}{100}\right)^4 \right\}$$

$Q$ : 복사열량(kcal/hr)
$A$ : 단면적($m^2$), $\varepsilon$ : 계수
$T_1$ : 고온체의 절대온도(K)
$T_2$ : 저온체의 절대온도(K)

**12** 화씨 95도를 켈빈(Kelvin)온도로 나타내면 약 몇 K인가?

① 178K  ② 252K
③ 308K  ④ 368K

**해설**
$$℃ = \frac{5}{9}(℉ - 32) = \frac{5}{9}(95 - 32) = 35℃$$
$$K = 273 + 35 = 308K$$

**13** 화재 표면온도(절대온도)가 2배로 되면 복사에너지는 몇 배로 증가되는가?

① 2   ② 4
③ 8   ④ 16

**해설** 복사에너지는 절대온도의 4승에 비례하므로 16배가 된다.

**14** 어떤 기체가 0[℃], 1기압에서 부피가 11.2[L], 기체질량이 22[g] 이었다면 이 기체의 분자량은? (단, 이상기체로 가정한다.)

① 22[g/mol]   ② 35[g/mol]
③ 44[g/mol]   ④ 56[g/mol]

 ▶ **방법 1**(이상기체 상태방정식 이용)
이상기체 상태방정식 $PV = nRT$
- $P$[atm] : 기압
- $V$[$m^3$] : 부피
- $n$[무차원수] : 몰수($\frac{W(질량)[kg]}{M(분자량)[kg/kmol]}$)
- $R$[기체상수] : 1. 0.082atm·$m^3$/kmol·K
  2. 8.314kPa·$m^3$/kmol·K
- $T$[K] : 절대온도(273.15+℃)

$$PV = nRT = \frac{W}{M}RT$$

$$M = \frac{WRT}{PV}$$

$$= \frac{(0.022\text{kg})(0.082\text{atm} \cdot m^3/\text{kmol} \cdot K)(273.15K)}{(1\text{atm})(11.2L) \times \left(\frac{1m^3}{1000L}\right)}$$

$$= 43.99 ≒ 44\text{kg/kmol} = 44\text{g/mol}$$

▶ **방법 2**(아보가드로 법칙 이용)
아보가드로 법칙 : 표준상태(0℃, 1atm)에서 모든 기체 1kmol(mol)이 차지하는 부피는 22.4$m^3$(L)이다.

$$\frac{22.4[L]}{1[\text{mol}]} \times \frac{22[g]}{11.2[L]} = 44[\text{g/mol}] = 44[\text{kg/kmol}]$$

**15** 건축물에 설치하는 방화벽의 구조에 대한 기준 중 틀린 것은?

① 내화구조로서 홀로 설 수 있는 구조이어야 한다.
② 방화벽의 양쪽 끝은 지붕면으로부터 0.2[m] 이상 튀어 나오게 하여야 한다.
③ 방화벽의 위쪽 끝은 지붕면으로부터 0.5[m] 이상 튀어 나오게 하여야 한다.
④ 방화벽에 설치하는 출입문은 너비 및 높이가 각각 2.5[m] 이하인 60분+ 방화문 또는 60분 방화문을 설치하여야 한다.

**해설** 피난방화규칙 제21조(방화벽의 구조)
1. 내화구조로서 홀로 설 수 있는 구조여야 한다.
2. 방화벽의 양쪽 끝과 위쪽 끝을 건축물의 외벽면 및 지붕면으로부터 0.5m 이상 튀어나오게 하여야 한다.
3. 방화벽에 설치하는 출입문의 너비 및 높이는 각각 2.5m 이하로 한다.
4. 해당 출입문에는 60분+ 방화문 또는 60분 방화문을 설치해야 한다.

정답 11.② 12.③ 13.④ 14.③ 15.②

**16** TLV(Threshold Limit Value)가 가장 높은 가스는?

① 시안화수소  ② 포스겐
③ 일산화탄소  ④ 이산화탄소

**해설** TLV(Threshold Limit Value) : 독성가스의 허용농도
① 시안화수소 : 10[ppm]
② 포스겐 : 0.1[ppm]
③ 일산화탄소 : 50[ppm]
④ 이산화탄소 : 5000[ppm]

**17** 연면적이 1,000m² 이상인 건축물에 설치하는 방화벽이 갖추어야 할 기준으로 틀린 것은?

① 내화구조로서 홀로 설 수 있는 구조일 것
② 방화벽이 양쪽 끝과 위쪽 끝을 건축물의 외벽면 및 지붕면으로부터 0.1m 이상 튀어나오게 할 것
③ 방화벽에 설치하는 출입문의 너비는 2.5m 이하로 할 것
④ 방화벽에 설치하는 출입문의 높이는 2.5m 이하로 할 것

**해설** ② 0.1m(×) → 0.5(m)
**방화벽 기준**
연면적 1,000m² 이상인 건축물로서 그 주요구조부가 내화구조 또는 불연재료가 아닌 건축물에는 다음 기준에 의하여 1,000m² 미만마다 방화벽을 설치하여야 한다.
㉠ 내화구조로서 홀로 설 수 있는 구조일 것
㉡ 방화벽의 양쪽 끝과 위쪽 끝은 건축물의 외벽면 및 지붕면으로부터 0.5m 이상 돌출되도록 할 것

**18** 공기와 접촉되었을 때 위험도($H$)가 가장 큰 것은?

① 에테르  ② 수소
③ 에틸렌  ④ 부탄

**해설** 위험도 $= \dfrac{U-L}{L} = \dfrac{연소범위}{연소하한계}$

① 에테르 위험도 $= \dfrac{U-L}{L} = \dfrac{48-1.9}{1.9} = 24.26$

② 수소 위험도 $= \dfrac{U-L}{L} = \dfrac{75-4}{4} = 17.75$

③ 에틸렌 위험도 $= \dfrac{U-L}{L} = \dfrac{36-2.7}{2.7} = 12.33$

④ 부탄 위험도 $= \dfrac{U-L}{L} = \dfrac{8.4-1.8}{1.8} = 3.66$

**19** 물의 기화열이 539.6cal/g인 것은 어떤 의미인가?

① 0℃의 물 1g이 얼음으로 변화하는데 539.6cal의 열량이 필요하다.
② 0℃의 얼음 1g이 얼음으로 변화하는데 539.6cal의 열량이 필요하다.
③ 0℃의 물 1g이 100℃의 물로 변화하는데 539.6cal의 열량이 필요하다.
④ 100℃의 물 1g이 수증기로 변화하는데 539.6cal의 열량이 필요하다.

**해설** 기화열
액체가 기체가 될 때 필요로 하는 열

**20** 화재에 관한 설명으로 옳은 것은?

① PVC 저장창고에서 발생한 화재는 D급 화재이다.
② 연소의 색상과 온도와의 관계를 고려할 때 일반적으로 휘백색보다는 휘적색의 온도가 높다.
③ PVC 저장창고에서 발생한 화재는 B급 화재이다.
④ 연소의 색상과 온도와의 관계를 고려할 때 일반적으로 암적색보다는 휘적색의 온도가 높다.

**해설** ㉠ 불꽃의 온도별 색깔

| 색깔 | 암적색 | 적색 | 휘적색 | 황적색 | 백적색 | 휘백색 |
|---|---|---|---|---|---|---|
| 온도 | 700[℃] | 850[℃] | 950[℃] | 1,100[℃] | 1,300[℃] | 1,500[℃] |

㉡ PVC 저장창고의 화재는 A급 화재(일반화재)이다.

정답 16.④ 17.② 18.① 19.④ 20.④

# 제2회 소방설비기사[기계분야] 1차 필기
## [제1과목 : 소방원론]

**01** 촛불의 주된 연소 형태에 해당하는 것은?
① 표면연소  ② 분해연소
③ 증발연소  ④ 자기연소

**02** 다음 중 상온·상압에서 액체인 것은?
① 이산화탄소  ② 할론 1301
③ 할론 2402  ④ 할론 1211

해설

| 상온·상압에서 기체상태 | 상온·상압에서 액체상태 |
|---|---|
| • 할론 1301<br>• 할론 1211<br>• 이산화탄소($CO_2$) | • 할론 1011<br>• 할론 104<br>• 할론 2402 |

**03** 다음 중 건축물의 방재기능 설정요소로 틀린 것은?
① 배치계획  ② 국토계획
③ 단면계획  ④ 평면계획

해설 건축물의 방재기능
• 배치계획 : 소화활동에 지장이 없도록 적합한 건물 배치를 하는 것
• 평면계획 : 방연구획과 제연구획을 설정하여 화재예방 소화, 피난 등을 유효하게 하기 위한 계획
• 단면계획 : 불이나 연기가 다른 층으로 이동하지 않도록 구획하는 계획

**04** 다음 원소 중 전기음성도가 가장 큰 것은?
① F  ② Br
③ Cl  ④ I

해설 할론소화약제

| 부촉매효과(소화능력) 크기 | 전기음성도(친화력, 결합력) 크기 |
|---|---|
| I > Br > Cl > F | F > Cl > Br > I |

• 전기음성도 크기=수소와의 결합력 크기

**05** 프로판가스의 연소범위[vol]에 가장 가까운 것은?
① 9.8~28.4  ② 2.5~81
③ 4.0~75  ④ 2.1~9.5

해설 공기 중에서 가연성 가스의 폭발범위

| 가스 | 하한계(%) | 상한계(%) | 가스 | 하한계(%) | 상한계(%) |
|---|---|---|---|---|---|
| 메탄 | 5.0 | 15.0 | 아세트알데히드 | 4.1 | 57.0 |
| 에탄 | 3.0 | 12.4 | 에테르 | 1.9 | 48.0 |
| 프로판 | 2.1 | 9.5 | 산화에틸렌 | 3.0 | 80.0 |
| 부탄 | 1.8 | 8.4 | 벤젠 | 1.4 | 7.1 |
| 에틸렌 | 2.7 | 36.0 | 톨루엔 | 1.4 | 6.7 |
| 아세틸렌 | 2.5 | 81.0 | 이황화탄소 | 1.2 | 44.0 |
| 황화수소 | 4.3 | 45.4 | 메틸알코올 | 7.3 | 36.0 |
| 수소 | 4.0 | 75.0 | 에틸알코올 | 4.3 | 19.0 |
| 암모니아 | 15.0 | 28.0 | 일산화탄소 | 12.5 | 74.0 |

**06** 가연물이 연소가 잘 되기 위한 구비조건으로 틀린 것은?
① 열전도율이 클 것
② 산소와 화학적으로 친화력이 클 것
③ 표면적이 클 것
④ 활성화에너지가 작을 것

**정답** 01.③  02.③  03.②  04.①  05.④  06.①

**해설** 가연물이 되기 쉬운 조건
  ㉠ 열전도율이 작을수록
  ㉡ 활성화에너지가 작을수록
  ㉢ 발열량이 클수록
  ㉣ 산소와 친화력이 클수록
  ㉤ 표면적이 클수록
  ㉥ 주위온도가 높을수록

**07** 석유, 고무, 동물의 털, 가죽 등과 같이 황성분을 함유하고 있는 물질이 불완전연소될 때 발생하는 연소가스로 계란 썩는 듯한 냄새가 나는 기체는?

① $H_2S$
② $COCl_2$
③ $SO_2$
④ HCN

**해설** 황화수소($H_2S$)
황을 함유하고 있는 유기화합물이 불완전연소 시 발생되며 연소 시 유독성 기체인 아황산가스를 발생하며 계란 썩는 듯한 냄새가 난다.

**08** 화재의 분류방법 중 유류화재를 나타낸 것은?

① A급 화재
② B급 화재
③ C급 화재
④ D급 화재

**해설** 화재의 분류 및 소화방법

| 화재의 분류 | | 소화기 표시색 | 소화 방법 | 특성 |
|---|---|---|---|---|
| A급 | 일반화재 | 백색 | 냉각 효과 | • 백색 연기 발생<br>• 연소 후 재를 남김 |
| B급 | 유류화재 | 황색 | 질식 효과 | • 검은색 연기 발생<br>• 연소 후 재가 없음 |
| C급 | 전기화재 | 청색 | 질식 효과 | 전기시설물이 점화원의 기능을 함 |
| D급 | 금속화재 | - | 건조사 피복 | 금속이 열을 생성 |
| E급 | 가스화재 | - | 질식 효과 | 재를 남기지 않음 |
| K급 | 식용유(주방)화재 | - | 냉각 질식 | 강화액소화기 |

**09** 일반적으로 공기 중 산소농도를 몇 vol% 이하로 감소시키면 연소속도의 감소 및 질식소화가 가능한가?

① 15
② 21
③ 25
④ 31

**해설** 대부분의 가연물은 공기 중 산소농도가 10~15vol% 정도로 낮아지면 산소부족에 의해 질식소화된다.

**10** 위험물 탱크에 압력이 0.3MPa이고, 온도가 0℃인 가스가 들어 있을 때 화재로 인하여 100℃까지 가열되었다면 압력은 약 몇 MPa인가? (단, 이상기체로 가정한다.)

① 0.41
② 0.52
③ 0.63
④ 0.74

**해설** $\dfrac{P_1V_1}{T_1} = \dfrac{P_2V_2}{T_2}$에서 $V_1 = V_2$이므로 $\dfrac{P_1}{T_1} = \dfrac{P_2}{T_2}$이다.

$\therefore P_2 = \dfrac{T_2}{T_1} \times P_1 = \dfrac{373[K]}{273[K]} \times 0.3[MPa]$
$= 0.41[MPa]$

**11** 실내 화재시 발생한 연기로 인한 감광계수[$m^{-1}$]와 가시거리에 대한 설명 중 틀린 것은?

① 감광계수가 0.1일 때 가시거리는 20~30m이다.
② 감광계수가 0.3일 때 가시거리는 15~20m이다.
③ 감광계수가 1.0일 때 가시거리는 1~2m이다.
④ 감광계수가 10일 때 가시거리는 0.2~0.5m이다.

**해설** 연기의 농도에 따른 현상

| 감광계수 | 가시거리 | 상황설명 |
|---|---|---|
| 0.1[Cs] | 20~30[m] | • 희미하게 연기가 감도는 정도의 농도<br>• 연기감지기가 작동되는 농도<br>• 건물구조에 익숙치 않은 사람이 피난에 지장을 받을 수 있는 농도 |
| 0.3[Cs] | 5[m] | • 건물구조를 잘 아는 사람이 피난에 지장을 받을 수 있는 농도 |
| 0.5[Cs] | 3[m] | • 약간 어두운 정도의 농도 |

| | | |
|---|---|---|
| 1.0[Cs] | 1~2[m] | • 전방이 거의 보이지 않을 정도의 농도 |
| 10[Cs] | 수십 [cm] | • 최성기 때 화재층의 연기농도<br>• 유도등도 보이지 않는 암흑상태의 농도 |
| 30[Cs] | – | • 출화실에서 연기가 배출될 때의 농도 |

**12** 위험물의 저장방법으로 틀린 것은?

① 금속나트륨 – 석유류에 저장
② 이황화탄소 – 수조 물탱크에 저장
③ 알킬알루미늄 – 벤젠액에 희석하여 저장
④ 산화프로필렌 – 구리용기에 넣고 불연성 가스를 봉입하여 저장

**해설** 물질에 따른 저장장소

| 물 질 | 저장장소 |
|---|---|
| 황린, 이황화탄소($CS_2$) | 물속 |
| 나이트로셀룰로오스 | 알코올 속 |
| 칼륨(K), 나트륨(Na), 리튬(Li) | 석유류(등유) 속 |
| 알킬알루미늄 | 벤젠액 속 |
| 아세틸렌($C_2H_2$) | 디메틸포름아미드(DMF), 아세톤에 용해 |

**13** 메탄 80vol%, 에탄 15vol%, 프로판 5vol%인 혼합가스의 공기 중 폭발하한계는 약 몇 vol%인가? (단, 메탄, 에탄, 프로판의 공기 중 폭발하한계는 5.0vol%, 3.0vol%, 2.1vol%이다.)

① 4.28　　② 3.61
③ 3.23　　④ 4.02

**해설**
$$\frac{100}{L} = \frac{V_1}{L_1} + \frac{V_2}{L_2} + \frac{V_3}{L_3}$$

$$\frac{100}{L} = \frac{80}{5.0} + \frac{15}{3.0} + \frac{5}{2.1}$$

$$\frac{100}{\frac{80}{5.0} + \frac{15}{3.0} + \frac{5}{2.1}} = L$$

$$L = \frac{100}{\frac{80}{5.0} + \frac{15}{3.0} + \frac{5}{2.1}} \fallingdotseq 4.28$$

**14** 위험물의 유별에 따른 분류가 잘못된 것은?

① 제1류 위험물 : 산화성 고체
② 제2류 위험물 : 가연성 고체
③ 제4류 위험물 : 인화성 액체
④ 제6류 위험물 : 자기연소성 물질

**해설** 위험물의 유별 공통성질
• 제1류 위험물 : 산화성 고체
• 제2류 위험물 : 가연성 고체
• 제3류 위험물 : 자연발화성 물질 및 금수성 물질
• 제4류 위험물 : 인화성 액체
• 제5류 위험물 : 자기연소성(반응성) 물질
• 제6류 위험물 : 산화성 액체

**15** 인화점이 낮은 것부터 높은 순서로 옳게 나열된 것은?

① 에틸알코올 < 이황화탄소 < 아세톤
② 이황화탄소 < 에틸알코올 < 아세톤
③ 에틸알코올 < 아세톤 < 이황화탄소
④ 이황화탄소 < 아세톤 < 에틸알코올

**해설**
• 이황화탄소 인화점 : $-30℃$
• 아세톤 인화점 : $-18℃$
• 에틸알코올 인화점 : $13℃$

**16** 건물의 주요구조부에 해당되지 않는 것은?

① 바닥　　② 천장
③ 기둥　　④ 주계단

**해설** 건축물의 주요구조부 : 내력벽, 기둥, 바닥, 보, 지붕틀 및 주계단

**17** 제2종 분말소화약제의 열분해반응식으로 옳은 것은?

① $2NaHCO_3 \rightarrow Na_2CO_3 + CO_2 + H_2O$
② $2KHCO_3 \rightarrow K_2CO_3 + CO_2 + H_2O$
③ $2NaHCO_3 \rightarrow Na_2CO_3 + 2CO_2 + H_2O$
④ $2KHCO_3 \rightarrow K_2CO_3 + 2CO_2 + H_2O$

**해설** 제2종 분말소화약제의 열분해반응식
$2KHCO_3 \rightarrow K_2CO_3 + CO_2 + H_2O - Q\,kcal$

**18** 표준상태에서 메탄가스의 밀도는 약 g/L인가?

① 0.21　　② 0.41
③ 0.71　　④ 0.91

**해설** 표준상태의 기체 밀도 = $\dfrac{분자량}{22.4\,L}$

∴ $\dfrac{16g}{22.4L} = 0.71\,[g/L]$

**19** 화재하중의 단위로 옳은 것은?

① $kg/m^2$　　② $℃/m^2$
③ $kg \cdot L/m^3$　　④ $℃ \cdot L/m^3$

**해설** 화재하중
화재하중(Fire Load)이란 일정한 구역 안에 있는 가연물 전체 발열량을 동일한 발열량의 목재의 질량으로 환산하여 화재구역의 면적으로 나눈 것으로 주수시간 결정의 주요인이 되며 화재의 위험성을 나타낸다.

$Q[kg/m^2] = \dfrac{\sum(G_t H_t)}{H_w A} = \dfrac{\sum Q_t}{4,500A}$

Q : 화재하중[kg/m²]
$G_t$ : 실내 각 가연물의 중량[kg]
$H_t$ : 실내 각 가연물의 단위 발열량[kcal/kg]
A : 화재실의 바닥면적[m²]
$Q_t$ : 화재실 내 가연물의 전체 발열량[kcal]
$H_W$ : 목재의 단위발열량(4,500[kcal/kg])

**20** 물체의 표면온도가 250℃에서 650℃로 상승하면 열복사량은 약 몇 배 정도 상승하는가?

① 2.5　　② 5.7
③ 7.5　　④ 9.7

**해설** 스테판-볼츠만의 법칙
복사열량 $Q[kcal/hr]$

$\dfrac{Q_2}{Q_1} = \dfrac{\left(\dfrac{T_2}{100}\right)^4}{\left(\dfrac{T_1}{100}\right)^4}$

$= \dfrac{\left(\dfrac{650+273.15}{100}\right)^4}{\left(\dfrac{250+273.15}{100}\right)^4}$

$= 9.69 ≒ 9.7$

정답 18.③　19.①　20.④

# 제3회 소방설비기사[기계분야] 1차 필기

### [제1과목 : 소방원론]

**01** 화재시 이산화탄소를 방출하여 산소농도를 13vol%로 낮추어 소화하기 위한 공기 중 이산화탄소의 농도는 약 몇 vol%인가?

① 9.5　　② 25.8
③ 38.1　　④ 61.5

해설) $CO_2(\%) = \dfrac{21-13}{21} \times 100 = 38.1\%$

**02** 할론(Halon) 1301의 분자식은?

① $CH_3Cl$　　② $CH_3Br$
③ $CF_3Cl$　　④ $CF_3Br$

해설) 할론약제의 명명법
할론 ⓐⓑⓒⓓ
　ⓐ : 탄소(C)의 수
　ⓑ : 불소(F)의 수
　ⓒ : 염소(Cl)의 수
　ⓓ : 브롬(Br)의 수

할론약제의 분자식
　㉠ 할론 2402 : $C_2F_4Br_2$
　㉡ 할론 1211 : $CF_2ClBr$
　㉢ 할론 1301 : $CF_3Br$
　㉣ 할론 1011 : $CH_2ClBr$
　㉤ 할론 1040 : $CCl_4$

**03** 같은 원액으로 만들어진 포의 특성에 관한 설명으로 옳지 않은 것은?

① 발포배율이 커지면 환원시간은 짧아진다.
② 환원시간이 길면 내열성이 떨어진다.
③ 유동성이 좋으면 내열성이 떨어진다.
④ 발포배율이 작으면 유동성이 떨어진다.

해설) 포의 환원시간이란 포(거품)가 수용액으로 되는 시간으로 보통 25% 환원시간을 많이 이용한다. 환원시간이 길다는 것은 거품상태로 오랜시간 지속된다는 것이므로 환원시간이 길면 내열성이 우수하다는 의미이다.

**04** 건축물의 피난·방화구조 등의 기준에 관한 규칙상 방화구획의 설치기준 중 스프링클러를 설치한 10층 이하의 층은 바닥면적 몇 m² 이내마다 방화구획을 구획하여야 하는가?

① 1000　　② 1500
③ 2000　　④ 3000

해설) 방화구획의 구분(층별, 면적별, 수직관통부, 용도별)
㉠ 층별 구획 : 층마다 구획할 것
㉡ 면적별 구획

| 대상물의 구분 | 소화설비 | 구획면적 |
|---|---|---|
| (지하층 포함) 10층 이하의 건축물 | 일반건축물 | 1,000[m²] 이내 |
|  | 자동식 소화설비가 설치된 건축물 | 3,000[m²] 이내 |
| 11층 이상의 건축물 | 일반건축물 | 200[m²] 이내 |
|  | 자동식 소화설비가 설치된 건축물 | 600[m²] 이내 |
| 11층 이상의 건축물 (불연재료 마감) | 일반건축물 | 500[m²] 이내 |
|  | 자동식 소화설비가 설치된 건축물 | 1,500[m²] 이내 |

㉢ 수직관통부 구획 : 계단실, 엘리베이터 승강로, 경사로, 전기 PIT실, 린넨슈트 등
㉣ 용도별 구획 : (면적 상관없이) 내화구조/비내화구조 → 상호 방화구획

**05** 건축물의 내화구조에서 바닥의 경우에는 철근콘크리트의 두께가 몇 cm 이상이어야 하는가?

① 7　　② 10
③ 12　　④ 15

정답　01.③　02.④　03.②　04.④　05.②

**해설** 내화구조의 바닥
  ㉠ 철근콘크리트조 또는 철골철근콘크리트조로서 두께 10[cm] 이상인 것
  ㉡ 철재로 보강된 콘크리트블록조·벽돌조 또는 석조로서 철재로 덮은 콘크리트 블록 등의 두께가 5[cm] 이상인 것
  ㉢ 철재의 양면을 두께 5[cm] 이상의 철망모르타르 또는 콘크리트로 덮은 것

**06** 할로겐원소의 소화효과가 큰 순서대로 배열된 것은?
  ① I > Br > Cl > F
  ② Br > I > F > Cl
  ③ Cl > F > I > Br
  ④ F > Cl > Br > I

**해설**
  • 할로겐원소의 전기음성도(수소와의 결합력) 크기
    F > Cl > Br > I
  • 할로겐원소의 부촉매효과(소화효과) 크기
    I > Br > Cl > F
  * 부촉매효과(소화효과)의 크기와 전기음성도 크기는 반대

**07** 경유화재가 발생했을 때 주수소화가 오히려 위험할 수 있는 이유는?
  ① 경유는 물과 반응하여 유독가스를 발생하므로
  ② 경유의 연소열로 인하여 산소가 방출되어 연소를 돕기 때문에
  ③ 경유는 물보다 비중이 가벼워 화재면의 확대 우려가 있으므로
  ④ 경유가 연소할 때 수소가스를 발생하여 연소를 돕기 때문에

**해설** 물보다 비중이 가벼워 물 위에 떠서 화재 확대의 우려가 있다.

**08** Fourier법칙(전도)에 대한 설명으로 틀린 것은?
  ① 이동열량은 전열체의 단면적에 비례한다.
  ② 이동열량은 전열체의 두께에 비례한다.
  ③ 이동열량은 전열체의 열전도도에 비례한다.
  ④ 이동열량은 전열체 내·외부의 온도차에 비례한다.

**해설**
$$Q(\text{kcal/hr}) = \frac{\lambda \cdot A \cdot \Delta T}{l}$$
$Q(\text{kcal/hr})$ : 전도열량
$\lambda$ : 열전도도(kcal/m·hr℃)
$A$ : 접촉면적($m^2$)
$\Delta T$ : 온도차(℃)
$l$ : 두께(m)

**09** 폭굉(detonation)에 관한 설명으로 틀린 것은?
  ① 연소속도가 음속보다 느릴 때 나타난다.
  ② 온도의 상승은 충격파의 압력에 기인한다.
  ③ 압력상승은 폭연의 경우보다 크다.
  ④ 폭굉의 유도거리는 배관의 지름과 관계가 있다.

**해설** 폭연과 폭굉의 비교
  • 폭연(Deflagration)
    연소파의 전파속도가 음속보다 느린 것으로 폭속은 0.1~10[m/sec] 정도이다.
  • 폭굉(Detonation)
    연소파의 전파속도가 음속보다 빠른 것으로 폭속은 1,000~3,500[m/sec] 정도이며 파면에 충격파(압력파)가 진행되어 심한 파괴작용을 동반한다.

**10** 대체 소화약제의 물리적 특성을 나타내는 용어 중 지구온난화지수를 나타내는 약어는?
  ① ODP
  ② GWP
  ③ LOAEL
  ④ NOAEL

**11** 화재의 종류에 따른 분류가 틀린 것은?
  ① A급 화재 : 일반화재
  ② B급 화재 : 유류화재
  ③ C급 화재 : 가스화재
  ④ D급 화재 : 금속화재

**정답** 06.① 07.③ 08.② 09.① 10.② 11.③

해설 ▶ 화재의 종류

| 화재의 분류 | | 소화기표시색 | 소화방법 |
|---|---|---|---|
| A급 | 일반화재 | 백색 | 냉각효과 |
| B급 | 유류화재 | 황색 | 질식효과 |
| C급 | 전기화재 | 청색 | 질식효과 |
| D급 | 금속화재 | – | 건조사피복 |
| E급 | 가스화재 | – | 질식효과 |
| K급 | 주방화재 | – | 질식효과 |

**12** 방호공간 안에서 화재의 세기를 나타내고 화재가 진행되는 과정에서 온도에 따라 변하는 것으로 온도–시간 곡선으로 표시할 수 있는 것은?

① 화재저항  ② 화재가혹도
③ 화재하중  ④ 화재플럼

해설 ▶ 화재가혹도(Fire Severity)
㉠ 화재 시 최고온도와 지속시간은 화재의 규모를 판단하는 중요한 요소가 된다.
㉡ 화재가혹도는 최고온도×지속시간으로 표현되며 화재로 인한 피해의 정도를 판단할 수 있는 척도가 된다.
㉢ 화재가혹도의 주요소는 가연물의 연소열, 비표면적, 공기의 공급조절, 화재실의 구조 등이다.

**13** 위험물안전관리법상 위험물의 정의 중 다음 (  ) 안에 알맞은 것은?

"위험물"이라 함은 ( ㉠ ) 또는 발화성 등의 성질을 가지는 것으로서 ( ㉡ )이 정하는 물품을 말한다.

① ㉠ 인화성, ㉡ 국무총리령
② ㉠ 휘발성, ㉡ 국무총리령
③ ㉠ 휘발성, ㉡ 대통령령
④ ㉠ 인화성, ㉡ 대통령령

해설 ▶ "위험물"이라 함은 인화성 또는 발화성 등의 성질을 가지는 것으로서 대통령령이 정하는 물품을 말한다.

**14** 가스 A가 40vol%, 가스 B가 60vol%로 혼합된 가스의 연소하한계는 몇 vol%인가? (단, 가스 A의 연소하한계는 4.9vol%이며, 가스 B의 연소하한계는 4.15vol%이다.)

① 1.82  ② 2.02
③ 3.22  ④ 4.42

해설 ▶ 르샤틀리에의 혼합가스 폭발범위 계산
$$\frac{100}{L} = \frac{V_1}{L_1} = \frac{V_2}{L_2}$$
$L$ : 혼합가스의 폭발한계(부피%)
$L_1$, $L_2$ : 가연성가스의 폭발한계(부피%)
$V_1$, $V_2$ : 가연성가스의 용량(부피%)

$$L = \frac{100}{\frac{V_1}{L_1} + \frac{V_2}{L_2}} = \frac{100}{\frac{40}{4.9} + \frac{60}{4.15}} = 4.42[vol\%]$$

**15** 인화알루미늄의 화재시 주수소화하면 발생하는 물질은?

① 수소  ② 메탄
③ 포스핀  ④ 아세틸렌

**16** 고비점 유류의 탱크화재시 열류층에 의해 탱크 아래의 물이 비등·팽창하여 유류를 탱크 외부로 분출시켜 화재를 확대시키는 현상은?

① 보일오버(Boil over)
② 롤오버(Roll over)
③ 백드래프트(Back draft)
④ 플래시오버(Flash over)

해설 ▶ 보일오버(Boil over)
㉠ 중질유의 탱크에서 장시간 조용히 연소하다 탱크 내의 잔존기름이 갑자기 분출하는 현상
㉡ 유류탱크에서 탱크바닥에 물과 기름의 에멀션이 섞여 있을 때 이로 인하여 화재가 발생하는 현상
㉢ 연소유면으로부터 100[℃] 이상의 열파가 탱크 저부에 고여 있는 물을 비등하게 하면서 연소유를 탱크 밖으로 비산시키며 연소하는 현상

② 고비점 유류의 탱크화재 시 열류층에 의해 탱크 아래의 물이 비등·팽창하여 유류를 탱크 외부로 분출시켜 화재를 확대시키는 현상

**17** 화재의 지속시간 및 온도에 따라 목재건물과 내화건물을 비교했을 때, 목재건물의 화재성상으로 가장 적합한 것은?

① 저온장기형이다.
② 저온단기형이다.
③ 고온장기형이다.
④ 고온단기형이다.

해설) 목조건축물 : 고온단기형
내화건축물 : 저온장기형

**18** 물체의 표면온도가 250℃에서 650℃로 상승하면 열복사량은 약 몇 배 정도 상승하는가?

① 2.5  ② 5.7
③ 7.5  ④ 9.7

해설) 스테판-볼츠만의 법칙
복사열량 $Q$[kcal/hr]

$$\frac{Q_2}{Q_1} = \frac{\left(\frac{T_2}{100}\right)^4}{\left(\frac{T_1}{100}\right)^4}$$

$$= \frac{\left(\frac{650+273.15}{100}\right)^4}{\left(\frac{250+273.15}{100}\right)^4}$$

$$= 9.69 ≒ 9.7$$

**19** 유류탱크 화재시 기름 표면에 물을 살수하면 기름이 탱크 밖으로 비산하여 화재가 확대되는 현상은?

① 슬롭 오버(Slop Over)
② 플래시 오버(Flash Over)
③ 프로스 오버(Froth Over)
④ 블레비(BLEVE)

해설) 고비점 액체가연물에서 발생될 수 있는 현상

| 보일 오버 | 슬롭 오버 | 프로스 오버 |
|---|---|---|
| 화재 시 탱크 내에 잔존해 있던 물이 비등하는 현상 | 화재 시 소화수(탱크 내 잔존 물 ×)가 비등하는 현상 | 비화재 시 외부원인에 의해 탱크 내에 잔존해 있던 물이 비등하는 현상 |

**20** 다음 중 할론소화약제의 가장 주된 소화효과에 해당하는 것은?

① 냉각효과  ② 제거효과
③ 부촉매효과  ④ 분해효과

해설) 할론계 소화약제 → 억제소화(부촉매소화)
=자유활성기(원소)의 생성 저하로 인한 소화

 MEMO

CHAPTER 02

[제 2 과목]
# 소방유체역학

소방설비기사 기출문제집 [필기]

# 제1회 소방설비기사[기계분야] 1차 필기
[제2과목 : 소방유체역학]

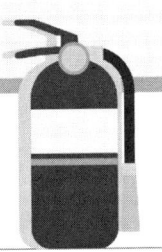

**21** 온도 50℃, 압력 100kPa인 공기가 지름 10mm인 관속을 흐르고 있다. 임계 레이놀즈수가 2100일 때 층류로 흐를 수 있는 최대평균속도($V$)와 유량($Q$)은 각각 약 얼마인가? (단, 공기의 점성계수는 $19.5 \times 10^{-6}$kg/m·s이며, 기체상수는 287J/kg·K이다.)

① $V = 0.6$m/s, $Q = 0.5 \times 10^{-4}$m³/s
② $V = 1.9$m/s, $Q = 1.5 \times 10^{-4}$m³/s
③ $V = 3.8$m/s, $Q = 3.0 \times 10^{-4}$m³/s
④ $V = 5.8$m/s, $Q = 6.1 \times 10^{-4}$m³/s

**해설**

$Re\,No. = \dfrac{D \cdot u \cdot \rho}{\mu} = \dfrac{D \cdot u}{\nu}$

㉠ $V$(최대평균속도) $= \dfrac{Re\,No. \cdot \mu}{D \cdot \rho}$

$= \dfrac{(2100)(19.5 \times 10^{-6}[\text{kg/m} \cdot \text{s}])}{(0.01[\text{m}])(1.08[\text{kg/m}^3])}$

$= 3.79[\text{m/s}] \fallingdotseq 3.8[\text{m/s}]$

$\rho = \dfrac{P}{R'T}$

$= \dfrac{100[\text{kN/m}^2]}{287[\text{N} \cdot \text{m/kg} \cdot \text{K}] \times (50+273[\text{K}])}$

㉡ 유량 $Q = A \cdot u$

$= \left(\dfrac{\pi}{4}\right)(0.01[\text{m}])^2 \times 3.8[\text{m/s}]$

$= 2.98 \times 10^{-4}[\text{m}^3/\text{s}]$

$\fallingdotseq 3 \times 10^{-4}[\text{m}^3/\text{s}]$

**22** 수직유리관 속의 물기둥의 높이를 측정하여 압력을 측정할 때, 모세관현상에 의한 영향이 0.5mm 이하가 되도록 하려면 관의 반경은 최소 몇 mm가 되어야 하는가? (단, 물의 표면장력은 0.0728N/m, 물-유리-공기 조합에 대한 접촉각은 0°로 한다.)

① 2.97   ② 5.94
③ 29.7   ④ 59.4

**해설**

$h = \dfrac{4\sigma \cos\theta}{\gamma d}$

$0.0005[\text{m}] = \dfrac{4 \times 0.0728[\text{N/m}] \times \cos 0°}{9800[\text{N/m}^3] \times d[\text{m}]}$

$d[\text{m}] = \dfrac{4 \times 0.0728[\text{N/m}] \times \cos 0°}{9800[\text{N/m}^3] \times 0.0005[\text{m}]}$

$= 0.0594[\text{m}] = 59.4[\text{mm}]$

반경[mm] $= 59.4[\text{mm}] \div 2 = 29.7[\text{mm}]$

**23** 노즐의 계기압력 400kPa로 방사되는 옥내소화전에서 저수조의 수량이 10m³라면 저수조의 물이 전부 소비되는데 걸리는 시간은 약 몇 분인가? (단, 노즐의 직경은 10mm이다.)

① 75    ② 95
③ 150   ④ 180

**해설**

㉠ 방수량

$Q[l/\text{min}] = 0.6597 CD^2 \sqrt{10P}$

$= (0.6597) \times (0.99) \times (10)^2 \times \sqrt{10 \times 0.4}$

$= 130.62[l/\text{min}]$

$= 0.13062[\text{m}^3/\text{min}]$

물을 전부 소비하는데 걸리는 시간($t$)

$t = 10[\text{m}^3] \div 0.13062[\text{m}^3/\text{min}]$

$= 76.557[\text{min}] \fallingdotseq 77[\text{min}]$

㉡ $Q = A \cdot u = A\sqrt{2gh}$

$= \left(\dfrac{\pi}{4}\right)(0.01[\text{m}])^2 \times \sqrt{(2)(9.8[\text{m/s}^2])(40.79[\text{m}])}$

$= 0.0022[\text{m}^3/\text{s}]$

$t = 10[\text{m}^3] \div \left(0.0022[\text{m}^3/\text{s}] \times \dfrac{60[\text{s}]}{1[\text{min}]}\right)$

$= 75.76[\text{min}] \fallingdotseq 76[\text{min}]$

**정답** 21.③  22.③  23.①

- $h = 400[\text{kPa}] \times \dfrac{10.332[\text{mH}_2\text{O}]}{101.325[\text{kPa}]}$
  $= 40.787[\text{m}]$
  $= 40.79[\text{m}]$

**24** 고속주행시 타이어의 온도가 20℃에서 80℃로 상승하였다. 타이어의 체적이 변화하지 않고, 타이어 내의 공기를 이상기체로 였을 때 압력 상승은 약 몇 kPa인가? (단, 온도 20℃에서의 게이지 압력은 0.183MPa, 대기압은 101.3kPa이다.)

① 37  ② 58
③ 286  ④ 345

**해설** 기체의 온도, 압력, 부피 관계 → 보일-샤를의 법칙 적용
$\dfrac{P_1 V_1}{T_1} = \dfrac{P_2 V_2}{T_2}$
문제조건에 의해 $V_1 = V_2$이므로
$\dfrac{P_1}{T_1} = \dfrac{P_2}{T_2}$
$P_2 = \dfrac{T_2}{T_1} \times P_1$
$= \dfrac{80+273[\text{K}]}{20+273[\text{K}]} \times (101.3[\text{kPa}] + 183[\text{kPa}])$
$= 342.518[\text{kPa}] = 342.52[\text{kPa}]$
∴ 압력상승값[kPa] $= P_2[\text{kPa}] - P_1[\text{kPa}]$
$= 342.52[\text{kPa}] - (101.3[\text{kPa}] + 183[\text{kPa}])$
$= 58.22[\text{kPa}] ≒ 58[\text{kPa}]$

**25** 관내의 흐름에서 부차적 손실에 해당되지 않는 것은?

① 곡선부에 의한 손실
② 직선 원관 내의 손실
③ 유동단면의 장애물에 의한 손실
④ 관 단면의 급격한 확대에 의한 손실

**해설** ▶ 주 손실: 직관에서의 마찰 손실
▶ 부차적 손실: 직관에서의 마찰손실 이외에 단면의 변화, 곡관부 및 벌브(valve), 엘보(elbow), 티(Tee) 등과 같은 관 부속물에서도 마찰손실이 발생하는데, 이와 같이 직관 이외에서 발생되는 마찰손실

**26** 표준대기압에서 진공압이 400mmHg일 때 절대압력은 약 몇 kPa인가? (단, 표준대기압은 101.3kPa, 수은의 비중은 13.6이다.)

① 48  ② 53
③ 149  ④ 154

**해설**
- 절대압[kPa] = 국소대기압[kPa] − 진공압[kPa]
  $= 101.3[\text{kPa}] - 400[\text{mmHg}] \times \dfrac{101.325[\text{kPa}]}{760[\text{mmHg}]}$
  $= 47.97[\text{kPa}]$
- 표준대기압
  $1[\text{atm}] = 1.0332[\text{kgf/cm}^2] = 10332[\text{kgf/m}^2]$
  $= 10.332[\text{mH}_2\text{O}] = 10.332[\text{mAq}]$
  $= 760[\text{mmHg}] = 101.325[\text{kPa}]$
  $= 0.101325[\text{MPa}] = 101325[\text{Pa}]$
  $= 1.01325[\text{bar}] = 1013.25[\text{mbar}]$
  $= 14.7\text{PSI}[l\text{bf/in}^2]$

**27** 타원형 단면의 금속관이 팽창하는 원리를 이용하는 압력 측정장치는?

① 액주계  ② 수은기압계
③ 경사미압계  ④ 부르돈압력계

**해설** 부르돈 압력계
타원형 단면의 금속관이 팽창하는 원리를 이용하는 압력 측정 장치

**28** 그림과 같이 물이 담겨있는 어느 용기에 진공펌프가 연결된 파이프를 세워 두고 펌프를 작동시켰더니 파이프 속의 물이 6.5m까지 올라갔다. 물기둥 윗부분의 공기압은 절대압력으로 몇 kPa인가? (단, 대기압은 101.3kPa이다.)

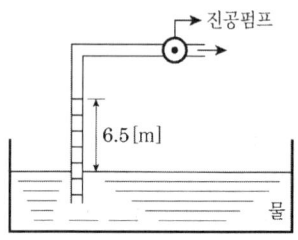

① 37.6  ② 47.6
③ 57.6  ④ 67.6

정답 24.② 25.② 26.① 27.④ 28.①

**해설**
- 절대압[kPa] = 국소대기압[kPa] − 진공압[kPa]
  $= 101.3[kPa] - 6.5[mH_2O] \times \dfrac{101.325[kPa]}{10.332[mH_2O]}$
  $= 37.555[kPa]$
  $≒ 37.6[kPa]$
- 표준대기압
  $1[atm] = 1.0332[kgf/cm^2] = 10332[kgf/m^2]$
  $= 10.332[mH_2O] = 10.332[mAq]$
  $= 760[mmHg] = 101.325[kPa]$
  $= 0.101325[MPa] = 101325[Pa]$
  $= 1.01325[bar] = 1013.25[mbar]$
  $= 14.7PSI[lbf/in^2]$

**29** 펌프 운전 중에 펌프 입구와 출구에 설치된 진공계, 압력계의 지침이 흔들리고 동시에 토출 유량이 변화하는 현상으로 송출압력과 송출유량 사이에 주기적인 변동이 일어나는 현상은?

① 수격현상  ② 서징현상
③ 공동현상  ④ 와류현상

**해설** 펌프의 이상현상
① 수격작용 : 배관 내 유체의 흐름속도가 급격히 변화될 때 속도에너지가 압력에너지로 변화되면서 배관 및 관부속물에 심한 압력파로 때리는 현상
② 맥동(서징)현상 : 펌프의 운전 중 압력계의 눈금이 흔들리며 송출유량이 주기적으로 변화되고 토출배관의 진동과 소음이 수반되는 현상
③ 공동현상 : 펌프 흡입측 배관 내의 압력이 유체의 증기압보다 작을 때 기포가 생성되어 유체의 흐름이 일정치 않은 현상

**30** 단순화된 선형운동량 방정식 $\vec{\Sigma F} = m(\vec{V_2} - \vec{V_1})$ 이 성립되기 위하여 [보기] 중 꼭 필요한 조건을 모두 고른 것은? (단, m은 질량유량, $\vec{V_1}$ 는 검사체적 입구평균속도, $\vec{V_2}$ 는 출구평균속도이다.)

(가) 정상상태  (나) 균일유동  (다) 비점성유동

① (가)  ② (가), (나)
③ (나), (다)  ④ (가), (나), (다)

**해설** 선형운동량 방정식 성립조건
㉠ 정상상태 : 시간에 대한 변화가 없는 운동
㉡ 균일운동 : 가속도가 0으로 속도나 방향이 일정하게 유지되고 있는 운동체의 운동

**31** 펌프에서 기계효율이 0.8, 수력효율이 0.85, 체적효율이 0.75인 경우 전효율은 얼마인가?

① 0.51  ② 0.68
③ 0.8   ④ 0.9

**해설** 전효율 = 기계효율 × 수력효율 × 체적효율
$= 0.8 \times 0.85 \times 0.75$
$= 0.51$

**32** 단면이 $1m^2$인 단열 물체를 통해서 5kW의 열이 전도되고 있다. 이 물체의 두께는 5cm이고 열전도도는 0.3W/m℃이다. 이 물체 양면의 온도차는 몇 ℃인가?

① 35   ② 237
③ 506  ④ 833

**해설**
$Q(kW) = \dfrac{k \cdot A \cdot \Delta T}{l}$
$\Delta T = \dfrac{Q \times l}{k \times A} = \dfrac{5 \times 10^3 \times 5 \times 10^{-2}}{0.3 \times 1} = 833℃$

**33** 500mm×500mm인 4각관과 원형관을 연결하여 유체를 흘려보낼 때, 원형관 내 유속이 4각관내 유속의 2배가 되려면 관의 지름을 약 몇 cm로 하여야 하는가?

① 37.14  ② 38.12
③ 39.89  ④ 41.32

**해설** 연속방정식(질량보전의 법칙)
$Q_1 = Q_2 \rightarrow A_1 u_1 = A_2 u_2$ (조건에 의해 $u_2 = 2u_1$)
$\rightarrow A_1 u_1 = A_2 \cdot 2u_1$
$\rightarrow A_1 = 2A_2$
$\rightarrow 0.5[m] \times 0.5[m] = 2 \times \left(\dfrac{\pi}{4}\right)(d[m])^2$
$\therefore d[m] = 0.3989[m] = 39.89[cm]$

정답  29.② 30.② 31.① 32.④ 33.③

**34** 지름이 10cm인 실린더 속에 유체가 흐르고 있다. 벽면으로부터 가까운 곳에서 수직거리가 0[m]인 위치에서 속도가 $u = 5y - y^2$[m/s]로 표시된다면 벽면에서의 마찰전단 응력은 몇 Pa인가? (단, 유체의 점성계수 $u = 3.82 \times 10^{-2}$N·s/m²)

① 0.191  ② 0.38
③ 1.95   ④ 3.82

**해설** 전단응력 산출공식

전단응력 $\tau = \mu \dfrac{du}{dy}$

$\dfrac{du}{dy}\bigg|_{y=0} = 5 - 2y_{y=0} = 5\,\text{sec}^{-1}$

$\therefore \tau = \mu \dfrac{du}{dy}\bigg|_{y=0}$
$= 3.82 \times 10^{-2}\text{kg/sec}\cdot\text{m}^2 \times 5/\text{sec}$
$= 0.191\,\text{N/m}^2(\text{Pa})$

**35** 이상기체의 운동에 대한 설명으로 옳은 것은?

① 분자 사이에 인력이 항상 작용한다.
② 분자 사이에 척력이 항상 작용한다.
③ 분자가 충돌할 때 에너지의 손실이 있다.
④ 분자 자신의 체적은 거의 무시할 수 있다.

**해설** 이상기체의 조건
㉠ 분자자신의 체적은 거의 무시한다.
㉡ 온도가 높고 압력이 낮으면 이상기체에 가깝다.
㉢ Joule의 법칙을 만족하는 기체
㉣ 보일-샤를의 법칙을 만족하는 기체
㉤ 기체입자는 완전탄성체이다.
㉥ 내부에너지는 체적에 무관하고 온도에 의해 변화
㉦ 온도변화에도 일정한 비열을 갖는다.
㉧ 아보가드로의 법칙을 만족하는 기체

**36** 두 물체를 접촉시켰더니 잠시 후 두 물체가 열평형 상태에 도달하였다. 이 열평형 상태는 무엇을 의미 하는가?

① 두 물체의 비열은 다르나 열용량이 서로 같아진 상태
② 두 물체의 열용량은 다르나 비열이 서로 같아진 상태
③ 두 물체의 온도가 서로 같으며 더 이상 변화하지 않는 상태
④ 한 물체에서 잃은 열량이 다른 물체에서 얻은 열량과 같은 상태

**해설** 열역학 법칙
㉠ 열역학 제0법칙(열의 평형법칙)
  열평형상태에 있는 물체의 온도는 같다(온도계의 원리).
㉡ 열역학 제1법칙(에너지보존의 법칙)
  ⓐ 열과 일은 서로 교환이 가능하다.
  ⓑ 열전달의 총합은 이루어진 일의 총합과 같다.
㉢ 열역학 제2법칙
  ⓐ 열은 스스로 저온에서 고온으로 이동불가
  ⓑ 효율이 100%인 열기관은 없다.
  ⓒ 자발적인 반응은 비가역적이다.
  ⓓ 엔트로피는 증가하는 쪽으로 흐른다.

**37** 길이 100m, 직경 50mm인 상대조도 0.01인 원형 수도관 내에 물이 흐르고 있다. 관내 평균유속이 2m/s에서 4m/s로 2배 증가하였다면 압력 손실은 몇 배로 되겠는가? (단, 유동은 마찰계수가 일정한 완전난류로 가정한다.)

① 1.41배  ② 2배
③ 4배    ④ 8배

**해설** $h_L = f \cdot \dfrac{L}{D} \cdot \dfrac{u^2}{2g}$

$h_L \propto u^2$

$\therefore 2^2 \rightarrow 4^2$이므로 4배 증가

**38** 물의 유속을 측정하기 위해 피토관을 사용하였다. 동압이 60mmHg이면 유속은 약 몇 m/s인가? (단, 수은의 비중은 13.6이다.)

① 2.7  ② 3.5
③ 3.7  ④ 4.0

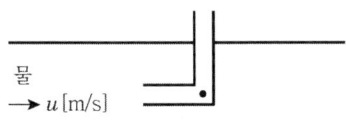

$u = \sqrt{2gh}$

• $h = 60[\text{mmHg}] \times \dfrac{10.332[\text{mH}_2\text{O}]}{760[\text{mmHg}]} = 0.8$

∴ $u = \sqrt{(2)(9.8[\text{m/s}^2])(0.8[\text{m}])}$
$= 3.959[\text{m/s}] ≒ 4[\text{m/s}]$

**39** 그림에서 물에 의하여 점 B에서 힌지된 사분원모양의 수문이 평형을 유지하기 위하여 잡아 당겨야 하는 힘 T는 몇 kN인가? (단, 폭은 1m, 반지름($r = \overline{OB}$)은 2m, 4분원의 중심은 O점에서 왼쪽으로 $4r/3\pi$인 곳에 있으며 물의 밀도는 $1000\text{kg/m}^3$이다.)

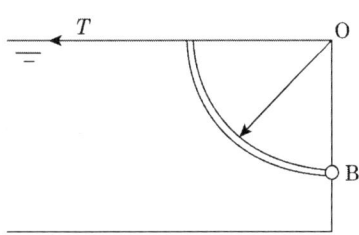

① 1.96   ② 9.8
③ 19.6   ④ 29.4

• OB에 작용하는 유체의 힘=수평분력
$F = \gamma \cdot h \cdot A$
$= 9800[\text{N/m}^3] \times 1[\text{m}] \times (2[\text{m}] \times 1[\text{m}])$
$= 19600[\text{N}] = 19.6[\text{kN}]$

• $h$ : 수면에서 수문중심까지의 깊이[m]

**40** 관내에서 물이 평균속도 9.8m/s로 흐를 때의 속도 수두는 몇 m인가?

① 4.9   ② 9.8
③ 48    ④ 128

속도수두 $H$

$H = \dfrac{u^2}{2g}$
$= \dfrac{(9.8[\text{m/s}])^2}{(2)(9.8[\text{m/s}^2])}$
$= 4.9[\text{m}]$

39.③  40.①

# 2015년 제2회 소방설비기사[기계분야] 1차 필기
[제2과목 : 소방유체역학]

**21** 피토관으로 파이프 중심선에서의 유속을 측정할 때 피토관의 액주높이가 5.2m, 정압튜브의 액주높이가 4.2m를 나타낸다면 유속은 약 몇 m/s인가? (단, 물의 밀도 1000kg/m³이다.)

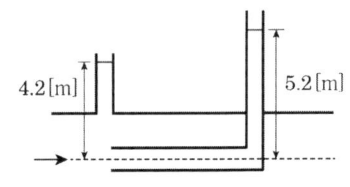

① 2.8  ② 3.5
③ 4.4  ④ 5.8

해설

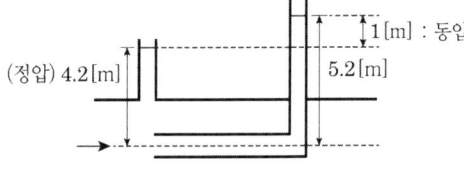

$$u = \sqrt{2gh} = \sqrt{(2)(9.8[m/s^2])(1[m])}$$
$$= 4.427[m/s] \fallingdotseq 4.4[m/s]$$

**22** 비중 0.6인 물체가 비중 0.8인 기름 위에 떠 있다. 이 물체가 기름 위에 노출되어 있는 부분은 전체 부피의 몇 %인가?

① 20  ② 25
③ 30  ④ 35

해설
$F_{부력} = \gamma_{물체} \cdot V_{total} = \gamma_{기름} \cdot V_{잠긴부분}$

$\dfrac{V_{잠긴부분}}{V_{total}} = \dfrac{\gamma_{물체}}{\gamma_{기름}}$

- $V_{잠긴부분}[\%] = \dfrac{\gamma_{물체}}{\gamma_{기름}} \times 100[\%]$

$= \dfrac{9.8[kN/m^3] \times 0.6}{9.8[kN/m^3] \times 0.8} \times 100[\%]$
$= 75[\%]$

- $V_{노출되어 있는 부분}[\%] = 100[\%] - 75[\%] = 25[\%]$

**23** 열전도계수가 0.7W/m·℃인 5m×6m 벽돌벽의 안팎의 온도가 20℃, 5℃일 때, 열손실을 1kW 이하로 유지하기 위한 벽의 최소 두께는 몇 cm인가?

① 1.05  ② 2.10
③ 31.5  ④ 64.3

해설
$$Q[W] = \dfrac{k[w/m \cdot ℃] \times A[m^2] \times \Delta t[℃]}{l[m]}$$

$$\therefore l[m] = \dfrac{k[w/m \cdot ℃] \times A[m^2] \times \Delta t[℃]}{Q[w]}$$

$$= \dfrac{0.7[w/m \cdot ℃] \times (5[m] \times 6[m]) \times (20℃ - 5℃)}{1 \times 10^3[w]}$$

$$= 0.315[m] = 31.5[cm]$$

**24** 원심팬이 1700rpm으로 회전할 때의 전압은 1520Pa, 풍량은 240m³/min이다. 이 팬의 비교회전도는 약 몇 m³/min·m/rpm인가? (단, 공기의 밀도는 1.2kg/m³이다.)

① 502  ② 652
③ 687  ④ 827

해설 비교회전도(= 비속도)

$$N_s = \dfrac{N\sqrt{Q}}{\left(\dfrac{H}{n}\right)^{\frac{3}{4}}} = \dfrac{1700[rpm] \times \sqrt{240[m^3/min]}}{(129.25[m])^{\frac{3}{4}}}$$

$$= 687.04[rpm/m \cdot m^3/min]$$

- $N : 1700[rpm]$

- $Q : 240[\mathrm{m^3/min}]$
- $H : \dfrac{P}{\gamma} = \dfrac{1520[\mathrm{N/m^2}]}{1.2[\mathrm{kg/m^3}] \times 9.8[\mathrm{m/s^2}]} = 129.25[\mathrm{m}]$
- $n$ : 조건에 없으므로 1로 가정

**25** 초기에 비어있는 체적이 $0.1\mathrm{m^3}$인 견고한 용기 안에 공기(이상기체)를 서서히 주입한다. 이때 주위 온도는 300K이다. 공기 1kg을 주입하면 압력 [kPa]이 얼마인가?(단, 기체상수=0.287 kJ/kg·K이다.)

① 287  ② 300
③ 348  ④ 861

**해설** 특정기체상태방정식 $PV = GRT$ 적용

$P = \dfrac{GRT}{V}$

$= \dfrac{1[\mathrm{kg}] \times 0.287[\mathrm{kJ/kg \cdot k}] \times 300[\mathrm{k}]}{0.1[\mathrm{m^3}]}$

$= 861[\mathrm{kN/m^2}] = 861[\mathrm{kPa}]$

**26** 물질의 온도변화 형태로 나타나는 열에너지는 무엇인가?

① 현열  ② 잠열
③ 비열  ④ 증발열

**해설** 잠열
어떤 물질을 온도변화없이 상태변화할 때 필요한 열량
㉠ 기호 : r
㉡ 단위 : [cal/g] or [kcal/kg]
㉢ 증발잠열 : 액체가 기화할 때 필요한 열(물의 증발잠열 : 539 cal/g)
㉣ 융해잠열 : 고체가 액화할 때 필요한 열(물의 융해잠열 : 80 cal/g)

현열
현열이란 상태의 변화 없이 온도변화에 필요한 열량이다.
-5℃의 얼음 → -1℃의 얼음, 20℃의 물 → 80℃의 물

$$Q = m \cdot C \cdot \Delta T$$

$Q$ : 현열(kcal), $m$ : 질량(kg),
$C$ : 물질의 비열(kcal/kg·℃)
$\Delta T$ : 온도차(℃)

**27** 압력 200kPa, 온도 400K의 공기가 10m/s의 속도로 흐르는 지름 10cm의 원관이 지름 20cm인 원관이 연결된 다음 압력 180kPa, 온도 350K로 흐른다. 공기가 이상기체라면 정상상태에서 지름 20cm인 원관에서의 공기의 속도[m/s]는?

① 2.43  ② 2.50
③ 2.67  ④ 4.50

**해설** 문제 조건에서 공기(기체)이므로 $\rho_1 \neq \rho_2$, $m_1 = m_2$가 성립된다.

$\therefore A_1 \cdot u_1 \cdot \rho_1 = A_2 \cdot u_2 \cdot \rho_2$

$u_2 = \dfrac{A_1}{A_2} \times \dfrac{\rho_1}{\rho_2} \times u_1$

$= \dfrac{(D_1)^2}{(D_2)^2} \times \dfrac{\rho_1}{\rho_2} \times u_1$

$= \dfrac{(10[cm])^2}{(20[cm])^2} \times \dfrac{1.744[kg/m^3]}{1.794[kg/m^3]} \times 10[m/s]$

$= 2.43[m/s]$

▶ $\rho$ 구하는 방법

㉠ S.T.P 상태인 경우 $\rho = \dfrac{M}{22.4}$

㉡ S.T.P 상태가 아닌 경우
- $\rho = \dfrac{PM}{RT}$
- $\rho = \dfrac{P}{R'T}$

$\rho_1 = \dfrac{PM}{RT}$

$= \dfrac{200[\mathrm{kPa}] \times 29[\mathrm{kg/kmol}]}{8.314[\mathrm{kPa \cdot m^3/kmol \cdot k}] \times 400[\mathrm{k}]}$

$= 1.744[\mathrm{kg/m^3}]$

$\rho_2 = \dfrac{PM}{RT}$

$= \dfrac{180[\mathrm{kPa}] \times 29[\mathrm{kg/kmol}]}{8.314[\mathrm{kPa \cdot m^3/kmol \cdot k}] \times 350[\mathrm{k}]}$

$= 1.794[\mathrm{kg/m^3}]$

**28** 단면적이 일정한 물 분류가 속도 20m/s, 유량 0.3m³/s로 분출되고 있다. 분류와 같은 방향으로 10m/s의 속도로 운동하고 있는 평판에 이 분류가 수직으로 충돌할 경우 판에 작용하는 충격력은 몇 N인가?

① 1500　　② 2000
③ 2500　　④ 3000

**해설**
- 분류가 이동평판에 작용하는 힘($F$)
$F = \rho \cdot Q \cdot (u_1 - u_2) \cdot \sin\theta (\sin 90° = 1)$
$= \rho \cdot A(u_1 - u_2)^2 \cdot \sin\theta$
$= 1000[\text{kg/m}^3] \times 0.015[\text{m}^2] \times (20[\text{m/s}] - 10[\text{m/s}])^2 \times 1$
$= 1500[\text{kg} \cdot \text{m/s}^2] = 1500[\text{N}]$

- 노즐의 단면적($A[\text{m}^2]$)
$Q = A \cdot u$
$A = \dfrac{Q}{u} = \dfrac{0.3[\text{m}^3/\text{s}]}{20[\text{m/s}]} = 0.015[\text{m}^2]$

[주의]
$F = \rho \cdot Q \cdot (u_1 - u_2)\sin\theta$ 공식을 사용하여 $Q = 0.3[\text{m}^3/\text{s}]$ 대입하면 안됨.

**29** 기름이 0.02m³/s의 유량으로 직경 50cm인 주철관 속을 흐르고 있다. 길이 1000m에 대한 손실수두는 약 몇 m인가? (단, 기름의 점성계수는 $0.103\text{N} \cdot \text{s/m}^2$, 비중은 0.9이다.)

① 0.15　　② 0.3
③ 0.45　　④ 0.6

**해설**
- $h_L = f \cdot \dfrac{L}{D} \cdot \dfrac{u^2}{2g}$
$= (0.144) \times \dfrac{1000[\text{m}]}{0.5[\text{m}]} \times \dfrac{(0.1018[\text{m/s}])^2}{(2)(9.8[\text{m/s}^2])}$
$= 0.15[\text{m}]$

- $Re\,No. = \dfrac{D \cdot u \cdot \rho}{\mu} = \dfrac{D \cdot u}{\nu}$
$= \dfrac{0.5[\text{m}] \times 0.1018[\text{m/s}] \times 1000[\text{kg/m}^3] \times 0.9}{0.103[\text{N} \cdot \text{s/m}^2]}$
$= 444.76$ (층류)

- $f = \dfrac{64}{Re\,No.} = \dfrac{64}{444.76} = 0.144$

- $Q = A \cdot u$
$u = \dfrac{Q}{A} = \dfrac{0.02[\text{m}^3/\text{s}]}{\left(\dfrac{\pi}{4}\right)(0.5[\text{m}])^2} = 0.1018[\text{m/s}]$

**30** 펌프로부터 분당 150L의 소방용수가 토출되고 있다. 토출 배관의 내경이 65mm일 때 레이놀즈수는 약 얼마인가? (단, 물의 점성계수는 $0.001\text{kg/m} \cdot \text{s}$로 한다.)

① 1300　　② 5400
③ 49000　　④ 82000

**해설**
- $Re\,No. = \dfrac{D \cdot u \cdot \rho}{\mu} = \dfrac{D \cdot u}{\nu}$
$= \dfrac{(0.065[\text{m}]) \times (0.75[\text{m/s}]) \times (1000[\text{kg/m}^3])}{0.001[\text{kg/m} \cdot \text{s}]}$
$= 48750 ≒ 49000$

- $Q = A \cdot u$
$u = \dfrac{Q}{A}$
$= \dfrac{150[\text{L/min}] \times \dfrac{1[\text{min}]}{60[\text{s}]} \times \dfrac{1[\text{m}^3]}{1000[\text{L}]}}{\left(\dfrac{\pi}{4}\right)(0.065[\text{m}])^2}$
$= 0.75[\text{m/s}]$

**31** 유체 내에서 쇠구슬의 낙하속도를 측정하여 점도를 측정하고자 한다. 점도가 $\mu_1$ 그리고 $\mu_2$인 두 유체의 밀도가 각각 $\rho_1$과 $\rho_2(>\rho_1)$일 때 낙하속도 $U_2 = \dfrac{1}{2}U_1$이면 다음 중 맞는 것은? (단, 항력은 Stokes의 법칙을 따른다.)

① $\dfrac{\mu_2}{\mu_1} < 2$

② $\dfrac{\mu_2}{\mu_1} = 2$

③ $\dfrac{\mu_2}{\mu_1} > 2$

④ 주어진 정보만으로는 결정할 수 없다.

**정답** 28.①　29.①　30.③　31.①

해설: 낙하속도($U$) $\propto \dfrac{1}{점도(\mu)}$

낙하속도($U$)와 점도($\mu$)는 반비례관계이다.

$U_2 = \dfrac{1}{2}U_1$이고, $\rho_2 > \rho_1$이므로 $\dfrac{\mu_2}{\mu_1} < 2$이다.

($\mu \propto \rho$)

**32** 직경 4cm이고 관마찰계수가 0.02인 원관에 부차적 손실계수가 4인 밸브가 장치되어 있을 때 이 밸브의 등가길이(상당길이)는 몇 m인가?

① 4  ② 6
③ 8  ④ 10

해설: $K = f \cdot \dfrac{L}{D}$

$L = \dfrac{KD}{f} = \dfrac{(4)(0.04[m])}{0.02} = 8[m]$

**33** 액체 분자들 사이의 응집력과 고체면에 대한 부착력의 차이에 의하여 관내 액체표면과 자유표면 사이에 높이 차이가 나타나는 것과 가장 관계가 깊은 것은?

① 관성력  ② 점성
③ 뉴턴의 마찰법칙  ④ 모세관현상

해설: **모세관현상**(Capillary Phenomenon, 毛細管現象)
액체 속에 내경이 작은 세관(細管)을 수직으로 세우면 모세관 속의 액체가 상승하는 것을 모세관현상이라 한다. 석유곤로나 알코올램프의 심지에 액체가 올라오는 것도 모세관현상에 의한 것이다.

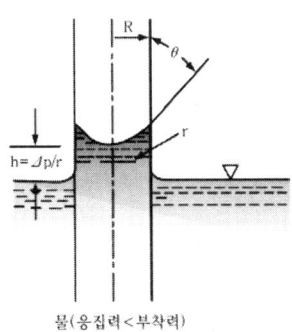

【 모세관현상 】

액면이 상승하거나 강하하는 것은 액체가 가지는 응집력과 부착력의 크기에 따른 것이다. 액면상승 높이 $h$는 다음 식에 의해 구한다.

**34** 그림에서 점 A의 압력이 B의 압력보다 6.8kPa 크다면, 경사관의 각도 $\theta°$는 얼마인가? (단, $s$는 비중을 나타낸다.)

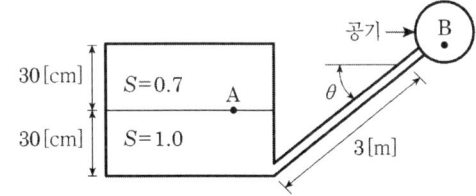

① 12  ② 19.3
③ 22.5  ④ 34.5

해설:

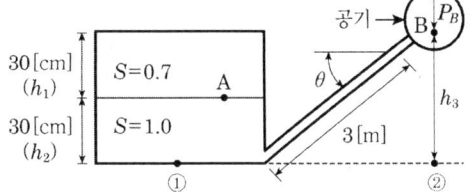

$P_① = P_②$
$P_① = P_A + \gamma_물 \cdot h_2$
  $= \{(9.8[kN/m^3] \times 0.7) \times 0.3[m]\}$
  $+ \{(9.8[kN/m^3] \times 1.0) \times 0.3[m]\}$
  $= 4.998[kN/m^2] = 4.998[kPa]$
$P_② = P_B + \gamma_물 \cdot h_3$ ($P_B + 6.8[kPa] = P_A$이므로)
  $= P_A - 6.8[kPa] + \gamma_물 \cdot h_3$
  $= \{(9.8[kN/m^3] \times 0.7) \times 0.3[m]\} - 6.8[kPa]$
  $+ \{(9.8[N/m^3] \times 1.0) \times h_3[m]\}$
$\therefore 4.998[kPa] = [(9.8[kN/m^3] \times 0.7) \times 0.3[m]]$
  $- 6.8[kPa] + [(9.8[N/m^3] \times 1.0) \times h_3[m]]$
$\therefore h_3[m] = 0.9938[m]$
$\therefore 3[m] \times \sin\theta° = 0.9938[m]$
$\therefore \sin\theta° = 0.3312$
$\theta° = \sin^{-1}(0.3312) = 19.34° ≒ 19.3°$

**35** 저수조의 소화수를 빨아올릴 때 펌프의 유효흡입양정(NPSH)으로 적합한 것은?(단, $P_a$ : 흡입수면의 대기압, $P_V$ : 포화증기압, $\gamma$ : 비중량, $H_a$ : 흡입실양정, $H_L$ : 흡입손실수두)

① NPSH = $\dfrac{P_a}{\gamma} + \dfrac{P_V}{\gamma} - H_a - h_L$

② NPSH = $\dfrac{P_a}{\gamma} - \dfrac{P_V}{\gamma} + H_a - h_L$

③ NPSH = $\dfrac{P_a}{\gamma} - \dfrac{P_V}{\gamma} - H_a - h_L$

④ NPSH = $\dfrac{P_a}{\gamma} - \dfrac{P_V}{\gamma} - H_a + h_L$

**해설** '저수조의 소화수를 빨아올릴 때'이므로 부압의 의미이다.

▶ 유효흡입양정
(NPSHav ; Available Net Positive Suction Head)
펌프가 설치되어 사용될 때 펌프 그 자체와는 무관하게 배관 시스템에 따라 결정되는 양정이다. 유효흡입양정은 펌프 중심으로 유입되는 액체의 절대압력을 나타낸다.

㉠ 수조가 펌프보다 낮은 경우

$NPSH_{av} = \dfrac{P_o}{\gamma} - \dfrac{P_V}{\gamma} - \dfrac{P_h}{\gamma} - h$

㉡ 수조가 펌프보다 높은 경우

$NPSH_{av} = \dfrac{P_o}{\gamma} - \dfrac{P_V}{\gamma} - \dfrac{P_h}{\gamma} + h$

**36** 안지름이 30cm이고 길이가 800m인 관로를 통하여 300L/s의 물을 50m 높이까지 양수하는데 필요한 펌프의 동력은 약 몇 kW인가? (단, 관마찰계수는 0.03이고 펌프의 효율은 85%이다.)

① 173  ② 259
③ 398  ④ 427

**해설** 펌프동력 $P$[kW]

$P[\text{kW}] = \dfrac{\gamma \cdot Q \cdot H}{102 \cdot \eta} \cdot K$ ($K$는 조건에 없으므로 무시)

$= \dfrac{1000[\text{kgf/m}^3] \times (300[\text{L/s}] \times \dfrac{1[\text{m}^3]}{1000[\text{L}]}) \times (123.38[\text{m}])}{(102)(0.85)}$

$= 426.92[\text{kW}] ≒ 427[\text{kW}]$

㉠ $\gamma = 1000[\text{kgf/m}^3]$
㉡ $Q = 300[\text{L/s}] = 0.3[\text{m}^3/\text{s}]$

㉢ $H = 50[\text{m}] +$ 관마찰에 의한 손실수두[m]

$= 50[\text{m}] + \left(f \cdot \dfrac{L}{D} \cdot \dfrac{u^2}{2g}\right)$

$= 50[\text{m}] + \left((0.03) \times \left(\dfrac{800[\text{m}]}{0.3[\text{m}]}\right) \times \left(\dfrac{(4.24[\text{m/s}])^2}{2 \times 9.8[\text{m/s}^2]}\right)\right)$

$= 123.38[\text{m}]$

• $Q = A \cdot u$

$u = \dfrac{Q}{A} = \dfrac{0.3[\text{m}^3/\text{s}]}{\left(\dfrac{\pi}{4}\right)(0.3[emm])^2} = 4.24[\text{m/s}]$

**37** 물이 들어있는 탱크에 수면으로부터 20m 깊이에 지름 50mm의 오리피스가 있다. 이 오리피스에서 흘러나오는 유량은 약 몇 m³/min인가? (단, 탱크의 수면 높이는 일정하고 모든 손실은 무시한다.)

① 1.3  ② 2.3
③ 3.3  ④ 4.3

**해설**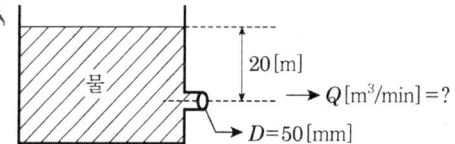

$Q = A \cdot u = A \cdot \sqrt{2gh}$

$= \left(\dfrac{\pi}{4}\right)(0.05[\text{m}])^2 \times \sqrt{(2)(9.8[\text{m/s}^2])(20[\text{m}])}$

$= 0.0388[\text{m}^3/\text{s}] \times \dfrac{60[\text{s}]}{1[\text{min}]}$

$= 2.3[\text{m}^3/\text{min}]$

**38** 회전날개를 이용하여 용기 속에서 두 종류의 유체를 섞었다. 이 과정 동안 날개를 통해 입력된 일은 5090kJ이며 탱크의 방열량은 1500kJ이다. 용기 내 내부 에너지 변화량 [kJ]은?

① 3590  ② 5090
③ 6590  ④ 15000

**해설** 내부에너지 변화량 $\triangle U = U_2 - U_1$

∴ $\triangle U = U_2 - U_1$
$= 5090[\text{kJ}] - 1500[\text{kJ}]$
$= 3590[\text{kJ}]$

정답 35.③ 36.④ 37.② 38.①

**39** 다음 중 크기가 가장 큰 것은?

① 19.6N

② 질량 2kg인 물체의 무게

③ 비중 1, 부피 2m³인 물체의 무게

④ 질량 4.9kg인 물체가 4m/s²의 가속도를 받을 때의 힘

[해설] 공통인자 : 무게=힘=중량

① 19.6[N]

② 무게 =중량 =질량×중력가속도
$= 2[kg] \times 9.8[m/s^2]$
$= 19.6[kg \cdot m/s^2] = 19.6[N]$

③ 비중 $= \dfrac{측정물질 비중량}{물 비중량} = \dfrac{측정물질 밀도}{물 밀도}$

비중이 1이므로 측정물질비중량
= 물 비중량(9800[N/m³])
부피가 2[m³]이므로
$9800[N/m^3] \times \dfrac{1}{2[m^3]} = 4900[N]$

④ 힘 =중량 =질량×가속도
$= 4.9[kg] \times 4[m/s^2]$
$= 19.6[kg \cdot m/s^2]$
$= 19.6[N]$

**40** 2m 깊이로 물(비중량 9.8kN/m³)이 채워진 직육면체 모양의 열린 물탱크 바닥에 지름 20cm의 원형 수문을 달았을 때 수문이 받는 정수력의 크기는 약 몇 kN인가?

① 0.411  ② 0.616
③ 0.784  ④ 2.46

[해설] $F = \gamma \cdot h \cdot A$
$= 9800[N/m^3] \times 2[m] \times \left(\dfrac{\pi}{4} \times (0.2[m])^2\right)$
$= 615.75[N] = 0.61575[kN] ≒ 0.616[kN]$

정답 39.③ 40.②

# 제4회 소방설비기사[기계분야] 1차 필기
[제2과목 : 소방유체역학]

**21** 검사체적(control volume)에 대한 운동량방정식의 근원이 되는 법칙 또는 방정식은?

① 질량보존법칙
② 연속방정식
③ 베르누이방정식
④ 뉴턴의 운동 제2법칙

**해설** 뉴턴의 운동 제2법칙(가속도 법칙)
운동량 방정식의 근원이 되는 법칙
- 뉴턴의 운동 제1법칙 : 관성의 법칙
- 뉴턴의 운동 제3법칙 : 작용·반작용의 법칙

**22** 수평배관 설비에서 상류지점인 A지점의 배관을 조사해 보니 지름 100mm, 압력 0.45MPa, 평균 유속 1m/s이었다. 또, 하류의 B지점을 조사해보니 지름 50mm, 압력 0.4MPa이었다면 두 지점 사이의 손실수두는 약 몇 m인가?

① 4.34
② 5.87
③ 8.67
④ 10.87

**해설** 베르누이방정식 적용($Z_1$과 $Z_2$는 조건에 없으므로 무시)

$$\frac{P_1}{\gamma}+\frac{u_1^2}{2g}+Z_1=\frac{P_2}{\gamma}+\frac{u_2^2}{2g}+Z_2+\triangle H_L$$

$$\triangle H_L = \frac{P_1-P_2}{\gamma}+\frac{u_1^2-u_2^2}{2g}$$

$$=\frac{(450[kN/m^2]-400[kN/m^2])}{9.8[kN/m^3]}$$

$$+\frac{(1[m/s])^2-(4[m/s])^2}{(2)(9.8[m/s^2])}$$

$$=4.336[m]$$

$$\fallingdotseq 4.34[m]$$

$$Q = A \cdot u$$
$$=\left(\frac{\pi}{4}\right)(0.1[m])^2 \times (1[m/s])^2$$
$$=0.00785[m^3/s]$$

$$u_2=\frac{Q}{A_2}=\frac{0.00785[m^3/s]}{\left(\frac{\pi}{4}\right)(0.05[m])^2}$$

$$=3.997[m/s] \fallingdotseq 4[m/s]$$

**23** 국소대기압이 98.6kPa인 곳에서 펌프에 의하여 흡입되는 물의 압력을 진공계로 측정하였다. 진공계가 7.3kPa을 가리켰을 때 절대압력은 몇 kPa인가?

① 0.93
② 9.3
③ 91.3
④ 105.9

**해설** 절대압력[kPa] = 국소대기압[kPa] − 진공압[kPa]
= 98.6[kPa] − 7.3[kPa]
= 91.3[kPa]

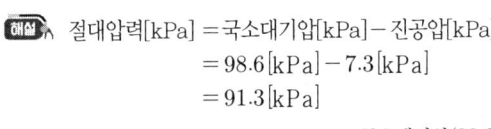

**24** 유량이 0.6m³/min일 때 손실수두가 7m인 관로를 통하여 10m높이 위에 있는 저수조로 물을 이송하고자 한다. 펌프의 효율이 90%라고 할 때 펌프에 공급해야 하는 전력은 몇 kW인가?

① 0.45
② 1.85
③ 2.27
④ 136

**해설** 펌프동력[kW] $=\frac{\gamma \cdot Q \cdot H}{102 \cdot \eta} \cdot K$

(K는 조건에 없으므로 무시)

$$= \frac{1000[\text{kgf}/\text{m}^3] \times (0.6[\text{m}^3/\text{min}] \times \frac{1[\text{min}]}{60[\text{s}]}) \times 17[\text{m}]}{(102)(0.9)}$$
$$= 1.85[\text{kW}]$$

**25** 액체가 지름 4mm의 수평으로 놓인 원통형 튜브를 $12 \times 10^{-6} \text{m}^3/\text{s}$ 의 유량으로 흐르고 있다. 길이 1m에서의 압력강하는 몇 kPa인가? (단, 유체의 밀도와 점성계수는 $\rho = 1.18 \times 10^3 [\text{kg}/\text{m}^3]$, $\mu = 0.0045 [\text{N} \cdot \text{s}/\text{m}^2]$이다.)

① 7.59　　② 8.59
③ 9.59　　④ 10.59

**해설** 압력강하 = 마찰손실압력
$$h_L = f \cdot \frac{L}{D} \cdot \frac{u^2}{2g}$$
㉠ $u = \frac{Q}{A} = \frac{12 \times 10^{-6}[\text{m}^3/\text{s}]}{\left(\frac{\pi}{4}\right) \times (0.004[\text{m}])^2} = 0.9549[\text{m}/\text{s}]$

㉡ $f$ (관마찰계수)
$$Re No. = \frac{D \cdot u \cdot \rho}{\mu} = \frac{D \cdot u}{\nu}$$
$$= \frac{(0.004[\text{m}]) \times (0.9549[\text{m}/\text{s}]) \times (1.18 \times 10^3[\text{kg}/\text{m}^3])}{0.0045[\text{N} \cdot \text{s}/\text{m}^2]}$$
$$= 1001.58 (층류흐름)$$
$$\therefore f = \frac{64}{Re No.} = \frac{64}{1001.58} = 0.0638$$
$$\therefore h_L = f \cdot \frac{L}{D} \cdot \frac{u^2}{2g}$$
$$= (0.0638)\left(\frac{1[\text{m}]}{0.004[\text{m}]}\right) \times \left(\frac{(0.9549[\text{m}/\text{s}])^2}{(2)(9.8[\text{m}/\text{s}^2])}\right)$$
$$= 0.742[\text{m}]$$

단위환산
$$P = \gamma \cdot h = \rho \cdot g \cdot h$$
$$= (1.18 \times 10^3 [\text{kg}/\text{m}^3]) \times (9.8[\text{m}/\text{s}^2]) \times 0.74[\text{m}]$$
$$= 8557.36 [\text{N}/\text{m}^2](=[\text{Pa}]) \approx 8.56[\text{kPa}]$$

**26** 체적탄성계수가 $2 \times 10^9 \text{Pa}$인 물의 체적을 3% 감소시키려면 몇 MPa의 압력을 가하여야 하는가?

① 25　　② 30
③ 45　　④ 60

**해설** 체적탄성계수 $E$
$$E = \frac{\Delta P}{\frac{-\Delta V}{V}} \text{ (부호}-\text{: 감소의 의미)}$$
$$\Delta P = E \times \frac{-\Delta V}{V}$$
$$= 2 \times 10^9 [\text{Pa}] \times \frac{3}{100}$$
$$= 60000000 [\text{Pa}] = 60 [\text{MPa}]$$

**27** 392N/s의 물이 지름 20cm의 관속에 흐르고 있을 때 평균 속도는 약 m/s인가?

① 0.127　　② 1.27
③ 2.27　　④ 12.7

**해설** 중량유량 $w$
$$w = A \cdot u \cdot \gamma$$
$$u = \frac{w}{A \cdot \gamma} = \frac{392[\text{N}/\text{s}]}{\left(\frac{\pi}{4}\right)(0.2[\text{m}])^2 \times 9800[\text{N}/\text{m}^3]}$$
$$= 1.27[\text{m}/\text{s}]$$

**28** 다음 시차압력계에서 압력차$(P_A - P_B)$는 몇 kPa인가? (단, $H_1 = 300\text{mm}$, $H_2 = 200\text{mm}$, $H_3 = 800\text{mm}$이고 수은의 비중은 13.6이다.)

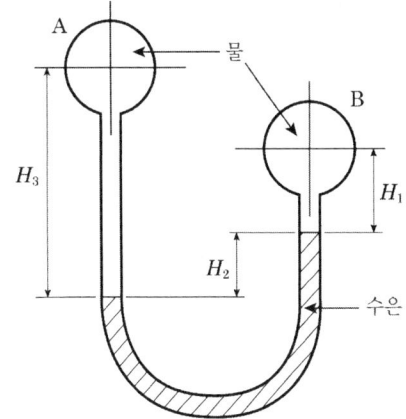

① 21.76　　② 31.07
③ 217.6　　④ 310.7

**해설**
$P_① = P_②$
$P_① = P_A + \gamma_물 \cdot H_3$
$P_② = P_B + \gamma_물 \cdot H_1 + \gamma_{수은} \cdot H_2$
$P_A + \gamma_물 \cdot H_3 = P_B + \gamma_물 \cdot H_1 + \gamma_{수은} \cdot H_2$
$P_A - P_B = \gamma_물 \cdot H_1 + \gamma_{수은} \cdot H_2 - \gamma_물 \cdot H_3$
$= (9.8[kN/m^3] \times 0.3[m]) + \{(9.8[kN/m^3]$
$\times 13.6) \times 0.2[m]\} - (9.8[kN/m^3] \times 0.8[m])$
$= 21.756[kN/m^2] ≒ 21.76[kPa]$

**29** 레이놀즈수에 대한 설명으로 옳은 것은?
① 정상류와 비정상류를 구별하여 주는 척도가 된다.
② 실체유체와 이상유체를 구별하여 주는 척도가 된다.
③ 층류와 난류를 구별하여 주는 척도가 된다.
④ 등류와 비등류를 구별하여 주는 척도가 된다.

**해설** 레이놀즈수(Reynolds Number)
유체의 흐름이 층류인지 난류인지를 구분할 수 있는 정량적으로 나타낸 값을 레이놀즈 수라 하고 무차원수이다.

$$ReNo = \frac{D \cdot U \cdot \rho}{\mu} = \frac{DU}{v}$$

$D$ : 배관의 직경[m, cm]
$U$ : 유체의 유속[m/sec, cm/sec]
$\rho$ : 유체의 밀도[kg/m, g/cm]
$\mu$ : 절대점도[kg/m·sec, g/cm·sec]
$v$ : 동점도[m²/sec, cm²/sec]

**30** 그림과 같이 탱크에 비중이 0.8인 기름과 물이 들어있다. 벽면 AB에 작용하는 유체(기름 및 물)에 의한 힘은 약 몇 kN인가? (단, 벽면 AB의 폭(y방향)은 1m이다.)

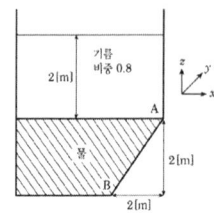

① 50  ② 72
③ 82  ④ 96

**해설** $F = \gamma \cdot h \cdot A$
$= 9800[N/m^3] \times h[m] \times A[m^2]$
• $A[m^2] = \sqrt{(2[m])^2 + (2[m])^2}$
$= 2.828[m^2]$
$= 2.83[m^2]$
• $h[m]$ : 수면-벽면 AB 중심까지의 수직거리[m]
㉠ 기름 2[m]를 물의 높이 [m]로 환산해야 한다.
$P = \gamma \cdot h$
$\rightarrow h[m] = \frac{P}{\gamma}$
$= \frac{(9800[N/m^3] \times (0.8)) \times 2[m]}{9800[N/m^3]}$
$= 1.6[m]$
기름 2[m]는 물 1.6[m]와 같다.
㉡ $h[m] = 1.6[m] + 1[m] = 2.6[m]$
∴ $F = \gamma \cdot h \cdot A$
$= 9800[N/m^3] \times 2.6[m] \times 2.83[m^2]$
$= 72108.4[N]$
$≒ 72[kN]$

**31** 체적 0.05m³인 구 안에 가득 찬 유체가 있다. 이 구를 그림과 같이 물 속에 넣고 수직 방향으로 100N의 힘을 가해서 들어주면 구가 물 속에 절반만 잠긴다. 구 안에 있는 유체의 비중량[N/m³]은? (단, 구의 두께와 무게는 모두 무시할 정도로 작다고 가정한다.)

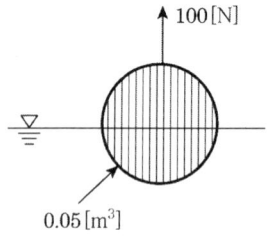

① 6900  ② 7250
③ 7580  ④ 7850

**해설**  $F_{부력} = \gamma_{물체} \cdot V_{total} = \gamma_{유체} \cdot V_{잠긴부분} + 100[\text{N}]$
구 안에 있는 유체=물체

$$\gamma_{물체} = \frac{\gamma_{유체} \cdot V_{잠긴부분} + 100[\text{N}]}{V_{total}}$$

$$= \frac{9.8[\text{kN/m}^3] \times 0.025[\text{m}^3] + 0.1[\text{kN}]}{0.05[\text{m}^3]}$$

$$= 6.9[\text{kN/m}^3]$$

$$= 6900[\text{N/m}^3]$$

**32** 이상기체의 정압과정에 해당하는 것은? (단, $P$는 압력, $T$는 절대온도, $v$는 비체적, $k$는 비열비를 나타낸다.)

① $\frac{P}{T}$ = 일정

② $P_V$ = 일정

③ $PV^K$ = 일정

④ $\frac{V}{T}$ = 일정

**해설**
① $\frac{P}{T}$ = 일정 → 정적과정
② $PV$ = 일정 → 등온과정
③ $PV^K$ = 일정 → 단열과정

**33** 온도 20℃, 압력 500kPa에서 비체적이 0.2m³/kg인 이상기체가 있다. 이 기체의 기체상수 [kJ/kg·K]는 얼마인가?

① 0.341   ② 3.41
③ 34.1    ④ 341

**해설** 특정기체 상태방정식 $PV = GRT$ 적용

$$R = \frac{PV}{GT}$$

$$= \frac{500[\text{kN/m}^2] \times 0.2[\text{m}^3]}{1[\text{kg}] \times (20+273)[\text{k}]}$$

$$= 0.341[\text{kN}\cdot\text{m/kg}\cdot\text{k}]$$

$$= 0.341[\text{kJ/kg}\cdot\text{k}]$$

**34** 무한한 두 평판 사이에 유체가 채워져 있고 한 평판은 정지해 있고 또 다른 평판은 일정한 속도로 움직이는 Couette 유동을 고려하자. 단, 유체 A만 채워져 있을 때 평판을 움직이기 위한 단위면적당 힘을 $\tau_1$이라 하고 같은 평판 사이에 점성이 다른 유체 B만 채워져 있을 때 필요한 힘을 $\tau_2$라 하면 유체 A와 B가 반반씩 위아래로 채워져 있을 때 평판을 같은 속도로 움직이기 위한 단위면적당 힘에 대한 표현으로 맞는 것은?

① $\frac{\tau_1 + \tau_2}{2}$   ② $\sqrt{\tau_1 \tau_2}$

③ $\frac{2\tau_1 \tau_2}{\tau_1 + \tau_2}$   ④ $\tau_1 + \tau_2$

**해설** 단위면적당 힘($\tau$)

$$\tau = \frac{2\tau_1 \cdot \tau_2}{\tau_1 + \tau_2}$$

**35** 온도가 $T$인 유체가 정압이 $P$인 상태로 관속을 흐를 때 공동현상이 발생하는 조건으로 가장 적절한 것은? (단, 유체 온도 $T$에 해당하는 포화증기압을 $P_s$라 한다.)

① $P > P_s$   ② $P > 2 \times P_s$
③ $P < P_s$   ④ $P < 2 \times P_s$

**해설** 공동(Cavitation) 현상
펌프 흡입측 배관에서 발생될 수 있는 현상으로 흡수되는 물의 압력이 그 온도에서의 포화증기압보다 작게 되면 물이 급격하게 증발되어 기포가 생성되는 현상이다. 기포가 흐름을 따라 이동하면서 진동, 소음을 수반하고 심한 경우 양수불능까지도 초래하게 된다.
㉠ 발생원인
  ⓐ 펌프가 수원보다 높고 흡입수두가 클 때
  ⓑ 펌프의 임펠러 회전속도가 클 때
  ⓒ 펌프의 흡입관경이 작을 때
  ⓓ 흡입측 배관의 유속이 빠를 때
  ⓔ 흡입측 배관의 마찰손실이 클 때
  ⓕ 물의 온도가 높을 때

**정답** 32.④ 33.① 34.③ 35.③

ⓛ 발생현상
  ⓐ 소음과 진동이 생긴다.
  ⓑ 침식이 생긴다.
  ⓒ 토출량 및 양정이 감소되고 전체적인 펌프의 효율이 감소된다.
ⓒ 방지법
  ⓐ 펌프의 설치위치를 가급적 낮춘다.
  ⓑ 회전차를 수중에 완전히 잠기게 한다.
  ⓒ 흡입 관경을 크게 한다.
  ⓓ 펌프의 회전수를 낮춘다.
  ⓔ 2대 이상의 펌프를 사용한다.
  ⓕ 양(兩)흡입 펌프를 사용한다.

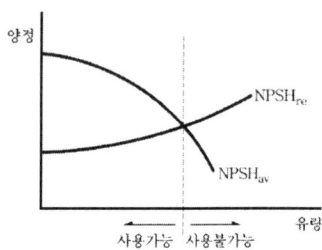

【 H-Q 곡선과 Cavitation 】

**36** 반지름 $r$인 뜨거운 금속 구를 실에 매달아 선풍기 바람으로 식힌다. 표면에서의 평균 열전달 계수를 $h$, 공기와 금속의 열전도계수를 $K_a$와 $K_b$라고 할 때, 구의 표면 위치에서 금속에서의 온도기울기와 공기에서의 온도기울기 비는?

① $K_a : K_b$  ② $K_b : ka$
③ $(\gamma h - K_b) : K_b$  ④ $K_b : (K_b - \gamma h)$

해설 구의 표면위치에서 금속에서의 온도 기울기
: 공기에서의 온도기울기 비
=공기열전도 계수($K_a$) : 금속열전도 계수($K_b$)

**37** 소방펌프의 회전수를 2배로 증가시키면 소방펌프 동력은 몇 배로 증가하는가? (단, 기타 조건은 동일)

① 2  ② 4
③ 6  ④ 8

해설 상사법칙
$$L_2 = L_1 \times \left(\frac{N_2}{N_1}\right)^3 = L_1 \times \left(\frac{2}{1}\right)^3 = L_1 \times 8$$

▶ 펌프의 상사(相似)법칙
ⓛ 유량은 펌프 회전수에 정비례하고 임펠러 직경의 3승에 비례한다.
$$Q_2 = \frac{N_2}{N_1} \times \left(\frac{D_2}{D_1}\right)^3 \times Q_1$$

ⓒ 양정은 펌프 회전수의 제곱에 비례하고 임펠러 직경의 2승에 비례한다.
$$H_2 = \left(\frac{N_2}{N_1}\right)^2 \times \left(\frac{D_2}{D_1}\right)^2 \times H_1$$

ⓒ 축동력은 펌프 회전수의 3승에 비례하고 임펠러 직경의 5승에 비례한다.
$$L_2 = \left(\frac{N_2}{N_1}\right)^3 \times \left(\frac{D_2}{D_1}\right)^5 \times L_1$$

Q : 유량, D : 임펠러 직경, N : 회전수,
H : 양정, L : 축동력

**38** 동점성계수가 $0.1 \times 10^{-5} m^2/s$인 유체가 안지름 10cm인 원관 내에 1m/s로 흐르고 있다. 관의 마찰계수가 $f=0.022$이며 등가길이가 200m일 때의 손실수두 몇 m인가? (단, 비중량은 9800 N/m³이다.)

① 2.24  ② 6.58
③ 11.0  ④ 22.0

해설
$$h_L = f \cdot \frac{L}{D} \cdot \frac{u^2}{2g}$$
$$= 0.022 \times \frac{200[m]}{0.1[m]} \times \frac{(1[m/s])^2}{2 \times 9.8[m/s^2]}$$
$$= 2.24[m]$$

정답 36.① 37.④ 38.①

**39** 그림과 같이 크기가 다른 관이 접속된 수평배관 내에 화살표의 방향으로 정상류의 물이 흐르고 있고 두 개의 압력계 A, B가 각각 설치되어 있다. 압력계 A, B에서 지시하는 압력을 각각 $P_A$, $P_B$ 라고 할 때 $P_A$와 $P_B$의 관계로 옳은 것은? (단, A와 B지점간의 배관 내 마찰손실은 없다고 가정한다.)

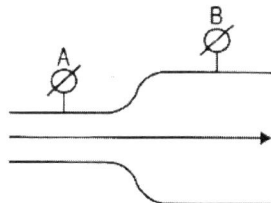

① $P_A > P_B$
② $P_A < P_B$
③ $P_A = P_B$
④ 이 조건만으로는 판단할 수 없다.

**해설** 채석유량
$Q = A \cdot u$
$\therefore u \propto \dfrac{1}{A} \to A_A < A_B$ 이므로 $u_A > u_B$이며,
$u_A > u_B$이므로 $P_A < P_B$ 이다.

**40** 공기의 정압비열이 절대온도 $T$의 함수 $C_p = 1.0101 + 0.0000798T$[kJ/kg·K]로 주어진다. 공기를 273.15K에서 373.15K까지 높일 때 평균정압비열[kJ/kg·K]은?

① 1.036  ② 1.181
③ 1.283  ④ 1.373

**해설** 평균정압비열($C_{pa}$)

$$C_{pa} = \frac{1}{T_2 - T_1} \int_{T_1}^{T_2} C_P dT$$

$$= \frac{1}{373.15[K] - 273.15[K]} \int_{T_1}^{T_2} (1.0101 + 0.0000798\,T) dT$$

$$= \frac{1}{100} \left[ 1.0101\,T + \frac{1}{2} 0.0000798\,T^2 \right]_{T_1}^{T_2}$$

$$= \frac{1}{100} \left[ (1.0101)\,T_2 + \frac{1}{2} \cdot 0.0000789\,T_2^2 \right) - \left( 1.0101\,T_1 + \frac{1}{2} \cdot 0.0000798\,T_1^2 \right) \right]$$

$$= \frac{1}{100} \left[ 1.0101 \times 373.15[k] + \frac{1}{2} \cdot 0.0000798 \times (373.15[k])^2 - 1.0101 \times 273.15[K] + \frac{1}{2} \cdot 0.0000798 \times (273.15[K])^2 \right]$$

$$= 1.036 [\text{kJ/kg} \cdot \text{K}]$$

정답 39.② 40.①

# 제1회 소방설비기사[기계분야] 1차 필기
[제2과목 : 소방유체역학]

**21** 펌프의 입구 및 출구측에 연결된 진공계와 압력계가 각각 25mmHg 와 250kPa을 가리켰다. 이 펌프의 배출유량이 0.15m³/s가 되려면 펌프의 동력은 약 몇 kW가 되어야 하는가? (단, 펌프의 입구와 출구의 높이차는 없고, 입구측 관직경은 20cm, 출구쪽 관직경은 15cm이다.)

① 3.95
② 4.32
③ 39.5
④ 43.2

**해설** 베르누이 방정식 적용

$$\frac{P_1}{\gamma}+\frac{u_1^2}{2g}+Z_1+E_P=\frac{P_2}{\gamma}+\frac{u_2^2}{2g}+Z_2$$
$$(Z_1 = Z_2)$$

$$E_P = \frac{P_2-P_1}{\gamma}+\frac{u_2^2-u_1^2}{2g}$$

$$= \frac{250[kPa]-25[mmHg]\times\frac{101.325[kPa]}{760[mmHg]}}{9.8[kN/m^3]}$$

$$+\frac{(8.49[m/s])^2-(4.77[m/s])^2}{2\times 9.8[m/s^2]}$$

$$=28.7[m]$$

$$u_1 = \frac{0.15[m^3/s]}{\left(\frac{\pi}{4}\right)\times(0.2[m])^2}=4.77[m/s],$$

$$u_2 = \frac{0.15[m^3/s]}{\left(\frac{\pi}{4}\right)\times(0.15[m])^2}=8.49[m/s]$$

$$\therefore P[kW] = \frac{1000[kgf/m^3]\times 0.15[m^3/s]\times 28.7[m]}{102}$$
$$= 42.22[kW]$$

**22** 펌프에 대한 설명 중 틀린 것은?

① 회전식 펌프는 대용량에 적당하며 고장 수리가 간단하다.
② 기어펌프는 회전식 펌프의 일종이다.
③ 플런저 펌프는 왕복식 펌프이다.
④ 터빈펌프는 고양정, 대용량에 적합하다.

**해설** ① 대용량 → 소용량

**23** 어떤 밸브가 장치된 지름 20cm인 원관에 4℃의 물이 2m/s의 평균속도로 흐르고 있다. 밸브의 앞과 뒤에서의 압력차이가 7.6kPa일 때, 이 밸브의 부차적 손실계수 K와 등가길이 $L_e$은? (단, 관의 마찰계수는 0.02이다.)

① $K=3.8$, $L_e=38$m
② $K=7.6$, $L_e=38$m
③ $K=38$, $L_e=3.8$m
④ $K=38$, $L_e=7.6$m

**해설** $h_L = K\cdot\frac{u^2}{2g} \to K = \frac{2g\cdot h_L}{u^2}$

㉠ $h_L = 7.6[kPa]\times\frac{10.332[mH_2o]}{101.325[kPa]}=0.7749[m]$

$$\therefore K = \frac{(2)(9.8[m/s^2])(0.7749[m])}{(2[m/s])^2}$$
$$= 3.797 ≒ 3.8$$

㉡ $K = f\cdot\frac{L}{D}$, $L = \frac{KD}{f} = \frac{(3.797)(0.2[m])}{0.02}$
$$= 37.97[m]$$
$$≒ 38[m]$$

**정답** 21.④ 22.① 23.①

**24** 안지름 30cm인 원관 속을 절대압력 0.32MPa, 온도 27℃인 공기가 4kg/s로 흐를 때 이 원관 속을 흐르는 공기의 평균속도는 약 몇 m/s인가? (단, 공기의 기체상수 R = 287J/kg·K이다.)

① 15.2　　② 20.3
③ 25.2　　④ 32.5

해설
㉠ 질량유량 $m$
$m = A \cdot u \cdot \rho$
$u = \dfrac{m}{A \cdot \rho} = \dfrac{4[\text{kg/s}]}{\left(\dfrac{\pi}{4}\right)(0.3[\text{m}])^2 \times 3.72[\text{kg/m}^3]}$
$= 15.21[\text{m/s}] ≒ 15.2[\text{m/s}]$

㉡ $\rho$ 구하는 방법
- S.T.P 상태인 경우 $\rho = \dfrac{M}{22.4}$
- S.T.P 상태가 아닌 경우
  - $\rho = \dfrac{PM}{RT}$
  - $\rho = \dfrac{P}{R'T}$

∴ $\rho = \dfrac{0.32 \times 10^6[\text{N/m}^2]}{287[\text{N}\cdot\text{m/kg}\cdot\text{K}] \times (27+273)[\text{K}]}$
$= 3.716[\text{kg/m}^3] ≒ 3.72[\text{kg/m}^3]$

**25** 국소대기압이 102kPa인 곳의 기압을 비중 1.59, 증기압 13kPa인 액체를 이용한 기압계로 측정하면 기압계에서 액주의 높이는?

① 5.71m　　② 6.55m
③ 9.08m　　④ 10.4m

해설
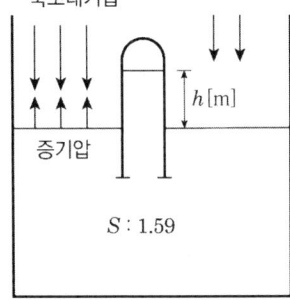

• 유체에 작용하는 압력[kPa]
= 국소대기압[kPa] - 증기압[kPa]
= 102[kPa] - 13[kPa] = 89[kPa]
• $P = \gamma h$
$P$ : 유체에 작용하는 압력[kPa]
$\gamma$ : 유체의 비중량[N/m³]
$h$ : 유체의 높이[m]
$89[\text{kPa}] = (9800[\text{N/m}^3] \times 1.59) \times h[\text{m}]$
$h[\text{m}] = 5.71[\text{m}]$

**26** 이상기체 1kg를 35℃로부터 65℃까지 정적과정에서 가열하는데 필요한 열량이 118kJ이라면 정압비열은? (단, 이 기체의 분자량은 4이고 일반기체상수는 8.314kJ/kmol·K이다.)

① 2.11 kJ/kg·K
② 3.93 kJ/kg·K
③ 5.23 kJ/kg·K
④ 6.01 kJ/kg·K

해설 특정기체상수 $R'$
$R' = C_P - C_V$
▶ 정압비열
$C_P = R' + C_V$
$= 2.0785[\text{kJ/kg}\cdot\text{K}] + \dfrac{118[\text{kJ}]}{1[\text{kg}] \cdot (65[\text{K}] - 35[\text{K}])}$
$= 6.01[\text{kJ/kg}\cdot\text{K}]$
$R' = \dfrac{R}{M} = \dfrac{8.314[\text{kJ/kmol}\cdot\text{K}]}{4[\text{kg/kmol}]} = 2.0785[\text{kJ/kg}\cdot\text{K}]$

**27** 경사진 관로의 유체흐름에서 수력기울기선의 위치로 옳은 것은?

① 언제나 에너지선보다 위에 있다.
② 에너지선보다 속도수두만큼 아래에 있다.
③ 항상 수평이 된다.
④ 개수로의 수면보다 속도수두만큼 위에 있다.

정답 24.① 25.① 26.④ 27.②

해설 수력기울기선+속도수두=에너지선

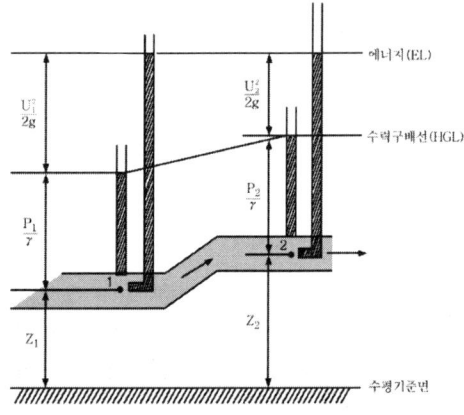

【 유관에서 유체의 에너지 】

**28** A, B 두 원관 속을 기체가 미소한 압력차로 흐르고 있을 때 이 압력차를 측정하려면 다음 중 어떤 압력계를 쓰는 것이 가장 적절한가?

① 간섭계  ② 오리피스
③ 마이크로마노미터  ④ 부르동 압력계

해설
- 정압측정 : 정압관, 피에조미터, 마노미터
- 유량측정 : 벤투리미터, 오리피스미터, 위어, 로터미터, 노즐의 방수압을 이용
- 동압측정(유속) : 시차액주계, 피토관, 피토정압관

**29** 그림과 같이 속도 $V$인 유체가 정지하고 있는 곡면 깃에 부딪혀 $\theta$ 각도로 유동 방향이 바뀐다. 유체가 곡면에 가하는 힘의 $x$, $y$ 성분의 크기를 $|F_x|$와 $|F_y|$라 할 때 $|F_y|/|F_x|$는? (단, 유동단면적은 일정하고, $0°<\theta<90°$이다.)

① $\dfrac{1-\cos\theta}{\sin\theta}$  ② $\dfrac{\sin\theta}{1-\cos\theta}$
③ $\dfrac{1-\sin\theta}{\cos\theta}$  ④ $\dfrac{\cos\theta}{1-\sin\theta}$

해설
- 곡면깃에 부딪히는 $x$방향 힘($F_x$)
  $F_x = \rho \cdot Q \cdot u(1-\cos\theta)$
- 곡면깃에 부딪히는 $y$방향 힘($F_y$)
  $F_y = \rho \cdot Q \cdot u \cdot \sin\theta$

$\therefore \dfrac{F_y}{F_x} = \dfrac{\rho \cdot Q \cdot u \cdot \sin\theta}{\rho \cdot Q \cdot u(1-\cos\theta)} = \dfrac{\sin\theta}{1-\cos\theta}$

**30** 안지름 50mm인 관에 동점성계수 $2\times10^{-3}$cm$^2$/s 인 유체가 흐르고 있다. 층류로 흐를 수 있는 최대 유량은 약 얼마인가? (단, 임계레이놀즈수는 2100으로 한다.)

① 16.5cm$^3$/s  ② 33cm$^3$/s
③ 49.5cm$^3$/s  ④ 66cm$^3$/s

해설
- $Q = A \cdot u$
  $= \left(\dfrac{\pi}{4}\right)(5[\text{cm}])^2 \times 0.84[\text{cm/s}]$
  $= 16.49[\text{cm}^3/\text{s}] ≒ 16.5[\text{cm}^3/\text{s}]$

- $Re No. = \dfrac{D \cdot u \cdot \rho}{\mu} = \dfrac{D \cdot u}{\nu}$

$\therefore u = \dfrac{Re No. \cdot \nu}{D}$
$= \dfrac{(2100) \times (2\times10^{-3}[\text{cm}^2/\text{s}])}{5[\text{cm}]}$
$= 0.84[\text{cm/s}]$

**31** Newton의 점성법칙에 대한 옳은 설명으로 모두 짝지은 것은?

| 가. 전단응력은 점성계수와 속도기울기의 곱이다.
| 나. 전단응력은 점성계수에 비례한다.
| 다. 전단응력은 속도기울기에 반비례한다.

① 가, 나  ② 나, 다
③ 가, 다  ④ 가, 나, 다

해설
- 전단력 $F = \mu \cdot A \cdot \dfrac{du}{dy}$
- 전단응력 $\tau = \mu \cdot \dfrac{du}{dy}$

정답 28.③ 29.② 30.① 31.①

**32** 전체 질량이 3000kg인 소방차의 속력을 4초만에 시속 40km에서 80km로 가속하는데 필요한 동력은 약 몇 kW인가?

① 34 ② 70
③ 139 ④ 209

해설) 동력 $P[w] = \dfrac{J}{S} = \dfrac{N \cdot m}{S} = N \times u$

㉠ 힘 $F = m \cdot a$

$= (3000[kg]) \times \left( \dfrac{\dfrac{80 \times 10^3 [m]}{3600[s]} - \dfrac{40 \times 10^3 [m]}{3600[s]}}{4[s]} \right)$

$= 8333.33[kg \cdot m/s^2]$

㉡ 평균속도 $u$

$\dfrac{\dfrac{80 \times 10^3 [m]}{3600[s]} + \dfrac{40 \times 10^3 [m]}{3600[s]}}{2} = 16.66[m/s]$

㉢ 동력 $P[w] = 8333.33[kg \cdot m/s^2] \times 16.66[m/s]$
$= 138833.27[J/s]$
$= 138833.27[w]$
$\fallingdotseq 139[kW]$

**33** 관의 단면적이 $0.6m^2$에서 $0.2m^2$로 감소하는 수평 원형 축소관으로 공기를 수송하고 있다. 관마찰손실은 없는 것으로 가정하고 7.26N/s의 공기가 흐를 때 압력감소는 몇 Pa인가? (단, 공기밀도는 $1.23kg/m^3$이다.)

① 4.96 ② 5.58
③ 6.20 ④ 9.92

해설)

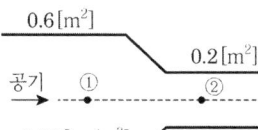

- $A_1 > A_2$ 수평원관이므로 $Z_1 = Z_2$
- $u_1 < u_2$ 마찰손실$(H_L) = 0$
- $P_1 > P_2$

베르누이방정식
$\dfrac{P_1}{\gamma} + \dfrac{u_1^2}{2g} + Z_1 = \dfrac{P_2}{\gamma} + \dfrac{u_2^2}{2g} + Z_2 + \Delta H_L$

$\dfrac{P_1 - P_2}{\gamma} = \dfrac{u_2^2 - u_1^2}{2g} (Z_1 = Z_2, \Delta H_L = 0)$

$P_1 - P_2 = \dfrac{\gamma}{2g}(u_2^2 - u_1^2)$

$= \dfrac{12.054[N/m^3]}{(2)(9.8[m/s^2])} \times [(3.01[m/s])^2 - (1[m/s])^2]$

$= 4.956[N/m^2] \fallingdotseq 4.96[Pa]$

- $\gamma = \rho \cdot g = 1.23[kg/m^3] \times 9.8[m/s^2]$
$= 12.054[N/m^3]$

- 중량유량 $w = A \cdot u \cdot \gamma$

$u_1 = \dfrac{w}{A_1 \cdot \gamma} = \dfrac{7.26[N/s]}{0.6[m^2] \times 12.054[N/m^3]}$

$u_2 = \dfrac{w}{A_2 \cdot \gamma} = \dfrac{7.26[N/s]}{0.2[m^2] \times 12.054[N/m^3]}$
$= 3.01[m/s]$

**34** 물의 압력파에 의한 수격작용을 방지하기 위한 방법으로 옳지 않은 것은?

① 펌프의 속도가 급격히 변화하는 것을 방지한다.
② 관로 내의 관경을 축소시킨다.
③ 관로 내 유체 유속을 낮게 한다.
④ 밸브 개폐시간을 가급적 길게 한다.

해설) ② 축소 → 확대

$F = \rho \cdot Q \cdot u \cdot \sin\theta = \rho \cdot A \cdot u^2 \cdot \sin\theta$
∴ 관경을 축소시키면 유속이 증가하여 수격작용 발생시킨다.

**35** 그림과 같이 반경 2m, 폭($y$방향) 4m의 곡면 AB가 수문으로 이용된다. 이 수문에 작용하는 물에 의한 힘의 수평성분($x$방향)의 크기는 약 얼마인가?

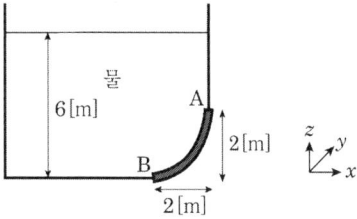

① 337kN ② 392kN
③ 437kN ④ 492kN

정답 32.③ 33.① 34.② 35.②

**해설**
- $h$ : 수면-수문까지의 수직거리[m]
  $h[\text{m}] = 6[\text{m}] - 1[\text{m}] = 5[\text{m}]$
- $A$ : 수문 면적 [m²]
  $A[\text{m}^2] = 2[\text{m}] \times 4[\text{m}] = 8[\text{m}^2]$

$F = \gamma \cdot h \cdot A$
$= 9800[\text{N/m}^3] \times 5[\text{m}] \times 8[\text{m}^2]$
$= 392000[\text{N}] = 392[\text{kN}]$

**36** 수두 100mmAq로 표시되는 압력은 몇 Pa인가?

① 0.098  ② 0.98
③ 9.8    ④ 980

**해설** 표준대기압
$1[\text{atm}] = 1.0332[\text{kgf/cm}^2] = 10332[\text{kgf/m}^2]$
$= 10.332[\text{mH}_2\text{O}] = 10.332[\text{mAq}] = 760[\text{mmHg}]$
$= 101.325[\text{kPa}] = 0.101325[\text{MPa}] = 101325[\text{Pa}]$
$= 1.01325[\text{bar}] = 1013.25[\text{mbar}]$
$= 14.7\text{PSI}[\text{Lbf/IN}^2]$
$100[\text{mmAg}] = 100[\text{mmH}_2\text{O}]$
$\therefore 100[\text{mmH}_2\text{O}] \times \dfrac{101325[\text{Pa}]}{10332[\text{mmH}_2\text{O}]}$
$980.69[\text{Pa}] \fallingdotseq 980[\text{Pa}]$

**37** 기체의 체적탄성계수에 관한 설명으로 옳지 않은 것은?

① 체적탄성계수는 압력의 차원을 가진다.
② 체적탄성계수가 큰 기체는 압축하기가 쉽다.
③ 체적탄성계수의 역수를 압축률이라 한다.
④ 이상기체를 등온압축 시킬 때 체적탄성계수는 절대압력과 같은 값이다.

**해설** ▶ 체적탄성계수 : 체적 변화율에 대한 압력의 변화
$E = \dfrac{\Delta P}{\dfrac{-\Delta V}{V}}$

∴ 체적탄성계수가 크면 압축시키기 어렵다.
- 압축률 = 체적탄성계수의 역수

**38** 직경 150mm 관을 통해 소방용수가 흐르고 있다. 평균유속이 5m/s이고 50m 떨어진 두 지점 사이의 수두손실이 10m라고 하면 이 관의 마찰계수는?

① 0.0235  ② 0.0315
③ 0.0351  ④ 0.0472

**해설**
$h_L = f \cdot \dfrac{L}{D} \cdot \dfrac{u^2}{2g}$
$f = \dfrac{h_L \cdot D \cdot 2g}{L \cdot u^2}$
$= \dfrac{10[\text{m}] \times 0.15[\text{m}] \times (2 \times 9.8[\text{m/s}^2])}{(50[\text{m}]) \times (5[\text{m/s}])^2}$
$= 0.0235$

**39** 직경 2m인 구 형태의 화염이 1MW의 발열량을 내고 있다. 모두 복사로 방출될 때 화염의 표면온도는? (단, 화염은 흑체로 가정하고, 주변온도는 300K 스테판-볼츠만 상수는 $5.67 \times 10^{-8}$ W/m²K⁴)

① 1090K  ② 2619K
③ 3720K  ④ 6240K

**해설** 복사에너지 $E[\text{w/m}^2] = \sigma T^4$
$T^4 = \dfrac{E}{\sigma}$
$T = \left(\dfrac{E}{\sigma}\right)^{\frac{1}{4}}$
$\therefore E[\text{w/m}^2] = \dfrac{Q[\text{w}]}{A[\text{m}^2]} = \dfrac{1 \times 10^6 [\text{w}]}{4\pi \times (1[\text{m}])^2}$
$= 79577.47[\text{w/m}^2]$
$\therefore T = \left(\dfrac{79577.47[\text{w/m}^2]}{5.67 \times 10^{-8}[\text{w/m}^2 \cdot \text{K}^4]}\right)^{\frac{1}{4}}$
$= 1088.43[\text{K}] \fallingdotseq 1090[\text{K}]$

**정답** 36.④ 37.② 38.① 39.①

**40** 안지름이 15cm인 소화용 호스에 물이 질량유량 100kg/s로 흐르는 경우 평균유속은 약 몇 m/s인가?

① 1
② 1.41
③ 3.18
④ 5.66

해설 질량유량 $m$
$m = A \cdot u \cdot \rho$
$100[\text{kg/s}] = \left(\dfrac{\pi}{4}\right)(0.15[\text{m}])^2 \times u[\text{m/s}] \times 1000[\text{kg/m}^3]$
$\therefore u = 5.658[\text{m/s}] \fallingdotseq 5.66[\text{m/s}]$

정답 40.④

# 제2회 소방설비기사[기계분야] 1차 필기

[제2과목 : 소방유체역학]

**21** 배연설비의 배관을 흐르는 공기의 유속을 피토정 압관으로 측정할 때 정압단과 정체압단에 연결된 U자관의 수은 기둥 높이차가 0.03m이었다. 이 때 공기의 속도는 약 몇 m/s인가? (단, 공기의 비중은 0.00122, 수은의 비중 13.6이다.)

① 81   ② 86
③ 91   ④ 96

**해설**
공기 $S : 0.00122$

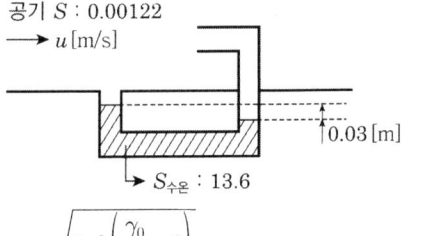

$$u = \sqrt{2gh\left(\frac{\gamma_0}{\gamma} - 1\right)}$$
$$= \sqrt{(2)(9.8[\text{m/s}^2])(0.03[\text{m}])\left(\frac{(9.8[\text{kN/m}^3] \times 13.6)}{(9.8[\text{kN/m}^3] \times 0.00122)} - 1\right)}$$
$$= 80.957[\text{m/s}] ≒ 81[\text{m/s}]$$

**22** 펌프 입구의 진공계 및 출구의 압력계 지침이 흔들리고 송출유량도 주기적으로 변화하는 이상 현상은?

① 공동현상(cavitation)
② 수격작용(water hammering)
③ 맥동현상(surging)
④ 언밸런스(unbalance)

**해설** 맥동(Surging) 현상
펌프의 운전 중 송출유량이 주기적으로 변하면서 압력계의 눈금이 흔들리고 토출배관에 진동과 소음을 수반하는 현상이다. 맥동현상이 계속되면 배관의 장치나 기계의 파손을 일으킨다.

㉠ 발생원인
ⓐ 펌프의 양정곡선이 산형곡선이고 곡선의 상승부에서 운전할 때
ⓑ 배관 중에 물탱크나 공기탱크가 있을 때
ⓒ 유량조절밸브가 탱크 뒤쪽에 있을 때
㉡ 방지법
ⓐ 유량조절밸브를 펌프 토출측 직후에 설치한다.
ⓑ 배관 중에 수조 또는 기체상태인 부분이 없도록 한다.
ⓒ 펌프의 양수량을 증가시키거나 임펠러의 회전수를 변경한다.

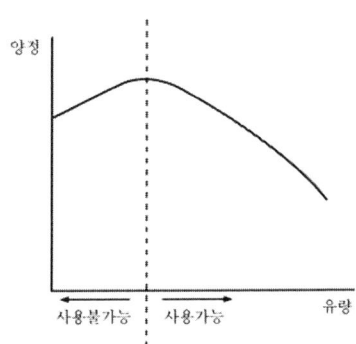

【 H-Q 곡선과 맥동현상 】

**23** 동일한 성능의 두 펌프를 직렬 또는 병렬로 연결하는 경우의 주된 목적은?

① 직렬 : 유량 증가, 병렬 : 양정 증가
② 직렬 : 유량 증가, 병렬 : 유량 증가
③ 직렬 : 양정 증가, 병렬 : 유량 증가
④ 직렬 : 양정 증가, 병렬 : 양정 증가

**해설** 연합운전
토출량 Q, 양정 H인 펌프 2대를 직렬 또는 병렬로 연결했을 때

㉠ 직렬연결 : 유량은 불변이지만 양정은 2배가 된다.
  ($Q_2 = Q_1, H_2 = 2H_1$)
㉡ 병렬연결 : 양정은 불변이지만 유량은 2배가 된다.
  ($H_2 = H_1, Q_2 = 2Q_1$)

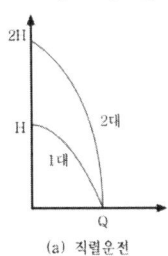 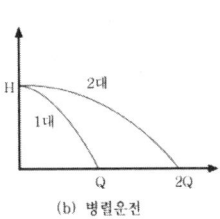

【 펌프의 직렬운전, 병렬운전 】

**24** 액체가 일정한 유량으로 파이프를 흐를 때 유체속도에 대한 설명으로 틀린 것은?

① 관지름에 반비례한다.
② 관단면적에 반비례한다.
③ 관지름의 제곱에 반비례한다.
④ 관반지름의 제곱에 반비례한다.

**해설** 체적유량 $Q$

$Q = A \cdot u$
$= \left(\dfrac{\pi}{4}\right)d^2 \times u$

∴ $Eu \propto \dfrac{1}{A}\left(=\dfrac{1}{\dfrac{\pi}{4}d^2} = \dfrac{1}{\pi r^2}\right)$

**25** 매끈한 원관을 통과하는 난류의 관마찰계수에 영향을 미치지 않는 변수는?

① 길이     ② 속도
③ 직경     ④ 밀도

**해설** $Re\,No. = \dfrac{D \cdot u \cdot \rho}{\mu} = \dfrac{D \cdot u}{\nu}$

난류($4000 \le Re\,No.$)
$f = 0.3164 \times Re\,No.^{-\frac{1}{4}}$

**26** 온도 20℃의 물을 계기압력이 400kPa인 보일러에 공급하여 포화수증기 1kg을 만들고자 한다. 주어진 표를 이용하여 필요한 열량을 구하면? (단, 대기압은 100kPa, 액체상태 물의 평균비열은 4.18 kJ/kgK이다.)

| 포화압력 (kPa) | 포화온도 (℃) | 수증기의 증발엔탈피 (kJ/kg) |
|---|---|---|
| 400 | 143.63 | 2133.81 |
| 500 | 151.86 | 2108.47 |
| 600 | 158.385 | 2086.26 |

① 2640    ② 2651
③ 2660    ④ 2667

**해설** 20℃ →㉠ 151.86℃ 물 →㉡ 151.86℃ 수증기

포화압력은 절대압력이다(절대압=대기압+계기압).

㉠ 현열량 $Q = m \cdot C \cdot \Delta t$
  $= 1[\text{kg}] \times 4.18[\text{kJ/kg}\cdot\text{k}] \times (151.86 - 20[\text{k}])$
  $= 550.924[\text{kJ}]$

㉡ 잠열량 $Q = r \cdot m$
  $= 2108.47[\text{kJ/kg}] \times 1[\text{kg}]$
  $= 2108.47[\text{kJ}]$

∴ ㉠+㉡ $= 550.924[\text{kJ}] + 2108.47[\text{kJ}]$
  $= 2659.39[\text{kJ}] ≒ 2660[\text{kJ}]$

**27** 구조가 상사한 2대의 펌프에서, 유동상태가 상사할 경우 2대의 펌프 사이에 성립하는 상사법칙이 아닌 것은? (단, 비압축성유체인 경우이다.)

① 유량에 관한 상사법칙
② 전양정에 관한 상사법칙
③ 축동력에 관한 상사법칙
④ 밀도에 관한 상사법칙

**해설** 펌프의 상사(相似)법칙
㉠ 유량은 펌프 회전수에 정비례하고 임펠러 직경의 3승에 비례한다.

$Q_2 = \dfrac{N_2}{N_1} \times \left(\dfrac{D_2}{D_1}\right)^3 \times Q_1$

정답 24.① 25.① 26.③ 27.④

㉡ 양정은 펌프 회전수의 제곱에 비례하고 임펠러 직경의 2승에 비례한다.

$$H_2 = \left(\frac{N_2}{N_1}\right)^2 \times \left(\frac{D_2}{D_1}\right)^2 \times H_1$$

㉢ 축동력은 펌프 회전수의 3승에 비례하고 임펠러 직경의 5승에 비례한다.

$$L_2 = \left(\frac{N_2}{N_1}\right)^3 \times \left(\frac{D_2}{D_1}\right)^5 \times L_1$$

Q : 유량, D : 임펠러 직경, N : 회전수,
H : 양정, L : 축동력

**28** 질량 4kg의 어떤 기체로 구성된 밀폐계가 열을 받아 100kJ의 일을 하고, 이 기체의 온도가 10℃ 상승하였다면 이 계가 받은 열은 몇 kJ인가? (단, 이 기체의 정적비열은 5kJ/kg·K, 정압비열은 6kJ/kg·K 이다.)

① 200  ② 240
③ 300  ④ 340

**해설** 열 $Q[kJ] = U + W = (U_2 - U_1) + W$
내부에너지 변화($U_2 - U_1$)

$$U_2 - U_1 = \frac{mR'}{k-1}(T_2 - T_1)$$
$$= \frac{4[kg] \times 1[kJ/kg \cdot K]}{1.2 - 1} \times (10[K])$$
$$= 200[kJ]$$

∴ $Q[kJ] = 200[kJ] + 100[kg] = 300[kJ]$

• 비열비 $k = \frac{C_P}{C_V} = \frac{6[kJ/kg \cdot K]}{5[kJ/kg \cdot K]} = 1.2$

• 기체상수 $R' = C_P - C_V$
$= 6[kJ/kg \cdot K] - 5[kJ/kg \cdot K]$
$= 1[kJ/kg \cdot K]$

**29** 다음 보기는 열역학적 사이클에서 일어나는 여러 가지의 과정이다. 이들 중, 카르노(Carnot) 사이클에서 일어나는 과정을 모두 고른 것은?

㉠ 등온압축  ㉡ 단열팽창
㉢ 정적압축  ㉣ 정압팽창

① ㉠  ② ㉠,㉡
③ ㉡,㉢,㉣  ④ ㉠,㉡,㉢,㉣

**해설** 카르노 싸이클
㉠ 이론적으로는 효율이 가장 좋은 사이클이다.
㉡ 가역 사이클이다.
㉢ 2개의 등온과정과 2개의 단열과정으로 구성된다.
 (등온팽창→단열팽창→등온압축→단열압축)
㉣ 고온에서 열량흡수, 저온에서 열량방출

**30** 프루드(Froude)수의 물리적인 의미는?

① 관성력/탄성력  ② 관성력/중력
③ 압축력/관성력  ④ 관성력/점성력

**해설**

| 무차원수의 명칭 | 물리적 의미 |
|---|---|
| 레이놀드수 | 관성력/점성력 |
| 프루드수 | 관성력/중력 |
| 웨버수 | 관성력/표면장력 |
| 코우시수 | 관성력/탄성력 |
| 마하수 | 관성력/탄성력 |
| 오일러수 | 압축력/관성력 |

**31** 표면적이 2m²이고 표면 온도가 60℃인 고체 표면을 20℃의 공기로 대류 열전달에 의해서 냉각한다. 평균 대류 열전달계수가 30W/m²·K라고 할 때 고체표면의 열손실은 몇 W인가?

① 600  ② 1200
③ 2400  ④ 3600

**해설** 열전도율 $\triangle H = KA\triangle T$
$\triangle H$ : 열손실(W), $K$ : 열전달계수(W/m²·K)
$A$ : 표면적(m²), $\triangle T = T_1 - T_2$
㉠ $K = 30(W/m^2 \cdot K)$, $A = 2m^2$
  $\triangle T = (273 + 60) - (273 + 20) = 40K$
㉡ $\triangle H = 30 \times 2 \times 40 = 2400 W$

정답 28.③ 29.② 30.② 31.③

**32** 그림과 같은 수조에 0.3m×1.0m크기의 사각 수문을 통하여 유출되는 유량은 몇 m³/s인가? (단, 마찰손실은 무시하고 수조의 크기는 매우 크다고 가정한다.)

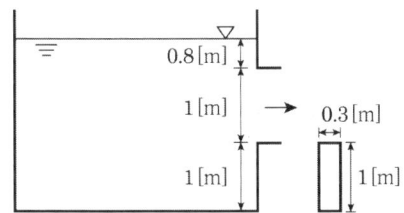

① 1.3
② 1.5
③ 1.7
④ 1.9

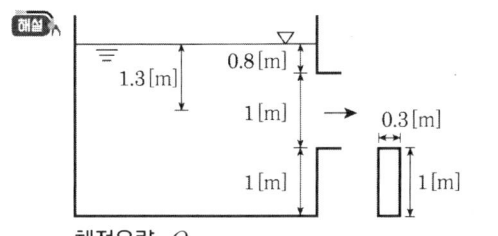

체적유량 $Q$

$$Q[\text{m}^3/\text{s}] = A[\text{m}^2] \times u[\text{m/s}] = A \cdot \sqrt{2gh}$$
$$= (0.3[\text{m}] \times 1[\text{m}]) \times \sqrt{(2)(9.8[\text{m/s}^2])(1.3[\text{m}])}$$
$$= 1.5[\text{m}^3/\text{s}]$$

**33** 그림과 같이 평형상태를 유지하고 있을 때 오른쪽 관에 있는 유체의 비중[s]은? (단, 물의 밀도는 1000kg/m³이다.)

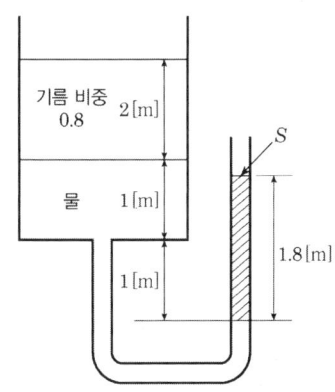

① 0.9
② 1.8
③ 2.0
④ 2.2

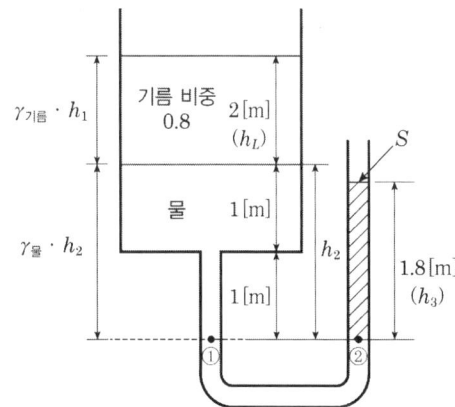

$P_① = P_②$
$P_① = \gamma_{기름} \cdot h_1 + \gamma_{물} \cdot h_2$
$P_② = \gamma_{유체} \cdot h_3$
$\gamma_{기름} \cdot h_1 + \gamma_{물} \cdot h_2 = \gamma_{유체} \cdot h_3$

$$\gamma_{유체} = \frac{\gamma_{기름} \cdot h_1 + \gamma_2 \cdot h_2}{h_3}$$
$$= \frac{((9.8[\text{kN/m}^3] \times 0.8) \times 2[\text{m}]) + (9.8[\text{kN/m}^3] \times 2[\text{m}])}{1.8[\text{m}]}$$
$$= 19.6[\text{kN/m}^3]$$

- 유체의 비중($s$) = $\dfrac{\text{유체의 비중량}(\gamma_{유체})}{\text{물의 비중량}(\gamma_{물})}$

$$= \frac{19.6[\text{kN/m}^3]}{9.8[\text{kN/m}^3]} = 2$$

**34** 출구지름이 50mm인 노즐이 100mm의 수평관과 연결되어 있다. 이 관을 통하여 물(밀도 1000 kg/m³)이 0.02m³/s의 유량으로 흐르는 경우, 이 노즐에 작용하는 힘은 몇 N인가?

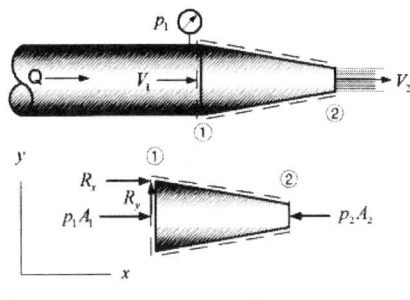

① 230
② 424
③ 508
④ 7709

정답 32.② 33.③ 34.①

**해설** 노즐에 작용하는 힘(=플랜지볼트에 작용하는 힘=반발력)

$$F = \frac{\rho \cdot Q^2 \cdot A_1}{2} \times \left(\frac{A_1 - A_2}{A_1 \cdot A_2}\right)^2$$

㉠ $\rho$ : 유체밀도-[kg/m³] → 대입하면 [N]
　　　　　　　　-[kgf·s²/m⁴] → 대입하면 [kgf]
㉡ $Q$ : 유량[m³/s]
㉢ $A_1$ : 노즐입구(호스)면적[m²]
㉣ $A_2$ : 노즐출구면적[m²]

$$F = \frac{1000[\text{kg/m}^3] \times (0.02[\text{m}^3/\text{s}])^2 \times \left(\frac{\pi}{4}\right)(0.1[\text{m}])^2}{2}$$

$$\times \left(\frac{\left(\frac{\pi}{4}\right)(0.1[\text{m}])^2 - \left(\frac{\pi}{4}\right)(0.05[\text{m}])^2}{\left(\frac{\pi}{4}\right)(0.1[\text{m}])^2 \times \left(\frac{\pi}{4}\right)(0.05[\text{m}])^2}\right)^2$$

$= 229.18[\text{kg}\cdot\text{m/s}^2] \fallingdotseq 229[\text{N}]$

**35** 호수 수면 아래에서 지름 d인 공기방울이 수면으로 올라오면서 지름이 1.5배로 팽창하였다. 공기방울의 최초 위치는 수면에서부터 몇 m가 되는 곳인가? (단, 이 호수의 대기압은 750mmHg, 수은의 비중은 13.6, 공기방울 내부의 공기는 Boyle의 법칙에 따른다.)

① 12.0　　② 24.2
③ 34.4　　④ 43.3

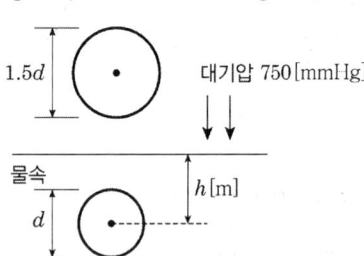

㉠ $P = \gamma \cdot h$ 공식을 이용하여 $h[\text{m}]$을 구해야 한다.
　$\gamma$ : 9800[N/m³], $P$(게이지압)를 구해야 한다.
㉡ $P$를 구하기 위해서 Boyle법칙 이용
　$P_1 V_1$(물속)$= P_2 V_2$(물위)(* $P_1$, $P_2$ : 절대압력)

$$P_1 = \frac{V_2}{V_1} \times P_2 = \frac{\frac{4}{3}\pi\left(\frac{1.5d}{2}\right)^3}{\frac{4}{3}\pi\left(\frac{d}{2}\right)^3} \times P_2 = 3.375 P_2$$

$$P_1 = 3.375 \times \left(750[\text{mmHg}] \times \frac{101.325[\text{kPa}]}{760[\text{mmHg}]}\right)$$
$= 337.47[\text{kPa}]$(절대압력)

게이지압=절대압-대기압이므로
$$P_{1gauge} = 337.47[\text{kPa}] - \left(750[\text{mmHg}] \times \frac{101.325[\text{kPa}]}{760[\text{mmHg}]}\right)$$
$= 237.48[\text{kPa}]$

**36** 부차적 손실계수가 5인 밸브가 관에 부착되어 있으며 물의 평균유속 4m/s인 경우, 이 밸브에서 발생하는 부차적 손실수두는 몇 m인가?

① 61.3　　② 6.13
③ 40.8　　④ 4.08

**해설** $h_L = K \cdot \dfrac{u^2}{2g} = 5 \times \dfrac{(4[\text{m/s}])^2}{(2)(9.8[\text{m/s}^2])} = 4.08[\text{m}]$

**37** 지름의 비가 1 : 2인 2개의 모세관을 물속에 수직으로 세울 때 모세관현상으로 물이 관속으로 올라가는 높이의 비는?

① 1 : 4　　② 1 : 2
③ 2 : 1　　④ 4 : 1

**해설** 모세관 상승높이 $h[\text{m}]$

$$h = \frac{4\sigma\cos\theta}{\gamma d}$$

$h$ : 상승높이[m]
$\sigma$ : 표면장력[kgf/m]
$\theta$ : 접촉각
$\gamma$ : 유체의 비중량[kgf/m³]
$d$ : 모세관의 직경[m]

$h = \dfrac{4\sigma\cos\theta}{\gamma d}$　$h \propto \dfrac{1}{d}$

$h = \dfrac{1}{1} : \dfrac{1}{2} = 2 : 1$

정답 35.② 36.④ 37.③

**38** 다음 중 동점성계수의 차원을 옳게 표현한 것은? (단, 질량 M, 길이 L, 시간 T로 표시한다.)

① $[ML^{-1}T^{-1}]$    ② $[L^2T^{-1}]$
③ $[ML^{-2}T^{-2}]$    ④ $[ML^{-1}T^{-2}]$

 동점성 계수 $\nu = \dfrac{\mu}{\rho}$

단위 : 스토크스(stokes) = $cm^2/s\,[L^2T^{-1}]$

**39** 지름이 400mm인 베어링이 400rpm으로 회전하고 있을 때 마찰에 의한 손실동력은 약 몇 kW인가? (단, 베어링과 축 사이에는 점성계수가 0.049N·s/m²인 기름이 차 있다.)

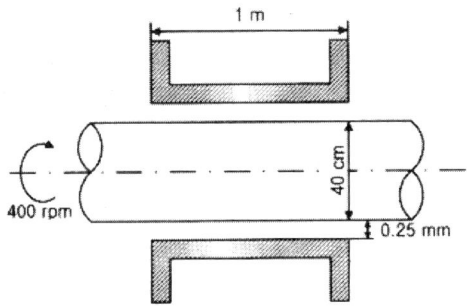

① 15.1    ② 15.6
③ 16.3    ④ 17.3

해설 동력 $P[W] = \dfrac{J}{s} = \dfrac{N \cdot m}{s} = N \cdot u$
$= 2064[N] \times 8.38[m/s]$
$= 17300[N \cdot m/s] = 17300[J/s]$

**40** 폭 1.5m, 높이 4m인 직사각형 평판이 수면과 40°의 각도로 경사를 이루는 저수지의 물을 막고 있다. 평판의 밑변이 수면으로부터 3m 아래에 있다면, 물로 인하여 평판이 받는 힘은 몇 kN인가? (단, 대기압의 효과는 무시한다.)

① 44.1    ② 88.2
③ 101    ④ 202

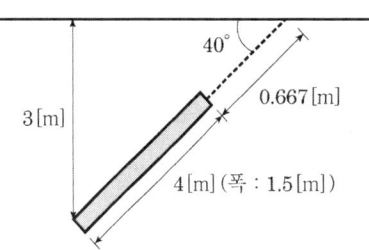

수면-평판의 밑면까지 직선거리[m]($x$)

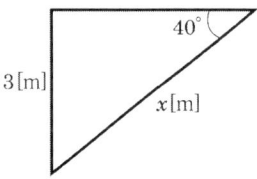

$3[m] = x[m] \times \sin 40°$
$x[m] = \dfrac{3[m]}{\sin 40°} = 4.667[m]$

- $y$ : 수면-평판중심까지의 직선거리[m]
  $y[m] = 4.667[m] - 2[m] = 2.667[m]$
- $h$ : 수면-평판중심까지의 수직거리[m]
  $h[m] = 2.667[m] \times \sin 40° = 1.714[m]$
- 물로 인하여 평판이 받는 힘[kN]
  $F[kN] = \gamma \cdot h \cdot A$
  $= 9800[k/m^3] \times 1.714[m] \times (1.5[m] \times 4[m])$
  $= 100783.2[N] = 100.78[kN] ≒ 101[kN]$

정답 38.② 39.④ 40.③

# 2016년 제4회 소방설비기사[기계분야] 1차 필기

[제2과목 : 소방유체역학]

**21** 유체에 관한 설명 중 옳은 것은?
① 실제유체는 유동할 때 마찰손실이 생기지 않는다.
② 이상유체는 높은 압력에서 밀도가 변화하는 유체이다.
③ 유체에 압력을 가하면 체적이 줄어드는 유체는 압축성 유체이다.
④ 압력을 가해도 밀도변화가 없으며 점성에 의한 마찰손실만 있는 유체가 이상유체이다.

[해설] ① 실제유체(=점성유체)는 마찰이 발생하며 손실이 발생한다.
② 이상유체는 밀도가 변화하지 않는다.
④ 이상유체(=비점성유체, 완전유체, 가상유체)는 마찰이 발생하지 않으며 손실도 발생하지 않는다.

**22** 송풍기의 풍량 15m³/s, 전압 540Pa, 전압효율이 55%일 때 필요한 축동력은 몇 kW인가?
① 2.23
② 4.46
③ 8.1
④ 14.7

[해설] 축동력[kW] = $\dfrac{P_T \cdot Q}{102 \cdot \eta}$

$= \dfrac{(540[Pa] \times \dfrac{10332[mmH_2O]}{101325[Pa]}) \times 15[m^3/s]}{(102) \times (0.55)}$

$= 14.72[kW] ≒ 14.7[kW]$

**23** 직경 50cm의 배관 내를 유속 0.06m/s의 속도로 흐르는 물의 유량은 약 몇 L/min 인가?
① 153
② 255
③ 338
④ 707

[해설] 체적유량 $Q$
$Q = A \cdot u$
$= \left(\dfrac{\pi}{4}\right)(0.5[m])^2 \times 0.06[m/s]$
$= 0.0117[m^3/s] \times \dfrac{1000[L]}{1[m^3]} \times \dfrac{60[s]}{1[min]}$
$= 706.86[L/min] ≒ 707[L/min]$

**24** 공기의 온도 $T_1$에서의 음속 $C_1$과 이보다 20K 높은 온도 $T_2$에서의 음속 $C_2$의 비가 $C_2/C_1 = 1.05$이면 $T_1$은 약 몇 도인가?
① 97K
② 195K
③ 273K
④ 300K

[해설] 음속과 온도의 관계
$\dfrac{C_2}{C_1} = \sqrt{\dfrac{T_2}{T_1}}$

$1.05 = \sqrt{\dfrac{T_1 + 20}{T_1}}$

$1.05^2 = \dfrac{T_1 + 20}{T_1} = 1 + \dfrac{20}{T_1}$

∴ $T_1 = 195.12[k] ≒ 195[k]$

**25** 다음 계측기 중 측정하고자 하는 것이 다른 것은?
① Bourdon 압력계
② U자관 마노미터
③ 피에조미터
④ 열선풍속계

[해설] ① Bourdon 압력계 : 정압
② U자관 마노미터 : 정압
③ 피에조미터 : 정압
④ 열선풍속계 : 동압

정답 21.③ 22.④ 23.④ 24.② 25.④

**26** 열전도도가 0.08W/m·K인 단열재의 고온부가 75℃, 저온부가 20℃이다. 단위 면적당 열손실이 200W/m²인 경우의 단열재 두께는 몇 mm인가?

① 22   ② 45
③ 55   ④ 80

**해설** 단위면적당 열손실량
$$Q[W/m^2] = \frac{\lambda[W/m \cdot K] \times \Delta t[K]}{L[m]}$$
$$200[W/m^2] = \frac{0.08[W/m \cdot K] \times (75-20[K])}{L[m]}$$
$$\therefore L = 0.022[m] = 22[mm]$$

**27** 그림과 같은 원형관에 유체가 흐르고 있다. 원형관 내의 유속분포를 측정하여 실험식을 구하였더니 $V = V_{max} \dfrac{r_o^2 - r^2}{r_o^2}$ 이었다. 관속을 흐르는 유체의 평균속도는 얼마인가?

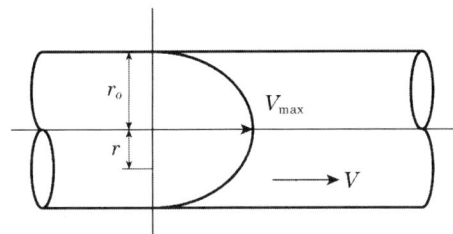

① $\dfrac{V_{max}}{8}$   ② $\dfrac{V_{max}}{4}$
③ $\dfrac{V_{max}}{2}$   ④ $V_{max}$

**해설** 층류 : $U_{av}$는 $U_{max} \times \dfrac{1}{2}$

**28** 부차적 손실계수 K=40인 밸브를 통과할 때의 수두손실이 2m일 때, 이 밸브를 지나는 유체의 평균유속은 약 몇 m/s인가?

① 0.49   ② 0.99
③ 1.98   ④ 9.81

**해설**
$$h_L = K \cdot \frac{u^2}{2g}$$
$$u = \sqrt{\frac{h_L \cdot 2g}{K}} = \sqrt{\frac{2[m] \times 2 \times 9.8[m/s^2]}{40}}$$
$$= 0.99[m/s]$$

**29** 두 개의 견고한 밀폐용기 A, B가 밸브로 연결되어 있다. 용기 A에는 온도 300K, 압력 100kPa의 공기 1m³, 용기 B에는 온도 300K, 압력 330kPa의 공기 2m³가 들어 있다. 밸브를 열어 두 용기 안에 들어있는 공기(이상기체)를 혼합한 후 장시간 방치하였다. 이 때 주위온도는 300K로 일정하다. 내부 공기의 최종압력은 약 몇 kPa인가?

① 177   ② 210
③ 215   ④ 253

**해설** 온도가 일정
보일의 법칙 적용 $P_1 V_1 = P_2 V_2$
$$P_1 V_1 = P_A V_A + P_B V_B$$
$$= 100[kPa] \cdot 1[m^3] + 330[kPa] \cdot 2[m^3]$$
$$= 760[kN \cdot m] = 760[kJ]$$
$$\therefore P_2 = \frac{760[kN \cdot m]}{V_2} = \frac{760[kN \cdot m]}{3[m^3]}$$
$$= 253.33[kPa]$$
$$\fallingdotseq 253[kPa]$$

**30** 지름이 15cm인 관에 질소가 흐르는데, 피토관에 의한 마노미터는 4cmHg의 차를 나타냈다. 유속은 약 몇 m/s인가? (단, 질소의 비중은 0.00114, 수은의 비중은 13.6, 중력가속도는 9.8m/s²이다.)

① 76.5   ② 85.6
③ 96.7   ④ 105.6

**해설**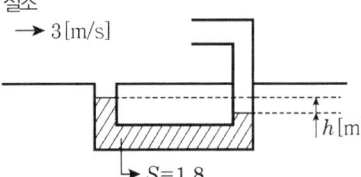

$$u = \sqrt{2gh\left(\frac{\gamma_0}{\gamma}-1\right)}$$
$$= \sqrt{(2)(9.8[\text{m/s}^2])(0.04[\text{m}])\times\left(\frac{9.8[\text{kN/m}^3]\times 13.6}{9.8[\text{kN/m}^3]\times 0.00114}-1\right)}$$
$$= 96.7[\text{m/s}]$$

**31** 그림과 같은 곡관에 물이 흐르고 있을 때 계기압력으로 $P_1$이 98kPa이고, $P_2$가 29.42kPa이면 이 곡관을 고정시키는데 필요한 힘은 몇 N인가? (단, 높이차 및 모든 손실은 무시한다.)

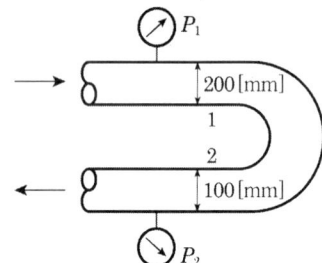

① 4141　　② 4314
③ 4565　　④ 4743

**해설** $\triangle F = P_1 A_1 + P_2 A_2 + \rho Q(u_1 - u_2)$
$= 98000[\text{N/m}^2]\times\left(\frac{\pi}{4}\times(0.2[\text{m}])^2\right)$
$+ 29420[\text{N/m}^2]\times\left(\frac{\pi}{4}\times(0.1[\text{m}])^2\right)$
$+ 1000[\text{kg/m}^3]\times 0.0949[\text{m}^3/\text{s}]$
$\times(3.023[\text{m/s}]-(-12.092[\text{m/s}]))$
$= 4744.24[\text{N}]$

- 12.092[m/s]의 부호가 (−)가 된 이유는 $u_1$ 유속과 방향이 반대방향이기 때문이다.
- $Q = A_1 u_1 = A_2 u_2$
$\left(\frac{\pi}{4}\right)(0.2[\text{m}])^2\times u_1 = \left(\frac{\pi}{4}\right)(0.1[\text{m}])^2\times u_2$
$4u_1 = u_2$
- 베르누이방정식
$\frac{P_1}{\gamma}+\frac{u_1^2}{2g}+Z_1 = \frac{P_2}{\gamma}+\frac{u_2^2}{2g}+Z_2\ (Z_1=Z_2)$
$\frac{98[\text{kN/m}^2]}{9.8[\text{kN/m}^3]}+\frac{u_1^2}{(2)(9.8[\text{m/s}^2])}$
$= \frac{29.42[\text{kN/m}^2]}{9.8[\text{kN/m}^3]}+\frac{(4u_1)^2}{(2)(9.8[\text{m/s}])}$

$\therefore u_1 = 3.023[\text{m/s}]$
$u_2 = 12.092[\text{m/s}]$
$Q = A_1 u_1$
$= \left(\frac{\pi}{4}\right)(0.2[\text{m}])^2\times 3.023[\text{m/s}]$
$= 0.0949[\text{m}^3/\text{s}]$

**32** 그림과 같이 수족관에 직경 3m의 투시경이 설치되어 있다. 이 투시경에 작용하는 힘은 약 몇 kN인가?

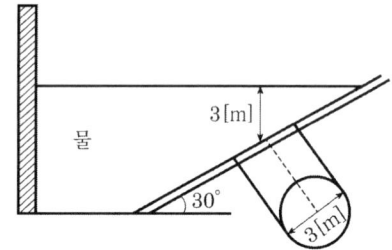

① 207.8
② 123.9
③ 87.1
④ 52.4

**해설** $F = \gamma \cdot h \cdot A$
$= 9800[\text{N/m}^3]\times 3[\text{m}]\times\left(\frac{\pi}{4}\times(3[\text{m}])^2\right)$
$= 207816.35[\text{N}] = 207.8[\text{kN}]$

**33** 화씨온도 200°F는 섭씨온도(℃)로 약 얼마인가?

① 93.3℃
② 186.6℃
③ 279.9℃
④ 392℃

**해설** $°F = \frac{9}{5}℃ + 32$
$200 = \frac{9}{5}℃ + 32$
$℃ = 93.3[℃]$

정답　31.④　32.①　33.①

**34** 공동현상(Cavitation)의 발생 원인과 가장 관계가 먼 것은?

① 관내의 수온이 높을 때
② 펌프의 흡입양정이 클 때
③ 펌프의 설치위치가 수원보다 낮을 때
④ 관내의 물의 정압이 그때의 증기압보다 낮을 때

해설 ③ 정압흡입은 공동현상의 방지대책이다.

**공동(Cavitation) 현상**
펌프 흡입측 배관에서 발생될 수 있는 현상으로 흡수되는 물의 압력이 그 온도에서의 포화증기압보다 작게 되면 물이 급격하게 증발되어 기포가 생성되는 현상이다. 기포가 흐름을 따라 이동하면서 진동, 소음을 수반하고 심한 경우 양수불능까지도 초래하게 된다.

㉠ 발생원인
  ⓐ 펌프가 수원보다 높고 흡입수두가 클 때
  ⓑ 펌프의 임펠러 회전속도가 클 때
  ⓒ 펌프의 흡입관경이 작을 때
  ⓓ 흡입측 배관의 유속이 빠를 때
  ⓔ 흡입측 배관의 마찰손실이 클 때
  ⓕ 물의 온도가 높을 때

㉡ 발생현상
  ⓐ 소음과 진동이 생긴다.
  ⓑ 침식이 생긴다.
  ⓒ 토출량 및 양정이 감소되고 전체적인 펌프의 효율이 감소된다.

㉢ 방지법
  ⓐ 펌프의 설치위치를 가급적 낮춘다.
  ⓑ 회전차를 수중에 완전히 잠기게 한다.
  ⓒ 흡입 관경을 크게 한다.
  ⓓ 펌프의 회전수를 낮춘다.
  ⓔ 2대 이상의 펌프를 사용한다.
  ⓕ 양(兩)흡입 펌프를 사용한다.

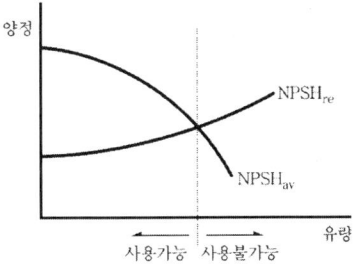

【 H - Q 곡선과 Cavitation 】

**35** 소화펌프의 회전수가 1450rpm일 때 양정이 25m, 유량이 $5m^3/min$이었다. 펌프의 회전수를 1740rpm으로 높일 경우 양정(m)과 유량($m^3/min$)은? (단, 회전차의 직경은 일정하다.)

① 양정 : 17 유량 : 4.2
② 양정 : 21 유량 : 5
③ 양정 : 30.2 유량 : 5.2
④ 양정 : 36 유량 : 6

해설 상사법칙

㉠ $Q_2 = Q_1 \times \left(\dfrac{N_2}{N_1}\right)$
$= 5[m^3/min] \times \left(\dfrac{1740[rpm]}{1450[rpm]}\right)$
$= 6[m^3/min]$

㉡ $H_2 = H_1 \times \left(\dfrac{N_2}{N_1}\right)^2$
$= 25[m] \times \left(\dfrac{1740[rpm]}{1450[rpm]}\right)^2$
$= 36[m]$

**36** 안지름이 0.1m인 파이프 내를 평균유속 5m/s로 물이 흐르고 있다. 길이 10m 사이에서 나타나는 손실수두는 약 몇 m인가? (단, 관마찰계수는 0.013이다.)

① 0.7
② 1
③ 1.5
④ 1.7

해설 달시-와이스바하방정식

$h_L = f \cdot \dfrac{L}{D} \cdot \dfrac{u^2}{2g}$
$= 0.013 \times \dfrac{10[m]}{0.1[m]} \times \dfrac{(5[m/s])^2}{2 \times 9.8[m/s^2]}$
$= 1.658[m] ≒ 1.7[m]$

**37** 베르누이의 정리 $(\frac{P}{\rho}+\frac{V^2}{2}+gZ=Constant)$가 적용되는 조건이 될 수 없는 것은?

① 압축성의 흐름이다.
② 정상 상태의 흐름이다.
③ 마찰이 없는 흐름이다.
④ 베르누이 정리가 적용되는 임의의 두 점은 같은 유선상에 있다.

해설
- 비압축성 → 부피변화 × → 밀도변화 ×
- 비점성 → 마찰 × → 손실 ×
- 정상유동 → 시간에 따라 물의 흐름 특성변화 ×
  (유선=유적선)

**38** 절대온도와 비체적이 각각 $T$, $v$인 이상기체 1kg이 압력이 $P$로 일정하게 유지되는 가운데 가열되어 절대온도가 $6T$까지 상승되었다. 이 과정에서 이상기체가 한 일은 얼마인가?

① $PV$
② $3PV$
③ $5PV$
④ $6PV$

해설 한 일의 양 $_1w_2$
$_1w_2 = P(V_2 - V_1) = P(6V_1 - V_1) = 5PV_1$
$P$ 일정 $\frac{V_1}{T_1} = \frac{V_2}{T_2}$
$V_2 = \frac{T_2}{T_1} \times V_1 = \frac{6T}{T} \times V_1 = 6V_1$
- 비체적$(v) = \frac{부피(V)}{질량(m)}$
  → 비체적$(v) \propto 부피(V)$

**39** 직경이 D인 원형 축과 슬라이딩 베어링 사이에 (간격=$t$, 길이=$L$)에 점성계수가 $\mu$인 유체가 채워져 있다. 축을 $w$의 각속도로 회전시킬 때 필요한 토크를 구하면? (단, $t \ll D$)

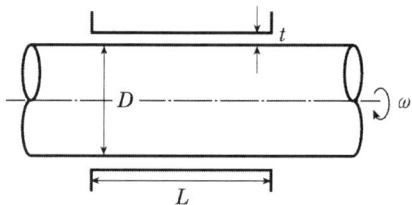

① $T = \mu \frac{wD}{2t}$
② $T = \frac{\pi\mu w D^2 L}{2t}$
③ $T = \frac{\pi\mu w D^3 L}{2t}$
④ $T = \frac{\pi\mu w D^3 L}{4t}$

해설 각속도와 토크의 관계식
$T = \frac{\pi\mu w D^3 L}{4t}$

**40** 수면에 잠긴 무게가 490N인 매끈한 쇠구슬을 줄에 매달아서 일정한 속도로 내리고 있다. 쇠구슬이 물속으로 내려갈수록 들고 있는데 필요한 힘은 어떻게 되는가? (단, 물은 정지된 상태이며, 쇠구슬은 완전한 구형체이다.)

① 적어진다.
② 동일하다.
③ 수면 위보다 커진다.
④ 수면 바로 아래보다 커진다.

해설 $F_{부력} = \gamma_{유체} \cdot V_{잠긴부분}$
∴ $F_{부력} \propto V_{잠긴부분}$

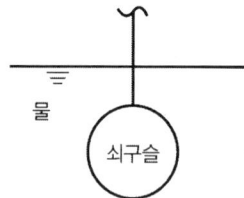

이미 쇠구슬이 수면에 잠겨 있으므로 $F_{부력}$은 변함이 없다.

어느 정도 잠겨있다가 수면에 모두 잠기게 되면 $F_{부력}$은 커지므로 필요한 힘은 적어진다.

# 제1회 소방설비기사[기계분야] 1차 필기

[제2과목 : 소방유체역학]

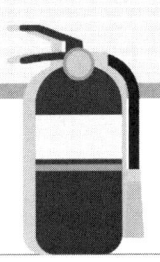

**21** 다음 중 펌프를 직렬운전해야 할 상황으로 가장 적절한 것은?

① 유량의 변화가 크고 1대로는 유량이 부족할 때
② 소요되는 양정이 일정하지 않고 크게 변동될 때
③ 펌프에 폐입현상이 발생할 때
④ 펌프에 무구속속도(run away speed)가 나타날 때

**해설** 펌프 2대
- 직렬연결 − $Q$ : 일정   • 병렬연결 − $Q$ : $2Q$
  − $H$ : $2H$         − $H$ : 일정

① 병렬운전해야 하는 상황
③ 폐입현상
  ㉠ 기어펌프에서 발생하는 현상으로 기어가 물려 회전함에 따라 고압/진동 형성
  ㉡ 토출압의 맥동, 공동현상 발생하므로 릴리프 홈이 있는 기어 사용
④ 무구속속도 : 무부하상태에서 운전할 때 최고속도

**22** 펌프 운전 중 발생하는 수격작용의 발생을 예방하기 위한 방법에 해당되지 않는 것은?

① 밸브를 가능한 펌프 송출구에서 멀리 설치한다.
② 서지탱크를 관로에 설치한다.
③ 밸브의 조작을 천천히 한다.
④ 관 내의 유속을 낮게 한다.

**해설** ① 멀리 설치한다. → 가까이 설치한다.

**23** 그림과 같이 반지름이 0.8m이고 폭이 2m인 곡면 AB가 수문으로 이용된다. 물에 의한 힘의 수평성분의 크기는 약 몇 kN인가? (단, 수문의 폭은 2m이다.)

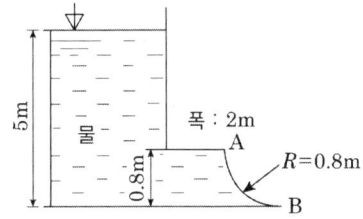

① 72.1
② 84.7
③ 90.2
④ 95.4

**해설** $F = \gamma \cdot h \cdot A$
  $= 9800[\text{N/m}^3] \times (5[\text{m}] - 0.4[\text{m}]) \times (0.8[\text{m}] \times 2[\text{m}])$
  $= 72128[\text{N}] = 72.1[\text{kN}]$

**24** 베르누이 방정식을 적용할 수 있는 기본 전제조건으로 옳은 것은?

① 비압축성 흐름, 점성 흐름, 정상 유동
② 압축성 흐름, 비점성 흐름, 정상 유동
③ 비압축성 흐름, 비점성 흐름, 비정상 유동
④ 비압축성 흐름, 비점성 흐름, 정상 유동

**해설**
- 비압축성 → 부피변화 × → 밀도변화 ×
- 비점성 → 마찰 × → 손실 →
- 정상유동 → 시간에 따라 물의 흐름 특성변화 ×
  (유선=유적선)

정답 21.② 22.① 23.① 24.④

**25** 그림과 같이 매끄러운 유리관에 물이 채워져 있을 때 모세관 상승높이 $h$는 약 몇 m인가?

[조건]
1) 액체의 표면장력 $\sigma = 0.073$N/m
2) $R = 1$mm
3) 매끄러운 유리관의 접촉각 $\theta \approx 0°$

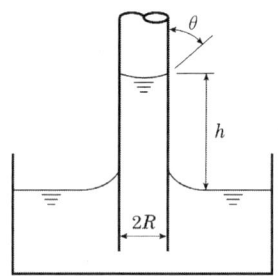

① 0.007  ② 0.015
③ 0.07   ④ 0.15

**해설** 모세관 상승높이 $h$[m]

$$h = \frac{4\sigma\cos\theta}{\gamma d}$$

$h$ : 상승높이[m]
$\sigma$ : 표면장력[kgf/m]
$\theta$ : 접촉각
$\gamma$ : 유체의 비중량[kgf/m$^3$]
$d$ : 모세관의 직경[m]

$h = \frac{4\sigma\cos\theta}{\gamma d}$
$= \frac{4 \times 0.073[\text{N/m}] \times \cos 0°}{9800[\text{N/m}^3] \times 0.002[\text{m}]}$
$= 0.0148[\text{m}] \fallingdotseq 0.015[\text{m}]$

**26** 공기 10kg과 수증기 1kg이 혼합되어 10m$^3$의 용기 안에 들어있다. 이 혼합기체의 온도가 60℃라면, 이 혼합기체의 압력은 약 몇 kPa인가? (단, 수증기 및 공기의 기체상수는 각각 0.462 및 0.287kJ/(kg·K)이고 수증기는 모두 기체상태이다.)

① 95.6   ② 111
③ 126    ④ 145

**해설** 특정기체상태방정식 $PV = GRT$ 적용
㉠ 공기의 압력

$P = \frac{GRT}{V}$

$= \frac{10[\text{kg}] \times 0.287[\text{kN·m/kg·K}] \times (60+273[\text{K}])}{10[\text{m}^3]}$

$= 95.57[\text{kN/m}^2]$
$= 95.57[\text{kPa}]$

㉡ 수증기 압력

$P = \frac{GRT}{V}$

$= \frac{1[\text{kg}] \times 0.462[\text{kN·m/kg·K}] \times (60+273[\text{K}])}{10[\text{m}^3]}$

$= 15.38[\text{kN/m}^2]$
$= 15.38[\text{kPa}]$

∴ ㉠+㉡ = $95.57[\text{kPa}] + 15.38[\text{kPa}]$
$= 110.95[\text{kPa}]$
$\fallingdotseq 111[\text{kPa}]$

**27** 파이프 내에 정상 비압축성 유동에 있어서 관마찰계수는 어떤 변수들의 함수인가?

① 절대조도와 관지름
② 절대조도와 상대조도
③ 레이놀즈수와 상대조도
④ 마하수와 코우시수

**해설**
• 층류 : 레이놀즈수($f = \frac{64}{ReNo.}$)
• 임계(천이) 영역 : 레이놀즈수+상대조도
• 난류 : 레이놀즈수($f = 0.3164 Re^{-0.25}$)

**28** 점성계수의 단위로 사용되는 푸아즈(Poise)의 환산 단위로 옳은 것은?

① cm$^2$/s
② N·s$^2$/m$^2$
③ dyne/cm·s
④ dyne·s/cm$^2$

정답  25.②  26.②  27.③  28.④

**해설** 푸아즈(Poise)=[g/cm · sec]
(절대점성계수단위(C · G · S계))
① $cm^2/s$ : 스토크스(stokes)
→ 동점성계수 단위(C · G · S계)
② $N · S^2/m^2$ : M · k · S계
③ dyne/cm · s = $\dfrac{\dfrac{g \cdot cm}{s^2}}{cm \cdot s}$ = $g/s^3$
④ dyne · $s/cm^2$ = $\dfrac{\dfrac{g \cdot cm}{s^2} \times S}{cm^2}$ = $g/cm \cdot s$

**29** 3m/s의 속도록 물이 흐르고 있는 관로 내에 피토관을 삽입하고, 비중 1.8의 액체를 넣은 시차액주계에서 나타나게 되는 액주차는 약 몇 m인가?

① 0.191　② 0.573
③ 1.41　④ 2.15

**해설**

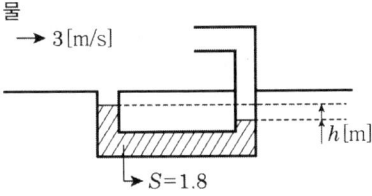

$u = \sqrt{2gh\left(\dfrac{\gamma_0}{\gamma} - 1\right)}$

$h = \dfrac{u^2}{2g\left(\dfrac{\gamma_0}{\gamma} - 1\right)}$

$= \dfrac{(3[m/s])^2}{(2)9.8[m/s^2]\left(\dfrac{9.8[kN/m^3] \times 1.8}{9.8[kN/m^3]} - 1\right)}$

$= 0.573[m]$

**30** 지름이 5cm인 원형관 내에 어떤 이상기체가 흐르고 있다. 다음 보기 중 이 기체의 흐름이 층류이면서 가장 빠른 속도는? (단, 이 기체의 절대압력은 200kPa, 온도는 27℃, 기체상수는 2080J/(kg · K), 점성계수는 $2 \times 10^{-5} N · s/m^2$, 층류에서 하임계 레이놀즈 값은 2200으로 한다.)

㉠ 0.3m/s　㉡ 1.5m/s
㉢ 8.3m/s　㉣ 15.5m/s

① ㉠　② ㉡
③ ㉢　④ ㉣

**해설**
- $ReNo. = \dfrac{D \cdot u \cdot \rho}{\mu} = \dfrac{D \cdot u}{\nu}$

기체밀도($\rho$)
- S.T.P 상태인 경우 $\rho = \dfrac{M}{22.4}$
- S.T.P 상태가 아닌 경우 $\rho = \dfrac{PM}{RT}$ or $\rho = \dfrac{P}{R'T}$

- $\rho = \dfrac{P}{R'T}$

$= \dfrac{200[[kN/m^2]]}{2080[N \cdot m/kg \cdot K] \times (27+273[K])}$

$= 0.319[kg/m^3] ≒ 0.32[kg/m^3]$

$\therefore u = \dfrac{ReNo. \cdot \mu}{D \cdot \rho}$

$= \dfrac{(2200) \times (2 \times 10^{-5}[N \cdot s/m^2])}{0.05[m] \times 0.32[kg/m^3]}$

$= 2.75[m/s]$

2.75[m/s] 보다 작은 값 중 가장 근사값을 답으로 선택
∴ 1.5m/s 선택

**31** 아래 그림과 같은 탱크에 물이 들어있다. 물이 탱크의 밑면에 가하는 힘은 약 몇 N 인가? (단 물의 밀도는 $1000kg/m^3$, 중력가속도는 $10m/s^2$로 가정하며 대기압은 무시한다. 또한 탱크의 폭은 전체가 1m로 동일하다.)

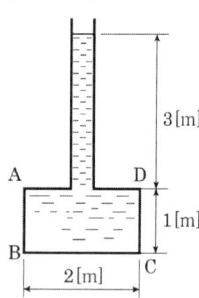

① 40000　　② 20000
③ 80000　　④ 60000

**해설** $F = \gamma \cdot h \cdot A = (\rho \cdot g) \cdot h \cdot A$
$= (1000[kg/m^3] \times 10[m/s^2]) \times 4[m]$
$\times (1[m] \times 2[m])$
$= 80000[kg \cdot m/s^2]$
$= 80000[N]$

**32** 압력 200kPa, 온도 60℃의 공기 2kg이 이상적인 폴리트로픽 과정으로 압축되어 압력 2MPa, 온도 250℃로 변화하였을 때 이 과정 동안 소요된 일의 양은 약 몇 kJ인가?(단, 기체상수는 $0.287kJ/(kg \cdot K)$이다.)

① 224　　② 327
③ 447　　④ 560

**해설** $P_1 = 200[kPa]$
$T_1 = 60[℃] = 333[k]$
$P_2 = 2 \times 10^3[kPa]$
$T_2 = 250[℃] = 523[k]$
$R = 0.287[kJ/kg \cdot k]$

$1 \to 2$로 되는 과정에서 한 일의 양($w$)
$_1w_2 = \frac{mR}{n-1}(T_2 - T_1)$
$m$ : 질량[kg], $R$ : 기체상수, $n$ : 폴리트로픽지수

$\frac{T_2}{T_1} = \left(\frac{P_2}{P_1}\right)^{\frac{n-1}{n}}$

$\frac{523[k]}{333[k]} = \left(\frac{2 \times 10^3[kPa]}{200[kPa]}\right)^{\frac{n-1}{n}}$

$1.57 = 10^{\frac{n-1}{n}}$

$\log 1.57 = \frac{n-1}{n}$

$\log 1.57 = 1 - \frac{1}{n}$　∴ $n = 1.2436$

$_1w_2 = \frac{(2)(0.287)}{1.2436 - 1}(523 - 333)$
$= 447.7[kJ]$
$≒ 447[kJ]$

**33** 표면적이 A, 절대온도가 $T_1$인 흑체와 절대 온도가 $T_2$인 흑체 주위 밀폐공간 사이의 열전달량은?

① $T_1 - T_2$에 비례한다.
② $T_1^2 - T_2^2$에 비례한다.
③ $T_1^3 - T_2^3$에 비례한다.
④ $T_1^4 - T_2^4$에 비례한다.

**해설** 스테판볼츠만의 법칙
$Q = 4.88A\varepsilon\left\{\left(\frac{T_1}{100}\right)^4 - \left(\frac{T_2}{100}\right)^4\right\}$
$= 4.88A\varepsilon\left(\frac{T_1}{100}\right)^4 - 4.88A\varepsilon\left(\frac{T_2}{100}\right)^4$

• $4.88A\varepsilon\left(\frac{T_1}{100}\right)^4$ : 고온체발열량

• $4.88A\varepsilon\left(\frac{T_2}{100}\right)^4$ : 저온체발열량

**34** 그림과 같이 수평면에 대하여 60°기울어진 경사관에 비중(s)이 13.6인 수은이 채워져 있으며, A와 B에는 물이 채워져 있다. A의 압력이 250kPa, B의 압력이 200kPa일 때, 길이 L은 약 몇 cm인가?

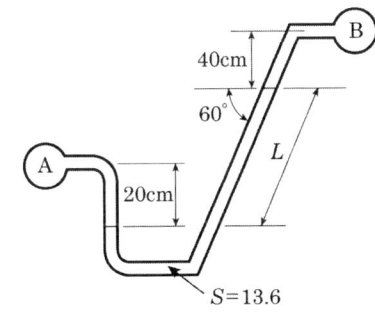

① 33.3
② 38.2
③ 41.6
④ 45.1

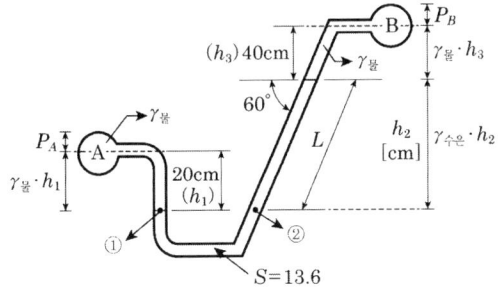

$P_① = P_②$
$P_① = P_A + \gamma_물 \cdot h_1$
$P_② = P_B + \gamma_물 \cdot h_3 + \gamma_{수은} \cdot h_2$
$P_A + \gamma_물 \cdot h_1 = P_B + \gamma_물 \cdot h_3 + \gamma_{수은} \cdot h_2$
$250[kPa] + (9.8[kN/m^3] \times 0.2[m])$
$= 200[kPa] + (9.8[kN/m^3] \times 0.4[m])$
$\quad + ((9.8[kN/m^3] \times 13.6) \times h_2[m])$
∴ $h_2[m] = 0.3604[m] = 36.04[cm]$
$36.04[cm] = L[cm] \times \cos 30°$
∴ $L[cm] = 41.615[cm] ≒ 41.6[cm]$

**35** 압력 0.1MPa, 온도 250℃ 상태인 물의 엔탈피가 2974.33kJ/kg이고 비체적은 2.40604m³/kg이다. 이 상태에서 물의 내부 에너지(kJ/kg)는?

① 2733.7
② 2974.1
③ 3214.9
④ 3582.7

엔탈피$(H) = U + P_V$
$U$ : 내부에너지(물질을 구성하고 있는 분자의 분자운동 에너지 + 위치에너지)
$P$ : 압력
$V$ : 비체적
$U = H - P_V$
$= 2974.33[kJ/kg] - 100[kN/m^2] \times 2.40604[m^3/kg]$
$= 2733.7[kJ/kg]$

**36** 길이가 400m이고 유동단면이 20cm×30cm인 직사각형관에 물이 가득 차서 평균속도 3m/s로 흐르고 있다. 이 때 손실수두는 약 몇 m인가? (단, 관마찰계수는 0.01이다.)

① 2.38
② 4.76
③ 7.65
④ 9.52

$h_L = f \cdot \dfrac{L}{D} \cdot \dfrac{u^2}{2g}$
$= (0.01) \times \left(\dfrac{400[m]}{0.24[m]}\right) \times \left(\dfrac{(3[m/s])^2}{(2)(9.8[m/s^2])}\right)$
$= 7.65[m]$

· $D$(수력직경) $= 4 \cdot R_h = 4 \times 0.06[m] = 0.24[m]$
· $R_h$(수력반경) $= \dfrac{유동단면적}{접수길이}$
$= \dfrac{0.2[m] \times 0.3[m]}{(0.2[m]+0.3[m]) \times 2}$
$= 0.06[m]$

**37** 안지름 100mm인 파이프를 통해 2m/s의 속도로 흐르는 물의 질량유량은 약 몇 kg/min인가?

① 15.7
② 157
③ 94.2
④ 942

정답 34.③ 35.① 36.③ 37.④

**해설** 질량유량 $m$
$m = A \cdot u \cdot \rho$
$= \left(\dfrac{\pi}{4}\right)(0.1[\text{m}])^2 \times 2[\text{m/s}] \times 1000[\text{kg/m}^3]$
$= 15.707[\text{kg/s}] \times \dfrac{60[\text{s}]}{1[\text{min}]}$
$= 942.48[\text{kg/min}]$
$\fallingdotseq 942[\text{kg/min}]$

**38** 유량이 $0.6\text{m}^3/\text{min}$일 때 손실수두가 5m인 관로를 통하여 10m높이 위에 있는 저수조로 물을 이송하고자 한다. 펌프의 효율이 85%라고 할 때 펌프에 공급해야 하는 전력은 약 몇 kW인가?

① 0.58　　② 1.15
③ 1.47　　④ 1.73

**해설** 펌프동력[kW]
$= \dfrac{\gamma \cdot Q \cdot H}{102 \cdot \eta} \cdot K$
($K$는 조건에 없으므로 무시)
$= \dfrac{1000[\text{kgf/m}^3] \times (0.6[\text{m}^3/\text{min}] \times \dfrac{1[\text{min}]}{60[\text{s}]}) \times 15[m]}{(102)(0.85)}$
$= 1.73[\text{kW}]$

**39** 대기의 압력이 $1.08\text{kgf/cm}^2$였다면 게이지 압력이 $12.5\text{kgf/cm}^2$인 용기에서 절대압력($\text{kgf/cm}^2$)은?

① 12.50
② 13.58
③ 11.42
④ 14.50

**해설** 절대압력[kgf/cm²]
= 국소대기압[kgf/cm²] + 게이지압[kgf/cm²]
$= 1.08[\text{kgf/cm}^2] + 12.5[\text{kgf/cm}^2]$
$= 13.58[\text{kgf/cm}^2]$

**40** 시간 $\triangle\text{t}$ 사이에 유체의 선운동량이 $\triangle\text{P}$ 만큼 변했을 때 $\triangle\text{P}/\triangle\text{t}$는 무엇을 뜻하는가?

① 유체 운동량의 변화량
② 유체 충격량의 변화량
③ 유체의 가속도
④ 유체에 작용하는 힘

**해설** ㉠ 시간 : [s]
㉡ 운동량 : [kg·m/s]
$\therefore \dfrac{\triangle P}{\triangle t} = \dfrac{[\text{kg} \cdot \text{m/s}]}{[\text{s}]} = [\text{kg} \cdot \text{m/s}^2] = [\text{N}]$
[N] : 힘의 단위

# 2017년 제2회 소방설비기사[기계분야] 1차 필기

[제2과목 : 소방유체역학]

**21** 그림과 같은 삼각형 모양의 평판이 수직으로 유체 내에 놓여 있을 때 압력에 의한 힘의 작용점은 자유표면에서 얼마나 떨어져 있는가? (단, 삼각형의 도심에서 단면 2차모멘트는 $bh^3/36$이다.)

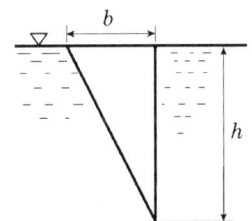

① $h/4$  ② $h/3$
③ $h/2$  ④ $2h/3$

**해설**
㉠ $y$ : 수면–면적중심까지 직선거리
   (사각형 : $\frac{h}{2}$, 삼각형 : $\frac{h}{3}$)

㉡ 삼각형 면적($A[m^2]$) = $\frac{가로 \times 세로}{2} = \frac{b \times h}{2}$

㉢ 힘의 작용점($y_P$) = $y + \frac{I_G}{y \times A}$

• $I_G$(관성모멘트) – 사각형 : $\frac{가로 \times 세로^3}{12}$

– 삼각형 : $\frac{가로 \times 세로^3}{36}$

∴ $y_P = y + \frac{\frac{가로 \times 세로^3}{36}}{y \times A} = \frac{h}{3} + \frac{\frac{b \times h^3}{36}}{\frac{h}{3} \times \frac{b \times h}{2}}$

$= \frac{h}{3} + \frac{h}{6} = \frac{3h}{6} = \frac{1}{2}h$

**22** 압력의 변화가 없을 경우 0℃의 이상기체는 약 몇 ℃가 되면 부피가 2배로 되는가?

① 273℃  ② 373℃
③ 546℃  ④ 646℃

**해설** 기체의 온도, 압력, 부피관계 → 보일–샤를의 법칙 적용

$\frac{P_1 V_1}{T_1} = \frac{P_2 V_2}{T_2}$

문제 조건에 의해 $P_1 = P_2$

$\frac{V_1}{T_1} = \frac{V_2}{T_2}$

$T_2 = \frac{V_2}{V_1} \times T_1 = \frac{2V_1}{V_1} T_1$

$= 2 \times 273[K] = 546[K] = 273[℃]$

**23** 서로 다른 재질로 만든 평판의 양쪽 온도가 다음과 같을 때, 동일한 면적 및 두께를 통한 열류량이 모두 동일하다면, 어느 것이 단열재로서 성능이 가장 우수한가?

① 30℃~10℃  ② 10℃~-10℃
③ 20℃~10℃  ④ 40℃~10℃

**해설** 전도열량 $Q[kcal/hr] = \frac{kA\Delta t}{l}$

열전도도($\lambda$)와 온도차($\Delta t$)는 반비례 관계

$k \propto \frac{1}{\Delta t}$

열전도도가 작을수록 온도차($\Delta t$)가 크므로 단열재성능이 우수하다.

㉠ $\Delta t = 20℃$  ∴ $\frac{1}{20} = 0.05$

㉡ $\Delta t = 20℃$  ∴ $\frac{1}{20} = 0.05$

㉢ $\Delta t = 10℃$  ∴ $\frac{1}{10} = 0.1$

㉣ $\Delta t = 30℃$  ∴ $\frac{1}{30} = 0.033$

정답  21.③  22.①  23.④

**24** 지름 40cm인 소방용 배관에 물이 80kg/s로 흐르고 있다면 물의 유속은 약 몇 m/s인가?

① 6.4   ② 0.64
③ 12.7  ④ 1.27

해설) 질량유량$(m) = A \cdot u \cdot \rho$
$80[\text{kg/s}]$
$= \left(\dfrac{\pi}{4}\right)(0.4[\text{m}])^2 \times u[\text{m/s}] \times 1000[\text{kg/m}^3]$

$\dfrac{80[\text{kg/s}]}{\left(\dfrac{\pi}{4}\right)(0.4[\text{m}])^2 \times 1000[\text{kg/m}^3]} = u[\text{m/s}]$

$\therefore u[\text{m/s}] = 0.636[\text{m/s}] ≒ 0.64[\text{m/s}]$

**25** 동력(power)의 차원을 옳게 표시한 것은? (단, M : 질량, L : 길이, T : 시간을 나타낸다.)

① $ML^2T^{-3}$   ② $L^2T^{-1}$
③ $ML^{-1}T^{-1}$  ④ $MLT^{-2}$

해설) 일률(=동력)
$W = \dfrac{J}{s}$
$= \dfrac{N \cdot m}{s} \ (\because J = N \cdot m)$
$= \dfrac{(\text{kg} \cdot \text{m/s}^2) \cdot (\text{m})}{\text{s}} = \text{kg} \cdot \text{m}^2/\text{s}^3$
$\therefore ML^2T^{-3}$

**26** 계기압력(gauge pressure)이 50kPa인 파이프 속의 압력은 진공압력(vacuum pressure)이 30kPa인 용기 속의 압력보다 얼마나 높은가?

① 0kPa(동일하다)   ② 20kPa
③ 80kPa           ④ 130kPa

해설)
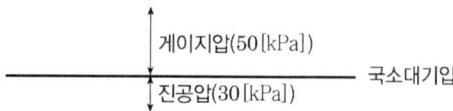

**27** 그림에서 두 피스톤의 지름이 각각 30cm와 5cm 이다. 큰 피스톤이 1cm 아래로 움직이면 작은 피스톤은 위로 몇 cm 움직이는가?

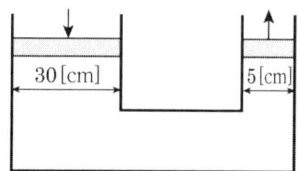

① 1cm   ② 5cm
③ 30cm  ④ 36cm

해설)
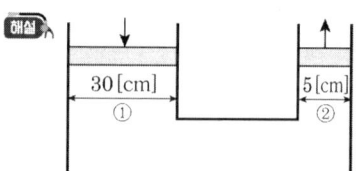

질량보존의 법칙에 의해
①지점 부피=②지점 부피
$\left(\dfrac{\pi}{4}\right)(30[\text{cm}])^2 \times 1[\text{cm}] = \left(\dfrac{\pi}{4}\right)(5[\text{cm}])^2 \times x[\text{cm}]$
$\therefore x[\text{cm}] = 36[\text{cm}]$

**28** 직사각형 단면의 덕트에서 가로와 세로가 각각 $a$ 및 $1.5a$이고, 길이가 $L$이며, 이 안에서 공기가 $V$의 평균속도로 흐르고 있다. 이때 손실수두를 구하는 식으로 옳은 것은? (단, $f$는 이 수력지름에 기초한 마찰계수이고, $g$는 중력가속도를 의미한다.)

① $f\dfrac{L}{a}\dfrac{V^2}{2.4g}$   ② $f\dfrac{L}{a}\dfrac{V^2}{2g}$
③ $f\dfrac{L}{a}\dfrac{V^2}{1.4g}$   ④ $f\dfrac{L}{a}\dfrac{V^2}{g}$

해설)
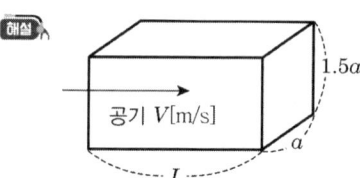

정답 24.② 25.① 26.③ 27.④ 28.①

달시-와이스바하 방정식
$$h_L = f \cdot \frac{L}{D} \cdot \frac{V^2}{2g} = f \cdot \frac{L}{1.2a} \cdot \frac{V^2}{2g}$$
$$= f \cdot \frac{L}{a} \cdot \frac{V^2}{2.4g}$$

수력지름$(D) = 4(Rh) = 4 \times 0.3a = 1.2a$

수력반경$(Rh) = \dfrac{유동단면적}{접수길이}$

$$= \frac{a \times 1.5a}{a+a+1.5a+1.5a}$$
$$= \frac{1.5a^2}{5a} = 0.3a$$

**29** 65%의 효율을 가진 원심펌프를 통하여 물을 $1\text{m}^3/\text{s}$의 유량으로 송출시 필요한 펌프수두가 6m이다. 이때 펌프에 필요한 축동력은 약 몇 kW인가?

① 40kW  ② 60kW
③ 80kW  ④ 90kW

**해설** 펌프축동력 $P[\text{kW}]$
$$P[\text{kW}] = \frac{\gamma \cdot Q \cdot H}{102 \cdot \eta}$$
$$= \frac{1000[\text{kgf}/\text{m}^3] \times 1[\text{m}^3/\text{s}] \times 6[\text{m}]}{(102) \cdot (0.65)}$$
$$= 90.497[\text{kW}] \fallingdotseq 90[\text{kW}]$$

**30** 중력가속도가 $2\text{m/s}^2$인 곳에서 무게가 8kN이고 부피가 $5\text{m}^3$인 물체의 비중은 약 얼마인가?

① 0.2  ② 0.8
③ 1.0  ④ 1.6

**해설**
비중량 $= \dfrac{중량}{부피} = \dfrac{질량 \times 중력가속도}{부피}$
$= 밀도 \times 중력가속도$

비중 $= \dfrac{측정물질\ 비중량}{물\ 비중량} = \dfrac{측정물질\ 밀도}{물\ 밀도}$

- 측정물질 비중량$= \dfrac{8000[\text{N}]}{5[\text{m}^3]} = 1600[\text{N}/\text{m}^3]$

- 측정물질 비중$= \dfrac{1600[\text{N}/\text{m}^3]}{1000[\text{kg}/\text{m}^3] \times 2[\text{m/s}^2]}$
$= 0.8$

**31** 관 내 물의 속도가 12m/s, 압력이 103kPa이다. 속도수두$(H_V)$와 압력수두$(H_P)$는 각각 약 몇 m인가?

① $H_V = 7.35$, $H_P = 9.8$
② $H_V = 7.35$, $H_P = 10.5$
③ $H_V = 6.52$, $H_P = 9.8$
④ $H_V = 6.52$, $H_P = 10.5$

**해설**
㉠ 속도수두$(H_V) = \dfrac{u^2}{2g} = \dfrac{(12[\text{m/s}])^2}{(2)(9.8[\text{m/s}^2])}$
$= 7.346[\text{m}] \fallingdotseq 7.35[\text{m}]$

㉡ 압력수두$(H_P) = \dfrac{P}{\gamma} = \dfrac{103[\text{kN}/\text{m}^2]}{9.8[\text{kN}/\text{m}^3]}$
$= 10.51[\text{m}] \fallingdotseq 10.5[\text{m}]$

**32** 그림과 같이 물탱크에서 $2\text{m}^2$의 단면적을 가진 파이프를 통해 터빈으로 물이 공급되고 있다. 송출되는 터빈은 수면으로부터 30m 아래에 위치하고, 유량은 $10\text{m}^3/\text{s}$이고 터빈효율이 80%일 때 터빈출력은 약 몇 kW인가? (단, 밴드나 밸브 등에 의한 부차적 손실계수는 2로 가정한다.)

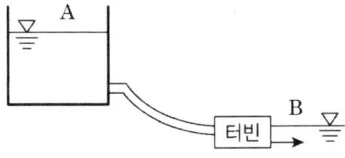

① 1254  ② 2690
③ 2152  ④ 3363

**해설** 동력이 아닌 출력을 구하는 문제이다.
$$[\text{kW}] = \frac{\gamma \cdot Q \cdot H}{102}$$
㉠ $\gamma = 1000[\text{kgf}/\text{m}^3]$
㉡ $Q = 10[\text{m}^3/\text{s}]$
㉢ $H = 30[\text{m}]$ - 밴드나 밸브 등에 의한 손실[m]
$= 30[\text{m}] - k \cdot \dfrac{u^2}{2g} = 30[\text{m}] - 2 \times \dfrac{(5[\text{m/s}])^2}{(2)(9.8[\text{m/s}^2])}$
$= 27.45[\text{m}]$

- $Q = A \cdot u$

$$u = \frac{Q}{A} = \frac{10[\text{m}^3/\text{s}]}{2[\text{m}^2]} = 5[\text{m/s}]$$

- 동력 $P[\text{kW}]$
$$= \frac{1000[\text{kgf/m}^3] \times 10[\text{m}^3/\text{s}] \times 27.45[\text{m}]}{102}$$
$$= 2691.15[\text{kW}]$$

- 출력 $P[\text{kW}] = 2691.17[\text{kW}] \times 0.8(효율)$
$$= 2152.94 ≒ 2152[\text{kW}]$$

**33** 노즐에서 분사되는 물의 속도가 12m/s이고, 분류에 수직인 평판은 속도 $u=4$m/s로 움직일 때, 평판이 받는 힘은 약 몇 N인가? (단, 노즐(분류)의 단면적은 $0.01\text{m}^2$이다.)

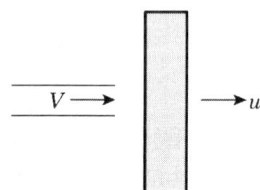

① 640　　② 960
③ 1280　　④ 1440

**해설** 분류가 이동평판에 작용하는 힘($F$)
$F = \rho \cdot Q(V-u)\sin\theta$
$= \rho \cdot A(V-u)^2 \cdot \sin\theta$
$= 1000[\text{kg} \cdot \text{m}^3] \times 0.01[\text{m}^2] \times (12[\text{m/s}] - 4[\text{m/s}])^2 \times 1$
$= 640[\text{kg} \cdot \text{m/s}^2]$
$= 640[\text{N}]$

**34** 가역단열과정에서 엔트로피 변화 $\triangle S$는?
① $\triangle S > 1$　　② $0 < \triangle S < 1$
③ $\triangle S = 1$　　④ $\triangle S = 0$

**해설**
- 가역단열과정 : $\triangle S = 0$
- 비가역단열과정 : $\triangle S > 1$

▶ 엔트로피 : 물질이 변형되어 다시 원래대로 환원될 수 없는 현상
▶ 단열과정 : 외부와 열 및 일이 차단된 채 변화하는 과정

**35** 온도가 37.5℃인 원유가 0.3m³/s의 유량으로 원관에 흐르고 있다. 레이놀즈수가 2100일 때, 관의 지름은 약 몇 m인가? (단, 원유의 동점성계수는 $6 \times 10^{-5}\text{m}^2/\text{s}$이다.)

① 1.25　　② 2.45
③ 3.03　　④ 4.45

**해설** ㉠ 기호
$Q : 0.3 m^3/S$
$R_e : 2100$
$\nu : 6 \times 10^{-5} m^2/s$

㉡ 유량
$$Q = AV = \left(\frac{\pi D^2}{4}\right)V$$

$Q$ : 유량[m³/s]
$A$ : 단면적[m²]
$V$ : 유속[m/s]
$D$ : 내경(지름)[m]

유속 $V = \dfrac{Q}{\dfrac{\pi D^2}{4}} = \dfrac{4Q}{\pi D^2}$ ‥‥‥‥ ⓐ

㉢ 레이놀즈수
$$Re = \frac{DV}{\nu}$$

$Re$ : 레이놀즈수
$\nu$ : 동점성계수[m/s]
$D$ : 지름[m]
$V$ : 유속[m/s]

지름 $D = \dfrac{Re\nu}{V}$ ‥‥‥‥ ⓑ

ⓐ식을 ⓑ식에 대입하면

지름 $D = \dfrac{Re\nu}{V} = \dfrac{Re\nu}{\dfrac{4Q}{\pi D^2}} = \dfrac{\pi D^2 Re\nu}{4Q}$

$D = \dfrac{\pi D^2 Re\nu}{4Q}$

$\dfrac{4Q}{\pi Re\nu} = \dfrac{D^2}{D}$

$\dfrac{4Q}{\pi Re\nu} = D$

좌우를 이항하면

$$D = \frac{4Q}{\pi Re\nu}$$
$$= \frac{4 \times 0.3 \mathrm{m}^3/\mathrm{s}}{\pi \times 2100 \times (6 \times 10^{-5})\mathrm{m}^2/\mathrm{s}}$$
$$\fallingdotseq 3.03\mathrm{m}$$

**36** 안지름 300mm, 길이 200m인 수평 원관을 통해 유량 0.2m³/s의 물이 흐르고 있다. 관의 양 끝단에서의 압력 차이가 500mmHg이면 관의 마찰계수는 약 얼마인가? (단, 수은의 비중은 13.6이다.)

① 0.017　　② 0.025
③ 0.038　　④ 0.041

$h_L = f \cdot \dfrac{L}{D} \cdot \dfrac{u^2}{2g} \rightarrow f = \dfrac{h_L \cdot D \cdot 2g}{L \cdot u^2}$

㉠ $h_L = 500[\mathrm{mmHg}] \times \dfrac{10.332[\mathrm{mH_2O}]}{760[\mathrm{mmHg}]} = 6.8[\mathrm{m}]$

㉡ $u = \dfrac{Q}{A} = \dfrac{0.2[\mathrm{m}^3/\mathrm{s}]}{\left(\dfrac{\pi}{4}\right)(0.3[\mathrm{m}])^2} = 2.83[\mathrm{m/s}]$

$\therefore f = \dfrac{h_L \cdot D \cdot 2g}{L \cdot u^2}$
$= \dfrac{6.8[\mathrm{m}] \times 0.3[\mathrm{m}] \times (2)(9.8[\mathrm{m/s}^2])}{200[\mathrm{m}] \times (2.83[\mathrm{m/s}])^2}$
$= 0.0249 \fallingdotseq 0.025$

**37** 뉴튼(Newton)의 점성법칙을 이용한 회전원통식 점도계는?

① 세이볼트 점도계
② 오스트발트 점도계
③ 레드우드 점도계
④ 스토머 점도계

- 회전원통법 : 뉴턴의 점성법칙 이용
  ◎ 스토머 점도계, 맥마이클 점도계
- 낙구법 : 스톡스(stokes)법칙 이용
  ◎ 낙구식 점도계
- 세관법 : 하겐포아즈웰 법칙 이용
  ◎ 세이볼트 점도계, 레드우드 점도계, 오스트발트 점도계, 앵글러 점도계, 바베이 점도계

**38** 분당 토출량이 1600L, 전양정이 100m인 물펌프의 회전수를 1000rpm에서 1400rpm으로 증가하면 전동기 소요동력은 약 몇 kW가 되어야 하는가? (단, 펌프의 효율은 65%이고, 전달계수는 1.1이다.)

① 441　　② 82.1
③ 121　　④ 142

펌프동력 $P[\mathrm{kW}]$
$P[\mathrm{kW}] = \dfrac{\gamma \cdot Q \cdot H}{102 \cdot \eta} k$
$= \dfrac{1000[\mathrm{kgf/m}^3] \times 0.037\mathrm{m}^3/\mathrm{s} \times 196[\mathrm{m}]}{(102) \cdot (0.65)} \times 1.1$
$= 121.4[\mathrm{kW}] \fallingdotseq 121[\mathrm{kW}]$

- $2240[\mathrm{L/min}] \times \dfrac{1[\mathrm{min}]}{60[\mathrm{s}]} \times \dfrac{1[\mathrm{m}^3]}{1000[\mathrm{L}]}$
$= 0.037\mathrm{m}^3/\mathrm{s}$

**39** 펌프의 공동현상(cavitation)을 방지하기 위한 방법이 아닌 것은?

① 펌프의 설치 위치를 되도록 낮게 하여 흡입양정을 짧게 한다.
② 단흡입펌프보다는 양흡입펌프를 사용한다.
③ 펌프의 흡입 관경을 크게 한다.
④ 펌프의 회전수를 크게 한다.

④ 펌프의 회전수를 크게 하면 유속이 빨라지고 유량이 많아져서 마찰손실값이 증가한다.
따라서 공동현상이 발생하게 된다.

**40** 체적 2000L의 용기 내에서 압력 0.4MPa, 온도 55℃의 혼합기체의 체적비가 각각 메탄(CH₄) 35%, 수소(H₂) 40%, 질소(N₂) 25%이다. 이 혼합기체의 질량은 약 몇 kg인가? (단, 일반기체상수는 8.314kJ/(kmol·K)이다.)

① 3.11　　② 3.53
③ 3.93　　④ 4.52

**해설** 이상기체상태방정식

$$PV = nRT = \frac{W}{M}RT$$

$$W = \frac{PVM}{RT}$$

$$= \frac{400[\text{kN/m}^2] \times 2[\text{m}^3] \times 13.4[\text{kg/kmol}]}{8.314[\text{kN} \cdot \text{m/kmol} \cdot \text{K}] \times 328[\text{K}]}$$

$$= 3.93[\text{kg}]$$

㉠ $P = 0.4[\text{MPa}] = 400[\text{kPa}] = 400[\text{kN/m}^3]$
㉡ $V = 2000[\text{L}] = 2[\text{m}^3]$
㉢ $M = 16[\text{kg/kmol}] \times 0.35 + 2[\text{kg/kmol}] \times 0.4$
   $\quad + 28[\text{kg/kmol}] \times 0.25$
   $\quad = 13.4[\text{kg/kmol}]$
㉣ $T = 55[℃] = 328[\text{K}]$
㉤ $R = 8.314[\text{kJ/kmol} \cdot \text{K}]$
   $\quad = 8.314[\text{kNm/kmol} \cdot \text{K}]$

# 2017년 제4회 소방설비기사[기계분야] 1차 필기
[제2과목 : 소방유체역학]

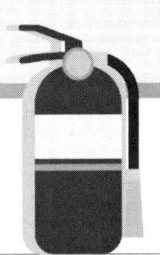

**21** 질량 $m\,[\text{kg}]$의 어떤 기체로 구성된 밀폐계가 $Q\,[\text{kg}]$의 열을 받아 일을 하고, 이 기체의 온도가 $\triangle T\,℃$ 상승하였다면 이 계가 외부에 한 일(W)은? (단, 이 기체의 정적비열은 $C_v\,[\text{kJ}/(\text{kg}\cdot\text{K})]$, 정압비열은 $C_p\,[\text{kJ}/(\text{kg}\cdot\text{K})]$이다.)

① $W = Q - m C_v \triangle T$
② $W = Q + m C_v \triangle T$
③ $W = Q - m C_p \triangle T$
④ $W = Q + m C_p \triangle T$

**해설** 열량 $Q[\text{kJ}] = (U_2 - U_1) + W$
∴ $W = Q - (U_2 - U_1) = Q - m C_V \triangle t$
정적과정이므로 (밀폐계) $U_2 - U_1$(내부에너지 변화는)
$m C_V \triangle t$ 이다.

**22** 그림과 같이 수조의 밑부분에 구멍을 뚫고 물을 유량 $Q$로 방출시키고 있다. 손실을 무시할 때 수위가 처음 높이의 1/2로 되었을 때 방출되는 유량은 어떻게 되는가?

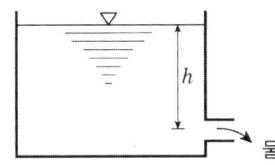

① $\dfrac{1}{\sqrt{2}}Q$    ② $\dfrac{1}{2}Q$
③ $\dfrac{1}{\sqrt{3}}Q$    ④ $\dfrac{1}{3}Q$

**해설** $Q = A \cdot u (u = \sqrt{2gh} = A \cdot \sqrt{2gh}$
$Q \propto \sqrt{h}$ 이므로

㉠ 구멍을 뚫기 전 $\sqrt{h} \rightarrow Q$
㉡ 구멍을 뚫은 후 $\sqrt{\dfrac{1}{2}h} \rightarrow \dfrac{1}{\sqrt{2}}Q$

**23** 그림과 같이 기름이 흐르는 관에 오리피스가 설치되어 있고, 그 사이의 압력을 측정하기 위해 U자형 차압액주계가 설치되어 있다. 이때 두 지점 간의 압력차($P_x - P_y$)는 약 몇 kPa인가?

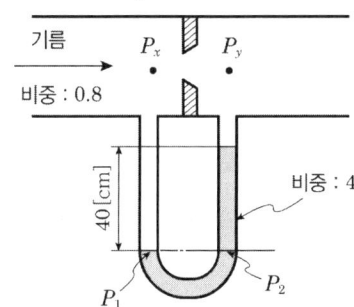

① 28.8    ② 15.7
③ 12.5    ④ 3.14

**해설**
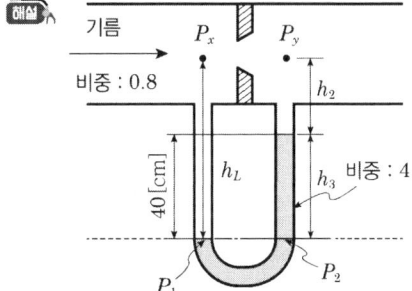

$P_x - P_y = (\gamma_{물질} - \gamma_{기름})h$
$= ((9.8[\text{kN}/\text{m}^3] \times 4) - (9.8[\text{kN}/\text{m}^3] \times 0.8))$
$\times 0.4[\text{m}]$
$= 12.54[\text{kN}/\text{m}^2](= [\text{kPa}])$

**정답** 21.① 22.① 23.③

(증명)
$P_1 = P_2$
$P_1 = P_x + \gamma_{기름} h_1$
$P_2 = P_y + \gamma_{기름} h_2 + \gamma_{물질} h_3$
$\therefore P_x + \gamma_{기름} h_1 = P_y + \gamma_{기름} h_2 + \gamma_{물질} h_3$
$P_x - P_y = \gamma_{기름} h_2 - \gamma_{기름} h_1 + \gamma_{물질} h_3$
$= \gamma_{기름} h_2 - \gamma_{기름}(h_2 + h_3) + \gamma_{물질} h_3$
$= \gamma_{물질} h_3 - \gamma_{기름} h_3$
$= h_3(\gamma_{물질} - \gamma_{기름})$

**24** 지름이 5cm인 소방노즐에서 물제트가 40m/s의 속도로 건물 벽에 수직으로 충돌하고 있다. 벽이 받는 힘은 약 몇 N인가?

① 1204  ② 2253
③ 2570  ④ 3141

**해설** 고정평판(벽)이 받는 힘
$F = \rho \cdot Q \cdot u \cdot \sin\theta$
$= 1000[kg/m^3] \times \dfrac{\pi}{4} \times (0.05[m])^2$
$\quad \times (40[m/s])^2 \times \sin 90°$
$= 3141.59[kg \cdot m/s^2] = 3141[N]$

**25** 체적이 0.1m³인 탱크 안에 절대압력이 1000kPa인 공기가 6.5kg/m³의 밀도로 채워져 있다. 시간이 $t=0$일 때 단면적이 70mm²인 1차원 출구로 공기가 300m/s의 속도로 빠져나가기 시작 한다면 그 순간에서의 밀도 변화율 kg/(m³·s)은 약 얼마인가? (단, 탱크 안의 유체의 특성량은 일정하다고 가정한다.)

① −1.365  ② −1.865
③ −2.365  ④ −2.865

**해설** $Q[m^3/s] = \dfrac{V[m^3]}{t[s]}$ 이므로

• $t[s] = \dfrac{V[m^3]}{Q[m^3/s]} = \dfrac{0.1[m^3]}{0.021[m^3/s]} = 4.7619[s]$

• $Q[m^3/s] = A[m^2] \times u[m/s]$
$= 70[mm^2] \times \left(\dfrac{1[m]}{1000[mm]}\right)^2 \times u[m/s]$
$= 0.021[m^3/s]$

$\therefore$ 밀도변화율 $[kg/m^3 \cdot s] = \dfrac{\rho}{t} = \dfrac{6.5[kg/m^3]}{4.7619[s]}$
$= 1.365[kg/m^3 \cdot s]$

빠져나갔으므로 부호(−)

**26** 모세관에 일정한 압력차를 가함에 따라 발생하는 층류유동의 유량을 측정함으로써 유체의 점도를 측정할 수 있다. 같은 압력차에서 두 유체의 유량의 비 $Q_2/Q_1 = 2$이고, 밀도비 $\rho_2/\rho_1 = 2$일 때, 점성계수비 $\mu_2/\mu_1$은?

① 1/4  ② 1/2
③ 1    ④ 2

**해설** 하겐포아즈웰방정식

• $U_{max} = \dfrac{\Delta P D^2}{16\mu L}$

• $U_{av} = \dfrac{\Delta P D^2}{32\mu L}$

• $Q = A \cdot u$
$= \left(\dfrac{\pi}{4}\right)(D)^2 \times \dfrac{\Delta P D^2}{32\mu L}$
$= \dfrac{\Delta P \pi D^4}{128\mu L}$

$\therefore Q \propto \dfrac{1}{\mu}$ 이므로 $\dfrac{Q_2}{Q_1} = 2$, $\dfrac{\mu_2}{\mu_1} = \dfrac{1}{2}$ 이다.

**27** 다음 중 동일한 액체의 물성치를 나타낸 것이 아닌 것은?

① 비중이 0.8
② 밀도가 800kg/m³
③ 비중량이 7840N/m³
④ 비체적이 1.25m³/kg

**해설** ㉠ 비중 $= \dfrac{측정물질 비중량}{물 비중량} = \dfrac{측정물질 밀도}{물 밀도}$

∴ 측정물질밀도 = 물 밀도 × 비중
$= 1000[kg/m^3] \times 0.8$
$= 800[kg/m^3]$

㉡ 밀도 = 800[kg/m³]

**정답** 24.④ 25.① 26.② 27.④

ⓒ 비중량 = $\dfrac{중량}{부피}$ = $\dfrac{질량 \times 중력가속도}{부피}$
  = 밀도 × 중력가속도

  밀도 = $\dfrac{비중량}{중력가속도}$
  = $\dfrac{7840[\text{N/m}^3]}{9.8[\text{m/s}^2]}$ = $800[\text{N} \cdot \text{S}^2/\text{m}^4]$

  $800\left[\dfrac{\frac{\text{kg} \cdot \text{m}}{S^2}}{\text{m}^4}\right]$ = $800[\text{kg/m}^2]$

ⓔ 비체적 = 밀도의 역수

  비체적 = $1.25[\text{m}^3/\text{kg}]$ → 밀도 = $\dfrac{1}{1.25}[\text{kg/m}^3]$
  = $0.8[\text{kg/m}^3]$

**28** 길이가 5m이며 외경과 내경이 각각 40cm와 30cm인 환형(annular)관에 물이 4m/s의 평균속도로 흐르고 있다. 수력지름에 기초한 마찰계수가 0.02일 때 손실수두는 약 몇 m인가?

① 0.063  ② 0.204
③ 0.472  ④ 0.816

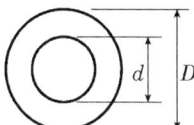

환형관(=동심이중관)
$d$ : 30[cm] = 0.3[m]
$D$ : 40[cm] = 0.4[m]

$h_L = f \cdot \dfrac{L}{D} \cdot \dfrac{u^2}{2g}$

= $(0.02) \times \left(\dfrac{5[\text{m}]}{0.1[\text{m}]}\right) \times \left(\dfrac{(4[\text{m/s}])^2}{(2)(9.8[\text{m/s}^2])}\right)$

= $0.816[\text{m}]$

• $D$(수력직경) = 큰 직경($D$) − 작은 직경($d$)
  = 40[cm] − 30[cm]
  = 10[cm] = 0.1[m]

**29** 열전달 면적이 A이고 온도차이가 10℃, 벽의 열전도율이 10[W/m·K], 두께 25cm인 벽을 통한 열류량은 100W이다. 동일한 열전달면적에서 온도차이가 2배, 벽의 열전도율이 4배가 되고 벽의 두께가 2배가 되는 경우 열류량은 약 몇 W인가?

① 50  ② 200
③ 400  ④ 800

**해설** 열류량 $Q$

$Q[\text{W}] = \dfrac{k \cdot A \cdot \Delta T}{l}$

= $\dfrac{10[\text{W/m} \cdot \text{k}] \times A \times 10[\text{k}]}{0.25[\text{m}]}$

= $100[\text{W}]$

∴ $A = 0.25[\text{m}^2]$

온도차이가 2배, 벽의 열전도율이 4배, 벽두께가 2배가 된 경우 열류량 $Q[\text{W}]$

$Q[\text{W}] = \dfrac{(10[\text{W/m} \cdot \text{k}] \times 4) \times 0.25[\text{m}^2] \times (10[\text{k}] \times 2)}{0.25[\text{m}] \times 2}$

= $400[\text{W}]$

**30** 길이 1200m, 안지름 100mm인 매끈한 원관을 통해서 0.01m³/s의 유량으로 기름을 수송한다. 이 때 관에서 발생하는 압력손실은 약 몇 kPa인가? (단, 기름의 비중은 0.8, 점성계수는 0.06N·s/m² 이다.)

① 163.2  ② 201.5
③ 293.4  ④ 349.7

**해설** 달시-와이스바하방정식

$h_L = f \cdot \dfrac{L}{D} \cdot \dfrac{u^2}{2g}$

• $f = \dfrac{64}{Re No.} = \dfrac{64}{\dfrac{D \cdot u \cdot \rho}{\mu}}$

= $\dfrac{64}{\dfrac{0.1[\text{m}] \times 1.27[\text{ms/}] \times 800[\text{kg/m}^3]}{0.06[\text{N} \cdot \text{s/m}^2]}}$ = $0.038$

• $u = \dfrac{Q}{A} = \dfrac{0.01[\text{m}^3/\text{s}]}{\left(\dfrac{\pi}{4}\right)(0.1[\text{m}])^2}$ = $1.27[\text{m/s}]$

∴ $h_L = 0.038 \times \dfrac{1200[\text{m}]}{0.1[\text{m}]} \times \dfrac{(1.27[\text{m/s}])^2}{2 \times 9.8[\text{m/s}^2]}$

= $37.52[\text{m}]$

압력손실 $\Delta P = \gamma h$
= $(9.8[\text{kN/m}^3] \times 0.8) \times 37.52[\text{m}]$
= $294.15[\text{kPa}]$

정답 28.④ 29.③ 30.③

**31** Carnot 사이클이 800K의 고온열원과 500K의 저온열원 사이에서 작동한다. 이 사이클에 공급하는 열량이 사이클 당 800kJ이라 할 때, 한 사이클 당 외부에 하는 일은 약 몇 kJ인가?

① 200    ② 300
③ 400    ④ 500

**해설**
출력일$(W)[kJ] = Q_H\left(1 - \dfrac{T_L}{T_H}\right)$
$= 800[kJ]\left(1 - \dfrac{500[k]}{800[k]}\right)$
$= 300[kJ]$

**32** 대기 중으로 방사되는 물제트에 피토관의 흡입구를 갖다 대었을 때, 피토관의 수직부에 나타나는 수주의 높이가 0.6m라고 하면, 물제트의 유속은 약 몇 m/s인가? (단, 모든 손실은 무시한다.)

① 0.25    ② 1.55
③ 2.75    ④ 3.43

**해설**
$u = \sqrt{2gh}$
$= \sqrt{(2)(9.8[m/s^2])(0.6[m])}$
$= 3.429[m/s] ≒ 3.43[m/s]$

**33** 안지름이 13mm인 옥내소화전의 노즐에서 방출되는 물의 압력(계기압력)이 230kPa이라면 10분 동안의 방수량은 약 몇 $m^3$인가?

① 1.7    ② 3.6
③ 5.2    ④ 7.4

**해설**
방법 1)
방수량 $Q = 0.6597 CD^2 \sqrt{10P}$
$= (0.6597) \times (0.99) \times (13[mm])^2$
$\times \sqrt{10 \times 0.23[MPa]}$
$= 167.39[L/min]$

- 10분 동안의 방수량
$167.39[L/min] \times 10[min] = 1673.9[L]$
단위환산
$1673.9[L] \times \dfrac{1[m^3]}{1000[L]} = 1.67[m^3] ≒ 1.7[m^3]$

방법 2)
$Q = A \cdot u = A\sqrt{2gh}$
- $h = 230[kPa] \times \dfrac{10.332[mH_2O]}{101.325[kPa]} = 23.45[m]$

$Q = \left(\dfrac{\pi}{4}\right)(0.013[m])^2$
$\times \sqrt{(2)(9.8[m/s^2])(23.45[m])}$
$= 0.002845[m^3/s]$

- 10분 동안의 방수량
$0.002845[m^3/s] \times \dfrac{60[s]}{1[min]} \times 10[min]$
$= 1.707[m^3] ≒ 1.71[m^3]$

**34** 계기압력이 730mmHg이고 대기압이 101.3kPa일 때 절대압력은 약 몇 kPa인가? (단, 수은의 비중은 13.6이다.)

① 198.6    ② 100.2
③ 214.4    ④ 93.2

**해설**

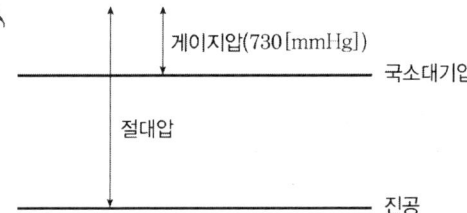

절대압력[kPa] = 국소대기압[kPa] + 게이지압[kPa]
$= 101.3[kPa] + 730[mmHg] \times \dfrac{101.325[kPa]}{760[mmHg]}$

**35** 펌프의 공동현상(cavitation)을 방지하기 위한 대책으로 옳지 않은 것은?

① 펌프의 설치높이를 될 수 있는 대로 높여서 흡입양정을 길게 한다.
② 펌프의 회전수를 낮추어 흡입 비속도를 적게 한다.
③ 단흡입펌프보다는 양흡입 펌프를 사용한다.
④ 밸브, 플랜지 등의 부속품수를 줄여서 손실수두를 줄인다.

정답  31.②  32.④  33.①  34.①  35.①

**해설** 공동(Cavitation) 현상

펌프 흡입측 배관에서 발생될 수 있는 현상으로 흡수되는 물의 압력이 그 온도에서의 포화증기압보다 작게 되면 물이 급격하게 증발되어 기포가 생성되는 현상이다. 기포가 흐름을 따라 이동하면서 진동, 소음을 수반하고 심한 경우 양수불능까지도 초래하게 된다.

㉠ 발생원인
  ⓐ 펌프가 수원보다 높고 흡입수두가 클 때
  ⓑ 펌프의 임펠러 회전속도가 클 때
  ⓒ 펌프의 흡입관경이 작을 때
  ⓓ 흡입측 배관의 유속이 빠를 때
  ⓔ 흡입측 배관의 마찰손실이 클 때
  ⓕ 물의 온도가 높을 때

㉡ 발생현상
  ⓐ 소음과 진동이 생긴다.
  ⓑ 침식이 생긴다.
  ⓒ 토출량 및 양정이 감소되고 전체적인 펌프의 효율이 감소된다.

㉢ 방지법
  ⓐ 펌프의 설치위치를 가급적 낮춘다.
  ⓑ 회전차를 수중에 완전히 잠기게 한다.
  ⓒ 흡입 관경을 크게 한다.
  ⓓ 펌프의 회전수를 낮춘다.
  ⓔ 2대 이상의 펌프를 사용한다.
  ⓕ 양(兩)흡입 펌프를 사용한다.

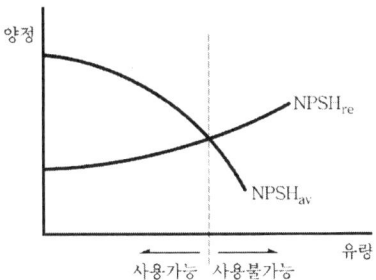

**【 H-Q 곡선과 Cavitation 】**

**36** 이상적인 교축 과정(throttling process)에 대한 설명 중 옳은 것은?

① 압력이 변하지 않는다.
② 온도가 변하지 않는다.
③ 엔탈피가 변하지 않는다.
④ 엔트로피가 변하지 않는다.

**해설** 교축과정

이상기체의 엔탈피(내부에너지)가 변하지 않는 과정(=등엔탈피 과정)

**37** 피스톤 $A_2$의 반지름이 A1의 반지름의 2배이며, $A_1$과 $A_2$에 작용하는 압력을 각각 $P_1$, $P_2$라 하면, 두 피스톤이 같은 높이에서 평형을 이룰 때 $P_1$과 $P_2$사이의 관계는?

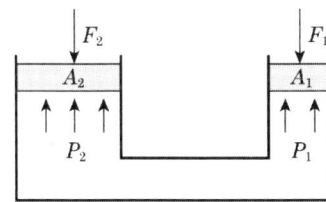

① $P_1 = 2P_2$
② $P_2 = 4P_1$
③ $P_1 = P_2$
④ $P_2 = 2P_1$

**해설** 파스칼의 원리에 의해 같은 높이에서 압력은 같다.
$P_1 = P_2$

**38** 전양정 80m, 토출량 500L/min인 물을 사용하는 소화펌프가 있다. 펌프효율 65%, 전달계수(K) 1.1 인 경우 필요한 전동기의 최소동력은 약 몇 kW인가?

① 9kW   ② 11kW
③ 13kW  ④ 15kW

**해설** 펌프동력 $P$

$$P[\text{kW}] = \frac{\gamma \cdot Q \cdot H}{102 \cdot \eta} \cdot K$$

$$= \frac{1000[\text{kgf/m}^3] \times 0.0083[\text{m}^3/\text{s}] \times 80[\text{m}]}{(102)(0.65)} \times 1.1$$

$$= 11.06[\text{kW}] ≒ 11[\text{kW}]$$

• $500[\text{L/min}] \times \frac{1[\text{m}^3]}{1000[\text{L}]} \times \frac{1[\text{min}]}{60[\text{s}]}$
  $= 0.0083[\text{m}^3/\text{s}]$

**39** 그림과 같이 수조에 비중이 1.03인 액체가 담겨있다. 이 수조의 바닥면적이 $4m^2$일 때의 수조바닥 전체에 작용하는 힘은 약 몇 kN인가? (단, 대기압은 무시한다.)

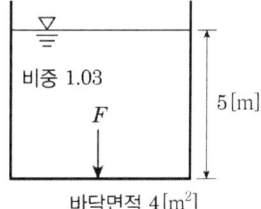

① 98  ② 51
③ 156  ④ 202

**해설**
$F = \gamma \cdot h \cdot A$
$= (9800[N/m^3] \times 1.03) \times 5[m] \times 4[m^2]$
$= 201880[N]$
$= 201.88[kN]$
$\fallingdotseq 202[kN]$

비중$(s) = \dfrac{\text{측정물질 비중량}}{\text{물 비중량}}$

∴ 측정물질비중량$(N/m^3)$ = 비중$(s) \times$ 물 비중량$(\gamma_\text{물})$

**40** 유체가 평판 위를 $u(m/s) = 500y - 6y_2$의 속도분포로 흐르고 있다. 이때 $y(m)$는 벽면으로부터 측정된 수직거리일 때 벽면에서의 전단응력은 약 몇 $N/m^2$인가? (단, 점성계수는 $1.4 \times 10^{-3} Pa \cdot s$ 이다.)

① 14  ② 7
③ 1.4  ④ 0.7

**해설**
$F = \mu A \dfrac{du}{dy}$

$\tau = \mu \dfrac{du}{dy}$

$= 1.4 \times 10^{-3}[Pa \cdot s] \times \dfrac{d(500y - 6y^2)}{dy}$

$= 1.4 \times 10^{-3}[Pa \cdot s] \times (500 - 12y)$

벽면에서의 전단응력을 구하는 것이므로 $y = 0$

∴ $\tau = 1.4 \times 10^{-3}[Pa \cdot s] \times 500 = 0.7[N/m^2]$

정답 39.④ 40.④

# 2018년 제1회 소방설비기사[기계분야] 1차 필기

[제2과목 : 소방유체역학]

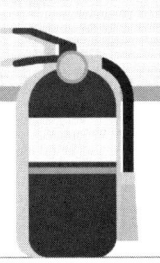

**21** 유속 6m/s로 정상류의 물이 화살표 방향으로 흐르는 배관에 압력계와 피토계가 설치되어 있다. 이때 압력계의 계기압력이 300kPa이었다면 피토계의 계기압력은 약 몇 kPa인가?

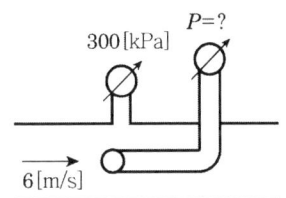

① 180　　② 280
③ 318　　④ 336

**[해설]**

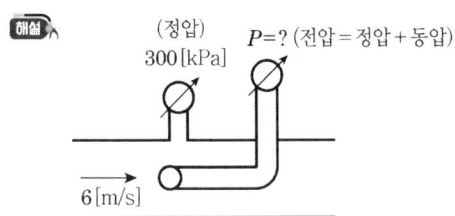

속도수두 $h = \dfrac{u^2}{2g} = \dfrac{(6[m/s])^2}{(2)(9.8[m/s^2])} = 1.84[m]$

∴ 전압 = 정압 + 동압
$= 300[kPa] + \left(1.84[mH_2O] \times \dfrac{101.325[kPa]}{10.332[mH_2O]}\right)$
$= 318.04[kPa] ≒ 318[kPa]$

**22** 관내에 흐르는 유체의 흐름을 구분하는데 사용되는 레이놀즈수의 물리적인 의미는?

① 관성력/중력　　② 관성력/탄성력
③ 관성력/압축력　　④ 관성력/점성력

**[해설]** ① 프루드 수　② 코우시스 수
③ 마하 수　④ 레이놀즈 수

**23** 정육면체의 그릇에 물을 가득 채울 때, 그릇 밑면이 받는 압력에 의한 수직방향 평균 힘의 크기를 P라고 하면, 한 측면이 받는 압력에 의한 수평방향 평균 힘의 크기는 얼마인가?

① 0.5P　　② P
③ 2P　　④ 4P

**[해설]**
• 밑면이 받는 평균 힘의 크기
$F = \gamma \cdot h \cdot A$
• 측면이 받는 평균 힘의 크기
$F = \gamma \cdot \left(\dfrac{1}{2}h\right) \cdot A$

∴ 측면이 받는 평균 힘의 크기 $= \dfrac{1}{2}P = 0.5P$

**24** 그림과 같이 수직 평판에 속도 2m/s로 단면적이 0.01m²인 물제트가 수직으로 세워진 벽면에 충돌하고 있다. 벽면의 오른쪽에서 물제트를 왼쪽 방향으로 쏘아 벽면의 평형을 이루게 하려면 물제트의 속도를 약 몇 m/s로 해야 하는가? (단, 오른쪽에서 쏘는 물제트의 단면적은 0.005m²이다.)

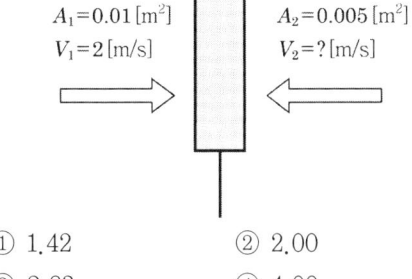

① 1.42　　② 2.00
③ 2.83　　④ 4.00

정답　21.③　22.④　23.①　24.③

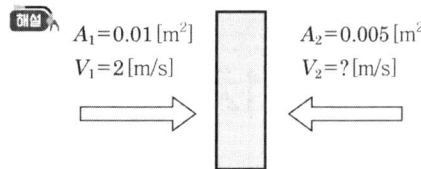

▶ 분류가 고정평판에 작용하는 힘
- $F = \rho \cdot Q \cdot u \cdot \sin\theta \, (\sin 90° = 1)$
  $= \rho \cdot Q \cdot u = \rho \cdot A \cdot u^2 \, (Q = A \cdot u)$
- 평형을 이루므로 $F_1 = F_2 \, (\rho_1 = \rho_2 \text{ 동일유체이므로})$
  $A_1 u_1^2 = A_2 u_2^2$
  $u_2 = \sqrt{\dfrac{A_1}{A_2} \times u_1^2} = \sqrt{\dfrac{0.01[m^2]}{0.005[m^2]} \times (2[m/s])^2}$
  $= 2.828[m/s] \fallingdotseq 2.83[m/s]$

**25** 그림과 같은 사이펀에서 마찰손실을 무시할 때, 사이펀 끝단에서의 속도(V)가 4m/s이기 위해서는 $h$가 약 몇 m이어야 하는가?

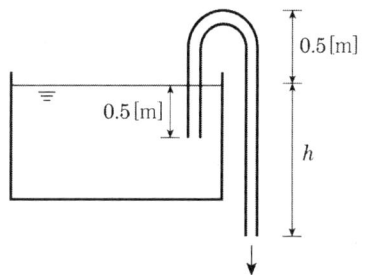

① 0.82m  ② 0.77m
③ 0.72m  ④ 0.87m

해설 속도 $u = \sqrt{2gh}$
$\therefore h = \dfrac{u^2}{2g} = \dfrac{(4[m/s])^2}{(2)(9.8[m/s^2])} = 0.816[m]$
$= 0.82[m]$

**26** 펌프에 의하여 유체에 실제로 주어지는 동력은? (단, $L_W$는 동력(kW), $\gamma$는 물의 비중량(N/m³), $Q$는 토출량(m³/min), H는 전양정(m), g는 중력가속도(m/s²)이다.)

① $L_W = \dfrac{\gamma QH}{102 \times 60}$  ② $L_W = \dfrac{\gamma QH}{1000 \times 60}$

③ $L_W = \dfrac{\gamma QHg}{102 \times 60}$  ④ $L_W = \dfrac{\gamma QHg}{1000 \times 60}$

해설 펌프에 의하여 유체에 실제로 주어지는 동력=수동력
$P[kW] = \dfrac{\gamma \cdot Q \cdot H}{102} = \dfrac{[kgf/m^3] \times [m^3/s] \times [m]}{102}$

$= \dfrac{\left([kgf/m^3] \times \dfrac{9.8[N]}{1[kgf]}\right) \times \left([m^3/s] \times \dfrac{60[s]}{1[min]}\right) \times [m]}{102}$

$= \dfrac{9.8[N/m^3] \times 60[m^3/min] \times [m]}{102}$

$= \dfrac{[N/m^3] \times [m^3/min] \times [m]}{(102)(9.8) \times 60} \times 60 = \dfrac{\gamma \cdot Q \cdot H}{1000 \times 60}$

**27** 성능이 같은 3대의 펌프를 병렬로 연결하였을 경우 양정과 유량은 얼마인가? (단, 펌프 1대에서 유량은 $Q$, 양정은 $H$라고 한다.)

① 유량은 9Q, 양정은 H
② 유량은 9Q, 양정은 3H
③ 유량은 3Q, 양정은 3H
④ 유량은 3Q, 양정은 H

해설
- 병렬연결 — $Q = 3Q$
           — $H = 1H$
- 직렬연결 — $Q = 1Q$
           — $H = 3H$

**28** 비압축성 유체의 2차원 정상유동에서 $x$방향의 속도를 $u$, $y$방향의 속도를 $v$라고 할 때 다음에 주어진 식들 중에서 연속방정식을 만족하는 것은 어느 것인가?

① $u = 2x + 2y, \ v = 2x - 2y$
② $u = x + 2y, \ v = x^2 - 2y$
③ $u = 2x + y, \ v = x^2 + 2y$
④ $u = x + 2y, \ v = 2x - y^2$

해설 비압축성 2차원 정상유동
$\dfrac{du}{dx} = 2x + 2y = 2, \ \dfrac{dv}{dy} = 2x - 2y = -2$

정답 25.① 26.② 27.④ 28.①

**29** 다음 중 동력의 단위가 아닌 것은?

① J/s
② W
③ kg·m²/s
④ N·m/s

**해설** 동력(=일률)

$$w = \frac{J}{s}$$
$$= \frac{N \cdot m}{s}$$
$$= \frac{(kg \cdot m/s^2) \cdot (m)}{s}$$
$$= kg \cdot m^2/s^3$$

**30** 지름 10cm인 금속구가 대류에 의해 열을 외부공기로 방출한다. 이때 발생하는 열전달량이 40W이고, 구 표면과 공기 사이의 온도차가 50℃라면 공기와 구 사이의 대류열전달계수(W/(m²·K))는 약 얼마인가?

① 25
② 50
③ 75
④ 100

**해설** 열전달량

$$Q[W] = \lambda[W/m^2 \cdot K] \times A[m^2] \times \Delta T[K]$$
$$\therefore \lambda[W/m^2 \cdot K] = \frac{Q[W]}{A[m^2] \times \Delta T[K]}$$
$$= \frac{40[W]}{4\pi(0.05m)^2 \times 50[K]}$$
$$= 25.46[W/m^2 \cdot K]$$
$$\approx 25[W/m^2 \cdot K]$$

▶ 구의 겉넓이($A[m^2]$)
$A[m^2] = 4\pi r^2$

**31** 지름 0.4m인 관에 물이 0.5m³/s로 흐를 때 길이 300m에 대한 동력손실은 60kW였다. 이때 관마찰계수 $f$는 약 얼마인가?

① 0.015
② 0.020
③ 0.025
④ 0.030

**해설** 달시-와이스바하방정식

$$h_L = f \cdot \frac{L}{D} \cdot \frac{u^2}{2g} \rightarrow f = \frac{h_L \cdot D \cdot 2g}{L \cdot u^2}$$
$$\therefore f = \frac{(12.24[m]) \times (0.4[m]) \times (2)(9.8[m/s^2])}{300[m] \times (3.98[m/s])^2}$$
$$= 0.02$$

▶ 속도 $u$를 구하는 방법
$Q = Au$
$$u = \frac{Q}{A} = \frac{0.5[m^3/s]}{\left(\frac{\pi}{4}\right)(0.4[m])^2} = 3.98[m/s]$$

▶ $h_L$ 구하는 방법

$$동력[kW] = \frac{\gamma \cdot Q \cdot H}{102 \cdot \eta} \cdot K$$
$$\rightarrow H = \frac{P \cdot 102}{\gamma \cdot Q} = \frac{60 \times 102}{1000 \times 0.5} = 12.24[m]$$

**32** 체적이 10m³인 기름의 무게가 30000N이라면 이 기름의 비중은 얼마인가? (단, 물의 밀도는 1000kg/m³이다.)

① 0.153
② 0.306
③ 0.459
④ 0.612

**해설**

$$비중 = \frac{측정물질 비중량}{물 비중량} = \frac{측정물질 밀도}{물 밀도}$$

기름의 비중 $s = \frac{30000[N]/10[m^3]}{9800[N/m^3]} = 0.306$

**33** 비열에 대한 다음 설명 중 틀린 것은?

① 정적비열은 체적이 일정하게 유지되는 동안 온도변화에 대한 내부에너지 변화율이다.
② 정압비열을 정적비열로 나눈 것이 비열비이다.
③ 정압비열은 압력이 일정하게 유지될 때 온도변화에 대한 엔탈피 변화율이다.
④ 비열비는 일반적으로 1보다 크나 1보다 작은 물질도 있다.

**해설** ④ 비열비는 항상 1보다 크다.

$$비열비(\gamma) = \frac{정압비열(C_P)}{정적비열(C_V)} > 1$$

**정답** 29.③ 30.① 31.② 32.② 33.④

**34** 비중 0.92인 빙산이 비중 1.025의 바닷물 수면에 떠 있다. 수면 위에 나온 빙산의 체적이 150m³이면 빙산의 전체 체적은 약 몇 m³인가?

① 1314   ② 1464
③ 1725   ④ 1875

**해설**
$$\frac{V_T - 150}{V_T} = \frac{0.92}{1.025}$$
$$\therefore V_T = 1464.28 \text{m}^2$$

**35** 초기 상태에서 압력 100kPa, 온도 15℃인 공기가 있다. 공기의 부피가 초기 부피의 1/20이 될 때까지 단열압축할 때 압축 후의 온도는 약 몇 ℃인가? (단, 공기의 비열비는 1.4이다.)

① 54    ② 348
③ 682   ④ 912

**해설** 단열압축
$$\frac{T_2}{T_1} = \left(\frac{V_1}{V_2}\right)^{k-1} = \left(\frac{P_2}{P_1}\right)^{\frac{k-1}{k}}$$
$$\therefore T_2 = T_1 \left(\frac{V_1}{V_2}\right)^{k-1}$$
$$= (15 + 273[\text{K}]) \times \left(\frac{V_1 1}{\frac{1}{20} V_1}\right)^{1.4-1}$$
$$= 954.56[\text{K}] = 681.56[℃] ≒ 682[℃]$$

**36** 수격작용에 대한 설명으로 맞는 것은?

① 관로가 변할 때 물의 급격한 압력 저하로 인해 수중에서 공기가 분리되어 기포가 발생하는 것을 말한다.
② 펌프의 운전 중에 송출압력과 송출유량이 주기적으로 변동하는 현상을 말한다.
③ 관로의 급격한 온도변화로 인해 응결되는 현상을 말한다.
④ 흐르는 물을 갑자기 정지시킬 때 수압이 급격히 변화하는 현상을 말한다.

**해설**
① 공동현상
② 맥동현상
③ 드라이아이스현상

**37** 그림에서 $h_1$=120mm, $h_2$=180mm, $h_3$=100mm 때 A에서의 압력과 B에서의 압력의 차이 ($P_A - P_B$)를 구하면? (단, A, B 속의 액체는 물이고, 차압액주계에서의 중간 액체는 수은(비중 13.6)이다.)

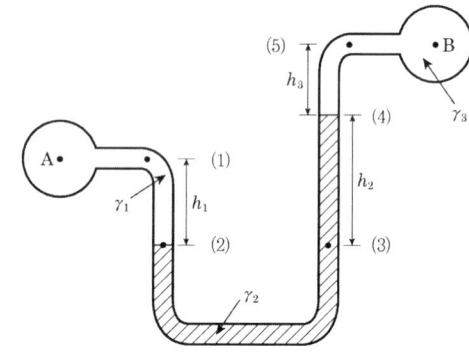

① 20.4kPa   ② 23.8kPa
③ 26.4kPa   ④ 29.8kPa

**해설**

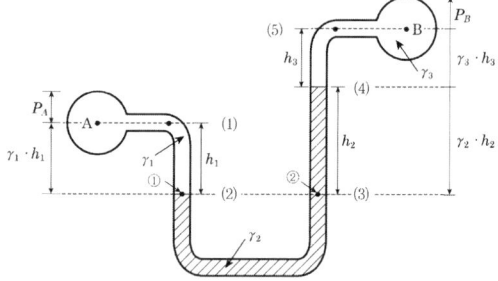

$P_① = P_②$
$P_① = P_A + \gamma_1 \cdot h_1$
$P_② = P_B + \gamma_3 \cdot h_3 + \gamma_2 \cdot h_2$
$\therefore P_A + \gamma_1 \cdot h_1 = P_B + \gamma_3 \cdot h_3 + \gamma_2 \cdot h_2$
$P_A - P_B = \gamma_3 \cdot h_3 + \gamma_2 \cdot h_2 - \gamma_1 \cdot h_1$
$\quad = \gamma_물(h_3 - h_1) + \gamma_{수은} \cdot h_2$
$\quad = [9.8[\text{kN/m}^3] \times (0.1[\text{m}] - 0.12[\text{m}])]$
$\quad\quad + [(9.8[\text{kN/m}^3] \times 13.6) \times 0.18[\text{m}]]$
$\quad = 23.79[\text{kPa}] ≒ 23.8[\text{kPa}]$
($\gamma_1$, $\gamma_3$ : 물비중량, $\gamma_2$ : 수은비중량)

**38** 원형 단면을 가진 관내에 유체가 완전 발달된 비압축성 층류유동으로 흐를 때 전단응력은?

① 중심에서 0이고, 중심선으로부터 거리에 비례하여 변한다.
② 관벽에서 0이고, 중심선에서 최대이며 선형 분포한다.
③ 중심에서 0이고, 중심선으로부터 거리의 제곱에 비례하여 변한다.
④ 전 단면에 걸쳐 일정하다.

**해설** 하겐-포아즈웰 방정식(Hagen Poiseuille Equation)
수평 원관 속에 비압축성 유체가 층류로 유동하고 있을 때 속도분포는 관의 중심에서 최고속도를 나타내는 포물선형태를 갖는다. 즉, 전단응력은 관 중심에서 0이고 반지름에 비례하면서 관 벽까지 직선적으로 증가한다. 하겐-포아즈웰 방정식은 층류유동에만 해당되는 식이다.

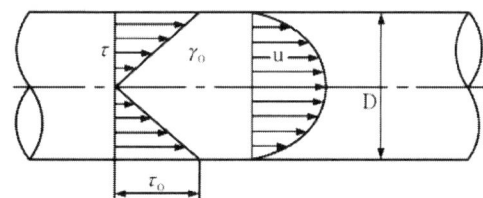

[ 전단응력과 속도분포 ]

**39** 부피가 $0.3m^3$으로 일정한 용기 내의 공기가 원래 300kPa(절대압력), 400K의 상태였으나, 일정 시간동안 출구가 개방되어 공기가 빠져나가 200kPa(절대압력), 350K의 상태가 되었다. 빠져나간 공기의 질량은 약 몇 g인가? (단, 공기는 이상기체로 가정하며 기체상수는 287J/(kg·K)이다.)

① 74   ② 187
③ 295   ④ 388

**해설** 특정기체상태방정식 $PV = GRT$
$P_1$(출구개방 전 압력)= 300[kPa] = 300[kN/m²]
$P_2$(출구개방 후 압력)= 200[kPa] = 200[kN/m²]
$V$(부피)= 0.3[m³](일정)
$T_1$(출구개방전 온도) = 400[K]
$T_2$(출구개방후 온도) = 350[K]
$R$(기체정수)= 287[J/kg·K]
   = 287[N·m/kg·K]
빠져나간 공기의 질량[g]=출구개방전 공기의 질량[g]
                  －출구개방 후 공기의 질량[g]

㉠ 출구 개방 전 공기의 질량[$W_1$]
$P_1 V = G_1 R T_1$
$G_1 = \dfrac{P_1 V}{R T_1} = \dfrac{300[\text{kN/m}^2] \times 0.3[\text{m}^3]}{287[\text{N·m/kg·K}] \times 400[\text{K}]}$
   $= 0.78397[\text{kg}] = 783.97[\text{g}]$

㉡ 출구 개방 후 공기의 질량($W_2$)
$P_2 V = G_2 R T_2$
$G_2 = \dfrac{P_2 V}{R T_2} = \dfrac{200[\text{kN/m}^2] \times 0.3[\text{m}^3]}{287[\text{N·m/kg·K}] \times 350[\text{K}]}$
   $= 0.59731[\text{kg}] = 597.31[\text{g}]$

∴ ㉠－㉡ = 783.97[g]－597.31[g]
       = 186.66[g] ≒ 187[g]

**40** 한 변의 길이가 L인 정사각형 단면의 수력지름(hydraulic diameter)은?

① L/4   ② L/2
③ L    ④ 2L

**해설**

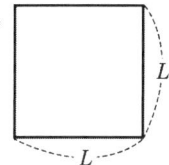

수력반경($Rh$) = $\dfrac{\text{유동 단면적}}{\text{접수길이}}$
수력직경($D$) = $4 \cdot Rh$

㉠ 수력반경($Rh$) = $\dfrac{L^2}{4L} = \dfrac{L}{4}$
㉡ 수력직경($D$) = $4 \times Rh = 4 \times \dfrac{L}{4} = L$

정답 38.① 39.② 40.③

# 2018년 제2회 소방설비기사[기계분야] 1차 필기

[제2과목 : 소방유체역학]

**21** 효율이 50%인 펌프를 이용하여 저수지의 물을 1초에 10L씩 30m 위 쪽에 있는 논으로 퍼 올리는 데 필요한 동력은 약 몇 kW인가?

① 18.83  ② 10.48
③ 2.94   ④ 5.88

**해설** 펌프동력

$$P[kW] = \frac{\gamma \cdot Q \cdot H}{102 \cdot \eta} \cdot K \ (K는\ 조건에\ 없으므로\ 무시)$$

$$= \frac{1,000[kgf/m^3] \times (10[L/s] \times \frac{1[m^3]}{1,000[L]}) \times 30[m]}{102 \times 0.5}$$

$$= 5.88[kW]$$

**22** 펌프가 실제 유동시스템에 사용될 때 펌프의 운전점은 어떻게 결정하는 것이 좋은가?

① 시스템곡선과 펌프성능곡선의 교점에서 운전한다.
② 시스템곡선과 펌프효율곡선의 교점에서 운전한다.
③ 펌프성능곡선과 펌프효율곡선의 교점에서 운전한다.
④ 펌프효율곡선의 최고점, 즉 최고효율점에서 운전한다.

**해설** 펌프 성능곡선과 시스템 곡선

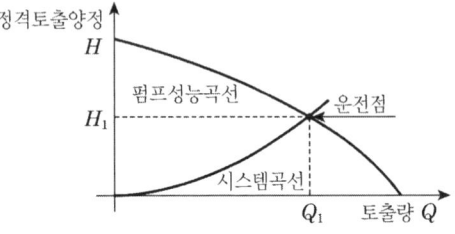

**23** 비중이 1.03인 바닷물에 비중 0.9인 빙산이 떠있다. 전체 부피의 몇 %가 해수면 위로 올라와 있는가?

① 12.6   ② 10.8
③ 7.2    ④ 6.3

**해설** 잠긴 부피 $= \frac{0.9}{1.03} = 0.874 ≒ 87.4\%$

떠있는 부피 $= 12.6\%$

**24** 그림과 같이 중앙부분에 구멍이 뚫린 원판에 지름 D의 원형 물제트가 대기압 상태에서 V의 속도로 충돌하여, 원판 뒤로 지름 D/2의 원형 물제트가 V의 속도로 흘러나가고 있을 때, 이 원판이 받는 힘은 얼마인가? (단, $\rho$는 물의 밀도이다.)

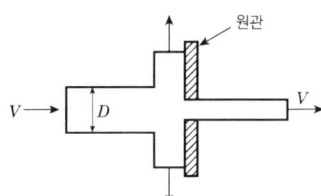

① $\frac{3}{16}\rho\pi V^2 D^2$   ② $\frac{3}{8}\rho\pi V^2 D^2$
③ $\frac{3}{4}\rho\pi V^2 D^2$    ④ $3\rho\pi V^2 D^2$

**해설** $F = \rho \cdot Q \cdot u \cdot \sin\theta$
$= \rho \cdot A \cdot u^2 \cdot \sin\theta \ (Q = A \cdot u이므로)$
∴ 구멍이 뚫린 원판에 작용하는 힘($F$)
$F = \rho \cdot u^2 \cdot \sin\theta (A_1 - A_2)$
$= \rho \cdot u^2 \cdot \sin\theta \frac{\pi}{4}D^2 - \frac{\pi}{16}D^2$
$= \rho \cdot u^2 \cdot \sin\theta \left(\frac{3}{16}\pi D^2\right)$
$= \frac{3}{16}\rho\pi u^2 D^2 \ (\sin 90° = 1)$

**정답** 21.④  22.①  23.①  24.①

**25** 저장용기로부터 20℃의 물을 길이 300m, 지름 900mm인 콘크리트 수평 원관을 통하여 공급하고 있다. 유량이 1m³/s일 때 원관에서의 압력강하는 약 몇 kPa인가? (단, 관마찰계수는 약 0.023이다.)

① 3.57  ② 9.47
③ 14.3  ④ 18.8

**해설** 달시-와이스바하방정식

$$h_L = f \cdot \frac{L}{D} \cdot \frac{u^2}{2g}$$

$$= (0.023) \times \left(\frac{300[m]}{0.9[m]}\right) \times \frac{(1.57[m/s])^2}{(2)(9.8[m/s^2])}$$

$$= 0.964[m]$$

단위변환 $0.964[mH_2O] \times \frac{101.325[kPa]}{10.332[mH_2O]}$

$$= 9.45[kPa]$$

- $u$ 구하는 방법

$$Q = A \cdot u$$

$$u = \frac{Q}{A} = \frac{1[m^3/s]}{\left(\frac{\pi}{4}\right)(0.9[m])^2} = 1.57[m/s]$$

* 압력강하=마찰손실압력

**26** 물탱크에 담긴 물의 수면의 높이가 10m인데, 물탱크 바닥에 원형 구멍이 생겨서 10L/s만큼 물이 유출되고 있다. 원형 구멍의 지름은 약 몇 cm인가? (단, 구멍의 유량보정계수는 0.6이다.)

① 2.7  ② 3.1
③ 3.5  ④ 3.9

**해설**
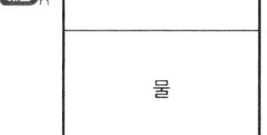

$Q = 10[L/s]$
$D = ?[cm]$
$C = 0.6$

$Q = A \cdot u \cdot c = A \cdot \sqrt{2gh} \cdot c$

$$\therefore A = \frac{Q}{\sqrt{2gh} \cdot c}$$

$$= \frac{10[L/s] \times \frac{1[m^3]}{1000[L]}}{\sqrt{(2)(9.8[m/s^2]) \cdot 10[m]} \times (0.6)}$$

$$= 0.00119[m^2]$$

$$\therefore A = \frac{\pi}{4}d^2 \rightarrow d = \sqrt{\frac{4A}{\pi}}$$

$$= \sqrt{\frac{(4)(0.00119[m^2])}{\pi}}$$

$$= 0.0389[m] \fallingdotseq 3.9[cm]$$

**27** 20℃ 물 100L를 화재현장의 화염에 살수하였다. 물이 모두 끓는 온도(100℃)까지 가열되는 동안 흡수하는 열량은 약 몇 kJ인가? (단, 물의 비열은 4.2kJ/(kg·K)이다.)

① 500  ② 2000
③ 8000  ④ 33600

**해설** 현열량 $Q$

$$Q = m \cdot c \cdot \Delta t$$
$$= 100[kg] \times 4.2[[K]/kg \cdot K] \times (100-20[K])$$
$$= 33600[kJ]$$

* 수증기에 대한 언급이 없으므로 잠열량($Q$)는 고려하지 않는다.

**28** 아래 그림과 같은 반지름이 1m이고, 폭이 3m인 곡면의 수문 AB가 받는 수평분력은 약 몇 N인가?

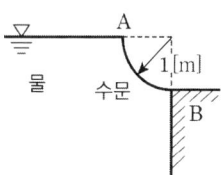

① 7350  ② 14700
③ 23900  ④ 29400

**해설** 수평분력 $F$

$$F = \gamma \cdot h \cdot A$$
$$= 9800[N/m^3] \times 0.5[m] \times (1[m] \times 3[m])$$
$$= 14700[N]$$

정답 25.② 26.④ 27.④ 28.②

**29** 초기온도와 압력이 각각 50℃, 600kPa인 이상기체를 100kPa까지 가역 단열팽창시켰을 때 온도는 약 몇 K인가? (단, 이 기체의 비열비는 1.4이다.)

① 194  ② 216
③ 248  ④ 262

**해설** 단열팽창

$$\frac{T_2}{T_1} = \left(\frac{V_1}{V_2}\right)^{k-1} = \left(\frac{P_2}{P_1}\right)^{\frac{k-1}{k}}$$

$$\frac{T_2}{T_1} = \left(\frac{P_2}{P_1}\right)^{\frac{k-1}{k}}$$

$$T_2 = T_1 \times \left(\frac{P_2}{P_1}\right)^{\frac{k-1}{k}}$$

$$= (50 + 273[k]) \times \left(\frac{100[kPa]}{600[kPa]}\right)^{\frac{1.4-1}{1.4}}$$

$$= 193.59[K] \fallingdotseq 194[K]$$

**30** 100cm×100cm이고, 300℃로 가열된 평판에 25℃의 공기를 불어준다고 할 때 열전달량은 약 몇 kW인가? (단, 대류열전달 계수는 30W/(m²·K)이다.)

① 2.98  ② 5.34
③ 8.25  ④ 10.91

**해설** 열전달량

$$Q[W] = \lambda[W/m^2 \cdot K] \times A[m^2] \times \Delta T[K]$$
$$= 30[W/m^2 \cdot K] \times (1[m] \times 1[m])$$
$$\quad \times (300 - 25[K])$$
$$= 8250[W] = 8.25[kW]$$

**31** 호주에서 무게가 20N인 어떤 물체를 한국에서 재어보니 19.8N이었다면 한국에서의 중력가속도는 약 몇 m/s²인가? (단, 호주에서의 중력가속도는 9.82m/s²이다.)

① 9.72  ② 9.75
③ 9.78  ④ 9.82

**해설** 무게=중량=힘
중량=질량×중력가속도
* 중량은 중력가속도에 따라서 변하지만, 질량은 질량보존의 법칙에 의해 불변이다.
㉠ 호주에서 무게 20[N]
  20[N] = 질량 $m$[kg] × 9.82[m/s²]
  ∴ 질량 $m = 2.036 \fallingdotseq 2.04$[kg]
㉡ 한국에서 무게 19.8[N]
  19.8[N] = 2.04[kg] × $g$[m/s²]
  ∴ 중력가속도 $g = 9.705 \fallingdotseq 9.7$[m/s²]

**32** 비압축성 유체를 설명한 것으로 가장 옳은 것은?

① 체적탄성계수가 0인 유체를 말한다.
② 관로 내에 흐르는 유체를 말한다.
③ 점성을 갖고 있는 유체를 말한다.
④ 난류 유동을 하는 유체를 말한다.

**해설** 비압축성 유체 → 압축이 안되므로 체적탄성계수가 0이다.

**33** 지름 20cm의 소화용 호스에 물이 질량유량 80kg/s로 흐른다. 이때 평균유속은 약 몇 m/s인가?

① 0.58  ② 2.55
③ 5.97  ④ 25.48

**해설** 질량유량 $m$
$m = A \cdot u \cdot \rho$

$$u = \frac{m}{A \cdot \rho} = \frac{80[kg/s]}{\left(\frac{\pi}{4}\right)(0.2[m])^2 \times 1000[kg/m^3]}$$

$$= 2.546[m/s] \fallingdotseq 2.55[m/s]$$

**34** 깊이 1m까지 물을 넣은 물탱크의 밑에 오리피스가 있다. 수면에 대기압이 작용할 때의 초기 오리피스에서의 유속 대비 2배 유속으로 물을 유출시키려면 수면에는 몇 kPa의 압력을 더 가하면 되는가? (단, 손실은 무시한다.)

① 9.8  ② 19.6
③ 29.4  ④ 39.2

**정답** 29.① 30.③ 31.① 32.① 33.② 34.③

해설

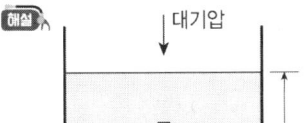

㉠ 초기유속
$u = \sqrt{2gh}$
$= \sqrt{(2)(9.8[\text{m}/\text{s}^2])(1[\text{m}])}$
$= 4.43[\text{m/s}]$

㉡ 이후
$u = \sqrt{2gh} \rightarrow h = \dfrac{u^2}{2g}$

$\therefore h = \dfrac{u^2}{2g} = \dfrac{(2 \times 4.43[\text{m/s}])^2}{(2) \times (9.8[\text{m/s}^2])} = 4[\text{m}]$

$\therefore 3[\text{mH}_2\text{O}]$의 압력을 더 가하여야 한다.

$3[\text{mH}_2\text{O}] \times \dfrac{101.325[\text{kPa}]}{10.332[\text{mH}_2\text{O}]} = 29.4[\text{kPa}]$

**35** 그림과 같은 거꾸로 된 마노미터에서 물과 기름, 수은이 채워져 있다. a=10cm, c=25cm이고 A의 압력이 B의 압력보다 80kPa 작을 때 b의 길이는 약 몇 cm인가? (단, 수은의 비중량은 133100N/m³, 기름의 비중은 0.9이다.)

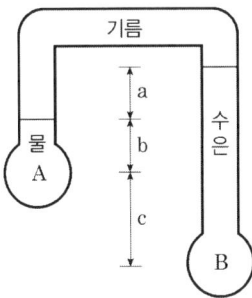

① 17.8
② 27.8
③ 37.8
④ 47.8

해설

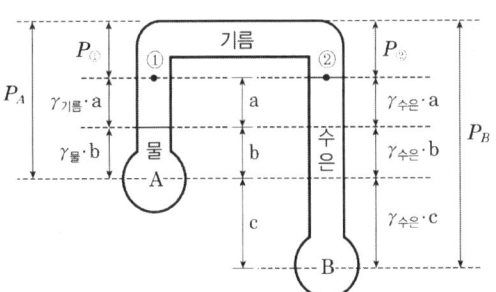

$P_① = P_②$
$P_① = P_A - \gamma_{기름} \cdot a - \gamma_{물} \cdot b$
$P_② = P_B - \gamma_{수은} \cdot a - \gamma_{수은} \cdot b - \gamma_{수은} \cdot c$
$\therefore P_A - \gamma_{기름} \cdot a - \gamma_{물} \cdot b$
$= P_B - \gamma_{수은} \cdot a - \gamma_{수은} \cdot b - \gamma_{수은} \cdot c$

문제 조건에 의해 $P_A + 80[\text{kPa}] = P_B$
$P_B - P_A = 80[\text{kPa}]$
$80[\text{kPa}] = \gamma_{수은} \cdot (a+b+c) - \gamma_{기름} \cdot a - \gamma_{물} \cdot b$
$= [(133.1[\text{kN/m}^3]) \times (0.1[\text{m}] + b[\text{m}] + 0.25[\text{m}])]$
$- [(9.8[\text{kN/m}^3]) 0.9 \times 0.1[\text{m}]]$
$- [(9.8[\text{kN/m}^3]) \times b[\text{m}]]$
$\therefore b[\text{m}] = 0.2789[\text{m}] = 27.89[\text{cm}] ≒ 27.8[\text{cm}]$

**36** 공기를 체적비율이 산소($O_2$, 분자량 32g/mol) 20%, 질소($N_2$, 분자량 28g/mol) 80%의 혼합기체라 가정할 때 공기의 기체상수는 약 몇 [kJ/kg·K]인가? (단, 일반기체상수는 8.3145[kJ/(kmol·K)]이다.)

① 0.294
② 0.289
③ 0.284
④ 0.279

해설 특정기체상태방정식
$PV = GRT$
$R = \dfrac{R(\text{기체상수})}{M(\text{분자량})}$
$M = 32[\text{g/mol}] \times 0.2 + 28[\text{g/mol}] \times 0.8$
$= 28.8[\text{g/mol}]$

$\therefore$ 공기기체정수 $R = \dfrac{8.3145[\text{kJ/kmol} \cdot \text{K}]}{28.8[\text{kg/kmol}]}$
$= 0.2886[\text{kJ/kg} \cdot \text{K}]$
$≒ 0.289[\text{kJ/kg} \cdot \text{K}]$

**37** 물이 소방노즐을 통해 대기로 방출될 때 유속이 24m/s가 되도록 하기 위해서는 노즐입구의 압력은 몇 kPa이 되어야 하는가? (단, 압력은 계기압력으로 표시되며 마찰손실 및 노즐입구에서의 속도는 무시한다.)

① 153  ② 203
③ 288  ④ 312

**해설**
$u = \sqrt{2gh}$
$h = \dfrac{u^2}{2g} = \dfrac{(24[\text{m/s}])^2}{2 \times 9.8[\text{m/s}^2]} = 29.39[\text{m}]$
$\therefore 29.39[\text{mH}_2\text{O}] \times \dfrac{101.325[\text{kPa}]}{10.332[\text{mH}_2\text{O}]}$
$= 288.225[\text{kPa}] \fallingdotseq 288[\text{kPa}]$

**38** 무한한 두 평판 사이에 유체가 채워져 있고 한 평판은 정지해 있고 또 다른 평판은 일정한 속도로 움직이는 Couette 유동을 하고 있다. 유체 A만 채워져 있을 때 평판을 움직이기 위한 단위면적당 힘을 $\tau_1$이라 하고 같은 평판 사이에 점성이 다른 유체 B만 채워져 있을 때 필요한 힘을 $\tau_2$라 하면 유체 A와 B가 반반씩 위아래로 채워져 있을 때 평판을 같은 속도로 움직이기 위한 단위면적당 힘에 대한 표현으로 옳은 것은?

① $\dfrac{\tau_1 + \tau_2}{2}$  ② $\sqrt{\tau_1 \tau_2}$
③ $\dfrac{2\tau_1 \tau_2}{\tau_1 + \tau_2}$  ④ $\tau_1 + \tau_2$

**해설** 단위면적당 힘
$\tau = \dfrac{2\tau_1 \tau_2}{\tau_1 + \tau_2}$
$\tau$ : 단위면적당 힘[N]
$\tau_1$ : 평판을 움직이기 위한 단위면적당 힘[N]
$\tau_2$ : 평판 사이에 다른 유체만 채워져 있을 때 필요한 힘[N]

**39** 동점성계수가 $1.15 \times 10^{-6} \text{m}^2/\text{s}$인 물이 30mm의 지름 원관 속을 흐르고 있다. 층류가 기대될 수 있는 최대 유량은 약 몇 $\text{m}^3/\text{s}$인가? (단, 임계 레이놀즈 수는 2100이다.)

① $2.85 \times 10^{-5}$  ② $5.69 \times 10^{-5}$
③ $2.85 \times 10^{-7}$  ④ $5.69 \times 10^{-7}$

**해설**
$Re No. = \dfrac{D \cdot u \cdot \rho}{\mu} = \dfrac{D \cdot u}{\nu}$

- $u = \dfrac{\nu}{D} \times Re No.$
  $= \dfrac{1.15 \times 10^{-6}[\text{m}^2/\text{s}]}{0.03[\text{m}]} \times 2100$
  $= 0.0805[\text{m/s}]$

- $Q[\text{m}^3/\text{s}] = A[\text{m}^2] \times u[\text{m/s}]$
  $= \left(\dfrac{\pi}{4}\right)(0.03[\text{m}])^2 \times 0.0805[\text{m/s}]$
  $= 5.69 \times 10^{-5}[\text{m}^3/\text{s}]$

**40** 다음과 같은 유동형태를 갖는 파이프 입구 영역의 유동에서 부차적 손실계수가 가장 큰 것은?

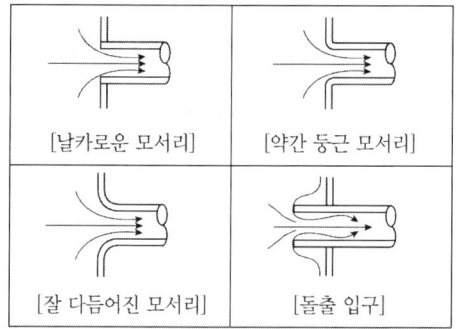

① 날카로운 모서리  ② 약간 둥근 모서리
③ 잘 다듬어진 모서리  ④ 돌출 입구

**해설** 부차적 손실계수

| 입구 유동조건 | 손실계수 |
|---|---|
| 잘 다듬어진 모서리<br>(많이 둥근 모서리) | 0.04 |
| 약간 둥근 모서리<br>(조금 둥근 모서리) | 0.2 |
| 날카로운 모서리<br>(직각 모서리) | 0.5 |
| 돌출 입구 | 0.8 |

정답 37.③ 38.③ 39.② 40.④

## 2018년 제4회 소방설비기사[기계분야] 1차 필기

[제2과목 : 소방유체역학]

**21** 이상기체의 등엔트로피 과정에 대한 설명 중 틀린 것은?

① 폴리트로픽 과정의 일종이다.
② 가역단열과정에서 나타난다.
③ 온도가 증가하면 압력이 증가한다.
④ 온도가 증가하면 비체적이 증가한다.

해설 (이상기체의 등엔트로피 과정(= 가역단열과정)
- 가역단열과정 $\triangle S = 0$
- 비가역단열과정 $\triangle S > 0$

**22** 관내에서 물이 평균속도 9.8m/s로 흐를 때의 속도수두는 약 몇 m인가?

① 4.9     ② 9.8
③ 48      ④ 128

해설 속도수두 $H$

$$H = \frac{u^2}{2g} = \frac{(9.8[\text{m/s}])^2}{(2)(9.8[\text{m/s}^2])} = 4.9[\text{m}]$$

**23** 그림과 같이 스프링상수(spring constant)가 10N/cm인 4개의 스프링으로 평판 A가 벽 B에 그림과 같이 설치되어 있다. 이 평판에 유량 0.01m³/s, 속도 10m/s인 물 제트가 평판 A의 중앙에 직각으로 충돌할 때, 물 제트에 의해 평판과 벽 사이의 단축되는 거리는 약 몇 cm인가?

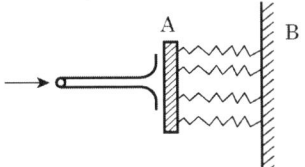

① 2.5     ② 5
③ 10      ④ 40

해설
- 분류가 평판에 작용하는 힘($F$)
$F = \rho \cdot Q \cdot u \cdot \sin\theta$
$= 1000[\text{kg/m}^3] \times 0.01[\text{m}^3/\text{s}] \times 10[\text{m/s}] \times \sin 90$
$= 100[\text{N}]$
- 평판과 벽 사이의 단축거리[cm]
$$\frac{100[\text{N}]}{10[\text{N/cm}] \times 4개} = 2.5[\text{cm}]$$

**24** 이상기체의 정압비열 $C_P$와 정적비열 $C_V$와의 관계로 옳은 것은? (단, $R$은 이상기체 상수이고, $k$는 비열이다.)

① $C_P = \frac{1}{2}C_V$     ② $C_P < C_V$

③ $C_P - C_V = R$     ④ $\frac{C_V}{C_P} = k$

해설
- $C_P > C_V$
- $C_P - C_V = R$
- $\frac{C_P}{C_V} > 1$

**25** 피스톤의 지름이 각각 10mm, 50mm인 두 개의 유압장치가 있다. 두 피스톤 안에 작용하는 압력은 동일하고, 큰 피스톤이 1000N의 힘을 발생시킨다고 할 때 작은 피스톤에서 발생시키는 힘은 약 몇 N인가?

① 40         ② 400
③ 25000     ④ 245000

정답 21.④  22.①  23.①  24.③  25.①

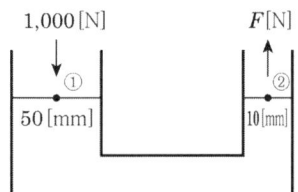

$P_① = P_②$

$\dfrac{F_1}{A_1} = \dfrac{F_2}{A_2}$ ($A = \dfrac{\pi}{4}D^2$)

$\dfrac{F_1}{(D_1)^2} = \dfrac{F_2}{(D_2)^2}$

$F_2 = \dfrac{(D_2)^2}{(D_1)^2} \times F_1 = \dfrac{(10[\text{mm}])^2}{(50[\text{mm}])^2} \times 1000[\text{N}]$

$= 40[\text{N}]$

**26** 유체가 매끈한 원 관 속을 흐를 때 레이놀즈수가 1200이라면 관마찰계수는 얼마인가?

① 0.0254  ② 0.00128
③ 0.0059  ④ 0.053

**해설** $Re\,No. = 1200$ (층류)
층류흐름일 때($Re\,No. < 1200$) 관마찰계수($f$)는 레이놀즈수만의 함수이다.

- $f = \dfrac{64}{Re\,No.} = \dfrac{64}{1200} = 0.053$

**27** 2cm 떨어진 두 수평한 판 사이에 기름이 차있고, 두 판 사이의 정중앙에 두께가 매우 얇은 한 변의 길이가 10cm인 정사각형 판이 놓여있다. 이 판을 10cm/s의 일정한 속도로 수평하게 움직이는데 0.02N의 힘이 필요하다면, 기름의 점도는 약 몇 N·s/m²인가? (단, 정사각형 판의 두께는 무시한다.)

① 0.1  ② 0.2
③ 0.01  ④ 0.02

**해설**
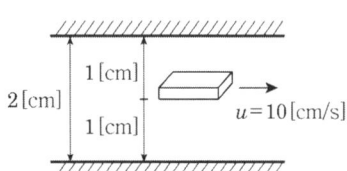

**Newton의 점성법칙**

$F = \mu A \dfrac{du}{dy}$

$F$ : 이동평판을 일정한 속도로 운동시키는데 필요한 힘[N]
$\mu$ : 점성계수[N·s/m²]
$A$ : 평판의 면적[m²]
$\dfrac{du}{dy}$ : 속도구배

$\mu = \dfrac{F}{A \cdot \dfrac{du}{dy}} = \dfrac{0.01[\text{N}]}{0.1[\text{m}] \times 0.1[\text{m}] \times \dfrac{0.1[\text{m/s}]}{0.01[\text{m}]}}$

$= 0.1[\text{N}\cdot\text{s/m}^2]$

(이동평판이 유체의 정중앙에 있으므로 힘의 $\dfrac{1}{2}$ 적용)

**28** 부자(float)의 오르내림에 의해서 배관 내의 유량을 측정하는 기구의 명칭은?

① 피토관(pitot tube)
② 로타미터(rotameter)
③ 오리피스(orifice)
④ 벤투리미터(venturi meter)

**해설** 로타미터(Rotameter)
테이퍼 관속의 부체(Float, 浮體)가 유체의 흐름에 따라 움직일 때 눈금을 읽어 유량을 측정하는 직접식 유량계이다. 로타미터는 벤투리나 오리피스에 비해 정확성은 떨어지지만 설계가 간편하여 널리 사용되고 있다.

【 로타미터 】

▶ 로타미터의 특징
  • 가격이 저렴하다.

정답  26.④  27.①  28.②

- 사용이 편리하고 압력손실이 적다.
- 고점도 유체나 부식성 액체의 유량측정에 적합하다.
- 온도와 압력에 영향을 적게 받는다.
- 유체의 종류에 따라 검정을 해야 하는 단점이 있다.

**29** 다음 열역학적 용어에 대한 설명으로 틀린 것은?

① 물질의 3중점(triple point)은 고체, 액체, 기체의 3상이 평형상태로 공존하는 상태의 지점을 말한다.
② 일정한 압력하에서 고체가 상변화를 일으켜 액체로 변화할 때 필요한 열을 융해열(융해잠열)이라 한다.
③ 고체가 일정한 압력하에서 액체를 거치지 않고 직접 기체로 변화하는데 필요한 열을 승화열이라 한다.
④ 포화액체를 정압하에서 가열할 때 온도변화 없이 포화증기로 상변화를 일으키는데 사용되는 열을 현열이라 한다.

**해설** ④ 현열 → 잠열

**30** 펌프를 이용하여 10m높이 위에 있는 물탱크로 유량 0.3m³/min의 물을 퍼올리려고 한다. 관로 내 마찰손실수두가 3.8m이고, 펌프의 효율이 85%일 때 펌프에 공급해야 하는 동력은 약 몇 W인가?

① 128   ② 796
③ 677   ④ 219

**해설** 펌프동력[kW]
$= \dfrac{\gamma \cdot Q \cdot H}{102\eta}$ ($K$는 조건에 없으므로 무시)

$= \dfrac{1000[kgf/m^3] \times \left(0.3[m^3/min] \times \dfrac{1[min]}{60[s]}\right) \times 13.8[m]}{102 \times 0.85}$

$= 0.7958[kW] = 795.8[W] ≒ 796[W]$

• $H = 10[m] + 3.8[m] = 13.8[m]$

**31** 회전속도 1000rpm일 때 송출량 Qm³/min, 전양정 $H_m$인 원심펌프가 상사한 조건에서 송출량이 1.1Qm³/min가 되도록 회전속도를 증가시킬 때, 전양정은 어떻게 되는가?

① 0.91H   ② H
③ 1.1H   ④ 1.21H

**해설** $H_2 = H_1 \times \left(\dfrac{N_2}{N_1}\right)^2 \times \left(\dfrac{D_2}{D_1}\right)^2$

($D_1$, $D_2$에 대한 조건이 없으므로 무시)

$Q_2 = Q_1 \times \left(\dfrac{N_2}{N_1}\right)$

$Q_2 = 1.1 Q_1$

∴ $\dfrac{N_2}{N_1} = 1.1$

∴ $H_2 = H_1 \times (1.1)^2 = H_1 \times 1.21 = 1.21H$

▶ 펌프의 상사(相似)법칙
㉠ 유량은 펌프 회전수에 정비례하고 임펠러 직경의 3승에 비례한다.

$Q_2 = \dfrac{N_2}{N_1} \times \left(\dfrac{D_2}{D_1}\right)^3 \times Q_1$

㉡ 양정은 펌프 회전수의 제곱에 비례하고 임펠러 직경의 2승에 비례한다.

$H_2 = \left(\dfrac{N_2}{N_1}\right)^2 \times \left(\dfrac{D_2}{D_1}\right)^2 \times H_1$

㉢ 축동력은 펌프 회전수의 3승에 비례하고 임펠러 직경의 5승에 비례한다.

$L_2 = \left(\dfrac{N_2}{N_1}\right)^3 \times \left(\dfrac{D_2}{D_1}\right)^5 \times L_1$

$Q$ : 유량, $D$ : 임펠러 직경, $N$ : 회전수, $H$ : 양정, $L$ : 축동력

**32** 모세관 현상에 있어서 물이 모세관을 따라 올라가는 높이에 대한 설명으로 옳은 것은?

① 표면장력이 클수록 높이 올라간다.
② 관의 지름이 클수록 높이 올라간다.
③ 밀도가 클수록 높이 올라간다.
④ 중력의 크기와는 무관하다.

**해설** 모세관 상승높이 $h$[m]

$$h = \frac{4\sigma\cos\theta}{\gamma d}$$

- $h$ : 상승높이[m]
- $\sigma$ : 표면장력[kgf/m]
- $\theta$ : 접촉각
- $\gamma$ : 유체의 비중량[kgf/m$^3$]
- $d$ : 모세관의 직경[m]

㉠ $h \propto \sigma$

㉡ $h \propto \dfrac{1}{d}$ (관의 지름이 작을수록 높이 올라간다))

㉢ $h \propto \dfrac{1}{\sigma}\left(=\dfrac{1}{\rho\cdot g}\right)$
(밀도가 작을수록 높이 올라간다)

㉣ $\gamma$(비중량) $= \rho \cdot g$
(상승높이는 중력의 크기와 반비례 관계이다.)

**33** 그림과 같이 30°로 경사진 0.5m×3m 크기의 수문평판 AB가 있다. A 지점에서 힌지로 연결되어 있을 때 이 수문을 열기 위하여 B지점에서 수문에 직각방향으로 가해야 할 최소 힘은 약 몇 N인가? (단, 힌지 A에서의 마찰은 무시한다.)

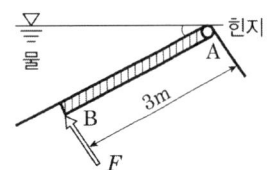

① 7350  ② 7355
③ 14700  ④ 14710

**해설** ㉠ 경사면에 작용하는 힘
$F = \gamma \cdot h \cdot A$
$= 9800[\text{N/m}^3] \times (1.5[\text{m}] \times \sin 30°)$
$\quad \times (0.5[\text{m}] \times 3[\text{m}])$
$= 11025[\text{N}]$
$= 11.025[\text{kN}]$

- $h$ : 수면-면적 중심까지의 수직거리

㉡ 힘의 작용점
$$y_P = y + \frac{\frac{\text{가로}\times\text{세로}^3}{12}}{y \times A}$$

$= 1.5 + \dfrac{\dfrac{0.5[\text{m}]\times(3[\text{m}])^3}{12}}{1.5\times(0.5[\text{m}]\times 3[\text{m}])}$

$= 2[\text{m}]$

- $y$ : 수면-면적중심까지의 직선거리

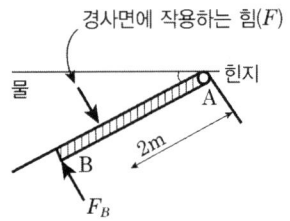

A지점 모멘트 합이 0($\sum M_A = 0$)
모멘트=힘×거리이므로
① 유체가 경사면에 작용하는 모멘트
$F[\text{N}]\times 2[\text{m}]$
② 문을 열기 위한 최소 힘
$F[\text{N}]\times 3[\text{m}]$
$F[\text{N}]\times 2[\text{m}] = F_B[\text{N}]\times 3[\text{m}]$
$F_B[\text{N}] = F[\text{N}] \times \dfrac{2[\text{m}]}{3[\text{m}]}$
$= 11.025[\text{kN}] \times \dfrac{2[\text{m}]}{3[\text{m}]}$
$= 7.35[\text{kN}] = 7350[\text{N}]$

**34** 관 내에 물이 흐르고 있을 때, 그림과 같이 액주계를 설치하였다. 관 내에서 물의 유속은 약 몇 m/s인가?

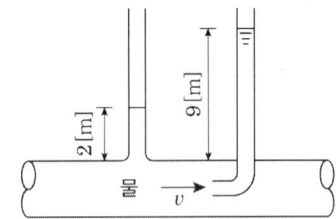

① 2.6  ② 7
③ 11.7  ④ 137.2

 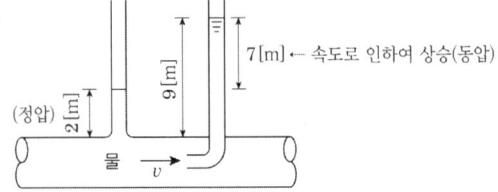

속도수두 $h = \dfrac{u^2}{2g}$

$\therefore u = \sqrt{2gh}$
$= \sqrt{(2)(9.8[\text{m/s}^2])(7[\text{m}])}$
$= 11.7[\text{m/s}]$

**35** 파이프 단면적이 2.5배로 급격하게 확대되는 구간을 지난 후의 유속이 1.2m/s이다. 부차적 손실계수가 0.36이라면 급격확대로 인한 손실수두는 몇 m인가?

① 0.0264　　② 0.0661
③ 0.165　　④ 0.331

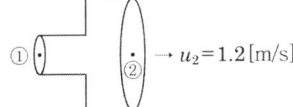

- $Q_1 = Q_2$
  $A_1 u_1 = A_2 u_2$
  $u_1 = \dfrac{A_2}{A_1} u_2 = \dfrac{2.5 A_1}{A_1} \cdot (1.2[\text{m/s}])$

- 부차적 손실수두
  $h_L = K \cdot \dfrac{u^2}{2g} = 0.36 \times \dfrac{(3[\text{m/s}])^2}{(2)(9.8[\text{m/s}])}$
  $= 0.165[\text{m}]$

**36** 관 A에는 비중 $s_1 = 1.5$인 유체가 있으며, 마노미터 유체는 비중 $s_2 = 13.6$인 수은이고, 마노미터에서의 수은의 높이차 $h_2$는 20cm이다. 이후 관 A의 압력을 종전보다 40kPa 증가했을 때, 마노미터에서 수은의 새로운 높이차($h_2{'}$)는 약 몇 cm인가?

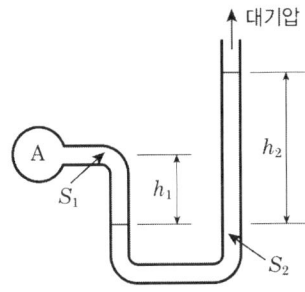

① 28.4　　② 35.9
③ 46.2　　④ 51.8

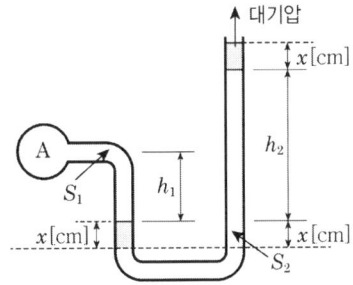

㉠ 최초 $P_① = P_②$
$P_① = P_A + \gamma_1 h_1$
$P_② = \gamma_2 h_2$
$\therefore P_A + \gamma_1 h_1 = \gamma_2 h_2$
$\rightarrow P_A = \gamma_2 h_2 - \gamma_1 h_1 \cdots Ⓐ$

㉡ 40[kPa] 압력을 증가했을 때
$P_① = P_②$
$P_① = P_A + \gamma_1 (h_1 + \chi) + 40[\text{kPa}]$
$P_② = \gamma_2 (h_2 + 2\chi)$
$\therefore P_A + \gamma_1 (h_1 + \chi) + 40[\text{kPa}]$
$= \gamma_2 (h_2 + 2\chi) \cdots Ⓑ$

Ⓐ를 Ⓑ에 대입
$\gamma_2 h_2 - \gamma_1 h_1 + \gamma_1 (h_1 + \chi) + 40[\text{kPa}]$
$= \gamma_2 (h_2 + 2\chi)$
$\rightarrow \gamma_2 h_2 - \gamma_1 h_1 + \gamma_1 h_1 + \gamma_1 \chi + 40[\text{kPa}]$
$= \gamma_2 h_2 + \gamma_2 2\chi$
$\rightarrow \gamma_1 \chi + 40[\text{kPa}] = \gamma_2 2\chi$
$\gamma_1 \chi - \gamma_2 2\chi = -40[\text{kPa}]$
$(\gamma_1 - 2\gamma_2)\chi = -40[\text{kPa}]$
$\chi = \dfrac{-40[\text{kPa}]}{\gamma_1 - 2\gamma_2}$
$= \dfrac{-40[\text{kN/m}^2]}{(9.8[\text{kN/m}^3] \times 1.5) - 2(9.8[\text{kN/m}^3] \times 13.6)}$
$= 0.1588[\text{m}]$
$= 15.88[\text{cm}]$

$\therefore$ 새로운 수은의 높이차($h_2{'}$)
$h_2{'} = h_2 + 2x$
$= 20[\text{cm}] + 2(15.88[\text{cm}])$
$= 51.76[\text{cm}]$
$\fallingdotseq 51.8[\text{cm}]$

**37** 다음 기체, 유체, 액체에 대한 설명 중 옳은 것만을 모두 고른 것은?

> ⓐ 기체 : 매우 작은 응집력을 가지고 있으며, 자유 표면을 가지지 않고 주어진 공간을 가득 채우는 물질
> ⓑ 유체 : 전단응력을 받을 때 연속적으로 변형하는 물질
> ⓒ 액체 : 전단응력이 전단변형률과 선형적인 관계를 가지는 물질

① ⓐ, ⓑ  ② ⓐ, ⓒ
③ ⓑ, ⓒ  ④ ⓐ, ⓑ, ⓒ

**해설** ⓒ 액체 → 뉴턴유체

**38** 지름 2cm의 금속 공을 선풍기를 켠 상태에서 냉각하고, 지름 4cm의 금속 공을 선풍기를 끄고 냉각할 때 동일 시간당 발생하는 대류열전달량의 비(2cm 공 : 4cm 공)는? (단, 두 경우 온도차는 같고, 선풍기를 켜면 대류 열전달계수가 10배가 된다고 가정한다.)

① 1 : 0.3375  ② 1 : 0.4
③ 1 : 5  ④ 1 : 10

**해설** ㉠ ON 상태
$Q_1 = (10\lambda[W/m^2 \cdot K]) \times (A[m^2]) \times \Delta T[K]$
$= 10\lambda \times (4\pi \times 0.01[m])^2 \times \Delta T[K]$
㉡ OFF 상태
$Q_1 = (10\lambda[W/m^2 \cdot K]) \times (A[m^2]) \times \Delta T[K]$
$= \lambda \times (4\pi \times 0.02[m])^2 \times \Delta T[K]$
∴ $Q_1 : Q_2 = (10 \times 0.01^2) : (0.02^2)$
$= 0.001 : 0.0004$
$= 1 : 0.4$

**39** 관로에서 20℃의 물이 수조에 5분 동안 유입되었을 때 유입된 물의 중량이 60kN이라면 이 때 유량은 몇 m³/s인가?

① 0.015  ② 0.02
③ 0.025  ④ 0.03

**해설** 중량유량 $w$
$w = A \cdot u \cdot \gamma = Q \cdot \gamma$
$Q = \dfrac{w}{\gamma} = \dfrac{60[kN]/5[min] \times \dfrac{1[min]}{60[s]}}{9.8[kN/m^3]}$
$= 0.0204[m^3/s]$
$≒ 0.02[m^3/s]$

**40** 펌프의 캐비테이션을 방지하기 위한 방법으로 틀린 것은?

① 펌프의 설치위치를 낮추어서 흡입양정을 작게 한다.
② 흡입관을 크게 하거나 밸브, 플랜지 등을 조정하여 흡입손실수두를 줄인다.
③ 펌프의 회전속도를 높여 흡입속도를 크게 한다.
④ 2대 이상의 펌프를 사용한다.

**해설** ③ 회전속도를 높이면 유량이 증가하여 마찰손실이 증가한다.

▶ 공동(Cavitation) 현상
펌프 흡입측 배관에서 발생될 수 있는 현상으로 흡수되는 물의 압력이 그 온도에서의 포화증기압보다 작게 되면 물이 급격하게 증발되어 기포가 생성되는 현상이다. 기포가 흐름을 따라 이동하면서 진동, 소음을 수반하고 심한 경우 양수불능까지도 초래하게 된다.

㉠ 발생원인
ⓐ 펌프가 수원보다 높고 흡입수두가 클 때
ⓑ 펌프의 임펠러 회전속도가 클 때
ⓒ 펌프의 흡입관경이 작을 때
ⓓ 흡입측 배관의 유속이 빠를 때
ⓔ 흡입측 배관의 마찰손실이 클 때
ⓕ 물의 온도가 높을 때

㉡ 발생현상
ⓐ 소음과 진동이 생긴다.
ⓑ 침식이 생긴다.
ⓒ 토출량 및 양정이 감소되고 전체적인 펌프의 효율이 감소된다.

㉢ 방지법
ⓐ 펌프의 설치위치를 가급적 낮춘다.
ⓑ 회전차를 수중에 완전히 잠기게 한다.
ⓒ 흡입 관경을 크게 한다.
ⓓ 펌프의 회전수를 낮춘다.

정답 37.① 38.② 39.② 40.③

ⓔ 2대 이상의 펌프를 사용한다.
ⓕ 양(兩)흡입 펌프를 사용한다.

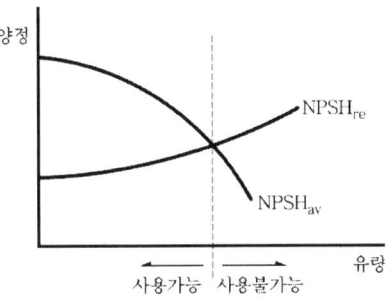

【 H - Q 곡선과 Cavitation 】

## 2019년 제1회 소방설비기사[기계분야] 1차 필기
[제2과목 : 소방유체역학]

**21** 다음 중 열역학 제1법칙에 관한 설명으로 옳은 것은?

① 열은 그 자신만으로 저온에서 고온으로 이동할 수 없다.
② 일은 열로 변환시킬 수 있고 열은 일로 변환시킬 수 있다.
③ 사이클 과정에서 열이 모두 일로 변화할 수 없다.
④ 열평형 상태에 있는 물체의 온도는 같다.

**[해설] 열역학 1법칙**
열과 일은 본질적으로 에너지의 일종으로 열과 일은 상호 변환이 가능하다. 즉, 밀폐계가 임의의 사이클을 이룰 때 열전달의 총합은 이루어진 일의 총합과 같다.
열역학 1법칙은 이와 같이 에너지변환의 양적 관계를 명시한 것으로 가역적인 법칙이다. 또한 입량보다 더 많은 일을 해내는 장치로 열역학 1법칙에 위배되는 기관을 제1종 영구 기관이라 한다.

- 일량 → 열량  $Q = AW$
- 열량 → 일량  $W = JQ$

$Q$ : 열량(kcal)
$W$ : 일량(kgf·m)
$A$ : 일의 열당량(1/427kcal/kgf·m)
$J$ : 열의 일당량(427kgf·m/kcal)

**22** 안지름 25mm, 길이 10m의 수평 파이프를 통해 비중 0.8, 점성계수는 $5 \times 10^{-3}$ kg/m·s인 기름을 유량 $0.2 \times 10^{-3}$ m³/s 로 수송하고자 할 때, 필요한 펌프의 최소 동력은 약 몇 W인가?

① 0.21      ② 0.58
③ 0.77      ④ 0.81

**[해설]**
- 펌프동력[kW] $= \dfrac{\gamma \cdot Q \cdot H}{102 \cdot \eta}$

($n$, $k$는 조건에 없으므로 무시)

㉠ $\gamma = 1000 [\text{kgf/m}^3] \times 0.8 = 800 [\text{kgf/m}^3]$
㉡ $Q = 0.2 \times 10^{-3} [\text{m}^3/\text{s}]$
㉢ $H \Rightarrow$ 달시-와이스바하방정식 적용

$$H_L = f \cdot \frac{L}{D} \cdot \frac{u^2}{2g}$$

$$= (0.039) \times \left(\frac{10[\text{m}]}{0.025[\text{m}]}\right) \times \left(\frac{(0.407[\text{m/s}])^2}{2 \times 9.8[\text{m/s}^2]}\right)$$

$$= 0.1318 [\text{m}]$$

- $f = \dfrac{64}{Re No} = \dfrac{64}{1640} = 0.039$

- $Q = A \cdot u$

$$u = \frac{Q}{A} = \frac{0.2 \times 10^{-3} [\text{m}^3/\text{s}]}{\left(\dfrac{\pi}{4}\right)(0.025[\text{m}])^2} = 0.407 [\text{m/s}]$$

$\therefore P[\text{kW}]$
$= \dfrac{800[\text{kgf/m}^3] \times 0.2 \times 10^{-3}[\text{m}^3/\text{s}] \times 0.1318[\text{m}]}{102}$
$= 0.000206 [\text{kW}] \fallingdotseq 0.21 [\text{W}]$

**23** 수은의 비중이 13.6일 때 수은의 비체적은 몇 m³/kg인가?

① $\dfrac{1}{13.6}$

② $\dfrac{1}{13.6} \times 10^{-3}$

③ 13.6

④ $13.6 \times 10 - 3$

**[해설]**
비중 = $\dfrac{측정물질 비중량}{물 비중량} = \dfrac{측정물질 밀도}{물 밀도}$

- 물의 밀도 = 1000[kg/m³]

정답  21.②  22.①  23.②

- 수은의 밀도 = 1000[kg/m³] × 13.6 = 13600[kg/m³]
- 수은의 비체적 = $\dfrac{1}{수은의\ 밀도}$
  = $\dfrac{1}{13600[kg/m^3]}$
  = $\dfrac{1}{13.6} \times 10^{-3}$ [m³/kg]

**24** 그림과 같은 U자관 차압 액주계에서 A와 B에 있는 유체는 물이고 그 중간에 유체는 수은(비중 13.6)이다. 또한, 그림에서 $h_1 = 20$cm, $h_2 = 30$cm, $h_3 = 15$cm일 때 A의 압력($P_A$)와 B의 압력($P_B$)의 차이($P_A - P_B$)는 약 몇 kPa인가?

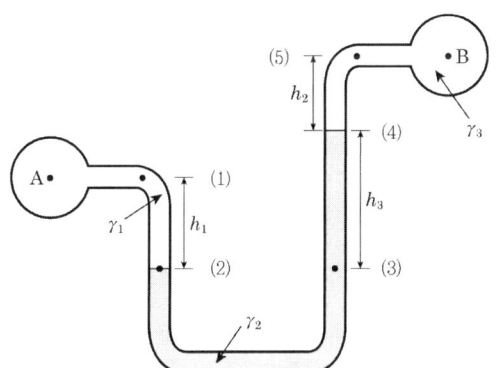

① 35.4　　② 39.5
③ 44.7　　④ 49.8

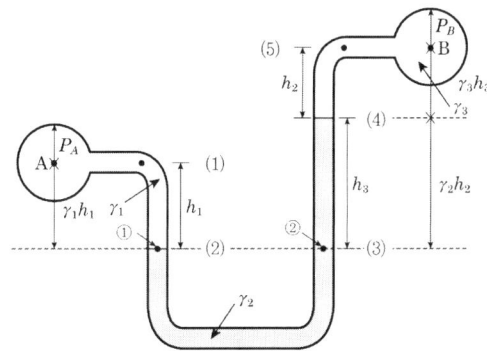

$P_① = P_②$
$P_① = P_A + \gamma_1 h_1$
$P_② = P_B + \gamma_3 h_3 + \gamma_2 h_2$
$P_A + \gamma_1 h_1 = P_B + \gamma_3 h_3 + \gamma_2 h_2$

$P_A - P_B = \gamma_3 h_3 + \gamma_2 h_2 - \gamma_1 h_1$
= [(9.8[kN/m³] × 0.15[m])] + [(9.8[kN/m³])
　× (13.6) × 0.3[m]] − (9.8[kN/m³] × 0.2[m])
= 39.49[kN/m²] ≒ 39.5[kPa]

**25** 평균유속 2m/s로 50L/s유량의 물을 흐르게 하는 데 필요한 관의 안지름은 약 몇 mm인가?

① 158　　② 168
③ 178　　④ 188

체적유량
- $Q = A \cdot u$
- $A = \dfrac{Q}{u} = \dfrac{50[L/s] \times \left(\dfrac{1[m^3]}{1000[L]}\right)}{2[m/s]} = 0.025[m^2]$

∴ $A = \dfrac{\pi}{4} d^2$

→ $d = \sqrt{\dfrac{4A}{\pi}} = \sqrt{\dfrac{(4)(0.025[m^2])}{\pi}}$
　　= 0.1784[m] = 178.4[mm] ≒ 178[mm]

**26** 30℃에서 부피가 10L인 이상기체를 일정한 압력으로 0℃로 냉각시키면 부피는 약 몇 L로 변하는가?

① 3　　② 9
③ 12　　④ 18

기체의 온도 · 압력 · 부피 관계 → 보일-샤를의 법칙
$\dfrac{P_1 V_1}{T_1} = \dfrac{P_2 V_2}{T_2}$

$P_1 = P_2$이므로 $\dfrac{V_1}{T_1} = \dfrac{V_2}{T_2}$

$T_1 = 30[℃] = 303[K]$
$T_2 = 0[℃] = 273[K]$
$V_1 = 10[L]$

∴ $V_2 = \dfrac{T_2}{T_1} \times V_1$
　　= $\dfrac{273[K]}{303[K]} \times 10[L]$
　　= 9[L]

정답 24.② 25.③ 26.②

**27** 이상적인 카르노사이클의 과정인 단열압축과 등온압축의 엔트로피 변화에 관한 설명으로 옳은 것은?

① 등온압축의 경우 엔트로피 변화는 없고, 단열압축의 경우 엔트로피 변화는 감소한다.
② 등온압축의 경우 엔트로피 변화는 없고, 단열압축의 경우 엔트로피 변화는 증가한다.
③ 단열압축의 경우 엔트로피 변화는 없고, 등온압축의 경우 엔트로피 변화는 감소한다.
④ 단열압축의 경우 엔트로피 변화는 없고, 등온압축의 경우 엔트로피 변화는 증가한다.

**해설** 카르노사이클
㉠ 이상적인 카르노사이클

| 단열압축 | 등온압축 |
|---|---|
| 엔트로피 변화가 없다. | 엔트로피 변화는 감소한다. |

㉡ 이상적인 카르노사이클의 특징
  ⓐ 가역사이클이다.
  ⓑ 공급열량과 방출열량의 비는 고온부의 절대온도와 저온부의 절대온도비와 같다.
  ⓒ 이론 효율은 고열원 및 저열원의 온도만으로 표시된다.
  ⓓ 두 개의 등온변화와 두 개의 단열변화로 둘러싸인 사이클이다.

㉢ 카르노사이클의 순서

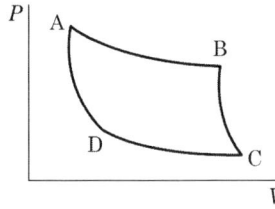

등온팽창 → 단열팽창 → 등온압축 → 단열압축
(A → B) (B → C) (C → D) (D → A)

**28** 그림에서 물 탱크차가 받는 추력은 약 몇 N인가? (단, 노즐의 단면적은 $0.03m^2$이며, 탱크 내의 계기압력은 40kPa이다. 또한 노즐에서 마찰손실은 무시한다.)

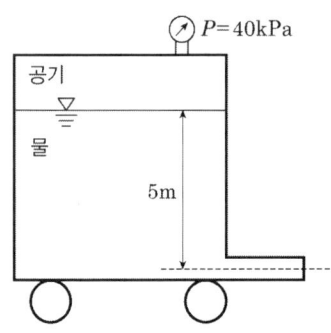

① 812  ② 1489
③ 2709  ④ 5343

**해설** 분류에 의한 추진력($F$)

$F[N] = \rho \cdot Q \cdot u$
$= \rho \cdot A \cdot u^2 (Q = A \cdot u 이므로)$
$= \rho \cdot A \cdot (\sqrt{2gh})^2 (u = \sqrt{2gh} 이므로)$
$= 1000[kg/m^3] \times 0.03[m^2]$
$\quad \times (\sqrt{(2)(9.8[m/s^2])(9.08[m/s])})^2$
$= 5339.04[N]$

• $h[m] = 5[m] + (40[kPa] \times \dfrac{10.332[mH_2O]}{101.325[kPa]})$
$= 9.08[m]$

**29** 비중이 0.877인 기름이 단면적이 변하는 원관을 흐르고 있으며 체적유량은 $0.146m^3/s$이다. A점에서는 안지름이 150mm, 압력이 91kPa이고, B점에서는 안지름이 450mm, 압력이 60.3kPa이다. 또한 B점은 A점보다 3.66m 높은 곳에 위치한다. 기름이 A점에서 B점까지 흐르는 동안의 손실수두는 약 몇 m인가? (단, 물의 비중량은 $9,810N/m^3$이다.)

① 3.3  ② 7.2
③ 10.7  ④ 14.1

**해설** 베르누이방정식

$\dfrac{P_1}{\gamma} + \dfrac{u_1^2}{2g} + Z_1 = \dfrac{P_2}{\gamma} + \dfrac{u_2^2}{2g} + Z_2 + \Delta H_L$

$\Delta H_L = \dfrac{P_1}{\gamma} - \dfrac{P_2}{\gamma} + \dfrac{u_1^2}{2g} - \dfrac{u_2^2}{2g} + Z_1 - Z_2$

$= \dfrac{91000[N/m^2]}{8603.37[m^3/s]} - \dfrac{60300[N/m^2]}{8603.37[m^3/s]}$

$$+ \frac{(8.26[\text{m/s}])^2}{(2)(9.8[\text{m/s}^2])} - \frac{(0.92[\text{m/s}])^2}{(2)(9.8[\text{m/s}^2])}$$
$$+ 0 - 3.66[\text{m}] = 3.346[\text{m}]$$
$$≒ 3.3[\text{m}]$$

- $\gamma_{기름} = 9810[\text{N/m}^3] \times 0.877 = 8603.37[\text{N/m}^3]$
- $u_1 = \dfrac{Q_1}{A_1} = \dfrac{0.146[\text{m}^3/\text{s}]}{\left(\dfrac{\pi}{4}\right)(0.15[\text{m}])^2} = 8.26[\text{m/s}]$
- $u_2 = \dfrac{Q_2}{Q_1} = \dfrac{0.146[\text{m}^3/\text{s}]}{\left(\dfrac{\pi}{4}\right)(0.45[\text{m}])^2} = 0.92[\text{m/s}]$

**30** 그림과 같이 피스톤의 지름이 각각 25cm와 5cm이다. 작은 피스톤을 화살표 방향으로 20cm만큼 움직일 경우 큰 피스톤이 움직이는 거리는 약 몇 mm인가? (단, 누설은 없고, 비압축성이라고 가정한다.)

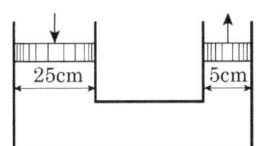

① 2  ② 4
③ 8  ④ 10

 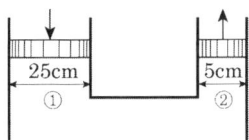

질량보존법칙에 의해
① 지점부피 = ② 지점부피
$\left(\dfrac{\pi}{4}\right)(25[\text{cm}])^2 \times \chi[\text{cm}] = \left(\dfrac{\pi}{4}\right)(5[\text{cm}])^2 \times 20[\text{cm}]$
$\chi = 0.8[\text{cm}] = 8[\text{mm}]$

**31** 스프링클러 헤드의 방수압이 4배가 되면 방수량은 몇 배가 되는가?

① $\sqrt{2}$ 배  ② 2배
③ 4배  ④ 8배

해설
$Q = k\sqrt{10P}$
$Q \propto \sqrt{P}$
∴ $\sqrt{P}$ 가 되면 $Q \to 2Q$가 된다.

**32** 다음 중 표준대기압인 1기압에 가장 가까운 것은?
① 860mmHg
② 10.33mAq
③ 101.325bar
④ 1.0332kgf/m²

해설 표준대기압
$1[\text{atm}] = 1.0332[\text{kgf/cm}^2] = 10332[\text{kgf/m}^2]$
$= 10.332[\text{mH}_2\text{O}] = 10.332[\text{mAq}]$
$= 760[\text{mmHg}] = 101.325[\text{kPa}]$
$= 0.101325[\text{MPa}] = 101325[\text{Pa}]$
$= 1.01325[\text{bar}] = 1013.25[\text{mbar}]$
$= 14.7\text{PSI}[\text{Lbf/IN}^2]$

**33** 안지름 10cm의 관로에서 마찰손실수두가 속도수두와 같다면 그 관로의 길이는 약 몇 m인가? (단, 관마찰계수는 0.03이다.)
① 1.58  ② 2.54
③ 3.33  ④ 4.52

해설
- 달시-와이스바하 방정식
$h_1 = f \cdot \dfrac{L}{D} \cdot \dfrac{V^2}{2g}$
$= (0.03) \times \left(\dfrac{L[\text{m}]}{0.1[\text{m}]}\right) \times \dfrac{V^2}{(2)(9.8[\text{m/s}^2])}$
- 속도수두 $h = \dfrac{V^2}{2g}$
∴ $0.03 \times \dfrac{L[\text{m}]}{0.1[\text{m}]} \times \dfrac{V^2}{(2)(9.8[\text{m/s}^2])}$
$= \dfrac{V^2}{(2)(9.8[\text{m/s}^2])}$
∴ $L[\text{m}] = 3.33[\text{m}]$

**34** 원심식 송풍기에서 회전수를 변화시킬 때 동력변화를 구하는 식으로 옳은 것은? (단, 변화 전후의 회전수는 각각 $N_1$, $N_2$, 동력은 $L_1$, $L_2$이다.)

① $L_2 = L_1 \times \left(\dfrac{N_1}{N_2}\right)^3$  ② $L_2 = L_1 \times \left(\dfrac{N_1}{N_2}\right)^2$

③ $L_2 = L_1 \times \left(\dfrac{N_2}{N_1}\right)^3$  ④ $L_2 = L_1 \times \left(\dfrac{N_2}{N_1}\right)^2$

**해설** 펌프의 상사(相似)법칙
㉠ 유량은 펌프 회전수에 정비례하고 임펠러 직경의 3승에 비례한다.

$$Q_2 = \dfrac{N_2}{N_1} \times \left(\dfrac{D_2}{D_1}\right)^3 \times Q_1$$

㉡ 양정은 펌프 회전수의 제곱에 비례하고 임펠러 직경의 2승에 비례한다.

$$H_2 = \left(\dfrac{N_2}{N_1}\right)^2 \times \left(\dfrac{D_2}{D_1}\right)^2 \times H_1$$

㉢ 축동력은 펌프 회전수의 3승에 비례하고 임펠러 직경의 5승에 비례한다.

$$L_2 = \left(\dfrac{N_2}{N_1}\right)^3 \times \left(\dfrac{D_2}{D_1}\right)^5 \times L_1$$

$Q$ : 유량, $D$ : 임펠러 직경, $N$ : 회전수,
$H$ : 양정, $LL$ : 축동력

**35** 그림과 같은 1/4원형의 수문(水門) AB가 받는 수평성분 힘($F_H$)과 수직성분 힘($F_V$)은 각각 약 몇 kN인가? (단, 수문의 반지름은 2m이고, 폭은 3m이다.)

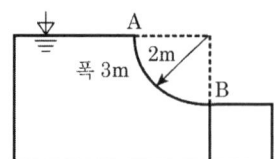

① $F_H = 24.4$, $F_V = 46.2$
② $F_H = 24.4$, $F_V = 92.4$
③ $F_H = 58.8$, $F_V = 46.2$
④ $F_H = 58.8$, $F_V = 92.4$

**해설** ㉠ 수평분력(힌지 $B$면에 작용)
$F_H = \gamma \cdot h \cdot A$
$= 9800[\text{N/m}^3] \times 1[\text{m}] \times (3[\text{m}] \times 2[\text{m}])$
$= 58800[\text{N}]$
$= 58.8[\text{kN}]$

㉡ 수직분력(곡면상부연직방향의 유체무게)
$F_V = \gamma \cdot h \cdot A$
$= 9800[\text{N/m}^3] \times \left(\dfrac{\pi \times (2[\text{m}])^2}{4}\right) \times 3[\text{m}]$
$= 92362.82[\text{N}] = 92.36[\text{kN}] \fallingdotseq 92.4[\text{kN}]$

**36** 펌프 중심으로부터 2m 아래에 있는 물을 펌프 중심으로부터 15m 위에 있는 송출수면으로 양수하려 한다. 관로의 전 손실수두가 6m이고, 송출수량이 $1\text{m}^3$/min라면 필요한 펌프의 동력은 약 몇 W인가?

① 2777   ② 3103
③ 3430   ④ 3757

**해설** 펌프동력
$P[\text{kW}] = \dfrac{\gamma \cdot Q \cdot H}{102 \cdot \eta} K$
($\eta$, $K$는 조건에 없으므로 무시)

$= \dfrac{1000[\text{kgf/m}^3] \times 1[\text{m}^3/\text{min}] \times \dfrac{1[\text{min}]}{60[\text{s}]} \times 23[m]}{102}$

$= 3.758[\text{kW}]$
$= 3758[\text{w}]$

• $H = 2[\text{m}] + 15[\text{m}] + 6[\text{m}] = 23[\text{m}]$

**37** 일반적인 배관 시스템에서 발생되는 손실을 주손실과 부차적 손실로 구분할 때 다음 중 주손실에 속하는 것은?

① 직관에서 발생하는 마찰 손실
② 파이프 입구와 출구에서의 손실
③ 단면의 확대 및 축소에 의한 손실
④ 배관부품(엘보, 리턴밴드, 티, 리듀서, 유니언, 밸브 등)에서 발생하는 손실

정답 34.③ 35.④ 36.④ 37.①

- 주 손실 : 직관에서의 마찰 손실
- 부차적 손실 : 직관에서의 마찰손실 이외에 단면의 변화, 곡관부 및 벌브(valve), 엘보(elbow), 티(Tee) 등과 같은 관 부속물에서도 마찰손실이 발생하는데, 이와 같이 직관 이외에서 발생되는 마찰손실

**38** 온도차이 20℃, 열전도율 5W/(m·K), 두께 20cm인 벽을 통한 열유속(heat flux)과 온도차이 40℃, 열전도율 10W/(m·K), 두께 $t$인 같은 면적을 가진 벽을 통한 열유속이 같다면 두께 $t$는 약 몇 cm인가?

① 10  ② 20
③ 40  ④ 80

$$\frac{k_1[\mathrm{W/m \cdot K}] \times A_1[\mathrm{m^2}] \times \triangle t_1[\mathrm{K}]}{l_1[\mathrm{m}]}$$
$$= \frac{k_2[\mathrm{W/m \cdot K}] \times A_2[\mathrm{m^2}] \times \triangle t_2[\mathrm{K}]}{l_2[\mathrm{m}]}$$
$$\therefore \frac{5[\mathrm{W/m \cdot K}] \times A_1[\mathrm{m^2}] \times 20[\mathrm{K}]}{0.2[\mathrm{m}]}$$
$$= \frac{10[\mathrm{W/m \cdot K}] \times A_2[\mathrm{m^2}] \times 40[\mathrm{K}]}{l[\mathrm{m}]} \; (A_1 = A_2)$$
$$\therefore l = 0.8[\mathrm{m}] = 80[\mathrm{cm}]$$

**39** 낙구식 점도계는 어떤 법칙을 이론적 근거로 하는가?

① Stokes의 법칙
② 열역학 제1법칙
③ Hagen-Poiseuille의 법칙
④ Boyle의 법칙

- **회전원통법** : 뉴턴의 점성법칙 이용
  ⓔ 스토머 점도계, 맥마이클 점도계
- **낙구법** : 스톡스(stokes)법칙 이용
  ⓔ 낙구식 점도계
- **세관법** : 하겐포아즈웰 법칙 이용
  ⓔ 세이볼트 점도계, 레드우드 점도계, 오스트발트 점도계, 앵글러 점도계, 바베이 점도계

**40** 지면으로부터 4m의 높이에 설치된 수평관 내로 물이 4m/s로 흐르고 있다. 물의 압력이 78.4kPa인 관 내의 한 점에서 전수두는 지면을 기준으로 약 몇 m인가?

① 4.76  ② 6.24
③ 8.82  ④ 12.81

$$H = \frac{P}{\gamma} + \frac{u^2}{2g} + Z$$
$$= \frac{78.4[\mathrm{kN/m^2}]}{9.8[\mathrm{kN/m^3}]} + \frac{(4[\mathrm{m/s}])^2}{(2)(9.8[\mathrm{m/s^2}])} + 4[\mathrm{m}]$$
$$= 12.816[\mathrm{m}] \fallingdotseq 12.81[\mathrm{m}]$$

# 2019년 제2회 소방설비기사[기계분야] 1차 필기
### [제2과목 : 소방유체역학]

**21** 그림에서 물에 의하여 점 B에서 힌지된 사분원 모양의 수문이 평형을 유지하기 위하여 수면에서 수문을 잡아당겨야 하는 힘 T는 약 몇 [kN]인가? (단, 수문의 폭 1[m], 반지름 ($r = \overline{OB}$)은 2[m], 4분원의 중심은 O점에서 왼쪽으로 $4r/3\pi$ 인 곳에 있으며 물의 밀도는 1000kg/m³이다.)

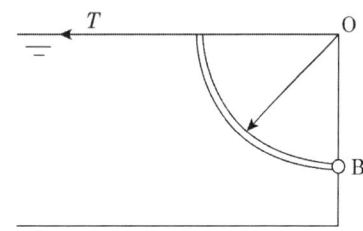

① 1.96
② 9.8
③ 19.6
④ 29.4

해설
- OB에 작용하는 유체의 힘=수평분력
  $F = \gamma \cdot h \cdot A$
  $= 9800[N/m^3] \times 1[m] \times (2[m] \times 1[m])$
  $= 19600[N]$
  $= 19.6[kN]$
- $h$ : 수면에서 수문중심까지의 깊이[m]

**22** 물의 온도에 상응하는 증기압보다 낮은 부분이 발생하면 물은 증발되고 물 속에 있던 공기와 물이 분리되어 기포가 발생하는 펌프의 현상은?

① 피드백(Feed Back)
② 서징현상(Surging)
③ 공동현상(Cavitation)
④ 수격작용(Water Hammering)

해설 공동(Cavitation) 현상
펌프 흡입측 배관에서 발생될 수 있는 현상으로 흡수되는 물의 압력이 그 온도에서의 포화증기압보다 작게 되면 물이 급격하게 증발되어 기포가 생성되는 현상이다. 기포가 흐름을 따라 이동하면서 진동, 소음을 수반하고 심한 경우 양수불능까지도 초래하게 된다.

① 발생원인
  ㉠ 펌프가 수원보다 높고 흡입수두가 클 때
  ㉡ 펌프의 임펠러 회전속도가 클 때
  ㉢ 펌프의 흡입관경이 작을 때
  ㉣ 흡입측 배관의 유속이 빠를 때
  ㉤ 흡입측 배관의 마찰손실이 클 때
  ㉥ 물의 온도가 높을 때

② 발생현상
  ㉠ 소음과 진동이 생긴다.
  ㉡ 침식이 생긴다.
  ㉢ 토출량 및 양정이 감소되고 전체적인 펌프의 효율이 감소된다.

③ 방지법
  ㉠ 펌프의 설치위치를 가급적 낮춘다.
  ㉡ 회전차를 수중에 완전히 잠기게 한다.
  ㉢ 흡입 관경을 크게 한다.
  ㉣ 펌프의 회전수를 낮춘다.
  ㉤ 2대 이상의 펌프를 사용한다.
  ㉥ 양(兩)흡입 펌프를 사용한다.

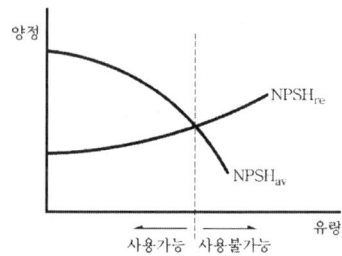

[ H-Q 곡선과 Cavitation ]

**23** 단면적이 A와 2A인 U자형 관에 밀도가 d인 기름이 담겨져 있다. 단면적이 2A인 관에 관벽과는 마찰이 없는 물체를 놓았더니 그림과 같이 평형을 이루었다. 이 때 이 물체의 질량은?

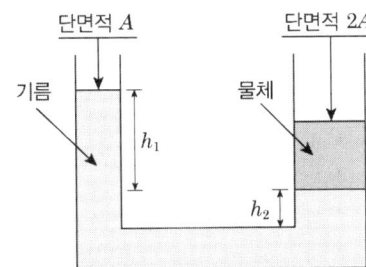

① $2Ah_1d$   ② $Ah_1d$
③ $A(h_1+h_2)d$   ④ $A(h_1-h_2)d$

**해설**

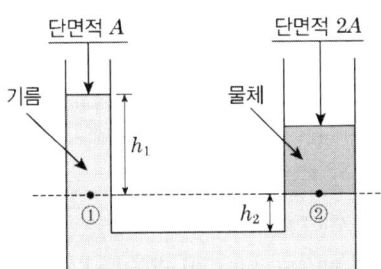

$P_① = P_② \left(P = \dfrac{F}{A}\right)$

$\dfrac{F_1}{A_1} = \dfrac{F_2}{A_2}$

$F_2 = \dfrac{A_2}{A_1} \times F_1 = \dfrac{2A}{A} \times F_1 = 2 \times F_1$

∴ $F_2 = 2F_1$

• $F_1 = r_{기름} \cdot h_1 \cdot A \,(r_{기름} = \rho_{기름} \cdot g)$
• $F_2$(물체의 무게) $= m_{물체} \cdot g$

$m_{물체} \cdot g = 2r_{기름} \cdot h_1 \cdot A$
$\qquad\qquad = 2\rho_{기름} \cdot g \cdot h_1 \cdot A$

$m_{물체} = 2 \cdot \rho_{기름} \cdot h_1 \cdot A$

기름 밀도가 d라고 조건에 주어졌으므로
$m_{물체} = 2dh_1A$

**24** 그림과 같이 물이 들어있는 아주 큰 탱크에 사이펀이 장치되어 있다. 출구에서의 속도 V와 관의 상부 중심 A지점에서의 게이지 압력 $P_A$를 구하는 식은? (단. g는 중력가속도, $\rho$는 물의 밀도이며, 관의 직경은 일정하고 모든 손실은 무시한다.)

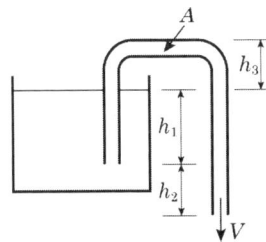

① $V = \sqrt{2g(h_1+h_2)}$, $P_A = -\rho gh_3$
② $V = \sqrt{2g(h_1+h_2)}$, $P_A = -\rho g(h_1+h_2+h_3)$
③ $\sqrt{2gh_2}$, $P_A = -\rho g(h_1+h_2+h_3)$
④ $\sqrt{2g(h_1+h_2)}$, $P_A = \rho g(h_1+h_2-h_3)$

**해설** ㉠ 유속

$$V = \sqrt{2gH}$$

$V$ : 유속[m/s]
$g$ : 중력가속도($9.8\text{m/s}^2$)
$H$ : 수면에서부터의 사이펀 길이[m]

유속 $V$는
$V = \sqrt{2gH} = \sqrt{2g(h_1+h_2)}$

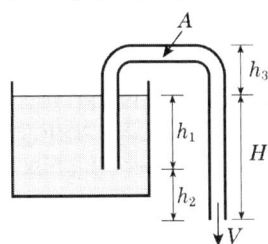

㉡ 시차액주계

$$P_A + \gamma h_1 + \gamma h_2 + \gamma h_3 = 0$$

$P_A = -\gamma h_1 + \gamma h_2 + \gamma h_3$
$\quad = -\gamma(h_1+h_2+h_3)$
$\quad = -\rho g(h_1+h_2+h_3)$

㉢ 비중량

$$\gamma = \rho g$$

$\gamma$ : 비중량[N/m³]
$\rho$ : 밀도[kg/m³] 또는 [N·m²/m⁴]
$g$ : 중력가속도[m/s²]

정답 23.① 24.②

**25** $0.02[m^3]$의 체적을 갖는 액체가 강제의 실린더 속에서 $730[kPa]$의 압력을 받고 있다. 압력이 $1,030[kPa]$로 증가되었을 때 액체의 체적이 $0.019[m^3]$으로 축소되었다. 이때 이 액체의 체적탄성계수는 약 몇 $[kPa]$인가?

① 3,000
② 4,000
③ 5,000
④ 6,000

**해설** 체적탄성계수($E$)
체적변화율에 대한 압력의 변화
$$E = \frac{\triangle P}{-\frac{\triangle V}{V}} = \frac{1030[kPa] - 730[kPa]}{\frac{-0.001[m^3]}{0.02[m^3]}}$$
$= -6000[kPa]$
* 부호(-) : 축소됨을 의미

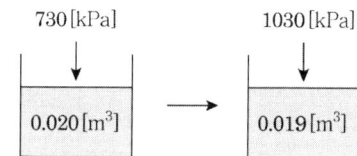

$300[kPa]$을 가하여 $0.001[m^3]$ 축소

**26** 비중병의 무게가 비었을 때는 $2[N]$이고, 액체로 충만되어 있을 때는 $8[N]$이다. 액체의 체적이 $0.5[L]$이면 이 액체의 비중량은 약 몇 $[N/m^3]$인가?

① 11,000
② 11,500
③ 12,000
④ 12,500

**해설**
• 비중량 $= \frac{질량 \times 중력가속도}{부피}$
$= 밀도 \times 중력가속도$
• 액체의 비중량 $\Upsilon[N/m^3]$
$\frac{8[N] - 2[N]}{0.5[L]} \times \frac{1000[L]}{1[m^3]} = 12000[N/m^3]$

**27** $10[kg]$의 수증기가 들어 있는 체적 $2[m^3]$의 단단한 용기를 냉각하여 온도를 $200[℃]$에서 $150[℃]$로 낮추었다. 나중 상태에서 액체상태의 물은 약 몇 $[kg]$인가? (단, $150[℃]$에서 물의 포화액 및 포화증기의 비체적은 각각 $0.0011[m^3/kg]$, $0.3925[m^3/kg]$이다.)

① 0.508
② 1.24
③ 4.92
④ 7.86

**해설** ㉠ 기호
• $m_1 = 10kg$
• $V : 2[m^3]$
• $v_{s2} : 0.0011[m^3/kg]$
• $v_{s1} : 0.3925[m^3/kg]$
• $m_2 : ?$

㉡ 계산
$$v_{s2}m_2 + v_{s1}(m_1 - m_2) = V$$

여기서, $v_{s2}$ : 물의 포화액비체적$[m^3/kg]$
$m_2$ : 액체상태물의 질량$[kg]$
$v_{s1}$ : 물의 포화증기비체적$[m^3/kg]$
$m_1$ : 수증기상태물의 질량$[kg]$
$V$ : 체적$[m^3]$

$v_{s2} \cdot m_2 + v_{s1}(m_1 - m_2) = V$
$0.0011m^3/kg \cdot m_2 + 0.3925m^3/kg \cdot (10 - m_2) = 2m^3$
계산의 편의를 위해 단위를 없애면 다음과 같다.
$0.0011m_2 + 0.3925(10 - m_2) = 2$
$0.0011m_2 + 3.925 - 0.3925m_2 = 2$
$0.0011m_2 - 0.3925m_2 = 2 - 3.925$
$-0.3914m_2 = -1.925$
$m_2 = \frac{-1.925}{-0.3914} ≒ 4.92kg$

**28** 펌프의 입구 및 출구측에 연결된 진공계와 압력계가 각각 $25[mmHg]$와 $260[kPa]$을 가리켰다. 이 펌프의 배출 유량이 $0.15[m^3/s]$가 되려면 펌프의 동력은 약 몇 $[kW]$가 되어야 하는가? (단, 펌프의 입구와 출구의 높이차는 없고, 입구측 안지름은 $20[cm]$, 출구측 안지름은 $15[cm]$이다.)

① 3.95
② 4.32
③ 39.5
④ 43.2

**해설** 펌프의 동력

$P[\text{kW}] = \dfrac{\gamma \cdot Q \cdot H}{102 \cdot \eta} \cdot K$ ($\eta$, $K$는 무시)

- $\gamma = 1000[\text{kgf/m}^3]$ (조건에 없으므로 물기준으로 풀이)
- $Q = 0.15[\text{m}^3/\text{s}]$

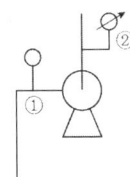

- $H$ 구하는 방법 : ①, ② 지점에 대해 베르누이 방정식으로 펌프전양정 계산

$\dfrac{P_1}{\gamma} + \dfrac{u_1^2}{2g} + Z_1 + 펌프전양정$

$= \dfrac{P_2}{\gamma} + \dfrac{u_2^2}{2g} + Z_2 + \triangle HL$

(입·출구에 대한 높이차가 없으므로 $Z_1 = Z_2$, 마찰손실에 대한 조건이 없으므로 $\triangle HL = 0$으로 가정)

∴ 펌프전양정 $= \dfrac{P_2}{\gamma} - \dfrac{P_1}{\gamma} + \dfrac{u_2^2}{2g} - \dfrac{u_1^2}{2g}$

(베르누이방정식에 적용되는 $P_1$, $P_2$는 게이지압이다.)

문제조건에 주어진 진공계(25[mmHg])는 진공압으로서 '-게이지압과 동일한 의미이다.)

따라서 펌프진양정 $= \dfrac{P_2}{\gamma} + \dfrac{P_1}{\gamma} + \dfrac{u_2^2}{2g} - \dfrac{u_1^2}{2g}$

① $u_1 = \dfrac{Q}{A_1} = \dfrac{0.15[\text{m}^3/\text{s}]}{\left(\dfrac{\pi}{4}\right)(0.2[\text{m}])^2} = 4.77[\text{m/s}]$

② $u_2 = \dfrac{Q}{A_2} = \dfrac{0.15[\text{m}^3/\text{s}]}{\left(\dfrac{\pi}{4}\right)(0.15[\text{m}])^2} = 8.49[\text{m/s}]$

③ $P_1 = 25[\text{mmHg}] \times \dfrac{101.325[\text{kPa}]}{760[\text{mmHg}]}$

$= 3.33[\text{kPa}]$

∴ 펌프전양정
$= \dfrac{260[\text{kPa}] + 3.33[\text{kPa}]}{9.8[\text{kN/m}^3]} + \dfrac{(8.49[\text{m/s}])^2 - (4.77[\text{m/s}])^2}{(2) \times (9.8[\text{m/s}^2])}$
$= 29.39[\text{m}]$

∴ 펌프동력
$P[\text{kW}] = \dfrac{1000[\text{kgf/m}^3] \times 0.15[\text{m}^3/\text{s}] \times 29.39[\text{m}]}{102}$
$= 43.2[\text{kW}]$

**29** 피토관을 사용하여 일정 속도로 흐르고 있는 물의 유속($V$)을 측정하기 위해, 그림과 같이 비중 $s$인 유체를 갖는 액주계를 설치하였다. $s = 2$일 때 액주의 높이 차이가 $H = h$가 되면, $s = 3$일 때 액주의 높이 차($H$)는 얼마가 되는가?

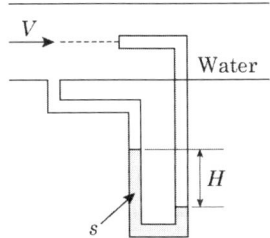

① $\dfrac{h}{9}$  ② $\dfrac{h}{\sqrt{3}}$

③ $\dfrac{h}{3}$  ④ $\dfrac{h}{2}$

**해설**
$u = \sqrt{2gh\left(\dfrac{\gamma_0}{\gamma} - 1\right)}$ 공식을 이용하여 높이 차이($h$)와 비중($s$)의 관계를 봐야 한다.

∴ $h \propto \dfrac{1}{\dfrac{\gamma_0}{\gamma} - 1} = \dfrac{1}{\left(\dfrac{9.8[\text{kN/m}^3] \times 3}{9.8[\text{kN/m}^3]} - 1\right)}$
$= \dfrac{1}{2}$

**30** 관내의 흐름에서 부차적 손실에 해당하지 않는 것은?

① 곡선부에 의한 손실
② 직선 원관 내의 손실
③ 유동단면의 장애물에 의한 손실
④ 관 단면의 급격한 확대에 의한 손실

**해설**
- 주 손실 : 직관에서의 마찰 손실
- 부차적 손실 : 직관에서의 마찰손실이외에 단면의 변화, 곡관부 및 벌브(valve), 엘보(elbow), 티(Tee) 등과 같은 관 부속물에서도 마찰손실이 발생하는데, 이와 같이 직관 이외에서 발생되는 마찰손실

**31** 압력 2[MPa]인 수증기 건도가 0.2일 때 엔탈피는 몇 [kJ/kg]인가? (단, 포화증기 엔탈피는 2,780.5[kJ/kg] 이고, 포화액의 엔탈피는 910[kJ/kg]이다.)

① 1,284
② 1,466
③ 1,845
④ 2,406

**해설** ㉠ 기호
$P : 2[MPa]$
$x : 0.2$
$h : ?$
$h_g : 2780.5[kJ/kg]$
$h_f : 910[kJ/kg]$
㉡ 습증기의 엔탈피

$$h = h_f + x(h_g - h_f)$$

$h$ : 습증기의 엔탈피[kJ]
$h_f$ : 포화액의 엔탈피[kJ/kg]
$x$ : 건도
$h_g$ : 포화증기의 엔탈피[kJ/kg]

습증기의 엔탈피 $h$는
$h = h_f + x(h_g - h_f)$
$= 910[kJ/kg] + 0.2 \times (2780.5 - 910)[kJ/kg]$
$= 1284[kJ/kg]$

**32** 출구 단면적이 0.02[m²]인 수평 노즐을 통하여 물이 수평 방향으로 8[m/s]의 속도로 노즐 출구에 놓여있는 수직 평판에 분사될 때 평판에 작용하는 힘은 약 몇 [N]인가?

① 800
② 1,280
③ 2,560
④ 12,544

**해설** 분류가 평판에 작용하는 힘($F$)
$F[N] = \rho \cdot Q \cdot u \cdot \sin\theta$
$= \rho \cdot A \cdot u^2 \cdot \sin\theta (Q = A \cdot u$이므로$)$
$= 1000[kg/m^3] \times 0.02[m^2]$
$\times (8[m/s])^2 \times \sin 90°$
$= 1280[kg \cdot m/s^2] = 1280[N]$

**33** 안지름이 25[mm]인 노즐 선단에서의 방수압력은 계기압력으로 $5.8 \times 10^5$[Pa]이다. 이 때 방수량은 약 [m³/s]인가?

① 0.017
② 0.17
③ 0.034
④ 0.34

**해설** ㉠ 방수량 $Q$[m³/s]
$Q = 0.6597 CD^2 \sqrt{10P}$
$= (0.6597) \times (0.99) \times (25[mm])^2$
$\times \sqrt{10 \times 0.58[MPa]}$
$= 983.05[L/min]$

단위환산 $983.05[L/mm] \times \frac{1[mm]}{60[s]} \times \frac{1[m^3]}{1000[L]}$
$= 0.01638[m^3/s] ≒ 0.016[m^3/s]$

㉡ $Q = A \cdot u = A\sqrt{2gh}$
$= \left(\frac{\pi}{4}\right)(0.025[m])^2 \times \sqrt{(2)(9.8[m/s^2])(59.14[m])}$
$= 0.0167[m^3/s] ≒ 0.017[m^3/s]$

• $h = 5.8 \times 10^5[Pa] \times \frac{10.332[mH_2O]}{101325[Pa]} = 59.14[m]$

**34** 수평관의 길이가 100[m]이고, 안지름이 100[mm]인 소화설비 배관 내를 평균유속 2[m/s]로 물이 흐를 때 마찰손실수두는 약 몇 [m]인가? (단, 관의 마찰계수는 0.05이다.)

① 9.2
② 10.2
③ 11.2
④ 12.2

**해설** 달시-와이스바하 방정식
$h_L = f \cdot \frac{L}{D} \cdot \frac{u^2}{2g}$
$= (0.05) \times \left(\frac{100[m]}{0.1[m]}\right) \times \left(\frac{2[m/s]^2}{2 \times 9.8[m/s^2]}\right)$
$= 10.2[m]$

**35** 수평 원관 내 완전발달 유동에서 유동을 일으키는 힘(ㄱ)과 방해하는 힘(ㄴ)은 각각 무엇인가?

① ㄱ : 압력차에 의한 힘, ㄴ : 점성력
② ㄱ : 중력 힘, ㄴ : 점성력
③ ㄱ : 중력 힘, ㄴ : 압력차에 의한 힘
④ ㄱ : 압력차에 의한 힘, ㄴ : 중력 힘

**해설** • 압력차에 의한 힘 → 유동을 일으키는 힘
• 점성력(=마찰력, 손실) → 유동을 방해하는 힘

**36** 외부표면의 온도가 24[℃], 내부표면의 온도가 24.5[℃]일 때, 높이 1.5[m], 폭 1.5[m], 두께 0.5[cm]인 유리창을 통한 열전달률은 약 몇 [W]인가? (단, 유리창의 열전도계수는 0.8[w/m·K]이다.)

① 180   ② 200
③ 1,800   ④ 2,000

**해설**

$$Q[w] = \frac{k[W/m \cdot K] \times A[m^2] \times \Delta t[K]}{l[m]}$$

$$= \frac{0.8[W/m \cdot K] \times 1.5[m] \times 1.5[m] \times 24.5 - 24[K]}{0.005[m]}$$

$$= 180[W]$$

**37** 어떤 용기 내의 이산화탄소(45[kg])가 방호공간에 가스 상태로 방출되고 있다. 방출 온도의 압력이 15[℃], 101[kPa]일 때 방출가스의 체적은 약 몇 [m³]인가? (단, 일반기체상수는 8,314[J/kmol·K]이다.)

① 2.2   ② 12.2
③ 20.2   ④ 24.3

**해설** 이상기체상태방정식

$$PV = nRT = \frac{W}{M}RT$$

$$V = \frac{WRT}{PM}$$

$$= \frac{45[kg] \times 8.314[kJ/kmol \cdot K] \times (15+273.15[K])}{101[kPa] \times 44[kg/kmol]}$$

$$= \frac{45[kg] \times 8.314[kN \cdot m/kmol \cdot K] \times (15+273.15[K])}{101[kN/m^2] \times 44[kg/kmol]}$$

$$= 24.258[m^3] ≒ 24.3[m^3]$$

**38** 점성계수와 동점성계수에 관한 설명으로 올바른 것은?

① 동점성계수 = 점성계수 × 밀도
② 점성계수 = 동점성계수 × 중력가속도
③ 동점성계수 = 점성계수 / 밀도
④ 점성계수 = 동점성계수 / 중력가속도

**해설**
- 절대점성계수 $\mu$
  $\mu = \dfrac{\text{전단응력}}{\text{속도구배}}$ (Newton 점성법칙)
- 동점성계수 $\nu$
  $\nu = \dfrac{\mu}{\rho}$ (절대점성계수를 밀도로 나눈 값)

**39** 그림과 같은 관에 비압축성 유체가 흐를 때 A단면의 평균속도가 $V_1$이라면 B단면에서의 평균속도 $V_2$는? (단, A단면의 지름은 $d_1$이고 B단면의 지름은 $d_2$이다.)

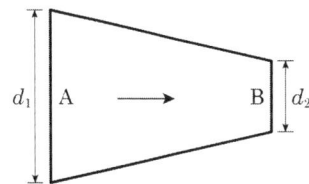

① $V_2 = \left(\dfrac{d_1}{d_2}\right) V_1$   ② $V_2 = (\dfrac{d_1}{d_2})^2 V_1$
③ $V_2 = \left(\dfrac{d_2}{d_1}\right) V_1$   ④ $V_2 = (\dfrac{d_2}{d_1})^2 V_1$

**해설** 연속방정식
$Q_1 = Q_2$
$A_1 \cdot V_1 = A_2 \cdot V_2$

$$V_2 = \frac{A_1}{A_2} \times V_1 = \frac{\left(\frac{\pi}{4}\right)(d_1)^2}{\left(\frac{\pi}{4}\right)(d_2)^2} \times V_1 = \left(\frac{d_1}{d_2}\right)^2 \times V_1$$

**40** 일률(시간당 에너지)의 차원을 기본 차원인 M(질량), L(길이), T(시간)로 올바르게 표시한 것은?

① $L^2T^{-2}$   ② $MT^{-2}L^{-1}$
③ $ML^2T^{-2}$   ④ $ML^2T^{-3}$

**해설** 일률(=동력)

$$W = \frac{J}{S} = \frac{N \cdot m}{S} \quad (\because J = N \cdot m)$$

$$= \frac{(kg \cdot m/s^2) \cdot (m)}{S} = kg \cdot m^2/S^3$$

$\therefore ML^2T^{-3}$

정답 36.① 37.④ 38.③ 39.② 40.④

# 2019년 제4회 소방설비기사[기계분야] 1차 필기
### [제2과목 : 소방유체역학]

**21** 아래 그림과 같이 두 개의 가벼운 공 사이로 빠른 기류를 불어 넣으면 두 개의 공은 어떻게 되겠는가?

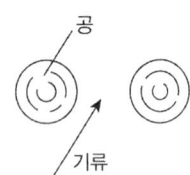

① 뉴턴의 법칙에 따라 벌어진다.
② 뉴턴의 법칙에 따라 가까워진다.
③ 베르누이의 법칙에 따라 벌어진다.
④ 베르누이의 법칙에 따라 가까워진다.

**해설** 공 사이에 빠른 기류를 불어넣어주면 공 사이의 압력은 일시적으로 대기압보다 작아지게 된다. 이 때, 공 주위에 있던 대기압에 의하여 공이 안쪽으로 밀어주게 되며, 공 사이의 간격은 가까워진다.

**22** 다음 유체 기계들의 압력 상승이 일반적으로 큰 것부터 순서대로 바르게 나열한 것은?

① 압축기(compressor) > 블로어(blower) > 팬(fan)
② 블로어(blower) > 압축기(compressor) > 팬(fan)
③ 팬(fan) > 블로어(blower) > 압축기(compressor)
④ 팬(fan) > 압축기(compressor) > 블로어(blower)

**해설** 풍압에 의한 분류
㉠ Fan : 압력상승이 $0.1[kgf/cm^2]$ 이하인 것
㉡ Blower : 압력상승이 0.1 이상, $1.0[kgf/cm^2]$ 이하인 것
㉢ 압축기 : 압력상승이 $1.0[kgf/cm^2]$ 이상인 것

**23** 표면적이 같은 두 물체가 있다. 표면온도가 2,000K인 물체가 내는 복사에너지는 표면온도가 1,000K인 물체가 내는 복사에너지보다 몇 배인가?

① 4    ② 8
③ 16   ④ 32

**해설** $\dfrac{Q_1}{Q_2} = \dfrac{T_1^{\,4}}{T_2^{\,4}} = \dfrac{2000^4}{1000^4} = 16$

**24** 이상기체의 폴리트로픽 변화 '$PV^n$ = 일정'에서 $n=1$인 경우 어느 변화에 속하는가? (단, $P$는 압력, $V$는 부피, $n$은 폴리트로프 지수를 나타낸다.)

① 단열변화   ② 등온변화
③ 정적변화   ④ 정압변화

**해설**
$n=0$ 정압변화
$n=1$ 등온변화
$n=k$ 등엔트로피변화
$n=\infty$ 정적변화

**25** 지름이 75mm인 관로 속에 평균 속도 4m/s로 물이 흐르고 있을 때 유량(kg/s)은?

① 15.52   ② 16.92
③ 17.67   ④ 18.52

**해설** 질량유량
$m\,[kg/sec] = A[m^2] \times u[m/s] \times \rho[kg/m^3]$
$= \left(\dfrac{\pi}{4}\right)(0.075[m])^2 \times 4[m/s]$
$\times 1000[kg/m^3]$
$= 17.67[kg/s]$

정답 21.④ 22.① 23.③ 24.② 25.③

**26** 초기에 비어 있는 체적이 0.1m³인 견고한 용기 안에 공기(이상기체)를 서서히 주입한다. 공기 1kg을 넣었을 때 용기 안의 온도가 300K가 되었다면 이 때 용기 안의 압력(kPa)은? (단, 공기의 기체상수는 0.287kJ/kg·K이다.)

① 287  ② 300
③ 448  ④ 861

**[해설]**
$V = 0.1 [\text{m}^3]$
$W = 1 [\text{kg}]$
$T = 300 [\text{k}]$
$P = ?$
$R = 0.287 [\text{kJ/kg} \cdot \text{K}]$
특정기체상태방정식
$PV = GRT$
$P = \dfrac{GRT}{V}$
$= \dfrac{1[\text{kg}] \times 0.287[\text{kJ/kg} \cdot \text{K}] \times 300[\text{K}]}{0.1[\text{m}^3]}$
$= 861 [\text{kPa}]$

**27** 다음 중 Stokes의 법칙과 관계되는 점도계는?

① Ostwald 점도계
② 낙구식 점도계
③ Saybolt 점도계
④ 회전식 점도계

**[해설]**
- 회전원통법 : 뉴턴의 점성법칙 이용
  ⓔ 스토머 점도계, 맥마이클 점도계
- 낙구법 : 스톡스(stokes)법칙 이용
  ⓔ 낙구식 점도계
- 세관법 : 하겐포아즈웰 법칙 이용
  ⓔ 세이볼트 점도계, 레드우드 점도계, 오스트발트 점도계, 앵글러 점도계, 바베이 점도계

**28** 피토관으로 파이프 중심선에서 흐르는 물의 유속을 측정할 때 피토관의 액주높이가 5.2m, 정압튜브의 액주높이가 4.2m를 나타낸다면 유속(m/s)은? (단, 속도계수($C_V$)는 0.97이다.)

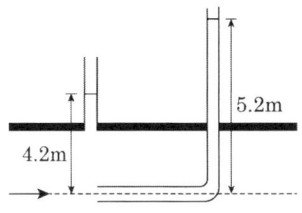

① 4.3  ② 3.5
③ 2.8  ④ 1.9

**[해설]** 속도수두 $h = 5.2\text{m} - 4.2\text{m} = 1\text{m}$
$h = \dfrac{u^2}{2g}$
$u^2 = 2gh$
$u = \sqrt{2gh} = \sqrt{2 \times 9.8[\text{m/s}^2] \times (1[\text{m}])^2}$
$= 4.427 [\text{m/s}]$
∴ 속도계수($C_V$)를 고려하여
$4.427[\text{m/s}] \times 0.97 = 4.29[\text{m/s}] \fallingdotseq 4.3[\text{m/s}]$

**29** 그림의 역U자관 마노미터에서 압력 차($P_x - P_y$)는 약 몇 Pa인가?

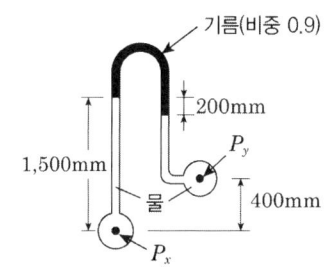

① 3215  ② 4116
③ 5045  ④ 6826

**[해설]**

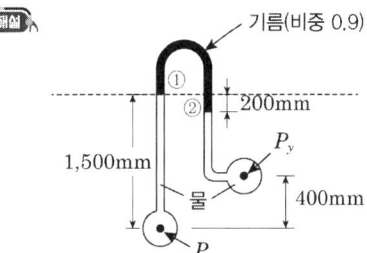

$P_1 = P_2$
$P_1 = P_x - \gamma_\text{물} \cdot 1.5[\text{m}]$

정답  26.④  27.②  28.①  29.②

$$P_2 = P_y - \gamma_{물} \cdot 0.9[m] - \gamma_{기름} \cdot 0.2[m]$$
$$P_x - \gamma_{물} \cdot 1.5[m] = P_y - \gamma_{물} \cdot 0.9[m] - \gamma_{기름} \cdot 0.2[m]$$
$$P_x - P_y = \gamma_{물}1.5[m] - \gamma_{물}0.9[m] - \gamma_{기름}0.2[m]$$
$$= \gamma_{물}(1.5[m] - 0.9[m]) - \gamma_{기름} \cdot 0.2[m]$$
$$= 9.8[kN/m^3] \times 0.6[m]$$
$$- 9.8[kN/m^3] \times 0.9 \times 0.2[m]$$
$$= 4.116[kPa] = 4116[Pa]$$

**30** 지름이 다른 두 개의 피스톤이 그림과 같이 연결되어 있다. "1" 부분의 피스톤의 지름이 "2"부분의 2배일 때, 각 피스톤에 작용하는 힘 $F_1$과 $F_2$의 크기의 관계는?

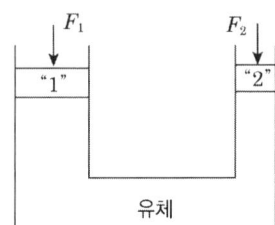

① $F_1 = F_2$  ② $F_1 = 2F_2$
③ $F_1 = 4F_2$  ④ $4F_1 = F_2$

**해설** 파스칼 원리
$P_1 = P_2$
$$\frac{F_1}{A_1} = \frac{F_2}{A_2} \rightarrow D_1 = 2D_2 이므로$$
$$\frac{F_1}{\frac{\pi}{4} \times (2D_2)^2} = \frac{F_2}{\frac{\pi}{4} \times D_2^2}$$
$$\therefore \frac{F_1}{4D_2^2} = \frac{F_2}{D_2^2}$$
$$\therefore F_1 = 4F_2$$

**31** 용량 2,000L의 탱크에 물을 가득 채운 소방차가 화재 현장에 출동하여 노즐압력 390kPa(계기압력), 노즐구경 2.5cm를 사용하여 방수한다면 소방차 내의 물이 전부 방수되는 데 걸리는 시간은?

① 약 2분 26초  ② 약 3분 35초
③ 약 4분 12초  ④ 약 5분 44초

**해설** $Q = 0.6597CD^2\sqrt{10P}$
$$= 0.6597 \times 0.99 \times (25[mm])^2 \times \sqrt{10 \times 0.39[MPa]}$$
$$= 805.98[L/min]$$
$\therefore 2,000[L] \div 805.98[L/min] = 2.48[min]$
(근사값을 답으로 선택)

**32** 거리가 1,000m 되는 곳에 안지름 20cm의 관을 통하여 물을 수평으로 수송하려 한다. 한 시간에 800m3를 보내기 위해 필요한 압력(kPa)는? (단, 관의 마찰계수는 0.03이다.)

① 1370  ② 2010
③ 3750  ④ 4580

**해설**
$$h_L = f \cdot \frac{L}{D} \cdot \frac{u^2}{2g}$$
$$= 0.03 \times \frac{1000[m]}{0.2[m]} \times \frac{(7.066[m/s])^2}{2 \times 9.8[m/s^2]}$$
$$= 382.1[m]$$
$$Q = \frac{800[m^3]}{3600[s]} = 0.222[m^3/s]$$
$Q = A \cdot u$ 이므로
$$u = \frac{Q}{A} = \frac{0.222[m^3/s]}{\left(\frac{\pi}{4}\right)(0.2[m])^2} = 7.066[m/s]$$
$$382.1[m] \times \frac{101.325[kPa]}{10.332[mH_2o]} = 3747.22[kPa]$$
$$\approx 3750[kPa]$$

**33** 글로브 밸브에 의한 손실을 지름이 10cm이고 관 마찰계수가 0.025인 관의 길이로 환산하면 상당 길이가 40m가 된다. 이 밸브의 부차적 손실계수는?

① 0.25  ② 1
③ 2.5  ④ 10

**해설** $K = f \cdot \frac{L}{D}$
$$= 0.025 \times \frac{40[m]}{0.1[m]} = 10$$

**34** 체적탄성계수가 $2\times10^9$Pa인 물의 체적을 3% 감소시키려면 몇 MPa의 압력을 가하여야 하는가?

① 25  ② 30
③ 45  ④ 60

해설) $E = \dfrac{\Delta P}{-\dfrac{\Delta V}{V}} = \dfrac{\Delta P}{\dfrac{3}{100}} = 2\times10^9[\text{Pa}]$

∴ $\Delta P = 6\times10^7[\text{Pa}] = 60[\text{MPa}]$

**35** 물질의 열역학적 변화에 대한 설명으로 틀린 것은?

① 마찰은 비가역성의 원인이 될 수 있다.
② 열역학 제1법칙은 에너지 보존에 대한 것이다.
③ 이상기체는 이상기체 상태방정식을 만족한다.
④ 가역단열과정은 엔트로피가 증가하는 과정이다.

해설) ④ 가역단열과정은 등엔트로피변화로서 엔트로피가 변하지 않는다.

**36** 폭이 4m이고 반경이 1m인 그림과 같은 1/4원형 모양으로 설치된 수문 AB가 있다. 이 수문이 받는 수직방향 분력 $F_V$의 크기(N)는?

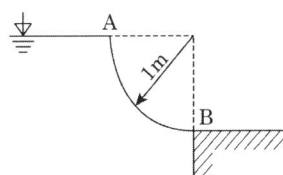

① 7613  ② 9801
③ 30787  ④ 123000

해설) $F_V = \gamma \cdot h \cdot A$
$= 9.8[\text{kN/m}^3]\times 4[\text{m}]\times \dfrac{\pi\times(1[\text{m}])^2}{4}$
$= 30.787[\text{kN}]$
$= 30787[\text{N}]$

**37** 다음 단위 중 3가지는 동일한 단위이고 나머지 하나는 다른 단위이다. 이 중 동일한 단위가 아닌 것은?

① J  ② N·s
③ Pa·m³  ④ kg·m²/s²

해설) ① 일(W) = [J]
③ Pa·m³ = N/m²·m³ = N×m = J
④ kg·m²/s² = kg·m/s²×m = N×m = J

**38** 전양정이 60m, 유량이 6m³/min, 효율이 60%인 펌프를 작동시키는 데 필요한 동력(kW)은?

① 44  ② 60
③ 98  ④ 117

해설) $P[\text{kW}] = \dfrac{\gamma\cdot Q\cdot H}{102\cdot\eta}\cdot K$ ($K$는 조건에 없으므로 무시)

$= \dfrac{1000[\text{kgf/m}^3]\times(6[\text{m}^3/\text{min}]\times\dfrac{1[\text{min}]}{60[\text{s}]})\times 60[\text{m}]}{(102)\cdot(0.6)}$

$= 98.04[\text{kW}] \fallingdotseq 98[\text{kW}]$

**39** 지름이 150mm인 원관에 비중이 0.85, 동점성계수가 $1.33\times10^{-4}\text{m}^2/\text{s}$ 기름이 $0.01\text{m}^3/\text{s}$의 유량으로 흐르고 있다. 이때 관 마찰계수는? (단, 임계 레이놀즈수는 2100이다.)

① 0.10  ② 0.14
③ 0.18  ④ 0.22

해설) $f = \dfrac{64}{Re No.} = \dfrac{64}{\dfrac{D\cdot u\cdot\rho}{\mu}} = \dfrac{64}{\dfrac{D\cdot u}{V}}$

$D = 150[\text{mm}] = 0.15[\text{m}]$
$V = 1.33\times10^{-4}[\text{m}^2/\text{s}]$
$u = 0.5658[\text{m/s}]$
$Q = A\cdot u$
$\rightarrow u = \dfrac{Q}{A} = \dfrac{0.01[\text{m}^3/\text{s}]}{\left(\dfrac{\pi}{4}\right)(0.15[\text{m}])^2} = 0.5658[\text{m/s}]$

∴ $f = \dfrac{64}{\dfrac{0.15[\text{m}]\times 0.5658[\text{m/s}]}{1.33\times10^{-4}}} = 0.1$

정답  34.④  35.④  36.③  37.②  38.③  39.①

## 02. 소방유체역학

**40** 검사체적(control volume)에 대한 운동량방정식(momentum equation)과 가장 관계가 깊은 법칙은?

① 열역학 제2법칙
② 질량보존의 법칙
③ 에너지보존의 법칙
④ 뉴턴(Newton)의 법칙

**해설** 뉴턴의 운동법칙

| 구 분 | 설 명 |
|---|---|
| 제1법칙<br>(관성의 법칙) | 물체가 외부에서 작용하는 힘이 없으면, 정지해 있는 물체는 계속 정지해 있고, 운동하고 있는 물체는 계속 운동상태를 유지하려는 성질 |
| 제2법칙<br>(가속도의 법칙) | • 물체에 힘을 가하면 힘의 방향으로 가속도가 생기고 물체에 가한 힘은 질량과 가속도에 비례한다는 법칙<br>• 운동량방정식의 근원이 되는 법칙 |
| 제3법칙<br>(작용·반작용의 법칙) | 물체에 힘을 가하면 다른 물체에는 반작용이 일어나고, 힘의 크기와 작용선은 서로 같으나 방향이 서로 반대이다라는 법칙 |

정답 40.④

# 2020년 제1,2회 소방설비기사[기계분야] 1차 필기
[제2과목 : 소방유체역학]

**21** 240[mmHg]의 절대압력은 계기압력으로 약 몇 [kPa]인가? (단 대기압은 760[mmHg]이고, 수은의 비중은 13.6이다)

① −32.0[kPa]
② 32.0[kPa]
③ −69.3[kPa]
④ 69.3[kPa]

**해설** ① 게이지압($Pg$) = 절대압($Pabs$) − 대기압($Pa$)
② ($Pg$) = 240[$mmHg$] − 760[$mmHg$]
          = −520[$mmHg$]
∴ $Pg$ = −520[$mmHg$] × $\dfrac{101.325[kPa]}{760[mmHg]}$
       = −69.33[$kPa$]

**22** 다음의 (㉠), (㉡)에 알맞은 것은?

> 파이프 속을 유체가 흐를 때 파이프 끝의 밸브를 갑자기 닫으면 유체의 ( ㉠ )에너지가 압력으로 변환되면서 밸브 직전에서 높은 압력이 발생하고 상류로 압축파가 전달되는 ( ㉡ ) 현상이 발생한다.

① ㉠ 운동, ㉡ 서징(surging)
② ㉠ 운동, ㉡ 수격작용(water hammerimg)
③ ㉠ 위치, ㉡ 서징(surging)
④ ㉠ 위치, ㉡ 수격작용(water hammerimg)

**해설** 수격작용(water hammering)
배관 내 유체의 운동에너지가 압력에너지로 변하면서 배관 벽면을 치는 현상

수격작용 방지대책
㉠ 관경을 크게 하고 유속을 낮춘다.
㉡ 펌프에 프라이 휠을 설치한다.
㉢ 조압수조(에어챔버) 또는 수격방지기 설치
㉣ 밸브는 펌프 송출구 가까이 설치하고 적당한 밸브제어
㉤ 배관은 가능한 직선적으로 시공

**23** 표준대기압 상태인 어떤 지방의 호수 밑 72.4[m]에 있던 공기의 기포가 수면으로 올라오면 기포의 부피는 최초 부피의 몇 배가 되는가? (단, 기포내의 공기는 보일의 법칙을 따른다)

① 2배
② 4배
③ 7배
④ 8배

**해설** 보일의 법칙
$T$(온도) = 일정    $P_1 V_1 = P_2 V_2$
일정량의 기체가 차지하는 부피는 압력에 반비례한다.
$P_1$ : 72.4[m] 밑의 압력
$P_2$ : 표준대기압
$V_1$ : 72.4[m] 밑의 부피
$V_2$ : 수면으로 올라왔을 때 부피
$P_1$(절대압) = (10.332[$m$] + 72.4[$m$]) × $\dfrac{101.325[kPa]}{10.332[m]}$
             = 811.345[$kPa$]
$P_2$(절대압) = 101.325[$kPa$]
따라서 811.345 × $V_1$ = 101.325 × $V_2$
$V_2$ = 8.007 $V_1$

정답 21.③ 22.② 23.④

**24** 펌프의 일과 손실을 고려할 때 베르누이 수정방정식을 바르게 나타낸 것은? (단, $H_P$와 $H_L$은 펌프의 수두와 손실수두를 나타내며, 하첨자 1, 2는 각각 펌프의 전후 위치를 나타낸다)

① $\dfrac{u_1^2}{2g} + \dfrac{P_1}{\gamma} + z_1 = \dfrac{u_2^2}{2g} + \dfrac{P_2}{\gamma} + H_L$

② $\dfrac{u_1^2}{2g} + \dfrac{P_1}{\gamma} + z_1 + H_P = \dfrac{u_2^2}{2g} + \dfrac{P_2}{\gamma} + H_L$

③ $\dfrac{u_1^2}{2g} + \dfrac{P_1}{\gamma} + H_P = \dfrac{u_2^2}{2g} + \dfrac{P_2}{\gamma} + z_2 + H_L$

④ $\dfrac{u_1^2}{2g} + \dfrac{P_1}{\gamma} + z_1 + H_P = \dfrac{u_2^2}{2g} + \dfrac{P_2}{\gamma} + z_2 + H_L$

**해설** 실제유체에 대한 베르누이 방정식의 적용

베르누이 방정식의 가정조건과는 달리 실제유체는 점성을 가지고 있어 유동 시 마찰손실이 발생되고 배관설비에서 에너지의 공급은 주로 펌프를 사용하고 있다. 따라서 실제유체의 유동에 관한 에너지 방정식은 베르누이 방정식에 마찰손실수두와 펌프가 공급한 단위중량당 에너지(수두, 양정)를 반영하여야 한다.

$$\dfrac{P_1}{\gamma} + \dfrac{u_1^2}{2g} + Z_1 + E_P = \dfrac{P_2}{\gamma} + \dfrac{u_2^2}{2g} + Z_2 + \triangle H_L$$

$\triangle H_L$ : 손실수두

**25** 지름 10[cm]의 호스에 출구지름이 3[cm]인 노즐이 부착되어 있고, 1,500[L/min]의 물이 대기중으로 뿜어져 나온다. 이때 4개의 플랜지볼트를 사용하여 노즐을 호스에 부착하고 있다면 볼트 1개에 작용되는 힘의 크기(N)는? (단, 유동에서 마찰이 존재하지 않는다고 가정한다)

① 58.3[N]
② 899.4[N]
③ 1,018.4[N]
④ 4,098.2[N]

**해설** 플랜지 볼트에 작용하는 힘

$$F = \dfrac{\gamma Q^2 A_1}{2g} \left( \dfrac{A_1 - A_2}{A_1 A_2} \right)^2$$

여기서, $F$ : 플랜지볼트에 작용하는 힘[N]
  $\gamma$ : 비중량(물의 비중량 9,800[N/m³])
  $Q$ : 유량[m³/s]
  $A_1$ : 호스의 단면적[m²]
  $A_2$ : 노즐의 출구단면적[m²]
  $g$ : 중력가속도(9.8[m/s²])

$A_1 = \dfrac{\pi}{4}(D_1)^2 = \dfrac{\pi}{4}(0.1[m])^2 = 0.007854[m^2]$

$A_2 = \dfrac{\pi}{4}(D_2)^2 = \dfrac{\pi}{4}(0.03[m])^2 = 0.000707[m^2]$

$F = \dfrac{9800 \times \left(\dfrac{1.5}{60}\right)^2 \times \dfrac{\pi}{4}(0.1)^2}{2 \times 9.8} \times \left(\dfrac{0.007854 - 0.000707}{0.007854 \times 0.000707}\right)^2$

$= 4065.99 N$

1개의 볼트에 작용하는 힘은 $\dfrac{4065.99}{4} = 1,016.5[N]$

[근사값 1018.4[N] 선택]

**26** 다음 중 배관의 유량을 측정하는 계측장치가 아닌 것은?

① 로터미터
② 유동노즐
③ 마노미터
④ 오리피스

**해설** 마노미터는 배관의 압력을 측정하는 기구이다.

**27** 점성에 관한 설명으로 틀린 것은?

① 액체의 점성은 분자 간 결합력에 관계된다.
② 기체의 점성은 분자 간 운동량 교환에 관계된다.
③ 온도가 증가하면 기체의 점성은 감소된다.
④ 온도가 증가하면 액체의 점성은 감소된다.

**해설** 점성

㉠ 액체의 점성은 분자 간 **결합력**에 관계된다.
㉡ 기체의 점성은 분자 간 **운동량 교환**에 관계된다.
㉢ **온도**가 **증가**하면 기체는 분자의 운동량이 증가하기 때문에 분자 사이의 **마찰력도 증가**하여 결국은 **점성**이 증가된다.
㉣ **온도**가 **증가**하면 액체는 분자 사이의 결속력이 약해져서 **점성은 감소**된다.

정답 24.④ 25.③ 26.③ 27.③

**28** 펌프의 입구에서 진공계의 계기압력은 −160[mmHg], 출구에서 압력계의 계기압력은 300[kPa], 송출유량은 10[m³/min]일때 펌프의 수동력(kW)은? (단, 진공계와 압력계 사이의 수직거리는 2[m]이고, 흡입관과 송출관의 직경은 같으며, 손실을 무시한다)

① 5.7[kW]  ② 56.8[kW]
③ 557[kW]  ④ 3400[kW]

**해설** 흡입관과 송출관의 직경이 같은 경우 양정은 다음과 같이 계산이 가능하다.

$H = 160[mmHg] \times \dfrac{10.332[m]}{760[mmHg]}$
$+ 300[kPa] \times \dfrac{10.332[m]}{101.325[kPa]} + 2[m]$
$= 34.77[m]$

[흡입측 계기압력이 −이면 진공압력 160[mmHg]임. 진공압력인 경우 토출측 게이지압에 합한 양정이 필요]

$\therefore P(kW) = \dfrac{\gamma\,Q\,H}{102}$

$= \dfrac{1000 \times \dfrac{10}{60} \times 34.77}{102}$

$= 56.81[kW]$

**29** 압력이 100[kPa]이고 온도가 20[℃] 인 이산화탄소를 완전기체라고 가정할 때 밀도(kg/m³)는? (단, 이산화탄소의 기체상수는 188.95[J/kg·K]이다)

① 1.1[kg/m³]  ② 1.8[kg/m³]
③ 2.56[kg/m³]  ④ 3.8[kg/m³]

**해설** 특정이상기체상태방정식 이용
$PV = GRT$

$밀도\,\rho\left(\dfrac{G}{V}\right) = \dfrac{P}{RT} = \dfrac{100[kPa]}{188.95[J/kg \cdot K] \times 293[K]}$

$= \dfrac{100 \times 10^3[N/m^2]}{188.95[N \cdot m/kg \cdot K] \times 293[K]}$

$= 1.806[kg/m^3]$

**30** −10[℃], 6기압의 이산화탄소 10[kg]이 분사노즐에서 1기압까지 가역 단열팽창 하였다면 팽창 후의 온도는 몇 [℃]가 되겠는가? (단, 이산화탄소의 비열비는 k = 1.289이다)

① −85  ② −97
③ −105  ④ −115

**해설** 가역단열팽창 $\dfrac{T_2}{T_1} = \left(\dfrac{P_2}{P_1}\right)^{\frac{k-1}{k}}$

㉠ $\dfrac{T_2}{273+(-10)[K]} = \left(\dfrac{1}{6}\right)^{\frac{1.289-1}{1.289}}$

㉡ $T_2 = 263[K] \times \left(\dfrac{1}{6}\right)^{\frac{1.289-1}{1.289}} = 175.99[K]$

㉢ $t℃ = 175.99[K] - 273[K] = -97℃$

**31** 비중이 0.85이고 동점성계수가 $3 \times 10^{-4}[m^2/s]$인 기름이 직경 10[cm]의 수평원형관 내에 20[L/s]로 흐른다. 이 원형관의 100[m] 길이에서의 수두손실(m)은? (단, 정상 비압축성 유동이다)

① 16.6[m]  ② 25.0[m]
③ 49.8[m]  ④ 82.2[m]

**해설**
$h_L = f\dfrac{L}{D}\dfrac{U^2}{2g}$

$U = \dfrac{Q}{A} = \dfrac{0.02[m^3/s]}{\dfrac{\pi}{4}(0.1[m])^2} = 2.55[m/s]$

$ReNo = \dfrac{DU}{\nu} = \dfrac{0.1 \times 2.55}{3 \times 10^{-4}} = 850$

$f = \dfrac{64}{850} = 0.075$

$h_L = 0.075 \times \dfrac{100}{0.1} \times \dfrac{2.55^2}{2 \times 9.8}[m]$

$= 24.88 ≒ 25.0$

**32** 그림과 같이 길이 5[m], 입구직경($D_1$) 30[cm], 출구직경($D_2$) 16[cm]인 직관을 수평면과 30° 기울어지게 설치하였다. 입구에서 0.3[m³/s]로 유입되어 출구에서 대기중으로 분출된다면 입구에서의 압력(kPa)은? (단, 대기는 표준대기압 상태이고 마찰손실은 없다)

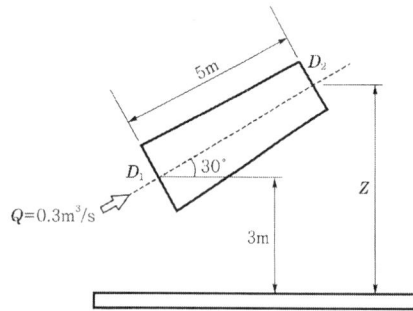

① 24.5[kPa]
② 102[kPa]
③ 127[kPa]
④ 228

**해설** $Z = 3[m] + 5[m] \times \sin 30° = 5.5[m]$

$$\frac{P_1}{r} + \frac{U_1^2}{2g} + Z_1 = \frac{P_2}{r} + \frac{U_2^2}{2g} + Z_2$$

$$U_1 = \frac{Q}{A_1} = \frac{0.3}{\frac{\pi}{4}(0.3)^2} = 4.24[m/s]$$

$$U_2 = \frac{Q}{A_2} = \frac{0.3}{\frac{\pi}{4}(0.16)^2} = 14.92[m/s]$$

$P_2 = 0$ [대기압상태이므로]
$Z_1 = 0$, $Z_2 = 5.5[m] - 3[m] = 2.5[m]$

따라서 $\frac{P_1[kN/m^2]}{9.8[kN/m^3]} + \frac{(4.24[m/s])^2}{2 \times 9.8[m/s^2]} + 0[m]$

$= 0 + \frac{(14.92[m/s])^2}{2 \times 9.8[m/s^2]} + 2.5[m]$

$P_1 = 126.8 [kN/m^2]$ (kPa) 게이지압

∴ $P = 126.8 + 101.3 = 228[kPa_{abs}]$

**33** 회전속도 N[rpm]일 때 송출량 Q[m³/min], 전양정 H[m] 인 원심펌프를 상사한 조건에서 회전속도를 1.4N[rpm]으로 바꾸어 작동할 때 유량 및 전양정은?

① 1.4Q, 1.4H
② 1.4Q, 1.96H
③ 1.96Q, 1.4H
④ 1.96Q, 1.96H

**해설** 상사의 법칙

$$Q_2 = Q_1 \times \left(\frac{N_2}{N_1}\right)$$

$$H_2 = H_1 \times \left(\frac{N_2}{N_1}\right)^2$$

$$P_2 = P_1 \times \left(\frac{N_2}{N_1}\right)^3$$

$Q$ : 풍량  $H$ : 전압  $P$ : 축동력  $N$ : 회전수

㉠ $Q_2 = Q \times \left(\frac{1.4N}{N}\right) = 1.4Q$

㉡ $H_2 = H \times \left(\frac{1.4N}{N}\right)^2 = 1.96H$

**34** 과열증기에 대한 설명으로 틀린 것은?

① 과열증기의 압력은 해당 온도에서의 포화압력보다 높다.
② 과열증기의 온도는 해당 압력에서의 포화온도보다 높다.
③ 과열증기의 비체적은 해당 온도에서의 포화증기의 비체적보다 크다.
④ 과열증기의 엔탈피는 해당 압력에서의 포화증기의 엔탈피보다 크다.

**해설** 과열증기
㉠ 과열증기의 압력은 해당 온도에서의 **포화압력과 같다.**
㉡ 과열증기의 온도는 해당 압력에서의 **포화온도보다 높다.**
㉢ 과열증기의 비체적은 해당 온도에서의 **포화증기의 비체적보다 크다.**
㉣ 과열증기의 엔탈피는 해당 압력에서의 **포화증기의 엔탈피보다 크다.**

**35** 그림과 같이 단면 A에서 정압이 500kPa이고 10[m/s]로 난류의 물이 흐르고 있을 때 단면 B에서의 유속(m/s)은?

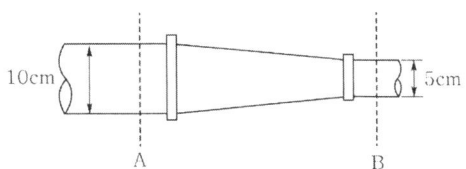

① 20[m/s]  ② 40[m/s]
③ 60[m/s]  ④ 80[m/s]

**해설** $A_1 U_1 = A_2 U_2$ 에서
$$U_2 = \frac{A_1}{A_2} U_1 = \frac{10^2}{5^2} \times 10 [\text{m/s}]$$
$$= 40 [\text{m/s}]$$

**36** 온도차이 $\triangle T$, 열전도율 $k_1$, 두께 x인 벽을 통한 열유속과 온도차이가 $2\triangle T$, 열전도율이 $k_2$, 두께 0.5x인 벽을 통한 열유속이 서로 같다면 두재질의 열전도율비 $\dfrac{k_1}{k_2}$ 의 값은?

① 1  ② 2
③ 4  ④ 8

**해설** $q'' = \dfrac{k(T_2 - T_1)}{l}$

여기서, $q''$ : 열전달량[W/m²]
$k$ : 열전도율[W/(m·K)]
$(T_2 - T_1)$ : 온도차[℃] 또는 [K]
$l$ : 벽체두께[m]

• 열전달량=열전달률=열유동률=열흐름률 전도

$k = \dfrac{q'' l}{T_2 - T_1}$

$\therefore \dfrac{k_1}{k_2} = \dfrac{\dfrac{q'' x}{\triangle T}}{\dfrac{q'' 0.5 x}{2 \triangle T}} = \dfrac{2}{0.5} = 4$

**37** 관의 길이가 $l$이고, 지름이 $d$, 관마찰계수가 $f$일 때, 총 손실수두 $H$[m]를 식으로 바르게 나타낸 것은? (단, 입구 손실계수가 0.5, 출구손실계수가 1.0, 속도수두는 $V^2/2g$이다)

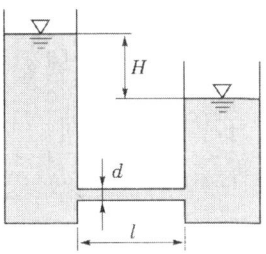

① $\left(1.5 + f\dfrac{l}{d}\right)\dfrac{V^2}{2g}$

② $\left(f\dfrac{l}{d} + 1\right)\dfrac{V^2}{2g}$

③ $\left(0.5 + f\dfrac{l}{d}\right)\dfrac{V^2}{dg}$

④ $\left(f\dfrac{l}{d}\right)\dfrac{V^2}{2g}$

**해설** $H = \dfrac{fl V^2}{2gd} + K_1 \dfrac{V^2}{2g} + K_2 \dfrac{V^2}{2g}$
　　　↑　　　↑　　　↑
　주손실　부차적 손실　부차적 손실

$= \dfrac{fl V^2}{2gd} + 0.5 \dfrac{V^2}{2g} + 1.0 \dfrac{V^2}{2g}$

$= f\dfrac{l}{d} \dfrac{V^2}{2g} + 0.5 \dfrac{V^2}{2g} + 1.0 \dfrac{V^2}{2g}$

$= \dfrac{V^2}{2g}\left(f\dfrac{l}{d} + 0.5 + 1.0\right)$

$= \left(1.5 + f\dfrac{l}{d}\right)\dfrac{V^2}{2g}$

정답 35.② 36.③ 37.①

**38** 다음 그림에서 A,B 점의 압력차(kPa)는? (단, A는 비중 1의 물, B는 비중 0.899의 벤젠이다)

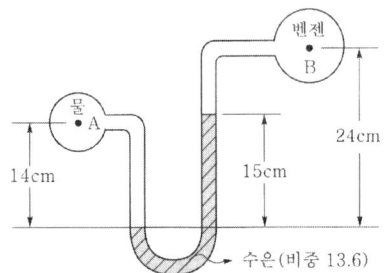

① 278.7  ② 191.4
③ 23.07  ④ 19.4

해설  $P_A - P_B = \gamma_{벤젠} \cdot (0.24[m] - 0.15[m])$
$\qquad\qquad + \gamma_{수은} \cdot 0.15[m] - \gamma_{물} \cdot 0.14[m]$
$= (0.899 \times 9.8[kN/m^3] \times 0.09[m])$
$\quad + (13.6 \times 9.8[kN/m^3] \times 0.15[m])$
$\quad - (9.8[kN/m^3] \times 0.14[m])$
$= 19.41[kN/m^2]$
$≒ 19.41[kPa]$

**39** 비중이 0.8인 액체가 한변이 10[cm]인 정육면체 모양 그릇의 반을 채울 때 액체의 질량(kg)은?

① 0.4[kg]  ② 0.8[kg]
③ 400[kg]  ④ 800[kg]

해설  액체의 부피
$= 0.1[m] \times 0.1[m] \times 0.1[m] \times \frac{1}{2} = 0.0005[m^3]$
무게
$F = rV = 800[kgf/m^3] \times 0.0005[m^3] = 0.4[kgf]$
따라서 질량 $= 0.4[kg]$

**40** 그림과 같이 수족관에 직경 3[m]의 투시경이 설치되어 있다. 이 투시경에 작용하는 힘은 약 몇 [kN]인가?

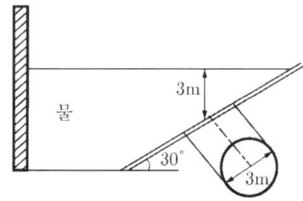

① 207.8[kN]  ② 123.9[kN]
③ 87.1[kN]   ④ 52.4[kN]

해설  $F = \gamma \cdot h \cdot A$
$= 9800[N/m^3] \times 3[m] \times (\frac{\pi}{4} \times (3[m])^2)$
$= 207816.35[N]$
$= 207.8[kN]$

# 제3회 소방설비기사[기계분야] 1차 필기
[제2과목 : 소방유체역학]

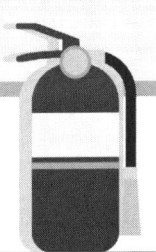

**21** 체적 0.1[m³]의 밀폐용기 안에 기체상수가 0.4615[kJ/kg·K]인 기체 1[kg]이 압력 2[MPa], 온도 250[℃] 상태로 들어있다. 이때 이 기체의 압축계수(또는 압축성인자)는?

① 0.578  ② 0.828
③ 1.21   ④ 1.73

**해설** $PV = Z\,GRT$

$Z = \dfrac{PV}{GRT}$

$= \dfrac{2000[kN/m^2] \times 0.1[m^3]}{1[kg] \times 0.4615[kJ/kg \cdot K] \times (273+250)[K]}$

$= 0.828$

**22** 물의 체적탄성계수가 2.5[GPa]일 때 물의 체적을 1[%] 감소시키기 위해선 얼마의 압력(MPa)을 가하여야 하는가?

① 20[MPa]  ② 25[MPa]
③ 30[MPa]  ④ 35[MPa]

**해설** 체적탄성계수 $E = \dfrac{\Delta P}{\dfrac{\Delta V}{V}}$

$2.5 \times 10^3\,[MPa] = \dfrac{\Delta P}{\dfrac{1}{100}}$

$\Delta P = 25[MPa]$

**23** 안지름 40[mm]의 배관 속을 정상류의 물이 매분 150[L]로 흐를 때의 평균 유속(m/s)은?

① 0.99[m/s]  ② 1.99[m/s]
③ 2.45[m/s]  ④ 3.01[m/s]

**해설** $U = \dfrac{Q}{A} = \dfrac{\left(\dfrac{0.15}{60}\right)[m^3/s]}{\dfrac{\pi}{4}(0.04[m])^2} = 1.99[m/s]$

**24** 원심펌프를 이용하여 0.2[m³/s]로 저수지의 물을 2[m] 위의 물탱크로 퍼올리고자 한다. 펌프의 효율이 80[%]라고 하면 펌프에 공급해야 하는 동력(kW)은?

① 1.96[kW]  ② 3.14[kW]
③ 3.92[kW]  ④ 4.90[kW]

**해설** $P(kW) = \dfrac{\gamma\,Q\,H}{102\,\eta} = \dfrac{1000 \times 0.2 \times 2}{102 \times 0.8} = 4.9\,kW$

$P(kW) = \dfrac{0.163\,QH}{\eta}$

$= \dfrac{0.163 \times (0.2 \times 60)\,m^3/min \times 2m}{0.8}$

$= 4.89\,kW$

**25** 원관에서 길이가 2배, 속도가 2배가 되면 손실수두는 원래의 몇 배가 되는가? (단, 두 경우 모두 완전발달 난류유동에 해당되며, 관마찰계수는 일정하다)

① 동일하다  ② 2배
③ 4배      ④ 8배

**해설** 난류의 경우(패닝의 법칙)

$H = \dfrac{\Delta P}{\gamma} = \dfrac{2fl\,V^2}{gD}$

여기서, $H$ : 손실수두[m]
$\Delta P$ : 압력손실[Pa]
$\gamma$ : 비중량(물의 비중량 9,800[N/m³])
$f$ : 관마찰계수

**정답** 21.② 22.② 23.② 24.④ 25.④

$l$ : 길이[m]
$V$ : 유속[m/s]
$g$ : 중력가속도(9.8[m/s²])
$D$ : 내경[m]

**26** 펌프가 운전 중에 한숨을 쉬는 것과 같은 상태가 되어 펌프입구의 진공계 및 출구의 압력계 지침이 흔들리고 송출유량도 주기적으로 변화하는 이상현상을 무엇이라고 하는가?

① 공동현상(cavitation)
② 수격작용(water hammering)
③ 맥동현상(surging)
④ 언밸런스(unbalance)

**해설** 써징(맥동)현상
펌프 운전 중 주기적으로 운동, 양정, 토출량이 변화하는 현상, 즉 송출압력과 송출유량의 주기적인 변동이 발생하는 현상
㉠ 써징(맥동)현상 발생원인
  ⓐ 펌프의 양정곡선이 산형특성이며 사용범위가 우상특성일 것
  ⓑ 토출측 배관이 길고 중간에 수조, 공기저장기가 있을 때
  ⓒ 토출량 조절밸브가 수조나 공기저장기보다 아래에 있을 때
㉡ 써징(맥동)현상 방지대책
  ⓐ 펌프의 양수량을 증가시키거나 임펠러회전수를 변화시킨다.
  ⓑ 배관 내 공기제거 및 단면적, 유속, 유량조절
  ⓒ 유량조절밸브는 펌프의 토출측 직후에 설치
  ⓓ 배관 중에 수조나 공기 저장조를 제거한다.

**27** 2단식 터보팬을 6,000[rpm]으로 회전시킬 경우, 풍량은 0.5[m³/min], 축동력은 0.049[kW]이었다. 만약, 터보팬 회전수를 8,000[rpm]으로 바꾸어 회전시킬 경우 축동력은 약 몇 [kW]인가?

① 0.0207[kW]   ② 0.207[kW]
③ 0.116[kW]   ④ 1.161[kW]

**해설** 상사법칙
$$L_2 = L_1 \times \left(\frac{N_2}{N_1}\right)^3$$
$$= 0.049[\text{kw}] \times \left(\frac{8000[\text{rpm}]}{6000[\text{rpm}]}\right)^3$$
$$= 0.116[\text{kw}]$$

**28** 어떤 기체를 20[℃]에서 등온 압축하여 압력이 0.2[MPa]에서 1[MPa]으로 변할 때 체적은 초기 체적과 비교하여 어떻게 변하는가?

① 5배로 증가한다
② 10배로 증가한다
③ $\frac{1}{5}$ 로 감소한다
④ $\frac{1}{10}$ 로 감소한다

**해설** 등온압축은 온도가 일정
$P_1 V_1 = P_2 V_2$ ($P$ : 절대압)
㉠ $\frac{V_2}{V_1} = \frac{P_1}{P_2}$
㉡ $\frac{V_2}{V_1} = \frac{0.2}{1} = \frac{1}{5}$
㉢ $V_1 : V_2 = 5 : 1$
따라서 $V_2 = \frac{1}{5} V_1$

**29** 원관 속의 흐름에서 관의 직경, 유체의 속도, 유체의 밀도, 유체의 점성계수가 각각 $D, V, \rho, \mu$로 표시될 때 층류흐름의 마찰계수($f$)는 어떻게 표현될 수 있는가?

① $f = \dfrac{64\mu}{DV\rho}$   ② $f = \dfrac{64\rho}{DV\mu}$
③ $f = \dfrac{64D}{V\rho\mu}$   ④ $f = \dfrac{64}{DV\rho\mu}$

**해설** 층류흐름의 경우
$$f = \frac{64}{ReNo} = \frac{64}{\left(\frac{DV\rho}{\mu}\right)} = \frac{64\mu}{DV\rho}$$

**정답** 26.③ 27.③ 28.③ 29.①

**30** 그림과 같이 매우 큰 탱크에 연결된 길이 100m, 안지름 20[cm]인 원관에 부차적 손실계수가 5인 밸브 A가 부착되어 있다. 관 입구에서의 부차적 손실계수가 0.5, 관마찰계수는 0.02이고, 평균속도가 2[m/s]일 때 물의 높이 H(m)는?

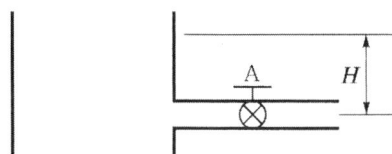

① 1.48[m]  ② 2.14[m]
③ 2.81[m]  ④ 3.36[m]

**해설** $U = \sqrt{2gH}$

$U = \sqrt{2 \times 9.8 \times [H - f\frac{L}{D}\frac{U^2}{2g} - K_1\frac{U^2}{2g} - K_2\frac{U^2}{2g}]}$

$2m/s = \sqrt{2 \times 9.8 \times [H - 0.02 \times \frac{100}{0.2} \times \frac{2^2}{2 \times 9.8} - 0.5 \times \frac{2^2}{2 \times 9.8} - 5 \times \frac{2^2}{2 \times 9.8}]}$

$H = 3.367[m]$

**31** 마그네슘은 절대온도 293[K]에서 열전도도가 156 [W/m·K], 밀도는 1,740[kg/m³]이고, 비열이 1,017[J/kg·K]일 때 열확산계수(m²/s)는?

① $8.96 \times 10^{-2}[m^2/s]$
② $1.53 \times 10^{-1}[m^2/s]$
③ $8.81 \times 10^{-5}[m^2/s]$
④ $8.81 \times 10^{-4}[m^2/s]$

**해설** 열확산계수

$\sigma = \frac{K}{\rho C}$

여기서, $\sigma$ : 열확산계수[m²/s]
$K$ : 열전도도(열전도율)[W/m·K]
$\rho$ : 밀도[kg/m³]
$C$ : 비열[J/mg·K]

열확산계수 $\sigma$는

$\sigma = \frac{K}{\rho C}$

$= \frac{156[J/s \cdot m \cdot K]}{1,740[kg/m^3] \times 1,017[J/kg \cdot K]}$

$\fallingdotseq 8.81 \times 10^{-5}[m^2/s]$

**32** 그림과 같이 반지름이 1[m], 폭(y방향) 2[m]인 곡면AB에 작용하는 물에 의한 힘의 수직성분(z방향) $F_z$와 수평성분(x방향) $F_x$와의 비($F_z/F_x$)는 얼마인가?

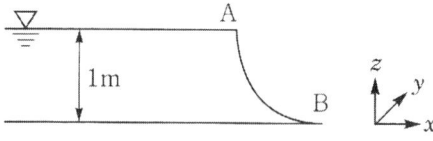

① $\frac{\pi}{2}$  ② $\frac{2}{\pi}$
③ $2\pi$  ④ $\frac{1}{2\pi}$

**해설** $F_x = \gamma h A$
$= 9,800[N/m^2] \times 0.5[m] \times 2[m^2]$
$= 9,800[N]$

$F_x = \gamma V$
$= 9,800[N/m^3] \times \left(\frac{br^2}{2} \times 수문폭(각도)\right)$

$= 9,800[N/m^3] \times \left(\frac{2[m] \times (1[m])^2}{2} \times \frac{\pi}{2}\right) \fallingdotseq 15,393[N]$

$90°$는 $\frac{\pi}{2}$

$\therefore \frac{F_z}{F_x} = \frac{15,393[N]}{9,800[N]} \fallingdotseq 1.57 = \frac{\pi}{2}$

**33** 대기압하에서 10[℃]의 물 2[kg]이 전부 증발하여 100[℃]의 수증기로 되는 동안 흡수되는 열량(kJ)은 얼마인가? (단, 물의 비열은 4.2[kJ/kg·K], 기화열은 2,250[kJ/kg]이다)

① 756[kJ]  ② 2,638[kJ]
③ 5,256[kJ]  ④ 5,360[kJ]

**해설** $Q = mC\Delta T + mr$
$= 2[kg] \times 4.2[kJ/kg \cdot K] \times (373[K] - 283[K])$
$+ 2[kg] \times 2250[kJ/kg]$
$= 5,256[kJ]$

**34** 경사진 관로의 유체흐름에서 수력기울기선의 위치로 옳은 것은?

① 언제나 에너지선보다 위에 있다.
② 에너지선보다 속도수두만큼 아래에 있다.
③ 항상 수평이 된다.
④ 개수로의 수면보다 속도수두만큼 위에 있다.

**해설** 수력기울기선 + 속도수두 = 에너지선

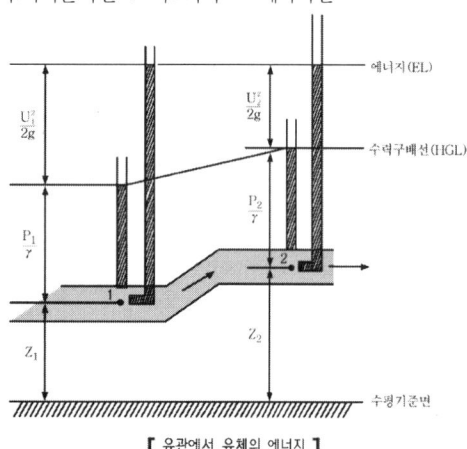

【 유관에서 유체의 에너지 】

**35** 그림과 같이 폭(b)이 1[m]이고 깊이($h_0$) 1[m]로 물이 들어있는 수조가 트럭 위에 실려있다. 이 트럭이 7[m/s²]의 가속도로 달릴 때 물의 최대높이($h_2$)와 최소높이($h_1$)는 각각 몇 m인가?

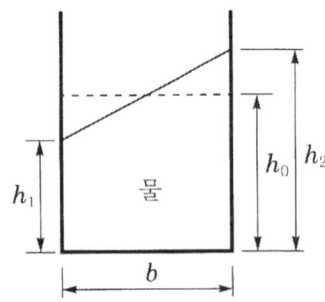

① $h_1$ = 0.643[m], $h_2$ = 1.413[m]
② $h_1$ = 0.643[m], $h_2$ = 1.357[m]
③ $h_1$ = 0.676[m], $h_2$ = 1.413[m]
④ $h_1$ = 0.676[m], $h_2$ = 1.357[m]

**해설** ㉠ 높이 $y$

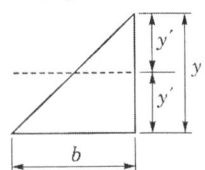

$$y = \frac{ba}{g}$$

여기서, $y$ : 높이[m]
  $b$ : 폭[m]
  $a$ : 가속도[m/s²]
  $g$ : 중력가속도(9.8[m/s²])

높이 $y$는
$$y = \frac{ba}{g} = \frac{1[m] \times 7[m/s^2]}{9.8[m/s^2]} ≒ 0.714[m]$$

㉡ 중심높이
$$y' = \frac{y}{2}$$

여기서, $y'$ : 중심높이[m]
  $y$ : 높이[m]

중심높이 $y'$는
$$y' = \frac{y}{2} = \frac{0.714[m]}{2} = 0.357[m]$$

㉢ 최소높이, 최대높이
$h_1 = h_0 - y'$, $h_2 = h_0 + y'$

여기서, $h_1$ : 최소높이[m]
  $h_2$ : 최대높이[m]
  $h_0$ : 길이[m]
  $y'$ : 중심높이[m]

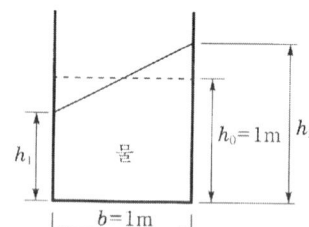

최소높이 $h_1$은
$h_1 = h_0 - y' = 1[m] - 0.357[m] = 0.643[m]$
최대높이 $h_2$는
$h_2 = h_0 + y' = 1[m] + 0.357[m] = 1.357[m]$

**36** 유체의 거동을 해석하는 데 있어서 비점성유체에 대한 설명으로 옳은 것은?

① 실제 유체를 말한다.
② 전단응력이 존재하는 유체를 말한다.
③ 유체 유동시 마찰저항이 속도기울기에 비례하는 유체이다.
④ 유체 유동시 마찰저항을 무시한 유체를 말한다.

**해설** 실제유체
㉠ 점성이 있는 유체
㉡ 전단응력(마찰)이 존재하는 유체
㉢ 마찰이 속도에 비례하는 유체

이상유체
㉠ 비점성, 비압축성 유체
㉡ 전단응력이 존재하지 않는 유체
㉢ 속도와 마찰에 관계가 없는 유체

**37** 출구 단면적이 $0.0004[m^2]$인 소방호스로부터 25 [m/s]의 속도로 수평으로 분출되는 물제트가 수직으로 세워진 평판과 충돌한다. 평판을 고정시키기 위한 힘(F)은 몇 [N]인가?

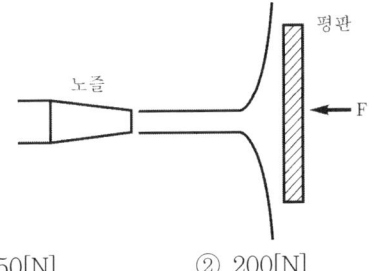

① 150[N]   ② 200[N]
③ 250[N]   ④ 300[N]

**해설** 평판에 작용하는 힘
$F = \rho Q V$
㉠ $Q = VA$ 이므로
㉡ $F = \rho Q V = \rho A V^2$
㉢ $F = 1000[kg/m^3] \times 0.0004[m^2] \times (25[m/s])^2$
   $= 250[kg \cdot m/s^2](N)$

**38** 아래 그림과 같이 두 개의 가벼운 공 사이로 빠른 기류를 불어 넣으면 두 개의 공은 어떻게 되겠는가?

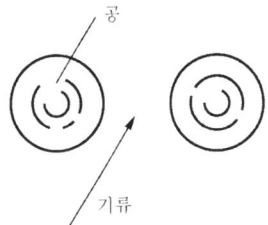

① 뉴턴의 법칙에 따라 벌어진다.
② 뉴턴의 법칙에 따라 가까워진다.
③ 베르누이의 법칙에 따라 벌어진다.
④ 베르누이의 법칙에 따라 가까워진다.

**해설** 공 사이에 빠른 기류를 불어넣어주면 공 사이의 압력은 일시적으로 대기압보다 작아지게 된다. 이때, 공 주위에 있던 대기압에 의하여 공이 안쪽으로 밀어주게 되며, 공 사이의 간격은 가까워진다.

**39** 뉴튼(Newton)의 점성법칙을 이용한 회전원통식 점도계는?

① 세이볼트 점도계
② 오스트발트 점도계
③ 레드우드 점도계
④ 맥마이클 점도계

**해설** ㉠ 회전원통법 : 뉴턴의 점성법칙 이용
   **예** 스토머 점도계, 맥마이클 점도계
㉡ 낙구법 : 스톡스(stokes)법칙 이용
   **예** 낙구식 점도계
㉢ 세관법 : 하겐포아즈웰 법칙 이용
   **예** 세이볼트 점도계, 레드우드 점도계, 오스트발트 점도계, 앵글러 점도계, 바베이 점도계

**40** 그림과 같이 수은 마노미터를 이용하여 물의 유속을 측정하고자 한다. 마노미터에서 측정한 높이 차(h)가 30[mm]일 때 오리피스 전후의 압력차는 몇 [kPa]인가? (단 수은의 비중은 13.6이다)

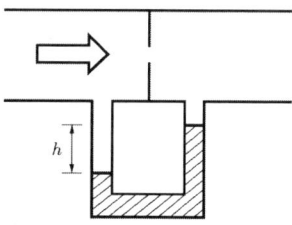

① 3.4[kPa]  ② 3.7[kPa]
③ 3.9[kPa]  ④ 4.4[kPa]

**해설**  $\Delta P = (\gamma_m - \gamma)h$
$= ((9.8[\text{kN/m}^3] \times 13.6) - (9.8[\text{kN/m}^3])) \times 0.03[\text{m}]$
$= 3.7[\text{kN/m}^2] (= [\text{kPa}])$
$\fallingdotseq 3.7[\text{kPa}]$

# 2020년 제4회 소방설비기사[기계분야] 1차 필기
### [제2과목 : 소방유체역학]

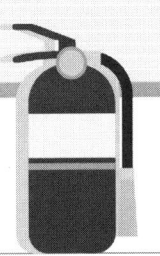

**21** 그림과 같이 수조의 밑부분에 구멍을 뚫고 물을 유량 Q로 방출시키고 있다. 손실을 무시할 때 수위가 처음 높이의 1/2로 되었을 때 방출되는 유량은 어떻게 되는가?

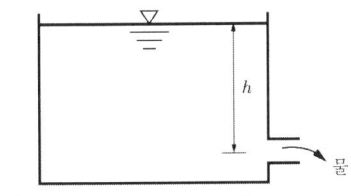

① $\dfrac{1}{\sqrt{2}}Q$  ② $\dfrac{1}{2}Q$

③ $\dfrac{1}{\sqrt{3}}Q$  ④ $\dfrac{1}{3}Q$

**해설**
$Q = A \cdot u \ (u = \sqrt{2gh})$
$= A \cdot \sqrt{2gh}$
$Q \propto \sqrt{h}$ 이므로
㉠ 구멍을 뚫기 전 $\sqrt{h} \to Q$
㉡ 구멍을 뚫은 후 $\sqrt{\dfrac{1}{2}h} \to \dfrac{1}{\sqrt{2}}Q$

**22** 다음 중 등엔트로피 과정에 해당하는 것은?
① 가역 단열 과정
② 가역 등온 과정
③ 비가역 단열 과정
④ 비가역 등온 과정

**해설** 이상기체의 등엔트로피 과정
㉠ 폴리트로피 과정의 일종
㉡ 가역 단열 과정
㉢ 온도가 증가하면 압력이 증가

**23** 비중이 0.95인 액체가 흐르는 곳에 그림과 같이 피토튜브를 직각으로 설치하였을 때 h가 150[mm], H가 30[mm]로 나타났다. 점 1위치에서의 유속(m/s)은?

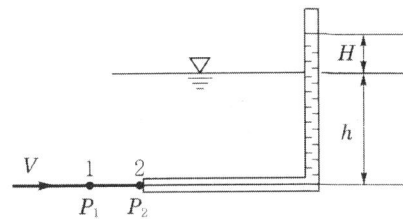

① 0.8[m/s]  ② 1.6[m/s]
③ 3.2[m/s]  ④ 4.2[m/s]

**해설** $U = \sqrt{2gH} = \sqrt{2 \times 9.8 \times 0.03} = 0.76 \fallingdotseq 0.8 m/s$

**24** 어떤 밀폐계가 압력 200[kPa], 체적 0.1[m³]인 상태에서 100[kPa], 0.3[m³]인 상태까지 가역적으로 팽창하였다. 이 과정의 P-V선도가 직선으로 표시된다면 이 과정 동안에 계가 한 일은 몇 [kJ]인가?

① 20[kJ]  ② 30[kJ]
③ 45[kJ]  ④ 60[kJ]

**해설**
㉠ $P_1 = 200[kPa] = 200[kN/m^2], V_1 = 0.1[m^3]$
㉡ $P_2 = 100[kPa] = 100[kN/m^2], V_2 = 0.3[m^3]$
일의 방향과 양
㉢ $W_S = P_1V_1 - P_2V_2$
㉣ $W_S = (200 \times 0.1) - (100 \times 0.3)$
$= -10[kN \cdot m] = -10[kJ]$
계가 한 일
$\triangle W_S = (P_1V_1) - W_S = (200 \times 0.1) - (-10)$
$= 30[kJ]$

**정답** 21.① 22.① 23.① 24.②

**25** 유체에 관한 설명으로 옳지 않은 것은?

① 실제유체는 유동할 때 마찰로 인한 손실이 생긴다.
② 이상유체는 높은 압력에서 밀도가 변화하는 유체이다.
③ 압력을 가하면 체적이 줄어드는 유체는 압축성 유체이다.
④ 전단력을 받았을 때 저항하지 못하고 연속적으로 변형하는 물질을 유체라 한다.

**해설** ② 이상유체는 밀도가 변화하지 않는다.

**26** 대기압에서 10[℃]의 물 10[kg]을 70[℃]까지 가열할 경우 엔트로피 증가량(kJ/K)은? (단, 물의 정압비열은 4.18[kJ/kg·K]이다)

① 0.43[kJ/K]
② 8.03[kJ/K]
③ 81.3[kJ/K]
④ 2,508.1[kJ/K]

**해설** 엔트로피 증가량

$$\Delta S = C_p m \ln \frac{T_2}{T_1}$$

여기서, $\Delta S$ : 엔트로피 증가량[kJ/K]
  $C_p$ : 정압비열[kJ/kg·K]
  $m$ : 질량[kg]
  $T_1$ : 변화 전 온도(273+℃)[K]
  $T_2$ : 변화 후 온도(273+℃)[K]

엔트로피 증가량 $\Delta S$는

$$\Delta S = C_p m \ln \frac{T_2}{T_1}$$
$$= 4.18[kJ/kg \cdot K] \times 10[kg] \times \ln \frac{(273+70)[K]}{(273+10)[K]}$$
$$\fallingdotseq 8.03[kJ/K]$$

**27** 물속에 수직으로 완전히 잠긴 원판의 도심과 압력 중심 사이의 최대거리는 얼마인가? (단, 원판의 반지름은 R이며 이 원판의 면적 관성모멘트 $I_{xc} = \pi R^4/4$ 이다)

① $\dfrac{R}{8}$ ② $\dfrac{R}{4}$
③ $\dfrac{R}{2}$ ④ $\dfrac{2R}{3}$

**해설** 도심과 압력중심사이의 거리

$$y_p - \bar{y} = \frac{I_{xc}}{A\bar{R}}$$

여기서, $y_p$ : 압력 중심의 거리[m]
  $\bar{y}$ : 도심의 거리[m]
  $I_{xc}$ : 면적 관성모멘트[m$^4$]
  $A$ : 단면적[m$^2$]
  $R$ : 반지름[m]

도심과 압력 중심 사이의 거리 $y_p - \bar{y}$는

$$y_p - \bar{y} = \frac{I_{xc}}{A\bar{R}} = \frac{\dfrac{\pi R^4}{4}}{\pi R^2 \times R} = \frac{\pi R^1}{4\pi R^3} = \frac{R}{4}[m]$$

**28** 점성계수가 0.101[N·s/m$^2$], 비중이 0.85인 기름이 내경 300[mm], 길이 3[km]의 주철관 내부를 0.0444[m$^3$/s]의 유량으로 흐를 때 손실수두(m)는?

① 7.1[m] ② 7.7[m]
③ 8.1[m] ④ 8.9[m]

**해설**
$$h_L = f\frac{L}{D}\frac{U^2}{2g}$$

$$U = \frac{Q}{A} = \frac{0.0444}{\dfrac{\pi}{4}(0.3)^2} = 0.63[m/s]$$

$$ReNo = \frac{DU\rho}{\mu} = \frac{0.3[m] \times 0.63[m/s] \times 850[kg/m^3]}{0.101[N \cdot s/m^2]}$$
$$= 1590.6$$

$$f = \frac{64}{1590.6} = 0.04$$

$$h_L = 0.04 \times \frac{3000}{0.3} \times \frac{0.63^2}{2 \times 9.8}$$
$$= 8.1[m]$$

**29** 그림과 같은 곡관에 물이 흐르고 있을 때 계기압력으로 $P_1$이 98[kPa]이고, $P_2$가 29.42[kPa]이면 이 곡관을 고정시키는데 필요한 힘은 몇 [N]인가? (단, 높이차 및 모든 손실은 무시한다)

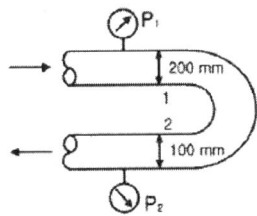

① 4,141[N]  ② 4,314[N]
③ 4,565[N]  ④ 4,744[N]

**해설** $\triangle F = P_1A_1 + P_2A_2 + \rho Q(u_1 - u_2)$

$= 98000[N/m^2] \times (\frac{\pi}{4} \times (0.2[m])^2) +$

$29420[N/m^2] \times (\frac{\pi}{4} \times (0.1[m])^2) +$

$1000[kg/m^3] \times 0.0949[m^3/s] \times (3.023[m/s] -$

$(-12.092[m/s])) = 4744.24[N]$

· $12.092[m/s]$의 부호가 $(-)$가 된 이유는

$u_1$유속과 방향이 반대방향이기 때문이다.

· $Q = A_1u_1 = A_2u_2$

$(\frac{\pi}{4})(0.2[m])^2 \times u_1 = (\frac{\pi}{4})(0.1[m])^2 \times u_2$

$4u_1 = u_2$

· 베르누이 방정식

$\frac{P_1}{\gamma} + \frac{u_1^2}{2g} + Z_1 = \frac{P_2}{\gamma} + \frac{u_2^2}{2g} + Z_2 \ (Z_1 = Z_2)$

$\frac{98[kN/m^2]}{9.8[kN/m]} + \frac{u_1^2}{(2)(9.8[m/s^2])}$

$= \frac{29.42[kN/m^2]}{9.8[kN/m^3]} + \frac{(4u_1)^2}{(2)(9.8[m/s])}$

$\therefore u_1 = 3.023[m/s]$

$u_2 = 12.092[m/s]$

$Q = A_1u_1 = (\frac{\pi}{4})(0.2[m])^2 \times 3.023[m/s]$

$= 0.0949[m^3/s]$

**30** 물의 체적을 5[%] 감소시키려면 얼마의 압력(kPa)을 가하여야 하는가? (단, 물의 압축률은 $5 \times 10^{-10}[m^2/N]$이다)

① 1[kPa]  ② $10^2$[kPa]
③ $10^4$[kPa]  ④ $10^5$[kPa]

**해설** 압축률 $\beta = \frac{1}{E}$

체적탄성계수 $E = (-)\frac{\Delta P}{\frac{\Delta V}{V}}$

$5 \times 10^{-10} = \frac{1}{E}$, $E = 2 \times 10^9 N/m^2 = 2 \times 10^6[kPa]$

$2 \times 10^6[kPa] = \frac{\Delta P}{0.05}$

따라서 $\Delta P = 2 \times 10^6 \times 0.05[kPa] = 1 \times 10^5[kPa]$

**31** 옥내소화전에서 노즐의 직경이 2[cm]이고 방수량이 $0.5[m^3/min]$라면 방수압(계기압력)(kPa)은?

① 35.18[kPa]  ② 351.8[kPa]
③ 566.4[kPa]  ④ 56.64[kPa]

**해설** $Q = 0.653D^2\sqrt{10P}$

$500[L/min] = 0.653 \times (20[mm])^2 \times \sqrt{10 \times P}$

$P = 0.366[MPa] = 366[kPa]$

[근사값 351.8[kPa] 선택]

**32** 공기 중에서 무게가 941[N]인 돌의 무게가 물속에서 500[N]이면 이 돌의 체적은 몇 [m³]인가? (단, 공기의 부력은 무시한다)

① 0.012[m³]  ② 0.028[m³]
③ 0.034[m³]  ④ 0.045[m³]

**해설** · $F_{부력} = 941[N] - 500[N] = 441[N]$

· $F_{부력} = \gamma_{물} \cdot V_{잠긴부분(=전체체적)}$

정답 29.④ 30.④ 31.② 32.④

∴ $441[N] = \gamma_물 \cdot V_{잠긴부분(=전체체적)}$

$V_{잠긴부분(=전체체적)} = \dfrac{441[N]}{\gamma_물}$

$= \dfrac{441[N]}{9800[N/m^3]}$

$= 0.045[m^3]$

**33** 그림과 같이 비중이 0.8인 기름이 흐르고 있는 관에 U자관이 설치되어 있다. A점에서의 계기압력이 200[kPa]일 때 높이 h(m)는 얼마인가? (단, U자관내의 유체의 비중은 13.6이다)

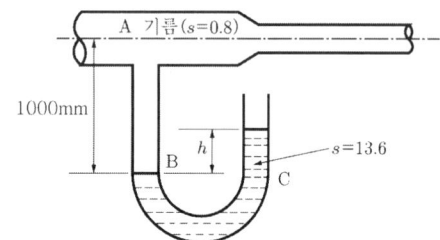

① 1.42[m]   ② 1.56[m]
③ 2.43[m]   ④ 3.20[m]

**해설**
$U = \sqrt{2gH} = \sqrt{2 \times 9.8 \times \left(\dfrac{P}{r}\right)}$

$= \sqrt{2 \times 9.8 \times \left(\dfrac{200[kN/m^2]}{0.8 \times 9.8[kN/m^3]}\right)}$

$= 22.36[m/s]$

$U = \sqrt{2gH\left(\dfrac{r_0}{r} - 1\right)}$

$22.36 = \sqrt{2 \times 9.8 \times H \times \left(\dfrac{13.6}{0.8} - 1\right)}$

$H = 1.59[m]$

**34** 열전달 면적이 A이고 온도차이가 10[℃], 벽의 열전도율이 10[W/m·k], 두께 25[cm]인 벽을 통한 열류량은 100[W]이다. 동일한 열전달면적에서 온도차이가 2배, 벽의 열전도율이 4배가 되고 벽의 두께가 2배가 되는 경우 열류량은 약 몇 [W]인가?

① 50[W]   ② 200[W]
③ 400[W]  ④ 800[W]

**해설**
열류량 $Q[W] = \dfrac{\lambda \cdot A \cdot \Delta T}{\ell}$

$= \dfrac{10[W/m \cdot k] \times A \times 10[k]}{0.25[m]}$

$= 100[W]$

∴ $A = 0.25[m^2]$

온도차이가 2배, 벽의 열전도율이 4배, 벽두께가 2배가 된 경우 열류량 $Q[W]$

$Q[W] = \dfrac{(10[W/m \cdot k] \times 4) \times 0.25[m^2] \times (10[k] \times 2)}{0.25[m] \times 2}$

$= 400[W]$

**35** 지름 40[cm]인 소방용 배관에 물이 80[kg/s]로 흐르고 있다면 물의 유속은 약 몇 [m/s]인가?

① 6.4[m/s]   ② 0.64[m/s]
③ 12.7[m/s]  ④ 1.27[m/s]

**해설**
질량유량$[m] = A \cdot u \cdot \rho$

$80[kg/s] = \left(\dfrac{\pi}{4}\right)(0.4[m])^2 \times u[m/s] \times 1000[kg/m^3]$

$\dfrac{80[kg/s]}{(\dfrac{\pi}{4})(0.4[m])^2 \times 1000[kg/m^3]} = u[m/s]$

∴ $u[m/s] = 0.636[m/s]$

$\fallingdotseq 0.64[m/s]$

**36** 지름이 400[mm]인 베어링이 400[rpm]으로 회전하고 있을 때 마찰에 의한 손실동력은 약 몇 [kW]인가? (단, 베어링과 축 사이에는 점성계수가 0.049[N·s/m²]인 기름이 차 있다.)

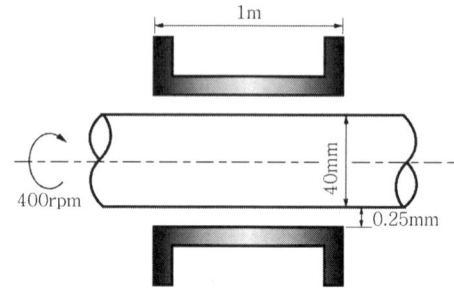

① 15.1[kW]   ② 15.6[kW]
③ 16.3[kW]   ④ 17.3[kW]

동력 $P[w] = \dfrac{J}{s} = \dfrac{N \cdot m}{s} = N \cdot u$
$= 2064[N] \times 8.38[m/s]$
$= 17300[N \cdot m/s] = 17300[J/s]$
$= 17.3[kW]$

**37** 12층 건물의 지하1층에 제연설비용 배연기를 설치하였다. 이 배연기의 풍량은 500[m³/min]이고, 풍압이 290[Pa]일 때 배연기의 동력(kW)은? (단, 배연기의 효율은 60[%]이다)

① 3.55[kW]  ② 4.03[kW]
③ 5.55[kW]  ④ 6.11[kW]

 배연기동력 $P[kW] = \dfrac{PQ}{102\eta}$

$P = 290[Pa] \times \dfrac{10332[kgf/m^2]}{101325[Pa]}$
$= 29.57[kgf/m^2]$

$P(kW) = \dfrac{29.57 \times \dfrac{500}{60}}{102 \times 0.6} = 4.026$
$\fallingdotseq 4.03[kW]$

**38** 다음 중 배관의 출구측 형상에 따라 손실계수가 가장 큰 것은?

| ㉠ 돌출 출구 | |
|---|---|
| ㉡ 사각모서리 출구 | |
| ㉢ 둥근 출구 | |

① ㉠  ② ㉡
③ ㉢  ④ 모두 같다

출구측 손실계수는 형상에 관계없이 모두 같다.

**39** 원관 내에 유체가 흐를 때 유동의 특성을 결정하는 가장 중요한 요소는?

① 관성력과 점성력
② 압력과 관성력
③ 중력과 압력
④ 압력과 점성력

유동특성을 결정하는 가장 중요한 요소는 레이놀즈수이다.

| 무차원수의 명칭 | 물리적 의미 |
|---|---|
| 레이놀드수 | 관성력/점성력 |
| 프루드수 | 관성력/중력 |
| 웨버수 | 관성력/표면장력 |
| 코우시수 | 관성력/탄성력 |
| 마하수 | 관성력/탄성력 |
| 오일러수 | 압축력/관성력 |

**40** 토출량이 1,800[L/min], 회전차의 회전수가 1,000[rpm]인 소화펌프의 회전수를 1,400[rpm]으로 증가시키면 토출량은 처음보다 얼마나 더 증가되는가?

① 10[%]  ② 20[%]
③ 30[%]  ④ 40[%]

상사법칙 이용

$Q_2 = \left(\dfrac{N_2}{N_1}\right)^1 \times Q_1$

$Q_2 = \dfrac{1400}{1000} \times 1800 = 2520[L/min]$

1.4배 증가(40[%] 증가)

# 2021년 제1회 소방설비기사[기계분야] 1차 필기

[제2과목 : 소방유체역학]

**21** 대기압이 90kPa인 곳에서 진공 76mmHg는 절대압력(kPa)으로 약 얼마인가?

① 10.1  ② 79.9
③ 99.9  ④ 101.1

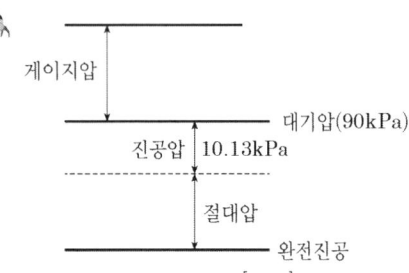

$76[\text{mmHg}] \times \dfrac{101.325[\text{kPa}]}{760[\text{mmHg}]} = 10.13[\text{kPa}]$

절대압 $= 90[\text{kPa}] - 10.13[\text{kPa}]$
$= 79.87[\text{kPa}] \fallingdotseq 79.9[\text{kPa}]$

**22** 지름 0.4m인 관에 물이 0.5m³/s로 흐를 때 길이 300m에 대한 동력손실은 60kW이었다. 이때 관마찰계수(f)는 얼마인가?

① 0.0151  ② 0.0202
③ 0.0256  ④ 0.0301

$D = 0.4[\text{m}]$
$Q = 0.5[\text{m}^3/\text{s}]$
$L = 300[\text{m}]$
$h_L = f \dfrac{L}{D} \dfrac{u^2}{2g}$

- $Q = Au$
- $u = \dfrac{Q}{A} = \dfrac{0.5\text{m}^3/\text{s}}{\dfrac{\pi}{4} \times (0.4[\text{m}])^2} = 3.97[\text{m/s}]$
- $60[\text{kW}] = \dfrac{\gamma Q H}{102\eta} k = \dfrac{1000 \times 0.5 \times H}{102}$

($\eta$, $k$는 조건에 없으므로 무시)
$\therefore H = 12.24[\text{m}]$

- $12.24 = f \times \dfrac{300}{0.4} \times \dfrac{3.97^2}{2 \times 9.8}$
$\therefore f = 0.0202$

**23** 액체 분자들 사이의 응집력과 고체면에 대한 부착력의 차이에 의하여 관내 액체표면과 자유표면 사이에 높이 차이가 나타나는 것과 가장 관계가 깊은 것은?

① 관성력  ② 점성
③ 뉴턴의 마찰법칙  ④ 모세관현상

응집력 > 부착력 : 표면장력
응집력 < 부착력 : 모세관현상

**24** 피스톤이 설치된 용기 속에서 1kg의 공기가 일정 온도 50℃에서 처음 체적의 5배로 팽창되었다면 이때 전달된 열량(kJ)은 얼마인가? (단, 공기의 기체상수는 0.287kJ/(kg·K)이다)

① 149.2  ② 170.6
③ 215.8  ④ 240.3

일정온도 50℃(등온과정)
부피가 5배, 즉 $V_1 = V_2 (= 5V_1)$
계(시스템)가 하는 일
$W = \int_{V_1}^{V_2} P dV = \int_{V_1}^{V_2} \dfrac{WR'T}{V} dV$

$\therefore W = WR'T \ln \dfrac{V_2}{V_1}$

$= 1[\text{kg}] \times 0.287[\text{kJ/kg}\cdot\text{K}]$
$\times (273 + 50)[\text{K}] \times \ln 5$
$= 149.2[\text{kJ}]$

정답  21.②  22.②  23.④  24.①

**25** 호주에서 무게가 20N인 어떤 물체를 한국에서 재어보니 19.8N이었다면 한국에서의 중력가속도(m/s²)는 얼마인가? (단, 호주에서의 중력가속도는 9.8m/s²이다)

① 9.46　　② 9.61
③ 9.72　　④ 9.82

**해설** 호주 $F=20[N]$　　$g_{호주}=9.82[m/s^2]$
한국 $F=19.8[N]$　　$g_{한국}= ?\ [m/s^2]$
무게=질량×중력가속도
$20[N]=m[kg]\times 9.82[m/s^2]$　∴ $m=2.036[kg]$
한국 $19.8[N]=2.036\times g_{한국}$
∴ $g_{한국}=9.72[m/s^2]$

---

**26** 두께 20cm이고 열전도율 4W(m·K)인 벽의 내부 표면온도는 20℃이고, 외부 벽은 −10℃인 공기에 노출되어 있어 대류열전달이 일어난다. 외부의 대류열전달계수가 20W/(m²·K)일 때, 정상상태에서 벽의 외부표면온도(℃)는 얼마인가? (단, 복사열전달은 무시한다)

① 5℃　　② 10℃
③ 15℃　　④ 20℃

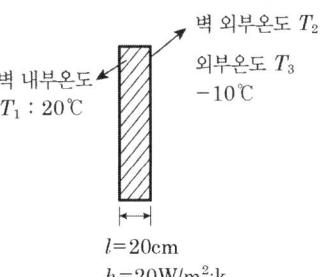

벽 내부온도 $T_1 : 20℃$
벽 외부온도 $T_2$
외부온도 $T_3$ $-10℃$
$l=20cm$
$h=20W/m^2\cdot k$

전도열량 $Q=\dfrac{\lambda A\Delta T}{l}=\dfrac{\lambda A(T_1-T_2)}{l}$
대류열량 $Q=hA(T_2-T_3)$
∴ $\dfrac{\lambda A(T_1-T_2)}{l}=hA(T_2-T_3)$
$\dfrac{4W/m\cdot K\times(20-T_2)}{0.2}$
$=20[W/m^2\cdot K](T_2-(-10))$
∴ $T_2=5℃$

---

**27** 질량 $m$[kg]의 어떤 기체로 구성된 밀폐계가 $Q$[kJ]의 열을 받아 일을 하고, 이 기체의 온도가 $\triangle T$[℃] 상승하였다면 이 계가 외부에 한 일 $W$[kJ]을 구하는 계산식으로 옳은 것은? (단, 이 기체의 정적비열은 $C_V$[kJ/kg·K], 정압비열은 $C_P$[kJ/kg·K]이다)

① W=Q−mCv△T　② W=Q+mCv△T
③ W=Q−mCp△T　④ W=Q+mCp△T

**해설** $Q[kJ]=(U_2-U_1)+W$
∴ $W=Q-(U_2-U_1)$
$=Q-mC_V\Delta T$
cf. $U_2-U_1$ : 내부에너지 변화량

---

**28** 정육면체의 그릇에 물을 가득 채울 때, 그릇밑면이 받는 압력에 의한 수직방향 평균 힘의 크기를 P라고 하면, 한 측면이 받는 압력에 의한 수평방향 평균 힘의 크기는 얼마인가?

① 0.5P　　② P
③ 2P　　④ 4P

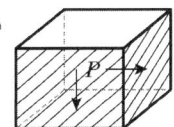

- 수직방향 평균힘의 크기
  $F=\gamma hA \rightarrow P$
- 수평방향 평균힘의 크기
  $F=\gamma\cdot\dfrac{h}{2}\cdot A \rightarrow \dfrac{1}{2}P=0.5P$

---

**29** 베르누이 방정식을 적용할 수 있는 기본 전제조건으로 옳은 것은?

① 비압축성 흐름, 점성 흐름, 정상 유동
② 압축성 흐름, 비점성 흐름, 정상 유동
③ 비압축성 흐름, 비점성 흐름, 비정상 유동
④ 비압축성 흐름, 비점성 흐름, 정상 유동

**정답** 25.③　26.①　27.①　28.①　29.④

해설 베르누이 방정식 성립조건(에너지보존법칙 응용)
 ㉠ 정상유동(정상류)
 ㉡ 비압축성
 ㉢ 비점성
 ㉣ 유체입자는 유선에 따라 유동

**30** Newton의 점성법칙에 대한 옳은 설명으로 모두 짝지은 것은?

> ㉠ 전단응력은 점성계수와 속도기울기의 곱이다.
> ㉡ 전단응력은 점성계수에 비례한다.
> ㉢ 전단응력은 속도기울기에 반비례한다.

① ㉠, ㉡
② ㉡, ㉢
③ ㉠, ㉢
④ ㉠, ㉡, ㉢

해설 전단응력 $\tau = \mu \cdot \dfrac{du}{dy}$
- $\mu$ : 점성계수
- $\dfrac{du}{dy}$ : 속도기울기

**31** 물이 배관 내에 유동하고 있을 때 흐르는 물 속 어느 부분의 정압이 그 때 물의 온도에 해당 하는 증기압 이하로 되면 부분적으로 기포가 발생하는 현상을 무엇이라고 하는가?

① 수격현상   ② 서징현상
③ 공동현상   ④ 와류현상

해설 〈공동현상〉
펌프 흡입측 배관에서 발생될 수 있는 현상으로 흡수되는 물의 압력이 그 온도에서의 포화증기압보다 작게되면 물이 급격히 증발되어 기포가 발생되는 현상

**32** 그림과 같이 사이폰에 의해 용기 속의 물이 $4.8\text{m}^3/\text{min}$로 방출된다면 전체 손실수두(m)는 얼마인가? (단, 관 내 마찰은 무시한다)

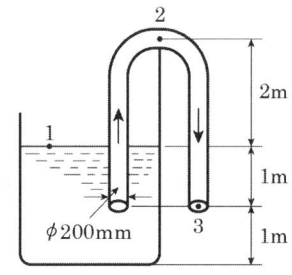

① 0.668   ② 0.330
③ 1.043   ④ 1.826

해설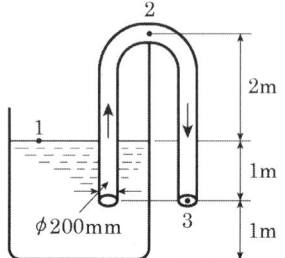

$Q = 4.8[\text{m}^3/\text{min}] \quad h_L = ?[\text{m}]$
$Q = 4.8[\text{m}^3/\text{min}] = 0.08[\text{m}^3/\text{s}]$
$\quad = A \cdot u$
$\quad = \left(\dfrac{\pi}{4} \times 0.2^2\right) \times u$
$\therefore u = 2.55[\text{m/s}]$

$\dfrac{P_1}{\gamma} + \dfrac{u_1^2}{2g} + Z_1 = \dfrac{P_3}{\gamma} + \dfrac{u_3^2}{2g} + Z_3 + h_L$
($P_1$, $P_3$은 대기압이므로 0, $u_1 = 0$, $Z_1 = 0$이므로)

$h_L = -\dfrac{u_3^2}{2g} - Z_3 = -\dfrac{2.55^2}{2 \times 9.8} - (-1) = 0.668[\text{m}]$

**33** 반지름 $R_0$인 원형파이프에 유체가 층류로 흐를 때, 중심으로부터 거리 $R$에서의 유속 $U$와 최대속도 $U_{\max}$의 비에 대한 분포식으로 옳은 것은?

① $\dfrac{U}{U_{\max}} = \left(\dfrac{R}{R_0}\right)^2$
② $\dfrac{U}{U_{\max}} = 2\left(\dfrac{R}{R_0}\right)^2$
③ $\dfrac{U}{U_{\max}} = \left(\dfrac{R}{R_0}\right)^2 - 2$
④ $\dfrac{U}{U_{\max}} = 1 - \left(\dfrac{R}{R_0}\right)^2$

해설 수평원관에서 속도분포는 배관벽에서 0이고, 배관 중심선에 가까워질수록 포물선적으로 증가한다.

$$\frac{U}{U_{max}} = 1 - \left(\frac{R}{R_0}\right)^2$$

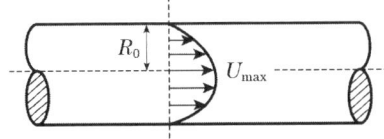

$U$ : 평균유속
$R$ : 배관 중심으로부터의 거리
$U_{max}$ : 최대유속
$R_0$ : 배관중심에서 벽까지의 거리

**34** 이상기체의 기체상수에 대해 옳은 설명으로 모두 짝지어진 것은?

> ㉠ 기체상수의 단위는 비열의 단위와 차원이 같다.
> ㉡ 기체상수는 온도가 높을수록 커진다.
> ㉢ 분자량이 큰 기체의 기체상수가 분자량이 작은 기체의 기체상수보다 크다.
> ㉣ 기체상수의 값은 기체의 종류에 관계없이 일정하다.

① ㉠  ② ㉠, ㉢
③ ㉡, ㉢  ④ ㉠, ㉡, ㉣

해설 ⓐ $R$(기체상수)$= C_P - C_V$
　　$C_P$ : 정압비열[kcal/kg·℃]
　　$C_V$ : 정적비열[kcal/kg·℃]
ⓑ 기체상수는 온도가 높을수록 작아진다.
　　$R$[kcal/kg·℃]
ⓒ $R \propto \dfrac{1}{M}$
　　∴ 분자량이 큰 기체의 기체상수가 분자량이 작은 기체의 기체상수보다 작다.
ⓓ 기체상수는 기체의 종류에 따라 다른 값을 갖는다.

**35** 그림에서 두 피스톤이 지름이 각각 30cm와 5cm이다. 큰 피스톤이 1cm 아래로 움직이면 작은 피스톤은 위로 몇 cm 움직이는가?

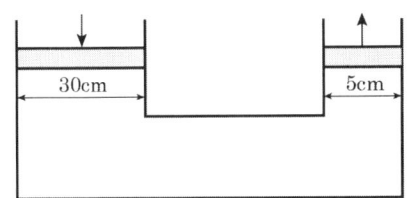

① 1cm  ② 5cm
③ 30cm  ④ 36cm

해설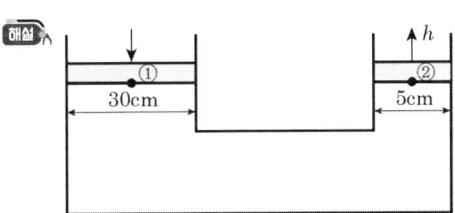

질량보존 법칙
①지점 부피 = ②지점 부피
$\left(\dfrac{\pi}{4}\right) \times 0.3^2 \times 0.01 = \left(\dfrac{\pi}{4}\right) \times 0.05^2 \times h$
∴ $h = 0.36\text{m} = 36\text{cm}$

**36** 흐르는 유체에서 정상류의 의미로 옳은 것은?
① 흐름의 임의의 점에서 흐름특성이 시간에 따라 일정하게 변하는 흐름
② 흐름의 임의의 점에서 흐름특성이 시간에 관계없이 항상 일정한 상태에 있는 흐름
③ 임의의 시각에 유로 내 모든 점의 속도벡터가 일정한 흐름
④ 임의의 시각에 유로 내 각점의 속도벡터가 다른 흐름

해설 〈정상류〉
→ 유동상태의 임의의 한 점에서 유체의 흐름 특성(속도 $V$, 밀도 $\rho$, 압력 $P$, 온도 $T$)이 시간의 경과에 따라 변화되지 않는 흐름
$\dfrac{\partial V}{\partial t} = 0, \ \dfrac{\partial \rho}{\partial t} = 0, \ \dfrac{\partial P}{\partial t} = 0, \ \dfrac{\partial T}{\partial t} = 0$

**37** 용량 1,000L의 탱크차가 만수 상태로 화재현장에 출동하여 노즐압력 294.2kPa, 노즐구경 21mm를 사용하여 방수한다면 탱크차 내의 물을 전부 방수하는데 몇 분 소요되는가? (단, 모든 손실은 무시한다)

① 1.7분  ② 2분
③ 2.3분  ④ 2.7분

**해설**
$Q = 0.653 D^2 \sqrt{10P}$
$= 0.653 \times 21^2 \times \sqrt{10 \times 0.2942}$
$= 493.94 \text{L/min}$
∴ $1,000\text{L} \div 493.94\text{L/min} = 2.02\text{min}$

**38** 그림과 같이 60°로 기울어진 고정된 평판에 직경 50mm의 물 분류가 속도(V) 20m/s로 충돌하고 있다. 분류가 충돌할 때 판에 수직으로 작용하는 충격력 $R$(N)은?

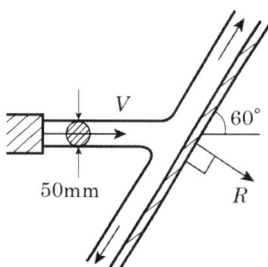

① 296  ② 393
③ 680  ④ 785

**해설** 고정평판에 작용하는 힘
$F = \rho Q u \sin\theta = \rho A u^2 \sin\theta$
$F = 1000\text{kg/m}^3 \times \dfrac{\pi}{4} \times (0.05\text{m})^2 \times (20\text{m/s})^2$
$\quad \times \sin 60$
$= 680.17\text{N} \fallingdotseq 680\text{N}$

**39** 외부지름이 30cm이고 내부지름이 20cm인 길이 10m의 환형(annular)관에 물이 2m/s의 평균속도로 흐르고 있다. 이때 손실수두가 1m일 때, 수력직경에 기초한 마찰계수는 얼마인가?

① 0.049  ② 0.054
③ 0.065  ④ 0.078

**해설**
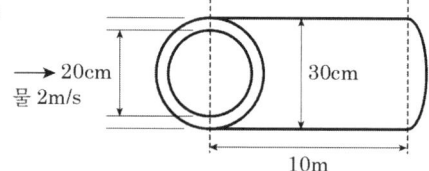

$h_L = f \cdot \dfrac{L}{D} \cdot \dfrac{u^2}{2g}$

$1 = f \cdot \dfrac{10}{0.3 - 0.2} \cdot \dfrac{2^2}{2 \times 9.8}$

∴ $f = 0.049$

**40** 토출량이 0.65m³/min인 펌프를 사용하는 경우 펌프의 소요 축동력(kW)은? (단, 전양정은 40m이고, 펌프의 효율은 50%이다)

① 4.2  ② 8.5
③ 17.2  ④ 50.9

**해설**
$Q = 0.65[\text{m}^3/\text{min}] = 0.0108[\text{m}^3/\text{s}]$
$P[\text{kW}] = \dfrac{\gamma QH}{102 \cdot \eta}$
$= \dfrac{1000 \times 0.0108 \times 40}{102 \times 0.5}$
$= 8.47[\text{kW}] \fallingdotseq 8.5[\text{kW}]$

# 2021년 제2회 소방설비기사[기계분야] 1차 필기
### [제2과목 : 소방유체역학]

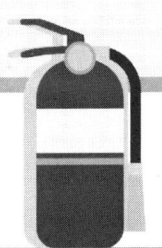

**21** 직경 20cm의 소화용 호스에 물이 392N/s 흐른다. 이때의 평균유속(m/s)은?

① 2.96  ② 4.34
③ 3.68  ④ 1.27

[해설] 중량유량

$$W = A \cdot u \cdot \gamma = \frac{\pi}{4} \times D^2 \times u \times \gamma$$

$$\therefore 392[\text{N/s}] = \frac{\pi}{4} \times (0.2\text{m})^2 \times u \times 9800\text{N/m}^3$$

$$\therefore u = 1.27 \text{m/s}$$

**22** 수은이 채워진 U자관에 수은보다 비중이 작은 어떤 액체를 넣었다. 액체기둥의 높이가 10cm, 수은과 액체의 자유 표면의 높이 차이가 6cm일 때 이 액체의 비중은? (단, 수은의 비중은 13.6이다)

① 5.44  ② 8.16
③ 9.63  ④ 10.88

[해설] $P_① = P_②$

$\gamma_{액체} \times 0.1m = \gamma_{수은} \times 0.04$

$\gamma_{액체} = \gamma_{수은} \times \dfrac{0.04m}{0.1m}$

$\qquad = 9800\text{N/m}^3 \times 13.6 \times \dfrac{0.04\text{m}}{0.1\text{m}}$

$\qquad = 9800\text{N/m}^3 \times 5.44$

$S_{액체} = \dfrac{\gamma_{액체}}{\gamma_{물}}$

$\qquad = \dfrac{9800\text{N/m}^3 \times 5.44}{9800\text{N/m}^3}$

$\qquad = 5.44$

$S_{수은} = 13.6$

- $S_{수은} = \dfrac{\gamma_{수은}}{\gamma_{물}}$
- $\gamma_{수은} = \gamma_{물} \times S_{수은} = 9800\text{N/m}^3 \times 13.6$

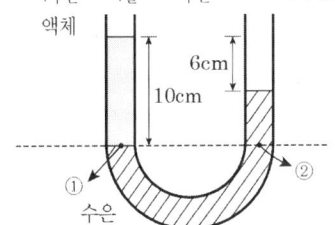

**23** 수압기에서 피스톤의 반지름이 각각 20cm와 10cm이다. 작은 피스톤에 19.6N의 힘을 가하는 경우 평형을 이루기 위해 큰 피스톤에는 몇 N의 하중을 가하여야 하는가?

① 4.9  ② 9.8
③ 68.4  ④ 78.4

[해설]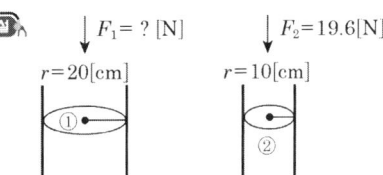

$P_① = P_②$

$\dfrac{F_1}{A_1} = \dfrac{F_2}{A_2}$

$F_1 = \dfrac{A_1}{A_2} \times F_2$

$\qquad = \dfrac{\frac{\pi}{4} \times (0.4\text{m})^2}{\frac{\pi}{4} \times (0.2\text{m})^2} \times 19.6[\text{N}] = 78.4[\text{N}]$

정답  21.④  22.①  23.④

**24** 그림과 같이 중앙부분에 구멍이 뚫린 원판에 지름 D의 원형 물제트가 대기압 상태에서 V의 속도로 충돌하여 원판 뒤로 지름 D/2의 원형 물제트가 V의 속도로 흘러나가고 있을 때, 이 원판이 받는 힘을 구하는 계산식으로 옳은 것은? (단, $\rho$는 물의 밀도이다)

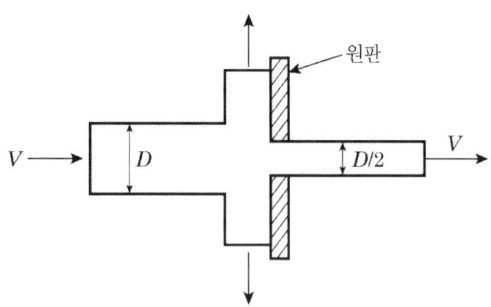

① $\dfrac{3}{16}\rho\pi V^2 D^2$  ② $\dfrac{3}{8}\rho\pi V^2 D^2$

③ $\dfrac{3}{4}\rho\pi V^2 D^2$  ④ $3\rho\pi V^2 D^2$

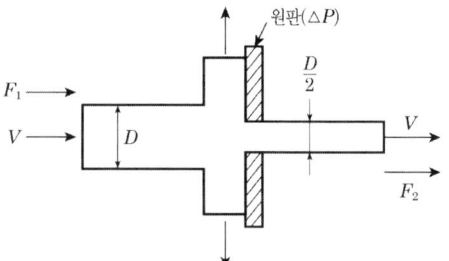

원판이 받는 힘
$F_1 - \triangle P = F_2$
$\triangle P = F_1 - F_2$

• $F_1 = \rho Q V \sin\theta$
 $= \rho A V^2 \sin\theta \ (\theta = 90°)$
 $= \rho \cdot \dfrac{\pi}{4} D^2 \cdot V^2$

• $F_2 = \rho Q V \sin\theta$
 $= \rho A V^2 \sin\theta \ (\theta = 90°)$
 $= \rho \cdot \dfrac{\pi}{4}\left(\dfrac{D}{2}\right)^2 V^2$

∴ $\triangle P$(원판이 받는 힘)
 $= F_1 - F_2$

$= \rho \dfrac{\pi}{4} D^2 V^2 - \rho \dfrac{\pi}{4}\left(\dfrac{D}{2}\right)^2 V^2$

$= \rho \dfrac{\pi}{4} D^2 V^2 - \rho \dfrac{\pi}{4} \cdot \dfrac{D^2}{4} V^2$

$= \rho D^2 V^2 \left(\dfrac{\pi}{4} - \dfrac{\pi}{16}\right)$

$= \rho D^2 V^2 \left(\dfrac{4\pi - \pi}{16}\right)$

$= \rho D^2 V^2 \cdot \dfrac{3\pi}{16} \rightarrow \dfrac{3}{16}\rho\pi V^2 D^2$

**25** 압력 0.1MPa, 온도 250℃ 상태인 물의 엔탈피가 2,974.33kJ/kg이고 비체적은 2.40604m³/kg이다. 이 상태에서 물의 내부에너지(kJ/kg)는 얼마인가?

① 2,733.7  ② 2,974.1
③ 3,214.9  ④ 3,582.7

$P = 0.1\text{MPa}$
$T = 250℃$
$H(\text{엔탈피}) = 2{,}974.33\text{kJ/kg}$
$V(\text{비체적}) = 2.40604\text{m}^3/\text{kg}$
$U(\text{내부에너지}) = ?\text{ kJ/kg}$
$H = U + P_V$ (엔탈피 공식)
$\rightarrow U = H - P_V$
 $= 2{,}974.33\text{kJ/kg} - 100\text{kN/m}^2 \times 2.40604\text{m}^3/\text{kg}$
 $= 2{,}733.726\text{kJ/kg}$

**26** 300K의 저온 열원을 가지고 카르노 사이클로 작동하는 열기관의 효율이 70%가 되기 위해서 필요한 고온 열원의 온도(K)는?

① 800K  ② 900K
③ 1,000K  ④ 1,100K

$T_{저온} = 300\text{K}$, $\eta = 70\%$, $T_{고온} = ?\text{K}$
카르노사이클 열효율 공식
$\eta(\%) = \left(1 - \dfrac{T_{저온}}{T_{고온}}\right) \times 100$
$70 = \left(1 - \dfrac{300K}{T_{고온}}\right) \times 100$
∴ $T_{고온} = 1000\text{K}$

정답 24.① 25.① 26.③

**27** 물이 들어 있는 탱크에 수면으로부터 20m 깊이에 지름 50mm의 오리피스가 있다. 이 오리피스에서 흘러나오는 유량(m³/min)은? (단, 탱크의 수면 높이는 일정하고 모든 손실은 무시한다)

① 1.3m³/min  ② 2.3m³/min
③ 3.3m³/min  ④ 4.3m³/min

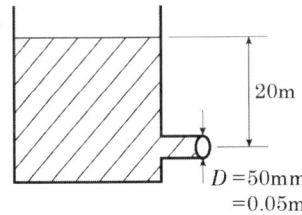

- 오리피스로 나오는 물의 유속(토리첼리 공식)
$u = \sqrt{2gh}$ ($h$ : 수면 오리피스 중심)
$= \sqrt{2 \times 9.8 m/s^2 \times 20m}$
$= 19.79 m/s$

- 유량 $Q[m^3/s] = A[m^2] \times u[m/s]$
$= \dfrac{\pi}{4} \times (0.05m)^2 \times 19.79 m/s$
$= 0.0388 m^3/s$
$= 2.33 m^3/min ≒ 2.3 m^3/min$

**28** 다음 중 열전달 매질이 없이도 열이 전달되는 형태는?

① 전도  ② 자연대류
③ 복사  ④ 강제대류

**열전달현상의 설명**
㉠ 전도 : 고체 간의 열전달현상으로 고온체와 저온체의 직접적인 접촉에 의해서 고온에서 저온으로 에너지가 이동하는 것
㉡ 대류 : 유체 간의 온도차에 의한 밀도차에 의한 열전달현상
㉢ 복사 : 절대 0도보다 높은 물체는 그 온도에 따라 그 표면으로부터 모든 방향으로 전자파 형태의 에너지를 발산한다.

**29** 양정 220m, 유량 0.025m³/s, 회전수 2,900rpm인 4단 원심 펌프의 비교회전도(비속도)[m³/min, m, rpm]는 얼마인가?

① 176  ② 167
③ 45   ④ 23

$H = 220m$
$Q = 0.025 m^3/s = 1.5 m^3/min$
$N = 2900 rpm$
$n = 4$

* 비교회전도
$N_S = \dfrac{N\sqrt{Q}}{\left(\dfrac{H}{n}\right)^{\frac{3}{4}}}$

$= \dfrac{2900\sqrt{1.5}}{\left(\dfrac{220}{4}\right)^{\frac{3}{4}}} = 175.86 ≒ 176$

**30** 동력(power)의 차원을 MLT(질량 M, 길이 L, 시간 T)계로 바르게 나타낸 것은?

① $MLT^{-1}$  ② $M^2LT^{-2}$
③ $ML^2T^{-3}$ ④ $MLT^{-2}$

동력 $= \dfrac{\text{힘} \times \text{거리}}{\text{시간}}$

- 절대단위 $\dfrac{N \times m}{s} = \dfrac{\dfrac{kg \cdot m}{s^2} \times m}{s}$
$= \dfrac{kg \cdot m^2}{s^3} [ML^2T^{-3}]$

- 중력단위 $\dfrac{kgf \times m}{s} [FLT^{-1}]$

**31** 직사각형 단면의 덕트에서 가로와 세로가 각각 a 및 1.5a이고, 길이가 L이며, 이 안에서 공기가 V의 평균속도로 흐르고 있다. 이때 손실수두를 구하는 식으로 옳은 것은? (단, f는 이 수력지름에 기초한 마찰계수이고, g는 중력가속도를 의미한다)

① $f \dfrac{L}{a} \dfrac{V^2}{2.4g}$  ② $f \dfrac{L}{a} \dfrac{V^2}{2g}$

③ $f \dfrac{L}{a} \dfrac{V^2}{1.4g}$  ④ $f \dfrac{L}{a} \dfrac{V^2}{g}$

해설

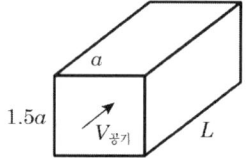

달시-와이스바하 공식

$h_L = f \cdot \dfrac{L}{D} \cdot \dfrac{V^2}{2g}$

∴ $h_L = f \cdot \dfrac{L}{1.2a} \cdot \dfrac{V^2}{2g} = f \cdot \dfrac{L}{a} \cdot \dfrac{V^2}{2.4g}$

수력직경 $D = 4Rh$

• $R_h = \dfrac{유동\ 단면적}{접수\ 길이} = \dfrac{a \times 1.5a}{2(a+1.5a)}$

∴ 수력직경 $D = 4 \times \left(\dfrac{a \times 1.5a}{2(a+1.5a)}\right)$
$= 4 \times \dfrac{1.5a^2}{5a} = 1.2a$

**32** 무차원수 중 레이놀즈수(Reynolds number)의 물리적인 의미는?

① 관성력/중력
② 관성력/탄성력
③ 관성력/점성력
④ 관성력/음속

해설 ① 프루드 수 = 관성력/중력
② 코우시스 수 = 관성력/탄성력
③ 레이놀즈 수 = 관성력/점성력
④ 마하 수 = 관성력/음속

**33** 동일한 노즐구경을 갖는 소방차에서 방수압력이 1.5배가 되면 방수량은 몇 배로 되는가?

① 1.22배  ② 1.41배
③ 1.52배  ④ 2.25배

해설 $Q = K\sqrt{10P}$
∴ $Q \propto \sqrt{P}$
$Q_1 : \sqrt{P_1} = Q_2 : \sqrt{P_2} = Q_2 : \sqrt{1.5P_1}$
$\sqrt{P_1} \times Q_2 = \sqrt{1.5P_1} \times Q_1$
$\dfrac{\sqrt{1.5P_1}}{\sqrt{P_1}} = \dfrac{Q_2}{Q_1}$
→ $\dfrac{1.5P_1}{P_1} = \dfrac{Q_2^2}{Q_1^2}$
→ $1.5 = \dfrac{Q_2^2}{Q_1^2}$

양변 제곱근 하면 $1.22 = \dfrac{Q_2}{Q_1}$

∴ 1.22배

**34** 전양정 80m, 토출량 500L/min인 물을 사용하는 소화펌프가 있다. 펌프효율 65%, 전달계수(K) 1.1인 경우 필요한 전동기의 최소동력(kW)은?

① 9kW
② 11kW
③ 13kW
④ 15kW

해설 $H = 80\mathrm{m}$
$Q = 500 l/\min = 8.33 \times 10^{-3} \mathrm{m^3/s}$
$\eta = 65\% (= 0.65)$
$K = 1.1$
$P[\mathrm{kW}] = \dfrac{\gamma \cdot Q \cdot H}{102 \cdot \eta} k$
$= \dfrac{1000 \times 8.33 \times 10^{-3} \times 80}{102 \times 0.65} \times 1.1$
$= 11.056 ≒ 11\mathrm{kW}$

**35** 안지름 10cm인 수평 원관의 층류유동으로 4km 떨어진 곳에 원유(점성계수 0.02N·s/m², 비중 0.86)를 0.10m³/min의 유량으로 수송하려 할 때 펌프에 필요한 동력(W)은? (단, 펌프의 효율은 100%로 가정한다)

① 76W
② 91W
③ 10,900W
④ 9,100W

**해설**
$D = 10cm = 0.1m$
$L = 4km = 4000m$
$\mu = 0.02 Ns/m^2$
$s = 0.86$
$Q = 0.1 m^3/\min$
$\eta = 100\% (=1)$
$P[kW] = ?$

펌프동력 $P[kW] = \dfrac{\gamma \cdot Q \cdot H}{102 \cdot \eta} \times k$

- $\gamma = 1000 kgf/m^3 \times 0.86 = 860 kgf/m^3$
- $Q = 0.1 m^3/\min = 1.66 \times 10^{-3} m^3/s$
- $K = $ 무시(조건 없음)
- $H = f \cdot \dfrac{L}{D} \cdot \dfrac{V^2}{2g}$

$= \dfrac{64}{Re\,No.} \times \dfrac{L}{D} \times \dfrac{V^2}{2g}$

$= \dfrac{64}{\left(\dfrac{D \cdot u \cdot \rho}{\mu}\right)} \times \dfrac{L}{D} \times \dfrac{V^2}{2g}$

$= \dfrac{64}{\left(\dfrac{0.1m \times 0.21 m/s \times (1000 \times 0.86 kg/m^3)}{0.02 Ns/m^2}\right)}$
$\times \dfrac{4000m}{0.1m} \times \dfrac{(0.21 m/s)^2}{2 \times 9.8 m/s^2}$

$= 6.3787 [m]$

$\therefore P[kW] = \dfrac{860 \times 1.66 \times 10^{-3} \times 6.3787}{102 \times 1}$
$= 0.089 kW = 89 W$

**36** 유속 6m/s로 정상류의 물이 화살표 방향으로 흐르는 배관에 압력계와 피토계가 설치되어 있다. 이때 압력계의 계기압력이 300kPa이었다면 피토계의 계기압력은 약 몇 kPa인가?

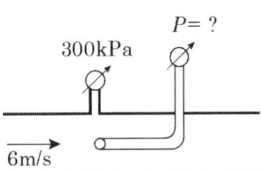

① 180kPa
② 280kPa
③ 318kPa
④ 336kPa

**해설** 피토계 압력(정압+동압=전압)
- 정압 = 300kPa
- 동압 ⇒ $u = \sqrt{2gh}$

$6 m/s = \sqrt{2 \times 9.8 [m/s^2] \times h[m]}$
$\therefore h = 1.83m$
$\therefore$ 동압 $= 1.83m \times \dfrac{101.325 kPa}{10.332m}$
$= 17.946 kPa$
$\therefore$ 전압 $= 300kPa + 17.946kPa$
$= 317.946 kPa$
$\fallingdotseq 318 kPa$

**37** 유체의 압축률에 관한 설명으로 올바른 것은?

① 압축률 = 밀도×체적탄성계수
② 압축률 = 1/체적탄성계수
③ 압축률 = 밀도/체적탄성계수
④ 압축률 = 체적탄성계수/밀도

**해설** ㉠ 체적탄성계수
$K = -\dfrac{\Delta P}{\Delta V/V} = \dfrac{\Delta P}{\Delta \rho/\rho}$

㉡ 압축률
$\beta = \dfrac{1}{K}$

**38** 질량이 5kg인 공기(이상기체)가 온도 333K로 일정하게 유지되면서 체적이 10배가 되었다. 이 계(system)가 한 일(kJ)은? (단, 공기의 기체상수는 287J/kg·K이다)

① 220kJ  ② 478kJ
③ 1,100kJ  ④ 4,779kJ

해설) $W = 5kg$
$T = 333K$
$V_1 \to V_2 (= 10V_1)$
$R' = 287 J/kg \cdot K$
등온팽창인 경우 한 일($_1W_2$)

$_1W_2 = WR'T \ln\left(\dfrac{V_2}{V_1}\right)$

$= 5kg \times 287 J/kg \cdot K \times 333K \times \ln\left(\dfrac{10V_1}{V_1}\right)$

$= 1,100,301.8 J = 1,100 kJ$

**39** 무한한 두 평판 사이에 유체가 채워져 있고 한 평판은 정지해 있고 또 다른 평판은 일정한 속도로 움직이는 Couette 유동을 하고 있다. 유체 A만 채워져 있을 때 평판을 움직이기 위한 단위면적당 힘을 $\tau_1$이라 하고 같은 평판 사이에 점성이 다른 유체 B만 채워져 있을 때 필요한 힘을 $\tau_2$라 하면 유체 A와 B가 반반씩 위아래로 채워져 있을 때 평판을 같은 속도로 움직이기 위한 단위면적당 힘에 대한 표현으로 옳은 것은?

① $\dfrac{\tau_1 + \tau_2}{2}$  ② $\sqrt{\tau_1 \tau_2}$

③ $\dfrac{2\tau_1 \tau_2}{\tau_1 + \tau_2}$  ④ $\tau_1 + \tau_2$

해설) 단위면적당 힘($\tau$)
$\tau = \dfrac{2\tau_1 \cdot \tau_2}{\tau_1 + \tau_2}$

**40** 2m 깊이로 물이 차있는 물 탱크 바닥에 한 변이 20cm인 정사각형 모양의 관측창이 설치되어 있다. 관측창이 물로 인하여 받는 순 힘(net force)은 몇 N인가? (단, 관측창 밖의 압력은 대기압이다)

① 784N  ② 392N
③ 196N  ④ 98N

해설)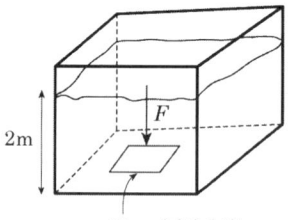

20cm(정사각형)

관측창이 받는 압력
- $P = \gamma h = 9,800 N/m^3 \times 2m = 19,600 N/m^2$
- $P = \dfrac{F}{A} = \dfrac{F}{(0.2m)^2}$

$\therefore 19,600 N/m^2 = \dfrac{F}{(0.2m)^2}$

$\therefore F = 19,600 N/m^3 \times (0.2m)^2 = 784 N$

정답 38.③ 39.③ 40.①

# 2021년 제4회 소방설비기사[기계분야] 1차 필기
[제2과목 : 소방유체역학]

**21** 지름이 5cm인 원형 관내에 이상기체가 층류로 흐른다. 다음 중 이 기체의 속도가 될 수 있는 것을 모두 고르면? (단, 이 기체의 절대압력은 200kPa, 온도는 27℃, 기체상수는 2,080J/kg·K, 점성계수는 $2\times10^{-5}$N·s/m², 하임계 레이놀즈수는 2,200으로 한다)

㉠ 0.3m/s   ㉡ 1.5m/s
㉢ 8.3m/s   ㉣ 15.5m/s

① ㉠
② ㉠, ㉡
③ ㉠, ㉡, ㉢
④ ㉠, ㉡, ㉢, ㉣

**해설**
- $Re\,No. = \dfrac{D\cdot u\cdot \rho}{\mu} = \dfrac{D\cdot u}{\nu}$

기체밀도($\rho$) — S.T.P 상태인 경우 $\rho = \dfrac{M}{22.4}$

— S.T.P 상태가 아닌 경우
$\rho = \dfrac{PM}{RT}$ or $\rho = \dfrac{P}{R'T}$

- $\rho = \dfrac{P}{R'T}$

$= \dfrac{200\times 10^3[N/m^2]}{2080[N\cdot m/kg\cdot k]\times(27+273[k])}$

$= 0.32051[kg/m^3] ≒ 0.32[kg/m^3]$

∴ $u = \dfrac{Re\,No.\cdot \mu}{D\cdot \rho}$

$= \dfrac{(2200)\times(2\times10^{-5}[N\cdot s/m^2])}{0.05[m]\times 0.32[kg/m^3]}$

$= 2.75[m/s]$

→ 속도가 2.75[m/s]보다 작은 값으로 속도를 구할 수 있다.

**22** 표면장력에 관련된 설명 중 옳은 것은?

① 표면장력의 차원은 힘/면적이다.
② 액체와 공기의 경계면에서 액체분자의 응집력 보다 공기분자와 액체분자 사이의 부착력이 클 때 발생된다.
③ 대기 중의 물방울은 크기가 작을수록 내부압력이 크다.
④ 모세관현상에 의한 수면 상승 높이는 모세관의 직경에 비례한다.

**해설** 표면장력(Surface Tension)
① 면장력의 단위=N/m, kgf/m … [FL⁻¹]
② 응집력<부착력 : 표면장력
   응집력>부착력 : 모세관현상
③ 표면장력이란 단위길이당 액체의 표면을 최소로 하려는 힘이다. 표면장력은 액체 분자 간에 서로 잡아당겨 액표면을 최소로 하려는 힘인 응집력(Cohesion)에 의한 것이다.
④ 모세관 상승높이 $h$[m]

$$h = \dfrac{4\sigma\cos\theta}{\gamma d}$$

$h$ : 상승높이[m]
$\sigma$ : 표면장력[kgf/m]
$\theta$ : 접촉각
$\gamma$ : 유체의 비중량[kgf/m³]
$d$ : 모세관의 직경[m]

⑤ 물방울은 크기가 작을수록 표면장력이 크고 내부압력이 크다.

정답 21.② 22.③

**23** 유체의 점성에 대한 설명으로 틀린 것은?

① 질소기체의 동점성계수는 온도증가에 따라 감소한다.
② 물(액체)의 점성계수는 온도증가에 따라 감소한다.
③ 점성은 유동에 대한 유체의 저항을 나타낸다.
④ 뉴턴유체에 작용하는 전단응력은 속도기울기에 비례한다.

**해설** ① 기체의 동점성계수는 온도증가에 따라 증가한다.

**동점성계수(Kinematic Viscosity) : $\nu$**
동점성계수(동점도)는 절대점성계수를 유체의 밀도로 나눈 것이다.

$$\nu = \frac{\mu}{\rho} = \frac{g/cm \cdot sec}{g/cm^3} = \frac{cm^2}{sec}$$

동점성계수 중 CGS계인 $cm^2/sec$를 스토크스(Stokes)라 한다.
$1St = 1cm^2/sec = 1 \times 10^{-4} m^2/sec \cdots [L^2T^{-1}]$

! Reference

**온도상승에 따른 점성의 변화**
• 액체는 점성이 작아진다.
• 기체는 점성이 커진다.

cf) 전단응력$(\tau) = \mu \frac{du}{dy}$ ($\frac{du}{dy}$ : 속도기울기)

**24** 회전속도 1,000(rpm)일 때 송출량 $Q(m^3/min)$, 전양정 $H(m)$인 원심펌프가 상사한 조건에서 송출량이 $1.1Q(m^3/min)$가 되도록 회전속도를 증가시킬 때, 전양정은 어떻게 되는가?

① 0.91H  ② H
③ 1.1H   ④ 1.21H

**해설** 상사의 법칙

$$Q_2 = Q_1 \times \left(\frac{N_2}{N_1}\right) \times \left(\frac{D_2}{D_1}\right)^3$$

$$H_2 = H_1 \times \left(\frac{N_2}{N_1}\right)^2 \times \left(\frac{D_2}{D_1}\right)^2$$

$$L_2 = L_1 \times \left(\frac{N_2}{N_1}\right)^3 \times \left(\frac{D_2}{D_1}\right)^5$$

$Q_1$ : 변경 전 유량      $Q_2$ : 변경 후 유량
$H_1$ : 변경 전 양정      $H_2$ : 변경 후 양정
$L_1$ : 변경 전 축동력    $L_2$ : 변경 후 축동력
$N_1$ : 변경 전 회전수    $N_2$ : 변경 후 회전수
$D_1$ : 변경 전 펌프지름  $D_2$ : 변경 후 펌프지름

㉠ $N_1 = 1,000[rpm]$, $Q_1[m^3/min]$, $H_1[m]$
   $N_2 = ?[rpm]$, $Q_2 = 1.1Q_1[m^3/min]$, $H_2[m]$

㉡ $Q_2 = Q_1 \times \frac{N_2}{1,000}$
   $N_2 = 1.1 \times 1,000 = 1,100rpm$

㉢ $H_2 = H_1 \times \left(\frac{N_2}{N_1}\right)^2$ 식에 대입
   $H_2 = H_1 \times \left(\frac{1,100}{1,000}\right)^2 = 1.21H_1$

**25** 그림과 같이 노즐이 달린 수평관에서 계기압력이 0.49MPa이었다. 이 관의 안지름이 6cm이고 관의 끝에 달린 노즐의 지름이 2cm이라면 노즐의 분출속도는 몇 m/s인가? (단, 노즐에서의 손실은 무시하고, 관마찰계수는 0.025이다)

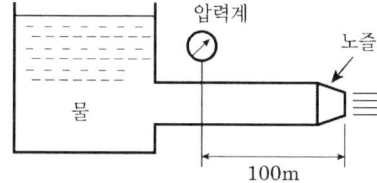

① 16.8m/s   ② 20.4m/s
③ 25.5m/s   ④ 28.4m/s

**해설** 베르누이방정식

$$\frac{P_1}{\gamma} + \frac{U_1^2}{2g} + Z_1 = \frac{P_2}{\gamma} + \frac{U_2^2}{2g} + Z_2 + h_L$$

• $Q = A_1 U_1 = A_2 U_2$
  $\Rightarrow \frac{\pi}{4} \times (0.06[m])^2 \times U_1$
  $= \frac{\pi}{4} \times (0.02[m])^2 \times U_2$

• $U_1 = \frac{0.02^2}{0.06^2} U_2 = 0.11 U_2$

정답 23.① 24.④ 25.③

- $P_2 = 0$ [대기압상태이므로]
- $Z_1 = Z_2$
- $h_L = f \times \dfrac{L}{D} \times \dfrac{(U_1)^2}{2g}$

$\quad = 0.025 \times \dfrac{100[m]}{0.06[m]} \times \dfrac{(0.11 U_2)^2}{2 \times 9.8[m/s^2]}$

$\quad = 0.026 U_2^2$

$\dfrac{P_1}{\gamma} + \dfrac{U_1^2}{2g} + Z_1 = \dfrac{P_2}{\gamma} + \dfrac{U_2^2}{2g} + Z_2 + h_L$

$\dfrac{0.49 \times 10^3 [kPa]}{9.8[kN/m^3]} + \dfrac{(0.11 U_2)^2}{2 \times 9.8} = \dfrac{U_2^2}{2 \times 9.8} + 0.026 U_2^2$

$\therefore U_2 = 25.58[m/s]$

**26** 원심펌프가 전양정 120m에 대해 6m³/s의 물을 공급할 때 필요한 축동력이 95.30kW이었다. 이 때 펌프의 체적효율과 기계효율이 각각 88%, 89%라고 하면, 이 펌프의 수력효율은 약 몇 %인가?

① 74.1%  ② 84.2%
③ 88.5%  ④ 94.5%

**해설** 축동력

$P[kW] = \dfrac{\gamma Q H}{102 \eta}$

$95.3(kW) = \dfrac{1000 \times 6 \times 120}{102 \times (0.88 \times 0.89 \times x)}$

$x = 94.57 ≒ 94.5$

※ 펌프효율($\eta$) = 체적효율 × 기계효율 × 수력효율

**27** 안지름 4cm, 바깥지름 6cm인 동심이중관의 수력직경(hydraulic diameter)은 몇 cm인가?

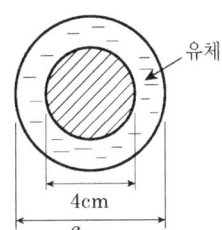

① 2cm  ② 3cm
③ 4cm  ④ 5cm

**해설** 수력반경($R_h$) = $\dfrac{유동단면적}{접수길이}$

$= \dfrac{D(외경) - d(내경)}{4}$

수력직경($D$) = $4R_h$

$= 4 \dfrac{D(외경) - d(내경)}{4}$

$= 4 \dfrac{(6-4)}{4} = 2$

**28** 열역학 관련 설명 중 틀린 것은?

① 삼중점에서는 물체의 고상, 액상, 기상이 공존한다.
② 압력이 증가하면 물의 끓는점도 높아진다.
③ 열을 완전히 일로 변환할 수 있는 효율이 100%인 열기관은 만들 수 없다.
④ 기체의 정적비열은 정압비열보다 크다.

**해설** 기체의 정압비열은 정적비열보다 크다.

**비열(Specific Heat)**
비열이란 어떤 물질의 단위질량을 1℃(°F)만큼 높이는 데 필요한 열량이다. 단위로는 kcal/kg·℃, cal/g·℃, BTU/lb·°F, CHU/lb·℃ 등이 있다.
① 기체의 비열
  기체의 비열은 정압비열과 정적비열로 구분된다.
  ㉠ 정압비열($C_P$) : 압력이 일정한 상태에서의 비열
  ㉡ 정적비열($C_V$) : 체적이 일정한 상태에서의 비열
② 정압비열과 정적비열의 관계
  ㉠ $\gamma$(비열비) = $\dfrac{C_p}{C_v} > 1$

  비열비($\gamma$)는
  ⓐ 단원자분자 1.67
  ⓑ 이원자분자 1.4

**29** 다음 중 차원이 서로 같은 것을 모두 고르면?
(단, $P$ : 압력, $\rho$ : 밀도, $V$ : 속도, $h$ : 높이, $F$ : 힘, $m$ : 질량, $g$ : 중력가속도)

  ㉠ $\rho V^2$     ㉡ $\rho g h$
  ㉢ $P$        ㉣ $F/m$

① ㉠, ㉡    ② ㉠, ㉢
③ ㉠, ㉡, ㉢    ④ ㉠, ㉡, ㉢, ㉣

**해설**

㉠ $\rho V^2 = \dfrac{kg}{m^3} \times \left(\dfrac{m}{s}\right)^2$
$= \dfrac{kg}{m^3} \cdot \dfrac{m^2}{s^2} = \dfrac{kg}{m \cdot s^2}$
⇒ 차원 $[ML^{-1}T^{-2}]$

㉡ $\rho g H = \dfrac{kg}{m^3} \times \dfrac{m}{s^2} \times m = \dfrac{kg}{m \cdot s^2}$
⇒ 차원 $[ML^{-1}T^{-2}]$

㉢ $P = \dfrac{F[N]}{A[m^2]} = \dfrac{\frac{kg \cdot m}{s^2}}{m^2} = \dfrac{kg}{m \cdot s^2}$
⇒ 차원 $[ML^{-1}T^{-2}]$

㉣ $\dfrac{F[N]}{m[kg]} = \dfrac{\frac{kg \cdot m}{s^2}}{kg} = \dfrac{m}{s^2}$ ⇒ 차원 $[MT^{-2}]$

**30** 밀도가 $10 kg/m^3$인 유체가 지름 30cm인 관내를 $1 m^3/s$로 흐른다. 이때의 평균유속은 몇 m/s인가?

① 4.25m/s   ② 14.1m/s
③ 15.7m/s   ④ 84.9m/s

**해설** 체적유량 $Q = Au$
$1[m^3/s] = \dfrac{\pi}{4} \times (0.3m)^2 \times u[m/s]$
$u = 14.147[m/s] ≒ 14.1[m/s]$

**31** 초기 상태에서 압력 100kPa, 온도 15℃인 공기가 있다. 공기의 부피가 초기 부피의 1/20이 될 때까지 가역단열 압축할 때 압축 후의 온도는 약 몇 ℃인가? (단, 공기의 비열비는 1.4이다)

① 54℃    ② 348℃
③ 682℃    ④ 912℃

**해설** 가역단열과정

$\dfrac{T_2}{T_1} = \left(\dfrac{V_1}{V_2}\right)^{k-1} = \left(\dfrac{P_2}{P_1}\right)^{\frac{k-1}{k}}$

• $V_1 = 1$, $V_2 = \dfrac{1}{20}$

• $\dfrac{T_2}{T_1} = \left(\dfrac{V_1}{V_2}\right)^{k-1}$

• $\dfrac{T_2}{15+273[K]} = \left(\dfrac{1}{\frac{1}{20}}\right)^{1.4-1}$

∴ $T_2 = 954.56[K] = 681.56[℃] ≒ 682[℃]$

**Reference**

① 가역단열압축 : 열기관이 일을 받은 만큼 내부에너지가 증가하며, 기체의 온도가 증가한다.
② 가역단열팽창 : 열기관이 일을 한 만큼 내부에너지가 작아지며, 기체의 온도가 감소한다.

**32** 부피가 $240(m^3)$인 방 안에 들어 있는 공기의 질량은 약 몇 (kg)인가? (단, 압력은 100(kPa), 온도는 300(K)이며, 공기의 기체상수는 0.287(kJ/kg·K)이다)

① 0.279    ② 2.79
③ 27.9    ④ 279

**해설** 특정기계상태방정식 $PV = WR'$ 적용

$P = \dfrac{WR'T}{V}$

$= \dfrac{x[kg] \times 0.287[kJ/kg \cdot k] \times (300[k])}{240[m^3]}$

$= 100[kN/m^2] = 100[kPa]$

∴ $x = 278.745 ≒ 279[kg]$

정답 29.③ 30.② 31.③ 32.④

**33** 그림의 액주계에서 밀도 $\rho_1 = 1,000\text{kg/m}^3$, $\rho_2 = 13,600\text{kg/m}^3$, 높이 $h_1 = 500\text{mm}$, $h_2 = 800\text{mm}$ 일 때, 중심 A의 계기압력은 몇 kPa인가?

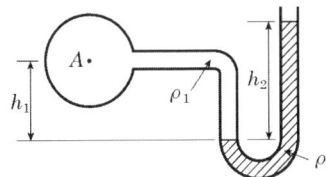

① 101.7  ② 109.6
③ 126.4  ④ 131.7

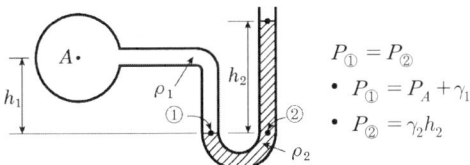

$P_① = P_②$
- $P_① = P_A + \gamma_1 h_1$
- $P_② = \gamma_2 h_2$

$P_① = P_②$
$P_a + \gamma_1 h_1 = \gamma_2 h_2$
$P_A = \gamma_2 h_2 - \gamma_1 h_1$
$\quad = 13,600\text{kgf/m}^3 \times 0.8\text{m} - 1,000\text{kgf/m}^2 \times 0.5\text{m}$
$\quad = 10,380\text{kgf/m}^2 \left( \times \dfrac{9.8\text{N}}{1\text{kgf}} \right)$
$\quad = 101,724\text{N/m}^2$
$\quad = 101.72\text{kN/m}^2$
$\quad ≒ 101.7\text{kPa}$

**34** 그림과 같이 수조의 두 노즐에서 물이 분출하여 한 점 (A)에서 만나려고 하면 어떤 관계가 성립되어야 하는가? (단, 공기저항과 노즐의 손실은 무시한다)

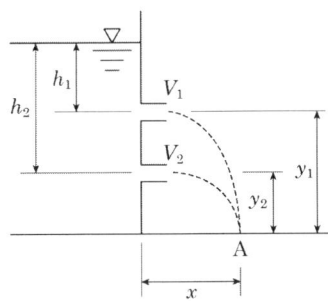

① $h_1 y_1 = h_2 y_2$
② $h_1 y_2 = h_2 y_1$
③ $h_1 h_2 = y_1 y_2$
④ $h_1 y_1 = 2 h_2 y_2$

**해설** 토리첼리 유속 공식
토리첼리 유속 공식 $V = \sqrt{2gh}$ 과
자유낙하 높이 공식 $y = \dfrac{1}{2} g t^2$ 이용하여 풀이

$\boxed{1-1}\ V_1 = \sqrt{2 g h_1}$

$\boxed{1-2}\ y_1 = \dfrac{1}{2} g t^2 \Rightarrow t = \sqrt{\dfrac{2 y_1}{g}}$ 이며,

속도$(V) = \dfrac{거리(x)}{시간(t)}$ 이므로 $x_1 = V_1 t$

$\boxed{2-1}\ V_2 = \sqrt{2 g h_2}$

$\boxed{2-2}\ y_2 = \dfrac{1}{2} g t^2 \Rightarrow t = \sqrt{\dfrac{2 y_2}{g}}$ 이며,

속도$(V) = \dfrac{거리(x)}{시간(t)}$ 이므로, $x_2 = V_2 t$

조건에 의하여 $x_1 = x_2$이므로
$V_1 t = V_2 t$이며

$\sqrt{2 g h_1} \times \sqrt{\dfrac{2 y_1}{g}} = \sqrt{2 g h_2} \times \sqrt{\dfrac{2 y_2}{g}}$

양변을 제곱하면, $h_1 y_1 = h_2 y_2$이 성립된다.

**35** 길이 100m, 직경 50mm, 상대조도 0.01인 원형 수도관 내에 물이 흐르고 있다. 관내 평균유속이 3m/s에서 6m/s로 증가하면 압력손실은 몇 배로 되겠는가? (단, 유동은 마찰계수가 일정한 완전난류로 가정한다)

① 1.41배  ② 2배
③ 4배   ④ 8배

**해설** 달시-와이스바하 공식 : 층류, 난류에 적용가능
$h_L = f \cdot \dfrac{L}{D} \cdot \dfrac{u^2}{2g} \Rightarrow h_L \propto u^2$
∴ $3^2 \rightarrow 6^2$ 이므로 $9 \rightarrow 36$(4배 증가)

정답 33.① 34.① 35.③

**36** 한 변이 8cm인 정육면체를 비중이 1.26인 글리세린에 담그니 절반의 부피가 잠겼다. 이때 정육면체를 수직방향으로 눌러 완전히 잠기게 하는데 필요한 힘은 약 몇 N인가?

① 2.56N  ② 3.16N
③ 6.53N  ④ 12.5N

**해설** 글리세린($S=1.26$)
$\gamma_{글리세린} \cdot V_{잠긴부분} + x[N] = \gamma_{글리세린} \cdot V_{전체}$
$x[N] = \gamma_{글리세린} \cdot V_{전체} - \gamma_{글리세린} \cdot V_{잠긴부분}$
$= (9,800[N/m^3] \times 1.26) \times (0.08[m])^3$
$\quad - (9,800[N/m^3] \times 1.26) \times (0.08[m])^2$
$\quad \times 0.04[m]$
$= 3.16[N]$

**37** 그림과 같이 반지름 0.8m이고 폭이 2m인 곡면 AB가 수문으로 이용된다. 물에 의한 힘의 수평성분의 크기는 약 몇 kN인가? (단, 수문의 폭은 2m이다)

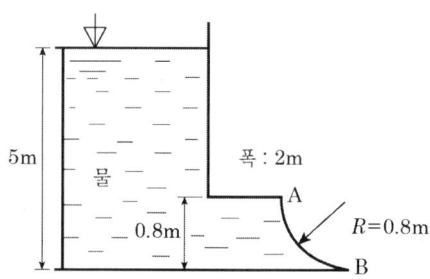

① 72.1kN  ② 84.7kN
③ 90.2kN  ④ 95.4kN

**해설** $F = \gamma \cdot h \cdot A$
$= 9,800[N/m^3] \times (5[m] - 0.4[m])$
$\quad \times (0.8[m] \times 2[m])$
$= 72,128[N] = 72.1[kN]$

**38** 펌프 운전 시 발생하는 캐비테이션의 발생을 예방하는 방법이 아닌 것은?

① 펌프의 회전수를 높여 흡입 비속도를 높게 한다.
② 펌프의 설치높이를 될 수 있는대로 낮춘다.
③ 입형펌프를 사용하고, 회전차를 수중에 완전히 잠기게 한다.
④ 양흡입 펌프를 사용한다.

**해설** 공동현상(캐비테이션) 방지대책
㉠ 펌프의 설치위치를 수원보다 낮게 설치한다.
㉡ 펌프의 임펠러속도를 감속한다.
㉢ 펌프의 흡입측 수두 및 마찰손실을 작게 한다.
㉣ 펌프의 흡입관경을 크게 한다.
㉤ 양흡입펌프를 사용한다.

**39** 실내의 난방용 방열기(물-공기 열교환기)에는 대부분 방열핀(fin)이 달려있다. 그 주된 이유는?

① 열전달 면적 증가
② 열전달계수 증가
③ 방사율 증가
④ 열저항 증가

**해설** 방열핀(Cooling Fin, Radiation Fin)
수냉식 엔진 외부의 방열기 냉각관 사이의 통풍로에 주름 잡혀 붙어 있는 얇은 지느러미 모양의 구리판. 열전도에 의하여 냉각 효과를 높일 수 있다. 공냉식 엔진실린더의 외부 공기 접촉면적을 넓혀 냉각 효과를 증대시키는 주름 핀을 말하기도 한다.

**40** 그림에서 물탱크차가 받는 추력은 약 몇 N인가? (단, 노즐의 단면적은 0.03m²이며, 탱크 내의 계기압력은 40kPa이다. 또한 노즐에서 마찰 손실은 무시한다)

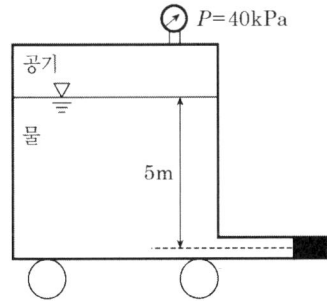

① 812N  ② 1,490N
③ 2,710N  ④ 5,340N

**해설** 분류에 의한 추진력($F$)

$F[N] = \rho \cdot Q \cdot u = \rho \cdot A \cdot u^2 \, (Q = A \cdot u \text{이므로})$
$\phantom{F[N]} = \rho \cdot A \cdot (\sqrt{2gh})^2 \, (u = \sqrt{2gh} \text{ 이므로})$
$\phantom{F[N]} = 1,000[kg/m^3] \times 0.03[m^2]$
$\phantom{F[N] =} \times \{\sqrt{(2)(9.8[m/s^2])(9.08[m/s])}\}^2$
$\phantom{F[N]} = 5,339.04[N]$

$h[m] = 5[m] + \left(40[kPa] \times \dfrac{10.332[mH_2O]}{101.325[kPa]}\right)$
$\phantom{h[m]} = 9.08[m]$

정답 40.④

# 2022년 제1회 소방설비기사[기계분야] 1차 필기

[제2과목 : 소방유체역학]

**21** 30[℃]에서 부피가 10[L]인 이상기체를 일정한 압력으로 0[℃]로 냉각시키면 부피는 약 몇 [L] 로 변하는가?

① 3   ② 9
③ 12  ④ 18

**해설** 기체의 온도·압력·부피 관계 → 보일-샤를의 법칙

$$\frac{P_1 V_1}{T_1} = \frac{P_2 V_2}{T_2}$$

$P_1 = P_2$이므로 $\frac{V_1}{T_1} = \frac{V_2}{T_2}$

$T_1 = 30[℃] = 303[k]$
$T_2 = 0[℃] = 273[k]$
$V_1 = 10[L]$

$\therefore V_2 = \frac{T_2}{T_1} \times V_1 = \frac{273[K]}{303[K]} \times 10[L] = 9[L]$

**22** 비중이 0.6이고 길이 20[m], 폭 10[m], 높이 3[m]인 직육면체 모양의 소방정 위에 비중이 0.9인 포소화약제 5톤을 실었다. 바닷물의 비중이 1.03일 때 바닷물 속에 잠긴 소방정의 깊이는 몇 [m]인가?

① 3.54   ② 2.5
③ 1.77   ④ 0.6

**해설** 부력 = 떠있는 물체의 무게
부력 = 물체에 의해 상승된 유체(바닷물)의 무게
떠있는 물체의 무게 :
$(20[m] \times 10[m] \times 3[m]) \times 600[kg_f/m^3] + 5,000[kg_f]$
$= 365,000[kg_f]$
물체에 의해 상승된 바닷물의 무게 :
$1,030[kg_f/m^3] \times (잠긴부분의 \ 부피[m^3])$

따라서
$365,000[kg_f] = 1,030[kg_f/m^3] \times x[m^3]$
$x = 354.37[m^3]$
따라서 잠긴 부피는 354.37m³임
잠긴 깊이는 부피에서 면적을 나누면 잠긴 깊이가 계산
$354.37[m^3] \div (20 \times 10)[m]^2 = 1.77[m]$

**23** 그림과 같이 대기압 상태에서 $V$의 균일한 속도로 분출된 직경 $D$의 원형 물제트가 원판에 충돌할 때 원판이 $U$의 속도로 오른쪽으로 계속 동일한 속도로 이동하려면 외부에서 원판에 가해야 하는 힘 $F$는? (단, $\rho$는 물의 밀도, $g$는 중력가속도이다)

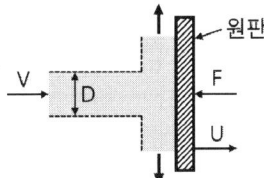

① $\dfrac{\rho \pi D^2}{4}(V-U)^2$

② $\dfrac{\rho \pi D^2}{4}(V+U)^2$

③ $\rho \pi D^2 (V-U)(V+U)$

④ $\dfrac{\rho \pi D^2 (V-U)(V+U)}{4}$

**해설** $Q = AV = \left(\dfrac{\pi}{4}D^2\right)V$
$F = \rho A (V-U)^2$
$F = \rho \left(\dfrac{\pi}{4}D^2\right)(V-U)^2$

정답 21.② 22.③ 23.①

**24** 그림과 같이 폭이 넓은 두 평판 사이를 흐르는 유체의 속도분포 $u(y)$가 다음과 같을 때, 평판벽에 작용하는 전단응력은 약 몇 [Pa]인가? (단, $u_m = 1$[m/s], $h = 0.01$[m], 유체의 점성계수는 $0.1$[N·s/m²]이다)

$$u(y) = u_m \left[1 - \left(\frac{y}{h}\right)^2\right]$$

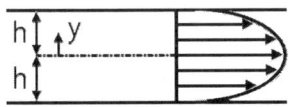

① 1  ② 2
③ 10 ④ 20

**해설** 전단응력

$$\tau = 0.1 \times \frac{d}{dy}\left[u_m\left\{1-\left(\frac{y}{h}\right)^2\right\}\right]$$

$$= 0.1 \times u_m \times \left(-\frac{2y}{h^2}\right)$$

벽면은 $y = -h$인 위치이므로

$$\tau = 0.1 \times 1 \times \frac{2}{0.01} = 20[\text{Pa}]$$

**25** −15[℃]의 얼음 10[g]을 100[℃]의 증기로 만드는 데 필요한 열량은 약 몇 [kJ]인가? (단, 얼음의 융해열은 335[kJ/kg], 물의 증발잠열은 2,256[kJ/kg], 얼음의 평균비열은 2.1[kJ/kg·K]이고, 물의 평균비열은 4.18[kJ/kg·K]이다)

① 7.85
② 27.1
③ 30.4
④ 35.2

**해설** $Q = mC\Delta T + mr + mC\Delta T + mr$
 $= 0.01[\text{kg}] \times 2.1[\text{kJ/kg·K}] \times 15[\text{K}] + 0.01[\text{kg}]$
 $\times 335[\text{kJ/kg}] + 0.01[\text{kg}] \times 4.18[\text{kJ/kg·K}]$
 $\times 100[\text{K}] + 0.01[\text{kg}] \times 2256[\text{kJ/kg}]$
 $= 30.405[\text{kJ}]$

**26** 포화액−증기 혼합물 300[g]이 100[kPa]의 일정한 압력에서 기화가 일어나서 건도가 10[%]에서 30[%]로 높아진다면 혼합물의 체적 증가량은 약 몇 [m³]인가? (단, 100[kPa]에서 포화액과 포화증기의 비체적은 각각 0.00104[m³/kg]과 1.694[m³/kg]이다)

① 3.386  ② 1.693
③ 0.508  ④ 0.102

**해설** 체적증가량=30[%] 건도의 증기체적−10[%] 건도의 증기체적

30[%] 건도의 증기체적=0.3[kg]×30[%] 건도에서의 비체적

30[%] 건도에서의 비체적=
$0.3 \times 1.694[\text{m}^3/\text{kg}] + 0.7 \times 0.00104[\text{m}^3/\text{kg}]$
$= 0.5089[\text{m}^3/\text{kg}] = 0.509[\text{m}^3/\text{kg}]$

따라서
30[%] 건도의 증기체적=$0.3[\text{kg}] \times 0.509[\text{m}^3/\text{kg}]$
$= 0.1527[\text{m}^3]$

10[%] 건도의 증기체적=0.3[kg]×10[%] 건도에서의 비체적

10[%] 건도에서의 비체적=
$0.1 \times 1.694[\text{m}^3/\text{kg}] + 0.9 \times 0.00104[\text{m}^3/\text{kg}]$
$= 0.17[\text{m}^3/\text{kg}]$

따라서
10[%] 건도의 증기체적=$0.3[\text{kg}] \times 0.17[\text{m}^3/\text{kg}]$
$= 0.051[\text{m}^3]$

따라서 체적증가량 =
$0.1527[\text{m}^3] - 0.051[\text{m}^3] = 0.1017[\text{m}^3] \fallingdotseq 0.102[\text{m}^3]$

**27** 비중량 및 비중에 대한 설명으로 옳은 것은?

① 비중량은 단위부피당 유체의 질량이다.
② 비중은 유체의 질량 대 표준상태 유체의 질량비이다.
③ 기체인 수소의 비중은 액체인 수은의 비중보다 크다.
④ 압력의 변화에 대한 액체의 비중량 변화는 기체 비중량 변화보다 작다.

① 비중량은 단위부피당 유체의 중량이다.
② 비중은 물의 밀도(비중량)에 대한 유체의 밀도(비중량)의 비이다.
③ 수소의 비중은 0.695, 수은의 비중은 13.6이다.
④ 액체비중량 변화는 기체 비중량변화보다 작다.

**28** 물분무소화설비의 가압송수장치로 전동기 구동형 펌프를 사용하였다. 펌프의 토출량 800[L/min], 전양정 50[m], 효율 0.65, 전달계수 1.1인 경우 적당한 전동기 용량은 몇 [kW]인가?

① 4.2  ② 4.7
③ 10.0 ④ 11.1

$$P(\text{kW}) = \frac{rQH}{102\eta}K = \frac{1000 \times \frac{0.8}{60} \times 50}{102 \times 0.65} \times 1.1$$
$$= 11.06 ≒ 11.1[\text{kW}]$$

**29** 수평원관 속을 층류상태로 흐르는 경우 유량에 대한 설명으로 틀린 것은?

① 점성계수에 반비례한다.
② 관의 길이에 반비례한다.
③ 관지름의 4제곱에 비례한다.
④ 압력강하량에 반비례한다.

하겐-포아즈웰 방정식(Hagen Poiseuille Equation)
수평 원관 속에 비압축성 유체가 층류로 유동하고 있을 때 속도분포는 관의 중심에서 최고속도를 나타내는 포물선형태를 갖는다. 즉, 전단응력은 관 중심에서 0이고 반지름에 비례하면서 관 벽까지 직선적으로 증가한다. 하겐-포아즈웰 방정식은 층류유동에만 해당되는 식이다.

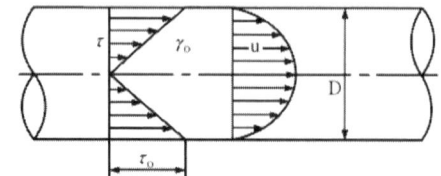

【 전단응력과 속도분포 】

수평 원관의 관중심에서 최대속도 $U_{\max}$

$$U_{\max} = \frac{\Delta PD^2}{16\mu L}$$

평균유속은 최대속도의 1/2이므로 $U = \frac{\Delta PD^2}{32\mu L}$

연속의 방정식에 의해 $Q = AU$ 이므로

유량($Q$) $= \frac{\pi D^2}{4}\left(\frac{\Delta PD^2}{32\mu L}\right) = \frac{\Delta P\pi D^4}{128\mu L}$

압력강하($\Delta P$) $= \frac{128\mu LQ}{\pi D^4}$

손실수두(H) $= \frac{\Delta P}{\gamma}$ 이므로 $\frac{128\mu LQ}{\gamma\pi D^4}$

압력강하는 유량에 비례한다.

**30** 부차적 손실계수 $K$가 2인 관 부속품에서의 손실수두가 2[m]라면 이 때의 유속은 약 몇 [m/s]인가?

① 4.43  ② 3.14
③ 2.21  ④ 2.00

$h_L = K \cdot \frac{u^2}{2g}$

$u = \sqrt{\frac{h_L \cdot 2g}{K}}$

$= \sqrt{\frac{2[\text{m}] \times 2 \times 9.8[\text{m/s}^2]}{2}}$

$= 4.43[\text{m/s}]$

**31** 관내에 흐르는 유체의 흐름을 구분하는데 사용되는 레이놀즈수의 물리적인 의미는?

① $\frac{관성력}{중력}$
② $\frac{관성력}{점성력}$
③ $\frac{관성력}{탄성력}$
④ $\frac{관성력}{압축력}$

① 프루드수
② 레이놀즈수
③ 코우시스수
④ 마하수

정답 28.④ 29.④ 30.① 31.②

**32** 그림과 같은 U자관 차압액주계에서 $\gamma_1 = 9.8$ [kN/m³], $\gamma_2 = 133$ [kN/m³], $\gamma_3 = 9.0$ [kN/m³], $h_1 = 0.2$ [m], $h_3 = 0.1$ [m]이고, 압력차 $P_A - P_B = 30$ [kPa]이다. $h_2$는 몇 [m]인가?

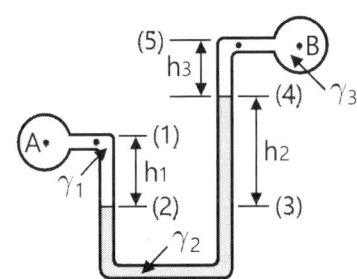

① 0.218　　② 0.226
③ 0.234　　④ 0.247

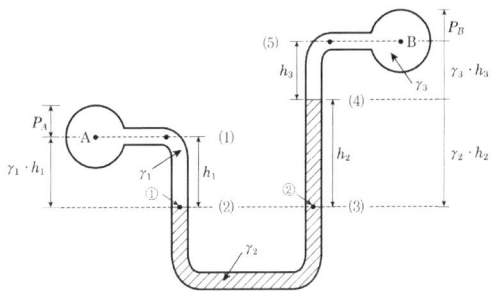

$P_① = P_②$
$P_① = P_A + \gamma_1 \cdot h_1$
$P_② = P_B + \gamma_3 \cdot h_3 + \gamma_2 \cdot h_2$
∴ $P_A + \gamma_1 \cdot h_1 = P_B + \gamma_3 \cdot h_3 + \gamma_2 \cdot h_2$
$P_A - P_B = \gamma_3 \cdot h_3 + \gamma_2 \cdot h_2 - \gamma_1 \cdot h_1$

$30[\text{kPa}] = (9.0[\text{kN/m}^3] \times 0.1[\text{m}])$
　　　　　$+ (133[\text{kN/m}^3] \times h_2)$
　　　　　$- (9.8[\text{kN/m}^3] \times 0.2[\text{m}])$
$h_2 = 0.2335[\text{m}] \fallingdotseq 0.234[\text{m}]$

**33** 펌프와 관련된 용어의 설명으로 옳은 것은?
① 캐비테이션 : 송출압력과 송출유량이 주기적으로 변하는 현상
② 서징 : 액체가 포화증기압 이하에서 비등하여 기포가 발생하는 현상
③ 수격작용 : 관을 흐르던 물이 갑자기 정지할 때 압력파에 의해 이상음(異常音)이 발생하는 현상
④ NPSH : 펌프에서 상사법칙을 나타내기 위한 비속도

① 공동(Cavitation) 현상
펌프 흡입측 배관에서 발생될 수 있는 현상으로 흡수되는 물의 압력이 그 온도에서의 포화증기압보다 작게 되면 물이 급격하게 증발되어 기포가 생성되는 현상이다.
② 서징(맥동)현상
펌프 운전 중 주기적으로 운동, 양정, 토출량이 변화하는 현상, 즉 송출압력과 송출유량의 주기적인 변동이 발생하는 현상
④ 유효흡입양정(NPSHav ; Available Net Positive Suction Head)
펌프가 설치되어 사용될 때 펌프 그 자체와는 무관하게 배관 시스템에 따라 결정되는 양정이다. 유효흡입양정은 펌프 중심으로 유입되는 액체의 절대압력을 나타낸다.

**34** 베르누이의 정리 $\left(\dfrac{P}{\rho} + \dfrac{V^2}{2} + gZ = constant\right)$가 적용되는 조건이 아닌 것은?
① 압축성의 흐름이다.
② 정상상태의 흐름이다.
③ 마찰이 없는 흐름이다.
④ 베르누이 정리가 적용되는 임의의 두 점은 같은 유선상에 있다.

• 비압축성 → 부피변화 × → 밀도변화 ×
• 비점성 → 마찰 × → 손실 ×
• 정상유동 → 시간에 따라 물의 흐름 특성변화 ×
　　　(유선=유적선)

정답 32.③ 33.③ 34.①

**35** 그림과 같이 수평과 30°로 경사된 폭 50[cm]인 수문 AB가 A점에서 힌지(hinge)로 되어 있다. 이 문을 열기 위한 최소한의 힘 $F$(수문에 직각방향)는 약 몇 [kN]인가? (단, 수문의 무게는 무시하고, 유체의 비중은 1이다)

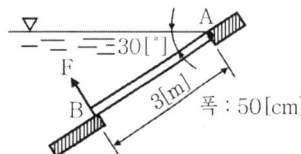

① 11.5   ② 7.35
③ 5.51   ④ 2.71

**해설** ㉠ 경사면에 작용하는 힘
$F = \gamma \cdot h \cdot A$
$= 9800[\text{N/m}^3] \times (1.5[\text{m}] \times \sin 30°)$
$\quad \times (0.5[\text{m}] \times 3[\text{m}])$
$= 11025[\text{N}] = 11.025[\text{kN}]$

• $h$ : 수면–면적 중심까지의 수직거리

㉡ 힘의 작용점

$y_P = y + \dfrac{\dfrac{\text{가로} \times \text{세로}^3}{12}}{y \times A}$

$= 1.5 + \dfrac{\dfrac{0.5[\text{m}] \times (3[\text{m}])^3}{12}}{1.5 \times (0.5[\text{m}] \times 3[\text{m}])}$

$= 2[\text{m}]$

• $y$ : 수면–면적중심까지의 직선거리

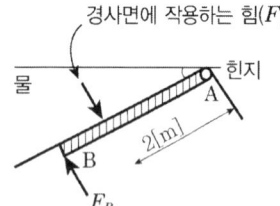

A지점 모멘트 합이 0 ($\sum M_A = 0$)
모멘트=힘×거리이므로
① 유체가 경사면에 작용하는 모멘트
$F[\text{N}] \times 2[\text{m}]$
② 문을 열기 위한 최소 힘
$F[\text{N}] \times 3[\text{m}]$
$F[\text{N}] \times 2[\text{m}] = F_B[\text{N}] \times 3[\text{m}]$

$F_B[\text{N}] = F[\text{N}] \times \dfrac{2[\text{m}]}{3[\text{m}]}$
$= 11.025[\text{kN}] \times \dfrac{2[\text{m}]}{3[\text{m}]}$
$= 7.35[\text{kN}]$

**36** 성능이 같은 3대의 펌프를 병렬로 연결하였을 경우 양정과 유량은 얼마인가? (단, 펌프 1대의 유량은 $Q$, 양정은 $H$이다)

① 유량은 $3Q$, 양정은 $H$
② 유량은 $3Q$, 양정은 $3H$
③ 유량은 $9Q$, 양정은 $H$
④ 유량은 $9Q$, 양정은 $3H$

**해설**
• 병렬연결 $Q \Rightarrow 3Q$
$\qquad\qquad H \Rightarrow H$
• 직렬연결 $Q \Rightarrow Q$
$\qquad\qquad H \Rightarrow 3H$

**37** 수평배관설비에서 상류 지점인 A지점의 배관을 조사해 보니 지름 100[mm], 압력 0.45[MPa], 평균유속 1[m/s]이었다. 또, 하류의 B지점을 조사해보니 지름 50[mm], 압력 0.4[MPa]이었다면 두 지점 사이의 손실수두는 약 몇 [m]인가? (단, 배관 내 유체의 비중은 1이다)

① 4.34   ② 4.95
③ 5.87   ④ 8.67

**해설** 베르누이방정식 적용 ($Z_1$과 $Z_2$는 조건에 없으므로 무시)

$\dfrac{P_1}{\gamma} + \dfrac{u_1^2}{2g} + Z_1 = \dfrac{P_2}{\gamma} + \dfrac{u_2^2}{2g} + Z_2 + \triangle H_L$

$\triangle H_L = \dfrac{P_1 - P_2}{\gamma} + \dfrac{u_1^2 - u_2^2}{2g}$

$= \dfrac{(450[\text{kN/m}^2] - 400[\text{kN/m}^2])}{9.8[\text{kN/m}^3]}$

$\quad + \dfrac{(1[\text{m/s}])^2 - (4[\text{m/s}])^2}{(2)(9.8[\text{m/s}^2])}$

$= 4.336[\text{m}]$
$\fallingdotseq 4.34[\text{m}]$

정답 35.② 36.① 37.①

$$Q = A \cdot u$$
$$= \left(\frac{\pi}{4}\right)(0.1[m])^2 \times (1[m/s])^2$$
$$= 0.00785[m^3/s]$$
$$u_2 = \frac{Q}{A_2} = \frac{0.00785[m^3/s]}{\left(\frac{\pi}{4}\right)(0.05[m])^2}$$
$$= 3.997[m/s] \fallingdotseq 4[m/s]$$

**38** 원관 속을 층류상태로 흐르는 유체의 속도분포가 다음과 같을 때 관벽에서 30[mm] 떨어진 곳에서 유체의 속도기울기(속도구배)는 약 몇 $s^{-1}$인가?

$$u = 3y^{\frac{1}{2}}$$
여기서, $u$ : 유속[m/s]
$y$ : 관벽으로부터의 거리[m]

① 0.87  ② 2.74
③ 8.66  ④ 27.4

**해설** $\tau = \mu \dfrac{du}{dy}$, $y = 0.03[m]$

이때 $\dfrac{du}{dy}$는? [$\dfrac{du}{dy}$는 속도구배, 1/s]

$u = 3y^{\frac{1}{2}}$

$du = \dfrac{1}{2} \times 3 \times y^{\frac{1}{2}-1} = \dfrac{1}{2} \times 3 \times (0.03[m])^{-\frac{1}{2}}$
$= 8.66$
따라서 $8.66 s^{-1}$

**39** 대기의 압력이 106[kPa]이라면 게이지 압력이 1,226[kPa]인 용기에서 절대압력은 몇 [kPa]인가?

① 1,120  ② 1,125
③ 1,327  ④ 1,332

**해설** 절대압=대기압+게이지압
=106[kPa]+1,226[ka]
=1,332[kPa]

**40** 표면온도 15[℃], 방사율 0.85인 40[cm]×50[cm] 직사각형 나무판의 한쪽 면으로부터 방사되는 복사열은 약 몇 [W]인가? (단, 스테판-볼츠만 상수는 $5.67 \times 10^{-8}[W/m^2 \cdot K^4]$이다)

① 12  ② 66
③ 78  ④ 521

**해설** 복사열
$Q = aAF(T)^4$
$= 5.67 \times 10^{-8}[W/m^2 \cdot K^4] \times 0.2[m^2]$
$\times 0.85 \times (288[K])^4$
$= 66[W]$

정답 38.③ 39.④ 40.②

# 2022년 제2회 소방설비기사[기계분야] 1차 필기
### [제2과목 : 소방유체역학]

**21** 2[MPa], 400[℃]의 과열증기를 단면확대 노즐을 통하여 20[kPa]로 분출시킬 경우 최대속도는 약 몇 [m/s]인가? (단, 노즐입구에서 엔탈피는 3,243.3 [kJ/kg]이고, 출구에서 엔탈피는 2,345.8[kJ/kg] 이며, 입구속도는 무시한다)

① 1,340  ② 1,349
③ 1,402  ④ 1,412

**해설** 에너지보존의 법칙

$$H_1 + \frac{V_1^2}{2} = H_2 + \frac{V_2^2}{2}$$

여기서 $V_1 = 0$ 따라서 $H_1 = H_2 + \frac{V_2^2}{2}$

$$\frac{V_2^2}{2} = H_1 - H_2$$

$$V_2^2 = 2(H_1 - H_2)$$

$$\sqrt{V_2^2} = \sqrt{2(H_1 - H_2)}$$

$$V_2 = \sqrt{2(H_1 - H_2)}$$

$$= \sqrt{2[(3,243.3 - 2,345.8) \times 10^3 [\text{J/kg}]]}$$

$$\fallingdotseq 1,340[\text{m/s}]$$

**22** 원형 물탱크의 안지름이 1[m]이고, 아래쪽 옆면에 안지름 100[mm]인 송출관을 통해 물을 수송할 때의 순간 유속이 3[m/s]이었다. 이때 탱크 내 수면이 내려오는 속도는 몇 [m/s]인가?

① 0.015  ② 0.02
③ 0.025  ④ 0.03

**해설** $Q_1 = Q_2$

$$\frac{\pi}{4}(1[\text{m}])^2 \times V_1 = \frac{\pi}{4}(0.1[\text{m}])^2 \times 3[\text{m/s}]$$

$$V_1 = 0.03[\text{m/s}]$$

**23** 지름 5[cm]인 구가 대류에 의해 열을 외부공기로 방출한다. 이 구는 50[W]의 전기히터에 의해 내부에서 가열되고 있고 구 표면과 공기 사이의 온도차가 30[℃]라면 공기와 구 사이의 대류 열전달계수는 약 몇 [W/(m² · ℃)]인가?

① 111  ② 212
③ 313  ④ 414

**해설** ㉠ 대류에 의한 열전달률

$$Q = hA\Delta t$$

$Q$ : 대류열전달률[W]
$h$ : 열전달계수[W/m² · ℃]
$A$ : 표면적[m²]
$\Delta t$ : 온도차[℃]

ⓐ 반지름 $r = \frac{5[\text{cm}]}{2} = 2.5[\text{cm}] = 0.025[\text{m}]$

ⓑ $A$(구의 표면적) $= 4\pi r^2 = 4\pi \times (0.025[\text{m}])^2$

ⓒ $\Delta t = 30[℃]$

ⓓ $h = \frac{Q}{A\Delta t} = \frac{50}{4\pi \times 0.025^2 \times 30}$

$$= 212.22[\text{w/m}^2 \cdot ℃]$$

㉡ 복사에 의한 열전달률

$$Q = aAF(T_1^4 - T_2^4)$$

$Q$ : 복사열전달률[W]
$a$ : 스테판-볼츠만의 상수
$A$ : 표면적[m²]
$T_1$ : 고온물체의 절대온도(273+t℃)[K]
$T_2$ : 저온물체의 절대온도(273+t℃)[K]

**정답** 21.① 22.④ 23.②

**24** 소화펌프의 회전수가 1,450[rpm]일 때 양정이 25[m], 유량이 5[m³/min]이었다. 펌프의 회전수를 1,740[rpm]으로 높일 경우 양정[m]과 유량 [m³/min]은? (단, 완전상사가 유지되고, 회전차의 지름은 일정하다)

① 양정 : 17, 유량 : 4.2
② 양정 : 21, 유량 : 5
③ 양정 : 30.2, 유량 : 5.2
④ 양정 : 36, 유량 : 6

**해설** 상사법칙

㉠ $Q_2 = Q_1 \times \left(\dfrac{N_2}{N_1}\right)$
$= 5[\text{m}^3/\text{min}] \times \left(\dfrac{1,740[\text{rpm}]}{1,450[\text{rpm}]}\right)$
$= 6[\text{m}^3/\text{min}]$

㉡ $H_2 = H_1 \times \left(\dfrac{N_2}{N_1}\right)^2$
$= 25[\text{m}] \times \left(\dfrac{1,740[\text{rpm}]}{1,450[\text{rpm}]}\right)^2$
$= 36[\text{m}]$

**25** 다음 중 이상기체에서 폴리트로픽 지수($n$)가 1인 과정은?

① 단열 과정   ② 정압 과정
③ 등온 과정   ④ 정적 과정

**해설** 폴리트로픽 변화

| 구분 | 내용 |
| --- | --- |
| $PV^n =$ 정수 ($n=0$) | 등압변화(정압변화) |
| $PV^n =$ 정수 ($n=1$) | 등온변화 |
| $PV^n =$ 정수 ($n=K$) | 단열변화 |
| $PV^n =$ 정수 ($n=\infty$) | 정적변화 |

**26** 정수력에 의해 수직평판의 힌지(Hinge)점에 작용하는 단위폭당 모멘트를 바르게 표시한 것은? (단, $\rho$는 유체의 밀도, $g$는 중력가속도이다)

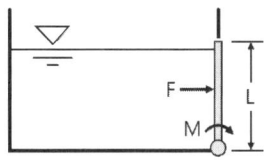

① $\dfrac{1}{6}\rho g L^3$   ② $\dfrac{1}{3}\rho g L^3$

③ $\dfrac{1}{2}\rho g L^3$   ④ $\dfrac{2}{3}\rho g L^3$

**해설** $\tau = \dfrac{1}{6}\rho g L^3$

**27** 그림과 같은 중앙부분에 구멍이 뚫린 원판에 지름 20[cm]의 원형 물제트가 대기압 상태에서 5[m/s]의 속도로 충돌하여, 원판 뒤로 지름 10[cm]의 원형 물제트가 5[m/s]의 속도로 흘러나가고 있을 때, 원판을 고정하기 위한 힘은 몇 [N]인가?

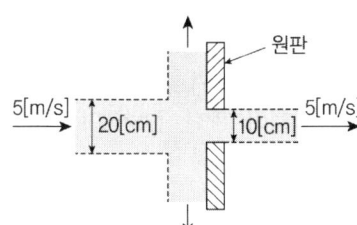

① 589   ② 673
③ 770   ④ 893

**해설** $F = \rho \cdot Q \cdot u \cdot \sin\theta$
$= \rho \cdot A \cdot u^2 \cdot \sin\theta$ ($Q = A \cdot u$이므로)
∴ 구멍이 뚫린 원판에 작용하는 힘($F$)
$F = \rho \cdot u^2 \cdot \sin\theta (A_1 - A_2)$
$= \rho \cdot u^2 \cdot \sin\theta \left\{\left(\dfrac{\pi}{4}\right) \times D^2 - \left(\dfrac{\pi}{4}\right) \times \left(\dfrac{1}{2}D\right)^2\right\}$
$= \rho \cdot u^2 \cdot \sin\theta \left(\dfrac{3}{16}\pi D^2\right)$
$= \dfrac{3}{16}\rho \pi u^2 D^2$ ($\sin 90° = 1$)
$= \dfrac{3}{16} \times 1,000[\text{kg/m}^3] \times 3.14 \times (5[\text{m/s}])^2$
$\times (0.2[\text{m}])^2$
$= 588.75[\text{N}]$

**28** 펌프의 공동현상(cavitation)을 방지하기 위한 방법이 아닌 것은?

① 펌프의 설치위치를 되도록 낮게 하여 흡입양정을 짧게 한다.
② 펌프의 회전수를 크게 한다.
③ 펌프의 흡입관경을 크게 한다.
④ 단흡입펌프보다는 양흡입펌프를 사용한다.

**해설** ▶ 공동현상
관속의 흐르는 유체의 포화수증기압($P_S$)이 정압($P$)보다 클 때 공동현상이 발생한다.
∴ $P < P_S$

▶ 공동현상(캐비테이션) 방지대책
㉠ 펌프의 설치위치를 수원보다 낮게 설치
㉡ 펌프의 임펠러속도를 감속한다.
㉢ 펌프의 흡입측 수두 및 마찰손실을 작게 한다.
㉣ 펌프의 흡입관경을 크게 한다.
㉤ 양흡입펌프를 사용한다.

**29** 물을 송출하는 펌프의 소요축동력이 70[kW], 펌프의 효율이 78[%], 전양정이 60[m]일 때, 펌프의 송출유량은 약 몇 [m³/min]인가?

① 5.57    ② 2.57
③ 1.09    ④ 0.093

**해설**
$P(\text{kW}) = \dfrac{rQH}{102\eta}$

$70 = \dfrac{1000 \times Q \times 60}{102 \times 0.78}$

$Q = 0.09282[\text{m}^3/\text{sec}] = 5.57[\text{m}^3/\text{min}]$

**30** 그림에 표시된 원형 관로로 비중이 0.8, 점성계수가 0.4Pa·s인 기름이 층류로 흐른다. ㉠ 지점의 압력이 111.8kPa이고, ㉡ 지점의 압력이 206.9kPa일 때 유체의 유량은 약 몇 L/s인가?

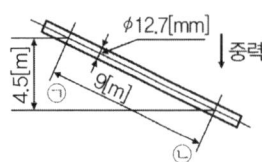

① 0.0149    ② 0.0138
③ 0.0121    ④ 0.0106

**해설**
$\dfrac{\Delta P}{\gamma} = \dfrac{128\mu QL}{\gamma \pi D^4}$

$Q = \dfrac{\pi D^4 \Delta P}{128 \mu L} = \dfrac{\pi \times (0.0127[\text{m}])^4 \times 59820[\text{Pa}]}{128 \times 0.4[\text{Pa} \cdot \text{s}] \times 9[\text{m}]}$

$= 1.06 \times 10^{-5}[\text{m}^3/\text{sec}]$

$= 0.0106 \times 10^{-3}[\text{m}^3/\text{s}] = 0.0106[\text{L/s}]$

**31** 다음 중 점성계수 $\mu$의 차원은 어느 것인가? (단, M : 질량, L : 길이, T : 시간의 차원이다)

① $ML^{-1}T^{-1}$    ② $ML^{-1}T^{-2}$
③ $ML^{-2}T^{-1}$    ④ $M^{-1}L^{-1}T$

**해설** 점성계수($\mu$) 단위
$\text{Poise} = \text{g/cm} \cdot \text{s}[ML^{-1}T^{-1}]$

**32** 20[℃]의 이산화탄소 소화약제가 체적 4[m³]의 용기 속에 들어 있다. 용기 내 압력이 1[MPa]일 때 이산화탄소 소화약제의 질량은 약 몇 [kg]인가? (단, 이산화탄소 기체상수는 189[J/kg·K]이다)

① 0.069    ② 0.072
③ 68.9     ④ 72.2

**해설** 특정기체상태방정식 $PV = GRT$

$G = \dfrac{PV}{RT} = \dfrac{10^6[\text{N/m}^2] \times 4[\text{m}^3]}{189[\text{N} \cdot \text{m/kg} \cdot \text{K}] \times 293[\text{K}]}$

$= 72.23[\text{kg}]$

**33** 압축률에 대한 설명으로 틀린 것은?
① 압축률은 체적탄성계수의 역수이다.
② 압축률의 단위는 압력의 단위인 Pa이다.
③ 밀도와 압축률의 곱은 압력에 대한 밀도의 변화율과 같다.
④ 압축률이 크다는 것은 같은 압력변화를 가할 때 압축하기 쉽다는 것을 의미한다.

**정답** 28.② 29.① 30.④ 31.① 32.④ 33.②

해설
㉠ 체적탄성계수 : $K = -\dfrac{\Delta P}{\Delta V/V} = \dfrac{\Delta P}{\Delta \rho/\rho}$

㉡ 압축률 : $\beta = \dfrac{1}{K}$

**34** 밸브가 장치된 지름 10[cm]인 원관에 비중 0.8인 유체가 2[m/s]의 평균속도로 흐르고 있다. 밸브 전후의 압력차이가 4[kPa]일 때, 밸브의 등가길이는 몇 [m]인가? (단, 관의 마찰계수는 0.02이다)

① 10.5  ② 12.5
③ 14.5  ④ 16.6

해설
$h_L = \dfrac{fLV^2}{2gD}$

$L = h_L \times \dfrac{2gD}{fV^2} = \dfrac{\Delta P}{\gamma} \times \dfrac{2gD}{fV^2}$

$= \dfrac{4[\text{kPa}]}{7.84[\text{kPa/m}]} \times \dfrac{2 \times 9.8[\text{m/s}^2] \times 0.1[\text{m}]}{0.02 \times (2[\text{m/s}])^2}$

$= 12.5[\text{m}]$

**35** 그림과 같이 물이 수조에 연결된 원형 파이프를 통해 분출되고 있다. 수면과 파이프의 출구 사이에 총 손실수두가 200[mm]이라고 할 때 파이프에서의 방출유량은 약 몇 [m³/s]인가? (단, 수면 높이의 변화속도는 무시한다)

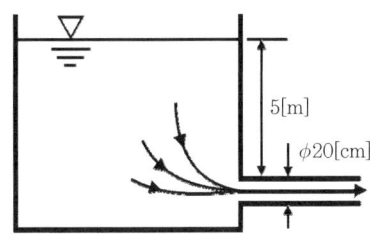

① 0.285  ② 0.295
③ 0.305  ④ 0.315

해설
$Q = \dfrac{\pi}{4}(0.2[\text{m}])^2 \times \sqrt{2 \times 9.8 \times (5-0.2)[\text{m}]}$
$= 0.305[\text{m}^3/\text{s}]$

**36** 유체의 흐름에 적용되는 다음과 같은 베르누이 방정식에 관한 설명으로 옳은 것은?

$$\dfrac{P}{\gamma} + \dfrac{V^2}{2g} + Z = C(일정)$$

① 비정상상태의 흐름에 대해 적용된다.
② 동일한 유선상이 아니더라도 흐름 유체의 임의점에 대해 항상 적용된다.
③ 흐름 유체의 마찰효과가 충분히 고려된다.
④ 압력수두, 속도수두, 위치수두의 합이 일정함을 표시한다.

해설
베르누이 방정식 성립조건(에너지보존법칙 응용)
㉠ 정상유동(정상류)
㉡ 비압축성
㉢ 비점성
㉣ 유체입자는 유선에 따라 유동

**37** 유체의 흐름 중 난류 흐름에 대한 설명으로 틀린 것은?

① 원관 내부 유동에서는 레이놀즈수가 약 4000 이상인 경우에 해당한다.
② 유체의 각 입자가 불규칙한 경로를 따라 움직인다.
③ 유체의 입자가 갖는 관성력이 입자에 작용하는 점성력에 비하여 매우 크다.
④ 원관 내 완전발달 유동에서는 평균속도가 최대속도의 1/2이다.

해설
층류흐름에서의 평균속도는 최대속도의 0.5배
난류흐름에서의 평균속도는 최대속도의 0.8배

정답 34.② 35.③ 36.④ 37.④

**38** 어떤 물체가 공기 중에서 무게는 588[N]이고, 수중에서 무게는 98[N]이었다. 이 물체의 체적($V$)과 비중[$s$]은?

① $V=0.05[m^3]$, $s=1.2$
② $V=0.05[m^3]$, $s=1.5$
③ $V=0.5[m^3]$, $s=1.2$
④ $V=0.5[m^3]$, $s=1.5$

해설
- $F_{부력} = 588[N] - 98[N] = 490[N]$
- $F_{부력} = \gamma_물 \cdot V_{잠긴부분(=전체)}$
  ∴ $490[N] = \gamma_물 \cdot V_{잠긴부분(=전체)}$
- $V_{잠긴부분(=전체)} = \dfrac{490[N]}{\gamma_물} = \dfrac{490[N]}{9800[N/m^3]}$
  $= 0.05[m^3]$
- 비중($s$) = $\dfrac{물체의 비중량(\gamma_{물체})}{물의 비중량(\gamma_물)}$
  $= \dfrac{\dfrac{588[N]}{0.05[m^3]}}{9800[N/m^3]} = 1.2$

**39** 유체에 관한 설명 중 옳은 것은?

① 실제유체는 유동할 때 마찰손실이 생기지 않는다.
② 이상유체는 높은 압력에서 밀도가 변화하는 유체이다.
③ 유체에 압력을 가하면 체적이 줄어드는 유체는 압축성 유체이다.
④ 압력을 가해도 밀도변화가 없으며 점성에 의한 마찰손실만 있는 유체가 이상유체이다.

해설
① 실제유체(=점성유체)는 마찰이 발생하며 손실이 발생한다.
② 이상유체는 밀도가 변화하지 않는다.
④ 이상유체(=비점성유체, 완전유체, 가상유체)는 마찰이 발생하지 않으며 손실도 발생하지 않는다.

**40** 그림에서 물과 기름의 표면은 대기에 개방되어 있고, 물과 기름 표면의 높이가 같을 때 $h$는 약 몇 [m]인가? (단, 기름의 비중은 0.8, 액체 A의 비중은 1.6이다)

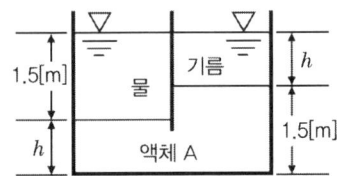

① 1
② 1.1
③ 1.125
④ 1.25

해설
기름의 비중량 = $0.8 \times 9.8[kN/m^3] = 7.84[kN/m^3]$
액체 A의 비중량
$\quad = 1.6 \times 9.8[kN/m^3] = 15.68[kN/m^3]$
$P = \gamma h$
물의 압력+액체 A의 압력=기름의 압력+액체 A의 압력
$9.8[kN/m^3] \times 1.5[m] + 15.68[kN/m^3] \times h$
$= 7.84[kN/m^3] \times h + 15.68[kN/m^3] \times 1.5[m]$
$h = 1.125[m]$

# 2022년 제4회 소방설비기사[기계분야] 1차 필기
[제2과목 : 소방유체역학]

**21** 액체와 고체가 접촉하면 상호 부착하려는 성질을 갖는데 이 부착력과 액체의 응집력의 크기의 차이에 의해 일어나는 현상은 무엇인가?

① 모세관현상
② 공동현상
③ 점성
④ 뉴턴의 마찰법칙

**해설** 표면장력(Surface Tension)
① 면장력의 단위=N/m, kgf/m … [$FL^{-1}$]
② 응집력>부착력 : 표면장력
  응집력<부착력 : 모세관현상
③ 표면장력이란 단위길이당 액체의 표면을 최소로 하려는 힘이다. 표면장력은 액체 분자 간에 서로 잡아당겨 액표면을 최소로 하려는 힘인 응집력(Cohesion)에 의한 것이다.

**22** 역 Carnot 사이클로 작동하는 냉동기가 300[K]의 고온열원과 250[K]의 저온열원 사이에서 작동한다. 이 냉동기의 성능계수는 얼마인가?

① 6
② 2
③ 5
④ 3

**해설** 냉동기의 성능계수
$$K = \frac{T_2}{T_1 - T_2}$$
$$K = \frac{250[K]}{300[K] - 250[K]} = 5$$

**23** 그림에서 1[m]×3[m]의 사각 평판이 수면과 45° 기울어져 물에 잠겨 있다. 한쪽 면에 작용하는 유체력의 크기($F$)와 작용점의 위치($y_f$)는 각각 얼마인가?

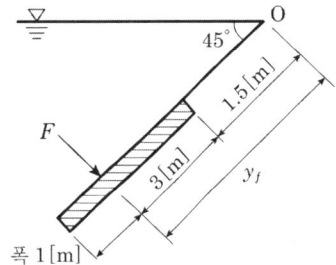

① $F$=62.4[kN], $y_f$=3.25[m]
② $F$=132.3[kN], $y_f$=3.25[m]
③ $F$=132.3[kN], $y_f$=3.5[m]
④ $F$=62.4[kN], $y_f$=3.5[m]

**해설** ㉠ 한쪽 면에 작용하는 유체력의 크기($F$)
$F = \gamma \cdot h \cdot A$
$= 9,800[N/m^3] \times (3[m] \times \sin 45°) \times (3[m] \times 1[m])$
$= 62,366.82[N]$
$≒ 62.4[kN]$

㉡ 작용점의 위치($y_f$)
$$y_f = y + \frac{\frac{bh^3}{12}}{y \times A}$$
$$= 3[m] + \frac{\frac{1[m] \times (3[m])^3}{12}}{3[m] \times (3[m] \times 1[m])}$$
$$= 3.25[m]$$

정답 21.① 22.③ 23.①

**24** 어떤 팬이 1750[rpm]으로 회전할 때의 전압은 155[mmAq], 풍량은 240[m³/min]이다. 이것과 상사한 팬을 만들어 1,650[rpm], 전압 200[mmAq]로 작동할 때 풍량은 약 몇 [m³/min]인가? (단, 공기의 밀도와 비속도는 두 경우에 같다고 가정한다)

① 396  ② 386
③ 356  ④ 366

해설) $N_s = \dfrac{N\sqrt{Q}}{H^{\frac{3}{4}}}$, $N_s = \dfrac{1,750\sqrt{240}}{0.155^{\frac{3}{4}}} = 109,747.57$

$109,747.57 = \dfrac{1,650\sqrt{Q}}{0.2^{\frac{3}{4}}}$

$Q = 395.7[\text{m}^3/\text{min}]$

**25** 그림과 같은 면적 $A_1$인 원형관의 출구에 노즐이 볼트로 연결되어 있으며 노즐 끝의 면적은 $A_2$이고 노즐 끝(2지점)에서 물의 속도는 $V$, 물의 밀도는 $\rho$이다. 전체 볼트에 작용하는 힘이 $F_B$일 때, 1지점에서의 게이지압력을 구하는 식은?

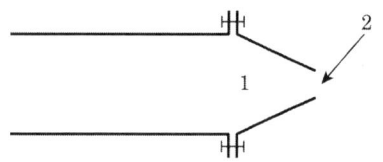

① $\dfrac{F_B}{A_1} - \rho V^2\left(1 - \dfrac{A_2}{A_1}\right)\dfrac{A_2}{A_1}$

② $\dfrac{F_B}{A_1} - \rho V^2\left(1 - \dfrac{A_2}{A_1}\right)$

③ $\dfrac{F_B}{A_1} - \rho V^2\left(1 + \dfrac{A_2}{A_1}\right)$

④ $\dfrac{F_B}{A_1} + \rho V^2\left(1 - \dfrac{A_2}{A_1}\right)\dfrac{A_2}{A_1}$

해설) ㉠ $P = P_1 + P_2$
㉡ $P_1 = \dfrac{F_1}{A_1} = \dfrac{F_B}{A_1}$
㉢ $P_2 = \rho V^2\left(1 - \dfrac{A_2}{A_1}\right)\dfrac{A_2}{A_1}$
㉣ $P = \dfrac{F_B}{A_1} + \rho V^2\left(1 - \dfrac{A_2}{A_1}\right)\dfrac{A_2}{A_1}$

**26** 매분 670[kJ]의 열량을 공급받아 6[kW]의 출력을 발생하는 열기관의 열효율은?

① 0.57  ② 0.54
③ 0.72  ④ 0.42

해설) 열효율
$\eta = \dfrac{W}{Q_H} = \dfrac{360[\text{kJ/min}]}{670[\text{kJ/min}]} = 0.537 ≒ 0.54$

**27** 점성계수가 0.08[kg/m·s]이고 밀도가 800[kg/m³]인 유체의 동점성계수는 몇 [cm²/s]인가?

① 0.08  ② 1.0
③ 0.0001  ④ 8.0

해설) 동점성 계수 $\nu = \dfrac{\mu}{\rho}$

$\nu = \dfrac{0.08[\text{kg/m·s}]}{800[\text{kg/m}^3]}$

$= 0.0001[\text{m}^2/\text{s}] \times \left(\dfrac{100[\text{cm}]}{1[\text{m}]}\right)^2$

$= 1[\text{cm}^2/\text{s}]$

**28** 지름이 5[cm]인 원형 관내에 이상기체가 층류로 흐른다. 다음 중 이 기체의 속도가 될 수 있는 것을 모두 고르면? (단, 이 기체의 절대압력은 200[kPa], 온도는 27[℃], 기체상수는 2,080 [J/kg·K], 점성계수는 $2 \times 10^{-5}$[N·s/m²], 하임계 레이놀즈수는 2,200으로 한다)

㉠ 0.3[m/s]  ㉡ 1.5[m/s]
㉢ 8.3[m/s]  ㉣ 15.5[m/s]

① ㉠
② ㉠, ㉡
③ ㉠, ㉡, ㉢
④ ㉠, ㉡, ㉢, ㉣

**해설**
- $Re\,No. = \dfrac{D \cdot u \cdot \rho}{\mu} = \dfrac{D \cdot u}{\nu}$

  기체밀도($\rho$) — S.T.P 상태인 경우 $\rho = \dfrac{M}{22.4}$

  — S.T.P 상태가 아닌 경우

  $\rho = \dfrac{PM}{RT}$ or $\rho = \dfrac{P}{R'T}$

- $\rho = \dfrac{P}{R'T}$

  $= \dfrac{200[\text{kN/m}^2]}{2080[\text{N}\cdot\text{m/kg}\cdot\text{k}] \times (27+273[\text{k}])}$

  $= 0.319[\text{kg/m}^3] \fallingdotseq 0.32[\text{kg/m}^3]$

  $\therefore u = \dfrac{Re\,No. \cdot \mu}{D \cdot \rho}$

  $= \dfrac{(2200) \times (2 \times 10^{-5}[\text{N}\cdot\text{s/m}^2])}{0.05[\text{m}] \times 0.32[\text{kg/m}^3]}$

  $= 2.75[\text{m/s}]$

→ 속도가 $2.75[\text{m/s}]$보다 작은 값으로 속도를 구할 수 있다.

## 29. 유체의 점성에 대한 설명으로 틀린 것은?

① 질소기체의 동점성계수는 온도증가에 따라 감소한다.
② 물(액체)의 점성계수는 온도증가에 따라 감소한다.
③ 점성은 유동에 대한 유체의 저항을 나타낸다.
④ 뉴턴유체에 작용하는 전단응력은 속도기울기에 비례한다.

**해설** ① 기체의 동점성계수는 온도증가에 따라 증가한다.

**동점성계수(Kinematic Viscosity) : $\nu$**
동점성계수(동점도)는 절대점성계수를 유체의 밀도로 나눈 것이다.

$\nu = \dfrac{\mu}{\rho} = \dfrac{\text{g/cm}\cdot\text{sec}}{\text{g/cm}^3} = \dfrac{\text{cm}^2}{\text{sec}}$

동점성계수 중 CGS계인 $\text{cm}^2/\text{sec}$를 스토크스(Stokes)라 한다.
$1\text{St} = 1\text{cm}^2/\text{sec} = 1 \times 10^{-4}\text{m}^2/\text{sec}\cdots[L^2T^{-1}]$

> **Reference**
> 온도상승에 따른 점성의 변화
> - 액체는 점성이 작아진다.
> - 기체는 점성이 커진다.

cf) 전단응력($\tau$) $= \mu \dfrac{du}{dy}$ ($\dfrac{du}{dy}$ : 속도기울기)

## 30. 수면에 잠긴 무게가 490[N]인 매끈한 쇠구슬을 줄에 매달아서 일정한 속도로 내리고 있다. 쇠구슬이 물속으로 내려갈수록 들고 있는데 필요한 힘은 어떻게 되는가? (단, 물은 정지된 상태이며, 쇠구슬은 완전한 구형체이다)

① 적어진다.
② 동일하다.
③ 수면 위보다 커진다.
④ 수면 바로 아래보다 커진다.

**해설** $F_{부력} = \gamma_{유체} \cdot V_{잠긴부분}$

$\therefore F_{부력} \propto V_{잠긴부분}$

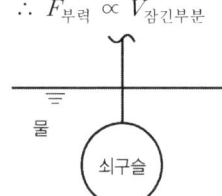

이미 쇠구슬이 수면에 잠겨 있으므로 $F_{부력}$은 변함이 없다.

어느 정도 잠겨있다가 수면에 모두 잠기게 되면 $F_{부력}$은 커지므로 필요한 힘은 적어진다.

## 31. 파이프 단면적이 2.5배로 급격하게 확대되는 구간을 지난 후의 유속이 1.2[m/s]이다. 부차적 손실 계수가 0.36이라면 급격확대로 인한 손실수두는 몇 [m]인가?

① 0.165
② 0.056
③ 0.0264
④ 0.331

정답 29.① 30.② 31.①

해설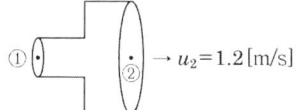

- $Q_1 = Q_2$
  $A_1 u_1 = A_2 u_2$
  $u_1 = \dfrac{A_2}{A_1} u_2 = \dfrac{2.5 A_1}{A_1} \cdot (1.2 [\text{m/s}])$

- 부차적 손실수두
  $h_L = K \cdot \dfrac{u^2}{2g} = 0.36 \times \dfrac{(3[\text{m/s}])^2}{(2)(9.8[\text{m/s}])}$
  $= 0.165 [\text{m}]$

**32** 온도차이 20[℃], 열전도율 5[W/(m·K)], 두께 20[cm]인 벽을 통한 열유속(heat flux)과 온도차이 40[℃], 열전도율 10[W/(m·K)], 두께 $t$인 같은 면적을 가진 벽을 통한 열유속이 같다면 두께 $t$는 약 몇 [cm]인가?

① 10  ② 40
③ 20  ④ 80

해설
$\dfrac{k_1[\text{W/m·K}] \times A_1[\text{m}^2] \times \triangle t_1[\text{K}]}{l_1[\text{m}]}$

$= \dfrac{k_2[\text{W/m·K}] \times A_2[\text{m}^2] \times \triangle t_2[\text{K}]}{l_2[\text{m}]}$

$\therefore \dfrac{5[\text{W/m·K}] \times A_1[\text{m}^2] \times 20[\text{K}]}{0.2[\text{m}]}$

$= \dfrac{10[\text{W/m·K}] \times A_2[\text{m}^2] \times 40[\text{K}]}{l[\text{m}]} \quad (A_1 = A_2)$

$\therefore l = t = 0.8[\text{m}] = 80[\text{cm}]$

**33** 다음 기체, 유체, 액체에 대한 설명 중 옳은 것만을 모두 고른 것은?

ⓐ 기체 : 매우 작은 응집력을 가지고 있으며, 자유 표면을 가지지 않고 주어진 공간을 가득 채우는 물질
ⓑ 유체 : 전단응력을 받을 때 연속적으로 변형하는 물질
ⓒ 액체 : 전단응력이 전단변형률과 선형적인 관계를 가지는 물질

① ⓐ, ⓑ
② ⓐ, ⓒ
③ ⓑ, ⓒ
④ ⓐ, ⓑ, ⓒ

해설 ⓒ 액체 → 뉴턴유체

**34** 다음 중 열역학 제1법칙에 관한 설명으로 옳은 것은?

① 열은 그 자신만으로 저온에서 고온으로 이동할 수 없다.
② 일은 열로 변환시킬 수 있고 열은 일로 변환시킬 수 있다.
③ 사이클 과정에서 열이 모두 일로 변화할 수 없다.
④ 열평형 상태에 있는 물체의 온도는 같다.

해설 **열역학 1법칙**
열과 일은 본질적으로 에너지의 일종으로 열과 일은 상호 변환이 가능하다. 즉, 밀폐계가 임의의 사이클을 이룰 때 열전달의 총합은 이루어진 일의 총합과 같다.
열역학 1법칙은 이와 같이 에너지변환의 양적 관계를 명시한 것으로 가역적인 법칙이다. 또한 입량보다 더 많은 일을 해내는 장치로 열역학 1법칙에 위배되는 기관을 제1종 영구 기관이라 한다.

- 일량 → 열량 $Q = AW$
- 열량 → 일량 $W = JQ$

$Q$ : 열량[kcal]
$W$ : 일량[kgf·m]
$A$ : 일의 열당량(1/427[kcal/kgf·m])
$J$ : 열의 일당량(427[kgf·m/kcal])

**35** 안지름 25[mm], 길이 10[m]의 수평 파이프를 통해 비중 0.8, 점성계수는 $5 \times 10^{-3}$[kg/m·s]인 기름을 유량 $0.2 \times 10^{-3}$[m³/s]로 수송하고자 할 때, 필요한 펌프의 최소 동력은 약 몇 [W]인가?

① 0.21  ② 0.58
③ 0.77  ④ 0.81

정답 32.④ 33.① 34.② 35.①

• 펌프동력[kW] = $\dfrac{\gamma \cdot Q \cdot H}{102}$

  ($\eta$, $k$는 조건에 없으므로 무시)
  ㉠ $\gamma = 1,000 [\text{kgf/m}^3] \times 0.8 = 800 [\text{kgf/m}^3]$
  ㉡ $Q = 0.2 \times 10^{-3} [\text{m}^3/\text{s}]$
  ㉢ $H$ ⇒ 달시-와이스바하방정식 적용

  $H_L = f \cdot \dfrac{L}{D} \cdot \dfrac{u^2}{2g}$

  $= (0.039) \times \left(\dfrac{10[\text{m}]}{0.025[\text{m}]}\right) \times \left(\dfrac{(0.407[\text{m/s}])^2}{2 \times 9.8 [\text{m/s}^2]}\right)$

  $= 0.1318 [\text{m}]$

  • $f = \dfrac{64}{Re No} = \dfrac{64}{1,640} = 0.039$

  • $Q = A \cdot u$

  $u = \dfrac{Q}{A} = \dfrac{0.2 \times 10^{-3} [\text{m}^3/\text{s}]}{\left(\dfrac{\pi}{4}\right)(0.025[\text{m}])^2} = 0.407 [\text{m/s}]$

  ∴ $P[\text{kW}]$
  $= \dfrac{800 [\text{kgf/m}^3] \times 0.2 \times 10^{-3} [\text{m}^3/\text{s}] \times 0.1318 [\text{m}]}{102}$
  $= 0.000206 [\text{kW}] ≒ 0.21 [\text{W}]$

**36** 30[℃]에서 부피가 10[L]인 이상기체를 일정한 압력으로 0[℃]로 냉각시키면 부피는 약 몇 [L]로 변하는가?

① 3    ② 9
③ 12   ④ 18

 기체의 온도·압력·부피 관계 → 보일-샤를의 법칙

$\dfrac{P_1 V_1}{T_1} = \dfrac{P_2 V_2}{T_2}$

$P_1 = P_2$이므로 $\dfrac{V_1}{T_1} = \dfrac{V_2}{T_2}$

$T_1 = 30[℃] = 303[\text{k}]$
$T_2 = 0[℃] = 273[\text{k}]$
$V_1 = 10[\text{L}]$

∴ $V_2 = \dfrac{T_2}{T_1} \times V_1 = \dfrac{273[\text{K}]}{303[\text{K}]} \times 10[\text{L}]$
$= 9[\text{L}]$

**37** 에너지선에서 수력기울기선을 뺀 값으로 옳은 것은?

① 압력수두    ② 속도수두
③ 위치수두    ④ 전양정

 에너지선=압력수두+속도수두+위치수두
수력기울기(수력구배)=압력수두+위치수두

**38** 낙구식 점도계는 어떤 법칙을 이론적 근거로 하는가?

① Stokes의 법칙
② 열역학 제1법칙
③ Hagen-Poiseuille의 법칙
④ Boyle의 법칙

 • **회전원통법** : 뉴턴의 점성법칙 이용
  예) 스토머 점도계, 맥마이클 점도계
• **낙구법** : 스톡스(stokes)법칙 이용
  예) 낙구식 점도계
• **세관법** : 하겐포아즈웰 법칙 이용
  예) 세이볼트 점도계, 레드우드 점도계, 오스트발트 점도계, 앵글러 점도계, 바베이 점도계

**39** 10[kg]의 수증기가 들어 있는 체적 2[m³]의 단단한 용기를 냉각하여 온도를 200[℃]에서 150[℃]로 낮추었다. 나중 상태에서 액체상태의 물은 약 몇 [kg]인가? (단, 150[℃]에서 물의 포화액 및 포화증기의 비체적은 각각 0.0011[m³/kg], 0.3925[m³/kg]이다)

① 0.508    ② 1.24
③ 4.92     ④ 7.86

 ㉠ 기호
• $m_1 = 10[\text{kg}]$
• $V : 2[\text{m}^3]$
• $v_{s2} : 0.0011[\text{m}^3/\text{kg}]$
• $v_{s1} : 0.3925[\text{m}^3/\text{kg}]$
• $m_2 : ?$

정답 36.② 37.② 38.① 39.③

ⓒ 계산

$$v_{s2}m_2 + v_{s1}(m_1-m_2) = V$$

여기서, $v_{s2}$ : 물의 포화액비체적[m³/kg]
$m_2$ : 액체상태물의 질량[kg]
$v_{s1}$ : 물의 포화증기비체적[m³/kg]
$m_1$ : 수증기상태물의 질량[kg]
$V$ : 체적[m³]

$v_{s2} \cdot m_2 + v_{s1}(m_1 - m_2) = V$
$0.0011[\text{m}^3/\text{kg}] \cdot m_2 + 0.3925[\text{m}^3/\text{kg}] \cdot (10-m_2)$
$= 2[\text{m}^3]$
계산의 편의를 위해 단위를 없애면 다음과 같다.
$0.0011m_2 + 0.3925(10-m_2) = 2$
$0.0011m_2 + 3.925 - 0.3925m_2 = 2$
$0.0011m_2 - 0.3925m_2 = 2 - 3.925$
$-0.3914m_2 = -1.925$
$m_2 = \dfrac{-1.925}{-0.3914} ≒ 4.92[\text{kg}]$

**40** 피토관을 사용하여 일정 속도로 흐르고 있는 물의 유속($V$)을 측정하기 위해, 그림과 같이 비중 $s$인 유체를 갖는 액주계를 설치하였다. $s=2$일 때 액주의 높이차이가 $H=h$가 되면, $s=3$일 때 액주의 높이차($H$)는 얼마가 되는가?

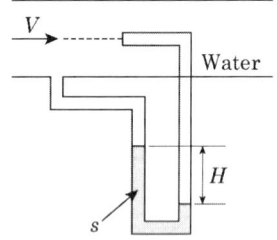

① $\dfrac{h}{9}$    ② $\dfrac{h}{\sqrt{3}}$

③ $\dfrac{h}{3}$    ④ $\dfrac{h}{2}$

**해설**

$u = \sqrt{2gh\left(\dfrac{\gamma_0}{\gamma}-1\right)}$ 공식을 이용하여 높이 차이($h$)와 비중($s$)의 관계를 봐야 한다.

$\therefore h \propto \dfrac{1}{\dfrac{\gamma_0}{\gamma}-1} = \dfrac{1}{\left(\dfrac{9.8[\text{kN/m}^3] \times 3}{9.8[\text{kN/m}^3]}-1\right)}$

$= \dfrac{1}{2}$

# 제1회 소방설비기사[기계분야] 1차 필기
### [제2과목 : 소방유체역학]

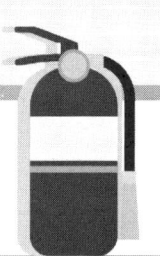

**21** 어떤 팬이 1750rpm으로 회전할 때의 전압은 155mmAq, 풍량은 240m³/min이다. 이것과 상사한 팬을 만들어 1650rpm, 전압 200mmAq로 작동할 때 풍량은 약 몇 m³/min인가? (단, 공기의 밀도와 비속도는 두 경우에 같다고 가정한다.)

① 396    ② 386
③ 356    ④ 366

해설
$N_s = \dfrac{N\sqrt{Q}}{H^{\frac{3}{4}}}$

$N_s = \dfrac{1,750\sqrt{240}}{0.155^{\frac{3}{4}}} = 109,747.57$

$109,747.57 = \dfrac{1,650\sqrt{Q}}{0.2^{\frac{3}{4}}}$

$Q = 395.7 [\text{m}^3/\text{min}]$

**22** 게이지압력이 1225kPa인 용기에서 대기의 압력이 105kPa였다면, 이 용기의 절대압력 kPa은?

① 1250    ② 1330
③ 1142    ④ 1450

해설
절대압력 = 대기압력 + 게이지압력
절대압력 = 105 + 1225 = 1330[kPa]

**23** 그림과 같은 오리피스에서 $h_m$은 0.1m, $\gamma$는 물의 비중량이고, $\gamma_m$은 수은(비중 13.6)의 비중량일 때 오리피스 전후의 압력차는 약 몇 kPa인가?

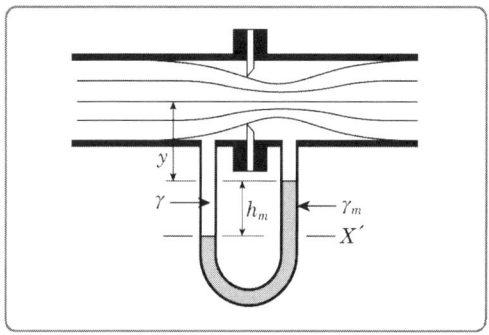

① 1.43    ② 14.31
③ 13.33   ④ 12.35

해설
$\triangle P = (\gamma_m - \gamma)h$
$= ((9.8[\text{kN/m}^3] \times 13.6) - (9.8[\text{kN/m}^3]))$
$\quad \times 0.1[m]$
$= 12.348[\text{kN/m}^2](= [\text{kPa}])$
$\fallingdotseq 12.35[\text{kPa}]$

**24** 유체가 평판 위를 $u(\text{m/s}) = 500y - 6y_2$의 속도분포로 흐르고 있다. 이때 $y(\text{m})$는 벽면으로부터 측정된 수직거리일 때 벽면에서의 전단응력은 약 몇 N/m²인가? (단, 점성계수는 $1.4 \times 10^{-3}$Pa·s이다.)

① 14    ② 7
③ 1.4   ④ 0.7

**해설**

$$F = \mu A \frac{du}{dy}$$

$$\tau = \mu \frac{du}{dy} = 1.4 \times 10^{-3}[\text{Pa} \cdot \text{s}] \times \frac{d(500y - 6y^2)}{dy}$$

$$= 1.4 \times 10^{-3}[\text{Pa} \cdot \text{s}] \times (500 - 12y)$$

벽면에서의 전단응력을 구하는 것이므로 $y = 0$

$$\therefore \tau = 1.4 \times 10^{-3}[\text{Pa} \cdot \text{s}] \times 500 = 0.7[\text{N/m}^2]$$

**25** 대기에 노출된 상태로 저장 중인 20℃의 소화용수 500kg을 연소 중인 가연물에 분사하였을 때 소화용수가 모두 100℃인 수증기로 증발하였다. 이 때 소화용수가 증발하면서 흡수한 열량(MJ)은? (단, 물의 비열은 4.2kJ/(kg·℃), 기화열은 2250kJ/kg이다.)

① 1,125  ② 2.59
③ 168    ④ 1,293

**해설**

$Q = mC\Delta T + mr$
$= 500\text{kg} \times 4.2\text{kJ/kg℃} \times 80℃ + 500\text{kg}$
$\quad \times 2,250\text{kJ/kg}$
$= 1,293,000\text{kJ}$
$= 1,293\text{MJ}$

**26** 설계규정에 의하면 어떤 장치에서의 원형관의 유체속도는 2m/s 내외이다. 이 관을 이용하여 물을 1m³/min 유량으로 수송하려면 관의 안지름(mm)은?

① 505  ② 13
③ 103  ④ 25

**해설**

$$D = \sqrt{\frac{4Q}{\pi U}} = \sqrt{\frac{4 \times \frac{1}{60}}{\pi \times 2}}$$
$= 0.103\text{m} \fallingdotseq 103\text{mm}$

**27** 유속 6m/s로 정상류의 물이 화살표 방향으로 흐르는 배관에 압력계와 피토계가 설치되어 있다. 이때 압력계의 계기압력이 300kPa이었다면 피토계의 계기압력은 약 몇 kPa인가?

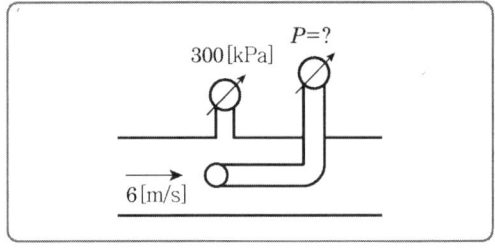

① 180  ② 280
③ 318  ④ 336

**해설**

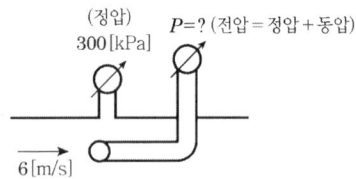

속도수두 $h = \dfrac{u^2}{2g} = \dfrac{(6[\text{m/s}])^2}{(2)(9.8[\text{m/s}^2])} = 1.84[\text{m}]$

∴ 전압 = 정압 + 동압
$= 300[\text{kPa}] + \left(1.84[\text{mH}_2\text{O}] \times \dfrac{101.325[\text{kPa}]}{10.332[\text{mH}_2\text{O}]}\right)$
$= 318.04[\text{kPa}] \fallingdotseq 318[\text{kPa}]$

**28** 그림과 같은 사이펀에서 마찰손실을 무시할 때, 사이펀 끝단에서의 속도(V)가 4m/s이기 위해서는 $h$가 약 몇 m이어야 하는가?

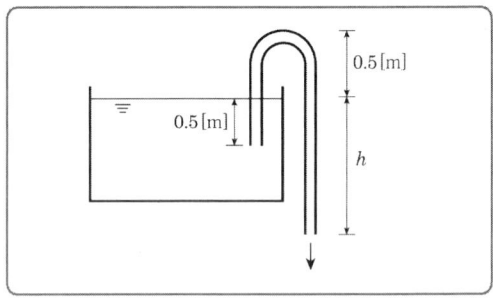

① 0.82m  ② 0.77m
③ 0.72m  ④ 0.87m

**해설**

속도 $u = \sqrt{2gh}$

$\therefore h = \dfrac{u^2}{2g} = \dfrac{(4[\text{m/s}])^2}{(2)(9.8[\text{m/s}^2])} = 0.816[\text{m}]$
$= 0.82[\text{m}]$

**29** 지름 10cm인 금속구가 대류에 의해 열을 외부공기로 방출한다. 이때 발생하는 열전달량이 40W이고, 구 표면과 공기 사이의 온도차가 50℃라면 공기와 구 사이의 대류열전달계수(W/(m² · K))는 약 얼마인가?

① 25  ② 50
③ 75  ④ 100

**해설** 열전달량
$Q[W] = \lambda[W/m^2 \cdot K] \times A[m^2] \times \Delta T[K]$
$\therefore \lambda[W/m^2 \cdot K] = \dfrac{Q[W]}{A[m^2] \times \Delta T[K]}$
$= \dfrac{40[W]}{4\pi(0.05m)^2 \times 50[K]}$
$= 25.46[W/m^2 \cdot K]$
$\fallingdotseq 25[W/m^2 \cdot K]$

▶ 구의 겉넓이($A[m^2]$)
$A[m^2] = 4\pi r^2$

**30** 수조의 수면으로부터 20m 아래에 설치된 지름 5cm의 오리피스에서 30초 동안 분출된 유량(m³)은? (단, 수심은 일정하게 유지된다고 가정하고 오리피스의 유량계수 $C = 0.98$로 하며 다른 조건은 무시한다.)

① 3.46  ② 1.14
③ 34.6  ④ 11.4

**해설** $Q = CAU$
$= 0.98 \times \dfrac{\pi}{4}(0.05m)^2 \times \sqrt{2 \times 9.8 \times 20}$
$= 0.038 m^3/sec$
$0.038 m^3/sec \times 30 sec = 1.14 m^3$

**31** 일률(시간당 에너지)의 차원을 기본 차원인 M(질량), L(길이), T(시간)로 올바르게 표시한 것은?

① $L^2T^{-2}$  ② $MT^{-2}L^{-1}$
③ $ML^2T^{-2}$  ④ $ML^2T^{-3}$

**해설** 일률(=동력)
$W = \dfrac{J}{S} = \dfrac{N \cdot m}{S}$ ($\because J = N \cdot m$)
$= \dfrac{(kg \cdot m/s^2) \cdot (m)}{S} = kg \cdot m^2/S^3$
$\therefore ML^2T^{-3}$

**32** 이상기체의 폴리트로픽 변화 '$PV^n = $일정'에서 $n=1$인 경우 어느 변화에 속하는가? (단, $P$는 압력, $V$는 부피, $n$은 폴리트로프 지수를 나타낸다.)

① 단열변화  ② 등온변화
③ 정적변화  ④ 정압변화

**해설** $n = 0$ 정압변화
$n = 1$ 등온변화
$n = k$ 등엔트로피변화
$n = \infty$ 정적변화

**33** 비중 0.92인 빙산이 비중 1.025의 바닷물 수면에 떠 있다. 수면 위에 나온 빙산의 체적이 150m³이면 빙산의 전체적은 약 몇 m³인가?

① 1,314  ② 1,464
③ 1,725  ④ 1,875

**해설** $\dfrac{V_T - 150}{V_T} = \dfrac{0.92}{1.025}$
$\therefore V_T = 1464.28 m^2$

**34** 10[kg]의 수증기가 들어 있는 체적 2[m³]의 단단한 용기를 냉각하여 온도를 200[℃]에서 150[℃]로 낮추었다. 나중 상태에서 액체상태의 물은 약 몇 [kg]인가? (단, 150[℃]에서 물의 포화액 및 포화증기의 비체적은 각각 0.0011[m³/kg], 0.3925[m³/kg]이다.)

① 0.508  ② 1.24
③ 4.92  ④ 7.86

해설 ㉠ 기호
- $m_1 = 10\text{kg}$
- $V : 2[\text{m}^3]$
- $v_{s2} : 0.0011[\text{m}^3/\text{kg}]$
- $v_{s1} : 0.3925[\text{m}^3/\text{kg}]$
- $m_2 : ?$

㉡ 계산

$$v_{s2}m_2 + v_{s1}(m_1 - m_2) = V$$

여기서, $v_{s2}$ : 물의 포화액비체적[m³/kg]
$m_2$ : 액체상태물의 질량[kg]
$v_{s1}$ : 물의 포화증기비체적[m³/kg]
$m_1$ : 수증기상태물의 질량[kg]
$V$ : 체적[m³]

$v_{s2} \cdot m_2 + v_{s1}(m_1 - m_2) = V$
$0.0011\text{m}^3/\text{kg} \cdot m_2 + 0.3925\text{m}^3/\text{kg} \cdot (10 - m_2)$
$= 2\text{m}^3$

계산의 편의를 위해 단위를 없애면 다음과 같다.
$0.0011m_2 + 0.3925(10 - m_2) = 2$
$0.0011m_2 + 3.925 - 0.3925m_2 = 2$
$0.0011m_2 - 0.3925m_2 = 2 - 3.925$
$-0.3914m_2 = -1.925$
$m_2 = \dfrac{-1.925}{-0.3914} ≒ 4.92\text{kg}$

**35** 직경 10cm이고 관마찰계수가 0.04인 원관에 부차적 손실계수가 4인 밸브가 장치되어 있을 때, 이 밸브의 등가길이(상당길이)는 몇 m인가?

① 0.1  ② 1.6
③ 10   ④ 16

해설
- $K = f \cdot \dfrac{L}{D}$
- $L = \dfrac{KD}{f} = \dfrac{4 \times 0.1[\text{m}]}{0.04} = 10[\text{m}]$

**36** Newton의 점성법칙에 대한 옳은 설명으로 모두 짝지은 것은?

가. 전단응력은 점성계수와 속도기울기의 곱이다.
나. 전단응력은 점성계수에 비례한다.
다. 전단응력은 속도기울기에 반비례한다.

① 가, 나    ② 나, 다
③ 가, 다    ④ 가, 나, 다

해설
- 전단력 $F = \mu \cdot A \cdot \dfrac{du}{dy}$
- 전단응력 $\tau = \mu \cdot \dfrac{du}{dy}$

**37** 그림과 같이 수직 평판에 속도 2m/s로 단면적이 0.01m²인 물제트가 수직으로 세워진 벽면에 충돌하고 있다. 벽면의 오른쪽에서 물제트를 왼쪽 방향으로 쏘아 벽면의 평형을 이루게 하려면 물제트의 속도를 약 몇 m/s로 해야 하는가? (단, 오른쪽에서 쏘는 물제트의 단면적은 0.005m²이다.)

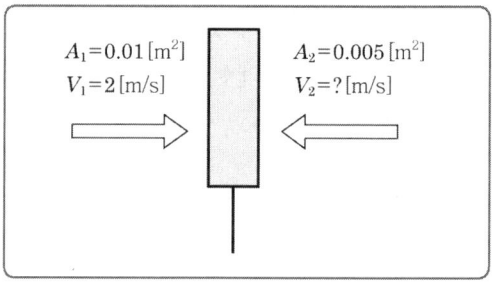

① 1.42   ② 2.00
③ 2.83   ④ 4.00

해설
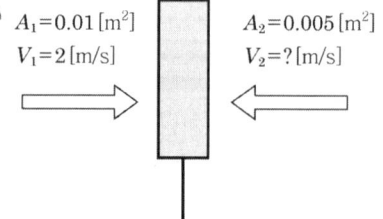

▶ 분류가 고정평판에 작용하는 힘
- $F = \rho \cdot Q \cdot u \cdot \sin\theta \,(\sin 90° = 1)$
  $= \rho \cdot Q \cdot u = \rho \cdot A \cdot u^2 \,(Q = A \cdot u)$

• 평형을 이루므로 $F_1 = F_2 (\rho_1 = \rho_2$ 동일유체이므로)
$A_1 u_1^2 = A_2 u_2^2$
$u_2 = \sqrt{\dfrac{A_1}{A_2} \times u_1^2} = \sqrt{\dfrac{0.01[m^2]}{0.005[m^2]} \times (2[m/s])^2}$
$= 2.828[m/s] ≒ 2.83[m/s]$

**38** 그림에서 $h_1$=120mm, $h_2$=180mm, $h_3$=100mm 때 A에서의 압력과 B에서의 압력의 차이($P_A - P_B$)를 구하면? (단, A, B 속의 액체는 물이고, 차압액주계에서의 중간 액체는 수은(비중 13.6)이다.)

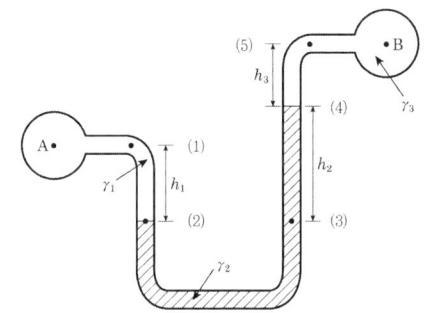

① 20.4kPa   ② 23.8kPa
③ 26.4kPa   ④ 29.8kPa

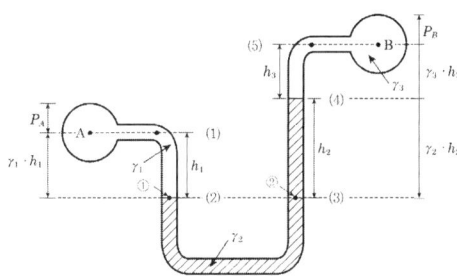

$P_① = P_②$
$P_① = P_A + \gamma_1 \cdot h_1$
$P_② = P_B + \gamma_3 \cdot h_3 + \gamma_2 \cdot h_2$
$\therefore P_A + \gamma_1 \cdot h_1 = P_B + \gamma_3 \cdot h_3 + \gamma_2 \cdot h_2$
$P_A - P_B = \gamma_3 \cdot h_3 + \gamma_2 \cdot h_2 - \gamma_1 \cdot h_1$
$= \gamma_물(h_3 - h_1) + \gamma_{수은} \cdot h_2$
$= [9.8[kN/m^3] \times (0.1[m] - 0.12[m])]$
$\quad + [(9.8[kN/m^3] \times 13.6) \times 0.18[m]]$
$= 23.79[kPa] ≒ 23.8[kPa]$
($\gamma_1, \gamma_3$ : 물비중량, $\gamma_2$ : 수은비중량)

**39** 원형 단면을 가진 관내에 유체가 완전 발달된 비압축성 층류유동으로 흐를 때 전단응력은?
① 중심에서 0이고, 중심선으로부터 거리에 비례하여 변한다.
② 관벽에서 0이고, 중심선에서 최대이며 선형 분포한다.
③ 중심에서 0이고, 중심선으로부터 거리의 제곱에 비례하여 변한다.
④ 전 단면에 걸쳐 일정하다.

**해설** 하겐-포아즈웰 방정식(Hagen Poiseuille Equation)
수평 원관 속에 비압축성 유체가 층류로 유동하고 있을 때 속도분포는 관의 중심에서 최고속도를 나타내는 포물선형태를 갖는다. 즉, 전단응력은 관 중심에서 0이고 반지름에 비례하면서 관 벽까지 직선적으로 증가한다. 하겐-포아즈웰 방정식은 층류유동에만 해당되는 식이다.

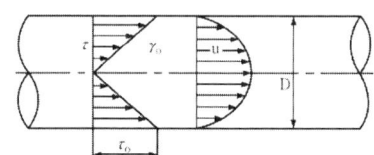

【 전단응력과 속도분포 】

**40** 펌프에 의하여 유체에 실제로 주어지는 동력은? (단, $L_W$는 동력(kW), $\gamma$는 물의 비중량(N/m³), $Q$는 토출량(m³/min), H는 전양정(m), g는 중력가속도(m/s²)이다.)

① $L_W = \dfrac{\gamma QH}{102 \times 60}$   ② $L_W = \dfrac{\gamma QH}{1000 \times 60}$

③ $L_W = \dfrac{\gamma QHg}{102 \times 60}$   ④ $L_W = \dfrac{\gamma QHg}{1000 \times 60}$

**해설** 펌프에 의하여 유체에 실제로 주어지는 동력=수동력
$P[kW] = \dfrac{\gamma \cdot Q \cdot H}{102} = \dfrac{[kgf/m^3] \times [m^3/s] \times [m]}{102}$

$= \dfrac{\left([kgf/m^3] \times \dfrac{9.8[N]}{1[kgf]}\right) \times \left([m^3/s] \times \dfrac{60[s]}{1[min]}\right) \times [m]}{102}$

$= \dfrac{9.8[N/m^3] \times 60[m^3/min] \times [m]}{102}$

$= \dfrac{[N/m^3] \times [m^3/min] \times [m]}{(102)(9.8) \times 60} = \dfrac{\gamma \cdot Q \cdot H}{1000 \times 60}$

# 2023년 제2회 소방설비기사[기계분야] 1차 필기
[제2과목 : 소방유체역학]

**21** 30[℃]에서 부피가 10[L]인 이상기체를 일정한 압력으로 0[℃]로 냉각시키면 부피는 약 몇 [L]로 변하는가?

① 3
② 9
③ 12
④ 18

**해설** 기체의 온도·압력·부피 관계 → 보일-샤를의 법칙

$$\frac{P_1 V_1}{T_1} = \frac{P_2 V_2}{T_2}$$

$P_1 = P_2$ 이므로 $\dfrac{V_1}{T_1} = \dfrac{V_2}{T_2}$

$T_1 = 30[℃] = 303[k]$
$T_2 = 0[℃] = 273[k]$
$V_1 = 10[L]$

$\therefore V_2 = \dfrac{T_2}{T_1} \times V_1 = \dfrac{273[K]}{303[K]} \times 10[L]$
$= 9[L]$

**22** 에너지선에서 수력기울기선을 뺀 값으로 옳은 것은?

① 압력수두
② 속도수두
③ 위치수두
④ 전양정

**해설** 에너지선 = 압력수두 + 속도수두 + 위치수두
수력기울기(수력구배) = 압력수두 + 위치수두

**23** 낙구식 점도계는 어떤 법칙을 이론적 근거로 하는가?

① Stokes의 법칙
② 열역학 제1법칙
③ Hagen-Poiseuille의 법칙
④ Boyle의 법칙

**해설**
- 회전원통법 : 뉴턴의 점성법칙 이용
  예) 스토머 점도계, 맥마이클 점도계
- 낙구법 : 스톡스(stokes)법칙 이용
  예) 낙구식 점도계
- 세관법 : 하겐포아즈웰 법칙 이용
  예) 세이볼트 점도계, 레드우드 점도계, 오스트발트 점도계, 앵글러 점도계, 바베이 점도계

**24** 어떤 물체가 공기 중에서 무게는 588[N]이고, 수중에서 무게는 98[N]이었다. 이 물체의 체적($V$)과 비중[$s$]은?

① $V = 0.05[m^3]$, $s = 1.2$
② $V = 0.05[m^3]$, $s = 1.5$
③ $V = 0.5[m^3]$, $s = 1.2$
④ $V = 0.5[m^3]$, $s = 1.5$

**해설**
- $F_{부력} = 588[N] - 98[N] = 490[N]$
- $F_{부력} = \gamma_물 \cdot V_{잠긴부분(=전체)}$
  $\therefore 490[N] = \gamma_물 \cdot V_{잠긴부분(=전체)}$
- $V_{잠긴부분(=전체)} = \dfrac{490[N]}{\gamma_물}$
  $= \dfrac{490[N]}{9800[N/m^3]}$
  $= 0.05[m^3]$
- 비중($s$) = $\dfrac{물체의 비중량(\gamma_{물체})}{물의 비중량(\gamma_물)}$
  $= \dfrac{\dfrac{588[N]}{0.05[m^3]}}{9800[N/m^3]} = 1.2$

**25** 유체에 관한 설명 중 옳은 것은?

① 실제유체는 유동할 때 마찰손실이 생기지 않는다.
② 이상유체는 높은 압력에서 밀도가 변화하는 유체이다.
③ 유체에 압력을 가하면 체적이 줄어드는 유체는 압축성 유체이다.
④ 압력을 가해도 밀도변화가 없으며 점성에 의한 마찰손실만 있는 유체가 이상유체이다.

**해설**
① 실제유체(=점성유체)는 마찰이 발생하며 손실이 발생한다.
② 이상유체는 밀도가 변화하지 않는다.
④ 이상유체(=비점성유체, 완전유체, 가상유체)는 마찰이 발생하지 않으며 손실도 발생하지 않는다.

**26** 그림에서 물과 기름의 표면은 대기에 개방되어 있고, 물과 기름 표면의 높이가 같을 때 $h$는 약 몇 [m]인가? (단, 기름의 비중은 0.8, 액체 A의 비중은 1.6이다)

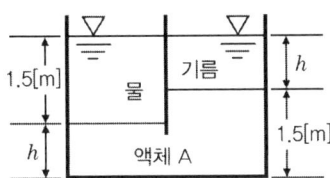

① 1   ② 1.1
③ 1.125   ④ 1.25

**해설**
기름의 비중량 $= 0.8 \times 9.8 [kN/m^3] = 7.84 [kN/m^3]$
액체 A의 비중량
$= 1.6 \times 9.8 [kN/m^3] = 15.68 [kN/m^3]$
$P = \gamma h$
물의 압력+액체 A의 압력=기름의 압력+액체 A의 압력
$9.8 [kN/m^3] \times 1.5 [m] + 15.68 [kN/m^3] \times h$
$= 7.84 [kN/m^3] \times h + 15.68 [kN/m^3] \times 1.5 [m]$
$h = 1.125 [m]$

**27** 지름이 5cm인 원형 관 내에 어떤 이상기체가 흐르고 있다. 다음 중 이 기체의 흐름이 층류일 때 속도는? (단, 이 기체의 절대압력은 200kPa, 온도는 27℃, 기체상수는 2080J/kg·K, 점성계수는 $2 \times 10^{-5} N \cdot s/m^2$, 층류에서 하임계 레이놀즈 값은 2200으로 한다.)

① 0.3m/s   ② 2.8m/s
③ 8.3m/s   ④ 15.5m/s

**해설**
• $Re No. = \dfrac{D \cdot u \cdot \rho}{\mu} = \dfrac{D \cdot u}{\nu}$

• $u = \dfrac{Re No. \mu}{D \cdot \rho}$

$= \dfrac{(2200) \times (2 \times 10^{-5} [N \cdot s/m^2])}{0.05 [m] \times 0.32 [kg/m^3]}$

$= 2.75 [m/s] ≒ 2.8 [m/s]$

• 기체밀도
- S.T.P인 경우 $\rho = \dfrac{M}{22.4}$
- S.T.P가 아닌 경우 $\rho = \dfrac{PM}{RT}$ or $\dfrac{P}{R'T}$

∴ $\rho = \dfrac{P}{R'T}$

$= \dfrac{200 [kN/m^2]}{(2080 [N \cdot m/kg \cdot K]) \times (27+273 [K])}$

$= 0.32 [kg/m^3]$

**28** 어떤 밀폐계가 압력 200kPa, 체적 $0.1m^3$인 상태에서 100kPa, $0.3m^3$인 상태까지 가역적으로 팽창하였다. 이 과정의 P-V선도가 직선으로 표시된다면 이 과정 동안에 계가 한 일은 몇 kJ인가?

① 20   ② 30
③ 45   ④ 60

**해설**
㉠ $P_1 = 200kPa = 200kN/m^2$, $V_1 = 0.1m^3$
㉡ $P_2 = 100kPa = 100kN/m^2$, $V_2 = 0.3m^3$
일과 방향과 양
㉢ $W_S = P_1 V_1 - P_2 V_2$
㉣ $W_S = (200 \times 0.1) - (100 \times 0.3)$
$= -10 kN \cdot m$
$= -10 kJ$

계가 한 일
㉤ $\triangle W_S = (P_1 V_1) - W_S = (200 \times 0.1) - (-10)$
   $= 30 kJ$

**29** 직경이 18mm인 노즐을 사용하여 노즐압력 147kPa로 옥내소화전을 방수하면 방수속도는 약 몇 m/s인가?

① 10.3  ② 14.7
③ 16.3  ④ 17.1

**해설**
$u = \sqrt{2gh}$
 $= \sqrt{(2)(9.8[m/s^2]) \times 14.99[m]}$
 $= 17.14[m/s]$
 $\fallingdotseq 17.1[m/s]$

• $h = 147[kPa] \times \dfrac{10.332[mH_2O]}{101.325[kPa]}$
   $= 14.99[m]$

**30** 한 변의 길이가 L인 정사각형 단면의 수력직경($Dh$)은? (단, P는 유체의 젖은 단면 둘레의 길이, A는 관의 단면적이며, $Dh = \dfrac{4A}{P}$로 정의한다.)

① L/4  ② L/2
③ L    ④ 2L

**해설** 수력반경($Rh$)
$Rh = \dfrac{A(유동단면적 = 물의 단면적)}{l(접수길이 = 물과 접한둘레길이)}$

수력직경($Dh$)
$Dh = 4Rh$

사각형관의 수력반경

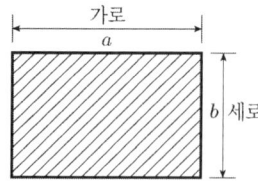

$\therefore Rh = \dfrac{ab}{2(a+b)} = \dfrac{L \times L}{2(L+L)} = \dfrac{L}{4}$

수력직경($Dh$)
$Dh = 4Rh = 4 \times \dfrac{L}{4} = L$

**31** 온도 50℃, 압력 100kPa인 공기가 지름 10mm인 관속을 흐르고 있다. 임계 레이놀즈수가 2100일 때 층류로 흐를 수 있는 최대평균속도($V$)와 유량($Q$)은 각각 약 얼마인가? (단, 공기의 점성계수는 $19.5 \times 10^{-6} kg/m \cdot s$이며, 기체상수는 287J/kg·K이다.)

① $V = 0.6 m/s$, $Q = 0.5 \times 10^{-4} m^3/s$
② $V = 1.9 m/s$, $Q = 1.5 \times 10^{-4} m^3/s$
③ $V = 3.8 m/s$, $Q = 3.0 \times 10^{-4} m^3/s$
④ $V = 5.8 m/s$, $Q = 6.1 \times 10^{-4} m^3/s$

**해설**
$ReNo. = \dfrac{D \cdot u \cdot \rho}{\mu} = \dfrac{D \cdot u}{\nu}$

㉠ $u$(최대평균속도) $= \dfrac{ReNo. \cdot \mu}{D \cdot \rho}$
 $= \dfrac{(2100)(19.5 \times 10^{-6}[kg/m \cdot s])}{(0.01[m])(1.08[kg/m^3])}$
 $= 3.79[m/s] \fallingdotseq 3.8[m/s]$

$\rho = \dfrac{P}{R'T}$
 $= \dfrac{100[kN/m^2]}{287[N \cdot m/kg \cdot K] \times (50+273[K])}$
 $= 1.08 kg/m^3$

㉡ 유량 $Q = A \cdot u$
 $= \left(\dfrac{\pi}{4}\right)(0.01[m])^2 \times 3.8[m/s]$
 $= 2.98 \times 10^{-4}[m^3/s] \fallingdotseq 3 \times 10^{-4}[m^3/s]$

**32** 수직유리관 속의 물기둥의 높이를 측정하여 압력을 측정할 때, 모세관현상에 의한 영향이 0.5mm이하가 되도록 하려면 관의 반경은 최소 몇 mm가 되어야 하는가? (단, 물의 표면장력은 0.0728N/m, 물 -유리-공기 조합에 대한 접촉각은 0°로 한다.)

① 2.97  ② 5.94
③ 29.7  ④ 59.4

**해설**
$h = \dfrac{4\sigma \cos\theta}{\gamma d}$

$0.0005[m] = \dfrac{4 \times 0.0728[N/m] \times \cos 0°}{9800[N/m^3] \times d[m]}$

정답  29.④  30.③  31.③  32.③

$$d[\text{m}] = \frac{4 \times 0.0728[\text{N/m}] \times \cos 0°}{9800[\text{N/m}^3] \times 0.0005[\text{m}]}$$
$$= 0.0594[\text{m}] = 59.4[\text{mm}]$$
반경[mm] = 59.4[mm] ÷ 2 = 29.7[mm]

**33** 노즐의 계기압력 400kPa로 방사되는 옥내소화전에서 저수조의 수량이 10m³라면 저수조의 물이 전부 소비되는데 걸리는 시간은 약 몇 분인가? (단, 노즐의 직경은 10mm이다.)

① 76  ② 95
③ 150  ④ 180

**해설** ㉠ 방수량
$$Q[l/\text{min}] = 0.6597 CD^2 \sqrt{10P}$$
$$= (0.6597) \times (0.99) \times (10)^2 \times \sqrt{10 \times 0.4}$$
$$= 130.62[l/\text{min}]$$
$$= 0.13062[\text{m}^3/\text{min}]$$
물을 전부 소비하는데 걸리는 시간($t$)
$$t = 10[\text{m}^3] \div 0.13062[\text{m}^3/\text{min}]$$
$$= 76.557[\text{min}] ≒ 77[\text{min}]$$
㉡ $Q = A \cdot u = A\sqrt{2gh}$
$$= \left(\frac{\pi}{4}\right)(0.01[\text{m}])^2 \times \sqrt{(2)(9.8[\text{m/s}^2])(40.79[\text{m}])}$$
$$= 0.0022[\text{m}^3/\text{s}]$$
$$t = 10[\text{m}^3] \div \left(0.0022[\text{m}^3/\text{s}] \times \frac{60[\text{s}]}{1[\text{min}]}\right)$$
$$= 75.76[\text{min}] ≒ 76[\text{min}]$$
• $h = 400[\text{kPa}] \times \frac{10.332[\text{mH}_2\text{O}]}{101.325[\text{kPa}]}$
$$= 40.787[\text{m}]$$
$$= 40.79[\text{m}]$$

**34** 고속주행시 타이어의 온도가 20℃에서 80℃로 상승하였다. 타이어의 체적이 변화하지 않고, 타이어 내의 공기를 이상기체로 하였을 때 압력 상승은 약 몇 kPa인가? (단, 온도 20℃에서의 게이지압력은 0.183MPa, 대기압은 101.3kPa이다.)

① 37  ② 58
③ 286  ④ 345

**해설** 기체의 온도, 압력, 부피 관계 → 보일-샤를의 법칙 적용
$$\frac{P_1 V_1}{T_1} = \frac{P_2 V_2}{T_2}$$
문제조건에 의해 $V_1 = V_2$이므로
$$\frac{P_1}{T_1} = \frac{P_2}{T_2}$$
$$P_2 = \frac{T_2}{T_1} \times P_1$$
$$= \frac{80 + 273[\text{K}]}{20 + 273[\text{K}]} \times (101.3[\text{kPa}] + 183[\text{kPa}])$$
$$= 342.518[\text{kPa}] ≒ 342.52[\text{kPa}]$$
∴ 압력상승값[kPa] = $P_2$[kPa] − $P_1$[kPa]
$$= 342.52[\text{kPa}] − (101.3[\text{kPa}] + 183[\text{kPa}])$$
$$= 58.22[\text{kPa}] ≒ 58[\text{kPa}]$$

**35** 관내의 흐름에서 부차적 손실에 해당되지 않는 것은?

① 곡선부에 의한 손실
② 직선 원관 내의 손실
③ 유동단면의 장애물에 의한 손실
④ 관 단면의 급격한 확대에 의한 손실

**해설** ▶ 주 손실 : 직관에서의 마찰 손실
▶ 부차적 손실 : 직관에서의 마찰손실 이외에 단면의 변화, 곡관부 및 벌브(valve), 엘보(elbow), 티(Tee) 등과 같은 관 부속물에서도 마찰손실이 발생하는데, 이와 같이 직관 이외에서 발생되는 마찰손실

**36** 피토관으로 파이프 중심선에서의 유속을 측정할 때 피토관의 액주높이가 5.2m, 정압튜브의 액주높이가 4.2m를 나타낸다면 유속은 약 몇 m/s인가? (단, 물의 밀도 1000kg/m³이다.)

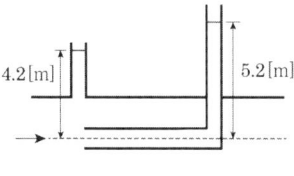

① 2.8  ② 3.5
③ 4.4  ④ 5.8

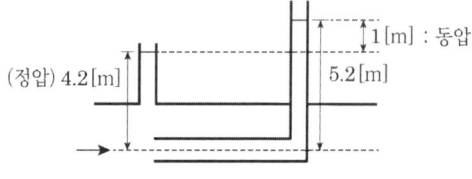

$$u = \sqrt{2gh} = \sqrt{(2)(9.8[\text{m/s}^2])(1[\text{m}])}$$
$$= 4.427[\text{m/s}] \fallingdotseq 4.4[\text{m/s}]$$

**37** 비중 0.6인 물체가 비중 0.8인 기름 위에 떠 있다. 이 물체가 기름 위에 노출되어 있는 부분은 전체 부피의 몇 %인가?

① 20　　　　② 25
③ 30　　　　④ 35

**해설**
$F_{부력} = \gamma_{물체} \cdot V_{total} = \gamma_{기름} \cdot V_{잠긴부분}$

$\dfrac{V_{잠긴부분}}{V_{total}} = \dfrac{\gamma_{물체}}{\gamma_{기름}}$

- $V_{잠긴부분}[\%] = \dfrac{\gamma_{물체}}{\gamma_{기름}} \times 100[\%]$

$= \dfrac{9.8[\text{kN/m}^3] \times 0.6}{9.8[\text{kN/m}^3] \times 0.8} \times 100[\%]$
$= 75[\%]$

- $V_{노출되어 있는부분}[\%] = 100[\%] - 75[\%] = 25[\%]$

**38** 열전도계수가 0.7W/m·℃인 5m×6m 벽돌벽의 안팎의 온도가 20℃, 5℃일 때, 열손실을 1kW 이하로 유지하기 위한 벽의 최소 두께는 몇 cm인가?

① 1.05　　　　② 2.10
③ 31.5　　　　④ 64.3

**해설**
$Q[\text{W}] = \dfrac{\lambda[W/m \cdot ℃] \times A[m^2] \times \Delta t[℃]}{l[m]}$

$\therefore l[m] = \dfrac{\lambda[W/m \cdot ℃] \times A[m^2] \times \Delta t[℃]}{Q[W]}$

$= \dfrac{0.7[W/m \cdot ℃] \times (5[m] \times 6[m]) \times (20℃ - 5℃)}{1 \times 10^3[W]}$
$= 0.315[m] = 31.5[cm]$

**39** 원심팬이 1700rpm으로 회전할 때의 전압은 1520Pa, 풍량은 240m³/min이다. 이 팬의 비교회전도는 약 몇 m³/min·m/rpm인가? (단, 공기의 밀도는 1.2kg/m³이다.)

① 502　　　　② 652
③ 687　　　　④ 827

**해설** 비교회전도(= 비속도)

$N_s = \dfrac{N\sqrt{Q}}{\left(\dfrac{H}{n}\right)^{\frac{3}{4}}} = \dfrac{1700[\text{rpm}] \times \sqrt{240[\text{m}^3/\text{min}]}}{(129.25[\text{m}])^{\frac{3}{4}}}$

$= 687.04[\text{rpm/m} \cdot \text{m}^3/\text{min}]$

- $N$ : 1700[rpm]
- $Q$ : 240[m³/min]
- $H = \dfrac{P}{\gamma} = \dfrac{1520[\text{N/m}^2]}{1.2[\text{kg/m}^3] \times 9.8[\text{m/s}^2]} = 129.25[\text{m}]$
- $n$ : 조건에 없으므로 1로 가정

**40** 초기에 비어있는 체적이 0.1m³인 견고한 용기 안에 공기(이상기체)를 서서히 주입한다. 이때 주위 온도는 300K이다. 공기 1kg을 주입하면 압력[kPa]이 얼마인가?(단, 기체상수=0.287 kJ/kg·K이다.)

① 287　　　　② 300
③ 348　　　　④ 861

**해설** 특정기체상태방정식 $PV = GRT$ 적용

$P = \dfrac{GRT}{V}$

$= \dfrac{1[\text{kg}] \times 0.287[\text{kJ/kg} \cdot \text{k}] \times 300[\text{k}]}{0.1[\text{m}^3]}$

$= 861[\text{kN/m}^2] = 861[\text{kPa}]$

정답　37.②　38.③　39.③　40.④

# 제4회 소방설비기사[기계분야] 1차 필기

[제2과목 : 소방유체역학]

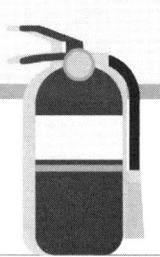

**21** 폭 2[m]의 수로 위에 그림과 같이 높이 3[m]의 판이 수직으로 설치되어 있다. 유속이 매우 느리고 상류의 수위는 3.5[m] 하류의 수위는 2.5[m]일 때, 물이 판에 작용하는 힘은 약 몇 [kN]인가?

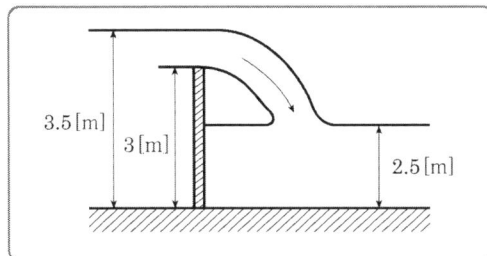

① 26.9　　② 56.4
③ 76.2　　④ 96.8

**해설** 작용하는 힘 $F = \gamma h A$
여기서, $\gamma$ : 비중량(물의 비중량 9,800[N/m³])
$h$ : 표면에서 수분중심까지의 수직거리[m]
$A$ : 단면적[m²]
$F = F_1 - F_2$
$= \gamma h_1 A_1 - \gamma h_2 A_2$
$= 9800 \times 2 \times (3 \times 2) - 9800 \times 1.25 \times (2.5 \times 2)$
$≒ 56400[N] = 56.4[kN]$

**22** 점성계수의 단위가 아닌 것은?

① poise　　② dyne·s/cm²
③ N·s/m²　　④ cm²/s

**해설** 점성계수단위
1[poise]=1[g/cm·s]=1[dyne·s/cm²]

**23** 그림과 같이 매끄러운 유리관에 물이 채워져 있을 때 모세관 상승높이 h는 약 몇 m인가?

[조건]
1) 액체의 표면장력 $\sigma = 0.073$N/m
2) $R = 1$mm
3) 매끄러운 유리관의 접촉각 $\theta ≈ 0°$

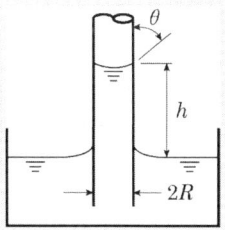

① 0.007　　② 0.015
③ 0.07　　④ 0.15

**해설** 모세관 상승높이 $h$[m]
$h = \dfrac{4\sigma\cos\theta}{\gamma d}$
　$h$ : 상승높이[m]
　$\sigma$ : 표면장력[kgf/m]
　$\theta$ : 접촉각
　$\gamma$ : 유체의 비중량[kgf/m³]
　$d$ : 모세의 직경[m]
$h = \dfrac{4\sigma\cos\theta}{\gamma d}$
$= \dfrac{4 \times 0.073[\text{N/m}] \times \cos 0°}{9800[\text{N/m}^3] \times 0.002[\text{m}]}$
$= 0.0148[m] ≒ 0.015[m]$

정답　21.②　22.④　23.②

**24** 지름이 5[cm]인 소방 노즐에서 물 제트가 40[m/s]의 속도로 건물 벽에 수직으로 충돌하고 있다. 벽이 받는 힘은 약 몇 [N]인가?

① 3,120  ② 2,451
③ 2,570  ④ 3,141

**해설** 벽이 받는 힘
$F = \rho Q V = 1000 \times Q \times 40$
여기서, $\rho$ : 밀도(물의 밀도 $1,000 N \cdot s^2/m^4$)
$Q$ : 유량[$m^3/s$]
$V$ : 유속[m/s]
$Q = AV = \frac{\pi}{4}(0.05)^2 \times 40 = 0.078[m^3/s]$
$F = \rho QV = 1000 \times 0.078 \times 40 ≒ 3120[N]$

**25** 그림과 같이 피스톤의 지름이 각각 25cm와 5cm이다. 작은 피스톤을 화살표 방향으로 20cm 만큼 움직일 경우 큰 피스톤이 움직이는 거리는 약 몇 mm인가? (단, 누설은 없고, 비압축성이라고 가정한다.)

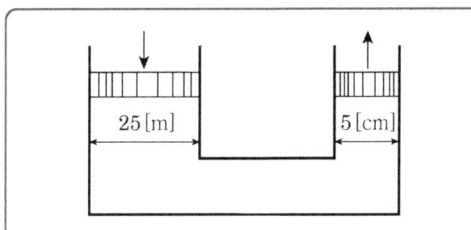

① 2  ② 4
③ 8  ④ 10

**해설** $F = \gamma h A$
여기서, $\gamma$ : 비중량
$h$ : 움직인 높이
$A$ : 단면적
$\gamma h_1 A_1 = \gamma h_2 A_2$
$h_1 A_1 = h_2 A_2$
큰 피스톤 $h_1 = \frac{A_2}{A_1} h_2 = \frac{\frac{\pi}{4} \times 5^2}{\frac{\pi}{4} \times 25^2} \times 20$
$= 0.8[cm] = 8[mm]$

**26** 그림과 같은 벤츄리관에 유량 3[$m^3/min$]으로 물이 흐르고 있다. 단면 1의 직경이 20[cm], 단면 2의 직경이 10[cm]일 때 벤츄리 효과에 의한 물의 높이 차 $\triangle h$는 약 몇 [m]인가? (단, 모든 손실은 무시한다.)

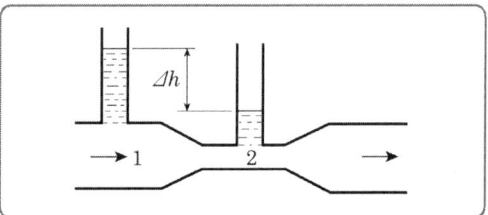

① 6.37  ② 1.94
③ 1.61  ④ 1.2

**해설** $\frac{P_1}{\gamma} + \frac{V_1^2}{2g} + Z_1 = \frac{P_2}{\gamma} + \frac{V_2^2}{2g} + Z_2$
여기서, $V$ : 유속[m/s]
$g$ : 중력가속도($9.8 m/s^2$)
$P$ : 압력[kPa]
$\gamma$ : 비중량(물의 비중량 $9800[N/m^3]$)
$Z_1, Z_2$ : 높이

모든 손실 무시하라고 하였으니,
$\frac{P_1}{\gamma} + \frac{V_1^2}{2g} + Z_1 = \frac{P_2}{\gamma} + \frac{V_2^2}{2g} + Z_2$
$\frac{V_1^2}{2g} + Z_1 = \frac{V_2^2}{2g} + Z_2$
높이차 $Z_1 - Z_2 = \frac{V_2^2}{2g} - \frac{V_1^2}{2g}$

$V_1, V_2$ 값 구하기
$V_1 = \frac{Q}{\frac{\pi D_1^2}{4}} = \frac{3m^3/min}{\frac{\pi(20cm)^2}{4}}$
$= \frac{3m^3/60s}{\frac{\pi(0.2m)^2}{4}}$
$= \frac{3m^3 \times 4}{\pi(0.2m)^2 \times 60} ≒ 1.59 m/s$

정답 24.① 25.③ 26.②

$$V_2 = \frac{Q}{\frac{\pi D_2^2}{4}} = \frac{3\text{m}^3/\text{min}}{\frac{\pi(10\text{cm})^2}{4}} = \frac{3\text{m}^3/60\text{s}}{\frac{\pi(0.1\text{m})^2}{4}}$$

$$= \frac{3\text{m}^3 \times 4}{\pi(0.1\text{m})^2 \times 60} ≒ 6.36\text{m/s}$$

따라서

높이차 $Z_1 - Z_2 = \frac{V_2^2}{2g} - \frac{V_1^2}{2g}$

$= \frac{6.36^2}{2 \times 9.8} - \frac{1.59^2}{2 \times 9.8}$

$(\because g = 9.8\text{m/s})$

$≒ 1.94\text{m}$

**27** 다음 그림과 같이 설치한 피토 정압관의 액주계 눈금 $R = 100\text{mm}$일 때 ①에서의 물의 유속은 약 몇 m/s인가? (단, 액주계에 사용된 수은의 비중은 13.6이다.)

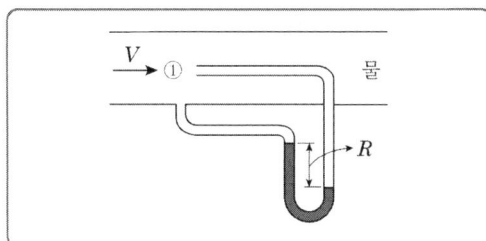

① 15.7  ② 5.35
③ 5.16  ④ 4.97

**해설** $V = \sqrt{2gh}$

여기서, $V$ : 유속(m/s)
$g$ : 중력가속도(9.8m/s²)
$h$ : 높이(m) → ?

높이 $h = \frac{P}{\gamma}$

여기서, $h$ : 높이 ≒ 압력수두(m)
$P$ : 압력(N/m³) → ?
$\gamma$ : 비중량(물의 비중량 9.88[N/m³])

$\triangle P = P_2 - P_1 = (\gamma - \gamma_w)R$
$= (13.6 \times 9,800 - 9,800) \times 0.1\text{m}$
$= 12,348\text{N/m}^2$

높이 $h = \frac{P}{\gamma} = \frac{12,348}{9,800} = 1.26[\text{m}]$

$V = \sqrt{2gh} = \sqrt{2 \times 9.8 \times 1.26} ≒ 4.97[\text{m/s}]$

**28** 20℃ 물 100L를 화재현장의 화염에 살수하였다. 물이 모두 끓는 온도(100℃)까지 가열되는 동안 흡수하는 열량은 약 몇 kJ인가? (단, 물의 비열은 4.2kJ/(kg·K)이다.)

① 500  ② 2,000
③ 8,000  ④ 33,600

**해설** $Q = mC\triangle T$

여기서, $Q$ : 열량[kJ]
$m$ : 질량[kg]
$C$ : 비열[kJ(kg·K)]
$\triangle T$ : 온도차[℃]

$Q = mC\triangle T = 100 \times 4.2 \times (100 - 20)$
$= 33,600[\text{kJ}]$

**29** 실제기체가 이상기체에 가까워지는 조건은?

① 온도가 낮을수록, 압력이 높을수록
② 온도가 높을수록, 압력이 낮을수록
③ 온도가 낮을수록, 압력이 낮을수록
④ 온도가 높을수록, 압력이 높을수록

**해설** 저압일수록, 고온일수록 이상기체화

**30** 온도 50℃, 압력 100kPa인 공기가 지름 10mm인 관속을 흐르고 있다. 임계 레이놀즈수가 2100일 때 층류로 흐를 수 있는 최대평균속도($V$)와 유량($Q$)은 각각 약 얼마인가? (단, 공기의 점성계수는 $19.5 \times 10^{-6}\text{kg/m·s}$이며, 기체상수는 287J/kg·K이다.)

① $V = 0.6\text{m/s}$, $Q = 0.5 \times 10^{-4}\text{m}^3/\text{s}$
② $V = 1.9\text{m/s}$, $Q = 1.5 \times 10^{-4}\text{m}^3/\text{s}$
③ $V = 3.8\text{m/s}$, $Q = 3.0 \times 10^{-4}\text{m}^3/\text{s}$
④ $V = 5.8\text{m/s}$, $Q = 6.1 \times 10^{-4}\text{m}^3/\text{s}$

정답 27.④ 28.④ 29.② 30.③

**해설** 레이놀즈수 $Re = \dfrac{\rho VD}{\mu}$

여기서, $\rho$ : 밀도[kg/m³]
　　　　$V$ : 유속[m/s]
　　　　$D$ : 지름[m] → 10[mm] → 0.01[m]
　　　　$\mu$ : 점성계수[kg/m·s]
　　　　　　→ $19.5 \times 10^{-6}$[kg/m·s]

$PV = mRT$

여기서, $P$ : 압력[kPa]
　　　　$V$ : 체적[m³]
　　　　$m$ : 질량[kg]
　　　　$R$ : 기체상수[kJ/(kg·K)]
　　　　$T$ : 절대온도(273+℃)[K]

$\rho = \dfrac{P}{RT}$, $Re = \dfrac{\rho VD}{\mu}$

최대평균속도 $V$로 정리 → $V = \dfrac{Re \times \mu}{\rho D}$

$V = \dfrac{2100 \times (19.5 \times 10^{-6})}{1.0787 \times 0.01} = 3.79623621$[m/s]

유량 $Q = AV = \left(\dfrac{\pi}{4}D^2\right)V$

여기서, $A$ : 단면적[m²]
　　　　$D$ : 지름[m] → 10[mm] → 단위변환
　　　　　　→ $10 \times 10^{-3}$[m]
　　　　$V$ : 유속[m/s] → 3.8[m/s]

∴ $Q = \dfrac{\pi}{4} \times (10 \times 10^{-3})^2 \times 3.8 = 2.98 \times 10^{-4}$ m³/s

**31** 외부표면의 온도가 24℃, 내부표면의 온도가 24.5℃일 때, 높이 1.5m, 폭 1.5m, 두께 0.5cm 인 유리창을 통한 열전달률은 얼마인가? (단, 유리창의 열전도율(k)은 0.8W/m·K이다.)

① 180W　　② 200W
③ 1,800W　④ 18,000W

**해설** 열전달율의 계산
$Q = \dfrac{\lambda A \triangle T}{l}$

$Q$ : 열전달율, $\triangle T$ : 온도차이
$A$ : 열전달면적, $\lambda$ : 열전도율
$l$ : 전달되는 판의 두께

㉠ $A = 1.5 \times 1.5 = 2.25$m²
　$\triangle T = (273+24.5) - (273+24) = 0.5$K
㉡ $Q = \dfrac{0.8 \times 2.25 \times 0.5}{0.5 \times 10^{-2}} = 180$[W]

**32** 스프링클러 헤드의 방수량이 2배가 되면 방수압은 몇 배가 되는가?

① $\sqrt{2}$ 배　② 2배
③ 4배　　　 ④ 8배

**해설** $Q = 0.653D^2\sqrt{10P}$
$Q \propto \sqrt{P}$
방수량 $\propto \sqrt{방수압}$
2배 = $\sqrt{방수압}$
$2^2$ = 방수압
4배

**33** 유체의 거동을 해석하는데 있어서 비점성 유체에 대한 설명으로 옳은 것은?

① 실제 유체를 말한다.
② 전단응력이 존재하는 유체를 말한다.
③ 유체 유동 시 마찰저항이 속도 기울기에 비례하는 유체이다.
④ 유체 유동 시 마찰저항을 무시한 유체를 말한다.

**해설** ① 이상 유체를 말한다.
② 전단응력이 존재하지 않는 유체를 말한다.
③ 유체 유동 시 마찰저항을 무시한 유체를 말한다.

**34** 물탱크의 아래로는 0.05m³/s로 물이 유출되고, 0.025m²의 단면적을 가진 노즐을 통해 물탱크로 물이 공급되고 있다. 유속은 8m/s이다. 물의 증가량(m³/s)은?

① 0.1　　② 0.15
③ 0.2　　④ 0.35

**해설** $\triangle Q = -Q_T + Q_N$
　　　　　$= -0.05 + 8 \times 0.025$
　　　　　$= 0.15$m³/s

정답　31.①　32.③　33.④　34.②

**35** 다음 관 유동에 대한 일반적인 설명 중 올바른 것은?

① 관의 마찰손실은 유속의 제곱에 반비례한다.
② 관의 부차적 손실은 주로 관벽과의 마찰에 의해 발생한다.
③ 돌연확대관의 손실수두는 속도수두에 비례한다.
④ 부차적 손실수두는 압력의 제곱에 비례한다.

**해설** ① 관의 마찰손실은 유속의 제곱에 비례한다.
② 관의 주 손실은 주로 관벽과의 마찰에 의해 발생한다.
④ 부차적 손실수두는 압력에 비례한다.

**36** 다음 중 동점성계수의 차원을 옳게 표현한 것은? (단, 질량 M, 길이 L, 시간 T로 표시한다.)

① $[ML^{-1}T^{-1}]$  ② $[L^2T^{-1}]$
③ $[ML^{-2}T^{-2}]$  ④ $[ML^{-1}T^{-2}]$

**해설** 동점성계수 $\nu = \dfrac{\mu}{\rho}$

단위 : 스토크스(stokes) = $cm^2/s\,[L^2T^{-1}]$

**37** 동점성계수가 $0.1 \times 10^{-5} m^2/s$인 유체가 안지름 10cm인 원관 내에 1m/s로 흐르고 있다. 관의 마찰계수가 $f=0.022$이며 등가길이가 200m일 때의 손실수두 몇 m인가? (단, 비중량은 $9,800 N/m^3$이다.)

① 2.24  ② 6.58
③ 11.0  ④ 22.0

**해설** $h_L = f \cdot \dfrac{L}{D} \cdot \dfrac{u^2}{2g}$

$= 0.022 \times \dfrac{200[m]}{0.1[m]} \times \dfrac{(1[m/s])^2}{2 \times 9.8[m/s^2]}$

$= 2.24[m]$

**38** 유량이 $0.6 m^3/min$일 때 손실수두가 7m인 관로를 통하여 10m 높이 위에 있는 저수조로 물을 이송하고자 한다. 펌프의 효율이 90%라고 할 때 펌프에 공급해야 하는 전력은 몇 kW인가?

① 0.45
② 1.85
③ 2.27
④ 136

**해설** 펌프동력[kW]

$= \dfrac{\gamma \cdot Q \cdot H}{102 \cdot \eta} \cdot K$

($K$는 조건에 없으므로 무시)

$= \dfrac{1000[kgf/m^3] \times (0.6[m^3/min] \times \dfrac{1[min]}{60[s]}) \times 17[m]}{(102)(0.9)}$

$= 1.85[kW]$

**39** 온도가 20℃인 이산화탄소 6kg이 체적 $0.3m^3$인 용기에 가득 차 있다. 가스의 압력은 약 몇 kPa인가? (단, 이산화탄소는 기체상수가 189J/kg·K인 이상기체로 가정한다.)

① 75.6
② 189
③ 553.8
④ 1,108

**해설** 특정기체상태방정식 $PV = GRT$ 적용

$P = \dfrac{GRT}{V}$

$= \dfrac{6[kg] \times 189[J/kg \cdot k] \times (20+273[k])}{0.3[m^3]}$

$= \dfrac{6[kg] \times 189[N \cdot m/kg \cdot k] \times (20+273[k])}{0.3[m^3]}$

$= 1107540[N/m^2]$
$= 1107540[Pa]$
$= 1107.54[kPa]$
$\fallingdotseq 1108[kPa]$

**정답** 35.③ 36.② 37.① 38.② 39.④

**40** 그림과 같이 밀폐된 용기 내 공기의 계기압력은 몇 Pa인가?

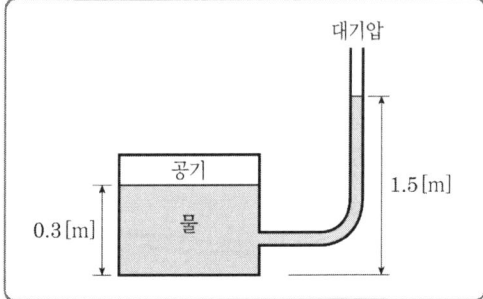

① 1,200  ② 1,500
③ 11,760  ④ 14,700

해설 물높이$(1.5[m] - 0.3[m] = 1.2[m]) =$ 계기압력

$$\therefore 1.2[mH_2O] \times \frac{101,325[Pa]}{10.332[mH_2O]}$$
$$= 11,768.29[Pa] \fallingdotseq 11,760[Pa]$$

정답 40.③

# 제1회 소방설비기사[기계분야] 1차 필기
## [제2과목 : 소방유체역학]

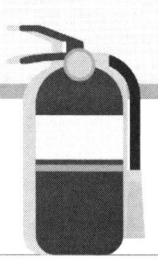

**21** 송풍기의 풍량 15m³/s, 전압 540Pa, 전압효율이 55%일 때 필요한 축동력은 몇 kW인가?

① 2.23  ② 4.46
③ 8.1  ④ 14.7

**해설**
축동력[kW] = $\dfrac{P_T \cdot Q}{102 \cdot \eta}$

$= \dfrac{(540[\text{Pa}] \times \dfrac{10332[\text{mmH}_2\text{O}]}{101325[\text{Pa}]}) \times 15[\text{m}^3/\text{s}]}{(102) \times (0.55)}$

$= 14.72[\text{kW}] \fallingdotseq 14.7[\text{kW}]$

**22** 압력의 변화가 없을 경우 0℃의 이상기체는 약 몇 ℃가 되면 부피가 2배로 되는가?

① 273℃  ② 373℃
③ 546℃  ④ 646℃

**해설** 기체의 온도, 압력, 부피관계 → 보일-샤를의 법칙 적용

$\dfrac{P_1 V_1}{T_1} = \dfrac{P_2 V_2}{T_2}$

문제 조건에 의해 $P_1 = P_2$

$\dfrac{V_1}{T_1} = \dfrac{V_2}{T_2}$

$T_2 = \dfrac{V_2}{V_1} \times T_1 = \dfrac{2V_1}{V_1} T_1$

$= 2 \times 273[\text{K}] = 546[\text{K}] = 273[℃]$

**23** 다음 중 열전달 매질이 없이도 열이 전달되는 형태는?

① 전도  ② 자연대류
③ 복사  ④ 강제대류

**해설** 열전달현상의 설명
㉠ 전도 : 고체 간의 열전달현상으로 고온체와 저온체의 직접적인 접촉에 의해서 고온에서 저온으로 에너지가 이동하는 것
㉡ 대류 : 유체 간의 온도차에 의한 밀도차에 의한 열전달현상
㉢ 복사 : 절대 0도보다 높은 물체는 그 온도에 따라 그 표면으로부터 모든 방향으로 전자파 형태의 에너지를 발산한다.

**24** 원심팬이 1700rpm으로 회전할 때의 전압은 1520Pa, 풍량은 240m³/min이다. 이 팬의 비교회전도는 약 몇 m³/min·m/rpm인가? (단, 공기의 밀도는 1.2kg/m³이다.)

① 502  ② 652
③ 687  ④ 827

**해설** 비교회전도(= 비속도)

$N_s = \dfrac{N\sqrt{Q}}{\left(\dfrac{H}{n}\right)^{\frac{3}{4}}} = \dfrac{1700[\text{rpm}] \times \sqrt{240[\text{m}^3/\text{min}]}}{(129.25[\text{m}])^{\frac{3}{4}}}$

$= 687.04[\text{rpm/m} \cdot \text{m}^3/\text{min}]$

- $N$ : 1700[rpm]
- $Q$ : 240[m³/min]
- $H$ : $\dfrac{P}{\gamma} = \dfrac{1520[\text{N/m}^2]}{1.2[\text{kg/m}^3] \times 9.8[\text{m/s}^2]} = 129.25[\text{m}]$
- $\eta$ : 조건에 없으므로 1로 가정

**25** 펌프로부터 분당 150L의 소방용수가 토출되고 있다. 토출 배관의 내경이 65mm일 때 레이놀즈수는 약 얼마인가? (단, 물의 점성계수는 0.001kg/m·s로 한다.)

① 1300  ② 5400
③ 49000  ④ 82000

정답 21.④ 22.① 23.③ 24.③ 25.③

해설
- $Re\,No. = \dfrac{D \cdot u \cdot \rho}{\mu} = \dfrac{D \cdot u}{\nu}$

  $= \dfrac{(0.065[\text{m}]) \times (0.75[\text{m/s}]) \times (1000[\text{kg/m}^3])}{0.001[\text{kg/m} \cdot \text{s}]}$

  $= 48750 \fallingdotseq 49000$

- $Q = A \cdot u$

  $u = \dfrac{Q}{A}$

  $= \dfrac{150[\text{L/min}] \times \dfrac{1[\text{min}]}{60[\text{s}]} \times \dfrac{1[\text{m}^3]}{1000[\text{L}]}}{\left(\dfrac{\pi}{4}\right)(0.065[\text{m}])^2}$

  $= 0.75[\text{m/s}]$

**26** 직사각형 단면의 덕트에서 가로와 세로가 각각 $a$ 및 $1.5a$이고, 길이가 $L$이며, 이 안에서 공기가 $V$의 평균속도로 흐르고 있다. 이때 손실수두를 구하는 식으로 옳은 것은? (단, $f$는 이 수력지름에 기초한 마찰계수이고, $g$는 중력가속도를 의미한다.)

① $f \dfrac{L}{a} \dfrac{V^2}{2.4g}$    ② $f \dfrac{L}{a} \dfrac{V^2}{2g}$

③ $f \dfrac{L}{a} \dfrac{V^2}{1.4g}$    ④ $f \dfrac{L}{a} \dfrac{V^2}{g}$

해설

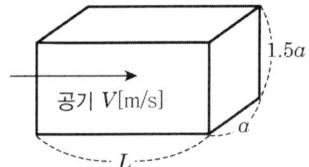

달시-와이스바하 방정식

$h_L = f \cdot \dfrac{L}{D} \cdot \dfrac{V^2}{2g} = f \cdot \dfrac{L}{1.2a} \cdot \dfrac{V^2}{2g}$

$= f \cdot \dfrac{L}{a} \cdot \dfrac{V^2}{2.4g}$

수력지름($D$) = $4(Rh) = 4 \times 0.3a = 1.2a$

수력반경($Rh$) = $\dfrac{\text{유동단면적}}{\text{접수길이}}$

$= \dfrac{a \times 1.5a}{a + a + 1.5a + 1.5a}$

$= \dfrac{1.5a^2}{5a} = 0.3a$

**27** 직경 20cm의 소화용 호스에 물이 392N/s 흐른다. 이때의 평균유속(m/s)은?

① 2.96    ② 4.34
③ 3.68    ④ 1.27

해설 중량유량

$W = A \cdot u \cdot \gamma = \dfrac{\pi}{4} \times D^2 \times u \times \gamma$

$\therefore 392[\text{N/s}] = \dfrac{\pi}{4} \times (0.2\text{m})^2 \times u \times 9800\text{N/m}^3$

$\therefore u = 1.27\text{m/s}$

**28** 압축률에 대한 설명으로 틀린 것은?

① 압축률은 체적탄성계수의 역수이다.
② 압축률의 단위는 압력의 단위인 Pa이다.
③ 밀도와 압축률의 곱은 압력에 대한 밀도의 변화율과 같다.
④ 압축률이 크다는 것은 같은 압력변화를 가할 때 압축하기 쉽다는 것을 의미한다.

해설 ㉠ 체적탄성계수 : $K = -\dfrac{\Delta P}{\Delta V/V} = \dfrac{\Delta P}{\Delta \rho/\rho}$

㉡ 압축률 : $\beta = \dfrac{1}{K}$

**29** 검사체적(control volume)에 대한 운동량방정식의 근원이 되는 법칙 또는 방정식은?

① 질량보존법칙
② 연속방정식
③ 베르누이방정식
④ 뉴턴의 운동 제2법칙

해설 뉴턴의 운동 제2법칙(가속도 법칙)
운동량 방정식의 근원이 되는 법칙
- 뉴턴의 운동 제1법칙 : 관성의 법칙
- 뉴턴의 운동 제3법칙 : 작용·반작용의 법칙

정답 26.① 27.④ 28.② 29.④

**30** 수평배관 설비에서 상류지점인 A지점의 배관을 조사해 보니 지름 100mm, 압력 0.45MPa, 평균유속 1m/s이었다. 또, 하류의 B지점을 조사해보니 지름 50mm, 압력 0.4MPa이었다면 두 지점 사이의 손실수두는 약 몇 m인가?

① 4.34　　② 5.87
③ 8.67　　④ 10.87

**해설** 베르누이방정식 적용($Z_1$과 $Z_2$는 조건에 없으므로 무시)

$$\frac{P_1}{\gamma}+\frac{u_1^2}{2g}+Z_1=\frac{P_2}{\gamma}+\frac{u_2^2}{2g}+Z_2+\triangle H_L$$

$$\triangle H_L=\frac{P_1-P_2}{\gamma}+\frac{u_1^2-u_2^2}{2g}$$

$$=\frac{(450[kN/m^2]-400[kN/m^2])}{9.8[kN/m^3]}$$

$$+\frac{(1[m/s])^2-(4[m/s])^2}{(2)(9.8[m/s^2])}$$

$$=4.336[m]$$

$$\fallingdotseq 4.34[m]$$

$$Q=A\cdot u=\left(\frac{\pi}{4}\right)(0.1[m])^2\times(1[m/s])^2$$

$$=0.00785[m^3/s]$$

$$u_2=\frac{Q}{A_2}=\frac{0.00785[m^3/s]}{\left(\frac{\pi}{4}\right)(0.05[m])^2}$$

$$=3.997[m/s]\fallingdotseq 4[m/s]$$

**31** 무한한 두 평판 사이에 유체가 채워져 있고 한 평판은 정지해 있고 또 다른 평판은 일정한 속도로 움직이는 Couette 유동을 고려하자. 단, 유체 A만 채워져 있을 때 평판을 움직이기 위한 단위면적당 힘을 $\tau_1$이라 하고 같은 평판 사이에 점성이 다른 유체 B만 채워져 있을 때 필요한 힘을 $\tau_2$라 하면 유체 A와 B가 반반씩 위아래로 채워져 있을 때 평판을 같은 속도로 움직이기 위한 단위면적당 힘에 대한 표현으로 맞는 것은?

① $\frac{\tau_1+\tau_2}{2}$　　② $\sqrt{\tau_1\tau_2}$
③ $\frac{2\tau_1\tau_2}{\tau_1+\tau_2}$　　④ $\tau_1+\tau_2$

**해설** 단위면적당 힘($\tau$)

$$\tau=\frac{2\tau_1\cdot\tau_2}{\tau_1+\tau_2}$$

**32** 그림과 같이 반지름이 1[m], 폭(y방향) 2[m]인 곡면AB에 작용하는 물에 의한 힘의 수직성분(z방향) $F_z$와 수평성분(x방향) $F_x$와의 비($F_z/F_x$)는 얼마인가?

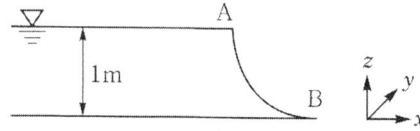

① $\frac{\pi}{2}$

② $\frac{2}{\pi}$

③ $2\pi$

④ $\frac{1}{2\pi}$

**해설** $F_x=\gamma hA$

$$=9,800[N/m^2]\times0.5[m]\times2[m^2]$$

$$=9,800[N]$$

$F_z=\gamma V$

$$=9,800[N/m^3]\times\left(\frac{br^2}{2}\times수문폭(각도)\right)$$

$$=9,800[N/m^3]\times\left(\frac{2[m]\times(1[m])^2}{2}\times\frac{\pi}{2}\right)$$

$$\fallingdotseq15,393[N]$$

90°는 $\frac{\pi}{2}$

$$\therefore\frac{F_z}{F_x}=\frac{15,393[N]}{9,800[N]}\fallingdotseq1.57=\frac{\pi}{2}$$

**33** 그림과 같은 물탱크에서 원형형상의 출구를 통해 물이 유출되고 있다. 출구의 형상을 동일한 단면적의 사각형으로 변경했을 때 유출되는 유량의 변화는? (단, 사각 및 원형 형상 출구의 손실계수는 각각 0.5 및 0.04이다.)

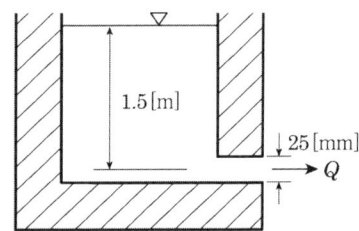

① $0.00044 m^3/s$ 만큼 증가한다.
② $0.00044 m^3/s$ 만큼 감소한다.
③ $0.00088 m^3/s$ 만큼 증가한다.
④ $0.00088 m^3/s$ 만큼 감소한다.

**해설** 실제 유체의 에너지방정식

$$H(m) = \frac{u_1^2}{2g} + \frac{P_1}{\gamma} + z_1 + \Delta h_L\left(k\frac{u^2}{2g}\right)$$

㉠ 사각형일 때 유속을 구하면

$$H(m) = \frac{u_1^2}{2g} + \frac{p_1}{\gamma} + z_1 + \Delta h_L\left(k\frac{u^2}{2g}\right)$$

$$1.5(m) = \frac{u_1^2}{2g} + 0 + 0 + 0.5 \times \frac{u_1^2}{2 \times 9.8}$$

$u_1 = 4.4272 m/s$

㉡ 원형일 때 유속을 구하면

$$H(m) = \frac{u_2^2}{2g} + \frac{p_1}{\gamma} + z_1 + \Delta h_L\left(k\frac{u_2^2}{2g}\right)$$

$$1.5(m) = \frac{u_2^2}{2g} + 0 + 0 + 0.04 \times \frac{u_2^2}{2 \times 9.8}$$

$u_2 = 5.32 m/s$

㉢ 유량의 차이 계산

$Q_1 - Q_2 = (u_1 - u_2)A$
$= (4.4272 - 5.32) \times \frac{\pi}{4} \times 0.025^2$
$= -0.00044 m^3/s$
(-는 감소를 의미한다.)

**34** 2cm 떨어진 두 수평한 판 사이에 기름이 차있고, 두 판 사이의 정중앙에 두께가 매우 얇은 한 변의 길이가 10cm인 정사각형 판이 놓여있다. 이 판을 10cm/s의 일정한 속도로 수평하게 움직이는데 0.02N의 힘이 필요하다면, 기름의 점도는 약 몇 N·s/m²인가? (단, 정사각형 판의 두께는 무시한다.)

① 0.1   ② 0.2
③ 0.01  ④ 0.02

**해설**
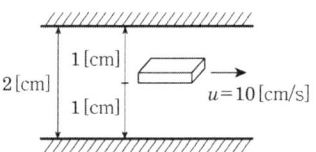

Newton의 점성법칙

$F = \mu A \frac{du}{dy}$

$F$ : 이동평판을 일정한 속도로 운동시키는데 필요한 힘[N]
$\mu$ : 점성계수[N·s/m²]
$A$ : 평판의 면적[m²]
$\frac{du}{dy}$ : 속도구배

$\mu = \frac{F}{A \cdot \frac{du}{dy}} = \frac{0.01[N]}{0.1[m] \times 0.1[m] \times \frac{0.1[m/s]}{0.01[m]}}$

$= 0.1[N \cdot s/m^2]$

(이동평판이 유체의 정중앙에 있으므로 힘의 $\frac{1}{2}$ 적용)

**35** 그림과 같이 물탱크에서 2m²의 단면적을 가진 파이프를 통해 터빈으로 물이 공급되고 있다. 송출되는 터빈은 수면으로부터 30m 아래에 위치하고, 유량은 10m³/s이고 터빈효율이 80%일 때 터빈 출력은 약 몇 kW인가? (단, 밴드나 밸브 등에 의한 부차적 손실계수는 2로 가정한다.)

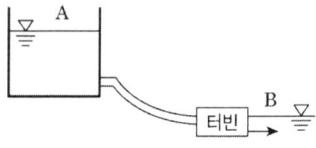

① 1254   ② 2690
③ 2152   ④ 3363

정답 33.② 34.① 35.③

해설 동력이 아닌 출력을 구하는 문제이다.

$[kW] = \dfrac{\gamma \cdot Q \cdot H}{102}$

㉠ $\gamma = 1000 [kgf/m^3]$
㉡ $Q = 10 [m^3/s]$
㉢ $H = 30[m]$ – 밴드나 밸브 등에 의한 손실[m]
   $= 30[m] - k \cdot \dfrac{u^2}{2g}$
   $= 30[m] - 2 \times \dfrac{(5[m/s])^2}{(2)(9.8[m/s^2])}$
   $= 27.45[m]$

• $Q = A \cdot u$
  $u = \dfrac{Q}{A} = \dfrac{10[m^3/s]}{2[m^2]} = 5[m/s]$

• 동력 $P[kW]$
  $= \dfrac{1000[kgf/m^3] \times 10[m^3/s] \times 27.45[m]}{102}$
  $= 2691.15[kW]$

• 출력 $P[kW] = 2691.17[kW] \times 0.8(효율)$
  $= 2152.94 ≒ 2152[kW]$

**36** 직경이 40mm인 비눗방울의 내부초과압력이 $30N/m^2$일 때 비눗방울의 표면장력은 몇 N/m인가?

① 0.075
② 0.15
③ 0.2
④ 0.3

해설 표면장력 $\sigma$

$$\sigma = \dfrac{Pd}{4}$$

$\sigma$ : 표면장력
$P$ : 내부초과압력
$d$ : 만곡면의 지름

$\sigma [N/m] = \dfrac{30[N/m^2] \times 0.04[m]}{4}$
$= 0.3[N/m]$

**37** 수면에 잠긴 무게가 490N인 매끈한 쇠구슬을 줄에 매달아서 일정한 속도로 내리고 있다. 쇠구슬이 물속으로 내려갈수록 들고 있는데 필요한 힘은 어떻게 되는가? (단, 물은 정지된 상태이며, 쇠구슬은 완전한 구형체이다.)

① 적어진다.
② 동일하다.
③ 수면 위보다 커진다.
④ 수면 바로 아래보다 커진다.

해설 $F_{부력} = \gamma_{유체} \cdot V_{잠긴부분}$
∴ $F_{부력} \propto V_{잠긴부분}$

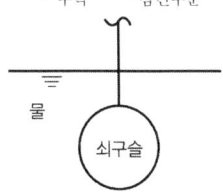

이미 쇠구슬이 수면에 잠겨 있으므로 $F_{부력}$은 변함이 없다.

어느 정도 잠겨있다가 수면에 모두 잠기게 되면 $F_{부력}$은 커지므로 필요한 힘은 적어진다.

**38** 단면적이 A와 2A인 U자형 관에 밀도가 d인 기름이 담겨져 있다. 단면적이 2A인 관에 관벽과는 마찰이 없는 물체를 놓았더니 그림과 같이 평형을 이루었다. 이때 이 물체의 질량은?

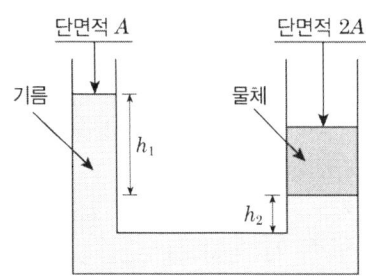

① $2Ah_1 d$
② $Ah_1 d$
③ $A(h_1 + h_2)d$
④ $A(h_1 - h_2)d$

정답 36.④ 37.② 38.①

해설

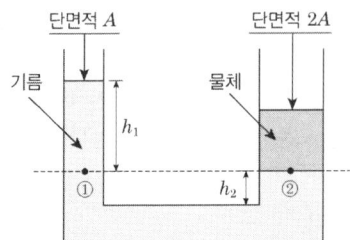

$P_① = P_② \left( P = \dfrac{F}{A} \right)$

$\dfrac{F_1}{A_1} = \dfrac{F_2}{A_2}$

$F_2 = \dfrac{A_2}{A_1} \times F_1 = \dfrac{2A}{A} \times F_1 = 2 \times F_1$

∴ $F_2 = 2F_1$

- $F_1 = r_{기름} \cdot h_1 \cdot A \, (r_{기름} = \rho_{기름} \cdot g)$
- $F_2(물체의\ 무게) = m_{물체} \cdot g$

  $m_{물체} \cdot g = 2r_{기름} \cdot h_1 \cdot A = 2\rho_{기름} \cdot g \cdot h_1 \cdot A$

  $m_{물체} = 2 \cdot \rho_{기름} \cdot h_1 \cdot A$

  기름 밀도가 $d$라고 조건에 주어졌으므로

  $m_{물체} = 2dh_1 A$

**39** 그림과 같이 노즐이 달린 수평관에서 계기압력이 0.49MPa이었다. 이 관의 안지름이 6cm이고 관의 끝에 달린 노즐의 지름이 2cm이라면 노즐의 분출속도는 몇 m/s인가? (단, 노즐에서의 손실은 무시하고, 관마찰계수는 0.025이다)

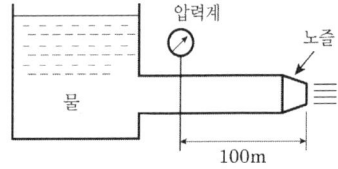

① 16.8m/s　　② 20.4m/s
③ 25.5m/s　　④ 28.4m/s

해설 베르누이방정식

$\dfrac{P_1}{\gamma} + \dfrac{U_1^2}{2g} + Z_1 = \dfrac{P_2}{\gamma} + \dfrac{U_2^2}{2g} + Z_2 + h_L$

- $Q = A_1 U_1 = A_2 U_2 \Rightarrow \dfrac{\pi}{4} \times (0.06[m])^2 \times U_1$

  $= \dfrac{\pi}{4} \times (0.02[m])^2 \times U_2$

- $U_1 = \dfrac{0.02^2}{0.06^2} U_2 = 0.11 U_2$
- $P_2 = 0$ [대기압상태이므로]
- $Z_1 = Z_2$
- $h_L = f \times \dfrac{L}{D} \times \dfrac{(U_1)^2}{2g}$

  $= 0.025 \times \dfrac{100[m]}{0.06[m]} \times \dfrac{(0.11 U_2)^2}{2 \times 9.8[m/s^2]}$

  $= 0.026 U_2^2$

$\dfrac{P_1}{\gamma} + \dfrac{U_1^2}{2g} + Z_1 = \dfrac{P_2}{\gamma} + \dfrac{U_2^2}{2g} + Z_2 + h_L$

$\dfrac{0.49 \times 10^3 [kPa]}{9.8 [kN/m^3]} + \dfrac{(0.11 U_2)^2}{2 \times 9.8} = \dfrac{U_2^2}{2 \times 9.8} + 0.026 U_2^2$

∴ $U_2 = 25.58 [m/s]$

**40** 유체의 점성에 대한 설명으로 틀린 것은?

① 질소기체의 동점성계수는 온도증가에 따라 감소한다.
② 물(액체)의 점성계수는 온도증가에 따라 감소한다.
③ 점성은 유동에 대한 유체의 저항을 나타낸다.
④ 뉴턴유체에 작용하는 전단응력은 속도기울기에 비례한다.

해설 ① 기체의 동점성계수는 온도증가에 따라 증가한다.

**동점성계수(Kinematic Viscosity) : $\nu$**
동점성계수(동점도)는 절대점성계수를 유체의 밀도로 나눈 것이다.

$\nu = \dfrac{\mu}{\rho} = \dfrac{g/cm \cdot sec}{g/cm^3} = \dfrac{cm^2}{sec}$

동점성계수 중 CGS계인 $cm^2/sec$를 스토크스(Stokes)라 한다.
$1St = 1cm^2/sec = 1 \times 10^{-4} m^2/sec \cdots [L^2 T^{-1}]$

! Reference

**온도상승에 따른 점성의 변화**
- 액체는 점성이 작아진다.
- 기체는 점성이 커진다.

cf) 전단응력($\tau$) $= \mu \dfrac{du}{dy}$ ($\dfrac{du}{dy}$ : 속도기울기)

정답 39.③ 40.①

# 제2회 소방설비기사[기계분야] 1차 필기
[제2과목 : 소방유체역학]

**21** 에너지선(EL)에 대한 설명으로 옳은 것은?
① 수력구배선보다 아래에 있다.
② 압력수두와 속도수두의 합이다.
③ 속도수두와 위치수도의 합이다.
④ 수력구배선보다 속도수두만큼 위에 있다.

**해설** 수력기울기선 + 속도수두 = 에너지선

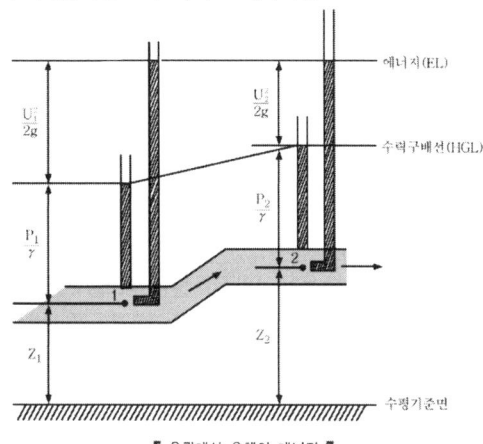

[ 유관에서 유체의 에너지 ]

**22** 그림에서 $h_1=120$mm, $h_2=180$mm, $h_3=100$mm 때 A에서의 압력과 B에서의 압력의 차이 $(P_A-P_B)$를 구하면? (단, A, B 속의 액체는 물이고, 차압액주계에서의 중간 액체는 수은(비중 13.6)이다.)

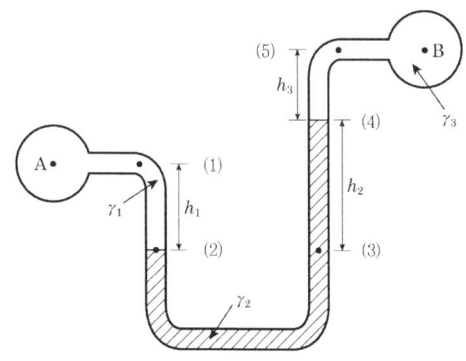

① 20.4kPa  ② 23.8kPa
③ 26.4kPa  ④ 29.8kPa

**해설**

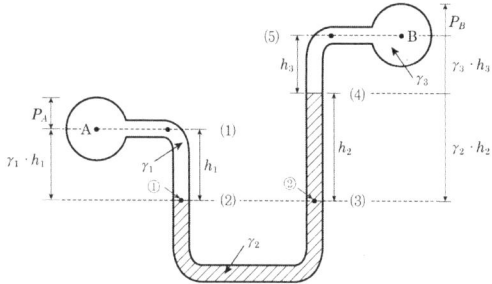

$P_① = P_②$
$P_① = P_A + \gamma_1 \cdot h_1$
$P_② = P_B + \gamma_3 \cdot h_3 + \gamma_2 \cdot h_2$
∴ $P_A + \gamma_1 \cdot h_1 = P_B + \gamma_3 \cdot h_3 + \gamma_2 \cdot h_2$
$P_A - P_B = \gamma_3 \cdot h_3 + \gamma_2 \cdot h_2 - \gamma_1 \cdot h_1$
$= \gamma_물(h_3 - h_1) + \gamma_{수은} \cdot h_2$
$= [9.8[kN/m^3] \times (0.1[m] - 0.12[m])]$
$+ [(9.8[kN/m^3] \times 13.6) \times 0.18[m])]$
$= 23.79[kPa] ≒ 23.8[kPa]$
($\gamma_1$, $\gamma_3$ : 물비중량, $\gamma_2$ : 수은비중량)

**23** Newton의 점성법칙에 대한 옳은 설명으로 모두 짝지은 것은?

㉠ 전단응력은 점성계수와 속도기울기의 곱이다.
㉡ 전단응력은 점성계수에 비례한다.
㉢ 전단응력은 속도기울기에 반비례한다.

① ㉠, ㉡   ② ㉡, ㉢
③ ㉠, ㉢   ④ ㉠, ㉡, ㉢

 전단응력 $\tau = \mu \cdot \dfrac{du}{dy}$

- $\mu$ : 점성계수
- $\dfrac{du}{dy}$ : 속도기울기

**24** 그림과 같이 탱크에 비중이 0.8인 기름과 물이 들어있다. 벽면 AB에 작용하는 유체(기름 및 물)에 의한 힘은 약 몇 kN인가? (단, 벽면 AB의 폭(y방향)은 1m이다.)

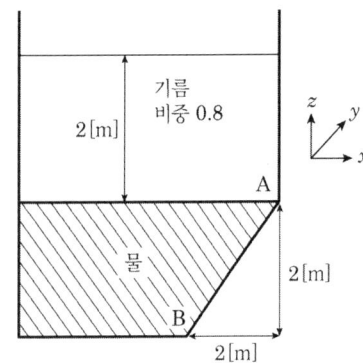

① 50   ② 72
③ 82   ④ 96

해설 $F = \gamma \cdot h \cdot A$
$= 9800[\text{N/m}^3] \times h[\text{m}] \times A[\text{m}^2]$

- $A[\text{m}^2] = \sqrt{(2[\text{m}])^2 + (2[\text{m}])^2}$
  $= 2.828[\text{m}^2] = 2.83[\text{m}^2]$
- $h[\text{m}]$ : 수면–벽면 AB 중심까지의 수직거리[m]

㉠ 기름 2[m]를 물의 높이 [m]로 환산해야 한다.
$P = \gamma \cdot h$
$\rightarrow h[\text{m}] = \dfrac{P}{\gamma}$
$= \dfrac{(9800[\text{N/m}^3] \times (0.8)) \times 2[\text{m}]}{9800[\text{N/m}^3]}$
$= 1.6[\text{m}]$
기름 2[m]는 물 1.6[m]와 같다.
㉡ $h[\text{m}] = 1.6[\text{m}] + 1[\text{m}] = 2.6[\text{m}]$
∴ $F = \gamma \cdot h \cdot A$
$= 9800[\text{N/m}^3] \times 2.6[\text{m}] \times 2.83[\text{m}^2]$
$= 72108.4[\text{N}] ≒ 72[\text{kN}]$

**25** 다음 중 동점성계수의 차원을 옳게 표현한 것은? (단, 질량 M, 길이 L, 시간 T로 표시한다.)

① $[\text{ML}^{-1}\text{T}^{-1}]$   ② $[\text{L}^2\text{T}^{-1}]$
③ $[\text{ML}^{-2}\text{T}^{-2}]$   ④ $[\text{ML}^{-1}\text{T}^{-2}]$

해설 동점성 계수 $\nu = \dfrac{\mu}{\rho}$
단위 : 스토크스(stokes) = $\text{cm}^2/\text{s}[\text{L}^2\text{T}^{-1}]$

**26** 65%의 효율을 가진 원심펌프를 통하여 물을 $1\text{m}^3/\text{s}$의 유량으로 송출시 필요한 펌프수두가 6m이다. 이때 펌프에 필요한 축동력은 약 몇 kW인가?

① 40kW   ② 60kW
③ 80kW   ④ 90kW

해설 펌프축동력 $P[\text{kW}]$
$P[\text{kW}] = \dfrac{\gamma \cdot Q \cdot H}{102 \cdot \eta}$
$= \dfrac{1000[\text{kgf/m}^3] \times 1[\text{m}^3/\text{s}] \times 6[\text{m}]}{(102) \cdot (0.65)}$
$= 90.497[\text{kW}] ≒ 90[\text{kW}]$

**27** 체적탄성계수가 $2 \times 10^9$Pa인 물의 체적을 3% 감소시키려면 몇 MPa의 압력을 가하여야 하는가?

① 25   ② 30
③ 45   ④ 60

정답 23.① 24.② 25.② 26.④ 27.④

해설) $E = \dfrac{\Delta P}{-\dfrac{\Delta V}{V}} = \dfrac{\Delta P}{\dfrac{3}{100}} = 2 \times 10^9 [\text{Pa}]$

∴ $\Delta P = 6 \times 10^7 [\text{Pa}] = 60 [\text{MPa}]$

**28** 그림과 같이 수평과 30°로 경사된 폭 50[cm]인 수문 AB가 A점에서 힌지(hinge)로 되어 있다. 이 문을 열기 위한 최소한의 힘 F(수문에 직각방향)는 약 몇 [kN]인가? (단, 수문의 무게는 무시하고, 유체의 비중은 1이다)

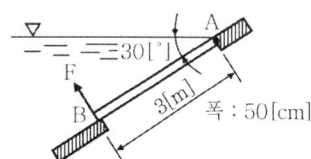

① 11.5  ② 7.35
③ 5.51  ④ 2.71

해설) ㉠ 경사면에 작용하는 힘
$F = \gamma \cdot h \cdot A$
$= 9800 [\text{N/m}^3] \times (1.5[\text{m}] \times \sin 30°)$
$\times (0.5[\text{m}] \times 3[\text{m}])$
$= 11025[\text{N}] = 11.025[\text{kN}]$
• $h$ : 수면-면적 중심까지의 수직거리

㉡ 힘의 작용점
$y_P = y + \dfrac{\dfrac{\text{가로} \times \text{세로}^3}{12}}{y \times A}$
$= 1.5 + \dfrac{\dfrac{0.5[\text{m}] \times (3[\text{m}])^3}{12}}{1.5 \times (0.5[\text{m}] \times 3[\text{m}])}$
$= 2[\text{m}]$
• $y$ : 수면-면적중심까지의 직선거리

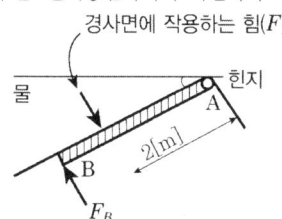

A지점 모멘트 합이 0($\sum M_A = 0$)
모멘트=힘×거리이므로

㉠ 유체가 경사면에 작용하는 모멘트
$F[\text{N}] \times 2[\text{m}]$
㉡ 문을 열기 위한 최소 힘
$F[\text{N}] \times 3[\text{m}]$
$F[\text{N}] \times 2[\text{m}] = F_B[\text{N}] \times 3[\text{m}]$
$F_B[\text{N}] = F[\text{N}] \times \dfrac{2[\text{m}]}{3[\text{m}]}$
$= 11.025[\text{kN}] \times \dfrac{2[\text{m}]}{3[\text{m}]}$
$= 7.35[\text{kN}]$

**29** 비중이 0.85이고 동점성계수가 $3 \times 10^{-4}[\text{m}^2/\text{s}]$인 기름이 직경 10[cm]의 수평원형관 내에 20[L/s]로 흐른다. 이 원형관의 100[m] 길이에서의 수두 손실(m)은? (단, 정상 비압축성 유동이다)

① 16.6[m]  ② 25.0[m]
③ 49.8[m]  ④ 82.2[m]

해설) $h_L = f \dfrac{L}{D} \dfrac{U^2}{2g}$

$U = \dfrac{Q}{A} = \dfrac{0.02[\text{m}^3/\text{s}]}{\dfrac{\pi}{4}(0.1[\text{m}])^2} = 2.55[\text{m/s}]$

$ReNo = \dfrac{DU}{\nu} = \dfrac{0.1 \times 2.55}{3 \times 10^{-4}} = 850$

$f = \dfrac{64}{850} = 0.075$

$h_L = 0.075 \times \dfrac{100}{0.1} \times \dfrac{2.55^2}{2 \times 9.8} [\text{m}]$
$= 24.88 ≒ 25.0$

**30** 질량 4kg의 어떤 기체로 구성된 밀폐계가 열을 받아 100kJ의 일을 하고, 이 기체의 온도가 10℃ 상승하였다면 이 계가 받은 열은 몇 kJ인가? (단, 이 기체의 정적비열은 5kJ/kg·K, 정압비열은 6kJ/kg·K 이다.)

① 200  ② 240
③ 300  ④ 340

정답 28.② 29.② 30.③

**해설** 열 $Q[\text{kJ}] = U + W = (U_2 - U_1) + W$
내부에너지 변화 $(U_2 - U_1)$
$$U_2 - U_1 = \frac{mR'}{k-1}(T_2 - T_1)$$
$$= \frac{4[\text{kg}] \times 1[\text{kJ/kg} \cdot \text{K}]}{1.2 - 1} \times (10[\text{K}])$$
$$= 200[\text{kJ}]$$
∴ $Q[\text{kJ}] = 200[\text{kJ}] + 100[\text{kg}] = 300[\text{kJ}]$

- 비열비 $k = \dfrac{C_P}{C_V} = \dfrac{6[\text{kJ/kg} \cdot \text{K}]}{5[\text{kJ/kg} \cdot \text{K}]} = 1.2$
- 기체상수 $R' = C_P - C_V$
$= 6[\text{kJ/kg} \cdot \text{K}] - 5[\text{kJ/kg} \cdot \text{K}]$
$= 1[\text{kJ/kg} \cdot \text{K}]$

**31** 비압축성 유체의 2차원 정상유동에서 $x$방향의 속도를 $u$, $y$방향의 속도를 $v$라고 할 때 다음에 주어진 식들 중에서 연속방정식을 만족하는 것은 어느 것인가?

① $u = 2x + 2y$, $v = 2x - 2y$
② $u = x + 2y$, $v = x^2 - 2y$
③ $u = 2x + y$, $v = x^2 + 2y$
④ $u = x + 2y$, $v = 2x - y^2$

**해설** 비압축성 2차원 정상유동
$\dfrac{du}{dx} = 2x + 2y = 2$, $\dfrac{dv}{dy} = 2x - 2y = -2$

**32** 이상적인 교축 과정(throttling process)에 대한 설명 중 옳은 것은?

① 압력이 변하지 않는다.
② 온도가 변하지 않는다.
③ 엔탈피가 변하지 않는다.
④ 엔트로피가 변하지 않는다.

**해설** 교축과정
이상기체의 엔탈피(내부에너지)가 변하지 않는 과정(= 등엔탈피 과정)

**33** 공기가 수평노즐을 통하여 대기 중에 정상적으로 유출된다. 노즐의 입구 면적이 $0.1[\text{m}^2]$이고, 출구 면적은 $0.02[\text{m}^2]$이다. 노즐 출구에서 $50[\text{m/s}]$의 속도를 유지하기 위하여 노즐 입구에서 요구되는 계기 압력[kPa]은 얼마인가? (단, 유동은 비압축성이고 마찰은 무시하며 공기의 밀도는 $1.23[\text{kg/m}^3]$이다.)

① 1.35
② 1.20
③ 1.48
④ 1.55

**해설**
$$\frac{P_1}{r} + \frac{u_1^2}{2g} = \frac{P_2}{r} + \frac{u_2^2}{2g}$$
$P_2 = 0$
$u_2 = 50 m/s$     $u_1 = \dfrac{A_2}{A_1} \cdot u_2 = \dfrac{0.02}{0.1} \times 50 m/s$
$u_1 = 10 m/s$

∴ $\dfrac{P_1}{1.23 kg/m^3 \times 9.8 m/s^2} = \dfrac{(50 m/s)^2}{2 \times 9.8 m/s^2} - \dfrac{(10 m/s)^2}{2 \times 9.8 m/s^2}$

$P_1 = 1,476 \text{N/m}^2 [\text{Pa}]$
$= 1.48 \text{kPa}$

**34** 어떤 물체가 공기 중에서 무게는 $588[\text{N}]$이고, 수중에서 무게는 $98[\text{N}]$이었다. 이 물체의 체적($V$)과 비중[$s$]은?

① $V = 0.05[\text{m}^3]$, $s = 1.2$
② $V = 0.05[\text{m}^3]$, $s = 1.5$
③ $V = 0.5[\text{m}^3]$, $s = 1.2$
④ $V = 0.5[\text{m}^3]$, $s = 1.5$

**해설**
- $F_{부력} = 588[\text{N}] - 98[\text{N}] = 490[\text{N}]$
- $F_{부력} = \gamma_물 \cdot V_{잠긴부분(= 전체)}$
∴ $490[\text{N}] = \gamma_물 \cdot V_{잠긴부분(= 전체)}$
- $V_{잠긴부분(= 전체)} = \dfrac{490[\text{N}]}{\gamma_물} = \dfrac{490[\text{N}]}{9800[\text{N/m}^3]}$
$= 0.05[m^3]$
- 비중$(s) = \dfrac{물체의 비중량(\gamma_{물체})}{물의 비중량(\gamma_물)}$
$= \dfrac{\dfrac{588[\text{N}]}{0.05[m^3]}}{9800[\text{N/m}^3]} = 1.2$

**정답** 31.① 32.③ 33.③ 34.①

**35** 지름이 150[mm]인 원관에 비중이 0.85, 동점성 계수가 $1.33 \times 10^{-4}$[m²/s]기름이 0.01[m³/s]의 유량으로 흐르고 있다. 이때 관 마찰계수는? (단, 임계 레이놀즈수는 2100이다.)

① 0.10  ② 0.14
③ 0.18  ④ 0.22

$$f = \frac{64}{Re No.} = \frac{64}{\frac{D \cdot u \cdot \rho}{\mu}} = \frac{64}{\frac{D \cdot u}{v}}$$

$D = 150[\text{mm}] = 0.15[\text{m}]$
$v = 1.33 \times 10^{-4}[\text{m}^2/\text{s}]$
$u = 0.5658[\text{m/s}]$
$Q = A \cdot u$

$\rightarrow u = \frac{Q}{A} = \frac{0.01[\text{m}^3/\text{s}]}{\left(\frac{\pi}{4}\right)(0.15[\text{m}])^2} = 0.5658[\text{m/s}]$

$\therefore f = \frac{64}{\frac{0.15[\text{m}] \times 0.5658[\text{m/s}]}{1.33 \times 10^{-4}}} = 0.1$

**36** 다음은 어떤 열역학 법칙을 설명한 것인가?

> 열은 고온 열원에서 저온의 물체로 이동하나, 반대로 스스로 돌아갈 수 없는 비가역 변화이다.

① 열역학 제0법칙  ② 열역학 제1법칙
③ 열역학 제2법칙  ④ 열역학 제3법칙

**열역학 법칙**
㉠ 열역학 제0법칙(열의 평형법칙)
  열평형상태에 있는 물체의 온도는 같다(온도계의 원리).
㉡ 열역학 제1법칙(에너지보존의 법칙)
  ⓐ 열과 일은 서로 교환이 가능하다.
  ⓑ 열전달의 총합은 이루어진 일의 총합과 같다.
㉢ 열역학 제2법칙
  ⓐ 열은 스스로 저온에서 고온으로 이동불가
  ⓑ 효율이 100%인 열기관은 없다.
  ⓒ 자발적인 반응은 비가역이다.
  ⓓ 엔트로피는 증가하는 쪽으로 흐른다.

**37** 어떤 팬이 1700[rpm]으로 회전할 때의 전압은 155[mmAq], 풍량은 240[m³/min]이다. 이것과 상사한 팬을 만들어 1650[rpm], 전압 200[mmAq]로 작동할 때 풍량은 약 몇 [m³/min]인가? (단, 공기의 밀도와 비속도는 두 경우에 같다고 가정한다.)

① 396  ② 386
③ 356  ④ 366

비속도 $N_s = n \dfrac{Q^{\frac{1}{2}}}{H^{\frac{3}{4}}}$

여기서, $N_s$ : 펌프의 비속도
 $n$ : 회전수[rpm]
 $Q$ : 유량[m³/min]
 $H$ : 양정[m]

비속도가 두 경우 같다고 했으므로, 비속도로 등식을 세운다.

$n_1 \dfrac{Q_1^{\frac{1}{2}}}{H_1^{\frac{3}{4}}} = n_2 \dfrac{Q_2^{\frac{1}{2}}}{H_2^{\frac{3}{4}}}$

$Q_2$로 정리한다.(등식의 성질, 지수법칙 이용)

$Q_2 = \left( \dfrac{n_1}{n_2} \times \dfrac{H_2^{\frac{3}{4}}}{H_1^{\frac{3}{4}}} \times Q_1^{\frac{1}{2}} \right)^2$

$= \left( \dfrac{1750}{1650} \times \dfrac{200^{\frac{3}{4}}}{155^{\frac{3}{4}}} \times 240^{\frac{1}{2}} \right)^2$

$= 396[\text{m}^3/\text{min}]$

**38** 유체의 거동을 해석하는 데 있어서 비점성유체에 대한 설명으로 옳은 것은?

① 실제 유체를 말한다.
② 전단응력이 존재하는 유체를 말한다.
③ 유체 유동시 마찰저항이 속도기울기에 비례하는 유체이다.
④ 유체 유동시 마찰저항을 무시한 유체를 말한다.

① 이상 유체를 말한다.
② 전단응력이 존재하지 않는 유체를 말한다.
③ 유체 유동 시 마찰저항을 무시한 유체를 말한다.

**39** 20[°C] 물 100[L]를 화재현장의 화염에 살수하였다. 물이 모두 끓는 온도(100[°C])까지 가열되는 동안 흡수하는 열량은 약 몇 [kJ]인가? (단, 물의 비열은 4.2[kJ/(kg·°C)]이다.)

① 500   ② 2000
③ 8000   ④ 33600

**해설** 현열량 $Q$
$Q = m \cdot c \cdot \triangle t$
$= 100[\text{kg}] \times 4.2[\text{kJ/kg} \cdot °\text{C}] \times (100-20[°\text{C}])$
$= 33600[\text{kJ}]$

\* 수증기에 대한 언급이 없으므로 잠열량($Q$)는 고려하지 않는다.

**40** 공기의 온도 $T_1$에서의 음속 $C_1$과 이보다 20K 높은 온도 $T_2$에서의 음속 $C_2$의 비가 $C_2/C_1 = 1.05$이면 $T_1$은 약 몇 도인가?

① 97K   ② 195K
③ 273K   ④ 300K

**해설** 음속과 온도의 관계
$\dfrac{C_2}{C_1} = \sqrt{\dfrac{T_2}{T_1}}$

$1.05 = \sqrt{\dfrac{T_1 + 20}{T_1}}$

$1.05^2 = \dfrac{T_1 + 20}{T_1} = 1 + \dfrac{20}{T_1}$

∴ $T_1 = 195.12[\text{k}] ≒ 195[\text{k}]$

**정답** 39.④ 40.②

# 제3회 소방설비기사[기계분야] 1차 필기

[제2과목 : 소방유체역학]

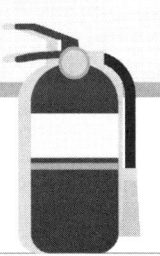

**21** 점성계수의 단위가 아닌 것은?

① poise
② dyne · s/cm$^2$
③ N · s/m$^2$
④ cm$^2$/s

**해설** 점성계수단위
1[poise]=1[g/cm · s]=1[dyne · s/cm$^2$]

**22** 그림과 같이 피스톤의 지름이 각각 25cm와 5cm이다. 작은 피스톤을 화살표 방향으로 20cm 만큼 움직일 경우 큰 피스톤이 움직이는 거리는 약 몇 mm인가? (단, 누설은 없고, 비압축성이라고 가정한다.)

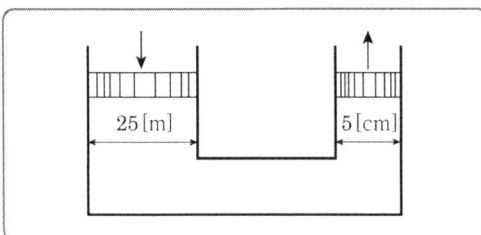

① 2
② 4
③ 8
④ 10

**해설** $F = \gamma h A$
여기서, $\gamma$ : 비중량
$h$ : 움직인 높이
$A$ : 단면적
$\gamma h_1 A_1 = \gamma h_2 A_2$
$h_1 A_1 = h_2 A_2$

큰 피스톤 $h_1 = \dfrac{A_2}{A_1} h_2 = \dfrac{\dfrac{\pi}{4} \times 5^2}{\dfrac{\pi}{4} \times 25^2} \times 20$
$= 0.8[cm] = 8[mm]$

**23** 다음 그림과 같이 설치한 피토 정압관의 액주계 눈금 $R = 100mm$일 때 ①에서의 물의 유속은 약 몇 m/s인가? (단, 액주계에 사용된 수은의 비중은 13.6이다.)

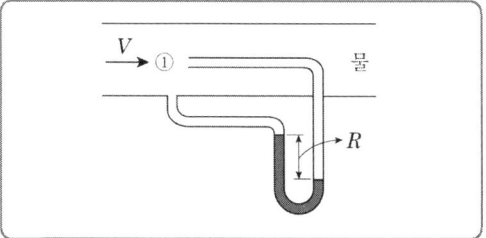

① 15.7
② 5.35
③ 5.16
④ 4.97

**해설** $V = \sqrt{2gh}$
여기서, $V$ : 유속(m/s)
$g$ : 중력가속도(9.8m/s$^2$)
$h$ : 높이(m) → ?

높이 $h = \dfrac{P}{\gamma}$

여기서, $h$ : 높이 ≒ 압력수두(m)
$P$ : 압력(N/m$^3$) → ?
$\gamma$ : 비중량(물의 비중량 9.88[N/m$^3$])

$\triangle P = P_2 - P_1 = (\gamma - \gamma_w)R$
$= (13.6 \times 9,800 - 9,800) \times 0.1m$
$= 12,348 N/m^2$

높이 $h = \dfrac{P}{\gamma} = \dfrac{12,348}{9,800} = 1.26[m]$
$V = \sqrt{2gh} = \sqrt{2 \times 9.8 \times 1.26} ≒ 4.97[m/s]$

**정답** 21.④ 22.③ 23.④

**24** 스프링클러 헤드의 방수량이 2배가 되면 방수압은 몇 배가 되는가?

① $\sqrt{2}$배   ② 2배
③ 4배   ④ 8배

해설
$Q = 0.653D^2\sqrt{10P}$
$Q \propto \sqrt{P}$
방수량 $\propto \sqrt{방수압}$
2배 = $\sqrt{방수압}$
$2^2$ = 방수압
4배

**25** 폭 2[m]의 수로 위에 그림과 같이 높이 3[m]의 판이 수직으로 설치되어 있다. 유속이 매우 느리고 상류의 수위는 3.5[m] 하류의 수위는 2.5[m]일 때, 물이 판에 작용하는 힘은 약 몇 [kN]인가?

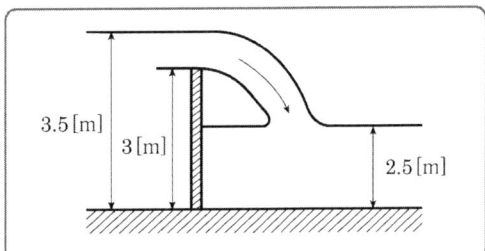

① 26.9
② 56.4
③ 76.2
④ 96.8

해설  작용하는 힘 $F = \gamma h A$
여기서, $\gamma$ : 비중량(물의 비중량 9,800[N/m³])
  $h$ : 표면에서 수분중심까지의 수직거리[m]
  $A$ : 단면적[m²]
$F = F_1 - F_2 = \gamma h_1 A_1 - \gamma h_2 A_2$
  $= 9800 \times 2 \times (3 \times 2) - 9800 \times 1.25 \times (2.5 \times 2)$
  $\fallingdotseq 56400[N] = 56.4[kN]$

**26** 그림과 같은 벤츄리관에 유량 3[m³/min]으로 물이 흐르고 있다. 단면 1의 직경이 20[cm], 단면 2의 직경이 10[cm]일 때 벤츄리 효과에 의한 물의 높이 차 $\triangle h$는 약 몇 [m]인가? (단, 모든 손실은 무시한다.)

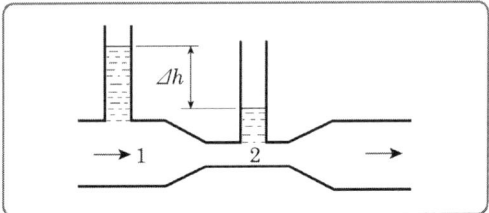

① 6.37   ② 1.94
③ 1.61   ④ 1.2

해설
$\dfrac{P_1}{\gamma} + \dfrac{V_1^2}{2g} + Z_1 = \dfrac{P_2}{\gamma} + \dfrac{V_2^2}{2g} + Z_2$
여기서, $V$ : 유속[m/s]
  $g$ : 중력가속도(9.8m/s²)
  $P$ : 압력[kPa]
  $\gamma$ : 비중량(물의 비중량 9800[N/m³])
  $Z_1, Z_2$ : 높이

모든 손실 무시하라고 하였으니,
$\dfrac{P_1}{\gamma} + \dfrac{V_1^2}{2g} + Z_1 = \dfrac{P_2}{\gamma} + \dfrac{V_2^2}{2g} + Z_2$
$\dfrac{V_1^2}{2g} + Z_1 = \dfrac{V_2^2}{2g} + Z_2$
높이차 $Z_1 - Z_2 = \dfrac{V_2^2}{2g} - \dfrac{V_1^2}{2g}$

$V_1, V_2$ 값 구하기
$V_1 = \dfrac{Q}{\dfrac{\pi D_1^2}{4}} = \dfrac{3\text{m}^3/\text{min}}{\dfrac{\pi (20\text{cm})^2}{4}}$

$= \dfrac{3\text{m}^3/60\text{s}}{\dfrac{\pi (0.2\text{m})^2}{4}}$

$= \dfrac{3\text{m}^3 \times 4}{\pi (0.2\text{m})^2 \times 60} \fallingdotseq 1.59\text{m/s}$

$$V_2 = \frac{Q}{\frac{\pi D_2^2}{4}} = \frac{3\text{m}^3/\text{min}}{\frac{\pi(10\text{cm})^2}{4}} = \frac{3\text{m}^3/60\text{s}}{\frac{\pi(0.1\text{m})^2}{4}}$$

$$= \frac{3\text{m}^3 \times 4}{\pi(0.1\text{m})^2 \times 60} ≒ 6.36\text{m/s}$$

따라서

높이차 $Z_1 - Z_2 = \frac{V_2^2}{2g} - \frac{V_1^2}{2g}$

$$= \frac{6.36^2}{2 \times 9.8} - \frac{1.59^2}{2 \times 9.8}$$

$(\because g = 9.8\text{m/s})$

$≒ 1.94\text{m}$

**27** Newton의 점성법칙에 대한 옳은 설명으로 모두 짝지은 것은?

㉮ 전단응력은 점성계수와 속도기울기의 곱이다.
㉯ 전단응력은 점성계수에 비례한다.
㉰ 전단응력은 속도기울기에 반비례한다.

① ㉮, ㉯
② ㉯, ㉰
③ ㉮, ㉰
④ ㉮, ㉯, ㉰

해설 전단응력 $\tau = \mu \cdot \frac{du}{dy}$

• $\mu$ : 점성계수
• $\frac{du}{dy}$ : 속도기울기

**28** 에너지선(EL)에 대한 설명으로 옳은 것은?

① 수력구배선보다 아래에 있다.
② 압력수두와 속도수두의 합이다.
③ 속도수두와 위치수도의 합이다.
④ 수력구배선보다 속도수두만큼 위에 있다.

해설 수력기울기선 + 속도수두 = 에너지선

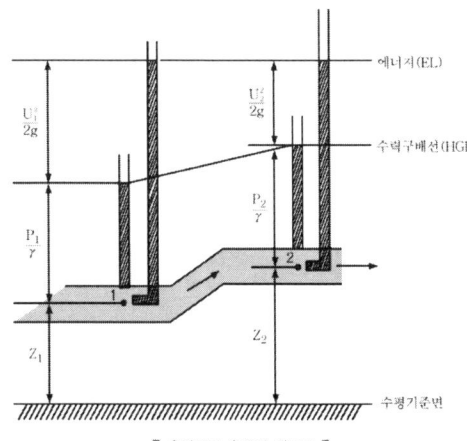

【 유관에서 유체의 에너지 】

**29** 그림과 같은 u자관 차압액주계에서 A와 B에 있는 유체는 물이고 그 중간의 유체는 수은(비중 13.6)이다. 또한 그림에서 $h_1 = 20$[cm], $h_2 = 30$[cm], $h_3 = 15$[cm]일 때 A의 압력($P_A$)과 B의 압력($P_B$)의 차이($P_A - P_B$)는 약 몇 kPa인가?

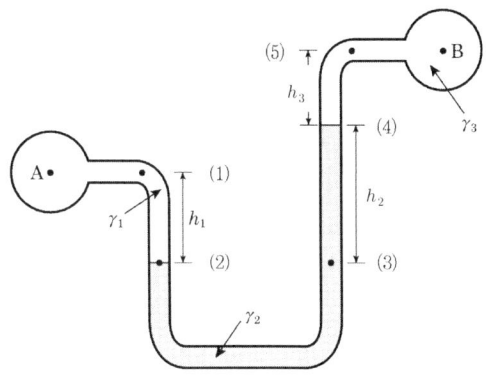

① 35.4
② 39.5
③ 44.7
④ 49.8

해설 $P_A + 9800 \times 0.2$
$= 13.6 \times 9800 \times 0.3 + 9800 \times 0.15 + P_B$
$P_A + 1960 = 41454 + P_B$
$P_A - P_B = 41454 - 1960 = 39494\text{Pa}$
$= 39.5\text{KPa}$

**30** 지름이 150mm인 원관에 비중이 0.85, 동점성계수가 $1.33 \times 10^{-4} \text{m}^2/\text{s}$ 기름이 $0.01\text{m}^3/\text{s}$의 유량으로 흐르고 있다. 이때 관 마찰계수는? (단, 임계 레이놀즈수는 2100이다.)

① 0.10  ② 0.14
③ 0.18  ④ 0.22

**해설**
$f = \dfrac{64}{Re\,No.} = \dfrac{64}{\dfrac{D \cdot u \cdot \rho}{\mu}} = \dfrac{64}{\dfrac{D \cdot u}{v}}$

$D = 150[\text{mm}] = 0.15[\text{m}]$
$v = 1.33 \times 10^{-4}[\text{m}^2/\text{s}]$
$u = 0.5658[\text{m/s}]$
$Q = A \cdot u$
$\rightarrow u = \dfrac{Q}{A} = \dfrac{0.01[\text{m}^3/\text{s}]}{\left(\dfrac{\pi}{4}\right)(0.15[\text{m}])^2} = 0.5658[\text{m/s}]$

$\therefore f = \dfrac{64}{\dfrac{0.15[\text{m}] \times 0.5658[\text{m/s}]}{1.33 \times 10^{-4}}} = 0.1$

**31** 지름 0.4m인 관에 물이 $0.5\text{m}^3/\text{s}$로 흐를 때 길이 300m에 대한 동력손실은 60kW이었다. 이때 관 마찰계수(f)는 얼마인가?

① 0.0151  ② 0.0202
③ 0.0256  ④ 0.0301

**해설**
$D = 0.4[\text{m}]$
$Q = 0.5[\text{m}^3/\text{s}]$
$L = 300[\text{m}]$
$h_L = f\dfrac{L}{D}\dfrac{u^2}{2g}$

• $Q = Au$
• $u = \dfrac{Q}{A} = \dfrac{0.5\text{m}^3/\text{s}}{\dfrac{\pi}{4} \times (0.4[\text{m}])^2} = 3.97[\text{m/s}]$

• $60[\text{kw}] = \dfrac{\gamma QH}{102\eta}k = \dfrac{1000 \times 0.5 \times H}{102}$
($\eta$, $k$는 조건에 없으므로 무시)
$\therefore H = 12.24[\text{m}]$

• $12.24 = f \times \dfrac{300}{0.4} \times \dfrac{3.97^2}{2 \times 9.8}$
$\therefore f = 0.0202$

**32** 다음과 같은 유동형태를 갖는 파이프 입구 영역의 유동에서 부차적 손실계수가 가장 큰 것은?

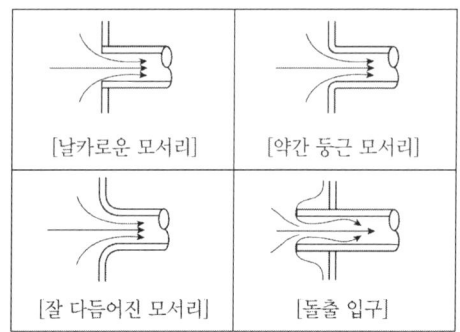

① 날카로운 모서리  ② 약간 둥근 모서리
③ 잘 다듬어진 모서리  ④ 돌출 입구

**해설** 부차적 손실계수

| 입구 유동조건 | 손실계수 |
| --- | --- |
| 잘 다듬어진 모서리<br>(많이 둥근 모서리) | 0.04 |
| 약간 둥근 모서리<br>(조금 둥근 모서리) | 0.2 |
| 날카로운 모서리<br>(직각 모서리) | 0.5 |
| 돌출 입구 | 0.8 |

**33** 관 내 물의 속도가 12m/s, 압력이 103kPa이다. 속도수두($H_V$)와 압력수두($H_P$)는 각각 약 몇 m인가?

① $H_V = 7.35$, $H_P = 9.8$
② $H_V = 7.35$, $H_P = 10.5$
③ $H_V = 6.52$, $H_P = 9.8$
④ $H_V = 6.52$, $H_P = 10.5$

**해설**
㉠ 속도수두($H_V$) = $\dfrac{u^2}{2g} = \dfrac{(12[\text{m/s}])^2}{(2)(9.8[\text{m/s}^2])}$
$= 7.346[\text{m}] \fallingdotseq 7.35[\text{m}]$

㉡ 압력수두($H_P$) = $\dfrac{P}{\gamma} = \dfrac{103[\text{kN/m}^2]}{9.8[\text{kN/m}^3]}$
$= 10.51[\text{m}] \fallingdotseq 10.5[\text{m}]$

**정답** 30.① 31.② 32.④ 33.②

**34** 일률(시간당 에너지)의 차원을 기본 차원인 M(질량), L(길이), T(시간)로 올바르게 표시한 것은?

① $L^2T^{-2}$
② $MT^{-2}L^{-1}$
③ $ML^2T^{-2}$
④ $ML^2T^{-3}$

**해설** 일률(=동력)

$$W = \frac{J}{s} = \frac{N \cdot m}{s} \quad (\because J = N \cdot m)$$

$$= \frac{(kg \cdot m/s^2) \cdot (m)}{s} = kg \cdot m^2/s^3$$

$\therefore ML^2T^{-3}$

**35** 초기 상태에서 압력 100kPa, 온도 15℃인 공기가 있다. 공기의 부피가 초기 부피의 1/20이 될 때까지 가역단열 압축할 때 압축 후의 온도는 약 몇 ℃인가? (단, 공기의 비열비는 1.4이다)

① 54℃
② 348℃
③ 682℃
④ 912℃

**해설** 가역단열과정

$$\frac{T_2}{T_1} = \left(\frac{V_1}{V_2}\right)^{k-1} = \left(\frac{P_2}{P_1}\right)^{\frac{k-1}{k}}$$

- $V_1 = 1$, $V_2 = \frac{1}{20}$

- $\frac{T_2}{T_1} = \left(\frac{V_1}{V_2}\right)^{k-1}$

- $\frac{T_2}{15+273[K]} = \left(\frac{1}{\frac{1}{20}}\right)^{1.4-1}$

$\therefore T_2 = 954.56[K] = 681.56[℃] ≒ 682[℃]$

**! Reference**
① 가역단열압축 : 열기관이 일을 받은 만큼 내부에너지가 증가하며, 기체의 온도가 증가한다.
② 가역단열팽창 : 열기관이 일을 한 만큼 내부에너지가 작아지며, 기체의 온도가 감소한다.

**36** 회전속도 N[rpm]일 때 송출량 $Q[m^3/min]$, 전양정 H[m]인 원심펌프를 상사한 조건에서 회전속도를 1.4N[rpm]으로 바꾸어 작동할 때 유량 및 전양정은?

① 1.4Q, 1.4H
② 1.4Q, 1.96H
③ 1.96Q, 1.4H
④ 1.96Q, 1.96H

**해설** 상사의 법칙

$$Q_2 = Q_1 \times \left(\frac{N_2}{N_1}\right)$$

$$H_2 = H_1 \times \left(\frac{N_2}{N_1}\right)^2$$

$$P_2 = P_1 \times \left(\frac{N_2}{N_1}\right)^3$$

$Q$ : 풍량  $H$ : 전압  $P$ : 축동력  $N$ : 회전수

㉠ $Q_2 = Q \times \left(\frac{1.4N}{N}\right) = 1.4Q$

㉡ $H_2 = H \times \left(\frac{1.4N}{N}\right)^2 = 1.96H$

**37** 비중이 0.89이며 중량이 35N인 유체의 체적은 약 몇 $m^3$인가?

① $0.13 \times 10^{-3}$
② $2.43 \times 10^{-3}$
③ $3.03 \times 10^{-3}$
④ $4.01 \times 10^{-3}$

**해설** 해당 유체의 비중량 $\gamma$ = 비중 × 물의 비중량
$= 0.89 \times 9,800[N/m^3]$
$= 8,722[N/m^3]$

$\therefore$ 체적$(V) = \frac{중량(W)}{비중량(\gamma)}$

$= \frac{35N}{8,722N/m^3}$

$= 0.004012...$

$≒ 4.01 \times 10^{-3}[m^3]$

**정답** 34.④ 35.③ 36.② 37.④

**38** 열전도도가 0.08W/m·K인 단열재의 고온부가 75℃, 저온부가 20℃이다. 단위 면적당 열손실이 200W/m² 인 경우의 단열재 두께는 몇 mm인가?

① 22　　② 45
③ 55　　④ 80

**해설** 단위면적당 열손실량

$$Q[\text{W/m}^2] = \frac{\lambda[\text{W/m·K}] \times \Delta t[\text{K}]}{L[\text{m}]}$$

$$200[\text{W/m}^2] = \frac{0.08[\text{W/m·K}] \times (75-20[\text{K}])}{L[\text{m}]}$$

$$\therefore L = 0.022[\text{m}] = 22[\text{mm}]$$

**39** 다음은 어떤 열역학 법칙을 설명한 것인가?

열은 고온 열원에서 저온의 물체로 이동하나, 반대로 스스로 돌아갈 수 없는 비가역 변화이다.

① 열역학 제0법칙　　② 열역학 제1법칙
③ 열역학 제2법칙　　④ 열역학 제3법칙

**해설** 열역학 법칙
㉠ 열역학 제0법칙(열의 평형법칙)
　열평형상태에 있는 물체의 온도는 같다(온도계의 원리).
㉡ 열역학 제1법칙(에너지보존의 법칙)
　ⓐ 열과 일은 서로 교환이 가능하다.
　ⓑ 열전달의 총합은 이루어진 일의 총합과 같다.
㉢ 열역학 제2법칙
　ⓐ 열은 스스로 저온에서 고온으로 이동불가
　ⓑ 효율이 100%인 열기관은 없다.
　ⓒ 자발적인 반응은 비가역적이다.
　ⓓ 엔트로피는 증가하는 쪽으로 흐른다.

**40** 안지름 10cm의 관로에서 마찰손실수두가 속도수두와 같다면 그 관로의 길이는 약 몇 m인가? (단, 관마찰계수는 0.03이다.)

① 1.58　　② 2.54
③ 3.33　　④ 4.52

**해설**
• 달시-와이스바하 방정식

$$h_1 = f \cdot \frac{L}{D} \cdot \frac{V^2}{2g}$$

$$= (0.03) \times \left(\frac{L[\text{m}]}{0.1[\text{m}]}\right) \times \frac{V^2}{(2)(9.8[\text{m/s}^2])}$$

• 속도수두 $h = \dfrac{V^2}{2g}$

$$\therefore 0.03 \times \frac{L[\text{m}]}{0.1[\text{m}]} \times \frac{V^2}{(2)(9.8[\text{m/s}^2])} = \frac{V^2}{(2)(9.8[\text{m/s}^2])}$$

$$\therefore L[\text{m}] = 3.33[\text{m}]$$

정답　38.①　39.③　40.③

CHAPTER 03

[제 3 과목]
# 소방관계법규

소방설비기사 기출문제집 [필기]

# 2015년 제1회 소방설비기사[기계분야] 1차 필기
### [제3과목 : 소방관계법규]

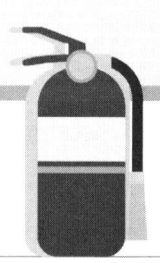

**41** 위험물법령에서 규정하는 제3류 위험물의 품명에 속하는 것은?

① 나트륨
② 염소산염류
③ 무기과산화물
④ 유기과산화물

**해설** 위험물법 시행령 [별표 1]
▶ 위험물 및 지정수량

| 위험물 | | | 지정 수량 |
|---|---|---|---|
| 유별 | 성질 | 품명 | |
| 제3류 | 자연 발화성 물질 및 금수성 물질 | 1. 칼륨 | 10[kg] |
| | | 2. 나트륨 | 10[kg] |
| | | 3. 알킬알루미늄 | 10[kg] |
| | | 4. 알킬리튬 | 10[kg] |
| | | 5. 황린 | 20[kg] |
| | | 6. 알칼리금속(칼륨 및 나트륨을 제외한다.) 및 알칼리토금속 | 50[kg] |
| | | 7. 유기금속화합물(알킬알루미늄 및 알킬리튬을 제외한다.) | 50[kg] |
| | | 8. 금속의 수소화물 | 300[kg] |
| | | 9. 금속의 인화물 | 300[kg] |
| | | 10. 칼슘 또는 알루미늄의 탄화물 | 300[kg] |
| | | 11. 그 밖에 행정안전부령으로 정하는 것 | 10[kg], 20[kg], 50[kg] 또는 300[kg] |
| | | 12. 제1호 내지 제11호의 1에 해당하는 어느 하나 이상을 함유한 것 | |

**42** 화재안전조사 결과 화재예방을 위하여 필요한 때 관계인에게 소방대상물의 개수·이전·제거, 사용의 금지 또는 제한 등의 필요한 조치를 명할 수 있는 사람이 아닌 것은?

① 소방서장
② 소방본부장
③ 소방청장
④ 시·도지사

**해설** 화재예방법 제14조(화재안전조사 결과에 따른 조치명령)
① 소방관서장은 화재안전조사 결과에 따른 소방대상물의 위치·구조·설비 또는 관리의 상황이 화재예방을 위하여 보완될 필요가 있거나 화재가 발생하면 인명 또는 재산의 피해가 클 것으로 예상되는 때에는 행정안전부령으로 정하는 바에 따라 관계인에게 그 소방대상물의 개수(改修)·이전·제거, 사용의 금지 또는 제한, 사용폐쇄, 공사의 정지 또는 중지, 그 밖에 필요한 조치를 명할 수 있다.
② 소방관서장은 화재안전조사 결과 소방대상물이 법령을 위반하여 건축 또는 설비되었거나 소방시설등, 피난시설·방화구획, 방화시설 등이 법령에 적합하게 설치 또는 관리되고 있지 아니한 경우에는 관계인에게 제1항에 따른 조치를 명하거나 관계 행정기관의 장에게 필요한 조치를 하여 줄 것을 요청할 수 있다.

**43** 소방시설관리사 시험을 시행하고자 하는 때에는 응시자격등 필요한 사항을 시험 시행일 며칠 전까지 소방청 홈페이지 등에 공고하여야 하는가?

① 15일
② 30일
③ 60일
④ 90일

**해설** 소방시설법 시행령 제42조(시험의 시행 및 공고)
① 관리사시험은 1년마다 1회 시행하는 것을 원칙으로 하되, 소방청장이 필요하다고 인정하는 경우에는 그 횟수를 늘리거나 줄일 수 있다.

**정답** 41.① 42.④ 43.④

② 소방청장은 관리사시험을 시행하려면 응시자격, 시험과목, 일시·장소 및 응시절차 등에 관하여 필요한 사항을 모든 응시 희망자가 알 수 있도록 관리사시험 시행일 90일 전까지 1개 이상의 소방청 홈페이지에 공고하여야 한다.

**44** 소방대장은 화재, 재난·재해, 그 밖의 위급한 상황이 발생한 현장에 소방활동구역을 정하여 지정한 사람 외에는 그 구역에 출입하는 것을 제한할 수 있다. 소방활동구역을 출입할 수 없는 사람은?

① 의사·간호사 그 밖의 구조·구급업무에 종사하는 사람
② 수사업무에 종사하는 사람
③ 소방활동구역 밖의 소방대상물을 소유한 사람
④ 전기·가스 등의 업무에 종사하는 사람으로서 원활한 소방활동을 위하여 필요한 사람

**해설** 기본법 시행령 제8조(소방활동구역의 출입자)
1. 소방활동구역 안에 있는 소방대상물의 소유자·관리자 또는 점유자
2. 전기·가스·수도·통신·교통의 업무에 종사하는 사람으로서 원활한 소방활동을 위하여 필요한 사람
3. 의사·간호사 그 밖의 구조·구급업무에 종사하는 사람
4. 취재인력 등 보도업무에 종사하는 사람
5. 수사업무에 종사하는 사람
6. 그 밖에 소방대장이 소방활동을 위하여 출입을 허가한 사람

**45** 소방공사업자가 소방시설공사를 마친 때에는 완공검사를 받아야 하는데 완공검사를 위한 현장확인을 할 수 있는 특정 소방대상물의 범위에 속하지 않는 것은? (단, 가스계소화설비를 설치하지 않는 경우이다.)

① 문화 및 집회시설
② 노유자시설
③ 지하상가
④ 의료시설

**해설** 완공검사 현장확인 소방대상물
1. 문화 및 집회시설, 종교시설, 판매시설, 노유자(老幼者)시설, 수련시설, 운동시설, 숙박시설, 창고시설, 지하상가 및 「다중이용업소의 안전관리에 관한 특별법」에 따른 다중이용업소
2. 다음 각 목의 어느 하나에 해당하는 설비가 설치되는 특정소방대상물
  가. 스프링클러설비 등
  나. 물분무등소화설비(호스릴방식의 소화설비는 제외한다)
3. 연면적 1만제곱미터 이상이거나 11층 이상인 특정소방대상물(아파트는 제외한다)
4. 가연성 가스를 제조·저장 또는 취급하는 시설 중 지상에 노출된 가연성 가스탱크의 저장용량 합계가 1천톤 이상인 시설

**46** 제조소등의 위치·구조 또는 설비의 변경 없이 당해 제조소 등에서 저장하거나 취급하는 위험물의 품명·수량 또는 지정수량의 배수를 변경하고자 할 때는 누구에게 신고해야 하는가?

① 국무총리
② 시·도지사
③ 소방청장
④ 관할소방서장

**해설** 위험물법 제6조(위험물시설의 설치 및 변경 등)
① 제조소등을 설치하고자 하는 자는 대통령령이 정하는 바에 따라 그 설치장소를 관할하는 특별시장·광역시장·특별자치시장·도지사 또는 특별자치도지사("시·도지사")의 허가를 받아야 한다. 제조소등의 위치·구조 또는 설비 가운데 행정안전부령이 정하는 사항을 변경하고자 하는 때에도 또한 같다.
② 제조소등의 위치·구조 또는 설비의 변경없이 당해 제조소 등에서 저장하거나 취급하는 위험물의 품명·수량 또는 지정수량의 배수를 변경하고자 하는 자는 변경하고자 하는 날의 1일 전까지 행정안전부령이 정하는 바에 따라 시·도지사에게 신고하여야 한다.

**47** 하자를 보수하여야 하는 소방시설에 따른 하자보수 보증기간의 연결이 옳은 것은?

① 무선통신보조설비 : 3년
② 상수도소화용수설비 : 3년
③ 피난기구 : 3년
④ 자동화재탐지설비 : 2년

정답 44.③ 45.④ 46.② 47.②

**해설** 공사업법 시행령 제6조(하자보수 대상 소방시설과 하자보수 보증기간)
1. 피난기구, 유도등, 유도표지, 비상경보설비, 비상조명등, 비상방송설비 및 무선통신보조설비 : 2년
2. 자동소화장치, 옥내소화전설비, 스프링클러설비, 간이스프링클러설비, 물분무등소화설비, 옥외소화전설비, 자동화재탐지설비, 상수도소화용수설비 및 소화활동설비(무선통신보조설비는 제외한다) : 3년

**48** 1급 소방안전관리 대상물에 해당하는 건축물은?

① 연면적 15,000[m²] 이상인 동물원
② 층수가 15층인 업무시설
③ 층수가 20층인 아파트
④ 지하구

**해설** 소방시설법 시행령
▶ 1급 소방안전관리대상물
특정소방대상물 중 특급 소방안전관리대상물을 제외한 다음의 어느 하나에 해당하는 것으로서 동·식물원, 철강 등 불연성 물품을 저장·취급하는 창고, 위험물 저장 및 처리시설 중 위험물 제조소등, 지하구를 제외한 것
가. 30층 이상(지하층은 제외한다)이거나 지상으로부터 높이가 120미터 이상인 아파트
나. 연면적 1만5천제곱미터 이상인 특정소방대상물(아파트는 제외한다)
다. 나목에 해당하지 아니하는 특정소방대상물로서 층수가 11층 이상인 특정소방대상물(아파트는 제외한다)
라. 가연성 가스를 1천톤 이상 저장·취급하는 시설

**49** 피난시설, 방화구획 및 방화시설을 폐쇄·훼손·변경 등의 행위를 3차 이상 위반한 자에 대한 과태료는?

① 2백만 원
② 3백만 원
③ 5백만 원
④ 1천만 원

**해설** 소방시설법 시행령 [별표 10] 과태료의 부과기준

| 위반행위 | 근거 법조문 | 과태료 금액 (단위 : 만 원) |||
|---|---|---|---|---|
| | | 1차 위반 | 2차 위반 | 3차 이상 위반 |
| 다. 법 제6조제1항을 위반하여 피난시설, 방화구획 또는 방화시설을 폐쇄·훼손·변경하는 등의 행위를 한 경우 | 법 제61조 제1항 제3호 | 100 | 200 | 300 |

**50** 관계인이 예방규정을 정하여야 하는 옥외저장소는 지정 수량의 몇 배 이상의 위험물을 저장하는 것을 말하는가?

① 10배
② 100배
③ 150배
④ 200배

**해설** 위험물법 시행령 제15조(관계인이 예방규정을 정하여야 하는 제조소 등)
1. 지정수량의 10배 이상의 위험물을 취급하는 제조소
2. 지정수량의 100배 이상의 위험물을 저장하는 옥외저장소
3. 지정수량의 150배 이상의 위험물을 저장하는 옥내저장소
4. 지정수량의 200배 이상의 위험물을 저장하는 옥외탱크저장소
5. 암반탱크저장소
6. 이송취급소
7. 지정수량의 10배 이상의 위험물을 취급하는 일반취급소. 다만, 제4류 위험물(특수인화물은 제외)만을 지정수량의 50배 이하로 취급하는 일반취급소(제1석유류·알코올류의 취급량이 지정수량의 10배 이하인 경우에 한한다)로서 다음 각목의 어느 하나에 해당하는 것을 제외한다.
가. 보일러·버너 또는 이와 비슷한 것으로서 위험물을 소비하는 장치로 이루어진 일반취급소
나. 위험물을 용기에 옮겨담거나 차량에 고정된 탱크로 주입하는 일반취급소

**51** 다음의 위험물 중에서 위험물법령에서 정하고 있는 지정수량이 가장 적은 것은?

① 브로민산염류
② 황
③ 알칼리토금속
④ 과염소산

**해설** 지정수량
① 브로민산염류 : 300[kg]
② 황 : 100[kg]
③ 알칼리토금속 : 50[kg]
④ 과염소산 : 300[kg]

**52** 기본법에서 규정하는 소방용수시설에 대한 설명으로 틀린 것은?

① 시·도지사는 소방활동에 필요한 소화전·급수탑·저수조를 설치하고 유지·관리하여야 한다.
② 소방본부장 또는 소방서장은 원활한 소방활동을 위하여 소방용수시설에 대한 조사를 월 1회 이상 실시하여야 한다.
③ 소방용수시설 조사의 결과는 2년간 보관하여야 한다.
④ 수도법의 규정에 따라 설치된 소화전도 시·도지사가 유지·관리해야 한다.

**해설** 기본법 제10조(소방용수시설의 설치 및 관리 등) 제1항
시·도지사는 소방활동에 필요한 소화전(消火栓)·급수탑(給水塔)·저수조(貯水槽)("소방용수시설")를 설치하고 유지·관리하여야 한다. 다만, 「수도법」 제45조에 따라 소화전을 설치하는 일반수도사업자는 관할 소방서장과 사전협의를 거친 후 소화전을 설치하여야 하며, 설치 사실을 관할 소방서장에게 통지하고, 그 소화전을 유지·관리하여야 한다.

**53** 무창층 여부 판단 시 개구부 요건기준으로 옳은 것은?

① 해당 층의 바닥면으로부터 개구부 밑부분까지의 높이가 1.5[m] 이내일 것
② 개구부의 크기가 지름 50[cm] 이상의 원이 내접할 수 있을 것
③ 개구부는 도로 또는 차량이 진입할 수 없는 빈터를 향할 것
④ 내부 또는 외부에서 쉽게 파괴 또는 개방할 수 없을 것

**해설** 소방시설법 시행령 제2조(정의)
"무창층(無窓層)"이란 지상층 중 다음 각 목의 요건을 모두 갖춘 개구부(건축물에서 채광·환기·통풍 또는 출입 등을 위하여 만든 창·출입구, 그 밖에 이와 비슷한 것을 말한다)의 면적의 합계가 해당 층의 바닥면적의 30분의 1 이하가 되는 층을 말한다.
가. 크기는 지름 50센티미터 이상의 원이 내접(內接)할 수 있는 크기일 것
나. 해당 층의 바닥면으로부터 개구부 밑부분까지의 높이가 1.2미터 이내일 것
다. 도로 또는 차량이 진입할 수 있는 빈터를 향할 것
라. 화재 시 건축물로부터 쉽게 피난할 수 있도록 창살이나 그 밖의 장애물이 설치되지 아니할 것
마. 내부 또는 외부에서 쉽게 부수거나 열 수 있을 것

**54** 아파트로서 층수가 20층인 특정소방대상물에는 몇 층 이상의 층에 스프링클러설비를 설치해야 하는가?

① 6층　　② 11층
③ 16층　　④ 전층

**해설** 소방시설법 시행령 [별표 4]
층수가 6층 이상인 특정 소방대상물에는 모든 층에 스프링클러설비를 설치하여야 한다.

**55** 소방시설업을 등록할 수 있는 사람은?

① 피성년후견인
② 기본법에 따른 금고 이상의 실형을 선고 받고 그 집행이 종료된 후 1년이 경과한 사람
③ 위험물법에 따른 금고 이상의 형의 집행유예를 선고받고 그 유예기간 중에 있는 사람
④ 등록하려는 소방시설업 등록이 취소된 날부터 2년이 경과한 사람

**정답** 51.③　52.④　53.②　54.④　55.④

**해설** 공사업법 제5조(등록의 결격사유)
다음 각 호의 어느 하나에 해당하는 자는 소방시설업을 등록할 수 없다.
1. 피성년후견인
2. 삭제 〈2015.7.20.〉
3. 이 법, 「기본법」, 「소방시설법」, 「화재예방법」 또는 「위험물법」에 따른 금고 이상의 실형을 선고받고 그 집행이 끝나거나(집행이 끝난 것으로 보는 경우를 포함한다) 면제된 날부터 2년이 지나지 아니한 사람
4. 이 법, 「기본법」, 「소방시설법」, 「화재예방법」 또는 「위험물법」에 따른 금고 이상의 형의 집행유예를 선고받고 그 유예기간 중에 있는 사람
5. 등록하려는 소방시설업 등록이 취소된 날부터 2년이 지나지 아니한 자
6. 법인의 대표자가 제1호부터 제5호까지의 규정에 해당하는 경우 그 법인
7. 법인의 임원이 제3호부터 제5호까지의 규정에 해당하는 경우 그 법인

## 56 소방시설법령에서 규정하는 소방용품 중 경보설비를 구성하는 제품 또는 기기에 해당하지 않는 것은?

① 비상조명등  ② 누전경보기
③ 발신기      ④ 감지기

**해설** 소방시설법 시행령 [별표 3] 소방용품
▶ 경보설비
1. 소화설비를 구성하는 제품 또는 기기
   가. 소화기구(소화약제 외의 것을 이용한 간이소화용구는 제외한다)
   나. 자동소화장치
   다. 소화설비를 구성하는 소화전, 송수구, 관창(菅槍), 소방호스, 스프링클러헤드, 기동용 수압개폐장치, 유수제어밸브 및 가스관 선택밸브
2. 경보설비를 구성하는 제품 또는 기기
   가. 누전경보기 및 가스누설경보기
   나. 경보설비를 구성하는 발신기, 수신기, 중계기, 감지기 및 음향장치(경종만 해당한다)
3. 피난구조설비를 구성하는 제품 또는 기기
   가. 피난사다리, 구조대, 완강기(간이완강기 및 지지대를 포함한다)
   나. 공기호흡기(충전기를 포함한다)
   다. 피난구유도등, 통로유도등, 객석유도등 및 예비전원이 내장된 비상조명등
4. 소화용으로 사용하는 제품 또는 기기
   가. 소화약제(상업용 주방자동소화장치, 캐비닛형 자동소화장치와 소화설비용만 해당한다)
   나. 방염제(방염액·방염도료 및 방염성 물질을 말한다)
5. 그 밖에 행정안전부령으로 정하는 소방 관련 제품 또는 기기

## 57 제4류 위험물을 저장하는 위험물제조소의 주의사항을 표시한 게시판의 내용으로 적합한 것은?

① 화기엄금
② 물기엄금
③ 화기주의
④ 물기주의

**해설** 위험물법 시행규칙 [별표 4] 제조소의 위치·구조 및 설비의 기준 Ⅲ. 표지 및 게시판의 2호 참조
제조소에는 보기 쉬운 곳에 다음 각 기준에 따라 방화에 관하여 필요한 사항을 게시한 게시판을 설치하여야 한다.
가. 게시판은 한 변의 길이가 0.3[m] 이상, 다른 한 변의 길이가 0.6[m] 이상인 직사각형으로 할 것
나. 게시판에는 저장 또는 취급하는 위험물의 유별·품명 및 저장최대수량 또는 취급최대수량, 지정수량의 배수 및 안전관리자의 성명 또는 직명을 기재할 것
다. 나목의 게시판의 바탕은 백색으로, 문자는 흑색으로 할 것
라. 나목의 게시판 외에 저장 또는 취급하는 위험물에 따라 다음의 규정에 의한 주의사항을 표시한 게시판을 설치할 것
   1) 제1류 위험물 중 알칼리금속의 과산화물과 이를 함유한 것 또는 제3류 위험물 중 금수성 물질에 있어서는 "물기엄금"
   2) 제2류 위험물(인화성 고체를 제외한다)에 있어서는 "화기주의"
   3) 제2류 위험물 중 인화성 고체, 제3류 위험물 중 자연발화성 물질, 제4류 위험물 또는 제5류 위험물에 있어서는 "화기엄금"
마. 라목의 게시판의 색은 "물기엄금"을 표시하는 것에 있어서는 청색바탕에 백색문자로, "화기주의" 또는 "화기엄금"을 표시하는 것에 있어서는 적색바탕에 백색문자로 할 것

## 03. 소방관계법규

**58** 위험물법령에 의하여 자체소방대에 배치해야 하는 화학소방자동차의 구분에 속하지 않는 것은?

① 포수용액 방사차
② 고가 사다리차
③ 제독차
④ 할로겐화합물 방사차

**해설** 기본법 시행규칙 [별표 1의2] 국고보조의 대상이 되는 소방활동장비 및 설비의 종류와 규격

| 종류 | |
|---|---|
| 소방자동차 | 펌프차 |
| | 물탱크소방차 |
| | 화학소방차 |
| | 사다리소방차 (고가사다리차 포함) |
| | 조명차 |
| | 배연차 |
| | 구조차 |
| | 구급차 |

※ 고가사다리차는 화학소방차에 속하지 않는다.

**59** 소방력의 기준에 따라 관할구역 안의 소방력을 확충하기 위한 필요 계획을 수립하여 시행하는 사람은?

① 소방서장
② 소방본부장
③ 시·도지사
④ 자치소방대장

**해설** 기본법 제8조(소방력의 기준 등)
① 소방기관이 소방업무를 수행하는 데 필요한 인력과 장비 등 ["소방력(消防力)"]에 관한 기준은 행정안전부령으로 정한다.
② 시·도지사는 ①에 따른 소방력의 기준에 따라 관할구역의 소방력을 확충하기 위하여 필요한 계획을 수립하여 시행하여야 한다.

**60** 다음 소방시설 중 소화활동설비가 아닌 것은?

① 제연설비
② 연결송수관설비
③ 무선통신보조설비
④ 자동화재탐지설비

**해설** 소방시설법 시행령 [별표 1] 소방시설
▶ 소화활동설비의 종류
가. 제연설비
나. 연결송수관설비
다. 연결살수설비
라. 비상콘센트설비
마. 무선통신보조설비
바. 연소방지설비

**정답** 58.② 59.③ 60.④

# 2015년 제2회 소방설비기사[기계분야] 1차 필기

[제3과목 : 소방관계법규]

**41** 제4류 위험물로서 제1석유류인 수용성 액체의 지정수량은 몇 리터인가?

① 100[L]     ② 200[L]
③ 300[L]     ④ 400[L]

**해설** 4류 위험물의 지정수량

| 위험등급 | 품 명 | | 지정수량 |
|---|---|---|---|
| Ⅰ등급 | 특수인화물 | | 50[L] |
| Ⅱ등급 | 제1석유류 | 비수용성 액체 | 200[L] |
| | | 수용성 액체 | 400[L] |
| | 알코올류 | | 400[L] |
| Ⅲ등급 | 제2석유류 | 비수용성 액체 | 1,000[L] |
| | | 수용성 액체 | 2,000[L] |
| | 제3석유류 | 비수용성 액체 | 2,000[L] |
| | | 수용성 액체 | 4,000[L] |
| | 제4석유류 | | 6,000[L] |
| | 동·식물유류 | | 10,000[L] |

**42** 제1류 위험물 산화성 고체에 해당하는 것은?

① 질산염류
② 특수인화물
③ 과염소산
④ 유기과산화물

**해설** ① 질산염류 : 1류 위험물(산화성 고체)
② 특수인화물 : 4류 위험물(인화성 액체)
③ 과염소산 : 6류 위험물(산화성 액체)
④ 유기과산화물 : 5류 위험물(자기연소성 물질)

**43** 특정소방대상물 중 노유자시설에 해당되지 않는 것은?

① 요양병원
② 아동복지시설
③ 장애인직업재활시설
④ 노인의료복지시설

**해설** 요양병원은 의료시설 중 병원에 해당된다.

**44** 위험물 제조소등에 자동화재탐지설비를 설치하여야 할 대상은?

① 옥내에서 지정수량 50배의 위험물을 저장·취급하고 있는 일반취급소
② 하루에 지정수량 50배의 위험물을 제조하고 있는 제조소
③ 지정수량의 100배의 위험물을 저장·취급하고 있는 옥내저장소
④ 연면적 100[m²] 이상의 제조소

**해설** 위험물법 시행규칙 [별표 17](소화설비, 경보설비 및 피난설비의 기준)
1. 제조소 및 일반취급소 중
   ㉠ 연면적 500[m²] 이상
   ㉡ 옥내에서 지정수량의 100배 이상을 취급하는 것
2. 옥내저장소 중
   ㉠ 지정수량의 100배 이상을 저장, 취급하는 것
   ㉡ 저장창고의 연면적 150[m²]를 초과하는 것
   ㉢ 처마높이가 6[m] 이상인 단층건물의 것
3. 옥내탱크저장소로서 단층건물 외의 건축물이 설치된 것
4. 옥내 주유취급소

**정답** 41.④  42.①  43.①  44.③

**45** "무창층"이라 함은 지상층 중 개구부 면적의 합계가 해당 층의 바닥면적의 얼마 이하가 되는 층을 말하는가?

① $\frac{1}{3}$  ② $\frac{1}{10}$
③ $\frac{1}{30}$  ④ $\frac{1}{300}$

**해설** 소방시설법 시행령 제2조(정의) 제1호 참조
"무창층(無窓層)"이라 함은 지상층 중 다음 각목의 요건을 갖춘 개구부의 면적의 합계가 당해 층의 바닥면적의 30분의 1 이하가 되는 층을 말한다.
가. 개구부의 크기가 지름 50센티미터 이상의 원이 내접할 수 있을 것
나. 해당 층의 바닥면으로부터 개구부 밑부분까지의 높이가 1.2미터 이내일 것
다. 개구부는 도로 또는 차량이 진입할 수 있는 빈터를 향할 것
라. 화재 시 건축물로부터 쉽게 피난할 수 있도록 개구부에 창살 그 밖의 장애물이 설치되지 아니할 것
마. 내부 또는 외부에서 쉽게 파괴 또는 개방할 수 있을 것

**46** 시·도지사가 소방시설업의 등록취소처분이나 영업정지처분을 하고자 할 경우 실시하여야 하는 것은?

① 청문을 실시하여야 한다.
② 징계위원회의 개최를 요구하여야 한다.
③ 직권으로 취소 처분을 결정하여야 한다.
④ 소방기술심의위원회의 개최를 요구하여야 한다.

**해설** 공사업법 제32조(청문)
소방시설업 등록취소처분이나 영업정지처분 또는 소방기술 인정 자격취소처분을 하려면 청문을 하여야 한다.

**47** 고형알코올 그 밖에 1기압 상태에서 인화점이 40℃ 미만인 고체에 해당하는 것은?

① 가연성고체
② 산화성고체
③ 인화성고체
④ 자연발화성물질

**해설** 2류 위험물 중 1기압에서 인화점이 40[℃] 미만인 고체 위험물을 인화성 고체라 하며, 위험등급 3등급에 해당된다.

**48** 소방시설업자가 특정소방대상물의 관계인에 대한 통보 의무사항이 아닌 것은?

① 지위를 승계한 때
② 등록취소 또는 영업정지 처분을 받은 때
③ 휴업 또는 폐업한 때
④ 주소지가 변경된 때

**해설** 공사업법 제8조(소방시설업의 운영) 제3항
소방시설업자는 다음 각 호의 어느 하나에 해당하는 경우에는 소방시설공사 등을 맡긴 특정소방대상물의 관계인에게 지체없이 그 사실을 알려야 한다.
1. 제7조에 따라 소방시설업자의 지위를 승계한 경우
2. 제9조제1항에 따라 소방시설업의 등록취소처분 또는 영업정지처분을 받은 경우
3. 휴업하거나 폐업한 경우

**49** 다음 중 특수가연물에 해당되지 않는 것은?

① 나무껍질 500[kg]
② 가연성 고체류 2,000[kg]
③ 목재가공품 15[m³]
④ 가연성 액체류 3[m³]

**해설** 특수가연물의 종류

| 품명 | | 지정수량 |
|---|---|---|
| 면화류 | | 200[kg] |
| 나무껍질 및 대팻밥 | | 400[kg] |
| 넝마 및 종이부스러기 | | 1,000[kg] |
| 볏짚류 | | 1,000[kg] |
| 사류 | | 1,000[kg] |
| 가연성 고체류 | | 3,000[kg] |
| 석탄 및 목탄 | | 10,000[kg] |
| 목재가공품 및 나무부스러기 | | 10[m³] |
| 가연성 액체류 | | 2[m³] |
| 합성수지류 | 발포시킨 것 | 20[m³] |
| | 기타의 것 | 3,000[kg] |

**50** 다음은 기본법의 목적을 기술한 것이다. ( ㉠ ), ( ㉡ ), ( ㉢ )에 들어갈 내용으로 알맞은 것은?

> "화재를 ( ㉠ )·( ㉡ )하거나 ( ㉢ )하고 화재, 재난·재해 그 밖의 위급한 상황에서의 구조·구급활동 등을 통하여 국민의 생명·신체 및 재산을 보호함으로써 공공의 안녕질서 유지와 복리증진에 이바지함을 목적으로 한다."

① ㉠ 예방, ㉡ 경계, ㉢ 복구
② ㉠ 경보, ㉡ 소화, ㉢ 복구
③ ㉠ 예방, ㉡ 경계, ㉢ 진압
④ ㉠ 경계, ㉡ 통제, ㉢ 진압

**해설** 기본법 제1조
이 법은 화재를 예방·경계하거나 진압하고 화재, 재난·재해 그 밖의 위급한 상황에서의 구조·구급활동 등을 통하여 국민의 생명·신체 및 재산을 보호함으로써 공공의 안녕질서 유지와 복리증진에 이바지함을 목적으로 한다.

**51** 소방시설 중 화재를 진압하거나 인명구조활동을 위하여 사용하는 설비로 나열된 것은?

① 상수도소화용설비, 연결송수관설비
② 연결살수설비, 제연설비
③ 연소방지설비, 피난설비
④ 무선통신보조설비, 통합감시시설

**해설** 소방시설법 시행령 [별표 1] 소방시설 참조
▶ 소화활동설비
화재를 진압하거나 인명구조 활동을 위하여 사용하는 설비
가. 제연설비
나. 연결송수관설비
다. 연결살수설비
라. 비상콘센트설비
마. 무선통신보조설비
바. 연소방지설비

**52** 비상경보설비를 설치하여야 할 특정소방대상물이 아닌 것은?

① 지하가 중 터널로서 길이가 1,000[m] 이상인 것
② 사람이 거주하고 있는 연면적 400[m²] 이상인 건축물
③ 지하층의 바닥면적이 100[m²] 이상으로 공연장인 건축물
④ 35명의 근로자가 작업하는 옥내작업장

**해설** 소방시설법 시행령 [별표 4](특정소방대상물의 관계인이 특정소방대상물의 규모·용도 및 수용인원 등을 고려하여 갖추어야 하는 소방시설의 종류)
▶ 비상경보설비를 설치하여야 하는 특정소방대상물
1. 연면적 400[m²] 이상이거나 지하층 또는 무창층의 바닥면적이 150[m²](공연장인 경우 100[m²]) 이상인 것
2. 지하가 중 터널로서 길이가 500[m] 이상인 것
3. 50명 이상의 근로자가 작업하는 옥내 작업장

**53** 다음 중 스프링클러설비를 의무적으로 설치하여야 하는 기준으로 틀린 것은?

① 숙박시설로 11층 이상인 것
② 지하가로 연면적이 1,000[m²] 이상인 것
③ 판매시설로 수용인원이 300명 이상인 것
④ 복합건축물로 연면적 5,000[m²] 이상인 것

**해설** 판매시설은 수용인원 500명 이상인 경우 스프링클러설비를 설치하여야 한다.

**54** 소방대상물이 아닌 것은?

① 산림    ② 항해중인 선박
③ 건축물  ④ 차량

**해설** 기본법 제2조(정의) 제1항 참조
"소방대상물"이라 함은 건축물, 차량, 선박(항구 안에 매어둔 선박에 한한다), 선박건조구조물, 산림 그 밖의 인공구조물 또는 물건을 말한다.

**정답** 50.③ 51.② 52.④ 53.③ 54.②

**55** 인접하고 있는 시·도 간 소방업무의 상호응원협정 사항이 아닌 것은?

① 화재조사활동
② 응원출동의 요청방법
③ 소방교육 및 응원출동훈련
④ 응원출동대상지역 및 규모

**해설** 기본법 시행규칙 제8조(소방업무의 상호응원협정) 참고
▶ 시·도지사가 이웃하는 다른 시·도지사와 소방업무에 관한 상호응원협정을 체결할 때 포함시켜야 할 사항
1. 다음 각목의 소방활동에 관한 사항
   가. 화재의 경계·진압활동
   나. 구조·구급업무의 지원
   다. 화재조사활동
2. 응원출동대상지역 및 규모
3. 다음 각목의 소요경비의 부담에 관한 사항
   가. 출동대원의 수당·식사 및 피복의 수선
   나. 소방장비 및 기구의 정비와 연료의 보급
   다. 그 밖의 경비
4. 응원출동의 요청방법
5. 응원출동훈련 및 평가

**56** 소방대상물에 대한 개수 명령권자는?

① 소방본부장 또는 소방서장
② 한국소방안전원장
③ 시·도지사
④ 국무총리

**해설** 화재예방법 제14조(화재안전조사 결과에 따른 조치명령)
① 소방관서장은 화재안전조사 결과에 따른 소방대상물의 위치·구조·설비 또는 관리의 상황이 화재예방을 위하여 보완될 필요가 있거나 화재가 발생하면 인명 또는 재산의 피해가 클 것으로 예상되는 때에는 행정안전부령으로 정하는 바에 따라 관계인에게 그 소방대상물의 개수(改修)·이전·제거, 사용의 금지 또는 제한, 사용폐쇄, 공사의 정지 또는 중지, 그 밖에 필요한 조치를 명할 수 있다.
② 소방관서장은 화재안전조사 결과 소방대상물이 법령을 위반하여 건축 또는 설비되었거나 소방시설등, 피난시설·방화구획, 방화시설 등이 법령에 적합하게 설치 또는 관리되고 있지 아니한 경우에는 관계인에게 제1항에 따른 조치를 명하거나 관계 행정기관의 장에게 필요한 조치를 하여 줄 것을 요청할 수 있다.

**57** 다음 중 소방용품에 해당되지 않는 것은?

① 방염도료
② 소방호스
③ 공기호흡기
④ 휴대용비상조명등

**해설** 소방시설법 시행령 [별표 3] 참조
▶ 소방용품
1. 소화설비를 구성하는 제품 또는 기기
   가. 별표 1 제1호가목의 소화기구(소화약제 외의 것을 이용한 간이소화용구는 제외한다)
   나. 별표 1 제1호나목의 자동소화장치
   다. 소화설비를 구성하는 소화전, 관창(菅槍), 소방호스, 스프링클러헤드, 기동용 수압개폐장치, 유수제어밸브 및 가스관선택밸브
2. 경보설비를 구성하는 제품 또는 기기
   가. 누전경보기 및 가스누설경보기
   나. 경보설비를 구성하는 발신기, 수신기, 중계기, 감지기 및 음향장치(경종만 해당한다)
3. 피난구조설비를 구성하는 제품 또는 기기
   가. 피난사다리, 구조대, 완강기(간이완강기 및 지지대를 포함한다)
   나. 공기호흡기(충전기를 포함한다)
   다. 피난구유도등, 통로유도등, 객석유도등 및 예비전원이 내장된 비상조명등
4. 소화용으로 사용하는 제품 또는 기기
   가. 소화약제(별표 1 제1호나목2)와 3)의 자동소화장치와 같은 호 마목3)부터 8)까지의 소화설비용만 해당한다)
   나. 방염제(방염액·방염도료 및 방염성물질을 말한다)
5. 그 밖에 행정안전부령으로 정하는 소방 관련 제품 또는 기기

**58** 소방자동차의 출동을 방해한 자는 5년 이하의 징역 또는 얼마 이하의 벌금에 처하는가?

① 3천만 원
② 2천만 원
③ 5천만 원
④ 7천만 원

**해설** 기본법 제10장 제50조(벌칙) 참조
▶ 소방자동차의 출동을 방해한 자
5년 이하의 징역 또는 5천만 원 이하의 벌금

**정답** 55.③ 56.① 57.④ 58.③

**59** 다음 소방시설 중 하자보수보증기간이 다른 것은?

① 옥내소화전설비
② 비상방송설비
③ 자동화재탐지설비
④ 상수도소화용수설비

**해설** 공사업법 시행령 제6조(하자보수대상 소방시설과 하자보수보증기간) 참조
▶ 소방시설별 하자보증기간
1. 피난기구·유도등·유도표지·비상경보설비·비상조명등·비상방송설비 및 무선통신보조설비 : 2년
2. 자동식 소화기·옥내소화전설비·스프링클러설비·간이스프링클러설비·물분무등소화설비·옥외소화전설비·자동화재탐지설비·상수도소화용수설비 및 소화활동설비(무선통신보조설비를 제외한다) : 3년

**60** 소화활동을 위한 소방용수시설 및 지리조사의 실시 횟수는?

① 주 1회 이상
② 주 2회 이상
③ 월 1회 이상
④ 분기별 1회 이상

**해설** 기본법 시행규칙 제7조(소방용수시설 및 지리조사) 참조
① 소방본부장 또는 소방서장은 원활한 소방활동을 위하여 다음 각호의 조사를 월 1회 이상 실시하여야 한다.
  1. 법 제10조의 규정에 의하여 설치된 소방용수시설에 대한 조사
  2. 소방대상물에 인접한 도로의 폭·교통상황, 도로 주변의 토지의 고저·건축물의 개황 그 밖의 소방활동에 필요한 지리에 대한 조사
② 제1항의 조사결과는 전자적 처리가 불가능한 특별한 사유가 없으면 전자적 처리가 가능한 방법으로 작성·관리하여야 한다.
③ 제1항제1호의 조사는 별지 제2호서식에 의하고, 제1항제2호의 조사는 별지 제3호서식에 의하되, 그 조사결과를 2년간 보관하여야 한다.

정답 59.② 60.③

# 2015년 제4회 소방설비기사[기계분야] 1차 필기
### [제3과목 : 소방관계법규]

**41** 방염성능기준 이상의 실내장식물 등을 설치하여야 하는 특정소방대상물에 해당하지 않은 것은?

① 숙박시설
② 노유자시설
③ 층수가 11층 이상의 아파트
④ 건축물의 옥내에 있는 종교시설

**해설** 소방시설법 시행령 제30조(방염성능기준 이상의 실내장식물 등을 설치해야 하는 특정소방대상물)
법 제20조제1항에서 "대통령령으로 정하는 특정소방대상물"이란 다음 각 호의 것을 말한다. 〈개정 2024. 12. 31.〉
1. 근린생활시설 중 의원, 치과의원, 한의원, 조산원, 산후조리원, 체력단련장, 공연장 및 종교집회장
2. 건축물의 옥내에 있는 다음 각 목의 시설
   가. 문화 및 집회시설
   나. 종교시설
   다. 운동시설(수영장은 제외한다)
3. 의료시설
4. 교육연구시설 중 합숙소
5. 노유자 시설
6. 숙박이 가능한 수련시설
7. 숙박시설
8. 방송통신시설 중 방송국 및 촬영소
9. 「다중이용업소의 안전관리에 관한 특별법」 제2조제1항제1호에 따른 다중이용업의 영업소(이하 "다중이용업소"라 한다)
10. 제1호부터 제9호까지의 시설에 해당하지 않는 것으로서 층수가 11층 이상인 것(아파트등은 제외한다)

**42** 다음 중 위험물의 성질이 자기반응성 물질에 속하지 않은 것은?

① 유기과산화물
② 무기과산화물
③ 하이드라진 유도체
④ 나이트로화합물

**해설** 무기과산화물은 1류 위험물인 산화성 고체 위험물이다.

**43** 화재예방법상 화재예방강화지구에 대한 화재안전조사권자는 누구인가?

① 시·도지사
② 소방청장, 소방본부장, 소방서장
③ 한국소방안전원장
④ 국무총리

**해설** 화재예방법 제18조(화재예방강화지구의 지정 등)
① 시·도지사는 다음 각 호의 어느 하나에 해당하는 지역을 화재예방강화지구로 지정하여 관리할 수 있다.
   1. 시장지역
   2. 공장·창고가 밀집한 지역
   3. 목조건물이 밀집한 지역
   4. 노후·불량건축물이 밀집한 지역
   5. 위험물의 저장 및 처리 시설이 밀집한 지역
   6. 석유화학제품을 생산하는 공장이 있는 지역
   7. 「산업입지 및 개발에 관한 법률」 제2조제8호에 따른 산업단지
   8. 소방시설·소방용수시설 또는 소방출동로가 없는 지역
   9. 「물류시설의 개발 및 운영에 관한 법률」 제2조제6호에 따른 물류단지
   10. 그 밖에 제1호부터 제9호까지에 준하는 지역으로서 소방관서장이 화재예방강화지구로 지정할 필요가 있다고 인정하는 지역
② 제1항에도 불구하고 시·도지사가 화재예방강화지구로 지정할 필요가 있는 지역을 화재예방강화지구로 지정하지 아니하는 경우 소방청장은 해당 시·도지사에게 해당 지역의 화재예방강화지구 지정을 요청할 수 있다.
③ 소방관서장은 대통령령으로 정하는 바에 따라 제1항에 따른 화재예방강화지구 안의 소방대상물의 위치·구조 및 설비 등에 대하여 화재안전조사를 하여야 한다.

**정답** 41.③ 42.② 43.②

④ 소방관서장은 제3항에 따른 화재안전조사를 한 결과 화재의 예방강화를 위하여 필요하다고 인정할 때에는 관계인에게 소화기구, 소방용수시설 또는 그 밖에 소방에 필요한 설비(이하 "소방설비등"이라 한다)의 설치(보수, 보강을 포함한다. 이하 같다)를 명할 수 있다.

⑤ 소방관서장은 화재예방강화지구 안의 관계인에 대하여 대통령령으로 정하는 바에 따라 소방에 필요한 훈련 및 교육을 실시할 수 있다.

⑥ 시·도지사는 대통령령으로 정하는 바에 따라 제1항에 따른 화재예방강화지구의 지정 현황, 제3항에 따른 화재안전조사의 결과, 제4항에 따른 소방설비등의 설치 명령 현황, 제5항에 따른 소방훈련 및 교육 현황 등이 포함된 화재예방강화지구에서의 화재예방에 필요한 자료를 매년 작성·관리하여야 한다.

**44** 점포에서 위험물을 용기에 담아 판매하기 위하여 위험물을 취급하는 판매취급소는 위험물법상 지정수량의 몇 배 이하의 위험물까지 취급할 수 있는가?

① 지정수량의 5배 이하
② 지정수량의 10배 이하
③ 지정수량의 20배 이하
④ 지정수량의 40배 이하

해설 판매취급소는 점포에서 위험물을 용기에 담아 판매하기 위하여 지정수량의 40배 이하의 위험물을 취급하는 장소이다.

**45** 특정소방대상물의 관계인이 피난시설 또는 방화시설의 폐쇄·훼손·변경 등의 행위를 했을 때 과태료 처분으로 옳은 것은?

① 100만 원 이하
② 200만 원 이하
③ 300만 원 이하
④ 500만 원 이하

해설 소방시설법 제53조(과태료) 제1항 제2호
특정소방대상물의 관계인이 피난시설 또는 방화시설의 폐쇄·훼손·변경 등의 행위를 했을 때에는 300만 원 이하의 과태료 처분을 한다.

**46** 공사업법상 소방시설공사에 관한 발주자의 권한을 대행하여 소방시설공사가 설계도서 및 관계법령에 따라 적법하게 시공되는지 여부의 확인과 품질·시공 관리에 대한 기술지도를 수행하는 영업은 무엇인가?

① 소방시설유지업
② 소방시설설계업
③ 소방시설공사업
④ 소방공사감리업

해설 소방시설업의 종류
㉠ 소방시설설계업 : 소방시설공사에 기본이 되는 공사계획, 설계도면, 설계 설명서, 기술계산서 및 이와 관련된 서류(이하 "설계도서"라 한다)를 작성(이하 "설계"라 한다)하는 영업
㉡ 소방시설공사업 : 설계도서에 따라 소방시설을 신설, 증설, 개설, 이전 및 정비(이하 "시공"이라 한다)하는 영업
㉢ 소방공사감리업 : 소방시설공사에 관한 발주자의 권한을 대행하여 소방시설공사가 설계도서와 관계 법령에 따라 적법하게 시공되는지를 확인하고, 품질·시공 관리에 대한 기술지도를 하는(이하 "감리"라 한다) 영업

**47** 소방시설관리업 등록의 결격사유에 해당되지 않은 것은?

① 피성년후견인
② 금고 이상의 실형을 선고받고 그 집행이 끝나거나 집행이 면제된 날부터 2년이 지나지 아니한 사람
③ 소방시설관리업의 등록이 취소된 날부터 2년이 지난 자
④ 금고 이상의 형의 집행유예를 선고받고 그 유예기간 중에 있는 자

해설 소방시설법 제30조 참조
▶ 소방시설관리업 등록의 결격사유
㉠ 피성년후견인
㉡ 금고 이상의 실형을 선고받고 그 집행이 끝나거나 집행이 면제된 날부터 2년이 지나지 아니한 사람
㉢ 금고 이상의 형의 집행유예를 선고받고 그 유예기간 중에 있는 사람
㉣ 관리업의 등록이 취소된 날부터 2년이 지나지 아니한 자
㉤ 임원 중에 ㉠부터 ㉣까지의 어느 하나에 해당하는 사람이 있는 법인

**48** 제4류 위험물 제조소의 경우 사용전압이 22[kV]인 특고압 가공전선이 지나갈 때 제조소의 외벽과 가공전선 사이의 수평거리(안전거리)는 몇 [m] 이상이어야 하는가?

① 2[m]   ② 3[m]
③ 5[m]   ④ 10[m]

**해설** 위험물법 시행규칙 [별표 4] 참조
▶ 제조소등으로부터 안전거리
㉠ 지정문화재 및 유형문화재 : 50[m]
㉡ 학교, 병원, 공연장(3백 명 이상 수용) : 30[m]
㉢ 아동복지시설, 노인복지시설, 장애인복지시설, 한부모가족복지시설, 어린이집, 정신보건시설로서 20명 이상 수용시설 : 30[m]
㉣ 고압가스, 액화석유가스, 도시가스를 저장·취급하는 시설 : 20[m]
㉤ 건축물 그 밖의 공작물로서 주거용으로 사용되는 것 : 10[m]
㉥ 사용전압이 35,000[V]를 초과하는 특고압가공전선 : 5[m]
㉦ 사용전압이 7,000[V] 초과 35,000[V] 이하의 특고압가공전선 : 3[m]

**49** 소방시설공사업의 상호·영업소 소재지가 변경된 경우 제출하여야 하는 서류는?

① 소방기술인력의 자격증 및 자격수첩
② 소방시설업 등록증 및 등록수첩
③ 법인등기부등본 및 소방기술인력 연명부
④ 사업자등록증 및 소방기술인력의 자격증

**해설** 소방시설공사업 시행규칙 제6조(등록사항의 변경신고 등)
① 법 제6조에 따라 소방시설업자는 제5조 각 호의 어느 하나에 해당하는 등록사항이 변경된 경우에는 변경일부터 30일 이내에 별지 제7호서식의 소방시설업 등록사항 변경신고서(전자문서로 된 소방시설업 등록사항 변경신고서를 포함한다)에 변경사항별로 다음 각 호의 구분에 따른 서류(전자문서를 포함한다)를 첨부하여 협회에 제출하여야 한다. 다만, 「전자정부법」 제36조제1항에 따른 행정정보의 공동이용을 통하여 첨부서류에 대한 정보를 확인할 수 있는 경우에는 그 확인으로 첨부서류를 갈음할 수 있다.

1. 상호(명칭) 또는 영업소 소재지가 변경된 경우 : 소방시설업 등록증 및 등록수첩
2. 대표자가 변경된 경우 : 다음 각 목의 서류
   가. 소방시설업 등록증 및 등록수첩
   나. 변경된 대표자의 성명, 주민등록번호 및 주소지 등의 인적사항이 적힌 서류
   다. 외국인인 경우에는 제2조제1항제5호 각 목의 어느 하나에 해당하는 서류
3. 기술인력이 변경된 경우 : 다음 각 목의 서류
   가. 소방시설업 등록수첩
   나. 기술인력 증빙서류
   다. 삭제

**50** 소방안전관리자가 작성하는 소방계획서의 내용에 포함되지 않는 것은?

① 소방시설공사 하자의 판단기준에 관한 사항
② 소방시설·피난시설 및 방화시설의 점검·정비계획
③ 공동 및 분임 소방안전관리에 관한 사항
④ 소화 및 연소 방지에 관한 사항

**해설** 화재예방법 시행령 제27조(소방안전관리대상물의 소방계획서 작성 등)
① 법 제24조제5항제1호에서 "대통령령으로 정하는 사항"이란 다음 각 호의 사항을 말한다.
1. 소방안전관리대상물의 위치·구조·연면적(「건축법 시행령」 제119조제1항제4호에 따라 산정된 면적을 말한다. 이하 같다)·용도 및 수용인원 등 일반 현황
2. 소방안전관리대상물에 설치한 소방시설, 방화시설, 전기시설, 가스시설 및 위험물시설의 현황
3. 화재 예방을 위한 자체점검계획 및 대응대책
4. 소방시설·피난시설 및 방화시설의 점검·정비계획
5. 피난층 및 피난시설의 위치와 피난경로의 설정, 화재안전취약자의 피난계획 등을 포함한 피난계획
6. 방화구획, 제연구획(除煙區劃), 건축물의 내부 마감재료 및 방염대상물품의 사용 현황과 그 밖의 방화구조 및 설비의 유지·관리계획
7. 법 제35조제1항에 따른 관리의 권원이 분리된 특정소방대상물의 소방안전관리에 관한 사항
8. 소방훈련·교육에 관한 계획
9. 법 제37조를 적용받는 소방안전관리대상물의 근무자 및 거주자의 자위소방대 조직과 대원의 임무(화

정답  48.②  49.②  50.①

재안전취약자의 피난 보조 임무를 포함한다)에 관한 사항
10. 화기 취급 작업에 대한 사전 안전조치 및 감독 등 공사 중 소방안전관리에 관한 사항
11. 소화에 관한 사항과 연소 방지에 관한 사항
12. 위험물의 저장·취급에 관한 사항(「위험물안전관리법」 제17조에 따라 예방규정을 정하는 제조소등은 제외한다)
13. 소방안전관리에 대한 업무수행에 관한 기록 및 유지에 관한 사항
14. 화재발생 시 화재경보, 초기소화 및 피난유도 등 초기대응에 관한 사항
15. 그 밖에 소방본부장 또는 소방서장이 소방안전관리대상물의 위치·구조·설비 또는 관리 상황 등을 고려하여 소방안전관리에 필요하여 요청하는 사항

**51** 소방시설 중 화재를 진압하거나 인명구조활동을 위하여 사용하는 설비로 정의되는 것은?

① 소화활동설비   ② 피난설비
③ 소화용수설비   ④ 소화설비

**해설** 소화활동설비
화재를 진압하거나 인명구조활동을 위하여 사용하는 설비(제연설비, 연결송수관설비, 연결살수설비, 비상콘센트설비, 무선통신보조설비, 연소방지설비)

**52** 화재예방법상 화재의 예방조치 명령이 아닌 것은?

① 불장난·모닥불·흡연 및 화기 취급의 금지 또는 제한
② 타고 남은 불 또는 화기의 우려가 있는 재의 처리
③ 함부로 버려두거나 그냥 둔 위험물, 그 밖에 탈 수 있는 물건을 옮기거나 치우게 하는 등의 조치
④ 불이 번지는 것을 막기 위하여 불이 번질 우려가 있는 소방대상물의 사용 제한

**해설** 소방본부장이나 소방서장의 화재예방의 조치명령
㉠ 불장난, 모닥불, 흡연, 화기(火氣) 취급, 풍등 등 소형열기구 날리기, 그 밖에 화재예방상 위험하다고 인정되는 행위의 금지 또는 제한

㉡ 타고 남은 불 또는 화기가 있을 우려가 있는 재의 처리
㉢ 함부로 버려두거나 그냥 둔 위험물, 그 밖에 불에 탈 수 있는 물건을 옮기거나 치우게 하는 등의 조치

[22.12.1이후 개정]
예방조치명령
소방관서장은 화재 발생 위험이 크거나 소화 활동에 지장을 줄 수 있다고 인정되는 행위나 물건에 대하여 행위 당사자나 그 물건의 소유자, 관리자 또는 점유자에게 다음 각 호의 명령을 할 수 있다. 다만, 제2호 및 제3호에 해당하는 물건의 소유자, 관리자 또는 점유자를 알 수 없는 경우 소속 공무원으로 하여금 그 물건을 옮기거나 보관하는 등 필요한 조치를 하게 할 수 있다.
1. 제1항 각 호의 어느 하나에 해당하는 행위의 금지 또는 제한
  가. 모닥불, 흡연 등 화기의 취급
  나. 풍등 등 소형열기구 날리기
  다. 용접·용단 등 불꽃을 발생시키는 행위
  라. 그 밖에 대통령령으로 정하는 화재 발생 위험이 있는 행위
2. 목재, 플라스틱 등 가연성이 큰 물건의 제거, 이격, 적재 금지 등
3. 소방차량의 통행이나 소화 활동에 지장을 줄 수 있는 물건의 이동

**53** 소방시설 중 연결살수설비는 어떤 설비에 속하는가?

① 소화설비   ② 구조설비
③ 피난설비   ④ 소화활동설비

**해설** 소화활동설비의 종류
㉠ 제연설비        ㉡ 연결송수관설비
㉢ 연결살수설비    ㉣ 비상콘센트설비
㉤ 무선통신보조설비 ㉥ 연소방지설비

**54** 소방본부장 또는 소장서장이 원활한 소방 활동을 위하여 행하는 지리조사의 내용에 속하지 않은 것은?

① 소방대상물에 인접한 도로의 폭
② 소방대상물에 인접한 도로의 교통상황
③ 소방대상물에 인접한 도로주변의 토지의 고저
④ 소방대상물에 인접한 지역에 대한 유동인원의 현황

정답  51.①  52.④  53.④  54.④

**해설** 소방본부장 또는 소방서장은 원활한 소방활동을 위하여 소방용수시설에 대한 조사 및 소방대상물에 인접한 도로의 폭·교통상황, 도로주변의 토지의 고저·건축물의 개황 그 밖의 소방활동에 필요한 지리에 대한 조사를 월 1회 이상 실시하고 그 조사결과를 2년간 보관하여야 한다.

**55** 지정수량의 몇 배 이상의 위험물을 취급하는 제조소에는 화재예방을 위한 예방규정을 정하여야 하는가?

① 10배　　② 20배
③ 30배　　④ 50배

**해설** 예방규정을 정하여야 하는 제조소 등의 종류
㉠ 지정수량의 10배 이상의 위험물을 취급하는 제조소
㉡ 지정수량의 100배 이상의 위험물을 저장하는 옥외저장소
㉢ 지정수량의 150배 이상의 위험물을 저장하는 옥내저장소
㉣ 지정수량의 200배 이상의 위험물을 저장하는 옥외탱크저장소
㉤ 암반탱크저장소
㉥ 이송취급소
㉦ 지정수량의 10배 이상의 위험물을 취급하는 일반취급소

**56** 소방기술자의 자격의 정지 및 취소에 관한 기준 중 1차 행정처분기준이 자격정지 1년에 해당되는 경우는?

① 자격수첩을 다른 자에게 빌려준 경우
② 동시에 둘 이상의 업체에 취업한 경우
③ 거짓이나 그 밖의 부정한 방법으로 자격수첩을 발급받은 경우
④ 업무수행 중 해당 자격과 관련하여 중대한 과실로 다른 자에게 손해를 입히고 형의 선고를 받은 경우

**해설** 공사업법 시행규칙 [별표 5](소방기술자의 자격의 정지 및 취소에 관한 기준)
㉠ 자격수첩을 다른 자에게 빌려준 경우 : 자격취소
㉡ 거짓이나 그 밖의 부정한 방법으로 자격수첩을 발급받은 경우 : 자격취소
㉢ 업무수행 중 해당 자격과 관련하여 고의 또는 중대한 과실로 다른 자에게 손해를 입히고 형의 선고를 받은 경우 : 자격취소

**57** 기본법상 5년 이하의 징역 또는 5천만 원 이하의 벌금에 해당하는 위반사항이 아닌 것은?

① 정당한 사유 없이 소방용수시설을 사용하거나 소방용수시설의 효용을 해하거나 그 정당한 사용을 방해한 자
② 화재현장에서 사람을 구출하는 일 또는 불을 끄거나 불이 번지지 아니하도록 하는 일을 방해한 자
③ 불이 번질 우려가 있는 소방대상물 및 토지를 일시적으로 사용하거나 그 사용의 제한 또는 소방활동에 필요한 처분을 방해한 자
④ 화재 진압을 위하여 출동하는 소방자동차의 출동을 방해한 자

**해설** 소방본부장, 소방서장 또는 소방대장은 사람을 구출하거나 불이 번지는 것을 막기 위하여 필요할 때에는 화재가 발생하거나 불이 번질 우려가 있는 소방대상물 및 토지를 일시적으로 사용하거나 그 사용의 제한 또는 소방활동에 필요한 처분을 할 수 있다.
만일 이 처분을 방해한 자 또는 정당한 사유없이 그 처분에 따르지 아니한 자에게는 3년 이하의 징역 또는 3천만 원 이하의 벌금에 처한다.

**58** 일반음식점에서 조리를 위해 불을 사용하는 설비를 설치할 때 지켜야 할 사항의 기준으로 옳지 않은 것은?

① 주방시설에는 동물 또는 식물의 기름을 제거할 수 있는 필터 등을 설치할 것
② 열을 발생하는 조리기구는 반자 또는 선반에서 50[cm] 이상 떨어지게 할 것
③ 주방시설에 부속된 배기덕트는 0.5[mm] 이상의 아연도금강판 또는 이와 동등 이상의 내식성 불연재료로 설치할 것
④ 열을 발생하는 조리기구로부터 15[cm] 이내의 거리에 있는 가연성 주요구조부는 석면판 또는 단열성이 있는 불연재료로 덮어 씌울 것

**해설** [화재예방법 시행령 별표1]
음식조리를 위하여 설치하는 설비
「식품위생법 시행령」 제21조제8호에 따른 식품접객업 중 일반음식점 주방에서 조리를 위하여 불을 사용하는 설비를 설치하는 경우에는 다음 각 목의 사항을 지켜야 한다.
가. 주방설비에 부속된 배출덕트(공기 배출통로)는 0.5밀리미터 이상의 아연도금강판 또는 이와 같거나 그 이상의 내식성 불연재료로 설치할 것
나. 주방시설에는 동물 또는 식물의 기름을 제거할 수 있는 필터 등을 설치할 것
다. 열을 발생하는 조리기구는 반자 또는 선반으로부터 0.6미터 이상 떨어지게 할 것
라. 열을 발생하는 조리기구로부터 0.15미터 이내의 거리에 있는 가연성 주요구조부는 단열성이 있는 불연재료로 덮어 씌울 것

**59** 다음 중 특수가연물에 해당하지 않는 것은?

① 사류 1,000[kg]
② 면화류 200[kg]
③ 나무껍질 및 대팻밥 400[kg]
④ 넝마 및 종이부스러기 500[kg]

**해설** 특수가연물 중 넝마 및 종이부스러기의 지정수량은 1,000[kg]이다.

**60** 형식승인대상 소방용품에 해당하지 않은 것은?

① 관창
② 안전매트
③ 피난사다리
④ 가스누설경보기

**해설** 형식승인대상 소방용품에 안전매트는 포함되어 있지 않다.

정답 59.④ 60.②

# 2016년 제1회 소방설비기사[기계분야] 1차 필기
[제3과목 : 소방관계법규]

**41** 소방시설공사의 착공신고 시 첨부서류가 아닌 것은?

① 공사업자의 소방시설공사업 등록증 사본
② 공사업자의 소방시설공사업 등록수첩 사본
③ 해당 소방시설공사의 책임시공 및 기술관리를 하는 기술인력의 기술등급을 증명하는 서류 사본
④ 해당 소방시설을 설계한 기술인력자의 기술자격증 사본

**해설** 공사업법 시행규칙 제12조 제1항 참조
소방시설공사업자는 소방시설공사를 하고자 하는 경우에는 소방시설공사의 착공 전까지 소방시설공사착공(변경)신고서에 다음의 서류를 첨부하여 소방본부장 또는 소방서장에게 신고하여야 한다.
1. 공사업자의 소방시설공사업 등록증 사본 1부 및 등록수첩 사본 1부
2. 해당 소방시설공사의 책임시공 및 기술관리를 하는 기술인력의 기술등급을 증명하는 서류 사본 1부
3. 소방시설공사 계약서 사본 1부
4. 설계도서(설계설명서를 포함) 1부
5. 소방시설공사 하도급통지서 사본(소방시설공사를 하도급하는 경우에만 첨부) 1부

**42** 소방용수시설 저수조의 설치기준으로 틀린 것은?

① 지면으로부터의 낙차가 4.5[m] 이하일 것
② 흡수부분의 수심이 0.3[m] 이상일 것
③ 흡수관의 투입구가 사각형의 경우에는 한 변의 길이가 60[cm] 이상일 것
④ 흡수관의 투입구가 원형의 경우에는 지름이 60[cm] 이상일 것

**해설** 기본법 시행규칙 [별표 3] 참조
▶ 소화용수시설 저수조의 설치기준
1. 낙차가 4.5[m] 이하일 것
2. 흡수부분 수심이 0.5[m] 이상일 것
3. 소방펌프자동차가 쉽게 접근할 수 있을 것
4. 흡수에 지장이 없도록 토사 및 쓰레기 등을 제거할 수 있는 설비를 갖출 것
5. 흡수관 투입구가 사각형의 경우에는 한 변의 길이가 60[cm] 이상, 원형의 경우에는 지름 60[cm] 이상일 것
6. 저수조에 물을 공급하는 방법은 상수도에 연결하여 자동으로 급수되는 구조일 것

**43** 시·도의 조례가 정하는 바에 따라 지정수량 이상의 위험물을 임시로 저장·취급할 수 있는 기간 ( ㉠ )과 임시저장 승인권자 ( ㉡ )는?

① ㉠ 30일 이내, ㉡ 시·도지사
② ㉠ 60일 이내, ㉡ 소방본부장
③ ㉠ 90일 이내, ㉡ 관할 소방서장
④ ㉠ 120일 이내, ㉡ 소방청장

**해설** 지정수량의 이상의 위험물을 임시로 저장할 수 있는 경우
1. 관할 소방서장의 승인을 받아 지정수량 이상의 위험물을 90일 이내의 기간 동안 임시로 저장 또는 취급하는 경우
2. 군부대가 지정수량 이상의 위험물을 군사목적으로 임시로 저장 또는 취급하는 경우

**44** 기본법상 소방용수시설·소화기구 및 설비 등의 설치명령을 위반한 자의 과태료는?

① 100만 원 이하  ② 200만 원 이하
③ 300만 원 이하  ④ 500만 원 이하

**정답** 41.④ 42.② 43.③ 44.②

**해설** 기본법 제56조(과태료) 제1항 제1호
▶ 소방용수시설·소화기구 등의 설치명령을 위반한 자 200만 원 이하의 과태료

**45** 소방서의 종합상황실 실장이 서면 모사전송 또는 컴퓨터통신 등으로 소방본부의 종합상황실에 보고하여야 하는 화재가 아닌 것은?

① 사상자가 10인 발생한 화재
② 이재민이 100인 발생한 화재
③ 관공서·학교·정부미도정공장의 화재
④ 재산피해액이 10억 원 발생한 일반 화재

**해설** ④ 재산피해액이 50억 원 이상 발생한 화재

**46** 공동 소방안전관리자를 선임하여야 할 특정 소방 대상물의 기준으로 틀린 것은?

① 지하가
② 지하층을 포함한 층수가 11층 이상인 건축물
③ 복합건축물로서 층수가 5층 이상인 것
④ 판매시설 중 도매시장 또는 소매시장

**해설** 다음에 해당하는 특정소방대상물로서 그 관리의 권원(權原)이 분리되어 있는 것 가운데 소방본부장이나 소방서장이 지정하는 특정소방대상물의 관계인은 대통령령으로 정하는 자를 공동 소방안전관리자로 선임하여야 한다.
1. 고층 건축물(지하층을 제외한 층수가 11층 이상인 건축물에 한한다)
2. 지하가
3. 복합건축물로서 연면적이 5천 제곱미터 이상인 것 또는 층수가 5층 이상인 것
4. 판매시설 중 도매시장 및 소매시장
5. 특정소방대상물 중 소방본부장 또는 소방서장이 지정하는 것 [현행 삭제]

[22.12.1이후 개정]
**화재예방법 제35조**(관리의 권원이 분리된 특정소방대상물의 소방안전관리)
① 다음 각 호의 어느 하나에 해당하는 특정소방대상물로서 그 관리의 권원(權原)이 분리되어 있는 특정소방대상물의 경우 그 관리의 권원별 관계인은 대통령령으로 정하는 바에 따라 제24조제1항에 따른 소방안전관리자를 선임하여야 한다. 다만, 소방본부장 또는 소방서장은 관리의 권원이 많아 효율적인 소방안전관리가 이루어지지 아니한다고 판단되는 경우 대통령령으로 정하는 바에 따라 관리의 권원을 조정하여 소방안전관리자를 선임하도록 할 수 있다.
 1. 복합건축물(지하층을 제외한 층수가 11층 이상 또는 연면적 3만제곱미터 이상인 건축물)
 2. 지하가(지하의 인공구조물 안에 설치된 상점 및 사무실, 그 밖에 이와 비슷한 시설이 연속하여 지하도에 접하여 설치된 것과 그 지하도를 합한 것을 말한다)
 3. 그 밖에 대통령령으로 정하는 특정소방대상물
② 제1항에 따른 관리의 권원별 관계인은 상호 협의하여 특정소방대상물의 전체에 걸쳐 소방안전관리상 필요한 업무를 총괄하는 소방안전관리자(이하 "총괄소방안전관리자"라 한다)를 제1항에 따라 선임된 소방안전관리자 중에서 선임하거나 별도로 선임하여야 한다. 이 경우 총괄소방안전관리자의 자격은 대통령령으로 정하고 업무수행 등에 필요한 사항은 행정안전부령으로 정한다.
③ 제2항에 따른 총괄소방안전관리자에 대하여는 제24조, 제26조부터 제28조까지 및 제30조부터 제34조까지에서 규정한 사항 중 소방안전관리자에 관한 사항을 준용한다.
④ 제1항 및 제2항에 따라 선임된 소방안전관리자 및 총괄소방안전관리자는 해당 특정소방대상물의 소방안전관리를 효율적으로 수행하기 위하여 공동소방안전관리협의회를 구성하고, 해당 특정소방대상물에 대한 소방안전관리를 공동으로 수행하여야 한다. 이 경우 공동소방안전관리협의회의 구성·운영 및 공동소방안전관리의 수행 등에 필요한 사항은 대통령령으로 정한다.

**47** 제3류 위험물 중 금수성 물품에 적응성이 있는 소화약제는?

① 물
② 강화액
③ 팽창질석
④ 인산염류분말

**해설** 제3류 위험물 중 금수성 물품에는 물 및 가스계, 분말계 소화약제를 사용할 수 없으며, 팽창질석, 팽창진주암, 마른모래로 피복소화하여야 한다.

**정답** 45.④ 46.② 47.③

**48** 화재현장에서 피난 등을 체험할 수 있는 소방체험관의 설립·운영권자는?

① 시·도지사
② 소방청장
③ 소방본부장 또는 소방서장
④ 한국소방안전원장

**해설** 소방청장은 소방박물관을, 시·도지사는 소방체험관(화재 현장에서의 피난 등을 체험할 수 있는 체험관을 말한다)을 설립하여 운영할 수 있다.

**49** 특정소방대상물의 관계인이 소방안전관리자를 해임한 경우 재선임 신고를 해야 하는 기준은? (단, 해임한 날부터를 기준일로 한다.)

① 10일 이내
② 20일 이내
③ 30일 이내
④ 40일 이내

**해설** 특정소방대상물의 관계인은 소방안전관리자를 해임한 경우 해임한 날로부터 30일 이내에 재선임하여야 한다.

**50** ( ) 안의 내용으로 알맞은 것은?

> 다량의 위험물을 저장·취급하는 제조소 등으로서 ( ) 위험물을 취급하는 제조소 또는 일반취급소가 있는 동일한 사업소에서 지정수량의 3천 배 이상의 위험물을 저장 또는 취급하는 경우 당해 사업소의 관계인은 대통령령이 정하는 바에 따라 당해 사업소에 자체소방대를 설치하여야 한다.

① 제1류
② 제2류
③ 제3류
④ 제4류

**해설** 위험물안전관리법 시행령 제18조(자체소방대를 설치하여야 하는 사업소)
① 법 제19조에서 "대통령령이 정하는 제조소등"이란 다음 각 호의 어느 하나에 해당하는 제조소등을 말한다.
  1. 제4류 위험물을 취급하는 제조소 또는 일반취급소. 다만, 보일러로 위험물을 소비하는 일반취급소 등 행정안전부령으로 정하는 일반취급소는 제외한다.
  2. 제4류 위험물을 저장하는 옥외탱크저장소

② 법 제19조에서 "대통령령이 정하는 수량 이상"이란 다음 각 호의 구분에 따른 수량을 말한다.
  1. 제1항제1호에 해당하는 경우: 제조소 또는 일반취급소에서 취급하는 제4류 위험물의 최대수량의 합이 지정수량의 3천배 이상
  2. 제1항제2호에 해당하는 경우: 옥외탱크저장소에 저장하는 제4류 위험물의 최대수량이 지정수량의 50만배 이상

**51** 소방시설공사업자의 시공능력평가 방법에 대한 설명 중 틀린 것은?

① 시공능력평가액은 실적평가액 + 자본금평가액 + 기술력평가액 ± 신인도평가액으로 산출한다.
② 신인도평가액 산정 시 최근 1년간 국가기관으로부터 우수시공업자로 선정된 경우에는 3[%] 가산한다.
③ 신인도평가액 산정 시 최근 1년간 부도가 발생된 사실이 있는 경우에는 2[%]를 감산한다.
④ 실적평가액은 최근 5년간의 연평균 공사실적액을 의미한다.

**해설** ④ 최근 3년간의 공사실적을 합산하여 3으로 나눈 금액을 연평균 공사실적액으로 한다.

**52** 연면적이 $500[m^2]$ 이상인 위험물 제조소 및 일반취급소에 설치하여야 하는 경보설비는?

① 자동화재탐지설비
② 확성장치
③ 비상경보설비
④ 비상방송설비

**해설** 위험물 제조소 및 일반취급소로서 연면적 $400[m^2]$ 이상이거나 옥내에서 지정수량의 100배 이상을 취급하는 경우 경보설비로 자동화재탐지설비를 설치하여야 한다.

**53** 가연성가스를 저장·취급하는 시설로서 1급 소방안전관리대상물의 가연성가스 저장·취급 기준으로 옳은 것은?

① 100톤 미만
② 100톤 이상 ~ 1,000톤 미만
③ 500톤 이상 ~ 1,000톤 미만
④ 1,000톤 이상

**정답** 48.① 49.③ 50.④ 51.④ 52.① 53.④

**해설** 1급 소방안전관리대상물의 종류
가. 30층 이상(지하층은 제외한다)이거나 지상으로부터 높이가 120[m] 이상인 아파트
나. 연면적 1만5천[m²] 이상인 것
다. 위 나에 해당하지 아니하는 특정소방대상물로서 층수가 11층 이상인 것
라. 가연성 가스를 1천 톤 이상 저장·취급하는 시설

**54** 소방시설관리업의 등록을 반드시 취소해야 하는 사유에 해당하지 않는 것은?
① 거짓으로 등록을 한 경우
② 등록기준 미달하게 된 경우
③ 다른 사람에게 등록증을 빌려준 경우
④ 등록의 결격사유에 해당하게 된 경우

**해설** 소방시설법 제35조(등록의 취소와 영업정지 등)
① 시·도지사는 관리업자가 다음 각 호의 어느 하나에 해당하는 경우에는 행정안전부령으로 정하는 바에 따라 그 등록을 취소하거나 6개월 이내의 기간을 정하여 이의 시정이나 그 영업의 정지를 명할 수 있다. 다만, 제1호·제4호 또는 제5호에 해당할 때에는 등록을 취소하여야 한다.
  1. 거짓이나 그 밖의 부정한 방법으로 등록을 한 경우
  2. 제22조에 따른 점검을 하지 아니하거나 거짓으로 한 경우
  3. 제29조제2항에 따른 등록기준에 미달하게 된 경우
  4. 제30조 각 호의 어느 하나에 해당하게 된 경우. 다만, 제30조제5호에 해당하는 법인으로서 결격사유에 해당하게 된 날부터 2개월 이내에 그 임원을 결격사유가 없는 임원으로 바꾸어 선임한 경우는 제외한다.
  5. 제33조제2항을 위반하여 등록증 또는 등록수첩을 빌려준 경우
  6. 제34조제1항에 따른 점검능력 평가를 받지 아니하고 자체점검을 한 경우
② 제32조에 따라 관리업자의 지위를 승계한 상속인이 제30조 각 호의 어느 하나에 해당하는 경우에는 상속을 개시한 날부터 6개월 동안은 제1항제4호를 적용하지 아니한다.

**55** 소방시설업의 등록권자로 옳은 것은?
① 국무총리     ② 시·도지사
③ 소방서장     ④ 한국소방안전원장

**해설** 특정소방대상물의 소방시설공사 등을 하려는 자는 업종별로 자본금(개인인 경우에는 자산평가액을 말한다), 기술인력 등 대통령령으로 정하는 요건을 갖추어 특별시장·광역시장·특별자치시장·도지사 또는 특별자치도지사(이하 "시·도지사"라 한다)에게 소방시설업을 등록하여야 한다.

**56** 방염처리업의 종류가 아닌 것은?
① 섬유류 방염업
② 합성수지류 방염업
③ 합판·목재류 방염업
④ 실내장식물류 방염업

**해설** 방염업의 종류
1. 섬유류 방염업
2. 합성수지류 방염업
3. 합판·목재류 방염업

**57** 소방시설의 자체 점검에 관한 설명으로 옳지 않은 것은?
① 작동기능점검은 소방시설 등을 인위적으로 조작하여 정상적으로 작동하는 것을 점검하는 것이다.
② 종합정밀점검은 설비별 주요 구성부품의 구조기준이 화재안전기준 및 관련 법령에 적합한지 여부를 점검하는 것이다.
③ 종합정밀점검에는 작동기능점검의 사항이 해당되지 않는다.
④ 종합정밀점검은 소방시설관리사가 참여한 경우 소방시설관리업자 또는 소방안전관리자로 선임된 소방시설관리사·소방기술사 1명 이상을 점검자로 한다.

정답 54.② 55.② 56.④ 57.③

**해설** 종합정밀점검은 소방시설 등의 작동기능점검을 포함하여 소방시설 설비별 주요 구성 부품의 구조기준이 관련법령에서 정하는 기준에 적합한지를 점검하는 것이다.

[22.12.1이후 개정]
소방시설등에 대한 자체점검은 다음 각 목과 같이 구분한다.
가. 작동점검 : 소방시설등을 인위적으로 조작하여 소방시설이 정상적으로 작동하는지를 소방청장이 정하여 고시하는 소방시설등 작동점검표에 따라 점검하는 것을 말한다.
나. 종합점검 : 소방시설등의 작동점검을 포함하여 소방시설등의 설비별 주요 구성 부품의 구조기준이 화재안전기준과 「건축법」 등 관련 법령에서 정하는 기준에 적합한 지 여부를 소방청장이 정하여 고시하는 소방시설등 종합점검표에 따라 점검하는 것을 말하며, 다음과 같이 구분한다.
  1) 최초점검 : 법 제22조제1항제1호에 따라 소방시설이 새로 설치되는 경우 「건축법」 제22조에 따라 건축물을 사용할 수 있게 된 날부터 60일 이내 점검하는 것을 말한다.
  2) 그 밖의 종합점검 : 최초점검을 제외한 종합점검을 말한다.

## 58 종합정밀점검의 경우 점검인력 1단위가 하루 동안 점검할 수 있는 특정소방대상물의 연면적 기준으로 옳은 것은?

① 12,000[m²]  ② 10,000[m²]
③ 8,000[m²]  ④ 6,000[m²]

**해설** 점검인력 1단위가 하루 동안 점검할 수 있는 특정소방대상물의 연면적
1. 종합정밀점검 : 10,000[m²]
2. 작동기능점검 : 12,000[m²] (소규모 점검의 경우에는 3,500[m²])

[22.12.1이후 개정]
점검인력 1단위가 하루 동안 점검할 수 있는 특정소방대상물의 연면적(이하 "점검한도 면적"이라 한다)은 다음 각 목과 같다.
가. 종합점검 : 8,000[m²]
나. 작동점검 : 10,000[m²]

## 59 자동화재탐지설비를 설치하여야 하는 특정소방대상물의 기준으로 틀린 것은?

① 지하구
② 지하가 중 터널로서 길이 700[m] 이상인 것
③ 교정시설로서 연면적 2,000[m²] 이상인 것
④ 복합건축물로서 연면적 600[m²] 이상인 것

**해설** 지하가 중 터널로서 길이가 1,000[m] 이상인 곳에 자동화재탐지설비를 설치하여야 한다.

## 60 시·도지사가 설치하고 유지·관리하여야 하는 소방용수시설이 아닌 것은?

① 저수조  ② 상수도
③ 소화전  ④ 급수탑

**해설** 시·도지사는 소방활동에 필요한 소화전(消火栓)·급수탑(給水塔)·저수조(貯水槽)(이하 "소방용수시설"이라 한다)를 설치하고 유지·관리하여야 한다.

**정답** 58.② 59.② 60.②

# 2016년 제2회 소방설비기사[기계분야] 1차 필기
[제3과목 : 소방관계법규]

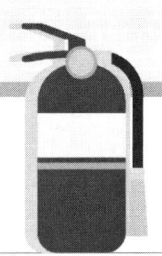

**41** 1급 소방안전관리대상물의 소방안전관리에 관한 시험응시 자격자의 기준으로 옳은 것은?

① 1급 소방안전관리대상물의 소방안전관리에 관한 강습교육을 수료한 후 1년이 경과되지 아니한 자
② 1급 소방안전관리대상물의 소방안전관리에 관한 강습교육을 수료한 후 1년 6개월이 경과되지 아니한 자
③ 1급 소방안전관리대상물의 소방안전관리에 관한 강습교육을 수료한 후 2년이 경과되지 아니한 자
④ 1급 소방안전관리대상물의 소방안전관리에 관한 강습교육을 수료한 후 3년이 경과되지 아니한 자

**해설** 화재예방법 시행령 별표 6
1급 소방안전관리자 응시자격
가. 대학 또는 고등학교에서 소방안전관리학과를 전공하고 졸업한 사람(법령에 따라 이와 같은 수준의 학력이 있다고 인정되는 사람을 포함한다)으로서 해당 학과를 졸업한 후 2년 이상 2급 소방안전관리대상물 또는 3급 소방안전관리대상물의 소방안전관리자로 근무한 실무경력이 있는 사람
나. 다음의 어느 하나에 해당하는 요건을 갖춘 후 3년 이상 2급 소방안전관리대상물 또는 3급 소방안전관리대상물의 소방안전관리자로 근무한 실무경력이 있는 사람
  1) 대학 또는 고등학교에서 소방안전 관련 교과목을 12학점 이상 이수하고 졸업한 사람
  2) 법령에 따라 1)에 해당하는 사람과 같은 수준의 학력이 있다고 인정되는 사람으로서 해당 학력 취득 과정에서 소방안전 관련 교과목을 12학점 이상 이수한 사람
  3) 대학 또는 고등학교에서 소방안전 관련 학과를 전공하고 졸업한 사람(법령에 따라 이와 같은 수준의 학력이 있다고 인정되는 사람을 포함한다)
다. 소방행정학(소방학 및 소방방재학을 포함한다) 또는 소방안전공학(소방방재공학 및 안전공학을 포함한다) 분야에서 석사 이상 학위를 취득한 사람
라. 5년 이상 2급 소방안전관리대상물의 소방안전관리자로 근무한 실무경력이 있는 사람
마. 법 제34조제1항제1호에 따른 강습교육 중 이 영 제33조제1호 및 제2호에 해당하는 사람을 대상으로 하는 강습교육을 수료한 사람
바. 2급 소방안전관리대상물의 소방안전관리자로 선임될 수 있는 자격을 갖춘 후 특급 또는 1급 소방안전관리대상물의 소방안전관리보조자로 5년 이상 근무한 실무경력이 있는 사람
사. 2급 소방안전관리대상물의 소방안전관리자로 선임될 수 있는 자격을 갖춘 후 2급 소방안전관리대상물의 소방안전관리보조자로 7년 이상 근무한 실무경력(특급 또는 1급 소방안전관리대상물의 소방안전관리보조자로 근무한 실무경력이 있는 경우에는 이를 포함하여 합산한다)이 있는 사람
아. 산업안전기사 또는 산업안전산업기사의 자격을 취득한 후 2년 이상 2급 소방안전관리대상물 또는 3급 소방안전관리대상물의 소방안전관리자로 근무한 실무경력이 있는 사람
자. 제1호에 따라 특급 소방안전관리대상물의 소방안전관리자 시험응시 자격이 인정되는 사람

**42** 특정소방대상물의 근린생활시설에 해당되는 것은?

① 전시장   ② 기숙사
③ 유치원   ④ 의원

**해설** 소방시설법 시행령 [별표 2] 특정소방대상물(제5조 관련)
▶ 근린생활시설
의원, 치과의원, 한의원, 침술원, 접골원(接骨院), 조산

정답 41.③ 42.④

원(「모자보건법」 제2조제11호에 따른 산후조리원을 포함한다) 및 안마원(「의료법」 제82조제4항에 따른 안마시술소를 포함한다)

**43** 다음 중 그 성질이 자연발화성 물질 및 금수성 물질인 제3류 위험물에 속하지 않는 것은?

① 황린  ② 황화인
③ 칼륨  ④ 나트륨

**해설** 위험물법 시행령
[별표 1] 위험물 및 지정수량(제2조 및 제3조 관련)

| 제3류 | |
|---|---|
| 자연발화성 물질 및 금수성 물질 | |
| 1. 칼륨 | 10킬로그램 |
| 2. 나트륨 | 10킬로그램 |
| 3. 알킬알루미늄 | 10킬로그램 |
| 4. 알킬리튬 | 10킬로그램 |
| 5. 황린 | 20킬로그램 |
| 6. 알칼리금속(칼륨 및 나트륨을 제외한다.) 및 알칼리토금속 | 50킬로그램 |
| 7. 유기금속화합물(알킬알루미늄 및 알칼리튬을 제외한다.) | 50킬로그램 |
| 8. 금속의 수소화물 | 300킬로그램 |
| 9. 금속의 인화물 | 300킬로그램 |
| 10. 칼슘 또는 알루미늄의 탄화물 | 300킬로그램 |
| 11. 그 밖에 행정안전부령으로 정하는 것 | 10킬로그램, 20킬로그램, 50킬로그램 또는 300킬로그램 |
| 12. 제호 내지 제11호의 1에 해당하는 어느 하나 이상을 함유한 것 | |

**44** 다음 중 자동화재탐지설비를 설치해야 하는 특정소방대상물은?

① 길이가 1.3[km]인 지하가 중 터널
② 연면적 600[$m^2$]인 볼링장
③ 연면적 500[$m^2$]인 산후조리원
④ 지정수량 100배의 특수가연물을 저장하는 창고

**해설** 소방시설법 시행령 [별표 5] 참조
▶ 특정소방대상물의 관계인이 특정소방대상물의 규모·용도 및 수용인원 등을 고려하여 갖추어야 하는 소방시설의 종류(제15조 관련)
자동화재탐지설비를 설치하여야 하는 특정소방대상물은 다음의 어느 하나와 같다.
1. 근린생활시설(목욕장은 제외한다), 의료시설(정신의료기관 또는 요양병원은 제외한다), 숙박시설, 위락시설, 장례식장 및 복합건축물로서 연면적 600[$m^2$] 이상인 것
2. 공동주택, 근린생활시설 중 목욕장, 문화 및 집회시설, 종교시설, 판매시설, 운수시설, 운동시설, 업무시설, 공장, 창고시설, 위험물 저장 및 처리 시설, 항공기 및 자동차 관련 시설, 교정 및 군사시설 중 국방·군사시설, 방송통신시설, 발전시설, 관광 휴게시설, 지하가(터널은 제외한다)로서 연면적 1천[$m^2$] 이상인 것
5. 지하가 중 터널로서 길이가 1천[m] 이상인 것

**45** 소방시설업 등록사항의 변경신고 사항이 아닌 것은?

① 상호  ② 대표자
③ 보유설비  ④ 기술인력

**해설** 공사업법 시행규칙 제5조(등록사항의 변경신고사항)
1. 상호(명칭) 또는 영업소 소재지
2. 대표자
3. 기술인력

**46** 옥내주유취급소에 있어서 당해 사무소 등의 출입구 및 피난구와 당해 피난구로 통하는 통로·계단 및 출입구에 설치해야 하는 피난설비는?

① 유도등  ② 구조대
③ 피난사다리  ④ 완강기

**해설** 위험물법 시행규칙 [별표 17] 소화설비, 경보설비 및 피난설비의 기준
▶ 피난설비
1. 주유취급소 중 건축물의 2층 이상의 부분을 점포·휴게음식점 또는 전시장의 용도로 사용하는 것에 있어서는 당해 건축물의 2층 이상으로부터 주유취급소의 부지 밖으로 통하는 출입구와 당해 출입구로 통하는 통로·계단 및 출입구에 유도등을 설치하여야 한다.

정답 43.② 44.① 45.③ 46.①

2. 옥내주유취급소에 있어서는 당해 사무소 등의 출입구 및 피난구와 당해 피난구로 통하는 통로·계단 및 출입구에 유도등을 설치하여야 한다.
3. 유도등에는 비상전원을 설치하여야 한다.

**47** 완공된 소방시설 등의 성능시험을 수행하는 자는?

① 소방시설공사업자
② 소방공사감리업자
③ 소방시설설계업자
④ 소방기구제조업자

**해설** 공사업법 제16조(감리)
"감리업자"는 소방공사를 감리할 때 다음 각 호의 업무를 수행하여야 한다.
1. 소방시설 등의 설치계획표의 적법성 검토
2. 소방시설 등 설계도서의 적합성 검토
3. 소방시설 등 설계 변경 사항의 적합성 검토
4. 「소방시설 설치·유지 및 안전관리에 관한 법률」의 소방용품의 위치·규격 및 사용자재의 적합성 검토
5. 공사업자가 한 소방시설 등의 시공이 설계도서와 화재안전기준에 맞는지에 대한 지도·감독
6. 완공된 소방시설 등의 성능시험
7. 공사업자가 작성한 시공 상세 도면의 적합성 검토
8. 피난시설 및 방화시설의 적법성 검토
9. 실내장식물의 불연화(不燃化)와 방염 물품의 적법성 검토

**48** 소방의 역사와 안전문화를 발전시키고 국민의 안전의식을 높이기 위하여 ㉠ 소방박물관과 ㉡ 소방체험관을 설립 및 운영할 수 있는 사람은?

① ㉠ : 소방청장, ㉡ : 소방청장
② ㉠ : 소방청장, ㉡ : 시·도지사
③ ㉠ : 시·도지사, ㉡ : 시·도지사
④ ㉠ : 소방본부장, ㉡ : 시·도지사

**해설** 기본법 제5조(소방박물관 등의 설립과 운영)
소방의 역사와 안전문화를 발전시키고 국민의 안전의식을 높이기 위하여 소방청장은 소방박물관을, 시·도지사는 소방체험관을 설립하여 운영할 수 있다.

**49** 보일러 등의 위치·구조 및 관리와 화재예방을 위하여 불의 사용에 있어서 지켜야 하는 사항 중 보일러에 경유·등유 등 액체연료를 사용하는 경우에 연료탱크는 보일러 본체로부터 수평거리 최소 몇 [m] 이상의 간격을 두어 설치해야 하는가?

① 0.5[m]
② 0.6[m]
③ 1[m]
④ 2[m]

**해설** 화재예방법 시행령 별표 1
▶ 보일러
가. 가연성 벽·바닥 또는 천장과 접촉하는 증기기관 또는 연통의 부분은 규조토 등 난연성 또는 불연성 단열재로 덮어씌워야 한다.
나. 경유·등유 등 액체연료를 사용할 때에는 다음 사항을 지켜야 한다.
  1) 연료탱크는 보일러 본체로부터 수평거리 1미터 이상의 간격을 두어 설치할 것
  2) 연료탱크에는 화재 등 긴급상황이 발생하는 경우 연료를 차단할 수 있는 개폐밸브를 연료탱크로부터 0.5미터 이내에 설치할 것
  3) 연료탱크 또는 보일러 등에 연료를 공급하는 배관에는 여과장치를 설치할 것
  4) 사용이 허용된 연료 외의 것을 사용하지 않을 것
  5) 연료탱크가 넘어지지 않도록 받침대를 설치하고, 연료탱크 및 연료탱크 받침대는 「건축법 시행령」 제2조제10호에 따른 불연재료(이하 "불연재료"라 한다)로 할 것
다. 기체연료를 사용할 때에는 다음 사항을 지켜야 한다.
  1) 보일러를 설치하는 장소에는 환기구를 설치하는 등 가연성 가스가 머무르지 않도록 할 것
  2) 연료를 공급하는 배관은 금속관으로 할 것
  3) 화재 등 긴급 시 연료를 차단할 수 있는 개폐밸브를 연료용기 등으로부터 0.5미터 이내에 설치할 것
  4) 보일러가 설치된 장소에는 가스누설경보기를 설치할 것
라. 화목(火木) 등 고체연료를 사용할 때에는 다음 사항을 지켜야 한다.
  1) 고체연료는 보일러 본체와 수평거리 2미터 이상 간격을 두어 보관하거나 불연재료로 된 별도의 구획된 공간에 보관할 것
  2) 연통은 천장으로부터 0.6미터 떨어지고, 연통의 배출구는 건물 밖으로 0.6미터 이상 나오도록 설치할 것

3) 연통의 배출구는 보일러 본체보다 2미터 이상 높게 설치할 것
4) 연통이 관통하는 벽면, 지붕 등은 불연재료로 처리할 것
5) 연통재질은 불연재료로 사용하고 연결부에 청소구를 설치할 것

마. 보일러 본체와 벽·천장 사이의 거리는 0.6미터 이상이어야 한다.
바. 보일러를 실내에 설치하는 경우에는 콘크리트바닥 또는 금속 외의 불연재료로 된 바닥 위

**50** 위험물 제조소에서 저장 또는 취급하는 위험물에 따른 주의사항을 표시한 게시판 중 화기엄금을 표시하는 게시판의 바탕색은?

① 청색  ② 적색
③ 흑색  ④ 백색

**해설** 위험물법 시행규칙 [별표 4](제조소의 위치·구조 및 설비의 기준)
▶ 표지 및 게시판
1. 저장 또는 취급하는 위험물에 따라 다음의 규정에 의한 주의사항을 표시한 게시판을 설치할 것
   1) 제1류 위험물 중 알칼리금속의 과산화물과 이를 함유한 것 또는 제3류 위험물 중 금수성 물질에 있어서는 "물기엄금"
   2) 제2류 위험물(인화성 고체를 제외한다)에 있어서는 "화기주의"
   3) 제2류 위험물 중 인화성 고체, 제3류 위험물 중 자연발화성 물질, 제4류 위험물 또는 제5류 위험물에 있어서는 "화기엄금"
2. 위 1.의 게시판의 색은 "물기엄금"을 표시하는 것에 있어서는 청색바탕에 백색문자로, "화기주의" 또는 "화기엄금"을 표시하는 것에 있어서는 적색바탕에 백색문자로 할 것

**51** 도시의 건물 밀집지역 등 화재가 발생할 우려가 높거나 화재가 발생하는 경우 그로 인하여 피해가 클 것으로 예상되는 일정한 구역을 화재경계지구로 지정할 수 있는 권한을 가진 사람은?

① 시·도지사  ② 소방청장
③ 소방서장   ④ 소방본부장

**해설** 기본법 제13조(화재경계지구의 지정 등)
시·도지사는 다음 각 호의 어느 하나에 해당하는 지역 중 화재가 발생할 우려가 높거나 화재가 발생하는 경우 그로 인하여 피해가 클 것으로 예상되는 지역을 화재경계지구(火災警戒地區)로 지정할 수 있다.
1. 시장지역
2. 공장·창고가 밀집한 지역
3. 목조건물이 밀집한 지역
4. 위험물의 저장 및 처리 시설이 밀집한 지역
5. 석유화학제품을 생산하는 공장이 있는 지역
6. 「산업입지 및 개발에 관한 법률」 제2조제8호에 따른 산업단지
7. 소방시설·소방용수시설 또는 소방출동로가 없는 지역
8. 그 밖에 제1호부터 제7호까지에 준하는 지역으로서 소방청장·소방본부장 또는 소방서장이 화재경계지구로 지정할 필요가 있다고 인정하는 지역

[22.12.1이후 개정]
시·도지사는 다음 각 호의 어느 하나에 해당하는 지역을 화재예방강화지구로 지정하여 관리할 수 있다.
1. 시장지역
2. 공장·창고가 밀집한 지역
3. 목조건물이 밀집한 지역
4. 노후·불량건축물이 밀집한 지역
5. 위험물의 저장 및 처리 시설이 밀집한 지역
6. 석유화학제품을 생산하는 공장이 있는 지역
7. 「산업입지 및 개발에 관한 법률」 제2조제8호에 따른 산업단지
8. 소방시설·소방용수시설 또는 소방출동로가 없는 지역
9. 그 밖에 제1호부터 제8호까지에 준하는 지역으로서 소방관서장이 화재예방강화지구로 지정할 필요가 있다고 인정하는 지역

**52** 소방시설공사업자가 소방시설공사를 하고자 하는 경우 소방시설공사 착공신고서를 누구에게 제출해야 하는가?

① 시·도지사
② 소방청장
③ 한국소방시설협회장
④ 소방본부장 또는 소방서장

정답 50.② 51.① 52.④

**해설** 공사업법 시행규칙 제12조(착공신고 등) 제1항 참조
소방시설공사업자는 소방시설공사를 하려면 해당 소방시설공사의 착공 전까지 소방시설공사 착공(변경)신고서에 다음 각 호의 서류를 첨부하여 소방본부장 또는 소방서장에게 신고하여야 한다.
1. 공사업자의 소방시설공사업 등록증 사본 1부 및 등록수첩 사본 1부
2. 해당 기술인력의 기술등급을 증명하는 서류 사본 1부
3. 소방시설공사 계약서 사본 1부
4. 설계도서(설계도서가 변경된 경우에만 첨부) 1부
5. 소방시설공사 하도급통지서 사본(하도급하는 경우에만 첨부) 1부

**53** 연소 우려가 있는 건축물의 구조에 대한 기준 중 다음 〈보기〉 ( ㉠ ), ( ㉡ )에 들어갈 수치로 알맞은 것은?

> "건축물 대장의 건축물 현황도에 표시된 대지경계선 안에 2 이상의 건축물이 있는 경우로서 각각의 건축물이 다른 건축물의 외벽으로부터 수평거리가 1층에 있어서는 ( ㉠ )m 이하, 2층 이상의 층에 있어서는 ( ㉡ )m 이하이고 개구부가 다른 건축물을 향하여 설치된 구조를 말한다."

① ㉠ 5, ㉡ 10   ② ㉠ 6, ㉡ 10
③ ㉠ 10, ㉡ 5   ④ ㉠ 10, ㉡ 6

**해설** 소방시설법 시행규칙 제7조(연소 우려가 있는 건축물의 구조)
1. 건축물대장의 건축물 현황도에 표시된 대지경계선 안에 둘 이상의 건축물이 있는 경우
2. 각각의 건축물이 다른 건축물의 외벽으로부터 수평거리가 1층의 경우에는 6미터 이하, 2층 이상의 층의 경우에는 10미터 이하인 경우
3. 개구부(영 제2조제1호에 따른 개구부를 말한다)가 다른 건축물을 향하여 설치되어 있는 경우

**54** 소방본부장 또는 소방서장이 화재안전조사를 하고자 하는 때에는 며칠 전에 관계인에게 서면으로 알려야 하는가?

① 1일   ② 3일
③ 5일   ④ 7일

**해설** 소방시설법 제4조의3(화재안전조사의 방법·절차 등) 제1항 참조
소방청장, 소방본부장 또는 소방서장은 화재안전조사를 하려면 7일 전에 관계인에게 조사대상, 조사기간 및 조사사유 등을 서면으로 알려야 한다. 다만, 다음 각 호의 어느 하나에 해당하는 경우에는 그러하지 아니하다.
1. 화재, 재난·재해가 발생할 우려가 뚜렷하여 긴급하게 조사할 필요가 있는 경우
2. 화재안전조사의 실시를 사전에 통지하면 조사목적을 달성할 수 없다고 인정되는 경우

**55** 다음 중 위험물별 성질로서 틀린 것은?

① 제1류 : 산화성 고체
② 제2류 : 가연성 고체
③ 제4류 : 인화성 액체
④ 제6류 : 인화성 고체

**해설** 위험물법 시행령 [별표 1](위험물 및 지정수량)

| 유별 | 성질 |
|---|---|
| 제1류 | 산화성 고체 |
| 제2류 | 가연성 고체 |
| 제3류 | 자연발화성 물질 및 금수성 물질 |
| 제4류 | 인화성 액체 |
| 제5류 | 자기반응성 물질 |
| 제6류 | 산화성 액체 |

1. "산화성 고체"라 함은 고체 또는 기체 외의 것으로서 산화력의 잠재적인 위험성 또는 충격에 대한 민감성을 판단하기 위하여 고시하는 시험에서 고시로 정하는 성질과 상태를 나타내는 것을 말한다.
2. "가연성 고체"라 함은 고체로서 화염에 의한 발화의 위험성 또는 인화의 위험성을 판단하기 위하여 고시로 정하는 시험에서 고시로 정하는 성질과 상태를 나타내는 것을 말한다.
8. "인화성 고체"라 함은 고형알코올 그 밖에 1기압에서 인화점이 섭씨 40도 미만인 고체를 말한다.
9. "자연발화성 물질 및 금수성 물질"이라 함은 고체 또는 액체로서 공기 중에서 발화의 위험성이 있거나 물과 접촉하여 발화하거나 가연성 가스를 발생하는 위험성이 있는 것을 말한다.
11. "인화성 액체"라 함은 액체로서 인화의 위험성이 있는 것을 말한다.

정답 53.② 54.④ 55.④

**56** 소방시설법상 소방시설 등에 대한 자체점검 중 종합점검 대상기준으로 옳지 않은 것은?

① 제연설비가 설치된 터널
② 노래연습장으로서 연면적이 2,000[m$^2$] 이상인 것
③ 아파트는 연면적 5,000[m$^2$] 이상이고 16층 이상인 것
④ 소방대가 근무하지 않는 국공립학교 중 연면적이 1,000[m$^2$] 이상인 것으로서 자동화재탐지설비가 설치된 것

**해설** 소방시설법 시행규칙 [별표 3] 소방시설 등의 자체점검의 구분과 그 대상, 점검자의 자격, 점검 방법·횟수 및 시기

▶ 점검대상 및 시기, 점검자자격

| 대상 | | 횟수·시기 | 점검자 |
|---|---|---|---|
| 작동점검 | 모든 특정소방대상물 [3급이상에 해당] 〈제외 대상〉 1. 특급소방안전관리대상물 (종합점검만 연 2회) 2. 소방안전관리대상물에 속하지 않는 대상물 3. 위험물 제조소등 | • 원칙 : 연 1회 종합점검대상 × : 안전관리대상물의 사용승인일이 속하는 달의 말일까지 종합점검대상 ○ : 종합실시월로부터 6개월이 되는 달에 실시 | 관계인 (자탐, 간이만 해당) 소방안전관리자 (기술사,관리사) 관리업자(관리사) (자탐, 간이는 특급 점검자가능) |
| 종합점검 | 최초점검 | 3급이상대상중 최초사용승인 건축물 | 사용승인일로부터 60일 이내 | 소방안전관리자 (기술사, 관리사) 관리업자(관리사) |
| | 그밖점검 | 스프링클러설비가 설치된 특정소방대상물 물분무등소화설비가 설치된 연면적 5,000㎡ 인 특정소방대상물 연면적 2,000[m$^2$] 이상 다중이용업소(9종) 옥내소화전설비 또는 자동화재탐지설비가 설치된 연면적 1,000[m$^2$] 이상 공공기관(소방대 제외) 제연설비가 설치된 터널 | • 원칙 : 연 1회 (최초사용승인해 다음 해부터 사용승인일이 속하는 달의 말일까지) 예 학교 : 1~6월이 사용승인일인 경우 6월 말일까지 • 특급 소방안전관리대상물 : 연2회(반기별 1회) | |

**57** 위력을 사용하여 출동한 소방대의 화재진압·인명구조 또는 구급활동을 방해하는 행위를 한 자에 대한 벌칙 기준은?

① 200만 원 이하의 벌금
② 300만 원 이하의 벌금
③ 3년 이하의 징역 또는 3,000만 원 이하의 벌금
④ 5년 이하의 징역 또는 5,000만 원 이하의 벌금

**해설** 기본법 제50조(벌칙)
다음 각 호의 어느 하나에 해당하는 사람은 5년 이하의 징역 또는 5천만 원 이하의 벌금에 처한다.
1. 제16조제2항을 위반하여 다음 각 목의 어느 하나에 해당하는 행위를 한 사람
   가. 위력(威力)을 사용하여 출동한 소방대의 화재진압·인명구조 또는 구급활동을 방해하는 행위
   나. 소방대가 화재진압·인명구조 또는 구급활동을 위하여 현장에 출동하거나 현장에 출입하는 것을 고의로 방해하는 행위
   다. 출동한 소방대원에게 폭행 또는 협박을 행사하여 화재진압·인명구조 또는 구급활동을 방해하는 행위
   라. 출동한 소방대의 소방장비를 파손하거나 그 효용을 해하여 화재진압·인명구조 또는 구급활동을 방해하는 행위

**58** 소방용수시설 중 저수조 설치 시 지면으로부터 낙차 기준은?

① 2.5m 이하
② 3.5m 이하
③ 4.5m 이하
④ 5.5m 이하

**해설** 기본법 시행규칙 [별표 3] 소방용수시설의 설치기준
▶ 저수조의 설치기준
1. 지면으로부터의 낙차가 4.5[m] 이하일 것
2. 흡수부분의 수심이 0.5[m] 이상일 것
3. 소방펌프자동차가 쉽게 접근할 수 있도록 할 것
4. 흡수에 지장이 없도록 토사 및 쓰레기 등을 제거할 수 있는 설비를 갖출 것
5. 흡수관의 투입구가 사각형의 경우에는 한 변의 길이가 60[cm] 이상, 원형의 경우에는 지름이 60[cm] 이상일 것
6. 저수조에 물을 공급하는 방법은 상수도에 연결하여 자동으로 급수되는 구조일 것

**59** 신축·증축·개축·재축·대수선 또는 용도변경으로 해당 특정소방대상물의 소방안전관리자를 신규로 선임하는 경우 해당 특정소방대상물의 관계인은 특정소방대상물의 완공일로부터 며칠 이내에 소방안전관리자를 선임하여야 하는가?

① 7일　　② 14일
③ 30일　　④ 60일

**해설** 화재예방법 시행규칙 제14조(소방안전관리자의 선임신고 등) 제1항 참조
특정소방대상물의 관계인은 법 제20조제2항 및 법 제21조에 따라 소방안전관리자를 다음 각 호의 어느 하나에 해당하는 날부터 30일 이내에 선임하여야 한다.
1. 신축·증축·개축·재축·대수선 또는 용도변경으로 해당 특정소방대상물의 소방안전관리자를 신규로 선임하여야 하는 경우 : 해당 특정소방대상물의 완공일(건축물의 경우에는 「건축법」 제22조에 따라 건축물을 사용할 수 있게 된 날을 말한다)

**60** 형식승인을 얻어야 할 소방용품이 아닌 것은?

① 감지기　　② 휴대용 비상조명등
③ 소화기　　④ 방염액

**해설** 소방시설법 시행령 제37조(형식승인대상 소방용품)
[별표 3] 제1호[같은 표 제1호 나목 2)에 따른 상업용 주방소화장치는 제외한다] 및 같은 표 제2호부터 제4호까지에 해당하는 소방용품을 말한다.
▶ [별표 3] 소방용품
1. 소화설비를 구성하는 제품 및 기기
   가. 소화기구(소화약제 외의 것을 이용한 간이소화용구는 제외한다.)
   나. 자동소화장치
   다. 소화설비를 구성하는 소화전, 송수구, 관창(菅槍), 소방호스, 스프링클러헤드, 기동용 수압개폐장치, 유수제어밸브 및 가스관선택밸브
2. 경보설비를 구성하는 제품 또는 기기
   가. 누전경보기 및 가스누설경보기
   나. 경보설비를 구성하는 발신기, 수신기, 중계기, 감지기 및 음향장치(경종만 해당한다.)
3. 피난구조설비를 구성하는 제품 또는 기기
   가. 피난사다리, 구조대, 완강기(간이완강기 및 지지대를 포함한다)
   나. 공기호흡기(충전기를 포함한다)
   다. 피난구유도등, 통로유도등, 객석유도등 및 예비전원이 내장된 비상조명등
4. 소화용으로 사용하는 제품 또는 기기
   가. 소화약제
   나. 방염제(방염액·방염도료 및 방염성 물질을 말한다)
5. 그 밖에 행정안전부령으로 정하는 소방 관련 제품 또는 기기

정답 59.③ 60.②

# 제4회 소방설비기사[기계분야] 1차 필기

[제3과목 : 소방관계법규]

**41** 위험물 제조소 게시판의 바탕 및 문자의 색으로 올바르게 연결된 것은?

① 바탕-백색, 문자-청색
② 바탕-청색, 문자-흑색
③ 바탕-흑색, 문자-백색
④ 바탕-백색, 문자-흑색

**해설** 위험물법 시행규칙 [별표 4] 제조소의 위치·구조 및 설비의 기준

▶ 표지 및 게시판

1. 제조소에는 보기 쉬운 곳에 다음 각 목의 기준에 따라 "위험물 제조소"라는 표시를 한 표지를 설치하여야 한다.
   가. 표지는 한 변의 길이가 0.3[m] 이상, 다른 한 변의 길이가 0.6[m] 이상인 직사각형으로 할 것
   나. 표지의 바탕은 백색으로, 문자는 흑색으로 할 것
2. 제조소에는 보기 쉬운 곳에 다음 각 목의 기준에 따라 방화에 관하여 필요한 사항을 게시한 게시판을 설치하여야 한다.
   가. 게시판은 한 변의 길이가 0.3[m] 이상, 다른 한 변의 길이가 0.6[m] 이상인 직사각형으로 할 것
   나. 게시판에는 저장 또는 취급하는 위험물의 유별·품명 및 저장최대수량 또는 취급최대수량, 지정수량의 배수 및 안전관리자의 성명 또는 직명을 기재할 것
   다. 나목의 게시판의 바탕은 백색으로, 문자는 흑색으로 할 것
   라. 나목의 게시판 외에 저장 또는 취급하는 위험물에 따라 다음의 규정에 의한 주의사항을 표시한 게시판을 설치할 것
      1) 제1류 위험물 중 알칼리금속의 과산화물과 이를 함유한 것 또는 제3류 위험물 중 금수성 물질에 있어서는 "물기엄금"
      2) 제2류 의험물(인화성 고체를 제외한다)에 있어서는 "화기주의"
      3) 제2류 위험물 중 인화성 고체, 제3류 위험물 중 자연발화성 물질, 제4류 위험물 또는 제5류 위험물에 있어서는 "화기엄금"
   마. 라목의 게시판의 색은 "물기엄금"을 표시하는 것에 있어서는 청색바탕에 백색문자로, "화기주의" 또는 "화기엄금"을 표시하는 것에 있어서는 적색바탕에 백색문자로 할 것

**42** 고형알코올 그 밖에 1기압 상태에서 인화점이 40[℃] 미만인 고체에 해당하는 것은?

① 가연성 고체
② 산화성 고체
③ 인화성 고체
④ 자연발화성 물질

**해설** 위험물법 시행령 [별표 1] 위험물 및 지정수량
"인화성 고체"라 함은 고형알코올 그 밖에 1기압에서 인화점이 섭씨 40도 미만인 고체를 말한다.

**43** 정기점검의 대상인 제조소등에 해당하지 않는 것은?

① 이송취급소
② 이동탱크저장소
③ 암반탱크저장소
④ 판매취급소

**해설** 위험물법 시행령 제16조(정기점검의 대상인 제조소등)
다음 각 호의 1에 해당하는 제조소등을 말한다.
1. 제15조 각 호의 1에 해당하는 제조소등
2. 지하탱크저장소
3. 이동탱크저장소
4. 위험물을 취급하는 탱크로서 지하에 매설된 탱크가 있는 제조소·주유취급소 또는 일반취급소

**정답** 41.④  42.③  43.④

**44** 소방용수시설 중 소화전과 급수탑의 설치기준으로 틀린 것은?

① 소화전은 상수도와 연결하여 지하식 또는 지상식의 구조로 할 것
② 소방용호스와 연결하는 소화전의 연결금속구의 구경은 65[mm]로 할 것
③ 급수탑 급수배관의 구경은 100[mm] 이상으로 할 것
④ 급수탑의 개폐밸브는 지상에서 1.5[m] 이상 1.8[m] 이하의 위치에 설치할 것

**해설** 기본법 시행규칙 [별표 3] 소방용수시설의 설치기준
▶ 급수탑의 설치기준
급수배관의 구경은 100[mm] 이상으로 하고, 개폐밸브는 지상에서 1.5[m] 이상 1.7[m] 이하의 위치에 설치하도록 할 것

**45** 소방본부장이 화재안전조사위원회 위원으로 임명하거나 위촉할 수 있는 사람이 아닌 것은?

① 소방시설관리사
② 과장급 직위 이상의 소방공무원
③ 소방 관련 분야의 석사학위 이상을 취득한 사람
④ 소방 관련 법인 또는 단체에서 소방 관련 업무에 3년 이상 종사한 사람

**해설** 화재예방법 시행령 제7조의2(화재안전조사위원회의 구성 등) 제2항 참조
1. 과장급 직위 이상의 소방공무원
2. 소방기술사
3. 소방시설관리사
4. 소방 관련 분야의 석사학위 이상을 취득한 사람
5. 소방 관련 법인 또는 단체에서 소방 관련 업무에 5년 이상 종사한 사람
6. 소방공무원 교육기관, 「고등교육법」 제2조의 학교 또는 연구소에 소방과 관련한 교육 또는 연구에 5년 이상 종사한 사람

**46** 기본법상의 벌칙으로 5년 이하의 징역 또는 5,000만 원 이하의 벌금에 해당하지 않는 것은?

① 소방자동차가 화재진압 및 구조·구급활동을 위하여 출동할 때 그 출동을 방해한 자
② 사람을 구출하거나 불이 번지는 것을 막기 위하여 불이 번질 우려가 있는 소방대상물의 사용제한의 강제처분을 방해한 자
③ 출동한 소방대의 소방장비를 파손하거나 그 효용을 해하며 화재진압·인명구조 또는 구급활동을 방해한 자
④ 정당한 사유 없이 소방용수시설의 효용을 해치거나 그 정당한 사용을 방해한 자

**해설** 기본법 제50조(벌칙)
다음 각 호의 어느 하나에 해당하는 사람은 5년 이하의 징역 또는 5천만 원 이하의 벌금에 처한다.
1. 제16조 제2항을 위반하여 다음 각 목의 어느 하나에 해당하는 행위를 한 사람
   가. 위력(威力)을 사용하여 출동한 소방대의 화재진압·인명구조 또는 구급활동을 방해하는 행위
   나. 소방대가 화재진압·인명구조 또는 구급활동을 위하여 현장에 출동하거나 현장에 출입하는 것을 고의로 방해하는 행위
   다. 출동한 소방대원에게 폭행 또는 협박을 행사하여 화재진압·인명구조 또는 구급활동을 방해하는 행위
   라. 출동한 소방대의 소방장비를 파손하거나 그 효용을 해하여 화재진압·인명구조 또는 구급활동을 방해하는 행위
2. 제21조 제1항을 위반하여 소방자동차의 출동을 방해한 사람
3. 제24조 제1항에 따른 사람을 구출하는 일 또는 불을 끄거나 불이 번지지 아니하도록 하는 일을 방해한 사람
4. 제28조를 위반하여 정당한 사유 없이 소방용수시설 또는 비상소화장치를 사용하거나 소방용수시설 또는 비상소화장치의 효용을 해치거나 그 정당한 사용을 방해한 사람

정답 44.④ 45.④ 46.②

**47** 교육연구시설 중 학교 지하층은 바닥면적의 합계가 몇 [m²] 이상인 경우 연결살수설비를 설치해야 하는가?

① 500[m²]  ② 600[m²]
③ 700[m²]  ④ 1,000[m²]

**해설** 소방시설법 시행령 [별표 5] 특정소방대상물의 관계인이 특정소방대상물의 규모·용도 및 수용인원 등을 고려하여 갖추어야 하는 소방시설의 종류

연결살수설비를 설치하여야 하는 특정소방대상물(지하구는 제외한다)은 다음의 어느 하나와 같다.
1. 판매시설, 운수시설, 창고시설 중 물류터미널로서 해당 용도로 사용되는 부분의 바닥면적의 합계가 1천[m²] 이상인 것
2. 지하층(피난층으로 주된 출입구가 도로와 접한 경우는 제외한다)으로서 바닥면적의 합계가 150[m²] 이상인 것. 다만, 「주택법 시행령」 제21조 제4항에 따른 국민주택규모 이하인 아파트 등의 지하층(대피시설로 사용하는 것만 해당한다)과 교육연구시설 중 학교의 지하층의 경우에는 700[m²] 이상인 것으로 한다.
3. 가스시설 중 지상에 노출된 탱크의 용량이 30톤 이상인 탱크시설
4. 1. 및 2.의 특정소방대상물에 부속된 연결통로

**48** 일반 소방시설 설계업(기계분야)의 영업범위는 공장의 경우 연면적 몇 [m²] 미만의 특정소방대상물에 설치되는 기계분야 소방시설의 설계에 한하는가? (단, 제연설비가 설치되는 특정소방대상물은 제외한다.)

① 10,000[m²]  ② 20,000[m²]
③ 30,000[m²]  ④ 40,000[m²]

**해설** 공사업법 시행령 [별표 1] 소방시설업의 업종별 등록기준 및 영업범위(제2조 제1항 관련), 방염처리업의 방염처리시설 및 시험기기 기준

| 일반소방시설 설계업 | |
|---|---|
| 기계 분야 | |
| 기술 인력 | 가. 주된 기술인력 : 소방기술사 또는 기계분야 소방설비기사 1명 이상<br>나. 보조기술인력 : 1명 이상 |
| 영업 범위 | 가. 아파트에 설치되는 기계분야 소방시설(제연설비는 제외한다)의 설계<br>나. 연면적 3만 제곱미터(공장의 경우에는 1만 제곱미터) 미만의 특정소방대상물(제연설비가 설치되는 특정소방대상물은 제외한다)에 설치되는 기계분야 소방시설의 설계<br>다. 위험물제조소 등에 설치되는 기계분야 소방시설의 설계 |

**49** 소방체험관의 설립·운영권자는?

① 국무총리
② 소방청장
③ 시·도지사
④ 소방본부장 및 소방서장

**해설** 기본법 제5조(소방박물관 등의 설립과 운영)

소방의 역사와 안전문화를 발전시키고 국민의 안전의식을 높이기 위하여 소방청장은 소방박물관을, 시·도지사는 소방체험관(화재 현장에서의 피난 등을 체험할 수 있는 체험관을 말한다. 이하 이 조에서 같다)을 설립하여 운영할 수 있다.

**50** 위험물법상 행정처분을 하고자 하는 경우 청문을 실시해야 하는 것은?

① 제조소등 설치허가의 취소
② 제조소등 영업정지 처분
③ 탱크시험자의 영업정지
④ 과징금 부과처분

**해설** 위험물법 제29조(청문)

시·도지사, 소방본부장 또는 소방서장은 다음 각 호의 어느 하나에 해당하는 처분을 하고자 하는 경우에는 청문을 실시하여야 한다.
1. 제12조의 규정에 따른 제조소등 설치허가의 취소
2. 제16조 제5항의 규정에 따른 탱크시험자의 등록취소

**51** 공사업법상 소방시설업 등록신청 신청서 및 첨부서류에 기재되어야 할 내용이 명확하지 아니한 경우 서류의 보완 기간은 며칠 이내인가?

① 14일  ② 10일
③ 7일   ④ 5일

정답 47.③ 48.① 49.③ 50.① 51.②

**해설** 공사업법 시행규칙 제2의2(등록신청 서류의 보완)
소방시설업의 등록신청 서류가 다음 각 호의 어느 하나에 해당되는 경우에는 10일 이내의 기간을 정하여 이를 보완하게 할 수 있다.
1. 첨부서류가 첨부되지 아니한 경우
2. 신청서 및 첨부서류에 기재되어야 할 내용이 기재되어 있지 아니하거나 명확하지 아니한 경우

**52** 소화난이도등급 Ⅰ의 제조소 등에 설치해야 하는 소화설비기준 중 황만을 저장·취급하는 옥내탱크저장소에 설치해야 하는 소화설비는?

① 옥내소화전설비
② 옥외소화전설비
③ 물분무소화설비
④ 고정식 포소화설비

**해설** 위험물법 시행규칙 [별표 17] 소화설비, 경보설비 및 피난설비의 기준
나. 소화난이도등급Ⅰ의 제조소 등에 설치하여야 하는 소화설비

| 옥외탱크 저장소 | 지중탱크 또는 해상탱크 외의 것 | 황만을 저장 취급하는 것 | 물분무 소화설비 |
|---|---|---|---|

**53** 특정소방대상물 중 의료시설에 해당되지 않는 것은?

① 노숙인 재활시설
② 장애인 의료재활시선
③ 정신의료기관
④ 마약진료소

**해설** 소방시설법 시행령 [별표 2] 특정소방대상물
▶ 의료시설
1. 병원 : 종합병원, 병원, 치과병원, 한방병원, 요양병원
2. 격리병원 : 전염병원, 마약진료소, 그 밖에 이와 비슷한 것
3. 정신의료기관
4. 「장애인복지법」 제58조제1항제4호에 따른 장애인 의료재활시설

**54** 제2류 위험물의 품명에 따른 지정수량의 연결이 틀린 것은?

① 황화인 - 100[kg]
② 황 - 300[kg]
③ 철분 - 500[kg]
④ 인화성고체 - 1,000[kg]

**해설** 위험물법 시행령 [별표 1] 위험물 및 지정수량

| 제2류 | |
|---|---|
| 가연성 고체 | |
| 1. 황화인 | 100킬로그램 |
| 2. 적린 | 100킬로그램 |
| 3. 황 | 100킬로그램 |
| 4. 철분 | 500킬로그램 |
| 5. 금속분 | 500킬로그램 |
| 6. 마그네슘 | 500킬로그램 |
| 7. 그 밖에 행정안전부령으로 정하는 것 | 100킬로그램 또는 500킬로그램 |
| 8. 제1호 내지 제7호의 1에 해당하는 어느 하나 이상을 함유한 것 | |
| 9. 인화성 고체 | 1,000킬로그램 |

**55** 작동점검을 실시한 자는 작동점검 실시결과 보고서를 며칠 이내에 소방본부장 또는 소방서장에게 제출해야 하는가?

① 7일
② 10일
③ 12일
④ 15일

**해설** 점검결과보고서의 제출
㉠ 관리업자 또는 소방안전관리자로 선임된 소방시설관리사 및 소방기술사(이하 "관리업자등"이라 한다)는 자체점검을 실시한 경우에는 법 제22조제1항 각 호 외의 부분 후단에 따라 그 점검이 끝난 날부터 10일 이내에 별지 제9호서식의 소방시설등 자체점검 실시결과 보고서(전자문서로 된 보고서를 포함한다)에 소방청장이 정하여 고시하는 소방시설등점검표를 첨부하여 관계인에게 제출해야 한다.
㉡ 제1항에 따른 자체점검 실시결과 보고서를 제출받거나 스스로 자체점검을 실시한 관계인은 법 제23조 3항에 따라 자체점검이 끝난 날부터 15일 이내에 별

정답  52.③  53.①  54.②  55.④

지 제9호서식의 소방시설등 자체점검 실시결과 보고서(전자문서로 된 보고서를 포함한다)에 다음 각 호의 서류를 첨부하여 소방본부장 또는 소방서장에게 서면이나 소방청장이 지정하는 전산망을 통하여 보고해야 한다.
1. 점검인력 배치확인서(관리업자가 점검한 경우만 해당한다)
2. 별지 제10호서식의 소방시설등의 자체점검 결과 이행계획서

ⓒ 제1항 및 제2항에 따른 자체점검 실시결과의 보고기간에는 공휴일 및 토요일은 산입하지 않는다.

ⓔ 제2항에 따라 소방본부장 또는 소방서장에게 자체점검 실시결과 보고를 마친 관계인은 소방시설등 자체점검 실시결과 보고서(소방시설등점검표를 포함한다)를 점검이 끝난 날부터 2년간 자체 보관해야 한다.

ⓜ 제2항에 따라 소방시설등의 자체점검 결과 이행계획서를 보고받은 소방본부장 또는 소방서장은 다음 각 호의 구분에 따라 이행계획의 완료 기간을 정하여 관계인에게 통보해야 한다. 다만, 소방시설등에 대한 수리・교체・정비의 규모 또는 절차가 복잡하여 다음 각 호의 기간 내에 이행을 완료하기가 어려운 경우에는 그 기간을 달리 정할 수 있다.
1. 소방시설등을 구성하고 있는 기계・기구를 수리하거나 정비하는 경우 : 보고일부터 10일 이내
2. 소방시설등의 전부 또는 일부를 철거하고 새로 교체하는 경우 : 보고일부터 20일 이내

ⓗ 제5항에 따른 완료기간 내에 이행계획을 완료한 관계인은 이행을 완료한 날부터 10일 이내에 별지 제11호서식의 소방시설등의 자체점검 결과 이행완료 보고서(전자문서로 된 보고서를 포함한다)에 다음 각 호의 서류(전자문서를 포함한다)를 첨부하여 소방본부장 또는 소방서장에게 보고해야 한다.
1. 이행계획 건별 전・후 사진 증명자료
2. 소방시설공사 계약서

## 56 화재예방법에 따른 소방안전관리업무를 하지 아니한 특정소방대상물의 관계인에게는 얼마 이하의 과태료를 부과하는가?

① 100만 원   ② 200만 원
③ 300만 원   ④ 400만 원

**해설** 화재예방법 제52조(과태료)
① 다음 각 호의 어느 하나에 해당하는 자에게는 300만 원 이하의 과태료를 부과한다.

1. 정당한 사유 없이 제17조제1항 각 호의 어느 하나에 해당하는 행위를 한 자
2. 제24조제2항을 위반하여 소방안전관리자를 겸한 자
3. 제24조제5항에 따른 소방안전관리업무를 하지 아니한 특정소방대상물의 관계인 또는 소방안전관리대상물의 소방안전관리자
4. 제27조제2항을 위반하여 소방안전관리업무의 지도・감독을 하지 아니한 자
5. 제29조제2항에 따른 건설현장 소방안전관리대상물의 소방안전관리자의 업무를 하지 아니한 소방안전관리자
6. 제36조제3항을 위반하여 피난유도 안내정보를 제공하지 아니한 자
7. 제37조제1항을 위반하여 소방훈련 및 교육을 하지 아니한 자
8. 제41조제4항을 위반하여 화재예방안전진단 결과를 제출하지 아니한 자

② 다음 각 호의 어느 하나에 해당하는 자에게는 200만 원 이하의 과태료를 부과한다.
1. 제17조제4항에 따른 불을 사용할 때 지켜야 하는 사항 및 같은 조 제5항에 따른 특수가연물의 저장 및 취급 기준을 위반한 자
2. 제18조제4항에 따른 소방설비등의 설치 명령을 정당한 사유 없이 따르지 아니한 자
3. 제26조제1항을 위반하여 기간 내에 선임신고를 하지 아니하거나 소방안전관리자의 성명 등을 게시하지 아니한 자
4. 제29조제1항을 위반하여 기간 내에 선임신고를 하지 아니한 자
5. 제37조제2항을 위반하여 기간 내에 소방훈련 및 교육 결과를 제출하지 아니한 자

③ 제34조제1항제2호를 위반하여 실무교육을 받지 아니한 소방안전관리자 및 소방안전관리보조자에게는 100만 원 이하의 과태료를 부과한다.

④ 제1항부터 제3항까지에 따른 과태료는 대통령령으로 정하는 바에 따라 소방청장, 시・도지사, 소방본부장 또는 소방서장이 부과・징수한다.

## 57 기본법상 소방용수시설의 저수조는 지면으로부터 낙차가 몇 [m] 이하가 되어야 하는가?

① 3.5[m]   ② 4[m]
③ 4.5[m]   ④ 6[m]

해설 기본법 시행규칙 [별표 3] 소방용수시설의 설치기준
▶ 저수조의 설치기준
1. 지면으로부터의 낙차가 4.5[m] 이하일 것
2. 흡수부분의 수심이 0.5[m] 이상일 것
3. 소방펌프자동차가 쉽게 접근할 수 있도록 할 것
4. 흡수에 지장이 없도록 토사 및 쓰레기 등을 제거할 수 있는 설비를 갖출 것
5. 흡수관의 투입구가 사각형의 경우에는 한 변의 길이가 60[cm] 이상, 원형의 경우에는 지름이 60[cm] 이상일 것
6. 저수조에 물을 공급하는 방법은 상수도에 연결하여 자동으로 급수되는 구조일 것

**58** 소방용품의 형식승인을 반드시 취소하여야 하는 경우가 아닌 것은?

① 거짓 또는 부정한 방법으로 형식승인을 받은 경우
② 시험시설의 시설기준에 미달되는 경우
③ 거짓 또는 부정한 방법으로 제품검사를 받은 경우
④ 변경승인을 받지 아니한 경우

해설 소방시설법 제39조(형식승인의 취소 등)
소방청장은 소방용품의 형식승인을 받았거나 제품검사를 받은 자가 다음 각 호의 어느 하나에 해당될 때에는 행정안전부령으로 정하는 바에 따른 그 형식승인을 취소하거나 6개월 이내의 기간을 정하여 제품검사의 중지를 명할 수 있다. 다만, 제1호·제3호 또는 제5호의 경우에는 형식승인을 취소하여야 한다.
1. 거짓이나 그 밖의 부정한 방법으로 형식승인을 받은 경우
3. 거짓이나 그 밖의 부정한 방법으로 제품검사를 받은 경우
5. 변경승인을 받지 아니하거나 거짓이나 그 밖의 부정한 방법으로 변경승인을 받은 경우

**59** 소방장비 등에 대한 국고보조 대상사업의 범위와 기준보조율은 무엇으로 정하는가?

① 행정안전부령  ② 대통령령
③ 시·도의 조례  ④ 국토교통부령

해설 기본법 제9조(소방장비 등에 대한 국조보조)
① 국가는 소방장비의 구입 등 시·도의 소방업무에 필요한 경비의 일부를 보조한다.
② 제1항에 따른 보조 대상사업의 범위와 기준보조율은 대통령령으로 정한다.

**60** 하자보수 대상 소방시설 중 하자보수 보증기간이 2년이 아닌 것은?

① 유도표시  ② 비상경보설비
③ 무선통신보조설비  ④ 자동화재탐지설비

해설 공사업법 시행령 제6조(하자보수 대상 소방시설과 하자보수 보증기간)
하자를 보수하여야 하는 소방시설과 소방시설별 하자보수 보증기간은 다음 각 호의 구분과 같다.
1. 피난기구, 유도등, 유도표지, 비상경보설비, 비상조명등, 비상방송설비 및 무선통신보조설비 : 2년
2. 자동소화장치, 옥내소화전설비, 스프링클러설비, 간이스프링클러설비, 물분무등소화설비, 옥외소화전설비, 자동화재탐지설비, 상수도소화용수설비 및 소화활동설비(무선통신보조설비는 제외한다) : 3년

# 2017년 제1회 소방설비기사[기계분야] 1차 필기

[제3과목 : 소방관계법규]

**41** 관계인이 예방규정을 정하여야 하는 제조소등의 기준이 아닌 것은?

① 지정수량의 10배 이상의 위험물을 취급하는 제조소
② 지정수량의 50배 이상의 위험물을 취급하는 옥외저장소
③ 지정수량의 150배 이상의 위험물을 취급하는 옥내저장소
④ 지정수량의 200배 이상의 위험물을 취급하는 옥외탱크저장소

**해설** 위험물법 시행령 제15조(관계인이 예방규정을 정하여야 하는 제조소등)
법 제17조제1항에서 "대통령령이 정하는 제조소등"이라 함은 다음 각호의 1에 해당하는 제조소등을 말한다.
1. 지정수량의 10배 이상의 위험물을 취급하는 제조소
2. 지정수량의 100배 이상의 위험물을 저장하는 옥외저장소
3. 지정수량의 150배 이상의 위험물을 저장하는 옥내저장소
4. 지정수량의 200배 이상의 위험물을 저장하는 옥외탱크저장소
5. 암반탱크저장소
6. 이송취급소
7. 지정수량의 10배 이상의 위험물을 취급하는 일반취급소. 다만, 제4류 위험물(특수인화물을 제외한다)만을 지정수량의 50배 이하로 취급하는 일반취급소(제1석유류·알코올류의 취급량이 지정수량의 10배 이하인 경우에 한한다)로서 다음 각목의 어느 하나에 해당하는 것을 제외한다.
   가. 보일러·버너 또는 이와 비슷한 것으로서 위험물을 소비하는 장치로 이루어진 일반취급소
   나. 위험물을 용기에 옮겨 담거나 차량에 고정된 탱크에 주입하는 일반취급소

**42** 특정소방대상물이 증축되는 경우 기존 부분에 대해서 증축 당시의 소방시설의 설치에 관한 대통령령 또는 화재안전기준을 적용하지 않는 경우가 아닌 것은?

① 증축으로 인하여 천장·바닥·벽 등에 고정되어 있는 가연성 물질의 양이 줄어드는 경우
② 자동차 생산공장 등 화재 위험이 낮은 특정소방대상물 내부에 연면적 33[m²] 이하의 직원 휴게실을 증축하는 경우
③ 기존 부분과 증축 부분이 갑종 방화문(국토교통부장관이 정하는 기준에 적합한 자동방화셔터를 포함)으로 구획되어 있는 경우
④ 자동차 생산공장 등 화재 위험이 낮은 특정소방대상물에 캐노피(3면 이상에 벽이 없는 구조의 캐노피)를 설치하는 경우

**해설** 소방시설법 시행령 제15조(특정소방대상물의 증축 또는 용도변경 시의 소방시설기준 적용의 특례) 제1항 참조
법 제11조제3항에 따라 소방본부장 또는 소방서장은 특정소방대상물이 증축되는 경우에는 기존 부분을 포함한 특정소방대상물의 전체에 대하여 증축 당시의 소방시설의 설치에 관한 대통령령 또는 화재안전기준을 적용하여야 한다. 다만, 다음 각 호의 어느 하나에 해당하는 경우에는 기존 부분에 대해서는 증축 당시의 소방시설의 설치에 관한 대통령령 또는 화재안전기준을 적용하지 아니한다.
1. 기존 부분과 증축 부분이 내화구조(耐火構造)로 된 바닥과 벽으로 구획된 경우
2. 기존 부분과 증축 부분이 「건축법 시행령」제64조에 따른 갑종 방화문(국토교통부장관이 정하는 기준에 적합한 자동방화셔터를 포함한다)으로 구획되어 있는 경우

정답 41.② 42.①

3. 자동차 생산공장 등 화재 위험이 낮은 특정소방대상물 내부에 연면적 33제곱미터 이하의 직원 휴게실을 증축하는 경우
4. 자동차 생산공장 등 화재 위험이 낮은 특정소방대상물에 캐노피(3면 이상에 벽이 없는 구조의 캐노피를 말한다)를 설치하는 경우

[22.12.1이후 개정]
▶ 증축되는 경우
㉠ 원칙 : 소방본부장이나 소방서장은 기존의 특정소방대상물이 증축되는 경우에는 대통령령으로 정하는 바에 따라 증축 당시의 소방시설의 설치에 관한 대통령령 또는 화재안전기준을 적용한다.
㉡ 예외 : 다음의 경우 기존부분에 대하여는 증축당시의 기준을 적용하지 아니한다.
1. 기존 부분과 증축 부분이 내화구조(耐火構造)로 된 바닥과 벽으로 구획된 경우
2. 기존 부분과 증축 부분이 「건축법 시행령」제46조제1항제2호에 따른 자동방화셔터(이하 "자동방화셔터"라 한다) 또는 같은 영 제64조제1항제1호에 따른 60분+ 방화문(이하 "60분+ 방화문"이라 한다)으로 구획되어 있는 경우
3. 자동차 생산공장 등 화재 위험이 낮은 특정소방대상물 내부에 연면적 33제곱미터 이하의 직원 휴게실을 증축하는 경우
4. 자동차 생산공장 등 화재 위험이 낮은 특정소방대상물에 캐노피(기둥으로 받치거나 매달아 놓은 덮개를 말하며, 3면 이상에 벽이 없는 구조의 것을 말한다)를 설치하는 경우

**43** 대통령령으로 정하는 특정소방대상물 소방시설공사의 완공검사를 위하여 소방본부장이나 소방서장의 현장 확인 대상 범위가 아닌 것은?
① 문화 및 집회시설
② 수계 소화설비가 설치되는 것
③ 연면적 10,000[m²] 이상이거나 11층 이상인 특정소방대상물(아파트는 제외)
④ 가연성가스를 제조·저장 또는 취급하는 시설 중 지상에 노출된 가연성가스탱크의 저장용량의 합계가 1,000톤 이상인 시설

해설 공사업법 시행령 제5조(완공검사를 위한 현장확인 대상 특정소방대상물의 범위)
1. 문화 및 집회시설, 종교시설, 판매시설, 노유자(老幼者)시설, 수련시설, 운동시설, 숙박시설, 창고시설, 지하상가 및 「다중이용업소의 안전관리에 관한 특별법」에 따른 다중이용업소
2. 다음 각 목의 어느 하나에 해당하는 설비가 설치되는 특정소방대상물
  가. 스프링클러설비 등
  나. 물분무등소화설비(호스릴방식의 소화설비는 제외한다)
3. 연면적 1만제곱미터 이상이거나 11층 이상인 특정소방대상물(아파트는 제외한다)
4. 가연성 가스를 제조·저장 또는 취급하는 시설 중 지상에 노출된 가연성 가스탱크의 저장용량 합계가 1천톤 이상인 시설

**44** 소화난이도등급 Ⅲ인 지하탱크저장소에 설치하여야 하는 소화설비의 설치기준으로 옳은 것은?
① 능력단위 수치가 3 이상의 소형 수동식 소화기 등 1개 이상
② 능력단위 수치가 3 이상의 소형 수동식 소화기 등 2개 이상
③ 능력단위 수치가 2 이상의 소형 수동식 소화기 등 1개 이상
④ 능력단위 수치가 2 이상의 소형 수동식 소화기 등 2개 이상

해설 위험물법 시행규칙 [별표 17]
▶ 소화난이도 등급 Ⅲ의 제조소등에 설치하여야 하는 소화설비

| 제조소 등의 구분 | 소화 설비 | 설치기준 | |
|---|---|---|---|
| 지하탱크 저장소 | 소형 수동식 소화기 등 | 능력단위의 수치가 3 이상 | 2개 이상 |
| 이동탱크 저장소 | 마른모래, 팽창질석, 팽창진주암 | • 마른모래 150[L] 이상<br>• 팽창질석·팽창진주암 640[L] 이상 | |

**45** 화재안전조사의 연기를 신청하려는 자는 화재안전조사 시작 며칠 전까지 소방청장, 소방본부장 또는 소방서장에게 화재안전조사 연기신청서에 증명서류를 첨부하여 제출해야 하는가? (단, 천재지변 및 그 밖에 대통령령으로 정하는 사유로 화재안전조사를 받기 곤란한 경우이다.)

① 3일　　　　② 5일
③ 7일　　　　④ 10일

**해설** 화재예방법 시행규칙 제4조(화재안전조사의 연기신청 등)
① 「화재예방법 시행령」(이하 "영"이라 한다) 제9조 제2항에 따라 화재안전조사의 연기를 신청하려는 자는 화재안전조사 시작 3일 전까지 별지 제1호서식의 화재안전조사 연기신청서(전자문서로 된 신청서를 포함한다)에 화재안전조사를 받기가 곤란함을 증명할 수 있는 서류(전자문서로 된 서류를 포함한다)를 첨부하여 소방청장, 소방본부장 또는 소방서장에게 제출하여야 한다.
② 제1항에 따른 신청서를 제출받은 소방청장, 소방본부장 또는 소방서장은 3일 이내에 연기신청의 승인 여부를 결정한때에는 별지 제2호서식의 화재안전조사 연기신청 결과 통지서를 조사 시작 전까지 연기신청을 한 자에게 통지하여야 하고, 연기기간이 종료하면 지체 없이 조사를 시작하여야 한다.

**46** 시장지역에서 화재로 오인할 만한 우려가 있는 불을 피우거나 연막소독을 하려는 자가 소방본부장 또는 소방서장에게 신고를 하지 아니하여 소방자동차를 출동하게 한 자에 대한 과태료 부과금액 기준으로 옳은 것은?

① 20만 원 이하　　② 50만 원 이하
③ 100만 원 이하　　④ 200만 원 이하

**해설** 기본법 제57조(과태료)
① 제19조 제2항에 따른 신고를 하지 아니하여 소방자동차를 출동하게 한 자에게는 20만 원 이하의 과태료를 부과한다.
② 제1항에 따른 과태료는 조례로 정하는 바에 따라 관할 소방본부장 또는 소방서장이 부과·징수한다.

**47** 소방청장, 소방본부장 또는 소방서장이 화재안전조사 조치명령서를 해당 소방대상물의 관계인에게 발급하는 경우가 아닌 것은?

① 소방대상물의 신축
② 소방대상물의 개수
③ 소방대상물의 이전
④ 소방대상물의 제거

**해설** 화재예방법 제14조(화재안전조사 결과에 따른 조치명령) 제1항 참조
소방청장, 소방본부장 또는 소방서장은 화재안전조사 결과 소방대상물의 위치·구조·설비 또는 관리의 상황이 화재나 재난·재해 예방을 위하여 보완될 필요가 있거나 화재가 발생하면 인명 또는 재산의 피해가 클 것으로 예상되는 때에는 행정안전부령으로 정하는 바에 따라 관계인에게 그 소방대상물의 개수(改修)·이전·제거, 사용의 금지 또는 제한, 사용폐쇄, 공사의 정지 또는 중지, 그 밖의 필요한 조치를 명할 수 있다.

**48** 대통령령 또는 화재안전기준이 변경되어 그 기준이 강화되는 경우에 기존 특정소방대상물의 소방시설에 대하여 변경으로 강화된 기준을 적용하여야 하는 소방시설은?

① 비상경보설비　　② 비상콘센트설비
③ 비상방송설비　　④ 옥내소화전설비

**해설** 소방시설법 제13조(소방시설기준 적용의 특례)
① 소방본부장이나 소방서장은 제12조제1항 전단에 따른 대통령령 또는 화재안전기준이 변경되어 그 기준이 강화되는 경우 기존의 특정소방대상물(건축물의 신축·개축·재축·이전 및 대수선 중인 특정소방대상물을 포함한다)의 소방시설에 대하여는 변경 전의 대통령령 또는 화재안전기준을 적용한다. 다만, 다음 각 호의 어느 하나에 해당하는 소방시설의 경우에는 대통령령 또는 화재안전기준의 변경으로 강화된 기준을 적용할 수 있다.
 1. 다음 각 목의 소방시설 중 대통령령 또는 화재안전기준으로 정하는 것
  가. 소화기구
  나. 비상경보설비
  다. 자동화재탐지설비
  라. 자동화재속보설비

**정답** 45.① 46.① 47.① 48.①

마. 피난구조설비
2. 다음 각 목의 특정소방대상물에 설치하는 소방시설 중 대통령령 또는 화재안전기준으로 정하는 것
  가. 「국토의 계획 및 이용에 관한 법률」 제2조제9호에 따른 공동구
  나. 전력 및 통신사업용 지하구
  다. 노유자(老幼者) 시설
  라. 의료시설

**소방시설법 시행령 제13조(강화된 소방시설기준의 적용대상)**
법 제13조제1항제2호 각 목 외의 부분에서 "대통령령으로 정하는 것"이란 다음 각 호의 소방시설을 말한다.
1. 「국토의 계획 및 이용에 관한 법률」 제2조제9호에 따른 공동구에 설치하는 소화기, 자동소화장치, 자동화재탐지설비, 통합감시시설, 유도등 및 연소방지설비
2. 전력 및 통신사업용 지하구에 설치하는 소화기, 자동소화장치, 자동화재탐지설비, 통합감시시설, 유도등 및 연소방지설비
3. 노유자 시설에 설치하는 간이스프링클러설비, 자동화재탐지설비 및 단독경보형 감지기
4. 의료시설에 설치하는 스프링클러설비, 간이스프링클러설비, 자동화재탐지설비 및 자동화재속보설비

**49** 출동한 소방대의 화재진압 및 인명구조·구급 등 소방활동 방해에 따른 벌칙이 5년 이하의 징역 또는 5,000만 원 이하의 벌금에 처하는 행위가 아닌 것은?

① 위력을 사용하여 출동한 소방대의 구급활동을 방해하는 행위
② 화재진압을 마치고 소방서로 복귀 중인 소방자동차의 통행을 고의로 방해하는 행위
③ 출동한 소방대원에게 협박을 행사하여 구급활동을 방해하는 행위
④ 출동한 소방대의 소방장비를 파손하거나 그 효용을 해하여 구급활동을 방해하는 행위

**해설** 기본법 제50조(벌칙)
다음 각 호의 어느 하나에 해당하는 사람은 5년 이하의 징역 또는 5천만원 이하의 벌금에 처한다.
1. 제16조 제2항을 위반하여 다음 각 목의 어느 하나에 해당하는 행위를 한 사람
  가. 위력(威力)을 사용하여 출동한 소방대의 화재진압·인명구조 또는 구급활동을 방해하는 행위
  나. 소방대가 화재진압·인명구조 또는 구급활동을 위하여 현장에 출동하거나 현장에 출입하는 것을 고의로 방해하는 행위
  다. 출동한 소방대원에게 폭행 또는 협박을 행사하여 화재진압·인명구조 또는 구급활동을 방해하는 행위
  라. 출동한 소방대의 소방장비를 파손하거나 그 효용을 해하여 화재진압·인명구조 또는 구급활동을 방해하는 행위
2. 제21조 제1항을 위반하여 소방자동차의 출동을 방해한 사람
3. 제24조 제1항에 따른 사람을 구출하는 일 또는 불을 끄거나 불이 번지지 아니하도록 하는 일을 방해한 사람
4. 제28조를 위반하여 정당한 사유 없이 소방용수시설 또는 비상소화장치를 사용하거나 소방용수시설 또는 비상소화장치의 효용을 해치거나 그 정당한 사용을 방해한 사람

**50** 소방시설법상 특정소방대상물 중 오피스텔이 해당하는 것은?

① 숙박시설    ② 업무시설
③ 공동주택    ④ 근린생활시설

**해설** 업무시설
가. 공공업무시설 : 국가 또는 지방자치단체의 청사와 외국공관의 건축물로서 근린생활시설에 해당하지 않는 것
나. 일반업무시설 : 금융업소, 사무소, 신문사, 오피스텔(업무를 주로 하며, 분양하거나 임대하는 구획 중 일부의 구획에서 숙식을 할 수 있도록 한 건축물로서 국토해양부장관이 고시하는 기준에 적합한 것을 말한다), 그 밖에 이와 비슷한 것으로서 근린생활시설에 해당하지 않는 것
다. 주민자치센터(동사무소), 경찰서, 지구대, 파출소, 소방서, 119안전센터, 우체국, 보건소, 공공도서관, 국민건강보험공단, 그 밖에 이와 비슷한 용도로 사용하는 것
라. 마을회관, 마을공동작업소, 마을공동구판장, 그 밖에 이와 유사한 용도로 사용되는 것
마. 변전소, 양수장, 정수장, 대피소, 공중화장실, 그 밖에 이와 유사한 용도로 사용되는 것

정답 49.② 50.②

**51** 소방시설업에 대한 행정처분 기준 중 1차처분이 영업정지 3개월이 아닌 경우는?

① 국가, 지방자치단체 또는 공공기관이 발주하는 소방시설의 설계·감리업자 선정에 따른 사업수행능력 평가에 관한 서류를 위조하거나 변조하는 등 거짓이나 그 밖의 부정한 방법으로 입찰에 참여한 경우
② 소방시설업의 감독을 위하여 필요한 보고나 자료제출 명령을 위반하여 보고 또는 자료 제출을 하지 아니하거나 거짓으로 보고 또는 자료 제출을 한 경우
③ 정당한 사유 없이 출입·검사업무에 따른 관계 공무원의 출입 또는 검사·조사를 거부·방해 또는 기피한 경우
④ 감리업자의 감리 시 소방시설공사가 설계도서에 맞지 아니하여 공사업자에게 공사의 시정 또는 보완 등의 요구를 하였으나 따르지 아니한 경우

**해설** 공사업법 시행규칙 [별표 1] 참조
▶ 1차 영업정지 3개월 사항
㉠ 법 제24조를 위반하여 시공과 감리를 함께 한 경우
㉡ 법 제26조의2에 따른 사업수행능력 평가에 관한 서류를 위조하거나 변조하는 등 거짓이나 그 밖의 부정한 방법으로 입찰에 참여한 경우
㉢ 법 제31조에 따른 명령을 위반하여 보고 또는 자료 제출을 하지 아니하거나 거짓으로 보고 또는 자료 제출을 한 경우
㉣ 정당한 사유 없이 법 제31조에 따른 관계 공무원의 출입 또는 검사·조사를 거부·방해 또는 기피한 경우
㉤ 법 제20조의2를 위반하여 방염을 한 경우
㉥ 법 제22조 제1항을 위반하여 하도급한 경우
• ④ : 1차 영업정지 1개월

**52** 지정수량 미만인 위험물의 저장 또는 취급에 관한 기술상의 기준은 무엇으로 정하는가?

① 대통령령   ② 행정안전부령
③ 소방청장령  ④ 시·도의 조례

**해설** 기본법 제4조(지정수량 미만인 위험물의 저장·취급)
지정수량 미만인 위험물의 저장 또는 취급에 관한 기술상의 기준은 특별시·광역시·특별자치시·도 및 특별자치도(이하 "시·도"라 한다)의 조례로 정한다.

**53** 소방시설기준 적용의 특례 중 특정소방대상물의 관계인이 소방시설을 갖추어야 함에도 불구하고 관련 소방시설을 설치하지 아니할 수 있는 소방시설의 범위로 옳은 것은? (단, 화재 위험도가 낮은 특정소방대상물로서 석재, 불연성금속, 불연성 건축재료 등의 가공공장·기계조립공장·주물공장 또는 불연성 물품을 저장하는 창고이다.)

① 옥외소화전 및 연결살수설비
② 연결송수관설비 및 연결살수설비
③ 자동화재탐지설비, 상수도소화용수설비 및 연결살수설비
④ 스프링클러설비, 상수도소화용수설비 및 연결살수설비

**해설** 소방시설법 [별표 6] 소방시설을 설치하지 아니할 수 있는 특정소방대상물 및 소방시설의 범위

| 구 분 | 특정소방대상물 | 소방시설 |
|---|---|---|
| 1. 화재 위험도가 낮은 특정소방대상물 | 석재, 불연성금속, 불연성 건축재료 등의 가공공장·기계조립공장·주물공장 또는 불연성 물품을 저장하는 창고 | 옥외소화전 및 연결살수설비 |
| 2. 화재안전기준을 적용하기 어려운 특정소방대상물 | 펄프공장의 작업장, 음료수 공장의 세정 또는 충전을 하는 작업장, 그 밖에 이와 비슷한 용도로 사용하는 것 | 스프링클러설비, 상수도소화용수설비 및 연결살수설비 |
| | 정수장, 수영장, 목욕장, 농예·축산·어류양식용 시설, 그 밖에 이와 비슷한 용도로 사용되는 것 | 자동화재탐지설비, 상수도소화용수설비 및 연결살수설비 |
| 3. 화재안전기준을 달리 적용하여야 하는 특수한 용도 또는 구조를 가진 특정소방대상물 | 원자력발전소, 핵폐기물처리시설 | 연결송수관설비 및 연결살수설비 |

정답 51.④ 52.④ 53.①

| | | |
|---|---|---|
| 4.「위험물법」제19조에 따른 자체소방대가 설치된 특정소방대상물 | 자체소방대가 설치된 위험물 제조소등에 부속된 사무실 | 옥내소화전설비, 소화용수설비, 연결살수설비 및 연결송수관설비 |

**54** 소방용수시설 급수탑 개폐밸브의 설치기준으로 옳은 것은?

① 지상에서 1.0[m] 이상 1.5[m] 이하
② 지상에서 1.5[m] 이상 1.7[m] 이하
③ 지상에서 1.2[m] 이상 1.8[m] 이하
④ 지상에서 1.5[m] 이상 2.0[m] 이하

**해설** 기본법 시행규칙 [별표 3] 참조
▶ 소방용수시설별 설치기준
가. 소화전의 설치기준 : 상수도와 연결하여 지하식 또는 지상식의 구조로 하고, 소방용호스와 연결하는 소화전의 연결금속구의 구경은 65밀리미터로 할 것
나. 급수탑의 설치기준 : 급수배관의 구경은 100밀리미터 이상으로 하고, 개폐밸브는 지상에서 1.5미터 이상 1.7미터 이하의 위치에 설치하도록 할 것
다. 저수조의 설치기준
(1) 지면으로부터의 낙차가 4.5미터 이하일 것
(2) 흡수부분의 수심이 0.5미터 이상일 것
(3) 소방펌프자동차가 쉽게 접근할 수 있도록 할 것
(4) 흡수에 지장이 없도록 토사 및 쓰레기 등을 제거할 수 있는 설비를 갖출 것
(5) 흡수관의 투입구가 사각형의 경우에는 한 변의 길이가 60센티미터 이상, 원형의 경우에는 지름이 60센티미터 이상일 것
(6) 저수조에 물을 공급하는 방법은 상수도에 연결하여 자동으로 급수되는 구조일 것

**55** 옥내저장소의 위치·구조 및 설비의 기준 중 지정수량의 몇 배 이상의 저장창고(제6류 위험물의 저장창고 제외)에 피뢰침을 설치해야 하는가? (단, 저장창고 주위의 상황이 안전상 지장이 없는 경우는 제외한다.)

① 10배  ② 20배
③ 30배  ④ 40배

**해설** 지정수량의 10배 이상인 저장창고(제6류 위험물은 제외)에는 피뢰침을 설치할 것

**56** 우수품질인증을 받지 아니한 제품에 우수품질 인증표시를 하거나 우수품질인증 표시를 위조 또는 변조하여 사용한 자에 대한 벌칙기준은?

① 200만 원 이하 벌금
② 300만 원 이하 벌금
③ 1년 이하의 징역 또는 1천만 원 이하의 벌금
④ 3년 이하의 징역 또는 3천만 원 이하의 벌금

**해설** 소방시설법 제58조(벌칙)
제43조 제1항에 따른 우수품질인증을 받지 아니한 제품에 우수품질인증 표시를 하거나 우수품질인증 표시를 위조하거나 변조하여 사용한 자 : 1년 이하의 징역 또는 1천만 원 이하의 벌금

**57** 다음 조건을 참고하여 숙박시설이 있는 특정소방대상물의 수용인원 산정 수로 옳은 것은?

> 침대가 있는 숙박시설로서 1인용 침대의 수는 20개이고, 2인용 침대의 수는 10개이며, 종업원의 수는 3명이다.

① 33  ② 40
③ 43  ④ 46

**해설** 소방시설법 시행령 [별표 7] 수용인원의 산정 방법
1. 숙박시설이 있는 특정소방대상물
  가. 침대가 있는 숙박시설 : 해당 특정소방대상물의 종사자 수에 침대 수(2인용 침대는 2개로 산정한다)를 합한 수
  나. 침대가 없는 숙박시설 : 해당 특정소방대상물의 종사자 수에 숙박시설 바닥면적의 합계를 3[m$^2$]로 나누어 얻은 수를 합한 수
2. 제1호 외의 특정소방대상물
  가. 강의실·교무실·상담실·실습실·휴게실 용도로 쓰이는 특정소방대상물 : 해당 용도로 사용하는 바닥면적의 합계를 1.9[m$^2$]로 나누어 얻은 수
  나. 강당, 문화 및 집회시설, 운동시설, 종교시설 : 해당 용도로 사용하는 바닥면적의 합계를 4.6[m$^2$]로 나누어 얻은 수(관람석이 있는 경우 고정식

의자를 설치한 부분은 그 부분의 의자 수로 하고, 긴의자의 경우에는 의자의 정면너비를 0.45[m]로 나누어 얻은 수로 한다)
다. 그 밖의 특정소방대상물 : 해당 용도로 사용하는 바닥면적의 합계를 3[m$^2$]로 나누어 얻은 수

**58** 성능위주설계를 실시하여야 하는 특정소방대상물의 범위 기준으로 틀린 것은?

① 연면적 200,000[m$^2$] 이상인 특정소방대상물(아파트 등은 제외)
② 지하층을 포함한 층수가 30층 이상인 특정소방대상물(아파트 등은 제외)
③ 건축물의 높이가 100[m] 이상인 특정소방대상물(아파트 등은 제외)
④ 하나의 건축물에 영화상영관이 5개 이상인 특정소방대상물

**해설** 소방시설법 시행령 제9조(성능위주설계를 하여야 하는 특정소방대상물의 범위)
1. 연면적 20만제곱미터 이상인 특정소방대상물. 다만, 별표 2 제1호가목에 따른 아파트등(이하 "아파트등"이라 한다)은 제외한다.
2. 50층 이상(지하층은 제외한다)이거나 지상으로부터 높이가 200미터 이상인 아파트등
3. 30층 이상(지하층을 포함한다)이거나 지상으로부터 높이가 120미터 이상 특정소방대상물(아파트등은 제외한다)
4. 연면적 3만제곱미터 이상인 특정소방대상물로서 다음 각 목의 어느 하나에 해당하는 특정소방대상물
   가. 별표 2 제6호나목의 철도 및 도시철도 시설
   나. 별표 2 제6호다목의 공항시설
5. 별표 2 제16호의 창고시설 중 연면적 10만제곱미터 이상인 것 또는 지하층의 층수가 2개 층 이상이고 지하층의 바닥면적의 합계가 3만제곱미터 이상인 것
6. 하나의 건축물에 「영화 및 비디오물의 진흥에 관한 법률」 제2조제10호에 따른 영화상영관이 10개 이상인 특정소방대상물
7. 「초고층 및 지하연계 복합건축물 재난관리에 관한 특별법」 제2조제2호에 따른 지하연계 복합건축물에 해당하는 특정소방대상물
8. 별표 2 제27호의 터널 중 수저(水底)터널 또는 길이가 5천미터 이상인 것

**59** 소방본부장 또는 소방서장은 건축허가등의 동의 요구서류를 접수한 날부터 최대 며칠 이내에 건축허가 등의 동의여부를 회신하여야 하는가? (단, 허가 신청한 건축물은 지상으로부터 높이가 200[m]인 아파트이다.)

① 5일  ② 7일
③ 10일  ④ 15일

**해설** 건축허가 동의요구를 받은 소방본부장 또는 소방서장은 법 제7조 제3항에 따라 건축허가등의 동의요구서류를 접수한 날부터 5일(허가를 신청한 건축물 등이 영 제22조 제1항 제1호 각 목의 어느 하나[특급소방안전관리대상물]에 해당하는 경우에는 10일) 이내에 건축허가등의 동의여부를 회신하여야 한다.

**60** 행정안전부령으로 정하는 고급감리원 이상의 소방공사 감리원의 소방시설공사 배치 현장기준으로 옳은 것은?

① 연면적 5,000[m$^2$] 이상 30,000[m$^2$] 미만인 특정소방대상물의 공사 현장
② 연면적 30,000[m$^2$] 이상 200,000[m$^2$] 미만인 아파트의 공사 현장
③ 연면적 30,000[m$^2$] 이상 200,000[m$^2$] 미만인 특정소방대상물(아파트는 제외)의 공사 현장
④ 연면적 200,000[m$^2$] 이상인 특정소방대상물의 공사 현장

**해설** 소방공사 감리원의 배치기준(제11조 관련)

| 감리원의 배치기준 | | 소방시설공사 현장의 기준 |
|---|---|---|
| 책임감리원 | 보조감리원 | |
| 1. 행정안전부령으로 정하는 특급감리원 중 소방기술사 | 행정안전부령으로 정하는 초급감리원 이상의 소방공사 감리원(기계분야 및 전기분야) | 가. 연면적 20만제곱미터 이상인 특정소방대상물의 공사 현장<br>나. 지하층을 포함한 층수가 40층 이상인 특정소방대상물의 공사 현장 |
| 2. 행정안전부령으로 정하는 특급감리원 이상의 소방공사 감리원(기계분야 및 전기분야) | 행정안전부령으로 정하는 초급감리원 이상의 소방공사 감리원(기계분야 및 전기분야) | 가. 연면적 3만제곱미터 이상 20만제곱미터 미만인 특정소방대상물(아파트는 제외한다)의 공사 현장<br>나. 지하층을 포함한 층수가 16층 이상 40층 미만인 특정소방대상물의 공사 현장 |

**정답** 58.④ 59.③ 60.②

| | | |
|---|---|---|
| 3. 행정안전부령으로 정하는 고급감리원 이상의 소방공사 감리원(기계분야 및 전기분야) | 행정안전부령으로 정하는 초급감리원 이상의 소방공사 감리원(기계분야 및 전기분야) | 가. 물분무등소화설비(호스릴 방식의 소화설비는 제외한다) 또는 제연설비가 설치되는 특정소방대상물의 공사 현장<br>나. 연면적 3만제곱미터 이상 20만제곱미터 미만인 아파트의 공사 현장 |
| 4. 행정안전부령으로 정하는 중급감리원 이상의 소방공사 감리원(기계분야 및 전기분야) | | 연면적 5천제곱미터 이상 3만제곱미터 미만인 특정소방대상물의 공사 현장 |
| 4. 행정안전부령으로 정하는 초급감리원 이상의 소방공사 감리원(기계분야 및 전기분야) | | 가. 연면적 5천제곱미터 미만인 특정소방대상물의 공사 현장<br>나. 지하구의 공사 현장 |

# 2017년 제2회 소방설비기사[기계분야] 1차 필기

[제3과목 : 소방관계법규]

**41** 소방시설 설치 및 관리에 관한 법률상 특정소방대상물의 관계인이 소방시설에 폐쇄(잠금을 포함)·차단 등의 행위를 하여서 사람을 상해에 이르게 한 때에 대한 벌칙기준으로 옳은 것은?

① 10년 이하의 징역 또는 1억 원 이하의 벌금
② 7년 이하의 징역 또는 7,000만 원 이하의 벌금
③ 5년 이하의 징역 또는 5,000만 원 이하의 벌금
④ 3년 이하의 징역 또는 3,000만 원 이하의 벌금

**해설** 소방시설법 제56조(벌칙)
① 제12조 제3항 본문을 위반하여 소방시설에 폐쇄·차단 등의 행위를 한 자는 5년 이하의 징역 또는 5천만원 이하의 벌금에 처한다.
② 제1항의 죄를 범하여 사람을 상해에 이르게 한 때에는 7년 이하의 징역 또는 7천만원 이하의 벌금에 처하며, 사망에 이르게 한 때에는 10년 이하의 징역 또는 1억원 이하의 벌금에 처한다.

**42** 기본법령상 불꽃을 사용하는 용접·용단 기구의 용접 또는 용단 작업장에서 지켜야 하는 사항 중 다음 ( ) 안에 알맞은 것은?

- 용접 또는 용단 작업자로부터 반경 ( ㉠ )m 이내에 소화기를 갖추어 둘 것
- 용접 또는 용단 작업장 주변 반경 ( ㉡ )m 이내에는 가연물을 쌓아두거나 놓아두지 말 것. 다만, 가연물의 제거가 곤란하면 방지포 등으로 방호 조치를 한 경우는 제외한다.

① ㉠ 3, ㉡ 5
② ㉠ 5, ㉡ 3
③ ㉠ 5, ㉡ 10
④ ㉠ 10, ㉡ 5

**해설** 불꽃을 사용하는 용접/용단기구
용접 또는 용단 작업장에서는 다음 각 호의 사항을 지켜야 한다. 다만, 「산업안전보건법」 제23조의 적용을 받는 사업장의 경우에는 적용하지 아니한다.
1. 용접 또는 용단 작업자로부터 반경 5[m] 이내에 소화기를 갖추어 둘 것
2. 용접 또는 용단 작업장 주변 반경 10[m] 이내에는 가연물을 쌓아두거나 놓아두지 말 것. 다만, 가연물의 제거가 곤란하여 방지포 등으로 방호조치를 한 경우는 제외한다.

**43** 화재위험도가 낮은 특정소방대상물 중 소방대가 조직되어 24시간 근무하고 있는 청사 및 차고에 설치하지 아니할 수 있는 소방시설이 아닌 것은?

① 자동화재탐지설비
② 연결송수관설비
③ 피난기구
④ 비상방송설비

**해설** 소방시설법 시행령 [별표 6] 소방시설을 설치하지 아니할 수 있는 특정소방대상물 및 소방시설의 범위

| 구 분 | 특정소방대상물 | 소방시설 |
|---|---|---|
| 1. 화재 위험도가 낮은 특정소방대상물 | 석재, 불연성금속, 불연성 건축재료 등의 가공공장·기계조립공장·주물공장 또는 불연성 물품을 저장하는 창고 | 옥외소화전 및 연결살수설비 |
| 2. 화재안전기준을 적용하기 어려운 특정소방대상물 | 펄프공장의 작업장, 음료수 공장의 세정 또는 충전을 하는 작업장, 그 밖에 이와 비슷한 용도로 사용하는 것 | 스프링클러설비, 상수도소화용수설비 및 연결살수설비 |
| | 정수장, 수영장, 목욕장, 농예·축산·어류양식용 시설, 그 밖에 이와 비슷한 용도로 사용되는 것 | 자동화재탐지설비, 상수도소화용수설비 및 연결살수설비 |

정답 41.② 42.③ 43.①

| | 3. 화재안전기준을 달리 적용하여야 하는 특수한 용도 또는 구조를 가진 특정소방대상물 | 원자력발전소, 핵폐기물 처리시설 | 연결송수관설비 및 연결살수설비 |
|---|---|---|---|
| | 4. 「위험물법」제19조에 따른 자체소방대가 설치된 특정소방대상물 | 자체소방대가 설치된 위험물 제조소등에 부속된 사무실 | 옥내소화전설비, 소화용수설비, 연결살수설비 및 연결송수관설비 |

※ 소방시설법 개정으로 소방대(청사 및 차고)는 설치제외대상에서 삭제됨

**44** 소방시설법령상 시·도지사가 실시하는 방염성능검사대상으로 옳은 것은?

① 설치현장에서 방염처리를 하는 합판·목재
② 제조 또는 가공 공정에서 방염처리를 한 카펫
③ 제조 또는 가공 공정에서 방염처리를 한 창문에 설치하는 블라인드
④ 설치현장에서 방염처리를 하는 암막·무대막

**해설** 소방시설법 시행령 제32조(시·도지사가 실시하는 방염성능검사)
법 제21조제1항 단서에서 "대통령령으로 정하는 방염대상물품"이란 다음 각 호의 것을 말한다.
1. 제31조제1항제1호라목의 전시용 합판·목재 또는 무대용 합판·목재 중 설치 현장에서 방염처리를 하는 합판·목재류
2. 제31조제1항제2호에 따른 방염대상물품 중 설치 현장에서 방염처리를 하는 합판·목재류

**45** 제조소등의 위치·구조 및 설비의 기준 중 위험물을 취급하는 건축물의 환기설비 설치 기준으로 다음 ( ) 안에 알맞은 것은?

급기구는 당해 급기구가 설치된 실의 바닥면적 ( ㉠ ) 마다 1개 이상으로 하되, 급기구의 크기는 ( ㉡ ) 이상으로 할 것

① ㉠ 100[m²], ㉡ 800[cm²]
② ㉠ 150[m²], ㉡ 800[cm²]
③ ㉠ 100[m²], ㉡ 1,000[cm²]
④ ㉠ 150[cm²], ㉡ 1,000[cm²]

**해설** 위험물법 시행규칙 [별표 4] Ⅴ. 1호 참조, 환기설비
1) 환기 : 자연배기방식
2) 급기구의 설치 및 크기

| 구 분 | 기 준 |
|---|---|
| 급기구의 설치 | 바닥면적 150[m²] 마다 1개 이상 |
| 급기구의 크기 | 800[cm²] 이상 |

3) 급기구는 낮은 곳에 설치하고 가는 눈의 구리망 등으로 인화방지망을 설치할 것
4) 환기구는 지붕 위 또는 지상 2[m] 이상의 높이에 회전식 고정 벤틸레이터 또는 루프팬 방식으로 설치할 것

**46** 위험물법상 위험물시설의 변경 기준 중 다음 ( ) 안에 알맞은 것은?

제조소등의 위치·구조 또는 설비의 변경 없이 당해 제조소등에서 저장하거나 취급하는 위험물의 품명·수량 또는 지정수량의 배수를 변경하고자 하는 자는 변경하고자 하는 날의 ( ㉠ )일 전까지 행정안전부령이 정하는 바에 따라 ( ㉡ )에게 신고하여야 한다.

① ㉠ 1, ㉡ 소방본부장 또는 소방서장
② ㉠ 1, ㉡ 시·도지사
③ ㉠ 7, ㉡ 소방본부장 또는 소방서장
④ ㉠ 7, ㉡ 시·도지사

**해설** 제조소등의 위치·구조 또는 설비의 변경없이 당해 제조소등에서 저장하거나 취급하는 위험물의 품명·수량 또는 지정수량의 배수를 변경하고자 하는 자는 변경하고자 하는 날의 1일 전까지 행정안전부령이 정하는 바에 따라 시·도지사에게 신고하여야 한다.

**47** 기본법상 관계인의 소방활동을 위반하여 정당한 사유 없이 소방대가 현장에 도착할 때까지 사람을 구출하는 조치 또는 불을 끄거나 불이 번지지 아니하도록 하는 조치를 하지 아니한 자에 대한 벌칙 기준으로 옳은 것은?

① 100만 원 이하의 벌금
② 200만 원 이하의 벌금
③ 300만 원 이하의 벌금
④ 400만 원 이하의 벌금

**해설** 기본법 제20조(관계인의 소방활동)
관계인은 소방대상물에 화재, 재난·재해, 그 밖의 위급한 상황이 발생한 경우에는 소방대가 현장에 도착할 때까지 경보를 울리거나 대피를 유도하는 등의 방법으로 사람을 구출하는 조치 또는 불을 끄거나 불이 번지지 아니하도록 필요한 조치를 하여야 한다.

기본법 제54조(벌칙)
다음 각 호의 어느 하나에 해당하는 자는 100만원 이하의 벌금에 처한다.
1. 제13조 제3항에 따른 화재경계지구 안의 소방대상물에 대한 화재안전조사를 거부·방해 또는 기피한 자
1의2. 제16조의3 제2항을 위반하여 정당한 사유 없이 소방대의 생활안전활동을 방해한 자
2. 제20조를 위반하여 정당한 사유 없이 소방대가 현장에 도착할 때까지 사람을 구출하는 조치 또는 불을 끄거나 불이 번지지 아니하도록 하는 조치를 하지 아니한 사람
3. 제26조 제1항에 따른 피난 명령을 위반한 사람
4. 제27조 제1항을 위반하여 정당한 사유 없이 물의 사용이나 수도의 개폐장치의 사용 또는 조작을 하지 못하게 하거나 방해한 자
5. 제27조 제2항에 따른 조치를 정당한 사유 없이 방해한 자

**48** 기본법상 소방대장의 권한이 아닌 것은?

① 화재가 발생하였을 때에는 화재의 원인 및 피해 등에 대한 조사
② 화재, 재난·재해 그 밖의 위급한 상황이 발생한 현장에 소방활동구역을 정하여 소방활동에 필요한 사람으로서 대통령령으로 정하는 사람 외에는 그 구역에 출입하는 것을 제한
③ 사람을 구출하거나 불이 번지는 것을 막기 위하여 필요할 때에는 화재가 발생하거나 불이 번질 우려가 있는 소방대상물 및 토지를 일시적으로 사용하거나 그 사용의 제한 또는 소방활동에 필요한 처분
④ 화재 진압 등 소방활동을 위하여 필요할 때에는 소방용수 외에 댐·저수지 또는 수영장 등의 물을 사용하거나 수도의 개폐장치 등을 조작

**해설** 소방청장, 소방본부장 또는 소방서장은 화재가 발생하였을 때에는 화재의 원인 및 피해 등에 대한 조사(이하 "화재조사"라 한다)를 하여야 한다.

**49** 시장지역에서 화재로 오인할 만한 우려가 이는 불을 피우거나 연막소독을 하려는 자가 신고를 하지 아니하여 소방자동차를 출동하게 한 자에 대한 과태료 부과·징수권자는?

① 국무총리          ② 소방청장
③ 시·도지사        ④ 소방서장

**해설** 기본법 제57조(과태료)
① 제19조 제2항에 따른 신고를 하지 아니하여 소방자동차를 출동하게 한 자에게는 20만 원 이하의 과태료를 부과한다.
② 제1항에 따른 과태료는 조례로 정하는 바에 따라 관할 소방본부장 또는 소방서장이 부과·징수한다.

**50** 위험물법령상 제조소등의 완공검사 신청 시기 기준으로 틀린 것은?

① 지하탱크가 있는 제조소등의 경우에는 당해 지하탱크를 매설하기 전
② 이동탱크저장소의 경우에는 이동저장탱크를 완공하고 상치장소를 확보한 후
③ 이송취급소의 경우에는 이송배관 공사의 전체 또는 일부 완료한 후
④ 배관을 지하에 설치하는 경우에는 소방서장이 지정하는 부분을 매몰하고 난 직후

**해설** 위험물법 시행규칙 제20조(완공검사의 신청시기)
법 제9조 제1항의 규정에 의한 제조소등의 완공검사 신청시기는 다음 각호의 구분에 의한다.
1. 지하탱크가 있는 제조소등의 경우 : 당해 지하탱크를 매설하기 전
2. 이동탱크저장소의 경우 : 이동저장탱크를 완공하고 상치장소를 확보한 후
3. 이송취급소의 경우 : 이송배관 공사의 전체 또는 일부를 완료한 후. 다만, 지하·하천 등에 매설하는 이송배관의 공사의 경우에는 이송배관을 매설하기 전

**정답** 48.① 49.④ 50.④

4. 전체 공사가 완료된 후에는 완공검사를 실시하기 곤란한 경우 : 다음 각목에서 정하는 시기
   가. 위험물설비 또는 배관의 설치가 완료되어 기밀시험 또는 내압시험을 실시하는 시기
   나. 배관을 지하에 설치하는 경우에는 시·도지사, 소방서장 또는 기술원이 지정하는 부분을 매몰하기 직전
   다. 기술원이 지정하는 부분의 비파괴시험을 실시하는 시기
5. 제1호 내지 제4호에 해당하지 아니하는 제조소등의 경우 : 제조소등의 공사를 완료한 후

## 51
공사업법령상 하자를 보수하여야 하는 소방시설과 소방시설별 하자보수 보증기간으로 옳은 것은?

① 유도등 : 1년
② 자동소화장치 : 3년
③ 자동화재탐지설비 : 2년
④ 상수도소화용수설비 : 2년

**해설** 공사업법 시행령 제6조(하자보수 대상 소방시설과 하자보수 보증기간)

하자를 보수하여야 하는 소방시설과 소방시설별 하자보수 보증기간은 다음 각 호의 구분과 같다.
1. 피난기구, 유도등, 유도표지, 비상경보설비, 비상조명등, 비상방송설비 및 무선통신보조설비 : 2년
2. 자동소화장치, 옥내소화전설비, 스프링클러설비, 간이스프링클러설비, 물분무등소화설비, 옥외소화전설비, 자동화재탐지설비, 상수도소화용수설비 및 소화활동설비(무선통신보조설비는 제외한다) : 3년

## 52
위험물법령상 제조소 또는 일반 취급소에서 취급하는 제4류 위험물의 최대 수량의 합이 지정수량의 24만 배 이상 48만 배 미만인 사업소의 관계인이 두어야 하는 화학소방자동차와 자체소방대원의 수의 기준으로 옳은 것은? (단, 화재 그 밖의 재난발생시 다른 사업소 등과 상호응원에 관한 협정을 체결하고 있는 사업소는 제외한다)

① 화학소방자동차 : 2대, 자체소방대원의 수 : 10인
② 화학소방자동차 : 3대, 자체소방대원의 수 : 10인
③ 화학소방자동차 : 3대, 자체소방대원의 수 : 15인
④ 화학소방자동차 : 4대, 자체소방대원의 수 : 20인

**해설** 위험물안전관리법 시행령 [별표 8] 자체소방대에 두는 화학소방자동차 및 인원(제18조제3항 관련)

| 사업소의 구분 | 화학소방자동차 | 자체소방대원의 수 |
|---|---|---|
| 1. 제조소 또는 일반취급소에서 취급하는 제4류 위험물의 최대수량의 합이 지정수량의 3천 배 이상 12만 배 미만인 사업소 | 1대 | 5인 |
| 2. 제조소 또는 일반취급소에서 취급하는 제4류 위험물의 최대수량의 합이 지정수량의 12만 배 이상 24만 배 미만인 사업소 | 2대 | 10인 |
| 3. 제조소 또는 일반취급소에서 취급하는 제4류 위험물의 최대수량의 합이 지정수량의 24만 배 이상 48만 배 미만인 사업소 | 3대 | 15인 |
| 4. 제조소 또는 일반취급소에서 취급하는 제4류 위험물의 최대수량의 합이 지정수량의 48만 배 이상인 사업소 | 4대 | 20인 |
| 5. 옥외탱크저장소에 저장하는 제4류 위험물의 최대수량이 지정수량의 50만 배 이상인 사업소 | 2대 | 10인 |

[비고]
화학소방자동차에는 행정안전부령으로 정하는 소화능력 및 설비를 갖추어야 하고, 소화활동에 필요한 소화약제 및 기구(방열복 등 개인장구를 포함한다)를 비치하여야 한다.

## 53
기본법령상 소방서 종합상황실의 실장이 서면·모사전송 또는 컴퓨터통신 등으로 소방본부의 종합상황실에 지체 없이 보고하여야 하는 기준으로 틀린 것은?

① 사망자가 5인 이상 발생하거나 사상자가 10인 이상 발생한 화재
② 층수가 11층 이상인 건축물에서 발생한 화재
③ 이재민이 50인 이상 발생한 화재
④ 재산피해액이 50억 원 발생한 화재

**해설** 기본법 시행규칙 제3조 제2항
다음 각목의 1에 해당하는 화재
가. 사망자가 5인 이상 발생하거나 사상자가 10인 이상 발생한 화재
나. 이재민이 100인 이상 발생한 화재
다. 재산피해액이 50억원 이상 발생한 화재
라. 관공서·학교·정부미도정공장·문화재·지하철 또는 지하구의 화재

**54** 지하층을 포함한 층수가 16층 이상 40층 미만인 특정소방대상물의 소방시설 공사현장에 배치하여야 할 소방공사 책임감리원의 배치기준으로 옳은 것은?

① 행정안전부령으로 정하는 특급감리원 중 소방기술사
② 행정안전부령으로 정하는 특급감리원 이상의 소방공사 감리원(기계분야 및 전기분야)
③ 행정안전부령으로 정하는 고급감리원 이상의 소방공사 감리원(기계분야 및 전기분야)
④ 행정안전부령으로 정하는 중급감리원 이상의 소방공사 감리원(기계분야 및 전기분야)

**해설** 공사업법 시행령 [별표 4] 소방공사 감리원의 배치기준

| 감리원의 배치기준 | | 소방시설공사 현장의 기준 |
|---|---|---|
| 책임감리원 | 보조감리원 | |
| 1. 행정안전부령으로 정하는 특급감리원 중 소방기술사 | 행정안전부령으로 정하는 초급감리원 이상의 소방공사 감리원(기계분야 및 전기분야) | 가. 연면적 20제곱미터 이상인 특정소방대상물의 공사 현장<br>나. 지하층을 포함한 층수가 40층 이상인 특정소방대상물의 공사 현장 |
| 2. 행정안전부령으로 정하는 특급감리원 이상의 소방공사 감리원(기계분야 및 전기분야) | 행정안전부령으로 정하는 초급감리원 이상의 소방공사 감리원(기계분야 및 전기분야) | 가. 연면적 3만제곱미터 이상 20만제곱미터 미만인 특정소방대상물(아파트는 제외한다)의 공사 현장<br>나. 지하층을 포함한 층수가 16층 이상 40층 미만인 특정소방대상물의 공사 현장 |
| 3. 행정안전부령으로 정하는 고급감리원 이상의 소방공사 감리원(기계분야 및 전기분야) | 행정안전부령으로 정하는 초급감리원 이상의 소방공사 감리원(기계분야 및 전기분야) | 가. 물분무등소화설비(호스릴 방식의 소화설비는 제외한다) 또는 제연설비가 설치되는 특정소방대상물의 공사 현장<br>나. 연면적 3만제곱미터 이상 20만제곱미터 미만인 아파트의 공사 현장 |
| 4. 행정안전부령으로 정하는 중급감리원 이상의 소방공사 감리원(기계분야 및 전기분야) | | 연면적 5천제곱미터 이상 3만제곱미터 미만인 특정소방대상물의 공사 현장 |
| 4. 행정안전부령으로 정하는 초급감리원 이상의 소방공사 감리원(기계분야 및 전기분야) | | 가. 연면적 5천제곱미터 미만인 특정소방대상물의 공사 현장<br>나. 지하구의 공사 현장 |

**55** 특정소방대상물에서 사용하는 방염대상물품의 방염성능검사 방법과 검사 결과에 따른 합격 표시 등에 필요한 사항은 무엇으로 정하는가?

① 대통령령
② 행정안전부령
③ 소방청장령
④ 시·도의 조례

**해설** 소방시설법 제21조(방염성능의 검사)
① 제20조제1항에 따른 특정소방대상물에서 사용하는 방염대상물품은 소방청장(대통령령으로 정하는 방염대상물품의 경우에는 시·도지사를 말한다)이 실시하는 방염성능검사를 받은 것이어야 한다.
② 「공사업법」 제4조에 따라 방염처리업의 등록을 한 자는 제1항에 따른 방염성능검사를 할 때에 거짓 시료(試料)를 제출하여서는 아니 된다.
③ 제1항에 따른 방염성능검사의 방법과 검사 결과에 따른 합격 표시 등에 필요한 사항은 행정안전부령으로 정한다.

**56** 소방시설법령상 자동화재탐지설비를 설치하여야 하는 특정소방대상물의 기준으로 틀린 것은?

① 문화 및 집회시설로서 연면적이 $1,000[m^2]$ 이상인 것
② 지하가(터널은 제외)로서 연면적이 $1,000[m^2]$ 이상인 것
③ 의료시설(정신의료기관 또는 요양병원은 제외)로서 연면적 $1,000[m^2]$ 이상인 것
④ 지하가 중 터널로서 길이가 $1,000[m]$ 이상인 것

**정답** 54.② 55.② 56.③

**해설** 소방시설법 시행령 [별표 4]

자동화재탐지설비를 설치해야 하는 특정소방대상물은 다음의 어느 하나에 해당하는 것으로 한다.
1) 공동주택 중 아파트등·기숙사 및 숙박시설의 경우에는 모든 층
2) 층수가 6층 이상인 건축물의 경우에는 모든 층
3) 근린생활시설(목욕장은 제외한다), 의료시설(정신의료기관 및 요양병원은 제외한다), 위락시설, 장례시설 및 복합건축물로서 연면적 600㎡ 이상인 경우에는 모든 층
4) 근린생활시설 중 목욕장, 문화 및 집회시설, 종교시설, 판매시설, 운수시설, 운동시설, 업무시설, 공장, 창고시설, 위험물 저장 및 처리 시설, 항공기 및 자동차 관련 시설, 교정 및 군사시설 중 국방·군사시설, 방송통신시설, 발전시설, 관광 휴게시설, 지하가(터널은 제외한다)로서 연면적 1천㎡ 이상인 경우에는 모든 층
5) 교육연구시설(교육시설 내에 있는 기숙사 및 합숙소를 포함한다), 수련시설(수련시설 내에 있는 기숙사 및 합숙소를 포함하며, 숙박시설이 있는 수련시설은 제외한다), 동물 및 식물 관련 시설(기둥과 지붕만으로 구성되어 외부와 기류가 통하는 장소는 제외한다), 자원순환 관련 시설, 교정 및 군사시설(국방·군사시설은 제외한다) 또는 묘지 관련 시설로서 연면적 2천㎡ 이상인 경우에는 모든 층
6) 노유자 생활시설의 경우에는 모든 층
7) 6)에 해당하지 않는 노유자 시설로서 연면적 400㎡ 이상인 노유자 시설 및 숙박시설이 있는 수련시설로서 수용인원 100명 이상인 경우에는 모든 층
8) 의료시설 중 정신의료기관 또는 요양병원으로서 다음의 어느 하나에 해당하는 시설
  가) 요양병원(의료재활시설은 제외한다)
  나) 정신의료기관 또는 의료재활시설로 사용되는 바닥면적의 합계가 300㎡ 이상인 시설
  다) 정신의료기관 또는 의료재활시설로 사용되는 바닥면적의 합계가 300㎡ 미만이고, 창살(철재·플라스틱 또는 목재 등으로 사람의 탈출 등을 막기 위하여 설치한 것을 말하며, 화재 시 자동으로 열리는 구조로 되어 있는 창살은 제외한다)이 설치된 시설
9) 판매시설 중 전통시장
10) 지하가 중 터널로서 길이가 1천m 이상인 것
11) 지하구
12) 3)에 해당하지 않는 근린생활시설 중 조산원 및 산후조리원
13) 4)에 해당하지 않는 공장 및 창고시설로서 「화재의 예방 및 안전관리에 관한 법률 시행령」 별표 2에서 정하는 수량의 500배 이상의 특수가연물을 저장·취급하는 것
14) 4)에 해당하지 않는 발전시설 중 전기저장시설

## 57
소방시설법상 시·도지사는 관리업자에게 영업정지를 명하는 경우로서 그 영업정지가 국민에게 심한 불편을 주거나 그 밖에 공익을 해칠 우려가 있을 때에는 영업정지처분을 갈음하여 얼마 이하의 과징금을 부과할 수 있는가?

① 1,000만 원
② 2,000만 원
③ 3,000만 원
④ 5,000만 원

**해설** 소방시설법 제36조(과징금처분)
① 시·도지사는 제35조제1항에 따라 영업정지를 명하는 경우로서 그 영업정지가 이용자에게 불편을 주거나 그 밖에 공익을 해칠 우려가 있을 때에는 영업정지처분을 갈음하여 3천만원 이하의 과징금을 부과할 수 있다.
② 제1항에 따른 과징금을 부과하는 위반행위의 종류와 위반 정도 등에 따른 과징금의 금액, 그 밖에 필요한 사항은 행정안전부령으로 정한다.
③ 시·도지사는 제1항에 따른 과징금을 내야 하는 자가 납부기한까지 내지 아니하면 「지방행정제재·부과금의 징수 등에 관한 법률」에 따라 징수한다.
④ 시·도지사는 제1항에 따른 과징금의 부과를 위하여 필요한 경우에는 다음 각 호의 사항을 적은 문서로 관할 세무관서의 장에게 「국세기본법」 제81조의13에 따른 과세정보의 제공을 요청할 수 있다.
  1. 납세자의 인적사항
  2. 과세정보의 사용 목적
  3. 과징금의 부과 기준이 되는 매출액

**58** 기본법령상 소방용수시설에 대한 설명으로 틀린 것은?

① 시·도지사는 소방활동에 필요한 소방용수시설을 설치하고 유지·관리하여야 한다.
② 수도법의 규정에 따라 설치된 소화전도 시·도지사가 유지·관리하여야 한다.
③ 소방본부장 또는 소방서장은 원활한 소방활동을 위하여 소방용수시설에 대한 조사를 월 1회 이상 실시하여야 한다.
④ 소방용수시설 조사의 결과는 2년간 보관하여야 한다.

**해설** 기본법 제10조(소방용수시설의 설치 및 관리 등)
① 시·도지사는 소방활동에 필요한 소화전(消火栓)·급수탑(給水塔)·저수조(貯水槽)(이하 "소방용수시설"이라 한다)를 설치하고 유지·관리하여야 한다. 다만, 「수도법」 제45조에 따라 소화전을 설치하는 일반수도사업자는 관할 소방서장과 사전협의를 거친 후 소화전을 설치하여야 하며, 설치 사실을 관할소방서장에게 통지하고, 그 소화전을 유지·관리하여야 한다.
② 제1항에 따른 소방용수시설 설치의 기준은 행정안전부령으로 정한다.

**59** 공사업법령상 특정소방대상물에 설치된 소방시설 등을 구성하는 것의 전부 또는 일부를 개설, 이전 또는 정비하는 공사의 경우 소방시설공사의 착공신고 대상이 아닌 것은? (단, 고장 또는 파손 등으로 인하여 작동시킬 수 없는 소방시설을 긴급히 교체하거나 보수하여야 하는 경우는 제외한다)

① 수신반
② 소화펌프
③ 동력(감시)제어반
④ 압력챔버

**해설** 공사업법 시행령 제4조 제3호 참조
▶ 착공신고대상
특정소방대상물에 설치된 소방시설등을 구성하는 다음 각 목의 어느 하나에 해당하는 것의 전부 또는 일부를 개설(改設), 이전(移轉) 또는 정비(整備)하는 공사. 다만, 고장 또는 파손 등으로 인하여 작동시킬 수 없는 소방시설을 긴급히 교체하거나 보수하여야 하는 경우에는 신고하지 않을 수 있다.
가. 수신반(受信盤)
나. 소화펌프
다. 동력(감시)제어반

**60** 소방시설법상 건축허가 등의 동의를 요구하는 때 동의요구서에 첨부하여야 하는 설계도서가 아닌 것은? (단, 소방시설공사 착공신고대상에 해당하는 경우이다.)

① 창호도
② 실내 전개도
③ 건축물의 단면도
④ 건축물의 주단면 상세도(내장 재료를 명시한 것)

**해설** 소방시설법 시행규칙 제3조(건축허가등의 동의 요구) 제2항
② 제1항 각 호의 어느 하나에 해당하는 기관은 영 제7조제3항에 따라 건축허가등의 동의를 요구하는 경우에는 동의요구서(전자문서로 된 요구서를 포함한다)에 다음 각 호의 서류(전자문서를 포함한다)를 첨부해야 한다.
1. 「건축법 시행규칙」 제6조에 따른 건축허가신청서, 같은 법 시행규칙 제8조에 따른 건축허가서 또는 같은 법 시행규칙 제12조에 따른 건축·대수선·용도변경신고서 등 건축허가등을 확인할 수 있는 서류의 사본. 이 경우 동의 요구를 받은 담당 공무원은 특별한 사정이 있는 경우를 제외하고는 「전자정부법」 제36조제1항에 따른 행정정보의 공동이용을 통하여 건축허가서를 확인함으로써 첨부서류의 제출을 갈음할 수 있다.
2. 다음 각 목의 설계도서. 다만, 가목 및 나목2)·4)의 설계도서는 「소방시설공사업법 시행령」 제4조에 따른 소방시설공사 착공신고 대상에 해당되는 경우에만 제출한다.

가. 건축물 설계도서
  1) 건축물 개요 및 배치도
  2) 주단면도 및 입면도(立面圖: 물체를 정면에서 본 대로 그린 그림을 말한다. 이하 같다)
  3) 층별 평면도(용도별 기준층 평면도를 포함한다. 이하 같다)
  4) 방화구획도(창호도를 포함한다)
  5) 실내·실외 마감재료표
  6) 소방자동차 진입 동선도 및 부서 공간 위치도(조경계획을 포함한다)
나. 소방시설 설계도서
  1) 소방시설(기계·전기 분야의 시설을 말한다)의 계통도(시설별 계산서를 포함한다)
  2) 소방시설별 층별 평면도
  3) 실내장식물 방염대상물품 설치 계획(「건축법」 제52조에 따른 건축물의 마감재료는 제외한다)
  4) 소방시설의 내진설계 계통도 및 기준층 평면도(내진 시방서 및 계산서 등 세부 내용이 포함된 상세 설계도면은 제외한다)
3. 소방시설 설치계획표
4. 임시소방시설 설치계획서(설치시기·위치·종류·방법 등 임시소방시설의 설치와 관련된 세부 사항을 포함한다)
5. 「소방시설공사업법」 제4조제1항에 따라 등록한 소방시설설계업등록증과 소방시설을 설계한 기술인력의 기술자격증 사본
6. 「소방시설공사업법」 제21조 및 제21조의3제2항에 따라 체결한 소방시설설계 계약서 사본

# 2017년 제4회 소방설비기사[기계분야] 1차 필기
## [제3과목 : 소방관계법규]

**41** 방염성능기준 이상의 실내장식물 등을 설치해야 하는 특정소방대상물이 아닌 것은?

① 건축물 옥내에 있는 종교시설
② 방송통신시설 중 방송국 및 촬영소
③ 층수가 11층 이상인 아파트
④ 숙박이 가능한 수련시설

**해설** 소방시설법 시행령 제30조(방염성능기준 이상의 실내장식물 등을 설치하여야 하는 특정소방대상물)
법 제20조 제1항에서 "대통령령으로 정하는 특정소방대상물"이란 다음 각 호의 어느 하나에 해당하는 것을 말한다.
1. 근린생활시설 중 의원, 치과의원, 한의원, 조산원, 산후조리원, 체력단련장, 공연장 및 종교집회장
2. 건축물의 옥내에 있는 시설로서 다음 각 목의 시설
  가. 문화 및 집회시설
  나. 종교시설
  다. 운동시설(수영장은 제외한다)
3. 의료시설
4. 교육연구시설 중 합숙소
5. 노유자시설
6. 숙박이 가능한 수련시설
7. 숙박시설
8. 방송통신시설 중 방송국 및 촬영소
9. 다중이용업소
10. 제1호부터 제9호까지의 시설에 해당하지 않는 것으로서 층수가 11층 이상인 것(아파트는 제외한다)

**42** 위험물로서 제1석유류에 속하는 것은?

① 중유         ② 휘발유
③ 실린더유     ④ 등유

**해설**
• 1석유류 : 휘발유, 벤젠, 아세톤
• 2석유류 : 등유, 경유
• 3석유류 : 중유, 크레오소트유
• 4석유류 : 기어유, 실린더유

**43** 다음 중 과태료 대상이 아닌 것은?

① 소방안전관리대상물의 소방안전관리자를 선임하지 아니한 자
② 소방안전관리 업무를 수행하지 아니한 자
③ 특정소방대상물의 근무자 및 거주자에 대한 소방훈련 및 교육을 하지 아니한 자
④ 특정소방대상물 소방시설 등의 점검결과를 보고하지 아니한 자

**해설** • 소방안전관리자 미선임 : 300만 원 이하 벌금

**44** 건축물의 공사 현장에 설치하여야 하는 임시소방시설과 기능 및 성능이 유사하여 임시소방시설을 설치한 것으로 보는 소방시설로 연결이 틀린 것은? (단, 임시소방시설 – 임시소방시설을 설치한 것으로 보는 소방시설 순이다.)

① 간이소화장치 – 옥내소화전
② 간이피난유도선 – 유도표지
③ 비상경보장치 – 비상방송설비
④ 비상경보장치 – 자동화재탐지설비

**해설** 소방시설법 시행령 [별표 8] 임시소방시설의 종류와 설치기준 등
임시소방시설과 기능 및 성능이 유사한 소방시설로서 임시소방시설을 설치한 것으로 보는 소방시설
가. 간이소화장치를 설치한 것으로 보는 소방시설 : 소방청장이 정하여 고시하는 기준에 맞는 소화기(연결송수관설비의 방수구 인근에 설치한 경우로 한정한다) 또는 옥내소화전설비

**정답** 41.③ 42.② 43.① 44.②

나. 비상경보장치를 설치한 것으로 보는 소방시설 : 비상방송설비 또는 자동화재탐지설비
다. 간이피난유도선을 설치한 것으로 보는 소방시설 : 피난유도선, 피난구유도등, 통로유도등 또는 비상조명등

**45** 화재의 예방조치 등과 관련하여 불장난, 모닥불, 흡연, 화기 취급, 그 밖에 화재예방상 위험하다고 인정되는 행위의 금지 또는 제한의 명령을 할 수 있는 자는?

① 시·도지사
② 국무총리
③ 소방청장
④ 119센터장

**해설** 화재의 예방조치등
① 화재예방강화지구 및 이에 준하는 대통령령으로 정하는 장소[제조소등, 가스저장소, 석유가스저장소, 판매소, 수소연료공급시설,화약류등]에서는 다음 각호의 행위를 해서는 안된다.
1. 모닥불, 흡연 등 화기의 취급
2. 풍등 등 소형열기구 날리기
3. 용접·용단 등 불꽃을 발생시키는 행위
4. 그 밖에 대통령령으로 정하는 화재 발생 위험이 있는 행위
※ 다만, 다음의 안전조치등을 한 경우 그러하지 아니하다
 1. 「국민건강증진법」 제9조제4항 각 호 외의 부분 후단에 따라 설치한 흡연실 등 법령에 따라 지정된 장소에서 화기 등을 취급하는 경우
 2. 소화기 등 소방시설을 비치 또는 설치한 장소에서 화기 등을 취급하는 경우
 3. 「산업안전보건기준에 관한 규칙」 제241조의2 제1항에 따른 화재감시자 등 안전요원이 배치된 장소에서 화기 등을 취급하는 경우
 4. 그 밖에 소방관서장과 사전 협의하여 안전조치를 한 경우
② 예방조치명령
소방관서장은 화재 발생 위험이 크거나 소화 활동에 지장을 줄 수 있다고 인정되는 행위나 물건에 대하여 행위 당사자나 그 물건의 소유자, 관리자 또는 점유자에게 다음 각 호의 명령을 할 수 있다. 다만, 제2호 및 제3호에 해당하는 물건의 소유자, 관리자 또는 점유자를 알 수 없는 경우 소속 공무원으로 하여금 그 물건을 옮기거나 보관하는 등 필요한 조치를 하게 할 수 있다.
1. 제1항 각 호의 어느 하나에 해당하는 행위의 금지 또는 제한
2. 목재, 플라스틱 등 가연성이 큰 물건의 제거, 이격, 적재 금지 등
3. 소방차량의 통행이나 소화 활동에 지장을 줄 수 있는 물건의 이동

**46** 행정안전부령으로 정하는 연소 우려가 있는 구조에 대한 기준 중 다음 ( ) 안에 알맞은 것은?

건축물대장의 건축물 현황도에 표시된 대지 경계선 안에 2 이상의 건축물이 있는 경우로서 각각의 건축물이 다른 건축물의 외벽으로부터 수평거리가 1층의 경우에는 ( ㉠ )m 이하, 2층 이상의 층의 경우에는 ( ㉡ )m 이하이고 개구부가 다른 건축물을 향하여 설치된 구조를 말한다.

① ㉠ 3, ㉡ 5
② ㉠ 5, ㉡ 8
③ ㉠ 6, ㉡ 8
④ ㉠ 6, ㉡ 10

**해설** 소방시설법 시행규칙 제17조(연소 우려가 있는 건축물의 구조)
영 별표 4 제1호사목1) 후단에서 "행정안전부령으로 정하는 연소(延燒) 우려가 있는 구조"란 다음 각 호의 기준에 모두 해당하는 구조를 말한다.
1. 건축물대장의 건축물 현황도에 표시된 대지경계선 안에 둘 이상의 건축물이 있는 경우
2. 각각의 건축물이 다른 건축물의 외벽으로부터 수평거리가 1층의 경우에는 6미터 이하, 2층 이상의 층의 경우에는 10미터 이하인 경우
3. 개구부(영 제2조제1호 각 목 외의 부분에 따른 개구부를 말한다)가 다른 건축물을 향하여 설치되어 있는 경우

정답 45.③ 46.④

**47** 다음 중 2급 소방안전관리대상물의 소방안전관리자 선임기준으로 틀린 것은?

① 위험물기능장 자격이 있는 사람
② 소방설비기사 자격이 있는 사람
③ 소방공무원으로 3년 이상 경력이 있는 사람
④ 전기기사 자격이 있는 사람

**해설** 2급 소방안전관리대상물
가. 2급 소방안전관리대상물의 범위
「소방시설 설치 및 관리에 관한 법률 시행령」 별표 2의 특정소방대상물 중 다음의 어느 하나에 해당하는 것(제1호에 따른 특급 소방안전관리대상물 및 제2호에 따른 1급 소방안전관리대상물은 제외한다)
　1) 「소방시설 설치 및 관리에 관한 법률 시행령」 별표 4 제1호다목에 따라 옥내소화전설비를 설치해야 하는 특정소방대상물, 같은 호 라목에 따라 스프링클러설비를 설치해야 하는 특정소방대상물 또는 같은 호 바목에 따라 물분무등소화설비[화재안전기준에 따라 호스릴(hose reel) 방식의 물분무등소화설비만을 설치할 수 있는 특정소방대상물은 제외한다]를 설치해야 하는 특정소방대상물
　2) 가스 제조설비를 갖추고 도시가스사업의 허가를 받아야 하는 시설 또는 가연성 가스를 100톤 이상 1천톤 미만 저장·취급하는 시설
　3) 지하구
　4) 「공동주택관리법」 제2조제1항제2호의 어느 하나에 해당하는 공동주택(「소방시설 설치 및 관리에 관한 법률 시행령」 별표 4 제1호다목 또는 라목에 따른 옥내소화전설비 또는 스프링클러설비가 설치된 공동주택으로 한정한다)
　5) 「문화유산의 보존 및 활용에 관한 법률」 제23조에 따라 보물 또는 국보로 지정된 목조건축물
나. 2급 소방안전관리대상물에 선임해야 하는 소방안전관리자의 자격
다음의 어느 하나에 해당하는 사람으로서 2급 소방안전관리자 자격증을 발급받은 사람, 제1호에 따른 특급 소방안전관리대상물 또는 제2호에 따른 1급 소방안전관리대상물의 소방안전관리자 자격증을 발급받은 사람
　1) 위험물기능장·위험물산업기사 또는 위험물기능사 자격이 있는 사람
　2) 소방공무원으로 3년 이상 근무한 경력이 있는 사람
　3) 소방청장이 실시하는 2급 소방안전관리대상물의 소방안전관리에 관한 시험에 합격한 사람
　4) 「기업활동 규제완화에 관한 특별조치법」 제29조, 제30조 및 제32조에 따라 소방안전관리자로 선임된 사람(소방안전관리자로 선임된 기간으로 한정한다)
다. 선임인원 : 1명 이상

**48** 특정소방대상물의 소방시설 설치의 면제기준 중 다음 (　) 안에 알맞은 것은?

> 비상경보설비 또는 단독경보형 감지기를 설치하여야 하는 특정소방대상물에 (　)를 화재안전기준에 적합하게 설치한 경우에는 그 설비의 유효범위에서 설치가 면제된다.

① 자동화재탐지설비　② 스프링클러설비
③ 비상조명등　　　　④ 무선통신보조설비

**해설** 비상경보설비 또는 단독경보형 감지기를 설치하여야 하는 특정소방대상물에 화재알림설비, 자동화재탐지설비를 화재안전기준에 적합하게 설치한 경우에는 그 설비의 유효범위에서 설치가 면제된다.

**49** 화재예방강화지구의 지정대상이 아닌 것은?

① 공장·창고가 밀집한 지역
② 목조건물이 밀집한 지역
③ 농촌지역
④ 시장지역

**해설** 화재예방법 제18조(화재예방강화지구의 지정 등)
① 시·도지사는 다음 각 호의 어느 하나에 해당하는 지역을 화재예방강화지구로 지정하여 관리할 수 있다.
　1. 시장지역
　2. 공장·창고가 밀집한 지역
　3. 목조건물이 밀집한 지역
　4. 노후·불량건축물이 밀집한 지역
　5. 위험물의 저장 및 처리 시설이 밀집한 지역
　6. 석유화학제품을 생산하는 공장이 있는 지역
　7. 「산업입지 및 개발에 관한 법률」 제2조제8호에 따른 산업단지
　8. 소방시설·소방용수시설 또는 소방출동로가 없는 지역

정답　47.④　48.①　49.③

9. 「물류시설의 개발 및 운영에 관한 법률」 제2조제6호에 따른 물류단지
10. 그 밖에 제1호부터 제9호까지에 준하는 지역으로서 소방관서장이 화재예방강화지구로 지정할 필요가 있다고 인정하는 지역

**50** 위험물안전관리자로 선임할 수 있는 위험물 취급자격자가 취급할 수 있는 위험물 기준으로 틀린 것은?

① 위험물기능장 자격 취득자 : 모든 위험물
② 안전관리자 교육이수자 : 위험물 중 제4류 위험물
③ 소방공무원으로 근무한 경력이 3년 이상인 자 : 위험물 중 제4류 위험물
④ 위험물산업기사 자격 취득자 : 위험물 중 제4류 위험물

**[해설]** 위험물기능장, 위험물산업기사, 위험물기능사
모든 위험물 취급관리

**51** 정기점검의 대상이 되는 제조소등이 아닌 것은?

① 옥내탱크저장소    ② 지하탱크저장소
③ 이동탱크저장소    ④ 이송취급소

**[해설]** 위험물법 시행령 제16조(정기점검의 대상인 제조소등)
법 제18조 제1항에서 "대통령령이 정하는 제조소등"이라 함은 다음 각호의 1에 해당하는 제조소등을 말한다.
1. 제15조 각호의 1에 해당하는 제조소등
2. 지하탱크저장소
3. 이동탱크저장소
4. 위험물을 취급하는 탱크로서 지하에 매설된 탱크가 있는 제조소·주유취급소 또는 일반취급소

**52** 시·도지사가 소방시설업의 영업정지처분에 갈음하여 부과할 수 있는 최대 과징금의 범위로 옳은 것은?

① 3천만원 이하    ② 5천만원 이하
③ 2억원 이하      ④ 3억원 이하

**[해설]** 공사업법 제10조(과징금처분)
① 시·도지사는 제9조제1항 각 호의 어느 하나에 해당하는 경우로서 영업정지가 그 이용자에게 불편을 주거나 그 밖에 공익을 해칠 우려가 있을 때에는 영업정지처분을 갈음하여 2억원 이하의 과징금을 부과할 수 있다.
② 제1항에 따른 과징금을 부과하는 위반행위의 종류와 위반 정도 등에 따른 과징금과 그 밖에 필요한 사항은 행정안전부령으로 정한다.
③ 시·도지사는 제1항에 따른 과징금을 내야 할 자가 납부기한까지 과징금을 내지 아니하면 「지방행정제재·부과금의 징수 등에 관한 법률」에 따라 징수한다.

**53** 건축허가 등을 함에 있어서 미리 소방본부장 또는 소방서장의 동의를 받아야 하는 건축물 등의 범위기준이 아닌 것은?

① 노유자시설 및 수련시설로서 연면적 $100[m^2]$ 이상인 건축물
② 지하층 또는 무창층이 있는 건축물로서 바닥면적이 $150[m^2]$ 이상인 층이 있는 것
③ 차고·주차장으로 사용되는 바닥면적이 $200[m^2]$ 이상인 층이 있는 건축물이나 주차시설
④ 장애인 의료재활시설로서 연면적 $300[m^2]$ 이상인 건축물

**[해설]** 건축허가등의 동의 대상물의 범위
1. 연면적(「건축법 시행령」 제119조제1항제4호에 따라 산정된 면적을 말한다. 이하 같다)이 400제곱미터 이상인 건축물이나 시설. 다만, 다음 각 목의 어느 하나에 해당하는 건축물이나 시설은 해당 목에서 정한 기준 이상인 건축물이나 시설로 한다.
  가. 「학교시설사업 촉진법」 제5조의2제1항에 따라 건축등을 하려는 학교시설 : 100제곱미터
  나. 별표 2의 특정소방대상물 중 노유자(老幼者) 시설 및 수련시설 : 200제곱미터
  다. 「정신건강증진 및 정신질환자 복지서비스 지원에 관한 법률」 제3조제5호에 따른 정신의료기관(입원실이 없는 정신건강의학과 의원은 제외하며, 이하 "정신의료기관"이라 한다) : 300제곱미터
  라. 「장애인복지법」 제58조제1항제4호에 따른 장애인 의료재활시설(이하 "의료재활시설"이라 한다) : 300제곱미터

**정답** 50.④ 51.① 52.③ 53.①

2. 지하층 또는 무창층이 있는 건축물로서 바닥면적이 150제곱미터(공연장의 경우에는 100제곱미터) 이상인 층이 있는 것
3. 차고·주차장 또는 주차 용도로 사용되는 시설로서 다음 각 목의 어느 하나에 해당하는 것
   가. 차고·주차장으로 사용되는 바닥면적이 200제곱미터 이상인 층이 있는 건축물이나 주차시설
   나. 승강기 등 기계장치에 의한 주차시설로서 자동차 20대 이상을 주차할 수 있는 시설
4. 층수(「건축법 시행령」 제119조제1항제9호에 따라 산정된 층수를 말한다. 이하 같다)가 6층 이상인 건축물
5. 항공기 격납고, 관망탑, 항공관제탑, 방송용 송수신탑
6. 별표 2의 특정소방대상물 중 의원(입원실이 있는 것으로 한정한다)·조산원·산후조리원, 위험물 저장 및 처리 시설, 발전시설 중 풍력발전소·전기저장시설, 지하구(地下溝)
7. 제1호나목에 해당하지 않는 노유자 시설 중 다음 각 목의 어느 하나에 해당하는 시설. 다만, 가목2) 및 나목부터 바목까지의 시설 중 「건축법 시행령」 별표 1의 단독주택 또는 공동주택에 설치되는 시설은 제외한다.
   가. 별표 2 제9호가목에 따른 노인 관련 시설 중 다음의 어느 하나에 해당하는 시설
      1) 「노인복지법」 제31조제1호에 따른 노인주거복지시설, 같은 조 제2호에 따른 노인의료복지시설 및 같은 조 제4호에 따른 재가노인복지시설
      2) 「노인복지법」 제31조제7호에 따른 학대피해노인 전용쉼터
   나. 「아동복지법」 제52조에 따른 아동복지시설(아동상담소, 아동전용시설 및 지역아동센터는 제외한다)
   다. 「장애인복지법」 제58조제1항제1호에 따른 장애인 거주시설
   라. 정신질환자 관련 시설(「정신건강증진 및 정신질환자 복지서비스 지원에 관한 법률」 제27조제1항제2호에 따른 공동생활가정을 제외한 재활훈련시설과 같은 법 시행령 제16조제3호에 따른 종합시설 중 24시간 주거를 제공하지 않는 시설은 제외한다)
   마. 별표 2 제9호마목에 따른 노숙인 관련 시설 중 노숙인자활시설, 노숙인재활시설 및 노숙인요양시설
   바. 결핵환자나 한센인이 24시간 생활하는 노유자 시설
8. 「의료법」 제3조제2항제3호라목에 따른 요양병원(이하 "요양병원"이라 한다). 다만, 의료재활시설은 제외한다.
9. 별표 2의 특정소방대상물 중 공장 또는 창고시설로서 「화재의 예방 및 안전관리에 관한 법률 시행령」 별표 2에서 정하는 수량의 750배 이상의 특수가연물을 저장·취급하는 것
10. 별표 2 제17호나목에 따른 가스시설로서 지상에 노출된 탱크의 저장용량의 합계가 100톤 이상인 것

**54** 자동화재탐지설비의 일반 공사감리기간으로 포함시켜 산정할 수 있는 항목은?

① 고정금속구를 설치하는 기간
② 전선관의 매립을 하는 공사기간
③ 공기유입구의 설치기간
④ 소화약제 저장용기 설치기간

**해설** 공사업법 시행규칙 [별표 3] 일반 공사감리기간

1. 옥내소화전설비·스프링클러설비·포소화설비·물분무소화설비·연결살수설비 및 연소방지설비의 경우 : 가압송수장치의 설치, 가지배관의 설치, 개폐밸브·유수검지장치·체크밸브·템퍼스위치의 설치, 앵글밸브·소화전함의 매립, 스프링클러헤드·포헤드·포방출구·포노즐·포호스릴·물분무헤드·연결살수헤드·방수구의 설치, 포소화약제 탱크 및 포혼합기의 설치, 포소화약제의 충전, 입상배관과 옥상탱크의 접속, 옥외 연결송수구의 설치, 제어반의 설치, 동력전원 및 각종 제어회로의접속, 음향장치의 설치 및 수동조작함의 설치를 하는 기간
2. 이산화탄소소화설비·할론소화설비·할로겐화합물 및 불활성기체 소화약제소화설비 및 분말소화설비의 경우 : 소화약제 저장용기와 집합관의 접속, 기동용기 등 작동장치의 설치, 제어반·화재표시반의 설치, 동력전원 및 각종 제어회로의 접속, 가지배관의 설치, 선택밸브의 설치, 분사헤드의 설치, 수동기동장치의설치 및 음향경보장치의 설치를 하는 기간
3. 자동화재탐지설비·시각경보기·비상경보설비·비상방송설비·통합감시시설·유도등·비상콘센트설비 및 무선통신보조설비의 경우 : 전선관의 매립, 감지기·유도등·조명등 및 비상콘센트의설치, 증폭기의 접속, 누설동축케이블 등의 부설, 무선기기의 접속단자·분배기·증폭기의 설치 및 동력전원의 접속공사를 하는 기간
4. 피난기구의 경우 : 고정금속구를 설치하는 기간

정답 54.②

5. 제연설비의 경우 : 가동식 제연경계벽·배출구·공기유입구의 설치, 각종 댐퍼 및 유입구 폐쇄장치의 설치, 배출기 및 공기유입기의 설치 및 풍도와의 접속, 배출풍도 및 유입풍도의 설치·단열조치, 동력전원 및 제어회로의 접속, 제어반의 설치를 하는 기간
6. 비상전원이 설치되는 소방시설의 경우 : 비상전원의 설치 및 소방시설과의 접속을 하는 기간

**55** 1급 소방안전관리대상물에 대한 기준이 아닌 것은? (단, 동·식물원, 철강 등 불연성 물품을 저장·취급하는 창고, 위험물 저장 및 처리 시설 중 위험물 제조소등, 지하구를 제외한 것이다.)

① 연면적 15,000[m²] 이상인 특정소방대상물 (아파트는 제외)
② 150세대 이상으로서 승강기가 설치된 공동주택
③ 가연성 가스를 1,000톤 이상 저장·취급하는 시설
④ 30층 이상(지하층은 제외)이거나 지상으로부터 높이가 120[m] 이상인 아파트

**해설** 화재예방법 시행령 제25조(소방안전관리자를 두어야 하는 특정소방대상물)

▶ 1급 소방안전관리대상물
특정소방대상물 중 특급 소방안전관리대상물을 제외한 다음의 어느 하나에 해당하는 것으로서 아파트, 동·식물원, 철강 등 불연성 물품을 저장·취급하는 창고, 위험물 저장 및 처리시설 중 위험물 제조소 등, 지하구를 제외한 것
가. 30층 이상(지하층은 제외한다)이거나 지상으로부터 높이가 120미터 이상인 아파트
나. 연면적 1만5천제곱미터 이상인 특정소방대상물(아파트는 제외한다)
다. 나목에 해당하지 아니하는 특정소방대상물로서 층수가 11층 이상인 특정소방대상물(아파트는 제외한다)
라. 가연성 가스를 1천톤 이상 저장·취급하는 시설

**56** 소방용수시설의 설치기준 중 주거지역·상업지역 및 공업지역에 설치하는 경우 소방대상물과의 수평거리는 최대 몇 [m] 이하인가?

① 50[m]  ② 100[m]
③ 150[m]  ④ 200[m]

**해설** 기본법 시행규칙 [별표 3]

▶ 공통기준
가. 국토의계획및이용에관한법률 제36조제1항제1호의 규정에 의한 주거지역·상업지역 및 공업지역에 설치하는 경우 : 소방대상물과의 수평거리를 100[m] 이하가 되도록 할 것
나. 가목 외의 지역에 설치하는 경우 : 소방대상물과의 수평거리를 140[m] 이하가 되도록 할 것

**57** 다음 중 종합점검을 받아야 하는 건축물은 물분무등이 설치된 연면적 얼마 이상 건축물인가?

① 3천제곱미터  ② 5천제곱미터
③ 1만제곱미터  ④ 3만제곱미터

**해설** ▶ 점검대상 및 시기, 점검자자격

| 대상 | | 횟수·시기 | 점검자 |
|---|---|---|---|
| 작동점검 | 모든 특정소방대상물 [3급이상에 해당] 〈제외 대상〉 1. 특급소방안전관리대상물 (종합점검만 연 2회) 2. 소방안전관리대상물에 속하지 않는 대상물 3. 위험물 제조소등 | • 원칙 : 연 1회 종합점검대상 × : 안전관리대상물의 사용승인일이 속하는 달의 말일까지 종합점검대상 ○ : 종합실시월로부터 6개월이 되는 달에 실시 | 관계인 (자탐, 간이만 해당) 소방안전관리자 (기술사, 관리사) 관리업자(관리사) (자탐, 간이는 특급 점검자가능) |
| 종합점검 | 최초점검 | 3급이상대상중 최초사용승인 건축물 | 사용승인일로부터 60일 이내 | 소방안전관리자 (기술사, 관리사) 관리업자(관리사) |
| | 그밖점검 | 스프링클러설비가 설치된 특정소방대상물 | • 원칙 : 연 1회 (최초사용승인 다음 해부터 사용승인일이 속하는 달의 말일까지) 예 학교 : 1~6월이 사용승인일인 경우 6월 말일까지 • 특급 소방안전관리대상물 : 연 2회 반기별 1회 | |
| | | 물분무등소화설비가 설치된 연면적 5,000[㎡] 이상 특정소방대상물 | | |
| | | 연면적 2,000[㎡] 이상 다중이용업소(9종) | | |
| | | 옥내소화전설비 또는 자동화재탐지설비가 설치된 연면적 1,000[㎡] 이상 공공기관(소방대 제외) | | |
| | | 제연설비가 설치된 터널 | | |

**정답** 55.② 56.② 57.②

**58** 대통령령으로 정하는 특정소방대상물의 소방시설 중 내진설계 대상이 아닌 것은?

① 옥내소화전설비
② 스프링클러설비
③ 미분무소화설비
④ 연결살수설비

**해설** 소방시설법 시행령 제8조(소방시설의 내진설계)
① 법 제7조에서 "대통령령으로 정하는 특정소방대상물"이란 「건축법」 제2조제1항제2호에 따른 건축물로서 「지진·화산재해대책법 시행령」 제10조제1항 각 호에 해당하는 시설을 말한다.
② 법 제7조에서 "대통령령으로 정하는 소방시설"이란 소방시설 중 옥내소화전설비, 스프링클러설비, 물분무등소화설비를 말한다.

**59** 소방시설업이 반드시 등록 취소에 해당하는 경우는?

① 거짓이나 그 밖의 부정한 방법으로 등록한 경우
② 다른 자에게 등록증 또는 등록수첩을 빌려준 경우
③ 소속 소방기술자를 공사현장에 배치하지 아니하거나 거짓으로 한 경우
④ 등록을 한 후 정당한 사유 없이 1년이 지날 때까지 영업을 시작하지 아니하거나 계속하여 1년 이상 휴업한 경우

**해설** 공사업법 제9조(등록취소와 영업정지 등) 제1항
시·도지사는 소방시설업자가 다음 각 호의 어느 하나에 해당하면 행정안전부령으로 정하는 바에 따라 그 등록을 취소하거나 6개월 이내의 기간을 정하여 시정이나 그 영업의 정지를 명할 수 있다. 다만, 제1호·제3호 또는 제7호에 해당하는 경우에는 그 등록을 취소하여야 한다.
1. 거짓이나 그 밖의 부정한 방법으로 등록한 경우
3. 제5조 각 호의 등록 결격사유에 해당하게 된 경우
7. 제8조 제2항을 위반하여 영업정지 기간 중에 소방시설공사 등을 한 경우

**60** 경보설비 중 단독경보형 감지기를 설치해야 하는 특정소방대상물의 기준으로 틀린 것은?

① 연면적 2천제곱미터 미만 교육연구시설 내의 기숙사
② 연면적 400제곱미터 미만의 유치원
③ 수용인원 100인 미만 수련시설(숙박시설있음)
④ 연면적 600제곱미터 미만 숙박시설

**해설** 단독경보형 감지기를 설치해야 하는 특정소방대상물은 다음의 어느 하나에 해당하는 것으로 한다. 이 경우 5)의 연립주택 및 다세대주택에 설치하는 단독경보형 감지기는 연동형으로 설치해야 한다.
1) 교육연구시설 내에 있는 기숙사 또는 합숙소로서 연면적 2천㎡ 미만인 것
2) 수련시설 내에 있는 기숙사 또는 합숙소로서 연면적 2천㎡ 미만인 것
3) 다목7)에 해당하지 않는 수련시설(숙박시설이 있는 것만 해당한다)(수용 100인 미만)
4) 연면적 400㎡ 미만의 유치원
5) 공동주택 중 연립주택 및 다세대주택

**정답** 58.④ 59.① 60.④

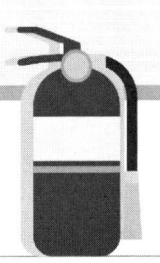

# 2018년 제1회 소방설비기사[기계분야] 1차 필기
### [제3과목 : 소방관계법규]

**41** 공사업법령상 소방시설공사 완공검사를 위한 현장확인 대상 특정소방대상물의 범위가 아닌 것은?

① 위락시설　　② 판매시설
③ 운동시설　　④ 창고시설

**해설** 완공검사
1) 공사업자는 소방시설공사를 완공하면 소방본부장 또는 소방서장의 완공검사를 받아야 한다.
2) 공사감리자가 지정되어 있는 경우에는 공사감리 결과보고서로 완공검사를 갈음하되, 대통령령으로 정하는 특정소방대상물의 경우에는 소방본부장이나 소방서장이 소방시설공사가 공사감리 결과보고서대로 완공되었는지를 현장에서 확인할 수 있다.
3) 현장확인 소방대상물
　㉠ 문화 및 집회시설, 종교시설, 판매시설, 노유자(老幼者)시설, 수련시설, 운동시설, 숙박시설, 창고시설, 지하상가 및 「다중이용업법」에 따른 다중이용업소
　㉡ 가스계(이산화탄소·할론·할로겐화합물 및 불활성기체 소화약제)소화설비(호스릴소화설비는 제외한다)가 설치되는 것
　㉢ 연면적 1만제곱미터 이상이거나 11층 이상인 특정소방대상물(아파트는 제외한다)
　㉣ 가연성가스를 제조·저장 또는 취급하는 시설 중 지상에 노출된 가연성가스탱크의 저장용량 합계가 1천톤 이상인 시설

**42** 화재예방법령상 특수가연물의 저장 및 취급의 기준 중 다음 (　) 안에 알맞은 것은? (단, 석탄·목탄류를 발전용으로 저장하는 경우는 제외한다.)

살수설비를 설치하거나, 방사능력 범위에 해당 특수가연물이 포함되도록 대형수동식소화기를 설치하는 경우에는 쌓는 높이를 ( ㉠ )m 이하, 석탄·목탄류의 경우에는 쌓는 부분의 바닥면적을 ( ㉡ )m² 이하로 할 수 있다.

① ㉠ 10, ㉡ 50　　② ㉠ 10, ㉡ 200
③ ㉠ 15, ㉡ 200　　④ ㉠ 15, ㉡ 300

**해설** 화재예방법 시행령 [별표 2] 특수가연물의 저장·취급 기준
특수가연물은 다음 각 목의 기준에 따라 쌓아 저장해야 한다. 다만, 석탄·목탄류를 발전용(發電用)으로 저장하는 경우는 제외한다.
가. 품명별로 구분하여 쌓을 것
나. 다음의 기준에 맞게 쌓을 것

| 구분 | 살수설비를 설치하거나 방사능력 범위에 해당 특수가연물이 포함되도록 대형수동식소화기를 설치하는 경우 | 그 밖의 경우 |
|---|---|---|
| 높이 | 15미터 이하 | 10미터 이하 |
| 쌓는 부분의 바닥면적 | 200제곱미터(석탄·목탄류의 경우에는 300제곱미터) 이하 | 50제곱미터(석탄·목탄류의 경우에는 200제곱미터) 이하 |

다. 실외에 쌓아 저장하는 경우 쌓는 부분이 대지경계선, 도로 및 인접 건축물과 최소 6미터 이상 간격을 둘 것. 다만, 쌓는 높이보다 0.9미터 이상 높은 「건축법 시행령」 제2조제7호에 따른 내화구조(이하 "내화구조"라 한다) 벽체를 설치한 경우는 그렇지 않다.
라. 실내에 쌓아 저장하는 경우 주요구조부는 내화구조이면서 불연재료여야 하고, 다른 종류의 특수가연물과 같은 공간에 보관하지 않을 것. 다만, 내화구조의 벽으로 분리하는 경우는 그렇지 않다.
마. 쌓는 부분 바닥면적의 사이는 실내의 경우 1.2미터 또는 쌓는 높이의 1/2 중 큰 값 이상으로 간격을 두어야 하며, 실외의 경우 3미터 또는 쌓는 높이 중 큰 값 이상으로 간격을 둘 것

**정답** 41.① 42.④

**43** 위험물법상 시·도지사의 허가를 받지 아니하고 당해 제조소등을 설치할 수 있는 기준 중 다음 ( ) 안에 알맞은 것은?

> 농예용·축산용 또는 수산용으로 필요한 난방시설 또는 건조시설을 위한 지정수량 ( )배 이하의 저장소

① 20   ② 30
③ 40   ④ 50

**해설**
㉠ 제조소등 설치허가자 : 시·도지사
㉡ 제조소등 설치허가 제외장소
　ⓐ 주택의 난방시설(공동주택의 중앙난방시설은 제외)을 위한 저장소 또는 취급소
　ⓑ 지정수량 20배 이하의 농예용·축산용·수산용 난방시설 또는 건조시설의 저장소
㉢ 제조소등의 변경신고 : 변경하고자 하는 날의 1일 전까지 시·도지사에게 신고

**44** 경보설비 중 단독경보형 감지기를 설치해야 하는 특정소방대상물의 기준으로 틀린 것은?

① 연면적 2천제곱미터 미만 교육연구시설 내의 기숙사
② 연면적 400제곱미터 미만의 유치원
③ 수용인원 100인 미만 수련시설(숙박시설있음)
④ 연면적 600제곱미터 미만 숙박시설

**해설** 단독경보형 감지기를 설치해야 하는 특정소방대상물은 다음의 어느 하나에 해당하는 것으로 한다. 이 경우 5)의 연립주택 및 다세대주택에 설치하는 단독경보형 감지기는 연동형으로 설치해야 한다.
1) 교육연구시설 내에 있는 기숙사 또는 합숙소로서 연면적 2천㎡ 미만인 것
2) 수련시설 내에 있는 기숙사 또는 합숙소로서 연면적 2천㎡ 미만인 것
3) 다목7)에 해당하지 않는 수련시설(숙박시설이 있는 것만 해당한다)(수용 100인 미만)
4) 연면적 400㎡ 미만의 유치원
5) 공동주택 중 연립주택 및 다세대주택

**45** 일반음식점에서 조리를 위해 불을 사용하는 설비를 설치할 때 지켜야 할 사항의 기준으로 옳지 않은 것은?

① 주방시설에는 동물 또는 식물의 기름을 제거할 수 있는 필터 등을 설치할 것
② 열을 발생하는 조리기구는 반자 또는 선반에서 50[cm] 이상 떨어지게 할 것
③ 주방시설에 부속된 배기덕트는 0.5[mm] 이상의 아연도금강판 또는 이와 동등 이상의 내식성 불연재료로 설치할 것
④ 열을 발생하는 조리기구로부터 15[cm] 이내의 거리에 있는 가연성 주요구조부터는 석면판 또는 단열성이 있는 불연재료로 덮어 씌울 것

**해설** [화재예방법 시행령 별표1]
음식조리를 위하여 설치하는 설비
「식품위생법 시행령」 제21조제8호에 따른 식품접객업 중 일반음식점 주방에서 조리를 위하여 불을 사용하는 설비를 설치하는 경우에는 다음 각 목의 사항을 지켜야 한다.
가. 주방설비에 부속된 배출덕트(공기 배출통로)는 0.5밀리미터 이상의 아연도금강판 또는 이와 같거나 그 이상의 내식성 불연재료로 설치할 것
나. 주방시설에는 동물 또는 식물의 기름을 제거할 수 있는 필터 등을 설치할 것
다. 열을 발생하는 조리기구는 반자 또는 선반으로부터 0.6미터 이상 떨어지게 할 것
라. 열을 발생하는 조리기구로부터 0.15미터 이내의 거리에 있는 가연성 주요구조부는 단열성이 있는 불연재료로 덮어 씌울 것

**46** 화재예방법상 특수가연물의 품명별 수량 기준으로 틀린 것은?

① 합성수지류(발포시킨 것) : 20[m³] 이상
② 가연성액체류 : 2[m³] 이상
③ 넝마 및 종이부스러기 : 400[kg] 이상
④ 볏짚류 : 1,000[kg] 이상

**정답** 43.① 44.④ 45.② 46.③

**해설** 400[kg] 이상 → 1,000[kg] 이상

화재예방법 시행령 [별표 2]
▶ 특수가연물의 종류

| 품명 | | 수량 |
|---|---|---|
| 면화류 | | 200킬로그램 이상 |
| 나무껍질 및 대팻밥 | | 400킬로그램 이상 |
| 넝마 및 종이부스러기 | | 1,000킬로그램 이상 |
| 사류(絲類) | | 1,000킬로그램 이상 |
| 볏짚류 | | 1,000킬로그램 이상 |
| 가연성고체류 | | 3,000킬로그램 이상 |
| 석탄·목탄류 | | 10,000킬로그램 이상 |
| 가연성액체류 | | 2세제곱미터 이상 |
| 목재가공품 및 나무부스러기 | | 10세제곱미터 이상 |
| 합성수지류 | 발포시킨 것 | 20세제곱미터 이상 |
| | 그 밖의 것 | 3,000킬로그램 이상 |

**47** 소방시설법령상 용어의 정의 중 다음 ( ) 안에 알맞은 것은?

> 특정소방대상물이란 소방시설을 설치하여야 하는 소방대상물로서 ( )으로 정하는 것을 말한다.

① 행정안전부령  ② 국토교통부령
③ 고용노동부령  ④ 대통령령

**해설** 소방시설(소화설비, 경보설비, 피난구조설비, 소화용수설비, 소화활동설비), 소방시설등(소방시설, 비상구, 방화문, 방화셔터), 특정소방대상물, 소방용품 → 대통령령

**48** 공사업법상 특정소방대상물의 관계인 또는 발주자가 해당 도급계약의 수급인을 도급계약 해지할 수 있는 경우의 기준 중 틀린 것은?

① 하도급계약의 적정성 심사 결과 하수급인 또는 하도급계약 내용의 변경 요구에 정당한 사유 없이 따르지 아니하는 경우
② 정당한 사유 없이 15일 이상 소방시설공사를 계속하지 아니하는 경우
③ 소방시설업이 등록취소되거나 영업정지된 경우
④ 소방시설업을 휴업하거나 폐업한 경우

**해설** 15일 이상 → 30일 이상

**49** 위험물법령상 인화성 액체위험물(이황화탄소를 제외)의 옥외탱크저장소의 탱크 주위에 설치하여야 하는 방유제의 설치기준 중 틀린 것은?

① 방유제 내의 면적은 60,000[m$^2$] 이하로 하여야 한다.
② 방유제는 높이 0.5[m] 이상 3[m] 이하, 두께 0.2[m] 이상, 지하매설깊이 1[m] 이상으로 할 것. 다만, 방유제와 옥외저장탱크 사이의 지반면 아래에 불침윤성 구조물을 설치하는 경우에는 지하매설깊이를 해당 불침윤성 구조물까지로 할 수 있다.
③ 방유제의 용량은 방유제 안에 설치된 탱크가 하나인 때에는 그 탱크 용량의 110[%] 이상, 2기 이상인 때에는 그 탱크 중 용량이 최대인 것의 용량의 110[%] 이상으로 하여야 한다.
④ 방유제는 철근콘크리트로 하고, 방유제와 옥외저장탱크 사이의 지표면은 불연성과 불침윤성이 있는 구조(철근콘크리트 등)로 할 것. 다만, 누출된 위험물을 수용할 수 있는 전용유조 및 펌프 등의 설비를 갖춘 경우에는 방유제와 옥외저장탱크 사이의 지표면을 흙으로 할 수 있다.

**해설** 60,000[m$^2$] 이하 → 80,000[m$^2$] 이하

**50** 화재예방법상 시·도지사가 화재예방강화지구로 지정할 필요가 있는 지역을 화재예방강화지구로 지정하지 아니하는 경우 해당 시·도지사에게 해당 지역의 화재예방강화지구 지정을 요청할 수 있는 자는?

① 행정안전부장관  ② 소방청장
③ 소방본부장  ④ 소방서장

**정답** 47.④ 48.② 49.① 50.②

해설 화재예방법 제18조(화재예방강화지구의 지정 등)
① 시·도지사는 다음 각 호의 어느 하나에 해당하는 지역을 화재예방강화지구로 지정하여 관리할 수 있다.
1. 시장지역
2. 공장·창고가 밀집한 지역
3. 목조건물이 밀집한 지역
4. 노후·불량건축물이 밀집한 지역
5. 위험물의 저장 및 처리 시설이 밀집한 지역
6. 석유화학제품을 생산하는 공장이 있는 지역
7. 「산업입지 및 개발에 관한 법률」 제2조제8호에 따른 산업단지
8. 소방시설·소방용수시설 또는 소방출동로가 없는 지역
9. 「물류시설의 개발 및 운영에 관한 법률」 제2조제6호에 따른 물류단지
10. 그 밖에 제1호부터 제9호까지에 준하는 지역으로서 소방관서장이 화재예방강화지구로 지정할 필요가 있다고 인정하는 지역

**51** 화재예방법상 소방안전 특별관리시설물의 대상 기준 중 틀린 것은?

① 수련시설
② 항만시설
③ 전력용 및 통신용 지하구
④ 지정문화재인 시설(시설이 아닌 지정문화재를 보호하거나 소장하고 있는 시설을 포함)

해설 화재예방법 제40조(소방안전 특별관리시설물의 안전관리)
1. 「공항시설법」 제2조제7호의 공항시설
2. 「철도산업발전기본법」 제3조제2호의 철도시설
3. 「도시철도법」 제2조제3호의 도시철도시설
4. 「항만법」 제2조제5호의 항만시설
5. 「문화유산의 보존 및 활용에 관한 법률」의 지정문화유산 및 「자연유산의 보존 및 활용에 관한 법률」에 따른 천연기념물등인 시설
6. 「산업기술단지 지원에 관한 특례법」 제2조제1호의 산업기술단지
7. 「산업입지 및 개발에 관한 법률」 제2조제8호의 산업단지
8. 「초고층 및 지하연계 복합건축물 재난관리에 관한 특별법」 제2조제1호 및 제2호의 초고층 건축물 및 지하연계 복합건축물

9. 「영화 및 비디오물의 진흥에 관한 법률」 제2조제10호의 영화상영관 중 수용인원 1,000명 이상인 영화상영관
10. 전력용 및 통신용 지하구
11. 「한국석유공사법」 제10조제1항제3호의 석유비축시설
12. 「한국가스공사법」 제11조제1항제2호의 천연가스 인수기지 및 공급망
13. 「전통시장 및 상점가 육성을 위한 특별법」 제2조제1호의 전통시장으로서 대통령령으로 정하는 전통시장
14. 그 밖에 대통령령으로 정하는 시설물

**52** 기본법령상 소방용수시설별 설치기준 중 옳은 것은?

① 저수조는 지면으로부터의 낙차가 4.5[m] 이상일 것
② 소화전은 상수도와 연결하여 지하식 또는 지상식의 구조로 하고, 소방용 호스와 연결하는 소화전의 연결금속구의 구경은 50[mm]로 할 것
③ 저수조 흡수관의 투입구가 사각형의 경우에는 한 변의 길이가 60[cm] 이상일 것
④ 급수탑 급수배관의 구경은 65[mm] 이상으로 하고, 개폐밸브는 지상에서 0.8[m] 이상, 1.5[m] 이하의 위치에 설치하도록 할 것

해설 ① 4.5[m] 이상 → 4.5[m] 이하
② 50[mm] → 65[mm]
④ 65[mm] 이상 → 100[mm] 이상
0.8[m] 이상 1.5[m] 이하 → 1.5[m] 이상 1.7[m] 이하

**53** 위험물법상 업무상 과실로 제조소등에서 위험물을 유출·방출 또는 확산시켜 사람의 생명·신체 또는 재산에 대하여 위험을 발생시킨 자에 대한 벌칙 기준으로 옳은 것은?

① 10년 이하의 징역 또는 금고나 1억 원 이하의 벌금
② 7년 이하의 금고 또는 7천만 원 이하의 벌금
③ 5년 이하의 징역 또는 1억 원 이하의 벌금
④ 3년 이하의 징역 또는 3천만 원 이하의 벌금

정답 51.① 52.③ 53.②

**해설** ※ 위험물법
- 업무상 과실로 제조소등에서 위험물을 유출·방출 또는 확산시켜 사람의 생명·신체 또는 재산에 대하여 위험을 발생시킨 자 → 7년 이하의 금고 또는 7천만 원 이하의 벌금
- 사람을 사상에 이르게 한 자 → 10년 이하의 징역 또는 금고나 1억원 이하의 벌금

※ 소방시설법
- 소방시설에 폐쇄·차단 등의 행위를 한 자 → 5년 이하의 징역 또는 5,000만 원 이하의 벌금
- 사람을 상해에 이르게 한 때 → 7년 이하의 징역 또는 7,000만 원 이하의 벌금
- 사망에 이르게 한 때 → 10년 이하의 징역 또는 1억 원 이하의 벌금

## 54. 소방시설법령상 중앙소방기술심의위원회의 심의사항이 아닌 것은?

① 화재안전기준에 관한 사항
② 소방시설의 설계 및 공사감리의 방법에 관한 사항
③ 소방시설에 하자가 있는지의 판단에 관한 사항
④ 소방시설공사의 하자를 판단하는 기준에 관한 사항

**해설** ③ 지방소방기술심의위원회의 심의사항

## 55. 위험물법령상 제조소의 위치·구조 및 설비의 기준 중 위험물을 취급하는 건축물 그 밖의 시설의 주위에는 그 취급하는 위험물을 최대수량이 지정수량의 10배 이하인 경우 보유하여야 할 공지의 너비는 몇 [m] 이상이어야 하는가?

① 3[m]
② 5[m]
③ 8[m]
④ 10[m]

**해설** 보유공지

| 취급하는 위험물의 최대수량 | 공지의 너비 |
|---|---|
| 지정수량의 10배 이하 | 3[m] 이상 |
| 지정수량의 10배 초과 | 5[m] 이상 |

## 56. 소방시설법령상 종합점검실시대상이 되는 특정소방대상물의 기준 중 다음 ( )안에 알맞은 것은?

물분무등소화설비 [호스릴방식의 물분무등소화설비만을 설치한 경우는 제외]가 설치된 연면적 ( ㉠ )[m²] 이상인 특정소방대상물(위험물 제조소 등은 제외)

① 2,000
② 3,000
③ 4,000
④ 5,000

**해설** ▶ 점검대상 및 시기, 점검자자격

| 대상 | | 횟수·시기 | 점검자 |
|---|---|---|---|
| 작동점검 | 모든 특정소방대상물 [3급이상에 해당] 〈제외 대상〉 1. 특급소방안전관리대상물 (종합점검만 연 2회) 2. 소방안전관리대상물에 속하지 않는 대상물 3. 위험물 제조소등 | • 원칙 : 연 1회 종합점검 대상 × 안전관리대상물의 사용승인일이 속하는 달의 말일까지 종합점검 대상 ○ 종합실시월로부터 6개월이 되는 달에 실시 | 관계인 (자탐, 간이만 해당) 소방안전관리자 (기술사, 관리사) 관리업자(관리사) (자탐, 간이는 특급점검자가능) |
| 종합점검 | 최초점검 | 3급이상대상중 최초사용승인 건축물 | 사용승인일로부터 60일 이내 | 소방안전관리자 (기술사, 관리사) 관리업자(관리사) |
| | 그밖점검 | 스프링클러설비가 설치된 특정소방대상물 물분무등소화설비가 설치된 연면적 5,000[m²] 이상인 특정소방대상물 연면적 2,000[m²] 이상 다중이용업소(9종) 옥내소화전설비 또는 자동화재탐지설비가 설치된 연면적 1,000[m²] 이상 공공기관(소방대 제외) 제연설비가 설치된 터널 | • 원칙 : 연 1회 (최초사용승인해 다음 해부터 사용승인일이 속하는 달의 말일까지) 예 학교 : 1~6월이 사용승인일인 경우 6월 말까지 • 특급 소방안전관리대상물 : 연2회(반기별 1회) | |

**57** 소방시설법상 화재안전기준을 달리 적용하여야 하는 특수한 용도 또는 구조를 가진 특정소방대상물인 원자력 발전소에 설치하지 아니할 수 있는 소방시설은?

① 물분무등소화설비
② 스프링클러설비
③ 상수도소화용수설비
④ 연결살수설비

**해설** 소방시설을 설치하지 아니할 수 있는 특정소방대상물 및 소방시설의 범위

| | | |
|---|---|---|
| 화재위험도가 낮은 특정소방대상물 | 석재, 불연성금속 | [외살]<br>옥외소화전설비<br>연결살수설비 |
| 화재안전기준을 적용하기 어려운 특정소방대상물 | 펄프공장의 작업장 | [스상살]<br>스프링클러설비<br>상수도소화용수설비<br>연결살수설비 |
| | 정수장, 수영장 | [탐상살]<br>자동화재탐지설비<br>상수도소화용수설비<br>연결살수설비 |
| 화재안전기준을 달리 적용하여야 하는 특수한 용도 또는 구조를 가진 특정소방대상물 | 원자력발전소, 핵폐기물처리시설 | [송살]<br>연결송수관설비<br>연결살수설비 |
| 자체소방대가 설치된 특정소방대상물 | 자체소방대가 설치된 위험물 제조소등에 부속된 사무실 | [내용송살]<br>옥내소화전설비<br>소화용수설비<br>연결송수관설비<br>연결살수설비 |

**58** 기본법상 소방업무의 응원에 대한 설명 중 틀린 것은?

① 소방본부장이나 소방서장은 소방활동을 할 때에 긴급한 경우에는 이웃한 소방본부장 또는 소방서장에게 소방업무의 응원을 요청할 수 있다.
② 소방업무의 응원 요청을 받은 소방본부장 또는 소방서장은 정당한 사유 없이 그 요청을 거절하여서는 아니 된다.
③ 소방업무의 응원을 위하여 파견된 소방대원은 응원을 요청한 소방본부장 또는 소방서장의 지휘에 따라야 한다.
④ 시·도지사는 소방업무의 응원을 요청하는 경우를 대비하여 출동 대상지역 및 규모와 필요한 경비의 부담 등에 관하여 필요한 사항을 대통령령으로 정하는 바에 따라 이웃하는 시·도지사와 협의하여 미리 규약으로 정하여야 한다.

**해설** 대통령령 → 행정안전부령

**59** 화재예방법상 소방안전관리대상물의 소방안전관리자가 소방훈련 및 교육을 하지 않은 경우 1차 위반 시 과태료 금액 기준으로 옳은 것은?

① 200만 원  ② 100만 원
③ 50만 원   ④ 30만 원

**해설**

| 위반행위 | 근거 법조문 | 과태료 금액 (단위: 만원) | | |
|---|---|---|---|---|
| | | 1차 위반 | 2차 위반 | 3차 이상 위반 |
| 타. 법 제37조제1항을 위반하여 소방훈련 및 교육을 하지 않은 경우 | 법 제52조 제1항제7호 | 100 | 200 | 300 |

**60** 화재예방법상 공동 소방안전관리자 선임대상 특정소방대상물의 기준 중 틀린 것은?

① 판매시설 중 상점
② 고층 건축물(지하층을 제외한 층수가 11층 이상인 건축물만 해당)
③ 지하가(지하의 인공구조물 안에 설치된 상점 및 사무실, 그 밖에 이와 비슷한 시설이 연속하여 지하도에 접하여 설치된 것과 그 지하도를 합한 것)
④ 복합건축물로서 연면적이 5,000[m²] 이상인 것 또는 층수가 5층 이상인 것

해설 상점 → 도매·소매시장

▶ 공동소방안전관리 대상물

관리의 권원(權原)이 분리된 것 중 소방본부장이나 소방서장이 지정하는 특정소방대상물

| 대상 | 고층 건축물(지하층을 제외한 층수가 11층 이상) | |
|---|---|---|
| | 지하가 | |
| | 대통령령으로 정하는 대상물 | • 복합건축물로서 연면적이 5천[m²] 이상인 것 또는 층수가 5층 이상인 것<br>• 판매시설 중 도매시장 및 소매시장<br>• 특정소방대상물 중 소방본부장 또는 소방서장이 지정하는 것 |

[22.12.1이후 개정]
**화재예방법 제35조(관리의 권원이 분리된 특정소방대상물의 소방안전관리)**

① 다음 각 호의 어느 하나에 해당하는 특정소방대상물로서 그 관리의 권원(權原)이 분리되어 있는 특정소방대상물의 경우 그 관리의 권원별 관계인은 대통령령으로 정하는 바에 따라 제24조제1항에 따른 소방안전관리자를 선임하여야 한다. 다만, 소방본부장 또는 소방서장은 관리의 권원이 많아 효율적인 소방안전관리가 이루어지지 아니한다고 판단되는 경우 대통령령으로 정하는 바에 따라 관리의 권원을 조정하여 소방안전관리자를 선임하도록 할 수 있다.
  1. 복합건축물(지하층을 제외한 층수가 11층 이상 또는 연면적 3만제곱미터 이상인 건축물)
  2. 지하가(지하의 인공구조물 안에 설치된 상점 및 사무실, 그 밖에 이와 비슷한 시설이 연속하여 지하도에 접하여 설치된 것과 그 지하도를 합한 것을 말한다)
  3. 그 밖에 대통령령으로 정하는 특정소방대상물
② 제1항에 따른 관리의 권원별 관계인은 상호 협의하여 특정소방대상물의 전체에 걸쳐 소방안전관리상 필요한 업무를 총괄하는 소방안전관리자(이하 "총괄소방안전관리자"라 한다)를 제1항에 따라 선임된 소방안전관리자 중에서 선임하거나 별도로 선임하여야 한다. 이 경우 총괄소방안전관리자의 자격은 대통령령으로 정하고 업무수행 등에 필요한 사항은 행정안전부령으로 정한다.
③ 제2항에 따른 총괄소방안전관리자에 대하여는 제24조, 제26조부터 제28조까지 및 제30조부터 제34조까지에서 규정한 사항 중 소방안전관리자에 관한 사항을 준용한다.
④ 제1항 및 제2항에 따라 선임된 소방안전관리자 및 총괄소방안전관리자는 해당 특정소방대상물의 소방안전관리를 효율적으로 수행하기 위하여 공동소방안전관리협의회를 구성하고, 해당 특정소방대상물에 대한 소방안전관리를 공동으로 수행하여야 한다. 이 경우 공동소방안전관리협의회의 구성·운영 및 공동소방안전관리의 수행 등에 필요한 사항은 대통령령으로 정한다.

# 2018년 제2회 소방설비기사[기계분야] 1차 필기
### [제3과목 : 소방관계법규]

**41** 기본법령상 소방본부 종합상황실 실장이 소방청의 종합상황실에 서면·모사전송 또는 컴퓨터통신 등으로 보고하여야 하는 화재의 기준 중 틀린 것은?

① 항구에 매어둔 총 톤수가 1,000톤 이상인 선박에서 발생한 화재
② 층수가 5층 이상이거나 병상이 30개 이상인 종합병원·정신병원·한방병원·요양소에서 발생한 화재
③ 지정수량의 1,000배 이상의 위험물의 제조소·저장소·취급소에서 발생한 화재
④ 연면적 15,000[m²] 이상인 공장 또는 화재경계지구에서 발생한 화재

해설 1,000배 → 3,000배

**42** 기본법령상 소방용수시설별 설치기준 중 틀린 것은?

① 급수탑 개폐밸브는 지상에서 1.5[m] 이상 1.7[m] 이하의 위치에 설치하도록 할 것
② 소화전은 상수도와 연결하여 지하식 또는 지상식의 구조로 하고, 소방용 호스와 연결하는 소화전의 연결금속구의 구경은 100[mm]로 할 것
③ 저수조 흡수관의 투입구가 사각형의 경우에는 한 변의 길이가 60[cm] 이상, 원형의 경우에는 지름이 60[cm] 이상일 것
④ 저수조는 지면으로부터의 낙차가 4.5[m] 이하일 것

해설 기본법 시행규칙 [별표 3]
▶ 소방용수시설 설치기준
1. 공통기준
   가. 주거지역·상업지역 및 공업지역 : 수평거리 100m 이하
   나. 그 외의 지역에 설치하는 경우 : 수평거리 140m 이하
2. 소방용수시설별 설치기준
   가. 소화전의 설치기준 : 상수도와 연결하여 지하식 또는 지상식의 구조로 하고, 소방용호스와 연결하는 소화전의 연결금속구의 구경은 65밀리미터로 할 것
   나. 급수탑의 설치기준 : 급수배관의 구경은 100밀리미터 이상으로 하고, 개폐밸브는 지상에서 1.5미터 이상 1.7미터 이하의 위치에 설치하도록 할 것
   다. 저수조의 설치기준
      (1) 지면으로부터의 낙차가 4.5미터 이하일 것
      (2) 흡수부분의 수심이 0.5미터 이상일 것
      (3) 소방펌프자동차가 쉽게 접근할 수 있도록 할 것
      (4) 흡수에 지장이 없도록 토사 및 쓰레기 등을 제거할 수 있는 설비를 갖출 것
      (5) 흡수관의 투입구가 사각형의 경우에는 한 변의 길이가 60센티미터 이상, 원형의 경우에는 지름이 60센티미터 이상일 것
      (6) 저수조에 물을 공급하는 방법은 상수도에 연결하여 자동으로 급수되는 구조일 것

**43** 기본법상 소방본부장, 소방서장 또는 소방대장의 권한이 아닌 것은?

① 화재, 재난·재해, 그 밖의 위급한 상황이 발생한 현장에서 소방활동을 위하여 필요할 때에는 그 관할구역에 사는 사람 또는 그 현장

정답 41.③ 42.② 43.②

에 있는 사람으로 하여금 사람을 구출하는 일 또는 불을 끄거나 불이 번지지 아니하도록 하는 일을 하게 할 수 있다.

② 소방활동을 할 때에 긴급한 경우에는 이웃한 소방본부장 또는 소방서장에게 소방업무와 응원을 요청할 수 있다.

③ 사람을 구출하거나 불이 번지는 것을 막기 위하여 필요할 때에는 화재가 발생하거나 불이 번질 우려가 있는 소방대상물 및 토지를 일시적으로 사용하거나 그 사용의 제한 또는 소방활동에 필요한 처분을 할 수 있다.

④ 소방활동을 위하여 긴급하게 출동할 때에는 소방자동차의 통행과 소방활동에 방해가 되는 주차 또는 정차된 차량 및 물건 등을 제거하거나 이동시킬 수 있다.

**해설** ② 소방본부장, 소방서장의 권한

## 44 위험물법령상 위험물의 안전관리와 관련된 업무를 수행하는 자로서 소방청장이 실시하는 안전교육대상자가 아닌 것은?

① 안전관리자로 선임된 자
② 탱크시험자의 기술인력으로 종사하는 자
③ 위험물운송자로 종사하는 자
④ 제조소등의 관계인

**해설** ※ 안전교육

1) 안전관리자·탱크시험자·위험물운송자 등 위험물의 안전관리와 관련된 업무를 수행하는 자로서 대통령령이 정하는 자는 해당 업무에 관한 능력의 습득 또는 향상을 위하여 소방청장이 실시하는 교육을 받아야 한다.
2) 안전교육대상자
   ① 안전관리자로 선임된 자
   ② 탱크시험자의 기술인력으로 종사하는 자
   ③ 위험물운송자로 종사하는 자
3) 안전교육실시자: 소방청장
4) 제조소등의 관계인은 교육대상자에 대하여 필요한 안전교육을 받게 하여야 한다.
5) 안전교육의 과정 및 기간과 그 밖에 교육의 실시에 관하여 필요한 사항(행정안전부령)
6) 시·도지사, 소방본부장 또는 소방서장은 안전교육대상자가 교육을 받지 아니한 때에는 그 교육대상자가 교육을 받을 때까지 이 법의 규정에 따라 그 자격으로 행하는 행위를 제한할 수 있다.
7) 안전교육의 구분: 소방청장은 안전교육을 강습교육과 실무교육으로 구분하여 실시한다.
8) 기술원 또는 한국소방안전원은 매년 교육실시계획을 수립하여 교육을 실시하는 해의 전년도 말까지 소방청장의 승인을 받아야 하고, 해당 연도 교육실시결과를 교육을 실시한 해의 다음 연도 1월 31일까지 소방청장에게 보고하여야 한다.
9) 소방본부장은 매년 10월말까지 관할구역 안의 실무교육대상자 현황을 협회에 통보하고 관할구역 안에서 협회가 실시하는 안전교육에 관하여 지도·감독하여야 한다.

## 45 화재예방법상 소방안전관리대상물의 소방안전관리자 업무가 아닌 것은?

① 소방훈련 및 교육
② 자위소방대 및 초기대응체계의 구성·운영·교육
③ 피난시설, 방화구획 및 방화시설의 유지·설치
④ 피난계획에 관한 사항과 대통령령으로 정하는 사항이 포함된 소방계획서의 작성 및 시행

**해설** [소방안전관리자의 업무사항]

특정소방대상물(소방안전관리대상물은 제외한다)의 관계인과 소방안전관리대상물의 소방안전관리자는 다음 각 호의 업무를 수행한다. 다만, 제1호·제2호·제5호 및 제7호의 업무는 소방안전관리대상물의 경우에만 해당한다.

1. 제36조에 따른 피난계획에 관한 사항과 대통령령으로 정하는 사항이 포함된 소방계획서의 작성 및 시행
2. 자위소방대(自衛消防隊) 및 초기대응체계의 구성, 운영 및 교육
3. 「소방시설 설치 및 관리에 관한 법률」 제16조에 따른 피난시설, 방화구획 및 방화시설의 관리
4. 소방시설이나 그 밖의 소방 관련 시설의 관리
5. 제37조에 따른 소방훈련 및 교육
6. 화기(火氣) 취급의 감독
7. 행정안전부령으로 정하는 바에 따른 소방안전관리에 관한 업무수행에 관한 기록·유지(제3호·제4호 및 제6호의 업무를 말한다)
8. 화재발생 시 초기대응
9. 그 밖에 소방안전관리에 필요한 업무

**정답** 44.④ 45.③

**46** 소방시설법령상 소방용품이 아닌 것은?

① 소화약제 외의 것을 이용한 간이소화용구
② 자동소화장치
③ 가스누설경보기
④ 소화용으로 사용하는 방염제

**해설** 소방용품(제6조 관련)
1. 소화설비를 구성하는 제품 또는 기기
   가. 별표 1 제1호가목의 소화기(소화약제 외의 것을 이용한 간이소화용구는 제외한다)
   나. 별표 1 제1호나목의 자동소화장치
   다. 소화설비를 구성하는 소화전, 관창(菅槍), 소방호스, 스프링클러헤드, 기동용 수압개폐장치, 유수제어밸브 및 가스관선택밸브
2. 경보설비를 구성하는 제품 또는 기기
   가. 누전경보기 및 가스누설경보기
   나. 경보설비를 구성하는 발신기, 수신기, 중계기, 감지기 및 음향장치(경종만 해당한다)
3. 피난구조설비를 구성하는 제품 또는 기기
   가. 피난사다리, 구조대, 완강기(간이완강기 및 지지대를 포함한다)
   나. 공기호흡기(충전기를 포함한다)
   다. 피난구유도등, 통로유도등, 객석유도등 및 예비전원이 내장된 비상조명등
4. 소화용으로 사용하는 제품 또는 기기
   가. 소화약제(별표 1 제1호나목2)와 3)의 자동소화장치와 같은 호 마목3)부터 8)까지의 소화설비용만 해당한다)
   나. 방염제(방염액·방염도료 및 방염성물질을 말한다)
5. 그 밖에 행정안전부령으로 정하는 소방 관련 제품 또는 기기

**47** 소방시설법령상 스프링클러설비를 설치하여야 하는 특정소방대상물의 기준 중 틀린 것은? (단, 위험물 저장 및 처리 시설 중 가스시설 또는 지하구는 제외한다.)

① 숙박이 가능한 수련시설 용도로 사용되는 시설의 바닥면적의 합계가 600[m$^2$] 이상인 것은 모든 층
② 창고시설(물류터미널은 제외)로서 바닥면적 합계가 5,000[m$^2$] 이상인 경우에는 모든 층
③ 판매시설, 운수시설 및 창고시설(물류터미널에 한정)로서 바닥면적의 합계가 5,000[m$^2$] 이상이거나 수용인원이 500명 이상인 경우에는 모든 층
④ 복합건축물로서 연면적이 3,000[m$^2$] 이상인 경우에는 모든 층

**해설** 3,000[m$^2$] → 5,000[m$^2$]

**48** 화재예방법상 특수가연물의 저장 및 취급기준, 중 다음 (   ) 안에 알맞은 것은? (단, 석탄, 목탄류를 발전용으로 저장하는 경우는 제외한다.)

살수설비를 설치하거나, 방사능력 범위에 해당 특수가연물이 포함되도록 대형수동식 소화기를 설치하는 경우에는 쌓는 높이를 ( ㉠ )[m] 이하, 쌓는 부분의 바닥면적을 ( ㉡ )[m$^2$] 이하로 할 수 있다.

① ㉠ 10, ㉡ 30
② ㉠ 10, ㉡ 5
③ ㉠ 15, ㉡ 100
④ ㉠ 15, ㉡ 200

**해설** 화재예방법 시행령 별표3
2. 특수가연물의 저장·취급 기준
특수가연물은 다음 각 목의 기준에 따라 쌓아 저장해야 한다. 다만, 석탄·목탄류를 발전용(發電用)으로 저장하는 경우는 제외한다.
가. 품명별로 구분하여 쌓을 것
나. 다음의 기준에 맞게 쌓을 것

| 구분 | 살수설비를 설치하거나 방사능력 범위에 해당 특수가연물이 포함되도록 대형수동식소화기를 설치하는 경우 | 그 밖의 경우 |
|---|---|---|
| 높이 | 15미터 이하 | 10미터 이하 |
| 쌓는 부분의 바닥면적 | 200제곱미터(석탄·목탄류의 경우에는 300제곱미터) 이하 | 50제곱미터(석탄·목탄류의 경우에는 200제곱미터) 이하 |

다. 실외에 쌓아 저장하는 경우 쌓는 부분이 대지경계선, 도로 및 인접 건축물과 최소 6미터 이상 간격을 둘 것. 다만, 쌓는 높이보다 0.9미터 이상 높은 「건축법 시행령」 제2조제7호에 따른 내화구조(이하 "내화구조"라 한다) 벽체를 설치한 경우는 그렇지 않다.

**정답** 46.① 47.④ 48.④

라. 실내에 쌓아 저장하는 경우 주요구조부는 내화구조 이면서 불연재료여야 하고, 다른 종류의 특수가연물과 같은 공간에 보관하지 않을 것. 다만, 내화구조의 벽으로 분리하는 경우는 그렇지 않다.
마. 쌓는 부분 바닥면적의 사이는 실내의 경우 1.2미터 또는 쌓는 높이의 1/2 중 큰 값 이상으로 간격을 두어야 하며, 실외의 경우 3미터 또는 쌓는 높이 중 큰 값 이상으로 간격을 둘 것

**49** 위험물법상 위험시설의 설치 및 변경 등에 관한 기준 중 다음 (   ) 안에 알맞은 것은?

> 제조소등의 위치·구조 또는 설비의 변경 없이 당해 제조소등에서 저장하거나 취급하는 위험물의 품명·수량 또는 지정수량의 배수를 변경하고자 하는 자는 변경하고자 하는 날의 ( ㉠ )일 전까지 ( ㉡ )이 정하는 바에 따라 ( ㉢ )에게 신고하여야 한다.

① ㉠ 1, ㉡ 행정안전부령, ㉢ 시·도지사
② ㉠ 1, ㉡ 대통령령, ㉢ 소방본부장·소방서장
③ ㉠ 14, ㉡ 행정안전부령, ㉢ 시·도지사
④ ㉠ 14, ㉡ 대통령령, ㉢ 소방본부장·소방서장

**해설** 위험물법 제6조(위험물시설의 설치 및 변경 등)
1) 제조소등을 설치하고자 하는 자는 시도지사의 허가를 받아야 한다.
2) 제조소등의 위치, 구조 또는 설비를 변경하고자 하는 자는 시도지사의 허가를 받아야 한다.
3) 취급하는 위험물의 품명, 수량 또는 지정수량의 배수를 변경하고자 하는 자는 시도지사에게 변경하고자 하는 날의 1일 전까지 행정안전부령이 정하는 바에 따라 시도지사에게 신고하여야 한다.
4) 제조소등이 아닌 경우에 허가를 받지 아니하고 당해 제조소등을 설치하거나 그 위치 구조 또는 설비를 변경할수 있는 경우, 신고를 하지 아니하고 위험물의 품명, 수량 또는 지정수량의 배수를 변경할 수 있는 경우
  ① 주택의 난방시설(공동주택의 중앙난방시설을 제외한다)을 위한 저장소 또는 취급소
  ② 농예용·축산용 또는 수산용으로 필요한 난방시설 또는 건조시설을 위한 지정수량 20배 이하의 저장소

**50** 화재예방법상 소방안전관리대상물의 소방계획서에 포함되어야 하는 사항이 아닌 것은?

① 예방규정을 정하는 제조소등의 위험물 저장·취급에 관한 사항
② 소방시설·피난시설 및 방화시설의 점검·정비계획
③ 특정소방대상물의 근무자 및 거주자의 자위소방대 조직과 대원의 임무에 관한 사항
④ 방화구획, 제연구획, 건축물의 내부 마감재료 (불연재료·준불연재료 또는 난연재료로 사용된 것) 및 방염물품의 사용현황과 그 밖의 방화구조 및 설비의 유지·관리계획

**해설** ① 해당없음

제27조(소방안전관리대상물의 소방계획서 작성 등)
① 법 제24조제5항제1호에서 "대통령령으로 정하는 사항"이란 다음 각 호의 사항을 말한다.
  1. 소방안전관리대상물의 위치·구조·연면적(「건축법 시행령」 제119조제1항제4호에 따라 산정된 면적을 말한다. 이하 같다)·용도 및 수용인원 등 일반 현황
  2. 소방안전관리대상물에 설치한 소방시설, 방화시설, 전기시설, 가스시설 및 위험물시설의 현황
  3. 화재 예방을 위한 자체점검계획 및 대응대책
  4. 소방시설·피난시설 및 방화시설의 점검·정비계획
  5. 피난층 및 피난시설의 위치와 피난경로의 설정, 화재안전취약자의 피난계획 등을 포함한 피난계획
  6. 방화구획, 제연구획(除煙區劃), 건축물의 내부 마감재료 및 방염대상물품의 사용 현황과 그 밖의 방화구조 및 설비의 유지·관리계획
  7. 법 제35조제1항에 따른 관리의 권원이 분리된 특정소방대상물의 소방안전관리에 관한 사항
  8. 소방훈련·교육에 관한 계획
  9. 법 제37조를 적용받는 소방안전관리대상물의 근무자 및 거주자의 자위소방대 조직과 대원의 임무(화재안전취약자의 피난 보조 임무를 포함한다)에 관한 사항
  10. 화기 취급 작업에 대한 사전 안전조치 및 감독 등 공사 중 소방안전관리에 관한 사항
  11. 소화에 관한 사항과 연소 방지에 관한 사항

12. 위험물의 저장·취급에 관한 사항(「위험물안전관리법」 제17조에 따라 예방규정을 정하는 제조소등은 제외한다)
13. 소방안전관리에 대한 업무수행에 관한 기록 및 유지에 관한 사항
14. 화재발생 시 화재경보, 초기소화 및 피난유도 등 초기대응에 관한 사항
15. 그 밖에 소방본부장 또는 소방서장이 소방안전관리대상물의 위치·구조·설비 또는 관리 상황 등을 고려하여 소방안전관리에 필요하여 요청하는 사항

**51** 소방시설공사업법령상 공사감리자 지정대상 특정소방대상물의 범위가 아닌 것은?

① 캐비닛형 간이스프링클러설비를 신설·개설하거나 방호·방수구역을 증설할 때
② 물분무등소화설비(호스릴 방식의 소화설비는 제외)를 신설·개설하거나 방호·방수구역을 증설할 때
③ 제연설비를 신설·개설하거나 제연구역을 증설할 때
④ 연소방지설비를 신설·개설하거나 살수구역을 증설할 때

**해설** ① 캐비닛형 간이스프링클러설비는 제외

▶ 감리지정대상 특정소방대상물
① 옥내소화전설비를 신설·개설 또는 증설할 때
② 스프링클러설비등(캐비닛형 간이스프링클러설비는 제외한다)을 신설·개설하거나 방호·방수 구역을 증설할 때
③ 물분무등소화설비(호스릴 방식의 소화설비는 제외한다)를 신설·개설하거나 방호·방수 구역을 증설할 때
④ 옥외소화전설비를 신설·개설 또는 증설할 때
⑤ 자동화재탐지설비를 신설 또는 개설할 때
⑤의2. 비상방송설비를 신설 또는 개설할 때
⑥ 통합감시시설을 신설 또는 개설할 때
⑥의2. 비상조명등을 신설 또는 개설할 때
⑦ 소화용수설비를 신설 또는 개설할 때
⑧ 다음 각 목에 따른 소화활동설비에 대하여 각 목에 따른 시공을 할 때
  ㉠ 제연설비를 신설·개설하거나 제연구역을 증설할 때
  ㉡ 연결송수관설비를 신설 또는 개설할 때
  ㉢ 연결살수설비를 신설·개설하거나 송수구역을 증설할 때
  ㉣ 비상콘센트설비를 신설·개설하거나 전용회로를 증설할 때
  ㉤ 무선통신보조설비를 신설 또는 개설할 때
  ㉥ 연소방지설비를 신설·개설하거나 살수구역을 증설할 때

**52** 소방시설법상 특정소방대상물에 소방시설이 화재안전기준에 따라 설치·유지·관리되어 있지 아니할 때 해당 특정소방대상물의 관계인에게 필요한 조치를 명할 수 있는 자는?

① 소방본부장  ② 소방청장
③ 시·도지사  ④ 행정안전부장관

**해설** 소방시설법 제12조(특정소방대상물에 설치하는 소방시설의 관리 등)
① 특정소방대상물의 관계인은 대통령령으로 정하는 소방시설을 화재안전기준에 따라 설치·관리하여야 한다. 이 경우 「장애인·노인·임산부 등의 편의증진 보장에 관한 법률」 제2조제1호에 따른 장애인등이 사용하는 소방시설(경보설비 및 피난구조설비를 말한다)은 대통령령으로 정하는 바에 따라 장애인등에 적합하게 설치·관리하여야 한다.
② 소방본부장이나 소방서장은 제1항에 따른 소방시설이 화재안전기준에 따라 설치·관리되고 있지 아니할 때에는 해당 특정소방대상물의 관계인에게 필요한 조치를 명할 수 있다.
③ 특정소방대상물의 관계인은 제1항에 따라 소방시설을 설치·관리하는 경우 화재 시 소방시설의 기능과 성능에 지장을 줄 수 있는 폐쇄(잠금을 포함한다. 이하 같다)·차단 등의 행위를 하여서는 아니 된다. 다만, 소방시설의 점검·정비를 위하여 필요한 경우 폐쇄·차단은 할 수 있다.
④ 소방청장은 제3항 단서에 따라 특정소방대상물의 관계인이 소방시설의 점검·정비를 위하여 폐쇄·차단을 하는 경우 안전을 확보하기 위하여 필요한 행동요령에 관한 지침을 마련하여 고시하여야 한다.
⑤ 소방청장, 소방본부장 또는 소방서장은 제1항에 따른 소방시설의 작동정보 등을 실시간으로 수집·분석할 수 있는 시스템(이하 "소방시설정보관리시스템"이라 한다)을 구축·운영할 수 있다.

⑥ 소방청장, 소방본부장 또는 소방서장은 제5항에 따른 작동정보를 해당 특정소방대상물의 관계인에게 통보하여야 한다.
⑦ 소방시설정보관리시스템 구축·운영의 대상은 「화재의 예방 및 안전관리에 관한 법률」 제24조제1항 전단에 따른 소방안전관리대상물 중 소방안전관리의 취약성 등을 고려하여 대통령령으로 정하고, 그 밖에 운영방법 및 통보 절차 등에 필요한 사항은 행정안전부령으로 정한다.

**53** 위험물법상 업무상 과실로 제조소등에서 위험물을 유출·방출 또는 확산시켜 사람의 생명·신체 또는 재산에 대하여 위험을 발생시킨 자에 대한 벌칙 기준으로 옳은 것은?

① 5년 이하의 금고 또는 2,000만 원 이하의 벌금
② 5년 이하의 금고 또는 7,000만 원 이하의 벌금
③ 7년 이하의 금고 또는 2,000만 원 이하의 벌금
④ 7년 이하의 금고 또는 7,000만 원 이하의 벌금

**해설** 위험물법 벌칙
▶ 제33조(벌칙)
① 제조소등에서 위험물을 유출·방출 또는 확산시켜 사람의 생명·신체 또는 재산에 대하여 위험을 발생시킨 자 → 1년 이상 10년 이하의 징역에 처한다.
② 제1항의 규정에 따른 죄를 범하여 사람을 상해(傷害)에 이르게 한 때에는 무기 또는 3년 이상의 징역 사망에 이르게 한 때에는 무기 또는 5년 이상의 징역에 처한다.

▶ 제34조(벌칙)
① 업무상 과실로 제조소등에서 위험물을 유출·방출 또는 확산시켜 사람의 생명·신체 또는 재산에 대하여 위험을 발생시킨 자는 7년 이하의 금고 또는 7천만 원 이하의 벌금에 처한다.
② 제1항의 죄를 범하여 사람을 사상(死傷)에 이르게 한 자는 10년 이하의 징역 또는 금고나 1억 원 이하의 벌금에 처한다.

**54** 소방시설법상 소방시설 등에 대한 자체점검을 하지 아니하거나 관리업자 등으로 하여금 정기적으로 점검하게 아니한 자에 대한 벌칙 기준으로 옳은 것은?

① 6개월 이하의 징역 또는 1,000만 원 이하의 벌금
② 1년 이하의 징역 또는 1,000만 원 이하의 벌금
③ 3년 이하의 징역 또는 1,500만 원 이하의 벌금
④ 3년 이하의 징역 또는 3,000만 원 이하의 벌금

**해설** 소방시설의 자체점검 미실시자 → 1년 이하의 징역 또는 1,000만 원 이하의 벌금

**55** 기본법상 소방활동구역의 설정권자로 옳은 것은?

① 소방본부장
② 소방서장
③ 소방대장
④ 시·도지사

**해설** 소방대장은 화재, 재난·재해, 그 밖의 위급한 상황이 발생한 현장에 소방활동구역을 정하여 소방활동에 필요한 사람으로서 대통령령으로 정하는 사람 외에는 그 구역에 출입하는 것을 제한할 수 있다.

**56** 기본법령상 위험물 또는 물건의 보관기간은 소방본부 또는 소방서의 게시판에 공고하는 기간의 종료일 다음 날부터 며칠로 하는가?

① 3일    ② 4일
③ 5일    ④ 7일

**해설**

| 공고기간 | 보관하는 그날부터 14일 동안 |
|---|---|
| 보관기간 | 공고의 종료일 다음날부터 7일간 |

정답 53.④ 54.② 55.③ 56.④

**57** 소방시설법상 비상경보설비를 설치하여야 할 특정소방대상물의 기준 중 옳은 것은? (단, 지하구, 모래·석재 등 불연재료 창고 및 위험물 저장·처리 시설 중 가스시설은 제외한다.)

① 지하층 또는 무창층의 바닥면적이 50[m²] 이상인 것
② 연면적이 400[m²] 이상인 것
③ 지하가 중 터널로서 길이가 300[m] 이상인 것
④ 30명 이상의 근로자가 작업하는 옥내 작업장

**해설** 비상경보설비 설치대상
1. 연면적 400[m²]이거나 지하층 또는 무창층의 바닥면적이 150[m²] 이상인 것
2. 지하가 중 터널로서 길이가 500[m] 이상인 것.
3. 50명 이상의 근로자가 작업하는 옥내 작업장

**58** 소방시설법상 특정소방대상물의 피난시설, 방화구획 또는 방화시설에 폐쇄·훼손·변경 등의 행위를 한 자에 대한 과태료 기준으로 옳은 것은?

① 200만 원 이하의 과태료
② 300만 원 이하의 과태료
③ 500만 원 이하의 과태료
④ 600만 원 이하의 과태료

**해설** 피난시설, 방화구획 및 방화시설을 폐쇄·훼손·변경 등의 행위

| 1차 위반 | 2차 위반 | 3차 위반 |
| --- | --- | --- |
| 100만원 | 200만원 | 300만원 |

• 5년 이하의 징역 또는 5천만원 이하의 벌금
소방시설의 기능과 성능에 지장을 초래하는 폐쇄·차단 등의 행위를 한 자
• 사람을 상해에 이르게 한 때에는 7년 이하의 징역 또는 7천만 원 이하의 벌금
• 사망에 이르게 한 때에는 10년 이하의 징역 또는 1억원 이하의 벌금

**59** 공사업법령상 상주 공사감리 대상 기준 중 다음 ( ) 안에 알맞은 것은?

㉮ 연면적 ( ㉠ )[m²] 이상의 특정소방대상물(아파트는 제외)에 대한 소방시설의 공사
㉯ 지하층을 포함한 층수가 ( ㉡ )층 이상으로서 ( ㉢ )세대 이상인 아파트에 대한 소방시설의 공사

① ㉠ 10,000, ㉡ 11, ㉢ 600
② ㉠ 10,000, ㉡ 16, ㉢ 500
③ ㉠ 30,000, ㉡ 11, ㉢ 600
④ ㉠ 30,000, ㉡ 16, ㉢ 500

**해설** 감리의 종류, 방법, 대상[대통령령]
1) 상주공사감리
   – 연면적 3만제곱미터 이상(아파트 제외)
   – 지하층 포함 16층 이상으로서 500세대 이상 아파트]
2) 일반공사감리 [상주공사감리대상 아닌 것]
3) 일반공사감리시 주1회 방문, 14일 이내 부득이한 사유로 없는 경우 업무대행자 지정, 주2회 방문

**60** 위험물법상 지정수량 미만인 위험물의 저장 또는 취급에 관한 기술상의 기준은 무엇으로 정하는가?

① 대통령령
② 총리령
③ 시·도의 조례
④ 행정안전부령

**해설** 기본법 제4조
▶ 지정수량 미만인 위험물의 저장·취급
지정수량 미만인 위험물의 저장 또는 취급에 관한 기술상의 기준은 시·도의 조례로 정한다.

**정답** 57.② 58.② 59.④ 60.③

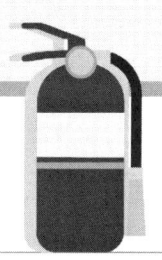

# 2018년 제4회 소방설비기사[기계분야] 1차 필기
### [제3과목 : 소방관계법규]

**41** 소방시설법에 따른 성능위주설계를 할 수 있는 자의 설계범위 기준 중 틀린 것은?

① 연면적 30,000[m²] 이상인 특정소방대상물로서 공항시설
② 연면적 100,000[m²] 이상인 특정소방대상물 (단, 아파트 등은 제외)
③ 지하층을 포함한 층수가 30층 이상인 특정소방대상물(단, 아파트 등은 제외)
④ 하나의 건축물에 영화상영관이 10개 이상인 특정소방대상물

해설 100,000[m²] → 200,000[m²]

▶ 성능위주설계 대상 특정소방대상물
1. 연면적 20만제곱미터 이상인 특정소방대상물. 다만, 별표 2 제1호가목에 따른 아파트등(이하 "아파트등"이라 한다)은 제외한다.
2. 50층 이상(지하층은 제외한다)이거나 지상으로부터 높이가 200미터 이상인 아파트등
3. 30층 이상(지하층을 포함한다)이거나 지상으로부터 높이가 120미터 이상인 특정소방대상물(아파트등은 제외한다)
4. 연면적 3만제곱미터 이상인 특정소방대상물로서 다음 각 목의 어느 하나에 해당하는 특정소방대상물
   가. 별표 2 제6호나목의 철도 및 도시철도 시설
   나. 별표 2 제6호다목의 공항시설
5. 별표 2 제16호의 창고시설 중 연면적 10만제곱미터 이상인 것 또는 지하층의 층수가 2개 층 이상이고 지하층의 바닥면적의 합계가 3만제곱미터 이상인 것
6. 하나의 건축물에 「영화 및 비디오물의 진흥에 관한 법률」 제2조제10호에 따른 영화상영관이 10개 이상인 특정소방대상물
7. 「초고층 및 지하연계 복합건축물 재난관리에 관한 특별법」 제2조제2호에 따른 지하연계 복합건축물에 해당하는 특정소방대상물
8. 별표 2 제27호의 터널 중 수저(水底)터널 또는 길이가 5천미터 이상인 것

**42** 위험물법령에 따른 인화성액체위험물(이황화탄소를 제외)의 옥외탱크저장소의 탱크 주위에 설치하는 방유제의 설치기준 중 옳은 것은?

① 방유제의 높이는 0.5[m] 이상 2.0[m] 이하로 할 것
② 방유제 내의 면적은 100,000[m²] 이하로 할 것
③ 방유제의 용량은 방유제 안에 설치된 탱크가 2기 이상인 때에는 그 탱크 중 용량이 최대인 것의 용량의 120[%] 이상으로 할 것
④ 높이가 1[m]를 넘는 방유제 및 간막이 둑의 안팎에는 방유제 내에 출입하기 위한 계단 또는 경사로를 약 50[m]마다 설치할 것

해설 옥외탱크저장소의 방유제
1) 높이 : 0.5[m] ~ 3[m] 이하
2) 탱크 : 10기(모든 탱크용량이 20만[L] 이하, 인화점이 70~200[℃] 미만은 20기) 이하
3) 면적 : 80,000[m²] 이하
4) 용량 ┌ 1기 이상 : 탱크용량의 110[%]
       └ 2기 이상 : 최대탱크용량의 110[%]

▶ 제조소 방유제 설치기준(용량부분 상이함) 용량
= 최대탱크용량의 50[%] + 기타탱크용량 합계의 10[%]

**43** 기본법에 따른 소방력의 기준에 따라 관할구역의 소방력을 확충하기 위하여 필요한 계획을 수립하여 시행하여야 하는 자는?

① 소방서장    ② 소방본부장
③ 시·도지사  ④ 행정안전부장관

정답 41.② 42.④ 43.③

**해설** 소방력의 기준
1) 소방력 : 인력, 장비, 용수
2) 소방력의 기준 : 행정안전부령으로 정함
3) 시·도지사는 관할구역의 소방력을 확충하기 위하여 필요한 계획을 수립하여 시행하여야 한다.

**44** 화재예방법에 따른 용접 또는 용단 작업장에서 불꽃을 사용하는 용접·용단기구 사용에 있어서 작업자로부터 반경 몇 [m] 이내에 소화기를 갖추어야 하는가? (단, 산업안전보건법에 따른 안전조치의 적용을 받는 사업장의 경우는 제외한다.)

① 1[m]  ② 3[m]
③ 5[m]  ④ 7[m]

**해설** 화재예방법 기본령 [별표 1]

| 불꽃을 사용하는 용접·용단기구 | 용접 또는 용단 작업장에서는 다음 각 호의 사항을 지켜야 한다. 다만, 「산업안전보건법」 제23조의 적용을 받는 사업장의 경우에는 적용하지 아니한다.<br>1. 용접 또는 용단 작업자로부터 반경 5[m] 이내에 소화기를 갖추어 둘 것<br>2. 용접 또는 용단 작업장 주변 반경 10[m] 이내에는 가연물을 쌓아두거나 놓아두지 말 것. 다만, 가연물의 제거가 곤란하여 방지포 등으로 방호조치를 한 경우는 제외한다. |
|---|---|

**45** 기본법 및 화재예방법에 따른 벌칙의 기준이 다른 것은?

① 정당한 사유 없이 불장난, 모닥불, 흡연, 화기취급, 풍등 등 소형 열기구 날리기, 그 밖에 화재예방상 위험하다고 인정되는 행위의 금지 또는 제한에 따른 명령에 따르지 아니하거나 이를 방해한 사람
② 소방활동 종사 명령에 따른 사람을 구출하는 일 또는 불을 끄거나 불이 번지지 아니 하도록 하는 일을 방해한 사람
③ 정당한 사유 없이 소방용수시설 또는 비상소화장치를 사용하거나 소방용수시설 또는 비상소화장치의 효용을 해치거나 그 정당한 사용을 방해한 사람
④ 출동한 소방대의 소방장비를 파손하거나 그 효용을 해하여 화재진압·인명구조 또는 구급활동을 방해하는 행위를 한 사람

**해설** ① 예방조치명령 : 300만 원 이하의 벌금
②③④ 소방활동방해 : 5년 이하의 징역 또는 5,000만 원 이하의 벌금

**46** 화재예방법에 따른 소방대원에게 실시할 교육·훈련 횟수 및 기간의 기준 중 다음 ( ) 안에 알맞은 것은?

| 횟수 | 기간 |
|---|---|
| ( ㉠ )년마다 1회 | ( ㉡ )주 이상 |

① ㉠ 2, ㉡ 2  ② ㉠ 2, ㉡ 4
③ ㉠ 1, ㉡ 2  ④ ㉠ 1, ㉡ 4

**해설** 화재예방법 시행규칙 [별표 3의2]
▶ 교육·훈련 횟수 및 기간

| 횟수 | 기간 |
|---|---|
| 2년마다 1회 | 2주 이상 |

**47** 소방시설법에 따른 화재안전기준을 달리 적용하여야 하는 특수한 용도 또는 구조를 가진 특정소방대상물 중 핵폐기물처리시설에 설치하지 아니할 수 있는 소방시설은?

① 소화용수설비
② 옥외소화전설비
③ 물분무등소화설비
④ 연결송수관설비 및 연결살수설비

**해설** 소방시설을 설치하지 아니할 수 있는 특정소방대상물 및 소방시설의 범위

| 구분 | 특정소방대상물 | 소방시설 |
|---|---|---|
| 1. 화재 위험도가 낮은 특정소방대상물 | 석재, 불연성금속, 불연성 건축재료 등의 가공공장·기계조립공장·주물공장 또는 불연성 물품을 저장하는 창고 | 옥외소화전 및 연결살수설비 [외설] |

정답 44.③ 45.① 46.① 47.④

| 2. 화재안전기준을 적용하기 어려운 특정소방대상물 | 펄프공장의 작업장, 음료수 공장의 세정 또는 충전을 하는 작업장, 그 밖에 이와 비슷한 용도로 사용하는 것 | 스프링클러설비, 상수도소화용수설비 및 연결살수설비 [스상살] |
| --- | --- | --- |
| | 정수장, 수영장, 목욕장, 농예·축산·어류양식용 시설, 그 밖에 이와 비슷한 용도로 사용되는 것 | 자동화재탐지설비, 상수도소화용수설비 및 연결살수설비 [탐상살] |
| 3. 화재안전기준을 달리 적용하여야 하는 특수한 용도 또는 구조를 가진 특정소방대상물 | 원자력발전소, 핵폐기물처리시설 | 연결송수관설비 및 연결살수설비 [송살] |
| 4. 「위험물법」 제9조에 따른 자체소방대가 설치된 특정소방대상물 | 자체소방대가 설치된 위험물 제조소등에 부속된 사무실 | 옥내소화전설비, 소화용수설비, 연결살수설비 및 연결송수관설비 [내용송살] |

**48** 소방시설 설치 및 관리에 관한 법령에 따른 특정소방대상물 중 의료시설에 해당하지 않는 것은?

① 요양병원  ② 마약진료소
③ 한방병원  ④ 노인의료복지시설

**해설** ④ 노인의료복지시설 : 노유자시설

**49** 소방시설 설치 및 관리에 관한 법령에 따른 특정소방대상물의 수용인원의 산정방법 기준 중 틀린 것은?

① 침대가 있는 숙박시설의 경우는 해당 특정소방대상물의 종사자수에 침대수(2인용 침대는 2인으로 산정)를 합한 수
② 침대가 없는 숙박시설의 경우는 해당 특정소방대상물의 종사자수에 숙박시설 바닥면적의 합계를 $3[m^2]$로 나누어 얻은 수를 합한 수
③ 강의실 용도로 쓰이는 특정소방대상물의 경우는 해당 용도로 사용하는 바닥면적의 합계를 $1.9[m^2]$로 나누어 얻은 수
④ 문화 및 집회시설의 경우는 해당 용도로 사용하는 바닥면적의 합계를 $2.6[m^2]$로 나누어 얻은 수

**해설** $2.6[m^2] \rightarrow 4.6[m^2]$

소방시설법 시행령 [별표 7]
▶ 수용인원 산정방법

| 숙박시설 ○ | 침대 ○ | 침대 수 + 종업원 수 |
| --- | --- | --- |
| | 침대 × | $\dfrac{바닥면적[m^2]}{3[m^2]}$(반올림수) + 종업원 수 |
| 숙박시설 × | 강의실 교무실 실습실 상담실 휴게실 | $\dfrac{바닥면적[m^2]}{1.9[m^2]}$(반올림수) |
| | 강당 문화 및 집회시설 운동시설 종교시설 | $\dfrac{바닥면적[m^2]}{4.6[m^2]}$(반올림수) + 의자 수$\left(\dfrac{긴의자길이[m]}{0.45m}\right)$(반올림수) |
| | 그 밖 | $\dfrac{바닥면적[m^2]}{3[m^2]}$(반올림수) |

**50** 작동점검을 실시한 자는 작동점검 실시결과 보고서를 며칠 이내에 소방본부장 또는 소방서장에게 제출해야 하는가?

① 7일  ② 10일
③ 12일  ④ 15일

**해설** 점검결과보고서의 제출
㉠ 관리업자 또는 소방안전관리자로 선임된 소방시설관리사 및 소방기술사(이하 "관리업자등"이라 한다)는 자체점검을 실시한 경우에는 법 제22조제1항 각 호 외의 부분 후단에 따라 그 점검이 끝난 날부터 10일 이내에 별지 제9호서식의 소방시설등 자체점검 실시결과 보고서(전자문서로 된 보고서를 포함한다)에 소방청장이 정하여 고시하는 소방시설등점검표를 첨부하여 관계인에게 제출해야 한다.

**정답** 48.④ 49.④ 50.④

ⓒ 제1항에 따른 자체점검 실시결과 보고서를 제출받거나 스스로 자체점검을 실시한 관계인은 법 제23조제3항에 따라 자체점검이 끝난 날부터 15일 이내에 별지 제9호서식의 소방시설등 자체점검 실시결과 보고서(전자문서로 된 보고서를 포함한다)에 다음 각 호의 서류를 첨부하여 소방본부장 또는 소방서장에게 서면이나 소방청장이 지정하는 전산망을 통하여 보고해야 한다.
  1. 점검인력 배치확인서(관리업자가 점검한 경우만 해당한다)
  2. 별지 제10호서식의 소방시설등의 자체점검 결과 이행계획서
ⓒ 제1항 및 제2항에 따른 자체점검 실시결과의 보고기간에는 공휴일 및 토요일은 산입하지 않는다.
ⓔ 제2항에 따라 소방본부장 또는 소방서장에게 자체점검 실시결과 보고를 마친 관계인은 소방시설등 자체점검 실시결과 보고서(소방시설등점검표를 포함한다)를 점검이 끝난 날부터 2년간 자체 보관해야 한다.
ⓜ 제2항에 따라 소방시설등의 자체점검 결과 이행계획서를 보고받은 소방본부장 또는 소방서장은 다음 각 호의 구분에 따라 이행계획의 완료 기간을 정하여 관계인에게 통보해야 한다. 다만, 소방시설등에 대한 수리·교체·정비의 규모 또는 절차가 복잡하여 다음 각 호의 기간 내에 이행을 완료하기가 어려운 경우에는 그 기간을 달리 정할 수 있다.
  1. 소방시설등을 구성하고 있는 기계·기구를 수리하거나 정비하는 경우 : 보고일부터 10일 이내
  2. 소방시설등의 전부 또는 일부를 철거하고 새로 교체하는 경우 : 보고일부터 20일 이내
ⓑ 제5항에 따른 완료기간 내에 이행계획을 완료한 관계인은 이행을 완료한 날부터 10일 이내에 별지 제11호서식의 소방시설등의 자체점검 결과 이행완료 보고서(전자문서로 된 보고서를 포함한다)에 다음 각 호의 서류(전자문서를 포함한다)를 첨부하여 소방본부장 또는 소방서장에게 보고해야 한다.
  1. 이행계획 건별 전·후 사진 증명자료
  2. 소방시설공사 계약서

**51** 소방시설법령에 따른 임시소방시설 중 간이소화장치를 설치하여야 하는 공사의 작업 현장의 규모의 기준 중 다음 ( ) 안에 알맞은 것은?

- 연면적 ( ㉠ )m² 이상
- 지하층, 무창층 또는 ( ㉡ )층 이상의 층인 경우 해당 층의 바닥면적이 ( ㉢ )m² 이상인 경우만 해당

① ㉠ 1000, ㉡ 6, ㉢ 150
② ㉠ 1000, ㉡ 6, ㉢ 600
③ ㉠ 3000, ㉡ 4, ㉢ 150
④ ㉠ 3000, ㉡ 4, ㉢ 600

**해설** ▶ 임시소방시설을 설치해야 하는 공사의 종류와 규모
가. 소화기 : 법 제6조제1항에 따라 소방본부장 또는 소방서장의 동의를 받아야 하는 특정소방대상물의 신축·증축·개축·재축·이전·용도변경 또는 대수선 등을 위한 공사 중 법 제15조제1항에 따른 화재위험작업의 현장(이하 이 표에서 "화재위험작업현장"이라 한다)에 설치한다.
나. 간이소화장치 : 다음의 어느 하나에 해당하는 공사의 화재위험작업현장에 설치한다.
  1) 연면적 3천m² 이상
  2) 지하층, 무창층 또는 4층 이상의 층. 이 경우 해당 층의 바닥면적이 600m² 이상인 경우만 해당한다.
다. 비상경보장치 : 다음의 어느 하나에 해당하는 공사의 화재위험작업현장에 설치한다.
  1) 연면적 400m² 이상
  2) 지하층 또는 무창층. 이 경우 해당 층의 바닥면적이 150m² 이상인 경우만 해당한다.
라. 가스누설경보기 : 바닥면적이 150m² 이상인 지하층 또는 무창층의 화재위험작업현장에 설치한다.
마. 간이피난유도선 : 바닥면적이 150m² 이상인 지하층 또는 무창층의 화재위험작업현장에 설치한다.
바. 비상조명등 : 바닥면적이 150m² 이상인 지하층 또는 무창층의 화재위험작업현장에 설치한다.
사. 방화포 : 용접·용단 작업이 진행되는 화재위험작업현장에 설치한다.

정답 51.④

**52** 방염성능기준 이상의 실내장식물 등을 설치하여야 하는 특정소방대상물에 해당하지 않은 것은?

① 숙박시설
② 노유자시설
③ 층수가 11층 이상의 아파트
④ 건축물의 옥내에 있는 종교시설

**해설** 소방시설법 시행령 제30조(방염성능기준 이상의 실내장식물 등을 설치해야 하는 특정소방대상물)
법 제20조제1항에서 "대통령령으로 정하는 특정소방대상물"이란 다음 각 호의 것을 말한다.
1. 근린생활시설 중 의원, 치과의원, 한의원, 조산원, 산후조리원, 체력단련장, 공연장 및 종교집회장
2. 건축물의 옥내에 있는 다음 각 목의 시설
   가. 문화 및 집회시설
   나. 종교시설
   다. 운동시설(수영장은 제외한다)
3. 의료시설
4. 교육연구시설 중 합숙소
5. 노유자 시설
6. 숙박이 가능한 수련시설
7. 숙박시설
8. 방송통신시설 중 방송국 및 촬영소
9. 「다중이용업소의 안전관리에 관한 특별법」 제2조제1항제1호에 따른 다중이용업의 영업소(이하 "다중이용업소"라 한다)
10. 제1호부터 제9호까지의 시설에 해당하지 않는 것으로서 층수가 11층 이상인 것(아파트등은 제외한다)

**53** 공사업법령에 따른 소방시설공사 중 특정소방대상물에 설치된 소방시설 등을 구성하는 것의 전부 또는 일부를 개설, 이전 또는 정비하는 공사의 착공신고 대상이 아닌 것은?

① 수신반
② 소화펌프
③ 동력(감시)제어반
④ 제연설비의 제연구역

**해설** 전부 또는 일부를 개설(改設), 이전(移轉) 또는 정비(整備)하는 공사. 다만, 고장 또는 파손 등으로 인하여 작동시킬 수 없는 소방시설을 긴급히 교체하거나 보수하여야 하는 경우에는 신고하지 않을 수 있다.
가. 수신반(受信盤)
나. 소화펌프
다. 동력(감시)제어반

**54** 위험물법령에 따른 소화난이도등급 Ⅰ의 옥내탱크저장소에서 황만을 저장·취급할 경우 설치하여야 하는 소화설비로 옳은 것은?

① 물분무소화설비
② 스프링클러설비
③ 포소화설비
④ 옥내소화전설비

**해설** 위험물법 시행규칙 [별표 17]

| 황만을 저장 취급하는 것 | 물분무소화설비 |

**55** 피난시설, 방화구획 및 방화시설을 폐쇄·훼손·변경 등의 행위를 3차 이상 위반한 자에 대한 과태료는?

① 2백만 원
② 3백만 원
③ 5백만 원
④ 1천만 원

**해설** 소방시설법 시행령 [별표 10] 과태료의 부과기준

| 위반행위 | 근거 법조문 | 과태료 금액 (단위 : 만 원) | | |
|---|---|---|---|---|
| | | 1차 위반 | 2차 위반 | 3차 이상 위반 |
| 다. 법 제16조제1항을 위반하여 피난시설, 방화구획 또는 방화시설을 폐쇄·훼손·변경하는 등의 행위를 한 경우 | 법 제61조 제1항 제3호 | 100 | 200 | 300 |

정답 52.③ 53.④ 54.① 55.②

**56** 화재예방법에 따른 공동소방안전관리자를 선임하여야 하는 특정소방대상물 중 고층건축물은 지하층을 제외한 층수가 몇 층 이상인 건축물만 해당되는가?

① 6층  ② 11층
③ 20층  ④ 30층

**해설** 화재예방법 제35조(관리의 권원이 분리된 특정소방대상물의 소방안전관리)
① 다음 각 호의 어느 하나에 해당하는 특정소방대상물로서 그 관리의 권원(權原)이 분리되어 있는 특정소방대상물의 경우 그 관리의 권원별 관계인은 대통령령으로 정하는 바에 따라 제24조제1항에 따른 소방안전관리자를 선임하여야 한다. 다만, 소방본부장 또는 소방서장은 관리의 권원이 많아 효율적인 소방안전관리가 이루어지지 아니한다고 판단되는 경우 대통령령으로 정하는 바에 따라 관리의 권원을 조정하여 소방안전관리자를 선임하도록 할 수 있다.
  1. 복합건축물(지하층을 제외한 층수가 11층 이상 또는 연면적 3만제곱미터 이상인 건축물)
  2. 지하가(지하의 인공구조물 안에 설치된 상점 및 사무실, 그 밖에 이와 비슷한 시설이 연속하여 지하도에 접하여 설치된 것과 그 지하도를 합한 것을 말한다)
  3. 그 밖에 대통령령으로 정하는 특정소방대상물
② 제1항에 따른 관리의 권원별 관계인은 상호 협의하여 특정소방대상물의 전체에 걸쳐 소방안전관리상 필요한 업무를 총괄하는 소방안전관리자(이하 "총괄소방안전관리자"라 한다)를 제1항에 따라 선임된 소방안전관리자 중에서 선임하거나 별도로 선임하여야 한다. 이 경우 총괄소방안전관리자의 자격은 대통령령으로 정하고 업무수행 등에 필요한 사항은 행정안전부령으로 정한다.
③ 제2항에 따른 총괄소방안전관리자에 대하여는 제24조, 제26조부터 제28조까지 및 제30조부터 제34조까지에서 규정한 사항 중 소방안전관리자에 관한 사항을 준용한다.
④ 제1항 및 제2항에 따라 선임된 소방안전관리자 및 총괄소방안전관리자는 해당 특정소방대상물의 소방안전관리를 효율적으로 수행하기 위하여 공동소방안전관리협의회를 구성하고, 해당 특정소방대상물에 대한 소방안전관리를 공동으로 수행하여야 한다. 이 경우 공동소방안전관리협의회의 구성·운영 및 공동소방안전관리의 수행 등에 필요한 사항은 대통령령으로 정한다.

**57** 위험물법령에 따른 위험물제조소의 옥외에 있는 위험물취급탱크 용량이 $100[m^3]$ 및 $180[m^3]$인 2개의 취급탱크 주위에 하나의 방유제를 설치하는 경우 방유제의 최소 용량은 몇 $[m^3]$이어야 하는가?

① $100[m^3]$
② $140[m^3]$
③ $180[m^3]$
④ $280[m^3]$

**해설**
• 2개 이상 탱크이므로
 최대탱크용량의 50[%] + 기타 탱크용량의 합의 10[%]
 $= 180[m^3] \times 0.5 + 100[m^3] \times 0.1$
 $= 100[m^3]$
• 옥외탱크저장소의 방유제
 1) 높이 : 0.5[m] ~ 3[m] 이하
 2) 탱크 : 10기(모든 탱크용량이 20만[L] 이하, 인화점이 70~200[℃] 미만은 20기) 이하
 3) 면적 : 80,000[m²] 이하
 4) 용량 ┌ 1기 이상 : 탱크용량의 110[%]
      └ 2기 이상 : 최대탱크용량의 110[%]
• 제조소 방유제 설치기준(용량부분 상이함)
 용량 = 최대탱크용량의 50[%] + 기타탱크용량 합계의 10[%]

**58** 소방시설법령에 따른 소방안전 특별관리시설물의 안전관리에 대상 전통시장의 기준 중 다음 (  ) 안에 알맞은 것은?

전통시장으로서 대통령령으로 정하는 전통시장 : 점포가 (  )개 이상인 전통시장

① 100  ② 300
③ 500  ④ 600

**해설** 공사업법 시행령 제24조의2
• 대통령령으로 정하는 전통시장 : 점포가 500개 이상인 전통시장

**59** 위험물법령에 따른 정기점검의 대상인 제조소등의 기준 중 틀린 것은?

① 암반탱크저장소
② 지하탱크저장소
③ 이동탱크저장소
④ 지정수량의 150배 이상의 위험물을 저장하는 옥외탱크저장소

해설
- 제조소·일반취급소 : 10배
- 옥외저장소 : 100배
- 옥내저장소 : 150배
- 옥외탱크저장소 : 200배
- 암반탱크저장소
- 이동탱크저장소
- 지하탱크저장소
- 이동탱크저장소

**60** 화재예방법에 따른 화재예방강화지구의 관리 기준 중 다음 ( ) 안에 알맞은 것은?

㉮ 소방본부장 또는 소방서장은 화재예방강화지구 안의 소방대상물의 위치·구조 및 설비 등에 대한 화재안전조사를 ( ㉠ )회 이상 실시하여야 한다.
㉯ 소방본부장 또는 소방서장은 소방상 필요한 훈련 및 교육을 실시하고자 하는 때에는 화재예방강화지구 안의 관계인에게 훈련 또는 교육 ( ㉡ )일 전까지 그 사실을 통보하여야 한다.

① ㉠ 월 1, ㉡ 7
② ㉠ 월 1, ㉡ 10
③ ㉠ 연 1, ㉡ 7
④ ㉠ 연 1, ㉡ 10

해설 화재예방법 시행령 제20조(화재예방강화지구의 관리)
① 시·도지사가 화재예방강화지구로 지정할 필요가 있는 지역을 화재예방강화지구로 지정하지 아니하는 경우 소방청장은 해당 시·도지사에게 해당 지역의 화재예방강화지구 지정을 요청할 수 있다.
② 소방관서장은 대통령령으로 정하는 바에 따라 제1항에 따른 화재예방강화지구 안의 소방대상물의 위치·구조 및 설비 등에 대하여 화재안전조사를 연 1회 이상 실시해야 한다.
③ 소방관서장은 법 제18조제5항에 따라 화재예방강화지구 안의 관계인에 대하여 소방에 필요한 훈련 및 교육을 연 1회 이상 실시할 수 있다.
④ 소방관서장은 훈련 및 교육을 실시하려는 경우에는 화재예방강화지구 안의 관계인에게 훈련 또는 교육 10일 전까지 그 사실을 통보해야 한다.

# 2019년 제1회 소방설비기사[기계분야] 1차 필기
[제3과목 : 소방관계법규]

**41** 아파트로 층수가 20층인 특정소방대상물에서 스프링클러설비를 하여야 하는 층수는? (단, 아파트는 신축을 실시하는 경우이다)

① 전층  ② 15층 이상
③ 11층 이상  ④ 6층 이상

**해설** 소방시설법 시행령 [별표 4]
특정소방대상물의 관계인이 특정소방대상물의 규모·용도 및 수용인원 등을 고려하여 갖추어야 하는 소방시설의 종류(제15조 관련) 1. 소화설비 라. 스프링클러설비 설치하여야 하는 특정소방대상물
3) 층수가 6층 이상인 특정소방대상물의 경우에는 모든 층. 다만, 주택 관련 법령에 따라 기존의 아파트등을 리모델링하는 경우로서 건축물의 연면적 및 층높이가 변경되지 않는 경우에는 해당 아파트등의 사용검사 당시의 소방시설 적용기준을 적용한다.

**42** 1급 소방안전관리대상물이 아닌 것은?

① 15층인 특정소방대상물(아파트는 제외)
② 가연성가스를 2,000톤 저장·취급하는 시설
③ 21층인 아파트로서 300세대인 것
④ 연면적 20,000[m²]인 문화집회 및 운동시설

**해설** 1급 소방안전관리대상물의 종류
가. 30층 이상(지하층은 제외한다)이거나 지상으로부터 높이가 120[m] 이상인 아파트
나. 연면적 1만5천[m²] 이상인 것
다. 위 나에 해당하지 아니하는 특정소방대상물로서 층수가 11층 이상인 것
라. 가연성 가스를 1천 톤 이상 저장·취급하는 시설

**43** 다음 중 중급기술자의 학력·경력자에 대한 기준으로 옳은 것은? (단, 학력·경력자란 고등학교·대학 또는 이와 같은 수준 이상의 교육기관의 소방관련 학과의 정해진 교육 과정을 이수하고 졸업하거나 그 밖의 관계 법령에 따라 국내 또는 외국에서 이와 같은 수준 이상의 학력이 있다고 인정되는 사람을 말한다)

① 고등학교를 졸업 후 10년 이상 소방 관련 업무를 수행한 자
② 학사업무를 취득한 후 6년 이상 소방 관련 업무를 수행한 자
③ 석사학위를 취득한 후 2년 이상 소방 관련 업무를 수행한 자
④ 박사학위를 취득한 후 1년 이상 소방 관련 업무를 수행한 자

**해설** 공사업법 시행규칙 [별표 4의2]
▶ 소방기술과 관련된 자격·학력 및 경력의 인정 범위

| | | |
|---|---|---|
| 중급기술자 | · 박사학위를 취득한 사람<br>· 석사학위를 취득한 후 3년 이상 소방 관련 업무를 수행한 사람<br>· 학사학위를 취득한 후 6년 이상 소방 관련 업무를 수행한 사람<br>· 고등학교 졸업한 후 12년 이상 소방 관련 업무를 수행한 사람 | · 학사 이상의 학위를 취득한 후 9년 이상 소방 관련 업무를 수행한 사람<br>· 전문학사학위를 취득한 후 12년 이상 소방 관련 업무를 수행한 사람<br>· 고등학교를 졸업한 후 15년 이상 소방 관련 업무를 수행한 사람<br>· 18년 이상 소방 관련 업무를 수행한 사람 |

**44** 화재안전조사 결과에 따른 조치명령으로 손실을 입어 손실을 보상하는 경우 그 손실을 입은 자는 누구와 손실보상을 협의하여야 하는가?

① 소방서장  ② 시·도지사
③ 소방본부장  ④ 행정안전부장관

**해설** 화재예방법 제15조(손실보상)
소방청장 또는 시·도지사는 제14조제1항에 따른 명령으로 인하여 손실을 입은 자가 있는 경우에는 대통령령으로 정하는 바에 따라 보상하여야 한다.

**45** 화재예방법상 특수가연물의 저장 및 취급기준, 중 다음 (    ) 안에 알맞은 것은? (단, 석탄, 목탄류를 발전용으로 저장하는 경우는 제외한다.)

> 살수설비를 설치하거나, 방사능력 범위에 해당 특수가연물이 포함되도록 대형수동식 소화기를 설치하는 경우에는 쌓는 높이를 ( ㉠ )[m] 이하, 쌓는 부분의 바닥면적을 ( ㉡ )[m²] 이하로 할 수 있다.

① ㉠ 10, ㉡ 30　　② ㉠ 10, ㉡ 5
③ ㉠ 15, ㉡ 100　　④ ㉠ 15, ㉡ 200

**해설** 화재예방법 시행령 별표3
2. 특수가연물의 저장·취급 기준
특수가연물은 다음 각 목의 기준에 따라 쌓아 저장해야 한다. 다만, 석탄·목탄류를 발전용(發電用)으로 저장하는 경우는 제외한다.
가. 품명별로 구분하여 쌓을 것
나. 다음의 기준에 맞게 쌓을 것

| 구분 | 살수설비를 설치하거나 방사능력 범위에 해당 특수가연물이 포함되도록 대형수동식소화기를 설치하는 경우 | 그 밖의 경우 |
|---|---|---|
| 높이 | 15미터 이하 | 10미터 이하 |
| 쌓는 부분의 바닥면적 | 200제곱미터(석탄·목탄류의 경우에는 300제곱미터) 이하 | 50제곱미터(석탄·목탄류의 경우에는 200제곱미터) 이하 |

다. 실외에 쌓아 저장하는 경우 쌓는 부분이 대지경계선, 도로 및 인접 건축물과 최소 6미터 이상 간격을 둘 것. 다만, 쌓는 높이보다 0.9미터 이상 높은 「건축법 시행령」 제2조제7호에 따른 내화구조(이하 "내화구조"라 한다) 벽체를 설치한 경우는 그렇지 않다.
라. 실내에 쌓아 저장하는 경우 주요구조부는 내화구조이면서 불연재료여야 하고, 다른 종류의 특수가연물과 같은 공간에 보관하지 않을 것. 다만, 내화구조의 벽으로 분리하는 경우는 그렇지 않다.

마. 쌓는 부분 바닥면적의 사이는 실내의 경우 1.2미터 또는 쌓는 높이의 1/2 중 큰 값 이상으로 간격을 두어야 하며, 실외의 경우 3미터 또는 쌓는 높이 중 큰 값 이상으로 간격을 둘 것

**46** 기본법상 명령권자가 소방본부장, 소방서장 또는 소방대장에게 있는 사항은?

① 소방활동을 할 때에는 긴급한 경우에는 이웃한 소방본부장 또는 소방서장에게 소방 업무의 응원을 요청할 수 있다.
② 화재, 재난·재해, 그 밖의 위급한 상황이 발생한 현장에서 소방활동을 위하여 필요한 때에는 그 관할구역에 사는 사람 또는 그 현장에 있는 사람으로 하여금 사람을 구출하는 일 또는 불을 끄거나 불이 번지지 아니하도록 하는 일을 하게 할 수 있다.
③ 수사기관이 방화 또는 실화의 혐의가 있어서 이미 피의자를 체포하였거나 증거물을 압수하였을 때에 화재조사를 위하여 필요한 경우에는 수사에 지장을 주지 아니하는 범위에서 그 피의자 또는 압수된 증거물에 대한 조사를 할 수 있다.
④ 화재, 재난·재해, 그 밖의 위급한 상황이 발생하였을 때에는 소방대를 현장에 신속하게 출동시켜 화재진압과 인명구조, 구급 등 소방에 필요한 활동을 하게 하여야 한다.

**해설** 기본법 제24조(소방활동 종사 명령) 제1항
소방본부장, 소방서장 또는 소방대장은 화재, 재난·재해, 그 밖의 위급한 상황이 발생한 현장에서 소방활동을 위하여 필요한 때에는 그 관할구역에 사는 사람 또는 그 현장에 있는 사람으로 하여금 사람을 구출하는 일 또는 불을 끄거나 불이 번지지 아니하도록 하는 일을 하게 할 수 있다. 이 경우 소방본부장, 소방서장 또는 소방서장은 소방활동에 필요한 보호장구를 지급하는 등 안전을 위한 조치를 하여야 한다.

**47** 경유의 저장량이 2,000리터, 중유의 저장량이 4,000리터, 등유의 저장량이 2,000리터인 저장소에 있어서 지정수량의 배수는?

① 동일   ② 6배
③ 3배   ④ 2배

**해설** 4류 위험물 지정수량

| 위험등급 | 품 명 | | 지정수량 |
|---|---|---|---|
| I 등급 | 특수인화물 | | 50[L] |
| II 등급 | 제1석유류 | 비수용성 액체 | 200[L] |
| | | 수용성 액체 | 400[L] |
| | 알코올류 | | 400[L] |
| III 등급 | 제2석유류 | 비수용성 액체 | 1,000[L] |
| | | 수용성 액체 | 2,000[L] |
| | 제3석유류 | 비수용성 액체 | 2,000[L] |
| | | 수용성 액체 | 4,000[L] |
| | 제4석유류 | | 6,000[L] |
| | 동·식물유류 | | 10,000[L] |

1) 경유 : 지정수량이 1,000[L]이므로 2배
2) 중유 : 지정수량이 2,000[L]이므로 2배
3) 등유 : 지정수량이 1,000[L]이므로 2배
따라서 총 6배

**48** 소방용수시설 중 소화전과 급수탑의 설치기준으로 틀린 것은?

① 급수탑 급수배관의 구경은 100[mm] 이상으로 할 것
② 소화전은 상수도와 연결하여 지하식 또는 지상식의 구조로 할 것
③ 소방용호스와 연결하는 소화전의 연결금속구의 구경은 65[mm]로 할 것
④ 급수탑의 개폐밸브는 지상에서 1.5[m] 이상 1.8[m] 이하의 위치에 설치할 것

**해설** 기본법 시행규칙 [별표 3]
▶ 소방용수시설의 설치기준
가. 소화전의 설치기준 : 상수도와 연결하여 지하식 또는 지상식의 구조로 하고, 소방용호스와 연결하는 소화전의 연결금속구의 구경은 65[mm]로 할 것

나. 급수탑의 설치기준 : 급수배관의 구경은 100[mm] 이상으로 하고, 개폐밸브는 지상에서 1.5[m] 이상 1.7[m] 이하의 위치에 설치하도록 할 것
(1) 지면으로부터의 낙차가 4.5[m] 이하일 것
(2) 흡수부분의 수심이 0.5[m] 이상일 것
(3) 소방펌프자동차가 쉽게 접근할 수 있도록 할 것
(4) 흡수에 지장이 없도록 토사 및 쓰레기 등을 제거할 수 있는 설비를 갖출 것
(5) 흡수관의 투입구가 사각형의 경우에는 한 변의 길이가 60[cm] 이상, 원형의 경우에는 지름이 60[cm] 이상일 것
(6) 저수조에 물을 공급하는 방법은 상수도에 연결하여 자동으로 급수되는 구조일 것

**49** 특정소방대상물의 관계인이 소방안전관리자를 해임한 경우 재선임 신고를 해야 하는 기준은? (단, 해임한 날부터 기준일로 한다)

① 10일 이내   ② 20일 이내
③ 30일 이내   ④ 40일 이내

**해설** 화재예방법 시행규칙 제14조(소방안전관리자의 선임신고 등)
▶ 제1항
특정소방대상물의 관계인은 법 제20조제2항 및 법 제21조에 따라 소방안전관리자를 다음 각 호의 어느 하나에 해당하는 날부터 30일 이내에 선임하여야 한다.
▶ 제5호
소방안전관리자를 해임한 경우 : 소방안전관리자를 해임한 날부터 30일 이내에 선임하여야 한다.

**50** 화재예방법상 소방안전관리대상물의 소방안전관리자 업무가 아닌 것은?

① 소방훈련 및 교육
② 피난시설, 방화구획 및 방화시설의 유지·공사
③ 자위소방대 및 초기대응체계의 구성·운영·교육
④ 피난계획에 관한 사항과 대통령령으로 정하는 사항이 포함된 소방계획서의 작성 및 시행

**정답** 47.② 48.④ 49.③ 50.②

**해설** 소방안전관리자의 업무사항

특정소방대상물(소방안전관리대상물은 제외한다)의 관계인과 소방안전관리대상물의 소방안전관리자는 다음 각 호의 업무를 수행한다. 다만, 제1호・제2호・제5호 및 제7호의 업무는 소방안전관리대상물의 경우에만 해당한다.

1. 제36조에 따른 피난계획에 관한 사항과 대통령령으로 정하는 사항이 포함된 소방계획서의 작성 및 시행
2. 자위소방대(自衛消防隊) 및 초기대응체계의 구성, 운영 및 교육
3. 「소방시설 설치 및 관리에 관한 법률」 제16조에 따른 피난시설, 방화구획 및 방화시설의 관리
4. 소방시설이나 그 밖의 소방 관련 시설의 관리
5. 제37조에 따른 소방훈련 및 교육
6. 화기(火氣) 취급의 감독
7. 행정안전부령으로 정하는 바에 따른 소방안전관리에 관한 업무수행에 관한 기록・유지(제3호・제4호 및 제6호의 업무를 말한다)
8. 화재발생 시 초기대응
9. 그 밖에 소방안전관리에 필요한 업무

**51** 「문화유산의 보존 및 활용에 관한 법률」의 규정에 의한 유형문화재와 지정문화재에 있어서는 제조소등과의 수평거리를 몇 [m] 이상 유지하여야 하는가?

① 20[m]   ② 30[m]
③ 50[m]   ④ 70[m]

**해설** 위험물법 시행규칙 [별표 4]

▶ 제조소의 위치・구조 및 설비의 기준(제28조 관련)
「문화유산의 보존 및 활용에 관한 법률」 제2조제3항에 따른 지정문화유산 및 「자연유산의 보존 및 활용에 관한 법률」 제2조제5호에 따른 천연기념물등에 있어서는 50m 이상

**52** 소방시설법령상 소방시설 등에 대한 자체 점검을 하지 아니하거나 관리업자 등으로 하여금 정기적으로 점검하게 하지 아니한 자에 대한 벌칙 기준으로 옳은 것은?

① 1년 이하의 징역 또는 1,000만 원 이하의 벌금
② 3년 이하의 징역 또는 1,500만 원 이하의 벌금
③ 3년 이하의 징역 또는 3,000만 원 이하의 벌금
④ 6개월 이하의 징역 또는 1,000만 원 이하의 벌금

**해설** 소방시설법 제58조(벌칙)

다음 각 호의 어느 하나에 해당하는 자는 1년 이하의 징역 또는 1천만원 이하의 벌금에 처한다.

1. 제22조제1항을 위반하여 소방시설등에 대하여 스스로 점검을 하지 아니하거나 관리업자등으로 하여금 정기적으로 점검하게 하지 아니한 자
2. 제25조제7항을 위반하여 소방시설관리사증을 다른 사람에게 빌려주거나 빌리거나 이를 알선한 자
3. 제25조제8항을 위반하여 동시에 둘 이상의 업체에 취업한 자
4. 제28조에 따라 자격정지처분을 받고 그 자격정지기간 중에 관리사의 업무를 한 자
5. 제33조제2항을 위반하여 관리업의 등록증이나 등록수첩을 다른 자에게 빌려주거나 빌리거나 이를 알선한 자
6. 제35조제1항에 따라 영업정지처분을 받고 그 영업정지기간 중에 관리업의 업무를 한 자
7. 제37조제3항에 따른 제품검사에 합격하지 아니한 제품에 합격표시를 하거나 합격표시를 위조 또는 변조하여 사용한 자
8. 제38조제1항을 위반하여 형식승인의 변경승인을 받지 아니한 자
9. 제40조제5항을 위반하여 제품검사에 합격하지 아니한 소방용품에 성능인증을 받았다는 표시 또는 제품검사에 합격하였다는 표시를 하거나 성능인증을 받았다는 표시 또는 제품검사에 합격하였다는 표시를 위조 또는 변조하여 사용한 자
10. 제41조제1항을 위반하여 성능인증의 변경인증을 받지 아니한 자
11. 제43조제1항에 따른 우수품질인증을 받지 아니한 제품에 우수품질인증 표시를 하거나 우수품질인증 표시를 위조하거나 변조하여 사용한 자
12. 제52조제3항을 위반하여 관계인의 정당한 업무를 방해하거나 출입・검사 업무를 수행하면서 알게 된 비밀을 다른 사람에게 누설한 자

정답 51.③ 52.①

**53** 기본법령상 종합상황실 실장이 소방청의 종합상황실에 서면·모사전송 또는 컴퓨터통신 등으로 보고하여야 하는 화재의 기준에 해당하지 않는 것은?

① 항구에 매어둔 총 톤수가 1,000톤 이상인 선박에서 발생한 화재
② 연면적 15,000[m²] 이상인 공장 또는 화재경계지구에서 발생한 화재
③ 지정수량의 1,000배 이상의 위험물의 제조소·저장소·취급소에서 발생한 화재
④ 층수가 5층 이상이거나 병상이 30개 이상인 종합병원·정신병원·한방병원·요양소에서 발생한 화재

**해설** 기본법 시행규칙 제3조(종합상황실의 실장의 업무 등)
▶ 상부 종합상황실 보고사항
1. 다음 각목의 1에 해당하는 화재
   가. 사망자가 5인 이상 발생하거나 사상자가 10인 이상 발생한 화재
   나. 이재민이 100인 이상 발생한 화재
   다. 재산피해액이 50억 원 이상 발생한 화재
   라. 관공사·학교·정부미도정공장·문화재·지하철 또는 지하구의 화재
   마. 관광호텔, 층수(「건축법 시행령」 제119조제1항제9호의 규정에 의하여 산정한 층수를 말한다. 이하 이 목에서 같다)가 11층 이상인 건축물, 지하상가, 시장, 백화점, 「위험물법」 제2조제2항의 규정에 의한 지정수량의 3천배 이상의 위험물의 제조소·저장소·취급소, 층수가 5층 이상이거나 객실이 30실 이상인 숙박시설, 층수가 5층 이상이거나 병상이 30개 이상인 종합병원·정신병원·한방병원·요양소, 연면적 1만5천제곱미터 이상인 공장 또는 기본법 시행령(이하 "영"이라 한다) 제4조제1항 각 목에 따른 화재경계지구에서 발생한 화재
   바. 철도차량, 항구에 매어둔 총 톤수가 1천톤 이상인 선박, 항공기, 발전소 또는 변전소에서 발생한 화재
   사. 가스 및 화약류의 폭발에 의한 화재
   아. 「다중이용업소의 안전관리에 관한 특별법」 제2조에 따른 다중이용업소의 화재
2. 「긴급구조대응활동 및 현장지휘에 관한 규칙」에 의한 통제단장의 현장지휘가 필요한 재난상황
3. 언론에 보도된 재난상황
4. 그 밖에 소방청장이 정하는 재난상황

**54** 공사업법령상 상주공사감리 대상기준 중 다음 ㉠, ㉡, ㉢에 알맞은 것은?

- 연면적 ( ㉠ )[m²] 이상의 특정소방대상물(아파트는 제외)에 대한 소방시설의 공사
- 지하층을 포함한 층수가 ( ㉡ )층 이상으로서 ( ㉢ )세대 이상인 아파트에 대한 소방시설의 공사

① ㉠ 10,000, ㉡ 11, ㉢ 600
② ㉠ 10,000, ㉡ 116 ㉢ 500
③ ㉠ 30,000, ㉡ 11, ㉢ 600
④ ㉠ 30,000, ㉡ 16, ㉢ 500

**해설** 공사업법 시행령 [별표 3]
▶ 소방공사 감리의 종류, 방법 및 대상(제9조 관련)

| 종류 | 대상 |
| --- | --- |
| 상주공사감리 | 1. 연면적 3만제곱미터 이상의 특정소방대상물(아파트는 제외한다)에 대한 소방시설의 공사<br>2. 지하층을 포함한 층수가 16층 이상으로서 500세대 이상인 아파트에 대한 소방시설의 공사 |
| 일반공사감리 | 상주 공사감리에 해당하지 않는 소방시설의 공사 |

**55** 화재예방법상 화재안전조사위원회의 위원에 해당하지 아니하는 사람은?

① 소방기술사
② 소방시설관리사
③ 소방 관련 분야의 석사학위 이상을 취득한 사람
④ 소방 관련 법인 또는 단체에서 소방 관련업무에 3년 이상 종사한 사람

**해설** 화재예방법 시행령 제11조(화재안전조사위원회의 구성·운영 등)
① 법 제10조제1항에 따른 화재안전조사위원회(이하 "위원회"라 한다)는 위원장 1명을 포함하여 7명 이내의 위원으로 성별을 고려하여 구성한다.
② 위원회의 위원장은 소방관서장이 된다.

정답 53.③ 54.④ 55.④

③ 위원회의 위원은 다음 각 호의 어느 하나에 해당하는 사람 중에서 소방관서장이 임명하거나 위촉한다.
  1. 과장급 직위 이상의 소방공무원
  2. 소방기술사
  3. 소방시설관리사
  4. 소방 관련 분야의 석사 이상 학위를 취득한 사람
  5. 소방 관련 법인 또는 단체에서 소방 관련 업무에 5년 이상 종사한 사람
  6. 「소방공무원 교육훈련규정」 제3조제2항에 따른 소방공무원 교육훈련기관, 「고등교육법」 제2조의 학교 또는 연구소에서 소방과 관련한 교육 또는 연구에 5년 이상 종사한 사람
④ 위촉위원의 임기는 2년으로 하며, 한 차례만 연임할 수 있다.
⑤ 소방관서장은 위원회의 위원이 다음 각 호의 어느 하나에 해당하는 경우에는 해당 위원을 해임하거나 해촉(解囑)할 수 있다.
  1. 심신장애로 직무를 수행할 수 없게 된 경우
  2. 직무와 관련된 비위사실이 있는 경우
  3. 직무태만, 품위손상이나 그 밖의 사유로 위원으로 적합하지 않다고 인정되는 경우
  4. 제12조제1항 각 호의 어느 하나에 해당함에도 불구하고 회피하지 않은 경우
  5. 위원 스스로 직무를 수행하기 어렵다는 의사를 밝히는 경우
⑥ 위원회에 출석한 위원에게는 예산의 범위에서 수당, 여비, 그 밖에 필요한 경비를 지급할 수 있다. 다만, 공무원인 위원이 소관 업무와 직접 관련하여 위원회에 출석하는 경우에는 그렇지 않다.

## 56. 제3류 위험물 중 금수성 물품에 적응성이 있는 소화약제는?

① 물
② 강화액
③ 팽창질석
④ 인산염류분말

**해설** 금수성 물품에 적응성이 있는 소화약제
팽창질석, 팽창진주암, 마른모래

## 57. 화재가 발생하는 경우 인명 또는 재산의 피해가 클 것으로 예상되는 소방대상물의 개수·이전·제거, 사용금지 등의 필요한 조치를 명할 수 있는 자는?

① 시·도지사
② 의용소방대장
③ 기초자치단체장
④ 소방본부장 또는 소방서장

**해설** ※ 화재안전조사결과 조치명령권자
소방청장, 소방본부장, 소방서장

※ 조치명령 내용
관계인에게 그 소방대상물의 개수(改修)·이전·제거, 사용의 금지 또는 제한, 사용폐쇄, 공사의 정지 또는 중지, 그 밖의 필요한 조치를 명할 수 있다.

※ 조치명령으로 손실을 입은 자가 있는 경우 보상
소방청장, 시·도지사

## 58. 기본법령상 소방본부장 또는 소방서장은 소방상 필요한 훈련 및 교육을 실시하고자 하는 때에는 화재예방강화지구 안의 관계인에게 훈련 또는 교육 며칠 전까지 그 사실을 통보하여야 하는가?

① 5일
② 7일
③ 10일
④ 14일

**해설** 기본법 시행령 제4조(화재예방강화지구의 관리) 제4항
소방본부장 또는 소방서장은 제3항의 규정에 의한 소방상 필요한 훈련 및 교육을 실시하고자 하는 때에는 화재경계지구 안의 관계인에게 훈련 또는 교육 10일 전까지 그 사실을 통보하여야 한다.

## 59. 화재예방법상 보일러, 난로, 건조설비, 가스·전기시설, 그 밖의 화재 발생 우려가 있는 설비 또는 기구 등의 위치·구조 및 관리와 화재 예방을 위하여 불을 사용할 때 지켜야 하는 사항은 무엇으로 정하는가?

① 총리령
② 대통령령
③ 시·도 조례
④ 행정안전부령

정답 56.③ 57.④ 58.③ 59.②

**해설** 화재예방법 제17조(화재의 예방조치 등)
① 누구든지 화재예방강화지구 및 이에 준하는 대통령령으로 정하는 장소에서는 다음 각 호의 어느 하나에 해당하는 행위를 하여서는 아니 된다. 다만, 행정안전부령으로 정하는 바에 따라 안전조치를 한 경우에는 그러하지 아니한다.
  1. 모닥불, 흡연 등 화기의 취급
  2. 풍등 등 소형열기구 날리기
  3. 용접·용단 등 불꽃을 발생시키는 행위
  4. 그 밖에 대통령령으로 정하는 화재 발생 위험이 있는 행위
② 소방관서장은 화재 발생 위험이 크거나 소화 활동에 지장을 줄 수 있다고 인정되는 행위나 물건에 대하여 행위 당사자나 그 물건의 소유자, 관리자 또는 점유자에게 다음 각 호의 명령을 할 수 있다. 다만, 제2호 및 제3호에 해당하는 물건의 소유자, 관리자 또는 점유자를 알 수 없는 경우 소속 공무원으로 하여금 그 물건을 옮기거나 보관하는 등 필요한 조치를 하게 할 수 있다.
  1. 제1항 각 호의 어느 하나에 해당하는 행위의 금지 또는 제한
  2. 목재, 플라스틱 등 가연성이 큰 물건의 제거, 이격, 적재 금지 등
  3. 소방차량의 통행이나 소화 활동에 지장을 줄 수 있는 물건의 이동
③ 제2항 단서에 따라 옮긴 물건 등에 대한 보관기간 및 보관기간 경과 후 처리 등에 필요한 사항은 대통령령으로 정한다.
④ 보일러, 난로, 건조설비, 가스·전기시설, 그 밖에 화재 발생 우려가 있는 대통령령으로 정하는 설비 또는 기구 등의 위치·구조 및 관리와 화재 예방을 위하여 불을 사용할 때 지켜야 하는 사항은 대통령령으로 정한다.
⑤ 화재가 발생하는 경우 불길이 빠르게 번지는 고무류·플라스틱류·석탄 및 목탄 등 대통령령으로 정하는 특수가연물(特殊可燃物)의 저장 및 취급 기준은 대통령령으로 정한다.

**60** 위험물운송자 자격을 취득하지 아니한 자가 위험물 이동탱크저장소 운전 시의 벌칙으로 옳은 것은?

① 100만 원 이하의 벌금
② 300만 원 이하의 벌금
③ 500만 원 이하의 벌금
④ 1,000만 원 이하의 벌금

**해설** 위험물법 제37조(벌칙)

| 1,000만 원 이하의 벌금 | • 위험물의 취급에 관한 안전관리와 감독을 하지 아니한 자<br>• 안전관리자 또는 그 대리자가 참여하지 아니한 상태에서 위험물을 취급한 자<br>• 변경한 예방규정을 제출하지 아니한 관계인으로서 허가를 받은 자<br>• 위험물의 운반에 관한 중요기준에 따르지 아니한 자<br>• 국가기술자격자 또는 안전교육을 받지 않고 위험물을 운송하는 자<br>• 관계인의 정당한 업무를 방해하거나 출입·검사 등을 수행하면서 알게 된 비밀을 누설한 자 |
|---|---|

정답 60.④

# 2019년 제2회 소방설비기사[기계분야] 1차 필기

[제3과목 : 소방관계법규]

**41** 소방본부장 또는 소방서장은 건축허가등의 동의요구 서류를 접수한 날부터 최대 며칠 이내에 동의여부를 회신하여야 하는가? (단, 허가 신청한 건축물은 지상으로부터 높이가 200[m]인 아파트이다)

① 5일　　② 7일
③ 10일　　④ 15일

**해설**
- 관할건축허가 행정기관이 관할 소방본부장 또는 소방서장에게 건축허가 동의 : 5일 이내 회신
  특급 : 10일 이내, 서류보완 : 4일
- 지상으로부터 높이가 200[m]인 아파트 : 특급

**42** 기본법령상 소방활동구역의 출입자에 해당하지 않는 자는?

① 소방활동구역 안에 있는 소방대상물의 소유자·관리자 또는 점유자
② 전기·가스·수도·통신·교통의 업무에 종사하는 사람으로서 원활한 소방활동을 위하여 필요한 자
③ 화재건물과 관련 있는 부동산업자
④ 취재인력 등 보도업무에 종사하는 자

**해설** 소방활동구역 출입자
1. 소방활동구역 안에 있는 소방대상물의 소유자·관리자 또는 점유자
2. 전기·가스·수도·통신·교통의 업무에 종사하는 사람으로서 원활한 소방활동을 위하여 필요한 사람
3. 의사·간호사, 그 밖의 구조·구급업무에 종사하는 사람
4. 취재인력 등 보도업무에 종사하는 사람
5. 수사업무에 종사하는 사람
6. 그 밖에 소방대장이 소방활동을 위하여 출입을 허가한 사람

**43** 기본법상 화재 현상에서의 피난 등을 체험할 수 있는 소방체험관의 설립·운영권자는?

① 시·도지사
② 행정안전부장관
③ 소방본부장 또는 소방서장
④ 소방청장

**해설**
1) 소방박물관 설립운영권자 : 소방청장
2) 소방체험관 설립운영권자 : 시·도지사

**44** 산화성고체인 제1류 위험물에 해당되는 것은?

① 질산염류
② 특수인화물
③ 과염소산
④ 유기과산화물

**해설**
- 특수인화물 : 제4류 위험물
- 과염소산 : 제6류 위험물
- 유기과산화물 : 제5류 위험물

**45** 소방시설관리업자가 기술인력을 변경하는 경우, 시·도지사에게 제출하여야 하는 서류로 틀린 것은?

① 소방시설관리업 기술자격증(자격수첩)
② 변경된 기술인력의 기술자격증(자격수첩)
③ 기술인력 연명부
④ 사업자등록증 사본

**해설** 기술인력이 변경된 경우 : 다음 각 목의 서류
가. 소방시설업 등록수첩
나. 기술인력 증빙서류

**정답** 41.③　42.③　43.①　44.①　45.④

**46** 소방대라 함은 화재를 진압하고 화재, 재난·재해, 그 밖의 위급한 상황에서 구조·구급 활동 등을 하기 위하여 구성된 조직체를 말한다. 소방대의 구성원으로 틀린 것은?

① 소방공무원
② 소방안전관리원
③ 의무소방원
④ 의용소방대원

**해설** "소방대(消防隊)"란 화재를 진압하고 화재, 재난·재해, 그 밖의 위급한 상황에서 구조·구급 활동 등을 하기 위하여 다음 각 목의 사람으로 구성된 조직체를 말한다.
가. 「소방공무원법」에 따른 소방공무원
나. 「의무소방대설치법」 제3조에 따라 임용된 의무소방원(義務消防員)
다. 「의용소방대 설치 및 운영에 관한 법률」에 따른 의용소방대원(義勇消防隊員)

**47** 기본법령상 인접하고 있는 시·도간 소방업무의 상호응원협정을 체결하고자 할 때, 포함되어야 하는 사항으로 틀린 것은?

① 소방교육·훈련의 종류에 관한 사항
② 화재의 경계·진압활동에 관한 사항
③ 출동대원의 수당·식사 및 피복의 수선의 소요경비의 부담에 관한 사항
④ 화재조사활동에 관한 사항

**해설** 시·도지사들간의 상호응원협정사항
1. 다음 각목의 소방활동에 관한 사항
   가. 화재의 경계·진압활동
   나. 구조·구급업무의 지원
   다. 화재조사활동
2. 응원출동대상지역 및 규모
3. 다음 각목의 소요경비의 부담에 관한 사항
   가. 출동대원의 수당·식사 및 피복의 수선
   나. 소방장비 및 기구의 정비와 연료의 보급
   다. 그 밖의 경비
4. 응원출동의 요청방법
5. 응원출동훈련 및 평가

**48** 소방시설법상 건축허가등의 동의를 요구한 기관이 그 건축허가등을 취소하였을 때, 취소한 날부터 최대 며칠 이내에 건축물 등의 시공지 또는 소재지를 관할하는 소방본부장 또는 소방서장에게 그 사실을 통보하여야 하는가?

① 3일   ② 4일
③ 7일   ④ 10일

**해설** 소방시설법 시행규칙 제3조 [건축허가등의 동의요구] 3항~5항
③ 제1항에 따른 동의 요구를 받은 소방본부장 또는 소방서장은 법 제6조제4항에 따라 건축허가등의 동의 요구서류를 접수한 날부터 5일(허가를 신청한 건축물 등이 「화재의 예방 및 안전관리에 관한 법률 시행령」 별표 4 제1호가목의 어느 하나에 해당하는 경우에는 10일) 이내에 건축허가등의 동의 여부를 회신해야 한다.
④ 소방본부장 또는 소방서장은 제3항에도 불구하고 제2항에 따른 동의요구서 및 첨부서류의 보완이 필요한 경우에는 4일 이내의 기간을 정하여 보완을 요구할 수 있다. 이 경우 보완 기간은 제3항에 따른 회신 기간에 산입하지 않으며 보완 기간 내에 보완하지 않는 경우에는 동의요구서를 반려해야 한다.
⑤ 제1항에 따라 건축허가등의 동의를 요구한 기관이 그 건축허가등을 취소했을 때에는 취소한 날부터 7일 이내에 건축물 등의 시공지 또는 소재지를 관할하는 소방본부장 또는 소방서장에게 그 사실을 통보해야 한다.

**49** 공사업법상 다음 중 300만 원 이하의 벌금에 해당되지 않는 것은?

① 등록수첩을 다른 자에게 빌려준 자
② 소방시설공사의 완공검사를 받지 아니한 자
③ 소방기술자가 동시에 둘 이상의 업체에 취업한 사람
④ 소방시설공사 현장에 감리원을 배치하지 아니한 자

**해설** ※ 300만 원 이하의 벌금
① 등록증이나 등록수첩을 다른 자에게 빌려준 자
② 소방시설공사 현장에 감리원을 배치하지 아니한 자
③ 감리업자의 보완 요구에 따르지 아니한 자

**정답** 46.② 47.① 48.③ 49.②

④ 공사감리 계약을 해지하거나 대가 지급을 거부하거나 지연시키거나 불이익을 준 자
⑤ 자격수첩 또는 경력수첩을 빌려준 사람
⑥ 동시에 둘 이상의 업체에 취업한 사람
⑦ 관계인의 정당한 업무를 방해하거나 업무상 알게 된 비밀을 누설한 사람

※ 200만 원 이하의 과태료 : 완공검사를 받지 아니한 자

**50** 소방시설법령상 특정소방대상물 중 오피스텔은 어느 시설에 해당하는가?

① 숙박시설
② 일반업무시설
③ 공동주택
④ 근린생활시설

**해설** 오피스텔 : 업무시설

**51** 소방시설법령상 종사자 수가 5명이고, 숙박시설이 모두 2인용 침대이며 침대수량은 50개인 청소년 시설에서 수용인원은 몇 명인가?

① 55명
② 75명
③ 85명
④ 105명

**해설** 2인용 침대×50개+종자사수 5=105명

**52** 다음 중 고급기술자에 해당하는 학력·경력 기준으로 옳은 것은?

① 박사학위를 취득한 후 2년 이상 소방 관련 업무를 수행한 사람
② 석사학위를 취득한 후 6년 이상 소방 관련 업무를 수행한 사람
③ 학사학위를 취득한 후 8년 이상 소방 관련 업무를 수행한 사람
④ 고등학교를 취득한 후 10년 이상 소방 관련 업무를 수행한 사람

**해설**

| 등급 | 학력·경력자 | 경력자 |
|---|---|---|
| 고급 기술자 | • 박사학위를 취득한 후 1년 이상 소방 관련 업무를 수행한 사람<br>• 석사학위를 취득한 후 6년 이상 소방 관련 업무를 수행한 사람<br>• 학사학위를 취득한 후 9년 이상 소방 관련 업무를 수행한 사람<br>• 전문박사학위를 취득한 후 12년 이상 소방 관련 업무를 수행한 사람<br>• 고등학교를 졸업한 후 15년 이상 소방 관련 업무를 수행한 사람 | • 학사 이상의 학력을 취득한 후 12년 이상 소방 관련 업무를 수행한 사람<br>• 전문학사학위를 취득한 후 15년 이상 소방 관련 업무를 수행한 사람<br>• 고등학교를 졸업한 후 18년 이상 소방 관련 업무를 수행한 사람<br>• 22년 이상 소방 관련 업무를 수행한 사람 |

**53** 지정수량의 최소 몇 배 이상의 위험물을 취급하는 제조소에는 피뢰침을 설치해야 하는가? (단, 제6류 위험물을 취급하는 위험물제조소는 제외하고, 제조소 주위의 상황에 따라 안전상 지장이 없는 경우도 제외한다)

① 5배
② 10배
③ 50배
④ 100배

**해설** 피뢰침 : 10배

**54** 소방대상물에 대한 개수 명령권자는?

① 소방본부장 또는 소방서장
② 한국소방안전원장
③ 시·도지사
④ 국무총리

**해설** 화재예방법 제14조(화재안전조사 결과에 따른 조치명령)
① 소방관서장은 화재안전조사 결과에 따른 소방대상물의 위치·구조·설비 또는 관리의 상황이 화재예방을 위하여 보완될 필요가 있거나 화재가 발생하면 인명 또는 재산의 피해가 클 것으로 예상되는 때에는 행정안전부령으로 정하는 바에 따라 관계인에게 그 소방대상물의 개수(改修)·이전·제거, 사용의 금지 또는 제한, 사용폐쇄, 공사의 정지 또는 중지, 그 밖에 필요한 조치를 명할 수 있다.

② 소방관서장은 화재안전조사 결과 소방대상물이 법령을 위반하여 건축 또는 설비되었거나 소방시설등, 피난시설·방화구획, 방화시설 등이 법령에 적합하게 설치 또는 관리되고 있지 아니한 경우에는 관계인에게 제1항에 따른 조치를 명하거나 관계 행정기관의 장에게 필요한 조치를 하여 줄 것을 요청할 수 있다.

**55** 다음 중 품질이 우수하다고 인정되는 소방용품에 대하여 우수품질인증을 할 수 있는 자는?

① 산업통상자원부장관
② 시·도지사
③ 소방청장
④ 소방본부장 또는 소방서장

**해설**
• 우수품질제품에 대한 인증권자 : 소방청장
▶ 우수품질 인증 유효기간 : 5년

**56** 기본법령상 위험물 또는 물건의 보관기간은 소방본부 또는 소방서의 게시판에 공고하는 기간의 종료일 다음 날부터 며칠로 하는가?

① 3일　　② 5일
③ 7일　　④ 14일

**해설**
• 공고기간 : 보관일로부터 14일간
• 보관기간 : 공고의 종료일 다음날부터 7일간

**57** 소방시설법령상 둘 이상의 특정소방대상물이 내화구조로 된 연결통로가 벽이 없는 구조로서 그 길이가 몇 [m] 이하인 경우 하나의 소방대상물로 보는가?

① 6[m]　　② 9[m]
③ 10[m]　　④ 12[m]

**해설** 내화구조로 된 연결통로가 다음의 어느 하나에 해당되는 경우에는 이를 하나의 소방대상물로 본다.
1) 벽이 없는 구조로서 그 길이가 6[m] 이하인 경우
2) 벽이 있는 구조로서 그 길이가 10[m] 이하인 경우. 다만, 벽 높이가 바닥에서 천장까지의 높이의 2분의 1 이상인 경우에는 벽이 있는 구조로 보고, 벽 높이가 바닥에서 천장까지의 높이의 2분의 1 미만의 경우에는 벽이 없는 구조로 본다.

**58** 제4류 위험물을 저장·취급하는 제조소에 "화기엄금"이란 주의사항을 표시하는 게시판을 설치할 경우 게시판의 색상은?

① 청색바탕에 백색문자
② 적색바탕에 백색문자
③ 백색바탕에 적색문자
④ 백색바탕에 흑색문자

**해설**
• 화기엄금, 화기주의 : 적색바탕에 백색문자
• 물기엄금 : 청색바탕에 백색문자

**59** 소방시설을 구분하는 경우 소화설비에 해당되지 않는 것은?

① 스프링클러설비
② 제연설비
③ 자동확산소화기
④ 옥외소화전설비

**해설**
• 제연설비 : 소화활동설비

**60** 위험물법상 청문을 실시하여 처분해야 하는 것은?

① 제조소등 설치허가의 취소
② 제조소등 영업정지 처분
③ 탱크시험자의 영업정지 처분
④ 과징금 부과 처분

**해설** 청문
1) 실시권자 : 시·도지사, 소방본부장 또는 소방서장
2) 청문사유
　① 제조소등 설치허가의 취소
　② 탱크시험자의 등록취소

**정답** 55.③　56.③　57.①　58.②　59.②　60.①

# 2019년 제4회 소방설비기사[기계분야] 1차 필기
### [제3과목 : 소방관계법규]

**41** 기본법상 소방대의 구성원에 속하지 않는 자는?

① 소방공무원법에 따른 소방공무원
② 의용소방대 설치 및 운영에 관한 법률에 따른 의용소방대원
③ 위험물법에 따른 자체소방대원
④ 의무소방대설치법에 따라 임용된 의무소방원

**해설** 기본법 제2조(정의)
"소방대(消防隊)"란 화재를 진압하고 화재, 재난·재해, 그 밖의 위급한 상황에서 구조·구급 활동 등을 하기 위하여 다음 각 목의 사람으로 구성된 조직체를 말한다.
가. 「소방공무원법」에 따른 소방공무원
나. 「의무소방대설치법」 제3조에 따라 임용된 의무소방원
다. 「의용소방대 설치 및 운영에 관한 법률」에 따른 의용소방대원

**42** 화재예방법령상 소방청장, 소방본부장 또는 소방서장은 관할구역에 있는 소방대상물에 대하여 화재안전조사를 실시할 수 있다. 화재안전조사 대상과 거리가 먼 것은? (단, 개인 주거에 대하여는 관계인의 승낙을 득한 경우이다)

① 화재예방강화지구에 대한 화재안전조사 등 다른 법률에서 화재안전조사를 실시하도록 한 경우
② 관계인이 법령에 따라 실시하는 소방시설등, 방화시설, 피난시설 등에 대한 자체점검 등이 불성실하거나 불완전하다고 인정되는 경우
③ 화재가 발생할 우려가 없으나 소방대상물의 정기점검이 필요한 경우
④ 국가적 행사 등 주요 행사가 개최되는 장소에 대하여 소방안전관리 실태를 점검할 필요가 있는 경우

**해설** 화재안전조사 실시사유
1. 「소방시설 설치 및 관리에 관한 법률」 제22조에 따른 자체점검이 불성실하거나 불완전하다고 인정되는 경우
2. 화재예방강화지구 등 법령에서 화재안전조사를 하도록 규정되어 있는 경우
3. 화재예방안전진단이 불성실하거나 불완전하다고 인정되는 경우
4. 국가적 행사 등 주요 행사가 개최되는 장소 및 그 주변의 관계 지역에 대하여 소방안전관리 실태를 조사할 필요가 있는 경우
5. 화재가 자주 발생하였거나 발생할 우려가 뚜렷한 곳에 대한 조사가 필요한 경우
6. 재난예측정보, 기상예보 등을 분석한 결과 소방대상물에 화재의 발생 위험이 크다고 판단되는 경우
7. 제1호부터 제6호까지에서 규정한 경우 외에 화재, 그 밖의 긴급한 상황이 발생할 경우 인명 또는 재산 피해의 우려가 현저하다고 판단되는 경우

**43** 항공기격납고는 특정소방대상물 중 어느 시설에 해당되는가?

① 위험물 저장 및 처리 시설
② 항공기 및 자동차 관련 시설
③ 창고시설
④ 업무시설

**해설** 소방시설법 시행령 [별표 2] 특정소방대상물(제5조 관련)
※ 항공기격납고 : 항공기 및 자동차 관련 시설

정답 41.③ 42.③ 43.②

**44** 소방시설법령상 소방시설 등의 자체점검 시 점검인력 배치기준 중 종합점검에 대한 점검인력 1단위가 하루 동안 점검할 수 있는 특정소방대상물의 연면적 기준으로 옳은 것은? (단, 보조 인력을 추가하는 경우는 제외한다)

① 3,500[m²]
② 7,000[m²]
③ 8,000[m²]
④ 12,000[m²]

**해설** 소방시설법 시행규칙 [별표 4] 소방시설등의 자체점검 시 점검인력 배치기준(제20조 제1항 관련)
점검인력 1단위가 하루 동안 점검할 수 있는 특정소방대상물의 연면적(이하 "점검한도 면적"이라 한다)은 다음 각 목과 같다.
가. 종합점검: 8,000[m²]
나. 작동점검: 10,000[m²]

**45** 소방시설법령상 간이스프링클러설비를 설치하여야 하는 특정소방대상물의 기준으로 옳은 것은?

① 근린생활시설로 사용하는 부분의 바닥면적 합계가 1,000[m²] 이상인 것은 모든 층
② 교육연구시설 내에 있는 합숙소로서 연면적 500[m²] 이상인 것
③ 정신병원과 의료재활시설을 제외한 요양병원으로 사용되는 바닥면적의 합계가 300[m²] 이상 600[m²] 미만인 시설
④ 정신의료기관 또는 의료재활시설로 사용되는 바닥면적의 합계가 600[m²] 미만인 시설

**해설** 소방시설법 시행령 [별표 4] 특정소방대상물의 관계인이 특정소방대상물의 규모·용도 및 수용인원 등을 고려하여 갖추어야 하는 소방시설의 종류(제15조 관련)
② 500[m²] → 100[m²]
③ 300[m²] 이상 600[m²] 미만 → 600[m²] 미만
④ 600[m²] 미만 → 300[m²] 이상 600[m²] 미만

**46** 소방대상물의 방염 등과 관련하여 방염성능기준은 무엇으로 정하는가?

① 대통령령          ② 행정안전부령
③ 소방청훈령        ④ 소방청예규

**해설** 소방시설법 제20조(소방대상물의 방염 등) 제1항
대통령령으로 정하는 특정소방대상물에 실내장식 등의 목적으로 설치 또는 부착하는 물품으로서 대통령령으로 정하는 물품(이하 "방염대상물품"이라 한다)은 방염성능기준 이상의 것으로 설치하여야 한다.

**47** 제6류 위험물에 속하지 않는 것은?

① 질산              ② 과산화수소
③ 과염소산          ④ 과염소산염류

**해설** 위험물법 시행령 [별표 1] 위험물 및 지정수량(제2조 및 제3조 관련)
※ 과염소산염류 : 제1류 위험물(지정수량 50킬로그램)

**48** 화재예방법상 정당한 사유없이 화재안전조사결과에 따른 조치명령을 위반한 자에 대한 벌칙으로 옳은 것은?

① 100만 원 이하의 벌금
② 300만 원 이하의 벌금
③ 1년 이하의 징역 또는 1천만 원 이하의 벌금
④ 3년 이하의 징역 또는 3천만 원 이하의 벌금

**해설** 화재예방법 제50조(벌칙)
① 다음 각 호의 어느 하나에 해당하는 자는 3년 이하의 징역 또는 3천만원 이하의 벌금에 처한다.
  1. 제14조제1항 및 제2항에 따른 조치명령을 정당한 사유 없이 위반한 자
  2. 제28조제1항 및 제2항에 따른 명령을 정당한 사유 없이 위반한 자
  3. 제41조제5항에 따른 보수·보강 등의 조치명령을 정당한 사유 없이 위반한 자
  4. 거짓이나 그 밖의 부정한 방법으로 제42조제1항에 따른 진단기관으로 지정을 받은 자

**정답** 44.③  45.①  46.①  47.④  48.④

**49** 위험물법상 제조소등이 아닌 장소에서 지정수량 이상의 위험물을 취급할 수 있는 기준 중 다음 ( ) 안에 알맞은 것은?

> 시·도의 조례가 정하는 바에 따라 관할 소방서장의 승인을 받아 지정수량 이상의 위험물을 ( )일 이내의 기간 동안 임시로 저장 또는 취급하는 경우

① 15   ② 30
③ 60   ④ 90

**해설** 위험물법 제5조(위험물의 저장 및 취급의 제한) 제2항
제1항의 규정에 불구하고 다음 각 호의 어느 하나에 해당하는 경우에는 제조소등이 아닌 장소에서 지정수량 이상의 위험물을 취급할 수 있다. 이 경우 임시로 저장 또는 취급하는 장소에서의 저장 또는 취급의 기준과 임시로 저장 또는 취급하는 장소의 위치·구조 및 설비의 기준은 시·도의 조례로 정한다.
1. 시·도의 조례가 정하는 바에 따라 관할소방서장의 승인을 받아 지정수량 이상의 위험물을 90일 이내의 기간동안 임시로 저장 또는 취급하는 경우
2. 군부대가 지정수량 이상의 위험물을 군사목적으로 임시로 저장 또는 취급하는 경우

**50** 다음 중 화재원인조사의 종류에 해당하지 않는 것은?

① 발화원인 조사   ② 피난상황 조사
③ 인명피해 조사   ④ 연소상황 조사

**해설** [화재조사법 시행으로 삭제된 문제]
기본법 시행규칙 [별표 5] 화재조사의 종류 및 조사의 범위(제11조 제2항 관련)
1. 화재원인 조사

| 종류 | 조사범위 |
|---|---|
| 가. 발화원인 조사 | 화재가 발생한 과정, 화재가 발생한 지점 및 불이 붙기 시작한 물질 |
| 나. 발견·통보 및 초기 소화상황 조사 | 화재의 발견·통보 및 초기소화 등 일련의 과정 |
| 다. 연소상황 조사 | 화재의 연소경로 및 확대원인 등의 상황 |
| 라. 피난상황 조사 | 피난경로, 피난상의 장애요인 등의 상황 |
| 마. 소방시설 등 조사 | 소방시설의 사용 또는 작동 등의 상황 |

2. 화재피해 조사

| 종류 | 조사범위 |
|---|---|
| 가. 인명피해 조사 | • 소방활동중 발생한 사망자 및 부상자<br>• 그 밖에 화재로 인한 사망자 및 부상자 |
| 나. 재산피해 조사 | • 열에 의한 탄화, 용융, 파손 등의 피해<br>• 소화활동 중 사용된 물로 인한 피해<br>• 그 밖에 연기, 물품반출, 화재로 인한 폭발 등에 의한 피해 |

**51** 제조소등의 위치·구조 또는 설비의 변경 없이 당해 제조소등에서 저장하거나 취급하는 위험물의 품명·수량 또는 지정수량의 배수를 변경하고자 할 때는 누구에게 신고해야 하는가?

① 국무총리
② 시·도지사
③ 관할소방서장
④ 행정안전부장관

**해설** 위험물법 제6조(위험물시설의 설치 및 변경 등)
① 제조소등을 설치하고자 하는 자는 대통령령이 정하는 바에 따라 그 설치장소를 관할하는 특별시장·광역시장·특별자치시장·도지사 또는 특별자치도지사(이하 "시·도지사"라 한다)의 허가를 받아야 한다. 제조소등의 위치·구조 또는 설비 가운데 행정안전부령이 정하는 사항을 변경하고자 하는 때에도 또한 같다.
② 제조소등의 위치·구조 또는 설비의 변경없이 당해 제조소등에서 저장하거나 취급하는 위험물의 품명·수량 또는 지정수량의 배수를 변경하고자 하는 자는 변경하고자 하는 날의 1일 전까지 행정안전부령이 정하는 바에 따라 시·도지사에게 신고하여야 한다.

**정답** 49.④  50.③  51.②

**52** 소방본부장 또는 소방서장은 화재예방강화지구 안의 관계인에 대하여 소방상 필요한 훈련 및 교육은 연 몇 회 이상 실시할 수 있는가?

① 1회  ② 2회
③ 3회  ④ 4회

**해설** 화재예방법 시행령 제20조(화재예방강화지구의 관리)
① 소방관서장은 법 제18조제3항에 따라 화재예방강화지구 안의 소방대상물의 위치·구조 및 설비 등에 대한 화재안전조사를 연 1회 이상 실시해야 한다.
② 소방관서장은 법 제18조제5항에 따라 화재예방강화지구 안의 관계인에 대하여 소방에 필요한 훈련 및 교육을 연 1회 이상 실시할 수 있다.
③ 소방관서장은 제2항에 따라 훈련 및 교육을 실시하려는 경우에는 화재예방강화지구 안의 관계인에게 훈련 또는 교육 10일 전까지 그 사실을 통보해야 한다.
④ 시·도지사는 법 제18조제6항에 따라 다음 각 호의 사항을 행정안전부령으로 정하는 화재예방강화지구 관리대장에 작성하고 관리해야 한다.
  1. 화재예방강화지구의 지정 현황
  2. 화재안전조사의 결과
  3. 법 제18조제4항에 따른 소화기구, 소방용수시설 또는 그 밖에 소방에 필요한 설비(이하 "소방설비 등"이라 한다)의 설치(보수, 보강을 포함한다) 명령 현황
  4. 법 제18조제5항에 따른 소방훈련 및 교육의 실시 현황
  5. 그 밖에 화재예방 강화를 위하여 필요한 사항

**53** 기본법령상 국고보조 대상사업의 범위 중 소방활동장비와 설비에 해당하지 않는 것은?

① 소방자동차
② 소방헬리콥터 및 소방정
③ 소화용수설비 및 피난구조설비
④ 방화복 등 소방활동에 필요한 소방장비

**해설** 기본법 시행령 제2조(국고보조 대상사업의 범위와 기준보조율)
① 법 제9조제2항에 따른 국고보조 대상사업의 범위는 다음 각 호와 같다.
  1. 다음 각 목의 소방활동장비와 설비의 구입 및 절차
    가. 소방자동차
    나. 소방헬리콥터 및 소방정
    다. 소방전용통신설비 및 전산설비
    라. 그 밖에 방화복 등 소방활동에 필요한 소방장비
  2. 소방관서용 청사의 건축(「건축법」 제2조제1항제8호에 따른 건축을 말한다)
② 제1항제1호에 따른 소방활동장비 및 설비의 종류와 규격은 행정안전부령으로 정한다.
③ 제1항에 따른 국고보조 대상사업의 기준보조율은 「보조금 관리에 관한 법률 시행령」에서 정하는 바에 따른다.

**54** 화재예방강화지구로 지정할 수 있는 대상이 아닌 것은?

① 시장지역
② 소방출동로가 있는 지역
③ 공장·창고가 밀집한 지역
④ 목조건물이 밀집한 지역

**해설** 화재예방법 제18조(화재예방강화지구의 지정 등)
① 시·도지사는 다음 각 호의 어느 하나에 해당하는 지역을 화재예방강화지구로 지정하여 관리할 수 있다.
  1. 시장지역
  2. 공장·창고가 밀집한 지역
  3. 목조건물이 밀집한 지역
  4. 노후·불량건축물이 밀집한 지역
  5. 위험물의 저장 및 처리 시설이 밀집한 지역
  6. 석유화학제품을 생산하는 공장이 있는 지역
  7. 「산업입지 및 개발에 관한 법률」 제2조제8호에 따른 산업단지
  8. 소방시설·소방용수시설 또는 소방출동로가 없는 지역
  9. 「물류시설의 개발 및 운영에 관한 법률」 제2조제6호에 따른 물류단지
  10. 그 밖에 제1호부터 제9호까지에 준하는 지역으로서 소방관서장이 화재예방강화지구로 지정할 필요가 있다고 인정하는 지역

정답 52.① 53.③ 54.②

**55** 위험물법상 제조소등의 관계인은 위험물의 안전관리에 관한 직무를 수행하게 하기 위하여 제조소등마다 위험물의 취급에 관한 자격이 있는 자를 위험물안전관리자로 선임하여야 한다. 이 경우 제조소등의 관계인이 지켜야 할 기준으로 틀린 것은?

① 제조소등의 관계인은 안전관리자를 해임하거나 안전관리자가 퇴직한 때에는 해임하거나 퇴직한 날로부터 15일 이내에 다시 안전관리자를 선임하여야 한다.
② 제조소등의 관계인이 안전관리자를 선임한 경우에는 선임한 날로부터 14일 이내에 소방본부장 또는 소방서장에게 신고하여야 한다.
③ 제조소등의 관계인은 안전관리자가 여행·질병, 그 밖의 사유로 인하여 일시적으로 직무를 수행할 수없는 경우에는 국가기술자격법에 따른 위험물의 취급에 관한 자격취득자 또는 위험물안전에 관한 기본지식과 경험이 있는 자를 대리자로 지정하여 그 직무를 대행하게 하여야 한다. 이 경우 대행하는 기간은 30일을 초과할 수 없다.
④ 안전관리자는 위험물을 취급하는 작업을 하는 때에는 작업자에게 안전관리에 관한 필요한 지시를 하는 등 위험물의 취급에 관한 안전관리와 감독을 하여야 하고, 제조소등의 관계인은 안전관리자의 위험물 안전관리에 관한 의견을 존중하고 그 권고에 따라야 한다.

**해설** 위험물법 제15조(위험물안전관리자) 제2항
제1항의 규정에 따라 안전관리자를 선임한 제조소등의 관계인은 그 안전관리자를 해임하거나 안전관리자가 퇴직한 때에는 해임하거나 퇴직한 날부터 30일 이내에 다시 안전관리자를 선임하여야 한다.

**56** 다음 중 상주 공사감리를 하여야 할 대상의 기준으로 옳은 것은?

① 지하층을 포함한 층수가 16층 이상으로서 300세대 이상인 아파트에 대한 소방시설의 공사
② 지하층을 포함한 층수가 16층 이상으로서 500세대 이상인 아파트에 대한 소방시설의 공사
③ 지하층을 포함하지 않은 층수가 16층 이상으로서 300세대 이상인 아파트에 대한 소방시설의 공사
④ 지하층을 포함하지 않은 층수가 16층 이상으로서 500세대 이상인 아파트에 대한 소방시설의 공사

**해설** 공사업법 시행령 [별표 3]
▶ 소방공사 감리의 종류, 방법 및 대상(제9조 관련)

| 종류 | 대상 |
|---|---|
| 상주 공사감리 | 1. 연면적 3만제곱미터 이상의 특정소방대상물(아파트는 제외한다)에 대한 소방시설의 공사<br>2. 지하층을 포함한 층수가 16층 이상으로서 500세대 이상인 아파트에 대한 소방시설의 공사 |
| 일반 공사감리 | 상주 공사감리에 해당하지 않는 소방시설의 공사 |

**57** 다음 중 한국소방안전원의 업무에 해당하지 않는 것은?

① 소방용 기계·기구의 형식승인
② 소방업무에 관하여 행정기관이 위탁하는 업무
③ 화재 예방과 안전관리의식 고취를 위한 대국민 홍보
④ 소방기술과 안전관리에 관한 교육, 조사·연구 및 각종 간행물 발간

**해설** 기본법 제41조(안전원의 업무)
안전원은 다음 각 호의 업무를 수행한다.
1. 소방기술과 안전관리에 관한 교육 및 조사·연구
2. 소방기술과 안전관리에 관한 각종 간행물 발간
3. 화재 예방과 안전관리의식 고취를 위한 대국민 홍보
4. 소방업무에 관하여 행정기관이 위탁하는 업무
5. 소방안전에 관한 국제협력
6. 그 밖에 회원에 대한 기술지원 등 정관으로 정하는 사항

**정답** 55.① 56.② 57.①

**58** 다음 조건을 참고하여 숙박시설이 있는 특정소방대상물의 수용인원 산정 수로 옳은 것은?

> 침대가 있는 숙박시설로서 1인용 침대의 수는 20개이고, 2인용 침대의 수는 10개이며, 종업원 수는 3명이다.

① 33명  ② 40명
③ 43명  ④ 46명

**해설** 1인용 침대×20개+2인용 침대×10+종업원 수 3 =43명

**59** 소방안전관리자 및 소방안전관리보조자에 대하여 안전원장이 교육대상, 교육일정 등 실무교육에 필요한 계획을 수립하여 매년 누구의 승인을 얻어 교육을 실시하는가?

① 한국소방안전원장  ② 소방본부장
③ 소방청장  ④ 시·도지사

**해설** 화재예방법 시행규칙 제29조(실무교육의 실시)
① 소방청장은 법 제34조제1항제2호에 따른 실무교육(이하 "실무교육"이라 한다)의 대상·일정·횟수 등을 포함한 실무교육의 실시 계획을 매년 수립·시행해야 한다.
② 소방청장은 실무교육을 실시하려는 경우에는 실무교육 실시 30일 전까지 일시·장소, 그 밖에 실무교육 실시에 필요한 사항을 인터넷 홈페이지에 공고하고 교육대상자에게 통보해야 한다.
③ 소방안전관리자는 소방안전관리자로 선임된 날부터 6개월 이내에 실무교육을 받아야 하며, 그 이후에는 2년마다(최초 실무교육을 받은 날을 기준일로 하여 매 2년이 되는 해의 기준일과 같은 날 전까지를 말한다) 1회 이상 실무교육을 받아야 한다. 다만, 소방안전관리 강습교육 또는 실무교육을 받은 후 1년 이내에 소방안전관리자로 선임된 사람은 해당 강습교육을 수료하거나 실무교육을 이수한 날에 실무교육을 이수한 것으로 본다.
④ 소방안전관리보조자는 그 선임된 날부터 6개월(영 별표 5 제2호마목에 따라 소방안전관리보조자로 지정된 사람의 경우 3개월을 말한다) 이내에 실무교육을 받아야 하며, 그 이후에는 2년마다(최초 실무교육을 받은 날을 기준일로 하여 매 2년이 되는 해의 기준일과 같은 날 전까지를 말한다) 1회 이상 실무교육을 받아야 한다. 다만, 소방안전관리자 강습교육 또는 실무교육이나 소방안전관리보조자 실무교육을 받은 후 1년 이내에 소방안전관리보조자로 선임된 사람은 해당 강습교육을 수료하거나 실무교육을 이수한 날에 실무교육을 이수한 것으로 본다.

**60** 화재예방법령상 소방대상물의 개수·이전·제거, 사용의 금지 또는 제한, 사용폐쇄, 공사의 정지 또는 중지, 그 밖의 필요한 조치로 인하여 손실을 받은 자가 손실보상청구서에 첨부하여야 하는 서류로 틀린 것은?

① 손실보상합의서
② 손실을 증명할 수 있는 사진
③ 손실을 증명할 수 있는 증빙자료
④ 소방대상물의 관계인임을 증명할 수 있는 서류(건축물대장은 제외)

**해설** 화재예방법 시행규칙 제6조(손실보상 청구자가 제출해야 하는 서류 등)
① 법 제14조에 따른 명령으로 인하여 손실을 입은 자가 손실보상을 청구하려는 경우에는 별지 제6호서식의 손실보상 청구서(전자문서를 포함한다)에 다음 각 호의 서류(전자문서를 포함한다)를 첨부하여 소방청장, 특별시장·광역시장·특별자치시장·도지사 또는 특별자치도지사(이하 "시·도지사"라 한다)에게 제출해야 한다. 이 경우 담당 공무원은 「전자정부법」 제36조제1항에 따른 행정정보의 공동이용을 통하여 건축물대장(소방대상물의 관계인임을 증명할 수 있는 서류가 건축물대장인 경우만 해당한다)을 확인해야 한다.
  1. 소방대상물의 관계인임을 증명할 수 있는 서류(건축물대장은 제외한다)
  2. 손실을 증명할 수 있는 사진 및 그 밖의 증빙자료
② 소방청장 또는 시·도지사는 영 제14조제2항에 따라 손실보상에 관하여 협의가 이루어진 경우에는 손실보상을 청구한 자와 연명으로 별지 제7호서식의 손실보상 합의서를 작성하고 이를 보관해야 한다.

# 2020년 제1,2회 소방설비기사[기계분야] 1차 필기
### [제3과목 : 소방관계법규]

**41** 소방시설공사업법령상 소방공사감리를 실시함에 있어 용도와 구조에서 특별히 안전성과 보안성이 요구되는 소방대상물로서 소방시설물에 대한 감리를 감리업자가 아닌 자가 감리할 수 있는 장소는?

① 정보기관의 청사
② 교도소 등 교정관련시설
③ 국방 관계시설 설치장소
④ 「원자력안전법상」 관계시설이 설치되는 장소

**해설** 공사업법 시행령 제8조(감리업자가 아닌 자가 감리할 수 있는 보안성 등이 요구되는 소방대상물의 시공 장소)
법 제16조제2항에서 "대통령령으로 정하는 장소"란 「원자력안전법」 제2조제10호에 따른 관계시설이 설치되는 장소를 말한다.

**42** 소방시설공사업법령에 따른 소방시설업 등록이 가능한 사람은?

① 피성년후견인
② 위험물안전관리법에 따른 금고 이상의 형의 집행유예를 선고받고 그 유예기간 중에 있는 사람
③ 등록하려는 소방시설업 등록이 취소된 날부터 3년이 지난 사람
④ 「소방기본법」에 따른 금고 이상의 실형을 선고받고 그 집행이 면제된 날부터 1년이 지난 사람

**해설** 공사업법 제5조(등록의 결격사유)
다음 각 호의 어느 하나에 해당하는 자는 소방시설업을 등록할 수 없다.
1. 피성년후견인
2. 삭제 〈2015. 7. 20.〉
3. 이 법, 「소방기본법」, 「화재예방, 소방시설 설치·유지 및 안전관리에 관한 법률」 또는 「위험물안전관리법」에 따른 금고 이상의 실형을 선고받고 그 집행이 끝나거나(집행이 끝난 것으로 보는 경우를 포함한다) 면제된 날부터 2년이 지나지 아니한 사람
4. 이 법, 「소방기본법」, 「화재의 예방 및 안전관리에 관한 법률」, 「소방시설 설치 및 관리에 관한 법률」 또는 「위험물안전관리법」에 따른 금고 이상의 형의 집행유예를 선고받고 그 유예기간 중에 있는 사람
5. 등록하려는 소방시설업 등록이 취소(제1호에 해당하여 등록이 취소된 경우는 제외한다)된 날부터 2년이 지나지 아니한 자
6. 법인의 대표자가 제1호부터 제5호까지의 규정에 해당하는 경우 그 법인
7. 법인의 임원이 제3호부터 제5호까지의 규정에 해당하는 경우 그 법인

**43** 소방기본법령상 소방업무 상호응원협정 체결 시 포함되어야 하는 사항이 아닌 것은?

① 응원출동의 요청방법
② 응원출동훈련 및 평가
③ 응원출동대상지역 및 규모
④ 응원출동 시 현장지휘에 관한 사항

**해설** 소방기본법 시행규칙 제8조(소방업무의 상호응원협정)
법 제11조제4항의 규정에 의하여 시·도지사는 이웃하는 다른 시·도지사와 소방업무에 관하여 상호응원협정을 체결하고자 하는 때에는 다음 각호의 사항이 포함되도록 하여야 한다.
1. 다음 각목의 소방활동에 관한 사항
　가. 화재의 경계·진압활동
　나. 구조·구급업무의 지원
　다. 화재조사활동
2. 응원출동대상지역 및 규모
3. 다음 각목의 소요경비의 부담에 관한 사항
　가. 출동대원의 수당·식사 및 피복의 수선
　나. 소방장비 및 기구의 정비와 연료의 보급

**정답** 41.④ 42.③ 43.④

다. 그 밖의 경비
4. 응원출동의 요청방법
5. 응원출동훈련 및 평가

**44** 소방기본법령에 따른 소방용수시설 급수탑 개폐밸브의 설치기준으로 맞는 것은?

① 지상에서 1.0[m] 이상 1.5[m] 이하
② 지상에서 1.2[m] 이상 1.8[m] 이하
③ 지상에서 1.5[m] 이상 1.7[m] 이하
④ 지상에서 1.5[m] 이상 2.0[m] 이하

**해설** 소방용수시설별 설치기준
㉠ 소화전의 설치기준 : 상수도와 연결하여 지하식 또는 지상식의 구조로 하고, 소방용호스와 연결하는 소화전의 연결금속구의 구경은 65밀리미터로 할 것
㉡ 급수탑의 설치기준 : 급수배관의 구경은 100밀리미터 이상으로 하고, 개폐밸브는 지상에서 1.5미터 이상 1.7미터 이하의 위치에 설치하도록 할 것
㉢ 저수조의 설치기준
 (1) 지면으로부터의 낙차가 4.5미터 이하일 것
 (2) 흡수부분의 수심이 0.5미터 이상일 것
 (3) 소방펌프자동차가 쉽게 접근할 수 있도록 할 것
 (4) 흡수에 지장이 없도록 토사 및 쓰레기 등을 제거할 수 있는 설비를 갖출 것
 (5) 흡수관의 투입구가 사각형의 경우에는 한 변의 길이가 60센티미터 이상, 원형의 경우에는 지름이 60센티미터 이상일 것
 (6) 저수조에 물을 공급하는 방법은 상수도에 연결하여 자동으로 급수되는 구조일 것

**45** 소방기본법에 따라 화재 등 그 밖의 위급한 상황이 발생한 현장에서 소방활동을 위하여 필요한 때에는 그 관할구역에 사는 사람 또는 그 현장에 있는 사람으로 하여금 사람을 구출하는 일 또는 불을 끄는 등의 일을 하도록 명령할 수 있는 권한이 없는 사람은?

① 소방서장         ② 소방대장
③ 시·도지사       ④ 소방본부장

**해설** 소방활동 종사명령
㉠ 소방본부장, 소방서장 또는 소방대장은 화재, 재난·재해, 그 밖의 위급한 상황이 발생한 현장에서 소방활동을 위하여 필요할 때에는 그 관할구역에 사는 사람 또는 그 현장에 있는 사람으로 하여금 사람을 구출하는 일 또는 불을 끄거나 불이 번지지 아니하도록 하는 일을 하게 할 수 있다.
㉡ ㉠에 따른 명령에 따라 소방활동에 종사한 사람은 시·도지사로부터 소방활동의 비용을 지급받을 수 있다. 다만, 다음 각 호의 어느 하나에 해당하는 사람의 경우에는 그러하지 아니하다.
 ⓐ 소방대상물에 화재, 재난·재해, 그 밖의 위급한 상황이 발생한 경우 그 관계인
 ⓑ 고의 또는 과실로 화재 또는 구조·구급 활동이 필요한 상황을 발생시킨 사람
 ⓒ 화재 또는 구조·구급 현장에서 물건을 가져간 사람

**46** 소방시설법상 소방용품의 형식승인을 받지 아니하고 소방용품을 제조하거나 수입한 자에 대한 벌칙 기준은?

① 100만원 이하의 벌금
② 300만원 이하의 벌금
③ 1년 이하의 징역 또는 1천만원 이하의 벌금
④ 3년 이하의 징역 또는 3천만원 이하의 벌금

**해설** 소방시설법상 3년 이하의 징역 또는 3천만원 이하의 벌금
㉠ 화재안전조사 결과에 따른 조치명령 등 위반한 사람
㉡ 소방시설이 화재안전기준에 따른 조치명령을 위반한 사람
㉢ 피난시설방화시설, 방화구획의 유지관리 조치명령을 위반한 사람
㉣ 방염성능물품, 임시소방시설 또는 소방시설 등의 조치명령을 위반한 사람
㉤ 소방안전관리자 선임명령 및 소방안전관리자 업무 이행명령을 위반한 사람
㉥ 소방시설관리업 등록을 하지 아니하고 영업을 한 사람
㉦ 소방용품의 형식승인을 받지 아니하고 소방용품을 제조하거나 수입한 자
㉧ 제품검사를 받지 아니한 자
㉨ 규정을 위반하여 소방용품을 판매·진열하거나 소방시설공사에 사용한 자
㉩ 제품검사를 받지 아니하거나 합격표시를 하지 아니한 소방용품을 판매·진열하거나 소방시설공사에 사용한 자
㉪ 거짓이나 그 밖의 부정한 방법으로 전문기관으로 지정을 받은 자

**47** 위험물안전관리법령에 따라 위험물안전관리자를 해임하거나 퇴직한 때에는 해임하거나 퇴직한 날부터 며칠 이내에 다시 안전관리자를 선임하여야 하는가?

① 30일  ② 35일
③ 40일  ④ 55일

해설) 제조소등의 관계인은 안전관리자가 해임, 퇴직한 날부터 30일 이내에 선임하여야 하며, 선임한 날부터 14일 이내에 소방본부장 또는 소방서장에게 신고하여야 한다.

**48** 소방시설법상 화재안전기준을 달리 적용하여야 하는 특수한 용도 또는 구조를 가진 특정소방대상물인 원자력 발전소에 설치하지 아니할 수 있는 소방시설은?

① 물분무등소화설비
② 스프링클러설비
③ 상수도소화용수설비
④ 연결살수설비

해설) 소방시설을 설치하지 아니할 수 있는 특정소방대상물 및 소방시설의 범위

| 화재위험도가 낮은 특정소방대상물 | 석재, 불연성금속 | [외살]<br>옥외소화전설비<br>연결살수설비 |
|---|---|---|
| 화재안전기준을 적용하기 어려운 특정소방대상물 | 펄프공장의 작업장 | [스상살]<br>스프링클러설비<br>상수도소화용수설비<br>연결살수설비 |
| | 정수장, 수영장 | [탐상살]<br>자동화재탐지설비<br>상수도소화용수설비<br>연결살수설비 |
| 화재안전기준을 달리 적용하여야 하는 특수한 용도 또는 구조를 가진 특정소방대상물 | 원자력발전소, 핵폐기물처리시설 | [송살]<br>연결송수관설비<br>연결살수설비 |
| 자체소방대가 설치된 특정소방대상물 | 자체소방대가 설치된 위험물 제조소등에 부속된 사무실 | [내용송살]<br>옥내소화전설비<br>소화용수설비<br>연결송수관설비<br>연결살수설비 |

**49** 화재예방법령상 불꽃을 사용하는 용접·용단 기구의 용접 또는 용단 작업장에서 지켜야 하는 사항 중 다음 (  ) 안에 알맞은 것은?

> 용접 또는 용단 작업자로부터 반경 ( ㉠ )[m] 이내에 소화기를 갖추어 둘 것 용접 또는 용단 작업장 주변 반경 ( ㉡ )[m] 이내에는 가연물을 쌓아두거나 놓아두지 말 것. 다만, 가연물의 제거가 곤란하여 방지포 등으로 방호조치를 한 경우는 제외한다.

① ㉠ 3, ㉡ 5    ② ㉠ 5, ㉡ 3
③ ㉠ 5, ㉡ 10   ④ ㉠ 10, ㉡ 5

해설) 용접 또는 용단 작업장에서는 다음 각 호의 사항을 지켜야 한다. 다만, 「산업안전보건법」 제38조의 적용을 받는 사업장의 경우에는 적용하지 아니한다.
1. 용접 또는 용단 작업자로부터 반경 5[m] 이내에 소화기를 갖추어 둘 것
2. 용접 또는 용단 작업장 주변 반경 10[m] 이내에는 가연물을 쌓아두거나 놓아두지 말 것. 다만, 가연물의 제거가 곤란하여 방지포 등으로 방호조치를 한 경우는 제외한다.

**50** 다음 소방시설 중 경보설비가 아닌 것은?

① 통합감시시설    ② 가스누설경보기
③ 비상콘센트설비  ④ 자동화재속보설비

해설) 비상콘센트설비는 소화활동설비이다.

**51** 화재예방법상 소방안전관리대상물의 소방안전관리자 업무가 아닌 것은?

① 소방훈련 및 교육
② 자위소방대 및 초기대응체계의 구성·운영·교육
③ 피난시설, 방화구획 및 방화시설의 유지·설치
④ 피난계획에 관한 사항과 대통령령으로 정하는 사항이 포함된 소방계획서의 작성 및 시행

해설) [소방안전관리자의 업무사항]
특정소방대상물(소방안전관리대상물은 제외한다)의 관계인과 소방안전관리대상물의 소방안전관리자는 다음 각 호의 업무를 수행한다. 다만, 제1호·제2호·제5호 및 제7

정답  47.① 48.④ 49.③ 50.③ 51.③

호의 업무는 소방안전관리대상물의 경우에만 해당한다.
1. 제36조에 따른 피난계획에 관한 사항과 대통령령으로 정하는 사항이 포함된 소방계획서의 작성 및 시행
2. 자위소방대(自衛消防隊) 및 초기대응체계의 구성, 운영 및 교육
3. 「소방시설 설치 및 관리에 관한 법률」 제16조에 따른 피난시설, 방화구획 및 방화시설의 관리
4. 소방시설이나 그 밖의 소방 관련 시설의 관리
5. 제37조에 따른 소방훈련 및 교육
6. 화기(火氣) 취급의 감독
7. 행정안전부령으로 정하는 바에 따른 소방안전관리에 관한 업무수행에 관한 기록·유지(제3호·제4호 및 제6호의 업무를 말한다)
8. 화재발생 시 초기대응
9. 그 밖에 소방안전관리에 필요한 업무

## 52
소방기본법령에 따라 주거지역·상업지역 및 공업지역에 소방용수시설을 설치하는 경우 소방대상물과의 수평거리를 몇 [m] 이하가 되도록 해야 하는가?

① 50[m]  ② 100[m]
③ 150[m]  ④ 200[m]

**해설** 소방용수시설 설치기준 중 공통기준(암기법 : 주상공 100, 그 밖 140)
㉠ 주거지역·상업지역 및 공업지역 : 수평거리 100[m] 이하
㉡ 그 외의 지역에 설치하는 경우 : 수평거리 140[m] 이하

## 53
위험물안전관리법령상 다음의 규정을 위반하여 위험물의 운송에 관한 기준을 따르지 아니한 자에 대한 과태료 기준은?

> 위험물운송자는 이동탱크저장소에 의하여 위험물을 운송하는 때에는 행정안전부령으로 정하는 기준을 준수하는 등 당해 위험물의 안전확보를 위하여 세심한 주의를 기울여야 한다.

① 50만원 이하  ② 100만원 이하
③ 200만원 이하  ④ 300만원 이하

**해설** 위험물법 제39조(과태료)
① 다음 각 호의 어느 하나에 해당하는 자는 500만원 이하의 과태료에 처한다.
1. 제5조제2항제1호의 규정에 따른 승인을 받지 아니한 자
2. 제5조제3항제2호의 규정에 따른 위험물의 저장 또는 취급에 관한 세부기준을 위반한 자
3. 제6조제2항의 규정에 따른 품명 등의 변경신고를 기간 이내에 하지 아니하거나 허위로 한 자
4. 제10조제3항의 규정에 따른 지위승계신고를 기간 이내에 하지 아니하거나 허위로 한 자
5. 제11조의 규정에 따른 제조소등의 폐지신고 또는 제15조제3항의 규정에 따른 안전관리자의 선임신고를 기간 이내에 하지 아니하거나 허위로 한 자
6. 제16조제3항의 규정을 위반하여 등록사항의 변경신고를 기간 이내에 하지 아니하거나 허위로 한 자
7. 제18조제1항의 규정을 위반하여 점검결과를 기록·보존하지 아니한 자
8. 제20조제1항제2호의 규정에 따른 위험물의 운반에 관한 세부기준을 위반한 자
9. 제21조제3항의 규정을 위반하여 위험물의 운송에 관한 기준을 따르지 아니한 자
② 제1항의 규정에 따른 과태료는 대통령령이 정하는 바에 따라 시·도지사, 소방본부장 또는 소방서장(이하 "부과권자"라 한다)이 부과·징수한다.

## 54
소방시설법령상 종합점검실시대상이 되는 특정소방대상물의 기준 중 다음 (  )안에 알맞은 것은?

> 물분무등소화설비 [호스릴방식의 물분무등소화설비만을 설치한 경우는 제외]가 설치된 연면적 ( ㉠ )[m²] 이상인 특정소방대상물(위험물 제조소등은 제외)

① 2,000  ② 3,000
③ 4,000  ④ 5,000

**해설** ▶ 점검대상 및 시기, 점검자자격

| 대상 | | 횟수·시기 | 점검자 |
|---|---|---|---|
| 작동점검 | 모든 특정소방대상물 [3급이상에 해당]<br><br>〈제외 대상〉<br>1. 특급소방안전관리대상물 (종합점검만 연 2회)<br>2. 소방안전관리대상물에 속하지 않는 대상물<br>3. 위험물 제조소등 | • 원칙 : 연 1회 | 관계인<br>(자탐, 간이만 해당) |
| | 종합점검 대상 × | 안전관리대상물의 사용승인일이 속하는 달의 말일까지 | 소방안전관리자 (기술사, 관리사) |
| | 종합점검 대상 ○ | 종합실시월로부터 6개월이 되는 달에 실시 | 관리업자관리새 (자탐,간이는 특급 점검자가능) |

정답 52.② 53.③ 54.④

| | | | | |
|---|---|---|---|---|
| 종합점검 | 최초점검 | 3급이상대상중 최초사용승인 건축물 | 사용승인일로부터 60일 이내 | |
| | 그밖점검 | 스프링클러설비가 설치된 특정소방대상물 | • 원칙 : 연 1회<br>(최초사용승인해 다음 해부터 사용승인일이 속하는 달의 말일까지)<br>예 학교 : 1~6월이 사용승인일인 경우 6월 말일까지<br>• 특급 소방안전관리대상물 : 연2회(반기별 1회) | 소방안전관리자 (기술사, 관리사) 관리업재(관리사) |
| | | 물분무등소화설비가 설치된 연면적 5,000[m²] 이상인 특정소방대상물 | | |
| | | 연면적 2,000[m²] 이상 다중이용업소9종 | | |
| | | 옥내소화전설비 또는 자동화재탐지설비가 설치된 연면적 1,000[m²] 이상 공공기관(소방대 제외) | | |
| | | 제연설비가 설치된 터널 | | |

## 55 소방시설법상 건축허가 등의 동의대상물이 아닌 것은?

① 항공기 격납고
② 연면적이 300[m²]인 공연장
③ 바닥면적이 300[m²]인 차고
④ 연면적이 300[m²]인 노유자 시설

**해설** 소방시설법 제7조 참조

▶ 건축허가등의 동의 대상물의 범위

1. 연면적(「건축법 시행령」 제119조제1항제4호에 따라 산정된 면적을 말한다. 이하 같다)이 400제곱미터 이상인 건축물이나 시설. 다만, 다음 각 목의 어느 하나에 해당하는 건축물이나 시설은 해당 목에서 정한 기준 이상인 건축물이나 시설로 한다.
   가. 「학교시설사업 촉진법」 제5조의2제1항에 따라 건축등을 하려는 학교시설 : 100제곱미터
   나. 별표 2의 특정소방대상물 중 노유자(老幼者) 시설 및 수련시설 : 200제곱미터
   다. 「정신건강증진 및 정신질환자 복지서비스 지원에 관한 법률」 제3조제5호에 따른 정신의료기관(입원실이 없는 정신건강의학과 의원은 제외하며, 이하 "정신의료기관"이라 한다) : 300제곱미터
   라. 「장애인복지법」 제58조제1항제4호에 따른 장애인 의료재활시설(이하 "의료재활시설"이라 한다) : 300제곱미터
2. 지하층 또는 무창층이 있는 건축물로서 바닥면적이 150제곱미터(공연장의 경우에는 100제곱미터) 이상인 층이 있는 것
3. 차고·주차장 또는 주차 용도로 사용되는 시설로서 다음 각 목의 어느 하나에 해당하는 것
   가. 차고·주차장으로 사용되는 바닥면적이 200제곱미터 이상인 층이 있는 건축물이나 주차시설
   나. 승강기 등 기계장치에 의한 주차시설로서 자동차 20대 이상을 주차할 수 있는 시설
4. 층수(「건축법 시행령」 제119조제1항제9호에 따라 산정된 층수를 말한다. 이하 같다)가 6층 이상인 건축물
5. 항공기 격납고, 관망탑, 항공관제탑, 방송용 송수신탑
6. 별표 2의 특정소방대상물 중 의원(입원실이 있는 것으로 한정한다)·조산원·산후조리원, 위험물 저장 및 처리 시설, 발전시설 중 풍력발전소·전기저장시설, 지하구(地下溝)
7. 제1호나목에 해당하지 않는 노유자 시설 중 다음 각 목의 어느 하나에 해당하는 시설. 다만, 가목2) 및 나목부터 바목까지의 시설 중 「건축법 시행령」 별표 1의 단독주택 또는 공동주택에 설치되는 시설은 제외한다.
   가. 별표 2 제9호가목에 따른 노인 관련 시설 중 다음의 어느 하나에 해당하는 시설
      1) 「노인복지법」 제31조제1호에 따른 노인주거복지시설, 같은 조 제2호에 따른 노인의료복지시설 및 같은 조 제4호에 따른 재가노인복지시설
      2) 「노인복지법」 제31조제7호에 따른 학대피해노인 전용쉼터
   나. 「아동복지법」 제52조에 따른 아동복지시설(아동상담소, 아동전용시설 및 지역아동센터는 제외한다)
   다. 「장애인복지법」 제58조제1항제1호에 따른 장애인 거주시설
   라. 정신질환자 관련 시설(「정신건강증진 및 정신질환자 복지서비스 지원에 관한 법률」 제27조제1항제2호에 따른 공동생활가정을 제외한 재활훈련시설과 같은 법 시행령 제16조제3호에 따른 종합시설 중 24시간 주거를 제공하지 않는 시설은 제외한다)
   마. 별표 2 제9호마목에 따른 노숙인 관련 시설 중 노숙인자활시설, 노숙인재활시설 및 노숙인요양시설
   바. 결핵환자나 한센인이 24시간 생활하는 노유자 시설
8. 「의료법」 제3조제2항제3호라목에 따른 요양병원(이하 "요양병원"이라 한다). 다만, 의료재활시설은 제외한다.
9. 별표 2의 특정소방대상물 중 공장 또는 창고시설로서 「화재의 예방 및 안전관리에 관한 법률 시행령」 별표 2에서 정하는 수량의 750배 이상의 특수가연물을 저장·취급하는 것

**정답** 55.②

10. 별표 2 제17호나목에 따른 가스시설로서 지상에 노출된 탱크의 저장용량의 합계가 100톤 이상인 것

## 56 위험물안전관리법령상 제조소등의 경보설비 설치기준에 대한 설명으로 틀린 것은?

① 제조소 및 일반취급소의 연면적이 500[m²] 이상인 것에는 자동화재탐지설비를 설치한다.
② 자동신호장치를 갖춘 스프링클러설비 또는 물분무등소화설비를 설치한 제조소등에 있어서는 자동화재탐지설비를 설치한 것으로 본다.
③ 경보설비는 자동화재탐지설비·비상경보설비(비상벨장치 또는 경종 포함)·확성장치(휴대용확성기 포함) 및 비상방송설비로 구분한다.
④ 지정수량의 10배 이상의 위험물을 저장 또는 취급하는 제조소등(이동탱크저장소를 포함한다)에는 화재발생 시 이를 알릴 수 있는 경보설비를 설치하여야 한다.

**해설** 지정수량의 10배 이상의 위험물을 저장 또는 취급하는 제조소등(이동탱크저장소를 제외한다)에는 화재발생 시 이를 알릴 수 있는 경보설비를 설치하여야 한다.

## 57 소방기본법령상 정당한 사유 없이 화재의 예방조치에 관한 명령에 따르지 아니한 경우에 대한 벌칙은?

① 100만원 이하의 벌금
② 200만원 이하의 벌금
③ 300만원 이하의 벌금
④ 500만원 이하의 벌금

**해설** 소방기본법 300만원 이하의 벌금
㉠ 예방조치명령 거부방해
㉡ 화재조사 거부방해

## 58 소방시설법상 방염성능기준 이상의 실내장식물 등을 설치해야 하는 특정소방대상물이 아닌 것은?

① 숙박이 가능한 수련시설
② 층수가 11층 이상인 아파트
③ 건축물 옥내에 있는 종교시설
④ 방송통신시설 중 방송국 및 촬영소

**해설** 방염성능기준 이상의 실내장식물등을 설치하여야 하는 특정소방대상물의 종류
㉠ 근린생활시설 중 의원, 치과의원, 한의원, 조산원, 산후조리원, 체력단련장, 공연장 및 종교집회장
㉡ 건축물의 옥내에 있는 시설로서 다음 각 목의 시설
  ⓐ 문화 및 집회시설
  ⓑ 종교시설
  ⓒ 운동시설(수영장은 제외한다)
㉢ 의료시설
㉣ 교육연구시설 중 합숙소
㉤ 노유자시설
㉥ 숙박이 가능한 수련시설
㉦ 숙박시설
㉧ 방송통신시설 중 방송국 및 촬영소
㉨ 다중이용업소
㉩ ㉠부터 ㉨까지의 시설에 해당하지 않는 것으로서 층수가 11층 이상인 것(아파트는 제외한다)

## 59 소방시설공사업법령에 따른 소방시설업의 등록권자는?

① 국무총리
② 소방서장
③ 시·도지사
④ 한국소방안전원장

**해설** 공사업법 제4조(소방시설업의 등록)
① 특정소방대상물의 소방시설공사등을 하려는 자는 업종별로 자본금(개인인 경우에는 자산 평가액을 말한다), 기술인력 등 대통령령으로 정하는 요건을 갖추어 특별시장·광역시장·특별자치시장·도지사 또는 특별자치도지사(이하 "시·도지사"라 한다)에게 소방시설업을 등록하여야 한다.
② 제1항에 따른 소방시설업의 업종별 영업범위는 대통령령으로 정한다.
③ 제1항에 따른 소방시설업의 등록신청과 등록증·등록수첩의 발급·재발급 신청, 그 밖에 소방시설업 등록에 필요한 사항은 행정안전부령으로 정한다.
④ 제1항에도 불구하고 「공공기관의 운영에 관한 법률」 제5조에 따른 공기업·준정부기관 및 「지방공기업법」 제49조에 따라 설립된 지방공사나 같은 법 제76조에 따라 설립된 지방공단이 다음 각 호의 요건을 모두 갖춘 경우에는 시·도지사에게 등록을 하지 아니하고 자체 기술인력을 활용하여 설계·감리를 할 수 있

**정답** 56.④ 57.③ 58.② 59.③

다. 이 경우 대통령령으로 정하는 기술인력을 보유하여야 한다.
1. 주택의 건설·공급을 목적으로 설립되었을 것
2. 설계·감리 업무를 주요 업무로 규정하고 있을 것

**60** 위험물안전관리법령상 정기검사를 받아야 하는 특정·준특정옥외탱크저장소의 관계인은 특정·준특정옥외탱크저장소의 설치허가에 따른 완공검사필증을 발급받은 날부터 몇 년 이내에 정기검사를 받아야 하는가?

① 9년  ② 10년
③ 11년  ④ 12년

**해설** 위험물제조소등 정기검사
㉠ 정기검사자 : 소방본부장 또는 소방서장
㉡ 정기검사의 대상 : 액체위험물을 저장 또는 취급하는 50만리터 이상의 옥외탱크저장소
[준특정옥외탱크저장소 – 50만리터 이상, 특정옥외탱크저장소 – 100만리터 이상]
㉢ 정기검사의 시기
ⓐ 특정·준특정옥외탱크저장소의 설치허가에 따른 완공검사필증을 발급받은 날부터 12년
ⓑ 최근의 정기검사를 받은 날부터 11년
ⓒ 정기검사를 받아야 하는 특정옥외탱크저장소의 관계인은 정기검사를 구조안전점검을 실시하는 때에 함께 받을 수 있다.
ⓓ 재난 그 밖의 비상사태의 발생, 안전유지상의 필요 또는 사용상황 등의 변경으로 해당 시기에 정기검사를 실시하는 것이 적당하지 아니하다고 인정되는 때에는 소방서장의 직권 또는 관계인의 신청에 따라 소방서장이 따로 지정하는 시기에 정기검사를 받을 수 있다.

[22.12.1이후 개정]
▶ 정기검사
㉠ 정기검사자 : 소방본부장 또는 소방서장
㉡ 정기검사의 대상 : 액체위험물을 저장 또는 취급하는 50만리터 이상의 옥외탱크저장소[준특정옥외탱크저장소 – 50만리터 이상, 특정옥외탱크저장소 – 100만리터 이상]
㉢ 정기검사의 시기
ⓐ 정밀정기검사 : 다음 각 목의 어느 하나에 해당하는 기간 내에 1회
㉮ 특정·준특정옥외탱크저장소의 설치허가에 따른 완공검사합격확인증을 발급받은 날부터 12년
㉯ 최근의 정밀정기검사를 받은 날부터 11년
ⓑ 중간정기검사 : 다음 각 목의 어느 하나에 해당하는 기간 내에 1회
㉮ 특정·준특정옥외탱크저장소의 설치허가에 따른 완공검사합격확인증을 발급받은 날부터 4년
㉯ 최근의 정밀정기검사 또는 중간정기검사를 받은 날부터 4년
㉣ 정밀정기검사를 받아야 하는 특정·준특정옥외탱크저장소의 관계인은 정밀정기검사를 제65조제1항에 따른 구조안전점검을 실시하는 때에 함께 받을 수 있다.
㉤ 정기검사의 기록보관
정기검사를 받은 제조소등의 관계인과 정기검사를 실시한 기술원은 정기검사합격확인증 등 정기검사에 관한 서류를 해당 제조소등에 대한 차기 정기검사시까지 보관하여야 한다.

# 2020년 제3회 소방설비기사[기계분야] 1차 필기
[제3과목 : 소방관계법규]

**41** 다음 중 화재예방법령상 특수가연물에 해당하는 품명별 기준수량으로 틀린 것은?

① 사류 1,000[kg] 이상
② 면화류 200[kg] 이상
③ 나무껍질 및 대팻밥 400[kg] 이상
④ 넝마 및 종이부스러기 500[kg] 이상

**해설** 특수가연물의 종류

| 품명 | | 수량 |
|---|---|---|
| 면화류 | | 200킬로그램 이상 |
| 나무껍질 및 대팻밥 | | 400킬로그램 이상 |
| 넝마 및 종이부스러기 | | 1,000킬로그램 이상 |
| 사류(絲類) | | 1,000킬로그램 이상 |
| 볏짚류 | | 1,000킬로그램 이상 |
| 가연성고체류 | | 3,000킬로그램 이상 |
| 석탄목탄류 | | 10,000킬로그램 이상 |
| 가연성액체류 | | 2세제곱미터 이상 |
| 목재가공품 및 나무부스러기 | | 10세제곱미터 이상 |
| 합성수지류 | 발포시킨 것 | 20세제곱미터 이상 |
| | 그 밖의 것 | 3,000킬로그램 이상 |

**42** 소방시설법령상 소방시설관리업을 등록할 수 있는 자는?

① 피성년후견인
② 소방시설관리업의 등록이 취소된 날부터 2년이 경과된 자
③ 금고 이상의 형의 집행유예를 선고받고 그 유예기간 중에 있는 자
④ 금고 이상의 실형을 선고받고 그 집행이 면제된 날부터 2년이 지나지 아니한 자

**해설** 소방시설법 제30조(등록의 결격사유)
다음 각 호의 어느 하나에 해당하는 자는 관리업의 등록을 할 수 없다.
1. 피성년후견인
2. 이 법, 「소방기본법」, 「소방시설공사업법」 또는 「위험물 안전관리법」에 따른 금고 이상의 실형을 선고받고 그 집행이 끝나거나(집행이 끝난 것으로 보는 경우를 포함한다) 집행이 면제된 날부터 2년이 지나지 아니한 사람
3. 이 법, 「소방기본법」, 「소방시설공사업법」 또는 「위험물 안전관리법」에 따른 금고 이상의 형의 집행유예를 선고받고 그 유예기간 중에 있는 사람
4. 제34조제1항에 따라 관리업의 등록이 취소(제30조제1호에 해당하여 등록이 취소된 경우는 제외한다)된 날부터 2년이 지나지 아니한 자
5. 임원 중에 제1호부터 제4호까지의 어느 하나에 해당하는 사람이 있는 법인

**43** 위험물안전관리법령상 위험물취급소의 구분에 해당하지 않는 것은?

① 이송취급소　② 관리취급소
③ 판매취급소　④ 일반취급소

**해설** 위험물취급소의 종류
㉠ 주유취급소
㉡ 판매취급소
㉢ 일반취급소
㉣ 이송취급소

**44** 국민의 안전의식과 화재에 대한 경각심을 높이고 안전문화를 정착시키기 위한 소방의 날은 몇월 며칠인가?

① 1월 19일　② 10월 9일
③ 11월 9일　④ 12월 19일

정답　41.④　42.②　43.②　44.③

**해설** 소방기본법 제7조(소방의 날 제정과 운영 등)
① 국민의 안전의식과 화재에 대한 경각심을 높이고 안전문화를 정착시키기 위하여 매년 11월 9일을 소방의 날로 정하여 기념행사를 한다.
② 소방의 날 행사에 관하여 필요한 사항은 소방청장 또는 시·도지사가 따로 정하여 시행할 수 있다.
③ 소방청장은 다음 각 호에 해당하는 사람을 명예직 소방대원으로 위촉할 수 있다.
  1. 「의사상자 등 예우 및 지원에 관한 법률」 제2조에 따른 의사상자(義死傷者)로서 같은 법 제3조제3호 또는 제4호에 해당하는 사람
  2. 소방행정 발전에 공로가 있다고 인정되는 사람

**45** 화재예방법상 화재안전조사 결과 소방대상물의 위치 상황이 화재 예방을 위하여 보완될 필요가 있을 것으로 예상되는 때에 소방대상물의 개수·이전·제거, 그 밖의 필요한 조치를 관계인에게 명령할 수 있는 사람은?

① 소방서장     ② 경찰청장
③ 시·도지사   ④ 해당 구청장

**해설** 화재안전조사 결과 조치명령권자
소방청장, 소방본부장, 소방서장

**46** 소방시설법상 지하가 중 터널로서 길이가 1천미터일 때 설치하지 않아도 되는 소방시설은?

① 인명구조기구
② 옥내소화전설비
③ 연결송수관설비
④ 무선통신보조설비

**해설** 터널에 설치하는 소방시설
㉠ 모든 터널 : 소화기
㉡ 500[m] 이상 터널 : 비상콘센트설비, 비상조명등설비, 비상경보설비, 무선통신보조설비
㉢ 1,000[m] 이상 터널 : 옥내소화전설비, 연결송수관설비, 자동화재탐지설비
㉣ 위험등급 이상 터널 : 물분무소화설비, 제연설비

**47** 위험물안전관리법령상 허가를 받지 아니하고 당해 제조소등을 설치하거나 그 위치·구조 또는 설비를 변경할 수 있으며, 신고를 하지 아니하고 위험물의 품명·수량 또는 지정수량의 배수를 변경할 수 있는 기준으로 옳은 것은?

① 축산용으로 필요한 건조시설을 위한 지정수량 40배 이하의 저장소
② 수산용으로 필요한 건조시설을 위한 지정수량 30배 이하의 저장소
③ 농예용으로 필요한 난방시설을 위한 지정수량 40배 이하의 저장소
④ 주택의 난방시설(공동주택의 중앙난방시설 제외)을 위한 저장소

**해설** 위험물시설의 설치 및 변경
㉠ 제조소등을 설치하고자 하는 자는 시·도지사의 허가를 받아야 한다.
㉡ 제조소등의 위치, 구조 또는 설비를 변경하고자 하는 자는 시·도지사의 허가를 받아야 한다.
㉢ 취급하는 위험물의 품명, 수량 또는 지정수량의 배수를 변경하고자 하는 자는 변경하고자 하는 날의 1일 전까지 시·도지사에게 신고하여야 한다.
㉣ 제조소등이 아닌 경우에 허가를 받지 아니하고 당해 제조소등을 설치하거나 그 위치 구조 또는 설비를 변경하거나 신고를 하지 아니하고 위험물의 품명, 수량 또는 지정수량의 배수를 변경할 수 있는 경우
  ⓐ 주택의 난방시설(공동주택의 중앙난방시설을 제외한다)을 위한 저장소 또는 취급소
  ⓑ 농예용·축산용 또는 수산용으로 필요한 난방시설 또는 건조시설을 위한 지정수량 20배 이하의 저장소

**48** 소방기본법령상 시장지역에서 화재로 오인할 만한 우려가 있는 불을 피우거나 연막소독을 하려는 자가 신고를 하지 아니하여 소방자동차를 출동하게 한 자에 대한 과태료 부과·징수권자는?

① 국무총리
② 시·도지사
③ 행정안전부장관
④ 소방본부장 또는 소방서장

**해설** 20만원 이하의 과태료
제19조제2항에 따른 신고를 하지 아니하여 소방자동차를 출동하게 한 자에게는 20만원 이하의 과태료를 부과한다. [관할소방본부장 또는 소방서장이 부과·징수]

**49** 소방시설공사업법령상 공사감리자 지정대상 특정소방대상물의 범위가 아닌 것은?

① 제연설비를 신설·개설하거나 제연구역을 증설할 때
② 연소방지설비를 신설·개설하거나 살수구역을 증설할 때
③ 캐비닛형 간이스프링클러설비를 신설·개설하거나 방호·방수 구역을 증설할 때
④ 물분무등소화설비(호스릴 방식의 소화설비 제외)를 신설·개설하거나 방호·방수 구역을 증설할 때

**해설** 감리지정대상 특정소방대상물
1. 옥내소화전설비를 신설·개설 또는 증설할 때
2. 스프링클러설비등(캐비닛형 간이스프링클러설비는 제외한다)을 신설·개설하거나 방호·방수구역을 증설할 때
3. 물분무등소화설비(호스릴 방식의 소화설비는 제외한다)를 신설·개설하거나 방호·방수 구역을 증설할 때
4. 옥외소화전설비를 신설·개설 또는 증설할 때
5. 자동화재탐지설비를 신설 또는 개설할 때
5의2. 비상방송설비를 신설 또는 개설할 때
6. 통합감시시설을 신설 또는 개설할 때
6의2. 비상조명등을 신설 또는 개설할 때
7. 소화용수설비를 신설 또는 개설할 때
8. 다음 각 목에 따른 소화활동설비에 대하여 각 목에 따른 시공을 할 때
  가. 제연설비를 신설·개설하거나 제연구역을 증설할 때
  나. 연결송수관설비를 신설 또는 개설할 때
  다. 연결살수설비를 신설·개설하거나 송수구역을 증설할 때
  라. 비상콘센트설비를 신설·개설하거나 전용회로를 증설할 때
  마. 무선통신보조설비를 신설 또는 개설할 때
  바. 연소방지설비를 신설·개설하거나 살수구역을 증설할 때

**50** 소방기본법령상 소방대장의 권한이 아닌 것은?

① 화재 현장에 대통령령으로 정하는 사람외에는 그 구역에 출입하는 것을 제한할 수 있다.
② 화재 진압 등 소방활동을 위하여 필요할 때에는 소방용수 외에 댐·저수지 등의 물을 사용할 수 있다.
③ 국민의 안전의식을 높이기 위하여 소방박물관 및 소방체험관을 설립하여 운영할 수 있다.
④ 불이 번지는 것을 막기 위하여 필요할 때에는 불이 번질 우려가 있는 소방대상물 및 토지를 일시적으로 사용할 수 있다.

**해설** 소방박물관의 설립과 운영권자 : 소방청장
소방체험관의 설립과 운영권자 : 시·도지사

**51** 소방시설법상 스프링클러설비를 설치하여야 하는 특정소방대상물의 기준으로 틀린 것은? (단, 위험물 저장 및 처리 시설 중 가스시설 또는 지하구는 제외한다)

① 복합건축물로서 연면적 3,500[m²] 이상인 경우에는 모든 층
② 창고시설(물류터미널은 제외)로서 바닥면적 합계가 5,000[m²] 이상인 경우에는 모든 층
③ 숙박이 가능한 수련시설 용도로 사용되는 시설의 바닥면적의 합계가 600[m²] 이상인 것은 모든 층
④ 판매시설, 운수시설 및 창고시설(물류터미널에 한정)로서 바닥면적의 합계가 5,000[m²] 이상이거나 수용인원이 500명 이상인 경우에는 모든 층

**해설** 스프링클러설비를 설치해야 하는 특정소방대상물(위험물 저장 및 처리 시설 중 가스시설 및 지하구는 제외한다)은 다음의 어느 하나에 해당하는 것으로 한다.
1) 층수가 6층 이상인 특정소방대상물의 경우에는 모든 층. 다만, 다음의 어느 하나에 해당하는 경우는 제외한다.
  가) 주택 관련 법령에 따라 기존의 아파트등을 리모델

**정답** 49.③ 50.③ 51.①

링하는 경우로서 건축물의 연면적 및 층의 높이가 변경되지 않는 경우. 이 경우 해당 아파트등의 사용검사 당시의 소방시설의 설치에 관한 대통령령 또는 화재안전기준을 적용한다.
나) 스프링클러설비가 없는 기존의 특정소방대상물을 용도변경하는 경우. 다만, 2)부터 6)까지 및 9)부터 12)까지의 규정에 해당하는 특정소방대상물로 용도변경하는 경우에는 해당 규정에 따라 스프링클러설비를 설치한다.
2) 기숙사(교육연구시설・수련시설 내에 있는 학생 수용을 위한 것을 말한다) 또는 복합건축물로서 연면적 5천㎡ 이상인 경우에는 모든 층
3) 문화 및 집회시설(동・식물원은 제외한다), 종교시설(주요구조부가 목조인 것은 제외한다), 운동시설(물놀이형 시설 및 바닥이 불연재료이고 관람석이 없는 운동시설은 제외한다)로서 다음의 어느 하나에 해당하는 경우에는 모든 층
  가) 수용인원이 100명 이상인 것
  나) 영화상영관의 용도로 쓰는 층의 바닥면적이 지하층 또는 무창층인 경우에는 500㎡ 이상, 그 밖의 층의 경우에는 1천㎡ 이상인 것
  다) 무대부가 지하층・무창층 또는 4층 이상의 층에 있는 경우에는 무대부의 면적이 300㎡ 이상인 것
  라) 무대부가 다) 외의 층에 있는 경우에는 무대부의 면적이 500㎡ 이상인 것
4) 판매시설, 운수시설 및 창고시설(물류터미널로 한정한다)로서 바닥면적의 합계가 5천㎡ 이상이거나 수용인원이 500명 이상인 경우에는 모든 층
5) 다음의 어느 하나에 해당하는 용도로 사용되는 시설의 바닥면적의 합계가 600㎡ 이상인 것은 모든 층
  가) 근린생활시설 중 조산원 및 산후조리원
  나) 의료시설 중 정신의료기관
  다) 의료시설 중 종합병원, 병원, 치과병원, 한방병원 및 요양병원
  라) 노유자 시설
  마) 숙박이 가능한 수련시설
  바) 숙박시설
6) 창고시설(물류터미널은 제외한다)로서 바닥면적의 합계가 5천㎡ 이상인 경우에는 모든 층
7) 특정소방대상물의 지하층・무창층(축사는 제외한다) 또는 층수가 4층 이상 층으로서 바닥면적이 1천㎡ 이상인 층이 있는 경우에는 해당 층
8) 랙식 창고(rack warehouse): 랙(물건을 수납할 수 있는 선반이나 이와 비슷한 것을 말한다. 이하 같다)을 갖춘 것으로서 천장 또는 반자(반자가 없는 경우에는 지붕의 옥내에 면하는 부분을 말한다)의 높이가 10m를 초과하고, 랙이 설치된 층의 바닥면적의 합계가 1천5백㎡ 이상인 경우에는 모든 층
9) 공장 또는 창고시설로서 다음의 어느 하나에 해당하는 시설
  가) 「화재의 예방 및 안전관리에 관한 법률 시행령」 별표 2에서 정하는 수량의 1천 배 이상의 특수가연물을 저장・취급하는 시설
  나) 「원자력안전법 시행령」 제2조제1호에 따른 중・저준위방사성폐기물(이하 "중・저준위방사성폐기물"이라 한다)의 저장시설 중 소화수를 수집・처리하는 설비가 있는 저장시설
10) 지붕 또는 외벽이 불연재료가 아니거나 내화구조가 아닌 공장 또는 창고시설로서 다음의 어느 하나에 해당하는 것
  가) 창고시설(물류터미널로 한정한다) 중 4)에 해당하지 않는 것으로서 바닥면적의 합계가 2천5백㎡ 이상이거나 수용인원이 250명 이상인 경우에는 모든 층
  나) 창고시설(물류터미널은 제외한다) 중 6)에 해당하지 않는 것으로서 바닥면적의 합계가 2천5백㎡ 이상인 경우에는 모든 층
  다) 공장 또는 창고시설 중 7)에 해당하지 않는 것으로서 지하층・무창층 또는 층수가 4층 이상인 것 중 바닥면적이 500㎡ 이상인 경우에는 모든 층
  라) 랙식 창고 중 8)에 해당하지 않는 것으로서 바닥면적의 합계가 750㎡ 이상인 경우에는 모든 층
  마) 공장 또는 창고시설 중 9)가)에 해당하지 않는 것으로서 「화재의 예방 및 안전관리에 관한 법률 시행령」 별표 2에서 정하는 수량의 500배 이상의 특수가연물을 저장・취급하는 시설
11) 교정 및 군사시설 중 다음의 어느 하나에 해당하는 경우에는 해당 장소
  가) 보호감호소, 교도소, 구치소 및 그 지소, 보호관찰소, 갱생보호시설, 치료감호시설, 소년원 및 소년분류심사원의 수용거실
  나) 「출입국관리법」 제52조제2항에 따른 보호시설(외국인보호소의 경우에는 보호대상자의 생활공간으로 한정한다. 이하 같다)로 사용하는 부분. 다만, 보호시설이 임차건물에 있는 경우는 제외한다.
  다) 「경찰관 직무집행법」 제9조에 따른 유치장
12) 지하상가로서 연면적 1천㎡ 이상인 것
13) 발전시설 중 전기저장시설
14) 1)부터 13)까지의 특정소방대상물에 부속된 보일러실 또는 연결통로 등

**52** 소방시설법상 단독경보형 감지기를 설치하여야 하는 특정소방대상물의 기준으로 옳지 않은 것은?

① 연면적 2천제곱미터 미만 교육연구시설 내의 기숙사
② 연면적 400제곱미터 미만의 유치원
③ 수용인원 100인 미만 수련시설(숙박시설있음)
④ 연면적 600제곱미터 미만 숙박시설

**해설** 단독경보형 감지기를 설치해야 하는 특정소방대상물은 다음의 어느 하나에 해당하는 것으로 한다. 이 경우 5)의 연립주택 및 다세대주택에 설치하는 단독경보형 감지기는 연동형으로 설치해야 한다.
1) 교육연구시설 내에 있는 기숙사 또는 합숙소로서 연면적 2천㎡ 미만인 것
2) 수련시설 내에 있는 기숙사 또는 합숙소로서 연면적 2천㎡ 미만인 것
3) 다목7)에 해당하지 않는 수련시설(숙박시설이 있는 것만 해당한다)
4) 연면적 400㎡ 미만의 유치원
5) 공동주택 중 연립주택 및 다세대주택

**53** 소방시설공사업법령상 소방시설공사의 하자보수 보증기간이 3년이 아닌 것은?

① 자동소화장치
② 무선통신보조설비
③ 자동화재탐지설비
④ 간이스프링클러설비

**해설** 하자보수 보증기간
㉠ 피난기구, 유도등, 유도표지, 비상경보설비, 비상조명등, 비상방송설비 및 무선통신보조설비 : 2년
㉡ 자동소화장치, 옥내소화전설비, 스프링클러설비, 간이스프링클러설비, 물분무등소화설비, 옥외소화전설비, 자동화재탐지설비, 상수도소화용수설비 및 소화활동설비(무선통신보조설비는 제외한다), 비상콘센트설비 : 3년

**54** 위험물안전관리법령상 제조소의 기준에 따라 건축물의 외벽 또는 이에 상당하는 공작물의 외측으로부터 제조소의 외벽 또는 이에 상당하는 공작물의 외측까지의 안전거리 기준으로 틀린 것은? (단, 제6류 위험물을 취급하는 제조소를 제외하고, 건축물에 불연재료로 된 방화상 유효한 담 또는 벽을 설치하지 않은 경우이다)

① 「의료법」에 의한 종합병원에 있어서는 30[m] 이상
② 「도시가스사업법」에 의한 가스공급시설에 있어서는 20[m] 이상
③ 사용전압 35,000[V]를 초과하는 특고압가공전선에 있어서는 5[m] 이상
④ 「문화유산의 보존 및 활용에 관한 법률」에 의한 지정문화유산에 있어서는 30[m] 이상

**해설** 제조소등으로부터 안전거리
㉠ 지정문화재 및 유형문화재 : 50[m]
㉡ 학교, 병원, 공연장(3백 명 이상 수용) : 30[m]
㉢ 아동복지시설, 노인복지시설, 장애인복지시설, 한부모가족복지시설, 어린이집, 정신보건시설로서 20명 이상 수용시설 : 30[m]
㉣ 고압가스, 액화석유가스, 도시가스를 저장·취급하는 시설 : 20[m]
㉤ 건축물 그 밖의 공작물로서 주거용으로 사용되는 것 : 10[m]
㉥ 사용전압이 35,000[V]를 초과하는 특고압가공전선 : 5[m]
㉦ 사용전압이 7,000[V] 초과 35,000[V] 이하의 특고압가공전선 : 3[m]

**55** 소방기본법령상 화재가 발생하였을 때 화재의 원인 및 피해 등에 대한 조사를 하여야 하는 자는?

① 시·도지사 또는 소방본부장
② 소방청장, 소방본부장 또는 소방서장
③ 시·도지사, 소방서장 또는 소방파출소장
④ 행정안전부장관, 소방본부장 또는 소방파출소장

**정답** 52.④ 53.② 54.④ 55.②

해설 [화재조사법 시행으로 현행 삭제된 문제]
소방청장, 소방본부장 또는 소방서장은 화재가 발생하였을 때에는 화재의 원인 및 피해 등에 대한 조사(이하 "화재조사"라 한다)를 하여야 한다.

**56** 소방기본법령상 화재피해조사 중 재산피해조사의 조사범위에 해당하지 않는 것은?

① 소화활동 중 사용된 물로 인한 피해
② 열에 의한 탄화, 용융, 파손 등의 피해
③ 소방활동 중 발생한 사망자 및 부상자
④ 연기, 물품반출, 화재로 인한 폭발 등에 의한 피해

해설 [화재조사법 시행으로 현행 삭제된 문제]
화재조사의 종류 및 조사의 범위(제11조제2항관련)
1. 화재원인조사

| 종류 | 조사범위 |
|---|---|
| 가. 발화원인 조사 | 화재가 발생한 과정, 화재가 발생한 지점 및 불이 붙기 시작한 물질 |
| 나. 발견·통보 및 초기 소화상황 조사 | 화재의 발견·통보 및 초기소화 등 일련의 과정 |
| 다. 연소상황 조사 | 화재의 연소경로 및 확대원인 등의 상황 |
| 라. 피난상황 조사 | 피난경로, 피난상의 장애요인 등의 상황 |
| 마. 소방시설 등 조사 | 소방시설의 사용 또는 작동 등의 상황 |

2. 화재피해조사

| 종류 | 조사범위 |
|---|---|
| 가. 인명피해조사 | (1) 소방활동 중 발생한 사망자 및 부상자<br>(2) 그 밖에 화재로 인한 사망자 및 부상자 |
| 나. 재산피해조사 | (1) 열에 의한 탄화, 용융, 파손 등의 피해<br>(2) 소화활동중 사용된 물로 인한 피해<br>(3) 그 밖에 연기, 물품반출, 화재로 인한 폭발 등에 의한 피해 |

**57** 위험물안전관리법령상 위험물시설의 설치 및 변경 등에 관한 기준 중 다음 ( ) 안에 들어갈 내용으로 옳은 것은?

제조소등의 위치·구조 또는 설비의 변경없이 당해 제조소등에서 저장하거나 취급하는 위험물의 품명·수량 또는 지정수량의 배수를 변경하고자 하는 자는 변경하고자 하는 날의 ( ㉠ )일 전까지 ( ㉡ )이 정하는 바에 따라 ( ㉢ )에게 신고하여야 한다.

① ㉠ : 1, ㉡ : 대통령령, ㉢ : 소방본부장
② ㉠ : 1, ㉡ : 행정안전부령, ㉢ : 시·도지사
③ ㉠ : 14, ㉡ : 대통령령, ㉢ : 소방서장
④ ㉠ : 14, ㉡ : 행정안전부령, ㉢ : 시·도지사

해설 위험물시설의 설치 및 변경
㉠ 제조소등을 설치하고자 하는 자는 시·도지사의 허가를 받아야 한다.
㉡ 제조소등의 위치, 구조 또는 설비를 변경하고자 하는 자는 시·도지사의 허가를 받아야 한다.
㉢ 취급하는 위험물의 품명, 수량 또는 지정수량의 배수를 변경하고자 하는 자는 변경하고자 하는 날의 1일 전까지 행정안전부령이 정하는 바에 따라 시·도지사에게 신고하여야 한다.
㉣ 제조소등이 아닌 경우에 허가를 받지 아니하고 당해 제조소등을 설치하거나 그 위치 구조 또는 설비를 변경하거나 신고를 하지 아니하고 위험물의 품명, 수량 또는 지정수량의 배수를 변경할 수 있는 경우
  ⓐ 주택의 난방시설(공동주택의 중앙난방시설을 제외한다)을 위한 저장소 또는 취급소
  ⓑ 농예용·축산용 또는 수산용으로 필요한 난방시설 또는 건조시설을 위한 지정수량 20배 이하의 저장소

**58** 소방시설법상 수용인원 산정 방법 중 침대가 없는 숙박시설로서 해당 특정소방대상물의 종사자의 수는 5명, 복도, 계단 및 화장실의 바닥면적을 제외한 바닥 면적이 $158[m^2]$인 경우의 수용인원은 약 몇 명인가?

① 37명  ② 45명
③ 58명  ④ 84명

정답 56.③ 57.② 58.③

**해설** 수용인원수 계산

종사자 수 5명 + $\dfrac{158[m^2]}{3[m^2/1명]}$ = 57.66명

따라서 58명

## 59 소방시설법령상 1급 소방안전관리대상물에 해당하는 건축물은?

① 지하구
② 층수가 15층인 공공업무시설
③ 연면적 15,000[m²] 이상인 동물원
④ 층수가 20층이고, 지상으로부터 높이가 100[m]인 아파트

**해설** 소방시설법 시행령 제22조(소방안전관리자를 두어야 하는 특정소방대상물) 1급 소방안전관리대상물

특정소방대상물 중 특급 소방안전관리대상물을 제외한 다음의 어느 하나에 해당하는 것으로서 아파트, 동·식물원, 철강 등 불연성 물품을 저장·취급하는 창고, 위험물 저장 및 처리시설 중 위험물 제조소 등, 지하구를 제외한 것

㉠ 30층 이상(지하층은 제외한다)이거나 지상으로부터 높이가 120미터 이상인 아파트
㉡ 연면적 1만5천제곱미터 이상인 특정소방대상물(아파트는 제외한다)
㉢ ㉡에 해당하지 아니하는 특정소방대상물로서 층수가 11층 이상인 특정소방대상물(아파트는 제외한다)
㉣ 가연성 가스를 1천톤 이상 저장·취급하는 시설

## 60 소방시설법상 1년 이하의 징역 또는 1천만원 이하의 벌금 기준에 해당하는 경우는?

① 소방용품의 형식승인을 받지 아니하고 소방용품을 제조하거나 수입한 자
② 형식승인을 받은 소방용품에 대하여 제품검사를 받지 아니한 자
③ 거짓이나 그 밖의 부정한 방법으로 제품검사 전문기관으로 지정을 받은 자
④ 소방용품에 대하여 형상 등의 일부를 변경한 후 형식승인의 변경승인을 받지 아니한 자

**해설** 소방시설법상 1년 이하의 징역 또는 1천만원 이하의 벌금

㉠ 규정을 위반하여 관리업의 등록증이나 등록수첩을 다른 자에게 빌려준 자
㉡ 영업정지처분을 받고 그 영업정지기간 중에 관리업의 업무를 한 자
㉢ 규정을 위반하여 소방시설등에 대한 자체점검을 하지 아니하거나 관리업자 등으로 하여금 정기적으로 점검하게 하지 아니한 자
㉣ 규정을 위반하여 소방시설관리사증을 다른 자에게 빌려주거나 동시에 둘 이상의 업체에 취업한 사람
㉤ 소방용품 형식승인의 변경승인을 받지 아니한 자
㉥ 소방용품 성능인증의 변경인증을 받지 아니한 자
㉦ 화재안전조사 또는 감독업무 수행 시 관계인의 정당한 업무를 방해한 자, 조사·검사 업무를 수행하면서 알게 된 비밀을 제공 또는 누설하거나 목적 외의 용도로 사용한 자

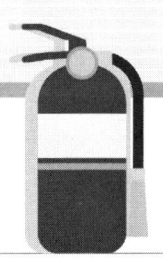

# 2020년 제4회 소방설비기사[기계분야] 1차 필기
[제3과목 : 소방관계법규]

**41** 소방시설법상 소방시설 등의 자체점검 중 종합점검을 받아야 하는 특정소방대상물 대상 기준으로 틀린 것은?

① 제연설비가 설치된 터널
② 스프링클러설비가 설치된 특정소방대상물
③ 공공기관 중 연면적이 1,000[m²] 이상인 것으로서 옥내소화전설비 또는 자동화재탐지설비가 설치된 것 (단, 소방대가 근무하는 공공기관은 제외한다)
④ 호스릴 방식의 물분무등소화설비만이 설치된 연면적 5000[m²] 이상인 특정소방대상물 (단, 위험물 제조소등은 제외한다)

**해설** ▶ 점검대상 및 시기, 점검자자격

| 대상 | | 횟수·시기 | | 점검자 |
|---|---|---|---|---|
| 작동점검 | 모든 특정소방대상물 [3급이상에 해당] | • 원칙 : 연 1회 | | 관계인 (자탐, 간이만 해당) |
| | 〈제외 대상〉 1. 특급소방안전관리대상물 (종합점검만 연 2회) 2. 소방안전관리대상물에 속하지 않는 대상물 3. 위험물 제조소등 | 종합점검 대상 × | 안전관리대상물의 사용승인일이 속하는 달의 말일까지 | 소방안전관리자 (기술사, 관리사) |
| | | 종합점검 대상 ○ | 종합실시월로부터 6개월이 되는 달에 실시 | 관리업자(관리사) (자탐, 간이는 특급 점검자가능) |
| 종합점검 | 최초점검 | 3급이상대상중 최초사용승인 건축물 | 사용승인일로부터 60일 이내 | |
| | 그밖점검 | 스프링클러설비가 설치된 특정소방대상물 | • 원칙 : 연 1회 (최초사용승인해 다음부터 사용승인일이 속하는 달의 말일까지) | 소방안전관리자 (기술사, 관리사) |
| | | 물분무등소화설비가 설치된 연면적 5,000[m²] 이상인 특정소방대상물 | | |
| | | 연면적 2,000[m²] 이상 다중이용업소(9종) | 예) 학교 : 1~6월이 사용승인일인 경우 6월 말일까지 | 관리업자(관리사) |
| | | 옥내소화전설비 또는 자동화재탐지설비가 설치된 연면적 1,000[m²] 이상 공공기관(소방대 제외) | • 특급 소방안전관리대상물 : 연2회(반기별 1회) | |
| | | 제연설비가 설치된 터널 | | |

**42** 위험물안전관리법령상 제조소등이 아닌 장소에서 지정수량 이상의 위험물을 취급할 수 있는 경우에 대한 기준으로 맞는 것은? (단, 시·도의 조례가 정하는 바에 따른다)

① 관할 소방서장의 승인을 받아 지정수량 이상의 위험물을 60일 이내의 기간 동안 임시로 저장 또는 취급하는 경우
② 관할 소방대장의 승인을 받아 지정수량 이상의 위험물을 60일 이내의 기간 동안 임시로 저장 또는 취급하는 경우
③ 관할 소방서장의 승인을 받아 지정수량 이상의 위험물을 90일 이내의 기간 동안 임시로 저장 또는 취급하는 경우
④ 관할 소방대장의 승인을 받아 지정수량 이상의 위험물을 90일 이내의 기간 동안 임시로 저장 또는 취급하는 경우

**해설** 제조소등이 아닌 장소에서 지정수량 이상의 위험물을 취급할 수 있는 경우
임시로 저장 또는 취급하는 장소에서의 저장 또는 취급의 기준과 임시로 저장 또는 취급하는 장소의 위치·구조 및 설비의 기준은 시·도의 조례로 정한다.
㉠ 시·도의 조례가 정하는 바에 따라 관할소방서장의 승인을 받아 지정수량 이상의 위험물을 90일 이내의 기간 동안 임시로 저장 또는 취급하는 경우
㉡ 군부대가 지정수량 이상의 위험물을 군사목적으로 임시로 저장 또는 취급하는 경우

**43** 화재예방법상 화재예방강화지구의 지정권자는?

① 소방서장
② 시·도지사
③ 소방본부장
④ 행정안전부장관

정답 41.④ 42.③ 43.②

**해설** 화재예방법 제18조(화재예방강화지구의 지정 등)
① 시·도지사는 다음 각 호의 어느 하나에 해당하는 지역을 화재예방강화지구로 지정하여 관리할 수 있다.
1. 시장지역
2. 공장·창고가 밀집한 지역
3. 목조건물이 밀집한 지역
4. 노후·불량건축물이 밀집한 지역
5. 위험물의 저장 및 처리 시설이 밀집한 지역
6. 석유화학제품을 생산하는 공장이 있는 지역
7. 「산업입지 및 개발에 관한 법률」 제2조제8호에 따른 산업단지
8. 소방시설·소방용수시설 또는 소방출동로가 없는 지역
9. 물류단지
10. 그 밖에 제1호부터 제8호까지에 준하는 지역으로서 소방관서장이 화재예방강화지구로 지정할 필요가 있다고 인정하는 지역

**44** 위험물안전관리법령상 위험물 중 제1석유류에 속하는 것은?

① 경유
② 등유
③ 중유
④ 아세톤

**해설** "제1석유류"라 함은 아세톤, 휘발유 그 밖에 1기압에서 인화점이 섭씨 21도 미만인 것을 말한다.

**45** 소방시설법상 수용인원 산정 방법 중 다음과 같은 시설의 수용인원은 몇 명인가?

> 숙박시설이 있는 특정소방대상물로서 종사자수는 5명, 숙박시설은 모두 2인용 침대이며, 침대수량은 50개이다.

① 55명
② 75명
③ 85명
④ 105명

**해설** 수용인원산정방법

| 숙박시설인 경우 | 침대 ○ | 침대 수 + 종업원 수 |
|---|---|---|
| | 침대 × | $\dfrac{\text{바닥면적}[m^2]}{3[m^2/\text{명}]}$(반올림수) + 종업원 수 |

| 숙박시설이 아닌 경우 | 강의실, 교무실, 상담실, 실습실, 휴게실 | $\dfrac{\text{바닥면적}[m^2]}{1.9[m^2/\text{명}]}$(반올림수) |
|---|---|---|
| | 강당, 문화 및 집회시설, 운동시설, 종교시설 | $\dfrac{\text{바닥면적}[m^2]}{4.6[m^2/\text{명}]}$(반올림수) + 의자 수($\dfrac{\text{긴 의자길이}[m]}{0.45[m]}$)(반올림수) |
| | 그 밖 | $\dfrac{\text{바닥면적}[m^2]}{3[m^2/\text{명}]}$(반올림수) |

따라서 5명 + 2명 × 50 = 105명

**46** 위험물안전관리법령상 관계인이 예방규정을 정하여야 하는 위험물을 취급하는 제조소의 지정수량 기준으로 옳은 것은?

① 지정수량의 10배 이상
② 지정수량의 100배 이상
③ 지정수량의 150배 이상
④ 지정수량의 200배 이상

**해설** 예방규정을 작성, 제출하여야 하는 대상
㉠ 지정수량의 10배 이상의 위험물을 취급하는 제조소
㉡ 지정수량의 100배 이상의 위험물을 저장하는 옥외저장소
㉢ 지정수량의 150배 이상의 위험물을 저장하는 옥내저장소
㉣ 지정수량의 200배 이상의 위험물을 저장하는 옥외탱크저장소
㉤ 암반탱크저장소
㉥ 이송취급소
㉦ 지정수량의 10배 이상의 위험물을 취급하는 일반취급소
※ 다만, 제4류 위험물(특수인화물을 제외한다)만을 지정수량의 50배 이하로 취급하는 일반취급소(제1석유류·알코올류의 취급량이 지정수량의 10배 이하인 경우에 한한다)로서 다음 어느 하나에 해당하는 것을 제외한다.
ⓐ 보일러·버너 또는 이와 비슷한 것으로서 위험물을 소비하는 장치로 이루어진 일반취급소
ⓑ 위험물을 용기에 옮겨 담거나 차량에 고정된 탱크에 주입하는 일반취급소

정답 44.④ 45.④ 46.①

**47** 화재예방법상 공동 소방안전관리자를 선임해야 하는 특정소방대상물인 것은?

① 판매시설 중 도매시장 및 소매시장
② 복합건축물로서 층수가 5층 이상인 것
③ 지하층을 제외한 층수가 7층 이상인 고층 건축물
④ 복합건축물로서 연면적이 5,000[m²] 이상인 것

**해설** 화재예방법 제35조(관리의 권원이 분리된 특정소방대상물의 소방안전관리)
① 다음 각 호의 어느 하나에 해당하는 특정소방대상물로서 그 관리의 권원(權原)이 분리되어 있는 특정소방대상물의 경우 그 관리의 권원별 관계인은 대통령령으로 정하는 바에 따라 제24조제1항에 따른 소방안전관리자를 선임하여야 한다. 다만, 소방본부장 또는 소방서장은 관리의 권원이 많아 효율적인 소방안전관리가 이루어지지 아니한다고 판단되는 경우 대통령령으로 정하는 바에 따라 관리의 권원을 조정하여 소방안전관리자를 선임하도록 할 수 있다.
  1. 복합건축물(지하층을 제외한 층수가 11층 이상 또는 연면적 3만제곱미터 이상인 건축물)
  2. 지하가(지하의 인공구조물 안에 설치된 상점 및 사무실, 그 밖에 이와 비슷한 시설이 연속하여 지하도에 접하여 설치된 것과 그 지하도를 합한 것을 말한다)
  3. 그 밖에 대통령령으로 정하는 특정소방대상물
② 제1항에 따른 관리의 권원별 관계인은 상호 협의하여 특정소방대상물의 전체에 걸쳐 소방안전관리상 필요한 업무를 총괄하는 소방안전관리자(이하 "총괄소방안전관리자"라 한다)를 제1항에 따라 선임된 소방안전관리자 중에서 선임하거나 별도로 선임하여야 한다. 이 경우 총괄소방안전관리자의 자격은 대통령령으로 정하고 업무수행 등에 필요한 사항은 행정안전부령으로 정한다.
③ 제2항에 따른 총괄소방안전관리자에 대하여는 제24조, 제26조부터 제28조까지 및 제30조부터 제34조까지에서 규정한 사항 중 소방안전관리자에 관한 사항을 준용한다.
④ 제1항 및 제2항에 따라 선임된 소방안전관리자 및 총괄소방안전관리자는 해당 특정소방대상물의 소방안전관리를 효율적으로 수행하기 위하여 공동소방안전관리협의회를 구성하고, 해당 특정소방대상물에 대한 소방안전관리를 공동으로 수행하여야 한다. 이 경우 공동소방안전관리협의회의 구성·운영 및 공동소방안전관리의 수행 등에 필요한 사항은 대통령령으로 정한다.

**48** 소방기본법령상 소방안전교육사의 배치대상별 배치기준으로 틀린 것은?

① 소방청 : 2명 이상 배치
② 소방서 : 1명 이상 배치
③ 소방본부 : 2명 이상 배치
④ 한국소방안전원(본원) : 1명 이상 배치

**해설** 소방안전교육사 배치기준

| 배치대상 | 배치기준(단위 : 명) |
| --- | --- |
| 1. 소방청 | 2 이상 |
| 2. 소방본부 | 2 이상 |
| 3. 소방서 | 1 이상 |
| 4. 한국소방안전원 | 본원 : 2 이상    시·도지부 : 1 이상 |
| 5. 한국소방산업기술원 | 2 이상 |

**49** 소방시설공사업법령상 정의된 업종 중 소방시설업의 종류에 해당되지 않는 것은?

① 소방시설설계업    ② 소방시설공사업
③ 소방시설정비업    ④ 소방공사감리업

**해설** 소방시설업의 종류
㉠ 소방시설설계업
㉡ 소방시설공사업
㉢ 소방공사감리업
㉣ 방염처리업(섬유류방염업, 합성수지류방염업, 합판목재류방염업)

**50** 소방기본법상 소방대장의 권한이 아닌 것은?

① 소방활동을 할 때에 긴급한 경우에는 이웃한 소방본부장 또는 소방서장에게 소방업무의 응원을 요청할 수 있다.
② 화재, 재난·재해, 그 밖의 위급한 상황이 발생한 현장에서 소방활동을 위하여 필요할 때에는 그 관할구역에 사는 사람 또는 그 현장에 있는 사람으로 하여금 사람을 구출하는 일 또는 불을 끄거나 불이 번지지 아니하도록 하는 일을 하게 할 수 있다.

정답  47.① 48.④ 49.③ 50.①

③ 사람을 구출하거나 불이 번지는 것을 막기 위하여 필요할 때에는 화재가 발생하거나 불이 번질 우려가 있는 소방대상물 및 토지를 일시적으로 사용하거나 그 사용의 제한 또는 소방활동에 필요한 처분을 할 수 있다.

④ 소방활동을 위하여 긴급하게 출동할 때에는 소방자동차의 통행과 소방활동에 방해가 되는 주차 또는 정차된 차량 및 물건 등을 제거하거나 이동시킬 수 있다.

**해설** 소방활동을 할 때 긴급한 경우 이웃한 소방본부장 또는 소방서장에게 소방업무의 응원을 요청할 수 있는 자는 소방본부장 또는 소방서장이다.

**51** 소방시설공사업법상 도급을 받은 자가 제3자에게 소방시설공사의 시공을 하도급한 경우에 대한 벌칙 기준으로 옳은 것은? (단, 대통령령으로 정하는 경우는 제외한다)

① 100만원 이하의 벌금
② 300만원 이하의 벌금
③ 1년 이하의 징역 또는 1,000만원 이하의 벌금
④ 3년 이하의 징역 또는 1,500만원 이하의 벌금

**해설** 공사업법상 1년 이하의 징역 또는 1,000만원 이하의 벌금
① 영업정지처분을 받고 그 영업정지 기간에 영업을 한 자
② 불법으로(화재안전기준 위반) 설계나 시공을 한 자
③ 불법으로(규정을 위반) 감리를 하거나 거짓으로 감리한 자
④ 공사감리자를 지정하지 아니한 자
④의2. 공사업자에 대한 시정요구 이행하지 않거나 그 사실 보고를 거짓으로 한 자
④의3. 공사감리 결과의 통보 또는 공사감리 결과보고서의 제출을 거짓으로 한 자
⑤ 해당 소방시설업자가 아닌 자에게 소방시설공사등을 도급한 자
⑥ 제3자에게 소방시설공사 시공을 하도급한 자
⑦ 법 또는 명령을 따르지 아니하고 업무를 수행한 자(기술자)

**52** 소방시설법상 주택의 소유자가 소방시설을 설치하여야 하는 대상이 아닌 것은?

① 아파트
② 연립주택
③ 다세대주택
④ 다가구주택

**해설** 소방시설법 제8조(주택에 설치하는 소방시설)
① 다음 각 호의 주택의 소유자는 대통령령으로 정하는 소방시설을 설치하여야 한다.
  1. 「건축법」 제2조제2항제1호의 단독주택
  2. 「건축법」 제2조제2항제2호의 공동주택(아파트 및 기숙사는 제외한다)
② 국가 및 지방자치단체는 제1항에 따라 주택에 설치하여야 하는 소방시설(이하 "주택용 소방시설"이라 한다)의 설치 및 국민의 자율적인 안전관리를 촉진하기 위하여 필요한 시책을 마련하여야 한다.
③ 주택용 소방시설의 설치기준 및 자율적인 안전관리 등에 관한 사항은 특별시·광역시·특별자치시·도 또는 특별자치도의 조례로 정한다.

**53** 화재예방법상 화재예방강화지구의 지정대상이 아닌 것은? (단, 소방청장·소방본부장 또는 소방서장이 화재예방강화지구로 지정할 필요가 있다고 인정하는 지역은 제외한다)

① 시장지역
② 농촌지역
③ 목조건물이 밀집한 지역
④ 공장·창고가 밀집한 지역

**해설** 화재예방법 제18조(화재예방강화지구의 지정 등)
① 시·도지사는 다음 각 호의 어느 하나에 해당하는 지역을 화재예방강화지구로 지정하여 관리할 수 있다.
  1. 시장지역
  2. 공장·창고가 밀집한 지역
  3. 목조건물이 밀집한 지역
  4. 노후·불량건축물이 밀집한 지역
  5. 위험물의 저장 및 처리 시설이 밀집한 지역
  6. 석유화학제품을 생산하는 공장이 있는 지역
  7. 「산업입지 및 개발에 관한 법률」 제2조제8호에 따른 산업단지
  8. 소방시설·소방용수시설 또는 소방출동로가 없는 지역
  9. 물류단지

10. 그 밖에 제1호부터 제8호까지에 준하는 지역으로서 소방관서장이 화재예방강화지구로 지정할 필요가 있다고 인정하는 지역

**54** 위험물안전관리법령상 제4류 위험물별 지정수량 기준의 연결이 틀린 것은?

① 특수인화물 − 50리터
② 알코올류 − 400리터
③ 동·식물유류 − 1,000리터
④ 제4석유류 − 6,000리터

해설 4류 위험물의 지정수량

| 위험등급 | 품 명 | | 지정수량 |
|---|---|---|---|
| I 등급 | 특수인화물 | | 50[L] |
| II 등급 | 제1석유류 | 비수용성 액체 | 200[L] |
| | | 수용성 액체 | 400[L] |
| | 알코올류 | | 400[L] |
| III 등급 | 제2석유류 | 비수용성 액체 | 1,000[L] |
| | | 수용성 액체 | 2,000[L] |
| | 제3석유류 | 비수용성 액체 | 2,000[L] |
| | | 수용성 액체 | 4,000[L] |
| | 제4석유류 | | 6,000[L] |
| | 동·식물유류 | | 10,000[L] |

**55** 소방시설법상 소방시설등에 대한 자체점검을 하지 아니하거나 관리업자 등으로 하여금 정기적으로 점검하게 하지 아니한 자에 대한 벌칙 기준으로 옳은 것은?

① 6개월 이하의 징역 또는 1,000만원 이하의 벌금
② 1년 이하의 징역 또는 1,000만원 이하의 벌금
③ 3년 이하의 징역 또는 1,500만원 이하의 벌금
④ 3년 이하의 징역 또는 3,000만원 이하의 벌금

해설 소방시설법상 1년 이하의 징역 또는 1천만원 이하의 벌금
㉠ 규정을 위반하여 관리업의 등록증이나 등록수첩을 다른 자에게 빌려준 자
㉡ 영업정지처분을 받고 그 영업정지기간 중에 관리업의 업무를 한 자
㉢ 규정을 위반하여 소방시설등에 대한 자체점검을 하지 아니하거나 관리업자 등으로 하여금 정기적으로 점검하게 하지 아니한 자
㉣ 규정을 위반하여 소방시설관리사증을 다른 자에게 빌려주거나 동시에 둘 이상의 업체에 취업한 사람
㉤ 소방용품 형식승인의 변경승인을 받지 아니한 자
㉥ 소방용품 성능인증의 변경인증을 받지 아니한 자
㉦ 화재안전조사 또는 감독업무 수행 시 관계인의 정당한 업무를 방해한 자, 조사·검사 업무를 수행하면서 알게된 비밀을 제공 또는 누설하거나 목적 외의 용도로 사용한 자

**56** 화재예방법령상 특수가연물의 저장 및 취급 기준을 위반한 경우 과태료 부과기준은?

① 50만원  ② 100만원
③ 150만원  ④ 200만원

해설

| 나. 법 제17조제4항에 따른 불을 사용할 때 지켜야 하는 사항 및 같은 조 제5항에 따른 특수가연물의 저장 및 취급 기준을 위반한 경우 | 법 제52조 제2항제1호 | 200 |
|---|---|---|

**57** 화재예방법령상 특수가연물의 품명과 지정수량 기준의 연결이 틀린 것은?

① 사류 − 1,000[kg] 이상
② 볏짚류 − 3,000[kg] 이상
③ 석탄·목탄류 − 10,000[kg] 이상
④ 합성수지류 중 발포시킨 것 − 20[m³] 이상

해설 특수가연물의 종류

| 품명 | 수량 |
|---|---|
| 면화류 | 200킬로그램 이상 |
| 나무껍질 및 대팻밥 | 400킬로그램 이상 |
| 넝마 및 종이부스러기 | 1,000킬로그램 이상 |
| 사류(絲類) | 1,000킬로그램 이상 |
| 볏짚류 | 1,000킬로그램 이상 |
| 가연성고체류 | 3,000킬로그램 이상 |
| 석탄·목탄류 | 10,000킬로그램 이상 |

정답 54.③ 55.② 56.④ 57.②

| 가연성액체류 | | 2세제곱미터 이상 |
|---|---|---|
| 목재가공품 및 나무부스러기 | | 10세제곱미터 이상 |
| 합성수지류 | 발포시킨 것 | 20세제곱미터 이상 |
| | 그 밖의 것 | 3,000킬로그램 이상 |

**58** 소방시설법상 특정소방대상물로서 숙박시설에 해당되지 않는 것은?

① 오피스텔
② 일반형 숙박시설
③ 생활형 숙박시설
④ 근린생활시설에 해당하지 않는 고시원

**해설** ① 오피스텔은 업무시설이다.

**숙박시설의 종류**
㉠ 일반형 숙박시설 : 「공중위생관리법 시행령」 제4조제1호가목에 따른 숙박업의 시설
㉡ 생활형 숙박시설 : 「공중위생관리법 시행령」 제4조제1호나목에 따른 숙박업의 시설
㉢ 고시원(근린생활시설에 해당하지 않는 것을 말한다)
㉣ 그 밖에 ㉠부터 ㉢까지의 시설과 비슷한 것

**59** 소방시설법상 정당한 사유 없이 피난시설, 방화구획 및 방화시설의 유지·관리에 필요한 조치 명령을 위반한 경우 이에 대한 벌칙 기준으로 옳은 것은?

① 200만원 이하의 벌금
② 300만원 이하의 벌금
③ 1년 이하의 징역 또는 1,000만원 이하의 벌금
④ 3년 이하의 징역 또는 3,000만원 이하의 벌금

**해설** **소방시설법 제57조(벌칙)**
다음 각 호의 어느 하나에 해당하는 자는 3년 이하의 징역 또는 3천만원 이하의 벌금에 처한다.
1. 제12조제2항, 제15조제3항, 제16조제2항, 제20조제2항, 제23조제6항, 제37조제7항 또는 제45조제2항에 따른 명령을 정당한 사유 없이 위반한 재[조치명령 위반]
2. 제29조제1항을 위반하여 관리업의 등록을 하지 아니하고 영업을 한 자

3. 제37조제1항, 제2항 및 제10항을 위반하여 소방용품의 형식승인을 받지 아니하고 소방용품을 제조하거나 수입한 자 또는 거짓이나 그 밖의 부정한 방법으로 형식승인을 받은 자
4. 제37조제3항을 위반하여 제품검사를 받지 아니한 자 또는 거짓이나 그 밖의 부정한 방법으로 제품검사를 받은 자
5. 제37조제6항을 위반하여 소방용품을 판매·진열하거나 소방시설공사에 사용한 자
6. 제40조제1항 및 제2항을 위반하여 거짓이나 그 밖의 부정한 방법으로 성능인증 또는 제품검사를 받은 자
7. 제40조제5항을 위반하여 제품검사를 받지 아니하거나 합격표시를 하지 아니한 소방용품을 판매·진열하거나 소방시설공사에 사용한 자
8. 제45조제3항을 위반하여 구매자에게 명령을 받은 사실을 알리지 아니하거나 필요한 조치를 하지 아니한 자
9. 거짓이나 그 밖의 부정한 방법으로 제46조제1항에 따른 전문기관으로 지정을 받은 자

**60** 소방시설법상 소방시설이 아닌 것은?

① 소화설비
② 경보설비
③ 방화설비
④ 소화활동설비

**해설** **소방시설의 종류**
㉠ 소화설비
㉡ 경보설비
㉢ 피난구조설비
㉣ 소화용수설비
㉤ 소화활동설비

# 2021년 제1회 소방설비기사[기계분야] 1차 필기

[제3과목 : 소방관계법규]

**41** 소방기본법령상 저수조의 설치기준으로 틀린 것은?

① 지면으로부터의 낙차가 4.5m 이상일 것
② 흡수부분의 수심이 0.5m 이상일 것
③ 흡수에 지장이 없도록 토사 및 쓰레기 등을 제거할 수 있는 설비를 갖출 것
④ 흡수관의 투입구가 사각형의 경우에는 한변의 길이가 60cm 이상, 원형의 경우에는 지름이 60cm 이상일 것

**해설** 저수조의 설치기준
(1) 지면으로부터의 낙차가 4.5미터 이하일 것
(2) 흡수부분의 수심이 0.5미터 이상일 것
(3) 소방펌프자동차가 쉽게 접근할 수 있도록 할 것
(4) 흡수에 지장이 없도록 토사 및 쓰레기 등을 제거할 수 있는 설비를 갖출 것
(5) 흡수관의 투입구가 사각형의 경우에는 한 변의 길이가 60센티미터 이상, 원형의 경우에는 지름이 60센티미터 이상일 것
(6) 저수조에 물을 공급하는 방법은 상수도에 연결하여 자동으로 급수되는 구조일 것

**42** 소방시설공사업법령상 소방시설업 등록을 하지 아니하고 영업을 한 자에 대한 벌칙은?

① 500만원 이하의 벌금
② 1년 이하의 징역 또는 1000만원 이하의 벌금
③ 3년 이하의 징역 또는 3000만원 이하의 벌금
④ 5년 이하의 징역

**해설** 공사업법 제35조(벌칙)
제4조제1항을 위반하여 소방시설업 등록을 하지 아니하고 영업을 한 자는 3년 이하의 징역 또는 3천만원 이하의 벌금에 처한다.

**43** 소방시설법상 대통령령 또는 화재안전기준이 변경되어 그 기준이 강화되는 경우 기존 특정소방대상물의 소방시설 중 강화된 기준을 적용하여야 하는 소방시설은?

① 비상경보설비  ② 비상방송설비
③ 비상콘센트설비  ④ 옥내소화전설비

**해설** 소방시설법 제13조(소방시설기준 적용의 특례)
① 소방본부장이나 소방서장은 제12조제1항 전단에 따른 대통령령 또는 화재안전기준이 변경되어 그 기준이 강화되는 경우 기존의 특정소방대상물(건축물의 신축·개축·재축·이전 및 대수선 중인 특정소방대상물을 포함한다)의 소방시설에 대하여는 변경 전의 대통령령 또는 화재안전기준을 적용한다. 다만, 다음 각 호의 어느 하나에 해당하는 소방시설의 경우에는 대통령령 또는 화재안전기준의 변경으로 강화된 기준을 적용할 수 있다.
 1. 다음 각 목의 소방시설 중 대통령령 또는 화재안전기준으로 정하는 것
   가. 소화기구
   나. 비상경보설비
   다. 자동화재탐지설비
   라. 자동화재속보설비
   마. 피난구조설비
 2. 다음 각 목의 특정소방대상물에 설치하는 소방시설 중 대통령령 또는 화재안전기준으로 정하는 것
   가. 「국토의 계획 및 이용에 관한 법률」제2조제9호에 따른 공동구
   나. 전력 및 통신사업용 지하구
   다. 노유자(老幼者) 시설
   라. 의료시설

**소방시설법 시행령 제13조(강화된 소방시설기준의 적용대상)**
법 제13조제1항제2호 각 목 외의 부분에서 "대통령령으로 정하는 것"이란 다음 각 호의 소방시설을 말한다.

정답 41.① 42.③ 43.①

1. 「국토의 계획 및 이용에 관한 법률」 제2조제9호에 따른 공동구에 설치하는 소화기, 자동소화장치, 자동화재탐지설비, 통합감시시설, 유도등 및 연소방지설비
2. 전력 및 통신사업용 지하구에 설치하는 소화기, 자동소화장치, 자동화재탐지설비, 통합감시시설, 유도등 및 연소방지설비
3. 노유자 시설에 설치하는 간이스프링클러설비, 자동화재탐지설비 및 단독경보형 감지기
4. 의료시설에 설치하는 스프링클러설비, 간이스프링클러설비, 자동화재탐지설비 및 자동화재속보설비

## 44 소방기본법령상 화재조사의 종류 중 화재원인조사에 해당하지 않는 것은?

① 발화원인 조사
② 인명피해 조사
③ 연소상황 조사
④ 소방시설 등 조사

**해설** [화재조사법 시행으로 현행 삭제된 문제임]
기본법 시행규칙[별표 5] 화재조사의 종류 및 조사의 범위(제11조제2항 관련)
1. 화재원인조사

| 종류 | 조사범위 |
|---|---|
| 가. 발화원인 조사 | 화재가 발생한 과정, 화재가 발생한 지점 및 불이 붙기 시작한 물질 |
| 나. 발견·통보 및 초기 소화상황 조사 | 화재의 발견·통보 및 초기소화 등 일련의 과정 |
| 다. 연소상황 조사 | 화재의 연소경로 및 확대원인 등의 상황 |
| 라. 피난상황 조사 | 피난경로, 피난상의 장애요인 등의 상황 |
| 마. 소방시설 등 조사 | 소방시설의 사용 또는 작동 등의 상황 |

2. 화재피해조사

| 종류 | 조사범위 |
|---|---|
| 가. 인명피해조사 | (1) 소방활동중 발생한 사망자 및 부상자 (2) 그 밖에 화재로 인한 사망자 및 부상자 |
| 나. 재산피해조사 | (1) 열에 의한 탄화, 용융, 파손 등의 피해 (2) 소화활동중 사용된 물로 인한 피해 (3) 그 밖에 연기, 물품반출, 화재로 인한 폭발 등에 의한 피해 |

## 45 소방기본법령상 소방신호의 방법으로 틀린 것은?

① 타종에 의한 훈련신호는 연 3타 반복
② 싸이렌에 의한 발화신호는 5초 간격을 두고, 10초씩 3회
③ 타종에 의한 해제신호는 상당한 간격을 두고 1타씩 반복
④ 싸이렌에 의한 경계신호는 5초 간격을 두고, 30초씩 3회

**해설** 기본법 시행규칙 [별표 4] 소방신호의 방법(제10조제2항관련)

| 신호방법 종별 | 타종신호 | 싸이렌신호 | 그밖의 신호 |
|---|---|---|---|
| 경계신호 | 1타와 연2타를 반복 | 5초 간격을 두고 30초씩 3회 | "통풍대" "게시판" 화재경보발령중 적색 백색 |
| 발화신호 | 난타 | 5초 간격을 두고 5초씩 3회 | |
| 해제신호 | 상당한 간격을 두고 1타씩 반복 | 1분간 1회 | "기" 적색 백색 |
| 훈련신호 | 연3타반복 | 10초 간격을 두고 1분씩 3회 | |

[비고]
1. 소방신호의 방법은 그 전부 또는 일부를 함께 사용할 수 있다.
2. 게시판을 철거하거나 통풍대 또는 기를 내리는 것으로 소방활동이 해제되었음을 알린다.
3. 소방대의 비상소집을 하는 경우에는 훈련신호를 사용할 수 있다.

**46** 화재예방법상 특정소방대상물의 관계인이 수행하여야 하는 소방안전관리 업무가 아닌 것은?

① 소방훈련의 지도·감독
② 화기(火氣) 취급의 감독
③ 피난시설, 방화구획 및 방화시설의 유지·관리
④ 소방시설이나 그 밖의 소방 관련시설의 유지·관리

**해설** [소방안전관리자의 업무사항]
특정소방대상물(소방안전관리대상물은 제외한다)의 관계인과 소방안전관리대상물의 소방안전관리자는 다음 각 호의 업무를 수행한다. 다만, 제1호·제2호·제5호 및 제7호의 업무는 소방안전관리대상물의 경우에만 해당한다.
1. 제36조에 따른 피난계획에 관한 사항과 대통령령으로 정하는 사항이 포함된 소방계획서의 작성 및 시행
2. 자위소방대(自衛消防隊) 및 초기대응체계의 구성, 운영 및 교육
3. 「소방시설 설치 및 관리에 관한 법률」 제16조에 따른 피난시설, 방화구획 및 방화시설의 관리
4. 소방시설이나 그 밖의 소방 관련 시설의 관리
5. 제37조에 따른 소방훈련 및 교육
6. 화기(火氣) 취급의 감독
7. 행정안전부령으로 정하는 바에 따른 소방안전관리에 관한 업무수행에 관한 기록·유지(제3호·제4호 및 제6호의 업무를 말한다)
8. 화재발생 시 초기대응
9. 그 밖에 소방안전관리에 필요한 업무

**47** 소방기본법에서 정의하는 소방대의 조직구성원이 아닌 것은?

① 의무소방원  ② 소방공무원
③ 의용소방대원  ④ 공항소방대원

**해설** 기본법 제2조(정의)
"소방대"(消防隊)란 화재를 진압하고 화재, 재난·재해, 그 밖의 위급한 상황에서 구조·구급 활동 등을 하기 위하여 다음 각 목의 사람으로 구성된 조직체를 말한다.
가. 「소방공무원법」에 따른 소방공무원
나. 「의무소방대설치법」 제3조에 따라 임용된 의무소방원
다. 「의용소방대 설치 및 운영에 관한 법률」에 따른 의용소방대원

**48** 위험물안전관리법령상 인화성액체위험물(이황화탄소를 제외)의 옥외탱크저장소의 탱크주위에 설치하여야 하는 방유제의 기준 중 틀린 것은?

① 방유제의 용량은 방유제안에 설치된 탱크가 하나인 때에는 그 탱크 용량의 110% 이상으로 할 것
② 방유제의 용량은 방유제안에 설치된 탱크가 2기 이상인 때에는 그 탱크중 용량이 최대인 것의 용량의 110% 이상으로 할 것
③ 방유제는 높이 1m 이상 2m 이하, 두께 0.2m 이상, 지하매설 깊이 0.5m 이상으로 할 것
④ 방유제내의 면적은 80,000m² 이하로 할 것

**해설** 방유제
1) 높이 : 0.5m ~ 3m 이하
2) 탱크 : 10기(모든 탱크용량이 20만리터 이하, 인화점이 70~200℃ 미만은 20기) 이하
3) 면적 : 80,000m² 이하
 • 옥외탱크저장소의 방유제 용량
  - 1기 이상 : 탱크용량의 110%
  - 2기 이상 : 최대탱크용량의 110%
 • 제조소의 방유제 용량
  → 최대탱크용량의 50% + 기타탱크용량 합계의 10%

**49** 위험물안전관리법상 시·도지사의 허가를 받지 아니하고 당해 제조소등을 설치할 수 있는 기준 중 다음 ( )안에 알맞은 것은?

| 농예용·축산용 또는 수산용으로 필요한 난방시설 또는 건조시설을 위한 지정수량 ( )배 이하의 저장소 |
|---|

① 20  ② 30
③ 40  ④ 50

**해설** 위험물법 제6조(위험물시설의 설치 및 변경)
① 제조소등을 설치하고자 하는 자는 시·도지사의 허가를 받아야 한다.
② 제조소등의 위치, 구조 또는 설비를 변경하고자 하는 자는 시·도지사의 허가를 받아야 한다.

**정답** 46.① 47.④ 48.③ 49.①

③ 취급하는 위험물의 품명, 수량 또는 지정수량의 배수를 변경하고자 하는자는 시·도지사에게 변경하고자 하는 날의 1일 전까지 행정안전부령이 정하는 바에 따라 시·도지사에게 신고하여야 한다.
④ 제조소등이 아닌 경우에 허가를 받지 아니하고 당해 제조소등을 설치하거나 그 위치 구조 또는 설비를 변경할 수 있는 경우, 신고를 하지 아니하고 위험물의 품명, 수량 또는 지정수량의 배수를 변경할 수 있는 경우
  ㉠ 주택의 난방시설(공동주택의 중앙난방시설을 제외한다)을 위한 저장소 또는 취급소
  ㉡ 농예용·축산용 또는 수산용으로 필요한 난방시설 또는 건조시설을 위한 지정수량 20배 이하의 저장소

**50** 소방시설법상 건축허가등의 동의대상물의 범위기준 중 틀린 것은?

① 건축등을 하려는 학교시설 : 연면적 200m² 이상
② 노유자시설 : 연면적 200m² 이상
③ 정신의료기관(입원실이 없는 정신건강의학과 의원은 제외) : 연면적 300m² 이상
④ 장애인 의료재활시설 : 연면적 300m² 이상

**해설** 소방시설법 제7조 참조

▶ 건축허가등의 동의 대상물의 범위
1. 연면적(「건축법 시행령」 제119조제1항제4호에 따라 산정된 면적을 말한다. 이하 같다)이 400제곱미터 이상인 건축물이나 시설. 다만, 다음 각 목의 어느 하나에 해당하는 건축물이나 시설은 해당 목에서 정한 기준 이상인 건축물이나 시설로 한다.
   가. 「학교시설사업 촉진법」 제5조의2제1항에 따라 건축등을 하려는 학교시설 : 100제곱미터
   나. 별표 2의 특정소방대상물 중 노유자(老幼者) 시설 및 수련시설 : 200제곱미터
   다. 「정신건강증진 및 정신질환자 복지서비스 지원에 관한 법률」 제3조제5호에 따른 정신의료기관(입원실이 없는 정신건강의학과 의원은 제외하며, 이하 "정신의료기관"이라 한다) : 300제곱미터
   라. 「장애인복지법」 제58조제1항제4호에 따른 장애인 의료재활시설(이하 "의료재활시설"이라 한다) : 300제곱미터

2. 지하층 또는 무창층이 있는 건축물로서 바닥면적이 150제곱미터(공연장의 경우에는 100제곱미터) 이상인 층이 있는 것
3. 차고·주차장 또는 주차 용도로 사용되는 시설로서 다음 각 목의 어느 하나에 해당하는 것
   가. 차고·주차장으로 사용되는 바닥면적이 200제곱미터 이상인 층이 있는 건축물이나 주차시설
   나. 승강기 등 기계장치에 의한 주차시설로서 자동차 20대 이상을 주차할 수 있는 시설
4. 층수(「건축법 시행령」 제119조제1항제9호에 따라 산정된 층수를 말한다. 이하 같다)가 6층 이상인 건축물
5. 항공기 격납고, 관망탑, 항공관제탑, 방송용 송수신탑
6. 별표 2의 특정소방대상물 중 의원(입원실이 있는 것으로 한정한다)·조산원·산후조리원, 위험물 저장 및 처리 시설, 발전시설 중 풍력발전소·전기저장시설, 지하구(地下溝)
7. 제1호나목에 해당하지 않는 노유자 시설 중 다음 각 목의 어느 하나에 해당하는 시설. 다만, 가목2) 및 나목부터 바목까지의 시설 중 「건축법 시행령」 별표 1의 단독주택 또는 공동주택에 설치되는 시설은 제외한다.
   가. 별표 2 제9호가목에 따른 노인 관련 시설 중 다음의 어느 하나에 해당하는 시설
      1) 「노인복지법」 제31조제1호에 따른 노인주거복지시설, 같은 조 제2호에 따른 노인의료복지시설 및 같은 조 제4호에 따른 재가노인복지시설
      2) 「노인복지법」 제31조제7호에 따른 학대피해노인 전용쉼터
   나. 「아동복지법」 제52조에 따른 아동복지시설(아동상담소, 아동전용시설 및 지역아동센터는 제외한다)
   다. 「장애인복지법」 제58조제1항제1호에 따른 장애인 거주시설
   라. 정신질환자 관련 시설(「정신건강증진 및 정신질환자 복지서비스 지원에 관한 법률」 제27조제1항제2호에 따른 공동생활가정을 제외한 재활훈련시설과 같은 법 시행령 제16조제3호에 따른 종합시설 중 24시간 주거를 제공하지 않는 시설은 제외한다)
   마. 별표 2 제9호마목에 따른 노숙인 관련 시설 중 노숙인자활시설, 노숙인재활시설 및 노숙인요양시설
   바. 결핵환자나 한센인이 24시간 생활하는 노유자 시설

8. 「의료법」 제3조제2항제3호라목에 따른 요양병원(이하 "요양병원"이라 한다). 다만, 의료재활시설은 제외한다.
9. 별표 2의 특정소방대상물 중 공장 또는 창고시설로서 「화재의 예방 및 안전관리에 관한 법률 시행령」 별표 2에서 정하는 수량의 750배 이상의 특수가연물을 저장·취급하는 것
10. 별표 2 제17호나목에 따른 가스시설로서 지상에 노출된 탱크의 저장용량의 합계가 100톤 이상인 것

**51** 소방시설법상 지하가는 연면적이 최소 몇 $m^2$ 이상이어야 스프링클러설비를 설치하여야 하는 특정소방대상물에 해당하는가? (단, 터널은 제외한다.)

① $100m^2$  ② $200m^2$
③ $1,000m^2$  ④ $2,000m^2$

**해설** 소방시설법 시행령 [별표 5]
특정소방대상물의 관계인이 특정소방대상물의 규모·용도 및 수용인원 등을 고려하여 갖추어야 하는 소방시설의 종류
라. 스프링클러설비를 설치하여야 하는 특정소방대상물(위험물 저장 및 처리 시설 중 가스시설 또는 지하구는 제외한다)은 다음의 어느 하나와 같다.
  10) 지하가(터널은 제외한다)로서 연면적 1천$m^2$ 이상인 것

**52** 화재예방법상 소방안전관리대상물의 소방계획서에 포함되어야 하는 사항이 아닌 것은?

① 소방시설·피난시설 및 방화시설의 점검·정비계획
② 위험물안전관리법에 따라 예방규정을 정하는 제조소등의 위험물 저장·취급에 관한 사항
③ 특정소방대상물의 근무자 및 거주자의 자위소방대 조직과 대원의 임무에 관한 사항
④ 방화구획, 제연구획, 건축물의 내부 마감 재료(불연재료·준불연재료 또는 난연재료로 사용된 것) 및 방염물품의 사용현황과 그 밖의 방화구조 및 설비의 유지·관리계획

**해설** 화재예방법 제27조(소방안전관리대상물의 소방계획서 작성 등)
① 법 제24조제5항제1호에서 "대통령령으로 정하는 사항"이란 다음 각 호의 사항을 말한다.
  1. 소방안전관리대상물의 위치·구조·연면적(「건축법 시행령」 제119조제1항제4호에 따라 산정된 면적을 말한다. 이하 같다)·용도 및 수용인원 등 일반 현황
  2. 소방안전관리대상물에 설치한 소방시설, 방화시설, 전기시설, 가스시설 및 위험물시설의 현황
  3. 화재 예방을 위한 자체점검계획 및 대응대책
  4. 소방시설·피난시설 및 방화시설의 점검·정비계획
  5. 피난층 및 피난시설의 위치와 피난경로의 설정, 화재안전취약자의 피난계획 등을 포함한 피난계획
  6. 방화구획, 제연구획(除煙區劃), 건축물의 내부 마감재료 및 방염대상물품의 사용 현황과 그 밖의 방화구조 및 설비의 유지·관리계획
  7. 법 제35조제1항에 따른 관리의 권원이 분리된 특정소방대상물의 소방안전관리에 관한 사항
  8. 소방훈련·교육에 관한 계획
  9. 법 제37조를 적용받는 소방안전관리대상물의 근무자 및 거주자의 자위소방대 조직과 대원의 임무(화재안전취약자의 피난 보조 임무를 포함한다)에 관한 사항
  10. 화기 취급 작업에 대한 사전 안전조치 및 감독 등 공사 중 소방안전관리에 관한 사항
  11. 소화에 관한 사항과 연소 방지에 관한 사항
  12. 위험물의 저장·취급에 관한 사항(「위험물안전관리법」 제17조에 따라 예방규정을 정하는 제조소 등은 제외한다)
  13. 소방안전관리에 대한 업무수행에 관한 기록 및 유지에 관한 사항
  14. 화재발생 시 화재경보, 초기소화 및 피난유도 등 초기대응에 관한 사항
  15. 그 밖에 소방본부장 또는 소방서장이 소방안전관리대상물의 위치·구조·설비 또는 관리 상황 등을 고려하여 소방안전관리에 필요하여 요청하는 사항
② 소방본부장 또는 소방서장은 소방안전관리대상물의 소방계획서의 작성 및 그 실시에 관하여 지도·감독한다.

**53** 위험물안전관리법상 업무상 과실로 제조소등에서 위험물을 유출·방출 또는 확산시켜 사람의 생명·신체 또는 재산에 대하여 위험을 발생시킨 자에 대한 벌칙기준은?

① 5년 이하의 금고 또는 2000만원 이하의 벌금
② 5년 이하의 금고 또는 7000만원 이하의 벌금
③ 7년 이하의 금고 또는 2000만원 이하의 벌금
④ 7년 이하의 금고 또는 7000만원 이하의 벌금

**해설** 위험물법 벌칙
제33조(벌칙)
① 제조소등에서 위험물을 유출·방출 또는 확산시켜 사람의 생명·신체 또는 재산에 대하여 위험을 발생시킨 자는 1년 이상 10년 이하의 징역에 처한다.
② 제1항의 규정에 따른 죄를 범하여 사람을 상해(傷害)에 이르게 한 때에는 무기 또는 3년 이상의 징역 사망에 이르게 한 때에는 무기 또는 5년 이상의 징역에 처한다.

제34조(벌칙)
① 업무상 과실로 제조소등에서 위험물을 유출·방출 또는 확산시켜 사람의 생명·신체 또는 재산에 대하여 위험을 발생시킨 자는 7년 이하의 금고 또는 7천만 원 이하의 벌금에 처한다.
② 제1항의 죄를 범하여 사람을 사상(死傷)에 이르게 한 자는 10년 이하의 징역 또는 금고나 1억 원 이하의 벌금에 처한다.

**54** 소방기본법령상 소방용수시설의 설치기준 중 급수탑의 급수배관의 구경은 최소 몇 mm 이상이어야 하는가?

① 100mm
② 150mm
③ 200mm
④ 250mm

**해설** 기본법 시행규칙 [별표 3] 소방용수시설의 설치기준
1. 공통기준
  가. 주거지역·상업지역 및 공업지역 : 수평거리 100m이하
  나. 그 외의 지역에 설치하는 경우 : 수평거리 140m 이하

2. 소방용수시설별 설치기준
  가. 소화전의 설치기준 : 상수도와 연결하여 지하식 또는 지상식의 구조로 하고, 소방용호스와 연결하는 소화전의 연결금속구의 구경은 65밀리미터로 할 것
  나. 급수탑의 설치기준 : 급수배관의 구경은 100밀리미터 이상으로 하고, 개폐밸브는 지상에서 1.5미터 이상 1.7미터 이하의 위치에 설치하도록 할 것
  다. 저수조의 설치기준
    (1) 지면으로부터의 낙차가 4.5미터 이하일 것
    (2) 흡수부분의 수심이 0.5미터 이상일 것
    (3) 소방펌프자동차가 쉽게 접근할 수 있도록 할 것
    (4) 흡수에 지장이 없도록 토사 및 쓰레기 등을 제거할 수 있는 설비를 갖출 것
    (5) 흡수관의 투입구가 사각형의 경우에는 한 변의 길이가 60센티미터 이상, 원형의 경우에는 지름이 60센티미터 이상일 것
    (6) 저수조에 물을 공급하는 방법은 상수도에 연결하여 자동으로 급수되는 구조일 것

**55** 소방시설공사업법령상 공사감리자 지정대상 특정소방대상물의 범위가 아닌 것은?

① 물분무등소화설비(호스릴 방식의 소화설비는 제외)를 신설·개설하거나 방호·방수 구역을 증설할 때
② 제연설비를 신설·개설하거나 제연구역을 증설할 때
③ 연소방지설비를 신설·개설하거나 살수구역을 증설할 때
④ 캐비닛형 간이스프링클러설비를 신설·개설하거나 방호·방수구역을 증설할 때

**해설** 캐비닛형 간이스프링클러설비는 제외된다.
※ 공사업법 시행령 제10조(감리지정대상 특정소방대상물)
1. 옥내소화전설비를 신설·개설 또는 증설할 때
2. 스프링클러설비등(캐비닛형 간이스프링클러설비는 제외한다)을 신설·개설하거나 방호·방수 구역을 증설할 때
3. 물분무등소화설비(호스릴 방식의 소화설비는 제외한다)를 신설·개설하거나 방호·방수 구역을 증설할 때

정답 53.④ 54.① 55.④

4. 옥외소화전설비를 신설·개설 또는 증설할 때
5. 자동화재탐지설비를 신설·개설할 때
5의2. 비상방송설비를 신설 또는 개설할 때
6. 통합감시시설을 신설 또는 개설할 때
6의2. 비상조명등을 신설 또는 개설할 때
7. 소화용수설비를 신설 또는 개설할 때
8. 다음 각 목에 따른 소화활동설비에 대하여 각 목에 따른 시공을 할 때
    가. 제연설비를 신설·개설하거나 제연구역을 증설할 때
    나. 연결송수관설비를 신설 또는 개설할 때
    다. 연결살수설비를 신설·개설하거나 송수구역을 증설할 때
    라. 비상콘센트설비를 신설·개설하거나 전용회로를 증설할 때
    마. 무선통신보조설비를 신설 또는 개설할 때
    바. 연소방지설비를 신설·개설하거나 살수구역을 증설할 때

## 56 소방시설법상 자동화재탐지설비를 설치하여야 하는 특정소방대상물에 대한 기준 중 ( )에 알맞은 것은?

> 근린생활시설(목욕탕 제외), 의료시설(정신의료기관 또는 요양병원 제외), 숙박시설, 위락시설, 장례시설 및 복합건축물로서 연면적 ( )㎡ 이상인 것

① 400  ② 600
③ 1,000  ④ 3,500

**해설** 소방시설법 시행령 [별표 4] 특정소방대상물의 관계인이 특정소방대상물에 설치·관리해야 하는 소방시설의 종류
자동화재탐지설비를 설치해야 하는 특정소방대상물은 다음의 어느 하나에 해당하는 것으로 한다.
1) 공동주택 중 아파트등·기숙사 및 숙박시설의 경우에는 모든 층
2) 층수가 6층 이상인 건축물의 경우에는 모든 층
3) 근린생활시설(목욕장은 제외한다), 의료시설(정신의료기관 및 요양병원은 제외한다), 위락시설, 장례시설 및 복합건축물로서 연면적 600㎡ 이상인 경우에는 모든 층
4) 근린생활시설 중 목욕장, 문화 및 집회시설, 종교시설, 판매시설, 운수시설, 운동시설, 업무시설, 공장, 창고시설, 위험물 저장 및 처리 시설, 항공기 및 자동차 관련 시설, 교정 및 군사시설 중 국방·군사시설, 방송통신시설, 발전시설, 관광 휴게시설, 지하가(터널은 제외한다)로서 연면적 1천㎡ 이상인 경우에는 모든 층
5) 교육연구시설(교육시설 내에 있는 기숙사 및 합숙소를 포함한다), 수련시설(수련시설 내에 있는 기숙사 및 합숙소를 포함하며, 숙박시설이 있는 수련시설은 제외한다), 동물 및 식물 관련 시설(기둥과 지붕만으로 구성되어 외부와 기류가 통하는 장소는 제외한다), 자원순환 관련 시설, 교정 및 군사시설(국방·군사시설은 제외한다) 또는 묘지 관련 시설로서 연면적 2천㎡ 이상인 경우에는 모든 층
6) 노유자 생활시설의 경우에는 모든 층
7) 6)에 해당하지 않는 노유자 시설로서 연면적 400㎡ 이상인 노유자 시설 및 숙박시설이 있는 수련시설로서 수용인원 100명 이상인 경우에는 모든 층
8) 의료시설 중 정신의료기관 또는 요양병원으로서 다음의 어느 하나에 해당하는 시설
    가) 요양병원(의료재활시설은 제외한다)
    나) 정신의료기관 또는 의료재활시설로 사용되는 바닥면적의 합계가 300㎡ 이상인 시설
    다) 정신의료기관 또는 의료재활시설로 사용되는 바닥면적의 합계가 300㎡ 미만이고, 창살(철재·플라스틱 또는 목재 등으로 사람의 탈출 등을 막기 위하여 설치한 것을 말하며, 화재 시 자동으로 열리는 구조로 되어 있는 창살은 제외한다)이 설치된 시설
9) 판매시설 중 전통시장
10) 지하가 중 터널로서 길이가 1천m 이상인 것
11) 지하구
12) 3)에 해당하지 않는 근린생활시설 중 조산원 및 산후조리원
13) 4)에 해당하지 않는 공장 및 창고시설로서 「화재의 예방 및 안전관리에 관한 법률 시행령」 별표 2에서 정하는 수량의 500배 이상의 특수가연물을 저장·취급하는 것
14) 4)에 해당하지 않는 발전시설 중 전기저장시설

**57** 소방시설법상 형식승인을 받지 아니한 소방용품을 판매하거나 판매목적으로 진열하거나 소방시설공사에 사용한 자에 대한 벌칙 기준은?

① 3년 이하의 징역 또는 3,000만원 이하의 벌금
② 2년 이하의 징역 또는 1,500만원 이하의 벌금
③ 1년 이하의 징역 또는 1,000만원 이하의 벌금
④ 1년 이하의 징역 또는 500만원 이하의 벌금

**해설** 소방시설법 벌칙
3년 이하의 징역 또는 3천만원 이하의 벌금
㉠ 소방시설이 화재안전기준에 따라 설치되어있지 않을 때의 조치명령을 위반한 사람
㉡ 피난·방화시설, 방화구획의 유지관리 조치명령을 위반한 사람
㉢ 방염성능물품 조치명령 위반
㉣ 이행계획 조치명령 위반한 사람
㉤ 임시소방시설 또는 소방시설 등의 조치명령을 위반한 사람
㉥ 소방시설관리업 등록을 하지 아니하고 영업을 한 사람
㉦ 소방용품의 형식승인을 받지 아니하고 소방용품을 제조하거나 수입한 자
㉧ 제품검사를 받지 아니한 자
㉨ 규정을 위반하여 소방용품을 판매·진열하거나 소방시설공사에 사용한 자
㉩ 소방용품 제조자·수입자에 대한 회수·교환·폐기 및 판매중지 명령을 위반한 사람
㉪ 거짓이나 그 밖의 부정한 방법으로 전문기관으로 지정을 받은 자

**58** 소방기본법에서 정의하는 소방대상물에 해당하지 않는 것은?

① 산림
② 차량
③ 건축물
④ 항해 중인 선박

**해설** 기본법 제2조(정의)
"소방대상물"이란 건축물, 차량, 선박(「선박법」 제1조의2제1항에 따른 선박으로서 항구에 매어둔 선박만 해당한다), 선박 건조 구조물, 산림, 그 밖의 인공 구조물 또는 물건을 말한다.

**59** 소방시설법상 특정소방대상물의 소방시설 설치의 면제기준 중 다음 (  )안에 알맞은 것은?

물분무등소화설비를 설치하여야 하는 차고·주차장에 (    )를 설치한 경우에는 그 설비의 유효범위에서 설치가 면제된다.

① 옥내소화전설비
② 스프링클러설비
③ 간이스프링클러설비
④ 불활성기체소화약제소화설비

**해설** 소방시설법 시행령 [별표 6]

[특정소방대상물의 소방시설 설치의 면제기준]
(제16조 관련)

| 설치가 면제되는 소방시설 | 설치면제 기준 |
|---|---|
| 1. 스프링클러설비 | 스프링클러설비를 설치하여야 하는 특정소방대상물에 물분무등소화설비를 화재안전기준에 적합하게 설치한 경우에는 그 설비의 유효범위(해당 소방시설이 화재를 감지·소화 또는 경보할 수 있는 부분을 말한다. 이하 같다)에서 설치가 면제된다. |
| 2. 물분무등소화설비 | 물분무등소화설비를 설치하여야 하는 차고·주차장에 스프링클러설비를 화재안전기준에 적합하게 설치한 경우에는 그 설비의 유효범위에서 설치가 면제된다. |
| 3. 간이스프링클러설비 | 간이스프링클러설비를 설치하여야 하는 특정소방대상물에 스프링클러설비, 물분무소화설비 또는 미분무소화설비를 화재안전기준에 적합하게 설치한 경우에는 그 설비의 유효범위에서 설치가 면제된다. |
| 4. 비상경보설비 또는 단독경보형 감지기 | 비상경보설비 또는 단독경보형 감지기를 설치하여야 하는 특정소방대상물에 자동화재탐지설비를 화재안전기준에 적합하게 설치한 경우에는 그 설비의 유효범위에서 설치가 면제된다. |
| 5. 비상경보설비 | 비상경보설비를 설치하여야 할 특정소방대상물에 단독경보형 감지기를 2개 이상의 단독경보형 감지기와 연동하여 설치하는 경우에는 그 설비의 유효범위에서 설치가 면제된다. |

**정답** 57.① 58.④ 59.②

| 구분 | 내용 |
|---|---|
| 6. 비상방송설비 | 비상방송설비를 설치하여야 하는 특정소방대상물에 자동화재탐지설비 또는 비상경보설비와 같은 수준 이상의 음향을 발하는 장치를 부설한 방송설비를 화재안전기준에 적합하게 설치한 경우에는 그 설비의 유효범위에서 설치가 면제된다. |
| 7. 피난구조설비 | 피난구조설비를 설치하여야 하는 특정소방대상물에 그 위치·구조 또는 설비의 상황에 따라 피난상 지장이 없다고 인정되는 경우에는 화재안전기준에서 정하는 바에 따라 설치가 면제된다. |
| 8. 연결살수설비 | 가. 연결살수설비를 설치하여야 하는 특정소방대상물에 송수구를 부설한 스프링클러설비, 간이스프링클러설비, 물분무소화설비 또는 미분무소화설비를 화재안전기준에 적합하게 설치한 경우에는 그 설비의 유효범위에서 설치가 면제된다.<br>나. 가스 관계 법령에 따라 설치되는 물분무장치 등에 소방대가 사용할 수 있는 연결송수구가 설치되거나 물분무장치 등에 6시간 이상 공급할 수 있는 수원(水源)이 확보된 경우에는 설치가 면제된다. |
| 9. 제연설비 | 가. 제연설비를 설치하여야 하는 특정소방대상물(별표 5 제5호가목6)은 제외한다)에 다음의 어느 하나에 해당하는 설비를 설치한 경우에는 설치가 면제된다.<br>1) 공기조화설비를 화재안전기준의 제연설비기준에 적합하게 설치하고 공기조화설비가 화재 시 제연설비기능으로 자동전환되는 구조로 설치되어 있는 경우<br>2) 직접 외부 공기와 통하는 배출구의 면적의 합계가 해당 제연구역[제연경계(제연설비의 일부인 천장을 포함한다)에 의하여 구획된 건축물 내의 공간을 말한다] 바닥면적의 100분의 1 이상이고, 배출구부터 각 부분까지의 수평거리가 30m 이내이며, 공기유입구가 화재안전기준에 적합하게(외부 공기를 직접 자연 유입할 경우에 유입구의 크기는 배출구의 크기 이상이어야 한다) 설치되어 있는 경우<br>나. 별표 5 제5호가목6)에 따라 제연설비를 설치하여야 하는 특정소방대상물 중 노대(露臺)와 연결된 특별피난계단 또는 노대가 설치된 비상용 승강기의 승강장에는 설치가 면제된다. |
| 10. 비상조명등 | 비상조명등을 설치하여야 하는 특정소방대상물에 피난구유도등 또는 통로유도등을 화재안전기준에 적합하게 설치한 경우에는 그 유도등의 유효범위에서 설치가 면제된다. |
| 11. 누전경보기 | 누전경보기를 설치하여야 하는 특정소방대상물 또는 그 부분에 아크경보기(옥내 배전선로의 단선이나 선로 손상 등으로 인하여 발생하는 아크를 감지하고 경보하는 장치를 말한다) 또는 전기 관련 법령에 따른 지락차단장치를 설치한 경우에는 그 설비의 유효범위에서 설치가 면제된다. |
| 12. 무선통신보조설비 | 무선통신보조설비를 설치하여야 하는 특정소방대상물에 이동통신 구내 중계기 선로설비 또는 무선이동중계기(「전파법」 제58조의2에 따른 적합성평가를 받은 제품만 해당한다) 등을 화재안전기준의 무선통신보조설비기준에 적합하게 설치한 경우에는 설치가 면제된다. |
| 13. 상수도소화용수 설비 | 가. 상수도소화용수설비를 설치하여야 하는 특정소방대상물의 각 부분으로부터 수평거리 140m 이내에 공공의 소방을 위한 소화전이 화재안전기준에 적합하게 설치되어 있는 경우에는 설치가 면제된다.<br>나. 소방본부장 또는 소방서장이 상수도소화용수설비의 설치가 곤란하다고 인정하는 경우로서 화재안전기준에 적합한 소화수조 또는 저수조가 설치되어 있거나 이를 설치하는 경우에는 그 설비의 유효범위에서 설치가 면제된다. |
| 14. 연소방지설비 | 연소방지설비를 설치하여야 하는 특정소방대상물에 스프링클러설비, 물분무소화설비 또는 미분무소화설비를 화재안전기준에 적합하게 설치한 경우에는 그 설비의 유효범위에서 설치가 면제된다. |
| 15. 연결송수관설비 | 연결송수관설비를 설치하여야 하는 소방대상물에 옥외에 연결송수구 및 옥내에 방수구가 부설된 옥내소화전설비, 스프링클러설비, 간이스프링클러설비 또는 연결살수설비를 화재안전기준에 적합하게 설치한 경우에는 그 설비의 유효범위에서 설치가 면제된다. 다만, 지표면에서 최상층 방수구의 높이가 70m 이상인 경우에는 설치하여야 한다. |

| 16. 자동화재탐지설비 | 자동화재탐지설비의 기능(감지·수신·경보기능을 말한다)과 성능을 가진 스프링클러설비 또는 물분무등소화설비를 화재안전기준에 적합하게 설치한 경우에는 그 설비의 유효범위에서 설치가 면제된다. |
| --- | --- |
| 17. 옥외소화전설비 | 옥외소화전설비를 설치하여야 하는 보물 또는 국보로 지정된 목조문화재에 상수도소화용수설비를 옥외소화전설비의 화재안전기준에서 정하는 방수압력·방수량·옥외소화전함 및 호스의 기준에 적합하게 설치한 경우에는 설치가 면제된다. |
| 18. 옥내소화전설비 | 소방본부장 또는 소방서장이 옥내소화전설비의 설치가 곤란하다고 인정하는 경우로서 호스릴 방식의 미분무소화설비 또는 옥외소화전설비를 화재안전기준에 적합하게 설치한 경우에는 그 설비의 유효범위에서 설치가 면제된다. |
| 19. 자동소화장치 | 자동소화장치(주거용 주방자동소화장치는 제외한다)를 설치하여야 하는 특정소방대상물에 물분무등소화설비를 화재안전기준에 적합하게 설치한 경우에는 그 설비의 유효범위에서 설치가 면제된다. |

**60** 위험물안전관리법령상 위험물의 유별 저장/취급의 공통기준 중 다음 ( )안에 알맞은 것은?

( ) 위험물은 산화제와의 접촉·혼합이나 불티·불꽃·고온체와의 접근 또는 과열을 피하는 한편, 철분·금속분·마그네슘 및 이를 함유한 것에 있어서는 물이나 산과의 접촉을 피하고 인화성 고체에 있어서는 함부로 증기를 발생시키지 아니하여야 한다.

① 제1류　　② 제2류
③ 제3류　　④ 제4류

**해설** 위험물법 시행규칙 [별표 18]
제조소등에서의 위험물의 저장 및 취급에 관한 기준(제49조 관련)
Ⅱ. 위험물의 유별 저장·취급의 공통기준(중요기준)
1. 제1류 위험물은 가연물과의 접촉·혼합이나 분해를 촉진하는 물품과의 접근 또는 과열·충격·마찰 등을 피하는 한편, 알카리금속의 과산화물 및 이를 함유한 것에 있어서는 물과의 접촉을 피하여야 한다.
2. 제2류 위험물은 산화제와의 접촉·혼합이나 불티·불꽃·고온체와의 접근 또는 과열을 피하는 한편, 철분·금속분·마그네슘 및 이를 함유한 것에 있어서는 물이나 산과의 접촉을 피하고 인화성 고체에 있어서는 함부로 증기를 발생시키지 아니하여야 한다.
3. 제3류 위험물 중 자연발화성물질에 있어서는 불티·불꽃 또는 고온체와의 접근·과열 또는 공기와의 접촉을 피하고, 금수성물질에 있어서는 물과의 접촉을 피하여야 한다.
4. 제4류 위험물은 불티·불꽃·고온체와의 접근 또는 과열을 피하고, 함부로 증기를 발생시키지 아니하여야 한다.
5. 제5류 위험물은 불티·불꽃·고온체와의 접근이나 과열·충격 또는 마찰을 피하여야 한다.
6. 제6류 위험물은 가연물과의 접촉·혼합이나 분해를 촉진하는 물품과의 접근 또는 과열을 피하여야 한다.
7. 제1호 내지 제6호의 기준은 위험물을 저장 또는 취급함에 있어서 당해 각호의 기준에 의하지 아니하는 것이 통상인 경우는 당해 각호를 적용하지 아니한다. 이 경우 당해 저장 또는 취급에 대하여는 재해의 발생을 방지하기 위한 충분한 조치를 강구하여야 한다.

# 2021년 제2회 소방설비기사[기계분야] 1차 필기
[제3과목 : 소방관계법규]

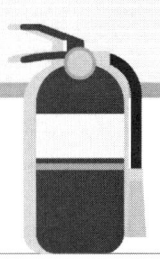

**41** 소방시설공사업법령에 따른 완공검사를 위한 현장확인 대상특정소방대상물의 범위 기준으로 틀린 것은?

① 연면적 1만제곱미터 이상이거나 11층 이상인 특정소방대상물(아파트는 제외)
② 가연성 가스를 제조·저장 또는 취급하는 시설 중 지상에 노출된 가연성 가스탱크의 저장용량 합계가 1,000t 이상인 시설
③ 호스릴방식의 소화설비가 설치되는 특정소방대상물
④ 문화 및 집회시설, 종교시설, 판매시설, 노유자시설, 수련시설, 운동시설, 숙박시설, 창고시설, 지하상가

**해설** 공사업법 제5조(완공검사를 위한 현장확인 대상 특정소방대상물의 범위)
법 제14조제1항 단서에서 "대통령령으로 정하는 특정소방대상물"이란 특정소방대상물 중 다음 각 호의 대상물을 말한다.
1. 문화 및 집회시설, 종교시설, 판매시설, 노유자(老幼者)시설, 수련시설, 운동시설, 숙박시설, 창고시설, 지하상가 및 「다중이용업소의 안전관리에 관한 특별법」에 따른 다중이용업소
2. 다음 각 목의 어느 하나에 해당하는 설비가 설치되는 특정소방대상물
   가. 스프링클러설비등
   나. 물분무등소화설비(호스릴 방식의 소화설비는 제외한다)
3. 연면적 1만제곱미터 이상이거나 11층 이상인 특정소방대상물(아파트는 제외한다)
4. 가연성가스를 제조·저장 또는 취급하는 시설 중 지상에 노출된 가연성가스탱크의 저장용량 합계가 1천톤 이상인 시설

**42** 화재예방법에 따른 특수가연물의 기준 중 다음 ( ) 안에 알맞은 것은?

| 품 명 | 수 량 |
|---|---|
| 나무껍질 및 대팻밥 | ( ㉠ )kg 이상 |
| 면화류 | ( ㉡ )kg 이상 |

① ㉠ 200, ㉡ 400
② ㉠ 200, ㉡ 1,000
③ ㉠ 400, ㉡ 200
④ ㉠ 400, ㉡ 1,000

**해설** 특수가연물의 종류

| 품명 | | 수량 |
|---|---|---|
| 면화류 | | 200킬로그램 이상 |
| 나무껍질 및 대팻밥 | | 400킬로그램 이상 |
| 넝마 및 종이부스러기 | | 1,000킬로그램 이상 |
| 사류(絲類) | | 1,000킬로그램 이상 |
| 볏짚류 | | 1,000킬로그램 이상 |
| 가연성고체류 | | 3,000킬로그램 이상 |
| 석탄·목탄류 | | 10,000킬로그램 이상 |
| 가연성액체류 | | 2세제곱미터 이상 |
| 목재가공품 및 나무부스러기 | | 10세제곱미터 이상 |
| 합성수지류 | 발포시킨 것 | 20세제곱미터 이상 |
| | 그 밖의 것 | 3,000킬로그램 이상 |

**43** 소방시설법상 스프링클러설비를 설치하여야 할 특정소방대상물에 다음 중 어떤 소방시설을 화재안전기준에 적합하게 설치하면 면제 받을 수 있는가?

① 옥내소화전설비
② 옥외소화전설비
③ 간이스프링클러설비
④ 미분무소화설비

정답 41.③ 42.③ 43.④

**해설** 소방시설법 시행령 [별표 6] 특정소방대상물의 소방시설 설치의 면제기준 (제16조 관련)

| 설치가 면제되는 소방시설 | 설치면제 기준 |
|---|---|
| 스프링클러설비 | 스프링클러설비를 설치하여야 하는 특정소방대상물에 물분무등소화설비를 화재안전기준에 적합하게 설치한 경우에는 그 설비의 유효범위(해당 소방시설이 화재를 감지·소화 또는 경보할 수 있는 부분을 말한다. 이하 같다)에서 설치가 면제된다. |

**44** 소방기본법령상 출동한 소방대원에게 폭행 또는 협박을 행사하여 화재진압·인명구조 또는 구급활동을 방해한 사람에 대한 벌칙 기준은?

① 500만원 이하의 과태료
② 1년 이하의 징역 또는 1,000만원 이하의 벌금
③ 3년 이하의 징역 또는 3,000만원 이하의 벌금
④ 5년 이하의 징역 또는 5,000만원 이하의 벌금

**해설** 소방기본법 제50조(벌칙)
다음 각 호의 어느 하나에 해당하는 사람은 5년 이하의 징역 또는 5천만 원 이하의 벌금에 처한다.
1. 제16조제2항을 위반하여 다음 각 목의 어느 하나에 해당하는 행위를 한 사람
  가. 위력(威力)을 사용하여 출동한 소방대의 화재진압·인명 구조 또는 구급활동을 방해하는 행위
  나. 소방대가 화재진압·인명구조 또는 구급활동을 위하여 현장에 출동하거나 현장에 출입하는 것을 고의로 방해하는 행위
  다. 출동한 소방대원에게 폭행 또는 협박을 행사하여 화재 진압·인명구조 또는 구급활동을 방해하는 행위
  라. 출동한 소방대의 소방장비를 파손하거나 그 효용을 해하여 화재진압·인명구조 또는 구급활동을 방해하는 행위

**45** 위험물안전관리법령상 제조소 또는 일반 취급소에서 취급하는 제4류 위험물의 최대 수량의 합이 지정수량의 48만배 이상인 사업소의 자체소방대에 두는 화학소방자동차 및 인원기준으로 다음 (　) 안에 알맞은 것은?

| 화학소방자동차 | 자체 소방대원의 수 |
|---|---|
| ( ㉠ ) | ( ㉡ ) |

① ㉠ 1대, ㉡ 5인     ② ㉠ 2대, ㉡ 10인
③ ㉠ 3대, ㉡ 15인   ④ ㉠ 4대, ㉡ 20인

**해설** 위험물 안전관리법 시행령 [별표 8] 자체소방대에 두는 화학소방자동차 및 인원(제18조 제3항 관련)

| 사업소의 구분 | 화학소방 자동차 | 자체소방 대원의 수 |
|---|---|---|
| 1. 제조소 또는 일반취급소에서 취급하는 제4류 위험물의 최대수량의 합이 지정수량의 12만배 미만인 사업소 | 1대 | 5인 |
| 2. 제조소 또는 일반취급소에서 취급하는 제4류 위험물의 최대수량의 합이 지정수량의 12만배 이상 24만배 미만인 사업소 | 2대 | 10인 |
| 3. 제조소 또는 일반취급소에서 취급하는 제4류 위험물의 최대수량의 합이 지정수량의 24만배 이상 48만배 미만인 사업소 | 3대 | 15인 |
| 4. 제조소 또는 일반취급소에서 취급하는 제4류 위험물의 최대수량의 합이 지정수량의 48만배 이상인 사업소 | 4대 | 20인 |
| 5. 옥외탱크저장소에 저장하는 제4류 위험물의 최대수량이 지정수량의 50만배 이상인 사업소 | 2대 | 10인 |

**46** 소방시설법상 펄프공장의 작업장, 음료수 공장의 충전을 하는 작업장 등과 같이 화재안전기준을 적용하기 어려운 특정소방대상물에 설치하지 아니할 수 있는 소방시설의 종류가 아닌 것은?

① 상수도소화용수설비  ② 스프링클러설비
③ 연결송수관설비     ④ 연결살수설비

**해설** 소방시설법 시행령 [별표 7] 소방시설을 설치하지 아니할 수 있는 특정소방대상물 및 소방시설의 범위

| 구분 | 특정소방대상물 | 소방시설 |
|---|---|---|
| 1. 화재 위험도가 낮은 특정소방대상물 | 석재, 불연성금속, 불연성 건축재료 등의 가공공장·기계조립공장·주물공장 또는 불연성 물품을 저장하는 창고 | 옥외소화전 및 연결살수설비 |
| 2. 화재안전기준을 적용하기 어려운 특정소방대상물 | 펄프공장의 작업장, 음료수 공장의 세정 또는 충전을 하는 작업장, 그 밖에 이와 비슷한 용도로 사용하는 것 | 스프링클러설비, 상수도소화용수설비 및 연결살수설비 |
| | 정수장, 수영장, 목욕장, 농예·축산·어류양식용 시설, 그 밖에 이와 비슷한 용도로 사용되는 것 | 자동화재탐지설비, 상수도소화용수설비 및 연결살수설비 |
| 3. 화재안전기준을 달리 적용하여야 하는 특수한 용도 또는 구조를 가진 특정소방대상물 | 원자력발전소, 핵폐기물처리시설 | 연결송수관설비 및 연결살수설비 |
| 4. 「위험물법」 제19조에 따른 자체소방대가 설치된 특정소방대상물 | 자체소방대가 설치된 위험물 제조소등에 부속된 사무실 | 옥내소화전설비, 소화용수설비, 연결살수설비 및 연결송수관설비 |

**47** 소방기본법의 정의상 소방대상물의 관계인이 아닌 자는?

① 감리자
② 관리자
③ 점유자
④ 소유자

**해설** "관계인"이란 소방대상물의 소유자·관리자 또는 점유자를 말한다.

**48** 위험물안전관리법령상 위험물별 성질로서 틀린 것은?

① 제1류 : 산화성 고체
② 제2류 : 가연성 고체
③ 제4류 : 인화성 액체
④ 제6류 : 인화성 고체

**해설** 위험물법 시행령 [별표 1](위험물 및 지정수량)

| 유별 | 성질 |
|---|---|
| 제1류 | 산화성 고체 |
| 제2류 | 가연성 고체 |
| 제3류 | 자연발화성 물질 및 금수성 물질 |
| 제4류 | 인화성 액체 |
| 제5류 | 자기반응성 물질 |
| 제6류 | 산화성 액체 |

1. "산화성 고체"라 함은 고체 또는 기체 외의 것으로서 산화력의 잠재적인 위험성 또는 충격에 대한 민감성을 판단하기 위하여 고시하는 시험에서 고시로 정하는 성질과 상태를 나타내는 것을 말한다.
2. "가연성 고체"라 함은 고체로서 화염에 의한 발화의 위험성 또는 인화의 위험성을 판단하기 위하여 고시로 정하는 시험에서 고시로 정하는 성질과 상태를 나타내는 것을 말한다.
8. "인화성 고체"라 함은 고형알코올 그 밖에 1기압에서 인화점이 섭씨 40도 미만인 고체를 말한다.
9. "자연발화성 물질 및 금수성 물질"이라 함은 고체 또는 액체로서 공기 중에서 발화의 위험성이 있거나 물과 접촉하여 발화하거나 가연성 가스를 발생하는 위험성이 있는 것을 말한다.
11. "인화성 액체"라 함은 액체로서 인화의 위험성이 있는 것을 말한다.

**49** 소방시설법상 시·도지사가 소방시설 등의 자체점검을 하지 아니한 관리업자에게 영업정지를 명할 수 있으나, 이로 인해 국민에게 심한 불편을 줄 때에는 영업정지 처분을 갈음하여 과징금 처분을 한다. 과징금의 기준은?

① 1,000만원 이하
② 2,000만원 이하
③ 3,000만원 이하
④ 5,000만원 이하

**해설** 소방시설법 제36조(과징금처분) 제1항
시·도지사는 제34조제1항에 따라 영업정지를 명하는 경우로서 그 영업정지가 국민에게 심한 불편을 주거나 그 밖에 공익을 해칠 우려가 있을 때에는 영업정지처분을 갈음하여 3천만원 이하의 과징금을 부과할 수 있다.

**50** 소방기본법령상 소방대장은 화재, 재난·재해 그 밖의 위급한 상황이 발생한 현장에 소방활동구역을 정하여 소방활동에 필요한 자로서 대통령령으로 정하는 사람 외에는 그 구역에의 출입을 제한할 수 있다. 다음 중 소방활동구역에 출입할 수 없는 사람은?

① 소방활동구역 안에 있는 소방대상물의 소유자·관리자 또는 점유자
② 전기·가스·수도·통신·교통의 업무에 종사하는 사람으로서 원활한 소방활동을 위하여 필요한 사람
③ 시·도지사가 소방활동을 위하여 출입을 허가한 사람
④ 의사·간호사 그 밖에 구조·구급업무에 종사하는 사람

**해설** 소방활동구역 출입자
1. 소방활동구역 안에 있는 소방대상물의 소유자·관리자 또는 점유자
2. 전기·가스·수도·통신·교통의 업무에 종사하는 사람으로서 원활한 소방활동을 위하여 필요한 사람
3. 의사·간호사, 그 밖의 구조·구급업무에 종사하는 사람
4. 취재인력 등 보도업무에 종사하는 사람
5. 수사업무에 종사하는 사람
6. 그 밖에 소방대장이 소방활동을 위하여 출입을 허가한 사람

**51** 위험물안전관리법령상 제조소에서 취급하는 위험물의 최대수량이 지정수량의 10배 이하인 경우 보유공지의 너비 기준은?

① 2m 이하
② 2m 이상
③ 3m 이하
④ 3m 이상

**해설** 제조소의 위치·구조 및 설비의 기준(제28조 관련)
Ⅱ. 보유공지
1. 위험물을 취급하는 건축물 그 밖의 시설(위험물을 이송하기 위한 배관 그 밖에 이와 유사한 시설을 제외한다)의 주위에는 그 취급하는 위험물의 최대수량에 따라 다음 표에 의한 너비의 공지를 보유하여야 한다.

| 취급하는 위험물의 최대수량 | 공지의 너비 |
|---|---|
| 지정수량의 10배 이하 | 3m 이상 |
| 지정수량의 10배 초과 | 5m 이상 |

2. 제조소의 작업공정이 다른 작업장의 작업공정과 연속되어 있어, 제조소의 건축물 그 밖의 공작물의 주위에 공지를 두게 되면 그 제조소의 작업에 현저한 지장이 생길 우려가 있는 경우 당해 제조소와 다른 작업장 사이에 다음 각목의 기준에 따라 방화상 유효한 격벽을 설치한 때에는 당해 제조소와 다른 작업장 사이에 제1호의 규정에 의한 공지를 보유하지 아니할 수 있다.
  가. 방화벽은 내화구조로 할 것. 다만 취급하는 위험물이 제6류 위험물인 경우에는 불연재료로 할 수 있다.
  나. 방화벽에 설치하는 출입구 및 창 등의 개구부는 가능한 한 최소로 하고, 출입구 및 창에는 자동폐쇄식의 갑종방화문을 설치할 것
  다. 방화벽의 양단 및 상단이 외벽 또는 지붕으로부터 50cm 이상 돌출하도록 할 것

**52** 화재예방법상 화재안전조사위원회의 위원에 해당하지 아니하는 사람은?

① 소방기술사
② 소방시설관리사
③ 소방 관련 분야의 석사학위 이상을 취득한 사람
④ 소방 관련 법인 또는 단체에서 소방 관련 업무에 3년 이상 종사한 사람

**해설** 화재예방법 시행령 제11조(화재안전조사위원회의 구성·운영 등)
① 법 제10조제1항에 따른 화재안전조사위원회(이하 "위원회"라 한다)는 위원장 1명을 포함하여 7명 이내의 위원으로 성별을 고려하여 구성한다.
② 위원회의 위원장은 소방관서장이 된다.
③ 위원회의 위원은 다음 각 호의 어느 하나에 해당하는

정답 50.③ 51.④ 52.④

사람 중에서 소방관서장이 임명하거나 위촉한다.
1. 과장급 직위 이상의 소방공무원
2. 소방기술사
3. 소방시설관리사
4. 소방 관련 분야의 석사 이상 학위를 취득한 사람
5. 소방 관련 법인 또는 단체에서 소방 관련 업무에 5년 이상 종사한 사람
6. 「소방공무원 교육훈련규정」 제3조제2항에 따른 소방공무원 교육훈련기관, 「고등교육법」 제2조의 학교 또는 연구소에서 소방과 관련한 교육 또는 연구에 5년 이상 종사한 사람

④ 위촉위원의 임기는 2년으로 하며, 한 차례만 연임할 수 있다.
⑤ 소방관서장은 위원회의 위원이 다음 각 호의 어느 하나에 해당하는 경우에는 해당 위원을 해임하거나 해촉(解囑)할 수 있다.
1. 심신장애로 직무를 수행할 수 없게 된 경우
2. 직무와 관련된 비위사실이 있는 경우
3. 직무태만, 품위손상이나 그 밖의 사유로 위원으로 적합하지 않다고 인정되는 경우
4. 제12조제1항 각 호의 어느 하나에 해당함에도 불구하고 회피하지 않은 경우
5. 위원 스스로 직무를 수행하기 어렵다는 의사를 밝히는 경우
⑥ 위원회에 출석한 위원에게는 예산의 범위에서 수당, 여비, 그 밖에 필요한 경비를 지급할 수 있다. 다만, 공무원인 위원이 소관 업무와 직접 관련하여 위원회에 출석하는 경우에는 그렇지 않다.

## 53 화재예방법상 특수가연물의 저장 및 취급기준, 중 다음 ( ) 안에 알맞은 것은? (단, 석탄, 목탄류를 발전용으로 저장하는 경우는 제외한다.)

살수설비를 설치하거나, 방사능력 범위에 해당 특수가연물이 포함되도록 대형수동식 소화기를 설치하는 경우에는 쌓는 높이를 ( ㉠ )[m] 이하, 쌓는 부분의 바닥면적을 ( ㉡ )[m²] 이하로 할 수 있다.

① ㉠ 10, ㉡ 30  ② ㉠ 10, ㉡ 5
③ ㉠ 15, ㉡ 100  ④ ㉠ 15, ㉡ 200

**해설** 화재예방법 시행령 [별표3] 특수가연물의 저장·취급 기준
특수가연물은 다음 각 목의 기준에 따라 쌓아 저장해야 한다. 다만, 석탄·목탄류를 발전용(發電用)으로 저장하는 경우는 제외한다.
가. 품명별로 구분하여 쌓을 것
나. 다음의 기준에 맞게 쌓을 것

| 구분 | 살수설비를 설치하거나 방사능력 범위에 해당 특수가연물이 포함되도록 대형수동식소화기를 설치하는 경우 | 그 밖의 경우 |
|---|---|---|
| 높이 | 15미터 이하 | 10미터 이하 |
| 쌓는 부분의 바닥면적 | 200제곱미터(석탄·목탄류의 경우에는 300제곱미터) 이하 | 50제곱미터(석탄·목탄류의 경우에는 200제곱미터) 이하 |

다. 실외에 쌓아 저장하는 경우 쌓는 부분이 대지경계선, 도로 및 인접 건축물과 최소 6미터 이상 간격을 둘 것. 다만, 쌓는 높이보다 0.9미터 이상 높은 「건축법 시행령」 제2조제7호에 따른 내화구조(이하 "내화구조"라 한다) 벽체를 설치한 경우는 그렇지 않다.
라. 실내에 쌓아 저장하는 경우 주요구조부는 내화구조이면서 불연재료여야 하고, 다른 종류의 특수가연물과 같은 공간에 보관하지 않을 것. 다만, 내화구조의 벽으로 분리하는 경우는 그렇지 않다.
마. 쌓는 부분 바닥면적의 사이는 실내의 경우 1.2미터 또는 쌓는 높이의 1/2 중 큰 값 이상으로 간격을 두어야 하며, 실외의 경우 3미터 또는 쌓는 높이 중 큰 값 이상으로 간격을 둘 것

## 54 소방시설법상 소화설비를 구성하는 제품 또는 기기에 해당하지 않는 것은?

① 가스누설경보기  ② 소방호스
③ 스프링클러헤드  ④ 분말자동소화장치

**해설** 소방시설법 시행령 [별표 3] 소방용품 참조
1. 소화설비를 구성하는 제품 또는 기기
   가. 별표 1 제1호가목의 소화기구(소화약제 외의 것을 이용한 간이소화용구는 제외한다)
   나. 별표 1 제1호나목의 자동소화장치다. 소화설비를 구성하는 소화전, 관창(管槍), 소방호스, 스프링클러헤드, 기동용 수압개폐장치, 유수 제어밸브 및 가스관선택밸브
2. 경보설비를 구성하는 제품 또는 기기
   가. 누전경보기 및 가스누설경보기
   나. 경보설비를 구성하는 발신기, 수신기, 중계기, 감지기 및 음향장치(경종만 해당한다)

3. 피난구조설비를 구성하는 제품 또는 기기
   가. 피난사다리, 구조대, 완강기(간이완강기 및 지지대를 포함한다)
   나. 공기호흡기(충전기를 포함한다)
   다. 피난구유도등, 통로유도등, 객석유도등 및 예비전원이 내장된 비상조명등
4. 소화용으로 사용하는 제품 또는 기기
   가. 소화약제(별표 1 제1호나목2)와 3)의 자동소화장치와 같은 호 마목3)부터 8)까지의 소화설비용만 해당한다)
   나. 방염제(방염액·방염도료 및 방염성물질을 말한다)
5. 그 밖에 행정안전부령으로 정하는 소방 관련 제품 또는 기기

**55** 소방시설공사업법령상 하자보수를 하여야 하는 소방시설 중 하자보수 보증기간이 3년이 아닌 것은?

① 자동소화장치    ② 비상방송설비
③ 스프링클러설비  ④ 상수도소화용수설비

**해설** 공사업법 시행령 제6조(하자보수 대상 소방시설과 하자보수 보증기간)
1. 피난기구, 유도등, 유도표지, 비상경보설비, 비상조명등, 비상방송설비 및 무선통신보조설비 : 2년
2. 자동소화장치, 옥내소화전설비, 스프링클러설비, 간이스프링클러설비, 물분무등소화설비, 옥외소화전설비, 자동화재탐지설비, 상수도소화용수설비 및 소화활동설비(무선통신보조설비는 제외한다) : 3년

**56** 위험물안전관리법령상 소화난이도등급 Ⅰ의 옥내탱크저장소에서 황만을 저장·취급할 경우 설치하여야 하는 소화설비로 옳은 것은?

① 물분무소화설비  ② 스프링클러설비
③ 포소화설비    ④ 옥내소화전설비

**해설** 위험물법 시행규칙 [별표 17]
소화설비, 경보설비 및 피난설비의 기준
나. 소화난이도등급 Ⅰ의 제조소 등에 설치하여야 하는 소화설비

| 옥외탱크<br>저장소 | 지중탱크 또는<br>해상탱크 외의 것 | 황만을 저장<br>취급하는 것 | 물분무<br>소화설비 |

**57** 소방시설법상 대통령령 또는 화재안전기준이 변경되어 그 기준이 강화되는 경우 기존 특정소방대상물의 소방시설 중 강화된 기준을 설치장소와 관계없이 항상 적용하여야 하는 것은? (단, 건축물의 신축·개축·재축·이전 및 대수선 중인 특정소방대상물을 포함한다)

① 제연설비
② 비상경보설비
③ 옥내소화전설비
④ 화재조기진압용 스프링클러설비

**해설** 소방시설법 제13조(소방시설기준 적용의 특례)
① 소방본부장이나 소방서장은 제12조제1항 전단에 따른 대통령령 또는 화재안전기준이 변경되어 그 기준이 강화되는 경우 기존의 특정소방대상물(건축물의 신축·개축·재축·이전 및 대수선 중인 특정소방대상물을 포함한다)의 소방시설에 대하여는 변경 전의 대통령령 또는 화재안전기준을 적용한다. 다만, 다음 각 호의 어느 하나에 해당하는 소방시설의 경우에는 대통령령 또는 화재안전기준의 변경으로 강화된 기준을 적용할 수 있다.
  1. 다음 각 목의 소방시설 중 대통령령 또는 화재안전기준으로 정하는 것
     가. 소화기구
     나. 비상경보설비
     다. 자동화재탐지설비
     라. 자동화재속보설비
     마. 피난구조설비
  2. 다음 각 목의 특정소방대상물에 설치하는 소방시설 중 대통령령 또는 화재안전기준으로 정하는 것
     가. 「국토의 계획 및 이용에 관한 법률」 제2조제9호에 따른 공동구
     나. 전력 및 통신사업용 지하구
     다. 노유자(老幼者) 시설
     라. 의료시설

소방시설법 시행령 제13조(강화된 소방시설기준의 적용대상)
법 제13조제1항제2호 각 목 외의 부분에서 "대통령령으로 정하는 것"이란 다음 각 호의 소방시설을 말한다.
1. 「국토의 계획 및 이용에 관한 법률」 제2조9호에 따른 공동구에 설치하는 소화기, 자동소화장치, 자동화재탐지설비, 통합감시시설, 유도등 및 연소방지설비

**정답** 55.② 56.① 57.②

2. 전력 및 통신사업용 지하구에 설치하는 소화기, 자동소화장치, 자동화재탐지설비, 통합감시시설, 유도등 및 연소방지설비
3. 노유자 시설에 설치하는 간이스프링클러설비, 자동화재탐지설비 및 단독경보형 감지기
4. 의료시설에 설치하는 스프링클러설비, 간이스프링클러설비, 자동화재탐지설비 및 자동화재속보설비

## 58 소방시설법상 소방시설 등의 종합점검 대상 기준에 맞게 ( )에 들어갈 내용으로 옳은 것은?

> 물분무등 소화설비[호스릴방식의 물분무등소화설비만을 설치한 경우는 제외]가 설치된 연면적 ( )㎡ 이상인 특정소방대상물(위험물 제조소 등은 제외)

① 2,000　　② 3,000
③ 4,000　　④ 5,000

**해설** ▶ 점검대상 및 시기, 점검자자격

| 대상 | | 횟수·시기 | 점검자 |
|---|---|---|---|
| 작동점검 | 모든 특정소방대상물 [3급이상에 해당] 〈제외 대상〉 1. 특급소방안전관리대상물 (종합점검만 연 2회) 2. 소방안전관리대상물에 속하지 않는 대상물 3. 위험물 제조소등 | • 원칙 : 연 1회 종합점검대상 × 안전관리대상물의 사용승인일이 속하는 달의 말일까지 종합점검대상 ○ 종합실시월부터 6개월이 되는 달에 실시 | 관계인 (자탐, 간이만 해당) 소방안전관리자 (기술사, 관리사) 관리업자(관리사) (자탐, 간이는 특급점검자가능) |
| 종합점검 | 최초점검 | 3급이상대상중 최초사용승인 건축물 | 사용승인일로부터 60일 이내 | |
| | 그밖점검 | 스프링클러설비가 설치된 특정소방대상물 물분무등소화설비가 설치된 연면적 5,000[㎡] 이상인 특정소방대상물 연면적 2,000[㎡] 이상 다중이용업소 9종 옥내소화전설비 또는 자동화재탐지설비가 설치된 연면적 1,000[㎡] 이상 공공기관(소방대 제외) 제연설비가 설치된 터널 | • 원칙 : 연 1회 (최초사용승인 다음 해부터 사용승인일이 속하는 달의 말일까지) 예 학교 : 1~6월이 사용승인일인 경우 6월 말일까지 • 특급 소방안전관리대상물 : 연2회(반기별 1회) | 소방안전관리자 (기술사, 관리사) 관리업자(관리사) |

## 59 소방시설법상 건축허가 등의 동의대상물의 범위로 틀린 것은?

① 항공기 격납고
② 방송용 송·수신탑
③ 연면적이 400제곱미터 이상인 건축물
④ 지하층 또는 무창층이 있는 건축물로서 바닥면적이 50제곱미터 이상인 층이 있는 것

**해설** 건축허가 동의 대상물의 범위(대통령령)
1. 연면적 400제곱미터 이상인 건축물
   가. 학교시설 : 100제곱미터
   나. 노유자시설(老幼者施設) 및 수련시설 : 200제곱미터
   다. 정신의료기관 : 300제곱미터
   라. 장애인 의료재활시설(이하 "의료재활시설"이라 한다) : 300제곱미터
1의2. 층수가 6층 이상인 건축물
2. 차고·주차장 또는 주차용도로 사용되는 시설로서 다음 각 목의 어느 하나에 해당하는 것
   가. 차고·주차장으로 사용되는 바닥면적이 200제곱미터 이상인 층이 있는 건축물이나 주차시설
   나. 승강기 등 기계장치에 의한 주차시설로서 자동차 20대 이상을 주차할 수 있는 시설
3. 항공기격납고, 관망탑, 항공관제탑, 방송용 송수신탑
4. 지하층 또는 무창층이 있는 건축물로서 바닥면적이 150제곱미터(공연장의 경우에는 100제곱미터) 이상인 층이 있는 것
5. 별표 2의 특정소방대상물 중 위험물 저장 및 처리 시설, 지하구
6. 제1호에 해당하지 않는 노유자시설 중 다음 각 목의 어느 하나에 해당하는 시설. 다만, 가목2) 및 나목부터 바목까지의 시설 중 「건축법 시행령」 별표 1의 단독주택 또는 공동주택에 설치되는 시설은 제외한다.
   가. 별표 2 제9호가목에 따른 노인 관련 시설 중 다음의 어느 하나에 해당하는 시설
      1) 「노인복지법」 제31조제1호·제2호 및 제4호에 따른 노인주거복지시설·노인의료복지시설 및 재가노인복지시설
      2) 「노인복지법」 제31조제7호에 따른 학대피해노인 전용쉼터
   나. 「아동복지법」 제52조에 따른 아동복지시설(아동상담소, 아동전용시설 및 지역아동센터는 제외한다)

정답 58.④ 59.④

다. 「장애인복지법」 제58조제1항제1호에 따른 장애인 거주시설
라. 정신질환자 관련 시설
마. 노숙인 관련 시설 중 노숙인자활시설, 노숙인재활시설 및 노숙인요양시설
바. 결핵환자나 한센인이 24시간 생활하는 노유자 시설

7. 「의료법」 제3조제2항제3호라목에 따른 요양병원(이하 "요양병원"이라 한다). 다만, 정신의료기관 중 정신병원(이하 "정신병원"이라 한다)과 의료재활시설은 제외한다.

**60** 화재예방법령상 화재의 예방상 위험하다고 인정되는 행위를 하는 사람에게 행위의 금지 또는 제한 명령을 할 수 있는 사람은?

① 소방관서장  ② 시·도지사
③ 의용소방대원  ④ 소방대상물의 관리자

**해설** 화재예방법 제14조(화재안전조사 결과에 따른 조치명령)

① 소방관서장은 화재안전조사 결과에 따른 소방대상물의 위치·구조·설비 또는 관리의 상황이 화재예방을 위하여 보완될 필요가 있거나 화재가 발생하면 인명 또는 재산의 피해가 클 것으로 예상되는 때에는 행정안전부령으로 정하는 바에 따라 관계인에게 그 소방대상물의 개수(改修)·이전·제거, 사용의 금지 또는 제한, 사용폐쇄, 공사의 정지 또는 중지, 그 밖에 필요한 조치를 명할 수 있다.

② 소방관서장은 화재안전조사 결과 소방대상물이 법령을 위반하여 건축 또는 설비되었거나 소방시설등, 피난시설·방화구획, 방화시설 등이 법령에 적합하게 설치 또는 관리되고 있지 아니한 경우에는 관계인에게 제1항에 따른 조치를 명하거나 관계 행정기관의 장에게 필요한 조치를 하여 줄 것을 요청할 수 있다.

정답 60.①

# 2021년 제4회 소방설비기사[기계분야] 1차 필기
## [제3과목 : 소방관계법규]

**41** 소방기본법 제1장 총칙에서 정하는 목적의 내용으로 거리가 먼 것은?

① 구조, 구급 활동 등을 통하여 공공의 안녕 및 질서 유지
② 풍수해의 예방, 경계, 진압에 관한 계획, 예산 지원 활동
③ 구조, 구급 활동 등을 통하여 국민의 생명, 신체, 재산보호
④ 화재, 재난, 재해 그 밖의 위급한 상황에서의 구조, 구급활동

**해설** 기본법 제1조(목적)
이 법은 화재를 예방·경계하거나 진압하고 화재, 재난·재해, 그 밖의 위급한 상황에서의 구조·구급 활동 등을 통하여 국민의 생명·신체 및 재산을 보호함으로써 공공의 안녕 및 질서 유지와 복리증진에 이바지함을 목적으로 한다.

**42** 화재예방법령상 위험물 또는 물건의 보관기간은 소방본부 또는 소방서의 게시판에 공고하는 기간의 종료일 다음날부터 며칠로 하는가?

① 3일  ② 4일
③ 5일  ④ 7일

**해설**

| 공고기간 | 보관하는 그날부터 14일 동안 |
|---|---|
| 보관기간 | 공고의 종료일 다음날부터 7일간 |

**43** 소방시설법상 관리업자가 소방시설등의 점검을 마친 후 점검기록표에 기록하고 이를 해당 특정소방대상물에 부착하여야 하나 이를 위반하고 점검기록표를 거짓으로 작성하거나 해당 특정소방대상물에 부착하지 아니하였을 경우 벌칙 기준은?

① 100만원 이하의 과태료
② 200만원 이하의 과태료
③ 300만원 이하의 과태료
④ 500만원 이하의 과태료

**해설** 제61조(과태료)
① 다음 각 호의 어느 하나에 해당하는 자에게는 300만원 이하의 과태료를 부과한다.
  1. 제12조제1항을 위반하여 소방시설을 화재안전기준에 따라 설치·관리하지 아니한 자
  2. 제15조제1항을 위반하여 공사 현장에 임시소방시설을 설치·관리하지 아니한 자
  3. 제16조제1항을 위반하여 피난시설, 방화구획 또는 방화시설의 폐쇄·훼손·변경 등의 행위를 한 자
  4. 제20조제1항을 위반하여 방염대상물품을 방염성능기준 이상으로 설치하지 아니한 자
  5. 제22조제1항 전단을 위반하여 점검능력 평가를 받지 아니하고 점검을 한 관리업자
  6. 제22조제1항 후단을 위반하여 관계인에게 점검 결과를 제출하지 아니한 관리업자등
  7. 제22조제2항에 따른 점검인력의 배치기준 등 자체점검 시 준수사항을 위반한 자
  8. 제23조제3항을 위반하여 점검 결과를 보고하지 아니하거나 거짓으로 보고한 자
  9. 제23조제4항을 위반하여 이행계획을 기간 내에 완료하지 아니한 자 또는 이행계획 완료 결과를 보고하지 아니하거나 거짓으로 보고한 자
  10. 제24조제1항을 위반하여 점검기록표를 기록하지 아니하거나 특정소방대상물의 출입자가 쉽게 볼 수 있는 장소에 게시하지 아니한 관계인

**정답** 41.② 42.④ 43.③

11. 제31조 또는 제32조제3항을 위반하여 신고를 하지 아니하거나 거짓으로 신고한 자
12. 제33조제3항을 위반하여 지위승계, 행정처분 또는 휴업·폐업의 사실을 특정소방대상물의 관계인에게 알리지 아니하거나 거짓으로 알린 관리업자
13. 제33조제4항을 위반하여 소속 기술인력의 참여 없이 자체점검을 한 관리업자
14. 제34조제2항에 따른 점검실적을 증명하는 서류 등을 거짓으로 제출한 자
15. 제52조제1항에 따른 명령을 위반하여 보고 또는 자료제출을 하지 아니하거나 거짓으로 보고 또는 자료제출을 한 자 또는 정당한 사유 없이 관계 공무원의 출입 또는 검사를 거부·방해 또는 기피한 자

## 44 위험물안전관리법령상 제4류 위험물 중 경유의 지정수량은 몇 리터인가?

① 500L  ② 1,000L
③ 1,500L  ④ 2,000L

**해설** 제4류 위험물 지정수량

| 위험등급 | 품 명 | | 지정수량 |
| --- | --- | --- | --- |
| Ⅰ등급 | 특수인화물 | | 50[L] |
| Ⅱ등급 | 제1석유류 | 비수용성 액체 | 200[L] |
| | | 수용성 액체 | 400[L] |
| | 알코올류 | | 400[L] |
| Ⅲ등급 | 제2석유류 | 비수용성 액체 | 1,000[L] |
| | | 수용성 액체 | 2,000[L] |
| | 제3석유류 | 비수용성 액체 | 2,000[L] |
| | | 수용성 액체 | 4,000[L] |
| | 제4석유류 | | 6,000[L] |
| | 동·식물유류 | | 10,000[L] |

## 45 화재예방법상 소방관서장은 화재안전조사를 실시하려는 경우 사전에 조사대상, 조사기간 및 조사사유 등 조사계획을 소방청, 소방본부 또는 소방서(이하 "소방관서"라 한다)의 인터넷 홈페이지나 전산시스템을 통해 몇 일 이상 공개해야 하는가?

① 7일  ② 10일
③ 12일  ④ 14일

**해설** 화재예방법 제8조(화재안전조사의 방법·절차 등)
① 소방관서장은 화재안전조사를 조사의 목적에 따라 제7조제2항에 따른 화재안전조사의 항목 전체에 대하여 종합적으로 실시하거나 특정 항목에 한정하여 실시할 수 있다.
② 소방관서장은 화재안전조사를 실시하려는 경우 사전에 관계인에게 조사대상, 조사기간 및 조사사유 등을 우편, 전화, 전자메일 또는 문자전송 등을 통하여 통지하고 이를 대통령령으로 정하는 바에 따라 인터넷 홈페이지나 제16조제3항의 전산시스템 등을 통하여 공개하여야 한다. 다만, 다음 각 호의 어느 하나에 해당하는 경우에는 그러하지 아니하다.
  1. 화재가 발생할 우려가 뚜렷하여 긴급하게 조사할 필요가 있는 경우
  2. 제1호 외에 화재안전조사의 실시를 사전에 통지하거나 공개하면 조사목적을 달성할 수 없다고 인정되는 경우
③ 화재안전조사는 관계인의 승낙 없이 소방대상물의 공개시간 또는 근무시간 이외에는 할 수 없다. 다만, 제2항제1호에 해당하는 경우에는 그러하지 아니하다.
④ 제2항에 따른 통지를 받은 관계인은 천재지변이나 그 밖에 대통령령으로 정하는 사유로 화재안전조사를 받기 곤란한 경우에는 화재안전조사를 통지한 소방관서장에게 대통령령으로 정하는 바에 따라 화재안전조사를 연기하여 줄 것을 신청할 수 있다. 이 경우 소방관서장은 연기신청 승인 여부를 결정하고 그 결과를 조사 시작 전까지 관계인에게 알려 주어야 한다.
⑤ 제1항부터 제4항까지에서 규정한 사항 외에 화재안전조사의 방법 및 절차 등에 필요한 사항은 대통령령으로 정한다.

화재예방법 시행령 제8조(화재안전조사의 방법·절차 등)
① 소방관서장은 화재안전조사의 목적에 따라 다음 각 호의 어느 하나에 해당하는 방법으로 화재안전조사를 실시할 수 있다.
  1. 종합조사 : 제7조의 화재안전조사 항목 전부를 확인하는 조사
  2. 부분조사 : 제7조의 화재안전조사 항목 중 일부를 확인하는 조사
② 소방관서장은 화재안전조사를 실시하려는 경우 사전에 법 제8조제2항 각 호 외의 부분 본문에 따라 조사대상, 조사기간 및 조사사유 등 조사계획을 소방청, 소방본부 또는 소방서(이하 "소방관서"라 한다)의 인터넷 홈페이지나 법 제16조제3항에 따른 전산시스템

을 통해 7일 이상 공개해야 한다.
③ 소방관서장은 법 제8조제2항 각 호 외의 부분 단서에 따라 사전 통지 없이 화재안전조사를 실시하는 경우에는 화재안전조사를 실시하기 전에 관계인에게 조사 사유 및 조사범위 등을 현장에서 설명해야 한다.
④ 소방관서장은 화재안전조사를 위하여 소속 공무원으로 하여금 관계인에게 보고 또는 자료의 제출을 요구하거나 소방대상물의 위치·구조·설비 또는 관리 상황에 대한 조사·질문을 하게 할 수 있다.
⑤ 소방관서장은 화재안전조사를 효율적으로 실시하기 위하여 필요한 경우 다음 각 호의 기관의 장과 합동으로 조사반을 편성하여 화재안전조사를 할 수 있다.
  1. 관계 중앙행정기관 또는 지방자치단체
  2. 「소방기본법」 제40조에 따른 한국소방안전원(이하 "안전원"이라 한다)
  3. 「소방산업의 진흥에 관한 법률」 제14조에 따른 한국소방산업기술원(이하 "기술원"이라 한다)
  4. 「화재로 인한 재해보상과 보험가입에 관한 법률」 제11조에 따른 한국화재보험협회(이하 "화재보험협회"라 한다)
  5. 「고압가스 안전관리법」 제28조에 따른 한국가스안전공사(이하 "가스안전공사"라 한다)
  6. 「전기안전관리법」 제30조에 따른 한국전기안전공사(이하 "전기안전공사"라 한다)
  7. 그 밖에 소방청장이 정하여 고시하는 소방 관련 법인 또는 단체
⑥ 제1항부터 제5항까지에서 규정한 사항 외에 화재안전조사 계획의 수립 등 화재안전조사에 필요한 사항은 소방청장이 정한다.

**46** 소방시설공사업법령상 소방시설공사업자가 소속 소방기술자를 소방시설공사 현장에 배치하지 않았을 경우의 과태료 기준은?

① 100만원 이하
② 200만원 이하
③ 300만원 이하
④ 400만원 이하

**해설** 공사업법 제40조(과태료) 제1항
다음 각 호의 어느 하나에 해당하는 자에게는 200만원 이하의 과태료를 부과한다.
  4. 소방기술자를 공사 현장에 배치하지 아니한 자

**47** 화재예방법상 천재지변 및 그 밖에 대통령령으로 정하는 사유로 화재안전조사를 받기 곤란하여 연기를 신청하려는 자는 화재안전조사 시작 최대 몇일 전까지 연기신청서 및 증명서류를 제출해야 하는가?

① 3일
② 5일
③ 7일
④ 10일

**해설** 화재예방법 시행령 제9조(화재안전조사의 연기)
① 법 제8조제4항 전단에서 "대통령령으로 정하는 사유"란 다음 각 호의 어느 하나에 해당하는 사유를 말한다.
  1. 「재난 및 안전관리 기본법」 제3조제1호에 해당하는 재난이 발생한 경우
  2. 관계인의 질병, 사고, 장기출장의 경우
  3. 권한 있는 기관에 자체점검기록부, 교육·훈련일지 등 화재안전조사에 필요한 장부·서류 등이 압수되거나 영치(領置)되어 있는 경우
  4. 소방대상물의 증축·용도변경 또는 대수선 등의 공사로 화재안전조사를 실시하기 어려운 경우
② 법 제8조제4항 전단에 따라 화재안전조사의 연기를 신청하려는 관계인은 행정안전부령으로 정하는 바에 따라 연기신청서에 연기의 사유 및 기간 등을 적어 소방관서장에게 제출해야 한다.
③ 소방관서장은 법 제8조제4항 후단에 따라 화재안전조사의 연기를 승인한 경우라도 연기기간이 끝나기 전에 연기사유가 없어졌거나 긴급히 조사를 해야 할 사유가 발생하였을 때는 관계인에게 미리 알리고 화재안전조사를 할 수 있다.

**화재예방법 시행규칙 제4조(화재안전조사의 연기신청 등)**
① 「화재의 예방 및 안전관리에 관한 법률 시행령」(이하 "영"이라 한다) 제9조제2항에 따라 화재안전조사의 연기를 신청하려는 관계인은 화재안전조사 시작 3일 전까지 별지 제1호서식의 화재안전조사 연기신청서(전자문서를 포함한다)에 화재안전조사를 받기 곤란함을 증명할 수 있는 서류(전자문서를 포함한다)를 첨부하여 소방청장, 소방본부장 또는 소방서장(이하 "소방관서장"이라 한다)에게 제출해야 한다.
② 제1항에 따른 신청서를 제출받은 소방관서장은 3일 이내에 연기신청의 승인 여부를 결정하여 별지 제2호서식의 화재안전조사 연기신청 결과 통지서를 연기신청을 한 자에게 통지해야 하며 연기기간이 종료되면 지체 없이 화재안전조사를 시작해야 한다.

**48** 화재예방법상 1급 소방안전관리대상물의 소방안전관리자 자격시험에 응시할 수 있는 조건에 해당하지 않는 것은?

① 5년 이상 2급 소방안전관리대상물의 소방안전관리자로 근무한 실무경력이 있는 사람
② 산업안전기사 또는 산업안전산업기사의 자격을 취득한 후 2년 이상 2급 소방안전관리대상물 또는 3급 소방안전관리대상물의 소방안전관리자로 근무한 실무경력이 있는 사람
③ 2급 소방안전관리대상물의 소방안전관리자로 선임될 수 있는 자격을 갖춘 후 특급 또는 1급 소방안전관리대상물의 소방안전관리보조자로 5년 이상 근무한 실무경력이 있는 사람
④ 소방행정학(소방학 및 소방방재학을 포함한다) 또는 소방안전공학(소방방재공학 및 안전공학을 포함한다) 분야에서 학사 이상 학위를 취득한 사람

**[해설] [화재예방법 시행령 별표6 소방안전관리자 응시자격]**
**1급 소방안전관리자**
가. 대학 또는 고등학교에서 소방안전관리학과를 전공하고 졸업한 사람(법령에 따라 이와 같은 수준의 학력이 있다고 인정되는 사람을 포함한다)으로서 해당 학과를 졸업한 후 2년 이상 2급 소방안전관리대상물 또는 3급 소방안전관리대상물의 소방안전관리자로 근무한 실무경력이 있는 사람
나. 다음의 어느 하나에 해당하는 요건을 갖춘 후 3년 이상 2급 소방안전관리대상물 또는 3급 소방안전관리대상물의 소방안전관리자로 근무한 실무경력이 있는 사람
  1) 대학 또는 고등학교에서 소방안전 관련 교과목을 12학점 이상 이수하고 졸업한 사람
  2) 법령에 따라 1)에 해당하는 사람과 같은 수준의 학력이 있다고 인정되는 사람으로서 해당 학력 취득 과정에서 소방안전 관련 교과목을 12학점 이상 이수한 사람
  3) 대학 또는 고등학교에서 소방안전 관련 학과를 전공하고 졸업한 사람(법령에 따라 이와 같은 수준의 학력이 있다고 인정되는 사람을 포함한다)
다. 소방행정학(소방학 및 소방방재학을 포함한다) 또는 소방안전공학(소방방재공학 및 안전공학을 포함한다) 분야에서 석사 이상 학위를 취득한 사람
라. 5년 이상 2급 소방안전관리대상물의 소방안전관리자로 근무한 실무경력이 있는 사람
마. 법 제34조제1항제1호에 따른 강습교육 중 이 영 제33조제1호 및 제2호에 해당하는 사람을 대상으로 하는 강습교육을 수료한 사람
바. 2급 소방안전관리대상물의 소방안전관리자로 선임될 수 있는 자격을 갖춘 후 특급 또는 1급 소방안전관리대상물의 소방안전관리보조자로 5년 이상 근무한 실무경력이 있는 사람
사. 2급 소방안전관리대상물의 소방안전관리자로 선임될 수 있는 자격을 갖춘 후 2급 소방안전관리대상물의 소방안전관리보조자로 7년 이상 근무한 실무경력(특급 또는 1급 소방안전관리대상물의 소방안전관리보조자로 근무한 실무경력이 있는 경우에는 이를 포함하여 합산한다)이 있는 사람
아. 산업안전기사 또는 산업안전산업기사의 자격을 취득한 후 2년 이상 2급 소방안전관리대상물 또는 3급 소방안전관리대상물의 소방안전관리자로 근무한 실무경력이 있는 사람
자. 제1호에 따라 특급 소방안전관리대상물의 소방안전관리자 시험응시 자격이 인정되는 사람

**49** 위험물안전관리법령상 제조소등에 설치하여야 할 자동화재탐지설비의 설치기준 중 ( ) 안에 알맞은 내용은? (단, 광전식분리형 감지기 설치는 제외한다)

> 하나의 경계구역의 면적은 ( ㉠ )m² 이하로 하고 그 한 변의 길이는 ( ㉡ )m 이하로 할 것. 다만, 당해 건축물 그 밖의 공작물의 주요한 출입구에서 그 내부의 전체를 볼 수 있는 경우에 있어서는 그 면적을 1,000m² 이하로 할 수 있다.

① ㉠ 300, ㉡ 20
② ㉠ 400, ㉡ 30
③ ㉠ 500, ㉡ 40
④ ㉠ 600, ㉡ 50

**[해설] 위험물법 시행규칙 [별표 17] 소화설비, 경보설비 및 피난설비의 기준**
Ⅱ. 경보설비
1. 제조소등별로 설치해야 하는 경보설비의 종류
2. 자동화재탐지설비의 설치기준
  가. 자동화재탐지설비의 경계구역(화재가 발생한 구역을 다른 구역과 구분하여 식별할 수 있는 최소

**정답** 48.④ 49.④

단위의 구역을 말한다. 이하 이 호에서 같다)은 건축물 그 밖의 공작물의 2 이상의 층에 걸치지 아니하도록 할 것. 다만, 하나의 경계구역의 면적이 500㎡ 이하이면서 당해 경계구역이 두개의 층에 걸치는 경우이거나 계단·경사로·승강기의 승강로 그 밖에 이와 유사한 장소에 연기감지기를 설치하는 경우에는 그러하지 아니하다.

나. 하나의 경계구역의 면적은 600㎡ 이하로 하고 그 한변의 길이는 50m(광전식분리형 감지기를 설치할 경우에는 100m)이하로 할 것. 다만, 당해 건축물 그 밖의 공작물의 주요한 출입구에서 그 내부의 전체를 볼 수 있는 경우에 있어서는 그 면적을 1,000㎡ 이하로 할 수 있다.

다. 자동화재탐지설비의 감지기(옥외탱크저장소에 설치하는 자동화재탐지설비의 감지기는 제외한다)는 지붕(상층이 있는 경우에는 상층의 바닥) 또는 벽의 옥내에 면한 부분(천장이 있는 경우에는 천장 또는 벽의 옥내에 면한 부분 및 천장의 뒷부분)에 유효하게 화재의 발생을 감지할 수 있도록 설치할 것

라. 옥외탱크저장소에 설치하는 자동화재탐지설비의 감지기 설치기준
   1) 불꽃감지기를 설치할 것. 다만, 불꽃을 감지하는 기능이 있는 지능형 폐쇄회로텔레비전(CCTV)을 설치한 경우 불꽃감지기를 설치한 것으로 본다.
   2) 옥외저장탱크 외측과 별표 6 Ⅱ에 따른 보유공지 내에서 발생하는 화재를 유효하게 감지할 수 있는 위치에 설치할 것
   3) 지지대를 설치하고 그 곳에 감지기를 설치하는 경우 지지대는 벼락에 영향을 받지 않도록 설치할 것

마. 자동화재탐지설비에는 비상전원을 설치할 것

바. 옥외탱크저장소가 다음의 어느 하나에 해당하는 경우에는 자동화재탐지설비를 설치하지 않을 수 있다.
   1) 옥외탱크저장소의 방유제(防油堤)와 옥외저장탱크 사이의 지표면을 불연성 및 불침윤성(수분에 젖지 않는 성질)이 있는 철근콘크리트 구조 등으로 한 경우
   2) 「화학물질관리법 시행규칙」 별표 5 제6호의 화학물질안전원장이 정하는 고시에 따라 가스감지기를 설치한 경우

**50** 화재예방법상 특정소방대상물의 관계인은 소방안전관리자를 기준일로부터 30일 이내에 선임하여야 한다. 다음 중 기준일로 틀린 것은?

① 소방안전관리자를 해임한 경우 : 소방안전관리자를 해임한 날
② 특정소방대상물을 양수하여 관계인의 권리를 취득한 경우 : 해당 권리를 취득한 날
③ 신축으로 해당 특정소방대상물의 소방안전관리자를 신규로 선임하여야 하는 경우 : 해당 특정소방대상물의 완공일
④ 증축으로 인하여 특정소방대상물이 소방안전관리대상물로 된 경우 : 증축공사의 개시일

**해설** 화재예방법 시행규칙 제14조(소방안전관리자의 선임신고 등)
① 소방안전관리대상물의 관계인은 법 제24조 및 제35조에 따라 소방안전관리자를 다음 각 호의 구분에 따라 해당 호에서 정하는 날부터 30일 이내에 선임해야 한다.
   1. 신축·증축·개축·재축·대수선 또는 용도변경으로 해당 특정소방대상물의 소방안전관리자를 신규로 선임해야 하는 경우 : 해당 특정소방대상물의 사용승인일(건축물의 경우에는 「건축법」 제22조에 따라 건축물을 사용할 수 있게 된 날을 말한다. 이하 이 조 및 제16조에서 같다)
   2. 증축 또는 용도변경으로 인하여 특정소방대상물이 영 제25조제1항에 따른 소방안전관리대상물로 된 경우 또는 특정소방대상물의 소방안전관리 등급이 변경된 경우 : 증축공사의 사용승인일 또는 용도변경 사실을 건축물관리대장에 기재한 날
   3. 특정소방대상물을 양수하거나 「민사집행법」에 따른 경매, 「채무자 회생 및 파산에 관한 법률」에 따른 환가(換價), 「국세징수법」·「관세법」 또는 「지방세기본법」에 따른 압류재산의 매각이나 그 밖에 이에 준하는 절차에 따라 관계인의 권리를 취득한 경우 : 해당 권리를 취득한 날 또는 관할 소방서장으로부터 소방안전관리자 선임 안내를 받은 날. 다만, 새로 권리를 취득한 관계인이 종전의 특정소방대상물의 관계인이 선임신고한 소방안전관리자를 해임하지 않는 경우는 제외한다.
   4. 법 제35조에 따른 특정소방대상물의 경우 : 관리의 권원이 분리되거나 소방본부장 또는 소방서장

정답 50.④

이 관리의 권원을 조정한 날
5. 소방안전관리자의 해임, 퇴직 등으로 해당 소방안전관리자의 업무가 종료된 경우: 소방안전관리자가 해임된 날, 퇴직한 날 등 근무를 종료한 날
6. 법 제24조제3항에 따라 소방안전관리업무를 대행하는 자를 감독할 수 있는 사람을 소방안전관리자로 선임한 경우로서 그 업무대행 계약이 해지 또는 종료된 경우 : 소방안전관리업무 대행이 끝난 날
7. 법 제31조제1항에 따라 소방안전관리자 자격이 정지 또는 취소된 경우 : 소방안전관리자 자격이 정지 또는 취소된 날

**51** 위험물안전관리법령상 정기점검의 대상인 제조소 등의 기준으로 틀린 것은?

① 지하탱크저장소
② 이동탱크저장소
③ 지정수량의 10배 이상의 위험물을 취급하는 제조소
④ 지정수량의 20배 이상의 위험물을 저장하는 옥외탱크저장소

**해설** 위험물법 시행령
제16조(정기점검의 대상인 제조소등)
법 제18조 제1항에서 "대통령령이 정하는 제조소등"이라 함은 각 호의 1에 해당하는 제조소등을 말한다.
1. 제15조 각호의 1에 해당하는 제조소등
2. 지하탱크저장소
3. 이동탱크저장소
4. 위험물을 취급하는 탱크로서 지하에 매설된 탱크가 있는 제조소·주유취급소 또는 일반취급소

제15조 각 호의 1(예방규정을 정해야 하는 제조소등의 종류)
㉠ 지정수량의 10배 이상의 위험물을 취급하는 제조소
㉡ 지정수량의 100배 이상의 위험물을 제정하는 옥외저장소
㉢ 지정수량의 150배 이상의 위험물을 저장하는 옥내저장소
㉣ 지정수량의 200배 이상의 위험물을 저장하는 옥외탱크저장소
㉤ 암반탱크저장소
㉥ 이송취급소
㉦ 지정수량의 10배 이상의 위험물을 취급하는 일반취급소

**52** 소방시설법상 특정소방대상물의 관계인이 특정소방대상물의 규모·용도 및 수용인원 등을 고려하여 갖추어야 하는 소방시설의 종류에 대한 기준 중 다음 ( ) 안에 알맞은 것은?

화재안전기준에 따라 소화기구를 설치하여야 하는 특정소방대상물은 연면적 ( ㉠ )m² 이상인 것. 다만, 노유자시설의 경우에는 투척용 소화용구 등을 화재안전기준에 따라 산정된 소화기 수량의 ( ㉡ ) 이상으로 설치할 수 있다.

① ㉠ 33, ㉡ 1/2    ② ㉠ 33, ㉡ 1/5
③ ㉠ 50, ㉡ 1/2    ④ ㉠ 50, ㉡ 1/5

**해설** 소방시설법 시행령 [별표4]
1. 소화설비
가. 화재안전기준에 따라 소화기구를 설치해야 하는 특정소방대상물은 다음의 어느 하나에 해당하는 것으로 한다.
1) 연면적 33m² 이상인 것. 다만, 노유자 시설의 경우에는 투척용 소화용구 등을 화재안전기준에 따라 산정된 소화기 수량의 2분의 1 이상으로 설치할 수 있다.
2) 1)에 해당하지 않는 시설로서 가스시설, 발전시설 중 전기저장시설 및 국가유산
3) 터널
4) 지하구

**53** 소방시설법상 용어의 정의 중 ( ) 안에 알맞은 것은?

특정소방대상물이란 소방시설을 설치하여야 하는 소방대상물로서 ( )으로 정하는 것을 말한다.

① 대통령령       ② 국토교통부령
③ 행정안전부령   ④ 고용노동부령

**해설** 소방시설법 제2조(정의)
① 이 법에서 사용하는 용어의 뜻은 다음과 같다.
3. "특정소방대상물"이란 소방시설을 설치하여야 하는 소방대상물로서 대통령령으로 정하는 것을 말한다.

**정답** 51.④ 52.① 53.①

**54** 소방시설법상 분말형태의 소화약제를 사용하는 소화기의 내용연수로 옳은 것은? (단, 소방용품의 성능을 확인받아 그 사용기한을 연장하는 경우는 제외한다)

① 3년  ② 5년
③ 7년  ④ 10년

**해설** 소방시설법 시행령 제19조(내용연수 설정대상 소방용품)
① 법 제17조제1항 후단에 따라 내용연수를 설정해야 하는 소방용품은 분말형태의 소화약제를 사용하는 소화기로 한다.
② 제1항에 따른 소방용품의 내용연수는 10년으로 한다.

**55** 소방시설공사업법령상 전문 소방시설공사업의 등록기준 및 영업범위의 기준에 대한 설명으로 틀린 것은?

① 법인인 경우 자본금은 최소 1억원 이상이다.
② 개인인 경우 자산평가액은 최소 1억원 이상이다.
③ 주된 기술인력 최소 1명 이상, 보조기술인력 최소 3명 이상을 둔다.
④ 영업범위는 특정소방대상물에 설치되는 기계분야 및 전기분야 소방시설의 공사·개설·이전 및 정비이다.

**해설** 주된 기술인력 최소 1명 이상, 보조기술인력 최소 2명 이상을 둔다.

**공사업법 시행령 [별표 1]**
소방시설업의 업종별 등록기준 및 영업범위
2. 소방시설공사업

| 항목<br>업종별 | 기술인력 | 자본금<br>(자산평가액) | 영업범위 |
|---|---|---|---|
| 전문<br>소방시설<br>공사업 | 가. 주된 기술인력: 소방기술사 또는 기계분야와 전기분야의 소방설비기사 각 1명(기계분야 및 전기분야의 자격을 함께 취득한 사람) 1명 이상 | 가. 법인: 1억원 이상<br>나. 개인: 자산평가액 1억원 이상 | 특정소방대상물에 설치되는 기계분야 및 전기분야 소방시설의 공사·개설·이전 및 정비 |

| | | | | |
|---|---|---|---|---|
| | | 나. 보조기술인력: 2명 이상 | | |
| 일반<br>소방<br>시설<br>공사업 | 기계<br>분야 | 가. 주된 기술인력: 소방기술사 또는 기계분야 소방설비기사 1명 이상<br>나. 보조기술인력: 1명 이상 | 가. 법인: 1억원 이상<br>나. 개인: 자산평가액 1억원 이상 | 가. 연면적 1만제곱미터 미만의 특정소방대상물에 설치되는 기계분야 소방시설의 공사·개설·이전 및 정비<br>나. 위험물제조소등에 설치하는 기계분야 소방시설의 공사·개설·이전 및 정비 |
| | 전기<br>분야 | 가. 주된 기술인력: 소방기술사 또는 전기분야 소방설비기사 1명 이상<br>나. 보조기술인력: 1명 이상 | 가. 법인: 1억원 이상<br>나. 개인: 자산평가액 1억원 이상 | 가. 연면적 1만제곱미터 미만의 특정소방대상물에 설치되는 전기분야 소방시설의 공사·개설·이전 및 정비<br>나. 위험물제조소등에 설치하는 전기분야 소방시설의 공사·개설·이전 및 정비 |

**56** 다음 위험물안전관리법령의 자체소방대 기준에 대한 설명으로 틀린 것은?

다량의 위험물을 저장·취급하는 제조소등으로서 대통령령이 정하는 제조소등이 있는 동일한 사업소에서 대통령령이 정하는 수량 이상의 위험물을 저장 또는 취급하는 경우 당해 사업소의 관계인은 대통령령이 정하는 바에 따라 당해 사업소에 자체소방대를 설치하여야 한다.

① "대통령령이 정하는 제조소등"은 제4류 위험물을 취급하는 제조소를 포함한다.
② "대통령령이 정하는 제조소등"은 제4류 위험물을 취급하는 일반취급소를 포함한다.
③ "대통령령이 정하는 수량 이상의 위험물"은 제4류 위험물의 최대수량의 합이 지정수량의 3천배 이상인 것을 포함한다.

**정답** 54.④ 55.③ 56.④

④ "대통령령이 정하는 제조소등"은 보일러로 위험물을 소비하는 일반취급소를 포함한다.

**해설** 위험물법 시행령 제18조(자체소방대를 설치하여야 하는 사업소)
① 법 제19조에서 "대통령령이 정하는 제조소등"이란 다음 각 호의 어느 하나에 해당하는 제조소등을 말한다.
  1. 제4류 위험물을 취급하는 제조소 또는 일반취급소. 다만, 보일러로 위험물을 소비하는 일반취급소 등 행정안전부령으로 정하는 일반취급소는 제외한다.
  2. 제4류 위험물을 저장하는 옥외탱크저장소
② 법 제19조에서 "대통령령이 정하는 수량 이상"이란 다음 각 호의 구분에 따른 수량을 말한다.
  1. 제1항 제1호에 해당하는 경우: 제조소 또는 일반취급소에서 취급하는 제4류 위험물의 최대수량의 합이 지정수량의 3천배 이상
  2. 제1항 제2호에 해당하는 경우: 옥외탱크저장소에 저장하는 제4류 위험물의 최대수량이 지정수량의 50만배 이상

**57** 소방기본법령상 소방본부 종합상황실의 실장이 서면·팩스 또는 컴퓨터통신 등으로 소방청 종합상황실에 보고하여야 하는 화재의 기준이 아닌 것은?

① 이재민이 100인 이상 발생한 화재
② 재산피해액이 50억원 이상 발생한 화재
③ 사망자가 3인 이상 발생하거나 사상자가 5인 이상 발생한 화재
④ 층수가 5층 이상이거나 병상이 30개 이상인 종합병원에서 발생한 화재

**해설** 기본법 시행규칙 제3조(종합상황실의 실장의 업무 등) 제2항

▶ 상부 종합상황실 보고사항
1. 다음 각목의 1에 해당하는 화재
  가. 사망자가 5인 이상 발생하거나 사상자가 10인 이상 발생한 화재
  나. 이재민이 100인 이상 발생한 화재
  다. 재산피해액이 50억 원 이상 발생한 화재
  라. 관공사·학교·정부미도정공장·문화재·지하철 또는 지하구의 화재
  마. 관광호텔, 층수(「건축법 시행령」 제119조제1항제9호의 규정에 의하여 산정한 층수를 말한다. 이하 이 목에서 같다)가 11층 이상인 건축물, 지하상가, 시장, 백화점, 「위험물법」 제2조제2항의 규정에 의한 지정수량의 3천배 이상의 위험물의 제조소·저장소·취급소, 층수가 5층 이상이거나 객실이 30실 이상인 숙박시설, 층수가 5층 이상이거나 병상이 30개 이상인 종합병원·정신병원·한방병원·요양소, 연면적 1만5천제곱미터 이상인 공장 또는 기본법 시행령(이하 "영"이라 한다) 제4조제1항 각 목에 따른 화재경계지구에서 발생한 화재
  바. 철도차량, 항구에 매어둔 총 톤수가 1천톤 이상인 선박, 항공기, 발전소 또는 변전소에서 발생한 화재
  사. 가스 및 화약류의 폭발에 의한 화재
  아. 「다중이용업소의 안전관리에 관한 특별법」 제2조에 따른 다중이용업소의 화재
2. 「긴급구조대응활동 및 현장지휘에 관한 규칙」에 의한 통제단장의 현장지휘가 필요한 재난상황
3. 언론에 보도된 재난상황
4. 그 밖에 소방청장이 정하는 재난상황

**58** 화재예방법상 특수가연물의 수량 기준으로 옳은 것은?

① 면화류 : 200kg 이상
② 가연성고체류 : 500kg 이상
③ 나무껍질 및 대팻밥 : 300kg 이상
④ 넝마 및 종이부스러기 : 400kg 이상

**해설** 화재예방법 시행령 [별표2]
▶ 특수가연물의 종류

| 품명 | | 수량 |
| --- | --- | --- |
| 면화류 | | 200킬로그램 이상 |
| 나무껍질 및 대팻밥 | | 400킬로그램 이상 |
| 넝마 및 종이부스러기 | | 1,000킬로그램 이상 |
| 사류(絲類) | | 1,000킬로그램 이상 |
| 볏짚류 | | 1,000킬로그램 이상 |
| 가연성고체류 | | 3,000킬로그램 이상 |
| 석탄·목탄류 | | 10,000킬로그램 이상 |
| 가연성액체류 | | 2세제곱미터 이상 |
| 목재가공품 및 나무부스러기 | | 10세제곱미터 이상 |
| 합성수지류 | 발포시킨 것 | 20세제곱미터 이상 |
| | 그 밖의 것 | 3,000킬로그램 이상 |

**59** 위험물안전관리법령상 위험물을 취급함에 있어서 정전기가 발생할 우려가 있는 설비에 설치할 수 있는 정전기 제거설비 방법이 아닌 것은?

① 접지에 의한 방법
② 공기를 이온화하는 방법
③ 자동적으로 압력의 상승을 정지시키는 방법
④ 공기 중의 상대습도를 70% 이상으로 하는 방법

**해설** 정전기 방지법
㉠ 상대습도를 70% 이상으로 한다.
㉡ 공기를 이온화한다.
㉢ 접지를 한다.
㉣ 도체를 사용한다.
㉤ 유류 수송배관의 유속을 낮춘다.

**60** 소방기본법령상 소방활동장비와 설비의 구입 및 설치 시 국조보조의 대상이 아닌 것은?

① 소방자동차
② 사무용 집기
③ 소방헬리콥터 및 소방정
④ 소방전용통신설비 및 전산설비

**해설** 기본법 시행령 제2조(국고보조 대상사업의 범위와 기준보조율)
▶ 국고보조 대상사업의 범위
㉠ 다음의 소방활동장비와 설비의 구입 및 설치
 • 소방자동차
 • 소방헬리콥터 및 소방정
 • 소방전용통신설비 및 전산설비
 • 그 밖에 방화복 및 소방활동에 필요한 소방장비
㉡ 소방관서용 청사의 건축

**정답** 59.③ 60.②

# 2022년 제1회 소방설비기사[기계분야] 1차 필기

[제3과목 : 소방관계법규]

**41** 소방시설 설치 및 관리에 관한 법령상 건축허가 등을 할 때 미리 소방본부장 또는 소방서장의 동의를 받아야 하는 건축물 등의 범위가 아닌 것은?

① 연면적 200[m²] 이상인 노유자시설 및 수련시설
② 항공기격납고, 관망탑
③ 차고·주차장으로 사용되는 바닥면적이 100[m²] 이상인 층이 있는 건축물
④ 지하층 또는 무창층이 있는 건축물로서 바닥면적이 150[m²] 이상인 층이 있는 것

**해설** 소방시설법 제7조 참조

▶ 건축허가등의 동의 대상물의 범위

1. 연면적(「건축법 시행령」 제119조제1항제4호에 따라 산정된 면적을 말한다. 이하 같다)이 400제곱미터 이상인 건축물이나 시설. 다만, 다음 각 목의 어느 하나에 해당하는 건축물이나 시설은 해당 목에서 정한 기준 이상인 건축물이나 시설로 한다.
   가. 「학교시설사업 촉진법」 제5조의2제1항에 따라 건축등을 하려는 학교시설 : 100제곱미터
   나. 별표 2의 특정소방대상물 중 노유자(老幼者) 시설 및 수련시설 : 200제곱미터
   다. 「정신건강증진 및 정신질환자 복지서비스 지원에 관한 법률」 제3조제5호에 따른 정신의료기관(입원실이 없는 정신건강의학과 의원은 제외하며, 이하 "정신의료기관"이라 한다) : 300제곱미터
   라. 「장애인복지법」 제58조제1항제4호에 따른 장애인 의료재활시설(이하 "의료재활시설"이라 한다) : 300제곱미터
2. 지하층 또는 무창층이 있는 건축물로서 바닥면적이 150제곱미터(공연장의 경우에는 100제곱미터) 이상인 층이 있는 것
3. 차고·주차장 또는 주차 용도로 사용되는 시설로서 다음 각 목의 어느 하나에 해당하는 것
   가. 차고·주차장으로 사용되는 바닥면적이 200제곱미터 이상인 층이 있는 건축물이나 주차시설
   나. 승강기 등 기계장치에 의한 주차시설로서 자동차 20대 이상을 주차할 수 있는 시설
4. 층수(「건축법 시행령」 제119조제1항제9호에 따라 산정된 층수를 말한다. 이하 같다)가 6층 이상인 건축물
5. 항공기 격납고, 관망탑, 항공관제탑, 방송용 송수신탑
6. 별표 2의 특정소방대상물 중 의원(입원실이 있는 것으로 한정한다)·조산원·산후조리원, 위험물 저장 및 처리 시설, 발전시설 중 풍력발전소·전기저장시설, 지하구(地下溝)
7. 제1호나목에 해당하지 않는 노유자 시설 중 다음 각 목의 어느 하나에 해당하는 시설. 다만, 가목2) 및 나목부터 바목까지의 시설 중 「건축법 시행령」 별표 1의 단독주택 또는 공동주택에 설치되는 시설은 제외한다.
   가. 별표 2 제9호가목에 따른 노인 관련 시설 중 다음의 어느 하나에 해당하는 시설
      1) 「노인복지법」 제31조제1호에 따른 노인주거복지시설, 같은 조 제2호에 따른 노인의료복지시설 및 같은 조 제4호에 따른 재가노인복지시설
      2) 「노인복지법」 제31조제7호에 따른 학대피해노인 전용쉼터
   나. 「아동복지법」 제52조에 따른 아동복지시설(아동상담소, 아동전용시설 및 지역아동센터는 제외한다)
   다. 「장애인복지법」 제58조제1항제1호에 따른 장애인 거주시설
   라. 정신질환자 관련 시설(「정신건강증진 및 정신질환자 복지서비스 지원에 관한 법률」 제27조제1항제2호에 따른 공동생활가정을 제외한 재활훈련시설과 같은 법 시행령 제16조제3호에 따른 종합시설 중 24시간 주거를 제공하지 않는 시설은 제외한다)
   마. 별표 2 제9호마목에 따른 노숙인 관련 시설 중 노숙인자활시설, 노숙인재활시설 및 노숙인요양시설

바. 결핵환자나 한센인이 24시간 생활하는 노유자시설
8. 「의료법」 제3조제2항제3호라목에 따른 요양병원(이하 "요양병원"이라 한다). 다만, 의료재활시설은 제외한다.
9. 별표 2의 특정소방대상물 중 공장 또는 창고시설로서 「화재의 예방 및 안전관리에 관한 법률 시행령」 별표 2에서 정하는 수량의 750배 이상의 특수가연물을 저장·취급하는 것
10. 별표 2 제17호나목에 따른 가스시설로서 지상에 노출된 탱크의 저장용량의 합계가 100톤 이상인 것

**42** 화재의 예방 및 안전관리에 관한 법령상 일반음식점에서 음식조리를 위해 불을 사용하는 설비를 설치하는 경우 지켜야 하는 사항으로 틀린 것은?

① 주방시설에는 동물 또는 식물의 기름을 제거할 수 있는 필터 등을 설치할 것
② 열을 발생하는 조리기구는 반자 또는 선반으로부터 0.6미터 이상 떨어지게 할 것
③ 주방설비에 부속된 배출덕트는 0.2밀리미터 이상의 아연도금강판으로 설치할 것
④ 열을 발생하는 조리기구로부터 0.15미터 이내의 거리에 있는 가연성 주요구조부는 석면판 또는 단열성이 있는 불연재료로 덮어씌울 것

**해설** 음식조리를 위하여 설치하는 설비
「식품위생법 시행령」 제21조제8호에 따른 식품접객업 중 일반음식점 주방에서 조리를 위하여 불을 사용하는 설비를 설치하는 경우에는 다음 각 목의 사항을 지켜야 한다.
가. 주방설비에 부속된 배출덕트(공기 배출통로)는 0.5밀리미터 이상의 아연도금강판 또는 이와 같거나 그 이상의 내식성 불연재료로 설치할 것
나. 주방시설에는 동물 또는 식물의 기름을 제거할 수 있는 필터 등을 설치할 것
다. 열을 발생하는 조리기구는 반자 또는 선반으로부터 0.6미터 이상 떨어지게 할 것
라. 열을 발생하는 조리기구로부터 0.15미터 이내의 거리에 있는 가연성 주요구조부는 단열성이 있는 불연재료로 덮어 씌울 것

**43** 소방시설공사업법령상 소방시설업의 감독을 위하여 필요할 때에 소방시설업자나 관계인에게 필요한 보고나 자료제출을 명할 수 있는 사람이 아닌 것은?

① 시·도지사
② 119안전센터장
③ 소방서장
④ 소방본부장

**해설** 자료제출의 명령권자
시도지사, 소방본부장, 소방서장

**44** 화재의 예방 및 안전관리에 관한 법령상 화재가 발생할 우려가 높거나 화재가 발생하는 경우 그로 인하여 피해가 클 것으로 예상되는 지역을 화재예방강화지구로 지정할 수 있는 자는?

① 한국소방안전협회장
② 소방시설관리사
③ 소방본부장
④ 시·도지사

**해설** 시·도지사는 다음 각 호의 어느 하나에 해당하는 지역을 화재예방강화지구로 지정하여 관리할 수 있다.
1. 시장지역
2. 공장·창고가 밀집한 지역
3. 목조건물이 밀집한 지역
4. 노후·불량건축물이 밀집한 지역
5. 위험물의 저장 및 처리 시설이 밀집한 지역
6. 석유화학제품을 생산하는 공장이 있는 지역
7. 「산업입지 및 개발에 관한 법률」 제2조제8호에 따른 산업단지
8. 소방시설·소방용수시설 또는 소방출동로가 없는 지역
9. 물류단지
10. 그 밖에 제1호부터 제8호까지에 준하는 지역으로서 소방관서장이 화재예방강화지구로 지정할 필요가 있다고 인정하는 지역

**45** 소방시설공사업법령상 소방시설업에 대한 행정처분기준에서 1차 행정처분 사항으로 등록취소에 해당하는 것은?

① 거짓이나 그 밖의 부정한 방법으로 등록한 경우

**정답** 42.③ 43.② 44.④ 45.①

② 소방시설업자의 지위를 승계한 사실을 소방시설공사 등을 맡긴 특정소방대상물의 관계인에게 통지를 하지 아니한 경우
③ 화재안전기준 등에 적합하게 설계·시공을 하지 아니하거나, 법에 따라 적합하게 감리를 하지 아니한 경우
④ 등록을 한 후 정당한 사유 없이 1년이 지날 때까지 영업을 시작하지 아니하거나 계속하여 1년 이상 휴업한 때

**해설** 등록취소사유
㉠ 거짓이나 그 밖의 부정한 방법으로 등록한 경우
㉡ 제5조 각 호의 등록 결격사유에 해당하게 된 경우
㉢ 제8조제2항을 위반하여 영업정지 기간 중에 소방시설공사등을 한 경우

**46** 화재의 예방 및 안전관리에 관한 법령에 따라 2급 소방안전관리대상물의 소방안전관리자 선임기준으로 틀린 것은?

① 위험물기능사 자격을 가진 사람으로 2급 소방안전관리자 자격증을 받은 사람
② 소방공무원으로 3년 이상 근무한 경력이 있는 사람으로 2급 소방안전관리자 자격증을 받은 사람
③ 의용소방대원으로 5년 이상 근무한 경력이 있는 사람으로 2급 소방안전관리자 자격증을 받은 사람
④ 위험물산업기사 자격을 가진 사람으로 2급 소방안전관리자 자격증을 받은 사람

**해설** 2급 소방안전관리대상물
가. 2급 소방안전관리대상물의 범위
「소방시설 설치 및 관리에 관한 법률 시행령」 별표 2의 특정소방대상물 중 다음의 어느 하나에 해당하는 것(제1호에 따른 특급 소방안전관리대상물 및 제2호에 따른 1급 소방안전관리대상물은 제외한다)
1) 「소방시설 설치 및 관리에 관한 법률 시행령」 별표 4 제1호다목에 따라 옥내소화전설비를 설치해야 하는 특정소방대상물, 같은 호 라목에 따라 스프링클러설비를 설치해야 하는 특정소방대상물 또는 같은 호 바목에 따라 물분무등소화설비[화재안전기준에 따라 호스릴(hose reel) 방식의 물분무등소화설비만을 설치할 수 있는 특정소방대상물은 제외한다]를 설치해야 하는 특정소방대상물
2) 가스 제조설비를 갖추고 도시가스사업의 허가를 받아야 하는 시설 또는 가연성 가스를 100톤 이상 1천톤 미만 저장·취급하는 시설
3) 지하구
4) 「공동주택관리법」 제2조제1항제2호의 어느 하나에 해당하는 공동주택(「소방시설 설치 및 관리에 관한 법률 시행령」 별표 4 제1호다목 또는 라목에 따른 옥내소화전설비 또는 스프링클러설비가 설치된 공동주택으로 한정한다)
5) 「문화유산의 보존 및 활용에 관한 법률」 제23조에 따라 보물 또는 국보로 지정된 목조건축물

나. 2급 소방안전관리대상물에 선임해야 하는 소방안전관리자의 자격
다음의 어느 하나에 해당하는 사람으로서 2급 소방안전관리자 자격증을 발급받은 사람, 제1호에 따른 특급 소방안전관리대상물 또는 제2호에 따른 1급 소방안전관리대상물의 소방안전관리자 자격증을 발급받은 사람
1) 위험물기능장·위험물산업기사 또는 위험물기능사 자격이 있는 사람
2) 소방공무원으로 3년 이상 근무한 경력이 있는 사람
3) 소방청장이 실시하는 2급 소방안전관리대상물의 소방안전관리에 관한 시험에 합격한 사람
4) 「기업활동 규제완화에 관한 특별조치법」 제29조, 제30조 및 제32조에 따라 소방안전관리자로 선임된 사람(소방안전관리자로 선임된 기간으로 한정한다)

다. 선임인원 : 1명 이상

**47** 소방시설공사업법령상 소방시설업자가 소방시설공사 등을 맡긴 특정소방대상물의 관계인에게 지체 없이 그 사실을 알려야 하는 경우가 아닌 것은?

① 소방시설업자의 지위를 승계한 경우
② 소방시설업의 등록취소처분 또는 영업정지처분을 받은 경우
③ 휴업하거나 폐업한 경우
④ 소방시설업의 주소지가 변경된 경우

해설) 소방시설업자는 다음 각 호의 어느 하나에 해당하는 경우에는 소방시설공사 등을 맡긴 특정소방대상물의 관계인에게 지체 없이 그 사실을 알려야 한다.
1. 제7조에 따라 소방시설업자의 지위를 승계한 경우
2. 제9조제1항에 따라 소방시설업의 등록취소처분 또는 영업정지처분을 받은 경우
3. 휴업하거나 폐업한 경우

**48** 소방시설공사업법령상 감리업자는 소방시설공사가 설계도서 또는 화재안전기준에 적합하지 아니한 때에는 가장 먼저 누구에게 알려야 하는가?

① 감리업체대표자   ② 시공자
③ 관계인          ④ 소방서장

해설) 공사업법 제19조(위반사항에 대한 조치)
① 감리업자는 감리를 할 때 소방시설공사가 설계도서나 화재안전기준에 맞지 아니할 때에는 관계인에게 알리고, 공사업자에게 그 공사의 시정 또는 보완 등을 요구하여야 한다.
② 공사업자가 제1항에 따른 요구를 받았을 때에는 그 요구에 따라야 한다.
③ 감리업자는 공사업자가 제1항에 따른 요구를 이행하지 아니하고 그 공사를 계속할 때에는 행정안전부령으로 정하는 바에 따라 소방본부장이나 소방서장에게 그 사실을 보고하여야 한다. 〈개정 2013. 3. 23., 2014. 11. 19., 2017. 7. 26.〉
④ 관계인은 감리업자가 제3항에 따라 소방본부장이나 소방서장에게 보고한 것을 이유로 감리계약을 해지하거나 감리의 대가 지급을 거부하거나 지연시키거나 그 밖의 불이익을 주어서는 아니 된다.

**49** 소방시설 설치 및 관리에 관한 법령상 특정소방대상물의 수용인원 산정방법으로 옳은 것은?

① 침대가 없는 숙박시설은 해당 특정소방대상물의 종사자의 수에 숙박시설의 바닥면적의 합계를 $4.6[m^2]$로 나누어 얻은 수를 합한 수로 한다.
② 강의실로 쓰이는 특정소방대상물은 해당 용도로 사용하는 바닥면적의 합계를 $4.6[m^2]$로 나누어 얻은 수로 한다.
③ 관람석이 없을 경우 강당, 문화 및 집회시설, 운동시설, 종교시설은 해당 용도로 사용하는 바닥면적의 합계를 $4.6[m^2]$로 나누어 얻은 수로 한다.
④ 백화점은 해당 용도로 사용하는 바닥면적의 합계를 $4.6[m^2]$로 나누어 얻은 수로 한다.

해설) 수용인원의 산정 방법(제17조 관련)
1. 숙박시설이 있는 특정소방대상물
   가. 침대가 있는 숙박시설: 해당 특정소방대상물의 종사자 수에 침대 수(2인용 침대는 2개로 산정한다)를 합한 수
   나. 침대가 없는 숙박시설: 해당 특정소방대상물의 종사자 수에 숙박시설 바닥면적의 합계를 $3[m^2]$로 나누어 얻은 수를 합한 수
2. 제1호 외의 특정소방대상물
   가. 강의실·교무실·상담실·실습실·휴게실 용도로 쓰는 특정소방대상물: 해당 용도로 사용하는 바닥면적의 합계를 $1.9[m^2]$로 나누어 얻은 수
   나. 강당, 문화 및 집회시설, 운동시설, 종교시설: 해당 용도로 사용하는 바닥면적의 합계를 $4.6[m^2]$로 나누어 얻은 수(관람석이 있는 경우 고정식 의자를 설치한 부분은 그 부분의 의자 수로 하고, 긴 의자의 경우에는 의자의 정면너비를 $0.45[m]$로 나누어 얻은 수로 한다)
   다. 그 밖의 특정소방대상물: 해당 용도로 사용하는 바닥면적의 합계를 $3[m^2]$로 나누어 얻은 수

비고
1. 위 표에서 바닥면적을 산정할 때에는 복도(「건축법 시행령」 제2조제11호에 따른 준불연재료 이상의 것을 사용하여 바닥에서 천장까지 벽으로 구획한 것을 말한다), 계단 및 화장실의 바닥면적을 포함하지 않는다.
2. 계산 결과 소수점 이하의 수는 반올림한다.

**50** 위험물안전관리법령상 제조소 등이 아닌 장소에서 지정수량 이상의 위험물 취급에 대한 설명으로 틀린 것은?

① 임시로 저장 또는 취급하는 장소에서의 저장 또는 취급의 기준은 시·도의 조례로 정한다.
② 필요한 승인을 받아 지정수량 이상의 위험물을 120일 이내의 기간 동안 임시로 저장 또

는 취급하는 경우 제조소 등이 아닌 장소에서 지정수량 이상의 위험물을 취급할 수 있다.
③ 제조소 등이 아닌 장소에서 지정수량 이상의 위험물을 취급할 경우 관할소방서장의 승인을 받아야 한다.
④ 군부대가 지정수량 이상의 위험물을 군사목적으로 임시로 저장 또는 취급하는 경우 제조소 등이 아닌 장소에서 지정수량 이상의 위험물을 취급할 수 있다.

**해설** ② 90일 이내의 기간동안 임시로 저장 또는 취급 가능

**51** 소방시설공사업법령상 소방시설업 등록의 결격사유에 해당되지 않는 법인은?
① 법인의 대표자가 피성년후견인인 경우
② 법인의 임원이 피성년후견인인 경우
③ 법인의 대표자가 소방시설공사업법에 따라 소방시설업 등록이 취소된 지 2년이 지나지 아니한 자인 경우
④ 법인의 임원이 소방시설공사업법에 따라 소방시설업 등록이 취소된 지 2년이 지나지 아니한 자인 경우

**해설** 등록의 결격사유
① 피성년후견인
② 삭제 〈2015. 7. 20.〉
③ 이 법, 「소방기본법」, 「화재예방, 소방시설 설치·유지 및 안전관리에 관한 법률」 또는 「위험물안전관리법」에 따른 금고 이상의 실형을 선고받고 그 집행이 끝나거나(집행이 끝난 것으로 보는 경우를 포함한다) 면제된 날부터 2년이 지나지 아니한 사람
④ 이 법, 「소방기본법」, 「화재예방, 소방시설 설치·유지 및 안전관리에 관한 법률」 또는 「위험물안전관리법」에 따른 금고 이상의 형의 집행유예를 선고받고 그 유예기간 중에 있는 사람
⑤ 등록하려는 소방시설업 등록이 취소(제1호에 해당하여 등록이 취소된 경우는 제외한다)된 날부터 2년이 지나지 아니한 자
⑥ 법인의 대표자가 ①부터 ⑤까지의 규정에 해당하는 경우 그 법인
⑦ 법인의 임원이 ③부터 ⑤까지의 규정에 해당하는 경우 그 법인

**52** 소방시설 설치 및 관리에 관한 법령상 특정소방대상물의 소방시설 설치의 면제기준에 따라 연결살수설비를 설치 면제 받을 수 있는 경우는?
① 송수구를 부설한 간이스프링클러설비를 설치하였을 때
② 송수구를 부설한 옥내소화전설비를 설치하였을 때
③ 송수구를 부설한 옥외소화전설비를 설치하였을 때
④ 송수구를 부설한 연결송수관설비를 설치하였을 때

**해설** 연결살수설비 면제기준
가. 연결살수설비를 설치해야 하는 특정소방대상물에 송수구를 부설한 스프링클러설비, 간이스프링클러설비, 물분무소화설비 또는 미분무소화설비를 화재안전기준에 적합하게 설치한 경우에는 그 설비의 유효범위에서 설치가 면제된다.
나. 가스 관계 법령에 따라 설치되는 물분무장치 등에 소방대가 사용할 수 있는 연결송수구가 설치되거나 물분무장치 등에 6시간 이상 공급할 수 있는 수원(水源)이 확보된 경우에는 설치가 면제된다.

**53** 소방시설공사업법령상 소방공사감리업을 등록한 자가 수행하여야 할 업무가 아닌 것은?
① 완공된 소방시설 등의 성능시험
② 소방시설 등 설계변경사항의 적합성 검토
③ 소방시설 등의 설치계획표의 적법성 검토
④ 소방용품 형식승인 및 제품검사의 기술기준에 대한 적합성 검토

**해설** 감리의 업무
① 소방시설등의 설치계획표의 적법성 검토
② 소방시설등 설계도서의 적합성(적법성과 기술상의 합리성을 말한다. 이하 같다) 검토
③ 소방시설등 설계 변경 사항의 적합성 검토

**정답** 51.② 52.① 53.④

④ 「화재예방, 소방시설 설치·유지 및 안전관리에 관한 법률」 제2조제1항제4호의 소방용품의 위치·규격 및 사용 자재의 적합성 검토
⑤ 공사업자가 한 소방시설등의 시공이 설계도서와 화재안전기준에 맞는지에 대한 지도·감독
⑥ 완공된 소방시설등의 성능시험
⑦ 공사업자가 작성한 시공 상세 도면의 적합성 검토
⑧ 피난시설 및 방화시설의 적법성 검토
⑨ 실내장식물의 불연화(不燃化)와 방염 물품의 적법성 검토

## 54 기본법상 소방업무의 응원에 대한 설명 중 틀린 것은?

① 소방본부장이나 소방서장은 소방활동을 할 때에 긴급한 경우에는 이웃한 소방본부장 또는 소방서장에게 소방업무의 응원을 요청할 수 있다.
② 소방업무의 응원 요청을 받은 소방본부장 또는 소방서장은 정당한 사유 없이 그 요청을 거절하여서는 아니 된다.
③ 소방업무의 응원을 위하여 파견된 소방대원은 응원을 요청한 소방본부장 또는 소방서장의 지휘에 따라야 한다.
④ 시·도지사는 소방업무의 응원을 요청하는 경우를 대비하여 출동 대상지역 및 규모와 필요한 경비의 부담 등에 관하여 필요한 사항을 대통령령으로 정하는 바에 따라 이웃하는 시·도지사와 협의하여 미리 규약으로 정하여야 한다.

**해설** 대통령령 → 행정안전부령

## 55 소방기본법령상 이웃하는 다른 시·도지사와 소방업무에 관하여 시·도지사가 체결할 상호응원협정 사항이 아닌 것은?

① 화재조사활동
② 응원출동의 요청방법
③ 소방교육 및 응원출동훈련
④ 응원출동대상지역 및 규모

**해설** 기본법 시행규칙 제8조(소방업무의 상호응원협정) 참고
▶ 시·도지사가 이웃하는 다른 시·도지사와 소방업무에 관한 상호응원협정을 체결할 때 포함시켜야 할 사항
1. 다음 각목의 소방활동에 관한 사항
  가. 화재의 경계·진압활동
  나. 구조·구급업무의 지원
  다. 화재조사활동
2. 응원출동대상지역 및 규모
3. 다음 각목의 소요경비의 부담에 관한 사항
  가. 출동대원의 수당·식사 및 피복의 수선
  나. 소방장비 및 기구의 정비와 연료의 보급
  다. 그 밖의 경비
4. 응원출동의 요청방법
5. 응원출동훈련 및 평가

## 56 위험물안전관리법령상 옥내주유취급소에 있어서 당해 사무소 등의 출입구 및 피난구와 당해 피난구로 통하는 통로·계단 및 출입구에 설치해야 하는 피난설비는?

① 유도등
② 구조대
③ 피난사다리
④ 완강기

**해설** 위험물법 시행규칙 [별표 17] 소화설비, 경보설비 및 피난설비의 기준
▶ 피난설비
1. 주유취급소 중 건축물의 2층 이상의 부분을 점포·휴게음식점 또는 전시장의 용도로 사용하는 것에 있어서는 당해 건축물의 2층 이상으로부터 주유취급소의 부지 밖으로 통하는 출입구와 당해 출입구로 통하는 통로·계단 및 출입구에 유도등을 설치하여야 한다.
2. 옥내주유취급소에 있어서는 당해 사무소 등의 출입구 및 피난구와 당해 피난구로 통하는 통로·계단 및 출입구에 유도등을 설치하여야 한다.
3. 유도등에는 비상전원을 설치하여야 한다.

정답 54.④ 55.③ 56.①

**57** 위험물안전관리법령상 위험물 및 지정수량에 대한 기준 중 다음 ( ) 안에 알맞은 것은?

> 금속분이라 함은 알칼리금속·알칼리토류금속·철 및 마그네슘 외의 금속의 분말을 말하고, 구리분·니켈분 및 ( ㉠ )마이크로미터의 채를 통과하는 것이 ( ㉡ )중량퍼센트 미만인 것은 제외한다.

① ㉠ 150, ㉡ 50  ② ㉠ 53, ㉡ 50
③ ㉠ 50, ㉡ 150  ④ ㉠ 50, ㉡ 53

**해설** "금속분"이라 함은 알칼리금속·알칼리토류금속·철 및 마그네슘 외의 금속의 분말을 말하고, 구리분·니켈분 및 150마이크로미터의 체를 통과하는 것이 50중량퍼센트 미만인 것은 제외한다.

**58** 위험물법상 제조소등의 관계인은 위험물의 안전관리에 관한 직무를 수행하게 하기 위하여 제조소등마다 위험물의 취급에 관한 자격이 있는 자를 위험물안전관리자로 선임하여야 한다. 이 경우 제조소등의 관계인이 지켜야 할 기준으로 틀린 것은?

① 제조소등의 관계인은 안전관리자를 해임하거나 안전관리자가 퇴직한 때에는 해임하거나 퇴직한 날로부터 15일 이내에 다시 안전관리자를 선임하여야 한다.
② 제조소등의 관계인이 안전관리자를 선임한 경우에는 선임한 날로부터 14일 이내에 소방본부장 또는 소방서장에게 신고하여야 한다.
③ 제조소등의 관계인은 안전관리자가 여행·질병, 그 밖의 사유로 인하여 일시적으로 직무를 수행할 수 없는 경우에는 국가기술자격법에 따른 위험물의 취급에 관한 자격취득자 또는 위험물안전에 관한 기본지식과 경험이 있는 자를 대리자로 지정하여 그 직무를 대행하게 하여야 한다. 이 경우 대행하는 기간은 30일을 초과할 수 없다.
④ 안전관리자는 위험물을 취급하는 작업을 하는 때에는 작업자에게 안전관리에 관한 필요한 지시를 하는 등 위험물의 취급에 관한 안전관리와 감독을 하여야 하고, 제조소등의 관계인은 안전관리자의 위험물 안전관리에 관한 의견을 존중하고 그 권고에 따라야 한다.

**해설** 위험물법 제15조(위험물안전관리자) 제2항
제1항의 규정에 따라 안전관리자를 선임한 제조소등의 관계인은 그 안전관리자를 해임하거나 안전관리자가 퇴직한 때에는 해임하거나 퇴직한 날부터 30일 이내에 다시 안전관리자를 선임하여야 한다.

**59** 다음 중 소방기본법령상 한국소방안전원의 업무가 아닌 것은?

① 소방기술과 안전관리에 관한 교육 및 조사·연구
② 위험물탱크 성능시험
③ 소방기술과 안전관리에 관한 각종 간행물 발간
④ 화재예방과 안전관리의식 고취를 위한 대국민 홍보

**해설** 기본법 제41조(안전원의 업무)
안전원은 다음 각 호의 업무를 수행한다.
1. 소방기술과 안전관리에 관한 교육 및 조사·연구
2. 소방기술과 안전관리에 관한 각종 간행물 발간
3. 화재 예방과 안전관리의식 고취를 위한 대국민 홍보
4. 소방업무에 관하여 행정기관이 위탁하는 업무
5. 소방안전에 관한 국제협력
6. 그 밖에 회원에 대한 기술지원 등 정관으로 정하는 사항

**60** 소방시설 설치 및 관리에 관한 법령상 소방시설의 종류에 대한 설명으로 옳은 것은?

① 소화기구, 옥외소화전설비는 소화설비에 해당된다.
② 유도등, 비상조명등은 경보설비에 해당된다.
③ 소화수조, 저수조는 소화활동설비에 해당된다.
④ 연결송수관설비는 소화용수설비에 해당된다.

**해설** ② 유도등, 비상조명등은 피난구조설비에 해당한다.
③ 소화수조, 저수조는 소화용수설비에 해당한다.
④ 연결송수관설비는 소화활동설비에 해당한다.

# 2022년 제2회 소방설비기사[기계분야] 1차 필기

[제3과목 : 소방관계법규]

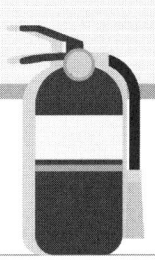

**41** 다음은 소방기본법령상 소방본부에 대한 설명이다. ( )에 알맞은 내용은?

> 소방업무를 수행하기 위하여 ( ) 직속으로 소방본부를 둔다.

① 경찰서장　② 시·도지사
③ 행정안전부장관　④ 소방청장

**해설 ▶ 소방기관의 설치**
① 소방기관의 설치 - 대통령령[별도법률 - 지방소방기관 설치에 관한 규정]
② 소방업무(예방·경계·진압 및 조사, 소방안전교육·홍보와 화재, 재난·재해, 그 밖의 위급한 상황에서의 구조·구급)를 수행하는 소방본부장 또는 소방서장은 그 소재지를 관할하는 특별시장·광역시장·특별자치시장·도지사 또는 특별자치도지사(이하 "시·도지사"라 한다)의 지휘와 감독을 받는다.
③ ②에도 불구하고 소방청장은 화재 예방 및 대형 재난 등 필요한 경우 시·도 소방본부장 및 소방서장을 지휘·감독할 수 있다.
④ 시·도에서 소방업무를 수행하기 위하여 시·도지사 직속으로 소방본부를 둔다.

**42** 위험물안전관리법령상 제4류 위험물을 저장·취급하는 제조소에 "화기엄금"이란 주의사항을 표시하는 게시판을 설치할 경우 게시판의 색상은?

① 청색바탕에 백색문자
② 적색바탕에 백색문자
③ 백색바탕에 적색문자
④ 백색바탕에 흑색문자

**해설 ▶**
• 화기엄금, 화기주의 : 적색바탕에 백색문자
• 물기엄금 : 청색바탕에 백색문자

**43** 소방시설공사업법령상 소방시설업의 등록을 하지 아니하고 영업을 한 자에 대한 벌칙기준으로 옳은 것은?

① 1년 이하의 징역 또는 1천만원 이하의 벌금
② 2년 이하의 징역 또는 2천만원 이하의 벌금
③ 3년 이하의 징역 또는 3천만원 이하의 벌금
④ 5년 이하의 징역 또는 5천만원 이하의 벌금

**해설 ▶ 공사업법**
**제35조(벌칙)** 제4조제1항을 위반하여 소방시설업 등록을 하지 아니하고 영업을 한 자는 3년 이하의 징역 또는 3천만원 이하의 벌금에 처한다.
**제36조(벌칙)** 다음 각 호의 어느 하나에 해당하는 자는 1년 이하의 징역 또는 1천만원 이하의 벌금에 처한다. 〈개정 2014. 12. 30., 2015. 7. 20., 2020. 6. 9.〉
1. 제9조제1항을 위반하여 영업정지처분을 받고 그 영업정지 기간에 영업을 한 자
2. 제11조나 제12조제1항을 위반하여 설계나 시공을 한 자
3. 제16조제1항을 위반하여 감리를 하거나 거짓으로 감리한 자
4. 제17조제1항을 위반하여 공사감리자를 지정하지 아니한 자
4의2. 제19조제3항에 따른 보고를 거짓으로 한 자
4의3. 제20조에 따른 공사감리 결과의 통보 또는 공사감리 결과보고서의 제출을 거짓으로 한 자
5. 제21조제1항을 위반하여 해당 소방시설업자가 아닌 자에게 소방시설공사등을 도급한 자
6. 제22조제1항 본문을 위반하여 도급받은 소방시설의 설계, 시공, 감리를 하도급한 자
6의2. 제22조제2항을 위반하여 하도급받은 소방시설공사를 다시 하도급한 자
7. 제27조제1항을 위반하여 같은 항에 따른 법 또는 명령을 따르지 아니하고 업무를 수행한 자

**정답** 41.② 42.② 43.③

**44** 위험물안전관리법령상 유별을 달리하는 위험물을 혼재하여 저장할 수 있는 것으로 짝지어진 것은?

① 제1류 – 제2류
② 제2류 – 제3류
③ 제3류 – 제4류
④ 제5류 – 제6류

**해설** 유별을 달리하는 위험물의 혼재기준

| 위험물의 구분 | 제1류 | 제2류 | 제3류 | 제4류 | 제5류 | 제6류 |
|---|---|---|---|---|---|---|
| 제1류 |  | × | × | × | × | ○ |
| 제2류 | × |  | × | ○ | ○ | × |
| 제3류 | × | × |  | ○ | × | × |
| 제4류 | × | ○ | ○ |  | ○ | × |
| 제5류 | × | ○ | × | ○ |  | × |
| 제6류 | ○ | × | × | × | × |  |

비고 : 이 표는 지정수량의 10분의 1 이하의 위험물에 대하여는 적용하지 아니한다.

**45** 소방기본법령상 상업지역에 소방용수시설 설치 시 소방대상물과의 수평거리 기준은 몇 m 이하인가?

① 100
② 120
③ 140
④ 160

**해설** 소방용수시설 설치기준
㉠ 공통기준
   ⓐ 주거지역・상업지역 및 공업지역
      수평거리 100[m] 이하
   ⓑ 그 외의 지역에 설치하는 경우
      수평거리 140[m] 이하

**46** 소방시설 설치 및 관리에 관한 법령상 종합점검 실시대상이 되는 특정소방대상물의 기준 중 다음 ( ) 안에 알맞은 것은?

> 물분무등소화설비[호스릴(Hose Reel)방식의 물분무등소화설비만을 설치한 경우는 제외한다]가 설치된 연면적 ( )[m²] 이상인 특정소방대상물(위험물제조소 등은 제외한다)

① 2000
② 3000
③ 4000
④ 5000

**해설**

| | 최초점검 | 3급이상대상 중 최초사용승인 건축물 |
|---|---|---|
| 종합점검 대상 | 그밖점검 | 스프링클러설비가 설치된 특정소방대상물 |
| | | 물분무등소화설비가 설치된 연면적 5,000[m²] 이상인 특정소방대상물 |
| | | 연면적 2,000[m²] 이상 다중이용업소(9종) |
| | | 옥내소화전설비 또는 자동화재탐지설비가 설치된 연면적 1,000[m²] 이상 공공기관(소방대 제외) |
| | | 제연설비가 설치된 터널 |

**47** 다음 소방기본법령상 용어 정의에 대한 설명으로 옳은 것은?

① 소방대상물이란 건축물, 차량, 선박(항구에 매어둔 선박은 제외) 등을 말한다.
② 관계인이란 소방대상물의 점유예정자를 포함한다.
③ 소방대란 소방공무원, 의무소방원, 의용소방대원으로 구성된 조직체이다.
④ 소방대장이란 화재, 재난・재해, 그 밖의 위급한 상황이 발생한 현장에서 소방대를 지휘하는 사람(소방서장은 제외)이다.

**해설** ① "소방대상물"이란 건축물, 차량, 선박(「선박법」 제1조의2제1항에 따른 선박으로서 항구에 매어둔 선박만 해당한다), 선박 건조 구조물, 산림, 그 밖의 인공구조물 또는 물건을 말한다.
② "관계인"이란 소방대상물의 소유자・관리자 또는 점유자를 말한다.
④ "소방대장"(消防隊長)이란 소방본부장 또는 소방서장 등 화재, 재난・재해, 그 밖의 위급한 상황이 발생한 현장에서 소방대를 지휘하는 사람을 말한다.

**48** 화재의 예방 및 안전관리에 관한 법령상 관리의 권원이 분리된 특정소방대상물에 소방안전관리자를 선임하여야 하는 특정소방대상물 중 복합건축물은 지하층을 제외한 층수가 최소 몇 층 이상인 건축물로만 해당되는가?

① 6층
② 11층
③ 20층
④ 30층

정답 44.③ 45.① 46.④ 47.③ 48.②

**해설** 관리의 권원이 분리된 특정소방대상물 소방안전관리
다음 각 호의 어느 하나에 해당하는 특정소방대상물로서 그 관리의 권원(權原)이 분리되어 있는 특정소방대상물의 경우 그 관리의 권원별 관계인은 대통령령으로 정하는 바에 따라 제24조제1항에 따른 소방안전관리자를 선임하여야 한다.
1. 복합건축물(지하층을 제외한 층수가 11층 이상 또는 연면적 3만제곱미터 이상인 건축물)
2. 지하가(지하의 인공구조물 안에 설치된 상점 및 사무실, 그 밖에 이와 비슷한 시설이 연속하여 지하도에 접하여 설치된 것과 그 지하도를 합한 것을 말한다)
3. 그 밖에 대통령령으로 정하는 특정소방대상물[판매시설 중 도매시장, 소매시장 및 전통시장]

**49** 화재의 예방 및 안전관리에 관한 법령상 특수가연물의 저장 및 취급의 기준 중 ( )에 들어갈 내용으로 옳은 것은? (단, 석탄·목탄류의 경우는 제외한다)

> 쌓는 높이는 ( ㉠ )m 이하가 되도록 하고, 쌓는 부분의 바닥면적은 ( ㉡ )[m²]가 이하가 되도록 할 것

① ㉠ 15, ㉡ 200  ② ㉠ 15, ㉡ 300
③ ㉠ 10, ㉡ 30   ④ ㉠ 10, ㉡ 50

**해설** 특수가연물의 저장·취급 기준
특수가연물은 다음 각 목의 기준에 따라 쌓아 저장해야 한다. 다만, 석탄·목탄류를 발전용(發電用)으로 저장하는 경우는 제외한다.
가. 품명별로 구분하여 쌓을 것
나. 다음의 기준에 맞게 쌓을 것

| 구분 | 살수설비를 설치하거나 방사능력 범위에 해당 특수가연물이 포함되도록 대형수동식소화기를 설치하는 경우 | 그 밖의 경우 |
|---|---|---|
| 높이 | 15미터 이하 | 10미터 이하 |
| 쌓는 부분의 바닥면적 | 200제곱미터(석탄·목탄류의 경우에는 300제곱미터) 이하 | 50제곱미터(석탄·목탄류의 경우에는 200제곱미터) 이하 |

다. 실외에 쌓아 저장하는 경우 쌓는 부분이 대지경계선, 도로 및 인접 건축물과 최소 6미터 이상 간격을 둘 것. 다만, 쌓는 높이보다 0.9미터 이상 높은 「건축법 시행령」 제2조제7호에 따른 내화구조(이하 "내화구조"라 한다) 벽체를 설치한 경우는 그렇지 않다.
라. 실내에 쌓아 저장하는 경우 주요구조부는 내화구조이면서 불연재료여야 하고, 다른 종류의 특수가연물과 같은 공간에 보관하지 않을 것. 다만, 내화구조의 벽으로 분리하는 경우는 그렇지 않다.
마. 쌓는 부분 바닥면적의 사이는 실내의 경우 1.2미터 또는 쌓는 높이의 1/2 중 큰 값 이상으로 간격을 두어야 하며, 실외의 경우 3미터 또는 쌓는 높이 중 큰 값 이상으로 간격을 둘 것

**50** 소방시설 설치 및 관리에 관한 법령상 자동화재탐지설비를 설치하여야 하는 특정소방대상물의 기준으로 틀린 것은?

① 공장 및 창고시설로서 「화재의 예방 및 안전관리에 관한 법률」에서 정하는 수량의 500배 이상의 특수가연물을 저장·취급하는 것
② 지하가(터널은 제외한다)로서 연면적 600[m²] 이상인 것
③ 숙박시설이 있는 수련시설로서 수용인원 100명 이상인 것
④ 장례시설 및 복합건축물로서 연면적 600[m²] 이상인 것

**해설** 자동화재탐지설비를 설치해야 하는 특정소방대상물은 다음의 어느 하나에 해당하는 것으로 한다.
1) 공동주택 중 아파트등·기숙사 및 숙박시설의 경우에는 모든 층
2) 층수가 6층 이상인 건축물의 경우에는 모든 층
3) 근린생활시설(목욕장은 제외한다), 의료시설(정신의료기관 및 요양병원은 제외한다), 위락시설, 장례시설 및 복합건축물로서 연면적 600[m²] 이상인 경우에는 모든 층
4) 근린생활시설 중 목욕장, 문화 및 집회시설, 종교시설, 판매시설, 운수시설, 운동시설, 업무시설, 공장, 창고시설, 위험물 저장 및 처리 시설, 항공기 및 자동차 관련 시설, 교정 및 군사시설 중 국방·군사시설, 방송통신시설, 발전시설, 관광 휴게시설, 지하가(터널은 제외한다)로서 연면적 1천[m²] 이상인 경우에는 모든 층

정답 49.④ 50.②

5) 교육연구시설(교육시설 내에 있는 기숙사 및 합숙소를 포함한다), 수련시설(수련시설 내에 있는 기숙사 및 합숙소를 포함하며, 숙박시설이 있는 수련시설은 제외한다), 동물 및 식물 관련 시설(기둥과 지붕만으로 구성되어 외부와 기류가 통하는 장소는 제외한다), 자원순환 관련 시설, 교정 및 군사시설(국방·군사시설은 제외한다) 또는 묘지 관련 시설로서 연면적 2천[m²] 이상인 경우에는 모든 층
6) 노유자 생활시설의 경우에는 모든 층
7) 6)에 해당하지 않는 노유자 시설로서 연면적 400[m²] 이상인 노유자 시설 및 숙박시설이 있는 수련시설로서 수용인원 100명 이상인 경우에는 모든 층
8) 의료시설 중 정신의료기관 또는 요양병원으로서 다음의 어느 하나에 해당하는 시설
  가) 요양병원(의료재활시설은 제외한다)
  나) 정신의료기관 또는 의료재활시설로 사용되는 바닥면적의 합계가 300[m²] 이상인 시설
  다) 정신의료기관 또는 의료재활시설로 사용되는 바닥면적의 합계가 300[m²] 미만이고, 창살(철재·플라스틱 또는 목재 등으로 사람의 탈출 등을 막기 위하여 설치한 것을 말하며, 화재 시 자동으로 열리는 구조로 되어 있는 창살은 제외한다)이 설치된 시설
9) 판매시설 중 전통시장
10) 지하가 중 터널로서 길이가 1천[m] 이상인 것
11) 지하구
12) 3)에 해당하지 않는 근린생활시설 중 조산원 및 산후조리원
13) 4)에 해당하지 않는 공장 및 창고시설로서 「화재의 예방 및 안전관리에 관한 법률 시행령」 별표 2에서 정하는 수량의 500배 이상의 특수가연물을 저장·취급하는 것
14) 4)에 해당하지 않는 발전시설 중 전기저장시설

## 51 위험물안전관리법령에서 정하는 제3류 위험물에 해당하는 것은?

① 나트륨
② 염소산염류
③ 무기과산화물
④ 유기과산화물

**해설** 나트륨 : 금수성물질(제3류 위험물)

## 52 소방시설 설치 및 관리에 관한 법령상 방염성능기준 이상의 실내장식물 등을 설치하여야 하는 특정소방대상물이 아닌 것은?

① 방송국
② 종합병원
③ 11층 이상의 아파트
④ 숙박이 가능한 수련시설

**해설** 방염성능기준 이상의 실내장식물등을 설치하여야 하는 특정소방대상물의 종류
㉠ 근린생활시설 중 의원, 치과의원, 한의원, 조산원, 산후조리원, 체력단련장, 공연장 및 종교집회장
㉡ 건축물의 옥내에 있는 시설로서 다음 각 목의 시설
  ⓐ 문화 및 집회시설
  ⓑ 종교시설
  ⓒ 운동시설(수영장은 제외한다)
㉢ 의료시설
㉣ 교육연구시설 중 합숙소
㉤ 노유자시설
㉥ 숙박이 가능한 수련시설
㉦ 숙박시설
㉧ 방송통신시설 중 방송국 및 촬영소
㉨ 다중이용업소
㉩ ㉠부터 ㉧까지의 시설에 해당하지 않는 것으로서 층수가 11층 이상인 것(아파트는 제외한다)

## 53 소방시설 설치 및 관리에 관한 법령상 무창층으로 판정하기 위한 개구부가 갖추어야 할 요건으로 틀린 것은?

① 크기는 반지름 30[cm] 이상의 원이 내접할 수 있을 것
② 해당 층의 바닥면으로부터 개구부 밑부분까지 높이가 1.2[m] 이내일 것
③ 도로 또는 차량이 진입할 수 있는 빈터를 향할 것
④ 화재시 건축물로부터 쉽게 피난할 수 있도록 창살이나 그 밖의 장애물이 설치되지 아니할 것

해설 "무창층"(無窓層)이란 지상층 중 다음 각 목의 요건을 모두 갖춘 개구부(건축물에서 채광·환기·통풍 또는 출입 등을 위하여 만든 창·출입구, 그 밖에 이와 비슷한 것을 말한다. 이하 같다)의 면적의 합계가 해당 층의 바닥면적(「건축법 시행령」 제119조제1항제3호에 따라 산정된 면적을 말한다. 이하 같다)의 30분의 1 이하가 되는 층을 말한다.
   가. 크기는 지름 50센티미터 이상의 원이 통과할 수 있을 것
   나. 해당 층의 바닥면으로부터 개구부 밑부분까지의 높이가 1.2미터 이내일 것
   다. 도로 또는 차량이 진입할 수 있는 빈터를 향할 것
   라. 화재 시 건축물로부터 쉽게 피난할 수 있도록 창살이나 그 밖의 장애물이 설치되지 않을 것
   마. 내부 또는 외부에서 쉽게 부수거나 열 수 있을 것

**54** 소방시설공사업법령상 일반 소방시설설계업(기계분야)의 영업범위에 대한 기준 중 ( )에 알맞은 내용은? (단, 공장의 경우는 제외한다)

> 연면적 ( ㉠ )[m²] 미만의 특정소방대상물(제연설비가 설치되는 특정소방대상물은 제외한다)에 설치되는 기계분야 소방시설의 설계

① 10,000  ② 20,000
③ 30,000  ④ 50,000

해설 소방시설설계업

| 업종별 | 항목 | 기술인력 | 영업범위 |
|---|---|---|---|
| 전문 소방시설 설계업 | | 가. 주된 기술인력: 소방기술사 1명 이상<br>나. 보조기술인력: 1명 이상 | 모든 특정소방대상물에 설치되는 소방시설의 설계 |
| 일반 소방시설 설계업 | 기계분야 | 가. 주된 기술인력: 소방기술사 또는 기계분야 소방설비기사 1명 이상<br>나. 보조기술인력: 1명 이상 | 가. 아파트에 설치되는 기계분야 소방시설(제연설비는 제외한다)의 설계<br>나. 연면적 3만제곱미터(공장의 경우에는 1만제곱미터) 미만 기계설계<br>다. 위험물제조소등에 설치되는 기계분야 소방시설의 설계 |
| | 전기분야 | 가. 주된 기술인력: 소방기술사 또는 전기분야 소방설비기사 1명 이상<br>나. 보조기술인력: 1명 이상 | 가. 아파트에 설치되는 전기분야 소방시설의 설계<br>나. 연면적 3만제곱미터(공장의 경우에는 1만제곱미터) 미만 전기분야 소방시설의 설계<br>다. 위험물제조소등에 설치되는 전기분야 소방시설의 설계 |

**55** 소방시설 설치 및 관리에 관한 법령상 건축허가 등을 할 때 미리 소방본부장 또는 소방서장의 동의를 받아야 하는 건축물 등의 범위기준이 아닌 것은?

① 노유자시설 및 수련시설로서 연면적 100[m²] 이상인 건축물
② 지하층 또는 무창층이 있는 건축물로서 바닥면적이 150[m²] 이상인 층이 있는 것
③ 차고·주차장으로 사용되는 바닥면적이 200[m²] 이상인 층이 있는 건축물이나 주차시설
④ 장애인 의료재활시설로서 연면적 300[m²] 이상인 건축물

해설 노유자시설 및 수련시설로서 연면적 200[m²] 이상인 층이 있는 것

**56** 다음 중 소방기본법령에 따라 화재예방상 필요하다고 인정되거나 화재위험경보시 발령하는 소방신호의 종류로 옳은 것은?

① 경계신호   ② 발화신호
③ 경보신호   ④ 훈련신호

해설 소방신호의 종류
㉠ 경계신호 : 화재예방상 필요하다고 인정되거나 법 제14조의 규정에 의한 화재위험경보시 발령
㉡ 발화신호 : 화재가 발생한 때 발령
㉢ 해제신호 : 소화활동이 필요없다고 인정되는 때 발령
㉣ 훈련신호 : 훈련상 필요하다고 인정되는 때 발령

정답 54.③ 55.① 56.①

**57** 화재의 예방 및 안전관리에 관한 법령상 보일러 등의 위치·구조 및 관리와 화재예방을 위하여 불의 사용에 있어서 지켜야 하는 사항 중 보일러에 경유·등유 등 액체연료를 사용하는 경우에 연료탱크는 보일러 본체로부터 수평거리 최소 몇 [m] 이상의 간격을 두어 설치해야 하는가?

① 0.5
② 0.6
③ 1
④ 2

**해설** 경유·등유 등 액체연료를 사용할 때에는 다음 사항을 지켜야 한다.
1) 연료탱크는 보일러 본체로부터 수평거리 1미터 이상의 간격을 두어 설치할 것
2) 연료탱크에는 화재 등 긴급상황이 발생하는 경우 연료를 차단할 수 있는 개폐밸브를 연료탱크로부터 0.5미터 이내에 설치할 것
3) 연료탱크 또는 보일러 등에 연료를 공급하는 배관에는 여과장치를 설치할 것
4) 사용이 허용된 연료 외의 것을 사용하지 않을 것
5) 연료탱크가 넘어지지 않도록 받침대를 설치하고, 연료탱크 및 연료탱크 받침대는 「건축법 시행령」 제2조 제10호에 따른 불연재료(이하 "불연재료"라 한다)로 할 것

**58** 소방시설 설치 및 관리에 관한 법령상 소방청장 또는 시·도지사가 청문을 하여야 하는 처분이 아닌 것은?

① 소방시설관리사 자격의 정지
② 소방안전관리자 자격의 취소
③ 소방시설관리업의 등록취소
④ 소방용품의 형식승인취소

**해설** 청문사유 및 실시권자
㉠ 관리업의 등록취소 및 영업정지 : 시·도지사
㉡ 관리사 자격의 취소 및 정지 : 소방청장
㉢ 소방용품의 형식승인 취소 및 제품검사 중지 : 소방청장
㉣ 성능인증의 취소 : 소방청장
㉤ 우수품질인증의 취소 : 소방청장
㉥ 전문기관의 지정취소 및 업무정지 : 소방청장

**59** 소방시설 설치 및 관리에 관한 법령상 제조 또는 가공공정에서 방염처리를 한 물품 중 방염대상물품이 아닌 것은?

① 카펫
② 전시용 합판
③ 창문에 설치하는 커튼류
④ 두께가 2[mm] 미만인 종이벽지

**해설** 방염대상물품의 종류
㉠ 제조 또는 가공 공정에서 방염처리를 한 물품(합판·목재류의 경우에는 설치 현장에서 방염처리를 한 것을 포함한다)으로서 다음 각 목의 어느 하나에 해당하는 것
 ⓐ 창문에 설치하는 커튼류(블라인드를 포함한다)
 ⓑ 카펫, 두께가 2밀리미터 미만인 벽지류(종이벽지는 제외한다)
 ⓒ 전시용 합판 또는 섬유판, 무대용 합판 또는 섬유판
 ⓓ 암막·무대막(영화상영관에 설치하는 스크린과 가상체험 체육시설업에 설치하는 스크린을 포함한다)
 ⓔ 섬유류 또는 합성수지류 등을 원료로 하여 제작된 소파·의자(단란주점영업, 유흥주점영업 및 노래연습장업의 영업장에 설치하는 것만 해당한다)
㉡ 건축물 내부의 천장이나 벽에 부착하거나 설치하는 것으로서 다음 각 목의 어느 하나에 해당하는 것. 다만, 가구류(옷장, 찬장, 식탁, 식탁용 의자, 사무용 책상, 사무용 의자, 계산대 및 그 밖에 이와 비슷한 것을 말한다. 이하 이 조에서 같다)와 너비 10센티미터 이하인 반자돌림대 등과 「건축법」 제52조에 따른 내부마감재료는 제외한다.
 ⓐ 종이류(두께 2밀리미터 이상인 것을 말한다)·합성수지류 또는 섬유류를 주원료로 한 물품
 ⓑ 합판이나 목재
 ⓒ 공간을 구획하기 위하여 설치하는 간이 칸막이(접이식 등 이동 가능한 벽체나 천장 또는 반자가 실내에 접하는 부분까지 구획하지 아니하는 벽체를 말한다)
 ⓓ 흡음(吸音)이나 방음(防音)을 위하여 설치하는 흡음재(흡음용 커튼을 포함한다) 또는 방음재(방음용 커튼을 포함한다)

정답 57.③ 58.② 59.④

**60** 위험물안전관리법령상 관계인이 예방규정을 정하여야 하는 위험물제조소 등에 해당하지 않는 것은?

① 지정수량 10배의 특수인화물을 취급하는 일반취급소
② 지정수량 20배의 휘발유를 고정된 탱크에 주입하는 일반취급소
③ 지정수량 40배의 제3석유류를 용기에 옮겨담는 일반취급소
④ 지정수량 15배의 알코올을 버너에 소비하는 장치로 이루어진 일반취급소

**해설** 예방규정을 작성, 제출하여야 하는 대상
㉠ 지정수량의 10배 이상의 위험물을 취급하는 제조소
㉡ 지정수량의 100배 이상의 위험물을 저장하는 옥외저장소
㉢ 지정수량의 150배 이상의 위험물을 저장하는 옥내저장소
㉣ 지정수량의 200배 이상의 위험물을 저장하는 옥외탱크저장소
㉤ 암반탱크저장소
㉥ 이송취급소
㉦ 지정수량의 10배 이상의 위험물을 취급하는 일반취급소
※ 다만, 제4류 위험물(특수인화물을 제외한다)만을 지정수량의 50배 이하로 취급하는 일반취급소(제1석유류·알코올류의 취급량이 지정수량의 10배 이하인 경우에 한한다)로서 다음 어느 하나에 해당하는 것을 제외한다.
ⓐ 보일러·버너 또는 이와 비슷한 것으로서 위험물을 소비하는 장치로 이루어진 일반취급소
ⓑ 위험물을 용기에 옮겨 담거나 차량에 고정된 탱크에 주입하는 일반취급소

정답 60.③

# 제4회 소방설비기사[기계분야] 1차 필기
[제3과목 : 소방관계법규]

**41** 화재의 예방 및 안전관리에 관한 법령상 화재안전조사위원회의 구성에 대한 설명 중 틀린 것은?

① 위촉위원의 임기는 2년으로 하고 연임할 수 없다.
② 소방시설관리사는 위원이 될 수 있다.
③ 소방 관련 분야의 석사학위 이상을 취득한 사람은 위원이 될 수 있다.
④ 위원장 1명을 포함한 7명 이내의 위원으로 성별을 고려하여 구성하고, 위원장은 소방관서장이 된다.

**해설** 화재안전조사위원회 구성

㉠ 화재안전조사위원회(이하 "위원회"라 한다)는 위원장 1명을 포함하여 7명 이내의 위원으로 성별을 고려하여 구성한다.
㉡ 위원장 : 소방관서장
㉢ 위원회의 위원은 다음 각 호의 어느 하나에 해당하는 사람 중에서 소방관서장이 임명하거나 위촉한다.
  1. 과장급 직위 이상의 소방공무원
  2. 소방기술사
  3. 소방시설관리사
  4. 소방 관련 분야의 석사 이상 학위를 취득한 사람
  5. 소방 관련 법인 또는 단체에서 소방 관련 업무에 5년 이상 종사한 사람
  6. 「소방공무원 교육훈련규정」 제3조제2항에 따른 소방공무원 교육훈련기관, 「고등교육법」 제2조의 학교 또는 연구소에서 소방과 관련한 교육 또는 연구에 5년 이상 종사한 사람

① 위촉위원의 임기는 2년으로 하며, 한 차례만 연임할 수 있다.

**42** 소방기본법령상 용어의 정의로 옳은 것은??

① 소방서장이란 시·도에서 화재의 예방·진압·조사 및 구조·구급 등의 업무를 담당하는 부서의 장을 말한다.
② 관계인이란 소방대상물의 소유자·관리자 또는 점유자를 말한다.
③ 소방대란 화재를 진압하고 화재, 재난·재해, 그 밖의 위급한 상황에서 구조·구급 활동 등을 하기 위하여 소방공무원으로만 구성된 조직체를 말한다.
④ 소방대상물이란 건축물과 공작물만을 말한다.

**해설** 제2조(정의)

이 법에서 사용하는 용어의 뜻은 다음과 같다. 〈개정 2007. 8. 3., 2010. 2. 4., 2011. 5. 30., 2014. 1. 28., 2014. 12. 30.〉

1. "소방대상물"이란 건축물, 차량, 선박(「선박법」 제1조의2제1항에 따른 선박으로서 항구에 매어둔 선박만 해당한다), 선박 건조 구조물, 산림, 그 밖의 인공 구조물 또는 물건을 말한다.
2. "관계지역"이란 소방대상물이 있는 장소 및 그 이웃 지역으로서 화재의 예방·경계·진압, 구조·구급 등의 활동에 필요한 지역을 말한다.
3. "관계인"이란 소방대상물의 소유자·관리자 또는 점유자를 말한다.
4. "소방본부장"이란 특별시·광역시·특별자치시·도 또는 특별자치도(이하 "시·도"라 한다)에서 화재의 예방·경계·진압·조사 및 구조·구급 등의 업무를 담당하는 부서의 장을 말한다.
5. "소방대"(消防隊)란 화재를 진압하고 화재, 재난·재해, 그 밖의 위급한 상황에서 구조·구급 활동 등을 하기 위하여 다음 각 목의 사람으로 구성된 조직체를 말한다.
  가. 「소방공무원법」에 따른 소방공무원

**정답** 41.① 42.②

나. 「의무소방대설치법」 제3조에 따라 임용된 의무소방원(義務消防員)
다. 「의용소방대 설치 및 운영에 관한 법률」에 따른 의용소방대원(義勇消防隊員)
6. "소방대장"(消防隊長)이란 소방본부장 또는 소방서장 등 화재, 재난·재해, 그 밖의 위급한 상황이 발생한 현장에서 소방대를 지휘하는 사람을 말한다.

**43** 위험물안전관리법령상 업무상 과실로 제조소 등에서 위험물을 유출·방출 또는 확산시켜 사람의 생명·신체 또는 재산에 대하여 위험을 발생시킨 자에 대한 벌칙기준은?

① 7년 이하의 금고 또는 7,000만원 이하의 벌금
② 5년 이하의 금고 또는 2,000만원 이하의 벌금
③ 5년 이하의 금고 또는 7,000만원 이하의 벌금
④ 7년 이하의 금고 또는 2,000만원 이하의 벌금

해설 제34조(벌칙)
① 업무상 과실로 제조소등에서 위험물을 유출·방출 또는 확산시켜 사람의 생명·신체 또는 재산에 대하여 위험을 발생시킨 자는 7년 이하의 금고 또는 7천만원 이하의 벌금에 처한다. 〈개정 2016. 1. 27.〉
② 제1항의 죄를 범하여 사람을 사상(死傷)에 이르게 한 자는 10년 이하의 징역 또는 금고나 1억원 이하의 벌금에 처한다.

**44** 소방기본법령상 일반음식점에서 음식조리를 위해 불을 사용하는 설비를 설치하는 경우 지켜야하는 상황으로 틀린 것은?

① 열을 발생하는 조리기구는 반자 또는 선반으로부터 0.6[m] 이상 떨어지게 할 것
② 주방설비에 부속된 배출덕트는 0.5[mm] 이상의 아연도금강판으로 설치할 것
③ 주방시설에는 동물 또는 식물의 기름을 제거할 수 있는 필터 등을 설치할 것
④ 열을 발생하는 조리기구로부터 0.5[m] 이내의 거리에 있는 가연성 주요구조부는 석면판 또는 단일성이 있는 불연재료로 덮어 씌울 것

해설 음식조리를 위하여 설치하는 설비
「식품위생법 시행령」 제21조제8호에 따른 식품접객업 중 일반음식점 주방에서 조리를 위하여 불을 사용하는 설비를 설치하는 경우에는 다음 각 목의 사항을 지켜야 한다.
가. 주방설비에 부속된 배출덕트(공기 배출통로)는 0.5 밀리미터 이상의 아연도금강판 또는 이와 같거나 그 이상의 내식성 불연재료로 설치할 것
나. 주방시설에는 동물 또는 식물의 기름을 제거할 수 있는 필터 등을 설치할 것
다. 열을 발생하는 조리기구는 반자 또는 선반으로부터 0.6미터 이상 떨어지게 할 것
라. 열을 발생하는 조리기구로부터 0.15미터 이내의 거리에 있는 가연성 주요구조부는 단열성이 있는 불연재료로 덮어 씌울 것

**45** 소방기본법령에 따른 소방용수시설의 설치기준상 소방용수시설을 주거지역·상업지역 및 공업지역에 설치하는 경우 소방대상물과의 수평거리를 몇 이하가 되도록 해야 하는가?

① 280    ② 100
③ 140    ④ 200

해설 소방용수시설 설치기준
㉠ 공통기준
ⓐ 주거지역·상업지역 및 공업지역
수평거리 100[m] 이하
ⓑ 그 외의 지역에 설치하는 경우
수평거리 140[m] 이하

**46** 화재의 예방 및 안전관리에 관한 법령상 2급 소방안전관리대상물이 아닌 것은?

① 층수가 10층, 연면적이 6,000[$m^2$]인 복합건축물
② 지하구
③ 25층의 아파트(높이 75[m])
④ 11층의 업무시설

해설 2급 소방안전관리대상물의 범위
「소방시설 설치 및 관리에 관한 법률 시행령」 별표 2의 특정소방대상물 중 다음의 어느 하나에 해당하는 것(제1

호에 따른 특급 소방안전관리대상물 및 제2호에 따른 1급 소방안전관리대상물은 제외한다)
1) 「소방시설 설치 및 관리에 관한 법률 시행령」 별표 4 제1호다목에 따라 옥내소화전설비를 설치해야 하는 특정소방대상물, 같은 호 라목에 따라 스프링클러설비를 설치해야 하는 특정소방대상물 또는 같은 호 바목에 따라 물분무등소화설비[화재안전기준에 따라 호스릴(hose reel) 방식의 물분무등소화설비만을 설치할 수 있는 특정소방대상물은 제외한다]를 설치해야 하는 특정소방대상물
2) 가스 제조설비를 갖추고 도시가스사업의 허가를 받아야 하는 시설 또는 가연성 가스를 100톤 이상 1천톤 미만 저장·취급하는 시설
3) 지하구
4) 「공동주택관리법」 제2조제1항제2호의 어느 하나에 해당하는 공동주택(「소방시설 설치 및 관리에 관한 법률 시행령」 별표 4 제1호다목 또는 라목에 따른 옥내소화전설비 또는 스프링클러설비가 설치된 공동주택으로 한정한다)
5) 「문화유산의 보존 및 활용에 관한 법률」 제23조에 따라 보물 또는 국보로 지정된 목조건축물

**47** 소방시설공사업법령상 소방시설업에 속하지 않는 것은?

① 소방시설공사업
② 소방시설관리업
③ 소방시설설계업
④ 소방공사감리업

**[해설]** "소방시설업"의 종류
① 소방시설설계업
② 소방시설공사업
③ 소방공사감리업
④ 방염처리업(섬유류방염업, 합성수지류방염업, 합판목재류방염업)

**48** 다음 중 위험물안전관리법령에 따른 제3류 자연발화성 및 금수성 위험물이 아닌 것은?

① 적린          ② 황린
③ 칼륨          ④ 금속의 수소화물

**[해설]** 제2류 위험물
황화인, 적린, 황

**49** 소방시설공사업법령상 소방시설업에서 보조기술인력에 해당되는 기준이 아닌 것은?

① 소방설비기사 자격을 취득한 사람
② 소방공무원으로 재직한 경력이 2년 이상인 사람
③ 소방설비산업기사 자격을 취득한 사람
④ 소방기술과 관련된 자격·경력 및 학력을 갖춘 사람으로서 자격수첩을 발급받은 사람

**[해설]** ② 소방공무원으로서 재직한 경력이 3년 이상인 사람

**50** 위험물안전관리법령상 자체소방대에 대한 기준으로 틀린 것은?

① 시·도지사에게 제조소 등 설치허가를 받았으나 자체소방대를 설치하여야 하는 제조소 등에 자체소방대를 두지 아니한 관계인에 대한 벌칙은 1년 이하의 징역 또는 1천만원 이하의 벌금이다.
② 자체소방대를 설치하여야 하는 사업소로 제4류 위험물을 취급하는 제조소 또는 일반취급소가 있다.
③ 제조소 또는 일반취급소의 경우 자체소방대를 설치하여야 하는 위험물 최대수량의 합 기준은 지정수량의 3만배 이상이다.
④ 자체소방대를 설치하는 사업소의 관계인은 규정에 의하여 자체소방대에 화학소방자동차 및 자체소방대원을 두어야 한다.

**[해설]** 자체소방대를 설치해야 하는 제조소등
㉠ 제4류 위험물을 취급하는 지정수량 3천배 이상의 제조소 또는 일반취급소
㉡ 제4류 위험물을 저장하는 옥외탱크저장소

**51** 소방시설 설치 및 관리에 관한 법령상 특정소방대상물의 관계인이 소방시설에 폐쇄(잠금을 포함)·차단 등의 행위를 하여서 사람을 상해에 이르게 한 때에 대한 벌칙기준은?

① 3년 이하의 징역 또는 3천만원 이하의 벌금
② 7년 이하의 금고 또는 7천만원 이하의 벌금
③ 5년 이하의 징역 또는 5천만원 이하의 벌금
④ 10년 이하의 징역 또는 1억원 이하의 벌금

**해설** 5년 이하의 징역 또는 5천만원 이하의 벌금
㉠ 소방시설의 기능과 성능에 지장을 초래하는 폐쇄·차단 등의 행위를 한 자
㉡ 사람을 상해에 이르게 한 때에는 7년 이하의 징역 또는 7천만원 이하의 벌금
㉢ 사망에 이르게 한 때에는 10년 이하의 징역 또는 1억원 이하의 벌금

**52** 소방시설 설치 및 관리에 관한 법령상 건축허가 등의 동의대상물 범위기준으로 옳은 것은?

① 항공기격납고, 관망탑, 항공관제탑, 방송용 송수신탑
② 차고·주차장 또는 주차용도로 사용되는 시설로서 차고·주차장으로 사용되는 층 중 바닥면적이 100제곱미터 이상인 층이 있는 시설
③ 연면적이 300제곱미터 이상인 건축물
④ 지하층 또는 무창층에 공연장이 있는 건축물로서 바닥면적이 150제곱미터의 이상인 층이 있는 것

**해설** ② 차고·주차장 또는 주차용도로 사용되는 시설로서 차고·주차장으로 사용되는 층 중 바닥면적이 200제곱미터 이상인 층이 있는 시설
③ 연면적이 400제곱미터 이상인 건축물
④ 지하층 또는 무창층에 공연장이 있는 건축물로서 바닥면적이 100제곱미터 이상인 층이 있는 것

**53** 위험물안전관리법령상 관계인이 예방규정을 정하여야 하는 제조소 등의 기준이 아닌 것은?

① 지정수량의 10배 이상의 위험물을 취급하는 제조소
② 지정수량의 200배 이상의 위험물을 저장하는 옥외탱크저장소
③ 지정수량의 50배 이상의 위험물을 저장하는 옥외저장소
④ 지정수량의 150배 이상의 위험물을 저장하는 옥내저장소

**해설** 예방규정을 작성, 제출하여야 하는 대상
㉠ 지정수량의 10배 이상의 위험물을 취급하는 제조소
㉡ 지정수량의 100배 이상의 위험물을 저장하는 옥외저장소
㉢ 지정수량의 150배 이상의 위험물을 저장하는 옥내저장소
㉣ 지정수량의 200배 이상의 위험물을 저장하는 옥외탱크저장소
㉤ 암반탱크저장소
㉥ 이송취급소
㉦ 지정수량의 10배 이상의 위험물을 취급하는 일반취급소
※ 다만, 제4류 위험물(특수인화물을 제외한다)만을 지정수량의 50배 이하로 취급하는 일반취급소(제1석유류·알코올류의 취급량이 지정수량의 10배 이하인 경우에 한한다)로서 다음 어느 하나에 해당하는 것을 제외한다.
ⓐ 보일러·버너 또는 이와 비슷한 것으로서 위험물을 소비하는 장치로 이루어진 일반취급소
ⓑ 위험물을 용기에 옮겨 담거나 차량에 고정된 탱크에 주입하는 일반취급소

**54** 소방시설공사업법령상 소방시설공사업자가 소속 소방기술자를 소방시설공사 현장에 배치하지 않았을 경우의 과태료 기준은?

① 100만원 이하   ② 200만원 이하
③ 300만원 이하   ④ 400만원 이하

**해설** 소방기술자 미배치 : 200만원 이하 과태료

**55** 위험물안전관리법령상 점포에서 위험물을 용기에 담아 판매하기 위하여 지정수량의 40배 이하의 위험물을 취급하는 장소의 취급소 구분으로 옳은 것은? (단, 위험물을 제조 외의 목적으로 취급하기 위한 장소이다)

① 판매취급소
② 주유취급소
③ 일반취급소
④ 이송취급소

**해설** 판매취급소 : 점포에서 위험물을 용기에 담아 판매하기 위하여 지정수량의 40배 이하의 위험물을 취급하는 장소

**56** 소방기본법령상 소방안전교육사의 배치대상별 배치기준에서 소방본부의 배치기준은 몇 명 이상인가?

① 3
② 4
③ 2
④ 1

**해설** 소방안전교육사 배치기준

| 배치대상 | 배치기준(단위 : 명) | 비고 |
|---|---|---|
| 1. 소방청 | 2 이상 | |
| 2. 소방본부 | 2 이상 | |
| 3. 소방서 | 1 이상 | |
| 4. 한국소방안전원 | 본원 : 2 이상<br>시・도지부 : 1 이상 | |
| 5. 한국소방산업기술원 | 2 이상 | |

**57** 소방기본법령상 소방본부 종합상황실의 실장이 소방청의 종합상황실에 지체없이 서면팩스 또는 컴퓨터 통신 등으로 보고해야 할 상황이 아닌 것은?

① 위험물안전관리법에 의한 지정수량의 3천배 이상의 위험물의 제조소에서 발생한 화재
② 사망자가 3인 이상 발생한 화재
③ 재산피해액이 50억원 이상 발생한 화재
④ 연면적 1만 5천제곱미터 이상인 공장 또는 화재예방강화지구에서 발생한 화재

**해설** 상부 종합상황실 보고사항
㉠ 다음 각목의 1에 해당하는 화재
　ⓐ 사망자가 5인 이상 발생하거나 사상자가 10인 이상 발생한 화재
　ⓑ 이재민이 100인 이상 발생한 화재
　ⓒ 재산피해액이 50억원 이상 발생한 화재
　ⓓ 관공서・학교・정부미도정공장・문화재・지하철 또는 지하구의 화재
　ⓔ 관광호텔, 층수(「건축법 시행령」 제119조제1항제9호의 규정에 의하여 산정한 층수를 말한다. 이하 이 목에서 같다)가 11층 이상인 건축물, 지하상가, 시장, 백화점, 「위험물안전관리법」 제2조제2항의 규정에 의한 지정수량의 3천배 이상의 위험물의 제조소・저장소・취급소, 층수가 5층 이상이거나 객실이 30실 이상인 숙박시설, 층수가 5층 이상이거나 병상이 30개 이상인 종합병원・정신병원・한방병원・요양소, 연면적 1만5천제곱미터 이상인 공장 또는 소방기본법 시행령(이하 "영"이라 한다) 제4조제1항 각 목에 따른 화재경계지구에서 발생한 화재
　ⓕ 철도차량, 항구에 매어둔 총 톤수가 1천톤 이상인 선박, 항공기, 발전소 또는 변전소에서 발생한 화재
　ⓖ 가스 및 화약류의 폭발에 의한 화재
　ⓗ 「다중이용업소의 안전관리에 관한 특별법」 제2조에 따른 다중이용업소의 화재
㉡ 「긴급구조대응활동 및 현장지휘에 관한 규칙」에 의한 통제단장의 현장지휘가 필요한 재난상황
㉢ 언론에 보도된 재난상황
㉣ 그 밖에 소방청장이 정하는 재난상황

**58** 소방시설 설치 및 관리에 관한 법령상 방염성능 기준으로 틀린 것은?

① 탄화한 면적은 $50[cm^2]$ 이내, 탄화한 길이는 $20[cm]$ 이내
② 버너의 불꽃을 제거한 때부터 불꽃을 올리지 아니하고 연소하는 상태가 그칠 때까지 시간은 30초 이내
③ 버너의 불꽃을 제거한 때부터 불꽃을 올리며 연소하는 상태가 그칠 때까지 시간은 20초 이내
④ 불꽃에 의하여 완전히 녹을 때까지 불꽃의 접촉횟수는 2회 이상

**정답** 55.① 56.③ 57.② 58.④

**해설** 방염성능기준(대통령령)
㉠ 버너의 불꽃을 제거한 때부터 불꽃을 올리며 연소하는 상태가 그칠 때까지 시간은 20초 이내일 것 [잔염시간 : 20초 이내]
㉡ 버너의 불꽃을 제거한 때부터 불꽃을 올리지 아니하고 연소하는 상태가 그칠 때까지 시간은 30초 이내일 것 [잔진시간 : 30초 이내]
㉢ 탄화(炭化)한 면적은 50제곱센티미터 이내, 탄화한 길이는 20센티미터 이내일 것
㉣ 불꽃에 의하여 완전히 녹을 때까지 불꽃의 접촉 횟수는 3회 이상일 것
㉤ 소방청장이 정하여 고시한 방법으로 발연량(發煙量)을 측정하는 경우 최대연기밀도는 400 이하일 것

**59** 소방시설 설치 및 관리에 관한 법령에 따른 비상방송설비를 설치하여야 하는 특정소방대상물의 기준 중 틀린 것은? (단, 위험물 저장 및 처리 시설 중 가스시설, 사람이 거주하지 않는 동물 및 식물 관련시설, 지하가 중 터널, 축사 및 지하구는 제외한다.)

① 지하층을 제외한 층수가 11층 이상인 것
② 연면적 3,500[m$^2$] 이상인 것
③ 연면적 1,000[m$^2$] 미만의 기숙사
④ 지하층의 층수가 3층 이상인 것

**해설** 비상방송설비를 설치해야 하는 특정소방대상물(위험물 저장 및 처리 시설 중 가스시설, 사람이 거주하지 않거나 벽이 없는 축사 등 동물 및 식물 관련 시설, 지하가 중 터널 및 지하구는 제외한다)은 다음의 어느 하나에 해당하는 것으로 한다.
1) 연면적 3천5백[m$^2$] 이상인 것은 모든 층
2) 층수가 11층 이상인 것은 모든 층
3) 지하층의 층수가 3층 이상인 것은 모든 층

**60** 소방시설공사업법령상 소방시설공사의 하자보수 보증기간이 3년이 아닌 것은?

① 자동화재탐지설비
② 자동소화장치
③ 간이스프링클러설비
④ 무선통신보조설비

**해설** 하자보수 보증기간
㉠ 피난기구, 유도등, 유도표지, 비상경보설비, 비상조명등, 비상방송설비 및 무선통신보조설비 : 2년
㉡ 자동소화장치, 옥내소화전설비, 스프링클러설비, 간이스프링클러설비, 물분무등소화설비, 옥외소화전설비, 자동화재탐지설비, 상수도소화용수설비 및 소화활동설비(무선통신보조설비는 제외한다), 비상콘센트설비 : 3년

**정답** 59.③ 60.④

# 2023년 제1회 소방설비기사[기계분야] 1차 필기
[제3과목 : 소방관계법규]

**41** 소방기본법령상 화재, 재난·재해 그 밖의 위급한 상황이 발생한 경우 소방대가 현장에 도착할 때까지 해야 할 관계인의 소방활동에 포함되지 않는 것은?
① 소방활동에 필요한 보호장구 지급 등 안전을 위한 조치
② 불을 끄거나 불이 번지지 아니하도록 필요한 조치
③ 대피를 유도하는 방법으로 사람을 구출하는 조치
④ 경보를 울리는 방법으로 사람을 구출하는 조치

해설 소방기본법 제20조] 관계인의 소방활동
관계인은 소방대상물에 화재, 재난·재해 그 밖의 위급한 상황이 발생한 경우에는 소방대가 현장에 도착할 때까지 경보를 울리거나 대피를 유도하는 등의 방법으로 사람을 구출하는 조치 또는 불을 끄거나 불이 번지지 아니하도록 필요한 조치를 하여야 한다.

**42** 소방기본법령상 소방기관의 설치에 관하여 필요한 사항은 누구의 령으로 정하는가?
① 대통령령
② 행정안전부령
③ 소방청 고시
④ 시·도의 조례

해설 제3조(소방기관의 설치 등)
① 시·도의 화재 예방·경계·진압 및 조사, 소방안전교육·홍보와 화재, 재난·재해, 그 밖의 위급한 상황에서의 구조·구급 등의 업무(이하 "소방업무"라 한다)를 수행하는 소방기관의 설치에 필요한 사항은 대통령령으로 정한다.〈개정 2015. 7. 24.〉
② 소방업무를 수행하는 소방본부장 또는 소방서장은 그 소재지를 관할하는 특별시장·광역시장·특별자치시장·도지사 또는 특별자치도지사(이하 "시·도지사"라 한다)의 지휘와 감독을 받는다.
③ 제2항에도 불구하고 소방청장은 화재 예방 및 대형재난 등 필요한 경우 시·도 소방본부장 및 소방서장을 지휘·감독할 수 있다.〈신설 2019. 12. 10.〉
④ 시·도에서 소방업무를 수행하기 위하여 시·도지사 직속으로 소방본부를 둔다.

**43** 소방기본법 제8조 소방력의 기준 등에 대한 다음 괄호 안에 들어갈 말로 옳은 것은?

> 제8조(소방력의 기준 등) ① 소방기관이 소방업무를 수행하는 데에 필요한 ( ㉮ )과 ( ㉯ ) 등[이하 "소방력"(消防力)이라 한다]에 관한 기준은 ( ㉰ )으로 정한다.
> ② ( ㉱ )는 제1항에 따른 소방력의 기준에 따라 관할구역의 소방력을 확충하기 위하여 필요한 계획을 수립하여 시행하여야 한다.
> ③ 소방자동차 등 소방장비의 분류·표준화와 그 관리 등에 필요한 사항은 ( ㉲ ) 정한다.

|   | ㉮ | ㉯ | ㉰ | ㉱ | ㉲ |
|---|---|---|---|---|---|
| ① | 인력 | 장비 | 행정안전부령 | 시·도지사 | 따로 법률에서 |
| ② | 인력 | 장비 | 대통령령 | 시·도지사 | 대통령령으로 |
| ③ | 장비 | 인력 | 행정안전부령 | 시·도지사 | 행정안전부령으로 |
| ④ | 장비 | 인력 | 대통령령 | 시·도지사 | 따로 법률에서 |

해설 제8조(소방력의 기준 등)
① 소방기관이 소방업무를 수행하는 데에 필요한 인력과 장비 등[이하 "소방력"(消防力)이라 한다]에 관한 기준은 행정안전부령으로 정한다.
② 시·도지사는 제1항에 따른 소방력의 기준에 따라 관할구역의 소방력을 확충하기 위하여 필요한 계획을 수립하여 시행하여야 한다.
③ 소방자동차 등 소방장비의 분류·표준화와 그 관리 등에 필요한 사항은 따로 법률에서 정한다.

정답 41.① 42.① 43.①

**44** 소방기본법에서 규정하는 소방업무응원에 대한 설명으로 틀린 것은?

① 소방본부장이나 소방서장은 소방활동을 할 때에 긴급한 경우에는 이웃한 소방본부장 또는 소방서장에게 소방업무의 응원(應援)을 요청할 수 있다.
② 시·도지사는 제1항에 따라 소방업무의 응원을 요청하는 경우를 대비하여 출동 대상지역 및 규모와 필요한 경비의 부담 등에 관하여 필요한 사항을 대통령령으로 정하는 바에 따라 이웃하는 시·도지사와 협의하여 미리 규약(規約)으로 정하여야 한다.
③ 소방업무의 응원 요청을 받은 소방본부장 또는 소방서장은 정당한 사유 없이 그 요청을 거절하여서는 아니 된다.
④ 소방업무의 응원을 위하여 파견된 소방대원은 응원을 요청한 소방본부장 또는 소방서장의 지휘에 따라야 한다.

해설 행정안전부령으로 정하는 바에 따라 미리 규약으로 정한다.

**45** 공사업법상 다음 중 상주공사감리의 대상인 것은?

① 연면적 1만제곱미터 이상의 특정소방대상물
② 연면적 2만제곱미터 이상의 특정소방대상물
③ 연면적 3만제곱미터 이상의 특정소방대상물
④ 연면적 1천제곱미터 이상의 특정소방대상물

해설 감리의 종류, 방법, 대상(대통령령)
1) 상주공사감리[연면적 3만제곱미터 이상(아파트 제외), 지하층 포함 16층 이상으로서 500세대 이상 아파트]
2) 일반공사감리[상주공사감리대상 아닌 것]
3) 일반공사감리 시 주 1회 방문, 14일 이내 부득이한 사유로 없는 경우 업무대행자 지정, 주 2회 방문

**46** 위험물안전관리법령상 점포에서 위험물을 용기에 담아 판매하기 위하여 지정수량의 40배 이하의 위험물을 취급하는 장소의 취급소 구분으로 옳은 것은? (단, 위험물을 제조외의 목적으로 취급하기 위한 장소이다.)

① 판매취급소  ② 주유취급소
③ 일반취급소  ④ 이송취급소

해설
• 판매취급소 : 점포에서 위험물을 용기에 담아 판매하기 위하여 지정수량의 40배 이하의 위험물을 취급하는 장소
• 주유취급소 : 고정된 주유설비에 자동차, 항공기 등의 연료탱크에 직접 주유하기 위해 위허물을 취급하는 장소
• 이송취급소 : 배관 및 이에 부속된 설비에 의해 위험물을 이송하는 장소
• 일반취급소 : 주유취급소, 판매취급소, 이송취급소 외의 장소

**47** 소방시설공사업법령상 지하층을 포함한 층수가 16층 이상 40층 미만인 특정소방대상물의 소방시설 공사현장에 배치하여야 할 소방공사 책임감리원의 배치기준에서 ( ) 안에 들어갈 등급으로 옳은 것은?

"행정안전부령으로 정하는 ( )감리원 이상의 소방공사 감리원(기계분야 및 전기분야)"

① 특급  ② 중급
③ 고급  ④ 초급

해설 소방시설공사업법 시행령 별표 4] 소방공사 감리원의 배치기준 및 배치시간

| 감리원의 배치기준 | | 소방시설공사 현장의 기준 |
|---|---|---|
| 책임감리원 | 보조감리원 | |
| 행정안전부령으로 정하는 특급감리원 이상의 소방감사 감리원(기계분야 및 전기분야) | 행정안전부령으로 정하는 초급감리원 이상의 소방공사 감리원(기계분야 및 전기분야) | 1) 연면적 3만제곱미터 이상 20만제곱미터 미만인 특정소방대상물(아파트는 제외한다)의 공사현장 2) 지하층을 포함한 층수가 16층 이상 40층 미만의 특정소방대상물의 공사현장 |

정답 44.② 45.③ 46.① 47.①

**48** 위험물안전관리법령에 따라 위험물안전관리자를 해임하거나 퇴직한 때에는 해임하거나 퇴직한 날부터 며칠 이내에 다시 안전관리자를 선임하여야 하는가?

① 30일  ② 35일
③ 40일  ④ 55일

**해설** 위험물관리법 제15조(위험물안전관리자)
안전관리자가 퇴직한 때에는 해임하거나 퇴직한 날부터 30일 이내에 다시 안전관리자를 선임하여야 한다.

**49** 위험물안전관리법령상 제조소 또는 일반 취급소의 위험물취급탱크 노즐 또는 맨홀을 신설하는 경우, 노즐 또는 맨홀의 직경이 몇 mm를 초과하는 경우에 변경허가를 받아야 하는가?

① 300  ② 450
③ 250  ④ 600

**해설** 제조소등의 변경허가를 받아야 하는 경우
㉠ 제조소 또는 일반취급소의 위치를 이전
㉡ 건축물의 벽·기둥·바닥·보 또는 지붕을 증설 또는 철거
㉢ 배출설비를 신설
㉣ 위험물취급탱크를 신설·교체·철거 또는 보수
㉤ 위험물취급탱크의 노즐 또는 맨홀의 직경이 250[mm]를 초과하는 경우에 신설
㉥ 위험물취급탱크의 방유제의 높이 또는 방유제 내의 면적을 변경
㉦ 위험물취급탱크의 탱크전용실을 증설 또는 교체
㉧ 300m(지상에 설치하지 아니하는 배관의 경우에는 30[m])를 초과하는 위험물배관을 신설·교체·철거 또는 보수(배관을 절개하는 경우에 한한다)하는 경우

**50** 소방시설공사업법령상 소방공사감리를 실시함에 있어 용도와 구조에서 특별히 안전성과 보안성이 요구되는 소방대상물로서 소방 시설물에 대한 감리를 감리업자가 아닌 자가 감리할 수 있는 장소는?

① 정보기관의 청사
② 교도소 등 교정관련시설
③ 국방 관계시설 설치장소
④ 원자력안전법상 관계시설이 설치되는 장소

**해설** 소방시설공사업법 시행령 제8조(감리업자가 아닌 자가 감리할 수 있는 보안성 등이 요구되는 소방대상물의 시공 장소)
법 제16조제2항에서 "대통령령으로 정하는 장소"란 「원자력안전법」 제2조제10호에 따른 관계시설이 설치되는 장소를 말한다.

**원자력안전법 제2조(정의) 제10항**
10. "관계시설"이란 원자로의 안전에 관계되는 시설로서 대통령령으로 정하는 것을 말한다.

**51** 위험물안전관리법령상 제조소 또는 일반 취급소에서 취급하는 제4류 위험물이 최대 수량의 합이 지정수량의 24만배 이상 48만배 미만인 사업소의 관계인이 두어야 하는 화학소방자동차와 자체소방대원의 수의 기준으로 옳은 것은? (단, 화재 그 밖의 재난발생시 다른 사업소 등과 상호응원에 관한 협정을 체결하고 있는 사업소는 제외한다.)

① 화학소방자동차 : 2대, 자체소방대원의 수 : 10인
② 화학소방자동차 : 3대, 자체소방대원의 수 : 10인
③ 화학소방자동차 : 3대, 자체소방대원의 수 : 15인
④ 화학소방자동차 : 4대, 자체소방대원의 수 : 20인

**해설** 위험물안전관리법 시행령 [별표8]
24만배 이상 48만배 미만 사업소
화학소방자동차 : 3대, 자체소방대원의 수 : 15인

| 사업소의 구분 | 화학소방 자동차 | 자체소방 대원의 수 |
|---|---|---|
| 1. 제조소 또는 일반취급소에서 취급하는 제4류 위험물의 최대수량의 합이 지정수량의 3천배 이상 12만배 미만인 사업소 | 1대 | 5인 |
| 2. 제조소 또는 일반취급소에서 취급하는 제4류 위험물의 최대수량의 합이 지정수량의 12만배 이상 24만배 미만인 사업소 | 2대 | 10인 |
| 3. 제조소 또는 일반취급소에서 취급하는 제4류 위험물의 최대수량의 합이 지정수량의 24만배 이상 48만배 미만인 사업소 | 3대 | 15인 |
| 4. 제조소 또는 일반취급소에서 취급하는 제4류 위험물의 최대수량의 합이 지정수량의 48만배 이상인 사업소 | 4대 | 20인 |

정답 48.① 49.③ 50.④ 51.③

| 5. 옥외탱크저장소에 저장하는 제4류 위험물의 최대수량이 지정수량의 50만배 이상인 사업소 | 2대 | 10인 |
|---|---|---|

**52** 화재예방법상 소방관서장은 화재안전조사를 실시하려는 경우 조사대상, 조사기간 및 조사사유 등 조사계획은 소방청, 소방본부 또는 소방서 인터넷 홈페이지나 전산시스템을 통해 며칠 이상 공개해야 하는가?

① 3일 이상
② 5일 이상
③ 7일 이상
④ 10일 이상

**해설** 시행령 제8조(화재안전조사의 방법·절차 등)
① 소방관서장은 화재안전조사의 목적에 따라 다음 각 호의 어느 하나에 해당하는 방법으로 화재안전조사를 실시할 수 있다.
  1. 종합조사 : 제7조의 화재안전조사 항목 전부를 확인하는 조사
  2. 부분조사 : 제7조의 화재안전조사 항목 중 일부를 확인하는 조사
② 소방관서장은 화재안전조사를 실시하려는 경우 사전에 법 제8조제2항 각 호 외의 부분 본문에 따라 조사대상, 조사기간 및 조사사유 등 조사계획을 소방청, 소방본부 또는 소방서(이하 "소방관서"라 한다)의 인터넷 홈페이지나 법 제16조제3항에 따른 전산시스템을 통해 7일 이상 공개해야 한다.

**53** 화재예방법상 화재의 예방조치상 어떠한 행위를 하여서는 안 되는데 이 행위에 해당하는 사항이 아닌 것은?

① 화재예방강화지구에서 모닥불, 흡연 등 화기의 취급하는 행위
② 액화석유가스 판매소에서 풍등 등 소형열기구 날리기
③ 수소연료사용시설에서 용접·용단 등 불꽃을 발생시키는 행위
④ 위험물안전관리법에 따른 위험물을 저장하는 행위

**해설** 화재예방법 제17조(화재의 예방조치 등)
① 누구든지 화재예방강화지구 및 이에 준하는 대통령령으로 정하는 장소에서는 다음 각 호의 어느 하나에 해당하는 행위를 하여서는 아니 된다. 다만, 행정안전부령으로 정하는 바에 따라 안전조치를 한 경우에는 그러하지 아니한다.
  1. 모닥불, 흡연 등 화기의 취급
  2. 풍등 등 소형열기구 날리기
  3. 용접·용단 등 불꽃을 발생시키는 행위
  4. 그 밖에 대통령령으로 정하는 화재 발생 위험이 있는 행위

시행령 제16조(화재의 예방조치 등)
① 법 제17조제1항 각 호 외의 부분 본문에서 "대통령령으로 정하는 장소"란 다음 각 호의 장소를 말한다.
  1. 제조소등
  2. 「고압가스 안전관리법」 제3조제1호에 따른 저장소
  3. 「액화석유가스의 안전관리 및 사업법」 제2조제1호에 따른 액화석유가스의 저장소·판매소
  4. 「수소경제 육성 및 수소 안전관리에 관한 법률」 제2조제7호에 따른 수소연료공급시설 및 같은 조 제9호에 따른 수소연료사용시설
  5. 「총포·도검·화약류 등의 안전관리에 관한 법률」 제2조제3항에 따른 화약류를 저장하는 장소
② 법 제17조제1항제4호에서 "대통령령으로 정하는 화재 발생 위험이 있는 행위"란 「위험물안전관리법」 제2조제1항제1호에 따른 위험물을 방치하는 행위를 말한다.

**54** 화재예방법상 불을 사용하는 설비의 관리기준등에서 규정하는 설비 또는 기구등이 아닌 것은?

① 수소가스를 사용하는 기구
② 화목보일러
③ 건조설비
④ 음식조리를 위하여 설치하는 설비

**해설** 제18조(불을 사용하는 설비의 관리기준 등)
① 법 제17조제4항에서 "대통령령으로 정하는 설비 또는 기구 등"이란 다음 각 호의 설비 또는 기구를 말한다.
  1. 보일러
  2. 난로
  3. 건조설비
  4. 가스·전기시설

정답 52.③ 53.④ 54.①

5. 불꽃을 사용하는 용접·용단 기구
6. 노(爐)·화덕설비
7. 음식조리를 위하여 설치하는 설비

## 55 소방시설법상 지방소방기술심의위원회의 심의사항으로 옳은 것은?

① 화재안전기준에 관한 사항
② 소방시설의 설계 및 공사감리의 방법에 관한 사항
③ 소방시설에 하자가 있는지의 판단에 관한 사항
④ 소방시설공사의 하자를 판단하는 기준에 관한 사항

**[해설]** 제18조(소방기술심의위원회)
② 다음 각 호의 사항을 심의하기 위하여 시·도에 지방소방기술심의위원회(이하 "지방위원회"라 한다)를 둔다.
  1. 소방시설에 하자가 있는지의 판단에 관한 사항
  2. 그 밖에 소방기술 등에 관하여 대통령령으로 정하는 사항
③ 중앙위원회 및 지방위원회의 구성·운영 등에 필요한 사항은 대통령령으로 정한다.

**시행령 제20조(소방기술심의위원회의 심의사항)**
② 법 제18조제2항제2호에서 "대통령령으로 정하는 사항"이란 다음 각 호의 사항을 말한다.
  1. 연면적 10만제곱미터 미만의 특정소방대상물에 설치된 소방시설의 설계·시공·감리의 하자 유무에 관한 사항
  2. 소방본부장 또는 소방서장이 「위험물안전관리법」 제2조제1항제6호에 따른 제조소등(이하 "제조소등"이라 한다)의 시설기준 또는 화재안전기준의 적용에 관하여 기술검토를 요청하는 사항
  3. 그 밖에 소방기술과 관련하여 특별시장·광역시장·특별자치시장·도지사 또는 특별자치도지사(이하 "시·도지사"라 한다)가 소방기술심의위원회의 심의에 부치는 사항

## 56 소방시설법상 다음 중 방염에 대한 설명으로 틀린 것은?

① 대통령령으로 정하는 특정소방대상물에 실내장식 등의 목적으로 설치 또는 부착하는 물품으로서 대통령령으로 정하는 물품(이하 "방염대상물품"이라 한다)은 방염성능기준 이상의 것으로 설치하여야 한다.
② 소방본부장이나 소방서장은 방염대상물품이 제1항에 따른 방염성능기준에 미치지 못하거나 제13조제1항에 따른 방염성능검사를 받지 아니한 것이면 소방대상물의 관계인에게 방염대상물품을 제거하도록 하거나 방염성능검사를 받도록 하는 등 필요한 조치를 명할 수 있다.
③ 방염성능기준은 행정안전부령으로 정한다.
④ 특정소방대상물에서 사용하는 방염대상물품은 소방청장(대통령령으로 정하는 방염대상물품의 경우에는 시·도지사를 말한다)이 실시하는 방염성능검사를 받은 것이어야 한다.

**[해설]** 대통령령으로 정한다.
**시행령 제31조**
② 법 제20조제3항에 따른 방염성능기준은 다음 각 호의 기준에 따르되, 제1항에 따른 방염대상물품의 종류에 따른 구체적인 방염성능기준은 다음 각 호의 기준의 범위에서 소방청장이 정하여 고시하는 바에 따른다.
  1. 버너의 불꽃을 제거한 때부터 불꽃을 올리며 연소하는 상태가 그칠 때까지 시간은 20초 이내일 것
  2. 버너의 불꽃을 제거한 때부터 불꽃을 올리지 않고 연소하는 상태가 그칠 때까지 시간은 30초 이내일 것
  3. 탄화(炭化)한 면적은 50제곱센티미터 이내, 탄화한 길이는 20센티미터 이내일 것
  4. 불꽃에 의하여 완전히 녹을 때까지 불꽃의 접촉 횟수는 3회 이상일 것
  5. 소방청장이 정하여 고시한 방법으로 발연량(發煙量)을 측정하는 경우 최대연기밀도는 400 이하일 것

**57** 소방시설법상 종합점검대상에 해당하지 않는 건축물은?

① 스프링클러설비가 설치된 특정소방대상물
② 물분무등 소화설비가 설치된 연면적 5,000m² 이상인 특정소방대상물(제조소등은 제외한다)
③ 노래연습장업이 설치된 연면적이 2,000m² 이상인 특정소방대상물
④ 물분무소화설비가 설치된 터널

**해설** 종합점검은 다음의 어느 하나에 해당하는 특정소방대상물을 대상으로 한다.
1) 법 제22조제1항제1호에 해당하는 특정소방대상물(신축, 최초점검대상)
2) 스프링클러설비가 설치된 특정소방대상물
3) 물분무등소화설비[호스릴(hose reel) 방식의 물분무등소화설비만을 설치한 경우는 제외한다]가 설치된 연면적 5,000m² 이상인 특정소방대상물(제조소등은 제외한다)
4) 「다중이용업소의 안전관리에 관한 특별법 시행령」 제2조제1호나목, 같은 조 제2호(비디오물소극장업은 제외한다)·제6호·제7호·제7호의2 및 제7호의5의 다중이용업의 영업장이 설치된 특정소방대상물로서 연면적이 2,000m² 이상인 것
5) 제연설비가 설치된 터널
6) 「공공기관의 소방안전관리에 관한 규정」 제2조에 따른 공공기관 중 연면적(터널·지하구의 경우 그 길이와 평균 폭을 곱하여 계산된 값을 말한다)이 1,000m² 이상인 것으로서 옥내소화전설비 또는 자동화재탐지설비가 설치된 것. 다만, 「소방기본법」 제2조제5호에 따른 소방대가 근무하는 공공기관은 제외한다.

**58** 소방시설법상 관계인이 질병등의 경우 자체점검을 연기신청할 수 있는데 연기신청은 자체점검 실시만료일 며칠 전까지 연기신청서를 누구에게 제출하여야 하는가?

① 2일전까지, 소방청장
② 3일전까지, 소방본부장 또는 소방서장
③ 5일전까지, 소방본부장 또는 소방서장
④ 7일전까지, 소방본부장 또는 소방서장

**해설** 시행규칙 제22조(소방시설등의 자체점검 면제 또는 연기 등)
① 법 제22조제6항 및 영 제33조제2항에 따라 자체점검의 면제 또는 연기를 신청하려는 특정소방대상물의 관계인은 자체점검의 실시 만료일 3일 전까지 별지 제7호서식의 소방시설등의 자체점검 면제 또는 연기 신청서(전자문서로 된 신청서를 포함한다)에 자체점검을 실시하기 곤란함을 증명할 수 있는 서류(전자문서를 포함한다)를 첨부하여 소방본부장 또는 소방서장에게 제출해야 한다.
② 제1항에 따른 자체점검의 면제 또는 연기 신청서를 제출받은 소방본부장 또는 소방서장은 면제 또는 연기의 신청을 받은 날부터 3일 이내에 자체점검의 면제 또는 연기 여부를 결정하여 별지 제8호서식의 자체점검 면제 또는 연기 신청 결과 통지서를 면제 또는 연기 신청을 한 자에게 통보해야 한다.

**59** 위험물안전관리법상 다음 중 벌금이 가장 무거운 것은?

① 제조소 등이 아닌 장소에서 지정수량 이상의 위험물을 저장·취급한 자
② 무허가 장소에서 위험물에 대한 조치명령을 위반한 자
③ 제조소 등의 사용정지 명령을 위반한 자
④ 제조소 등의 위치·구조·설비의 수리, 개조, 이전 명령을 위반한 자

**해설** 벌칙
① : 3년 이하의 징역 또는 3천만 원 이하의 벌금

| 벌 칙 | 사유 및 대상자 |
|---|---|
| 1년 이상 10년 이하의 징역 | 제조소 등에서 위험물을 유출·방출 또는 확산시켜 사람의 생명·신체 또는 재산에 대하여 위험을 발생시킨 자 |
| 무기 또는 5년 이상의 징역 | 제조소 등에서 위험물을 유출·방출 또는 확산시켜 사람을 사망에 이르게 한 때 |
| 무기 또는 3년 이상의 징역 | 제조소 등에서 위험물을 유출·방출 또는 확산시켜 사람을 상해(傷害)에 이르게 한 때 |

## 03. 소방관계법규

| 10년 이하의 징역 또는 금고나 1억 원 이하의 벌금 | 업무상 과실로 제조소 등에서 위험물을 유출·방출 또는 확산시켜 사람을 사상(死傷)에 이르게 한 자 |
|---|---|
| 7년 이하의 금고 또는 7,000만 원 이하의 벌금 | 업무상 과실로 제조소 등에서 위험물을 유출·방출 또는 확산시켜 사람의 생명·신체 또는 재산에 대하여 위험을 발생시킨 자 |
| 3년 이하의 징역 또는 3,000만 원 이하의 벌금 | 저장소 또는 제조소 등이 아닌 장소에서 지정수량 이상의 위험물을 저장 또는 취급한 자 |

②, ③, ④ : 1천500만 원 이하의 벌금

**60** 위험물에 해당되는 질산은 비중이 얼마 이상인 것을 말하는가?

① 1.39  ② 1.49
③ 2.39  ④ 2.49

**해설** 질산은 비중이 1.49 이상인 것만 해당

정답 60.②

# 제2회 소방설비기사[기계분야] 1차 필기
### [제3과목 : 소방관계법규]

**41** 다음은 위험물안전관리법의 목적에 대한 설명이다. 빈칸에 들어갈 단어로 옳은 것은?

> 이 법은 위험물의 ( 가 )·( 나 ) 및 ( 다 )과 이에 따른 안전관리에 관한 사항을 규정함으로써 위험물로 인한 위해를 방지하여 공공의 안전을 확보함을 목적으로 한다.

|  | (가) | (나) | (다) |
|---|---|---|---|
| ① | 저장 | 취급 | 운반 |
| ② | 제조 | 취급 | 운반 |
| ③ | 제조 | 저장 | 이송 |
| ④ | 저장 | 취급 | 이송 |

**해설** 위험물안전관리법의 목적
이 법은 위험물의 저장·취급 및 운반과 이에 따른 안전관리에 관한 사항을 규정함으로써 위험물로 인한 위해를 방지하여 공공의 안전을 확보함을 목적으로 한다.

**42** 위험물안전관리자에 대한 설명 중 옳지 않은 것은?
① 안전관리자를 선임한 경우에는 소방본부장 또는 소방서장에게 신고하여야 한다.
② 위험물의 취급에 관한 자격취득자는 경력이 없어도 대리자로 지정할 수 있다.
③ 대리자가 위험물의 취급에 관한 자격증을 취득하지 못했을 경우 전기·기계자격증으로 대체하면 된다.
④ 위험물안전관리자가 일시적으로 직무를 수행할 수 없어 대리자(代理者)를 지정하였을 경우에는 소방본부장·소방서장에게 신고하지 않아도 된다.

**해설** 위험물안전관리자
① 위험물안전관리자 선임권자 : 제조소 등의 관계인

**【 위험물취급자격자의 자격(제11조제1항 관련) 】**

| 위험물취급자격자의 구분 | 취급할 수 있는 위험물 |
|---|---|
| 1. 「국가기술자격법」에 따라 위험물기능장, 위험물산업기사, 위험물기능사의 자격을 취득한 사람 | 별표 1의 모든 위험물 |
| 2. 안전관리자교육이수자(법 28조 제1항에 따라 소방청장이 실시하는 안전관리자교육을 이수한 자를 말한다. 이하 별표 6에서 같다) | 별표 1의 위험물 중 제4류 위험물 |
| 3. 소방공무원 경력자(소방공무원으로 근무한 경력이 3년 이상인 자를 말한다. 이하 별표 6에서 같다) | 별표 1의 위험물 중 제4류 위험물 |

② 위험물의 취급에 관한 자격이 있는 자
③ 제조소 등에서 저장·취급하는 위험물이 「화학물질관리법」에 따른 유독물질에 해당하는 경우 당해 제조소 등을 설치한 자는 다른 법률에 의하여 안전관리업무를 하는 자로 선임된 자 가운데 대통령령이 정하는 자를 안전관리자로 선임할 수 있다.
④ 제조소 등의 관계인은 안전관리자가 해임, 퇴직한 날부터 30일 이내에 선임하여 선임한 날부터 14일 이내에 소방본부장 또는 소방서장에게 신고하여야 한다.
⑤ 안전관리자 선임신고 시 제출해야 할 서류
  1. 위험물안전관리업무대행계약서(안전관리대행기관에 한한다)
  2. 위험물안전관리교육 수료증(안전관리자 강습교육을 받은 자에 한한다)
  3. 위험물안전관리자를 겸직할 수 있는 관련 안전관리자로 선임된 사실을 증명할 수 있는 서류
  4. 소방공무원 경력증명서(소방공무원 경력자에 한한다)

⑥ 제조소 등의 관계인은 안전관리자의 해임, 퇴직한 사실을 소방본부장 또는 소방서장에게 확인받을 수 있다.
⑦ 위험물안전관리 직무 대리자 지정
  ㉠ 위험물안전관리 직무 대리자 지정권자 : 제조소 등의 관계인
  ㉡ 직무 대리자 지정사유
    가. 선임된 안전관리자가 여행·질병 그 밖의 사유로 인하여 일시적으로 직무를 수행할 수 없는 경우
    나. 안전관리자의 해임 또는 퇴직과 동시에 다른 안전관리자를 선임하지 못하는 경우
  ㉢ 직무 대리자 자격조건
    가. 국가기술자격법에 따른 위험물의 취급에 관한 자격취득자
    나. 안전교육을 받은 자
    다. 제조소 등의 위험물 안전관리업무에 있어서 안전관리자를 지휘·감독하는 직위에 있는 자
  ㉣ 직무 대리자의 직무 대행기간 : 30일을 초과할 수 없다.
⑧ 안전관리자의 업무와 의무
  ㉠ 위험물을 취급하는 작업을 하는 때에는 작업자에게 안전관리에 관한 필요한 지시
  ㉡ 위험물의 취급에 관한 안전관리와 감독
  ㉢ 제조소 등의 관계인과 그 종사자는 안전관리자의 위험물 안전관리에 관한 의견을 존중하고 그 권고에 따라야 한다.

## 43
위험물안전관리법상 업무상 과실로 제조소 등에서 위험물을 유출·방출 또는 확산시켜 사람의 생명·신체 또는 재산에 대하여 위험을 발생시킨 자에 대한 벌칙 기준으로 옳은 것은?

① 5년 이하의 금고 또는 2,000만 원 이하의 벌금
② 5년 이하의 금고 또는 7,000만 원 이하의 벌금
③ 7년 이하의 금고 또는 2,000만 원 이하의 벌금
④ 7년 이하의 금고 또는 7,000만 원 이하의 벌금

**해설** 위험물안전관리법 벌칙
제33조(벌칙) ① 제조소 등에서 위험물을 유출·방출 또는 확산시켜 사람의 생명·신체 또는 재산에 대하여 위험을 발생시킨 자 → 1년 이상 10년 이하의 징역에 처한다.
② 제1항의 규정에 따른 죄를 범하여 사람을 상해(傷害)에 이르게 한 때에는 무기 또는 3년 이상의 징역

사망에 이르게 한 때에는 무기 또는 5년 이상의 징역에 처한다.
제34조(벌칙) ① 업무상 과실로 제조소 등에서 위험물을 유출·방출 또는 확산시켜 사람의 생명·신체 또는 재산에 대하여 위험을 발생시킨 자는 7년 이하의 금고 또는 7천만 원 이하의 벌금에 처한다.
② 제1항의 죄를 범하여 사람을 사상(死傷)에 이르게 한 자는 10년 이하의 징역 또는 금고나 1억 원 이하의 벌금에 처한다.

## 44
위험물안전관리법령상 제조소 등의 완공검사 신청 시기 기준으로 틀린 것은?

① 지하탱크가 있는 제조소 등의 경우에는 당해 지하탱크를 매설하기 전
② 이동탱크저장소의 경우에는 이동저장탱크를 완공하고 상치장소를 확보한 후
③ 이송취급소의 경우에는 이송배관 공사의 전체 또는 일부 완료한 후
④ 배관을 지하에 설치하는 경우에는 소방서장이 지정하는 부분을 매몰하고 난 직후

**해설** 제20조(완공검사의 신청시기) 법 제9조제1항의 규정에 의한 제조소 등의 완공검사 신청시기는 다음 각 호의 구분에 의한다.
1. 지하탱크가 있는 제조소 등의 경우 : 당해 지하탱크를 매설하기 전
2. 이동탱크저장소의 경우 : 이동저장탱크를 완공하고 상치장소를 확보한 후
3. 이송취급소의 경우 : 이송배관 공사의 전체 또는 일부를 완료한 후. 다만, 지하·하천 등에 매설하는 이송배관의 공사의 경우에는 이송배관을 매설하기 전
4. 전체 공사가 완료된 후에는 완공검사를 실시하기 곤란한 경우 : 다음 각 목에서 정하는 시기
  가. 위험물설비 또는 배관의 설치가 완료되어 기밀시험 또는 내압시험을 실시하는 시기
  나. 배관을 지하에 설치하는 경우에는 시·도지사, 소방서장 또는 기술원이 지정하는 부분을 매몰하기 직전
  다. 기술원이 지정하는 부분의 비파괴시험을 실시하는 시기
5. 제1호 내지 제4호에 해당하지 아니하는 제조소 등의 경우 : 제조소 등의 공사를 완료한 후

정답 43.④ 44.④

**45** 소방기본법령상 소방업무에 관한 종합계획은 누가 몇 년마다 수립·시행하여야 하는가?

① 대통령, 4년   ② 행정안전부장관, 5년
③ 시·도지사, 5년   ④ 소방청장, 5년

**해설** 제6조(소방업무에 관한 종합계획의 수립·시행 등)
① 소방청장은 화재, 재난·재해, 그 밖의 위급한 상황으로부터 국민의 생명·신체 및 재산을 보호하기 위하여 소방업무에 관한 종합계획(이하 이 조에서 "종합계획"이라 한다)을 5년마다 수립·시행하여야 하고, 이에 필요한 재원을 확보하도록 노력하여야 한다.〈개정 2015. 7. 24., 2017. 7. 26.〉

**46** 소방기본법령상 소방업무에 관한 종합계획에 포함되어야 하는 사항이 아닌 것은?

① 소방서비스의 질 향상을 위한 정책의 기본방향
② 소방업무에 필요한 체계의 구축, 소방기술의 연구·개발 및 보급
③ 소방업무에 필요한 장비의 구비
④ 소방전문기관 설립

**해설** 종합계획에는 다음 각 호의 사항이 포함되어야 한다.〈신설 2015. 7. 24.〉
1. 소방서비스의 질 향상을 위한 정책의 기본방향
2. 소방업무에 필요한 체계의 구축, 소방기술의 연구·개발 및 보급
3. 소방업무에 필요한 장비의 구비
4. 소방전문인력 양성
5. 소방업무에 필요한 기반조성
6. 소방업무의 교육 및 홍보(제21조에 따른 소방자동차의 우선 통행 등에 관한 홍보를 포함한다)
7. 그 밖에 소방업무의 효율적 수행을 위하여 필요한 사항으로서 대통령령으로 정하는 사항

**참고** 시행령
제1조의2(소방업무에 관한 종합계획 및 세부계획의 수립·시행) ① 소방청장은 「소방기본법」(이하 "법"이라 한다) 제6조제1항에 따른 소방업무에 관한 종합계획을 관계 중앙행정기관의 장과의 협의를 거쳐 계획 시행 전년도 10월 31일까지 수립하여야 한다.〈개정 2017. 7. 26.〉

② 법 제6조제2항제7호에서 "대통령령으로 정하는 사항"이란 다음 각 호의 사항을 말한다.
1. 재난·재해 환경 변화에 따른 소방업무에 필요한 대응 체계 마련
2. 장애인, 노인, 임산부, 영유아 및 어린이 등 이동이 어려운 사람을 대상으로 한 소방활동에 필요한 조치
③ 특별시장·광역시장·특별자치시장·도지사 또는 특별자치도지사(이하 "시·도지사"라 한다)는 법 제6조제4항에 따른 종합계획의 시행에 필요한 세부계획을 계획 시행 전년도 12월 31일까지 수립하여 소방청장에게 제출하여야 한다.

**47** 소방시설의 하자가 발생한 경우 통보를 받은 공사업자는 며칠 이내에 이를 보수하거나 보수 일정을 기록한 하자보수 계획을 관계인에게 서면으로 알려야 하는가?

① 3일   ② 7일
③ 14일   ④ 30일

**48** 소방자동차 전용구역을 설치하여야 하는 공동주택에 해당하는 것은?

① 아파트 중 세대수가 100세대 이상인 아파트 및 5층 이상 기숙사
② 아파트 중 세대수가 300세대 이상인 아파트 및 3층 이상 기숙사
③ 아파트 중 세대수가 100세대 이상인 아파트 및 3층 이상 기숙사
④ 아파트 중 세대수가 300세대 이상인 아파트 및 5층 이상 기숙사

**해설** 제21조의2(소방자동차 전용구역 등) ① 「건축법」 제2조제2항제2호에 따른 공동주택 중 대통령령으로 정하는 공동주택의 건축주는 제16조제1항에 따른 소방활동의 원활한 수행을 위하여 공동주택에 소방자동차 전용구역(이하 "전용구역"이라 한다)을 설치하여야 한다.
② 누구든지 전용구역에 차를 주차하거나 전용구역에의 진입을 가로막는 등의 방해행위를 하여서는 아니 된다.
③ 전용구역의 설치 기준·방법, 제2항에 따른 방해행위의 기준, 그 밖의 필요한 사항은 대통령령으로 정한다.

**정답** 45.④ 46.④ 47.① 48.③

시행령 제7조의12(소방자동차 전용구역 설치 대상)
법 제21조의2제1항에서 "대통령령으로 정하는 공동주택"이란 다음 각 호의 주택을 말한다. 다만, 하나의 대지에 하나의 동(棟)으로 구성되고 「도로교통법」 제32조 또는 제33조에 따라 정차 또는 주차가 금지된 편도 2차선 이상의 도로에 직접 접하여 소방자동차가 도로에서 직접 소방활동이 가능한 공동주택은 제외한다. 〈개정 2021. 5. 4.〉
1. 「건축법 시행령」 별표 1 제2호가목의 아파트 중 세대수가 100세대 이상인 아파트
2. 「건축법 시행령」 별표 1 제2호라목의 기숙사 중 3층 이상의 기숙사

**49** 다음 중 소방활동구역에 출입가능한 대통령령으로 정하는 자에 해당하지 않는 사람은?

① 소방활동구역 안에 있는 소방대상물의 관계인
② 소방본부장 또는 소방서장이 소방활동을 위하여 출입을 허가한 사람
③ 의사·간호사 그 밖의 구조·구급업무에 종사하는 사람
④ 취재인력 등 보도업무에 종사하는 사람

해설 소방활동구역 출입자
1. 소방활동구역 안에 있는 소방대상물의 소유자·관리자 또는 점유자
2. 전기·가스·수도·통신·교통의 업무에 종사하는 사람으로서 원활한 소방활동을 위하여 필요한 사람
3. 의사·간호사 그 밖의 구조·구급업무에 종사하는 사람
4. 취재인력 등 보도업무에 종사하는 사람
5. 수사업무에 종사하는 사람
6. 그 밖에 소방대장이 소방활동을 위하여 출입을 허가한 사람

**50** 소방시설업의 등록 시 시·도지사에게 제출하는 서류가 아닌 것은?

① 소방기술자경력수첩 및 기술자격증(자격수첩)
② 소방청장이 지정하는 금융회사 또는 소방산업공제조합에 출자·예치·담보한 금액확인서(소방시설공사업인 경우에 한한다.)
③ 신청일 전 최근 90일 이내에 작성한 자산평가액 또는 기업진단보고서(소방시설공사업인 경우에 한한다)
④ 법인등기부등본(법인의 경우에 한한다)

해설 필요 서류
1. 신청인(외국인을 포함하되, 법인의 경우에는 대표자를 포함한 임원을 말한다)의 성명, 주민등록번호 및 주소지 등의 인적사항이 적힌 서류
2. 등록기준 중 기술인력에 관한 사항을 확인할 수 있는 다음 각 목의 어느 하나에 해당하는 서류(이하 "기술인력 증빙서류"라 한다)
   가. 국가기술자격증
   나. 법 제28조제2항에 따라 발급된 소방기술 인정 자격수첩(이하 "자격수첩"이라 한다) 또는 소방기술자 경력수첩(이하 "경력수첩"이라 한다)
3. 영 제2조제2항에 따라 소방청장이 지정하는 금융회사 또는 소방산업공제조합에 출자·예치·담보한 금액 확인서(이하 "출자·예치·담보 금액 확인서"라 한다) 1부(소방시설공사업만 해당한다). 다만, 소방청장이 지정하는 금융회사 또는 소방산업공제조합에 해당 금액을 확인할 수 있는 경우에는 그 확인으로 갈음할 수 있다.
4. 다음 각 목의 어느 하나에 해당하는 자가 신청일 전 최근 90일 이내에 작성한 자산평가액 또는 소방청장이 정하여 고시하는 바에 따라 작성된 기업진단 보고서(소방시설공사업만 해당한다)
   가. 「공인회계사법」 제7조에 따라 금융위원회에 등록한 공인회계사
   나. 「세무사법」 제6조에 따라 기획재정부에 등록한 세무사
   다. 「건설산업기본법」 제49조제2항에 따른 전문경영진단기관
5. 신청인(법인인 경우에는 대표자를 말한다)이 외국인인 경우에는 법 제5조 각 호의 어느 하나에 해당하는 사유와 같거나 비슷한 사유에 해당하지 아니함을 확인할 수 있는 서류로서 다음 각 목의 어느 하나에 해당하는 서류
   가. 해당 국가의 정부나 공증인(법률에 따른 공증인의 자격을 가진 자만 해당한다), 그 밖의 권한이 있는 기관이 발행한 서류로서 해당 국가에 주재하는 우리나라 영사가 확인한 서류
   나. 「외국공문서에 대한 인증의 요구를 폐지하는 협약」을 체결한 국가의 경우에는 해당 국가의 정부

나 공증인(법률에 따른 공증인의 자격을 가진 자만 해당한다), 그 밖의 권한이 있는 기관이 발행한 서류로서 해당 국가의 아포스티유(Apostille) 확인서 발급 권한이 있는 기관이 그 확인서를 발급한 서류

**51** 소방시설공사업법령상 소방시설업자의 지위승계가 가능한 자에게 해당하는 것을 모두 고른 것은?

ㄱ. 소방시설업자가 사망한 경우 그 상속인
ㄴ. 소방시설업자가 그 영업을 양도한 경우 그 양수인
ㄷ. 법인인 소방시설업자가 다른 법인과 합병한 경우 합병 후 존속하는 법인이나 합병으로 설립되는 법인
ㄹ. 폐업신고로 소방시설업 등록이 말소된 후 6개월 이내에 다시 소방시설업을 등록한 자

① ㄱ, ㄴ, ㄷ
② ㄱ, ㄷ, ㄹ
③ ㄴ, ㄷ, ㄹ
④ ㄱ, ㄴ, ㄷ, ㄹ

**해설** 제7조(소방시설업자의 지위승계) ① 다음 각 호의 어느 하나에 해당하는 자가 종전의 소방시설업자의 지위를 승계하려는 경우에는 그 상속일, 양수일 또는 합병일부터 30일 이내에 행정안전부령으로 정하는 바에 따라 그 사실을 시·도지사에게 신고하여야 한다. 〈개정 2016. 1. 27., 2020. 6. 9.〉
1. 소방시설업자가 사망한 경우 그 상속인
2. 소방시설업자가 그 영업을 양도한 경우 그 양수인
3. 법인인 소방시설업자가 다른 법인과 합병한 경우 합병 후 존속하는 법인이나 합병으로 설립되는 법인
4. 삭제 〈2020. 6. 9.〉

**52** 소방시설업자가 특정소방대상물의 관계인에 대한 통보 의무사항이 아닌 것은?

① 지위를 승계한 때
② 등록취소 또는 영업정지 처분을 받은 때
③ 휴업 또는 폐업한 때
④ 주소지가 변경된 때

**해설** 소방시설공사업법 제8조(소방시설업의 운영) ③항
소방시설업자는 다음 각 호의 어느 하나에 해당하는 경우에는 소방시설공사 등을 맡긴 특정소방대상물의 관계인에게 지체없이 그 사실을 알려야 한다.
1. 제7조에 따라 소방시설업자의 지위를 승계한 경우
2. 제9조제1항에 따라 소방시설업의 등록취소처분 또는 영업정지처분을 받은 경우
3. 휴업하거나 폐업한 경우

**53** 화재예방법상 다음 용어정의중 틀린설명은?

① "예방"이란 화재의 위험으로부터 사람의 생명·신체 및 재산을 보호하기 위하여 화재발생을 사전에 제거하거나 방지하기 위한 모든 활동을 말한다.
② "안전관리"란 화재로 인한 피해를 최소화하기 위한 예방, 대비, 대응 등의 활동을 말한다.
③ "화재안전조사"란 소방청장, 소방본부장 또는 소방서장(이하 "소방관서장"이라 한다)이 소방대상물, 관계지역 또는 관계인에 대하여 소방시설등(「화재의 예방 및 안전 관리에 관한 법률」에 따른 소방시설등을 말한다. 이하 같다)이 소방 관계 법령에 적합하게 설치·관리되고 있는지, 소방대상물에 화재의 발생 위험이 있는지 등을 확인하기 위하여 실시하는 현장조사·문서열람·보고요구 등을 하는 활동을 말한다.
④ "화재예방강화지구"란 특별시장·광역시장·특별자치시장·도지사 또는 특별자치도지사(이하 "시·도지사"라 한다)가 화재발생 우려가 크거나 화재가 발생할 경우 피해가 클 것으로 예상되는 지역에 대하여 화재의 예방 및 안전관리를 강화하기 위해 지정·관리하는 지역을 말한다.

**해설** 제2조(정의) ① 이 법에서 사용하는 용어의 뜻은 다음과 같다.
1. "예방"이란 화재의 위험으로부터 사람의 생명·신체 및 재산을 보호하기 위하여 화재발생을 사전에 제거하거나 방지하기 위한 모든 활동을 말한다.

**정답** 51.④ 52.④ 53.③

2. "안전관리"란 화재로 인한 피해를 최소화하기 위한 예방, 대비, 대응 등의 활동을 말한다.
3. "화재안전조사"란 소방청장, 소방본부장 또는 소방서장(이하 "소방관서장"이라 한다)이 소방대상물, 관계지역 또는 관계인에 대하여 소방시설등(「소방시설 설치 및 관리에 관한 법률」 제2조제1항제2호에 따른 소방시설등을 말한다. 이하 같다)이 소방 관계 법령에 적합하게 설치·관리되고 있는지, 소방대상물에 화재의 발생 위험이 있는지 등을 확인하기 위하여 실시하는 현장조사·문서열람·보고 요구 등을 하는 활동을 말한다.
4. "화재예방강화지구"란 특별시장·광역시장·특별자치시장·도지사 또는 특별자치도지사(이하 "시·도지사"라 한다)가 화재발생 우려가 크거나 화재가 발생할 경우 피해가 클 것으로 예상되는 지역에 대하여 화재의 예방 및 안전관리를 강화하기 위해 지정·관리하는 지역을 말한다.
5. "화재예방안전진단"이란 화재가 발생할 경우 사회·경제적으로 피해 규모가 클 것으로 예상되는 소방대상물에 대하여 화재위험요인을 조사하고 그 위험성을 평가하여 개선대책을 수립하는 것을 말한다.
② 이 법에서 사용하는 용어의 뜻은 제1항에서 규정하는 것을 제외하고는 「소방기본법」, 「소방시설 설치 및 관리에 관한 법률」, 「소방시설공사업법」, 「위험물안전관리법」 및 「건축법」에서 정하는 바에 따른다.

**54** 화재예방법상 화재안전조사에 관한 설명으로 옳은 것은?

① 시도지사는 화재안전조사를 실시하는 경우 다른 목적을 위하여 조사권을 남용하여서는 아니 된다.
② 화재안전조사의 항목은 행정안전부령으로 정한다. 이 경우 화재안전조사의 항목에는 화재의 예방조치 상황, 소방시설등의 관리 상황 및 소방대상물의 화재 등의 발생 위험과 관련된 사항이 포함되어야 한다.
③ 개인의 주거(실제 주거용도로 사용되는 경우에 한정한다)에 대한 화재안전조사는 관계인의 승낙이 있거나 화재발생의 우려가 뚜렷하여 긴급한 필요가 있는 때에 한정하여 실시할 수 있다.
④ 소방관서장은 「화재예방법」 제21조의2에 따른 소방자동차 전용구역의 설치에 관한 사항에 대해 화재안전조사를 실시할 수 있다.

**해설** 화재예방법 제7조
② 화재안전조사의 항목은 대통령령으로 정한다. 이 경우 화재안전조사의 항목에는 화재의 예방조치 상황, 소방시설등의 관리 상황 및 소방대상물의 화재 등의 발생 위험과 관련된 사항이 포함되어야 한다.
③ 소방관서장은 화재안전조사를 실시하는 경우 다른 목적을 위하여 조사권을 남용하여서는 아니 된다.

**시행령 제7조**
제7조(화재안전조사의 항목) 소방청장, 소방본부장 또는 소방서장(이하 "소방관서장"이라 한다)은 법 제7조제1항에 따라 다음 각 호의 항목에 대하여 화재안전조사를 실시한다.
1. 법 제17조에 따른 화재의 예방조치 등에 관한 사항
2. 법 제24조, 제25조, 제27조 및 제29조에 따른 소방안전관리 업무 수행에 관한 사항
3. 법 제36조에 따른 피난계획의 수립 및 시행에 관한 사항
4. 법 제37조에 따른 소화·통보·피난 등의 훈련 및 소방안전관리에 필요한 교육(이하 "소방훈련·교육"이라 한다)에 관한 사항
5. 「소방기본법」 제21조의2에 따른 소방자동차 전용구역의 설치에 관한 사항
6. 「소방시설공사업법」 제12조에 따른 시공, 같은 법 제16조에 따른 감리 및 같은 법 제18조에 따른 감리원의 배치에 관한 사항
7. 「소방시설 설치 및 관리에 관한 법률」 제12조에 따른 소방시설의 설치 및 관리에 관한 사항
8. 「소방시설 설치 및 관리에 관한 법률」 제15조에 따른 건설현장 임시소방시설의 설치 및 관리에 관한 사항
9. 「소방시설 설치 및 관리에 관한 법률」 제16조에 따른 피난시설, 방화구획(防火區劃) 및 방화시설의 관리에 관한 사항
10. 「소방시설 설치 및 관리에 관한 법률」 제20조에 따른 방염(防炎)에 관한 사항
11. 「소방시설 설치 및 관리에 관한 법률」 제22조에 따른 소방시설등의 자체점검에 관한 사항

**정답** 54.③

12. 「다중이용업소의 안전관리에 관한 특별법」 제8조, 제9조, 제9조의2, 제10조, 제10조의2 및 제11조부터 제13조까지의 규정에 따른 안전관리에 관한 사항
13. 「위험물안전관리법」 제5조, 제6조, 제14조, 제15조 및 제18조에 따른 위험물 안전관리에 관한 사항
14. 「초고층 및 지하연계 복합건축물 재난관리에 관한 특별법」 제9조, 제11조, 제12조, 제14조, 제16조 및 제22조에 따른 초고층 및 지하연계 복합건축물의 안전관리에 관한 사항
15. 그 밖에 소방대상물에 화재의 발생 위험이 있는지 등을 확인하기 위해 소방관서장이 화재안전조사가 필요하다고 인정하는 사항

## 55. 화재안전조사시 합동으로 조사반을 편성하여 조사를 진행할 수 있는 기관의 종류가 아닌 것은?

① 한국가스안전공사
② 한국전기안전공사
③ 한국석유안전공사
④ 한국화재보험협회

**해설** 소방관서장은 화재안전조사를 효율적으로 실시하기 위하여 필요한 경우 다음 각 호의 기관의 장과 합동으로 조사반을 편성하여 화재안전조사를 할 수 있다.
1. 관계 중앙행정기관 또는 지방자치단체
2. 「소방기본법」 제40조에 따른 한국소방안전원(이하 "안전원"이라 한다)
3. 「소방산업의 진흥에 관한 법률」 제14조에 따른 한국소방산업기술원(이하 "기술원"이라 한다)
4. 「화재로 인한 재해보상과 보험가입에 관한 법률」 제11조에 따른 한국화재보험협회(이하 "화재보험협회"라 한다)
5. 「고압가스 안전관리법」 제28조에 따른 한국가스안전공사(이하 "가스안전공사"라 한다)
6. 「전기안전관리법」 제30조에 따른 한국전기안전공사(이하 "전기안전공사"라 한다)
7. 그 밖에 소방청장이 정하여 고시하는 소방 관련 법인 또는 단체

## 56. 화재안전조사결과를 공개하는 경우 인터넷홈페이지등에 몇일이상 공개하여야 하는가?

① 7일 이상
② 10일 이상
③ 30일 이상
④ 6개월 이상

**해설** 제15조(화재안전조사 결과 공개)
② 소방관서장은 법 제16조제1항에 따라 화재안전조사 결과를 공개하는 경우 30일 이상 해당 소방관서 인터넷 홈페이지나 같은 조 제3항에 따른 전산시스템을 통해 공개해야 한다.
③ 소방관서장은 제2항에 따라 화재안전조사 결과를 공개하려는 경우 공개 기간, 공개 내용 및 공개 방법을 해당 소방대상물의 관계인에게 미리 알려야 한다.
④ 소방대상물의 관계인은 제3항에 따른 공개 내용 등을 통보받은 날부터 10일 이내에 소방관서장에게 이의신청을 할 수 있다.
⑤ 소방관서장은 제4항에 따라 이의신청을 받은 날부터 10일 이내에 심사·결정하여 그 결과를 지체 없이 신청인에게 알려야 한다.
⑥ 화재안전조사 결과의 공개가 제3자의 법익을 침해하는 경우에는 제3자와 관련된 사실을 제외하고 공개해야 한다.

## 57. 다음 중 소화활동설비에 해당하는 것은?

① 제연설비
② 공기호흡기
③ 상수도소화용수설비
④ 자동화재속보설비

**해설** 소화활동설비
화재를 진압하거나 인명구조활동을 위하여 사용하는 설비로서 다음 각 목의 것
가. 제연설비
나. 연결송수관설비
다. 연결살수설비
라. 비상콘센트설비
마. 무선통신보조설비
바. 연소방지설비

정답 55.③ 56.③ 57.①

**58** 소방시설법상 하나의 건축물이 근린생활시설부터 지하가까지의 용도 중 2 이상의 용도로 사용되는 경우 복합건축물로 본다. 하지만 어떠한 경우 복합건축물로 보지 않는데, 그에 해당하지 않는 것은?

① 관계 법령에서 주된 용도의 부수시설로서 그 설치를 의무화하고 있는 용도 또는 시설
② 주택 안에 부대시설 또는 복리시설이 설치되는 특정소방대상물
③ 건축물의 주된 용도의 기능에 필수적인 용도로서 건축물의 설비, 대피 또는 위생을 위한 용도, 그 밖에 이와 비슷한 용도
④ 건축물의 주된 용도의 기능에 필수적인 용도로서 구내식당, 구내세탁소, 구내운동시설 등 종업원후생복리시설(기숙사를 포함한다) 또는 구내소각시설의 용도, 그 밖에 이와 비슷한 용도

**해설** 하나의 건축물이 제1호부터 제27호까지의 것 중 둘 이상의 용도로 사용되는 것. 다만, 다음의 어느 하나에 해당하는 경우에는 복합건축물로 보지 않는다.
1) 관계 법령에서 주된 용도의 부수시설로서 그 설치를 의무화하고 있는 용도 또는 시설
2) 「주택법」 제35조제1항제3호 및 제4호에 따라 주택 안에 부대시설 또는 복리시설이 설치되는 특정소방대상물
3) 건축물의 주된 용도의 기능에 필수적인 용도로서 다음의 어느 하나에 해당하는 용도
　가) 건축물의 설비(제23호마목의 전기저장시설을 포함한다), 대피 또는 위생을 위한 용도, 그 밖에 이와 비슷한 용도
　나) 사무, 작업, 집회, 물품저장 또는 주차를 위한 용도, 그 밖에 이와 비슷한 용도
　다) 구내식당, 구내세탁소, 구내운동시설 등 종업원후생복리시설(기숙사는 제외한다) 또는 구내소각시설의 용도, 그 밖에 이와 비슷한 용도

**59** 소방시설의 설치 및 관리에 관한 법률상 둘 이상의 특정소방대상물을 하나의 소방대상물로 볼 수 있는 연결통로의 구조로 옳지 않은 것은?

① 내화구조로 된 연결통로가 벽이 없는 구조로서 그 길이가 6m 이하인 경우
② 내화구조로 된 연결통로가 벽이 있는 구조로서 그 길이가 10m 이하인 경우
③ 자동방화셔터 또는 60분+ 또는 60분 방화문이 설치되어 있는 피트로 연결된 경우
④ 지하보도, 지하상가, 지하가 또는 지하구로 연결된 경우

**해설** 둘 이상의 특정소방대상물이 다음 각 목의 어느 하나에 해당되는 구조의 복도 또는 통로(이하 이 표에서 "연결통로"라 한다)로 연결된 경우에는 이를 하나의 특정소방대상물로 본다.
가. 내화구조로 된 연결통로가 다음의 어느 하나에 해당되는 경우
　1) 벽이 없는 구조로서 그 길이가 6m 이하인 경우
　2) 벽이 있는 구조로서 그 길이가 10m 이하인 경우. 다만, 벽 높이가 바닥에서 천장까지의 높이의 2분의 1 이상인 경우에는 벽이 있는 구조로 보고, 벽 높이가 바닥에서 천장까지의 높이의 2분의 1 미만인 경우에는 벽이 없는 구조로 본다.
나. 내화구조가 아닌 연결통로로 연결된 경우
다. 컨베이어로 연결되거나 플랜트설비의 배관 등으로 연결되어 있는 경우
라. 지하보도, 지하상가, 지하가로 연결된 경우
마. 자동방화셔터 또는 60분+ 방화문이 설치되지 않은 피트(전기설비 또는 배관설비 등이 설치되는 공간을 말한다)로 연결된 경우
바. 지하구로 연결된 경우

정답 58.④ 59.③

**60** 다음 중 소방시설법상 규정하는 관계인의 의무에 해당하지 않는 것은?

① 관계인(「소방기본법」 제2조제3호에 따른 관계인을 말한다. 이하 같다)은 소방시설등의 기능과 성능을 보전·향상시키고 이용자의 편의와 안전성을 높이기 위하여 노력하여야 한다.
② 관계인은 매년 소방시설등의 관리에 필요한 재원을 확보하도록 노력하여야 한다.
③ 관계인은 국가 및 지방자치단체의 소방시설등의 설치 및 관리 활동에 적극 협조하여야 한다.
④ 관계인 중 소유자는 점유자 및 관리자의 소방시설등 관리 업무에 적극 협조하여야 한다.

**해설** 제4조(관계인의 의무) ① 관계인(「소방기본법」 제2조제3호에 따른 관계인을 말한다. 이하 같다)은 소방시설등의 기능과 성능을 보전·향상시키고 이용자의 편의와 안전성을 높이기 위하여 노력하여야 한다.
② 관계인은 매년 소방시설등의 관리에 필요한 재원을 확보하도록 노력하여야 한다.
③ 관계인은 국가 및 지방자치단체의 소방시설등의 설치 및 관리 활동에 적극 협조하여야 한다.
④ 관계인 중 점유자는 소유자 및 관리자의 소방시설등 관리 업무에 적극 협조하여야 한다.

**정답** 60.④

**41** 위험물안전관리법령상 제조소등의 관계인은 위험물의 안전관리에 관한 직무를 수행하게 하기 위하여 제조소등마다 위험물의 취급에 관한 자격이 있는 자를 위험물안전관리자로 선임하여야 한다. 이 경우 제조소등의 관계인이 지켜야 할 기준으로 틀린 것은?

① 제조소등의 관계인은 안전관리자를 해임하거나 안전관리자가 퇴직한 때에는 해임하거나 퇴직한 날부터 15일 이내에 다시 안전관리자를 선임하여야 한다.

② 제조소등의 관계인이 안전관리자를 선임한 경우에는 선임한 날부터 14일 이내에 소방본부장 또는 소방서장에게 신고하여야 한다.

③ 제조소등의 관계인은 안전관리자가 여행·질병 그 밖의 사유로 인하여 일시적으로 직무를 수행할 수 없는 경우에는 국가기술자격법에 따른 위험물의 취급에 관한 자격취득자 또는 위험물 안전에 관한 기본지식과 경험이 있는 자를 대리자로 지정하여 그 직무를 대행하게 하여야한다. 이 경우 대행하는 기간은 30일을 초과할 수 없다.

④ 안전관리자는 위험물을 취급하는 작업을 하는 때에는 작업자에게 안전관리에 관한 필요한 지시를 하는 등 위험물의 취급에 관한 안전관리와 감독을 하여야 하고, 제조소등의 관계인은 안전관리자의 위험물안전관리에 관한 의견을 존중하고 그 권고에 따라야 한다.

[위험물관리법 제15조] 위험물안전관리자

① 제조소등의 관계인은 위험물의 안전관리에 관한 직무를 수행하게 하기 위하여 제조소등마다 대통령령이 정하는 위험물의 취급에 관한 자격이 있는 자를 위험물안전관리자로 선임하여야 한다. 다만, 제조소등에서 저장·취급하는 위험물이 「화학물질관리법」에 따른 유독물질에 해당하는 경우 등 대통령령이 정하는 경우에는 당해 제조소등을 설치한 자는 다른 법률에 의하여 안전관리업무를 하는 자로 선임된 자 가운데 대통령령이 정하는 자를 안전관리자로 선임할 수 있다.

② 제1항의 규정에 따라 안전관리자를 선임한 제조소등의 관계인은 그 안전관리자를 해임하거나 안전관리자가 퇴직한 때에는 해임하거나 퇴직한 날부터 30일 이내에 다시 안전관리자를 선임하여야 한다.

③ 제조소등의 관계인은 제1항 및 제2항에 따라 안전관리자를 선임한 경우에는 선임한 날부터 14일 이내에 행정안전부령으로 정하는 바에 따라 소방본부장 또는 소방서장에게 신고하여야 한다.

④ 제1항의 규정에 따라 안전관리자를 선임한 제조소등의 관계인은 안전관리자가 여행·질병 그 밖의 사유로 인하여 일시적으로 직무를 수행할 수 없거나 안전관리자의 해임 또는 퇴직과 동시에 다른 안전관리자를 선임하지 못하는 경우에는 국가기술자격법에 따른 위험물의 취급에 관한 자격취득자 또는 위험물 안전에 관한 기본지식과 경험이 있는 자로서 행정안전부령이 정하는 자를 대리자(代理者)로 지정하여 그 직무를 대행하게 하여야 한다. 이 경우 대리자가 안전관리자의 직무를 대행하는 기간은 30일을 초과할 수 없다.

⑤ 안전관리자는 위험물을 취급하는 작업을 하는 때에는 작업자에게 안전관리에 관한 필요한 지시를 하는 등 행정안전부령이 정하는 바에 따라 위험물의 취급에 관한 안전관리와 감독을 하여야 하고, 제조소등의 관계인과 그 종사자는 안전관리자의 위험물 안전관리에 관한 의견을 존중하고 그 권고에 따라야 한다.

정답 41.①

**42** 위험물안전관리법령상 위험물 및 지정수량에 대한 기준 중 다음 ( ) 안에 알맞은 것은?

> "금속분이라 함은 알칼리금속·알칼리토류금속·철 및 마그네슘 외의 금속의 분말을 말하고, 구리분·니켈분 및 ( ㉠ ) 마이크로미터의 체를 통과하는 것이 ( ㉡ ) 중량퍼센트 미만인 것은 제외한다."

① ㉠ 150, ㉡ 50
② ㉠ 53, ㉡ 50
③ ㉠ 50, ㉡ 150
④ ㉠ 50, ㉡ 53

**해설** [위험물안전관리법 시행령 별표 1] 위험물 및 지정수량
"금속분"이라 함은 알칼리금속·알칼리토류금속·철 및 마그네슘 외의 금속의 분말을 말하고, 구리분·니켈분 및 150 마이크로미터의 체를 통과하는 것이 50 중량퍼센트 미만인 것은 제외한다.

**43** 소방기본법령에 따른 소방용수시설 급수탑 개폐밸브의 설치기준으로 맞는 것은?

① 지상에서 1.0m 이상 1.5m 이하
② 지상에서 1.2m 이상 1.8m 이하
③ 지상에서 1.5m 이상 1.7m 이하
④ 지상에서 1.5m 이상 2.0m 이하

**해설** 소방기본법 시행규칙 별표3
급수탑의 설치기준 : 급수배관의 구경은 100mm 이상으로 하고, 개폐밸브는 지상에서 1.5m 이상 1.7m 이하의 위치에 설치하도록 할 것

**44** 화재예방법상 특수가연물의 표지에 대한 다음 설명중 틀린 것은?

① 특수가연물 표지는 한 변의 길이가 0.2미터 이상, 다른 한 변의 길이가 0.4미터 이상인 직사각형으로 할 것
② 특수가연물 표지의 바탕은 흰색으로, 문자는 검은색으로 할 것. 다만, "화기엄금" 표시 부분은 제외한다.
③ 특수가연물 표지 중 화기엄금 표시 부분의 바탕은 붉은색으로, 문자는 백색으로 할 것
④ 특수가연물 표지는 특수가연물을 저장하거나 취급하는 장소 중 보기 쉬운 곳에 설치해야 한다.

**해설** 특수가연물 표지의 규격은 다음과 같다.

| 특수가연물 ||
|---|---|
| 화기엄금 ||
| 품 명 | 합성수지류 |
| 최대저장수량 (배수) | 000톤(00배) |
| 단위부피당 질량 (단위체적당 질량) | 000kg/m³ |
| 관리책임자 (직 책) | 홍길동 팀장 |
| 연락처 | 02-000-0000 |

① 특수가연물 표지는 한 변의 길이가 0.3미터 이상, 다른 한 변의 길이가 0.6미터 이상인 직사각형으로 할 것
② 특수가연물 표지의 바탕은 흰색으로, 문자는 검은색으로 할 것. 다만, "화기엄금" 표시 부분은 제외한다.
③ 특수가연물 표지 중 화기엄금 표시 부분의 바탕은 붉은색으로, 문자는 백색으로 할 것
④ 특수가연물 표지는 특수가연물을 저장하거나 취급하는 장소 중 보기 쉬운 곳에 설치해야 한다.

**45** 화재예방법상 다음 중 화재예방강화지구로 지정될 수 없는 지역은?

① 시장이 밀집한 지역
② 노후건축물이 밀집한 지역
③ 석유화학제품을 유통하는 공장이 있는 지역
④ 소방관서장이 지정할 필요가 있다고 인정하는 지역

**해설** 시·도지사는 다음 각 호의 어느 하나에 해당하는 지역을 화재예방강화지구로 지정하여 관리할 수 있다.
1. 시장지역
2. 공장·창고가 밀집한 지역
3. 목조건물이 밀집한 지역
4. 노후·불량건축물이 밀집한 지역
5. 위험물의 저장 및 처리 시설이 밀집한 지역
6. 석유화학제품을 생산하는 공장이 있는 지역
7. 「산업입지 및 개발에 관한 법률」 제2조제8호에 따른 산업단지

8. 소방시설·소방용수시설 또는 소방출동로가 없는 지역
9. 물류단지
10. 그 밖에 제1호부터 제8호까지에 준하는 지역으로서 소방관서장이 화재예방강화지구로 지정할 필요가 있다고 인정하는 지역

**46** 소방시설공사업법령상 소방공사감리를 실시함에 있어 용도와 구조에서 특별히 안전성과 보안성이 요구되는 소방대상물로서 소방 시설물에 대한 감리를 감리업자가 아닌 자가 감리할 수 있는 장소는?

① 정보기관의 청사
② 교도소 등 교정관련시설
③ 국방 관계시설 설치장소
④ 원자력안전법상 관계시설이 설치되는 장소

**해설** 소방시설공사업법 시행령 제8조(감리업자가 아닌 자가 감리할 수 있는 보안성 등이 요구되는 소방대상물의 시공 장소) 법 제16조제2항에서 "대통령령으로 정하는 장소"란 「원자력안전법」 제2조제10호에 따른 관계시설이 설치되는 장소를 말한다.

원자력안전법 제2조(정의) 10항
10. "관계시설"이란 원자로의 안전에 관계되는 시설로서 대통령령으로 정하는 것을 말한다.

**47** 소방기본법령에 따라 주거지역·상업지역 및 공업지역에 소방용수시설을 설치하는 경우 소방대상물과의 수평거리를 몇 m 이하가 되도록 해야 하는가?

① 50
② 100
③ 150
④ 200

**해설** 소방기본법 시행규칙 별표3
주거지역·상업지역 및 공업지역에 설치하는 경우 : 100[m]

**48** 다음 중 모든소방시설에 적용되는 점검장비가 아닌 것은?

① 저울
② 방수압력측정계
③ 절연저항계
④ 전류전압측정계

**해설**

| 소방시설 | 점검 장비 | 규격 |
|---|---|---|
| 모든 소방시설 | 방수압력측정계, 절연저항계(절연저항측정기), 전류전압측정계 | |
| 소화기구 | 저울 | |
| 옥내소화전설비 옥외소화전설비 | 소화전밸브압력계 | |
| 스프링클러설비 포소화설비 | 헤드결합렌치(볼트, 너트, 나사 등을 죄거나 푸는 공구) | |
| 이산화탄소소화설비 분말소화설비 할론소화설비 할로겐화합물 및 불활성기체 소화설비 | 검량계, 기동관누설시험기, 그 밖에 소화약제의 저장량을 측정할 수 있는 점검기구 | |
| 자동화재탐지설비 시각경보기 | 열감지기시험기, 연(煙)감지기시험기, 공기주입시험기, 감지기시험기연결막대, 음량계 | |
| 누전경보기 | 누전계 | 누전전류 측정용 |
| 무선통신보조설비 | 무선기 | 통화시험용 |
| 제연설비 | 풍속풍압계, 폐쇄력측정기, 차압계(압력차 측정기) | |
| 통로유도등 비상조명등 | 조도계(밝기 측정기) | 최소눈금이 0.1럭스 이하인 것 |

**49** 자동화재탐지설비 및 시각경보장치의 화재안전기술기준(NFTC 203)에 따라 부착높이가 6m이고 주요구조부를 내화구조로 한 특정소방대상물 또는 그 부분에 정온식 스포트형감지기 특종을 설치하고자 하는 경우 바닥면적 몇 m² 마다 1개 이상 설치해야 하는가?

① 25
② 45
③ 35
④ 15

**해설** 차동식스포트형·보상식스포트형 및 정온식스포트형 감지기는 그 부착 높이 및 특정소방대상물에 따라 다음 표에 따른 바닥면적마다 1개 이상을 설치할 것

| 부착높이 및 특정소방대상물의 구분 | | 감지기의 종류 | | |
|---|---|---|---|---|
| | | 정온식 스포트형 | | |
| | | 특종 | 1종 | 2종 |
| 4m 미만 | 주요구조부를 내화구조로 한 특정소방대상물 또는 그 부분 | 70 | 60 | 20 |
| | 기타 구조의 특정소방대상물 또는 그 부분 | 40 | 30 | 15 |
| 4m이상 8m 미만 | 주요구조부를 내화구조로 한 특정소방대상물 또는 그 부분 | 35 | 30 | |
| | 기타 구조의 특정소방대상물 또는 그 부분 | 25 | 15 | |

**정답** 46.④ 47.② 48.① 49.③

**50** 소방시설법상 방염성능기준 이상의 실내장식물 등을 설치하여야 하는 특정소방대상물이 아닌 것은?

① 공항시설
② 숙박시설
③ 의료시설 중 종합병원
④ 노유자시설

**해설** 시행령 제30조(방염성능기준 이상의 실내장식물 등을 설치해야 하는 특정소방대상물) 법 제20조제1항에서 "대통령령으로 정하는 특정소방대상물"이란 다음 각 호의 것을 말한다.
1. 근린생활시설 중 의원, 치과의원, 한의원, 조산원, 산후조리원, 체력단련장, 공연장 및 종교집회장
2. 건축물의 옥내에 있는 다음 각 목의 시설
   가. 문화 및 집회시설
   나. 종교시설
   다. 운동시설(수영장은 제외한다)
3. 의료시설
4. 교육연구시설 중 합숙소
5. 노유자 시설
6. 숙박이 가능한 수련시설
7. 숙박시설
8. 방송통신시설 중 방송국 및 촬영소
9. 「다중이용업소의 안전관리에 관한 특별법」 제2조 제1항제1호에 따른 다중이용업의 영업소(이하 "다중이용업소"라 한다)
10. 제1호부터 제9호까지의 시설에 해당하지 않는 것으로서 층수가 11층 이상인 것(아파트등은 제외한다)

**51** 소방기본법상 소방대라 함은 화재를 진압하고 화재, 재난·재해 그 밖의 위급한 상황에서 구조·구급 활동 등을 하기 위하여 구성된 조직체를 말한다. 소방대의 구성원으로 틀린 것은?

① 소방공무원    ② 소방안전관리원
③ 의무소방원    ④ 의용소방대원

**해설** [소방기본법 제2조] 정의
5. "소방대"(消防隊)란 화재를 진압하고 화재, 재난·재해, 그 밖의 위급한 상황에서 구조·구급 활동 등을 하기 위하여 다음 각 목의 사람으로 구성된 조직체를 말한다.
   가. 「소방공무원법」에 따른 소방공무원
   나. 「의무소방대설치법」 제3조에 따라 임용된 의무소방원(義務消防員)
   다. 제37조에 따른 의용소방대원(義勇消防隊員)

**52** 소방시설법상 특정소방대상물의 관계인은 해당특정소방대상물의 소방시설등이 신설된 경우 건축물을 사용할수 있게 된 날부터 며칠 이내에 종합점검을 실시하여야 하는가?

① 10일
② 30일
③ 60일
④ 내년 사용승인일이 속하는 달의 말일

**해설** 제22조(소방시설등의 자체점검) ① 특정소방대상물의 관계인은 그 대상물에 설치되어 있는 소방시설등이 이 법이나 이 법에 따른 명령 등에 적합하게 설치·관리되고 있는지에 대하여 다음 각 호의 구분에 따른 기간 내에 스스로 점검하거나 제34조에 따른 점검능력 평가를 받은 관리업자 또는 행정안전부령으로 정하는 기술자격자(이하 "관리업자등"이라 한다)로 하여금 정기적으로 점검(이하 "자체점검"이라 한다)하게 하여야 한다. 이 경우 관리업자등이 점검한 경우에는 그 점검 결과를 행정안전부령으로 정하는 바에 따라 관계인에게 제출하여야 한다.
1. 해당 특정소방대상물의 소방시설등이 신설된 경우: 「건축법」 제22조에 따라 건축물을 사용할 수 있게 된 날부터 60일
2. 제1호 외의 경우: 행정안전부령으로 정하는 기간
   9) 의료시설 중 정신의료기관 또는 요양병원으로서 다음의 어느 하나에 해당하는 시설
      가) 요양병원(정신병원과 의료재활시설은 제외한다)
      나) 정신의료기관 또는 의료재활시설로 사용되는 바닥면적의 합계가 300[m²] 이상인 시설
      다) 정신의료기관 또는 의료재활시설로 사용되는 바닥면적의 합계가 300[m²] 미만이고, 창살(철재·플라스틱 또는 목재 등으로 사람의 탈출 등을 막기 위하여 설치한 것을 말하며, 화재시 자동으로 열리는 구조로 되어 있는 창살은 제외한다)이 설치된 시설
10) 판매시설 중 전통시장

정답 50.① 51.② 52.③

**53** 소방시설법상 소방본부장 또는 소방서장은 대통령령 또는 화재안전기준이 변경되어 그 기준이 강화되는 경우 기존의 특정소방대상물의 소방시설에 대하여는 변경 전의 대통령령 또는 화재안전기준을 적용한다. 다음 중 강화된 기준을 적용하여야 하는 것으로 옳은 것만 고른 것은?

> ㄱ. 소화기구
> ㄴ. 자동화재탐지설비
> ㄷ. 노유자(老幼者)시설에 설치하는 스프링클러설비 및 자동화재탐지설비
> ㄹ. 의료시설에 설치하는 스프링클러설비, 간이스프링클러설비, 자동화재탐지설비 및 자동화재속보설비

① ㄱ
② ㄴ, ㄷ
③ ㄱ, ㄹ
④ ㄱ, ㄴ, ㄹ

**해설** 제13조(소방시설기준 적용의 특례) ① 소방본부장이나 소방서장은 제12조제1항 전단에 따른 대통령령 또는 화재안전기준이 변경되어 그 기준이 강화되는 경우 기존의 특정소방대상물(건축물의 신축·개축·재축·이전 및 대수선 중인 특정소방대상물을 포함한다)의 소방시설에 대하여는 변경 전의 대통령령 또는 화재안전기준을 적용한다. 다만, 다음 각 호의 어느 하나에 해당하는 소방시설의 경우에는 대통령령 또는 화재안전기준의 변경으로 강화된 기준을 적용할 수 있다.
1. 다음 각 목의 소방시설 중 대통령령 또는 화재안전기준으로 정하는 것
 가. 소화기구
 나. 비상경보설비
 다. 자동화재탐지설비
 라. 자동화재속보설비
 마. 피난구조설비
2. 다음 각 목의 특정소방대상물에 설치하는 소방시설 중 대통령령 또는 화재안전기준으로 정하는 것
 가. 「국토의 계획 및 이용에 관한 법률」 제2조제9호에 따른 공동구
 나. 전력 및 통신사업용 지하구
 다. 노유자(老幼者) 시설
 라. 의료시설

시행령 제13조(강화된 소방시설기준의 적용대상) 법 제13조제1항제2호 각 목 외의 부분에서 "대통령령으로 정하는 것"이란 다음 각 호의 소방시설을 말한다.
1. 「국토의 계획 및 이용에 관한 법률」 제2조제9호에 따른 공동구에 설치하는 소화기, 자동소화장치, 자동화재탐지설비, 통합감시시설, 유도등 및 연소방지설비
2. 전력 및 통신사업용 지하구에 설치하는 소화기, 자동소화장치, 자동화재탐지설비, 통합감시시설, 유도등 및 연소방지설비
3. 노유자 시설에 설치하는 간이스프링클러설비, 자동화재탐지설비 및 단독경보형 감지기
4. 의료시설에 설치하는 스프링클러설비, 간이스프링클러설비, 자동화재탐지설비 및 자동화재속보설비

**54** 소방시설법상 다음 중 특정소방대상물의 소방시설 설치의 면제기준에 대한 설명으로 옳지 않은 것은?

① 스프링클러설비를 설치하여야 하는 특정소방대상물에 물분무등소화설비를 화재안전기준에 적합하게 설치한 경우에는 그 설비의 유효범위(해당 소방시설이 화재를 감지·소화 또는 경보할 수 있는 부분을 말한다. 이하 같다)에서 설치가 면제된다.
② 물분무등소화설비를 설치하여야 하는 차고·주차장에 스프링클러설비를 화재안전기준에 적합하게 설치한 경우에는 그 설비의 유효범위에서 설치가 면제된다.
③ 간이스프링클러설비를 설치하여야 하는 특정소방대상물에 스프링클러설비 및 물분무등소화설비를 화재안전기준에 적합하게 설치한 경우에는 그 설비의 유효범위에서 설치가 면제된다.
④ 비상경보설비 또는 단독경보형 감지기를 설치하여야 하는 특정소방대상물에 자동화재탐지설비 또는 화재알림설비를 화재안전기준에 적합하게 설치한 경우에는 그 설비의 유효범위에서 설치가 면제된다.

정답 53.④ 54.③

4. 간이스프링클러 설비
간이스프링클러설비를 설치해야 하는 특정소방대상물에 스프링클러설비, 물분무소화설비 또는 미분무소화설비를 화재안전기준에 적합하게 설치한 경우에는 그 설비의 유효범위에서 설치가 면제된다.

3. 스프링클러설비
가. 스프링클러설비를 설치해야 하는 특정소방대상물(발전시설 중 전기저장시설은 제외한다)에 적응성 있는 자동소화장치 또는 물분무등소화설비를 화재안전기준에 적합하게 설치한 경우에는 그 설비의 유효범위에서 설치가 면제된다.
나. 스프링클러설비를 설치해야 하는 전기저장시설에 소화설비를 소방청장이 정하여 고시하는 방법에 따라 설치한 경우에는 그 설비의 유효범위에서 설치가 면제된다.

## 55
소방시설공사업법령상 소방시설업자 지위 승계를 신고하려는 자는 그 상속일, 양수일, 합병일 또는 인수일부터 30일 이내에 관련 서류를 협회에 제출해야 한다. 양도·양수의 경우 제출서류에 포함되지 않아도 되는 것은?

① 양도·양수 계약서 사본, 분할계획서 사본 또는 분할합병계약서 사본
② 영업소 위치, 면적 등이 기록된 등기부 등본
③ 양도인 또는 합병 전 법인의 소방시설업 등록증 및 등록수첩
④ 양도·양수 공고문 사본

**제7조(지위승계 신고 등)** 소방시설업자 지위 승계를 신고하려는 자는 그 상속일, 양수일, 합병일 또는 인수일부터 30일 이내에 다음 각 호의 구분에 따른 서류(전자문서를 포함한다)를 협회에 제출해야 한다.

㉠ 양도·양수의 경우
• 소방시설업 지위승계신고서
• 양도인 또는 합병 전 법인의 소방시설업 등록증 및 등록수첩
• 양도·양수 계약서 사본, 분할계획서 사본 또는 분할합병계약서 사본
• 신고인(외국인을 포함하되, 법인의 경우에는 대표자를 포함한 임원을 말한다)의 성명, 주민등록번호 및 주소지 등의 인적사항이 적힌 서류
• 양도·양수 공고문 사본

## 56
다음 중 소방기본법령상 한국소방안전원의 업무가 아닌 것은?

① 소방기술과 안전관리에 관한 교육 및 조사·연구
② 위험물탱크 성능시험
③ 소방기술과 안전관리에 관한 각종 간행물 발간
④ 화재 예방과 안전관리의식 고취를 위한 대국민 홍보

**[소방기본법 제41조] 안전원의 업무**
1. 소방기술과 안전관리에 관한 교육 및 조사·연구
2. 소방기술과 안전관리에 관한 각종 간행물 발간
3. 화재 예방과 안전관리의식 고취를 위한 대국민 홍보
4. 소방업무에 관하여 행정기관이 위탁하는 업무
5. 소방안전에 관한 국제협력
6. 그 밖에 회원에 대한 기술지원 등 정관으로 정하는 사항

## 57
화재예방법상 공사시공자가 건설현장 소방안전관리자를 선임하여야 하는 대상물의 규모에 해당하지 않는 것은?

① 연면적의 합계가 1만5천제곱미터 이상인 것
② 연면적이 5천제곱미터 이상인 것으로서 지층의 층수가 2개층 이상인 것
③ 연면적이 5천제곱미터 이상인 것으로서 지상층의 층수가 6층 이상인 것
④ 연면적이 5천제곱미터 이상인 것으로서 냉동창고, 냉장창고

**시행령 제29조(건설현장 소방안전관리대상물)** 법 제29조제1항에서 "대통령령으로 정하는 특정소방대상물"이란 다음 각 호의 어느 하나에 해당하는 특정소방대상물을 말한다.
1. 신축·증축·개축·재축·이전·용도변경 또는 대수선을 하려는 부분의 연면적의 합계가 1만5천제곱미터 이상인 것
2. 신축·증축·개축·재축·이전·용도변경 또는 대수선을 하려는 부분의 연면적이 5천제곱미터 이상인 것으로서 다음 각 목의 어느 하나에 해당하는 것
   가. 지하층의 층수가 2개 층 이상인 것
   나. 지상층의 층수가 11층 이상인 것
   다. 냉동창고, 냉장창고 또는 냉동·냉장창고

**정답** 55.② 56.② 57.③

**58** 소방력의 기준에 따라 관할구역 안의 소방력을 확충하기 위한 필요 계획을 수립하여 시행하는 사람은?

① 소방서장
② 소방본부장
③ 시·도지사
④ 자치소방대장

**해설** 기본법 제8조(소방력의 기준 등)
① 소방기관이 소방업무를 수행하는 데 필요한 인력과 장비 등 "소방력(消防力)"에 관한 기준은 행정안전부령으로 정한다.
② 시·도지사는 ①에 따른 소방력의 기준에 따라 관할구역의 소방력을 확충하기 위하여 필요한 계획을 수립하여 시행하여야 한다.

**59** 위험물안전관리법령상 위험물의 안전관리와 관련된 업무를 수행하는 자로서 소방청장이 실시하는 안전교육대상자가 아닌 것은?

① 안전관리자로 선임된 자
② 탱크시험자의 기술인력으로 종사하는 자
③ 위험물운송자로 종사하는 자
④ 제조소 등의 관계인

**해설** 안전교육
1) 안전관리자·탱크시험자·위험물운송자 등 위험물의 안전관리와 관련된 업무를 수행하는 자로서 대통령령이 정하는 자는 해당 업무에 관한 능력의 습득 또는 향상을 위하여 소방청장이 실시하는 교육을 받아야 한다.
2) 안전교육대상자
  ① 안전관리자로 선임된 자
  ② 탱크시험자의 기술인력으로 종사하는 자
  ③ 위험물운송자로 종사하는 자
3) 안전교육실시자 : 소방청장
4) 제조소 등의 관계인은 교육대상자에 대하여 필요한 안전교육을 받게 하여야 한다.
5) 안전교육의 과정 및 기간과 그 밖에 교육의 실시에 관하여 필요한 사항(행정안전부령)
6) 시·도지사, 소방본부장 또는 소방서장은 안전교육대상자가 교육을 받지 아니한 때에는 그 교육대상자가 교육을 받을 때까지 이 법의 규정에 따라 그 자격으로 행하는 행위를 제한할 수 있다.

7) 안전교육의 구분 : 소방청장은 안전교육을 강습교육과 실무교육으로 구분하여 실시한다.
8) 기술원 또는 한국소방안전원은 매년 교육실시계획을 수립하여 교육을 실시하는 해의 전년도 말까지 소방청장의 승인을 받아야 하고, 해당 연도 교육실시결과를 교육을 실시한 해의 다음 연도 1월 31일까지 소방청장에게 보고하여야 한다.
9) 소방본부장은 매년 10월말까지 관할구역 안의 실무교육대상자 현황을 협회에 통보하고 관할구역 안에서 협회가 실시하는 안전교육에 관하여 지도·감독하여야 한다.

**60** 위험물안전관리법상 제조소 등의 완공검사 신청시기로 옳지 않은 것은?

① 지하탱크가 있는 제조소 등의 경우 : 당해 지하탱크를 매설하기 전
② 이동탱크저장소의 경우 : 이동저장탱크를 완공하고 상치장소를 확보한 후
③ 이송취급소의 경우 : 이송배관 공사의 전체 또는 일부를 완료한 후. 다만, 지하·하천 등에 매설하는 이송배관의 공사의 경우에는 이송배관을 매설하기 전
④ 전체 공사가 완료된 후에는 완공검사를 실시하기 곤란한 경우 : 배관을 지하에 설치하는 경우에는 소방청장이 지정하는 부분을 매몰하기 직전

**해설** 위험물안전관리법 제20조(완공검사의 신청시기) 법 제9조제1항의 규정에 의한 제조소 등의 완공검사 신청시기는 다음 각 호의 구분에 의한다.
1. 지하탱크가 있는 제조소 등의 경우 : 당해 지하탱크를 매설하기 전
2. 이동탱크저장소의 경우 : 이동저장탱크를 완공하고 상치장소를 확보한 후
3. 이송취급소의 경우 : 이송배관 공사의 전체 또는 일부를 완료한 후. 다만, 지하·하천 등에 매설하는 이송배관의 공사의 경우에는 이송배관을 매설하기 전

4. 전체 공사가 완료된 후에는 완공검사를 실시하기 곤란한 경우 : 다음 각 목에서 정하는 시기
    가. 위험물설비 또는 배관의 설치가 완료되어 기밀시험 또는 내압시험을 실시하는 시기
    나. 배관을 지하에 설치하는 경우에는 시·도지사, 소방서장 또는 기술원이 지정하는 부분을 매몰하기 직전
    다. 기술원이 지정하는 부분의 비파괴시험을 실시하는 시기
5. 제1호 내지 제4호에 해당하지 아니하는 제조소 등의 경우 : 제조소 등의 공사를 완료한 후

# 2024년 제1회 소방설비기사[기계분야] 1차 필기
[제3과목 : 소방관계법규]

**41** 소방시설의 하자가 발생한 경우 통보를 받은 공사업자는 며칠 이내에 이를 보수하거나 보수 일정을 기록한 하자보수계획을 관계인에게 서면으로 알려야 하는가?

① 3일
② 7일
③ 14일
④ 30일

**해설** 공사업법 제15조(공사의 하자보수 보증 등) 제3항 참조
관계인은 하자보수 보증기간에 소방시설의 하자가 발생하였을 때에는 공사업자에게 그 사실을 알려야 하며, 통보를 받은 공사업자는 3일 이내에 하자를 보수하거나 보수 일정을 기록한 하자보수계획을 관계인에게 서면으로 알려야 한다.

**42** 소방시설 설치 및 관리에 관한 법령상 자동화재탐지설비를 설치하여야 하는 특정소방대상물의 기준으로 틀린 것은?

① 공장 및 창고시설로서 「소방기본법 시행령」에서 정하는 수량의 500배 이상의 특수가연물을 저장·취급하는 것
② 지하가(터널은 제외한다)로서 연면적 600m² 이상인 것
③ 숙박시설이 있는 수련시설로서 수용인원 100명 이상인 것
④ 장례시설 및 복합건축물로서 연면적 600m² 이상인 것

**해설** 자동화재탐지설비를 설치해야 하는 특정소방대상물은 다음의 어느 하나에 해당하는 것으로 한다.
1) 공동주택 중 아파트등·기숙사 및 숙박시설의 경우에는 모든 층
2) 층수가 6층 이상인 건축물의 경우에는 모든 층
3) 근린생활시설(목욕장은 제외한다), 의료시설(정신의료기관 및 요양병원은 제외한다), 위락시설, 장례시설 및 복합건축물로서 연면적 600m² 이상인 경우에는 모든 층
4) 근린생활시설 중 목욕장, 문화 및 집회시설, 종교시설, 판매시설, 운수시설, 운동시설, 업무시설, 공장, 창고시설, 위험물 저장 및 처리 시설, 항공기 및 자동차 관련 시설, 교정 및 군사시설 중 국방·군사시설, 방송통신시설, 발전시설, 관광 휴게시설, 지하상가로서 연면적 1천m² 이상인 경우에는 모든 층
5) 교육연구시설(교육시설 내에 있는 기숙사 및 합숙소를 포함한다), 수련시설(수련시설 내에 있는 기숙사 및 합숙소를 포함하며, 숙박시설이 있는 수련시설은 제외한다), 동물 및 식물 관련 시설(기둥과 지붕만으로 구성되어 외부와 기류가 통하는 장소는 제외한다), 자원순환 관련 시설, 교정 및 군사시설(국방·군사시설은 제외한다) 또는 묘지 관련 시설로서 연면적 2천m² 이상인 경우에는 모든 층
6) 노유자 생활시설의 경우에는 모든 층
7) 6)에 해당하지 않는 노유자 시설로서 연면적 400m² 이상인 노유자 시설 및 숙박시설이 있는 수련시설로서 수용인원 100명 이상인 경우에는 모든 층
8) 의료시설 중 정신의료기관 또는 요양병원으로서 다음의 어느 하나에 해당하는 시설
  가) 요양병원(의료재활시설은 제외한다)
  나) 정신의료기관 또는 의료재활시설로 사용되는 바닥면적의 합계가 300m² 이상인 시설
  다) 정신의료기관 또는 의료재활시설로 사용되는 바닥면적의 합계가 300m² 미만이고, 창살(철재·플라스틱 또는 목재 등으로 사람의 탈출 등을 막기 위하여 설치한 것을 말하며, 화재 시 자동으

로 열리는 구조로 되어 있는 창살은 제외한다)이 설치된 시설
9) 판매시설 중 전통시장
10) 터널로서 길이가 1천m 이상인 것
11) 지하구
12) 3)에 해당하지 않는 근린생활시설 중 조산원 및 산후조리원
13) 4)에 해당하지 않는 공장 및 창고시설로서 「화재의 예방 및 안전관리에 관한 법률 시행령」 별표 2에서 정하는 수량의 500배 이상의 특수가연물을 저장·취급하는 것
14) 4)에 해당하지 않는 발전시설 중 전기저장시설

**43** 소방기본법령상 소방대장은 화재, 재난·재해 그 밖의 위급한 상황이 발생한 현장에 소방활동구역을 정하여 소방활동에 필요한 자로서 대통령령으로 정하는 사람 외에는 그 구역에의 출입을 제한할 수 있다. 다음 중 소방활동구역에 출입할 수 없는 사람은?

① 소방활동구역 안에 있는 소방대상물의 소유자·관리자 또는 점유자
② 전기·가스·수도·통신·교통의 업무에 종사하는 사람으로서 원활한 소방활동을 위하여 필요한 사람
③ 시·도지사가 소방활동을 위하여 출입을 허가한 사람
④ 의사·간호사 그 밖에 구조·구급업무에 종사하는 사람

**해설** 소방활동구역 출입자
1. 소방활동구역 안에 있는 소방대상물의 소유자·관리자 또는 점유자
2. 전기·가스·수도·통신·교통의 업무에 종사하는 사람으로서 원활한 소방활동을 위하여 필요한 사람
3. 의사·간호사, 그 밖의 구조·구급업무에 종사하는 사람
4. 취재인력 등 보도업무에 종사하는 사람
5. 수사업무에 종사하는 사람
6. 그 밖에 소방대장이 소방활동을 위하여 출입을 허가한 사람

**44** 특정소방대상물의 소방시설 등에 대한 자체점검 기술자격자의 범위에서 '행정안전부령으로 정하는 기술자격자'는?

① 소방안전관리자로 선임된 소방설비산업기사
② 소방안전관리자로 선임된 소방설비기사
③ 소방안전관리자로 선임된 전기기사
④ 소방안전관리자로 선임된 소방시설관리사 및 소방기술사

**해설** 소방시설법 시행규칙 제19조(기술자격자의 범위)
법 제22조제1항 각 호 외의 부분 전단에서 "행정안전부령으로 정하는 기술자격자"란 「화재의 예방 및 안전관리에 관한 법률」 제24조제1항 전단에 따라 소방안전관리자(이하 "소방안전관리자"라 한다)로 선임된 소방시설관리사 및 소방기술사를 말한다.

**45** 화재의 예방 및 안전관리에 관한 법령상 특정소방대상물 중 1급 소방안전관리대상물의 해당기준이 아닌 것은?

① 연면적이 1만 5천m² 이상인 것(아파트 및 연립주택 제외)
② 층수가 11층 이상인 것(아파트는 제외)
③ 가연성 가스를 1천톤 이상 저장·취급하는 시설
④ 20층 이상이거나 지상으로부터 높이가 100m 이상인 아파트

**해설** 화재예방법 시행령 별표4
[1급 소방안전관리대상물]
가. 1급 소방안전관리대상물의 범위
「소방시설 설치 및 관리에 관한 법률 시행령」 별표 2의 특정소방대상물 중 다음의 어느 하나에 해당하는 것(제1호에 따른 특급 소방안전관리대상물은 제외한다)
1) 30층 이상(지하층은 제외한다)이거나 지상으로부터 높이가 120미터 이상인 아파트
2) 연면적 1만5천제곱미터 이상인 특정소방대상물(아파트 및 연립주택은 제외한다)
3) 2)에 해당하지 않는 특정소방대상물로서 지상층의 층수가 11층 이상인 특정소방대상물(아파트는 제외한다)
4) 가연성 가스를 1천톤 이상 저장·취급하는 시설

나. 1급 소방안전관리대상물에 선임해야 하는 소방안전관리자의 자격
다음의 어느 하나에 해당하는 사람으로서 1급 소방안전관리자 자격증을 발급받은 사람 또는 제1호에 따른 특급 소방안전관리대상물의 소방안전관리자 자격증을 발급받은 사람
1) 소방설비기사 또는 소방설비산업기사의 자격이 있는 사람
2) 소방공무원으로 7년 이상 근무한 경력이 있는 사람
3) 소방청장이 실시하는 1급 소방안전관리대상물의 소방안전관리에 관한 시험에 합격한 사람
다. 선임인원 : 1명 이상

## 46 화재의 예방 및 안전관리에 관한 법령상 소방안전관리대상물의 소방안전관리자의 업무가 아닌 것은?

① 자위소방대의 구성·운영·교육
② 소방시설공사
③ 소방계획서의 작성 및 시행
④ 소방훈련 및 교육

**해설** 소방안전관리자의 업무사항
특정소방대상물(소방안전관리대상물은 제외한다)의 관계인과 소방안전관리대상물의 소방안전관리자는 다음의 업무를 수행한다. 다만, ㉠·㉡·㉢ 및 ㉣의 업무는 소방안전관리대상물의 경우에만 해당한다.
㉠ 제36조에 따른 피난계획에 관한 사항과 대통령령으로 정하는 사항이 포함된 소방 계획서의 작성 및 시행
㉡ 자위소방대(自衛消防隊) 및 초기대응체계의 구성, 운영 및 교육
㉢ 「소방시설 설치 및 관리에 관한 법률」 제16조에 따른 피난시설, 방화구획 및 방화시설의 관리
㉣ 소방시설이나 그 밖의 소방 관련 시설의 관리
㉤ 제37조에 따른 소방훈련 및 교육
㉥ 화기(火氣) 취급의 감독
㉦ 행정안전부령으로 정하는 바에 따른 소방안전관리에 관한 업무수행에 관한 기록·유지(㉢·㉣ 및 ㉥의 업무를 말한다)
㉧ 화재발생 시 초기대응
㉨ 그 밖에 소방안전관리에 필요한 업무

## 47 화재의 예방 및 안전관리에 관한 법률상 소방안전특별관리시설물의 대상기준 중 틀린 것은?

① 수련시설
② 항만시설
③ 전력용 및 통신용 지하구
④ 지정문화유산인 시설(시설이 아닌 지정문화유산을 보호하거나 소장하고 있는 시설을 포함)

**해설** 화재예방법 제40조(소방안전 특별관리시설물의 안전관리)
① 소방청장은 화재 등 재난이 발생할 경우 사회·경제적으로 피해가 큰 다음 각 호의 시설(이하 "소방안전 특별관리시설물"이라 한다)에 대하여 소방안전 특별관리를 하여야 한다.
1. 「공항시설법」 제2조제7호의 공항시설
2. 「철도산업발전기본법」 제3조제2호의 철도시설
3. 「도시철도법」 제2조제3호의 도시철도시설
4. 「항만법」 제2조제5호의 항만시설
5. 「문화유산의 보존 및 활용에 관한 법률」 제2조제3항의 지정문화유산 및 「자연유산의 보존 및 활용에 관한 법률」 제2조제5호에 따른 천연기념물등인 시설(시설이 아닌 지정문화유산 및 천연기념물 등을 보호하거나 소장하고 있는 시설을 포함한다)
6. 「산업기술단지 지원에 관한 특례법」 제2조제1호의 산업기술단지
7. 「산업입지 및 개발에 관한 법률」 제2조제8호의 산업단지
8. 「초고층 및 지하연계 복합건축물 재난관리에 관한 특별법」 제2조제1호·제2호의 초고층 건축물 및 지하연계 복합건축물
9. 「영화 및 비디오물의 진흥에 관한 법률」 제2조제10호의 영화상영관 중 수용인원 1천명 이상인 영화상영관
10. 전력용 및 통신용 지하구
11. 「한국석유공사법」 제10조제1항제3호의 석유비축시설
12. 「한국가스공사법」 제11조제1항제2호의 천연가스 인수기지 및 공급망
13. 「전통시장 및 상점가 육성을 위한 특별법」 제2조제1호의 전통시장으로서 대통령령으로 정하는 전통시장
14. 그 밖에 대통령령으로 정하는 시설물

**48** 위험물안전관리법령상 제조소 또는 일반취급소의 위험물취급탱크 노즐 또는 맨홀을 신설하는 경우, 노즐 또는 맨홀의 직경이 몇 mm를 초과하는 경우에 변경허가를 받아야 하는가?

① 250
② 300
③ 450
④ 600

**해설**

| 제조소등의 구분 | 변경허가를 받아야 하는 경우 |
|---|---|
| 1. 제조소 또는 일반 취급소 | 가. 제조소 또는 일반취급소의 위치를 이전하는 경우<br>나. 건축물의 벽·기둥·바닥·보 또는 지붕을 증설 또는 철거하는 경우<br>다. 배출설비를 신설하는 경우<br>라. 위험물취급탱크를 신설·교체·철거 또는 보수(탱크의 본체를 절개하는 경우에 한한다)하는 경우<br>마. 위험물취급탱크의 노즐 또는 맨홀을 신설하는 경우(노즐 또는 맨홀의 지름이 250mm를 초과하는 경우에 한한다)<br>바. 위험물취급탱크의 방유제의 높이 또는 방유제 내의 면적을 변경하는 경우<br>사. 위험물취급탱크의 탱크전용실을 증설 또는 교체하는 경우<br>아. 300m(지상에 설치하지 아니하는 배관의 경우에는 30m)를 초과하는 위험물배관을 신설·교체·철거 또는 보수(배관을 절개하는 경우에 한한다)하는 경우<br>자. 불활성기체(다른 원소와 화학 반응을 일으키기 어려운 기체)의 봉입장치를 신설하는 경우<br>차. 별표 4 XII제2호가목에 따른 누설범위를 국한하기 위한 설비를 신설하는 경우<br>카. 별표 4 XII제3호다목에 따른 냉각장치 또는 보냉장치를 신설하는 경우<br>타. 별표 4 XII제3호마목에 따른 탱크전용실을 증설 또는 교체하는 경우<br>파. 별표 4 XII제4호나목에 따른 담 또는 토제를 신설·철거 또는 이설하는 경우<br>하. 별표 4 XII제4호다목에 따른 온도 및 농도의 상승에 의한 위험한 반응을 방지하기 위한 설비를 신설하는 경우<br>거. 별표 4 XII제4호라목에 따른 철 이온 등의 혼입에 의한 위험한 반응을 방지하기 위한 설비를 신설하는 경우<br>너. 방화상 유효한 담을 신설·철거 또는 이설하는 경우<br>더. 위험물의 제조설비 또는 취급설비를 증설하는 경우. 다만, 펌프설비 또는 1일 취급량이 지정수량의 5분의 1 미만인 설비를 증설하는 경우는 제외한다.<br>러. 옥내소화전설비·옥외소화전설비·스프링클러설비·물분무등소화설비 신설·교체(배관·밸브·압력계·소화전본체·소화약제탱크·포헤드·포방출구 등의 교체는 제외한다) 또는 철거하는 경우<br>머. 자동화재탐지설비를 신설 또는 철거하는 경우 |

**49** 다음 중 소방기본법령에 따라 화재예방상 필요하다고 인정되거나 화재위험경보시 발령하는 소방신호의 종류로 옳은 것은?

① 경계신호
② 발화신호
③ 경보신호
④ 훈련신호

**해설** 소방신호의 방법(제10조제2항 관련)

| 신호방법<br>종별 | 타종신호 | 싸이렌신호 | 그밖의 신호 |
|---|---|---|---|
| 경계신호 | 1타와 연2타를 반복 | 5초 간격을 두고 30초씩 3회 | "통풍대" "게시판"<br>적색<br>백색<br>화재경보발령중 |
| 발화신호 | 난타 | 5초 간격을 두고 5초씩 3회 | |
| 해제신호 | 상당한 간격을 두고 1타씩 반복 | 1분간 1회 | "기"<br>적색<br>백색 |
| 훈련신호 | 연3타 반복 | 10초 간격을 두고 1분씩 3회 | |

[비고]
1. 소방신호의 방법은 그 전부 또는 일부를 함께 사용할 수 있다.
2. 게시판을 철거하거나 통풍대 또는 기를 내리는 것으로 소방활동이 해제되었음을 알린다.
3. 소방대의 비상소집을 하는 경우에는 훈련신호를 사용할 수 있다.

**50** 소방기본법령상 소방안전교육사의 배치대상별 배치기준에서 소방본부의 배치기준은 몇 명 이상인가?

① 1
② 2
③ 3
④ 4

**해설**
- 소방청, 소방본부, 한국소방산업기술원, 한국소방안전원(본원) : 2명 이상
- 소방서, 한국소방안전원(시·도, 지원) : 1명 이상

**51** 소방시설공사업법령상 일반 소방시설설계업(기계분야)의 영업범위에 대한 기준 중 ( )에 알맞은 내용은? (단, 공장의 경우는 제외한다.)

> 연면적 ( )m² 미만의 특정소방대상물(제연설비가 설치되는 특정소방대상물은 제외한다)에 설치되는 기계분야 소방시설의 설계

① 10,000  ② 20,000
③ 30,000  ④ 50,000

**해설** 1. 소방시설설계업

| 업종별 \ 항목 | 기술인력 | 영업범위 |
|---|---|---|
| 전문 소방시설 설계업 | 가. 주된 기술인력: 소방기술사 1명 이상<br>나. 보조기술인력: 1명 이상 | 모든 특정소방대상물에 설치되는 소방시설의 설계 |
| 일반 소방시설 설계업 — 기계분야 | 가. 주된 기술인력: 소방기술사 또는 기계분야 소방설비기사 1명 이상<br>나. 보조기술인력: 1명 이상 | 가. 아파트에 설치되는 기계분야 소방시설(제연설비는 제외한다)의 설계<br>나. 연면적 3만제곱미터(공장의 경우에는 1만제곱미터) 미만의 특정소방대상물(제연설비가 설치되는 특정소방대상물은 제외한다)에 설치되는 기계분야 소방시설의 설계<br>다. 위험물제조소등에 설치되는 기계분야 소방시설의 설계 |
| 일반 소방시설 설계업 — 전기분야 | 가. 주된 기술인력: 소방기술사 또는 전기분야 소방설비기사 1명 이상<br>나. 보조기술인력: 1명 이상 | 가. 아파트에 설치되는 전기분야 소방시설의 설계<br>나. 연면적 3만제곱미터(공장의 경우에는 1만제곱미터) 미만의 특정소방대상물에 설치되는 전기분야 소방시설의 설계<br>다. 위험물제조소등에 설치되는 전기분야 소방시설의 설계 |

**52** 화재의 예방 및 안전관리에 관한 법령상 옮긴 물건 등의 보관기간은 해당 소방관서의 인터넷 홈페이지에 공고하는 기간의 종료일 다음 날부터 며칠로 하는가?

① 3  ② 4
③ 5  ④ 7

**해설** ㉠ 소방관서장은 법 제17조제2항 각 호 외의 부분 단서에 따라 옮긴 물건 등(이하 "옮긴물건등"이라 한다)을 보관하는 경우에는 그날부터 14일 동안 해당 소방관서의 인터넷 홈페이지에 그 사실을 공고해야 한다.
㉡ 옮긴물건등의 보관기간은 ㉠에 따른 공고기간의 종료일 다음 날부터 7일까지로 한다.

**53** 화재의 예방 및 안전관리에 관한 법령상 소방대상물의 개수·이전·제거, 사용의 금지 또는 제한, 사용폐쇄, 공사의 정지 또는 중지, 그 밖의 필요한 조치로 인하여 손실을 받은 자가 손실보상청구서에 첨부하여야 하는 서류로 틀린 것은?

① 손실보상합의서
② 손실을 증명할 수 있는 사진
③ 손실을 증명할 수 있는 증빙자료
④ 소방대상물의 관계인임을 증명할 수 있는 서류(건축물대장은 제외)

**해설** 화재예방법 시행규칙 제6조(손실보상 청구자가 제출해야 하는 서류 등)
① 법 제14조에 따른 명령으로 인하여 손실을 입은 자가 손실보상을 청구하려는 경우에는 별지 제6호서식의 손실보상 청구서(전자문서를 포함한다)에 다음 각 호의 서류(전자문서를 포함한다)를 첨부하여 소방청장, 특별시장·광역시장·특별자치시장·도지사 또는 특별자치도지사(이하 "시·도지사"라 한다)에게 제출해야 한다. 이 경우 담당 공무원은 「전자정부법」 제36조제1항에 따른 행정정보의 공동이용을 통하여 건축물대장(소방대상물의 관계인임을 증명할 수 있는 서류가 건축물대장인 경우만 해당한다)을 확인해야 한다.
1. 소방대상물의 관계인임을 증명할 수 있는 서류(건축물대장은 제외한다)
2. 손실을 증명할 수 있는 사진 및 그 밖의 증빙자료

**정답** 51.③ 52.④ 53.①

② 소방청장 또는 시·도지사는 영 제14조제2항에 따라 손실보상에 관하여 협의가 이루어진 경우에는 손실보상을 청구한 자와 연명으로 별지 제7호서식의 손실보상 합의서를 작성하고 이를 보관해야 한다.

**54** 소방시설 설치 및 관리에 관한 법령상 시·도지사가 실시하는 방염성능검사 대상으로 옳은 것은?

① 설치현장에서 방염처리를 하는 합판·목재
② 제조 또는 가공공정에서 방염처리를 한 카펫
③ 제조 또는 가공공정에서 방염처리를 한 창문에 설치하는 블라인드
④ 설치현장에서 방염처리를 하는 암막·무대막

**해설** 소방시설법 시행령 제32조(시·도지사가 실시하는 방염성능검사)
법 제21조제1항 단서에서 "대통령령으로 정하는 방염대상물품"이란 다음 각 호의 것을 말한다.
1. 제31조제1항제1호라목의 전시용 합판·목재 또는 무대용 합판·목재 중 설치 현장에서 방염처리를 하는 합판·목재류
2. 제31조제1항제2호에 따른 방염대상물품 중 설치 현장에서 방염처리를 하는 합판·목재류

**55** 「소방시설법」상 대통령령으로 정하는 소방시설을 설치하지 아니할 수 있는 특정소방대상물이 아닌 것은?

① 화재 위험도가 낮은 특정소방대상물
② 화재안전기준을 적용하기 어려운 특정소방대상물
③ 화재안전기준을 다르게 적용하여야 하는 특수한 용도 또는 구조를 가진 특정소방대상물
④ 「화재의 예방 및 안전관리에 관한 법률」제19조에 따른 자체소방대가 설치된 특정소방대상물

**해설** 시행령 별표6
소방시설을 설치하지 않을 수 있는 특정소방대상물 및 소방시설의 범위(제16조 관련)

| 구분 | 특정소방대상물 | 설치하지 않을 수 있는 소방시설 |
|---|---|---|
| 1. 화재 위험도가 낮은 특정소방대상물 | 석재, 불연성금속, 불연성 건축재료 등의 가공공장·기계조립공장 또는 불연성 물품을 저장하는 창고 | 옥외소화전 및 연결살수설비 |
| 2. 화재안전기준을 적용하기 어려운 특정소방대상물 | 펄프공장의 작업장, 음료수 공장의 세정 또는 충전을 하는 작업장, 그 밖에 이와 비슷한 용도로 사용하는 것 | 스프링클러설비, 상수도소화용수설비 및 연결살수설비 |
| | 정수장, 수영장, 목욕장, 농예·축산·어류양식용 시설, 그 밖에 이와 비슷한 용도로 사용되는 것 | 자동화재탐지설비, 상수도소화용수설비 및 연결살수설비 |
| 3. 화재안전기준을 달리 적용해야 하는 특수한 용도 또는 구조를 가진 특정소방대상물 | 원자력발전소, 중·저준위방사성폐기물의 저장시설 | 연결송수관설비 및 연결살수설비 |
| 4.「위험물 안전관리법」제19조에 따른 자체소방대가 설치된 특정소방대상물 | 자체소방대가 설치된 제조소등에 부속된 사무실 | 옥내소화전설비, 소화용수설비, 연결살수설비 및 연결송수관설비 |

**56** 위험물안전관리법령상 과징금처분에 관한 조문이다. ( )에 들어갈 내용은?

( ㄱ )은(는) 위험물안전관리법 제12조 각 호의 어느 하나에 해당하는 경우로서 제조소등에 대한 사용의 정지가 그 이용자에게 심한 불편을 주거나 그 밖에 공익을 해칠 우려가 있는 때에는 사용정지처분에 갈음하여 ( ㄴ ) 이하의 과징금을 부과할 수 있다.

① ㄱ : 소방청장, ㄴ : 1억원
② ㄱ : 소방청장, ㄴ : 2억원
③ ㄱ : 시·도지사, ㄴ : 1억원
④ ㄱ : 시·도지사, ㄴ : 2억원

**정답** 54.① 55.④ 56.④

**해설** 위험물안전관리법 제13조(과징금처분)
① 시·도지사는 제12조 각 호의 어느 하나에 해당하는 경우로서 제조소등에 대한 사용의 정지가 그 이용자에게 심한 불편을 주거나 그 밖에 공익을 해칠 우려가 있는 때에는 사용정지처분에 갈음하여 2억원 이하의 과징금을 부과할 수 있다.
② 제1항의 규정에 따른 과징금을 부과하는 위반행위의 종별·정도 등에 따른 과징금의 금액 그 밖의 필요한 사항은 행정안전부령으로 정한다.
③ 시·도지사는 제1항의 규정에 따른 과징금을 납부하여야 하는 자가 납부기한까지 이를 납부하지 아니한 때에는 「지방행정제재·부과금의 징수 등에 관한 법률」에 따라 징수한다.

**57** 제4류 위험물 제조소의 경우 사용전압이 22[kV]인 특고압 가공전선이 지나갈 때 제조소의 외벽과 가공전선 사이의 수평거리(안전거리)는 몇 [m] 이상이어야 하는가?

① 2[m]
② 3[m]
③ 5[m]
④ 10[m]

**해설** 위험물법 시행규칙 [별표 4] 참조
▶ 제조소등으로부터 안전거리
㉠ 지정문화재 및 유형문화재 : 50[m]
㉡ 학교, 병원, 공연장(3백 명 이상 수용) : 30[m]
㉢ 아동복지시설, 노인복지시설, 장애인복지시설, 한부모가족복지시설, 어린이집, 정신보건시설로서 20명 이상 수용시설 : 30[m]
㉣ 고압가스, 액화석유가스, 도시가스를 저장·취급하는 시설 : 20[m]
㉤ 건축물 그 밖의 공작물로서 주거용으로 사용되는 것 : 10[m]
㉥ 사용전압이 35,000[V]를 초과하는 특고압가공전선 : 5[m]
㉦ 사용전압이 7,000[V] 초과 35,000[V] 이하의 특고압가공전선 : 3[m]

**58** 다음 중 소방시설 설치 및 관리에 관한 법령상 소방시설관리업을 등록할 수 있는 자는?

① 피성년후견인
② 소방시설관리업의 등록이 취소된 날부터 2년이 경과된 자
③ 금고 이상의 형의 집행유예를 선고받고 그 유예기간 중에 있는 자
④ 금고 이상의 실형을 선고받고 그 집행이 면제된 날부터 2년이 지나지 아니한 자

**해설** 소방시설법 제30조(등록의 결격사유)
다음 각 호의 어느 하나에 해당하는 자는 관리업의 등록을 할 수 없다.
1. 피성년후견인
2. 이 법, 「소방기본법」, 「소방시설공사업법」 또는 「위험물 안전관리법」에 따른 금고 이상의 실형을 선고받고 그 집행이 끝나거나(집행이 끝난 것으로 보는 경우를 포함한다) 집행이 면제된 날부터 2년이 지나지 아니한 사람
3. 이 법, 「소방기본법」, 「소방시설공사업법」 또는 「위험물 안전관리법」에 따른 금고 이상의 형의 집행유예를 선고받고 그 유예기간 중에 있는 사람
4. 제34조제1항에 따라 관리업의 등록이 취소(제30조제1호에 해당하여 등록이 취소된 경우는 제외한다)된 날부터 2년이 지나지 아니한 자
5. 임원 중에 제1호부터 제4호까지의 어느 하나에 해당하는 사람이 있는 법인

**59** 일반공사감리대상의 경우 감리현장 연면적의 총 합계가 10만m² 이하일 때 1인의 책임감리원이 담당하는 소방공사감리현장은 몇 개 이하인가?

① 2개
② 3개
③ 4개
④ 5개

**해설** 1명의 감리원이 담당하는 소방공사감리현장은 5개 이하(자동화재탐지설비 또는 옥내소화전설비 중 어느 하나만 설치하는 2개의 소방공사감리현장이 최단 차량주행거리로 30킬로미터 이내에 있는 경우에는 1개의 소방공사감리현장으로 본다)로서 감리현장 연면적의 총합계가 10만제곱미터 이하일 것. 다만, 일반 공사감리 대상인 아파트의 경우에는 연면적의 합계에 관계없이 1명의 감리원이 5개 이내의 공사현장을 감리할 수 있다.

정답 57.② 58.② 59.④

**60** 위험물안전관리법령에 따른 정기점검의 대상인 제조소 등의 기준 중 틀린 것은?

① 암반탱크저장소
② 지하탱크저장소
③ 이동탱크저장소
④ 지정수량의 150배 이상의 위험물을 저장하는 옥외탱크저장소

**해설** 정기점검의 대상인 제조소등
ⓐ 예방규정을 작성해야 하는 제조소등(7가지)

> ⓐ 지정수량의 10배 이상의 위험물을 취급하는 제조소
> ⓑ 지정수량의 100배 이상의 위험물을 저장하는 옥외저장소
> ⓒ 지정수량의 150배 이상의 위험물을 저장하는 옥내저장소
> ⓓ 지정수량의 200배 이상의 위험물을 저장하는 옥외탱크저장소
> ⓔ 암반탱크저장소
> ⓕ 이송취급소
> ⓖ 지정수량의 10배 이상의 위험물을 취급하는 일반취급소

ⓑ 지하탱크저장소
ⓒ 이동탱크저장소
ⓓ 위험물을 취급하는 탱크로서 지하에 매설된 탱크가 있는 제조소·주유취급소 또는 일반취급소

**정답** 60.④

# 2024년 제2회 소방설비기사[기계분야] 1차 필기

**[제3과목 : 소방관계법규]**

**41** 위험물안전관리법령상 기계에 의하여 하역하는 구조로 된 운반용기에 대한 수납기준으로 옳은 것은?

① 금속제의 운반용기는 3년 6개월 이내에 실시한 운반용기의 외부의 점검 및 7년 이내의 사이에 실시한 운반용기의 내부의 점검에서 누설 등 이상이 없을 것
② 경질플라스틱제의 운반용기에 액체위험물을 수납하는 경우에는 당해 운반용기는 제조된 때로부터 7년 이내의 것으로 할 것
③ 플라스틱내용기 부착의 운반용기에 있어서는 3년 6개월 이내에 실시한 기밀시험에서 누설 등 이상이 없을 것
④ 금속제의 운반용기에 액체위험물을 수납하는 경우에는 55[℃]의 온도에서 증기압이 130[kPa] 이하가 되도록 수납할 것

**해설** 위험물안전관리법 시행규칙 별표 19 [위험물의 운반에 관한 기준 중]

기계에 의하여 하역하는 구조로 된 운반용기에 대한 수납은 제1호(다목을 제외한다)의 규정을 준용하는 외에 다음 각목의 기준에 따라야 한다(중요기준).
가. 다음의 규정에 의한 요건에 적합한 운반용기에 수납할 것
  1) 부식, 손상 등 이상이 없을 것
  2) 금속제의 운반용기, 경질플라스틱제의 운반용기 또는 플라스틱내용기 부착의 운반용기에 있어서는 다음에 정하는 시험 및 점검에서 누설 등 이상이 없을 것
    가) 2년 6개월 이내에 실시한 기밀시험(액체의 위험물 또는 10[kPa] 이상의 압력을 가하여 수납 또는 배출하는 고체의 위험물을 수납하는 운반용기에 한한다)
    나) 2년 6개월 이내에 실시한 운반용기의 외부의 점검·부속설비의 기능점검 및 5년 이내의 사이에 실시한 운반용기의 내부의 점검
나. 복수의 폐쇄장치가 연속하여 설치되어 있는 운반용기에 위험물을 수납하는 경우에는 용기본체에 가까운 폐쇄장치를 먼저 폐쇄할 것
다. 휘발유, 벤젠 그 밖의 정전기에 의한 재해가 발생할 우려가 있는 액체의 위험물을 운반용기에 수납 또는 배출할 때에는 당해 재해의 발생을 방지하기 위한 조치를 강구할 것
라. 온도변화 등에 의하여 액상이 되는 고체의 위험물은 액상으로 되었을 때 당해 위험물이 새지 아니하는 운반용기에 수납할 것
마. 액체위험물을 수납하는 경우에는 55[℃]의 온도에서의 증기압이 130[kPa] 이하가 되도록 수납할 것
바. 경질플라스틱제의 운반용기 또는 플라스틱내용기 부착의 운반용기에 액체위험물을 수납하는 경우에는 당해 운반용기는 제조된 때로부터 5년 이내의 것으로 할 것
사. 가목 내지 바목에 규정하는 것 외에 운반용기에의 수납에 관하여 필요한 사항은 소방청장이 정하여 고시한다.

**42** 「화재의 예방 및 안전관리에 관한 법률」상 건설현장 소방안전관리대상물의 소방안전 관리자의 업무에 관한 내용으로 옳지 않은 것은?

① 건설현장의 소방계획서의 작성
② 화기취급의 감독, 화재위험작업의 허가 및 관리
③ 공사진행 단계별 피난안전구역, 피난로 등의 확보와 관리
④ 건설현장 작업자를 제외한 책임자에 대한 소방안전 교육 및 훈련

정답 41.④ 42.④

**해설** 화재예방법 제29조(건설현장 소방안전관리)
① 「소방시설 설치 및 관리에 관한 법률」 제15조제1항에 따른 공사시공자가 화재발생 및 화재피해의 우려가 큰 대통령령으로 정하는 특정소방대상물(이하 "건설현장 소방안전관리대상물"이라 한다)을 신축·증축·개축·재축·이전·용도변경 또는 대수선 하는 경우에는 제24조제1항에 따른 소방안전관리자로서 제34조에 따른 교육을 받은 사람을 소방시설공사 착공신고일부터 건축물 사용승인일(「건축법」 제22조에 따라 건축물을 사용할 수 있게 된 날을 말한다)까지 소방안전관리자로 선임하고 행정안전부령으로 정하는 바에 따라 소방본부장 또는 소방서장에게 신고하여야 한다.
② 제1항에 따른 건설현장 소방안전관리대상물의 소방안전관리자의 업무는 다음 각 호와 같다.
  1. 건설현장의 소방계획서의 작성
  2. 「소방시설 설치 및 관리에 관한 법률」 제15조제1항에 따른 임시소방시설의 설치 및 관리에 대한 감독
  3. 공사진행 단계별 피난안전구역, 피난로 등의 확보와 관리
  4. 건설현장의 작업자에 대한 소방안전 교육 및 훈련
  5. 초기대응체계의 구성·운영 및 교육
  6. 화기취급의 감독, 화재위험작업의 허가 및 관리
  7. 그 밖에 건설현장의 소방안전관리와 관련하여 소방청장이 고시하는 업무
③ 그 밖에 건설현장 소방안전관리대상물의 소방안전관리에 관하여는 제26조부터 제28조까지의 규정을 준용한다. 이 경우 "소방안전관리대상물의 관계인" 또는 "특정소방대상물의 관계인"은 "공사시공자"로 본다.

**43** 「화재의 예방 및 안전관리에 관한 법률 시행령」상 특수가연물의 저장 및 취급 기준에서 특수가연물 표지에 관한 내용으로 옳지 않은 것은?

① 특수가연물 표지 중 화기엄금 표시 부분의 바탕은 붉은색으로, 문자는 백색으로 할 것
② 특수가연물 표지는 한 변의 길이가 0.3미터 이상, 다른 한 변의 길이가 0.6미터 이상인 직사각형으로 할 것
③ 특수가연물 표지의 바탕은 검은색으로, 문자는 흰색으로 할 것. 다만, "화기엄금" 표시 부분은 제외한다.
④ 특수가연물을 저장 또는 취급하는 장소에는 품명, 최대 저장수량, 단위부피당 질량 또는 단위체적당 질량, 관리책임자 성명·직책, 연락처 및 화기취급의 금지표시가 포함된 특수가연물 표지를 설치해야 한다.

**해설** 특수가연물 표지
가. 특수가연물을 저장 또는 취급하는 장소에는 품명, 최대저장수량, 단위부피당 질량 또는 단위체적당 질량, 관리책임자 성명·직책, 연락처 및 화기취급의 금지표시가 포함된 특수가연물 표지를 설치해야 한다.
나. 특수가연물 표지의 규격은 다음과 같다.

| 특수가연물 ||
|---|---|
| 화기엄금 ||
| 품 명 | 합성수지류 |
| 최대저장수량<br>(배수) | 000톤(00배) |
| 단위부피당 질량<br>(단위체적당 질량) | 000kg/m3 |
| 관리책임자<br>(직책) | 홍길동 팀장 |
| 연락처 | 02-000-0000 |

1) 특수가연물 표지는 한 변의 길이가 0.3미터 이상, 다른 한 변의 길이가 0.6미터 이상인 직사각형으로 할 것
2) 특수가연물 표지의 바탕은 흰색으로, 문자는 검은색으로 할 것. 다만, "화기엄금" 표시 부분은 제외한다.
3) 특수가연물 표지 중 화기엄금 표시 부분의 바탕은 붉은색으로, 문자는 백색으로 할 것

다. 특수가연물 표지는 특수가연물을 저장하거나 취급하는 장소 중 보기 쉬운 곳에 설치해야 한다.

정답 43.③

**44** 특정소방대상물의 바닥면적이 다음과 같을 때 「소방시설 설치 및 관리에 관한 법률 시행령」에 따른 수용인원은 총 몇 명인가? (단, 바닥면적을 산정할 때에는 복도, 계단 및 화장실을 포함하지 않으며, 계산 결과 소수점 이하의 수는 반올림한다.)

- 관람석이 없는 강당 1개, 바닥면적 460㎡
- 강의실 10개, 각 바닥면적 57㎡
- 휴게실 1개, 바닥면적 38㎡

① 380　　② 400
③ 420　　④ 440

**[해설]** $\dfrac{460m^2}{4.6m^2/인} + \dfrac{57m^2 \times 10 + 38m^2}{1.9m^2/인} = 420$인

**45** 「소방시설 설치 및 관리에 관한 법률 시행령」상 스프링클러설비를 설치해야 하는 특정소방대상물에 해당하는 것만을 〈보기〉에서 고른 것은?

> ㄱ. 수련시설 내에 있는 학생 수용을 위한 기숙사로서 연면적 5천㎡인 경우
> ㄴ. 교육연구시설 내에 있는 합숙소로서 연면적 100㎡인 경우
> ㄷ. 숙박시설로 사용되는 바닥면적의 합계가 500㎡인 경우
> ㄹ. 영화상영관의 용도로 쓰는 4층의 바닥면적이 1천㎡인 경우

① ㄱ, ㄴ　　② ㄱ, ㄹ
③ ㄴ, ㄷ　　④ ㄷ, ㄹ

**[해설]** 스프링클러설비를 설치해야 하는 특정소방대상물(위험물 저장 및 처리 시설 중 가스시설 및 지하구는 제외한다)은 다음의 어느 하나에 해당하는 것으로 한다.
1) 기숙사(교육연구시설·수련시설 내에 있는 학생 수용을 위한 것을 말한다) 또는 복합건축물로서 연면적 5천㎡ 이상인 경우에는 모든 층
2) 다음의 어느 하나에 해당하는 용도로 사용되는 시설의 바닥면적의 합계가 600㎡ 이상인 것은 모든 층
   가) 근린생활시설 중 조산원 및 산후조리원
   나) 의료시설 중 정신의료기관
   다) 의료시설 중 종합병원, 병원, 치과병원, 한방병원 및 요양병원
   라) 노유자 시설
   마) 숙박이 가능한 수련시설
   바) 숙박시설
3) 문화 및 집회시설(동·식물원은 제외한다), 종교시설(주요구조부가 목조인 것은 제외한다), 운동시설(물놀이형 시설 및 바닥이 불연재료이고 관람석이 없는 운동시설은 제외한다)로서 다음의 어느 하나에 해당하는 경우에는 모든 층
   가) 수용인원이 100명 이상인 것
   나) 영화상영관의 용도로 쓰는 층의 바닥면적이 지하층 또는 무창층인 경우에는 500㎡ 이상, 그 밖의 층의 경우에는 1천㎡ 이상인 것
   다) 무대부가 지하층·무창층 또는 4층 이상의 층에 있는 경우에는 무대부의 면적이 300㎡ 이상인 것
   라) 무대부가 다) 외의 층에 있는 경우에는 무대부의 면적이 500㎡ 이상인 것

**46** 「소방시설 설치 및 관리에 관한 법률」상 중앙소방기술심의위원회의 심의사항으로 옳지 않은 것은?

① 화재안전기준에 관한 사항
② 소방시설에 하자가 있는지의 판단에 관한 사항
③ 소방시설의 설계 및 공사감리의 방법에 관한 사항
④ 소방시설의 구조 및 원리 등에서 공법이 특수한 설계 및 시공에 관한 사항

**[해설]** 제18조(소방기술심의위원회)
① 다음 각 호의 사항을 심의하기 위하여 소방청에 중앙소방기술심의위원회(이하 "중앙위원회"라 한다)를 둔다.
  1. 화재안전기준에 관한 사항
  2. 소방시설의 구조 및 원리 등에서 공법이 특수한 설계 및 시공에 관한 사항
  3. 소방시설의 설계 및 공사감리의 방법에 관한 사항
  4. 소방시설공사의 하자를 판단하는 기준에 관한 사항
  5. 제8조제5항 단서에 따라 신기술·신공법 등 검토·평가에 고도의 기술이 필요한 경우로서 중앙위원회에 심의를 요청한 사항
  6. 그 밖에 소방기술 등에 관하여 대통령령으로 정하는 사항
② 다음 각 호의 사항을 심의하기 위하여 시·도에 지방소방기술심의위원회(이하 "지방위원회"라 한다)를 둔다.
  1. 소방시설에 하자가 있는지의 판단에 관한 사항

**정답** 44.③ 45.② 46.②

2. 그 밖에 소방기술 등에 관하여 대통령령으로 정하는 사항
③ 중앙위원회 및 지방위원회의 구성·운영 등에 필요한 사항은 대통령령으로 정한다.

**47** 소방기본법에서 규정하는 소방력의 동원에 관한 설명으로 틀린 것은?

① 소방청장은 해당 시·도의 소방력만으로는 소방활동을 효율적으로 수행하기 어려운 화재, 재난·재해, 그 밖의 구조·구급이 필요한 상황이 발생하거나 특별히 국가적 차원에서 소방활동을 수행할 필요가 인정될 때에는 각 시·도지사에게 행정안전부령으로 정하는 바에 따라 소방력을 동원할 것을 요청할 수 있다.

② 동원 요청을 받은 시·도지사는 정당한 사유 없이 요청을 거절하여서는 아니 된다.

③ 소방청장은 시·도지사에게 제1항에 따라 동원된 소방력을 화재, 재난·재해 등이 발생한 지역에 지원·파견하여 줄 것을 요청하거나 필요한 경우 각 소방본부에 소방대를 편성하여 화재진압 및 인명구조 등 소방에 필요한 활동을 하도록 명령할 수 있다.

④ 동원된 소방대원이 다른 시·도에 파견·지원되어 소방활동을 수행할 때에는 특별한 사정이 없으면 화재, 재난·재해 등이 발생한 지역을 관할하는 소방본부장 또는 소방서장의 지휘에 따라야 한다. 다만, 소방청장이 직접 소방대를 편성하여 소방활동을 하게 하는 경우에는 소방청장의 지휘에 따라야 한다.

**해설** 소방청장은 필요한 경우 직접 소방대를 편성하여 소방에 필요한 활동을 하게 할 수 있다.

**참고** 제11조의2 ⑤ 제3항 및 제4항에 따른 소방활동을 수행하는 과정에서 발생하는 경비 부담에 관한 사항, 제3항 및 제4항에 따라 소방활동을 수행한 민간 소방 인력이 사망하거나 부상을 입었을 경우의 보상주체·보상기준 등에 관한 사항, 그 밖에 동원된 소방력의 운용과 관련하여 필요한 사항은 대통령령으로 정한다.

**48** 화재예방조치명령에 의해 소속공무원으로 하여금 옮긴 물건 등을 보관하는 경우에 대한 다음 설명 중 틀린 설명은?

① 소방관서장은 법 제17조제2항 각 호 외의 부분 단서에 따라 옮긴 물건 등(이하 "옮긴물건등"이라 한다)을 보관하는 경우에는 그날부터 14일 동안 해당 소방관서의 인터넷 홈페이지에 그 사실을 공고해야 한다.

② 옮긴물건등의 보관기간은 제1항에 따른 공고기간의 종료일 다음 날부터 7일까지로 한다.

③ 소방관서장은 제2항에 따른 보관기간이 종료된 때에는 보관하고 있는 옮긴물건등을 즉시 폐기해야 한다.

④ 소방관서장은 보관하던 옮긴물건등을 제3항 본문에 따라 매각한 경우에는 지체 없이 「국가재정법」에 따라 세입조치를 해야 한다.

**해설** ③ 소방관서장은 제2항에 따른 보관기간이 종료된 때에는 보관하고 있는 옮긴물건등을 매각해야 한다. 다만, 보관하고 있는 옮긴물건등이 부패·파손 또는 이와 유사한 사유로 정해진 용도로 계속 사용할 수 없는 경우에는 폐기할 수 있다.

**49** 화재예방법 제36조 피난계획수립에 관한 다음 설명중 틀린 것은?

① 소방안전관리대상물의 관계인은 그 장소에 근무하거나 거주 또는 출입하는 사람들이 화재가 발생한 경우에 안전하게 피난할 수 있도록 피난계획을 수립·시행하여야 한다.

② 피난계획에는 그 소방안전관리대상물의 구조, 피난시설 등을 고려하여 설정한 피난경로가 포함되어야 한다.

③ 소방안전관리대상물의 관계인은 피난시설의 위치, 피난경로 또는 대피요령이 포함된 피난유도 안내정보를 근무자 또는 거주자에게 정기적으로 제공하여야 한다.

④ 피난계획의 수립·시행, 제3항에 따른 피난유도 안내정보 제공에 필요한 사항은 대통령령으로 정한다.

**해설** ④ 제1항에 따른 피난계획의 수립·시행, 제3항에 따른 피난유도 안내정보 제공에 필요한 사항은 행정안전부령으로 정한다.

**시행규칙 제34조(피난계획의 수립·시행)**
① 법 제36조제1항에 따른 피난계획(이하 "피난계획"이라 한다)에는 다음 각 호의 사항이 포함되어야 한다.
 1. 화재경보의 수단 및 방식
 2. 층별, 구역별 피난대상 인원의 연령별·성별 현황
 3. 피난약자의 현황
 4. 각 거실에서 옥외(옥상 또는 피난안전구역을 포함한다)로 이르는 피난경로
 5. 피난약자 및 피난약자를 동반한 사람의 피난동선과 피난방법
 6. 피난시설, 방화구획, 그 밖에 피난에 영향을 줄 수 있는 제반 사항
② 소방안전관리대상물의 관계인은 해당 소방안전관리대상물의 구조·위치, 소방시설 등을 고려하여 피난계획을 수립해야 한다.
③ 소방안전관리대상물의 관계인은 해당 소방안전관리대상물의 피난시설이 변경된 경우에는 그 변경사항을 반영하여 피난계획을 정비해야 한다.
④ 제1항부터 제3항까지에서 규정한 사항 외에 피난계획의 수립·시행에 필요한 세부 사항은 소방청장이 정하여 고시한다.

**제35조(피난유도 안내정보의 제공)**
① 법 제36조제3항에 따른 피난유도 안내정보는 다음 각 호의 어느 하나의 방법으로 제공한다.
 1. 연 2회 피난안내 교육을 실시하는 방법
 2. 분기별 1회 이상 피난안내방송을 실시하는 방법
 3. 피난안내도를 층마다 보기 쉬운 위치에 게시하는 방법
 4. 엘리베이터, 출입구 등 시청이 용이한 장소에 피난안내영상을 제공하는 방법
② 제1항에서 규정한 사항 외에 피난유도 안내정보의 제공에 필요한 세부 사항은 소방청장이 정하여 고시한다.

**50** 소방시설법 제20조, 21조에 따른 방염에 대한 다음 설명 중 틀린 설명은?
① 대통령령으로 정하는 특정소방대상물에 실내장식 등의 목적으로 설치 또는 부착하는 물품으로서 대통령령으로 정하는 물품(이하 "방염대상물품"이라 한다)은 방염성능기준 이상의 것으로 설치하여야 한다.
② 위 ①에 따른 방염성능기준은 대통령령으로 정한다.
③ 특정소방대상물에 사용하는 방염대상물품은 소방청장이 실시하는 방염성능검사를 받은 것이어야 한다. 다만, 대통령령으로 정하는 방염대상물품의 경우에는 시·도지사가 실시하는 방염성능검사를 받은 것이어야 한다.
④ 위 ③에 따른 방염성능검사의 방법과 검사 결과에 따른 합격 표시 등에 필요한 사항은 소방청장이 정하여 고시한다.

**해설** 제20조(특정소방대상물의 방염 등)
① 대통령령으로 정하는 특정소방대상물에 실내장식 등의 목적으로 설치 또는 부착하는 물품으로서 대통령령으로 정하는 물품(이하 "방염대상물품"이라 한다)은 방염성능기준 이상의 것으로 설치하여야 한다.
② 소방본부장 또는 소방서장은 방염대상물품이 제1항에 따른 방염성능기준에 미치지 못하거나 제21조제1항에 따른 방염성능검사를 받지 아니한 것이면 특정소방대상물의 관계인에게 방염대상물품을 제거하도록 하거나 방염성능검사를 받도록 하는 등 필요한 조치를 명할 수 있다.
③ 제1항에 따른 방염성능기준은 대통령령으로 정한다.

**제21조(방염성능의 검사)**
① 제20조제1항에 따른 특정소방대상물에 사용하는 방염대상물품은 소방청장이 실시하는 방염성능검사를 받은 것이어야 한다. 다만, 대통령령으로 정하는 방염대상물품의 경우에는 특별시장·광역시장·특별자치시장·도지사 또는 특별자치도지사(이하 "시·도지사"라 한다)가 실시하는 방염성능검사를 받은 것이어야 한다.

정답 50.④

② 「소방시설공사업법」 제4조에 따라 방염처리업의 등록을 한 자는 제1항에 따른 방염성능검사를 할 때에 거짓 시료(試料)를 제출하여서는 아니 된다.
③ 제1항에 따른 방염성능검사의 방법과 검사 결과에 따른 합격 표시 등에 필요한 사항은 행정안전부령으로 정한다.

## 51 위험물안전관리법령상 제조소 등의 완공검사 신청 시기 기준으로 틀린 것은?

① 지하탱크가 있는 제조소 등의 경우에는 당해 지하탱크를 매설하기 전
② 이동탱크저장소의 경우에는 이동저장탱크를 완공하고 상치장소를 확보한 후
③ 이송취급소의 경우에는 이송배관 공사의 전체 또는 일부 완료한 후
④ 배관을 지하에 설치하는 경우에는 소방서장이 지정하는 부분을 매몰하고 난 직후

**해설** 제20조(완공검사의 신청시기)
법 제9조제1항의 규정에 의한 제조소 등의 완공검사 신청시기는 다음 각 호의 구분에 의한다.
1. 지하탱크가 있는 제조소 등의 경우 : 당해 지하탱크를 매설하기 전
2. 이동탱크저장소의 경우 : 이동저장탱크를 완공하고 상치장소를 확보한 후
3. 이송취급소의 경우 : 이송배관 공사의 전체 또는 일부를 완료한 후. 다만, 지하·하천 등에 매설하는 이송배관의 공사의 경우에는 이송배관을 매설하기 전
4. 전체 공사가 완료된 후에는 완공검사를 실시하기 곤란한 경우 : 다음 각 목에서 정하는 시기
   가. 위험물설비 또는 배관의 설치가 완료되어 기밀시험 또는 내압시험을 실시하는 시기
   나. 배관을 지하에 설치하는 경우에는 시·도지사, 소방서장 또는 기술원이 지정하는 부분을 매몰하기 직전
   다. 기술원이 지정하는 부분의 비파괴시험을 실시하는 시기
5. 제1호 내지 제4호에 해당하지 아니하는 제조소 등의 경우 : 제조소 등의 공사를 완료한 후

## 52 화재예방법상 다음 용어정의중 틀린설명은?

① "예방"이란 화재의 위험으로부터 사람의 생명·신체 및 재산을 보호하기 위하여 화재발생을 사전에 제거하거나 방지하기 위한 모든 활동을 말한다.
② "안전관리"란 화재로 인한 피해를 최소화하기 위한 예방, 대비, 대응 등의 활동을 말한다.
③ "화재안전조사"란 소방청장, 소방본부장 또는 소방서장(이하 "소방관서장"이라 한다)이 소방대상물, 관계지역 또는 관계인에 대하여 소방시설등(「화재의 예방 및 안전 관리에 관한 법률」에 따른 소방시설등을 말한다. 이하 같다)이 소방 관계 법령에 적합하게 설치·관리되고 있는지, 소방대상물에 화재의 발생 위험이 있는지 등을 확인하기 위하여 실시하는 현장조사·문서열람·보고요구 등을 하는 활동을 말한다.
④ "화재예방강화지구"란 특별시장·광역시장·특별자치시장·도지사 또는 특별자치도지사(이하 "시·도지사"라 한다)가 화재발생 우려가 크거나 화재가 발생할 경우 피해가 클 것으로 예상되는 지역에 대하여 화재의 예방 및 안전관리를 강화하기 위해 지정·관리하는 지역을 말한다.

**해설** 제2조(정의)
① 이 법에서 사용하는 용어의 뜻은 다음과 같다.
1. "예방"이란 화재의 위험으로부터 사람의 생명·신체 및 재산을 보호하기 위하여 화재발생을 사전에 제거하거나 방지하기 위한 모든 활동을 말한다.
2. "안전관리"란 화재로 인한 피해를 최소화하기 위한 예방, 대비, 대응 등의 활동을 말한다.
3. "화재안전조사"란 소방청장, 소방본부장 또는 소방서장(이하 "소방관서장"이라 한다)이 소방대상물, 관계지역 또는 관계인에 대하여 소방시설등(「소방시설 설치 및 관리에 관한 법률」 제2조제1항제2호에 따른 소방시설등을 말한다. 이하 같다)이 소방 관계 법령에 적합하게 설치·관리되고 있는

지, 소방대상물에 화재의 발생 위험이 있는지 등을 확인하기 위하여 실시하는 현장조사·문서열람·보고요구 등을 하는 활동을 말한다.
4. "화재예방강화지구"란 특별시장·광역시장·특별자치시장·도지사 또는 특별자치도지사(이하 "시·도지사"라 한다)가 화재발생 우려가 크거나 화재가 발생할 경우 피해가 클 것으로 예상되는 지역에 대하여 화재의 예방 및 안전관리를 강화하기 위해 지정·관리하는 지역을 말한다.
5. "화재예방안전진단"이란 화재가 발생할 경우 사회·경제적으로 피해 규모가 클 것으로 예상되는 소방대상물에 대하여 화재위험요인을 조사하고 그 위험성을 평가하여 개선대책을 수립하는 것을 말한다.
② 이 법에서 사용하는 용어의 뜻은 제1항에서 규정하는 것을 제외하고는 「소방기본법」, 「소방시설 설치 및 관리에 관한 법률」, 「소방시설공사업법」, 「위험물안전관리법」 및 「건축법」에서 정하는 바에 따른다.

**53** 소방시설의 설치 및 관리에 관한 법률상 둘 이상의 특정소방대상물을 하나의 소방대상물로 볼 수 있는 연결통로의 구조로 옳지 않은 것은?

① 내화구조로 된 연결통로가 벽이 없는 구조로서 그 길이가 6m 이하인 경우
② 내화구조로 된 연결통로가 벽이 있는 구조로서 그 길이가 10m 이하인 경우
③ 자동방화셔터 또는 60분+ 또는 60분 방화문이 설치되어 있는 피트로 연결된 경우
④ 지하보도, 지하상가, 지하가 또는 지하구로 연결된 경우

**해설** 둘 이상의 특정소방대상물이 다음 각 목의 어느 하나에 해당되는 구조의 복도 또는 통로(이하 이 표에서 "연결통로"라 한다)로 연결된 경우에는 이를 하나의 특정소방대상물로 본다.
가. 내화구조로 된 연결통로가 다음의 어느 하나에 해당되는 경우
  1) 벽이 없는 구조로서 그 길이가 6m 이하인 경우
  2) 벽이 있는 구조로서 그 길이가 10m 이하인 경우. 다만, 벽 높이가 바닥에서 천장까지의 높이의 2분의 1 이상인 경우에는 벽이 있는 구조로 보고, 벽 높이가 바닥에서 천장까지의 높이의 2분의 1

미만인 경우에는 벽이 없는 구조로 본다.
나. 내화구조가 아닌 연결통로로 연결된 경우
다. 컨베이어로 연결되거나 플랜트설비의 배관 등으로 연결되어 있는 경우
라. 지하보도, 지하상가, 지하가로 연결된 경우
마. 자동방화셔터 또는 60분+ 방화문이 설치되지 않은 피트(전기설비 또는 배관설비 등이 설치되는 공간을 말한다)로 연결된 경우
바. 지하구로 연결된 경우

**54** 다음 중 소방시설법 시행령에서 규정하는 강화된 소방시설기준을 적용하는 대상에 대한 설명으로 틀린 것은?

① 「국토의 계획 및 이용에 관한 법률」 제2조제9호에 따른 공동구에 설치하는 소화기, 자동소화장치, 자동화재탐지설비, 통합감시시설, 무선통신보조설비, 방화벽
② 전력 및 통신사업용 지하구에 설치하는 소화기, 자동소화장치, 자동화재탐지설비, 통합감시시설, 유도등 및 연소방지설비
③ 노유자 시설에 설치하는 간이스프링클러설비, 자동화재탐지설비 및 단독경보형 감지기
④ 의료시설에 설치하는 스프링클러설비, 간이스프링클러설비, 자동화재탐지설비 및 자동화재속보설비

**해설** 「국토의 계획 및 이용에 관한 법률」 제2조제9호에 따른 공동구에 설치하는 소화기, 자동소화장치, 자동화재탐지설비, 통합감시시설, 유도등 및 연소방지설비

**55** 소방시설공사업법령상 용어의 정의에 관한 내용으로 옳지 않은 것은?

① "소방시설설계업"이란 소방시설공사에 기본이 되는 공사계획, 설계도면, 설계 설명서, 기술계산서 및 이와 관련된 서류를 작성하는 영업을 말한다.
② "소방시설업자"란 소방시설업을 경영하기 위하여 소방시설업을 등록한 자를 말한다.

③ "발주자"란 소방시설의 설계, 시공, 감리 및 방염을 소방시설업자에게 도급하는 자를 말한다. 다만, 수급인으로서 도급받은 공사를 하도급하는 자는 제외한다.
④ "감리원"이란 소방시설공사업자에 속속된 소방기술자로서 해당 소방시설공사를 감리하는 사람을 말한다.

**해설** 공사업법
제2조(정의)
① 이 법에서 사용하는 용어의 뜻은 다음과 같다.
1. "소방시설업"이란 다음 각 목의 영업을 말한다.
   가. 소방시설설계업 : 소방시설공사에 기본이 되는 공사계획, 설계도면, 설계 설명서, 기술계산서 및 이와 관련된 서류(이하 "설계도서"라 한다)를 작성(이하 "설계"라 한다)하는 영업
   나. 소방시설공사업 : 설계도서에 따라 소방시설을 신설, 증설, 개설, 이전 및 정비(이하 "시공"이라 한다)하는 영업
   다. 소방공사감리업 : 소방시설공사에 관한 발주자의 권한을 대행하여 소방시설공사가 설계도서와 관계 법령에 따라 적법하게 시공되는지를 확인하고, 품질·시공 관리에 대한 기술지도를 하는(이하 "감리"라 한다) 영업
   라. 방염처리업 : 「소방시설 설치 및 관리에 관한 법률」 제20조제1항에 따른 방염대상물품에 대하여 방염처리(이하 "방염"이라 한다)하는 영업
2. "소방시설업자"란 소방시설업을 경영하기 위하여 제4조에 따라 소방시설업을 등록한 자를 말한다.
3. "감리원"이란 소방공사감리업자에 속속된 소방기술자로서 해당 소방시설공사를 감리하는 사람을 말한다.
4. "소방기술자"란 제28조에 따라 소방기술 경력 등을 인정받은 사람과 다음 각 목의 어느 하나에 해당하는 사람으로서 소방시설업과 「소방시설 설치 및 관리에 관한 법률」에 따른 소방시설관리업의 기술인력으로 등록된 사람을 말한다.
   가. 「소방시설 설치 및 관리에 관한 법률」에 따른 소방시설관리사
   나. 국가기술자격 법령에 따른 소방기술사, 소방설비기사, 소방설비산업기사, 위험물기능장, 위험물산업기사, 위험물기능사

5. "발주자"란 소방시설의 설계, 시공, 감리 및 방염(이하 "소방시설공사등"이라 한다)을 소방시설업자에게 도급하는 자를 말한다. 다만, 수급인으로서 도급받은 공사를 하도급하는 자는 제외한다.

**56** 특수가연물의 표지에 포함되어야 하는 사항이 아닌 것은?
① 지정수량
② 단위부피당 질량
③ 관리책임자 직책
④ 화기취급 금지표시

**해설** 특수가연물을 저장 또는 취급하는 장소에는 품명, 최대저장수량, 단위부피당 질량 또는 단위체적당 질량, 관리책임자 성명·직책, 연락처 및 화기취급의 금지표시가 포함된 특수가연물 표지를 설치해야 한다.

**57** 위험물안전관리법령상 인화성액체위험물(이황화탄소 제외) 옥외탱크저장소의 방유제에 관한 사항이다. ( )에 들어갈 내용은?

> 방유제는 높이 ( ㄱ )m 이상 ( ㄴ )m 이하, 두께 ( ㄷ )m 이상, 지하매설깊이 1m 이상으로 할 것. 다만, 방유제와 옥외저장탱크 사이의 지반면 아래에 불침윤성(不侵潤性 : 수분 흡수를 막는 성질) 구조물을 설치하는 경우에는 지하매설깊이를 해당 불침윤성 구조물까지로 할 수 있다.

① ㄱ : 0.3, ㄴ : 2, ㄷ : 0.1
② ㄱ : 0.3, ㄴ : 2, ㄷ : 0.2
③ ㄱ : 0.5, ㄴ : 3, ㄷ : 0.1
④ ㄱ : 0.5, ㄴ : 3, ㄷ : 0.2

**해설** 방유제
방유제는 높이 0.5m 이상 3m 이하, 두께 0.2m 이상, 지하매설깊이 1m 이상으로 할 것. 다만, 방유제와 옥외저장탱크 사이의 지반면 아래에 불침윤성(不侵潤性 : 수분 흡수를 막는 성질) 구조물을 설치하는 경우에는 지하매설깊이를 해당 불침윤성 구조물까지로 할 수 있다.

**58** 소방기본법령상 소방대장이 정한 소방활동구역에 출입이 제한될 수 있는 자는? (단, 소방대장이 소방활동을 위하여 출입을 허가한 사람은 고려하지 않음)

① 소방활동구역 안에 있는 소방대상물의 소유자·관리자 또는 점유자
② 의사·간호사 그 밖의 구조·구급업무에 종사하는 사람
③ 화재보험업무에 종사하는 사람
④ 취재인력 등 보도업무에 종사하는 사람

**해설** 소방기본법 시행령 제8조(소방활동구역의 출입자)
법 제23조제1항에서 "대통령령으로 정하는 사람"이란 다음 각 호의 사람을 말한다.
1. 소방활동구역 안에 있는 소방대상물의 소유자·관리자 또는 점유자
2. 전기·가스·수도·통신·교통의 업무에 종사하는 사람으로서 원활한 소방활동을 위하여 필요한 사람
3. 의사·간호사 그 밖의 구조·구급업무에 종사하는 사람
4. 취재인력 등 보도업무에 종사하는 사람
5. 수사업무에 종사하는 사람
6. 그 밖에 소방대장이 소방활동을 위하여 출입을 허가한 사람

**59** 소방기본법령상 소방용수시설의 설치 및 관리 등에 관한 내용으로 옳은 것은?

① 소방본부장 또는 소방서장은 소방활동에 필요한 소방용수시설을 설치하고 유지·관리하여야 한다.
② 소방본부장 또는 소방서장은 소방자동차의 진입이 곤란한 지역 등 화재발생 시에 초기대응이 필요한 지역으로서 대통령령으로 정하는 지역에 비상소화장치를 설치하고 유지·관리할 수 있다.
③ 소방본부장 또는 소방서장은 원활한 소방활동을 위하여 소방용수시설에 대한 조사를 연 1회 실시하여야 한다.
④ 비상소화장치는 비상소화장치함, 소화전, 소방호스, 관창을 포함하여 구성하여야 한다.

**해설** ① 시·도지사는 소방활동에 필요한 소방용수시설을 설치하고 유지·관리하여야 한다.
② 시·도지사는 소방자동차의 진입이 곤란한 지역 등 화재발생 시에 초기대응이 필요한 지역으로서 대통령령으로 정하는 지역에 비상소화장치를 설치하고 유지·관리할 수 있다.
③ 소방본부장 또는 소방서장은 원활한 소방활동을 위하여 소방용수시설에 대한 조사를 월1회 실시하여야 한다.

**60** 소방시설 설치 및 관리에 관한 법령상 특정소방대상물의 노유자 시설에 해당하지 않는 것은?

① 장애인 의료재활시설
② 정신요양시설
③ 학교의 병설유치원
④ 정신재활시설(생산품판매시설은 제외)

**해설** 노유자 시설
가. 노인 관련 시설 : 「노인복지법」에 따른 노인주거복지시설, 노인의료복지시설, 노인여가복지시설, 주·야간보호서비스나 단기보호서비스를 제공하는 재가노인복지시설(「노인장기요양보험법」에 따른 장기요양기관을 포함한다), 노인보호전문기관, 노인일자리지원기관, 학대피해노인 전용쉼터, 그 밖에 이와 비슷한 것
나. 아동 관련 시설 : 「아동복지법」에 따른 아동복지시설, 「영유아보육법」에 따른 어린이집, 「유아교육법」에 따른 유치원[제8호가목1)에 따른 학교의 교사 중 병설유치원으로 사용되는 부분을 포함한다], 그 밖에 이와 비슷한 것
다. 장애인 관련 시설 : 「장애인복지법」에 따른 장애인 거주시설, 장애인 지역사회재활시설(장애인 심부름센터, 한국수어통역센터, 점자도서 및 녹음서 출판시설 등 장애인이 직접 그 시설 자체를 이용하는 것을 주된 목적으로 하지 않는 시설은 제외한다), 장애인 직업재활시설, 그 밖에 이와 비슷한 것
라. 정신질환자 관련 시설 : 「정신건강증진 및 정신질환자 복지서비스 지원에 관한 법률」에 따른 정신재활시설(생산품판매시설은 제외한다), 정신요양시설, 그 밖에 이와 비슷한 것

**정답** 58.③ 59.④ 60.①

마. 노숙인 관련 시설 : 「노숙인 등의 복지 및 자립지원에 관한 법률」 제2조제2호에 따른 노숙인복지시설(노숙인일시보호시설, 노숙인자활시설, 노숙인재활시설, 노숙인요양시설 및 쪽방상담소만 해당한다), 노숙인종합지원센터 및 그 밖에 이와 비슷한 것
바. 가목부터 마목까지에서 규정한 것 외에 「사회복지사업법」에 따른 사회복지시설 중 결핵환자 또는 한센인 요양시설 등 다른 용도로 분류되지 않는 것

# 제3회 소방설비기사[기계분야] 1차 필기

[제3과목 : 소방관계법규]

**41** 소방기본법 시행규칙 별표1에 따른 소방체험관의 설립 및 운영에 관한 기준상 기준으로 틀린 것은?

① 소방체험관 중 소방안전체험실로 사용되는 부분의 바닥면적합은 900제곱미터 이상이 되어야 한다.
② 화재안전 체험실은 100제곱미터 이상이 되어야 한다.
③ 전기안전 체험실은 100제곱미터 이상이 되어야 한다.
④ 체험실별 체험교육을 총괄하는 교수요원은 소방관련학과 박사학위이상을 취득한 사람이 할 수 있다.

해설 1. 설립 입지 및 규모 기준
  가. 소방체험관은 도로 등 교통시설을 갖추고, 재해 및 재난 위험요소가 없는 등 국민의 접근성과 안전성이 확보된 지역에 설립되어야 한다.
  나. 소방체험관 중 제2호의 소방안전 체험실로 사용되는 부분의 바닥면적의 합이 900제곱미터 이상이 되어야 한다.
2. 소방체험관의 시설 기준
  가. 소방체험관에는 다음 표에 따른 체험실을 모두 갖추어야 한다. 이 경우 체험실별 바닥면적은 100제곱미터 이상이어야 한다.

| 분야 | 체험실 |
|---|---|
| 생활안전 | 화재안전 체험실 |
|  | 시설안전 체험실 |
| 교통안전 | 보행안전 체험실 |
|  | 자동차안전 체험실 |
| 자연재난 안전 | 기후성 재난 체험실 |
|  | 지질성 재난 체험실 |
| 보건안전 | 응급처치 체험실 |

  나. 소방체험관의 규모 및 지역 여건 등을 고려하여 다음 표에 따른 체험실을 갖출 수 있다. 이 경우 체험실별 바닥면적은 100제곱미터 이상이어야 한다.

| 분야 | 체험실 |
|---|---|
| 생활안전 | 전기안전 체험실, 가스안전 체험실, 작업안전 체험실, 여가활동 체험실, 노인안전 체험실 |
| 교통안전 | 버스안전 체험실, 이륜차안전 체험실, 지하철안전 체험실 |
| 자연재난안전 | 생물권 재난안전 체험실(조류독감, 구제역 등) |
| 사회기반안전 | 화생방·민방위안전 체험실, 환경안전 체험실, 에너지·정보통신안전 체험실, 사이버안전 체험실 |
| 범죄안전 | 미아안전 체험실, 유괴안전 체험실, 폭력안전 체험실, 성폭력안전 체험실, 사기범죄 안전 체험실 |
| 보건안전 | 중독안전 체험실(게임·인터넷, 흡연 등), 감염병안전 체험실, 식품안전 체험실, 자살방지 체험실 |
| 기타 | 시·도지사가 필요하다고 인정하는 체험실 |

  다. 소방체험관에는 사무실, 회의실, 그 밖에 시설물의 관리·운영에 필요한 관리시설이 건물규모에 적합하게 설치되어야 한다.
3. 체험교육 인력의 자격 기준
  가. 체험실별 체험교육을 총괄하는 교수요원은 소방공무원 중 다음의 어느 하나에 해당하는 사람이어야 한다.
  1) 소방 관련학과의 석사학위 이상을 취득한 사람
  2) 「소방기본법」 제17조의2에 따른 소방안전교육사, 「화재예방, 소방시설 설치·유지 및 안전관리에 관한 법률」 제26조에 따른 소방시설관리사, 「국가기술자격법」에 따른 소방기술사 또는 소방설비기사 자격을 취득한 사람
  3) 간호사 또는 「응급의료에 관한 법률」 제36조에 따른 응급구조사 자격을 취득한 사람

정답 41.④

4) 소방청장이 실시하는 인명구조사시험 또는 화재대응능력시험에 합격한 사람
5) 「소방기본법」 제16조 또는 제16조의3에 따른 소방활동이나 생활안전활동을 3년 이상 수행한 경력이 있는 사람
6) 5년 이상 근무한 소방공무원 중 시·도지사가 체험실의 교수요원으로 적합하다고 인정하는 사람

나. 체험실별 체험교육을 지원하고 실습을 보조하는 조교는 다음의 어느 하나에 해당하는 사람이어야 한다.
1) 가목에 따른 교수요원의 자격을 갖춘 사람
2) 「소방기본법」 제16조 및 제16조의3에 따른 소방활동이나 생활안전활동을 1년 이상 수행한 경력이 있는 사람
3) 중앙소방학교 또는 지방소방학교에서 2주 이상의 소방안전교육사 관련 전문교육과정을 이수한 사람
4) 소방체험관에서 2주 이상의 체험교육에 관한 직무교육을 이수한 의무소방원
5) 그 밖에 1)부터 4)까지의 규정에 준하는 자격 또는 능력을 갖추었다고 시·도지사가 인정하는 사람

**42** 화재예방법상 음식조리를 위하여 설치하는 설비 기준 중 다음 괄호 안에 들어갈 말은?

가. 주방설비에 부속된 배출덕트(공기배출통로)는 ( ㉠ )밀리미터 이상의 아연도금강판 또는 이와 동등 이상의 내식성 불연재료로 설치할 것
나. 주방시설에는 동물 또는 식물의 기름을 제거할 수 있는 필터 등을 설치할 것
다. 열을 발생하는 조리기구는 반자 또는 선반으로부터 ( ㉡ )미터 이상 떨어지게 할 것
라. 열을 발생하는 조리기구로부터 ( ㉢ )미터 이내의 거리에 있는 가연성 주요구조부는 단열성이 있는 불연재료로 덮어씌울 것

| | ㉠ | ㉡ | ㉢ |
|---|---|---|---|
| ① | 0.6 | 0.6 | 0.2 |
| ② | 0.5 | 0.6 | 0.15 |
| ③ | 0.5 | 0.6 | 0.1 |
| ④ | 0.5 | 0.5 | 0.2 |

**해설** 음식조리를 위하여 설치하는 설비
「식품위생법 시행령」 제21조제8호에 따른 식품접객업 중 일반음식점 주방에서 조리를 위하여 불을 사용하는 설비를 설치하는 경우에는 다음 각 목의 사항을 지켜야 한다.
가. 주방설비에 부속된 배출덕트(공기 배출통로)는 0.5밀리미터 이상의 아연도금강판 또는 이와 같거나 그 이상의 내식성 불연재료로 설치할 것
나. 주방시설에는 동물 또는 식물의 기름을 제거할 수 있는 필터 등을 설치할 것
다. 열을 발생하는 조리기구는 반자 또는 선반으로부터 0.6미터 이상 떨어지게 할 것
라. 열을 발생하는 조리기구로부터 0.15미터 이내의 거리에 있는 가연성 주요구조부는 단열성이 있는 불연재료로 덮어씌울 것

**43** 「소방기본법 시행령」상 규정하는 소방자동차 전용구역 방해행위 기준으로 옳지 않은 것은?

① 전용구역에 물건 등을 쌓거나 주차하는 행위
② 「주차장법」 제19조에 따른 부설주차장의 주차구획 내에 주차하는 행위
③ 전용구역 진입로에 물건 등을 쌓거나 주차하여 전용구역으로의 진입을 가로막는 행위
④ 전용구역 노면표지를 지우거나 훼손하는 행위

**해설** 소방기본법 시행령 제7조의14(전용구역 방해행위의 기준)
법 제21조의2제2항에 따른 방해행위의 기준은 다음 각 호와 같다.
1. 전용구역에 물건 등을 쌓거나 주차하는 행위
2. 전용구역의 앞면, 뒷면 또는 양 측면에 물건 등을 쌓거나 주차하는 행위. 다만, 「주차장법」 제19조에 따른 부설주차장의 주차구획 내에 주차하는 경우는 제외한다.
3. 전용구역 진입로에 물건 등을 쌓거나 주차하여 전용구역으로의 진입을 가로막는 행위
4. 전용구역 노면표지를 지우거나 훼손하는 행위
5. 그 밖의 방법으로 소방자동차가 전용구역에 주차하는 것을 방해하거나 전용구역으로 진입하는 것을 방해하는 행위

**44** 소화활동설비에서 제연설비를 설치하여야 하는 특정소방대상물의 기준으로 틀린 것은?

① 문화 및 집회시설, 운동시설로서 무대부의 바닥면적이 200m² 이상인 경우 해당 무대부
② 근린생활시설, 위락시설, 판매시설, 숙박시설 등으로서 해당용도로 사용되는 바닥면적의 합계가 1000m² 이상인 경우 해당 부분
③ 지하가(터널은 제외)로서 연면적이 1000m² 이상인 것
④ 지하가 중 터널로서 길이가 1000m 이상인 것

해설 가. 제연설비를 설치해야 하는 특정소방대상물은 다음의 어느 하나에 해당하는 것으로 한다.
1) 문화 및 집회시설, 종교시설, 운동시설 중 무대부의 바닥면적이 200m² 이상인 경우에는 해당 무대부
2) 문화 및 집회시설 중 영화상영관으로서 수용인원 100명 이상인 경우에는 해당 영화상영관
3) 지하층이나 무창층에 설치된 근린생활시설, 판매시설, 운수시설, 숙박시설, 위락시설, 의료시설, 노유자 시설 또는 창고시설(물류터미널로 한정한다)로서 해당 용도로 사용되는 바닥면적의 합계가 1천m² 이상인 경우 해당 부분
4) 운수시설 중 시외버스정류장, 철도 및 도시철도 시설, 공항시설 및 항만시설의 대기실 또는 휴게시설로서 지하층 또는 무창층의 바닥면적이 1천m² 이상인 경우에는 모든 층
5) 지하가(터널은 제외한다)로서 연면적 1천m² 이상인 것
6) 지하가 중 예상 교통량, 경사도 등 터널의 특성을 고려하여 행정안전부령으로 정하는 터널
7) 특정소방대상물(갓복도형 아파트등은 제외한다)에 부설된 특별피난계단, 비상용 승강기의 승강장 또는 피난용 승강기의 승강장

**45** 특정소방대상물의 소방시설 설치면제 기준에 대한 설명으로 틀린 것은?

① 물분무등소화설비를 설치하여야 하는 차고·주차장에 스프링클러설비를 화재안전기준에 적합하게 설치한 경우에는 그 설비의 유효범위에서 설치가 면제된다.
② 비상경보설비를 설치하여야 할 특정소방대상물에 단독경보형 감지기를 2개 이상의 단독경보형 감지기와 연동하여 설치하는 경우에는 그 설비의 유효범위에서 설치가 면제된다.
③ 연결살수설비를 가스 관계 법령에 따라 설치되는 물분무장치 등에 소방대가 사용할 수 있는 연결송수구가 설치되거나 물분무장치 등에 5시간 이상 공급할 수 있는 수원(水源)이 확보된 경우에는 설치가 면제된다.
④ 공기조화설비를 화재안전기준의 제연설비기준에 적합하게 설치하고 공기조화설비가 화재 시 제연설비기능으로 자동전환되는 구조로 설치되어 있는 경우 제연설비의 설치가 면제된다.

해설 가. 연결살수설비를 설치하여야 하는 특정소방대상물에 송수구를 부설한 스프링클러설비, 간이스프링클러설비, 물분무소화설비 또는 미분무소화설비를 화재안전기준에 적합하게 설치한 경우에는 그 설비의 유효범위에서 설치가 면제된다.
나. 가스 관계 법령에 따라 설치되는 물분무장치 등에 소방대가 사용할 수 있는 연결송수구가 설치되거나 물분무장치 등에 6시간 이상 공급할 수 있는 수원(水源)이 확보된 경우에는 설치가 면제된다.

**46** 다음 중 소방안전관리보조자를 두어야 하는 특정소방대상물로서 틀린 것은?

① 300세대 이상 아파트
② 아파트를 제외한 연면적 15,000제곱미터 이상 특정소방대상물
③ 의료시설 및 노유자시설
④ 숙박시설(숙박시설로 사용되는 바닥면적 합계가 1천제곱미터 미만이고 관계인이 24시간 상시근무하는 숙박시설은 제외)

해설 소방안전관리보조자 선임대상물
1. 「건축법 시행령」 별표 1 제2호가목에 따른 아파트(300세대 이상인 아파트만 해당한다)

2. 제1호에 따른 아파트를 제외한 연면적이 1만5천제곱미터 이상인 특정소방대상물
3. 제1호 및 제2호에 따른 특정소방대상물을 제외한 특정소방대상물 중 다음 각 목의 어느 하나에 해당하는 특정소방대상물
   가. 공동주택 중 기숙사
   나. 의료시설
   다. 노유자시설
   라. 수련시설
   마. 숙박시설(숙박시설로 사용되는 바닥면적의 합계가 1천500제곱미터 미만이고 관계인이 24시간 상시 근무 하고 있는 숙박시설은 제외한다)

## 47. 다음 중 소방시설설치유지 및 안전관리에 관한 법률 시행령에서 규정하는 특정소방대상물의 분류가 잘못된 것은?

① 자동차검사장 : 운수시설
② 동·식물원 : 문화 및 집회시설
③ 무도장 및 무도학원 : 위락시설
④ 전신전화국 : 방송통신시설

**해설**
- 운수시설
  가. 여객자동차터미널
  나. 철도 및 도시철도 시설(정비창 등 관련 시설을 포함한다)
  다. 공항시설(항공관제탑을 포함한다)
  라. 항만시설 및 종합여객시설
- 문화 및 집회시설
  가. 공연장으로서 근린생활시설에 해당하지 않는 것
  나. 집회장 : 예식장, 공회당, 회의장, 마권(馬券) 장외 발매소, 마권 전화투표소, 그 밖에 이와 비슷한 것으로서 근린생활시설에 해당하지 않는 것
  다. 관람장 : 경마장, 경륜장, 경정장, 자동차 경기장, 그 밖에 이와 비슷한 것과 체육관 및 운동장으로서 관람석의 바닥면적의 합계가 1천m² 이상인 것
  라. 전시장 : 박물관, 미술관, 과학관, 문화관, 체험관, 기념관, 산업전시장, 박람회장, 그 밖에 이와 비슷한 것
  마. 동·식물원 : 동물원, 식물원, 수족관, 그 밖에 이와 비슷한 것
- 위락시설
  가. 단란주점으로서 근린생활시설에 해당하지 않는 것
  나. 유흥주점, 그 밖에 이와 비슷한 것
  다. 「관광진흥법」에 따른 유원시설업(遊園施設業)의 시설, 그 밖에 이와 비슷한 시설(근린생활시설에 해당하는 것은 제외한다)
  라. 무도장 및 무도학원
  마. 카지노영업소
- 방송통신시설
  가. 방송국(방송프로그램 제작시설 및 송신·수신·중계시설을 포함한다)
  나. 전신전화국
  다. 촬영소
  라. 통신용 시설
  마. 그 밖에 가목부터 라목까지의 시설과 비슷한 것
- 항공기 및 자동차 관련 시설(건설기계 관련 시설을 포함한다)
  가. 항공기격납고
  나. 차고, 주차용 건축물, 철골 조립식 주차시설(바닥면이 조립식이 아닌 것을 포함한다) 및 기계장치에 의한 주차시설
  다. 세차장
  라. 폐차장
  마. 자동차 검사장
  바. 자동차 매매장
  사. 자동차 정비공장
  아. 운전학원·정비학원

## 48. 소방시설법상 과징금의 부과기준에 대한 설명으로 틀린 것은?

① 영업정지 1개월은 30일로 계산한다.
② 과징금 산정은 영업정지기간(일)에 영업정지 1일에 해당하는 금액을 곱한 금액으로 한다.
③ 위반행위가 둘 이상 발생한 경우 과징금 부과에 의한 영업정지기간(일) 산정은 제2호가목의 개별기준에 따른 각각의 영업정지 처분기간 중 최대의 기간으로 한다.
④ 영업정지에 해당하는 위반사항으로서 위반행위의 동기·내용·횟수 또는 그 결과를 고려하여 그 처분기준의 2분의 1까지 감경한 경우 과징금 부과에 의한 영업정지기간(일) 산정은 감경한 영업정지기간으로 한다.

정답 47.① 48.③

**해설** 위반행위가 둘 이상 발생한 경우 과징금 부과에 의한 영업정지기간(일) 산정은 제2호가목의 개별기준에 따른 각각의 영업정지 기간을 합산한 기간으로 한다.

## 49 특정소방대상물의 소방시설 자체점검에 관한 설명 중 종합점검 대상이 아닌 항목은?

① 스프링클러설비가 설치된 특정소방대상물
② 비디오물소극장업이 설치된 연면적 2000m² 이상인 특정소방대상물
③ 물분무소화설비가 설치된 연면적 5000m² 이상인 특정소방대상물
④ 자동화재탐지설비가 설치된 연면적 1000m² 이상인 공공기관

**해설** 최초점검을 제외한 종합점검은 다음의 어느 하나에 해당하는 특정소방대상물을 대상으로 한다.
1) 스프링클러설비가 설치된 특정소방대상물
2) 물분무등소화설비[호스릴(Hose Reel) 방식의 물분무등소화설비만을 설치한 경우는 제외한다]가 설치된 연면적 5,000m² 이상인 특정소방대상물(위험물 제조소등은 제외한다).
3) 「다중이용업소의 안전관리에 관한 특별법 시행령」 제2조제1호나목, 같은 조 제2호(비디오물소극장업은 제외한다)·제6호·제7호·제7호의2 및 제7호의5의 다중이용업의 영업장이 설치된 특정소방대상물로서 연면적이 2,000m² 이상인 것
4) 제연설비가 설치된 터널
5) 「공공기관의 소방안전관리에 관한 규정」 제2조에 따른 공공기관 중 연면적(터널·지하구의 경우 그 길이와 평균폭을 곱하여 계산된 값을 말한다)이 1,000m² 이상인 것으로서 옥내소화전설비 또는 자동화재탐지설비가 설치된 것. 다만, 「소방기본법」 제2조제5호에 따른 소방대가 근무하는 공공기관은 제외한다.

## 50 다음 중 점검인력 1단위에 대한 설명으로 옳지 않은 설명은?

① 관리업자가 점검하는 경우에는 소방시설관리사 또는 특급점검자 1명과 영 별표 9에 따른 보조 기술인력 2명을 점검인력 1단위로 하되, 점검인력 1단위에 2명(같은 건축물을 점검할 때는 4명) 이내의 보조 기술인력을 추가할 수 있다.
② 소방안전관리자로 선임된 소방시설관리사 및 소방기술사가 점검하는 경우에는 소방시설관리사 또는 소방기술사 중 1명과 보조 기술인력 2명을 점검인력 1단위로 하되, 점검인력 1단위에 2명 이내의 보조 기술인력을 추가할 수 있다. 다만, 보조 기술인력은 해당 특정소방대상물의 관계인 또는 소방안전관리보조자로 할 수 있다.
③ 관계인이 점검하는 경우에는 관계인 1명과 보조 기술인력 2명을 점검인력 1단위로 하되, 보조 기술인력은 해당 특정소방대상물의 관리자, 점유자 또는 소방안전관리보조자로 할 수 있다.
④ 소방안전관리자가 점검하는 경우에는 소방안전관리자 1명과 보조 기술인력 2명을 점검인력 1단위로 하되, 보조 기술인력은 해당 특정소방대상물의 소유자 또는 점유자로 할 수 있다.

**해설** 점검인력 1단위는 다음과 같다.
가. 관리업자가 점검하는 경우에는 소방시설관리사 또는 특급점검자 1명과 영 별표 9에 따른 보조 기술인력 2명을 점검인력 1단위로 하되, 점검인력 1단위에 2명(같은 건축물을 점검할 때는 4명) 이내의 보조 기술인력을 추가할 수 있다.
나. 소방안전관리자로 선임된 소방시설관리사 및 소방기술사가 점검하는 경우에는 소방시설관리사 또는 소방기술사 중 1명과 보조 기술인력 2명을 점검인력 1단위로 하되, 점검인력 1단위에 2명 이내의 보조 기술인력을 추가할 수 있다. 다만, 보조 기술인력은 해당 특정소방대상물의 관계인 또는 소방안전관리보조자로 할 수 있다.
다. 관계인 또는 소방안전관리자가 점검하는 경우에는 관계인 또는 소방안전관리자 1명과 보조 기술인력 2명을 점검인력 1단위로 하되, 보조 기술인력은 해당 특정소방대상물의 관리자, 점유자 또는 소방안전관리보조자로 할 수 있다.

**51** 다음 중 특급소방안전관리대상물에 포함되지 않는 것은?

① 지하층 제외 50층 이상인 아파트
② 지하층 포함 30층 이상인 아파트를 제외한 일반대상물
③ 연면적이 10만제곱미터 이상인 아파트(50층 미만)
④ 지상으로부터 높이가 200미터 이상인 아파트

**해설** 특급 소방안전관리대상물
가. 특급 소방안전관리대상물의 범위
「소방시설 설치 및 관리에 관한 법률 시행령」별표 2의 특정소방대상물 중 다음의 어느 하나에 해당하는 것
1) 50층 이상(지하층은 제외한다)이거나 지상으로부터 높이가 200미터 이상인 아파트
2) 30층 이상(지하층을 포함한다)이거나 지상으로부터 높이가 120미터 이상인 특정소방대상물(아파트는 제외한다)
3) 2)에 해당하지 않는 특정소방대상물로서 연면적이 10만제곱미터 이상인 특정소방대상물(아파트는 제외한다)
나. 특급 소방안전관리대상물에 선임해야 하는 소방안전관리자의 자격
다음의 어느 하나에 해당하는 사람으로서 특급 소방안전관리자 자격증을 발급받은 사람
1) 소방기술사 또는 소방시설관리사의 자격이 있는 사람
2) 소방설비기사의 자격을 취득한 후 5년 이상 1급 소방안전관리대상물의 소방안전관리자로 근무한 실무경력(법 제24조제3항에 따라 소방안전관리자로 선임되어 근무한 경력은 제외한다. 이하 이 표에서 같다)이 있는 사람
3) 소방설비산업기사의 자격을 취득한 후 7년 이상 1급 소방안전관리대상물의 소방안전관리자로 근무한 실무경력이 있는 사람
4) 소방공무원으로 20년 이상 근무한 경력이 있는 사람
5) 소방청장이 실시하는 특급 소방안전관리대상물의 소방안전관리에 관한 시험에 합격한 사람
다. 선임인원 : 1명 이상

**52** 다음 용어 설명 중 옳은 것은?

① 소방시설이란 소화설비·경보설비·피난설비·소화용수설비 그 밖에 소화활동설비로서 대통령령으로 정하는 것을 말한다.
② 소방시설등이란 소방시설과 비상구 그 밖에 소방관련 시설로서 행정안전부령으로 정하는 것을 말한다.
③ 특정소방대상물이란 소방시설을 설치하여야 하는 소방대상물로서 소방청장이 정하는 것을 말한다.
④ 소방용품이란 소방시설 등을 구성하거나 소방용으로 사용되는 제품 또는 기기로서 행정안전부령으로 정하는 것을 말한다.

**해설** 제2조(정의)
① 이 법에서 사용하는 용어의 뜻은 다음과 같다.
1. "소방시설"이란 소화설비, 경보설비, 피난구조설비, 소화용수설비, 그 밖에 소화활동설비로서 대통령령으로 정하는 것을 말한다.
2. "소방시설등"이란 소방시설과 비상구(非常口), 그 밖에 소방 관련 시설로서 대통령령으로 정하는 것을 말한다.
3. "특정소방대상물"이란 소방시설을 설치하여야 하는 소방대상물로서 대통령령으로 정하는 것을 말한다.
4. "소방용품"이란 소방시설등을 구성하거나 소방용으로 사용되는 제품 또는 기기로서 대통령령으로 정하는 것을 말한다.

**53** 위험물안전관리법령상 위험물의 성질과 품명이 바르게 연결된 것은?

① 산화성고체 – 과염소산염류
② 자연발화성물질 및 금수성물질 – 특수인화물
③ 인화성액체 – 아조화합물
④ 자기반응성물질 – 과산화수소

**해설** ② 인화성액체 – 특수인화물
③ 자기반응성물질 – 아조화합물
④ 산화성액체 – 과산화수소

**정답** 51.③ 52.① 53.①

**54** 위험물안전관리법령상 제조소등에서 위험물을 유출·방출 또는 확산시켜 사람의 생명·신체 또는 재산에 대하여 위험을 발생시킨 자에게 적용되는 벌칙은?

① 1년 이상 10년 이하의 징역
② 7년 이하의 금고 또는 7천만원 이하의 벌금
③ 5년 이하의 금고 또는 1억원 이하의 벌금
④ 10년 이하의 금고 또는 1억원 이하의 벌금

**해설**
- 1년 이상 / 10년 이하의 징역 : 사람의 생명·신체 또는 재산에 대하여 위험을 발생시킨 자
- 무기 / 5년 이상의 징역 : 사람을 사망에 이르게 한 때
- 무기 / 3년 이상의 징역 : 사람을 상해(傷害)에 이르게 한 때
- 7년 이하 / 7,000만 원 이하의 벌금 : 업무상 과실로 사람의 생명·신체·재산에 대하여 위험을 발생시킨 자
- 10년 이하 / 1억 원 이하의 벌금 : 사람을 사상에 이르게 한 자
- 5년 이하 / 1억 원 이하의 벌금 : 제조소등의 설치허가를 받지 아니하고 제조소등을 설치한 자

**55** 위험물안전관리법령상 동일구역 내에 있거나 상호 100미터 이내의 거리에 있는 다수의 저장소로서 동일인이 설치한 경우 1인의 안전관리자를 중복하여 선임할 수 없는 것은?

① 10개의 옥내저장소
② 30개의 옥외저장소
③ 10개의 암반탱크저장소
④ 30개의 옥외탱크저장소

**해설**

| 대상물과 대상물 | | 조건 |
|---|---|---|
| 7개 이하의 일반취급소 (보일러·버너 등 위험물을 소비하는 장치) | 저장소 | 동일구역 내에 있는 경우 |
| 5개 이하의 일반취급소 (옮겨 담기 위한 취급소) | 저장소 | 동일구역 내 보행거리 300[m] 이내 |
| | • 저장소<br>• 옥내, 옥외, 암반탱크 : 10개 이하<br>• 옥외탱크 : 30개 이하<br>• 옥내탱크, 지하탱크, 간이탱크 : 제한 없음 | 동일구역 내에 있거나 상호 100[m] 이내 |
| 5개 이하의 제조소 등 (위험물의 최대수량이 지정수량의 3천 배 미만) | | 동일구역 내에 있거나 상호 100[m] 이내 |

* 옥외저장소는 10개 이하

**56** 소방시설공사업법령상 소방시설별 하자보수 보증기간이 3년으로 규정되어 있는 소방시설을 모두 고른 것은?

ㄱ. 비상방송설비  ㄴ. 옥내소화전설비
ㄷ. 무선통신보조설비  ㄹ. 자동화재탐지설비

① ㄱ, ㄴ     ② ㄱ, ㄷ
③ ㄴ, ㄹ     ④ ㄷ, ㄹ

**해설** 소방시설공사업법 시행령 제6조(하자보수 대상 소방시설과 하자보수 보증기간)
1. 피난기구, 유도등, 유도표지, 비상경보설비, 비상조명등, 비상방송설비 및 무선통신보조설비 : 2년

**57** 소방시설공사업법령상 착공신고를 한 공사업자가 변경신고를 하여야 하는 경우에 해당하지 않는 것은?

① 시공자가 변경된 경우
② 소방시설공사 기간이 변경된 경우
③ 설치되는 소방시설의 종류가 변경된 경우
④ 책임시공 및 기술관리 소방기술자가 변경된 경우

**해설** 소방시설공사업법 시행규칙 제12조(착공신고 등)
② 법 제13조제2항에서 "행정안전부령으로 정하는 중요한 사항"이란 다음 각 호의 어느 하나에 해당하는 사항을 말한다.
1. 시공자
2. 설치되는 소방시설의 종류
3. 책임시공 및 기술관리 소방기술자
* "소방시설공사 기간이 변경된 경우"는 해당없음

**정답** 54.① 55.② 56.③ 57.②

**58** 소방시설공사업법령상 소방기술자의 배치기준이다. ( )에 들어갈 내용으로 옳게 나열한 것은?

| 소방기술자의 배치기준 | 가. 행정안전부령으로 정하는 특급기술자인 소방기술자(기계분야 및 전기분야) |
|---|---|
| 소방시설공사 현장의 기준 | 1) 연면적 ( ㉠ )제곱미터 이상인 특정소방대상물의 공사 현장<br>2) 지하층을 ( ㉡ )한 층수가 ( ㉢ )층 이상인 특정소방대상물의 공사 현장 |

① ㉠ : 10만, ㉡ : 포함, ㉢ : 20
② ㉠ : 10만, ㉡ : 제외, ㉢ : 30
③ ㉠ : 20만, ㉡ : 포함, ㉢ : 40
④ ㉠ : 20만, ㉡ : 제외, ㉢ : 50

**해설** 소방기술자의 배치기준(제3조 관련)

| 소방기술자의 배치기준 | 소방시설공사 현장의 기준 |
|---|---|
| 1. 행정안전부령으로 정하는 특급기술자인 소방기술자(기계분야 및 전기분야) | 가. 연면적 20만제곱미터 이상인 특정소방대상물의 공사 현장<br>나. 지하층을 포함한 층수가 40층 이상인 특정소방대상물의 공사 현장 |
| 2. 행정안전부령으로 정하는 고급기술자 이상의 소방기술자(기계분야 및 전기분야) | 가. 연면적 3만제곱미터 이상 20만제곱미터 미만인 특정소방대상물(아파트는 제외한다)의 공사 현장<br>나. 지하층을 포함한 층수가 16층 이상 40층 미만인 특정소방대상물의 공사 현장 |
| 3. 행정안전부령으로 정하는 중급기술자 이상의 소방기술자(기계분야 및 전기분야) | 가. 물분무등소화설비(호스릴 방식의 소화설비는 제외한다) 또는 제연설비가 설치되는 특정소방대상물의 공사 현장<br>나. 연면적 5천제곱미터 이상 3만제곱미터 미만인 특정소방대상물(아파트는 제외한다)의 공사 현장<br>다. 연면적 1만제곱미터 이상 20만제곱미터 미만인 아파트의 공사 현장 |
| 4. 행정안전부령으로 정하는 초급기술자 이상의 소방기술자(기계분야 및 전기분야) | 가. 연면적 1천제곱미터 이상 5천제곱미터 미만인 특정소방대상물(아파트는 제외한다)의 공사 현장<br>나. 연면적 1천제곱미터 이상 1만제곱미터 미만인 아파트의 공사 현장<br>다. 지하구(地下溝)의 공사 현장 |
| 5. 법 제28조에 따라 자격수첩을 발급받은 소방기술자 | 연면적 1천제곱미터 미만인 특정소방대상물의 공사 현장 |

**59** 소방시설업자가 특정소방대상물의 관계인에 대한 통보 의무사항이 아닌 것은?

① 지위를 승계한 때
② 등록취소 또는 영업정지 처분을 받은 때
③ 휴업 또는 폐업한 때
④ 주소지가 변경된 때

**해설** 소방시설공사업법 제8조(소방시설업의 운영)
③ 소방시설업자는 다음 각 호의 어느 하나에 해당하는 경우에는 소방시설공사 등을 맡긴 특정소방대상물의 관계인에게 지체없이 그 사실을 알려야 한다.
  1. 제7조에 따라 소방시설업자의 지위를 승계한 경우
  2. 제9조제1항에 따라 소방시설업의 등록취소처분 또는 영업정지처분을 받은 경우
  3. 휴업하거나 폐업한 경우

**60** 소방시설업의 등록 시 시·도지사에게 제출하는 서류가 아닌 것은?

① 소방기술자경력수첩 및 기술자격증(자격수첩)
② 소방청장이 지정하는 금융회사 또는 소방산업공제조합에 출자·예치·담보한 금액확인서(소방시설공사업인 경우에 한한다.)
③ 신청일 전 최근 90일 이내에 작성한 자산평가액 또는 기업진단보고서(소방시설공사업인 경우에 한한다)
④ 법인등기부등본(법인의 경우에 한한다)

정답 58.③ 59.④ 60.④

**해설** 필요 서류
1. 신청인(외국인을 포함하되, 법인의 경우에는 대표자를 포함한 임원을 말한다)의 성명, 주민등록번호 및 주소지 등의 인적사항이 적힌 서류
2. 등록기준 중 기술인력에 관한 사항을 확인할 수 있는 다음 각 목의 어느 하나에 해당하는 서류(이하 "기술인력 증빙서류"라 한다)
   가. 국가기술자격증
   나. 법 제28조제2항에 따라 발급된 소방기술 인정 자격수첩(이하 "자격수첩"이라 한다) 또는 소방기술자 경력수첩(이하 "경력수첩"이라 한다)
3. 영 제2조제2항에 따라 소방청장이 지정하는 금융회사 또는 소방산업공제조합에 출자·예치·담보한 금액 확인서(이하 "출자·예치·담보 금액 확인서"라 한다) 1부(소방시설공사업만 해당한다). 다만, 소방청장이 지정하는 금융회사 또는 소방산업공제조합에 해당 금액을 확인할 수 있는 경우에는 그 확인으로 갈음할 수 있다.
4. 다음 각 목의 어느 하나에 해당하는 자가 신청일 전 최근 90일 이내에 작성한 자산평가액 또는 소방청장이 정하여 고시하는 바에 따라 작성된 기업진단 보고서(소방시설공사업만 해당한다)
   가. 「공인회계사법」 제7조에 따라 금융위원회에 등록한 공인회계사
   나. 「세무사법」 제6조에 따라 기획재정부에 등록한 세무사
   다. 「건설산업기본법」 제49조제2항에 따른 전문경영진단기관
5. 신청인(법인인 경우에는 대표자를 말한다)이 외국인인 경우에는 법 제5조 각 호의 어느 하나에 해당하는 사유와 같거나 비슷한 사유에 해당하지 아니함을 확인할 수 있는 서류로서 다음 각 목의 어느 하나에 해당하는 서류
   가. 해당 국가의 정부나 공증인(법률에 따른 공증인의 자격을 가진 자만 해당한다), 그 밖의 권한이 있는 기관이 발행한 서류로서 해당 국가에 주재하는 우리나라 영사가 확인한 서류
   나. 「외국공문서에 대한 인증의 요구를 폐지하는 협약」을 체결한 국가의 경우에는 해당 국가의 정부나 공증인(법률에 따른 공증인의 자격을 가진 자만 해당한다), 그 밖의 권한이 있는 기관이 발행한 서류로서 해당 국가의 아포스티유(Apostille) 확인서 발급 권한이 있는 기관이 그 확인서를 발급한 서류

# CHAPTER 04

## [제 4 과목] 소방기계구조원리

소방설비기사 기출문제집 [필기]

# 2015년 제1회 소방설비기사[기계분야] 1차 필기
### [제4과목 : 소방기계구조원리]

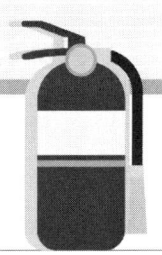

**61** 스프링클러헤드를 설치하지 않을 수 있는 장소로만 나열된 것은?

① 계단, 병실, 목욕실, 통신기기실, 아파트
② 발전실, 수술실, 응급처치실, 통신기기실
③ 발전실, 변전실, 병실, 목욕실, 아파트
④ 수술실, 병실, 변전실, 발전실, 아파트

**해설** [스프링클러헤드 제외장소]
스프링클러설비를 설치해야 할 특정소방대상물에 있어서 다음의 어느 하나에 해당하는 장소에는 스프링클러헤드를 설치하지 않을 수 있다.
1. 계단실(특별피난계단의 부속실을 포함한다)·경사로·승강기의 승강로·비상용승강기의 승강장·파이프덕트 및 덕트피트(파이프·덕트를 통과시키기 위한 구획된 구멍에 한한다)·목욕실·수영장(관람석부분을 제외한다)·화장실·직접 외기에 개방되어 있는 복도·기타 이와 유사한 장소
2. 통신기기실·전자기기실·기타 이와 유사한 장소
3. 발전실·변전실·변압기·기타 이와 유사한 전기설비가 설치되어 있는 장소
4. 병원의 수술실·응급처치실·기타 이와 유사한 장소
5. 천장과 반자 양쪽이 불연재료로 되어 있는 경우로서 그 사이의 거리 및 구조가 다음의 어느 하나에 해당하는 부분
   가. 천장과 반자 사이의 거리가 2m 미만인 부분
   나. 천장과 반자 사이의 벽이 불연재료이고 천장과 반자사이의 거리가 2m 이상으로서 그 사이에 가연물이 존재하지 않는 부분
6. 천장·반자 중 한쪽이 불연재료로 되어 있고 천장과 반자사이의 거리가 1m 미만인 부분
7. 천장 및 반자가 불연재료 외의 것으로 되어 있고 천장과 반자사이의 거리가 0.5m 미만인 부분
8. 펌프실·물탱크실 엘리베이터 권상기실 그 밖의 이와 비슷한 장소
9. 현관 또는 로비 등으로서 바닥으로부터 높이가 20m 이상인 장소
10. 영하의 냉장창고의 냉장실 또는 냉동창고의 냉동실
11. 고온의 노가 설치된 장소 또는 물과 격렬하게 반응하는 물품의 저장 또는 취급장소
12. 불연재료로 된 특정소방대상물 또는 그 부분으로서 다음의 어느 하나에 해당하는 장소
    가. 정수장·오물처리장 그 밖의 이와 비슷한 장소
    나. 펄프공장의 작업장·음료수공장의 세정 또는 충전하는 작업장 그 밖의 이와 비슷한 장소
    다. 불연성의 금속·석재 등의 가공공장으로서 가연성물질을 저장 또는 취급하지 않는 장소
    라. 가연성 물질이 존재하지 않는 「건축물의 에너지절약설계기준」에 따른 방풍실
13. 실내에 설치된 테니스장·게이트볼장·정구장 또는 이와 비슷한 장소로서 실내 바닥·벽·천장이 불연재료 또는 준불연재료로 구성되어 있고 가연물이 존재하지 않는 장소로서 관람석이 없는 운동시설(지하층은 제외한다)

**62** 280m²의 발전실에 부속용도별로 추가하여야 할 적응성이 있는 수동식 소화기의 최소 수량은 몇 개인가?

① 2
② 4
③ 6
④ 12

**해설** $\dfrac{280[m^2]}{50[m^2/개]} = 5.6 ≒ 6[개]$

**정답** 61.② 62.③

## 부속용도별 추가하는 소화기구

| 용도별 | 소화기구의 능력단위 |
|---|---|
| 1. 다음 각목의 시설. 다만, 스프링클러설비·간이스프링클러설비·물분무등소화설비 또는 상업용주방자동소화장치가 설치된 경우에는 자동확산소화기를 설치하지 아니 할 수 있다.<br>가. 보일러실(아파트의 경우 방화구획된 것을 제외한다)·건조실·세탁소·대량 화기취급소<br>나. 음식점(지하가의 음식점을 포함한다)·다중이용업소·호텔·기숙사·노유자시설·의료시설·업무시설·공장·장례식장·교육연구시설·교정 및 군사시설의 주방. 다만, 의료시설·업무시설 및 공장의 주방은 공동취사를 위한 것에 한한다.<br>다. 관리자의 출입이 곤란한 변전실·송전실·변압기실 및 배전반실(불연재료로 된 상자안에 장치된 것을 제외한다) | 1. 해당 용도의 바닥면적 25m²마다 능력단위 1단위 이상의 소화기로 할 것. 이 경우 나목의 주방에 설치하는 소화기중 1개 이상은 주방화재용 소화기(K급)로 설치해야 한다.<br>2. 자동확산소화기는 해당 용도의 바닥면적을 기준으로 10m² 이하는 1개, 10m² 초과는 2개 이상을 설치하되, 보일러, 조리기구, 변전설비 등 방호대상에 유효하게 분사될 수 있는 위치에 배치될 수 있는 수량으로 설치할 것 |
| 2. 발전실·변전실·송전실·변압기실·배전반실·통신기기실·전산기기실·기타 이와 유사한 시설이 있는 장소. 다만, 제1호 다목의 장소를 제외한다. | 해당 용도의 바닥면적 50m²마다 적응성이 있는 소화기 1개 이상 또는 유효 설치 방호체적 이내의 가스·분말·고체에어로졸 자동소화장치, 캐비닛형자동소화장치(다만, 통신기기실·전자기기실을 제외한 장소에 있어서는 교류600V 또는 직류750V 이상의 것에 한한다) |
| 3. 「위험물안전관리법시행령」 별표1에 따른 지정수량의 1/5 이상 지정수량 미만의 위험물을 저장 또는 취급하는 장소 | 능력단위 2단위 이상 또는 유효설치방호체적 이내의 가스·분말·고체에어로졸 자동 소화장치, 캐비닛형자동소화장치 |
| 4. 「화재예방법시행령」 별표2에 따른 특수가연물을 저장 또는 취급하는 장소 | 「화재예방법시행령」 별표2에서 정하는 수량 이상 | 화재예방법 시행령 별표2에서 정하는 수량의 50배 이상마다 능력단위 1단위 이상 |
| | 「화재예방법시행령」 별표2에서 정하는 수량의 500배 이상 | 대형소화기 1개 이상 |
| 5. 고압가스안전관리법·액화석유가스의 안전관리 및 사업법 및 도시가스 사업법에서 규정하는 가연성 가스를 연료로 사용하는 장소 | 액화석유가스 기타 가연성가스를 연료로 사용하는 연소기기가 있는 장소 | 각 연소기로부터 보행거리 10m 이내에 능력단위 3단위 이상의 소화기 1개 이상. 다만, 상업용 주방자동소화장치가 설치된 장소는 제외한다. |
| | 액화석유가스 기타 가연성가스를 연료로 사용하기 위하여 저장하는 저장실(저장량 300kg 미만은 제외한다) | 능력단위 5단위 이상의 소화기 2개 이상 및 대형소화기 1대 이상 |
| 6. 고압가스안전관리법·액화석유가스의 안전관리 및 사업법 또는 도시가스사업법에서 규정하는 가연성 가스를 제조하거나 연료 외의 용도로 저장·사용하는 장소 | 저장하고 있는 양 또는 1개월 동안 제조·사용하는 양 | 200kg 미만 | 저장하는 장소 | 능력단위 3단위 이상의 소화기 2개 이상 |
| | | | 제조·사용하는 장소 | 능력단위 3단위 이상의 소화기 2개 이상 |
| | | 200kg 이상 300kg 미만 | 저장하는 장소 | 능력단위 5단위 이상의 소화기 2개 이상 |
| | | | 제조·사용하는 장소 | 바닥면적 50m²마다 능력단위 5단위 이상의 소화기 1개 이상 |
| | | 300kg 이상 | 저장하는 장소 | 대형소화기 2개 이상 |
| | | | 제조·사용하는 장소 | 바닥면적 50m²마다 능력단위 5단위 이상의 소화기 1개 이상 |
| 7. 마그네슘합금 칩을 저장 또는 취급하는 장소 | 금속화재용 소화기(D급) 1개 이상을 금속 재료로부터 보행거리 20m 이내로 설치할 것 |

비고 : 액화석유가스·기타 가연성 가스를 제조하거나 연료외의 용도로 사용하는 장소에 소화기를 설치하는 때에는 해당 장소 바닥면적 50m² 이하인 경우에도 해당 소화기를 2개 이상 비치해야 한다.

## 63 주요구조부가 내화구조이고 건널 복도가 설치된 층의 피난기구 설치의 감소 방법으로 적합한 것은?

① 원래의 수에서 1/2를 감소한다.
② 원래의 수에서 건널 복도 수를 더한 수로 한다.
③ 피난기구의 수에서 당해 건널 복도 수의 2배의 수를 뺀 수로 한다.
④ 피난기구를 설치하지 아니할 수 있다.

**해설** 피난기구 화재안전기술기준
2.3 피난기구 설치의 감소
  2.3.1 피난기구를 설치하여야 할 특정소방대상물중 다음의 기준에 적합한 층에는 2.1.2에 따른 피난기구의 2분의 1을 감소할 수 있다. 이 경우 설치하여야 할 피난기구의 수에 있어서 소수점 이하의 수는 1로 한다.
    2.3.1.1 주요구조부가 내화구조로 되어 있을 것
    2.3.1.2 직통계단인 피난계단 또는 특별피난계단이 2 이상 설치되어 있을 것

정답 63.③

2.3.2 피난기구를 설치해야 할 소방대상물 중 주요구조부가 내화구조이고 다음의 기준에 적합한 건널 복도가 설치되어 있는 층에는 2.1.2에 따른 피난기구의 수에서 해당 건널 복도의 수의 2배의 수를 뺀 수로 한다.

2.3.2.1 내화구조 또는 철골조로 되어 있을 것

2.3.2.2 건널 복도 양단의 출입구에 자동폐쇄장치를 한 60분+ 방화문 또는 60분 방화문(방화셔터를 제외한다)이 설치되어 있을 것

2.3.2.3 피난·통행 또는 운반의 전용 용도일 것

2.3.3 피난기구를 설치하여야 할 특정소방대상물 중 다음의 기준에 적합한 노대가 설치된 거실의 바닥면적은 2.1.2에 따른 피난기구의 설치개수 산정을 위한 바닥면적에서 이를 제외한다.

2.3.3.1 노대를 포함한 특정소방대상물의 주요구조부가 내화구조일 것

2.3.3.2 노대가 거실의 외기에 면하는 부분에 피난상 유효하게 설치되어 있어야 할 것

2.3.3.3 노대가 소방사다리차가 쉽게 통행할 수 있는 도로 또는 공지에 면하여 설치되어 있거나, 거실부분과 방화 구획되어 있거나 또는 노대에 지상으로 통하는 계단 그 밖의 피난기구가 설치되어 있어야 할 것

**64** 물분무소화설비 대상 공장에서 물분무헤드의 설치제외 장소로서 틀린 것은?

① 고온의 물질 및 증류범위가 넓어 끓어 넘치는 위험이 있는 물질을 저장하는 장소

② 물에 심하게 반응하여 위험한 물질을 생성하는 물질을 취급하는 장소

③ 운전시에 표면의 온도가 260℃ 이상으로 되는 등 직접분무를 하는 경우 그 부분에 손상을 입힐 우려가 있는 기계장치 등이 있는 장소

④ 표준방사량으로 당해 방호대상물의 화재를 유효하게 소화하는데 필요한 적정한 장소

**해설** 물분무헤드 설치제외 장소 : ①, ②, ③

**65** 제연설비의 배출기와 배출풍도에 관한 설명 중 틀린 것은?

① 배출기와 배출 풍도의 접속부분에 사용하는 캔버스는 내열성이 있는 것으로 할 것

② 배출기의 전동기부분과 배풍기 부분은 분리하여 설치할 것

③ 배출기 흡입측 풍도안의 풍속은 15m/s 이상으로 할 것

④ 배출기의 배출측 풍도안의 풍속은 20m/s 이하로 할 것

**해설** 흡입측 풍도안의 풍속은 15m/s 이하일 것

**66** 피난시설, 방화구획 및 방화시설을 폐쇄·훼손·변경 등의 행위를 3차 이상 위반한 자에 대한 과태료는?

① 2백만 원    ② 3백만 원
③ 5백만 원    ④ 1천만 원

**해설** 피난시설, 방화구획 및 방화시설을 폐쇄·훼손·변경 등의 행위

| 1차 위반 | 2차 위반 | 3차 위반 |
| --- | --- | --- |
| 100만 원 | 200만 원 | 300만 원 |

- 5년 이하의 징역 또는 5천만 원 이하의 벌금 소방시설의 기능과 성능에 지장을 초래하는 폐쇄·차단 등의 행위를 한 자
- 사람을 상해에 이르게 한 때에는 7년 이하의 징역 또는 7천만 원 이하의 벌금
- 사망에 이르게 한 때에는 10년 이하의 징역 또는 1억 원 이하의 벌금

**67** 이산화탄소 소화약제의 저장용기 설치 기준에 적합하지 않은 것은?

① 방화문으로 구획된 실에 설치할 것

② 방호구역외의 장소에 설치할 것

③ 용기간의 간격은 점검에 지장이 없도록 2cm의 간격을 유지할 것

④ 온도가 40℃ 이하이고, 온도변화가 적은 곳에 설치

**정답** 64.④ 65.③ 66.② 67.③

**해설** 이산화탄소소화설비 저장용기 설치장소 기준
  ㉠ 방호구역 외의 장소에 설치할 것. 다만, 방호구역 내에 설치할 경우에는 피난 및 조작이 용이하도록 피난구 부근에 설치할 것
  ㉡ 온도가 40℃ 이하이고 온도변화가 적은 곳에 설치할 것
  ㉢ 직사광선 및 빗물이 침투할 우려가 없는 곳에 설치할 것
  ㉣ 방화문으로 구획된 실에 설치할 것
  ㉤ 용기의 설치장소에는 당해 용기가 설치된 곳임을 표시하는 표지를 할 것
  ㉥ 용기 간의 간격은 점검에 지장이 없도록 3cm 이상의 간격을 유지할 것
  ㉦ 저장용기와 집합관을 연결하는 연결배관에는 체크밸브를 설치할 것. 다만, 저장용기가 하나의 방호구역만을 담당하는 경우에는 그러하지 아니하다.

**68** 자동경보밸브의 오보를 방지하기 위하여 설치하는 것은?
  ① 자동배수 밸브    ② 탬퍼스위치
  ③ 작동시험밸브    ④ 리타팅챔버

**해설** 리타딩챔버의 역할
  ㉠ 오보방지
  ㉡ 안전밸브의 역할
  ㉢ 수격방지(배관 및 압력스위치의 손상보호)

**69** 포헤드를 소방대상물의 천장 또는 반자에 설치하여야 할 경우 헤드 1개가 방호되어야 할 최대한의 바닥면적은 몇 m²인가?
  ① 3    ② 5
  ③ 7    ④ 9

**해설** 포소화설비 화재안전기술기준
  2.9.2 포헤드는 다음의 기준에 따라 설치해야 한다.
   2.9.2.1 포워터스프링클러헤드는 특정소방대상물의 천장 또는 반자에 설치하되, 바닥면적 8m²마다 1개 이상으로 하여 해당 방호대상물의 화재를 유효하게 소화할 수 있도록 할 것
   2.9.2.2 포헤드는 특정소방대상물의 천장 또는 반자에 설치하되, 바닥면적 9m²마다 1개 이상으로 하여 해당 방호대상물의 화재를 유효하게 소화할 수 있도록 할 것

**70** 자동차·차고에 설치하는 물분무소화설비 수원의 저수량에 관한 기준으로 옳은 것은?(단, 바닥면적은 100m²인 경우이다.)
  ① 바닥면적 1m²에 대하여 10L/min로 10분간 방수할 수 있는 양 이상
  ② 바닥면적 1m²에 대하여 10L/min로 20분간 방수할 수 있는 양 이상
  ③ 바닥면적 1m²에 대하여 20L/min로 10분간 방수할 수 있는 양 이상
  ④ 바닥면적 1m²에 대하여 20L/min로 20분간 방수할 수 있는 양 이상

**해설** 물분무소화설비 수원의 양
  ① 특수가연물을 저장 또는 취급하는 소방대상물
   $Q = A(m^2) \times 10 l/m^2 \cdot min \times 20 min$
   Q : 수원($l$)
   A : 바닥면적(최대방수구역 바닥면적, 최소 50m² 이상)
  ② 차고 또는 주차장
   $Q = A(m^2) \times 20 l/m^2 \cdot min \times 20 min$
   Q : 수원($l$)
   A : 바닥면적(최대방수구역 바닥면적, 최소 50m² 이상)
  ③ 절연유 봉입변압기
   $Q = A(m^2) \times 10 l/m^2 \cdot min \times 20 min$
   Q : 수원($l$)
   A : 바닥면적을 제외한 표면적을 합한 면적(m²)
  ④ 케이블 트레이, 덕트
   $Q = A(m^2) \times 12 l/m^2 \cdot min \times 20 min$
   Q : 수원($l$)
   A : 투영된 바닥면적(m²)
   ※ 투영(投影)된 바닥면적 : 위에서 빛을 비출 때 바닥 그림자의 면적
  ⑤ 컨베이어 벨트 등
   $Q = A(m^2) \times 10 l/m^2 \cdot min \times 20 min$
   Q : 수원($l$)
   A : 벨트부분의 바닥면적(m²)
  ⑥ 위험물 저장탱크
   $Q = L(m) \times 37 l/m \cdot min \times 20 min$
   Q : 수원($l$), L : 탱크의 원주둘레길이(m)

**정답** 68.④ 69.④ 70.③

**71** 다음 중 연결살수설비 설치대상이 아닌 것은?

① 가연성가스 20톤을 저장하는 지상 탱크시설
② 지하층으로서 바닥면적의 합계가 200m²인 장소
③ 판매시설 물류터미널로서 바닥면적의 합계가 1,500m²인 장소
④ 아파트의 대피시설로 사용되는 지하층으로서 바닥면적의 합계가 850m²인 장소

**[해설]** 연결살수설비 설치대상
㉠ 판매시설, 운수시설, 창고시설 중 물류터미널로서 해당 용도로 사용되는 부분의 바닥 면적의 합계가 1천m² 이상인 것
㉡ 지하층(피난층으로 주된 출입구가 도로와 접한 경우는 제외한다)으로서 바닥면적의 합계가 150m² 이상인 것. 다만, 「주택법 시행령」 제21조제4항에 따른 국민주택규모 이하인 아파트의 지하층(대피시설로 사용하는 것만 해당한다)과 교육연구시설 중 학교의 지하층의 경우에는 700m² 이상인 것으로 한다.
㉢ 가스시설 중 지상에 노출된 탱크의 용량이 30톤 이상인 탱크시설
㉣ ㉠ 및 ㉡의 특정소방대상물에 부속된 연결통로

**72** 주차장에 필요한 분말소화약제 120kg을 저장하려고 한다. 이 때 필요한 저장용기의 최소 내용적(L)은?

① 96  ② 120
③ 150  ④ 180

**[해설]** 분말소화설비 저장용기의 내용적

| 소화약제의 종별 | 소화약제 1kg당 저장용기의 내용적 |
|---|---|
| 제1종 분말(탄산수소나트륨을 주성분으로 한 분말) | 0.8L |
| 제2종 분말(탄산수소칼륨을 주성분으로 한 분말) | 1L |
| 제3종 분말(인산염을 주성분으로 한 분말) | 1L |
| 제4종 분말(탄산수소칼륨과 요소가 화합된 분말) | 1.25L |

차고, 주차장에는 제3종 분말소화약제를 사용하여야 하므로,

$$120[kg] \times \frac{1[L]}{1[kg]} = 120[L]$$

**73** 반응시간지수(RTI)에 따른 스프링클러헤드의 설치에 대한 설명으로 옳지 않은 것은?

① RTI가 작을수록 헤드의 설치간격을 작게 한다.
② RTI는 감지기의 설치간격에도 이용될 수 있다.
③ 주위온도가 큰 곳에는 RTI가 작은 것을 설치한다.
④ 고천정의 방호대상물에는 RTI가 작은 것을 설치한다.

**[해설]** 반응시간지수(RTI)에 따른 분류
▶ 표준반응형(Standard Response) 헤드
  RTI가 80 초과 350 이하인 헤드로 가장 일반적인 헤드
▶ 특수반응형(Special Response) 헤드
  RTI가 50 초과 80 이하인 헤드
▶ 조기반응형(Fast Response) 헤드
  RTI가 50 이하인 헤드로 속동형헤드 또는 조기반응형 헤드라 한다.

※ RTI가 적을수록 설치간격을 크게 할 수 있다.

**74** 분말소화설비의 배관과 선택밸브의 설치기준에 대한 내용으로 옳지 않은 것은?

① 배관은 겸용으로 설치할 것
② 강관은 아연도금에 따른 배관용 탄소강관을 사용할 것
③ 동관은 고정압력 또는 최고사용압력의 1.5배 이상의 압력에 견딜 수 있는 것을 사용할 것
④ 선택밸브는 방호구역 또는 방호대상물마다 설치할 것

**해설** 분말소화설비 화재안전기술기준
2.6 배관
  2.6.1 분말소화설비의 배관은 다음의 기준에 따라 설치해야 한다.
    2.6.1.1 배관은 전용으로 할 것
    2.6.1.2 강관을 사용하는 경우의 배관은 아연도금에 따른 배관용탄소강관(KS D 3507)이나 이와 동등 이상의 강도·내식성 및 내열성을 가진 것으로 할 것. 다만, 축압식분말소화설비에 사용하는 것 중 20℃에서 압력이 2.5MPa 이상 4.2MPa 이하인 것은 압력배관용탄소강관(KS D 3562) 중 이음이 없는 스케줄 40 이상의 것 또는 이와 동등 이상의 강도를 가진 것으로서 아연도금으로 방식 처리된 것을 사용해야 한다.
    2.6.1.3 동관을 사용하는 경우의 배관은 고정압력 또는 최고사용압력의 1.5배 이상의 압력에 견딜 수 있는 것을 사용할 것
    2.6.1.4 밸브류는 개폐위치 또는 개폐방향을 표시한 것으로 할 것
    2.6.1.5 배관의 관부속 및 밸브류는 배관과 동등 이상의 강도 및 내식성이 있는 것으로 할 것
    2.6.1.6 확관형 분기배관을 사용할 경우에는 소방청장이 정하여 고시한 「분기배관의 성능인증 및 제품검사의 기술기준」에 적합한 것으로 설치할 것
2.7 선택밸브
  2.7.1 하나의 특정소방대상물 또는 그 부분에 2 이상의 방호구역 또는 방호대상물이 있어 소화약제 저장용기를 공용하는 경우에는 다음의 기준에 따라 선택밸브를 설치해야 한다.
    2.7.1.1 방호구역 또는 방호대상물마다 설치할 것
    2.7.1.2 각 선택밸브에는 해당 방호구역 또는 방호대상물을 표시할 것

**75** 다음 중 호스를 반드시 부착해야 하는 소화기는?

① 소화약제의 충전량이 5kg 이하인 산, 알칼리 소화기
② 소화약제의 충전량이 4kg 이하인 할로겐화합물소화기
③ 소화약제의 충전량이 3kg 이하인 인산화탄소 소화기
④ 소화약제의 충전량이 2kg 이하인 분말소화기

**해설** 소화기의 형식승인 및 제품검사의 기술기준
제15조(호스) ①항 소화기에는 호스를 부착하여야 한다. 다만, 다음 각 호의 경우에는 부착하지 아니할 수 있다.
  1. 소화약제의 중량이 4kg 이하인 할로겐화물소화기
  2. 소화약제의 중량이 3kg 이하인 이산화탄소소화기
  3. 소화약제의 중량이 2kg 이하의 분말소화기
  4. 소화약제의 용량이 3L 이하의 액체계 소화약제 소화기

**76** 제연구획은 소화활동 및 피난상 지장을 가져오지 않도록 단순한 구조로 하여야 하며 하나의 제연구역의 면적은 몇 $m^2$ 이내로 규정하고 있는가?

① 700
② 1000
③ 1300
④ 1500

**해설** 제연설비의 화재안전기술기준
2.1.1 제연설비의 설치장소는 다음의 기준에 따른 제연구역으로 구획해야 한다.
  2.1.1.1 하나의 제연구역의 면적은 1,000㎡ 이내로 할 것
  2.1.1.2 거실과 통로(복도를 포함한다. 이하 같다)는 각각 제연구획 할 것
  2.1.1.3 통로상의 제연구역은 보행중심선의 길이가 60m를 초과하지 않을 것
  2.1.1.4 하나의 제연구역은 직경 60m 원내에 들어갈 수 있을 것
  2.1.1.5 하나의 제연구역은 2 이상의 층에 미치지 않도록 할 것. 다만, 층의 구분이 불분명한 부분은 그 부분을 다른 부분과 별도로 제연구획 해야 한다.

**77** 이산화탄소 소화설비의 시설 중 소화 후 연소 및 소화잔류가스를 인명 안전상 배출 및 희석시키는 배출설비의 설치대상이 아닌 것은?

① 지하층
② 피난층
③ 무창층
④ 밀폐된 거실

**해설** 이산화탄소 소화설비의 배출설비
지하층, 무창층 및 밀폐된 거실 등에 이산화탄소소화설비를 설치한 경우에는 소화약제의 농도를 희석시키기 위한 배출설비를 갖추어야 한다.

## 78. 피난사다리에 해당되지 않는 것은?

① 미끄럼식 사다리
② 고정식 사다리
③ 올림식 사다리
④ 내림식 사다리

**해설** 피난사다리의 종류

㉠ 고정식 사다리 : 상시 사용할 수 있도록 소방대상물의 벽면에 고정시켜 사용되는 것으로 구조상 수납식, 접어개기식 및 신축식 등이 있다.

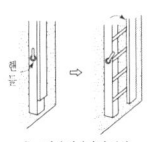
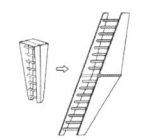
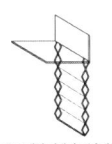
① 고정식 사다리(수납식)　② 고정식 사다리(접어개기식)　③ 고정식 사다리(신축식)

㉡ 올림식 사다리 : 소방대상물에 올림식 사다리의 상부 지지점을 걸고 올려 받쳐서 사용하는 것으로서 신축식과 접어 굽히는 식이 있다.

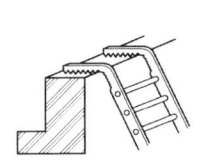
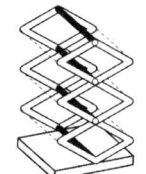
① 올림식 사다리(접어굽히는 식)　② 올림식 사다리(신축식)

㉢ 내림식 사다리 : 소방대상물의 견고한 부분에 달아 매어서 접어 개든가 축소시켜 보관하고 사용하는 것으로 접어개기식, 와이어식, 체인식 등이 있다.

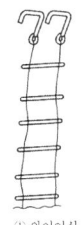

① 와이어식　② 접어개기식

## 79. 다음은 포의 팽창비를 설명한 것이다. (A) 및 (B)에 들어갈 용어로 옳은 것은?

> 팽창비라 함은 최종 발생한 포 (A)를 원래 포 수용액 (B)로 나눈 값을 말한다.

① (A) 체적, (B) 중량
② (A) 체적, (B) 질량
③ (A) 체적, (B) 체적
④ (A) 체적, (B) 중량

**해설** 팽창비

$$팽창비 = \frac{방출 후 포의 체적}{방출 전 포수용액의 체적}$$

▶ 팽창비율에 따른 포방출구의 종류

| 팽창비율에 따른 포의 종류 | 포방출구의 종류 |
|---|---|
| 팽창비가 20 이하인 것 (저발포) | 포헤드, 포워터스프링클러헤드 |
| 팽창비가 80 이상 1,000 미만인 것(고발포) | 고발포용 고정포방출구 |

| 구분 | 팽창비 |
|---|---|
| 제1종 기계포 | 80 이상 250 미만 |
| 제2종 기계포 | 250 이상 500 미만 |
| 제3종 기계포 | 500 이상 1,000 미만 |

## 80. 옥내소화전방수구는 특정소방대상물의 층마다 설치하되, 당해 특정소방대상물의 각 부분으로부터 하나의 옥내소화전방수구까지의 수평거리가 몇 m 이하가 되도록 하는가?

① 20　② 25
③ 30　④ 40

**해설** 옥내소화전설비 화재안전기술기준

2.4 함 및 방수구 등
　2.4.1 옥내소화전설비의 함은 다음의 기준에 따라 설치해야 한다.
　　2.4.1.1 함은 소방청장이 정하여 고시한 「소화전함의 성능인증 및 제품검사의 기술기준」에 적합한 것으로 설치하되 밸브의 조작, 호스의 수납 및 문의 개방 등 옥내소화전의

**정답** 78.① 79.③ 80.②

사용에 장애가 없도록 설치할 것. 연결송수관의 방수구를 같이 설치하는 경우에도 또한 같다.

2.4.1.2 2.4.1.1에도 불구하고 2.4.2.1의 기준을 초과하는 경우로서 기둥 또는 벽이 설치되지 않은 대형공간의 경우는 다음의 기준에 따라 설치할 수 있다.

2.4.1.2.1 호스 및 관창은 방수구의 가장 가까운 장소의 벽 또는 기둥 등에 함을 설치하여 비치할 것

2.4.1.2.2 방수구의 위치표지는 표시등 또는 축광도료 등으로 상시 확인이 가능토록 할 것

2.4.2 옥내소화전방수구는 다음의 기준에 따라 설치해야 한다.

2.4.2.1 특정소방대상물의 층마다 설치하되, 해당 특정소방대상물의 각 부분으로부터 하나의 옥내소화전 방수구까지의 수평거리가 25m(호스릴옥내소화전설비를 포함한다) 이하가 되도록 할 것. 다만, 복층형 구조의 공동주택의 경우에는 세대의 출입구가 설치된 층에만 설치할 수 있다.

2.4.2.2 바닥으로부터의 높이가 1.5m 이하가 되도록 할 것

2.4.2.3 호스는 구경 40mm(호스릴옥내소화전설비의 경우에는 25mm) 이상의 것으로서 특정소방대상물의 각 부분에 물이 유효하게 뿌려질 수 있는 길이로 설치할 것

2.4.2.4 호스릴옥내소화전설비의 경우 그 노즐에는 노즐을 쉽게 개폐할 수 있는 장치를 부착할 것

2.4.3 표시등은 다음의 기준에 따라 설치해야 한다.

2.4.3.1 옥내소화전설비의 위치를 표시하는 표시등은 함의 상부에 설치하되, 소방청장이 고시하는 「표시등의 성능인증 및 제품검사의 기술기준」에 적합한 것으로 할 것

2.4.3.2 가압송수장치의 기동을 표시하는 표시등은 옥내소화전함의 상부 또는 그 직근에 설치하되 적색등으로 할 것. 다만, 자체소방대를 구성하여 운영하는 경우(「위험물 안전관리법 시행령」 별표 8에서 정한 소방자동차와 자체소방대원의 규모를 말한다) 가압송수장치의 기동표시등을 설치하지 않을 수 있다.

2.4.4 옥내소화전설비의 함에는 그 표면에 "소화전"이라는 표시를 해야 한다.

2.4.5 옥내소화전설비의 함에는 함 가까이 보기 쉬운 곳에 그 사용요령을 기재한 표지판을 붙여야 하며, 표지판을 함의 문에 붙이는 경우에는 문의 내부 및 외부 모두에 붙여야 한다. 이 경우, 사용요령은 외국어와 시각적인 그림을 포함하여 작성해야 한다.

# 2015년 제2회 소방설비기사[기계분야] 1차 필기

[제4과목 : 소방기계구조원리]

**61** 수원의 수위가 펌프의 흡입구보다 높은 경우에 소화펌프를 설치하려고 한다. 고려하지 않아도 되는 사항은?

① 펌프의 토출측에 압력계 설치
② 펌프의 성능시험 배관 설치
③ 물올림 장치를 설치
④ 동결의 우려가 없는 장소에 설치

【해설】 수원이 펌프보다 높은 위치에 있을 경우 설치제외대상
  ㉠ 흡입측 배관의 진공계(연성계)
  ㉡ 물올림장치
  ㉢ 후드밸브

**62** 분말소화설비에 사용하는 압력조정기의 사용목적은 무엇인가?

① 분말 용기에 도입되는 가압용가스의 압력을 감압시키기 위함
② 분말 용기에 나오는 압력을 증폭시키기 위함
③ 가압용 가스의 압력을 증대시키기 위함
④ 약제방출에 필요한 가스의 유량을 증폭시키기 위함

【해설】 분말소화약제의 가압용가스 용기에는 2.5MPa 이하의 압력에서 조정이 가능한 압력조정기를 설치하여야 한다.

**63** 이산화탄소소화설비의 기동장치에 대한 기준 중 틀린 것은?

① 수동식 기동장치의 조작부는 바닥으로부터 높이 0.8m 이상 1.5m 이하에 설치한다.
② 자동식 기동장치에는 수동으로도 기동할 수 있는 구조로 할 필요는 없다.
③ 가스압력식 기동장치에서 기동용가스용기 및 당해용기에 사용하는 밸브는 25MPa 이상의 압력에 견디어야 한다.
④ 전기식 기동장치로서 7병 이상의 저장용기를 동시에 개방하는 설비에는 2병 이상의 저장용기에 전자 개방밸브를 설치한다.

【해설】 이산화탄소 소화설비 화재안전기술기준
  2.3 기동장치
    2.3.1 이산화탄소소화설비의 수동식 기동장치는 다음의 기준에 따라 설치해야 한다. 이 경우 수동식 기동장치의 부근에는 소화약제의 방출을 지연시킬 수 있는 방출지연스위치(자동복귀형 스위치로서 수동식 기동장치의 타이머를 순간 정지시키는 기능의 스위치를 말한다)를 설치해야 한다.
      2.3.1.1 전역방출방식은 방호구역마다, 국소방출방식은 방호대상물마다 설치할 것
      2.3.1.2 해당 방호구역의 출입구 부근 등 조작을 하는 자가 쉽게 피난할 수 있는 장소에 설치할 것
      2.3.1.3 기동장치의 조작부는 바닥으로부터 0.8m 이상 1.5m 이하의 위치에 설치하고, 보호판 등에 따른 보호장치를 설치할 것
      2.3.1.4 기동장치 인근의 보기 쉬운 곳에 "이산화탄소소화설비 수동식 기동장치"라는 표지를 할 것
      2.3.1.5 전기를 사용하는 기동장치에는 전원표시등을 설치할 것
      2.3.1.6 기동장치의 방출용스위치는 음향경보장치와 연동하여 조작될 수 있는 것으로할 것
      2.3.1.7 기동장치에는 보호장치를 설치해야 하며, 보호장치를 개방하는 경우 기동장치에 설치된 부저 또는 벨 등에 의하여 경고음을 발할 것 〈신설 2024.8.1.〉

**정답** 61.③ 62.① 63.②

2.3.1.8 기동장치를 옥외에 설치하는 경우 빗물 또는 외부 충격의 영향을 받지 아니하도록 설치할 것 〈신설 2024.8.1.〉
2.3.2 이산화탄소소화설비의 자동식 기동장치는 자동화재탐지설비의 감지기의 작동과 연동하는 것으로서 다음의 기준에 따라 설치해야 한다.
　2.3.2.1 자동식 기동장치에는 수동으로도 기동할 수 있는 구조로 할 것
　2.3.2.2 전기식 기동장치로서 7병 이상의 저장용기를 동시에 개방하는 설비는 2병 이상의 저장용기에 전자 개방밸브를 부착할 것
　2.3.2.3 가스압력식 기동장치는 다음의 기준에 따를 것
　　2.3.2.3.1 기동용가스용기 및 해당 용기에 사용하는 밸브는 25MPa 이상의 압력에 견딜 수 있는 것으로 할 것
　　2.3.2.3.2 기동용가스용기에는 내압시험압력의 0.8배부터 내압시험압력 이하에서 작동하는 안전장치를 설치할 것
　　2.3.2.3.3 기동용가스용기의 체적은 5L 이상으로 하고, 해당 용기에 저장하는 질소 등의 비활성기체는 6.0MPa 이상(21℃ 기준)의 압력으로 충전할 것
　　2.3.2.3.4 질소 등의 비활성기체 기동용가스용기에는 충전 여부를 확인할 수 있는 압력게이지를 설치할 것
　2.3.2.4 기계식 기동장치는 저장용기를 쉽게 개방할 수 있는 구조로 할 것
2.3.3 이산화탄소소화설비가 설치된 부분의 출입구 등의 보기 쉬운 곳에 소화약제의 방출을 표시하는 표시등을 설치해야 한다.

**64** 폐쇄형스프링클러설비의 방호구역 및 유수검지장치에 관한 설명으로 틀린 것은?

① 하나의 방호구역에는 1개 이상의 유수검지장치를 설치한다.
② 유수검지장치란 본체내의 유수현상을 자동적으로 검지하여 신호 또는 경보를 발하는 장치를 말한다.
③ 하나의 방호구역의 바닥면적은 3,500m²를 초과하여서는 안된다.
④ 스프링클러헤드에 공급되는 물은 유수검지장치를 지나도록 한다.

**해설** 스프링클러설비 화재안전기술기준
2.3 폐쇄형스프링클러설비의 방호구역 및 유수검지장치
　2.3.1 폐쇄형스프링클러헤드를 사용하는 설비의 방호구역(스프링클러설비의 소화범위에 포함된 영역을 말한다. 이하 같다) 및 유수검지장치는 다음의 기준에 적합해야 한다.
　　2.3.1.1 하나의 방호구역의 바닥면적은 3,000m²를 초과하지 않을 것. 다만, 폐쇄형스프링클러설비에 격자형배관방식(2 이상의 수평주행배관 사이를 가지배관으로 연결하는 방식을 말한다)을 채택하는 때에는 3,700m² 범위 내에서 펌프용량, 배관의 구경 등을 수리학적으로 계산한 결과 헤드의 방수압 및 방수량이 방호구역 범위 내에서 소화목적을 달성하는데 충분하도록 해야 한다.
　　2.3.1.2 하나의 방호구역에는 1개 이상의 유수검지장치를 설치하되, 화재 시 접근이 쉽고 점검하기 편리한 장소에 설치할 것
　　2.3.1.3 하나의 방호구역은 2개 층에 미치지 않도록 할 것. 다만, 1개 층에 설치되는 스프링클러헤드의 수가 10개 이하인 경우와 복층형구조의 공동주택에는 3개 층 이내로 할 수 있다.
　　2.3.1.4 유수검지장치를 실내에 설치하거나 보호용 철망 등으로 구획하여 바닥으로부터 0.8m 이상 1.5m 이하의 위치에 설치하되, 그 실 등에는 가로 0.5m 이상 세로 1m 이상의 개구부로서 그 개구부에는 출입문을 설치하고 그 출입문 상단에 "유수검지장치실"이라고 표시한 표지를 설치할 것. 다만, 유수검지장치를 기계실(공조용기계실을 포함한다)안에 설치하는 경우에는 별도의 실 또는 보호용 철망을 설치하지 않고 기계실 출입문 상단에 "유수검지장치실"이라고 표시한 표지를 설치할 수 있다.
　　2.3.1.5 스프링클러헤드에 공급되는 물은 유수검지장치를 지나도록 할 것. 다만, 송수구를 통하여 공급되는 물은 그렇지 않다.
　　2.3.1.6 자연낙차에 따른 압력수가 흐르는 배관 상에 설치된 유수검지장치는 화재 시 물의 흐름을 검지할 수 있는 최소한의 압력이 얻어질 수 있도록 수조의 하단으로부터 낙차를 두어 설치할 것

정답 64.③

2.3.1.7 조기반응형 스프링클러헤드를 설치하는 경우에는 습식유수검지장치 또는 부압식스프링클러설비를 설치할 것

**65** 차고 및 주차장에 포소화설비를 설치하고자 할 때 포헤드는 바닥면적 몇 m² 마다 1개 이상 설치해야 하는가?

① 6　　② 8
③ 9　　④ 10

**해설** 포소화설비 화재안전기술기준
2.9.2 포헤드는 다음의 기준에 따라 설치해야 한다.
2.9.2.1 포워터스프링클러헤드는 특정소방대상물의 천장 또는 반자에 설치하되, 바닥면적 8m²마다 1개 이상으로 하여 해당 방호대상물의 화재를 유효하게 소화할 수 있도록 할 것
2.9.2.2 포헤드는 특정소방대상물의 천장 또는 반자에 설치하되, 바닥면적 9m²마다 1개 이상으로 하여 해당 방호대상물의 화재를 유효하게 소화할 수 있도록 할 것

**66** 아파트의 각 세대별 주방에 설치되는 주거용주방자동소화장치의 설치기준으로 틀린 것은?

① 감지부는 형식승인 받은 유효한 높이 및 위치에 설치
② 탐지부는 수신부와 분리하여 설치
③ 가스차단장치는 주방배관의 개폐밸브로부터 5m 이하의 위치에 설치
④ 수신부는 열기류 또는 습기등과 주위온도에 영향을 받지 아니하고 사용자가 상시 볼 수 있는 장소에 설치

**해설** 2.1.2 자동소화장치는 다음의 기준에 따라 설치해야 한다.
2.1.2.1 주거용 주방자동소화장치는 다음의 기준에 따라 설치할 것
2.1.2.1.1 소화약제 방출구는 환기구(주방에서 발생하는 열기류 등을 밖으로 배출하는 장치를 말한다. 이하 같다)의 청소부분과 분리되어 있어야 하며, 형식승인 받은 유효설치 높이 및 방호면적에 따라 설치할 것
2.1.2.1.2 감지부는 형식승인 받은 유효한 높이 및 위치에 설치할 것
2.1.2.1.3 차단장치(전기 또는 가스)는 상시 확인 및 점검이 가능하도록 설치할 것
2.1.2.1.4 가스용 주방자동소화장치를 사용하는 경우 탐지부는 수신부와 분리하여 설치하되, 공기보다 가벼운 가스를 사용하는 경우에는 천장 면으로부터 30㎝ 이하의 위치에 설치하고, 공기보다 무거운 가스를 사용하는 장소에는 바닥 면으로부터 30㎝ 이하의 위치에 설치할 것
2.1.2.1.5 수신부는 주위의 열기류 또는 습기 등과 주위온도에 영향을 받지 않고 사용자가 상시 볼 수 있는 장소에 설치할 것

**67** 연결살수설비 헤드의 유지관리 및 점검사항으로 해당되지 않는 것은?

① 칸막이 등의 변경이나 신설로 인한 살수장애가 되는 곳은 없는지 확인한다.
② 헤드가 탈락, 이완 또는 변형된 것은 없는지 확인한다.
③ 헤드의 주위에 장애물로 잎난 살수의 장애가 되는 것이 없는지 확인한다.
④ 방수량과 살수분포 시험을 하여 살수장애가 없는지를 확인한다.

**68** 준비작동식 스프링클러설비에 필요한 기기로만 열거된 것은?

① 준비작동밸브, 비상전원, 가압송수장치, 수원, 개폐밸브
② 준비작동밸브, 수원, 개방형 스프링클러, 원격조정장치
③ 준비작동밸브, 컴프레서, 비상전원, 수원, 드라이밸브
④ 드라이밸브, 수원, 리타딩챔버, 가압송수장치, 로우에어알람스위치

정답 65.③ 66.③ 67.④ 68.①

**해설** 준비작동식 스프링클러설비 구성요소
  ㉠ 수원
  ㉡ 가압송수장치
  ㉢ 유수검지장치(프리액션밸브)
  ㉣ 개폐밸브
  ㉤ 음향장치 및 기동장치
  ㉥ 헤드
  ㉦ 송수구
  ㉧ 전원, 비상전원
  ㉨ 제어반

**69** 스모크 타워식 배연방식에 관한 설명 중 틀린 것은?

① 고층 빌딩에 적당하다.
② 배연 샤프트의 굴뚝 효과를 이용한다.
③ 배연기를 사용하는 기계배연의 일종이다.
④ 모든 층의 일반 거실 화재에 이용할 수 있다.

**해설** 스모크타워 제연방식
루프모니터를 사용하여 제연하는 방식으로 고층빌딩에 적합하다.
▶ 루프모니터 : 창살이나 넓은 유리창이 달린 지붕위의 원형구조물

**70** 연결살수설비 전용 헤드를 사용하는 연결살수설비에서 천장 또는 반자의 각 부분으로부터 하나의 살수헤드까지의 수평거리는 몇 m 이하인가? (단, 살수헤드의 부착면과 바닥과의 높이가 2.1m 초과이다.)

① 2.1    ② 2.3
③ 2.7    ④ 3.7

**해설** 연결살수설비 헤드의 설치기준
  ㉠ 천장 또는 반자의 실내에 면하는 부분에 설치할 것
  ㉡ 천장 또는 반자의 각 부분으로부터 하나의 살수헤드까지의 수평거리가 연결살수설비 전용헤드의 경우은 3.7m 이하, 스프링클러헤드의 경우는 2.3m 이하로 할것. 다만, 살수헤드의 부착면과 바닥과의 높이가 2.1m 이하인 부분에 있어서는 살수헤드의 살수분포에 따른 거리로 할 수 있다.

**71** 층수가 16층인 아파트 건축물에 각 세대마다, 12개의 폐쇄형스프링클러헤드를 설치하였다. 이 때 소화펌프의 토출양은 몇 L/min 이상인가?

① 800    ② 960
③ 1,600    ④ 2,400

**해설** $Q[\text{L/min}] = N \times 80[\text{L/min}]$
$= 10 \times 80[\text{L/min}]$
$= 800[\text{L/min}]$

**공동주택 화재안전기술기준**
2.3 스프링클러설비
  2.3.1 스프링클러설비는 다음의 기준에 따라 설치해야 한다.
    2.3.1.1 폐쇄형스프링클러헤드를 사용하는 아파트등은 기준개수 10개(스프링클러헤드의 설치개수가 가장 많은 세대에 설치된 스프링클러헤드의 개수가 기준개수보다 작은 경우에는 그 설치개수를 말한다)에 1.6m³를 곱한 양 이상의 수원이 확보되도록 할 것. 다만, 아파트등의 각 동이 주차장으로 서로 연결된 구조인 경우 해당 주차장 부분의 기준개수는 30개로 할 것
    2.3.1.2 아파트등의 경우 화장실 반자 내부에는 「소방용 합성수지배관의 성능인증 및 제품검사의 기술기준」에 적합한 소방용 합성수지배관으로 배관을 설치할 수 있다. 다만, 소방용 합성수지배관 내부에 항상 소화수가 채워진 상태를 유지할 것
    2.3.1.3 하나의 방호구역은 2개 층에 미치지 아니하도록 할 것. 다만, 복층형 구조의 공동주택에는 3개 층 이내로 할 수 있다.
    2.3.1.4 아파트등의 세대 내 스프링클러헤드를 설치하는 천장·반자·천장과 반자사이·덕트·선반등의 각 부분으로부터 하나의 스프링클러헤드까지의 수평거리는 2.6m 이하로 할 것

**72** 부속용도로 사용하고 있는 통신기기실의 경우 바닥면적 몇 m² 마다 수동식소화기 1개 이상을 추가로 비치해야 하는가?

① 30    ② 40
③ 50    ④ 60

**정답** 69.③  70.④  71.①  72.③

### 해설 부속용도별 추가하는 소화기구

| 용도별 | 소화기구의 능력단위 |
|---|---|
| 1. 다음 각목의 시설. 다만, 스프링클러설비·간이스프링클러설비·물분무등소화설비 또는 상업용주방자동소화장치가 설치된 경우에는 자동확산소화기를 설치하지 아니할 수 있다.<br>가. 보일러실(아파트의 경우 방화구획된 것을 제외한다)·건조실·세탁소·대량 화기취급소<br>나. 음식점(지하가의 음식점을 포함한다)·다중이용업소·호텔·기숙사·노유자시설·의료시설·업무시설·공장·장례식장·교육연구시설·교정 및 군사시설의 주방. 다만, 의료시설·업무시설 및 공장의 주방은 공동취사를 위한 것에 한한다.<br>다. 관리자의 출입이 곤란한 변전실·송전실·변압기실 및 배전반실(불연재료로 된 상자안에 장치된 것을 제외한다) | 1. 해당 용도의 바닥면적 25m²마다 능력단위 1단위 이상의 소화기로 할 것. 이 경우 나목의 주방에 설치하는 소화기중 1개 이상은 주방화재용 소화기(K급)로 설치해야 한다.<br>2. 자동확산소화기는 해당 용도의 바닥면적을 기준으로 10m² 이하는 1개, 10m² 초과는 2개 이상을 설치하되, 보일러, 조리기구, 변전설비 등 방호대상에 유효하게 분사될 수 있는 위치에 배치될 수 있는 수량으로 설치할 것 |
| 2. 발전실·변전실·송전실·변압기실·배전반실·통신기기실·전산기기실·기타 이와 유사한 시설이 있는 장소. 다만, 제1호 다목의 장소를 제외한다. | 해당 용도의 바닥면적 50m²마다 적응성이 있는 소화기 1개 이상 또는 유효설치 방호체적 이내의 가스·분말·고체에어로졸 자동소화장치, 캐비닛형자동소화장치(다만, 통신기기실·전자기기실을 제외한 장소에 있어서는 교류600V 또는 직류750V 이상의 것에 한한다) |
| 3. 「위험물안전관리법시행령」 별표1에 따른 지정수량의 1/5 이상 지정수량 미만의 위험물을 저장 또는 취급하는 장소 | 능력단위 2단위 이상 또는 유효설치방호체적 이내의 가스·분말·고체에어로졸 자동 소화장치, 캐비닛형자동소화장치 |
| 4. 「화재예방법시행령」 별표2에 따른 특수가연물을 저장 또는 취급하는 장소 | 「화재예방법시행령」 별표2에서 정하는 수량 이상 : 화재예방법 시행령 별표2에서 정하는 수량의 50배 이상마다 능력단위 1단위 이상 |
| | 「화재예방법시행령」 별표2에서 정하는 수량의 500배 이상 : 대형소화기 1개 이상 |
| 5. 고압가스안전관리법·액화석유가스의 안전관리 및 사업법 및 도시가스 사업법에서 규정하는 가연성 가스를 연료로 사용하는 장소 | 액화석유가스 기타 가연성가스를 연료로 사용하는 연소기기가 있는 장소 : 각 연소기로부터 보행거리 10m 이내에 능력단위 3단위 이상의 소화기 1개 이상. 다만, 상업용 주방자동소화장치가 설치된 장소는 제외한다. |
| | 액화석유가스 기타 가연성가스를 연료로 사용하기 위하여 저장하는 저장실(저장량 300kg 미만은 제외한다) : 능력단위 5단위 이상의 소화기 2개 이상 및 대형소화기 1대 이상 |
| 6. 고압가스안전관리법·액화석유가스의 안전관리 및 사업법 또는 도시가스사업법에서 규정하는 가연성 가스를 제조하거나 연료 외의 용도로 저장·사용하는 장소 | 저장하고 있는 양 또는 1개월 동안 제조·사용하는 양 | 200kg 미만 | 저장하는 장소 | 능력단위 3단위 이상의 소화기 2개 이상 |
| | | | 제조·사용하는 장소 | 능력단위 3단위 이상의 소화기 2개 이상 |
| | | 200kg 이상 300kg 미만 | 저장하는 장소 | 능력단위 5단위 이상의 소화기 2개 이상 |
| | | | 제조·사용하는 장소 | 바닥면적 50m²마다 능력단위 5단위 이상의 소화기 1개 이상 |
| | | 300kg 이상 | 저장하는 장소 | 대형소화기 2개 이상 |
| | | | 제조·사용하는 장소 | 바닥면적 50m²마다 능력단위 5단위 이상의 소화기 1개 이상 |
| 7. 마그네슘합금 칩을 저장 또는 취급하는 장소 | 금속화재용 소화기(D급) 1개 이상을 금속 재료로부터 보행거리 20m 이내로 설치할 것 |

비고 : 액화석유가스·기타 가연성 가스를 제조하거나 연료외의 용도로 사용하는 장소에 소화기를 설치하는 때에는 해당 장소 바닥면적 50m² 이하인 경우에도 해당 소화기를 2개 이상 비치해야 한다.

**73** 이산화탄소소화설비를 설치하는 장소에 이산화탄소 약제의 소요량은 정해진 약제방사시간 이내에 방사되어야 한다. 다음 기준 중 소요량에 대한 약제방사시간이 아닌 것은?

① 전역방출방식에 있어서 표면화재 방호대상물은 1분
② 전역방출방식에 있어서 심부화재 방호대상물은 7분
③ 국소방출방식에 있어서 방호대상물은 10초
④ 국소방출방식에 있어서 방호대상물은 30초

### 해설 이산화탄소 소화설비 배관의 구경
소요량이 다음의 기준에 따른 시간 내에 방사될 수 있는 것으로 할 것
㉠ 전역방출방식
  ⓐ 표면화재(가연성액체 또는 가연성가스 등) 방호대상물의 경우에는 1분
  ⓑ 심부화재(종이, 목재, 석탄, 석유류, 합성수지류 등) 방호대상물의 경우에는 7분, 이 경우 설계농도가 2분 이내에 30%에 도달하여야 한다.
㉡ 국소방출방식의 경우에는 30초

**정답** 73.③

**74** 다음 물분무소화설비 배관 등 설치 기준 중 틀린 것은?

① 펌프 흡입측 배관은 공기고임이 생기지 않는 구조로 하고 여과장치를 설치한다.
② 동결방지조치를 하거나 동결의 우려가 없는 장소에 설치한다.
③ 연결송수관설비의 배관과 겸용할 경우의 주배관은 구경 100mm 이상으로 한다.
④ 연결송수관설비의 배관과 겸용할 경우 방수구로 연결되는 배관의 구경은 65mm 이하로 한다.

**해설** 연결송수관설비의 배관은 옥내소화전설비의 배관하고만 겸용가능
[기타 수계소화설비 겸용불가능]

**75** 의료시설에 구조대를 설치하여야 할 층이 아닌 것은? (단, 장례식장을 제외한다.)

① 2   ② 3
③ 4   ④ 5

**해설** 피난기구 설치대상
피난기구는 특정소방대상물의 모든 층에 화재안전기준에 적합한 것으로 설치하여야 한다. 다만, 피난층, 지상 1층, 지상 2층(노유자시설 중 피난층이 아닌 지상 1층과 피난층이 아닌 지상 2층은 제외) 및 층수가 11층 이상인 층과 위험물 저장 및 처리시설 중 가스 시설, 지하가 중 터널 또는 지하구의 경우에는 그러하지 아니하다.

**76** 수직강하식 구조대의 구조를 바르게 설명한 것은?

① 본체 내부에 로프를 사다리 형으로 장착한 것
② 본체에 적당한 간격으로 협축부를 마련한 것
③ 본체 전부가 신축성이 있는 것
④ 내림식 사다리의 동쪽에 복대를 씌운 것

**해설** 구조대의 형식승인 및 제품검사의 기술기준
제17조(구조) 수직강하식 구조대(이하 "구조대"라 한다)의 구조는 다음 각 호에 적합하여야 한다.
1. 구조대는 안전하고 쉽게 사용할 수 있는 구조이어야 한다.
2. 구조대의 포지는 외부포지와 내부포지로 구성하되, 외부포지와 내부포지의 사이에 충분한 공기층을 두어야 한다. 다만, 건물내부의 별실에 설치하는 것은 외부포지를 설치하지 아니할 수 있다.
3. 입구틀 및 취부틀의 입구는 지름 50cm 이상의 구체가 통과할 수 있는 것이어야 한다.
4. 구조대는 연속하여 강하할 수 있는 구조이어야 한다.
5. 포지는 사용시 수직방향으로 현저하게 늘어나지 아니하여야 한다.
6. 포지, 지지틀, 취부틀 그밖의 부속장치 등은 견고하게 부착되어야 한다.

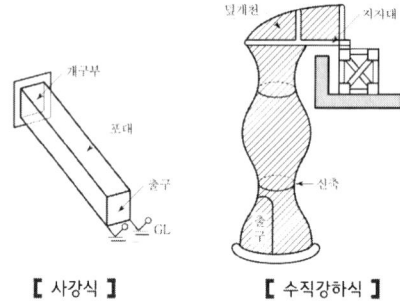

【 사강식 】   【 수직강하식 】

**77** 분말소화설비의 배관 청소용 가스는 어떻게 저장 유지 관리해야 하는가?

① 축압용 가스용기에 가산 저장 유지
② 가압용 가스용기에 가산 저장 유지
③ 별도 용기에 저장 유지
④ 필요시에만 사용하므로 평소에 저장 불필요

**해설** 분말소화설비 화재안전기술기준
2.2 가압용가스용기
  2.2.1 분말소화약제의 가스용기는 분말소화약제의 저장용기에 접속하여 설치해야 한다.
  2.2.2 분말소화약제의 가압용가스 용기를 3병 이상 설치한 경우에는 2개 이상의 용기에 전자개방밸브를 부착해야 한다.
  2.2.3 분말소화약제의 가압용가스 용기에는 2.5MPa 이하의 압력에서 조정이 가능한 압력조정기를 설치해야 한다.
  2.2.4 가압용가스 또는 축압용가스는 다음의 기준에 따라 설치해야 한다.
    2.2.4.1 가압용가스 또는 축압용가스는 질소가스 또는 이산화탄소로 할 것

2.2.4.2 가압용가스에 질소가스를 사용하는 것의 질소가스는 소화약제 1kg마다 40L(35℃에서 1기압의 압력상태로 환산한 것) 이상, 이산화탄소를 사용하는 것의 이산화탄소는 소화약제 1kg에 대하여 20g에 배관의 청소에 필요한 양을 가산한 양 이상으로 할 것

2.2.4.3 축압용가스에 질소가스를 사용하는 것의 질소가스는 소화약제 1kg에 대하여 10L(35℃에서 1기압의 압력상태로 환산한 것) 이상, 이산화탄소를 사용하는 것의 이산화탄소는 소화약제 1kg에 대하여 20g에 배관의 청소에 필요한 양을 가산한 양 이상으로 할 것

2.2.4.4 저장용기 및 배관의 청소에 필요한 양의 가스는 별도의 용기에 저장할 것

**78** 물분무소화설비의 배수설비에 대한 설명 중 틀린 것은?

① 주차장에는 10cm 이상 경계턱으로 배수구를 설치한다.
② 배수구에는 새어나온 기름을 모아 소화할 수 있도록 길이 30m 이하마다 집수관, 소화핏트 등 기름분리장치를 설치한다.
③ 주차장 바닥은 배수구를 향하여 100분의 2 이상의 기울기를 가진다.
④ 배수설비는 가압송수장치의 최대 송수능력의 수량을 유효하게 배수할 수 있는 크기 및 기울기로 한다.

**해설** 물분무소화설비의 화재안전기술기준
물분무소화설비를 설치하는 차고 또는 주차장에는 다음의 기준에 따라 배수설비를 하여야 한다.
1. 차량이 주차하는 장소의 적당한 곳에 높이 10cm 이상의 경계턱으로 배수구를 설치할 것
2. 배수구에는 새어나온 기름을 모아 소화할 수 있도록 길이 40m 이하마다 집수관・소화핏트 등 기름분리장치를 설치할 것
3. 차량이 주차하는 바닥은 배수구를 향하여 100분의 2 이상의 기울기를 유지할 것
4. 배수설비는 가압송수장치의 최대송수능력의 수량을 유효하게 배수할 수 있는 크기 및 기울기로 할 것

**79** 스프링클러설비의 누수로 인한 유수검지장치의 오작동을 방지하기 위한 목적으로 설치되는 것은?

① 솔레노이드
② 리타딩 챔버
③ 물올림 장치
④ 성능시험배관

**해설** 리타딩챔버의 역할
㉠ 오보방지
㉡ 안전밸브의 역할
㉢ 수격방지(배관 및 압력스위치의 손상보호)

**80** 포소화약제의 혼합장치 중 펌프의 토출관에 압입기를 설치하여 포소화약제 압입용 펌프로 포소화약제를 압입시켜 혼합하는 방식은 무엇인가?

① 펌프 프로포셔너 방식
② 프레져사이드 프로포셔너 방식
③ 라인 프로포셔너 방식
④ 프레져 프로포셔너 방식

**해설** 포소화설비의 화재안전기술기준
㉠ 펌프 프로포셔너방식
펌프의 토출관과 흡입관 사이의 배관도중에 설치한 흡입기에 펌프에서 토출된 물의 일부를 보내고, 농도조정밸브에서 조정된 포 소화약제의 필요량을 포 소화약제 탱크에서 펌프 흡입측으로 보내어 이를 혼합하는 방식을 말한다.
㉡ 프레져 프로포셔너방식
펌프와 발포기의 중간에 설치된 벤추리관의 벤추리작용과 펌프 가압수의 포소화약제 저장탱크에 대한 압력에 따라 포 소화약제를 흡입・혼합하는 방식을 말한다.
㉢ 라인 프로포셔너방식
펌프와 발포기의 중간에 설치된 벤추리관의 벤추리작용에 따라 포소화약제를 흡입・혼합하는 방식을 말한다.
㉣ 프레져사이드 프로포셔너방식
펌프의 토출관에 압입기를 설치하여 포 소화약제 압입용펌프로 포소화약제를 압입시켜 혼합하는 방식을 말한다.
㉤ 압축공기포 믹싱챔버방식
물, 포 소화약제 및 공기를 믹싱챔버로 강제주입시켜 챔버 내에서 포수용액을 생성한 후 포를 방사하는 방식을 말한다.

# 2015년 제4회 소방설비기사[기계분야] 1차 필기

**[제4과목 : 소방기계구조원리]**

**61** 공장, 창고 등의 용도로 사용하는 단층 건축물의 바닥면적이 큰 건축물에 스모크해치를 설치하는 경우 그 효과를 높이기 위한 장치는?

① 제연덕트 ② 배출기
③ 보조제연기 ④ 드래프트커튼

**해설** 스모크해치
공장, 창고 등 단층의 바닥면적이 큰 건물의 지붕에 설치하는 배연구로서 드래프트커텐과 연동하여 연기를 외부로 배출시킨다.

**62** 스프링클러설비 고가수조에 설치하지 않아도 되는 것은?

① 수위계 ② 배수관
③ 압력계 ④ 오버플로우관

**해설** 고가수조의 자연낙차를 이용하는 가압송수장치
㉠ 고가수조의 자연낙차수두 산출식

$$H = h_1 + 10m$$

$H$ : 필요한 낙차(m)(수조의 하단으로부터 최고층의 호스 접결구까지 수직거리)
$h_1$ : 배관의 마찰손실수두(m)

㉡ 고가수조설치
ⓐ 수위계 ⓑ 배수관
ⓒ 급수관 ⓓ 오버플로우관
ⓔ 맨홀

**63** 연결송수관설비 배관의 설치기준으로 옳지 않은 것은?

① 지면으로부터의 높이가 31m 이상인 특정소방대상물은 습식설비로 하여야 한다.

② 다른 부분과 내화구조로 구획된 덕트 또는 피트의 내부에 설치하는 경우에는 소방용 합성수지배관으로 설치할 수 있다.

③ 배관 내 사용압력이 1.2MPa 미만인 경우, 이음매 있는 구리 및 구리합금관을 사용하여야 한다.

④ 연결송수관설비의 배관은 주배관의 구경이 100mm 이상인 옥내소화전설비의 배관과 겸용할 수 있다.

**해설** 연결송수관설비 화재안전기술기준
2.2 배관 등
2.2.1 연결송수관설비의 배관은 다음의 기준에 따라 설치해야 한다.
2.2.1.1 주배관의 구경은 100mm 이상의 것으로 할 것. 다만, 주 배관의 구경이 100mm 이상인 옥내소화전설비의 배관과는 겸용할 수 있다. 〈개정 2024.7.1.〉
2.2.1.2 지면으로부터의 높이가 31m 이상인 특정소방대상물 또는 지상 11층 이상인 특정소방대상물에 있어서는 습식설비로 할 것
2.2.2 배관과 배관이음쇠는 다음의 어느 하나에 해당하는 것 또는 동등 이상의 강도·내식성 및 내열성을 국내·외 공인기관으로부터 인정받은 것을 사용해야 한다. 다만, 본 기준에서 정하지 않은 사항은 건설기술 진흥법 제44조제1항의 규정에 따른 "건설기준"에 따른다.
2.2.2.1 배관 내 사용압력이 1.2MPa 미만일 경우에는 다음의 어느 하나에 해당하는 것
(1) 배관용 탄소강관(KS D 3507)
(2) 이음매 없는 구리 및 구리합금관(KS D 5301). 다만, 습식의 배관에 한한다.
(3) 배관용 스테인리스강관(KS D 3576) 또는 일반배관용 스테인리스강관(KS D 3595). 다만, 배관용 스테인리스

**정답** 61.④ 62.③ 63.③

강관(KS D 3576)의 이음을 용접으로 할 경우에는 텅스텐 불활성 가스 아크 용접(Tungsten Inertgas Arc Welding)방식에 따른다.
　　　　　(4) 덕타일 주철관(KS D 4311)
　　　2.2.2.2 배관 내 사용압력이 1.2MPa 이상일 경우에는 다음의 어느 하나에 해당하는 것
　　　　　(1) 압력배관용 탄소강관(KS D 3562)
　　　　　(2) 배관용 아크용접 탄소강강관(KS D 3583)
　　2.2.3 2.2.2에도 불구하고 다음의 어느 하나에 해당하는 장소에는 소방청장이 정하여 고시한 「소방용합성수지배관의 성능인증 및 제품검사의 기술기준」에 적합한 소방용 합성수지배관으로 설치할 수 있다.
　　　2.2.3.1 배관을 지하에 매설하는 경우
　　　2.2.3.2 다른 부분과 내화구조로 구획된 덕트 또는 피트의 내부에 설치하는 경우
　　　2.2.3.3 천장(상층이 있는 경우에는 상층바닥의 하단을 포함한다. 이하 같다)과 반자를 불연재료 또는 준불연재료로 설치하고 소화배관 내부에 항상 소화수가 채워진 상태로 설치하는 경우
　　2.2.4 성능시험배관은 펌프의 토출측에 설치된 개폐밸브 이전에서 분기하여 설치하고, 유량측정장치를 기준으로 전단에 개폐밸브를 후단에 유량조절 밸브를 설치해야 한다. 〈개정 2024.7.1.〉
　　2.2.5 성능시험배관에 설치하는 유량측정장치는 성능시험배관의 직관부에 설치하되, 펌프 정격토출량의 175% 이상을 측정할 수 있는 것으로 해야 한다. 〈신설 2024.7.1.〉
　　2.2.6 연결송수관설비의 수직배관은 내화구조로 구획된 계단실(부속실을 포함한다) 또는 파이프덕트 등 화재의 우려가 없는 장소에 설치해야 한다. 다만, 학교 또는 공장이거나 배관주위를 1시간 이상의 내화성능이 있는 재료로 보호하는 경우에는 그렇지 않다.
　　2.2.7 확관형 분기배관을 사용할 경우에는 소방청장이 정하여 고시한 「분기배관의 성능인증 및 제품검사의 기술기준」에 적합한 것으로 설치해야 한다.
　　2.2.8 배관은 다른 설비의 배관과 쉽게 구분이 될 수 있는 위치에 설치하거나, 그 배관표면 또는 배관 보온재표면의 색상은 「한국산업표준(배관계의 식별 시, KS A 0503)」 또는 적색으로 식별이 가능하도록 소방용설비의 배관임을 표시해야 한다.

## 64 제연설비에 사용되는 송풍기로 적당하지 않는 것은?
① 다익형　　　② 에어리프트형
③ 덕트형　　　④ 리밋 로드형

**해설** 팬(Fan)의 종류
　㉠ 후곡형(Turbo Fan)
　㉡ 방사형(Plate Fan)
　㉢ 관류형(Tubular Fan)
　㉣ 다익형(Sirocco Fan)
　㉤ 익형(Air Foil, Limit Load Fan)

## 65 공기포 소화약제 혼합방식으로 펌프와 발포기의 중간에 설치된 벤추리관의 벤추리 작용에 따라 포 소화약제를 흡입·혼합하는 방식은?
① 펌프 프로포셔너
② 라인 프로포셔너
③ 프레져 프로포셔너
④ 프레져사이드 프로포셔너

**해설** 포소화설비의 화재안전기술기준
　㉠ 펌프 프로포셔너방식
　　펌프의 토출관과 흡입관 사이의 배관도중에 설치한 흡입기에 펌프에서 토출된 물의 일부를 보내고, 농도조정밸브에서 조정된 포 소화약제의 필요량을 포 소화약제 탱크에서 펌프 흡입측으로 보내어 이를 혼합하는 방식을 말한다.
　㉡ 프레져 프로포셔너방식
　　펌프와 발포기의 중간에 설치된 벤추리관의 벤추리작용과 펌프 가압수의 포소화약제 저장탱크에 대한 압력에 따라 포 소화약제를 흡입·혼합하는 방식을 말한다.
　㉢ 라인 프로포셔너방식
　　펌프와 발포기의 중간에 설치된 벤추리관의 벤추리작용에 따라 포소화약제를 흡입·혼합하는 방식을 말한다.
　㉣ 프레져사이드 프로포셔너방식
　　펌프의 토출관에 압입기를 설치하여 포 소화약제 압입용펌프로 포소화약제를 압입시켜 혼합하는 방식을 말한다.
　㉤ 압축공기포 믹싱챔버방식
　　물, 포 소화약제 및 공기를 믹싱챔버로 강제주입시켜 챔버 내에서 포수용액을 생성한 후 포를 방사하는 방식을 말한다.

**66** 특정소방대상물별 소화기구의 능력단위기준으로 옳지 않은 것은? (단, 내화구조 아닌 건축물의 경우)

① 위락시설: 해당 용도의 바닥면적 $30m^2$ 마다 능력단위 1 단위 이상
② 노유자시설 : 해당 용도의 바닥면적 $30m^2$ 마다 능력단위 1단위 이상
③ 관람장 : 해당 용도의 바닥면적 $50m^2$ 마다 능력단위 1단위 이상
④ 전시장 : 해당 용도의 바닥면적 $100m^2$ 마다 능력단위 1단위 이상

**[해설]** 특정소방대상물별 소화기구의 능력단위기준

| 특정소방대상물 | 소화기구의 능력단위 |
|---|---|
| 1. 위락시설 | 해당 용도의 바닥면적 $30m^2$ 마다 능력단위 1단위 이상 |
| 2. 공연장·집회장·관람장·문화재·장례식장 및 의료시설 | 해당 용도의 바닥면적 $50m^2$ 마다 능력단위 1단위 이상 |
| 3. 근린생활시설·판매시설·운수시설·숙박시설·노유자시설·전시장·공동주택·업무시설·방송통신시설·공장·창고시설·항공기 및 자동차 관련 시설 및 관광휴게시설 | 해당 용도의 바닥면적 $100m^2$ 마다 능력단위 1단위 이상 |
| 4. 그 밖의 것 | 해당 용도의 바닥면적 $200m^2$ 마다 능력단위 1단위 이상 |

(주) 소화기구의 능력단위를 산출함에 있어서 건축물의 주요구조부가 내화구조이고, 벽 및 반자의 실내에 면하는 부분이 불연재료·준불연재료 또는 난연재료로 된 특정소방대상물에 있어서는 위 표의 기준면적의 2배를 해당 특정소방대상물의 기준면적으로 한다.

**67** 분말소화설비의 자동폐쇄장치 설치기준으로 틀린 설명은?

① 국소방출방식의 분말소화설비를 설치한 특정소방대상물 또는 그 부분에 대하여는 자동폐쇄장치를 설치해야 한다.
② 환기장치 등을 설치한 것은 소화약제가 방출되기 전에 해당 환기장치 등이 정지될 수 있도록 할 것
③ 개구부가 있거나 천장으로부터 1m 이상의 아랫 부분 또는 바닥으로부터 해당 층의 높이의 3분의 2 이내의 부분에 통기구가 있어 소화약제의 유출에 따라 소화효과를 감소시킬 우려가 있는 것은 소화약제가 방출되기 전에 해당 개구부 및 통기구를 폐쇄할 수 있도록 할 것
④ 자동폐쇄장치는 방호구역 또는 방호대상물이 있는 구획의 밖에서 복구할 수 있는 구조로 하고, 그 위치를 표시하는 표지를 할 것

**[해설]** 전역방출방식의 분말소화설비를 설치한 특정소방대상물 또는 그 부분에 대하여는 자동폐쇄장치를 설치해야 한다.

**68** 사무실 용도의 장소에 스프링클러를 설치할 경우 교차배관에서 분기되는 지점을 기준으로 한쪽의 가지배관에 설치되는 하향식 스프링클러헤드는 몇 개 이하로 설치하는가? (단, 수리역학적 배관 방식의 경우는 제외한다.)

① 8
② 10
③ 12
④ 16

**[해설]** 스프링클러설비 화재안전기술기준
2.5.9 가지배관의 배열은 다음의 기준에 따른다.
  2.5.9.1 토너먼트(tournament) 배관방식이 아닐 것
  2.5.9.2 교차배관에서 분기되는 지점을 기점으로 한쪽 가지배관에 설치되는 헤드의 개수(반자 아래와 반자속의 헤드를 하나의 가지배관 상에 병설하는 경우에는 반자 아래에 설치하는 헤드의 개수)는 8개 이하로 할 것. 다만, 다음 각 기준의 어느 하나에 해당하는 경우에는 그렇지 않다.
    2.5.9.2.1 기존의 방호구역 안에서 칸막이 등으로 구획하여 1개의 헤드를 증설하는 경우
    2.5.9.2.2 습식스프링클러설비 또는 부압식스프링클러설비에 격자형 배관방식(2 이상의 수평주행배관 사이를 가지배관으로 연결하는 방식을 말한다)을 채택하는 때에는 펌프의 용량, 배관의 구경 등을 수리

학적으로 계산한 결과 헤드의 방수압 및 방수량이 소화목적을 달성하는 데 충분하다고 인정되는 경우

2.5.9.3 가지배관과 헤드 사이의 배관을 신축배관으로 하는 경우에는 소방청장이 정하여 고시한 「스프링클러설비신축배관의 성능인증 및 제품검사의 기술기준」에 적합한 것으로 설치할 것. 이 경우 신축배관의 설치길이는 2.7.3의 거리를 초과하지 않아야 한다.

## 69 분말소화설비의 가압용가스로 질소가스를 사용하는 경우 질소가스는 소화약제 1kg 마다 몇 L 이상으로 하는가?

① 10
② 20
③ 30
④ 40

**해설** 분말소화약제소화설비 가압용가스용기
㉠ 분말소화약제의 가스용기는 분말소화약제 저장용기에 접속하여 설치하여야 한다.
㉡ 분말소화약제의 가압용가스 용기를 3병 이상 설치한 경우에 있어서는 2개 이상의 용기에 전자개방밸브를 부착하여야 한다.
㉢ 분말소화약제의 가압용가스 용기에는 2.5MPa 이하의 압력에서 조정이 가능한 압력조정기를 설치하여야 한다.
㉣ 가압용가스 또는 축압가스는 다음의 기준에 따라 설치하여야 한다.
 ⓐ 가압용가스 또는 축압용가스는 질소가스 또는 이산화탄소로 할 것
 ⓑ 가압용가스에 질소가스를 사용하는 것에 있어서 질소가스는 소화약제 1kg마다 40L (35℃에서 1기압의 압력상태로 환산한 것) 이상, 이산화탄소를 사용하는 것에 있어서 이산화탄소는 소화약제 1kg에 대하여 20g에 배관의 청소에 필요한 양을 가산한 양 이상으로 할 것
 ⓒ 축압용 가스에 질소가스를 사용하는 것에 있어서 질소가스는 소화약제 1kg에 대하여 10L(35℃에서 1기압의 압력상태로 환산한 것) 이상, 이산화탄소를 사용하는 것에 있어서 이산화탄소는 소화약제 1kg에 대하여 20g에 배관의 청소에 필요한 양을 가산한 양 이상으로 할 것
 ⓓ 배관의 청소에 필요한 양의 가스는 별도의 용기에 저장할 것

## 70 숙박시설에 2인용 침대수가 40개이고, 종업원 수가 10명일 경우 수용인원을 산정하면 몇 명인가?

① 60
② 70
③ 80
④ 90

**해설** 수용인원 : 2[인]×40[개/인]+10[명]=90[명]

소방시설 설치 및 관리에 관한 법률 시행령 [별표 7] 수용인원의 산정방법

| 숙박시설인 경우 | 침대 O | 침대 수 + 종업원 수 |
|---|---|---|
| | 침대 X | $\dfrac{바닥면적[m^2]}{3[m^2/명]}$ (반올림수)+종업원 수 |
| 숙박시설이 아닌 경우 | 강의실, 교무실, 상담실, 실습실, 휴게실 | $\dfrac{바닥면적[m^2]}{1.9[m^2/명]}$ (반올림수) |
| | 강당, 문화 및 집회시설, 운동시설, 종교시설 | $\dfrac{바닥면적[m^2]}{4.6[m^2/명]}$ (반올림수) + 의자수$\left(\dfrac{긴의자길이[m]}{0.45[m]}\right)$(반올림수) |
| | 그 밖 | $\dfrac{바닥면적[m^2]}{3[m^2/명]}$ (반올림수) |

## 71 고발포의 포 팽창비율은 얼마인가?

① 20 이하
② 20 이상 80 미만
③ 80 이하
④ 80 이상 1000 미만

**해설** 팽창비율에 따른 포방출구의 종류

| 팽창비율에 따른 포의 종류 | 포방출구의 종류 |
|---|---|
| 팽창비가 20 이하인 것(저발포) | 포헤드, 압축공기포헤드 |
| 팽창비가 80 이상 1,000 미만인 것(고발포) | 고발포용 고정포방출구 |

| 고발포의 구분 | 팽창비 |
|---|---|
| 제1종 기계포 | 80 이상 250 미만 |
| 제2종 기계포 | 250 이상 500 미만 |
| 제3종 기계포 | 500 이상 1,000 미만 |

**정답** 69.④ 70.④ 71.④

## 04. 소방기계구조원리

**72** 호스릴 이산화탄소 소화설비의 설치기준으로 옳지 않은 것은?

① 20℃에서 하나의 노즐마다 소화약제의 방출량은 60초당 60kg 이상이어야 한다.
② 소화약제 저장용기는 호스릴 2개마다 1개 이상 설치해야 한다.
③ 소화약제 저장용기의 가장 가까운 곳의 보기 쉬운 곳에 표시등을 설치해야 한다.
④ 소화약제 저장용기의 개방밸브는 호스의 설치장소에서 수동으로 개폐할 수 있어야 한다.

**[해설]** 이산화탄소소화설비 화재안전기술기준
2.7.4 호스릴이산화탄소소화설비는 다음의 기준에 따라 설치해야 한다.
  2.7.4.1 방호대상물의 각 부분으로부터 하나의 호스접결구까지의 수평거리가 15m 이하가 되도록 할 것
  2.7.4.2 호스릴이산화탄소소화설비의 노즐은 20℃에서 하나의 노즐마다 60kg/min 이상의 소화약제를 방출할 수 있는 것으로 할 것
  2.7.4.3 소화약제 저장용기는 호스릴을 설치하는 장소마다 설치할 것
  2.7.4.4 소화약제 저장용기의 개방밸브는 호스릴의 설치장소에서 수동으로 개폐할 수 있는 것으로 할 것
  2.7.4.5 소화약제 저장용기의 가장 가까운 곳의 보기 쉬운 곳에 적색의 표시등을 설치하고, 호스릴이산화탄소소화설비가 있다는 뜻을 표시한 표지를 할 것

**73** 스프링클러헤드의 방수구에서 유출되는 물을 세분시키는 작용을 하는 것은?

① 클래퍼     ② 워터모터공
③ 리타팅 챔버  ④ 디프렉타

**[해설]** "반사판(디프렉타)"이란 스프링클러헤드의 방수구에서 유출되는 물을 세분시키는 작용을 하는 것을 말한다.

**74** 하나의 옥외소화전을 사용하는 노즐선단에서의 방수압력이 몇 MPa을 초과할 경우 호스접결구의 인입측에 감압장치를 설치하여야 하는가?

① 0.5     ② 0.6
③ 0.7     ④ 0.8

**[해설]** 옥외소화전설비 화재안전기술기준
2.2.1.3 특정소방대상물에 설치된 옥외소화전(2개 이상 설치된 경우에는 2개의 옥외소화전)을 동시에 사용할 경우 각 옥외소화전의 노즐선단에서의 방수압력이 0.25MPa 이상이고, 방수량이 350 L/min 이상이 되는 성능의 것으로 할 것. 다만, 하나의 옥외소화전을 사용하는 노즐선단에서의 방수압력이 0.7MPa을 초과할 경우에는 호스접결구의 인입측에 감압장치를 설치해야 한다.

**75** 소화용수설비 저주소의 수원 소요수량이 $100m^3$ 이상일 경우 설치해야 하는 채수구의 수는?

① 1개     ② 2개
③ 3개     ④ 4개

**[해설]** 소화수조 및 저수조의 화재안전기술기준
소화용수설비에 설치하는 채수구는 다음의 기준에 따라 설치할 것
㉮ 채수구는 다음 표에 따라 소방용 호스 또는 소방용 흡수관에 사용하는 구경 65mm 이상의 나사식 결합금속구를 설치할 것

| 소요수량 | $20m^3$ 이상 $40m^3$ 미만 | $40m^3$ 이상 $100m^3$ 미만 | $100m^3$ 이상 |
|---|---|---|---|
| 채수구의 수 | 1개 | 2개 | 3개 |

㉯ 채수구는 지면으로부터의 높이가 0.5m 이상 1m 이하의 위치에 설치하고 "채수구"라고 표시한 표지를 할 것

**정답** 72.② 73.④ 74.③ 75.③

**76** 완강기의 구성품 중 조속기의 구조 및 기능에 대한 설명으로 옳지 않은 것은?

① 완강기의 조속기는 후크와 연결되도록 한다.
② 기능에 이상이 생길 수 있는 모래나 기타의 이물질이 쉽게 들어가지 않도록 견고한 덮개로 덮여져 있도록 한다.
③ 피난자가 그 강하 속도를 조절 할 수 있도록 하여야 한다.
④ 피난자의 체중에 의하여 로프가 V자 홈이 있는 도르래를 회전시켜 기어기구에 의하여 원심 브레이크를 작동시켜 강하 속도를 조정한다.

**해설** 완강기의 형식승인 및 제품검사의 기술기준
제3조(일반구조) 완강기 및 간이완강기의 구조 및 성능은 다음에 적합하여야 한다.
1. 속도조절기·속도조절기의 연결부·로우프·연결금속구 및 벨트로 구성되어야 한다.
2. 강하시 사용자를 심하게 선회시키지 아니하여야 한다.
3. 속도조절기는 다음에 적합하여야 한다.
   가. 견고하고 내구성이 있어야 한다.
   나. 평상시에 분해 청소 등을 하지 아니하여도 작동할 수 있어야 한다.
   다. 강하시 발생하는 열에 의하여 기능에 이상이 생기지 아니하여야 한다.
   라. 속도조절기는 사용 중에 분해·손상·변형되지 아니하여야 하며, 속도조절기의 이탈이 생기지 아니하도록 덮개를 하여야 한다.
   마. 강하시 로우프가 손상되지 아니하여야 한다.
   바. 속도조절기의 풀리 등으로부터 로우프가 노출되지 아니하는 구조이어야 한다.
4. 기능에 이상이 생길 수 있는 모래나 기타의 이물질이 쉽게 들어가지 아니하도록 견고한 덮개로 덮어져 있어야 한다.
5. 로우프는 와이어로프이어야 하며 다음에 적합하여야 한다.
   가. 와이어로우프는 지름이 3mm 이상 또는 안전계수(와이어 파단하중(N)을 최대사용하중(N)으로 나눈 값) 5 이상이어야 하며, 전체 길이에 걸쳐 균일한 구조이어야 한다.
   나. 와이어로우프에 외장을 하는 경우에는 전체 길이에 걸쳐 균일하게 외장을 하여야 한다.
6. 벨트는 다음에 적합하여야 한다.
   가. 쉽게 착용하고 쉽게 벗을 수 있을 것
   나. 사용할 때 벗겨지거나 풀어지지 아니하고 또한 벨트가 꼬이지 않아야 한다.
   다. 벨트의 너비는 45mm 이상이어야 하고 벨트의 최소원주길이는 55cm 이상 65cm 이하이어야 하며, 최대원주길이는 160cm 이상 180cm 이하이어야 하고 최소원주길이 부분에는 너비 100mm 두께 10mm 이상의 충격보호재를 덧씌워야 한다.
   라. 강하시 사용자가 감시하거나 동작하는데 지장이 생기지 아니하여야 한다.
   마. 사용자의 가슴둘레에 맞도록 벨트길이를 조정할 수 있는 고리가 있어야 하며 최대원주길이벨트의 중앙이 고리에 고정되어야 하고 최소원주길이벨트의 고리는 원형이 되어야 한다.
   바. 표면은 매끄럽고 감촉이 좋으며, 조직의 얼룩·흠 등이 없고, 끝에는 올풀림방지처리를 하여야 한다.
7. 연결금속구는 각 항목에 적합하여야 한다.
   가. 연결금속구는 사용 중 분해, 손상 또는 변형이 생기지 아니하여야 하며, 사용 중 흔들림·충격 등으로 연결후크가 풀리지 않도록 풀림방지조치를 하여야 한다.
   나. 사용하는 리벳이나 부품 그 밖의 이와 유사한 것은 사용자를 다치게 하여서는 아니 된다.
   다. 지지대에 거치하고자 사용되는 연결금속구는 장축 150mm, 단축 50mm 이상 타원형 모양으로 쉽게 연결할 수 있는 구조이어야 한다.
   라. 로프, 벨트에 사용되는 연결금속구는 가공버를 제거하여야 하며 그 접촉부위에는 연질재로 보호조치를 하여야 한다.
8. 부품 및 덮개를 나사로 체결할 경우 풀림방지조치를 하여야 한다.

**77** 154kV 초과 181kV 이하의 고압 전기기기와 물분무헤드 사이에 이격거리는?

① 150cm 이상  ② 180cm 이상
③ 210cm 이상  ④ 260cm 이상

**해설** 고압의 전기기기와 물분무헤드 사이의 유지거리

| 전압(kV) | 거리(cm) | 전압(kV) | 거리(cm) |
|---|---|---|---|
| 66 이하 | 70 이상 | 154 초과 181 이하 | 180 이상 |
| 66 초과 77 이하 | 80 이상 | 181 초과 220 이하 | 210 이상 |
| 77 초과 110 이하 | 110 이상 | 220 초과 275 이하 | 260 이상 |
| 110 초과 154 이하 | 150 이상 | – | – |

정답 76.③ 77.②

**78** 물분무소화설비 수원의 저수량 설치기준으로 옳지 않은 것은?

① 특수가연물을 저장·취급하는 특정소방대상물의 바닥면적 $1m^2$에 대하여 10L/min으로 20분간 방수할 수 있는 양 이상일 것
② 차고, 주차장의 바닥면적 $1m^2$에 대하여 20L/min으로 20분간 방출할 수 있는 양 이상일 것
③ 케이블 트레이, 케이블덕트 등의 투영된 바닥면적 $1m^2$에 대하여 12L/min 으로 20분간 방수할 수 있는 양 이상일 것
④ 컨베이어 벨트는 벨트부분의 바닥면적 $1m^2$에 대하여 20L/min으로 20분간 방수할 수 있는 양 이상일 것

[해설] 컨베이어 벨트
$Q(L) = A(m^2) \times 10(L/m^2 \cdot min) \times 20(min)$

**79** 지상으로부터 높이 30m 되는 창문에서 구조대용 유도로프의 모래주머니를 자연 낙하시키면 지상에 도달할 때까지의 시간은 약 몇 초인가?

① 2.5　　② 5
③ 7.5　　④ 10

[해설] 자유낙하이론공식
$s = \dfrac{1}{2}gt^2$
$s$ : 낙하높이[m]
$g$ : 중력가속도[m/s$^2$]
$t$ : 낙하시간[s]

$30[m] = \dfrac{1}{2} \times 9.8[m/s^2] \times t^2[s^2]$
$t[s] = 2.47 ≒ 2.5[s]$

**80** 포소화설비의 배관 등의 설치 기준으로 옳은 것은?

① 교차배관에서 분기하는 지점을 기점으로 한쪽 가지배관에 설치하는 헤드의 수는 6개 이하로 한다.
② 포워터스프링클러설비 또는 포헤드설비의 가지배관의 배열은 토너먼트방식으로 한다.
③ 송액관은 포의 방출 종류 후 배관안의 액을 배출하기 위하여 적당한 기울기를 유지하도록 하고 그 낮은 부분에 배액밸브를 설치하여야 한다.
④ 포소화전의 기동장치의 조작과 동시에 다른 설비의 용도에 사용하는 배관의 송수를 차단할 수 있거나, 포소화설비의 성능에 지장이 있는 경우에는 다른 설비와 겸용할 수 있다.

[해설] 배관 등
㉠ 송액관은 포의 방출 종료 후 배관 안의 액을 배출하기 위하여 적당한 기울기를 유지 하도록 하고 그 낮은 부분에 배액밸브를 설치하여야 한다.
㉡ 포워터스프링클러설비 또는 포헤드설비의 가지배관의 배열은 토너먼트방식이 아니어야 하며, 교차배관에서 분기하는 지점을 기점으로 한쪽 가지배관에 설치하는 헤드의 수는 8개 이하로 한다.
㉢ 그 밖의 사항은 스프링클러설비와 동일
㉣ 압축공기포소화설비를 스프링클러 보조설비로 설치하거나 압축공기포소화설비에 자동으로 급수되는 장치를 설치한 때에는 송수구 설치를 아니할 수 있다.
㉤ 압축공기포소화설비의 배관은 토너먼트방식으로 하여야 하고 소화약제가 균일하게 방출되는 등거리 배관구조로 설치하여야 한다.

정답  78.④  79.①  80.③

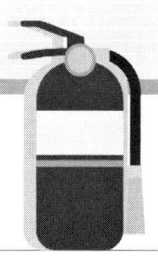

# 2016년 제1회 소방설비기사[기계분야] 1차 필기
### [제4과목 : 소방기계구조원리]

**61** 옥외소화전의 구조 등에 관한 설명으로 틀린 것은?
① 지하용 소화전의 유효단면적은 밸브시트 단면적의 120% 이상이다.
② 밸브를 완전히 열 때 밸브의 개폐높이는 밸브시트 지름의 1/4 이상이어야 한다.
③ 지상용 소화전 토출구의 방향은 수평에서 아랫방향으로 30° 이내이어야 한다.
④ 지상용 소화전은 지면으로부터 길이 500mm 이상 매몰되고, 450mm 이상 노출될 수 있는 구조이어야 한다.

**해설** 소화전 형식승인 및 제품검사의 기술기준
제15조(구조·모양 및 치수) ① 옥외소화전은 다음과 같이 구분하되, 지상용 및 지하용(승하강식에 한함)은 흡수관을 연결하여 사용할 수 있는 토출구나 방수총 등을 부착하여 사용할 수 있는 플랜지 등을 함께 설치할 수 있다.

| 종류 | 토출구수 | 호칭 | 구분(설치장소) |
|---|---|---|---|
| A형 | 1 | 80 이상 | 지상용 |
| B형 | 2 | 100 이상 | 지상용 |
| C형 | 3 | 125 이상 | 지상용 |
| D형 | 4 | 150 이상 | 지상용 |
| E형 | 1 | 80 이상 | 지하용 |
| F형 | 1 | 100 이상 | 지하용 |
| G형 | 2 | 100 이상 | 지하용 |

② 옥외소화전의 구조 및 치수는 별표 12를 참고로 하여야 하며 다음에 적합하여야 한다.
1. 밸브의 개폐는 핸들을 좌회전할 때 열리고 우회전할 때 닫히는 구조이어야 한다.
2. 옥외소화전은 본체의 양면에 보기 쉽도록 주물 된 글씨로 "소화전"이라고 표시하여야 한다.
3. 지상용 및 지하용(승하강식에 한함) 소화전의 소화용수가 통과하는 유효단면적은 밸브시트 단면적의 120% 이상이어야 한다.
4. 지상용 소화전은 지면으로부터 길이 600mm 이상 매몰될 수 있어야 하며, 지면으로부터 높이 0.5m 이상 1m 이하로 노출될 수 있는 구조이어야 한다.
5. 지상용 소화전의 토출구 방향은 수평 또는 수평에서 아랫방향으로 30° 이내이어야 하며, 지하용 소화전의 토출구 방향은 수직이어야 한다. 다만, 몸체 일부가 지상으로 상승하는 방식인 지하용 소화전의 토출구 방향은 수평으로 할 수 있다.
6. 옥외소화전은 사용 후 시트로부터 토출구까지의 담겨있는 물을 배수할 수 있도록 플러그나 콕크 그 밖의 적합한 장치를 하여야 한다.
③ 대량판매 목적이 아닌 실수요자의 요구에 따라 주문 생산하여 설치하는 옥외소화전은 제2항제1호 내지 제3호 및 제6호, 제3조제1항 및 제2항, 제4조 내지 제7조에 적합할 경우 기타 이 기준에서 정하는 기준에 불구하고 별도의 규격이나 사양에 의하여 검정 받을 수 있다.

**62** 스프링클러헤드의 감도를 반응시간지수(RTI)값에 따라 구분할 때 RTI값이 50 초과 80 이하일 때의 헤드 감도는?
① Fast response
② Special response
③ Standard response
④ Quick response

**해설** 반응시간지수(RTI)에 따른 분류
- 표준반응형(Standard Response) 헤드
  RTI가 80 초과 350 이하인 헤드로 가장 일반적인 헤드
- 특수반응형(Special Response) 헤드
  RTI가 50 초과 80 이하인 헤드
- 조기반응형(Fast Response) 헤드
  RTI가 50 이하인 헤드로 속동형헤드 또는 조기반응형헤드라 한다.

정답 61.① 62.②

**63** 물분무소화설비 가압송수장치의 1분당 토출량에 대한 최소기준으로 옳은 것은? (단, 특수가연물 저장 취급하는 특정소방대상물 및 차고 주차장의 바닥면적은 $50m^2$ 이하인 경우는 $50m^2$를 적용한다.)

① 차고 또는 주차장의 바닥면적 $1m^2$ 당 10L를 곱한 양 이상
② 특수가연물을 저장·취급하는 특정소방대상물의 바닥면적 $1m^2$ 당 20L를 곱한 양 이상
③ 케이블 트레이, 케이블 덕트는 투영된 바닥면적 $1m^2$ 당 10L를 곱한 양 이상
④ 절연유 봉입 변압기는 바닥면적을 제외한 표면적을 합한 면적 $1m^2$당 10L를 곱한 양 이상

**해설** 물분무소화설비 수원의 양
① 특수가연물을 저장 또는 취급하는 소방대상물
$Q = A(m^2) \times 10 l/m^2 \cdot min \times 20min$
Q : 수원($l$)
A : 바닥면적(최대방수구역 바닥면적, 최소 $50m^2$ 이상)
② 차고 또는 주차장
$Q = A(m^2) \times 20 l/m^2 \cdot min \times 20min$
Q : 수원($l$)
A : 바닥면적(최대방수구역 바닥면적, 최소 $50m^2$ 이상)
③ 절연유 봉입변압기
$Q = A(m^2) \times 10 l/m^2 \cdot min \times 20min$
Q : 수원($l$)
A : 바닥면적을 제외한 표면적을 합한 면적($m^2$)
④ 케이블 트레이, 덕트
$Q = A(m^2) \times 12 l/m^2 \cdot min \times 20min$
Q : 수원($l$)
A : 투영된 바닥면적($m^2$)
※ 투영(投影)된 바닥면적 : 위에서 빛을 비출 때 바닥 그림자의 면적
⑤ 컨베이어 벨트 등
$Q = A(m^2) \times 10 l/m^2 \cdot min \times 20min$
Q : 수원($l$)
A : 벨트부분의 바닥면적($m^2$)
⑥ 위험물 저장탱크
$Q = L(m) \times 37 l/m \cdot min \times 20min$
Q : 수원($l$), L : 탱크의 원주둘레길이(m)

**64** 펌프의 토출관에 압입기를 설치하여 포소화약제 압입용펌프로 포소화약제를 압입시켜 혼합하는 방식은?

① 라인 프로포셔너방식
② 펌프 프로포셔너방식
③ 프레져 프로포셔너방식
④ 프레져사이드 프로포셔너방식

**해설** 포소화설비의 화재안전기술기준
㉠ 펌프 프로포셔너방식
펌프의 토출관과 흡입관 사이의 배관도중에 설치한 흡입기에 펌프에서 토출된 물의 일부를 보내고, 농도조정밸브에서 조정된 포 소화약제의 필요량을 포 소화약제 탱크에서 펌프 흡입측으로 보내어 이를 혼합하는 방식을 말한다.
㉡ 프레져 프로포셔너방식
펌프와 발포기의 중간에 설치된 벤추리관의 벤추리작용과 펌프 가압수의 포소화약제 저장탱크에 대한 압력에 따라 포 소화약제를 흡입·혼합하는 방식을 말한다.
㉢ 라인 프로포셔너방식
펌프와 발포기의 중간에 설치된 벤추리관의 벤추리작용에 따라 포소화약제를 흡입·혼합하는 방식을 말한다.
㉣ 프레져사이드 프로포셔너방식
펌프의 토출관에 압입기를 설치하여 포 소화약제 압입용펌프로 포소화약제를 압입시켜 혼합하는 방식을 말한다.
㉤ 압축공기포 믹싱챔버방식
물, 포 소화약제 및 공기를 믹싱챔버로 강제주입시켜 챔버 내에서 포수용액을 생성한 후 포를 방사하는 방식을 말한다.

**65** 액화천연가스(LNG)를 사용하는 아파트 주방에 주거용주방 자동소화장치를 설치할 경우 탐지부의 설치위치로 옳은 것은?

① 바닥 면으로부터 30cm 이하의 위치
② 천장 면으로부터 30cm 이하의 위치
③ 가스차단장치로부터 30cm 이상의 위치
④ 소화약제 분사 노즐로부터 30cm 이상의 위치

정답 63.④ 64.④ 65.②

**[주거용 주방자동소화장치 설치기준]**
가. 소화약제 방출구는 환기구(주방에서 발생하는 열기류 등을 밖으로 배출하는 장치를 말한다. 이하 같다)의 청소부분과 분리되어 있어야 하며, 형식승인 받은 유효설치 높이 및 방호면적에 따라 설치할 것
나. 감지부는 형식승인 받은 유효한 높이 및 위치에 설치할 것
다. 차단장치(전기 또는 가스)는 상시 확인 및 점검이 가능하도록 설치할 것
라. 가스용 주방자동소화장치를 사용하는 경우 탐지부는 수신부와 분리하여 설치하되, 공기보다 가벼운 가스를 사용하는 경우에는 천장 면으로 부터 30cm 이하의 위치에 설치하고, 공기보다 무거운 가스를 사용하는 장소 에는 바닥 면으로부터 30cm 이하의 위치에 설치할 것
마. 수신부는 주위의 열기류 또는 습기 등과 주위온도에 영향을 받지 아니하고 사용자가 상시 볼 수 있는 장소에 설치할 것

- LNG(liquefied natural gas) : 공기보다 가벼운 가스
- LPG(liquefied petroleum gas) : 공기보다 무거운 가스

## 66 연소방지설비의 설치기준에 대한 설명 중 틀린 것은?

① 연소방지설비전용헤드를 2개 설치하는 경우 배관의 구경은 40mm 이상으로 한다.
② 수평주행배관의 구경은 100mm 이상으로 한다.
③ 수평주행배관은 헤드를 향하여 1/200 이상의 기울기로 한다.
④ 연소방지설비 전용헤드의 경우 방수헤드간의 수평거리는 2m 이하로 한다.

**연소방지설비(NFSC506) 배관 설치기준[현행 삭제]**
㉠ 배관은 배관용탄소강관(KS D 3507) 또는 압력배관용탄소강관(KS D 3562)이나 이와 동등 이상의 강도·내식성 및 내열성을 가진 것으로 하여야 한다. 다만, 다음에 해당하는 장소에는 소방방재청장이 정하여 고시하는 성능시험 기술기준에 적합한 소방용 합성수지배관으로 설치할 수 있다.
  ⓐ 배관을 지하에 매설하는 경우
  ⓑ 다른 부분과 내화구조로 구획된 덕트 또는 피트의 내부에 설치하는 경우

㉡ 연소방지설비 배관의 구경
  ⓐ 연소방지설비 전용헤드를 사용하는 경우에는 다음 표에 따른 구경 이상으로 할 것

| 하나의 배관에 부착하는 살수 헤드의 개수 | 1개 | 2개 | 3개 | 4개 또는 5개 | 6개 이상 10개 이하 |
|---|---|---|---|---|---|
| 배관의 구경 (mm) | 32 | 40 | 50 | 65 | 80 |

  ⓑ 스프링클러헤드를 사용하는 경우에는 스프링클러설비의 배관구경 기준에 따를 것
㉢ 연소방지설비에 있어서의 수평주행배관의 구경은 100mm 이상의 것으로 하되, 연소 방지설비 전용헤드 및 스프링클러헤드("방수헤드"라 한다. 이하 이 장에서 같다.)를 향하여 상향으로 1,000분의 1 이상의 기울기로 설치하여야 한다.
㉣ 연소방지설비는 습식 외의 방식으로 하여야 한다.
㉤ 그 밖의 사항은 스프링클러설비와 동일

## 67 경사강하식구조대의 구조에 대한 설명으로 틀린 것은?

① 구조대 본체는 강하방향으로 봉합부가 설치되어야 한다.
② 입구틀 및 취부틀의 입구는 지름 50cm 이상의 구체가 통과할 수 있어야 한다.
③ 손잡이는 출구부근에 좌우 각3개 이상 균일한 간격으로 견고하게 부착하여야 한다.
④ 구조대 본체의 활강부는 낙하방지를 위해 포를 2중 구조로 하거나 또는 망목의 변의 길이가 8cm 이하인 망을 설치하여야 한다.

**구조대의 형식승인 및 제품검사의 기술기준**
제3조(구조) 경사강하식구조대(이하 "구조대"라 한다)의 구조는 다음에 적합하여야 한다.
 1. 연속하여 활강할 수 있는 구조로 안전하고 쉽게 사용할 수 있어야 한다.
 2. 입구틀 및 취부틀의 입구는 지름 50cm 이상의 구체가 통과할 수 있어야 한다.
 3. 포지는 사용시에 수직방향으로 현저하게 늘어나지 아니하여야 한다.
 4. 포지, 지지틀, 취부틀 그 밖의 부속장치 등은 견고하게 부착되어야 한다.

5. 구조대 본체는 강하방향으로 봉합부가 설치되지 아니하여야 한다.
6. 구조대 본체의 활강부는 낙하방지를 위해 포를 2중 구조로 하거나 또는 망목의 변의 길이가 8cm 이하인 망을 설치하여야 한다. 다만, 구조상 낙하방지의 성능을 갖고 있는 구조대의 경우에는 그러하지 아니하다.
7. 본체의 포지는 하부지지장치에 인장력이 균등하게 걸리도록 부착하여야 하며 하부지지장치는 쉽게 조작할 수 있어야 한다.
8. 손잡이는 출구부근에 좌우 각 3개 이상 균일한 간격으로 견고하게 부착하여야 한다.
9. 구조대본체의 끝부분에는 길이 4m 이상, 지름 4mm 이상의 유도선을 부착하여야 하며, 유도선끝에는 중량 3N(300g) 이상의 모래주머니 등을 설치하여야 한다.
10. 땅에 닿을 때 충격을 받는 부분에는 완충장치로서 받침포 등을 부착하여야 한다.

## 68 제연방식에 의한 분류 중 아래의 장·단점에 해당하는 방식은?

- 장점 : 화재 초기에 화재실의 내압을 낮추고 연기를 다른 구역으로 누출시키지 않는다.
- 단점 : 연기 온도가 상승하면 기기의 내열성에 한계가 있다.

① 제1종 기계제연방식
② 제2종 기계제연방식
③ 제3종 기계제연방식
④ 밀폐방연방식

**해설** 제연방식
1) 스모크타워제연방식 : 굴뚝효과에 따른 수직풍도에 의한 배출
2) 자연제연방식 : 건물의 옥내와 면하는 외벽마다 옥외와 통하는 배출구를 설치하여 배출하는 방식
3) 기계제연방식
   1. 제1종 기계제연방식 : 송풍기와 배출기 작동
   2. 제2종 기계제연방식 : 송풍기만 작동
   3. 제3종 기계제연방식 : 배출기만 작동

## 69 분말소화설비에서 사용하지 않는 밸브는?

① 드라이밸브
② 클리닝밸브
③ 안전밸브
④ 배기밸브

**해설** 드라이밸브 : 건식스프링클러설비의 유수검지장치
- 클리닝밸브(Cleaning Valve) : 소화약제의 방출 후 송출배관내에 잔존하는 분말약제를 배출시키는 배관청소용으로 사용되며, 배기밸브(Drain Valve)는 약제 방출 후 약제 저장용기내의 잔압을 배출시키기 위한 것이다.

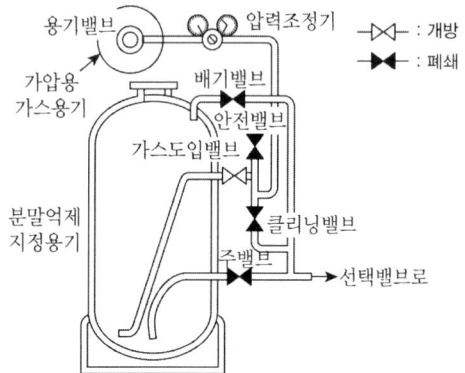

## 70 스프링클러설비 또는 옥내소화전설비에 사용되는 밸브에 대한 설명으로 옳지 않은 것은?

① 펌프의 토출측 체크밸브는 배관 내 압력이 가압송수장치로 역류되는 것을 방지한다.
② 가압송수장치의 후드밸브는 펌프의 위치가 수원의 수위보다 높을 때 설치한다.
③ 입상관에 사용하는 스윙체크밸브는 아래에서 위로 송수하는 경우에만 사용된다.
④ 펌프의 흡입측배관에는 버터플라이밸브의 개폐표시형밸브를 설치하여야 한다.

**해설** 급수배관에 설치되어 급수를 차단할 수 있는 개폐밸브는 개폐표시형으로 하여야한다. 이 경우 펌프의 흡입측 배관에는 버터플라이밸브 외의 개폐표시형 밸브를 설치하여야 한다.

**71** 바닥면적이 400m² 미만이고 예상제연구역이 벽으로 구획되어 있는 배출구의 설치위치로 옳은 것은? (단, 통로인 예상제연구역을 제외한다.)

① 천장 또는 반자와 바닥사이의 중간 윗부분
② 천장 또는 반자와 바닥사이의 중간 아래 부분
③ 천장, 반자 또는 이에 가까운 부분
④ 천장 또는 반자와 바닥사이의 중간 부분

**해설** 배출구의 설치위치
(1) 바닥면적이 400m² 미만인 예상제연구역
  ① 예상제연구역이 벽으로 구획되어 있는 경우 천장 또는 반자와 바닥 사이의 중간 윗부분에 설치할 것
  ② 예상제연구역 중 어느 한 부분이 제연경계로 구획되어 있는 경우 천장·반자 또는 이에 가까운 벽의 부분에 설치할 것. 다만, 배출구를 벽에 설치하는 경우에는 배출구의 하단이 당해 예상제연구역에서 제연경계의 폭이 가장 짧은 제연 경계의 하단보다 높이되도록 하여야 한다.
(2) 통로인 예상제연구역과 바닥면적이 400m² 이상인 통로 외의 예상제연구역
  ① 예상제연구역이 벽으로 구획되어 있는 경우 천장·반자 또는 이에 가까운 벽의 부분에 설치할 것. 다만, 배출구를 벽에 설치한 우에는 배출구의 하단과 바닥 간의 최단거리가 2m 이상이어야 한다.
  ② 예상제연구역 중 어느 한 부분이 제연경계로 구획되어 있을 경우 천장·반자 또는 이에 가까운 벽의 부분(제연경계를 포함한다.)에 설치할 것. 다만, 배출구를 벽 또는 제연경계에 설치하는 경우에는 배출구의 하단이 당해 예상제연구역에서 제연경계의 폭이 가장 짧은 제연경계의 하단보다 높이 되도록 설치하여야 한다.
(3) 예상제연구역의 각 부분으로부터 하나의 배출구까지의 수평거리는 10m 이내가 되도록 하여야 한다.

**72** 17층의 사무소 건축물로 11층 이상에 쌍구형 방수구가 설치된 경우, 14층에 설치된 방수기구함에 요구되는 길이 15m의 호수 및 방사형 관창의 설치 개수는?

① 호스는 5개 이상, 방사형 관창은 2개 이상
② 호스는 3개 이상, 방사형 관창은 1개 이상
③ 호스는 단구형 방수구의 2배 이상의 개수, 방사형 관창은 2개 이상
④ 호스는 단구형 방수구의 2배 이상의 개수, 방사형 관창은 1개 이상

**해설** 연결송수관설비 방수기구함
연결송수관설비의 방수용기구함을 다음의 기준에 따라 설치하여야 한다.
① 방수기구함은 방수구가 가장 많이 설치된 층을 기준하여 3개 층마다 설치하되, 그 층의 방수구마다 보행거리 5m 이내에 설치할 것
② 방수기구함에는 길이 15m의 호스와 방사형 관창을 다음의 기준에 따라 비치할 것
  ㉠ 호스는 방수구에 연결하였을 때 그 방수구가 담당하는 구역의 각 부분에 유효하게 물이 뿌려질 수 있는 개수 이상을 비치할 것. 이 경우 쌍구형 방수구는 단구형 방수구의 2배 이상의 개수를 설치하여야 한다.
  ㉡ 방사형 관창은 단구형 방수구의 경우에는 1개, 쌍구형 방수구의 경우에는 2개 이상 비치할 것
③ 방수기구함에는 "방수기구함"이라고 표시한 표지를 할 것

**73** 이산화탄소 소화설비에서 방출되는 가스압력을 이용하여 배기덕트를 차단하는 장치는?

① 방화셔터
② 피스톤릴리져댐퍼
③ 가스체크밸브
④ 방화댐퍼

**해설** 피스톤릴리져댐퍼와 모터릴리져댐퍼
① 피스톤릴리져(piston releaser) 댐퍼
가스의 방출에 따라 가스의 누설이 발생할 수 있는 급배기댐퍼나 자동개폐문 등에 설치하여 가스의 방출과 동시에 자동적으로 개구부를 차단시키기 위한 장치
② 모터릴리져(motor type releaser) 댐퍼
당해 구역의 화재감지기 또는 선택밸브 2차측의 압력스위치와 연동하여 감지기의 작동과 동시에 또는 가스방출에 의한 압력스위치가 동작되면 모터댐퍼에 의해 개구부를 폐쇄시키는 장치

**74** 피난기구의 설치 및 유지에 관한 사항 중 옳지 않은 것은?

① 피난기구를 설치하는 개구부는 서로 동일직선상의 위치에 있을 것
② 설치장소에는 피난기구의 위치를 표시하는 발광식 또는 축광식 표지와 그 사용방법을 표시한 표지를 부착할 것
③ 피난기구는 소방대상물의 기둥 바닥 보 기타 구조상 견고한 부분에 볼트조임·매입·용접 기타의 방법으로 견고하게 부착할 것
④ 피난기구는 계단·피난기구 기타 피난시설로부터 적당한 거리에 있는 안전한 구조로 된 피난 또는 소화활동상 유효한 개구부에 고정하여 설치할 것

**해설** 피난기구의 화재안전기술기준
피난기구를 설치하는 개구부는 서로 동일직선상이 아닌 위치에 있을 것. 다만, 피난교·피난용트랩·간이완강기·아파트에 설치되는 피난기구(다수인 피난장비는 제외한다) 기타 피난상 지장이 없는 것에 있어서는 그러하지 아니하다.

**75** 특고압의 전기시설을 보호하기 위한 수계소화설비로 물분무소화설비의 사용이 가능한 주된 이유는?

① 물분무소화설비는 다른 물 소화설비에 비해서 신속한 소화를 보여주기 때문이다.
② 물분무소화설비는 다른 물 소화설비에 비해서 물의 소모량이 적기 때문이다.
③ 분무상태의 물은 전기적으로 비전도성이기 때문이다.
④ 물분무입자 역시 물이므로 전기전도성이 있으나 전기 시설물을 젖게 하지 않기 때문이다.

**해설** 물분무소화설비는 무상주수를 함으로써 전기적으로 비전도성이기 때문에 고압의 전기기기가 있는 장소에 사용가능하다.

**76** 포소화약제의 저장량 계산 시 가장 먼 탱크까지의 송액관에 충전하기 위한 필요량을 계산에 반영하지 않는 경우는?

① 송액관의 내경이 75mm 이하인 경우
② 송액관의 내경이 80mm 이하인 경우
③ 송액관의 내경이 85mm 이하인 경우
④ 송액관의 내경이 100mm 이항인 경우

**해설** 포소화설비의 화재안전기술기준
포 소화약제의 저장량은 다음의 기준에 따른다.
1. 고정포방출구 방식은 다음의 양을 합한 양 이상으로 할 것
   가. 고정포방출구에서 방출하기 위하여 필요한 양

   $$Q = A \times Q_1 \times T \times S$$

   $Q$ : 포 소화약제의 양(L)
   $A$ : 탱크의 액표면적($m^2$)
   $Q_1$ : 단위 포소화수용액의 양 (L/$m^2$·min)
   $T$ : 방출시간(min)
   $S$ : 포 소화약제의 사용농도(%)

   나. 보조 소화전에서 방출하기 위하여 필요한 양

   $$Q = N \times S \times 8,000L$$

   $Q$ : 포 소화약제의 양(L)
   $N$ : 호스 접결구수(3개 이상인 경우는 3)
   $S$ : 포 소화약제의 사용농도(%)

   다. 가장 먼 탱크까지의 송액관(내경 75mm 이하의 송액관을 제외한다)에 충전하기 위하여 필요한 양

**77** ( ) 안에 들어갈 내용으로 알맞은 것은?

이산화탄소 소화설비 이산화탄소 소화약제의 저압식 저장용기에는 용기내부의 온도가 ( ㉠ )에서 ( ㉡ )의 압력을 유지할 수 있는 자동냉동장치를 설치할 것

① ㉠ : 0℃ 이상    ㉡ : 4MPa
② ㉠ : -18℃ 이하   ㉡ : 2.1MPa
③ ㉠ : 20℃ 이하    ㉡ : 2MPa
④ ㉠ : 40℃ 이하    ㉡ : 2.1MPa

**정답** 74.① 75.③ 76.① 77.②

**해설** **저압식** : $CO_2$ 저장용기에 액화탄산가스를 -18℃ 이하에서 2.1MPa의 압력으로 유지 하고 1.05MPa 이상의 압력으로 방사하는 방식

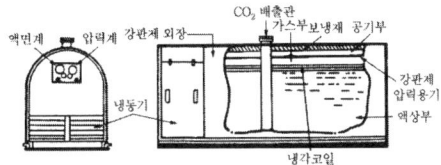

【 저압식 이산화탄소 소화설비 】

**78** 분말소화설비 배관의 설치기준으로 옳지 않은 것은?

① 배관은 전용으로 할 것
② 배관은 모두 스케줄 40 이상으로 할 것
③ 동관을 사용할 경우는 고정압력 또는 최고사용압력의 1.5배 이상의 압력에 견딜 수 있는 것으로 할 것
④ 밸브류는 개폐위치 또는 개폐방향을 표시한 것으로 할 것

**해설** **분말소화설비 화재안전기술기준**
2.6 배관
  2.6.1 분말소화설비의 배관은 다음의 기준에 따라 설치해야 한다.
   2.6.1.1 배관은 전용으로 할 것
   2.6.1.2 강관을 사용하는 경우의 배관은 아연도금에 따른 배관용탄소강관(KS D 3507)이나 이와 동등 이상의 강도·내식성 및 내열성을 가진 것으로 할 것. 다만, 축압식분말소화설비에 사용하는 것 중 20℃에서 압력이 2.5MPa 이상 4.2MPa 이하인 것은 압력배관용탄소강관(KS D 3562) 중 이음이 없는 스케줄 40 이상의 것 또는 이와 동등 이상의 강도를 가진 것으로서 아연도금으로 방식 처리된 것을 사용해야 한다.
   2.6.1.3 동관을 사용하는 경우의 배관은 고정압력 또는 최고사용압력의 1.5배 이상의 압력에 견딜 수 있는 것을 사용할 것
   2.6.1.4 밸브류는 개폐위치 또는 개폐방향을 표시한 것으로 할 것
   2.6.1.5 배관의 관부속 및 밸브류는 배관과 동등 이상의 강도 및 내식성이 있는 것으로 할 것
   2.6.1.6 확관형 분기배관을 사용할 경우에는 소방청장이 정하여 고시한 「분기배관의 성능인증 및 제품검사의 기술기준」에 적합한 것으로 설치할 것

**79** 스프링클러설비 배관의 설치기준으로 틀린 것은?

① 급수배관의 구경은 25mm 이상으로 한다.
② 수직배수관의 구경은 50mm 이상으로 한다.
③ 지하매설배관은 소방용 합성수지 배관으로 설치할 수 있다.
④ 교차배관의 최소구경은 65mm 이상으로 한다.

**해설** **스프링클러설비 배관 설치기준**
▶ **수직배수배관 설치기준**
수직배수배관의 구경은 50mm 이상으로 하여야 한다. 다만, 수직배관의 구경이 50mm 미만인 경우에는 수직배관과 동일한 구경으로 할 수 있다.

▶ **가지배관 설치기준**
① 토너먼트(tournament) 배관방식이 아닐 것
② 교차배관에서 분기되는 지점을 기점으로 한쪽 가지배관에 설치되는 헤드의 개수(반자 아래와 반자속의 헤드를 하나의 가지배관 상에 병설하는 경우에는 반자 아래에 설치하는 헤드의 개수)는 8개 이하로 할 것. 다만, 다음 각 기준의 어느 하나에 해당하는 경우에는 그렇지 않다.
  ㉠ 기존의 방호구역 안에서 칸막이 등으로 구획하여 1개의 헤드를 증설하는 경우
  ㉡ 습식스프링클러설비 또는 부압식스프링클러설비에 격자형 배관방식(2 이상의 수평주행배관 사이를 가지배관으로 연결하는 방식을 말한다)을 채택하는 때에는 펌프의 용량, 배관의 구경 등을 수리학적으로 계산한 결과 헤드의 방수압 및 방수량이 소화목적을 달성하는 데 충분하다고 인정되는 경우
③ 가지배관과 헤드 사이의 배관을 신축배관으로 하는 경우에는 소방청장이 정하여 고시한 「스프링클러설비신축배관의 성능인증 및 제품검사의 기술기준」에 적합한 것으로 설치할 것. 이 경우 신축배관의 설치 길이는 2.7.3의 거리를 초과하지 않아야 한다.

▶ 교차배관의 위치, 청소구 및 가지배관의 헤드설치 기준
① 교차배관은 가지배관과 수평으로 설치하거나 또는 가지배관 밑에 설치하고, 그 구경은 제3항제3호에 따르되 최소구경이 40mm 이상이 되도록 할 것. 다만, 패들형유수검지장치를 사용하는 경우에는 교차배관의 구경과 동일하게 설치할 수 있다.
② 청소구는 교차배관 끝에 개폐밸브를 설치하고, 호스접결이 가능한 나사식 또는 고정 배수 배관식으로 할 것. 이 경우 나사식의 개폐밸브는 옥내소화전 호스접결용의 것으로 하고, 나사보호용의 캡으로 마감하여야 한다.
③ 하향식헤드를 설치하는 경우에 가지배관으로부터 헤드에 이르는 헤드접속배관은 가지관상부에서 분기할 것. 다만, 소화설비용 수원의 수질이 「먹는물관리법」 제5조에 따라 먹는물의 수질기준에 적합하고 덮개가 있는 저수조로부터 물을 공급받는 경우에는 가지배관의 측면 또는 하부에서 분기할 수 있다.

**80** 소화기구의 소화약제별 적응성 중 C급 화재에 적응성이 없는 소화약제는?

① 마른모래
② 할로겐화합물 및 불활성기체 소화약제
③ 이산화탄소 소화약제
④ 중탄산염류 소화약제

**해설** 소화기구의 소화약제별 적응성

| 소화약제 구분 / 적응대상 | 가스 | | | 분말 | | 액체 | | | | 기타 | | |
|---|---|---|---|---|---|---|---|---|---|---|---|---|
| | 이산화탄소 소화약제 | 할론 소화약제 | 할로겐화합물 및 불활성기체 소화약제 | 인산염류 소화약제 | 중탄산염류 소화약제 | 산알칼리 소화약제 | 강화액 소화약제 | 포 소화약제 | 물·침윤 소화약제 | 고체에어로졸화합물 | 마른모래 | 팽창질석·팽창진주암 | 그 밖의 것 |
| 일반화재 (A급 화재) | – | ○ | ○ | ○ | – | ○ | ○ | ○ | ○ | ○ | ○ | ○ | – |
| 유류화재 (B급 화재) | ○ | ○ | ○ | ○ | ○ | ○ | ○ | ○ | ○ | ○ | ○ | ○ | – |
| 전기화재 (C급 화재) | ○ | ○ | ○ | ○ | * | * | * | * | ○ | – | – | – |
| 주방화재 (K급 화재) | – | – | – | – | * | – | * | * | * | – | – | – | * |
| 금속화재 (D급 화재) | – | – | – | – | * | – | – | – | – | – | ○ | ○ | * |

주) "*"의 소화약제별 적응성은 「소방시설 설치 및 관리에 관한 법률」 제37조에 의한 형식승인 및 제품검사의 기술기준에 따라 화재 종류별 적응성에 적합한 것으로 인정되는 경우에 한한다.

# 2016년 제2회 소방설비기사[기계분야] 1차 필기
[제4과목 : 소방기계구조원리]

**61** 물분무소화설비에서 압력수조를 이용한 가압송수장치의 압력수조에 설치하여야 하는 것이 아닌 것은?

① 맨홀
② 수위계
③ 급기관
④ 수동식 공기압축기

**해설** 물분무소화설비의 화재안전기술기준
압력수조를 이용한 가압송수장치는 다음의 기준에 따라 설치하여야 한다.
1. 압력수조의 압력은 다음의 식에 따라 산출한 수치 이상이 되도록 할 것

$$P = p_1 + p_2 + p_3$$

$P$ : 필요한 압력(MPa)
$p_1$ : 물분무헤드의 설계압력(MPa)
$p_2$ : 배관의 마찰손실수두압(MPa)
$p_3$ : 낙차의 환산수두압(MPa)

2. 압력수조에는 수위계·급수관·배수관·급기관·맨홀·압력계·안전장치 및 압력저하방지를 위한 자동식 공기압축기를 설치할 것

**62** 특정소방대상물에 따라 적용하는 포소화설비의 종류 및 적응성에 관한 설명으로 틀린 것은?

① 소방기본법시행령 별표2의 특수가연물을 저장·취급하는 공장에는 호스릴포소화설비를 설치한다.
② 완전 개방된 옥상주차장으로 주된 벽에 없고 기둥뿐이거나 주위가 위해방지용 철주 등으로 둘러쌓인 부분에는 호스릴포소화설비 또는 포소화전설비를 설치할 수 있다.
③ 차고에는 포워터스프링클러설비·포헤드설비 또는 고정포방출설비, 압축공기포소화설비를 설치한다.
④ 항공기 격납고에는 포워터스프링클러설비·포헤드설비 또는 고정포방출설비, 압축공기포소화설비를 설치한다.

**해설** 소방대상물에 따른 포소화설비의 종류

| 구분 | 소방대상물 | 포소화설비의 종류 |
|---|---|---|
| 1 | 특수가연물을 저장·취급하는 공장 또는 창고 | 포워터스프링클러설비<br>포헤드설비<br>고정포방출구설비<br>압축공기포소화설비 |
| 2 | 차고 주차장 | 포워터스프링클러설비<br>포헤드설비<br>고정포방출구설비<br>압축공기포소화설비 |
| | ※ 차고 주차장 중<br>① 완전 개방된 옥상주차장 또는 고가 밑의 주차장 등으로서 주된 벽이 없고 기둥뿐이거나 주위가 위해방지용 철주 등으로 둘러쌓인 부분<br>② 지상 1층으로서 지붕이 없는 부분 | 호스릴 포소화설비<br>포소화전설비 |
| 3 | 항공기 격납고 | 포워터스프링클러설비<br>포헤드설비<br>고정포방출구설비<br>압축공기포소화설비 |
| | ※ 항공기 격납고 중<br>바닥면적의 합계가 1,000m² 이상이고 항공기의 격납위치가 한정되어 있는 경우에는 그 한정된 장소 외의 부분 | 호스릴 포소화설비 |
| 4 | 발전기실, 엔진 펌프실, 변압기, 전기케이블실, 유압설비(바닥면적 300m² 미만) | 고정식압축공기포소화설비 |
| 5 | 위험물 제조소 등 | 포헤드설비<br>고정포방출구설비<br>호스릴포소화설비 |
| 6 | 위험물 옥외탱크저장소(고정포방출구방식) | 고정포방출구+보조포소화전 |

정답 61.④ 62.①

**63** 다음에서 설명하는 기계제연방식은?

> 화재시 배출기만 작동하여 화재장소의 내부압력을 낮추어 연기를 배출시키며 송풍기는 설치하지 않고 연기를 배출시킬 수 있으나 연기량이 많으면 배출이 완전하지 못한 설비로 화재초기에 유리하다

① 제1종 기계제연방식
② 제2종 기계제연방식
③ 제3종 기계제연방식
④ 스모크타워제연방식

**해설** 제연방식
1) 스모크타워제연방식 : 굴뚝효과에 따른 수직풍도에 의한 배출
2) 자연제연방식 : 건물의 옥내와 면하는 외벽마다 옥외와 통하는 배출구를 설치하여 배출하는 방식
3) 기계제연방식
 1. 제1종 기계제연방식 : 송풍기와 배출기 작동
 2. 제2종 기계제연방식 : 송풍기만 작동
 3. 제3종 기계제연방식 : 배출기만 작동

**64** 분말소화설비가 작동한 후 배관 내 잔여분말의 청소용(cleaning)으로 사용되는 가스로 옳게 연결된 것은?

① 질소, 건조공기
② 질소, 이산화탄소
③ 이산화탄소, 아르곤
④ 건조공기, 아르곤

**해설** 분말소화설비의 화재안전기술기준
① 분말소화약제의 가스용기는 분말소화약제의 저장용기에 접속하여 설치하여야 한다.
② 분말소화약제의 가압용가스 용기를 3병 이상 설치한 경우에는 2개 이상의 용기에 전자개방밸브를 부착하여야 한다.
③ 분말소화약제의 가압용가스 용기에는 2.5MPa 이하의 압력에서 조정이 가능한 압력조정기를 설치하여야 한다.
④ 가압용가스 또는 축압용가스는 다음의 기준에 따라 설치하여야 한다.
 1. 가압용가스 또는 축압용가스는 질소가스 또는 이산화탄소로 할 것
 2. 가압용가스에 질소가스를 사용하는 것의 질소가스는 소화약제 1kg마다 40L(35℃에서 1기압의 압력상태로 환산한 것) 이상, 이산화탄소를 사용하는 것의 이산화탄소는 소화약제 1kg에 대하여 20g에 배관의 청소에 필요한 양을 가산한 양 이상으로 할 것
 3. 축압용가스에 질소가스를 사용하는 것의 질소가스는 소화약제 1kg에 대하여 10L(35℃에서 1기압의 압력상태로 환산한 것) 이상, 이산화탄소를 사용하는 것의 이산화탄소는 소화약제 1kg에 대하여 20g에 배관의 청소에 필요한 양을 가산한 양 이상으로 할 것
 4. 배관의 청소에 필요한 양의 가스는 별도의 용기에 저장할 것

▶ 클리닝밸브(Cleaning Valve)는 소화약제의 방출 후 송출배관 내에 잔존하는 분말약제를 배출시키는 배관 청소용으로 사용되며, 배기밸브(Drain Valve)는 약제방출 후 약제 저장 용기 내의 잔압을 배출시키기 위한 것이다.

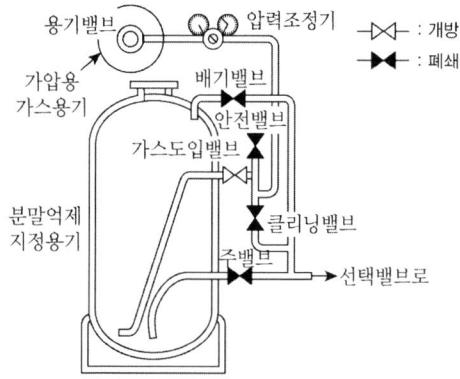

**65** 개방형 스프링클러설비에서 하나의 방수구역을 담당하는 헤드 개수는 몇 개 이하로 설치해야 하는가? (단, 1개의방수구역으로 한다.)

① 60
② 50
③ 40
④ 30

**해설** 스프링클러설비의 화재안전기술기준
개방형스프링클러설비의 방수구역 및 일제개방밸브는 다음의 기준에 적합하여야 한다.
1. 하나의 방수구역은 2개 층에 미치지 아니 할 것
2. 방수구역마다 일제개방밸브를 설치할 것
3. 하나의 방수구역을 담당하는 헤드의 개수는 50개 이하로 할 것. 다만, 2개 이상의 방수구역으로 나눌 경

우에는 하나의 방수구역을 담당하는 헤드의 개수는 25개 이상으로 할 것
4. 일제개방밸브의 설치위치는 제6조제4호의 기준에 따르고, 표지는 "일제개방밸브실"이라고 표시할 것

**66** 수동으로 조작하는 대형소화기 B급의 능력단위는?

① 10단위 이상  ② 15단위 이상
③ 20단위 이상  ④ 30단위 이상

**해설** 소화기구 및 자동소화장치의 화재안전기술기준
"소화기"란 소화약제를 압력에 따라 방사하는 기구로서 사람이 수동으로 조작하여 소화하는 다음의 것을 말한다.
가. "소형소화기"란 능력단위가 1단위 이상이고 대형소화기의 능력단위 미만인 소화기를 말한다.
나. "대형소화기"란 화재 시 사람이 운반할 수 있도록 운반대와 바퀴가 설치되어 있고 능력단위가 A급 10단위 이상, B급 20단위 이상인 소화기를 말한다.

**67** 저압식 이산화탄소 소화설비 소화약제 저장용기에 설치하는 안전밸브의 작동압력은 내압시험압력의 몇 배에서 작동하는가?

① 0.24 ~ 0.4   ② 0.44 ~ 0.6
③ 0.64 ~ 0.8   ④ 0.84 ~ 1

**해설** 이산화탄소소화설비의 화재안전기술기준
이산화탄소 소화약제의 저장용기는 다음의 기준에 따라 설치하여야 한다.
1. 저장용기의 충전비는 고압식은 1.5 이상 1.9 이하, 저압식은 1.1 이상 1.4 이하로 할 것
2. 저압식 저장용기에는 내압시험압력의 0.64배부터 0.8배의 압력에서 작동하는 안전밸브와 내압시험압력의 0.8배부터 내압시험압력에서 작동하는 봉판을 설치할 것
3. 저압식 저장용기에는 액면계 및 압력계와 2.3MPa 이상 1.9MPa 이하의 압력에서 작동하는 압력경보장치를 설치할 것
4. 저압식 저장용기에는 용기내부의 온도가 섭씨 영하 18℃ 이하에서 2.1MPa의 압력을 유지할 수 있는 자동냉동 장치를 설치할 것
5. 저장용기는 고압식은 25MPa 이상, 저압식은 3.5MPa 이상의 내압시험압력에 합격한 것으로 할 것

**68** 스프링클러설비의 배관에 대한 내용 중 잘못된 것은?

① 수직배수배관의 구경은 65mm 이상으로 하여야 한다.
② 급수배관 중 가지배관의 배열은 토너먼트 방식이 아니어야 한다.
③ 교차배관의 청소구는 교차배관 끝에 개폐밸브를 설치한다.
④ 습식스프링클러설비 외의 설비에는 헤드를 향하여 상향으로 가지배관의 기울기를 250분의 1 이상으로 한다.

**해설** 스프링클러설비 배관 설치기준
• 수직배수배관 설치기준
수직배수배관의 구경은 50mm 이상으로 하여야 한다. 다만, 수직배관의 구경이 50mm 미만인 경우에는 수직배관과 동일한 구경으로 할 수 있다.
• 가지배관 설치기준
① 토너먼트(tournament)방식이 아닐 것
② 교차배관에서 분기되는 지점을 기점으로 한쪽 가지배관에 설치되는 헤드의 개수(반자 아래와 반자속의 헤드를 하나의 가지배관 상에 병설하는 경우에는 반자 아래에 설치하는 헤드의 개수)는 8개 이하로 할 것. 다만, 다음의 어느 하나에 해당하는 경우에는 그러하지 아니하다.
  ㉠ 기존의 방호구역안에서 칸막이 등으로 구획하여 1개의 헤드를 증설하는 경우
  ㉡ 습식스프링클러설비 또는 부압식스프링클러설비에 격자형 배관방식(2 이상의 수평주행배관 사이를 가지배관으로 연결하는 방식을 말한다)을 채택하는 때에는 펌프의 용량, 배관의 구경 등을 수리학적으로 계산한 결과 헤드의 방수압 및 방수량이 소화목적을 달성하는 데 충분하다고 인정되는 경우
③ 가지배관과 스프링클러헤드 사이의 배관을 신축배관으로 하는 경우에는 소방청장이 정하여 고시한 [스프링클러설비 신축배관 성능인증 및 제품검사의 기술기준]에 적합한 것으로 설치할 것. 이 경우 신축배관의 설치길이는 소방대상물의 각 부분으로부터 헤드까지의 수평거리를 초과하지 아니할 것

- 교차배관의 위치, 청소구 및 가지배관의 헤드설치기준
  ① 교차배관은 가지배관과 수평으로 설치하거나 또는 가지배관 밑에 설치하고, 그 구경은 제3항제3호에 따르되 최소구경이 40mm 이상이 되도록 할 것. 다만, 패들형유수검지장치를 사용하는 경우에는 교차배관의 구경과 동일하게 설치할 수 있다.
  ② 청소구는 교차배관 끝에 개폐밸브를 설치하고, 호스접결이 가능한 나사식 또는 고정 배수 배관식으로 할 것. 이 경우 나사식의 개폐밸브는 옥내소화전 호스접결용의 것으로 하고, 나사보호용의 캡으로 마감하여야 한다.
  ③ 하향식헤드를 설치하는 경우에 가지배관으로부터 헤드에 이르는 헤드접속배관은 가지관상부에서 분기할 것. 다만, 소화설비용 수원의 수질이 「먹는물관리법」 제5조에 따라 먹는물의 수질기준에 적합하고 덮개가 있는 저수조로부터 물을 공급받는 경우에는 가지배관의 측면 또는 하부에서 분기할 수 있다.
- 배관의 배수를 위한 기울기
  ① 습식스프링클러설비 또는 부압식 스프링클러설비의 배관을 수평으로 할 것. 다만, 배관의 구조상 소화 수가 남아 있는 곳에는 배수밸브를 설치하여야 한다.
  ② 습식스프링클러설비 또는 부압식 스프링클러설비 외의 설비에는 헤드를 향하여 상향으로 수평주행배관의 기울기를 500분의 1 이상, 가지배관의 기울기를 250분의 1 이상으로 할 것. 다만, 배관의 구조상 기울기를 줄 수 없는 경우에는 배수를 원활하게 할 수 있도록 배수밸브를 설치하여야 한다.

**69** 가솔린을 저장하는 고정지붕식의 옥외탱크에 설치하는 포소화설비에서 포를 방출하는 기기는 어느 것인가?

① 포워터스프링클러헤드
② 호스릴포소화설비
③ 포헤드
④ 고정포방출구(폼챔버)

**해설** 고정포방출설비

고정포방출구를 설치하여 방출구를 통해 발포시켜 방사하는 방식
  ㉠ 고발포용 고정포방출구 : 창고, 차고·주차장, 항공기격납고 등의 실내에 설치하는 방출구
  ㉡ 저발포용 고정포방출구 : 위험물 탱크 화재를 소화하기 위하여 탱크내부에 설치하는 방출구

**70** 백화점의 7층에 적응성이 없는 피난기구는?

① 구조대       ② 피난용트랩
③ 피난교       ④ 완강기

**해설** 피난기구의 적응성

| 설치장소별 구분 \ 층별 | 1층 | 2층 | 3층 | 4층 이상 10층 이하 |
|---|---|---|---|---|
| 1. 노유자시설 | 미끄럼대·구조대·피난교·다수인피난장비·승강식피난기 | 미끄럼대·구조대·피난교·다수인피난장비·승강식피난기 | 미끄럼대·구조대·피난교·다수인피난장비·승강식피난기 | 구조대·피난교·다수인피난장비·승강식피난기 |
| 2. 의료시설·근린생활시설 중 입원실이 있는 의원·접골원·조산원 | | | 미끄럼대·구조대·피난교·피난용트랩·다수인피난장비·승강식피난기 | 구조대·피난교·피난용트랩·다수인피난장비·승강식피난기 |
| 3. 「다중이용업소의 안전관리에 관한 특별법 시행령」 제2조에 따른 다중이용업소로서 영업장의 위치가 4층 이하인 다중이용업소 | | 미끄럼대·피난사다리·구조대·완강기·다수인피난장비·승강식피난기 | 미끄럼대·피난사다리·구조대·완강기·다수인피난장비·승강식피난기 | 미끄럼대·피난사다리·구조대·완강기·다수인피난장비·승강식피난기 |
| 4. 그 밖의 것 | | | 미끄럼대·피난사다리·구조대·완강기·피난교·피난용트랩·간이완강기·공기안전매트·다수인피난장비·승강식피난기 | 피난사다리·구조대·완강기·피난교·간이완강기·공기안전매트·다수인피난장비·승강식피난기 |

**71** 특별피난계단의 계단실 및 부속실 제연설비의 화재안전기준 중 급기풍도 단면의 긴 변의 길이가 1300mm인 경우, 강판의 두께는 몇 mm 이상이어야 하는가?

① 0.6
② 0.8
③ 1.0
④ 1.2

**해설** 특별피난계단의 계단실 및 부속실 제연설비 급기풍도 설치기준
① 급기풍도는 내화구조로 할 것
② 급기풍도의 내부면은 두께 0.5mm 이상의 아연도금강판으로 마감하되 강판의 접합부에 대하여는 통기성이 없도록 조치할 것
③ 수직풍도 이외의 풍도로서 금속판으로 설치하는 풍도는 다음의 기준에 적합할 것
  ㉠ 풍도는 아연도금강판 또는 이와 동등 이상의 내식성·내열성이 있는 것으로 하며, 불연재료의 (석면재료를 제외한다)단열재로 유효한 단열처리를 하고, 강판의 두께는 풍도의 크기에 따라 다음 표에 따른 기준 이상으로 할 것. 다만, 방화구획이 되는 전용실에 급기송풍기와 연결되는 닥트는 단열이 필요 없다.

| 풍도단면의 긴변 또는 직경의 크기 | 450mm 이하 | 450mm 초과 750mm 이하 | 750mm 초과 1,500mm 이하 | 1,500mm 초과 2,250mm 이하 | 2,250mm 초과 |
|---|---|---|---|---|---|
| 강판두께 | 0.5mm | 0.6mm | 0.8mm | 1.0mm | 1.2mm |

  ㉡ 풍도에서의 누설량은 급기량의 10%를 초과하지 아니할 것
④ 풍도는 정기적으로 풍도 내부를 청소할 수 있는 구조로 설치할 것

**72** 경사강하식 구조대의 구조 기준 중 입구틀 및 취부틀의 입구는 지름 몇 cm 이상의 구체가 통과할 수 있어야 하는가?

① 50
② 60
③ 70
④ 80

**해설** 구조대의 형식승인 및 제품검사의 기술기준
제3조(구조) 경사강하식구조대(아하 "구조대"라 한다)의 구조는 다음 각 호에 적합하여야 한다.
1. 연속하여 활강할 수 있는 구조로 안전하고 쉽게 사용할 수 있어야 한다.
2. 입구틀 및 취부틀의 입구는 지름 50 cm 이상의 구체가 통과할 수 있어야 한다.
3. 포지는 사용시에 수직방향으로 현저하게 늘어나지 아니하여야 한다.
4. 포지, 지지틀, 취부틀 그밖의 부속장치 등은 견고하게 부착되어야 한다.
5. 구조대 본체는 강하방향으로 봉합부가 설치되지 아니하여야 한다.
6. 구조대 본체의 활강부는 낙하방지를 위해 포를 2중 구조로 하거나 또는 망목의 변의 길이가 8 cm 이하인 망을 설치하여야 한다. 다만, 구조상 낙하방지의 성능을 갖고 있는 구조대의 경우에는 그러하지 아니하다.
7. 본체의 포지는 하부지지장치에 인장력이 균등하게 걸리도록 부착하여야 하며 하부지지장치는 쉽게 조작할 수 있어야 한다.
8. 손잡이는 출구부근에 좌우 각3개 이상 균일한 간격으로 견고하게 부착하여야 한다.
9. 구조대본체의 끝부분에는 길이 4m 이상, 지름 4mm 이상의 유도선을 부착하여야 하며, 유도선끝에는 중량 3N(300g) 이상의 모래주머니 등을 설치하여야 한다.
10. 땅에 닿을 때 충격을 받는 부분에는 완충장치로서 받침포 등을 부착하여야 한다.

**73** 폐쇄형헤드를 사용하는 연결살수설비의 주배관을 옥내소화전설비의 주배관에 접속할 때 접속부분에 설치해야 하는 것은? (단, 옥내소화전설비가 설치된 경우이다.)

① 체크밸브
② 게이트밸브
③ 글로브밸브
④ 버터플라이밸브

**해설** 연결살수설비 화재안전기술기준
폐쇄형헤드를 사용하는 연결살수설비의 주배관은 다음의 어느 하나에 해당하는 배관 또는 수조에 접속하여야 한다. 이 경우 접속부분에는 체크밸브를 설치하되 점검하기 쉽게 하여야 한다.
1. 옥내소화전설비의 주배관(옥내소화전설비가 설치된 경우에 한한다)
2. 수도배관(연결살수설비가 설치된 건축물 안에 설치된 수도배관 중 구경이 가장 큰 배관을 말한다)
3. 옥상에 설치된 수조(다른 설비의 수조를 포함한다)

**정답** 71.② 72.① 73.①

**74** 물분무소화설비를 설치하는 주차장의 배수설비 설치기준으로 틀린 것은?

① 차량이 주차하는 장소의 적당한 곳에 높이 10cm 이상의 경계턱으로 배수구를 설치한다.
② 40m 이하마다 기름분리장치를 설치한다.
③ 차량이 주차하는 바닥은 배수구를 향하여 100분의 1 이상의 기울기를 유지한다.
④ 가압송수장치의 최대송수능력의 수량을 유효하게 배수할 수 있는 크기 및 기울기로 설치한다.

**해설** 물분무소화설비의 화재안전기술기준
물분무소화설비를 설치하는 차고 또는 주차장에는 다음의 기준에 따라 배수설비를 하여야 한다.
1. 차량이 주차하는 장소의 적당한 곳에 높이 10cm 이상의 경계턱으로 배수구를 설치할 것
2. 배수구에는 새어나온 기름을 모아 소화할 수 있도록 길이 40m 이하마다 집수관·소화핏트 등 기름분리장치를 설치할 것
3. 차량이 주차하는 바닥은 배수구를 향하여 100분의 2 이상의 기울기를 유지할 것
4. 배수설비는 가압송수장치의 최대송수능력의 수량을 유효하게 배수할 수 있는 크기 및 기울기로 할 것

**75** 차고 또는 주차장에 설치하는 분말소화설비의 소화약제는?

① 탄산수소나트륨을 주성분으로 한 분말
② 탄산수소칼륨을 주성분으로 한 분말
③ 인산염을 주성분으로 한 분말
④ 탄산수소칼륨과 요소가 화합된 분말

**해설** 분말소화설비의 화재안전기술기준
분말소화설비에 사용하는 소화약제는 제1종분말·제2종분말·제3종분말 또는 제4종분말로 하여야 한다. 다만, 차고 또는 주차장에 설치하는 분말소화설비의 소화약제는 제3종분말로 하여야 한다.

**[ 분말소화약제의 종류 및 주성분 ]**

| 종류 | 주성분 | 착색 | 적응화재 | 충전비 (L/kg) | 저장량 (kg) | 순도 (함량) |
|---|---|---|---|---|---|---|
| 제1종 | 탄산수소나트륨 ($NaHCO_3$) | 백색 | BC | 0.8 | 50 | 90% 이상 |
| 제2종 | 탄산수소칼륨 ($KHCO_3$) | 담자색 (담회색) | BC | 1 | 30 | 92% 이상 |
| 제3종 | 인산암모늄 ($NH_4H_2PO_4$) | 담홍색 | ABC | 1 | 30 | 75% 이상 |
| 제4종 | 탄산수소칼륨+요소 ($KHCO_2+(NH_2)_2CO$) | 회(백)색 | BC | 1.25 | 20 | - |

**76** 개방형헤드를 사용하는 연결살수설비에서 하나의 송수구역에 설치하는 살수헤드의 최대 개수는?

① 10   ② 15
③ 20   ④ 30

**해설** 연결살수설비의 화재안전기술기준
개방형헤드를 사용하는 연결살수설비에 있어서 하나의 송수구역에 설치하는 살수헤드의 수는 10개 이하가 되도록 하여야 한다.

**77** 다음 중 할로겐화합물 및 불활성기체소화약제 소화설비를 설치할 수 없는 위험물 사용 장소는? (단, 소화성능이 인정되는 위험물은 제외한다.)

① 제1류 위험물을 사용하는 장소
② 제2류 위험물을 사용하는 장소
③ 제3류 위험물을 사용하는 장소
④ 제4류 위험물을 사용하는 장소

**해설** 할로겐화합물 및 불활성기체소화설비 설치제외 장소
㉠ 사람이 상주하는 곳으로서 최대허용설계농도를 초과하는 장소
㉡ 제3류 위험물 및 제5류 위험물을 사용하는 장소 다만, 소화성능이 인정되는 위험물은 제외한다.

**【 할로겐화합물 및 불활성기체소화약제 최대허용 설계농도 】**

| 소화약제 | 최대허용 설계농도(%) |
|---|---|
| FC-3-1-10 | 40 |
| HCFC BLEND A | 10 |
| HCFC-124 | 1.0 |
| HFC-125 | 11.5 |
| HFC-227ea | 10.5 |
| HFC-23 | 30 |
| HFC-236fa | 12.5 |
| FIC-13I1 | 0.3 |
| FK-5-1-12 | 10 |
| IG-01 | 43 |
| IG-100 | 43 |
| IG-541 | 43 |
| IG-55 | 43 |

**78** 바닥면적이 1300㎡인 관람장에 소화기구를 설치할 경우, 소화기구의 최소 능력단위는? (단, 주요구조부가 내화구조이고, 벽 및 반자의 실내에 면하는 부분이 불연재료이다.)

① 7단위　　② 9단위
③ 10단위　　④ 13단위

$$\frac{1,300[\text{m}^2]}{100[\text{m}^2/1단위]} = 13[단위]$$

특정소방대상물별 소화기구의 능력단위기준(제4조제1항제2호 관련)

| 특정소방대상물 | 소화기구의 능력단위 |
|---|---|
| 1. 위락시설 | 해당 용도의 바닥면적 30㎡ 마다 능력단위 1단위 이상 |
| 2. 공연장·집회장·관람장·문화재·장례식장 및 의료시설 | 해당 용도의 바닥면적 50㎡ 마다 능력단위 1단위 이상 |
| 3. 근린생활시설·판매시설·운수시설·숙박시설·노유자시설·전시장·공동주택·업무시설·방송통신시설·공장·창고시설·항공기 및 자동차 관련 시설 및 관광휴게시설 | 해당 용도의 바닥면적 100㎡ 마다 능력단위 1단위 이상 |
| 4. 그 밖의 것 | 해당 용도의 바닥면적 200㎡ 마다 능력단위 1단위 이상 |

(주) 소화기구의 능력단위를 산출함에 있어서 건축물의 주요구조부가 내화구조이고, 벽 및 반자의 실내에 면하는 부분이 불연재료·준불연재료 또는 난연재료로 된 특정소방대상물에 있어서는 위 표의 기준면적의 2배를 해당 특정소방대상물의 기준면적으로 한다.

**79** 스프링클러설비의 펌프실을 점검하였다. 펌프의 토출측 배관에 설치되는 부속장치 중에서 펌프와 체크밸브(또는 개폐밸브) 사이에 설치할 필요가 없는 배관은?

① 기동용압력챔버 배관
② 성능시험 배관
③ 물올림장치 배관
④ 릴리프밸브 배관

**배관 설치 위치**
- 성능시험배관 : 펌프의 토출측에 설치된 개폐밸브 이전에서 분기하여 설치
- 순환배관 : 가압송수장치의 체절운전 시 수온의 상승을 방지하기 위하여 체크밸브와 펌프사이에서 분기한 구경 20mm 이상의 배관에 체절압력 미만에서 개방되는 릴리프밸브를 설치하여야 한다.
- 물올림장치 배관 : 펌프의 토출측에 가까운 곳에 설치
- 기동용압력챔버 배관 : 펌프의 토출측 개폐밸브 2차측에 설치

**80** 옥외소화전설비의 호스접결구는 특정소방대상물의 각 부분으로부터 하나의 호스접결구까지의 수평거리는 몇 m 이하인가?

① 25　　② 30
③ 40　　④ 50

**옥외소화전설비 화재안전기술기준**
호스접결구는 지면으로부터 높이가 0.5m 이상 1m 이하의 위치에 설치하고 특정소방대상물의 각부분으로부터 하나의 호스접결구까지의 수평거리가 40m 이하가 되도록 설치하여야 한다.

정답 78.④ 79.① 80.③

# 2016년 제4회 소방설비기사[기계분야] 1차 필기

[제4과목 : 소방기계구조원리]

**61** 항공기 격납고 포헤드의 1분당 방사량은 바닥면적 $1m^2$당 최소 몇 L 이상이어야 하는가? (단, 수성막포 소화약제를 사용한다.)

① 3.7　② 6.5
③ 8.0　④ 10

**해설** 포헤드설비 수원량(수용액량) 산정
포헤드설비

$$Q = N \times \alpha l/min \cdot 개 \times 10min$$

Q : 포수용액체적($l$)

N : 포헤드수($N = \dfrac{Am^2}{9m^2/개}$)

$\alpha$ : 표준방사량($l/min$)

N : 바닥면적이 $200m^2$를 초과하는 경우에는 $200m^2$에 설치된 헤드의 개수

표준방사량 $\alpha(l/min) = Am^2 \times \beta l/m^2 \cdot min \div N$

【 $\beta$ 소방대상물별 포헤드의 분당 방사량($l/m^2 \cdot min$) 】

| 소방대상물 | 포 소화약제의 종류 | 바닥면적 $1m^2$당 방사량 |
|---|---|---|
| 차고·주차장 및 항공기격납고 | 단백포 소화약제 | 6.5L 이상 |
| | 합성계면활성제포 소화약제 | 8.0L 이상 |
| | 수성막포 소화약제 | 3.7L 이상 |
| 특수가연물을 저장·취급하는 소방대상물 | 단백포 소화약제 | 6.5L 이상 |
| | 합성계면활성제포 소화약제 | 6.5L 이상 |
| | 수성막포 소화약제 | 6.5L 이상 |

**62** 할로겐화합물 및 불활성기체소화약제 소화설비의 수동식 기동장치의 설치기준 중 틀린 것은?

① 5kg 이상의 힘을 가하여 기동할 수 있는 구조로 할 것
② 전기를 사용하는 기동장치에는 전원표시등을 설치할 것
③ 기동장치의 방출용 스위치는 음향경보장치와 연동하여 조작될 수 있는 것으로 할 것
④ 해당 방호구역의 출입구부근 등 조작을 하는 자가 쉽게 피난할 수 있는 장소에 설치할 것

**해설** 할로겐화합물 및 불활성기체소화설비의 화재안전기술기준
2.5 기동장치
　2.5.1 할로겐화합물 및 불활성기체소화설비의 수동식 기동장치는 다음의 기준에 따라 설치해야 한다. 이 경우 수동식 기동장치의 부근에는 소화약제의 방출을 지연시킬 수 있는 방출지연스위치(자동복귀형 스위치로서 수동식 기동장치의 타이머를 순간 정지시키는 기능의 스위치를 말한다)를 설치해야 한다.
　　2.5.1.1 방호구역마다 설치할 것
　　2.5.1.2 해당 방호구역의 출입구 부근 등 조작을 하는 자가 쉽게 피난할 수 있는 장소에 설치할 것
　　2.5.1.3 기동장치의 조작부는 바닥으로부터 0.8m 이상 1.5m 이하의 위치에 설치하고, 보호판 등에 따른 보호장치를 설치할 것
　　2.5.1.4 기동장치 인근의 보기 쉬운 곳에 "할로겐화합물 및 불활성기체소화설비 수동식 기동장치"라는 표지를 할 것
　　2.5.1.5 전기를 사용하는 기동장치에는 전원표시등을 설치할 것

정답　61.①　62.①

2.5.1.6 기동장치의 방출용스위치는 음향경보장치와 연동하여 조작될 수 있는 것으로 할 것
2.5.1.7 50N 이하의 힘을 가하여 기동할 수 있는 구조로 할 것
2.5.1.8 기동장치에는 보호장치를 설치해야 하며, 보호장치를 개방하는 경우 기동장치에 설치된 부저 또는 벨 등에 의하여 경고음을 발할 것 〈신설 2024.8.1.〉
2.5.1.9 기동장치를 옥외에 설치하는 경우 빗물 또는 외부 충격의 영향을 받지 아니하도록 설치할 것 〈신설 2024.8.1.〉
2.5.2 할로겐화합물 및 불활성기체소화설비의 자동식 기동장치는 자동화재탐지설비의 감지기의 작동과 연동하는 것으로서 다음의 기준에 따라 설치해야 한다.
2.5.2.1 자동식 기동장치에는 수동으로도 기동할 수 있는 구조로 할 것
2.5.2.2 전기식 기동장치로서 7병 이상의 저장용기를 동시에 개방하는 설비는 2병 이상의 저장용기에 전자 개방밸브를 부착할 것
2.5.2.3 가스압력식 기동장치는 다음의 기준에 따를 것
2.5.2.3.1 기동용가스용기 및 해당 용기에 사용하는 밸브는 25MPa 이상의 압력에 견딜 수 있는 것으로 할 것
2.5.2.3.2 기동용가스용기에는 내압시험압력의 0.8배부터 내압시험압력 이하에서 작동하는 안전장치를 설치할 것
2.5.2.3.3 기동용가스용기의 체적은 5L 이상으로 하고, 해당 용기에 저장하는 질소 등의 비활성기체는 6.0MPa 이상(21℃ 기준)의 압력으로 충전할 것. 다만, 기동용가스용기의 체적을 1L 이상으로 하고, 해당 용기에 저장하는 이산화탄소의 양은 0.6kg 이상으로 하며, 충전비는 1.5 이상 1.9 이하의 기동용가스용기로 할 수 있다.
2.5.2.3.4 질소 등의 비활성기체 기동용가스용기에는 충전 여부를 확인할 수 있는 압력 게이지를 설치할 것
2.5.2.4 기계식 기동장치는 저장용기를 쉽게 개방할 수 있는 구조로 할 것
2.5.3 할로겐화합물 및 불활성기체소화설비가 설치된 부분의 출입구 등의 보기 쉬운 곳에 소화약제의 방출을 표시하는 표시등을 설치해야 한다.

**63** 제연구역의 선정방식 중 계단실 및 그 부속실을 동시에 제어하는 것의 방연풍속은 몇 m/s 이상이어야 하는가?

① 0.5　　② 0.7
③ 1　　　④ 1.5

**해설** 제연구역의 선정방식에 따른 방연풍속

| 제연구역 | | 방연풍속 |
|---|---|---|
| 계단실 및 그 부속실을 동시에 제연하는 것 또는 계단실만 단독으로 제연하는 것 | | 0.5m/s 이상 |
| 부속실만 단독으로 제연하는 것 | 부속실이 면하는 옥내가 거실인 경우 | 0.7m/s 이상 |
| | 부속실이 면하는 옥내가 복도로서 그 구조가 방화구조(내화시간이 30분 이상인 구조를 포함한다)인 것 | 0.5m/s 이상 |

**64** 완강기 벨트의 강도는 늘어뜨린 방향으로 1개에 대하여 몇 N의 인장하중을 가하는 시험에서 끊어지거나 현저한 변형이 생기지 않아야 하는가?

① 1,500　　② 3,900
③ 5,000　　④ 6,500

**해설** 완강기의 형식승인 및 제품검사의 기술기준
제6조(강도) 완강기 및 간이완강기의 강도는 다음 각 호에 적합하여야 한다.
1. 완강기 및 간이완강기의 강도(벨트의 강도를 제외한다)는 최대사용자수에 3,900N을 곱하여 얻은 값의 정하중을 가하는 시험에서 다음 각목에 적합하여야 한다.
　가. 속도조절기, 속도조절기의 연결부 및 연결금속구는 분해·파손 또는 현저한 변형이 생기지 아니하여야 한다.
　나. 로우프는 파단 또는 현저한 변형이 생기지 아니하여야 한다.
2. 벨트의 강도는 늘어뜨린 방향으로 1개에 대하여 6,500N의 인장하중을 가하는 시험에서 끊어지거나 현저한 변형이 생기지 아니하여야 한다.

**65** 분말소화설비의 자동식 기동장치의 설치기준 중 틀린 것은? (단, 자동식 기동장치는 자동화재탐지설비의 감지기와 연동하는 것이다.)

① 기동용 가스용기의 충전비는 1.5 이상으로 할 것
② 자동식 기동장치에는 수동으로도 기동할 수 있는 구조로 할 것
③ 전기식 기동장치로서 3병 이상의 저장용기를 동시에 개방하는 설비는 2병 이상의 저장용기에 전자개방밸브를 부착할 것
④ 기동용 가스용기에는 내압시험압력의 0.8배 내지 내압시험압력 이하에서 작동하는 안전장치를 설치할 것

**해설** 분말소화설비 화재안전기술기준
2.4.2 분말소화설비의 자동식 기동장치는 자동화재탐지설비의 감지기의 작동과 연동하는 것으로서 다음의 기준에 따라 설치해야 한다.
  2.4.2.1 자동식 기동장치에는 수동으로도 기동할 수 있는 구조로 할 것
  2.4.2.2 전기식 기동장치로서 7병 이상의 저장용기를 동시에 개방하는 설비는 2병 이상의 저장용기에 전자 개방밸브를 부착할 것
  2.4.2.3 가스압력식 기동장치는 다음의 기준에 따를 것
    2.4.2.3.1 기동용가스용기 및 해당 용기에 사용하는 밸브는 25MPa 이상의 압력에 견딜 수 있는 것으로 할 것
    2.4.2.3.2 기동용가스용기에는 내압시험압력의 0.8배부터 내압시험압력 이하에서 작동하는 안전장치를 설치할 것
    2.4.2.3.3 기동용가스용기의 체적은 5L 이상으로 하고, 해당 용기에 저장하는 질소 등의 비활성기체는 6.0MPa 이상(21℃ 기준)의 압력으로 충전할 것. 다만, 기동용가스용기의 체적을 1L 이상으로 하고, 해당 용기에 저장하는 이산화탄소의 양은 0.6kg 이상으로 하며, 충전비는 1.5 이상 1.9 이하의 기동용가스용기로 할 수 있다.
  2.4.2.4 기계식 기동장치는 저장용기를 쉽게 개방할 수 있는 구조로 할 것

**66** 주거용 주방자동소화장치의 설치기준으로 틀린 것은?

① 아파트의 각 세대별 주방 및 오피스텔의 각 실별 주방에 설치한다.
② 소화약제 방출구는 환기구의 청소부분과 분리되어 있어야 한다.
③ 주거용 주방자동소화장치에 사용하는 가스차단 장치는 주방배관의 개폐밸브로부터 1m 이하의 위치에 설치한다.
④ 주거용 주방자동소화장치의 탐지부는 수신부와 분리하여 설치하되, 공기보다 무거운 가스를 사용하는 장소에는 바닥면으로부터 30cm 이하의 위치에 설치한다.

**해설** 소화기구 화재안전기술기준
2.1.2 자동소화장치는 다음의 기준에 따라 설치해야 한다.
  2.1.2.1 주거용 주방자동소화장치는 다음의 기준에 따라 설치할 것
    2.1.2.1.1 소화약제 방출구는 환기구(주방에서 발생하는 열기류 등을 밖으로 배출하는 장치를 말한다. 이하 같다)의 청소부분과 분리되어 있어야 하며, 형식승인 받은 유효설치 높이 및 방호면적에 따라 설치할 것
    2.1.2.1.2 감지부는 형식승인 받은 유효한 높이 및 위치에 설치할 것
    2.1.2.1.3 차단장치(전기 또는 가스)는 상시 확인 및 점검이 가능하도록 설치할 것
    2.1.2.1.4 가스용 주방자동소화장치를 사용하는 경우 탐지부는 수신부와 분리하여 설치하되, 공기보다 가벼운 가스를 사용하는 경우에는 천장 면으로부터 30㎝ 이하의 위치에 설치하고, 공기보다 무거운 가스를 사용하는 장소에는 바닥 면으로부터 30㎝ 이하의 위치에 설치할 것
    2.1.2.1.5 수신부는 주위의 열기류 또는 습기 등과 주위온도에 영향을 받지 않고 사용자가 상시 볼 수 있는 장소에 설치할 것

**정답** 65.③ 66.③

**67** 물분무소화설비를 설치하는 주차장의 배수설비 설치기준 중 차량이 주차하는 바닥은 배수구를 향하여 얼마 이상의 기울기를 유지해야 하는가?

① 1/100　　② 2/100
③ 3/100　　④ 5/100

**해설** 물분무소화설비의 화재안전기술기준
물분무소화설비를 설치하는 차고 또는 주차장에는 다음의 기준에 따라 배수설비를 하여야 한다.
1. 차량이 주차하는 장소의 적당한 곳에 높이 10cm 이상의 경계턱으로 배수구를 설치할 것
2. 배수구에는 새어나온 기름을 모아 소화할 수 있도록 길이 40m 이하마다 집수관·소화핏트 등 기름분리장치를 설치할 것
3. 차량이 주차하는 바닥은 배수구를 향하여 100분의 2 이상의 기울기를 유지할 것
4. 배수설비는 가압송수장치의 최대송수능력의 수량을 유효하게 배수할 수 있는 크기 및 기울기로 할 것

**68** 물분무소화설비 송수구의 설치기준 중 틀린 것은?

① 송수구에는 이물질을 막기 위한 마개를 씌울 것
② 지면으로부터 높이가 0.8m 이상 1.5m 이하의 위치에 설치할 것
③ 송수구의 가까운 부분에 자동배수밸브 및 체크밸브를 설치할 것
④ 송수구는 하나의 층의 바닥면적이 3,000m² 를 넘을 때마다 1개(5개를 넘을 경우에는 5개로 한다) 이상을 설치할 것

**해설** 물분무소화설비의 화재안전기술기준
물분무소화설비에는 소방펌프자동차로부터 그 설비에 송수할 수 있는 송수구를 다음의 기준에 따라 설치하여야 한다.
1. 송수구는 화재층으로부터 지면으로 떨어지는 유리창 등이 송수 및 그 밖의 소화작업에 지장을 주지 아니하는 장소에 설치할 것. 이 경우 가연성가스의 저장·취급시설에 설치하는 송수구는 그 방호대상물로부터 20m 이상의 거리를 두거나 방호대상물에 면하는 부분이 높이 1.5m 이상 폭 2.5m 이상의 철근콘크리트 벽으로 가려진 장소에 설치하여야 한다.
2. 송수구로부터 물분무소화설비의 주배관에 이르는 연결배관에 개폐밸브를 설치한 때에는 그 개폐상태를 쉽게 확인 및 조작할 수 있는 옥외 또는 기계실 등의 장소에 설치할 것
3. 구경 65mm의 쌍구형으로 할 것
4. 송수구에는 그 가까운 곳의 보기 쉬운 곳에 송수압력범위를 표시한 표지를 할 것
5. 송수구는 하나의 층의 바닥면적이 3,000m²를 넘을 때마다 1개(5개를 넘을 경우에는 5개로 한다) 이상을 설치할 것
6. 지면으로부터 높이가 0.5m 이상 1m 이하의 위치에 설치할 것
7. 송수구의 가까운 부분에 자동배수밸브(또는 직경 5mm의 배수공) 및 체크밸브를 설치할 것. 이 경우 자동배수 밸브는 배관안의 물이 잘 빠질 수 있는 위치에 설치하되, 배수로 인하여 다른 물건 또는 장소에 피해를 주지 아니하여야 한다.
8. 송수구에는 이물질을 막기 위한 마개를 씌울 것

**69** 전역방출방식 고발포용 고정포방출구의 설치기준으로 옳은 것은? (단, 해당 방호구역에서 외부로 새는 양 이상의 포수용액을 유효하게 추가하여 방출하는 설비가 있는 경우는 제외한다.)

① 고정포방출구는 바닥면적 600m²마다 1개 이상으로 할 것
② 고정포방출구는 방호대상물의 최고부분보다 낮은 위치에 설치할 것
③ 개구부에 자동폐쇄장치를 설치할 것
④ 특정소방대상물 및 포의 팽창비에 따른 종별에 관계없이 해당 방호구역의 관포체적 1m³ 에 대한 1분당 포수용액 방출량은 1L 이상으로 할 것

**해설** 포소화설비의 화재안전기술기준
고발포용포방출구는 다음의 기준에 따라 설치하여야 한다. 전역방출방식의 고발포용고정포방출구는 다음의 기준에 따를 것
가. 개구부에 자동폐쇄장치를 설치할 것. 다만, 해당 방호구역에서 외부로 새는 양이상의 포수용액을 유효하게 추가하여 방출하는 설비가 있는 경우에는 그러하지 아니하다.

정답 67.② 68.② 69.③

나. 고정포방출구(포발생기가 분리되어 있는 것은 해당 포발생기를 포함한다)는 특정소방대상물 및 포의 팽창 비에 따른 종별에 따라 해당 방호구역의 관포체적(해당 바닥 면으로부터 방호대상물의 높이보다 0.5m 높은 위치까지의 체적을 말한다) 1m³에 대하여 1분당 방출량이 다음 표에 따른 양 이상이 되도록 할 것

| 소방대상물 | 포 소화약제의 종류 | 1m³에 대한 분당 포수용액 방출량 |
|---|---|---|
| 항공기 격납고 | 팽창비 80 이상 250 미만의 것 | 2.00L |
| | 팽창비 250 이상 500 미만의 것 | 0.50L |
| | 팽창비 500 이상 1,000 미만의 것 | 0.29L |
| 차고 또는 주차장 | 팽창비 80 이상 250 미만의 것 | 1.11L |
| | 팽창비 250 이상 500 미만의 것 | 0.28L |
| | 팽창비 500 이상 1,000 미만의 것 | 0.16L |
| 특수가연물을 저장 또는 취급하는 소방대상물 | 팽창비 80 이상 250 미만의 것 | 1.25L |
| | 팽창비 250 이상 500 미만의 것 | 0.31L |
| | 팽창비 500 이상 1,000 미만의 것 | 0.18L |

다. 고정포방출구는 바닥면적 500m²마다 1개 이상으로 하여 방호대상물의 화재를 유효하게 소화할 수 있도록 할 것
라. 고정포방출구는 방호대상물의 최고부분보다 높은 위치에 설치할 것. 다만, 밀어올리는 능력을 가진 것은 방호대상물과 같은 높이로 할 수 있다.

**70** 모피창고에 이산화탄소 소화설비를 전역방출 방식으로 설치할 경우 방호구역의 체적이 600m³라면 이산화탄소 소화약제의 최소 저장량은 몇 kg인가? (단, 설계농도는 75%이고, 개구부 면적은 무시한다.)

① 780　　② 960
③ 1,200　④ 1,620

**해설** $600[m^3] \times 2.7[kg/m^3] = 1,620[kg]$

▶ 심부화재인 때(종이 · 목재 · 석탄 · 섬유류 · 합성수지류 등)
㉠ 방호구역의 체적 1m³에 대한 기본약제량

| 방호대상물 | 방호구역 1m³에 대한 약제량 | 설계 농도 |
|---|---|---|
| 유압기를 제외한 전기설비, 케이블실 | 1.3kg | 50% |
| 체적 55m³ 미만의 전기설비 | 1.6kg | 50% |
| 서고, 전자제품창고, 목재가공품 창고, 박물관 | 2.0kg | 65% |
| 고무류, 면화류창고, 모피창고, 석탄창고, 집진설비 | 2.7kg | 75% |

※ 불연재료나 내열성의 재료로 밀폐된 구조물이 있는 경우에는 그 체적을 제외한다.
㉡ 방호구역의 개구부에 자동폐쇄장치를 설치하지 아니한 경우에는 ㉠의 기준에 따라 산출한 양에 개구부 면적 1m²당 10kg을 가산하여야 한다. 이 경우 개구부의 면적은 방호구역 전체 표면적의 3% 이하로 하여야 한다.

**71** 소화용수설비를 설치하여야 할 특정소방대상물에 있어서 유수의 양이 최소 몇 m³/min 이상인 유수를 사용할 수 있는 경우에 소화수조를 설치하지 아니할 수 있는가?

① 0.8　　② 1
③ 1.5　　④ 2

**해설** 소화수조 및 저수조의 화재안전기술기준
소화용수설비를 설치하여야 할 특정소방대상물에 있어서 유수의 양이 0.8m³/min 이상인 유수를 사용할 수 있는 경우에는 소화수조를 설치하지 아니할 수 있다.

**72** 근린생활시설 지하층에 적응성이 있는 피난기구는? (단, 입원실이 있는 의원·산후조리원·접골원·조산소는 제외한다.)

① 피난사다리　② 미끄럼대
③ 구조대　　　④ 피난교

**해설** 피난기구의 적응성

| 층별<br>설치장소별<br>구분 | 1층 | 2층 | 3층 | 4층 이상<br>10층 이하 |
|---|---|---|---|---|
| 1. 노유자시설 | 미끄럼대·<br>구조대·<br>피난교·<br>다수인피난장비·<br>승강식피난기 | 미끄럼대·<br>구조대·<br>피난교·<br>다수인피난장비·<br>승강식피난기 | 미끄럼대·<br>구조대·<br>피난교·<br>다수인피난장비·<br>승강식피난기 | 구조대·<br>피난교·<br>다수인피난장비·<br>승강식피난기 |
| 2. 의료시설·근린생활시설 중 입원실이 있는 의원·접골원·조산원 | | | 미끄럼대·<br>구조대·<br>피난교·<br>피난용트랩·<br>다수인피난장비·<br>승강식피난기 | 구조대·<br>피난교·<br>피난용트랩·<br>다수인피난장비·<br>승강식피난기 |
| 3. 「다중이용업소의 안전관리에 관한 특별법 시행령」제2조에 따른 다중이용업소로서 영업장의 위치가 4층 이하인 다중이용업소 | | 미끄럼대·<br>피난사다리·<br>구조대·<br>완강기·<br>다수인피난장비·<br>승강식피난기 | 미끄럼대·<br>피난사다리·<br>구조대·<br>완강기·<br>다수인피난장비·<br>승강식피난기 | 미끄럼대·<br>피난사다리·<br>구조대·<br>완강기·<br>다수인피난장비·<br>승강식피난기 |
| 4. 그 밖의 것 | | | 미끄럼대·<br>피난사다리·<br>구조대·<br>완강기·<br>피난교·<br>피난용트랩·<br>간이완강기·<br>공기안전매트·<br>다수인피난장비·<br>승강식피난기 | 피난사다리·<br>구조대·<br>완강기·<br>피난교·<br>간이완강기·<br>공기안전매트·<br>다수인피난장비·<br>승강식피난기 |

**73** 배관·행가 및 조명기구가 있어 살수의 장애가 있는 경우 스프링클러헤드의 설치방법으로 옳은 것은? (단, 스프링클러헤드와 장애물과의 이격거리를 장애물 폭의 3배 이상 확보한 경우는 제외한다.)

① 부착면과의 거리는 30cm 이하로 설치한다.
② 헤드로부터 반경 60cm 이상의 공간을 보유한다.
③ 장애물과 부착면 사이에 설치한다.
④ 장애물 아래에 설치한다.

**해설** 스프링클러설비의 화재안전기술기준
스프링클러헤드는 다음의 방법에 따라 설치하여야 한다.
1. 살수가 방해되지 아니하도록 스프링클러헤드로부터 반경 60cm 이상의 공간을 보유할 것. 다만, 벽과 스프링클러헤드간의 공간은 10cm 이상으로 한다.
2. 스프링클러헤드와 그 부착면(상향식헤드의 경우에는 그 헤드의 직상부의 천장·반자 또는 이와 비슷한 것을 말한다. 이하 같다)과의 거리는 30cm 이하로 할 것.
3. 배관·행가 및 조명기구 등 살수를 방해하는 것이 있는 경우에는 제1호 및 제2호에도 불구하고 그로부터 아래에 설치하여 살수에 장애가 없도록 할 것. 다만, 스프링클러헤드와 장애물과의 이격거리를 장애물 폭의 3배 이상 확보한 경우에는 그러하지 아니하다.
4. 스프링클러헤드의 반사판은 그 부착 면과 평행하게 설치할 것. 다만, 측벽형헤드 또는 제6호에 따른 연소할 우려가 있는 개구부에 설치하는 스프링클러헤드의 경우에는 그러하지 아니하다.
5. 천장의 기울기가 10분의 1을 초과하는 경우에는 가지관을 천장의 마루와 평행하게 설치하고, 스프링클러헤드는 다음의 어느 하나의 기준에 적합하게 설치할 것
   가. 천장의 최상부에 스프링클러헤드를 설치하는 경우에는 최상부에 설치하는 스프링클러헤드의 반사판을 수평으로 설치할 것
   나. 천장의 최상부를 중심으로 가지관을 서로 마주보게 설치하는 경우에는 최상부의 가지관 상호간의 거리가 가지관상의 스프링클러헤드 상호간의 거리의 2분의 1이하(최소 1m 이상이 되어야 한다)가 되게 스프링클러헤드를 설치하고, 가지관의 최상부에 설치하는 스프링클러헤드는 천장의 최상부로부터의 수직거리가 90cm 이하가 되도록 할 것. 톱날지붕, 둥근지붕 기타 이와 유사한 지붕의 경우에도 이에 준한다.
6. 연소할 우려가 있는 개구부에는 그 상하좌우에 2.5m 간격으로(개구부의 폭이 2.5m 이하인 경우에는 그 중앙에) 스프링클러헤드를 설치하되, 스프링클러헤드와 개구부의 내측 면으로부터 직선거리는 15cm 이하가 되도록 할 것. 이 경우 사람이 상시 출입하는 개구부로서 통행에 지장이 있는 때에는 개구부의 상부 또는 측면(개구부의 폭이 9m 이하인 경우에 한한다)에 설치하되, 헤드 상호간의 간격은 1.2m 이하로 설치하여야 한다.

정답 73.④

7. 습식스프링클러설비 및 부압식스프링클러설비 외의 설비에는 상향식스프링클러헤드를 설치할 것. 다만, 다음의 어느 하나에 해당하는 경우에는 그러하지 아니하다.
   가. 드라이펜던트스프링클러헤드를 사용하는 경우
   나. 스프링클러헤드의 설치장소가 동파의 우려가 없는 곳인 경우
   다. 개방형스프링클러헤드를 사용하는 경우
8. 측벽형스프링클러헤드를 설치하는 경우 긴 변의 한쪽 벽에 일렬로 설치(폭이 4.5m 이상 9m 이하인 실에 있어서는 긴변의 양쪽에 각각 일렬로 설치하되 마주보는 스프링클러헤드가 나란히꼴이 되도록 설치)하고 3.6m 이내마다 설치할 것
9. 상부에 설치된 헤드의 방출수에 따라 감열부에 영향을 받을 우려가 있는 헤드에는 방출수를 차단할 수 있는 유효한 차폐판을 설치할 것

**74** 분말소화설비 분말소화약제 1kg당 저장용기의 내용적 기준으로 틀린 것은?

① 제1종 분말 : 0.8L
② 제1종 분말 : 1.0L
③ 제1종 분말 : 1.0L
④ 제1종 분말 : 1.8L

### 분말소화설비의 저장용기의 내용적

| 소화약제의 종별 | 소화약제 1kg당 저장용기의 내용적 |
| --- | --- |
| 제1종 분말(탄산수소나트륨을 주성분으로 한 분말) | 0.8L |
| 제2종 분말(탄산수소칼륨을 주성분으로 한 분말) | 1L |
| 제3종 분말(인산염을 주성분으로 한 분말) | 1L |
| 제4종 분말(탄산수소칼륨과 요소가 화합된 분말) | 1.25L |

**75** 특수가연물을 저장 또는 취급하는 랙크식 창고의 경우에는 스프링클러헤드를 설치하는 천장·반자·천장과 반자사이·덕트·선반 등의 각 부분으로부터 하나의 스프링클러헤드까지의 수평거리 기준은 몇 m 이하인가? (단, 성능이 별도로 인정된 스프링클러헤드를 수리계산에 따라 설치하는 경우는 제외한다.)

① 1.7    ② 2.5
③ 3.2    ④ 4

### 스프링클러 헤드의 수평거리
스프링클러헤드를 설치하는 천장·반자·천장과 반자사이·덕트·선반 등의 각 부분으로부터 하나의 스프링클러헤드까지의 수평거리는 다음과 같이 하여야 한다. 다만, 성능이 별도로 인정된 스프링클러헤드를 수리계산에 따라 설치하는 경우에는 그러하지 아니 하다.

| 소방대상물 | 수평거리(m) |
| --- | --- |
| 무대부, 특수가연물 저장 또는 취급하는 장소 | 1.7m 이하 |
| 일반건축물 | 2.1m 이하 |
| 내화건축물 | 2.3m 이하 |

**76** 옥내소화전설비 배관의 설치기준 중 틀린 것은?

① 옥내소화전방수구와 연결되는 가지배관의 구경은 40mm 이상으로 한다.
② 연결송수관설비의 배관과 겸용할 경우 주배관의 구경은 100mm 이상으로 한다.
③ 펌프의 토출 측 주배관의 구경은 유속이 4m/s 이하가 될 수 있는 크기 이상으로 한다.
④ 주배관중 수직배관의 구경은 15mm 이상으로 한다.

### 옥내소화전설비 배관의 관경
㉠ 펌프의 토출 측 주배관의 구경은 유속이 4m/s 이하가 될 수 있는 크기 이상으로 하여야 하고, 옥내소화전방수구와 연결되는 가지배관의 구경은 40mm(호스릴옥내소화전설비의 경우에는 25mm) 이상으로 하여야 하며, 주배관중 수직배관의 구경은 50mm(호스릴옥내소화전설비의 경우에는 32mm) 이상으로 하여야 한다.

**정답** 74.④ 75.① 76.④

ⓒ 연결송수관설비의 배관과 겸용할 경우의 주배관은 구경 100mm 이상, 방수구로 연결 되는 배관의 구경은 65mm 이상의 것으로 하여야 한다.

**77** 수직강하식 구조대의 구조에 대한 설명 중 틀린 것은? (단, 건물내부의 별실에 설치하는 경우는 제외한다.)

① 구조대의 포지는 외부포지와 내부포지로 구성한다.
② 사람의 중량에 의하여 하강속도를 조절할 수 있어야 한다.
③ 구조대는 연속하여 강하할 수 있는 구조이어야 한다.
④ 입구틀 및 취부틀의 입구는 지름 50cm 이상의 구체가 통과할 수 있어야 한다.

**해설** 구조대의 형식승인 및 제품검사의 기술기준
제17조(구조) 수직강하식 구조대(이하 "구조대"라 한다)의 구조는 다음 각 호에 적합하여야 한다.
1. 구조대는 안전하고 쉽게 사용할 수 있는 구조이어야 한다.
2. 구조대의 포지는 외부포지와 내부포지로 구성하되, 외부포지와 내부포지의 사이에 충분한 공기층을 두어야 한다. 다만, 건물내부의 별실에 설치하는 것은 외부포지를 설치하지 아니할 수 있다.
3. 입구틀 및 취부틀의 입구는 지름 50cm 이상의 구체가 통과할 수 있는 것이어야 한다.
4. 구조대는 연속하여 강하할 수 있는 구조이어야 한다.
5. 포지는 사용시 수직방향으로 현저하게 늘어나지 아니하여야 한다.
6. 포지, 지지틀, 취부틀 그밖의 부속장치 등은 견고하게 부착되어야 한다.

**78** 스프링클러헤드에서 이융성 금속으로 융착되거나 이융성 물질에 의하여 조립된 것은?

① 후레임  ② 디프렉타
③ 유리벌브  ④ 퓨지블링크

**해설** 스프링클러헤드의 형식승인 및 제품검사의 기술기준
제2조(용어의 정의)
1. "반사판(디프렉타)"란 스프링클러헤드의 방수구에서 유출되는 물을 세분시키는 작용을 하는 것을 말한다.
2. "후레임"이란 스프링클러헤드의 나사부분과 디프렉타를 연결하는 이음쇠 부분을 말한다.
3. "퓨지블링크"란 감열체중 이융성금속으로 융착되거나 이융성물질에 의하여 조립된 것을 말한다.
4. "유리벌브"란 감열체중 유리구 안에 액체 등을 넣어 봉한 것을 말한다.

**79** 소화용수설비에 설치하는 채수구의 수는 소요수량이 $40m^3$ 이상 $100m^3$ 미만인 경우 몇 개를 설치해야 하는가?

① 1  ② 2
③ 3  ④ 4

**해설** 소화수조 및 저수조의 화재안전기술기준
소화용수설비에 설치하는 채수구는 다음의 기준에 따라 설치할 것
㉮ 채수구는 다음 표에 따라 소방용 호스 또는 소방용 흡수관에 사용하는 구경 65mm 이상의 나사식 결합금속구를 설치할 것

| 소요수량 | $20m^3$ 이상 $40m^3$ 미만 | $40m^3$ 이상 $100m^3$ 미만 | $100m^3$ 이상 |
|---|---|---|---|
| 채수구의 수 | 1개 | 2개 | 3개 |

㉯ 채수구는 지면으로부터의 높이가 0.5m 이상 1m 이하의 위치에 설치하고 "채수구"라고 표시한 표지를 할 것

**80** 배출풍도의 설치기준 중 다음 ( ) 안에 알맞은 것은?

배출기 흡입측 풍도안의 풍속은 ( ㉠ )m/s 이하로 하고 배출측 풍속은 ( ㉡ )m/s 이하로 할 것

① ㉠ 15, ㉡ 10  ② ㉠ 10, ㉡ 15
③ ㉠ 20, ㉡ 15  ④ ㉠ 15, ㉡ 20

**정답** 77.② 78.④ 79.② 80.④

**해설** 제연설비의 화재안전기술기준
① 배출기는 다음의 기준에 따라 설치하여야 한다.
  1. 배출기의 배출능력은 제6조제1항부터 제4항까지의 배출량 이상이 되도록 할 것
  2. 배출기와 배출풍도의 접속부분에 사용하는 캔버스는 내열성(석면재료는 제외한다)이 있는 것으로 할 것
  3. 배출기의 전동기부분과 배풍기 부분은 분리하여 설치하여야 하며, 배풍기 부분은 유효한 내열처리를 할 것
② 배출풍도는 다음의 기준에 따라야 한다.
  1. 배출풍도는 아연도금강판 또는 이와 동등 이상의 내식성·내열성이 있는 것으로 하며, 내열성(석면재료를 제외한다)의 단열재로 유효한 단열 처리를 하고, 강판의 두께는 배출풍도의 크기에 따라 다음 표에 따른 기준 이상으로 할 것

| 풍도단면의 긴변 또는 직경의 크기 | 450mm 이하 | 450mm 초과 750mm 이하 | 750mm 초과 1,500mm 이하 | 1,500mm 초과 2,250mm 이하 | 2,250mm 초과 |
|---|---|---|---|---|---|
| 강판두께 | 0.5mm | 0.6mm | 0.8mm | 1.0mm | 1.2mm |

  2. 배출기의 흡입측 풍도안의 풍속은 15m/s 이하로 하고 배출측 풍속은 20m/s 이하로 할 것

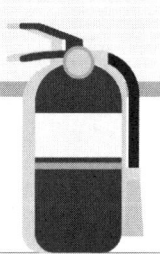

# 2017년 제1회 소방설비기사[기계분야] 1차 필기
### [제4과목 : 소방기계구조원리]

**61** 옥내소화전설비 수원을 산출된 유효수량 외에 유효수량의 1/3 이상을 옥상에 설치해야 하는 경우는?

① 지하층만 있는 건축물
② 건축물의 높이가 지표면으로부터 15m인 경우
③ 수원이 건축물의 최상층에 설치된 방수구보다 높은 위치에 설치된 경우
④ 주펌프와 동등 이상의 성능이 있는 별도의 펌프로서 내연기관의 기동과 연동하여 작동되거나 비상전원을 연결하여 설치한 경우

**해설** 옥상수조제외 기준
㉠ 지하층만 있는 건축물
㉡ 고가수조를 가압송수장치로 설치한 옥내소화전설비
㉢ 수원이 건축물의 최상층에 설치된 방수구보다 높은 위치에 설치된 경우
㉣ 건축물의 높이가 지표면으로부터 10m 이하인 경우
㉤ 주펌프와 동등 이상의 성능이 있는 별도의 펌프로서 내연기관의 기동과 연동하여 작동되거나 비상전원을 연결하여 설치한 경우
㉥ 학교·공장·창고시설(제4조제2항에 따라 옥상수조를 설치한 대상은 제외한다)로서 동결의 우려가 있는 장소에 있어서는 기동스위치에 보호판을 부착하여 옥내소화전함 내에 설치하는 경우
㉦ 가압수조를 가압송수장치로 설치한 옥내소화전설비
※ 옥상수조제외규정시에도 층수가 30층 이상의 특정소방대상물의 수원은 산출된 유효수량 외에 유효수량의 3분의 1 이상을 옥상(옥내소화전설비가 설치된 건축물의 주된 옥상을 말한다)에 설치하여야 한다. 다만, 고가수조방식인 경우와 수원이 건축물의 최상층에 설치된 방수구보다 높은 위치에 설치된 경우 그러하지 아니하다.

**62** 조기반응형 스프링클러헤드를 설치해야 하는 장소가 아닌 것은?

① 공동주택의 거실   ② 수련시설의 침실
③ 오피스텔의 침실   ④ 병원의 입원실

**해설** 조기반응형헤드 설치대상
㉠ 공동주택·노유자시설의 거실
㉡ 오피스텔·숙박시설의 침실, 병원·의원의 입원실

**63** 특정소방대상물별 소화기구의 능력단위기준 중 다음 ( ) 안에 알맞은 것은? (단, 건축물의 주요구조부는 내화구조가 아니고 벽 및 반자의 실내에 면하는 부분이 불연재료·준불연재료 또는 난연재료로 된 특정소방대상물이 아니다.)

> 공연장은 해당 용도의 바닥면적 ( )m² 마다 소화기구의 능력단위 1단위 이상

① 30   ② 50
③ 100   ④ 200

**해설** 특정소방대상물별 소화기구의 능력단위기준(제4조제1항제2호 관련)

| 특정소방대상물 | 소화기구의 능력단위 |
|---|---|
| 1. 위락시설 | 해당 용도의 바닥면적 30m² 마다 능력단위 1단위 이상 |
| 2. 공연장·집회장·관람장·문화재·장례식장 및 의료시설 | 해당 용도의 바닥면적 50m² 마다 능력단위 1단위 이상 |
| 3. 근린생활시설·판매시설·운수시설·숙박시설·노유자시설·전시장·공동주택·업무시설·방송통신시설·공장·창고시설·항공기 및 자동차 관련 시설 및 관광휴게시설 | 해당 용도의 바닥면적 100m² 마다 능력단위 1단위 이상 |

**정답** 61.② 62.② 63.②

| | |
|---|---|
| 4. 그 밖의 것 | 해당 용도의 바닥면적 200m² 마다 능력단위 1단위 이상 |

(주) 소화기구의 능력단위를 산출함에 있어서 건축물의 주요구조부가 내화구조이고, 벽 및 반자의 실내에 면하는 부분이 불연재료·준불연재료 또는 난연재료로 된 특정소방대상물에 있어서는 위 표의 기준면적의 2배를 해당 특정소방대상물의 기준면적으로 한다.

**64** 상수도소화용수설비 소화전의 설치기준 중 다음 ( ) 안에 알맞은 것은?

- 호칭지름 ( ㉠ )mm 이상의 수도배관에 호칭지름 ( ㉡ )mm 이상의 소화전을 접속할 것
- 소화전은 특정소방대상물의 수평투영면의 각 부분으로부터 ( ㉢ )m 이하가 되도록 설치할 것

① ㉠ 65  ㉡ 120  ㉢ 160
② ㉠ 75  ㉡ 100  ㉢ 140
③ ㉠ 80  ㉡ 90   ㉢ 140
④ ㉠ 100 ㉡ 100  ㉢ 180

**해설** 상수도소화용수설비 화재안전기술기준
2.1 상수도소화용수설비의 설치기준
2.1.1 상수도소화용수설비는 「수도법」에 따른 기준 외에 다음의 기준에 따라 설치해야 한다.
2.1.1.1 호칭지름 75mm 이상의 수도배관에 호칭지름 100mm 이상의 소화전을 접속할 것
2.1.1.2 소화전은 소방자동차 등의 진입이 쉬운 도로변 또는 공지에 설치할 것
2.1.1.3 소화전은 특정소방대상물의 수평투영면의 각 부분으로부터 140m 이하가 되도록 설치할 것
2.1.1.4 지상식 소화전의 호스접결구는 지면으로부터 높이가 0.5m 이상 1m 이하가 되도록 설치할 것 〈신설 2024.7.1.〉

**65** 할로겐화합물 및 불활성기체소화약제소화설비의 분사헤드에 대한 설치기준 중 다음 ( ) 안에 알맞은 것은?(단, 분사헤드의 성능인증 범위 내에서 설치하는 경우는 제외한다.)

분사헤드의 설치높이는 방호구역의 바닥으로부터 최소 ( ㉠ )m 이상 최대 ( ㉡ )m 이하로 하여야 한다.

① ㉠ 0.2, ㉡ 3.7  ② ㉠ 0.8, ㉡ 1.5
③ ㉠ 1.5, ㉡ 2.0  ④ ㉠ 2.0, ㉡ 2.5

**해설** 할로겐화합물 및 불활성기체소화설비
㉠ 분사헤드의 설치기준
  ⓐ 분사헤드의 설치 높이는 방호구역의 바닥으로부터 최소 0.2m 이상, 최대 3.7m 이하로 하여야 하며 천장높이가 3.7m를 초과할 경우에는 추가로 다른 열의 분사 헤드를 설치할 것. 다만, 분사헤드의 성능인정 범위 내에서 설치하는 경우에는 그러하지 아니하다.
  ⓑ 분사헤드의 개수는 방호구역에 할로겐화합물소화약제가 10초(불활성기체소화약제는 A·C급화재 2분, B급화재 1분) 이내에 방호구역 각 부분에 최소설계농도의 95% 이상 해당하는 약제량이 방출할 수 있는 수량으로 할 것
  ⓒ 분사헤드에는 부식방지조치를 하여야 하며 오리피스의 크기, 제조일자, 제조업체가 표시되도록 할 것
㉡ 분사헤드의 방출률 및 방출압력은 제조업체에서 정한 값으로 한다.
㉢ 분사헤드의 오리피스 면적은 분사헤드가 연결되는 배관구경 면적의 70%를 초과하여서는 아니 된다.

**66** 완강기의 최대사용하중은 몇 N 이상의 하중이어야 하는가?

① 800      ② 1,000
③ 1,200    ④ 1,500

**해설** 완강기의 형식승인 및 제품검사의 기술기준
제4조(최대사용하중 및 최대사용자수 등) ① 최대사용하중은 1,500N 이상의 하중이어야 한다.
② 최대사용자수(1회에 강하할 수 있는 사용자의 최대수를 말한다. 이하 같다)는 최대사용하중을 1500N으로 나누어서 얻은 값(1미만의 수는 계산하지 아니한다)으로 한다.
③ 최대사용자수에 상당하는 수의 벨트가 있어야 한다.

**67** 물분무소화설비를 설치하는 차고 또는 주차장의 배수설비 설치기준으로 틀린 것은?

① 차량이 주차하는 바닥은 배수구를 향해 1/100 이상의 기울기를 유지할 것
② 배수구에서 새어나온 기름을 모아 소화할 수 있도록 길이 40m 이하마다 집수관, 소화핏트등 기름분리장치를 설치 할 것
③ 차량이 주차하는 장소의 적당한 곳에 높이 10cm 이상의 경계턱으로 배수구를 설치할 것
④ 배수설비는 가압송수장치의 최대송수능력의 수량을 유효하게 배수살 수 있는 크기 및 기울기로 할 것

**해설** 물분무소화설비의 화재안전기술기준
물분무소화설비를 설치하는 차고 또는 주차장에는 다음의 기준에 따라 배수설비를 하여야 한다.
1. 차량이 주차하는 장소의 적당한 곳에 높이 10cm 이상의 경계턱으로 배수구를 설치할 것
2. 배수구에는 새어나온 기름을 모아 소화할 수 있도록 길이 40m 이하마다 집수관·소화핏트 등 기름분리장치를 설치할 것
3. 차량이 주차하는 바닥은 배수구를 향하여 100분의 2 이상의 기울기를 유지할 것
4. 배수설비는 가압송수장치의 최대송수능력의 수량을 유효하게 배수할 수 있는 크기 및 기울기로 할 것

**68** 스프링클러설비 배관의 설치기준으로 틀린 것은?

① 급수배관의 구경은 수리계산에 따르는 경우 가지배관의 유속은 6m/s, 그 밖의 배관의 유속은 10m/s를 초과할 수 없다.
② 연결송수관설비의 배관과 겸용할 경우의 주배관은 구경 100mm 이상, 방수구로의 연결되는 배관의 구경은 65mm 이상의 것으로 하여야 한다.
③ 수직배수배관의 구경은 50mm 이상으로 하여야 한다.
④ 가지배관에는 헤드의 설치지점 사이마다 1개 이상의 행가를 설치하되, 헤드간의 거리가 4.5m를 초과하는 경우에는 4.5m 이내마다 1개 이상 설치해야 한다.

**해설** 스프링클러 배관 설치기준
▶ 배관의 관경
펌프의 토출 측 주배관의 구경은 유속이 4m/s 이하가 될 수 있는 크기 이상으로 하여야 하고, 옥내소화전방수구와 연결되는 가지배관의 구경은 40mm(호스릴옥내소화전설 비의 경우에는 25mm) 이상으로 하여야 하며, 주배관중 수직배관의 구경은 50mm(호스 릴옥내소화전설비의 경우에는 32mm) 이상으로 하여야 한다.

▶ 행가 설치기준
㉠ 가지배관에는 헤드의 설치지점 사이마다 1개 이상의 행가를 설치하되, 헤드간의 거리가 3.5m를 초과하는 경우에는 3.5m 이내마다 1개 이상 설치할 것. 이 경우 상향식 헤드와 행가 사이에는 8cm 이상의 간격을 두어야 한다.
㉡ 교차배관에는 가지배관과 가지배관 사이마다 1개 이상의 행가를 설치하되, 가지배관 사이의 거리가 4.5m를 초과하는 경우에는 4.5m 이내마다 1개 이상 설치할 것
㉢ 수평주행배관에는 4.5m 이내마다 1개 이상 설치할 것

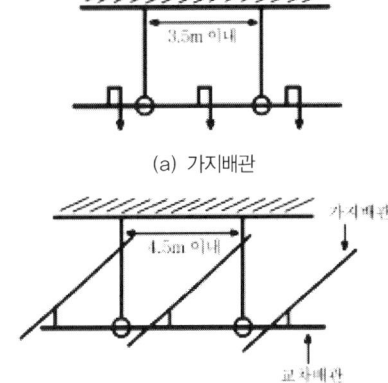

(a) 가지배관

(b) 교차배관, 수평주행배관

**【 행거의 설치 】**

**69** 포소화설비의 자동식 기동장치 중 폐쇄형 스프링 클러헤드를 사용하는 경우의 설치기준 중 다음 ( ) 안에 알맞은 것은?

> • 표시온도가 ( ㉠ )℃ 미만인 것을 사용하고 1개의 스프링클러헤드의 경계 면적은 ( ㉡ )m² 이하로 할 것
> • 부착면의 높이는 바닥으로부터 ( ㉢ )m 이하로 하고 화재를 유효하게 감지할 수 있도록 할 것

① ㉠ 60, ㉡ 10, ㉢ 7
② ㉠ 60, ㉡ 20, ㉢ 7
③ ㉠ 79, ㉡ 10, ㉢ 5
④ ㉠ 79, ㉡ 20, ㉢ 5

**해설** 포소화설비 화재안전기술기준

▶ 자동식 기동장치의 설치기준

① 폐쇄형 스프링클러헤드를 사용하는 경우에는 다음에 따를 것
   ㉠ 표시온도가 79℃ 미만인 것을 사용하고, 1개의 스프링클러헤드의 경계면적은 20m² 이하로 할 것
   ㉡ 부착면의 높이는 바닥으로부터 5m 이하로 하고, 화재를 유효하게 감지할 수 있도록 할 것
   ㉢ 하나의 감지장치 경계구역은 하나의 층이 되도록 할 것
② 화재감지기를 사용하는 경우에는 다음에 따를 것
   ㉠ 화재감지기는 자동화재탐지설비의 화재안전기준 제7조의 기준에 따라 설치할 것
   ㉡ 화재감지기 회로에는 다음 기준에 따른 발신기를 설치할 것
      ㉮ 조작이 쉬운 장소에 설치하고, 스위치는 바닥으로부터 0.8m 이상 1.5m 이하의 높이에 설치할 것
      ㉯ 소방대상물의 층마다 설치하되, 당해 소방대상물의 각 부분으로부터 수평거리가 25m 이하가 되도록 할 것. 다만, 복도 또는 별도로 구획된 실로서 보행거리가 40m 이상일 경우에는 추가로 설치하여야 한다.
      ㉰ 발신기의 위치를 표시하는 표시등은 함의 상부에 설치하되, 그 불빛은 부착면으로부터 15° 이상의 범위 안에서 부착지점으로부터 10m 이내의 어느 곳에서도 쉽게 식별할 수 있는 적색등으로 할 것
③ 동결 우려가 있는 장소의 포소화설비의 자동식 기동장치는 자동화재탐지설비와 연동으로 할 것

**70** 할론소화약제의 저장용기의 설치기준 중 다음 ( ) 안에 알맞은 것은?

> 축압식 저장용기의 압력은 온도 20℃에서 할론 1301을 저장하는 것은 ( ㉠ )MPa 또는 ( ㉡ )MPa이 되도록 질소가스로 축압할 것

① ㉠ 2.5, ㉡ 4.2
② ㉠ 2.0, ㉡ 3.5
③ ㉠ 1.5, ㉡ 3.0
④ ㉠ 1.1, ㉡ 2.5

**해설** 할론소화설비의 화재안전기술기준

할론소화약제의 저장용기는 다음의 기준에 따라 설치하여야 한다.

1. 축압식 저장용기의 압력은 온도 20℃에서 할론 1211을 저장하는 것은 1.1MPa 또는 2.5MPa, 할론 1301을 저장하는 것은 2.5MPa 또는 4.2MPa이 되도록 질소가스로 축압할 것.
2. 저장용기의 충전비는 할론 2402를 저장하는 것중 가압식 저장용기는 0.51 이상 0.67 미만, 축압식 저장용기는 0.67 이상 2.75 이하, 할론 1211은 0.7 이상 1.4 이하, 할론 1301은 0.9 이상 1.6 이하로 할 것
3. 동일 집합관에 접속되는 용기의 소화약제 충전량은 동일충전비의 것이어야 할 것

**71** 대형소화기의 정의 중 다음 ( ) 안에 알맞은 것은?

> 화재 시 사람이 운반할 수 있도록 운반대와 바퀴가 설치되어 있고 능력단위가 A급 ( ㉡ )단위 이상, B급 ( ㉠ )단위 이상인 소화기를 말한다.

① ㉠ 20, ㉡ 10
② ㉠ 10, ㉡ 5
③ ㉠ 5, ㉡ 10
④ ㉠ 10, ㉡ 20

**해설** 소화기구 및 자동소화장치의 화재안전기술기준

"소화기"란 소화약제를 압력에 따라 방사하는 기구로서 사람이 수동으로 조작하여 소화하는 다음의 것을 말한다.
가. "소형소화기"란 능력단위가 1단위 이상이고 대형소화기의 능력단위 미만인 소화기를 말한다.
나. "대형소화기"란 화재 시 사람이 운반할 수 있도록 운반대와 바퀴가 설치되어 있고 능력단위가 A급 10단위 이상, B급 20단위 이상인 소화기를 말한다.

**72** 연결살수설비 배관의 설치기준 중 하나의 배관에 부착하는 살수헤드의 개수가 3개인 경우 배관의 구경은 최소 몇 mm 이상으로 설치해야 하는가? (단, 연결살수설비 전용헤드를 사용하는 경우이다.)

① 40
② 50
③ 65
④ 80

**해설** 연결살수설비 배관의 구경
㉠ 연결살수설비 전용헤드를 사용하는 경우

| 하나의 배관에 부착하는 살수헤드의 개수 | 1개 | 2개 | 3개 | 4개 또는 5개 | 6개 이상 10개 이하 |
|---|---|---|---|---|---|
| 배관의 구경(mm) | 32 | 40 | 50 | 65 | 80 |

㉡ 스프링클러헤드를 사용하는 경우

| 급수관의 직경 구분 | 25 | 32 | 40 | 50 | 65 | 80 | 90 | 100 | 125 | 150 |
|---|---|---|---|---|---|---|---|---|---|---|
| 가 | 2 | 3 | 5 | 10 | 30 | 60 | 80 | 100 | 160 | 161 이상 |
| 나 | 2 | 4 | 7 | 15 | 30 | 60 | 65 | 100 | 160 | 161 이상 |
| 다 | 1 | 2 | 5 | 8 | 15 | 27 | 40 | 55 | 90 | 90 이상 |

**73** 연소방지설비 방수헤드의 설치기준 중 살수구역은 환기구 등을 기준으로 지하구의 길이방향으로 몇 m 이내마다 1개 이상 설치하여야 하는가?

① 150
② 200
③ 350
④ 400

**해설** 연소방지설비의 화재안전기준(NFSC 506)[현행 삭제]
제5조(방수헤드) 방수헤드는 다음 각 호의 기준에 따라 설치하여야 한다.
1. 천장 또는 벽면에 설치할 것
2. 방수헤드간의 수평거리는 연소방지설비 전용헤드의 경우에는 2m 이하, 스프링클러헤드의 경우에는 1.5m 이하로 할 것
3. 살수구역은 환기구 등을 기준으로 지하구의 길이방향으로 350m 이내마다 1개 이상 설치하되, 하나의 살수구 역의 길이는 3m 이상으로 할 것

**74** 110kV 초과 154kV 이하의 고압 전기기기와 물분무헤드 사이에 최소 이격거리는 몇 cm인가?

① 110
② 150
③ 180
④ 210

**해설** 고압의 전기기기와 물분무헤드 사이의 유지거리

| 전압(kV) | 거리(cm) | 전압(kV) | 거리(cm) |
|---|---|---|---|
| 66 이하 | 70 이상 | 154 초과 181 이하 | 180 이상 |
| 66 초과 77 이하 | 80 이상 | 181 초과 220 이하 | 210 이상 |
| 77 초과 110 이하 | 110 이상 | 220 초과 275 이하 | 260 이상 |
| 110 초과 154 이하 | 150 이상 | – | – |

**75** 특정소방대상물의 용도 및 장소별로 설치해야 할 인명구조기구의 기준으로 틀린 것은?

① 지하가 중 지하상가는 인공소생기를 층마다 2개 이상 비치할 것
② 판매시설 중 대규모 점포는 공기호흡기를 층마다 2개 이상 비치할 것
③ 지하층을 포함하는 층수가 7층 이상인 관광호텔은 방열복, 공기호흡기, 인공소생기를 각 2개 이상 비치할 것
④ 물분무등소화설비 중 이산화탄소 소화설비를 설치해야 하는 특정소방대상물은 공기호흡기를 이산화탄소 소화설비가 설치된 장소의 출입구 인근에 1대 이상 비치할 것

**해설** 인명구조기구 설치대상

| 특정소방대상물 | 인명구조기구의 종류 | 설치 수량 |
|---|---|---|
| • 지하층을 포함하는 층수가 7층 이상인 관광호텔 및 5층 이상인 병원 | • 방열복 또는 방화복(헬멧, 보호장갑 및 안전화 포함)<br>• 공기호흡기<br>• 인공소생기 | 각 2개 이상 비치할 것. 다만, 병원의 경우에는 인공소생기를 설치하지 않을 수 있다. |
| • 문화 및 집회시설 중 수용인원 100명 이상의 영화상영관<br>• 판매시설 중 대규모 점포<br>• 운수시설 중 지하역사<br>• 지하가 중 지하상가 | • 공기호흡기 | 층마다 2개 이상 비치할 것. 다만, 각 층마다 갖추어 두어야 할 공기호흡기 중 일부를 직원이 상주하는 인근 사무실에 갖추어 둘 수 있다. |
| • 물분무소화설비 중 이산화탄소소화설비를 설치하여야 하는 특정소방대상물 | • 공기호흡기 | • 이산화탄소소화설비가 설치된 장소의 출입구 외부 인근에 1대 이상 비치할 것 |

**76** 제연설비 설치장소의 제연구역 구획 기준으로 틀린 것은?

① 하나의 제연구역의 면적은 1000m² 이내로 할 것
② 하나의 제연구역은 직경 60m 원내에 들어갈 수 있을 것
③ 하나의 제연구역은 3개 이상 층에 미치지 아니하도록 할 것
④ 통로상의 제연구역은 보행중심선의 길이가 60m를 초과하지 아니할 것

**해설** 제연설비 화재안전기술기준
2.1.1 제연설비의 설치장소는 다음의 기준에 따른 제연구역으로 구획해야 한다.
  2.1.1.1 하나의 제연구역의 면적은 1,000m² 이내로 할 것
  2.1.1.2 거실과 통로(복도를 포함한다. 이하 같다)는 각각 제연구획 할 것
  2.1.1.3 통로상의 제연구역은 보행중심선의 길이가 60m를 초과하지 않을 것
  2.1.1.4 하나의 제연구역은 직경 60m 원내에 들어갈 수 있을 것
  2.1.1.5 하나의 제연구역은 2 이상의 층에 미치지 않도록 할 것. 다만, 층의 구분이 불분명한 부분은 그 부분을 다른 부분과 별도로 제연구획 해야 한다.

**77** 물분무소화설비의 설치 장소별 1m²에 대한 수원의 최소 저수량으로 옳은 것은?

① 케이블트레이 : 12L/min×20분×투영된 바닥면적
② 절연유 봉입변압기 : 15L/min×20분×바닥 부분을 제외한 표면적을 합한 면적
③ 차고 : 30L/min×20분×바닥면적
④ 컨베이어 벨트 : 37L/min×20분×벨트부분의 바닥면적

**해설** 물분무소화설비의 수원의 양
㉠ 특수가연물을 저장 또는 취급하는 소방대상물
$$Q = A(m^2) \times 10 l/m^2 \cdot min \times 20min$$
Q : 수원(l), A : 바닥면적(최대방수구역 바닥면적, 최소 50m² 이상)

㉡ 차고 또는 주차장
$$Q = A(m^2) \times 20 l/m^2 \cdot min \times 20min$$
Q : 수원(l), A : 바닥면적(최대방수구역 바닥면적, 최소 50m² 이상)

㉢ 절연유 봉입변압기
$$Q = A(m^2) \times 10 l/m^2 \cdot min \times 20min$$
Q : 수원(l)
A : 바닥면적을 제외한 표면적을 합한 면적(m²)

㉣ 케이블 트레이, 덕트
$$Q = A(m^2) \times 12 l/m^2 \cdot min \times 20min$$
Q : 수원(l), A : 투영된 바닥면적(m²)
※ 투영(投影)된 바닥면적 : 위에서 빛을 비출 때 바닥 그림자의 면적

㉤ 컨베이어 벨트 등
$$Q = A(m^2) \times 10 l/m^2 \cdot min \times 20min$$
Q : 수원(l), A : 벨트부분의 바닥면적(m²)

㉥ 위험물 저장탱크
$$Q = L(m) \times 37 l/m \cdot min \times 20min$$
Q : 수원(l), L : 탱크의 원주둘레길이(m)

**78** 개방형스프링클러설비의 일제개방밸브가 하나의 방수구역을 담당하는 헤드의 최대 개수는?(단, 2개 이상의 방수구역으로 나눌 경우는 제외한다.)

① 60  ② 50
③ 30  ④ 25

**해설** 스프링클러설비의 화재안전기술기준
개방형스프링클러설비의 방수구역 및 일제개방밸브는 다음의 기준에 적합하여야 한다.
1. 하나의 방수구역은 2개 층에 미치지 아니 할 것
2. 방수구역마다 일제개방밸브를 설치할 것

정답 76.③ 77.① 78.②

3. 하나의 방수구역을 담당하는 헤드의 개수는 50개 이하로 할 것. 다만, 2개 이상의 방수구역으로 나눌 경우에는 하나의 방수구역을 담당하는 헤드의 개수는 25개 이상으로 할 것
4. 일제개방밸브의 설치위치는 제6조제4호의 기준에 따르고, 표지는 "일제개방밸브실"이라고 표시할 것

**79** 분말소화설비의 저장용기에 설치된 밸브 중 잔압방출 시 개방·폐쇄 상태로 옳은 것은?

① 가스도입밸브 - 폐쇄
② 주밸브(방출밸브) - 개방
③ 배기밸브 - 폐쇄
④ 클리닝밸브 - 개방

**해설** 클리닝밸브(Cleaning Valve)는 소화약제의 방출 후 송출배관 내에 잔존하는 분말약제를 배출시키는 배관청소용으로 사용되며, 배기밸브(Drain Valve)는 약제방출 후 약제 저장 용기 내의 잔압을 배출시키기 위한 것이다.

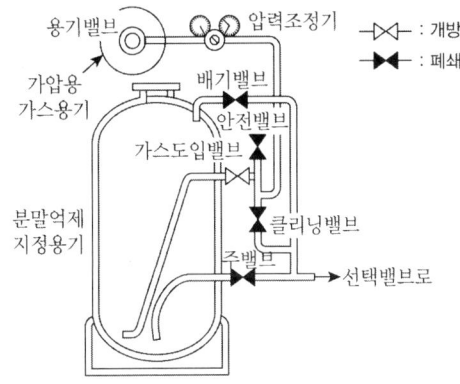

**80** 차고·주차장에 호스릴포소화설비 또는 포소화전설비를 설치할 수 있는 부분이 아닌 것은?

① 지상 1층으로서 방화구획 되거나 지붕이 없는 부분
② 지상에서 수동 또는 원격 조작에 따라 개방이 가능한 개구부의 유효면적의 합계가 바닥면적의 10% 이상인 부분
③ 옥외로 통하는 개구부가 상시 개방된 구조의 부분으로서 그 개방된 부분의 합계면적이 해당 차고 또는 주차장의 바닥면적의 15% 이상인 부분
④ 완전 개방된 옥상주차장 또는 고가 밑의 주차장 등으로서 주된 벽이 없고 기둥뿐이거나 주위가 위해방지용 철주 등으로 둘러쌓인 부분

**해설** 소방대상물에 따른 포소화설비의 종류

| 구분 | 소방대상물 | 포소화설비의 종류 |
|---|---|---|
| 1 | 특수가연물을 저장·취급하는 공장 또는 창고 | 포워터스프링클러설비<br>포헤드설비<br>고정포방출구설비<br>압축공기포소화설비 |
| 2 | 차고 주차장 | 포워터스프링클러설비<br>포헤드설비<br>고정포방출구설비<br>압축공기포소화설비 |
|  | ※ 차고 주차장 중<br>① 완전 개방된 옥상주차장 또는 고가 밑의 주차장 등으로서 주된 벽이 없고 기둥뿐이거나 주위가 위해방지용 철주 등으로 둘러쌓인 부분<br>② 지상 1층으로서 지붕이 없는 부분 | 호스릴 포소화설비<br>포소화전설비 |
| 3 | 항공기 격납고 | 포워터스프링클러설비<br>포헤드설비<br>고정포방출구설비<br>압축공기포소화설비 |
|  | ※ 항공기 격납고 중<br>바닥면적의 합계가 1,000m² 이상이고 항공기의 격납위치가 한정되어 있는 경우에는 그 한정된 장소 외의 부분 | 호스릴 포소화설비 |
| 4 | 발전기실, 엔진 펌프실, 변압기, 전기케이블실, 유압설비(바닥면적 300m² 미만) | 고정식압축공기포소화설비 |
| 5 | 위험물 제조소 등 | 포헤드설비<br>고정포방출구설비<br>호스릴포소화설비 |
| 6 | 위험물 옥외탱크저장소(고정포방출구방식) | 고정포방출구+보조포소화전 |

# 2017년 제2회 소방설비기사[기계분야] 1차 필기
[제4과목 : 소방기계구조원리]

**61** 소방설비용헤드의 분류 중 수류를 살수판에 충돌하여 미세한 물방울을 만드는 물분무 헤드는?

① 디프렉터형   ② 충돌형
③ 슬리트형   ④ 분사형

**해설** 물분무헤드의 종류
- 충돌형 : 유수와 유수의 충돌에 의해 무상형태의 물방울을 만드는 물분무헤드
- 분사형 : 소구경의 오리피스로부터 고압으로 분사하여 무상형태의 물방울을 만드는 물분무헤드
- 선회류형 : 선회류에 의한 확산 방출 또는 선회류와 직선류의 충돌에 의한 확산 방출에 의하여 무상형태의 물방울을 만드는 물분무헤드
- 디플렉터형 : 수류를 살수판에 충돌하여 미세한 물방울을 만드는 물분무헤드
- 슬리트형 : 수류를 슬리트에 의해 방출하여 수막상의 분무를 만드는 물분무헤드

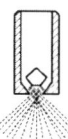 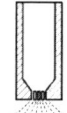 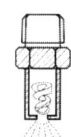 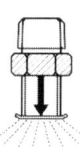
충돌형　분사형　선회류형　디플렉터형

**62** 물분무소화설비의 가압송수장치의 설치기준 중 틀린 것은? (단, 전동기 또는 내연기관에 따른 펌프를 이용하는 가압송수장치이다.)

① 기동용수압개폐장치를 기동장치로 사용할 경우에 설치하는 충압펌프의 토출압력은 가압송수장치의 정격 토출압력과 같게 한다.
② 가압송수장치가 기동된 경우에는 자동으로 정지되도록 한다.
③ 기동용수압개폐장치(압력챔버)를 사용할 경우 그 용적은 100L 이상으로 한다.
④ 수원의 수위가 펌프보다 낮은 위치에 있는 가압송수장치에는 물올림 장치를 설치한다.

**해설** 물분무소화설비의 화재안전기준(NFSC 104) 제1항 제14호
가압송수장치가 기동이 된 경우에는 자동으로 정지되지 아니하도록 하여야 한다. 다만, 충압펌프의 경우에는 그러하지 아니하다.

**63** 건축물의 층수가 40층인 특별피난계단의 계단실 및 부속실 제연설비의 비상전원은 몇 분 이상 유효하게 작동할 수 있어야 하는가?

① 20   ② 30
③ 40   ④ 60

**해설** 고층건축물의 화재안전기술기준
2.5 특별피난계단의 계단실 및 부속실 제연설비
  2.5.1 특별피난계단의 계단실 및 부속실 제연설비는 「특별피난계단의 계단실 및 부속실 제연설비의 화재안전기술기준(NFTC 501A)」에 따라 설치하되, 비상전원은 자가발전설비, 축전지설비, 전기저장장치로 하고 제연설비를 유효하게 40분 이상 작동할 수 있도록 해야 한다. 다만, 50층 이상인 건축물의 경우에는 60분 이상 작동할 수 있어야 한다.

정답　61.①　62.②　63.③

**64** 옥내소화전설비 배관의 설치기준 중 다음 ( ) 안에 알맞은 것은?

> 연결송수관설비의 배관과 겸용할 경우의 주배관은 구경 ( ㉠ ) 이상, 방수구로 연결되는 배관의 구경은 ( ㉡ )mm 이상의 것으로 하여야 한다.

① ㉠ 80, ㉡ 65
② ㉠ 80, ㉡ 50
③ ㉠ 100, ㉡ 65
④ ㉠ 125, ㉡ 65

**해설** 옥내소화전설비 배관의 관경
㉠ 펌프의 토출 측 주배관의 구경은 유속이 4㎧ 이하가 될 수 있는 크기 이상으로 하여야 하고, 옥내소화전 방수구와 연결되는 가지배관의 구경은 40mm(호스릴옥내소화전설비의 경우에는 25mm) 이상으로 하여야 하며, 주배관중 수직배관의 구경은 50mm(호스릴옥내소화전설비의 경우에는 32mm) 이상으로 하여야 한다.
㉡ 연결송수관설비의 배관과 겸용할 경우의 주배관은 구경 100mm 이상, 방수구로 연결 되는 배관의 구경은 65mm 이상의 것으로 하여야 한다.

**65** 포소화설비의 자동식 기동장치의 설치기준 중 다음 ( ) 안에 알맞은 것은? (단, 화재감지기를 사용하는 경우이며, 자동화재탐지설비의 수신기가 설치된 장소에 상시 사람이 근무하고 있고, 화재 시 즉시 해당 조작부를 작동시킬 수 있는 경우는 제외한다.)

> 화재감지기 회로에는 다음의 기준에 따른 발신기를 설치할 것
> 특정소방대상물의 층마다 설치하되, 해당 특정소방대상물의 각 부분으로부터 수평 거리가 ( ㉠ )m 이하가 되도록 할 것. 다만, 복도 또는 별도로 구획된 실로서 보행거리가 ( ㉡ )m 이상일 경우에는 추가로 설치하여야 한다.

① ㉠ 25, ㉡ 30
② ㉠ 25, ㉡ 40
③ ㉠ 15, ㉡ 30
④ ㉠ 15, ㉡ 40

**해설** 포소화설비 자동식 기동장치의 설치기준
자동화재탐지설비의 감지기의 작동 또는 폐쇄형 스프링클러헤드의 개방과 연동하여 가압송수장치, 일제개방밸브 및 포소화약제 혼합장치를 기동시킬 수 있도록 다음의 기준에 따라 설치하여야 한다.
㉠ 폐쇄형 스프링클러헤드를 사용하는 경우에는 다음에 따를 것
  ⓐ 표시온도가 79℃ 미만인 것을 사용하고, 1개의 스프링클러헤드의 경계면적은 20m² 이하로 할 것
  ⓑ 부착면의 높이는 바닥으로부터 5m 이하로 하고, 화재를 유효하게 감지할 수 있도록 할 것
  ⓒ 하나의 감지장치 경계구역은 하나의 층이 되도록 할 것
㉡ 화재감지기를 사용하는 경우에는 다음에 따를 것
  ⓐ 화재감지기는 자동화재탐지설비의 화재안전기준 제7조의 기준에 따라 설치할 것
  ⓑ 화재감지기 회로에는 다음 기준에 따른 발신기를 설치할 것
    ㉮ 조작이 쉬운 장소에 설치하고, 스위치는 바닥으로부터 0.8m 이상 1.5m 이하의 높이에 설치할 것
    ㉯ 소방대상물의 층마다 설치하되, 당해 소방대상물의 각 부분으로부터 수평거리가 25m 이하가 되도록 할 것. 다만, 복도 또는 별도로 구획된 실로서 보행거리가 40m 이상일 경우에는 추가로 설치하여야 한다.
    ㉰ 발신기의 위치를 표시하는 표시등은 함의 상부에 설치하되, 그 불빛은 부착면으로부터 15° 이상의 범위 안에서 부착지점으로부터 10m 이내의 어느 곳에서도 쉽게 식별할 수 있는 적색등으로 할 것
㉢ 동결 우려가 있는 장소의 포소화설비의 자동식 기동장치는 자동화재탐지설비와 연동으로 할 것

**66** 이산화탄소 소화설비 기동장치의 설치기준으로 옳은 것은?

① 가스압력식 기동장치 기동용가스용기의 용적은 3L 이상으로 한다.
② 전기식 기동장치로서 5병의 저장용기를 동시에 개방하는 설비는 2병 이상의 저장 용기에 전자개방밸브를 부착해야 한다.
③ 수동식 기동장치는 전역방출방식에 있어서 방호대상물마다 설치한다.
④ 수동식 기동장치의 부근에는 방출지연을 위한 비상스위치를 설치해야 한다.

**해설** 이산화탄소소화설비 화재안전기술기준
2.3 기동장치
  2.3.1 이산화탄소소화설비의 수동식 기동장치는 다음의 기준에 따라 설치해야 한다. 이 경우 수동식 기동장치의 부근에는 소화약제의 방출을 지연시킬 수 있는 방출지연스위치(자동복귀형 스위치로서 수동식 기동장치의 타이머를 순간 정지시키는 기능의 스위치를 말한다)를 설치해야 한다.
    2.3.1.1 전역방출방식은 방호구역마다, 국소방출방식은 방호대상물마다 설치할 것
    2.3.1.2 해당 방호구역의 출입구 부근 등 조작을 하는 자가 쉽게 피난할 수 있는 장소에 설치할 것
    2.3.1.3 기동장치의 조작부는 바닥으로부터 0.8m 이상 1.5m 이하의 위치에 설치하고, 보호판 등에 따른 보호장치를 설치할 것
    2.3.1.4 기동장치 인근의 보기 쉬운 곳에 "이산화탄소소화설비 수동식 기동장치"라는 표지를 할 것
    2.3.1.5 전기를 사용하는 기동장치에는 전원표시등을 설치할 것
    2.3.1.6 기동장치의 방출용스위치는 음향경보장치와 연동하여 조작될 수 있는 것으로 할 것
    2.3.1.7 기동장치에는 보호장치를 설치해야 하며, 보호장치를 개방하는 경우 기동장치에 설치된 부저 또는 벨 등에 의하여 경고음을 발할 것 〈신설 2024.8.1.〉
    2.3.1.8 기동장치를 옥외에 설치하는 경우 빗물 또는 외부 충격의 영향을 받지 아니하도록 설치할 것 〈신설 2024.8.1.〉
  2.3.2 이산화탄소소화설비의 자동식 기동장치는 자동화재탐지설비의 감지기의 작동과 연동하는 것으로서 다음의 기준에 따라 설치해야 한다.
    2.3.2.1 자동식 기동장치에는 수동으로도 기동할 수 있는 구조로 할 것
    2.3.2.2 전기식 기동장치로서 7병 이상의 저장용기를 동시에 개방하는 설비는 2병 이상의 저장용기에 전자 개방밸브를 부착할 것
    2.3.2.3 가스압력식 기동장치는 다음의 기준에 따를 것
      2.3.2.3.1 기동용가스용기 및 해당 용기에 사용하는 밸브는 25MPa 이상의 압력에 견딜 수 있는 것으로 할 것
      2.3.2.3.2 기동용가스용기에는 내압시험압력의 0.8배부터 내압시험압력 이하에서 작동하는 안전장치를 설치할 것
      2.3.2.3.3 기동용가스용기의 체적은 5L 이상으로 하고, 해당 용기에 저장하는 질소 등의 비활성기체는 6.0MPa 이상(21℃ 기준)의 압력으로 충전할 것
      2.3.2.3.4 질소 등의 비활성기체 기동용가스용기에는 충전 여부를 확인할 수 있는 압력게이지를 설치할 것
    2.3.2.4 기계식 기동장치는 저장용기를 쉽게 개방할 수 있는 구조로 할 것
  2.3.3 이산화탄소소화설비가 설치된 부분의 출입구 등의 보기 쉬운 곳에 소화약제의 방출을 표시하는 표시등을 설치해야 한다.

**67** 연결살수설비의 배관에 관한 설치기준 중 옳은 것은?

① 개방형헤드를 사용하는 연결살수설비의 수평주행배관은 헤드를 향하여 상향으로 100분의 5 이상의 기울기로 설치한다.
② 가지배관 또는 교차배관을 설치하는 경우에는 가지배관의 배열은 토너먼트 방식이어야 한다.
③ 교차배관에는 가지배관과 가지배관사이마다 1개 이상의 행가를 설치하되, 가지배관 사이의 거리가 4.5m를 초과하는 경우에는 4.5m 이내마다 1개 이상 설치한다.

정답 66.④ 67.③

④ 가지배관은 교차배관 또는 주배관에서 분기되는 지점을 기점으로 한 쪽 가지배관에 설치되는 헤드의 개수는 6개 이하로 하여야 한다.

**해설** 연결살수설비 배관 설치기준
㉠ 배관의 구경
ⓐ 연결살수설비 전용헤드를 사용하는 경우

| 하나의 배관에 부착하는 살수헤드의 개수 | 1개 | 2개 | 3개 | 4개 또는 5개 | 6개 이상 10개 이하 |
|---|---|---|---|---|---|
| 배관의 구경(mm) | 32 | 40 | 50 | 65 | 80 |

ⓑ 스프링클러헤드를 사용하는 경우

| 급수관의 직경 구분 | 25 | 32 | 40 | 50 | 65 | 80 | 90 | 100 | 125 | 150 |
|---|---|---|---|---|---|---|---|---|---|---|
| 가 | 2 | 3 | 5 | 10 | 30 | 60 | 80 | 100 | 160 | 161 이상 |
| 나 | 2 | 4 | 7 | 15 | 30 | 60 | 65 | 100 | 160 | 161 이상 |
| 다 | 1 | 2 | 5 | 8 | 15 | 27 | 40 | 55 | 90 | 90 이상 |

㉡ 폐쇄형 헤드를 사용하는 연결살수설비의 주배관은 옥내소화전설비의 주배관 및 수도 배관 또는 옥상에 설치된 수조에 접속하여야 한다. 이 경우 연결살수설비의 주배관과 옥내소화전설비의 주배관·수도배관·옥상에 설치된 수조의 접속부분에는 체크밸브를 설치하되 점검하기 쉽게 하여야 한다.

㉢ 폐쇄형 헤드를 사용하는 연결살수설비에는 다음의 기준에 따른 시험배관을 설치하여야 한다.
ⓐ 송수구의 가장 먼 가지배관의 끝으로부터 연결하여 설치할 것
ⓑ 시험장치 배관의 구경은 가장 먼 가지배관의 구경과 동일한 구경으로 하고, 그 끝에는 물받이통 및 배수관을 설치하여 시험 중 방사된 물이 바닥으로 흘러내리지 아니하도록 할 것. 다만, 목욕실·화장실 또는 그 밖의 배수처리가 쉬운 장소의 경우에는 물받이통 또는 배수관을 설치하지 아니할 수 있다.

㉣ 개방형 헤드를 사용하는 연결살수설비에 있어서의 수평주행배관은 헤드를 향하여 상향으로 100분의 1 이상의 기울기로 설치하고 주배관 중 낮은 부분에는 자동배수밸브를 설치하여야 한다.

㉤ 가지배관 또는 교차배관을 설치하는 경우에는 가지배관의 배열은 토너먼트방식이 아니어야 하며, 가지배관은 교차배관 또는 주배관에서 분기되는 지점을 기점으로 한쪽가지배관에 설치되는 헤드의 개수는 8개 이하로 하여야 한다.

㉥ 습식 연결살수설비의 배관은 동결방지조치를 하거나 동결의 우려가 없는 장소에 설치하여야 한다.

㉦ 급수배관에 설치되어 급수를 차단할 수 있는 개폐밸브는 개폐표시형으로 하여야 한다. 이 경우 펌프의 흡입측 배관에는 버터플라이밸브 외의 개폐표시형 밸브를 설치하여야 한다.

㉧ 연결살수설비 교차배관의 위치·청소구 및 가지배관의 설치기준은 다음과 같다.
ⓐ 교차배관은 가지배관과 수평으로 설치하거나 또는 가지배관밑에 설치하고 그 구경은 ①의 규정에 따르되 최소구경이 40mm 이상이 되도록 할 것
ⓑ 폐쇄형 헤드를 사용하는 연결살수설비의 청소구는 주배관 또는 교차배관 끝에 40mm 이상 크기의 개폐밸브를 설치하고, 호스접결이 가능한 나사식 또는 고정 배수 배관식으로 할 것
ⓒ 폐쇄형 헤드를 사용하는 연결살수설비에 하향식 헤드를 설치하는 경우에는 가지 배관으로부터 헤드에 이르는 헤드접속배관은 가지관상부에서 분기할 것. 다만, 소화설비용 수원의 수질이 먹는물관리법 규정에 따라 먹는물의 수질기준에 적합하고 덮개가 있는 저수조로부터 물을 공급받는 경우에는 가지배관의 측면 또는 하부에서 분기할 수 있다.

**68** 스프링클러설비의 교차배관에서 분기되는 지점을 기점으로 한쪽 가지배관에 설치되는 헤드의 개수는 최대 몇 개 이하인가? (단, 방호구역 안에서 칸막이 등으로 구획하여 헤드를 증설하는 경우와 격자형 배관방식을 채택하는 경우는 제외한다.)

① 8
② 10
③ 12
④ 15

**해설** 스프링클러설비의 화재안전기술기준
가지배관의 배열은 다음의 기준에 따른다.
1. 토너먼트(tournament)방식이 아닐 것
2. 교차배관에서 분기되는 지점을 기점으로 한쪽 가지배관에 설치되는 헤드의 개수(반자 아래와 반자속의 헤드를 하나의 가지배관 상에 병설하는 경우에는 반자 아래에 설치하는 헤드의 개수)는 8개 이하로 할 것. 다만, 다음의 어느 하나에 해당하는 경우에는 그러하지 아니하다.

정답 68.①

가. 기존의 방호구역안에서 칸막이 등으로 구획하여 1개의 헤드를 증설하는 경우

나. 습식스프링클러설비 또는 부압식스프링클러설비에 격자형 배관방식(2 이상의 수평주행배관 사이를 가지 배관으로 연결하는 방식을 말한다)을 채택하는 때에는 펌프의 용량, 배관의 구성 등을 수리학적으로 계산한 결과 헤드의 방수압 및 방수량이 소화목적을 달성하는 데 충분하다고 인정되는 경우

3. 가지배관과 스프링클러헤드 사이의 배관을 신축배관으로 하는 경우에는 소방청장이 정하여 고시한 「스프링클러설비신축배관 성능인증 및 제품검사의 기술기준」에 적합한 것으로 설치할 것. 이 경우 신축배관의 설치길이는 제10조제3항의 거리를 초과하지 아니할 것

## 69 차고·주차장에 설치하는 포소화전설비의 설치기준 중 다음 ( ) 안에 알맞은 것은? (단, 1개 층의 바닥면적이 200m² 이하인 경우는 제외한다.)

특정소방대상물의 어느 층에 있어서도 그 층에 설치된 포소화전방수구(포소화전 방수구가 5개 이상 설치된 경우에는 5개)를 동시에 사용할 경우 각 이동식 포노즐 선단의 포수용액 방사압력이 ( ㉠ )MPa 이상이고 ) ㉡ L/min 이상의 포수용액을 수평거리 15m 이상으로 방사할 수 있도록 할 것

① ㉠ 0.25, ㉡ 230
② ㉠ 0.25, ㉡ 300
③ ㉠ 0.35, ㉡ 230
④ ㉠ 0.35, ㉡ 300

### 해설 포소화설비의 화재안전기술기준

차고·주차장에 설치하는 호스릴포소화설비 또는 포소화전설비는 다음의 기준에 따라야 한다.

1. 특정소방대상물의 어느 층에 있어서도 그 층에 설치된 호스릴포방수구 또는 포소화전방수구(호스릴포방수구 또는 포소화전방수구가 5개 이상 설치된 경우에는 5개)를 동시에 사용할 경우 각 이동식 포노즐 선단의 포수 용액 방사압력이 0.35MPa 이상이고 300L/min 이상(1개층의 바닥면적이 200m² 이하인 경우에는 230L/min 이상)의 포수용액을 수평거리 15m 이상으로 방사할 수 있도록 할 것
2. 저발포의 포소화약제를 사용할 수 있는 것으로 할 것

3. 호스릴 또는 호스를 호스릴포방수구 또는 포소화전방수구로 분리하여 비치하는 때에는 그로부터 3m 이내의 거리에 호스릴함 또는 호스함을 설치할 것
4. 호스릴함 또는 호스함은 바닥으로부터 높이 1.5m 이하의 위치에 설치하고 그 표면에는 "포호스릴함(또는 포소화전함)"이라고 표시한 표지와 적색의 위치표시등을 설치할 것
5. 방호대상물의 각 부분으로부터 하나의 호스릴포방수구까지의 수평거리는 15m 이하(포소화전방수구의 경우에는 25m 이하)가 되도록 하고 호스릴 또는 호스의 길이는 방호대상물의 각 부분에 포가 유효하게 뿌려질 수 있도록 할 것

## 70 물분무소화설비 송수구의 설치기준 중 틀린 것은?

① 구경 65mm의 쌍구형으로 할 것
② 지면으로부터 높이가 0.5m 이상 1m 이하의 위치에 설치할 것
③ 가연성가스의 저장·취급시설에 설치하는 송수구는 그 방호대상물로부터 20m 이상의 거리를 두거나 방호대상물에 면하는 부분이 높이 1.5m 이상, 폭 2.5m 이상의 철근콘크리트 벽으로 가려진 장소에 설치할 것
④ 송수구는 하나의 층의 바닥면적이 1500m²를 넘을 때마다 1개(5개를 넘을 경우에는 5개로 한다.) 이상을 설치할 것

### 해설 물분무소화설비의 화재안전기술기준

물분무소화설비에는 소방펌프자동차로부터 그 설비에 송수할 수 있는 송수구를 다음의 기준에 따라 설치하여야 한다.

1. 송수구는 화재층으로부터 지면으로 떨어지는 유리창 등이 송수 및 그 밖의 소화작업에 지장을 주지 아니하는 장소에 설치할 것. 이 경우 가연성가스의 저장·취급시설에 설치하는 송수구는 그 방호대상물로부터 20m 이상의 거리를 두거나 방호대상물에 면하는 부분이 높이 1.5m 이상 폭 2.5m 이상의 철근콘크리트 벽으로 가려진 장소에 설치하여야 한다.
2. 송수구로부터 물분무소화설비의 주배관에 이르는 연결배관에 개폐밸브를 설치한 때에는 그 개폐상태를 쉽게 확인 및 조작할 수 있는 옥외 또는 기계실 등의 장소에 설치할 것

3. 구경 65mm의 쌍구형으로 할 것
4. 송수구에는 그 가까운 곳의 보기 쉬운 곳에 송수압력 범위를 표시한 표지를 할 것
5. 송수구는 하나의 층의 바닥면적이 3,000m²를 넘을 때마다 1개(5개를 넘을 경우에는 5개로 한다) 이상을 설치 할 것
6. 지면으로부터 높이가 0.5m 이상 1m 이하의 위치에 설치할 것
7. 송수구의 가까운 부분에 자동배수밸브(또는 직경 5mm의 배수공) 및 체크밸브를 설치할 것. 이 경우 자동배수 밸브는 배관안의 물이 잘 빠질 수 있는 위치에 설치하되, 배수로 인하여 다른 물건 또는 장소에 피해를 주지 아니하여야 한다.
8. 송수구에는 이물질을 막기 위한 마개를 씌울 것

## 71 분말소화약제 저장용기의 설치기준으로 틀린 것은?

① 설치장소의 온도가 40℃ 이하이고, 온도변화가 적은 곳에 설치할 것
② 용기간의 간격은 점검에 지장이 없도록 5cm 이상의 간격을 유지할 것
③ 저장용기의 충전비는 0.8 이상으로 할 것
④ 저장용기에는 가압식은 최고사용압력의 1.8배 이하, 축압식은 용기의 내압시험압력의 0.8배 이하의 압력에서 작동하는 안전밸브를 설치 할 것

**해설** 분말소화설비의 화재안전기술기준
분말소화약제의 저장용기는 다음의 기준에 적합한 장소에 설치하여야 한다.
1. 방호구역외의 장소에 설치할 것. 다만, 방호구역 내에 설치할 경우에는 피난 및 조작이 용이하도록 피난구 부근에 설치하여야 한다.
2. 온도가 40℃ 이하이고, 온도변화가 적은 곳에 설치할 것
3. 직사광선 및 빗물이 침투할 우려가 없는 곳에 설치할 것
4. 방화문으로 구획된 실에 설치할 것
5. 용기의 설치장소에는 해당용기가 설치된 곳임을 표시하는 표지를 할 것
6. 용기간의 간격은 점검에 지장이 없도록 3cm 이상의 간격을 유지할 것
7. 저장용기와 집합관을 연결하는 연결배관에는 체크밸브를 설치할 것. 다만, 저장용기가 하나의 방호구역만을 담당하는 경우에는 그러하지 아니하다.

분말소화약제의 저장용기는 다음의 기준에 따라 설치하여야 한다.
1. 저장용기의 내용적은 다음 표에 따를 것

| 소화약제의 종별 | 소화약제 1kg당 저장용기의 내용적 |
| --- | --- |
| 제1종 분말(탄산수소나트륨을 주성분으로 한 분말) | 0.8L |
| 제2종 분말(탄산수소칼륨을 주성분으로 한 분말) | 1L |
| 제3종 분말(인산염을 주성분으로 한 분말) | 1L |
| 제4종 분말(탄산수소칼륨과 요소가 화합된 분말) | 1.25L |

2. 저장용기에는 가압식은 최고사용압력의 1.8배 이하, 축압식은 용기의 내압시험압력의 0.8배 이하의 압력에서 작동하는 안전밸브를 설치할 것
3. 저장용기에는 저장용기의 내부압력이 설정압력으로 되었을 때 주밸브를 개방하는 정압작동장치를 설치할 것
4. 저장용기의 충전비는 0.8 이상으로 할 것
5. 저장용기 및 배관에는 잔류 소화약제를 처리할 수 있는 청소장치를 설치할 것
6. 축압식의 분말소화설비는 사용압력의 범위를 표시한 지시압력계를 설치할 것

## 72 국소방출방식의 분말소화설비 분사헤드는 기준저장량의 소화약제를 몇 초 이내에 방사할 수 있는 것이어야 하는가?

① 60   ② 30
③ 20   ④ 10

**해설** 분말소화설비의 화재안전기술기준
① 전역방출방식의 분말소화설비의 분사헤드는 다음의 기준에 따라 설치하여야 한다.
  1. 방사된 소화약제가 방호구역의 전역에 균일하고 신속하게 확산할 수 있도록 할 것 2. 제6조에 따른 소화약제 저장량을 30초 이내에 방사할 수 있는 것으로 할 것
② 국소방출방식의 분말소화설비의 분사헤드는 다음의 기준에 따라 설치하여야 한다.
  1. 소화약제의 방사에 따라 가연물이 비산하지 아니하는 장소에 설치할 것
  2. 제6조제2항에 따른 기준저장량의 소화약제를 30초 이내에 방사할 수 있는 것으로 할 것

**73** 축압식 분말소화기 지시압력계의 정상 사용압력 범위 중 상한 값은?

① 0.68MPa
② 0.78MPa
③ 0.88MPa
④ 0.98MPa

**해설** 축압식 분말소화기 충전압력 : 0.7~0.98MPa

**74** 노유자시설의 3층에 적응성을 가진 피난기구가 아닌 것은?

① 미끄럼대  ② 피난교
③ 피난용트랩  ④ 간이완강기

**해설** 피난기구의 적응성

| 층별<br>설치장소별<br>구분 | 1층 | 2층 | 3층 | 4층 이상<br>10층 이하 |
|---|---|---|---|---|
| 1. 노유자시설 | 미끄럼대·<br>구조대·<br>피난교·<br>다수인피난장비·<br>승강식피난기 | 미끄럼대·<br>구조대·<br>피난교·<br>다수인피난장비·<br>승강식피난기 | 미끄럼대·<br>구조대·<br>피난교·<br>다수인피난장비·<br>승강식피난기 | 구조대·<br>피난교·<br>다수인피난장비·<br>승강식피난기 |
| 2. 의료시설·근린<br>생활시설 중 입원실<br>이 있는 의원·접<br>골원·조산원 | | | 미끄럼대·<br>구조대·<br>피난교·<br>피난용트랩·<br>다수인피난장비·<br>승강식피난기 | 구조대·<br>피난교·<br>피난용트랩·<br>다수인피난장비·<br>승강식피난기 |
| 3. 「다중이용업소의<br>안전관리에 관한 특<br>별법 시행령」제2<br>조에 따른 다중이용<br>업소로서 영업장의<br>위치가 4층 이하인<br>다중이용업소 | | 미끄럼대·<br>피난사다리·<br>구조대·<br>완강기·<br>다수인피난장비·<br>승강식피난기 | 미끄럼대·<br>피난사다리·<br>구조대·<br>완강기·<br>다수인피난장비·<br>승강식피난기 | 미끄럼대·<br>피난사다리·<br>구조대·<br>완강기·<br>다수인피난장비·<br>승강식피난기 |
| 4. 그 밖의 것 | | | 미끄럼대·<br>피난사다리·<br>구조대·<br>완강기·<br>피난교·<br>피난용트랩·<br>간이완강기·<br>공기안전매트·<br>다수인피난장비·<br>승강식피난기 | 피난사다리·<br>구조대·<br>완강기·<br>피난교·<br>간이완강기·<br>공기안전매트·<br>다수인피난장비·<br>승강식피난기 |

**75** 연소할 우려가 있는 개구부에 드렌처설비를 설치한 경우 해당 개구부에 한하여 스프링클러 헤드를 설치하지 아니할 수 있는 기준으로 틀린 것은?

① 드렌처헤드는 개구부 위 측에 2.5m 이내마다 1개를 설치할 것
② 제어밸브는 특정소방대상물 층마다에 바닥면으로 부터 0.5m 이상 1.5m 이하의 위치에 설치할 것
③ 드렌처헤드가 가장 많이 설치된 제어밸브에 설치된 드렌처헤드를 동시에 사용하는 경우에 각 헤드선단의 방수량은 80L/min 이상이 되도록 할 것
④ 드렌처헤드가 가장 많이 설치된 제어밸브에 설치된 드렌처헤드를 동시에 사용하는 경우에 각 헤드선단의 방수압력은 0.1MPa 이상이 되도록 할 것

**해설** 스프링클러설비의 화재안전기술기준

연소할 우려가 있는 개구부에 다음의 기준에 따른 드렌처설비를 설치한 경우에는 해당 개구부에 한하여 스프링클러헤드를 설치하지 아니할 수 있다.

1. 드렌처헤드는 개구부 위 측에 2.5m 이내마다 1개를 설치할 것
2. 제어밸브(일제개방밸브·개폐표시형밸브 및 수동조작부를 합한 것을 말한다. 이하 같다)는 특정소방대상물 층마다에 바닥 면으로부터 0.8m 이상 1.5m 이하의 위치에 설치할 것
3. 수원의 수량은 드렌처헤드가 가장 많이 설치된 제어밸브의 드렌처헤드의 설치개수에 1.6m³를 곱하여 얻은 수치 이상이 되도록 할 것
4. 드렌처설비는 드렌처헤드가 가장 많이 설치된 제어밸브에 설치된 드렌처헤드를 동시에 사용하는 경우에 각각의 헤드선단에 방수압력이 0.1MPa 이상, 방수량이 80L/min 이상이 되도록 할 것
5. 수원에 연결하는 가압송수장치는 점검이 쉽고 화재 등의 재해로 인한 피해우려가 없는 장소에 설치할 것

**정답** 73.④ 74.④ 75.②

**76** 연소방지설비 방수헤드의 설치기준으로 옳은 것은?

① 방수헤드 간의 수평거리는 연소방지설비 전용헤드의 경우에는 1.5m 이하로 할 것
② 방수헤드간의 수평거리는 스프링클러헤드의 경우에는 2m 이하로 할 것
③ 살수구역은 환기구 등을 기준으로 지하구의 길이방향으로 350m 이내마다 1개 이상 설치할 것
④ 하나의 살수구역의 길이는 2m 이상으로 할 것

**해설** 연소방지설비의 화재안전기준[현행 삭제된 문제]

**77** 내림식사다리의 구조기준 중 다음 ( ) 안에 공통으로 들어갈 내용은?

> 사용 시 소방대상물로부터 ( )cm 이상의 거리를 유지하기 위한 유효한 돌자를 횡봉의 위치마다 설치하여야 한다. 다만, 그 돌자를 설치하지 아니하여도 사용 시 소방대상물에서 ( )cm 이상의 거리를 유지할 수 있는 것은 그러하지 아니하다.

① 15　　② 10
③ 7　　④ 5

**해설** 피난사다리의 형식승인 및 제품검사의 기술기준 제6조(내림식사다리의 구조) 내림식사다리는 제3조 및 다음 각 호에 적합하여야 한다.
1. 사용시 소방대상물로부터 10cm 이상의 거리를 유지하기 위한 유효한 돌자를 횡봉의 위치마다 설치하여야 한다. 다만, 그 돌자를 설치하지 아니하여도 사용시 소방대상물에서 10cm 이상의 거리를 유지할 수 있는 것은 그러하지 아니하다.
2. 종봉의 끝 부분에는 가변식 걸고리 또는 걸림장치(하향식피난구용 내림식사다리는 해치 등에 고정할 수 있는 장치를 말함)가 부착되어 있어야 한다.
3. 제2호의 규정에 의한 걸림장치 등은 쉽게 이탈하거나 파손되지 아니하는 구조이어야 한다.
4. 하향식피난구용 내림식사다리는 사다리를 접거나 천천히 펼쳐지게 하는 완강장치를 부착할 수 있다.

**78** 할로겐화합물 및 불활성기체소화약제 소화설비 중 약제의 저장 용기 내에서 저장상태가 기체상태의 압축가스인 소화약제는?

① IG-541　　② HCFC BLEND A
③ HFC-227ea　　④ HFC-23

**해설** ▶ 저장상태가 압축가스 : 불활성기체소화약제
(IG-01, IG-100, IG-55, IG-541)

▶ 저장상태가 액체 : 할로겐화합물소화약제
(FC-3-1-10, HCFC BLEND A, HCFC-124, HFC-125, HFC-227ea, HFC-236fa 등)

**79** 연결송수관설비의 가압송수장치의 설치기준으로 틀린 것은? (단, 지표면에서 최상층 방수구의 높이가 70m 이상의 특정소방대상물이다.)

① 펌프의 양정은 최상층에 설치된 노즐선단의 압력이 0.35MPa 이상의 압력이 되도록 할 것
② 계단식 아파트의 경우 펌프의 토출량은 1200L/min 이상이 되는 것으로 할 것
③ 계단식 아파트의 경우 해당 층에 설치된 방수구가 3개를 초과하는 것은 1개마다 400L/min을 가산한 양이 펌프의 토출량이 되는 것으로 할 것
④ 내연기관을 사용하는 경우(층수가 30층 이상 49층 이하) 내연기관의 연료량은 20분 이상 운전할 수 있는 용량일 것

**해설** 연결송수관설비 화재안전기술기준 가압송수장치
2.5.1.16 내연기관을 사용하는 경우에는 다음의 기준에 적합한 것으로 할 것
　2.5.1.16.1 내연기관의 기동은 2.5.1.9의 기동장치의 기동을 명시하는 적색등을 설치할 것
　2.5.1.16.2 제어반에 따라 내연기관의 자동기동 및 수동기동이 가능하고, 상시 충전되어 있는 축전지설비를 갖출 것
　2.5.1.16.3 내연기관의 연료량은 펌프를 20분 이상 운전할 수 있는 용량일 것

**정답** 76.③ 77.② 78.① 79.④

## 80 소화수조 및 저수조의 가압송수장치 설치기준 중 다음 (    ) 안에 알맞은 것은?

> 소화수조가 옥상 또는 옥탑의 부분에 설치된 경우에는 지상에 설치된 채수구에서의 압력이 (    )MPa 이상이 되도록 하여야 한다.

① 0.1
② 0.15
③ 0.17
④ 0.25

**해설** 소화수조 및 저수조설비 가압송수장치

㉠ 소화수조 또는 저수조가 지표면으로부터의 깊이(수조 내부바닥까지의 길이를 말한다.)가 4.5m 이상인 지하에 있는 경우에는 다음 표에 따라 가압송수장치를 설치하여야 한다. 다만, 규정에 따른 저수량을 지표면으로부터 4.5m 이하인 지하에서 확보할 수 있는 경우에는 소화수조 또는 저수조의 지표면으로부터의 깊이에 관계없이 가압 송수장치를 설치하지 아니할 수 있다.

| 소요수량 | 20m³ 이상 40m³ 미만 | 40m³ 이상 100m³ 미만 | 100m³ 이상 |
|---|---|---|---|
| 가압송수장치의 1분당 양수량 | 1,100L 이상 | 2,200L 이상 | 3,300L 이상 |

㉡ 소화수조가 옥상 또는 옥탑의 부분에 설치된 경우에는 지상에 설치된 채수구에서의 압력이 0.15MPa 이상이 되도록 하여야 한다.

㉢ 전동기 또는 내연기관에 따른 펌프를 이용하는 가압송수장치는 다음의 기준에 따라 설치하여야 한다.
ⓐ 기동장치로는 보호판을 부착한 기동스위치를 채수구 직근에 설치할 것
ⓑ 그 밖의 사항은 옥내소화전과 동일

# 2017년 제4회 소방설비기사[기계분야] 1차 필기
[제4과목 : 소방기계구조원리]

**61** 분말소화약제의 가압용가스 또는 축압용가스의 설치기준 중 틀린 것은?

① 가압용가스에 이산화탄소를 사용하는 것의 이산화탄소는 소화약제 1kg에 대하여 20g에 배관의 청소에 필요한 양을 가산한 양 이상으로 할 것
② 가압용가스에 질소가스를 사용하는 것의 질소가스는 소화약제 1kg마다 40L(35℃에서 1기압의 압력상태로 환산한 것) 이상으로 할 것
③ 축압용 가스에 이산화탄소를 사용하는 것의 이산화탄소는 소화약제 1kg에 대하여 20g에 배관의 청소에 필요한 양을 가산한 양 이상으로 할 것
④ 축압용 가스에 질소가스를 사용하는 것의 질소가스는 소화약제 1kg에 대하여 40L(35℃에서 1기압의 압력상태로 환산한 것) 이상으로 할 것

**해설** ④ 40L → 10L

**분말소화약제소화설비 가압용가스용기**
㉠ 분말소화약제의 가스용기는 분말소화약제 저장용기에 접속하여 설치하여야 한다.
㉡ 분말소화약제의 가압용가스 용기를 3병 이상 설치한 경우에 있어서는 2개 이상의 용기에 전자개방밸브를 부착하여야 한다.
㉢ 분말소화약제의 가압용가스 용기에는 2.5MPa 이하의 압력에서 조정이 가능한 압력조정기를 설치하여야 한다.
㉣ 가압가스 또는 축압가스는 다음의 기준에 따라 설치하여야 한다.
　ⓐ 가압용가스 또는 축압용가스는 질소가스 또는 이산화탄소로 할 것
　ⓑ 가압용가스에 질소가스를 사용하는 것에 있어서 질소가스는 소화약제 1kg마다 40L(35℃에서 1기압의 압력상태로 환산한 것) 이상, 이산화탄소를 사용하는 것에 있어서 이산화탄소는 소화약제 1kg에 대하여 20g에 배관의 청소에 필요한 양을 가산한 양 이상으로 할 것
　ⓒ 축압용 가스에 질소가스를 사용하는 것에 있어서 질소가스는 소화약제 1kg에 대하여 10L(35℃에서 1기압의 압력상태로 환산한 것) 이상, 이산화탄소를 사용하는 것에 있어서 이산화탄소는 소화약제 1kg에 대하여 20g에 배관의 청소에 필요한 양을 가산한 양 이상으로 할 것
　ⓓ 배관의 청소에 필요한 양의 가스는 별도의 용기에 저장할 것

**62** 소화기에 호스를 부착하지 아니할 수 있는 기준 중 옳은 것은?

① 소화약제의 중량이 2kg 이하인 이산화탄소 소화기
② 소화약제의 중량이 3L 이하의 액체계 소화약제 소화기
③ 소화약제의 중량이 3kg 이하인 할로겐화물 소화기
④ 소화약제의 중량이 4kg 이하의 분말 소화기

**해설** **소화기의 형식승인 및 제품검사의 기술기준**
제15조(호스) ①항 소화기에는 호스를 부착하여야 한다. 다만, 다음 각 호의 경우에는 부착하지 아니할 수 있다.
1. 소화약제의 중량이 4kg 이하인 할로겐화물소화기
2. 소화약제의 중량이 3kg 이하인 이산화탄소소화기
3. 소화약제의 중량이 2kg 이하의 분말소화기
4. 소화약제의 용량이 3L 이하의 액체계 소화약제 소화기

정답 61.④ 62.②

## 63 경사강하식 구조대의 구조 기준 중 틀린 것은?

① 구조대 본체는 강하방향으로 봉합부가 설치되어야 한다.
② 손잡이는 출구부근에 좌우 각 3개 이상 균일한 간격으로 견고하게 부착하여야 한다.
③ 구조대본체의 끝부분에는 길이 4m 이상, 지름 4mm 이상의 유도선을 부착하여야 하며, 유도선 끝에는 중량 3N(300g) 이상의 모래주머니 등을 설치하여야 한다.
④ 본체의 포지는 하부지지장치에 인장력이 균등하게 걸리도록 부착하여야 하며 하부지지장치는 쉽게 조작할 수 있어야 한다.

**해설** 구조대의 형식승인 및 제품검사의 기술기준
제3조(구조) 경사강하식구조대(이하 "구조대"라 한다)의 구조는 다음 각 호에 적합하여야 한다.
1. 연속하여 활강할 수 있는 구조로 안전하고 쉽게 사용할 수 있어야 한다.
2. 입구틀 및 취부틀의 입구는 지름 50cm 이상의 구체가 통과할 수 있어야 한다.
3. 포지는 사용시에 수직방향으로 현저하게 늘어나지 아니하여야 한다.
4. 포지, 지지틀, 취부틀 그밖의 부속장치 등은 견고하게 부착되어야 한다.
5. 구조대 본체는 강하방향으로 봉합부가 설치되지 아니하여야 한다.
6. 구조대 본체의 활강부는 낙하방지를 위해 포를 2중 구조로 하거나 또는 망목의 변의 길이가 8cm 이하인 망을 설치하여야 한다. 다만, 구조상 낙하방지의 성능을 갖고 있는 구조대의 경우에는 그러하지 아니하다.
7. 본체의 포지는 하부지지장치에 인장력이 균등하게 걸리도록 부착하여야 하며 하부지지장치는 쉽게 조작할 수 있어야 한다.
8. 손잡이는 출구부근에 좌우 각3개 이상 균일한 간격으로 견고하게 부착하여야 한다.
9. 구조대본체의 끝부분에는 길이 4m 이상, 지름 4mm 이상의 유도선을 부착하여야 하며, 유도선끝에는 중량 3N(300g) 이상의 모래주머니 등을 설치하여야 한다.
10. 땅에 닿을 때 충격을 받는 부분에는 완충장치로서 받침포 등을 부착하여야 한다.

## 64 옥내소화전설비 배관과 배관이음쇠의 설치기준중 배관 내 사용압력이 1.2MPa 미만일 경우에 사용하는 것이 아닌 것은?

① 배관용탄소강관(KS D 3507)
② 배관용 스테인리스강관(KS D 3576)
③ 덕타일 주철관(KS D 4311)
④ 배관용 아크용접 탄소강강관(KS D 3583)

**해설** 옥내소화전 배관의 종류
배관과 배관이음쇠는 다음의 어느 하나에 해당하는 것 또는 동등 이상의 강도·내식성 및 내열성을 국내의 공인기관으로부터 인정받은 것을 사용하여야 하고, 배관용 스테인리스강관(KS D 3576)의 이음을 용접으로 할 경우에는 알곤용접방식에 따른다.
㉠ 배관 내 사용압력이 1.2MPa 미만일 경우에는 다음의 어느 하나에 해당하는 것
 ⓐ 배관용 탄소강관(KS D 3507)
 ⓑ 이음매 없는 구리 및 구리합금관(KS D 5301). 다만, 습식의 배관에 한한다.
 ⓒ 배관용 스테인리스강관(KS D 3576) 또는 일반배관용 스테인리스강관(KS D 3595)
 ⓓ 덕타일 주철관(KS D 4311)
㉡ 배관 내 사용압력이 1.2MPa 이상일 경우에는 다음 어느 하나에 해당하는 것
 ⓐ 압력배관용 탄소강관(KS D 3562)
 ⓑ 배관용 아크용접 탄소강강관(KS D 3583)

## 65 특정소방대상물에 따라 적응하는 포소화설비의 설치기준 중 발전기실, 엔진펌프실, 변압기, 전기케이블실, 유압설비 바닥면적의 합계가 300m² 미만의 장소에 설치 할 수 있는 것은?

① 포헤드설비
② 호스릴포소화설비
③ 포워터스프링클러설비
④ 고정식 압축공기포소화설비

**해설** 소방대상물에 따른 포소화설비의 종류

| 구분 | 소방대상물 | 포소화설비의 종류 |
|---|---|---|
| 1 | 특수가연물을 저장·취급하는 공장 또는 창고 | 포워터스프링클러설비<br>포헤드설비<br>고정포방출구설비<br>압축공기포소화설비 |

**정답** 63.① 64.④ 65.④

| | | |
|---|---|---|
| 2 | 차고 주차장 | 포워터스프링클러설비<br>포헤드설비<br>고정포방출구설비<br>압축공기포소화설비 |
| | ※ 차고 주차장 중<br>① 완전 개방된 옥상주차장 또는 고가 밑의 주차장 등으로서 주된 벽이 없고 기둥뿐이거나 주위가 위해방지용 철주 등으로 둘러쌓인 부분<br>② 지상 1층으로서 지붕이 없는 부분 | 호스릴 포소화설비<br>포소화전설비 |
| 3 | 항공기 격납고 | 포워터스프링클러설비<br>포헤드설비<br>고정포방출구설비<br>압축공기포소화설비 |
| | ※ 항공기 격납고 중<br>바닥면적의 합계가 1,000m² 이상이고 항공기의 격납위치가 한정되어 있는 경우에는 그 한정된 장소 외의 부분 | 호스릴 포소화설비 |
| 4 | 발전기실, 엔진 펌프실, 변압기, 전기케이블실, 유압설비(바닥면적 300m² 미만) | 고정식압축공기포소화설비 |
| 5 | 위험물 제조소 등 | 포헤드설비<br>고정포방출구설비<br>호스릴포소화설비 |
| 6 | 위험물 옥외탱크저장소(고정포방출구방식) | 고정포방출구 + 보조포소화전 |

**66** 소화수조가 옥상 또는 옥탑의 부분에 설치된 경우에는 지상에 설치된 채수구에서의 압력이 최소 몇 MPa 이상이 되도록 하여야 하는가?

① 0.1    ② 0.15
③ 0.17    ④ 0.25

**해설** 소화수조 및 저수조의 화재안전기술기준
소화수조가 옥상 또는 옥탑의 부분에 설치된 경우에는 지상에 설치된 채수구에서의 압력이 0.15MPa 이상이 되도록 하여야 한다.

**67** 차고 또는 주차장에 설치하는 분말소화설비의 소화약제로 옳은 것은?

① 제1종 분말    ② 제2종 분말
③ 제3종 분말    ④ 제4종 분말

**해설** 분말소화설비의 화재안전기술기준
분말소화설비에 사용하는 소화약제는 제1종분말·제2종분말·제3종분말 또는 제4종분말로 하여야 한다. 다만, 차고 또는 주차장에 설치하는 분말소화설비의 소화약제는 제3종분말로 하여야 한다.

**68** 스프링클러헤드의 설치기준 중 다음 ( ) 안에 알맞은 것은?

연소할 우려가 있는 개구부에는 그 상하좌우에 ( ㉠ )m 간격으로 스프링클러헤드를 설치하되, 스프링클러헤드와 개구부의 내측 면으로부터 직선거리는 ( ㉡ )cm 이하가 되도록 할 것

① ㉠ 1.7, ㉡ 15
② ㉠ 2.5, ㉡ 15
③ ㉠ 1.7, ㉡ 25
④ ㉠ 2.5, ㉡ 25

**해설** 스프링클러설비의 화재안전기술기준
▶ 스프링클러소화설비 헤드의 설치기준
⑥ 연소할 우려가 있는 개구부에는 그 상하좌우에 2.5m 간격으로(개구부의 폭이 2.5m 이하인 경우에는 그 중앙에) 스프링클러헤드를 설치하되, 스프링클러헤드와 개구부의 내측면으로부터 직선거리는 15cm 이하가 되도록 할 것. 이 경우 사람이 상시 출입하는 개구부로서 통행에 지장이 있는 때에는 개구부의 상부 또는 측면(개구부의 폭이 9m 이하인 경우에 한한다)에 설치하되, 헤드 상호간의 간격은 1.2m 이하로 설치하여야 한다.

**69** 연소방지설비 방수헤드의 설치기준 중 다음 ( ) 안에 알맞은 것은?

방수헤드간의 수평거리는 연소방지설비 전용 헤드의 경우에는 ( ㉠ )m 이하, 스프링클러 헤드의 경우에는 ( ㉡ )m 이하로 할 것

① ㉠ 2, ㉡ 1.5
② ㉠ 1.5, ㉡ 2
③ ㉠ 1.7, ㉡ 2.5
④ ㉠ 2.5, ㉡ 1.7

**해설** 연소방지설비(NFSC506) 방수헤드 설치기준
[현행 삭제된 문제]

**70** 완강기와 간이완강기를 소방대상물에 고정 설치해 줄 수 있는 지지대의 강도시험 기준 중 (　) 안에 알맞은 것은?

> 지지대는 연직 방향으로 최대 사용자 수에 (　)N을 곱한 하중을 가하는 경우 파괴·균열 및 현저한 변형이 없어야 한다.

① 250
② 750
③ 1500
④ 5000

**해설** 완강기의 형식승인 및 제품검사의 기술기준
제19조(강도시험) 지지대는 연직방향으로 최대사용자수에 5,000N을 곱한 하중을 가하는 경우 파괴·균열 및 현저한 변형이 없어야 한다.

**71** 상수도 소화용수설비의 설치기준 중 다음 (　) 안에 알맞은 것은?

> 호칭 지름 ( ㉠ )mm 이상의 수도배관에 호칭 지름 ( ㉡ )mm 이상의 소화전을 접속하여야 하며, 소화전은 특정소방대상물의 수평 투영면의 각 부분으로부터 ( ㉢ )m 이하가 되도록 설치할 것

① ㉠ 65, ㉡ 100, ㉢ 120
② ㉠ 65, ㉡ 100, ㉢ 140
③ ㉠ 75, ㉡ 100, ㉢ 120
④ ㉠ 75, ㉡ 100, ㉢ 140

**해설** 상수도소화용수설비 화재안전기술기준
2.1.1 상수도소화용수설비는 「수도법」에 따른 기준 외에 다음의 기준에 따라 설치해야 한다.
2.1.1.1 호칭지름 75mm 이상의 수도배관에 호칭지름 100mm 이상의 소화전을 접속할 것
2.1.1.2 소화전은 소방자동차 등의 진입이 쉬운 도로변 또는 공지에 설치할 것
2.1.1.3 소화전은 특정소방대상물의 수평투영면의 각 부분으로부터 140m 이하가 되도록 설치할 것
2.1.1.4 지상식 소화전의 호스접결구는 지면으로부터 높이가 0.5m 이상 1m 이하가 되도록 설치할 것 〈신설 2024.7.1.〉

**72** 물분무소화설비를 설치하는 차고 또는 주차장의 배수설비 설치기준 중 틀린 것은?

① 차량이 주차하는 장소의 적당한 곳에 높이 10cm 이상 경계턱으로 배수구를 설치할 것
② 배수구에는 새어나온 기름을 모아 소화할 수 있도록 길이 30m 이하마다 집수관, 소화핏트 등 기름분리장치를 설치할 것
③ 차량이 주차하는 바닥은 배수구를 향하여 100분의 2 이상의 기울기를 유지할 것
④ 배수설비는 가압송수장치의 최대송수능력의 수량을 유효하게 배수할 수 있는 크기 및 기울기로 할 것

**해설** ② 30m 이하마다 → 40m 이하마다

물분무소화설비의 화재안전기술기준
물분무소화설비를 설치하는 차고 또는 주차장에는 다음의 기준에 따라 배수설비를 하여야 한다.
1. 차량이 주차하는 장소의 적당한 곳에 높이 10cm 이상의 경계턱으로 배수구를 설치할 것
2. 배수구에는 새어나온 기름을 모아 소화할 수 있도록 길이 40m 이하마다 집수관·소화핏트 등 기름분리장치를 설치할 것
3. 차량이 주차하는 바닥은 배수구를 향하여 100분의 2 이상의 기울기를 유지할 것
4. 배수설비는 가압송수장치의 최대송수능력의 수량을 유효하게 배수할 수 있는 크기 및 기울기로 할 것

**73** 할로겐화합물 및 불활성기체소화약제소화설비를 설치한 특정소방대상물 또는 그 부분에 대한 자동폐쇄장치의 설치기준 중 다음 (　) 안에 알맞은 것은?

> 개구부가 있거나 천장으로부터 ( ㉠ )m 이상의 아래 부분 또는 바닥으로부터 해당 층의 높이의 ( ㉡ ) 이내의 부분에 통기구가 있어 소화약제의 유출에 따라 소화효과를 감소시킬 우려가 있는 것은 청장 소화약제가 방사되기 전에 당해 개구부 및 통기구를 폐쇄할 수 있도록 할 것

① ㉠ 1, ㉡ 3분의 2
② ㉠ 2, ㉡ 3분의 2
③ ㉠ 1, ㉡ 2분의 1
④ ㉠ 2, ㉡ 2분의 1

**정답** 70.④ 71.④ 72.② 73.①

**해설** 할로겐화합물 및 불활성기체 소화설비 화재안전기술기준

2.12 자동폐쇄장치
  2.12.1 할로겐화합물 및 불활성기체소화설비를 설치한 특정소방대상물 또는 그 부분에 대하여는 다음의 기준에 따라 자동폐쇄장치를 설치해야 한다.
    2.12.1.1 환기장치 등을 설치한 것은 소화약제가 방출되기 전에 해당 환기장치 등이 정지될 수 있도록 할 것
    2.12.1.2 개구부가 있거나 천장으로부터 1m 이상의 아래부분 또는 바닥으로부터 해당 층의 높이의 3분의 2 이내의 부분에 통기구가 있어 소화약제의 유출에 따라 소화효과를 감소시킬 우려가 있는 것은 소화약제가 방출되기 전에 해당 개구부 및 통기구를 폐쇄할 수 있도록 할 것
    2.12.1.3 자동폐쇄장치는 방호구역 또는 방호대상물이 있는 구획의 밖에서 복구할 수 있는 구조로 하고, 그 위치를 표시하는 표지를 할 것

## 74
특별피난계단의 계단실 및 부속실 제연설비의 비상전원은 제연설비를 유효하게 최소 몇 분 이상 작동할 수 있도록 하여야 하는가? (단, 층수가 30층 이상 49층 이하인 경우이다.)

① 20  ② 30
③ 40  ④ 60

**해설** 고층건축물의 화재안전기술기준

2.5 특별피난계단의 계단실 및 부속실 제연설비
  2.5.1 특별피난계단의 계단실 및 부속실 제연설비는 「특별피난계단의 계단실 및 부속실 제연설비의 화재안전기술기준(NFTC 501A)」에 따라 설치하되, 비상전원은 자가발전설비, 축전지설비, 전기저장장치로 하고 제연설비를 유효하게 40분 이상 작동할 수 있도록 해야 한다. 다만, 50층 이상인 건축물의 경우에는 60분 이상 작동할 수 있어야 한다.

## 75
스프링클러헤드를 설치하는 천장·반자·천장과 반자사이·덕트·선반 등의 각 부분으로부터 하나의 스프링클러헤드까지의 수평거리 기준으로 틀린 것은?

① 무대부에 있어서는 1.7m 이하
② 내화구조 창고에 있어서는 2.3m 이하
③ 공동주택(아파트) 세대 내의 거실에 있어서는 2.6m 이하
④ 특수가연물을 저장 또는 취급하는 장소에 있어서는 2.1m 이하

**해설** 스프링클러(NFSC103) 헤드의 수평거리

스프링클러헤드를 설치하는 천장·반자·천장과 반자사이·덕트·선반 등의 각 부분으로부터 하나의 스프링클러헤드까지의 수평거리는 다음과 같이 하여야 한다. 다만, 성능이 별도로 인정된 스프링클러헤드를 수리계산에 따라 설치하는 경우에는 그러하지 아니 하다.

| 소방대상물 | 수평거리(m) |
| --- | --- |
| 무대부, 특수가연물 저장 또는 취급하는 장소 | 1.7m 이하 |
| 일반건축물 | 2.1m 이하 |
| 내화건축물 | 2.3m 이하 |

공동주택 화재안전기술기준
2.3.1.4 아파트등의 세대 내 스프링클러헤드를 설치하는 천장·반자·천장과 반자사이·덕트·선반 등의 각 부분으로부터 하나의 스프링클러헤드까지의 수평거리는 2.6m 이하로 할 것

창고시설 화재안전기술기준
2.3.5.1 라지드롭형 스프링클러헤드를 설치하는 천장·반자·천장과 반자사이·덕트·선반 등의 각 부분으로부터 하나의 스프링클러헤드까지의 수평거리는 「화재의 예방 및 안전관리에 관한 법률 시행령」별표2의 특수가연물을 저장 또는 취급하는 창고는 1.7m 이하, 그 외의 창고는 2.1m(내화구조로 된 경우에는 2.3m를 말한다) 이하로 할 것

정답 74.③ 75.④

**76** 소화약제 외의 것을 이용한 간이소화용구의 능력단위 기준 중 다음 ( ) 안에 알맞은 것은?

| 간이 소화용구 | | 능력단위 |
|---|---|---|
| 팽창질석 또는 팽창진주암 | 삽을 상비한 ( ㉠ )L 이상의 것 1포 | 0.5단위 |
| 마른모래 | 삽을 상비한 ( ㉡ )L 이상의 것 1포 | |

① ㉠ 80, ㉡ 50
② ㉠ 50, ㉡ 80
③ ㉠ 100, ㉡ 80
④ ㉠ 100, ㉡ 160

**해설** 소화약제 외의 것을 이용한 간이소화용구의 능력단위

| 간이 소화용구 | | 능력단위 |
|---|---|---|
| 1. 마른모래 | 삽을 상비한 50L 이상의 것 1포 | 0.5단위 |
| 2. 팽창질석 또는 팽창진주암 | 삽을 상비한 80L 이상의 것 1포 | |

**77** 물분무헤드를 설치하지 아니할 수 있는 장소의 기준 중 다음 ( ) 안에 알맞은 것은?

운전 시에 표면의 온도가 ( )℃ 이상으로 되는 등 직접 분무를 하는 경우 그 부분에 손상을 입힐 우려가 있는 기계장치 등이 있는 장소

① 160
② 200
③ 260
④ 300

**해설** 물분무소화설비의 화재안전기술기준
다음의 장소에는 물분무헤드를 설치하지 아니할 수 있다.
1. 물에 심하게 반응하는 물질 또는 물과 반응하여 위험한 물질을 생성하는 물질을 저장 또는 취급하는 장소
2. 고온의 물질 및 증류범위가 넓어 끓어 넘치는 위험이 있는 물질을 저장 또는 취급하는 장소
3. 운전시에 표면의 온도가 260℃ 이상으로 되는 등 직접 분무를 하는 경우 그 부분에 손상을 입힐 우려가 있는 기계장치 등이 있는 장소

**78** 할로겐화합물 및 불활성기체소화약제 저장용기의 설치장소 기준 중 다음 ( ) 안에 알맞은 것은?

할로겐화합물 및 불활성기체소화약제의 저장용기는 온도가 ( )℃ 이하이고 온도의 변화가 작은 곳에 설치할 것

① 40
② 55
③ 60
④ 75

**해설** 할로겐화합물 및 불활성기체소화설비의 화재안전기술기준
할로겐화합물 및 불활성기체소화약제의 저장용기는 다음의 기준에 적합한 장소에 설치하여야 한다.
1. 방호구역외의 장소에 설치할 것. 다만, 방호구역 내에 설치할 경우에는 피난 및 조작이 용이하도록 피난구 부근에 설치하여야 한다.
2. 온도가 55℃ 이하이고 온도의 변화가 작은 곳에 설치할 것
3. 직사광선 및 빗물이 침투할 우려가 없는 곳에 설치할 것
4. 저장용기를 방호구역 외에 설치한 경우에는 방화문으로 구획된 실에 설치할 것
5. 용기의 설치장소에는 해당 용기가 설치된 곳임을 표시하는 표지를 할 것
6. 용기간의 간격은 점검에 지장이 없도록 3cm 이상의 간격을 유지할 것
7. 저장용기와 집합관을 연결하는 연결배관에는 체크밸브를 설치할 것. 다만, 저장용기가 하나의 방호구역만을 담당하는 경우에는 그렇지 않다.

**79** 포 소화약제의 저장량 설치기준 중 포헤드방식 및 압축공기포소화설비에 있어서 하나의 방사구역 안에 설치된 포헤드를 동시에 개방하여 표준방사량으로 몇 분간 방사할 수 있는 양 이상으로 하여야 하는가?

① 10
② 20
③ 30
④ 60

**해설** 포소화설비의 화재안전기술기준
포 소화약제의 저장량은 다음의 기준에 따른다.
포헤드방식 및 압축공기포소화설비에 있어서는 하나의 방사구역안에 설치된 포헤드를 동시에 개방하여 표준 방사량으로 10분간 방사할 수 있는 양 이상으로 할 것

정답 76.① 77.③ 78.② 79.①

**80** 폐쇄형간이헤드를 사용하는 설비의 경우로서 1개 층에 하나의 급수배관(또는 밸브 등)이 담당하는 구역의 최대면적은 몇 m²를 초과하지 아니하여야 하는가?

① 1,000
② 2,000
③ 2,500
④ 3,000

**해설** 2.3 간이스프링클러설비의 방호구역 및 유수검지장치

2.3.1 간이스프링클러설비의 방호구역(간이스프링클러설비의 소화범위에 포함된 영역을 말한다. 이하 같다) 및 유수검지장치는 다음의 기준에 적합해야 한다. 다만, 캐비닛형의 경우에는 2.3.1.3의 기준에 적합해야 한다.

2.3.1.1 하나의 방호구역의 바닥면적은 1,000m²를 초과하지 않을 것

2.3.1.2 하나의 방호구역에는 1개 이상의 유수검지장치를 설치하되, 화재 시 접근이 쉽고 점검하기 편리한 장소에 설치할 것

2.3.1.3 하나의 방호구역은 2개 층에 미치지 않도록 할 것. 다만, 1개 층에 설치되는 간이헤드의 수가 10개 이하인 경우에는 3개 층 이내로 할 수 있다.

2.3.1.4 유수검지장치는 실내에 설치하거나 보호용 철망 등으로 구획하여 바닥으로부터 0.8m 이상 1.5m 이하의 위치에 설치하되, 그 실 등에는 가로 0.5m 이상 세로 1m 이상의 개구부로서 그 개구부에는 출입문을 설치하고 그 출입문 상단에 "유수검지장치실"이라고 표시한 표지를 설치할 것. 다만, 유수검지장치를 기계실(공조용기계실을 포함한다)안에 설치하는 경우에는 별도의 실 또는 보호용 철망을 설치하지 않고 기계실 출입문 상단에 "유수검지장치실"이라고 표시한 표지를 설치할 수 있다.

2.3.1.5 간이헤드에 공급되는 물은 유수검지장치를 지나도록 할 것. 다만, 송수구를 통하여 공급되는 물은 그렇지 않다.

2.3.1.6 자연낙차에 따른 압력수가 흐르는 배관 상에 설치된 유수검지장치는 화재 시 물의 흐름을 검지할 수 있는 최소한의 압력이 얻어질 수 있도록 수조의 하단으로부터 낙차를 두어 설치할 것

2.3.1.7 간이스프링클러설비가 설치되는 특정소방대상물에 부설된 주차장부분(영 별표 4 제1호바목에 해당하지 않는 부분에 한한다)에는 습식 외의 방식으로 해야 한다. 다만, 동결의 우려가 없거나 동결을 방지할 수 있는 구조 또는 장치가 된 곳은 그렇지 않다.

# 2018년 제1회 소방설비기사[기계분야] 1차 필기
[제4과목 : 소방기계구조원리]

**61** 제연설비의 배출량 기준 중 다음 ( ) 안에 알맞은 것은?

> 거실의 바닥면적 400m² 미만으로 구획된 예상제연구역에 대한 배출량은 바닥면적 1m²당 ( ㉠ )m³/min 이상으로 하되, 예상제연구역 전체에 대한 최저 배출량은 ( ㉡ )m³/hr 이상으로 하여야 한다. 다만, 예상제연그역이 다른 거실의 피난을 위한 경유 거실인 경우에는 그 예상제연구역의 배출량은 이 기준량의 ( ㉢ )배 이상으로 하여야 한다.

① ㉠ 0.5  ㉡ 10,000  ㉢ 1.5
② ㉠ 1    ㉡ 5,000   ㉢ 1.5
③ ㉠ 1.5  ㉡ 15,000  ㉢ 2
④ ㉠ 2    ㉡ 5,000   ㉢ 2

**해설** [현행 개정된 문제]
제연설비 화재안전기술기준
경유거실, 1.5배 삭제.

2.3 배출량 및 배출방식
　2.3.1 거실의 바닥면적이 400m² 미만으로 구획(제연경계에 따른 구획을 제외한다. 다만, 거실과 통로와의 구획은 그렇지 않다)된 예상제연구역에 대한 배출량은 다음의 기준에 따른다.
　　2.3.1.1 바닥면적 1m²당 1m³/min 이상으로 하되, 예상제연구역에 대한 최소 배출량은 5,000 m³/hr 이상으로 할 것

**62** 케이블트레이에 물분무소화설비를 설치하는 경우 저장하여야 할 수원의 최소저수량은 몇 m³인가? (단, 케이블트레이의 투영된 바닥면적은 70m²이다.)

① 12.4　② 14
③ 16.8　④ 28

**해설** $70[m^2] \times 12[L/m^2 \cdot min] \times 20[min] = 16,800[L]$
$= 16.8[m^3]$

물분무소화설비의 수원의 양
㉠ 특수가연물을 저장 또는 취급하는 소방대상물

$$Q = A(m^2) \times 10l/m^2 \cdot min \times 20min$$

Q : 수원($l$), A : 바닥면적(최대방수구역 바닥면적, 최소 50m² 이상)

㉡ 차고 또는 주차장

$$Q = A(m^2) \times 20l/m^2 \cdot min \times 20min$$

Q : 수원($l$), A : 바닥면적(최대방수구역 바닥면적, 최소 50m² 이상)

㉢ 절연유 봉입변압기

$$Q = A(m^2) \times 10l/m^2 \cdot min \times 20min$$

Q : 수원($l$)
A : 바닥면적을 제외한 표면적을 합한 면적(m²)

㉣ 케이블 트레이, 덕트

$$Q = A(m^2) \times 12l/m^2 \cdot min \times 20min$$

Q : 수원($l$), A : 투영된 바닥면적(m²)
※ 투영(投影)된 바닥면적 : 위에서 빛을 비출 때 바닥 그림자의 면적

㉤ 컨베이어 벨트 등

$$Q = A(m^2) \times 10l/m^2 \cdot min \times 20min$$

Q : 수원($l$), A : 벨트부분의 바닥면적(m²)

㉥ 위험물 저장탱크

$$Q = L(m) \times 37l/m \cdot min \times 20min$$

Q : 수원($l$), L : 탱크의 원주둘레길이(m)

정답 61.② 62.③

**63** 호스릴이산화탄소소화설비의 노즐은 20℃에서 하나의 노즐마다 몇 kg/min 이상의 소화약제를 방사할 수 있는 것이어야 하는가?

① 40  ② 50
③ 60  ④ 80

**해설** 이산화탄소소화설비 화재안전기술기준
2.7.4 호스릴이산화탄소소화설비는 다음의 기준에 따라 설치해야 한다.
  2.7.4.1 방호대상물의 각 부분으로부터 하나의 호스 접결구까지의 수평거리가 15m 이하가 되도록 할 것
  2.7.4.2 호스릴이산화탄소소화설비의 노즐은 20℃에서 하나의 노즐마다 60kg/min 이상의 소화약제를 방출할 수 있는 것으로 할 것
  2.7.4.3 소화약제 저장용기는 호스릴을 설치하는 장소마다 설치할 것
  2.7.4.4 소화약제 저장용기의 개방밸브는 호스릴의 설치장소에서 수동으로 개폐할 수 있는 것으로 할 것
  2.7.4.5 소화약제 저장용기의 가장 가까운 곳의 보기 쉬운 곳에 적색의 표시등을 설치하고, 호스릴이산화탄소소화설비가 있다는 뜻을 표시한 표지를 할 것

**64** 차고·주차장의 부분에 호스릴포소화설비 또는 포소화전설비를 설치할 수 있는 기준 중 틀린 것은?

① 지상 1층으로서 지붕이 없는 부분
② 고가밑의 주차장으로서 주된 벽이 없고 기둥뿐인 주차장
③ 옥외로 통하는 개구부가 상시 개방된 구조의 부분으로서 그 개방된 부분의 합계면적이 해당 차고 또는 주차장의 바닥면적의 20% 이상인 부분
④ 완전 개방된 옥상주차장으로서 주된 벽이 없고 기둥뿐이거나 주위가 위해방지용 철주 등으로 둘러싸인 부분

**해설** 소방대상물에 따른 포소화설비의 종류

| 구분 | 소방대상물 | 포소화설비의 종류 |
|---|---|---|
| 1 | 특수가연물을 저장·취급하는 공장 또는 창고 | 포워터스프링클러설비<br>포헤드설비<br>고정포방출구설비<br>압축공기포소화설비 |
| 2 | 차고 주차장 | 포워터스프링클러설비<br>포헤드설비<br>고정포방출구설비<br>압축공기포소화설비 |
| | ※ 차고 주차장 중<br>① 완전 개방된 옥상주차장 또는 고가 밑의 주차장 등으로서 주된 벽이 없고 기둥뿐이거나 주위가 위해방지용 철주 등으로 둘러쌓인 부분<br>② 지상 1층으로서 지붕이 없는 부분 | 호스릴 포소화설비<br>포소화전설비 |
| 3 | 항공기 격납고 | 포워터스프링클러설비<br>포헤드설비<br>고정포방출구설비<br>압축공기포소화설비 |
| | ※ 항공기 격납고 중<br>바닥면적의 합계가 1,000m² 이상이고 항공기의 격납위치가 한정되어 있는 경우에는 그 한정된 장소 외의 부분 | 호스릴 포소화설비 |
| 4 | 발전기실, 엔진 펌프실, 변압기, 전기케이블실, 유압설비(바닥면적 300m² 미만) | 고정식압축공기포소화설비 |
| 5 | 위험물 제조소 등 | 포헤드설비<br>고정포방출구설비<br>호스릴포소화설비 |
| 6 | 위험물 옥외탱크저장소(고정포방출구방식) | 고정포방출구+보조포소화전 |

**65** 특별피난계단의 계단실 및 부속실 제연설비의 수직풍도에 따른 배출기준 중 각층의 옥내와 면하는 수직풍도의 관통부에 설치하여야 하는 배출댐퍼 설치기준으로 틀린 것은?

① 화재층의 옥내에 설치된 화재감지기의 동작에 따라 당해층의 댐퍼가 개방될 것
② 풍도의 배출댐퍼는 이·탈착구조가 되지 않도록 설치할 것
③ 개폐여부를 당해 장치 및 제어반에서 확인할 수 있는 감지기능을 내장하고 있을 것

④ 배출댐퍼는 두께 1.5mm 이상의 강판 또는 이와 동등 이상의 성능이 있는 것으로 설치하여야 하며 비 내식성 재료의 경우에는 부식방지 조치를 할 것

**해설** 특별피난계단의 계단실 및 부속실 제연설비 화재안전기술기준

2.11.1 수직풍도에 따른 배출은 다음의 기준에 적합해야 한다.
　2.11.1.1 수직풍도는 내화구조로 하되「건축물의 피난·방화 구조 등의 기준에 관한 규칙」제3조제1호 또는 제2호의 기준 이상의 성능으로 할 것
　2.11.1.2 수직풍도의 내부면은 두께 0.5mm 이상의 아연도금강판 또는 동등 이상의 내식성·내열성이 있는 것으로 마감하되, 접합부에 대하여는 통기성이 없도록 조치할 것
　2.11.1.3 각층의 옥내와 면하는 수직풍도의 관통부에는 다음의 기준에 적합한 댐퍼(이하 "배출댐퍼"라 한다)를 설치해야 한다.
　　2.11.1.3.1 배출댐퍼는 두께 1.5mm 이상의 강판 또는 이와 동등 이상의 성능이 있는 것으로 설치해야 하며 비 내식성 재료의 경우에는 부식방지 조치를 할 것
　　2.11.1.3.2 평상시 닫힌 구조로 기밀상태를 유지할 것
　　2.11.1.3.3 개폐여부를 당해 장치 및 제어반에서 확인할 수 있는 감지 기능을 내장하고 있을 것
　　2.11.1.3.4 구동부의 작동상태와 닫혀 있을 때의 기밀상태를 수시로 점검할 수 있는 구조일 것
　　2.11.1.3.5 풍도의 내부마감 상태에 대한 점검 및 댐퍼의 정비가 가능한 이·탈착식 구조로 할 것
　　2.11.1.3.6 화재 층에 설치된 화재감지기의 동작에 따라 당해 층의 댐퍼가 개방될 것 〈개정 2024. 4. 1.〉
　　2.11.1.3.7 개방 시의 실제 개구부(개구율을 감안한 것을 말한다)의 크기는 2.11.1.4의 기준에 따른 수직풍도의 최소 내부단면적 이상으로 할 것 〈개정 2024. 4. 1.〉
　　2.11.1.3.8 댐퍼는 풍도 내의 공기흐름에 지장을 주지 않도록 수직풍도의 내부로 돌출하지 않게 설치할 것

**66** 인명구조기구의 종류가 아닌 것은?
① 방열복
② 구조대
③ 공기호흡기
④ 인공소생기

**해설** 인명구조기구의 종류
방열복, 방화복, 공기호흡기, 인공소생기

▶ 인명구조기구 설치대상

| 특정소방대상물 | 인명구조기구의 종류 | 설치 수량 |
|---|---|---|
| • 지하층을 포함하는 층수가 7층 이상인 관광호텔 및 5층 이상인 병원 | • 방열복 또는 방화복(헬멧, 보호장갑 및 안전화 포함)<br>• 공기호흡기<br>• 인공소생기 | • 각 2개 이상 비치할 것. 다만, 병원의 경우에는 인공소생기를 설치하지 않을 수 있다. |
| • 문화 및 집회시설 중 수용인원 100명 이상의 영화상영관<br>• 판매시설 중 대규모점포<br>• 운수시설 중 지하역사<br>• 지하가 중 지하상가 | • 공기호흡기 | • 층마다 2개 이상 비치할 것. 다만, 각 층마다 갖추어 두어야 할 공기호흡기 중 일부를 직원이 상주하는 인근 사무실에 갖추어 둘 수 있다. |
| • 물분무소화설비 중 이산화탄소소화설비를 설치하여야 하는 특정소방대상물 | • 공기호흡기 | • 이산화탄소소화설비가 설치된 장소의 출입구 외부 인근에 1대 이상 비치할 것 |

**67** 분말소화약제의 가압용 가스용기의 설치기준 중 틀린 것은?
① 분말 소화약제의 저장용기에 접속하여 설치하여야 한다.
② 가압용가스는 질소가스 또는 이산화탄소로 하여야 한다.
③ 가압용 가스용기를 3병 이상 설치한 경우에 있어서는 2개 이상의 용기에 전자개방밸브를 부착하여야 한다.
④ 가압용 가스용기에는 2.5MPa 이상의 압력에서 압력 조정이 가능한 압력조정기를 설치하여야 한다.

해설 **분말소화설비 가압용가스용기 설치기준**
   ㉠ 분말소화약제의 가스용기는 분말소화약제 저장용기에 접속하여 설치하여야 한다.
   ㉡ 분말소화약제의 가압용가스 용기를 3병 이상 설치한 경우에 있어서는 2개 이상의 용기에 전자개방밸브를 부착하여야 한다.
   ㉢ 분말소화약제의 가압용가스 용기에는 2.5MPa 이하의 압력에서 조정이 가능한 압력 조정기를 설치하여야 한다.
   ㉣ 가압용가스 또는 축압용가스는 다음의 기준에 따라 설치하여야 한다.
      ⓐ 가압용가스 또는 축압용가스는 질소가스 또는 이산화탄소로 할 것
      ⓑ 가압용가스에 질소가스를 사용하는 것에 있어서 질소가스는 소화약제 1kg마다 40L(35℃에서 1기압의 압력상태로 환산한 것) 이상, 이산화탄소를 사용하는 것에 있어서 이산화탄소는 소화약제 1kg에 대하여 20g에 배관의 청소에 필요한 양을 가산한 양 이상으로 할 것
      ⓒ 축압용 가스에 질소가스를 사용하는 것에 있어서 질소가스는 소화약제 1kg에 대하여 10L(35℃에서 1기압의 압력상태로 환산한 것) 이상, 이산화탄소를 사용하는 것에 있어서 이산화탄소는 소화약제 1kg에 대하여 20g에 배관의 청소에 필요한 양을 가산한 양 이상으로 할 것
      ⓓ 배관의 청소에 필요한 양의 가스는 별도의 용기에 저장할 것

**68** 스프링클러헤드의 설치기준 중 옳은 것은?

① 살수가 방해되지 아니하도록 스프링클러 헤드로부터 반경 30cm 이상의 공간을 보유할 것
② 스프링클러헤드와 그 부착면과의 거리는 60cm 이하로 할 것
③ 측벽형스프링클러헤드를 설치하는 경우 긴 변의 한쪽 벽에 일렬로 설치하고 3.2m 이내마다 설치할 것
④ 연소할 우려가 있는 개구부에는 그 상하좌우에 2.5m 간격으로 스프링클러 헤드를 설치하되, 스프링클러헤드와 개구부의 내측 면으로부터 직선거리는 15cm 이하가 되도록 할 것

해설 **스프링클러소화설비 헤드의 설치기준**
   ㉠ 살수가 방해되지 아니하도록 스프링클러헤드로부터 반경 60cm 이상의 공간을 보유할 것. 다만, 벽과 스프링클러헤드간의 공간은 10cm 이상으로 한다.
   ㉡ 스프링클러헤드와 그 부착면(상향식헤드의 경우에는 그 헤드의 직상부의 천장·반자 또는 이와 비슷한 것을 말한다. 이하 같다)과의 거리는 30cm 이하로 할 것
   ㉢ 배관·행가 및 조명기구 등 살수를 방해하는 것이 있는 경우에는 ① 및 ② 에도 불구하고 그로부터 아래에 설치하여 살수에 장애가 없도록 할 것. 다만, 스프링클러헤드와 장애물과의 이격거리를 장애물 폭의 3배 이상 확보한 경우에는 그러하지 아니하다.
   ㉣ 스프링클러헤드의 반사판은 그 부착 면과 평행하게 설치할 것. 다만, 측벽형헤드 또는 연소할 우려가 있는 개구부에 설치하는 스프링클러헤드의 경우에는 그러하지 아니하다.
   ㉤ 천장의 기울기가 10분의 1을 초과하는 경우에는 가지관을 천장의 마루와 평행하게 설치하고, 스프링클러헤드는 다음의 어느 하나의 기준에 적합하게 설치할 것
      ⓐ 천장의 최상부에 스프링클러헤드를 설치하는 경우에는 최상부에 설치하는 스프링클러헤드의 반사판을 수평으로 설치할 것
      ⓑ 천장의 최상부를 중심으로 가지관을 서로 마주보게 설치하는 경우에는 최상부의 가지관 상호간의 거리가 가지관상의 스프링클러헤드 상호간의 거리의 2분의 1 이하 (최소 1m 이상이 되어야 한다)가 되게 스프링클러헤드를 설치하고, 가지관의 최상부에 설치하는 스프링클러헤드는 천장의 최상부로부터의 수직거리가 90cm 이하가 되도록 할 것. 톱날지붕, 둥근지붕 기타 이와 유사한 지붕의 경우에도 이에 준한다.
   ㉥ 연소할 우려가 있는 개구부에는 그 상하좌우에 2.5m 간격으로(개구부의 폭이 2.5m 이하인 경우에는 그 중앙에) 스프링클러헤드를 설치하되, 스프링클러헤드와 개구부의 내측면으로부터 직선거리는 15cm 이하가 되도록 할 것. 이 경우 사람이 상시 출입하는 개구부로서 통행에 지장이 있는 때에는 개구부의 상부 또는 측면(개구부의 폭이 9m 이하인 경우에 한한다)에 설치하되, 헤드 상호간의 간격은 1.2m 이하로 설치하여야 한다.
   ㉦ 습식스프링클러설비 및 부압식스프링클러설비 외의 설비에는 상향식스프링클러헤드를 설치할 것. 다만, 다음의 어느 하나에 해당하는 경우에는 그러하지 아니하다.

정답 68.④

ⓐ 드라이펜던트스프링클러헤드를 사용하는 경우
ⓑ 스프링클러헤드의 설치장소가 동파의 우려가 없는 곳인 경우
ⓒ 개방형스프링클러헤드를 사용하는 경우
ⓓ 측벽형스프링클러헤드를 설치하는 경우 긴 변의 한쪽 벽에 일렬로 설치(폭이 4.5m 이상 9m 이하인 실에 있어서는 긴변의 양쪽에 각각 일렬로 설치하되 마주보는 스프링클러헤드가 나란히꼴이 되도록 설치)하고 3.6m 이내마다 설치할 것
ⓔ 상부에 설치된 헤드의 방출수에 따라 감열부에 영향을 받을 우려가 있는 헤드에는 방출수를 차단할 수 있는 유효한 차폐판을 설치할 것

## 69 포헤드의 설치기준 중 다음 ( ) 안에 알맞은 것은?

> 압축공기포소화설비의 분사헤드는 천장 또는 반자에 설치하되 방호대상물에 따라 측벽에 설치할 수 있으며 유류탱크 주위에는 바닥면적 ( ㉠ )m² 마다 1개 이상, 특수가연물 저장소에는 바닥면적 ( ㉡ )m² 마다 1개 이상으로 당해 방호대상물의 화재를 유효하게 소화할 수 있도록 할 것

① ㉠ 8, ㉡ 9
② ㉠ 9, ㉡ 8
③ ㉠ 9.3, ㉡ 13.9
④ ㉠ 13.9, ㉡ 9.3

**해설** 포소화설비의 화재안전기술기준
▶ 압축공기포소화설비의 분사헤드 설치기준
압축공기포소화설비의 분사헤드는 천장 또는 반자에 설치하되 방호대상물에 따라 측벽에 설치할 수 있으며 유류탱크 주위에는 바닥면적 13.9m² 마다 1개 이상, 특수가연물저 장소에는 바닥면적 9.3m² 마다 1개 이상으로 당해 방호대상물의 화재를 유효하게 소화할 수 있도록 할 것

| 방호대상물 | 방호면적 1m²에 대한 1분당 방출량 |
|---|---|
| 특수가연물 | 2.3L |
| 기타의 것 | 1.63L |

## 70 분말소화설비의 수동식 기동장치의 부근에 설치하는 비상스위치에 대한 설명으로 옳은 것은?

① 자동복귀형 스위치로서 수동식 기동장치의 타이머를 순간정지 시키는 기능의 스위치를 말한다.
② 자동복귀형 스위치로서 수동식 기동장치가 수신기를 순간정지 시키는 기능의 스위치를 말한다.
③ 수동복귀형 스위치로서 수동식 기동장치의 타이머를 순간정지 시키는 기능의 스위치를 말한다.
④ 수동복귀형 스위치로서 수동식 기동장치가 수신기를 순간정지 시키는 기능의 스위치를 말한다.

**해설** 분말소화설비 화재안전기술기준
2.4 기동장치
2.4.1 분말소화설비의 수동식 기동장치는 다음의 기준에 따라 설치해야 한다. 이 경우 수동식 기동장치의 부근에는 소화약제의 방출을 지연시킬 수 있는 방출지연스위치(자동복귀형 스위치로서 수동식 기동장치의 타이머를 순간 정지시키는 기능의 스위치를 말한다)를 설치해야 한다.
2.4.1.1 전역방출방식은 방호구역마다, 국소방출방식은 방호대상물마다 설치할 것
2.4.1.2 해당 방호구역의 출입구 부근 등 조작을 하는 자가 쉽게 피난할 수 있는 장소에 설치할 것
2.4.1.3 기동장치의 조작부는 바닥으로부터 0.8m 이상 1.5m 이하의 위치에 설치하고, 보호판 등에 따른 보호장치를 설치할 것
2.4.1.4 기동장치 인근의 보기 쉬운 곳에 "분말소화설비 수동식 기동장치"라는 표지를 할 것
2.4.1.5 전기를 사용하는 기동장치에는 전원표시등을 설치할 것
2.4.1.6 기동장치의 방출용스위치는 음향경보장치와 연동하여 조작될 수 있는 것으로 할 것

**71** 이산화탄소 소화설비의 배관의 설치기준 중 다음 ( ) 안에 알맞은 것은?

> 고압식의 경우 개폐밸브 또는 선택밸브의 2차측 배관부속은 호칭 압력 2.0MPa 이상의 것을 사용하여야 하며, 1차측 배관부속은 호칭 압력 ( ㉠ )MPa 이상의 것을 사용하여야 하고, 저압식의 경우에는 ( ㉡ )MPa의 압력에 견딜 수 있는 배관부속을 사용할 것

① ㉠ 3.0, ㉡ 2.0  ② ㉠ 4.0, ㉡ 2.0
③ ㉠ 3.0, ㉡ 2.5  ④ ㉠ 4.0, ㉡ 2.5

**해설** [현행 개정된 문제]
이산화탄소소화설비 화재안전기술기준
2.5.1 이산화탄소소화설비의 배관은 다음의 기준에 따라 설치해야 한다.
  2.5.1.1 배관은 전용으로 할 것
  2.5.1.2 강관을 사용하는 경우의 배관은 압력배관용 탄소강관(KS D 3562) 중 스케줄 80(저압식은 스케줄 40) 이상의 것 또는 이와 동등 이상의 강도를 가진 것으로 아연도금 등으로 방식 처리된 것을 사용할 것. 다만, 배관의 호칭구경이 20㎜ 이하인 경우에는 스케줄 40 이상인 것을 사용할 수 있다.
  2.5.1.3 동관을 사용하는 경우의 배관은 이음이 없는 동 및 동합금관(KS D 5301)으로서 고압식은 16.5MPa 이상, 저압식은 3.75MPa 이상의 압력에 견딜 수 있는 것을 사용할 것
  2.5.1.4 고압식의 1차측(개폐밸브 또는 선택밸브 이전) 배관부속의 최소사용설계압력은 9.5MPa로 하고, 고압식의 2차측과 저압식의 배관부속의 최소사용설계압력은 4.5MPa로 할 것 〈개정 2024.8.1.〉

**72** 옥외소화전설비 설치 시 고가수조의 자연 낙차를 이용한 가압송수장치의 설치기준 중 고가수조의 최소 자연낙차수두 산출 공식으로 옳은 것은? (단, $H$ : 필요한 낙차(m), $h_1$ : 소방용 호스 마찰손실수두(m), $h_2$ : 배관의 마찰손실 수두(m)이다.)

① $H = h_1 + h_2 + 25$  ② $H = h_1 + h_2 + 17$
③ $H = h_1 + h_2 + 12$  ④ $H = h_1 + h_2 + 10$

**해설** 고가수조의 자연낙차를 이용하는 가압송수장치
㉠ 고가수조의 자연낙차수두 산출식

$$H = h_1 + h_2 + 25\text{m}$$

$H$ : 필요한 낙차(m)(수조의 하단으로부터 최고층의 호스 접결구까지 수직거리)
$h_1$ : 소방용 호스 마찰손실수두(m)
$h_2$ : 배관의 마찰손실수두(m)

㉡ 고가수조설치
  ⓐ 수위계        ⓑ 배수관
  ⓒ 급수관        ⓓ 오버플로우관
  ⓔ 맨홀저장

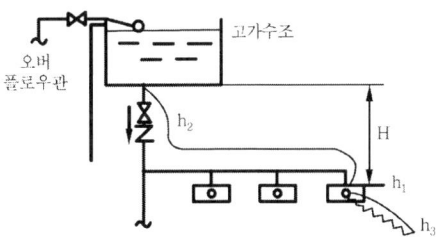

【 고가수조의 낙차 】

**73** 물분무헤드의 설치제외 기준 중 다음 ( ) 안에 알맞은 것은?

> 운전 시에 표면의 온도가 ( )℃ 이상으로 되는 등 직접 분무를 하는 경우 그 부분에 손상을 입힐 우려가 있는 기계장치 등이 있는 장소

① 100    ② 260
③ 280    ④ 980

**해설** 물분무소화설비의 화재안전기술기준
다음의 장소에는 물분무헤드를 설치하지 아니할 수 있다.
1. 물에 심하게 반응하는 물질 또는 물과 반응하여 위험한 물질을 생성하는 물질을 저장 또는 취급하는 장소
2. 고온의 물질 및 증류범위가 넓어 끓어 넘치는 위험이 있는 물질을 저장 또는 취급하는 장소
3. 운전시에 표면의 온도가 260℃ 이상으로 되는 등 직접 분무를 하는 경우 그 부분에 손상을 입힐 우려가 있는 기계장치 등이 있는 장소

**74** 연면적이 35,000m²인 특정소방대상물에 소화용수설비를 설치하는 경우 소화수조의 최소 저수량은 약 몇 m³인가? (단, 지상 1층 및 2층의 바닥면적 합계가 15,000m²인 경우이다.)

① 50  ② 100
③ 150  ④ 200

**해설** 소화수조 또는 저수조의 저수량은 소방대상물의 연면적을 다음 표에 따른 기준면적 으로 나누어 얻은 수(소수점 이하의 수는 1로 본다.)에 20m³를 곱한 양 이상이 되도록 하여야 한다.

| 소방대상물의 구분 | 면 적 |
|---|---|
| 1층 및 2층의 바닥면적 합계가 15,000m² 이상인 소방대상물 | 7,500m² |
| 그 밖의 소방대상물 | 12,500m² |

$\dfrac{35,000[\text{m}^2]}{7,500[\text{m}^2]} = 4.7 \quad \therefore \ 5$

$5 \times 20[\text{m}^3] = 100[\text{m}^3]$

**75** 소화기에 호스를 부착하지 아니할 수 있는 기준 중 틀린 것은?

① 소화약제의 중량이 2kg 이하인 분말소화기
② 소화약제의 중량이 3kg 이하인 이산화탄소 소화기
③ 소화약제의 중량이 4kg 이하인 할로겐 화합물소화기
④ 소화약제의 중량이 5kg 이하인 산알칼리 소화기

**해설** 소화기의 형식승인 및 제품검사의 기술기준
제15조(호스) ①항 소화기에는 호스를 부착하여야 한다. 다만, 다음 각 호의 경우에는 부착하지 아니할 수 있다.
1. 소화약제의 중량이 4kg 이하인 할로겐화물소화기
2. 소화약제의 중량이 3kg 이하인 이산화탄소소화기
3. 소화약제의 중량이 2kg 이하인 분말소화기
4. 소화약제의 용량이 3L 이하의 액체계 소화약제 소화기

**76** 고정식 사다리의 구조에 따른 분류로 틀린 것은?

① 굽히는식  ② 수납식
③ 접는식  ④ 신축식

**해설** 피난사다리의 형식승인 및 제품검사의 기술기준
제2조(용어의 정의) "고정식사다리"란 항시 사용 가능한 상태로 소방대상물에 고정되어 사용되는 사다리(수납식·접는식·신축식을 포함)를 말한다.
㉠ 고정식 사다리 : 상시 사용할 수 있도록 소방대상물의 벽면에 고정시켜 사용되는 것으로 구조상 수납식, 접어개기식 및 신축식 등이 있다.

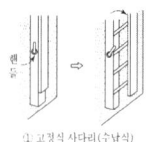 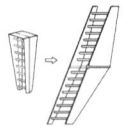 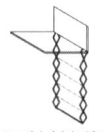

①고정식 사다리(수납식)　②고정식 사다리(접어개기식)　③고정식 사다리(신축식)

㉡ 올림식 사다리 : 소방대상물에 올림식 사다리의 상부 지지점을 걸고 올려 받혀서 사용하는 것으로서 신축식과 접어 굽히는 식이 있다.

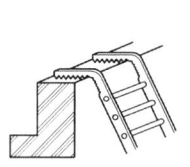 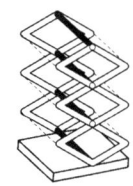

①올림식 사다리(접어굽히는 식)　②올림식 사다리(신축식)

㉢ 내림식 사다리 : 소방대상물의 견고한 부분에 달아매어서 접어 개든가 축소시켜 보관하고 사용하는 것으로 접어개기식, 와이어식, 체인식 등이 있다.

①와이어식　②접어개기식

**77** 폐쇄형 스프링클러헤드 퓨지블링크형의 표시온도가 121℃~162℃인 경우 후레임의 색별로 옳은 것은? (단, 폐쇄형헤드이다.)

① 파랑  ② 빨강
③ 초록  ④ 흰색

스프링클러헤드의 형식승인 및 제품검사의 기술기준 제12조의6(표시) ①항 9호 표시온도에 따른 다음표의 색표시(폐쇄형헤드에 한한다)

| 유리벌브형 | | 퓨지블링크형 | |
|---|---|---|---|
| 표시온도(℃) | 액체의 색별 | 표시온도(℃) | 후레임의 색별 |
| 57℃ | 오렌지 | 77℃ 미만 | 색 표시 안함 |
| 68℃ | 빨강 | 78℃~120℃ | 흰색 |
| 79℃ | 노랑 | 121℃~162℃ | 파랑 |
| 93℃ | 초록 | 163℃~203℃ | 빨강 |
| 141℃ | 파랑 | 204℃~259℃ | 초록 |
| 182℃ | 연한자주 | 260℃~319℃ | 오렌지 |
| 227℃ 이상 | 검정 | 320℃ 이상 | 검정 |

**78** 발전실의 용도로 사용되는 바닥면적이 $280m^2$인 발전실에 부속용도별로 추가하여야 할 적응성이 있는 소화기의 최소 수량은 몇 개인가?

① 2　　② 4
③ 6　　④ 12

$$\frac{280[m^2]}{50[m^2/개]} = 5.6 ≒ 6[개]$$

부속용도별 추가하는 소화기구

| 용도별 | 소화기구의 능력단위 |
|---|---|
| 1. 다음 각목의 시설. 다만, 스프링클러설비 · 간이스프링클러설비 · 물분무등소화설비 또는 상업용주방자동소화장치가 설치된 경우에는 자동확산소화기를 설치하지 아니할 수 있다.<br>　가. 보일러실(아파트의 경우 방화구획된 것을 제외한다) · 건조실 · 세탁소 · 대량 화기취급소<br>　나. 음식점(지하가의 음식점을 포함한다) · 다중이용업소 · 호텔 · 기숙사 · 노유자시설 · 의료시설 · 업무시설 · 공장 · 장례식장 · 교육연구시설 · 교정 및 군사시설의 주방. 다만, 의료시설 · 업무시설 및 공장의 주방은 공동취사를 위한 것에 한한다.<br>　다. 관리자의 출입이 곤란한 변전실 · 송전실 · 변압기실 및 배전반실(불연재료로 된 상자안에 장치된 것을 제외한다) | 1. 해당 용도의 바닥면적 25㎡마다 능력단위 1단위 이상의 소화기로 할 것. 이 경우 나목의 주방에 설치하는 소화기중 1개 이상은 주방화재용 소화기(K급)로 설치해야 한다.<br>2. 자동확산소화기는 해당 용도의 바닥면적을 기준으로 10㎡ 이하는 1개, 10㎡ 초과는 2개 이상을 설치하되, 보일러, 조리기구, 변전설비 등 방호대상에 유효하게 분사될 수 있는 위치에 배치될 수 있는 수량으로 설치할 것 |
| 2. 발전실 · 변전실 · 송전실 · 변압기실 · 배전반실 · 통신기기실 · 전산기기실 · 기타 이와 유사한 시설이 있는 장소. 다만, 제1호 다목의 장소를 제외한다. | 해당 용도의 바닥면적 50㎡마다 적응성이 있는 소화기 1개 이상 또는 유효 설치방호체적 이내의 가스 · 분말 · 고체에어로졸 자동소화장치, 캐비닛형자동소화장치(다만, 통신기기실 · 전자기기실을 제외한 장소에 있어서는 교류600V 또는 직류750V 이상의 것에 한한다) |
| 3. 「위험물안전관리법시행령」 별표1에 따른 지정수량의 1/5 이상 지정수량 미만의 위험물을 저장 또는 취급하는 장소 | 능력단위 2단위 이상 또는 유효설치방호체적 이내의 가스 · 분말 · 고체에어로졸 자동 소화장치, 캐비닛형자동소화장치 |
| 4. 「화재예방법시행령」 별표2에 따른 특수가연물을 저장 또는 취급하는 장소 | 「화재예방법시행령」 별표2에서 정하는 수량 이상 | 화재예방법 시행령 별표2에서 정하는 수량의 50배 이상마다 능력단위 1단위 이상 |
| | | 「화재예방법시행령」 별표2에서 정하는 수량의 500배 이상 | 대형소화기 1개 이상 |
| 5. 고압가스안전관리법 · 액화석유가스의 안전관리 및 사업법 및 도시가스 사업법에서 규정하는 가연성 가스를 연료로 사용하는 장소 | 액화석유가스 기타 가연성가스를 연료로 사용하는 연소기기가 있는 장소 | 각 연소기로부터 보행거리 10m 이내 능력단위 3단위 이상의 소화기 1개 이상. 다만, 상업용 주방자동소화장치가 설치된 장소는 제외한다. |
| | 액화석유가스 기타 가연성가스를 연료로 사용하기 위하여 저장하는 저장실(저장량 300kg 미만은 제외한다) | 능력단위 5단위 이상의 소화기 2개 이상 및 대형소화기 1대 이상 |
| 6. 고압가스안전관리법 · 액화석유가스의 안전관리 및 사업법 또는 도시가스사업법에서 규정하는 가연성 가스를 제조하거나 연료 외의 용도로 저장 · 사용하는 장소 | 저장하고 있는 양 또는 1개월 동안 제조 · 사용하는 양 | 200kg 미만 | 저장하는 장소 | 능력단위 3단위 이상의 소화기 2개 이상 |
| | | | 제조 · 사용하는 장소 | 능력단위 3단위 이상의 소화기 2개 이상 |
| | | 200kg 이상 300kg 미만 | 저장하는 장소 | 능력단위 5단위 이상의 소화기 2개 이상 |
| | | | 제조 · 사용하는 장소 | 바닥면적 50㎡마다 능력단위 5단위 이상의 소화기 1개 이상 |
| | | 300kg 이상 | 저장하는 장소 | 대형소화기 2개 이상 |
| | | | 제조 · 사용하는 장소 | 바닥면적 50㎡마다 능력단위 5단위 이상의 소화기 1개 이상 |
| 7. 마그네슘합금 칩을 저장 또는 취급하는 장소 | 금속화재용 소화기(D급) 1개 이상을 금속 재료로부터 보행거리 20m 이내로 설치할 것 |

비고 : 액화석유가스 · 기타 가연성 가스를 제조하거나 연료외의 용도로 사용하는 장소에 소화기를 설치하는 때에는 해당 장소 바닥면적 50㎡ 이하인 경우에도 해당 소화기를 2개 이상 비치해야 한다.

**79** 습식유수검지장치를 사용하는 스프링클러 설비에 동장치를 시험할 수 있는 시험 장치의 설치위치 기준으로 옳은 것은?

① 유수검지 장치에서 가장 먼 가지 배관의 끝으로부터 연결하여 설치할 것
② 교차관의 중간 부분에 연결하여 설치할 것
③ 유수검지장치의 측면배관에 연결하여 설치할 것
④ 유수검지장치에서 가장 먼 교차배관의 끝으로부터 연결하여 설치할 것

[해설] 시험장치 설치기준[습식, 건식, 부압식]

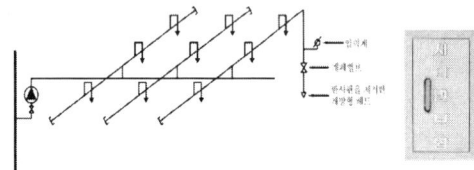

【 말단시험장치 】

습식유수검지장치 또는 건식유수검지장치를 사용하는 스프링클러설비와 부압식스프링클러설비에는 동장치를 시험할 수 있는 시험 장치를 다음의 기준에 따라 설치하여야 한다.
1. 습식스프링클러설비 및 부압식스프링클러설비에 있어서는 유수검지장치 2차측 배관에 연결하여 설치하고 건식스프링클러설비인 경우 유수검지장치에서 가장 먼 거리에 위치한 가지배관의 끝으로부터 연결하여 설치할 것. 유수검지장치 2차측 설비의 내용적이 2,840L를 초과하는 건식스프링클러설비의 경우 시험장치 개폐밸브를 완전 개방 후 1분 이내에 물이 방사되어야 한다.
2. 시험장치 배관의 구경은 25mm 이상으로 하고, 그 끝에 개폐밸브 및 개방형헤드 또는 스프링클러헤드와 동등한 방수성능을 가진 오리피스를 설치할 것. 이 경우 개방형헤드는 반사판 및 프레임을 제거한 오리피스만으로 설치할 수 있다.
3. 시험배관의 끝에는 물받이 통 및 배수관을 설치하여 시험 중 방사된 물이 바닥에 흘러내리지 아니하도록 할 것. 다만, 목욕실·화장실 또는 그 밖의 곳으로서 배수처리가 쉬운 장소에 시험배관을 설치한 경우에는 그렇지 않다.

**80** 물분무소화설비 수원의 저수량 설치기준으로 옳지 않은 것은?

① 특수가연물을 저장 또는 취급하는 특정소방대상물 또는 그 부분에 있어서 그 바닥면적 $1m^2$에 대하여 10L/min으로 20분간 방수할 수 있는 양 이상으로 할 것
② 차고 또는 주차장은 그 바닥면적 $1m^2$에 대하여 20L/min으로 20분간 방수할 수 있는 양 이상으로 할 것
③ 케이블 덕트는 투영된 바닥면적 $1m^2$에 대하여 12L/min으로 20분간 방수할 수 있는 양 이상으로 할 것
④ 콘베이어 벨트 등은 벨트부분의 바닥면적 $1m^2$에 대하여 20L/min으로 20분간 방수할 수 있는 양 이상으로 할 것

[해설] 20L/min → 10L/min

▶ 물분무소화설비의 수원의 양
㉠ 특수가연물을 저장 또는 취급하는 소방대상물

$$Q = A(m^2) \times 10L/m^2 \cdot min \times 20min$$

Q : 수원(L), A : 바닥면적(최대방수구역 바닥면적, 최소 $50m^2$ 이상)

㉡ 차고 또는 주차장

$$Q = A(m^2) \times 20L/m^2 \cdot min \times 20min$$

Q : 수원(L), A : 바닥면적(최대방수구역 바닥면적, 최소 $50m^2$ 이상)

㉢ 절연유 봉입변압기

$$Q = A(m^2) \times 10L/m^2 \cdot min \times 20min$$

Q : 수원(L)
A : 바닥면적을 제외한 표면적을 합한 면적($m^2$)

㉣ 케이블 트레이, 덕트

$$Q = A(m^2) \times 12L/m^2 \cdot min \times 20min$$

Q : 수원(L), A : 투영된 바닥면적($m^2$)
※ 투영(投影)된 바닥면적 : 위에서 빛을 비출 때 바닥 그림자의 면적

정답 79.① 80.④

ⓜ 컨베이어 벨트 등

$$Q = A(m^2) \times 10L/m^2 \cdot min \times 20min$$

Q : 수원(L), A : 벨트부분의 바닥면적($m^2$)

ⓑ 위험물 저장탱크

$$Q = L(m) \times 37L/m \cdot min \times 20min$$

Q : 수원(L), L : 탱크의 원주둘레길이(m)

# 2018년 제2회 소방설비기사[기계분야] 1차 필기
### [제4과목 : 소방기계구조원리]

**61** 전역방출방식의 분말소화설비에 있어서 방호구역의 용적이 500m³일 때 적합한 분사헤드의 수는? (단, 제1종 분말이며, 체적 1m³당 소화약제의 양은 0.60kg이며, 분사헤드 1개의 분당 표준 방사량은 18kg이다.)

① 17개  ② 30개
③ 34개  ④ 134개

**해설** ▶ 소화약제량

$$500[m^3] \times \frac{0.6[kg]}{1[m^3]} = 300[kg]$$

▶ 분사헤드갯수

$$\frac{300[kg] \div 30[sec]}{18[kg] \div 60[sec/개]} = 33.4 ≒ 34[개]$$

**62** 이산화탄소 소화약제의 저장용기 설치기준 중 옳은 것은?

① 저장용기의 충전비는 고압식은 1.9 이상 2.3 이하, 저압식은 1.5 이상 1.9 이하로 할 것
② 저압식 저장용기에는 액면계 및 압력계와 2.1MPa 이상 1.9MPa 이하의 압력에서 작동하는 압력경보장치를 설치할 것
③ 저장용기 고압식은 25MPa 이상, 저압식은 3.5MPa 이상의 내압시험압력에 합격한 것으로 할 것
④ 저압식 저장용기에는 내압시험압력의 1.8배의 압력에서 작동하는 안전밸브와 내압시험압력의 0.8배로부터 내압시험압력에서 작동하는 봉판을 설치할 것

**해설** 이산화탄소소화설비 저장용기 설치장소 기준
① 방호구역 외의 장소에 설치할 것. 다만, 방호구역 내에 설치할 경우에는 피난 및 조작이 용이하도록 피난구 부근에 설치할 것
② 온도가 40℃ 이하이고 온도변화가 적은 곳에 설치할 것
③ 직사광선 및 빗물이 침투할 우려가 없는 곳에 설치할 것
④ 방화문으로 구획된 실에 설치할 것
⑤ 용기의 설치장소에는 당해 용기가 설치된 곳임을 표시하는 표지를 할 것
⑥ 용기 간의 간격은 점검에 지장이 없도록 3cm 이상의 간격을 유지할 것
⑦ 저장용기와 집합관을 연결하는 연결배관에는 체크밸브를 설치할 것. 다만, 저장용기가 하나의 방호구역만을 담당하는 경우에는 그러하지 아니하다.

**63** 화재 시 연기가 찰 우려가 없는 장소로서 호스릴분말소화설비를 설치할 수 있는 기준 중 다음 (   ) 안에 알맞은 것은?

- 지상 1층 및 피난층에 있는 부분으로서 지상에서 수동 또는 원격조정에 따라 개방할 수 있는 개구부의 유효면적의 합계가 바닥면적의 ( ㉠ )% 이상이 되는 부분
- 전기설비가 설치되어 있는 부분 또는 다량의 화기를 사용하는 부분의 바닥면적이 해당 설비가 설치되어 있는 구획의 바닥면적의 ( ㉡ ) 미만이 되는 부분

① ㉠ 15, ㉡ 1/5
② ㉠ 15, ㉡ 1/2
③ ㉠ 20, ㉡ 1/5
④ ㉠ 20, ㉡ 1/2

**정답** 61.③ 62.③ 63.①

**해설** 호스릴 이산화탄소설비의 설치 가능장소(할론, 분말설비 동일)
화재시 현저하게 연기가 찰 우려가 없는 장소로서 다음의 장소(차고 또는 주차장 제외)
- 지상 1층 및 피난층 중 지상에서 수동 또는 원격조작에 따라 개방할 수 있는 개구부의 유효면적의 합계가 바닥면적의 15% 이상이 되는 부분
- 전기설비가 설치되어 있는 부분 또는 다량의 화기를 사용하는 부분(당해 설비의 주위 5m 이내의 부분을 포함한다.)의 바닥면적이 당해 설비가 설치되어 있는 구획 바닥면적의 5분의 1 미만이 되는 부분

**64** 소화수조의 소요수량이 $20m^3$ 이상 $40m^3$ 미만인 경우 설치하여야 하는 채수구의 개수로 옳은 것은?

① 1개　　② 2개
③ 3개　　④ 4개

**해설** 소화수조 및 저수조의 화재안전기술기준
소화용수설비에 설치하는 채수구는 다음의 기준에 따라 설치할 것
㉮ 채수구는 다음 표에 따라 소방용 호스 또는 소방용 흡수관에 사용하는 구경 65mm 이상의 나사식 결합금속구를 설치할 것

| 소요수량 | $20m^3$ 이상 $40m^3$ 미만 | $40m^3$ 이상 $100m^3$ 미만 | $100m^3$ 이상 |
|---|---|---|---|
| 채수구의 수 | 1개 | 2개 | 3개 |

㉯ 채수구는 지면으로부터의 높이가 0.5m 이상 1m 이하의 위치에 설치하고 "채수구"라고 표시한 표지를 할 것

**65** 건축물에 설치하는 연결살수설비 헤드의 설치기준 중 다음 ( ) 안에 알맞은 것은?

> 천장 또는 반자의 각 부분으로부터 하나의 살수헤드까지의 수평거리가 연결살수설비 전용 헤드의 경우는 ( ㉠ )m 이하, 스프링클러헤드의 경우는 ( ㉡ )m 이하로 할 것. 다만, 살수헤드의 부착면과 바닥과의 높이가 ( ㉢ )m 이하인 부분은 살수헤드의 살수 분포에 따른 거리로 할 수 있다.

① ㉠ 3.7, ㉡ 2.3, ㉢ 2.1
② ㉠ 3.7, ㉡ 2.1, ㉢ 2.3
③ ㉠ 2.3, ㉡ 3.7, ㉢ 2.3
④ ㉠ 2.3, ㉡ 3.7, ㉢ 2.1

**해설** 연결살수설비 헤드의 설치기준
㉠ 천장 또는 반자의 실내에 면하는 부분에 설치할 것
㉡ 천장 또는 반자의 각 부분으로부터 하나의 살수헤드까지의 수평거리가 연결살수설비 전용헤드의 경우는 3.7m 이하, 스프링클러헤드의 경우는 2.3m 이하로 할 것. 다만, 살수헤드의 부착면과 바닥과의 높이가 2.1m 이하인 부분에 있어서는 살수헤드의 살수분포에 따른 거리로 할 수 있다.

**66** 포소화설비의 자동식 기동장치를 폐쇄형 스프링클러헤드의 개방과 연동하여 가압송수장치·일제개방밸브 및 포소화약제 혼합장치를 기동하는 경우의 설치기준 중 다음 ( ) 안에 알맞은 것은? (단, 자동화재탐지설비의 수신기가 설치된 장소에 상시 사람이 근무하고 있고, 화재 시 즉시 해당 조작부를 작동시킬 수 있는 경우는 제외한다.)

> 표시온도가 ( ㉠ )℃ 미만의 것을 사용하고, 1개의 스프링클러헤드의 경계면적은 ( ㉡ )$m^2$ 이하로 할 것

① ㉠ 79, ㉡ 8
② ㉠ 121, ㉡ 8
③ ㉠ 79, ㉡ 20
④ ㉠ 121, ㉡ 20

**해설** 포소화설비의 화재안전기술기준
폐쇄형스프링클러헤드를 사용하는 경우에는 다음의 기준에 따를 것
가. 표시온도가 79℃ 미만인 것을 사용하고, 1개의 스프링클러헤드의 경계면적은 $20m^2$ 이하로 할 것
나. 부착면의 높이는 바닥으로부터 5m 이하로 하고, 화재를 유효하게 감지할 수 있도록 할 것.
다. 하나의 감지장치경계구역은 하나의 층이 되도록 할 것

정답 64.① 65.① 66.③

**67** 스프링클러설비 가압송수장치의 설치기준 중 고가수조를 이용한 가압송수장치에 설치하지 않아도 되는 것은?

① 수위계　　② 배수관
③ 오버플로우관　　④ 압력계

**해설** 고가수조의 자연낙차를 이용하는 가압송수장치
㉠ 고가수조의 자연낙차수두 산출식

$$H = h_1 + h_2 + 25m$$

$H$ : 필요한 낙차(m)(수조의 하단으로부터 최고층의 호스 접결구까지 수직거리)
$h_1$ : 소방용 호스 마찰손실수두(m)
$h_2$ : 배관의 마찰손실수두(m)
㉡ 고가수조설치
　ⓐ 수위계
　ⓑ 배수관
　ⓒ 급수관
　ⓓ 오버플로우관
　ⓔ 맨홀

**68** 특별피난계단의 계단실 및 부속실 제연설비의 차압 등에 관한 기준 중 다음 (　) 안에 알맞은 것은?

제연설비가 가동되었을 경우 출입문이 개방에 필요한 힘은 (　)N 이하로 하여야 한다.

① 12.5　　② 40
③ 70　　④ 110

**해설** 특별피난계단의 계단실 및 부속실 제연설비 화재안전기술기준
2.3 차압 등
　2.3.1 2.1.1.1의 기준에 따라 제연구역과 옥내와의 사이에 유지해야 하는 최소차압은 40Pa(옥내에 스프링클러설비가 설치된 경우에는 12.5Pa) 이상으로 해야 한다.
　2.3.2 제연설비가 가동되었을 경우 출입문의 개방에 필요한 힘은 110N 이하로 해야 한다.
　2.3.3 2.1.1.2의 기준에 따라 출입문이 일시적으로 개방되는 경우 개방되지 않은 제연구역과 옥내와의 차압은 2.3.1의 기준에도 불구하고 2.3.1의 기준에 따른 차압의 70% 이상이어야 한다.
　2.3.4 계단실과 부속실을 동시에 제연하는 경우 부속실의 기압은 계단실과 같게 하거나 계단실의 기압보다 낮게 할 경우에는 부속실과 계단실의 압력 차이는 5Pa 이하가 되도록 해야 한다.

**69** 완강기의 최대사용자수 기준 중 다음 (　) 안에 알맞은 것은?

최대사용자수(1회에 강하할 수 있는 사용자의 최대 수)는 최대사용하중을 (　)N으로 나누어서 얻은 값으로 한다.

① 250　　② 500
③ 750　　④ 1500

**해설** 완강기의 형식승인 및 제품검사의 기술기준
제4조(최대사용하중 및 최대사용자수 등) ① 최대사용하중은 1500N 이상의 하중이어야 한다.
② 최대사용자수(1회에 강하할 수 있는 사용자의 최대 수를 말한다. 이하 같다)는 최대사용하중을 1500N으로 나누어서 얻은 값(1미만의 수는 계산하지 아니한다)으로 한다.
③ 최대사용자수에 상당하는 수의 벨트가 있어야 한다.

**70** 화재조기진압용 스프링클러설비 가지배관의 배열 기준 중 천장의 높이가 9.1m 이상 13.7m 이하인 경우 가지배관 사이의 거리 기준으로 옳은 것은?

① 2.4m 이상 3.1m 이하
② 2.4m 이상 3.7m 이하
③ 6.0m 이상 8.5m 이하
④ 6.0m 이상 9.3m 이하

**해설** 화재조기진압용 스프링클러설비 헤드 설치기준
㉠ 헤드 하나의 방호면적은 $6.0m^2$ 이상 $9.3m^2$ 이하로 할 것
㉡ 가지배관의 헤드 사이의 거리는 천장의 높이가 9.1m 미만인 경우에는 2.4m 이상 3.7m 이하로, 9.1m 이상 13.7m 이하인 경우에는 3.1m 이하로 할 것
㉢ 헤드의 반사판은 천장 또는 반자와 평행하게 설치하고 저장물의 최상부와 914mm 이상 확보되도록 할 것

**정답** 67.④　68.④　69.④　70.①

ⓔ 하향식 헤드의 반사판의 위치는 천장이나 반자 아래 125mm 이상 355mm 이하일 것
ⓜ 상향식 헤드의 감지부 중앙은 천장 또는 반자와 101mm 이상 152mm 이하 이어야 하며, 반사판의 위치는 스프링클러배관의 윗부분에서 최소 178mm 상부에 설치되도록 할 것
ⓗ 헤드와 벽과의 거리는 헤드 상호간 거리의 2분의 1을 초과하지 않아야 하며 최소 102mm 이상일 것
ⓢ 헤드의 작동온도는 74℃ 이하 일 것. 다만, 헤드 주위의 온도가 38℃ 이상의 경우에는 그 온도에서의 화재시험 등에서 헤드작동에 관하여 공인기관의 시험을 거친 것을 사용할 것
ⓞ 헤드의 살수분포에 장애를 주는 장애물이 있는 경우에는 다음의 어느 하나에 적합할 것
  ⓐ 천장 또는 천장근처에 있는 장애물과 반사판의 위치는 별도 1 또는 별도 2와 같이 하며, 천장 또는 천장근처에 보·덕트·기둥·난방기구·조명기구·전선관 및 배관 등의 기타 장애물이 있는 경우에는 장애물과 헤드 사이의 수평거리에 따른 장애물의 하단과 그 보다 윗부분에 설치되는 헤드 반사판 사이의 수직거리는 별표 1 또는 별도 3에 따를 것
  ⓑ 헤드 아래에 덕트·전선관·난방용배관 등이 설치되어 헤드의 살수를 방해하는 경우에는 별표 1 또는 별도 3에 따를 것. 다만, 2개 이상의 헤드의 살수를 방해 하는 경우에는 별표 2를 참고로 한다.
ⓩ 상부에 설치된 헤드의 방출수에 따라 감열부에 영향을 받을 우려가 있는 헤드에는 방출수를 차단할 수 있는 유효한 차폐판을 설치할 것

**71** 스프링클러설비 헤드의 설치기준 중 다음 (  ) 안에 알맞은 것은?

> 살수가 방해되지 아니하도록 스프링클러헤드부터 반경 ( ㉠ )cm 이상의 공간을 보유할 것. 다만, 벽과 스프링클러헤드간의 공간은 ( ㉡ )cm 이상으로 한다.

① ㉠ 10, ㉡ 60
② ㉠ 30, ㉡ 10
③ ㉠ 60, ㉡ 10
④ ㉠ 90, ㉡ 60

**해설** 스프링클러설비 화재안전기술기준
2.7.7 스프링클러헤드는 다음의 방법에 따라 설치해야 한다.
  2.7.7.1 살수가 방해되지 않도록 스프링클러헤드로부터 반경 60cm 이상의 공간을 보유할 것. 다만, 벽과 스프링클러헤드간의 공간은 10cm 이상으로 한다.
  2.7.7.2 스프링클러헤드와 그 부착면(상향식헤드의 경우에는 그 헤드의 직상부의 천장·반자 또는 이와 비슷한 것을 말한다. 이하 같다)과의 거리는 30cm 이하로 할 것
  2.7.7.3 배관·행거 및 조명기구 등 살수를 방해하는 것이 있는 경우에는 2.7.7.1 및 2.7.7.2에도 불구하고 그로부터 아래에 설치하여 살수에 장애가 없도록 할 것. 다만, 스프링클러헤드와 장애물과의 이격거리를 장애물 폭의 3배 이상 확보한 경우에는 그렇지 않다.
  2.7.7.4 스프링클러헤드의 반사판은 그 부착 면과 평행하게 설치할 것. 다만, 측벽형헤드 또는 2.7.7.6에 따른 연소할 우려가 있는 개구부에 설치하는 스프링클러헤드의 경우에는 그렇지 않다.
  2.7.7.5 천장의 기울기가 10분의 1을 초과하는 경우에는 가지관을 천장의 마루와 평행하게 설치하고, 스프링클러헤드는 다음의 어느 하나에 적합하게 설치할 것
    2.7.7.5.1 천장의 최상부에 스프링클러헤드를 설치하는 경우에는 최상부에 설치하는 스프링클러헤드의 반사판을 수평으로 설치할 것
    2.7.7.5.2 천장의 최상부를 중심으로 가지관을 서로 마주보게 설치하는 경우에는 최상부의 가지관 상호간의 거리가 가지관상의 스프링클러헤드 상호간의 거리의 2분의 1 이하(최소 1m 이상이 되어야 한다)가 되게 스프링클러헤드를 설치하고, 가지관의 최상부에 설치하는 스프링클러헤드는 천장의 최상부로부터의 수직거리가 90cm 이하가 되도록 할 것. 톱날지붕, 둥근지붕 기타 이와 유사한 지붕의 경우에도 이에 준한다.
  2.7.7.6 연소할 우려가 있는 개구부에는 그 상하좌우에 2.5m 간격으로(개구부의 폭이 2.5m 이하인 경우에는 그 중앙에) 스프링클러헤드를 설치하되, 스프링클러헤드와 개구부의 내측

면으로부터 직선거리는 15cm 이하가 되도록 할 것. 이 경우 사람이 상시 출입하는 개구부로서 통행에 지장이 있는 때에는 개구부의 상부 또는 측면(개구부의 폭이 9m 이하인 경우에 한한다)에 설치하되, 헤드 상호간의 간격은 1.2m 이하로 설치해야 한다.

2.7.7.7 습식스프링클러설비 및 부압식스프링클러설비 외의 설비에는 상향식스프링클러헤드를 설치할 것. 다만, 다음의 어느 하나에 해당하는 경우에는 그렇지 않다.
(1) 드라이펜던트스프링클러헤드를 사용하는 경우
(2) 스프링클러헤드의 설치장소가 동파의 우려가 없는 곳인 경우
(3) 개방형스프링클러헤드를 사용하는 경우

2.7.7.8 측벽형스프링클러헤드를 설치하는 경우 긴 변의 한쪽 벽에 일렬로 설치(폭이 4.5m 이상 9m 이하인 실에 있어서는 긴변의 양쪽에 각각 일렬로 설치하되 마주보는 스프링클러헤드가 나란히꼴이 되도록 설치)하고 3.6m 이내마다 설치할 것

2.7.7.9 상부에 설치된 헤드의 방출수에 따라 감열부에 영향을 받을 우려가 있는 헤드에는 방출수를 차단할 수 있는 유효한 차폐판을 설치할 것

## 72 포 소화약제의 혼합장치에 대한 설명 중 옳은 것은?

① 라인 푸로포셔너방식 이란 펌프의 토출관과 흡입관 사이의 배관 도중에 설치한 흡입기에 펌프에서 토출된 물의 일부를 보내고, 농도 조절밸브에서 조정된 포 소화약제의 필요량을 포 소화약제 탱크에서 펌프 흡입측으로 보내어 이를 혼합하는 방식을 말한다.
② 프레져사이드 푸로포셔너방식 이란 펌프의 토출관에 압입기를 설치하여 포 소화약제 압입용펌프로 포 소화약제를 압입시켜 혼합하는 방식을 말한다.
③ 프레져 푸로포셔너방식 이란 펌프와 발포기 중간에 설치된 벤추리관의 벤추리작용에 따라 포 소화약제를 흡입·혼합하는 방식을 말한다.
④ 펌프 푸로포셔너방식 이란 펌프와 발포기의 중간에 설치된 벤추리관의 벤추리작용과 펌프 가압수의 포 소화약제 저장탱크에 대한 압력에 따라 포 소화약제를 흡입·혼합하는 방식을 말한다.

**해설** 포소화설비의 화재안전기술기준
㉠ 펌프 프로포셔너방식
펌프의 토출관과 흡입관 사이의 배관도중에 설치한 흡입기에 펌프에서 토출된 물의 일부를 보내고, 농도조정밸브에서 조정된 포 소화약제의 필요량을 포 소화약제 탱크에서 펌프 흡입측으로 보내어 이를 혼합하는 방식을 말한다.
㉡ 프레져 프로포셔너방식
펌프와 발포기의 중간에 설치된 벤추리관의 벤추리작용과 펌프 가압수의 포소화약제 저장탱크에 대한 압력에 따라 포소화약제를 흡입·혼합하는 방식을 말한다.
㉢ 라인 프로포셔너방식
펌프와 발포기의 중간에 설치된 벤추리관의 벤추리작용에 따라 포소화약제를 흡입·혼합하는 방식을 말한다.
㉣ 프레져사이드 프로포셔너방식
펌프의 토출관에 압입기를 설치하여 포 소화약제 압입용펌프로 포소화약제를 압입시켜 혼합하는 방식을 말한다.
㉤ 압축공기포 믹싱챔버방식
물, 포 소화약제 및 공기를 믹싱챔버로 강제주입시켜 챔버 내에서 포수용액을 생성한 후 포를 방사하는 방식을 말한다.

## 73 전동기 또는 내연기관에 따른 펌프를 이용하는 옥외소화전설비의 가압송수장치의 설치 기준 중 다음 (   ) 안에 알맞은 것은?

> 해당 특정소방대상물에 설치된 옥외소화전(2개 이상 설치된 경우에는 2개의 옥외소화전)을 동시에 사용할 경우 각 옥외소화전의 노즐선단에서의 방수압력이 ( ㉠ )MPa 이상이고, 방수량이 ( ㉡ )L/min 이상이 되는 성능의 것으로 할 것

① ㉠ 0.17, ㉡ 350   ② ㉠ 0.25, ㉡ 350
③ ㉠ 0.17, ㉡ 130   ④ ㉠ 0.25, ㉡ 130

**정답** 72.② 73.②

**해설** 옥외소화전설비 화재안전기술기준

2.2.1 전동기 또는 내연기관에 따른 펌프를 이용하는 가압송수장치는 다음의 기준에 따라 설치해야 한다.
2.2.1.1 쉽게 접근할 수 있고 점검하기에 충분한 공간이 있는 장소로서 화재 및 침수 등의 재해로 인한 피해를 받을 우려가 없는 곳에 설치할 것
2.2.1.2 동결방지조치를 하거나 동결의 우려가 없는 장소에 설치할 것
2.2.1.3 특정소방대상물에 설치된 옥외소화전(2개 이상 설치된 경우에는 2개의 옥외소화전)을 동시에 사용할 경우 각 옥외소화전의 노즐선단에서의 방수압력이 0.25MPa 이상이고, 방수량이 350L/min 이상이 되는 성능의 것으로 할 것. 다만, 하나의 옥외소화전을 사용하는 노즐선단에서의 방수압력이 0.7MPa을 초과할 경우에는 호스접결구의 인입측에 감압장치를 설치해야 한다.

## 74. 미분무소화설비 용어의 정의 중 다음 ( ) 안에 알맞은 것은?

> "미분무"란 물만을 사용하여 소화하는 방식으로 최소설계압력에서 헤드로부터 방출되는 물입자 중 99%의 누적체적분포가 ( ㉠ )μm 이하로 분무되고 ( ㉡ )급 화재에 적응성을 갖는 것을 말한다.

① ㉠ 400, ㉡ A,B,C
② ㉠ 400, ㉡ B,C
③ ㉠ 200, ㉡ A,B,C
④ ㉠ 200, ㉡ B,C

**해설** 미분무소화설비의 화재안전기술기준
"미분무"란 물만을 사용하여 소화하는 방식으로 최소설계압력에서 헤드로부터 방출되는 물입자 중 99%의 누적체적분포가 400μm 이하로 분무되고 A,B,C급 화재에 적응성을 갖는 것을 말한다.

## 75. 소화기구의 소화약제별 적응성 중 C급 화재에 적응성이 없는 소화약제는?

① 마른 모래
② 할로겐화합물 및 불활성기체소화약제
③ 이산화탄소 소화약제
④ 중탄산염류 소화약제

**해설** 소화기구의 소화약제별 적응성

| 소화약제 구분 / 적응대상 | 가스 | | | 분말 | | 액체 | | | | 기타 | | |
|---|---|---|---|---|---|---|---|---|---|---|---|---|
| | 이산화탄소소화약제 | 할론소화약제 | 할로겐화합물및불활성기체소화약제 | 인산염류소화약제 | 중탄산염류소화약제 | 산알칼리소화약제 | 강화액소화약제 | 포소화약제 | 물·침윤소화약제 | 고체에어로졸화합물 | 마른모래 | 팽창질석·팽창진주암 | 그 밖의 것 |
| 일반화재 (A급 화재) | - | ○ | ○ | ○ | - | ○ | ○ | ○ | ○ | ○ | ○ | ○ | - |
| 유류화재 (B급 화재) | ○ | ○ | ○ | ○ | ○ | ○ | ○ | ○ | ○ | ○ | ○ | ○ | - |
| 전기화재 (C급 화재) | ○ | ○ | ○ | ○ | ○ | * | * | * | * | ○ | - | - | - |
| 주방화재 (K급 화재) | - | - | - | - | * | - | * | * | * | - | - | - | * |
| 금속화재 (D급 화재) | - | - | - | - | * | - | - | - | - | - | ○ | ○ | * |

주) "*"의 소화약제별 적응성은 「소방시설 설치 및 관리에 관한 법률」 제37조에 의한 형식승인 및 제품검사의 기술기준에 따라 화재 종류별 적응성에 적합한 것으로 인정되는 경우에 한한다.

## 76. 소화약제 외의 것을 이용한 간이소화용구의 능력단위 기준 중 다음 ( ) 안에 알맞은 것은?

| 간이소화용구 | | 능력단위 |
|---|---|---|
| 마른모래 | 삽을 상비한 50L 이상의 것 1포 | ( ) 단위 |

① 0.5  ② 1
③ 3    ④ 5

**해설** 소화약제 외의 것을 이용한 간이소화용구의 능력단위

| 간이소화용구 | | 능력단위 |
|---|---|---|
| 1. 마른모래 | 삽을 상비한 50L 이상의 것 1포 | 0.5 단위 |
| 2. 팽창질석 또는 팽창진주암 | 삽을 상비한 80L 이상의 것 1포 | |

정답 74.① 75.① 76.①

**77** 다음과 같은 소방대상물의 부분에 완강기를 설치할 경우 부착 금속구의 부착위치로서 가장 적합한 위치는?

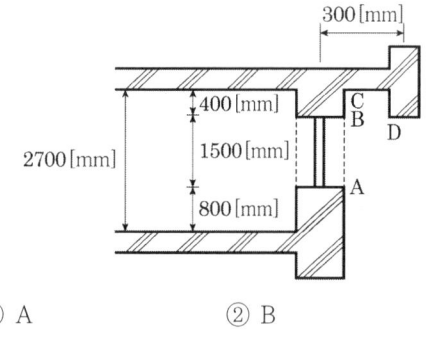

① A  ② B
③ C  ④ D

**해설** 피난기구 화재안전기술기준
2.1.3.5 완강기는 강하 시 로프가 건축물 또는 구조물 등과 접촉하여 손상되지 않도록 하고, 로프의 길이는 부착위치에서 지면 또는 기타 피난상 유효한 착지 면까지의 길이로 할 것

**78** 연소방지설비의 배관의 설치기준 중 다음 (  ) 안에 알맞은 것은?

> 연소방지설비에 있어서의 수평주행배관의 구경은 100mm 이상의 것으로 하되, 연소방지설비전용헤드 및 스프링클러헤드를 향하여 상향으로 (  ) 이상의 기울기로 설치하여야 한다.

① 2/100  ② 1/1000
③ 1/100  ④ 1/500

**해설** [현행 삭제된 문제]

**79** 상수도소화용수설비의 소화전은 특정소방대상물의 수평투영면의 각 부분으로부터 몇 m 이하가 되도록 설치하여야 하는가?

① 200  ② 140
③ 100  ④ 70

**해설** 상수도소화용수설비 화재안전기술기준
2.1 상수도소화용수설비의 설치기준
   2.1.1 상수도소화용수설비는 「수도법」에 따른 기준 외에 다음의 기준에 따라 설치해야 한다.
      2.1.1.1 호칭지름 75mm 이상의 수도배관에 호칭지름 100mm 이상의 소화전을 접속할 것
      2.1.1.2 소화전은 소방자동차 등의 진입이 쉬운 도로변 또는 공지에 설치할 것
      2.1.1.3 소화전은 특정소방대상물의 수평투영면의 각 부분으로부터 140m 이하가 되도록 설치할 것
      2.1.1.4 지상식 소화전의 호스접결구는 지면으로부터 높이가 0.5m 이상 1m 이하가 되도록 설치할 것 〈신설 2024.7.1.〉

**80** 이산화탄소 소화약제 저압식 저장용기의 충전비로 옳은 것은?

① 0.9 이상 1.1 이하
② 1.1 이상 1.4 이하
③ 1.4 이상 1.7 이하
④ 1.5 이상 1.9 이하

**해설** 이산화탄소소화설비의 화재안전기술기준
이산화탄소 소화약제의 저장용기는 다음의 기준에 따라 설치하여야 한다.
1. 저장용기의 충전비는 고압식은 1.5 이상 1.9 이하, 저압식은 1.1 이상 1.4 이하로 할 것
2. 저압식 저장용기에는 내압시험압력의 0.64배부터 0.8배의 압력에서 작동하는 안전밸브와 내압시험압력의 0.8배부터 내압시험압력에서 작동하는 봉판을 설치할 것
3. 저압식 저장용기에는 액면계 및 압력계와 2.3MPa 이상 1.9MPa 이하의 압력에서 작동하는 압력경보장치를 설치할 것
4. 저압식 저장용기에는 용기내부의 온도가 섭씨 영하 18℃ 이하에서 2.1MPa의 압력을 유지할 수 있는 자동냉동 장치를 설치할 것
5. 저장용기는 고압식은 25MPa 이상, 저압식은 3.5MPa 이상의 내압시험압력에 합격한 것으로 할 것

**정답** 77.④ 78.② 79.② 80.②

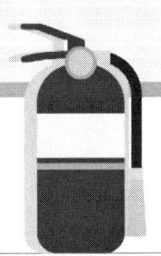

# 2018년 제4회 소방설비기사[기계분야] 1차 필기
### [제4과목 : 소방기계구조원리]

**61** 자동화재탐지설비의 감지기의 작동과 연동하는 분말소화설비 자동식 기동장치의 설치기준 중 다음 ( ) 안에 알맞은 것은?

- 전기식 기동장치로서 ( ㉠ )병 이상의 저장용기를 동시에 개방하는 설비는 2병 이상의 저장용기에 전자개방밸브를 부착할 것
- 가스압력식 기동장치의 기동용 가스 용기 및 해당 용기에 사용하는 밸브는 ( ㉡ )MPa 이상의 압력에 견딜 수 있는 것으로 할 것

① ㉠ 3, ㉡ 2.5
② ㉠ 7, ㉡ 2.5
③ ㉠ 3, ㉡ 25
④ ㉠ 7, ㉡ 25

**해설** 분말소화약제소화설비 자동식기동장치 설치기준
㉠ 자동화재탐지설비 감지기의 작동과 연동할 것
㉡ 자동식 기동장치에는 수동으로도 기동할 수 있는 구조로 할 것
㉢ 전기식 기동장치로서 7병 이상의 저장용기를 동시에 개방하는 설비에 있어서는 2병 이상의 저장용기에 전자개방밸브를 부착할 것
㉣ 가스압력식 기동장치는 다음의 기준에 따를 것
 ⓐ 기동용 가스용기 및 당해 용기에 사용하는 밸브는 25MPa 이상의 압력에 견딜 수 있는 것으로 할 것
 ⓑ 기동용 가스용기에는 내압시험압력의 0.8배 내지 내압시험압력 이하 에서 작동하는 안전장치를 설치할 것
 ⓒ 기동용 가스용기의 용적은 5L 이상으로 하고 해당 용기에 저장하는 질소등의 비활성기체는 6.0MPa 이상(21℃기준)의 압력으로 충전할 것
 ⓓ 기동용 가스용기에는 충전여부를 확인할 수 있는 압력게이지를 설치할 것.
㉤ 기계식 기동장치에 있어서는 저장용기를 쉽게 개방할 수 있는 구조로 할 것

**62** 소화용수설비인 소화수조가 옥상 또는 옥탑 부근에 설치된 경우에는 지상에 설치된 채수구에서의 압력이 최소 몇 MPa 이상이 되어야 하는가?

① 0.8
② 0.13
③ 0.15
④ 0.25

**해설** 소화수조 및 저수조의 화재안전기술기준
소화수조가 옥상 또는 옥탑의 부분에 설치된 경우에는 지상에 설치된 채수구에서의 압력이 0.15MPa 이상이 되도록 하여야 한다.

**63** 옥내소화전설비 수원의 산출된 유효수량 외에 유효수량의 1/3 이상을 옥상에 설치하지 아니할 수 있는 경우의 기준 중 다음 ( ) 알맞은 것은?

- 수원이 건축물의 최상층에 설치된 ( ㉠ )보다 높은 위치에 설치된 경우
- 건축물의 높이가 지표면으로부터 ( ㉡ )m 이하인 경우

① ㉠ 송수구, ㉡ 7
② ㉠ 방수구, ㉡ 7
③ ㉠ 송수구, ㉡ 10
④ ㉠ 방수구, ㉡ 10

**해설** 옥상수조제외 기준
㉠ 지하층만 있는 건축물
㉡ 고가수조를 가압송수장치로 설치한 옥내소화전설비
㉢ 수원이 건축물의 최상층에 설치된 방수구보다 높은 위치에 설치된 경우
㉣ 건축물의 높이가 지표면으로부터 10m 이하인 경우
㉤ 주펌프와 동등 이상의 성능이 있는 별도의 펌프로서 내연기관의 기동과 연동하여 작동되거나 비상전원을 연결하여 설치한 경우

정답 61.④ 62.③ 63.④

ⓑ 학교·공장·창고시설(제4조제2항에 따라 옥상수조를 설치한 대상은 제외한다)로서 동결의 우려가 있는 장소에 있어서는 기동스위치에 보호판을 부착하여 옥내소화전함 내에 설치하는 경우
ⓢ 가압수조를 가압송수장치로 설치한 옥내소화전설비
※ 옥상수조제외규정시에도 층수가 30층 이상의 특정소방대상물의 수원은 산출된 유효수량 외에 유효수량의 3분의 1 이상을 옥상(옥내소화전설비가 설치된 건축물의 주된 옥상을 말한다)에 설치하여야 한다. 다만, 고가수조방식인 경우와 수원이 건축물의 최상층에 설치된 방수구보다 높은 위치에 설치된 경우 그러하지 아니하다.

## 64 특별피난계단의 계단실 및 부속실 제연설비의 차압 등에 관한 기준 중 옳은 것은?

① 제연설비가 가동되었을 경우 출입문의 개방에 필요한 힘은 130N 이하로 하여야 한다.
② 제연구역과 옥내와의 사이에 유지하여야 하는 최소차압은 40Pa(옥내에 스프링클러설비가 설치된 경우에는 12.5Pa) 이상으로 하여야 한다.
③ 피난을 위하여 제연구역의 출입문이 일시적으로 개방되는 경우 개방되지 아니하는 제연구역과 옥내와의 차압은 기준 차압의 60% 미만이 되어서는 아니 된다.
④ 계단실과 부속실을 동시에 제연 하는 경우 부속실의 기압은 계단실과 같게 하거나 계단실의 기압보다 낮게 할 경우에는 부속실과 계단실의 압력차이는 10Pa 이하가 되도록 하여야 한다.

**해설** 특별피난계단의 계단실 및 부속실 제연설비 화재안전기술기준
2.3 차압 등
2.3.1 2.1.1.1의 기준에 따라 제연구역과 옥내와의 사이에 유지해야 하는 최소차압은 40Pa(옥내에 스프링클러설비가 설치된 경우에는 12.5Pa) 이상으로 해야 한다.
2.3.2 제연설비가 가동되었을 경우 출입문의 개방에 필요한 힘은 110N 이하로 해야 한다.
2.3.3 2.1.1.2의 기준에 따라 출입문이 일시적으로 개방되는 경우 개방되지 않은 제연구역과 옥내와의 차압은 2.3.1의 기준에도 불구하고 2.3.1의 기준에 따른 차압의 70% 이상이어야 한다.
2.3.4 계단실과 부속실을 동시에 제연하는 경우 부속실의 기압은 계단실과 같게 하거나 계단실의 기압보다 낮게 할 경우에는 부속실과 계단실의 압력 차이는 5Pa 이하가 되도록 해야 한다.

## 65 소화용수설비에 설치하는 채수구의 설치기준 중 다음 ( ) 안에 알맞은 것은?

> 채수구는 지면으로부터의 높이가 ( ㉠ )m 이상 ( ㉡ ) 이하의 위치에 설치하고 "채수구"라고 표시한 표지를 할 것

① ㉠ 0.5, ㉡ 1.0
② ㉠ 0.5, ㉡ 1.5
③ ㉠ 0.8, ㉡ 1.0
④ ㉠ 0.8, ㉡ 1.5

**해설** 소화수조 및 저수조의 화재안전기술기준
소화용수설비에 설치하는 채수구는 다음의 기준에 따라 설치할 것
㉮ 채수구는 다음 표에 따라 소방용 호스 또는 소방용 흡수관에 사용하는 구경 65mm 이상의 나사식 결합금속구를 설치할 것

| 소요수량 | 20m³ 이상 40m³ 미만 | 40m³ 이상 100m³ 미만 | 100m³ 이상 |
|---|---|---|---|
| 채수구의 수 | 1개 | 2개 | 3개 |

㉯ 채수구는 지면으로부터의 높이가 0.5m 이상 1m 이하의 위치에 설치하고 "채수구"라고 표시한 표지를 할 것

## 66 개방형스프링클러헤드 30개를 설치하는 경우 급수관의 구경은 몇 mm로 하여야 하는가?

① 65
② 80
③ 90
④ 100

**해설** [별표1] 스프링클러헤드 수별 급수관의 구경

(단위 : mm)

| 급수관의 구경<br>구분 | 25 | 32 | 40 | 50 | 65 | 80 | 90 | 100 | 125 | 150 |
|---|---|---|---|---|---|---|---|---|---|---|
| 가 | 2 | 3 | 5 | 10 | 30 | 60 | 80 | 100 | 160 | 161 이상 |
| 나 | 2 | 4 | 7 | 15 | 30 | 60 | 65 | 100 | 160 | 161 이상 |
| 다 | 1 | 2 | 5 | 8 | 15 | 27 | 40 | 55 | 90 | 91 이상 |

(주)
1. 폐쇄형스프링클러헤드를 사용하는 설비의 경우로서 1개 층에 하나의 급수배관(또는 밸브 등)이 담당하는 구역의 최대면적은 3,000m²를 초과하지 아니할 것
2. 폐쇄형스프링클러헤드를 설치하는 경우에는 "가"란의 헤드 수에 따를 것. 다만, 100개 이상의 헤드를 담당하는 급수배관(또는 밸브)의 구경을 100mm로 할 경우에는 수리계산을 통하여 제8조제3항제3호에서 규정한 배관의 유속에 적합하도록 할 것
3. 폐쇄형스프링클러헤드를 설치하고 반자 아래의 헤드와 반자속의 헤드를 동일 급수관의 가지관상에 병설하는 경우에는 "나"란의 헤드 수에 따를 것
4. 제10조제3항제1호의 경우로서 폐쇄형스프링클러헤드를 설치하는 설비의 배관구경은 "다"란에 따를 것
5. 개방형스프링클러헤드를 설치하는 경우 하나의 방수구역이 담당하는 헤드의 개수가 30개 이하 일 때는 "다"란의 헤드수에 의하고, 30개를 초과할 때는 수리계산 방법에 따를 것

| 구분 | 의미 |
|---|---|
| 가 | 폐쇄형 스프링클러헤드를 사용하는 설비의 경우 |
| 나 | 폐쇄형 스프링클러헤드를 사용하는 설비의 경우 (상하양용) |
| 다 | 폐쇄형 스프링클러헤드를 사용하는 설비의 경우 (특수가연물의 저장 취급하는 장소) |
| | 개방형 스프링클러헤드를 사용하는 설비의 경우 (헤드개수 30개 이하) |

**67** 특정소방대상물에 따라 적응하는 포소화설비의 설치기준 중 특수가연물을 저장·취급하는 공장 또는 창고에 적응성을 갖는 포소화설비가 아닌 것은?

① 포헤드설비
② 고정포방출설비
③ 압축공기포소화설비
④ 호스릴포소화설비

**해설** 소방대상물에 따른 포소화설비의 종류

| 구분 | 소방대상물 | 포소화설비의 종류 |
|---|---|---|
| 1 | 특수가연물을 저장·취급하는 공장 또는 창고 | 포워터스프링클러설비<br>포헤드설비<br>고정포방출구설비<br>압축공기포소화설비 |
| 2 | 차고 주차장 | 포워터스프링클러설비<br>포헤드설비<br>고정포방출구설비<br>압축공기포소화설비 |
| | ※ 차고 주차장 중<br>① 완전 개방된 옥상주차장 또는 고가 밑의 주차장 등으로서 주된 벽이 없고 기둥뿐이거나 주위가 위해방지용 철주 등으로 둘러쌓인 부분<br>② 지상 1층으로서 지붕이 없는 부분 | 호스릴 포소화설비<br>포소화전설비 |
| 3 | 항공기 격납고 | 포워터스프링클러설비<br>포헤드설비<br>고정포방출구설비<br>압축공기포소화설비 |
| | ※ 항공기 격납고 중<br>바닥면적의 합계가 1,000m² 이상이고 항공기의 격납위치가 한정되어 있는 경우에는 그 한정된 장소 외의 부분 | 호스릴 포소화설비 |
| 4 | 발전기실, 엔진 펌프실, 변압기, 전기케이블실, 유압설비(바닥면적 300m² 미만) | 고정식압축공기포소화설비 |
| 5 | 위험물 제조소 등 | 포헤드설비<br>고정포방출구설비<br>호스릴포소화설비 |
| 6 | 위험물 옥외탱크저장소(고정포방출구방식) | 고정포방출구+보조포소화전 |

**68** 포소화설비의 배관 등의 설치기준 중 옳은 것은?

① 포워터스프링클러설비 또는 포헤드설비의 가지배관의 배열은 토너먼트방식으로 한다.
② 송액관은 겸용으로 하여야 한다. 다만, 포소화전의 기동장치의 조작과 동시에 다른 설비의 용도에 사용하는 배관의 송수를 차단할 수 있거나, 포소화설비의 성능에 지상이 없는 경우에는 전용으로 할 수 있다.

정답 67.④ 68.③

③ 송액관은 포의 방출 종료 후 배관안의 액을 배출하기 위하여 적당한 기울기를 유지하도록 하고 그 낮은 부분에 배액밸브를 설치하여야 한다.
④ 연결송수관설비의 배관과 겸용할 경우의 주배관은 구경 65mm 이상, 방수구로 연결되는 배관의 구경은 100mm 이상의 것으로 하여야 한다.

**해설** 포소화설비 배관 설치기준
㉠ 송액관은 포의 방출 종료 후 배관 안의 액을 배출하기 위하여 적당한 기울기를 유지 하도록 하고 그 낮은 부분에 배액밸브를 설치하여야 한다.
㉡ 포워터스프링클러설비 또는 포헤드설비의 가지배관의 배열은 토너먼트방식이 아니어야 하며, 교차배관에서 분기하는 지점을 기점으로 한쪽 가지배관에 설치하는 헤드의 수는 8개 이하로 한다.
㉢ 그 밖의 사항은 스프링클러설비와 동일
㉣ 압축공기포소화설비를 스프링클러 보조설비로 설치하거나 압축공기포소화설비에 자동으로 급수되는 장치를 설치한 때에는 송수구 설치를 아니할 수 있다.
㉤ 압축공기포소화설비의 배관은 토너먼트방식으로 하여야 하고 소화약제가 균일하게 방출되는 등거리 배관 구조로 설치하여야 한다.

**69** 고압의 전기기기가 있는 장소에 있어서 전기의 절연을 위한 전기기기와 물분무헤드 사이의 최소 이격거리 기준 중 옳은 것은?

① 66kV 이하 - 60cm 이상
② 66kV 초과 77kV 이하 - 80cm 이상
③ 77kV 초과 110kV 이하 - 100cm 이상
④ 110kV 초과 154kV 이하 - 140cm 이상

**해설** 고압의 전기기기와 물분무헤드 사이의 유지거리

| 전압(kV) | 거리(cm) | 전압(kV) | 거리(cm) |
|---|---|---|---|
| 66 이하 | 70이상 | 154 초과 181 이하 | 180 이상 |
| 66 초과 77 이하 | 80 이상 | 181 초과 220 이하 | 210 이상 |
| 77 초과 110 이하 | 110 이상 | 220 초과 275 이하 | 260 이상 |
| 110 초과 154 이하 | 150 이상 | - | - |

**70** 할로겐화합물 및 불활성기체소화약제 소화설비를 설치할 수 없는 장소의 기준 중 옳은 것은? (단, 소화성능이 인정되는 위험물은 제외한다.)

① 제1류위험물 및 제2류위험물 사용
② 제2류위험물 및 제4류위험물 사용
③ 제3류위험물 및 제5류위험물 사용
④ 제4류위험물 및 제6류위험물 사용

**해설** 할로겐화합물 및 불활성기체소화설비 설치제외 장소
㉠ 사람이 상주하는 곳으로서 최대허용설계농도를 초과하는 장소
㉡ 제3류 위험물 및 제5류 위험물을 사용하는 장소 다만, 소화성능이 인정되는 위험물은 제외한다.

【 할로겐화합물 및 불활성기체소화약제의 최대허용 설계농도 】

| 소화약제 | 최대허용 설계농도(%) |
|---|---|
| FC-3-1-10 | 40 |
| HCFC BLEND A | 10 |
| HCFC-124 | 1.0 |
| HFC-125 | 11.5 |
| HFC-227ea | 10.5 |
| HFC-23 | 30 |
| HFC-236fa | 12.5 |
| FIC-13 I 1 | 0.3 |
| FK-5-1-12 | 10 |
| IG-01 | 43 |
| IG-100 | 43 |
| IG-541 | 43 |
| IG-55 | 43 |

**71** 스프링클러설비를 설치하여야 할 특정소방 대상물에 있어서 스프링클러헤드를 설치하지 아니할 수 있는 기준 중 틀린 것은?

① 천장과 반자 양쪽이 불연재료로 되어 있고 천장과 반자사이의 거리가 2.5m 미만인 부분
② 천장 및 반자가 불연재료 외의 것으로 되어 있고 천장과 반자사이의 거리가 0.5m 미만인 부분
③ 천장·반자 중 한쪽이 불연재료로 되어 있고 천장과 반자사이의 거리가 1m 미만인 부분

④ 현관 또는 로비 등으로서 바닥으로부터 높이가 20m 이상인 장소

**해설** ① 2.5m 미만 → 2m 미만

**스프링클러설비 화재안전기술기준**
2.12 헤드의 설치제외
  2.12.1 스프링클러설비를 설치해야 할 특정소방대상물에 있어서 다음의 어느 하나에 해당하는 장소에는 스프링클러헤드를 설치하지 않을 수 있다.
    2.12.1.1 계단실(특별피난계단의 부속실을 포함한다)·경사로·승강기의 승강로·비상용 승강기의 승강장·파이프덕트 및 덕트피트(파이프·덕트를 통과시키기 위한 구획된 구멍에 한한다)·목욕실·수영장(관람석부분을 제외한다)·화장실·직접 외기에 개방되어 있는 복도·기타 이와 유사한 장소
    2.12.1.2 통신기기실·전자기기실·기타 이와 유사한 장소
    2.12.1.3 발전실·변전실·변압기·기타 이와 유사한 전기설비가 설치되어 있는 장소
    2.12.1.4 병원의 수술실·응급처치실·기타 이와 유사한 장소
    2.12.1.5 천장과 반자 양쪽이 불연재료로 되어 있는 경우로서 그 사이의 거리 및 구조가 다음의 어느 하나에 해당하는 부분
      2.12.1.5.1 천장과 반자 사이의 거리가 2m 미만인 부분
      2.12.1.5.2 천장과 반자 사이의 벽이 불연재료이고 천장과 반자사이의 거리가 2m 이상으로서 그 사이에 가연물이 존재하지 않는 부분
    2.12.1.6 천장·반자 중 한쪽이 불연재료로 되어 있고 천장과 반자사이의 거리가 1m 미만인 부분
    2.12.1.7 천장 및 반자가 불연재료 외의 것으로 되어 있고 천장과 반자사이의 거리가 0.5m 미만인 부분
    2.12.1.8 펌프실·물탱크실 엘리베이터 권상기실 그 밖의 이와 비슷한 장소
    2.12.1.9 현관 또는 로비 등으로서 바닥으로부터 높이가 20m 이상인 장소
    2.12.1.10 영하의 냉장창고의 냉장실 또는 냉동창고의 냉동실
    2.12.1.11 고온의 노가 설치된 장소 또는 물과 격렬하게 반응하는 물품의 저장 또는 취급장소
    2.12.1.12 불연재료로 된 특정소방대상물 또는 그 부분으로서 다음의 어느 하나에 해당하는 장소
      2.12.1.12.1 정수장·오물처리장 그 밖의 이와 비슷한 장소
      2.12.1.12.2 펄프공장의 작업장·음료수공장의 세정 또는 충전하는 작업장 그 밖의 이와 비슷한 장소
      2.12.1.12.3 불연성의 금속·석재 등의 가공공장으로서 가연성물질을 저장 또는 취급하지 않는 장소
      2.12.1.12.4 가연성 물질이 존재하지 않는 「건축물의 에너지절약설계기준」에 따른 방풍실
    2.12.1.13 실내에 설치된 테니스장·게이트볼장·정구장 또는 이와 비슷한 장소로서 실내 바닥·벽·천장이 불연재료 또는 준불연재료로 구성되어 있고 가연물이 존재하지 않는 장소로서 관람석이 없는 운동시설(지하층은 제외한다)
    2.12.1.14 <삭제 2024.1.1.>
  2.12.2 2.7.7.6의 연소할 우려가 있는 개구부에 다음의 기준에 따른 드렌처설비를 설치한 경우에는 해당 개구부에 한하여 스프링클러헤드를 설치하지 않을 수 있다.
    2.12.2.1 드렌처헤드는 개구부 위 측에 2.5m 이내마다 1개를 설치할 것
    2.12.2.2 제어밸브(일제개방밸브·개폐표시형밸브 및 수동조작부를 합한 것을 말한다. 이하 같다)는 특정소방대상물 층마다에 바닥면으로부터 0.8m 이상 1.5m 이하의 위치에 설치할 것
    2.12.2.3 수원의 수량은 드렌처헤드가 가장 많이 설치된 제어밸브의 드렌처헤드의 설치개수에 1.6m³를 곱하여 얻은 수치 이상이 되도록 할 것
    2.12.2.4 드렌처설비는 드렌처헤드가 가장 많이 설치된 제어밸브에 설치된 드렌처헤드를 동시에 사용하는 경우에 각각의 헤드선단에 방수압력이 0.1MPa 이상, 방수량이 80L/min 이상이 되도록 할 것
    2.12.2.5 수원에 연결하는 가압송수장치는 점검이 쉽고 화재 등의 재해로 인한 피해 우려가 없는 장소에 설치할 것

**72** 대형소화기에 충전하는 최소 소화약제의 기준 중 다음 ( ) 안에 알맞은 것은?

- 분말소화기 : ( ㉠ )kg 이상
- 물소화기 : ( ㉡ )kg 이상
- 이산화탄소소화기 : ( ㉢ )kg 이상

① ㉠ 30, ㉡ 80, ㉢ 50
② ㉠ 30, ㉡ 50, ㉢ 60
③ ㉠ 20, ㉡ 80, ㉢ 50
④ ㉠ 20, ㉡ 50, ㉢ 60

**해설** 소화기의 용량별 구분
㉠ 소형소화기
소형소화기란 능력단위가 1단위 이상이고 대형소화기의 능력단위 미만인 소화기를 말한다.
㉡ 대형소화기
대형소화기란 화재 시 사람이 운반할 수 있도록 운반대와 바퀴가 설치되어 있고 A급 10단위 이상, B급 20단위 이상인 소화기를 말한다.

【 대형소화기의 소화약제 충전량 】

| 소화기의 종류 | 소화약제의 양 |
|---|---|
| 물 소화기 | 80L |
| 기계포소화기 | 20L |
| 강화액 소화기 | 60L |
| 이산화탄소 소화기 | 50kg |
| 할론 소화기 | 30kg |
| 분말 소화기 | 20kg |

**73** 미분무소화설비의 배관의 배수를 위한 기울기 기준 중 다음 ( ) 안에 알맞은 것은? (단, 배관의 구조상 기울기를 줄 수 없는 경우는 제외한다.)

개방형 미분무소화설비에는 헤드를 향하여 상향으로 수평주행배관의 기울기를 ( ㉠ ) 이상, 가지배관의 기울기를 ( ㉡ ) 이상으로 할 것

① ㉠ 1/100, ㉡ 1/500
② ㉠ 1/500, ㉡ 1/100
③ ㉠ 1/250, ㉡ 1/500
④ ㉠ 1/500, ㉡ 1/250

**해설** 미분무설비 배관의 배수를 위한 기울기 기준
㉠ 폐쇄형 미분무소화설비의 배관을 수평으로 할 것. 다만, 배관의 구조상 소화수가 남아 있는 곳에는 배수밸브를 설치하여야 한다.
㉡ 개방형 미분무소화설비에는 헤드를 향하여 상향으로 수평주행배관의 기울기를 500분의 1 이상, 가지배관의 기울기를 250분의 1 이상으로 할 것. 다만, 배관의 구조상 기울기를 줄 수 없는 경우에는 배수를 원활하게 할 수 있도록 배수밸브를 설치하여야 한다.

**74** 국소방출방식의 할론소화설비의 분사헤드 설치기준 중 다음 ( ) 안에 알맞은 것은?

분사헤드의 방사압력은 할론 2402를 방사하는 것은 ( ㉠ )MPa 이상, 할론 2402를 방출하는 분사헤드는 해당 소화 약제가 ( ㉡ )으로 분무되는 것으로 하여야 하며, 기준저장량의 소화약제를 ( ㉢ )초 이내에 방사할 수 있는 것으로 할 것

① ㉠ 0.1, ㉡ 무상, ㉢ 10
② ㉠ 0.2, ㉡ 적상, ㉢ 10
③ ㉠ 0.1, ㉡ 무상, ㉢ 30
④ ㉠ 0.2, ㉡ 적상, ㉢ 30

**해설** 할론소화설비의 분사헤드 기준
① 전역방출방식의 분사헤드
㉠ 방사된 소화약제가 방호구역의 전역에 균일하게 신속히 확산할 수 있도록 할 것

ⓒ 할론 2402를 방출하는 분사헤드는 당해 소화약제가 무상으로 분무되는 것으로 할 것
ⓒ 분사헤드의 방사압력은 할론 2402를 방사하는 것에 있어서는 0.1MPa 이상, 할론 1211을 방사하는 것에 있어서는 0.2MPa 이상, 할론 1301을 방사하는 것에 있어서는 0.9MPa 이상으로 할 것
ⓓ 기준저장량의 소화약제를 10초 이내에 방사할 수 있는 것으로 할 것
② 국소방출방식의 분사헤드
ⓐ 소화약제의 방사에 따라 가연물이 비산하지 아니하는 장소에 설치할 것
ⓑ 할론 2402를 방사하는 분사헤드는 당해 소화약제가 무상으로 분무되는 것으로 할 것
ⓒ 분사헤드의 방사압력은 할론 2402를 방사하는 것에 있어서는 0.1MPa 이상, 할론 1211을 방사하는 것에 있어서는 0.2MPa 이상, 할론 1301을 방사하는 것에 있어서는 0.9MPa 이상으로 할 것
ⓓ 기준저장량의 소화약제를 10초 이내에 방사할 수 있는 것으로 할 것

**75** 특정소방대상물의 용도 및 장소별로 설치하여야 할 인명구조기구 종류의 기준 중 다음 ( ) 안에 알맞은 것은?

| 특정소방대상물 | 인명구조기구의 종류 |
|---|---|
| 물분무등소화설비 중 ( )를 치하여야 하는 특정소방대상물 | 공기호흡기 |

① 이산화탄소소화설비
② 분말소화설비
③ 할론소화설비
④ 할로겐화합물 및 불활성기체소화약제소화설비

**해설** 인명구조기구 설치대상

| 특정소방대상물 | 인명구조기구의 종류 | 설치 수량 |
|---|---|---|
| • 지하층을 포함하는 층수가 7층 이상인 관광호텔 및 5층 이상인 병원 | • 방열복 또는 방화복 (헬멧, 보호장갑 및 안전화 포함) • 공기호흡기 • 인공소생기 | 각 2개 이상 비치할 것. 다만, 병원의 경우에는 인공소생기를 설치하지 않을 수 있다. |
| • 문화 및 집회시설 중 수용인원 100명 이상의 영화상영관 • 판매시설 중 대규모점포 • 운수시설 중 지하역사 • 지하가 중 지하상가 | • 공기호흡기 | 층마다 2개 이상 비치할 것. 다만, 각 층마다 갖추어 두어야 할 공기호흡기 중 일부를 직원이 상주하는 인근 사무실에 갖추어 둘 수 있다. |
| • 물분무등소화설비 중 이산화탄소소화설비를 설치하여야 하는 특정소방대상물 | • 공기호흡기 | • 이산화탄소소화설비가 설치된 장소의 출입구 외부 인근에 1대 이상 비치할 것 |

**76** 송수구가 부설된 옥내소화전을 설치한 특정소방대상물로서 연결송수관설비의 방수구를 설치하지 아니할 수 있는 층의 기준 중 다음 ( ) 안에 알맞은 것은? (단, 집회장·관람장·백화점·도매시장·소매시장·판매시설·공장·창고시설 또는 지하가를 제외한다.)

• 지하층을 제외한 층수가 ( ㉠ )층 이하이고 연면적이 ( ㉡ )㎡ 미만인 특정 소방대상물의 지상층의 용도로 사용되는 층
• 지하층의 층수가 ( ㉢ ) 이하인 특정 소방대상물의 지하층

① ㉠ 3, ㉡ 5000, ㉢ 3
② ㉠ 4, ㉡ 6000, ㉢ 2
③ ㉠ 5, ㉡ 3000, ㉢ 3
④ ㉠ 6, ㉡ 4000, ㉢ 2

**해설** 연결송수관설비의 화재안전기술기준
연결송수관설비의 방수구는 다음의 기준에 따라 설치하여야 한다.
1. 연결송수관설비의 방수구는 그 특정소방대상물의 층마다 설치할 것. 다만, 다음의 어느 하나에 해당하는 층에는 설치하지 아니할 수 있다.
  가. 아파트의 1층 및 2층
  나. 소방차의 접근이 가능하고 소방대원이 소방차로부터 각 부분에 쉽게 도달할 수 있는 피난층
  다. 송수구가 부설된 옥내소화전을 설치한 특정소방대상물(집회장·관람장·백화점·도매시장·소매시장·판매시설·공장·창고시설 또는 지하가

를 제외한다)로서 다음의 어느 하나에 해당하는 층
(1) 지하층을 제외한 층수가 4층 이하이고 연면적이 6,000m² 미만인 특정소방대상물의 지상층
(2) 지하층의 층수가 2 이하인 특정소방대상물의 지하층

**77** 다수인피난장비 설치기준 중 틀린 것은?

① 사용 시에 보관실 외측 문이 먼저 열리고 탑승기가 외측으로 자동으로 전개될 것
② 보관실의 문은 상시 개방상태를 유지하도록 할 것
③ 하강 시에 탑승기가 건물 외벽이나 돌출물에 충돌하지 않도록 설치할 것
④ 피난층에는 해당 층에 설치된 피난기구가 착지에 지장이 없도록 충분한 공간을 확보할 것

**해설** 다수인 피난장비 설치기준

㉠ 피난에 용이하고 안전하게 하강할 수 있는 장소에 적재 하중을 충분히 견딜 수 있도록 「건축물의 구조기준 등에 관한 규칙」 제3조에서 정하는 구조안전의 확인을 받아 견고하게 설치할 것
㉡ 다수인피난장비 보관실(이하 "보관실"이라 한다)은 건물 외측보다 돌출되지 아니하고, 빗물·먼지 등으로부터 장비를 보호할 수 있는 구조일 것
㉢ 사용 시에 보관실 외측 문이 먼저 열리고 탑승기가 외측으로 자동으로 전개될 것
㉣ 하강 시에 탑승기가 건물 외벽이나 돌출물에 충돌하지 않도록 설치할 것
㉤ 상·하층에 설치할 경우에는 탑승기의 하강경로가 중첩되지 않도록 할 것
㉥ 하강 시에는 안전하고 일정한 속도를 유지하도록 하고 전복, 흔들림, 경로이탈 방지를 위한 안전조치를 할 것
㉦ 보관실의 문에는 오작동 방지조치를 하고, 문 개방 시에는 당해 소방대상물에 설치된 경보설비와 연동하여 유효한 경보음을 발하도록 할 것
㉧ 피난층에는 해당 층에 설치된 피난기구가 착지에 지장이 없도록 충분한 공간을 확보 할 것
㉨ 한국소방산업기술원 또는 법 제42조제1항에 따라 성능시험기관으로 지정받은 기관에서 그 성능을 검증받은 것으로 설치할 것

**78** 분말소화설비 분말소화약제의 저장용기의 설치기준 중 옳은 것은?

① 저장용기에는 가압식은 최고사용압력의 0.8배 이하, 축압식은 용기의 내압시험 압력의 1.8배 이하의 압력에서 작동하는 안전밸브를 설치할 것
② 저장용기의 충전비는 0.8 이상으로 할 것
③ 저장용기간의 간격은 점검에 지장이 없도록 5cm 이상의 간격을 유지할 것
④ 저장용기에는 저장용기의 내부압력이 설정압력으로 되었을 때 주밸브를 개방하는 압력조정기를 설치할 것

**해설** 분말소화설비 저장용기의 설치기준

㉠ 저장용기의 내용적은 다음 표에 따를 것

| 소화약제의 종별 | 소화약제 1kg당 저장용기의 내용적 |
|---|---|
| 제1종 분말(탄산수소나트륨을 주성분으로 한 분말) | 0.8L |
| 제2종 분말(탄산수소칼륨을 주성분으로 한 분말) | 1L |
| 제3종 분말(인산염을 주성분으로 한 분말) | 1L |
| 제4종 분말(탄산수소칼륨과 요소가 화합된 분말) | 1.25L |

㉡ 저장용기에는 가압식의 것에 있어서는 최고사용압력의 1.8배 이하, 축압식의 것에 있어서는 용기 내압시험압력의 0.8배 이하의 압력에서 작동하는 안전밸브를 설치할 것
㉢ 저장용기에는 저장용기의 내부압력이 설정압력으로 되었을 때 주밸브를 개방하는 정압작동 장치를 설치할 것
㉣ 저장용기의 충전비는 0.8 이상으로 할 것
㉤ 저장용기 및 배관에는 잔류소화약제를 처리할 수 있는 청소장치를 설치할 것
㉥ 축압식의 분말소화설비는 사용압력의 범위를 표시한 지시압력계를 설치할 것

**79** 바닥면적이 1,300m²인 관람장에 소화기구를 설치할 경우 소화기구의 최소 능력단위는? (단, 주요구조부가 내화구조이고, 벽 및 반자의 실내와 면하는 부분이 불연재료로 된 특정 소방대상물이다.)

① 7단위　　② 13단위
③ 22단위　　④ 26단위

능력단위 $= \dfrac{1300[\text{m}^2]}{100[\text{m}^2/1\text{단위}]} = 13[\text{단위}]$

특정소방대상물별 소화기구의 능력단위기준

| 특정소방대상물 | 소화기구의 능력단위 |
|---|---|
| 1. 위락시설 | 해당 용도의 바닥면적 30m² 마다 능력단위 1단위 이상 |
| 2. 공연장·집회장·관람장·문화재·장례식장 및 의료시설 | 해당 용도의 바닥면적 50m² 마다 능력단위 1단위 이상 |
| 3. 근린생활시설·판매시설·운수시설·숙박시설·노유자시설·전시장·공동주택·업무시설·방송통신시설·공장·창고시설·항공기 및 자동차 관련 시설 및 관광휴게시설 | 해당 용도의 바닥면적 100m² 마다 능력단위 1단위 이상 |
| 4. 그 밖의 것 | 해당 용도의 바닥면적 200m² 마다 능력단위 1단위 이상 |

(주) 소화기구의 능력단위를 산출함에 있어서 건축물의 주요구조부가 내화구조이고, 벽 및 반자의 실내에 면하는 부분이 불연재료·준불연재료 또는 난연재료로 된 특정소방대상물에 있어서는 위 표의 기준면적의 2배를 해당 특정소방대상물의 기준면적으로 한다.

**80** 화재조기진압용 스프링클러설비 헤드의 기준 중 다음 (　) 안에 알맞은 것은?

> 헤드 하나의 방호면적은 ( ㉠ )m² 이상 ( ㉡ )m² 이하로 할 것

① ㉠ 2.4, ㉡ 3.7　　② ㉠ 3.7, ㉡ 9.1
③ ㉠ 6.0, ㉡ 9.3　　④ ㉠ 9.1, ㉡ 13.7

화재조기진압용 스프링클러설비 헤드 설치기준
㉠ 헤드 하나의 방호면적은 6.0m² 이상 9.3m² 이하로 할 것
㉡ 가지배관의 헤드 사이의 거리는 천장의 높이가 9.1m 미만인 경우에는 2.4m 이상 3.7m 이하로, 9.1m 이상 13.7m 이하인 경우에는 3.1m 이하로 할 것
㉢ 헤드의 반사판은 천장 또는 반자와 평행하게 설치하고 저장물의 최상부와 914mm 이상 확보되도록 할 것
㉣ 하향식 헤드의 반사판의 위치는 천장이나 반자 아래 125mm 이상 355mm 이하일 것
㉤ 상향식 헤드의 감지부 중앙은 천장 또는 반자와 101mm 이상 152mm 이하이어야 하며, 반사판의 위치는 스프링클러배관의 윗부분에서 최소 178mm 상부에 설치되도록 할 것
㉥ 헤드와 벽과의 거리는 헤드 상호간 거리의 2분의 1을 초과하지 않아야 하며 최소 102mm 이상일 것
㉦ 헤드의 작동온도는 74℃ 이하일 것. 다만, 헤드 주위의 온도가 38℃ 이상의 경우에는 그 온도에서의 화재시험 등에서 헤드작동에 관하여 공인기관의 시험을 거친 것을 사용할 것
㉧ 헤드의 살수분포에 장애를 주는 장애물이 있는 경우에는 다음의 어느 하나에 적합할 것
　ⓐ 천장 또는 천장근처에 있는 장애물과 반사판의 위치는 별도 1 또는 별도 2와 같이 하며, 천장 또는 천장근처에 보·덕트·기둥·난방기구·조명기구·전선관 및 배관 등의 기타 장애물이 있는 경우에는 장애물과 헤드 사이의 수평거리에 따른 장애물의 하단과 그 보다 윗부분에 설치되는 헤드 반사판 사이의 수직거리는 별도 1 또는 별도 3에 따를 것
　ⓑ 헤드 아래에 덕트·전선관·난방용배관 등이 설치되어 헤드의 살수를 방해하는 경우에는 별도 1 또는 별도 3에 따를 것. 다만, 2개 이상의 헤드의 살수를 방해 하는 경우에는 별도 2를 참고로 한다.
㉨ 상부에 설치된 헤드의 방출수에 따라 감열부에 영향을 받을 우려가 있는 헤드에는 방출수를 차단할 수 있는 유효한 차폐판을 설치할 것

# 2019년 제1회 소방설비기사[기계분야] 1차 필기
[제4과목 : 소방기계구조원리]

**61** 대형 이산화탄소 소화기의 소화약제 충전량은 얼마인가?

① 20kg 이상　② 30kg 이상
③ 50kg 이상　④ 70kg 이상

**해설** 소화기의 용량별 구분
- ㉠ 소형소화기 : 소형소화기란 능력단위가1단위 이상이고 대형소화기의 능력단위 미만인 소화기를 말한다.
- ㉡ 대형소화기 : 대형소화기란 화재 시 사람이 운반할 수 있도록 운반대와 바퀴가 설치되어 있고 A급 10단위 이상, B급 20단위 이상인 소화기를 말한다.

【 대형소화기의 소화약제 충전량 】

| 소화기의 종류 | 소화약제의 양 |
|---|---|
| 물 소화기 | 80L |
| 기계포소화기 | 20L |
| 강화액 소화기 | 60L |
| 이산화탄소 소화기 | 50kg |
| 할론 소화기 | 30kg |
| 분말 소화기 | 20kg |

**62** 개방형스프링클러설비에서 하나의 방수구역을 담당하는 헤드의 개수는 몇 개 이하로 해야 하는가? (단, 방수구역은 나누어져 있지 않고 하나의 구역으로 되어 있다.)

① 50　② 40
③ 30　④ 20

**해설** 스프링클러설비 화재안전기술기준
2.4 개방형스프링클러설비의 방수구역 및 일제개방밸브
- 2.4.1 개방형스프링클러설비의 방수구역 및 일제개방밸브는 다음의 기준에 적합해야 한다.
  - 2.4.1.1 하나의 방수구역은 2개 층에 미치지 않아야 한다.
  - 2.4.1.2 방수구역마다 일제개방밸브를 설치해야 한다.
  - 2.4.1.3 하나의 방수구역을 담당하는 헤드의 개수는 50개 이하로 할 것. 다만, 2개 이상의 방수구역으로 나눌 경우에는 하나의 방수구역을 담당하는 헤드의 개수는 25개 이상으로 해야 한다.
  - 2.4.1.4 일제개방밸브의 설치 위치는 2.3.1.4의 기준에 따르고, 표지는 "일제개방밸브실"이라고 표시해야 한다.

**63** 분말소화설비의 가압용 가스용기에 대한 설명으로 틀린 것은?

① 가압용가스 용기를 3병 이상 설치한 경우에는 2개 이상의 용기에 전자개방밸브를 부착할 것
② 가압용가스 용기에는 2.5MPa 이하의 압력에서 조정이 가능한 압력조정기를 설치할 것
③ 가압용가스에 질소가스를 사용하는 것의 질소가스는 소화약제 1kg 마다 20L(35℃에서 1기압의 압력상태로 환산한 것) 이상으로 할 것

정답　61.③　62.①　63.③

④ 축압용가스에 질소가스를 사용하는 것의 질소가스는 소화약제 1kg 마다 10L(35℃에서 1기압의 압력상태로 환산한 것) 이상으로 할 것

**해설** 가압용가스용기
㉠ 분말소화약제의 가스용기는 분말소화약제 저장용기에 접속하여 설치하여야 한다.
㉡ 분말소화약제의 가압용가스 용기를 3병 이상 설치한 경우에 있어서는 2개 이상의 용기에 전자개방밸브를 부착하여야 한다.
㉢ 분말소화약제의 가압용가스 용기에는 2.5MPa 이하의 압력에서 조정이 가능한 압력 조정기를 설치하여야 한다.
㉣ 가압용가스 또는 축압용가스는 다음의 기준에 따라 설치하여야 한다.
ⓐ 가압용가스 또는 축압용가스는 질소가스 또는 이산화탄소로 할 것
ⓑ 가압용가스에 질소가스를 사용하는 것에 있어서 질소가스는 소화약제 1kg마다 40L(35℃에서 1기압의 압력상태로 환산한 것) 이상, 이산화탄소를 사용하는 것에 있어서 이산화탄소는 소화약제 1kg에 대하여 20g에 배관의 청소에 필요한 양을 가산한 양 이상으로 할 것
ⓒ 축압용 가스에 질소가스를 사용하는 것에 있어서 질소가스는 소화약제 1kg에 대하여 10L(35℃에서 1기압의 압력상태로 환산한 것) 이상, 이산화탄소를 사용하는 것에 있어서 이산화탄소는 소화약제 1kg에 대하여 20g에 배관의 청소에 필요한 양을 가산한 양 이상으로 할 것
ⓓ 배관의 청소에 필요한 양의 가스는 별도의 용기에 저장할 것

**64** 소화용수설비의 소화수조가 옥상 또는 옥탑의 부분에 설치된 경우 지상에 설치된 채수구에서의 압력은 얼마 이상이어야 하는가?

① 0.15MPa  ② 0.20MPa
③ 0.25MPa  ④ 0.35MPa

**해설** 소화수조 및 저수조의 화재안전기술기준
소화수조가 옥상 또는 옥탑의 부분에 설치된 경우에는 지상에 설치된 채수구에서의 압력이 0.15MPa 이상이 되도록 하여야 한다.

**65** 스프링클러소화설비의 배관 내 압력이 얼마 이상일 때 압력배관용 탄소강관을 사용해야 하는가?

① 0.1MPa
② 0.5MPa
③ 0.8MPa
④ 1.2MPa

**해설** 배관의 종류
배관과 배관이음쇠는 다음의 어느 하나에 해당하는 것 또는 동등 이상의 강도·내식성및 내열성을 국내의 공인기관으로부터 인정받은 것을 사용하여야 하고, 배관용 스테인리스강관(KS D 3576)의 이음을 용접으로 할 경우에는 알곤용접방식에 따른다.
㉠ 배관 내 사용압력이 1.2MPa 미만일 경우에는 다음의 어느 하나에 해당하는 것
ⓐ 배관용 탄소강관(KS D 3507)
ⓑ 이음매 없는 구리 및 구리합금관(KS D 5301). 다만, 습식의 배관에 한한다.
ⓒ 배관용 스테인리스강관(KS D 3576) 또는 일반배관용 스테인리스강관(KS D 3595)
ⓓ 덕타일 주철관(KS D 4311)
㉡ 배관 내 사용압력이 1.2MPa 이상일 경우에는 다음 어느 하나에 해당하는 것
ⓐ 압력배관용 탄소강관(KS D 3562)
ⓑ 배관용 아크용접 탄소강강관(KS D 3583)

**66** 할론소화설비에서 국소방출방식의 경우 할론소화약제의 양을 산출하는 식은 다음과 같다. 여기서 A는 무엇을 의미하는가? (단, 가연물이 비산할 우려가 있는 경우로 가정한다.)

$$Q = X - Y\frac{a}{A}$$

① 방호공간의 벽면적의 합계
② 창문이나 문의 틈새면적의 합계
③ 개구부 면적의 합계
④ 방호대상물 주위에 설치된 벽의 면적의 합계

정답 64.① 65.④ 66.①

**해설** 할론소화설비에서 국소방출방식의 경우 할론소화약제의 양을 산출하는 식(가연물이 비산할 우려가 있는 경우)

$$W = V \times Q \times \beta$$

W : 할론 약제량(kg)
V : 방호공간의 체적($m^3$),
Q : 방호공간 $1m^2$당의 약재량($kg/m^2$),
$\beta$ : 약제별 계수(2402, 1211은 1.1, 할론 1301은 1.25)
㉮ 방호공간 : 방호대상물의 각 부분으로부터 0.6m의 거리에 따라 둘러싸인 공간
㉯ 방호공간 $1m^3$당의 약제량

$$Q = X - Y\frac{a}{A}$$

Q : 방호공간 $1m^3$에 대한 소화약제의 양($kg/m^3$)
a : 방호대상물 주위에 설치된 벽 면적의 합계($m^2$)
A : 방호공간의 벽 면적(벽이 없는 경우에는 벽이 있는 것으로 가정한 면적)의 합계($m^2$)

| 소화약제의 종별 | X의 수치 | Y의 수치 |
|---|---|---|
| 할론 2402 | 5.2 | 3.9 |
| 할론 1211 | 4.4 | 3.3 |
| 할론 1301 | 4.0 | 3.0 |

**67** 이산화탄소 소화약제의 저장용기 설치기준 중 옳은 것은?

① 저장용기의 충전비는 고압식은 1.9 이상 2.3 이하, 저압식은 1.5 이상 1.9 이하로 할 것
② 저압식 저장용기에는 액면계 및 압력계와 2.1MPa 이상 1.7MPa 이하의 압력에서 작동하는 압력경보장치를 설치할 것
③ 저장용기는 고압식은 25MPa 이상, 저압식은 3.5MPa 이상의 내압시험압력에 합격한 것으로 할 것
④ 저압식 저장용기에는 내압시험압력의 1.8배의 압력에서 작동하는 안전밸브와 내압시험압력의 0.8배부터 내압시험압력까지의 범위에서 작동하는 봉판을 설치할 것

**해설** 이산화탄소소화설비의 화재안전기술기준
이산화탄소 소화약제의 저장용기는 다음의 기준에 따라 설치하여야 한다.
1. 저장용기의 충전비는 고압식은 1.5 이상 1.9 이하, 저압식은 1.1 이상 1.4 이하로 할 것
2. 저압식 저장용기에는 내압시험압력의 0.64배부터 0.8배의 압력에서 작동하는 안전밸브와 내압시험압력의 0.8배부터 내압시험압력에서 작동하는 봉판을 설치할 것
3. 저압식 저장용기에는 액면계 및 압력계와 2.3MPa 이상 1.9MPa 이하의 압력에서 작동하는 압력경보장치를 설치할 것
4. 저압식 저장용기에는 용기내부의 온도가 섭씨 영하 18℃ 이하에서 2.1MPa의 압력을 유지할 수 있는 자동냉동 장치를 설치할 것
5. 저장용기는 고압식은 25MPa 이상, 저압식은 3.5MPa 이상의 내압시험압력에 합격한 것으로 할 것

**68** 포헤드를 정방형으로 설치 시 헤드와 벽과의 최대 이격거리는 약 몇 m인가?

① 1.48  ② 1.62
③ 1.76  ④ 1.91

**해설** 포소화설비의 화재안전기술기준
포헤드 상호간에는 다음의 기준에 따른 거리를 두도록 할 것
가. 정방형으로 배치한 경우에는 다음의 식에 따라 산정한 수치 이하가 되도록 할 것

$$S = 2r \times \cos 45°$$

S : 포헤드 상호간의 거리(m)
r : 유효반경(2.1m)

나. 장방형으로 배치한 경우에는 그 대각선의 길이가 다음의 식에 따라 산정한 수치 이하가 되도록 할 것

$$P_t = 2r$$

$P_t$ : 대각선의 길이(m)
r : 유효반경(2.1m)
※ 헤드~벽 = $\frac{1}{2}S$ 이하
∴ $\frac{2 \times 2.1 \times \cos 45°}{2} = 1.48 m$

**69** 소화용수설비와 관련하여 다음 설명 중 괄호 안에 들어갈 항목으로 옳게 짝지어진 것은?

> 상수도소화용수설비를 설치하여야 하는 특정소방대상물은 다음 각 목의 어느 하나와 같다. 다만, 상수도소화용수설비를 설치하여야 하는 특정소방대상물의 대지 경계선으로부터 ( ⓐ )m 이내에 지름 ( ⓑ )mm 이상인 상수도용 배수관이 설치되지 않은 지역의 경우에는 화재안전기준에 따른 소화수조 또는 저수조를 설치하여야 한다.

① ⓐ : 150, ⓑ 75
② ⓐ : 150, ⓑ 100
③ ⓐ : 180, ⓑ 75
④ ⓐ : 180, ⓑ 100

**해설** 소방시설 설치 및 관리에 관한 법률 시행령
[별표 4] 특정소방대상물의 관계인이 특정소방대상물에 설치·관리해야 하는 소방시설의 종류
→ 소화용수설비 상수도소화용수설비를 설치하여야 하는 특정소방대상물은 다음 각 목의 어느 하나와 같다. 다만, 상수도소화용수설비를 설치하여야 하는 특정소방대상물의 대지 경계선으로부터 180m 이내에 지름 75mm 이상인 상수도용 배수관이 설치되지 않은 지역의 경우에는 화재안전기준에 따른 소화수조 또는 저수조를 설치하여야 한다.
가. 연면적 5천m² 이상인 것. 다만, 위험물 저장 및 처리 시설 중 가스시설, 지하가 중 터널 또는 지하구의 경우에는 그러하지 아니하다.
나. 가스시설로서 지상에 노출된 탱크의 저장용량의 합계가 100톤 이상인 것
다. 자원순환 관련 시설 중 폐기물재활용시설 및 폐기물처분시설

**70** 연소방지설비의 수평주행배관의 설치 기준에 대한 설명 중 괄호 안의 항목이 옳게 짝지어진 것은?

> 연소방지설비에 있어서의 수평주행배관의 구경은 ( ⓐ )mm 이상의 것으로 하되, 연소방지설비전용헤드 및 스프링클러헤드를 향하여 상향으로 ( ⓑ ) 이상의 기울기로 설치하여야 한다.

① ⓐ 80   ⓑ 1/1000
② ⓐ 100  ⓑ 1/1000
③ ⓐ 80   ⓑ 2/1000
④ ⓐ 100  ⓑ 2/1000

**해설** [현행 삭제된 문제]

**71** 예상제연구역 바닥면적 400m² 미만 거실의 공기유입구와 배출구간의 직선거리 기준으로 옳은 것은? (단, 제연경계에 의한 구획을 제외한다.)

① 2m 이상 확보되어야 한다.
② 3m 이상 확보되어야 한다.
③ 5m 이상 확보되어야 한다.
④ 10m 이상 확보되어야 한다.

**해설** 예상제연구역에 설치되는 공기유입구의 기준

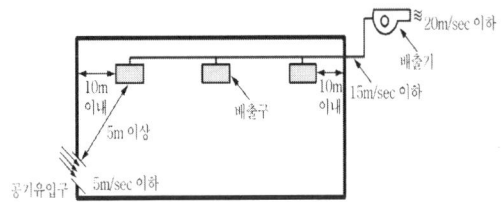

예상제연구역에 설치되는 공기유입구는 다음의 기준에 적합해야 한다.
① 바닥면적 400m² 미만의 거실인 예상제연구역(제연경계에 따른 구획을 제외한다. 다만, 거실과 통로와의 구획은 그렇지 않다)에 대해서는 공기유입구와 배출구간의 직선거리는 5m 이상 또는 구획된 실의 장변의 2분의 1 이상으로 할 것. 다만, 공연장·집회장·위락시설의 용도로 사용되는 부분의 바닥면적이 200m²를 초과하는 경우의 공기유입구는 ②의 기준에 따른다.
② 바닥면적이 400m² 이상의 거실인 예상제연구역(제연경계에 따른 구획을 제외한다. 다만, 거실과 통로와의 구획은 그렇지 않다)에 대해서는 바닥으로부터 1.5m 이하의 높이에 설치하고 그 주변은 공기의 유입에 장애가 없도록 할 것
③ 위 ①과 ②에 해당하는 것 외의 예상제연구역(통로인 예상제연구역을 포함한다)에 대한 유입구는 다음의 기준에 따를 것. 다만, 제연경계로 인접하는 구역의 유입공기가 당해 예상제연구역으로 유입되게 한 때에는 그렇지 않다.
  ㉠ 유입구를 벽에 설치할 경우에는 ②의 기준에 따를 것
  ㉡ 유입구를 벽 외의 장소에 설치할 경우에는 유입구 상단이 천장 또는 반자와 바닥 사이의 중간 아랫부분보다 낮게 되도록 하고, 수직거리가 가장 짧은 제연경계 하단보다 낮게 되도록 설치할 것

정답 69.③ 70.② 71.③

**72** 다음 중 스프링클러설비와 비교하여 물분무소화설비의 장점으로 옳지 않은 것은?

① 소량의 물을 사용함으로써 물의 사용량 및 방사량을 줄일 수 있다.
② 운동에너지가 크므로 파괴주수 효과가 크다.
③ 전기 절연성이 높아서 고압통전기기의 화재에도 안전하게 사용할 수 있다.
④ 물의 방수과정에서 화재열에 따른 부피증가량이 커서 질식효과를 높일 수 있다.

**해설** 운동에너지가 작으므로 파괴주수 효과가 작다.

**73** 일정 이상의 층수를 가진 오피스텔에서는 모든 층에 주거용 주방자동소화장치를 설치해야 하는데, 몇 층 이상인 경우 이러한 조치를 취해야 하는가?

① 15층 이상  ② 20층 이상
③ 25층 이상  ④ 30층 이상

**해설** [현행 개정된 문제]
주거용 주방자동소화장치 설치대상 : 아파트등 및 오피스텔의 모든 층

**74** 수직강하식 구조대가 구조적으로 갖추어야 할 조건으로 옳지 않은 것은? (단, 건물내부의 별실에 설치하는 경우는 제외한다.)

① 구조대의 포지는 외부포지와 내부포지로 구성한다.
② 포지는 사용 시 충격을 흡수하도록 수직방향으로 현저하게 늘어나야 한다.
③ 구조대는 연속하여 강하할 수 있는 구조이어야 한다.
④ 입구틀 및 취부틀의 입구는 지름 50cm 이상의 구체가 통과할 수 있어야 한다.

**해설** 구조대의 형식승인 및 제품검사의 기술기준
제3조(구조) 경사강하식구조대(이하 "구조대"라 한다)의 구조는 다음 각 호에 적합하여야 한다.
  1. 연속하여 활강할 수 있는 구조로 안전하고 쉽게 사용할 수 있어야 한다.
  2. 입구틀 및 취부틀의 입구는 지름 50cm 이상의 구체가 통과할 수 있어야 한다.
  3. 포지는 사용시에 수직방향으로 현저하게 늘어나지 아니하여야 한다.
  4. 포지, 지지틀, 취부틀 그 밖의 부속장치 등은 견고하게 부착되어야 한다.
  5. 구조대 본체는 강하방향으로 봉합부가 설치되지 아니하여야 한다.
  6. 구조대 본체의 활강부는 낙하방지를 위해 포를 2중 구조로 하거나 또는 망목의 변의 길이가 8cm 이하인 망을 설치하여야 한다. 다만, 구조상 낙하방지의 성능을 갖고 있는 구조대의 경우에는 그러하지 아니하다.
  7. 본체의 포지는 하부지지장치에 인장력이 균등하게 걸리도록 부착하여야 하며 하부지지장치는 쉽게 조작할 수 있어야 한다.
  8. 손잡이는 출구부근에 좌우 각3개 이상 균일한 간격으로 견고하게 부착하여야 한다.
  9. 구조대본체의 끝부분에는 길이 4m이상, 지름 4mm 이상의 유도선을 부착하여야 하며, 유도선 끝에는 중량 3N(300g) 이상의 모래주머니 등을 설치하여야 한다.
  10. 땅에 닿을 때 충격을 받는 부분에는 완충장치로서 받침포 등을 부착하여야 한다.

**75** 주차장에 분말소화약제 120kg을 저장하려고 한다. 이때 필요한 저장용기의 최소 내용적(L)은?

① 96   ② 120
③ 150  ④ 180

**해설** 분말소화설비 저장용기의 내용적

| 소화약제의 종별 | 소화약제 1kg당 저장용기의 내용적 |
|---|---|
| 제1종 분말(탄산수소나트륨을 주성분으로 한 분말) | 0.8L |
| 제2종 분말(탄산수소칼륨을 주성분으로 한 분말) | 1L |
| 제3종 분말(인산염을 주성분으로 한 분말) | 1L |
| 제4종 분말(탄산수소칼륨과 요소가 화합된 분말) | 1.25L |

차고, 주차장에는 제3종 분말소화약제를 사용하여야 하므로,
$120[kg] \times \dfrac{1[L]}{1[kg]} = 120[L]$

**정답** 72.② 73.④ 74.② 75.②

▶ 분말소화설비의 화재안전기술기준
분말소화설비에 사용하는 소화약제는 제1종분말·제2종분말·제3종분말 또는 제4종분말로 하여야 한다. 다만, 차고 또는 주차장에 설치하는 분말소화설비의 소화약제는 제3종분말로 하여야 한다.

**76** 다음 중 노유자시설의 4층 이상 10층 이하에서 적응성이 있는 피난기구가 아닌 것은?

① 피난교
② 다수인피난장비
③ 승강식피난기
④ 미끄럼대

**해설** 피난기구의 적응성

| 설치장소별 구분 | 1층 | 2층 | 3층 | 4층 이상 10층 이하 |
|---|---|---|---|---|
| 1. 노유자시설 | 미끄럼대·구조대·피난교·다수인피난장비·승강식피난기 | 미끄럼대·구조대·피난교·다수인피난장비·승강식피난기 | 미끄럼대·구조대·피난교·다수인피난장비·승강식피난기 | 구조대·피난교·다수인피난장비·승강식피난기 |
| 2. 의료시설·근린생활시설 중 입원실이 있는 의원·접골원·조산원 | | | 미끄럼대·구조대·피난교·피난용트랩·다수인피난장비·승강식피난기 | 구조대·피난교·피난용트랩·다수인피난장비·승강식피난기 |
| 3. 「다중이용업소의 안전관리에 관한 특별법 시행령」제2조에 따른 다중이용업소로서 영업장의 위치가 4층 이하인 다중이용업소 | | 미끄럼대·피난사다리·구조대·완강기·다수인피난장비·승강식피난기 | 미끄럼대·피난사다리·구조대·완강기·다수인피난장비·승강식피난기 | 미끄럼대·피난사다리·구조대·완강기·다수인피난장비·승강식피난기 |
| 4. 그 밖의 것 | | | 미끄럼대·피난사다리·구조대·완강기·피난교·피난용트랩·간이완강기·공기안전매트·다수인피난장비·승강식피난기 | 피난사다리·구조대·완강기·피난교·간이완강기·공기안전매트·다수인피난장비·승강식피난기 |

**77** 물분무소화설비를 설치하는 차고의 배수설비 설치기준 중 틀린 것은?

① 차량이 주차하는 장소의 적당한 곳에 높이 10cm 이상의 경계턱으로 배수구를 설치할 것
② 길이 40m 이하마다 집수관, 소화핏트 등 기름분리장치를 설치할 것
③ 차량이 주차하는 바닥은 배수구를 향하여 100분의 1 이상의 기울기를 유지할 것
④ 배수설비는 가압송수장치의 최대 송수능력의 수량을 유효하게 배수할 수 있는 크기 및 기울기로 할 것

**해설** 물분무소화설비의 화재안전기술기준
물분무소화설비를 설치하는 차고 또는 주차장에는 다음의 기준에 따라 배수설비를 하여야 한다.
1. 차량이 주차하는 장소의 적당한 곳에 높이 10cm 이상의 경계턱으로 배수구를 설치할 것
2. 배수구에는 새어나온 기름을 모아 소화할 수 있도록 길이 40m 이하마다 집수관·소화핏트 등 기름분리장치를 설치할 것
3. 차량이 주차하는 바닥은 배수구를 향하여 100분의 2 이상의 기울기를 유지할 것
4. 배수설비는 가압송수장치의 최대송수능력의 수량을 유효하게 배수할 수 있는 크기 및 기울기로 할 것

**78** 층수가 10층인 근린생활시설에 습식 폐쇄형스프링클러헤드가 설치되어 있다면 이 설비에 필요한 수원의 양은 얼마 이상이어야 하는가? (헤드가 가장 많이 설치된 층은 8층으로서 40개가 설치되어 있다.)

① $16m^3$
② $32m^3$
③ $48m^3$
④ $64m^3$

**해설** 스프링클러설비 수원의 양
▶ 수원의 양
㉠ 폐쇄형 스프링클러헤드를 사용하는 경우
 • 30층 미만의 경우 : 수원의 양($m^3$)
  $= N \times 1.6m^3$ 이상
  $= N \times 80l/min \times 20min$ 이상

정답 76.④ 77.③ 78.②

- 30층 이상 49층 이하의 경우 : 수원의 양($m^3$)
  = $N \times 3.2m^3$ 이상
  = $N \times 80 l/min \times 40min$ 이상
- 50층 이상의 경우 : 수원의 양($m^3$)
  = $N \times 4.8m^3$ 이상
  = $N \times 80 l/min \times 60min$ 이상
- $N$ : 스프링클러헤드의 설치개수가 가장 많은 층의 설치수(최대기준개수 이하)

**【 기준개수 】**

| 스프링클러설비 설치장소 | | | 기준 개수 |
|---|---|---|---|
| 지하층을 제외한 층수가 10층 이하인 특정소방 대상물 | 공장 | 특수가연물을 저장·취급하는 것 | 30 |
| | | 그 밖의 것 | 20 |
| | 근린생활시설·판매시설·운수시설 또는 복합건축물 | 판매시설 또는 복합건축물(판매시설이 설치되는 복합건축물을 말한다.) | 30 |
| | | 그 밖의 것 | 20 |
| | 그 밖의 것 | 헤드의 부착높이가 8m 이상인 것 | 20 |
| | | 헤드의 부착높이가 8m 미만인 것 | 10 |
| 지하층을 제외한 층수가 11층 이상인 특정 소방대상물·지하가 또는 지하역사 | | | 30 |

비고 : 하나의 소방대상물이 2 이상 "스프링클러헤드의 기준개수"란에 해당하는 때에는 기준개수가 많은 것을 기준으로 한다. 다만, 각 기준개수에 해당하는 수원을 별도로 설치하는 경우에는 그렇지 않다.

ⓒ 개방형 헤드를 사용하는 경우
  ⓐ 최대 방수구역의 헤드 수가 30개 이하일 때
   수원($m^3$) = N × 1.6$m^3$ 이상
   N : 최대 방수구역의 헤드 수
  ⓑ 최대 방수구역의 헤드 수가 30개를 초과할 때
   수원($m^3$) = Q × 20min 이상
   Q : 가압송수장치의 분당송수량($m^3$/min)
   $Q[m^3] = N \times 80[L/min] \times 20[min]$
   $= 20 \times 80[L/min] \times 20[min]$
   $= 32,000[L] = 32[m^3]$

[공동주택 화재안전기술기준]
2.3.1 스프링클러설비는 다음의 기준에 따라 설치해야 한다.
  2.3.1.1 폐쇄형스프링클러헤드를 사용하는 아파트등은 기준개수 10개(스프링클러헤드의 설치개수가 가장 많은 세대에 설치된 스프링클러헤드의 개수가 기준개수보다 작은 경우에는 그 설치개수를 말한다)에 1.6$m^3$를 곱한 양 이상의 수원이 확보되도록 할 것. 다만, 아파트등의 각 동이 주차장으로 서로 연결된 구조인 경우 해당 주차장 부분의 기준개수는 30개로 할 것

[창고시설 화재안전기술기준]
2.3.2 수원의 저수량은 다음의 기준에 적합해야 한다.
  2.3.2.1 라지드롭형 스프링클러헤드의 설치개수가 가장 많은 방호구역의 설치개수(30개 이상 설치된 경우에는 30개)에 3.2$m^3$(랙식 창고의 경우에는 9.6$m^3$)를 곱한 양 이상이 되도록 할 것
  2.3.2.2 2.3.1.4에 따라 화재조기진압용 스프링클러설비를 설치하는 경우 「화재조기진압용 스프링클러설비의 화재안전기술기준(NFTC 103B)」 2.2.1에 따를 것

**79** 포소화설비에서 펌프의 토출관에 압입기를 설치하여 포 소화약제 압입용 펌프로 포소화약제를 압입시켜 혼합하는 방식은?

① 라인 프로포셔너방식
② 펌프 프로포셔너방식
③ 프레져 프로포셔너방식
④ 프레져사이드 프로포셔너방식

**해설** 포소화설비의 화재안전기술기준
 ㉠ 펌프 프로포셔너방식
  펌프의 토출관과 흡입관 사이의 배관도중에 설치한 흡입기에 펌프에서 토출된 물의 일부를 보내고, 농도조정밸브에서 조정된 포 소화약제의 필요량을 포 소화약제 탱크에서 펌프 흡입측으로 보내어 이를 혼합하는 방식을 말한다.
 ㉡ 프레져 프로포셔너방식
  펌프와 발포기의 중간에 설치된 벤추리관의 벤추리작용과 펌프 가압수의 포소화약제 저장탱크에 대한 압력에 따라 포소화약제를 흡입·혼합하는 방식을 말한다.

정답 79.④

ⓒ 라인 프로포셔너방식
펌프와 발포기의 중간에 설치된 벤추리관의 벤추리작용에 따라 포소화약제를 흡입·혼합하는 방식을 말한다.
ⓔ 프레져사이드 프로포셔너방식
펌프의 토출관에 압입기를 설치하여 포 소화약제 압입용펌프로 포소화약제를 압입시켜 혼합하는 방식을 말한다.
ⓕ 압축공기포 믹싱챔버방식
물, 포 소화약제 및 공기를 믹싱챔버로 강제주입시켜 챔버 내에서 포수용액을 생성한 후 포를 방사하는 방식을 말한다.

**80** 다음 중 옥내소화전의 배관 등에 대한 설치방법으로 옳지 않은 것은?

① 펌프의 토출 측 주배관의 구경은 평균 유속을 5m/s가 되도록 설치하였다.
② 배관 내 사용압력이 1.1MPa인 곳에 배관용 탄소강관을 사용하였다.
③ 옥내소화전 송수구를 단구형으로 설치하였다.
④ 송수구로부터 주배관에 이르는 연결배관에는 개폐밸브를 설치하지 않았다.

**해설** 옥내소화전설비 배관의 관경
㉠ 펌프의 토출 측 주배관의 구경은 유속이 4m/s 이하가 될 수 있는 크기 이상으로 하여야 하고, 옥내소화전방수구와 연결되는 가지배관의 구경은 40mm(호스릴옥내소화전설비의 경우에는 25mm) 이상으로 하여야 하며, 주배관중 수직배관의 구경은 50mm(호스릴옥내소화전설비의 경우에는 32mm) 이상으로 하여야 한다.
㉡ 연결송수관설비의 배관과 겸용할 경우의 주배관은 구경 100mm 이상, 방수구로 연결 되는 배관의 구경은 65mm 이상의 것으로 하여야 한다.

**정답** 80.①

# 2019년 제2회 소방설비기사[기계분야] 1차 필기
[제4과목 : 소방기계구조원리]

**61** 작동전압이 22,900[V]의 고압의 전기기기가 있는 장소에 물분무설비를 설치할 때 전기기기와 물분무헤드 사이의 최소 이격거리는 얼마로 해야 하는가?

① 70[cm] 이상　② 80[cm] 이상
③ 110[cm] 이상　④ 150[cm] 이상

**해설** 고압의 전기기기와 물분무헤드 사이의 유지거리

| 전압(kV) | 거리(cm) | 전압(kV) | 거리(cm) |
|---|---|---|---|
| 66 이하 | 70 이상 | 154 초과 181 이하 | 180 이상 |
| 66 초과 77 이하 | 80 이상 | 181 초과 220 이하 | 210 이상 |
| 77 초과 110 이하 | 110 이상 | 220 초과 275 이하 | 260 이상 |
| 110 초과 154 이하 | 150 이상 | – | – |

**62** 다음 중 일반화재(A급 화재)에 적응성을 만족하지 못한 소화약제는?

① 포 소화약제　② 강화액 소화약제
③ 할론 소화약제　④ 이산화탄소 소화약제

**해설** 소화기구의 소화약제별 적응성

| 소화약제 구분 / 적응대상 | 가스 | | | 분말 | | | 액체 | | | 기타 | | |
|---|---|---|---|---|---|---|---|---|---|---|---|---|
| | 이산화탄소소화약제 | 할론소화약제 | 할로겐화합물및불활성기체소화약제 | 인산염류소화약제 | 중탄산염류소화약제 | 산알칼리소화약제 | 강화액소화약제 | 포소화약제 | 물·침윤소화약제 | 고체에어로졸화합물 | 마른모래 | 팽창질석·팽창진주암 | 그밖의것 |
| 일반화재(A급 화재) | – | – | ○ | ○ | – | ○ | ○ | ○ | ○ | ○ | – | – | – |
| 유류화재(B급 화재) | ○ | ○ | ○ | ○ | ○ | ○ | ○ | ○ | ○ | ○ | ○ | ○ | – |
| 전기화재(C급 화재) | ○ | ○ | ○ | ○ | * | * | * | * | ○ | – | – | – | – |
| 주방화재(K급 화재) | – | – | – | – | * | – | * | * | * | – | – | – | * |
| 금속화재(D급 화재) | – | – | – | – | * | – | – | – | – | * | ○ | ○ | * |

주) "*"의 소화약제별 적응성은 「소방시설 설치 및 관리에 관한 법률」 제37조에 의한 형식승인 및 제품검사의 기술기준에 따라 화재 종류별 적응성에 적합한 것으로 인정되는 경우에 한한다.

**63** 거실 제연설비 설계 중 배출량 선정에 있어서 고려하지 않아도 되는 사항은?

① 예상제연구역의 수직거리
② 예상제연구역의 바닥면적
③ 제연설비의 배출방식
④ 자동식 소화설비 및 피난설비의 설치 유무

**해설** 거실제연설비 설계 중 배출량 선정 시 고려사항
㉠ 제연설비의 배출방식
㉡ 예상제연구역의 바닥면적
㉢ 예상제연구역의 수직거리

**64** 폐쇄형 스프링클러헤드를 최고주위온도 40[℃]인 장소(공장 및 창고 제외)에 설치할 경우 표시온도는 몇 [℃]의 것을 설치하여야 하는가?

① 79[℃] 미만
② 79[℃] 이상 121[℃] 미만
③ 121[℃] 이상 162[℃] 미만
④ 162[℃] 이상

**정답** 61.① 62.④ 63.④ 64.②

**해설** 폐쇄형헤드의 최고주위온도에 따른 표시온도

| 설치장소의 최고주위온도 | 표시온도 |
|---|---|
| 39℃ 미만 | 79℃ 미만 |
| 39℃ 이상 64℃ 미만 | 79℃ 이상 121℃ 미만 |
| 64℃ 이상 106℃ 미만 | 121℃ 이상 162℃ 미만 |
| 106℃ 이상 | 162℃ 이상 |

**65** 스프링클러헤드를 설치하지 않을 수 있는 장소로만 나열된 것은?

① 계단, 병실, 목욕실, 냉동창고의 냉동실, 아파트(대피공간 제외)
② 발전실, 수술실, 응급처치실, 통신기기실, 관람석이 없는 테니스장
③ 냉동창고의 냉동실, 변전실, 병실, 목욕실, 수영장 관람석
④ 수술실, 관람석이 없는 테니스장, 변전실, 발전실, 아파트(대피공간 제외)

**해설** 스프링클러설비 화재안전기술기준
2.12 헤드의 설치제외
　2.12.1 스프링클러설비를 설치해야 할 특정소방대상물에 있어서 다음의 어느 하나에 해당하는 장소에는 스프링클러헤드를 설치하지 않을 수 있다.
　　2.12.1.1 계단실(특별피난계단의 부속실을 포함한다)·경사로·승강기의 승강로·비상용 승강기의 승강장·파이프덕트 및 덕트피트(파이프·덕트를 통과시키기 위한 구획된 구멍에 한한다)·목욕실·수영장(관람석부분을 제외한다)·화장실·직접 외기에 개방되어 있는 복도·기타 이와 유사한 장소
　　2.12.1.2 통신기기실·전자기기실·기타 이와 유사한 장소
　　2.12.1.3 발전실·변전실·변압기·기타 이와 유사한 전기설비가 설치되어 있는 장소
　　2.12.1.4 병원의 수술실·응급처치실·기타 이와 유사한 장소
　　2.12.1.5 천장과 반자 양쪽이 불연재료로 되어 있는 경우로서 그 사이의 거리 및 구조가 다음의 어느 하나에 해당하는 부분
　　　2.12.1.5.1 천장과 반자 사이의 거리가 2m 미만인 부분
　　　2.12.1.5.2 천장과 반자 사이의 벽이 불연재료이고 천장과 반자사이의 거리가 2m 이상으로서 그 사이에 가연물이 존재하지 않는 부분
　　2.12.1.6 천장·반자 중 한쪽이 불연재료로 되어 있고 천장과 반자사이의 거리가 1m 미만인 부분
　　2.12.1.7 천장 및 반자가 불연재료 외의 것으로 되어 있고 천장과 반자사이의 거리가 0.5m 미만인 부분
　　2.12.1.8 펌프실·물탱크실 엘리베이터 권상기실 그 밖의 이와 비슷한 장소
　　2.12.1.9 현관 또는 로비 등으로서 바닥으로부터 높이가 20m 이상인 장소
　　2.12.1.10 영하의 냉장창고의 냉장실 또는 냉동창고의 냉동실
　　2.12.1.11 고온의 노가 설치된 장소 또는 물과 격렬하게 반응하는 물품의 저장 또는 취급장소
　　2.12.1.12 불연재료로 된 특정소방대상물 또는 그 부분으로서 다음의 어느 하나에 해당하는 장소
　　　2.12.1.12.1 정수장·오물처리장 그 밖의 이와 비슷한 장소
　　　2.12.1.12.2 펄프공장의 작업장·음료수공장의 세정 또는 충전하는 작업장 그 밖의 이와 비슷한 장소
　　　2.12.1.12.3 불연성의 금속·석재 등의 가공공장으로서 가연성물질을 저장 또는 취급하지 않는 장소
　　　2.12.1.12.4 가연성 물질이 존재하지 않는 「건축물의 에너지절약설계기준」에 따른 방풍실
　　2.12.1.13 실내에 설치된 테니스장·게이트볼장·정구장 또는 이와 비슷한 장소로서 실내 바닥·벽·천장이 불연재료 또는 준불연재료로 구성되어 있고 가연물이 존재하지 않는 장소로서 관람석이 없는 운동시설(지하층은 제외한다)
　　2.12.1.14 <삭제 2024.1.1.>
　2.12.2 2.7.7.6의 연소할 우려가 있는 개구부에 다음의 기준에 따른 드렌처설비를 설치한 경우에는 해당 개구부에 한하여 스프링클러헤드를 설치하지 않을 수 있다.
　　2.12.2.1 드렌처헤드는 개구부 위 측에 2.5m 이내마다 1개를 설치할 것

2.12.2.2 제어밸브(일제개방밸브·개폐표시형밸브 및 수동조작부를 합한 것을 말한다. 이하 같다)는 특정소방대상물 층마다 바닥면으로부터 0.8m 이상 1.5m 이하의 위치에 설치할 것

2.12.2.3 수원의 수량은 드렌처헤드가 가장 많이 설치된 제어밸브의 드렌처헤드의 설치개수에 1.6㎥를 곱하여 얻은 수치 이상이 되도록 할 것

2.12.2.4 드렌처설비는 드렌처헤드가 가장 많이 설치된 제어밸브에 설치된 드렌처헤드를 동시에 사용하는 경우에 각각의 헤드선단에 방수압력이 0.1MPa 이상, 방수량이 80L/min 이상이 되도록 할 것

2.12.2.5 수원에 연결하는 가압송수장치는 점검이 쉽고 화재 등의 재해로 인한 피해 우려가 없는 장소에 설치할 것

**66** 학교, 공장, 창고시설에 설치하는 옥내소화전에서 가압송수장치 및 기동장치가 동결의 우려가 있는 경우 일부 사항을 제외하고는 주펌프와 동등 이상의 성능이 있는 별도의 펌프로서 내연기관의 기동과 연동하여 작동되거나 비상전원을 연결한 펌프를 추가 설치해야 한다. 다음 중 이러한 조치를 취해야 하는 경우는?

① 지하층이 없이 지상층만 있는 건축물
② 고가수조를 가압송수장치로 설치한 경우
③ 수원이 건축물의 최상층에 설치된 방수구보다 높은 위치에 설치된 경우
④ 건축물의 높이가 지표면으로부터 10[m] 이하인 경우

**해설** 옥내소화전설비의 화재안전기술기준

옥내소화전설비의 수원은 제1항에 따라 산출된 유효수량 외에 유효수량의 3분의 1 이상을 옥상(옥내소화전 설비가 설치된 건축물의 주된 옥상을 말한다. 이하 같다)에 설치하여야 한다. 다만, 다음의 어느 하나에 해당하는 경우에는 그러하지 아니하다.
1. 지하층만 있는 건축물
2. 고가수조를 가압송수장치로 설치한 옥내소화전설비
3. 수원이 건축물의 최상층에 설치된 방수구보다 높은 위치에 설치된 경우
4. 건축물의 높이가 지표면으로부터 10m 이하인 경우
5. 주펌프와 동등 이상의 성능이 있는 별도의 펌프로서 내연기관의 기동과 연동하여 작동되거나 비상전원을 연결 하여 설치한 경우
6. 학교·공장·창고시설(제4조제2항에 따라 옥상수조를 설치한 대상은 제외한다)로서 동결의 우려가 있는 장소에 있어서는 기동스위치에 보호판을 부착하여 옥내소화전함 내에 설치할 수 있다.
7. 가압수조를 가압송수장치로 설치한 옥내소화전설비

**67** 다음은 할로겐화합물소화설비의 수동기동장치 점검내용으로 옳지 않은 것은?

① 방호구역마다 설치되어 있는지 점검한다.
② 방출지연용 비상스위치가 설치되어 있는지 점검한다.
③ 화재감지기와 연동되어있는지 점검한다.
④ 조작부는 바닥으로부터 0.8[m] 이상 1.5[m] 이하의 위치에 설치되어 있는지 점검한다.

**해설** 할로겐화합물 및 불활성기체소화설비의 화재안전기술기준

2.5 기동장치
2.5.1 할로겐화합물 및 불활성기체소화설비의 수동식 기동장치는 다음의 기준에 따라 설치해야 한다. 이 경우 수동식 기동장치의 부근에는 소화약제의 방출을 지연시킬 수 있는 방출지연스위치(자동복귀형 스위치로서 수동식 기동장치의 타이머를 순간 정지시키는 기능의 스위치를 말한다)를 설치해야 한다.
2.5.1.1 방호구역마다 설치할 것
2.5.1.2 해당 방호구역의 출입구 부근 등 조작을 하는 자가 쉽게 피난할 수 있는 장소에 설치할 것
2.5.1.3 기동장치의 조작부는 바닥으로부터 0.8m 이상 1.5m 이하의 위치에 설치하고, 보호판 등에 따른 보호장치를 설치할 것
2.5.1.4 기동장치 인근의 보기 쉬운 곳에 "할로겐화합물 및 불활성기체소화설비 수동식 기동장치"라는 표지를 할 것
2.5.1.5 전기를 사용하는 기동장치에는 전원표시등을 설치할 것
2.5.1.6 기동장치의 방출용스위치는 음향경보장치와 연동하여 조작될 수 있는 것으로 할 것

2.5.1.7 50N 이하의 힘을 가하여 기동할 수 있는 구조로 할 것
2.5.1.8 기동장치에는 보호장치를 설치해야 하며, 보호장치를 개방하는 경우 기동장치에 설치된 부저 또는 벨 등에 의하여 경고음을 발할 것 〈신설 2024.8.1.〉
2.5.1.9 기동장치를 옥외에 설치하는 경우 빗물 또는 외부 충격의 영향을 받지 아니하도록 설치할 것 〈신설 2024.8.1.〉
2.5.2 할로겐화합물 및 불활성기체소화설비의 자동식 기동장치는 자동화재탐지설비의 감지기의 작동과 연동하는 것으로서 다음의 기준에 따라 설치해야 한다.
2.5.2.1 자동식 기동장치에는 수동으로도 기동할 수 있는 구조로 할 것
2.5.2.2 전기식 기동장치로서 7병 이상의 저장용기를 동시에 개방하는 설비는 2병 이상의 저장용기에 전자 개방밸브를 부착할 것
2.5.2.3 가스압력식 기동장치는 다음의 기준에 따를 것
2.5.2.3.1 기동용가스용기 및 해당 용기에 사용하는 밸브는 25MPa 이상의 압력에 견딜 수 있는 것으로 할 것
2.5.2.3.2 기동용가스용기에는 내압시험압력의 0.8배부터 내압시험압력 이하에서 작동하는 안전장치를 설치할 것
2.5.2.3.3 기동용가스용기의 체적은 5L 이상으로 하고, 해당 용기에 저장하는 질소 등의 비활성기체는 6.0MPa 이상(21℃ 기준)의 압력으로 충전할 것. 다만, 기동용가스용기의 체적을 1L 이상으로 하고, 해당 용기에 저장하는 이산화탄소의 양은 0.6kg 이상으로 하며, 충전비는 1.5 이상 1.9 이하의 기동용가스용기로 할 수 있다.
2.5.2.3.4 질소 등의 비활성기체 기동용가스용기에는 충전 여부를 확인할 수 있는 압력 게이지를 설치할 것
2.5.2.4 기계식 기동장치는 저장용기를 쉽게 개방할 수 있는 구조로 할 것
2.5.3 할로겐화합물 및 불활성기체소화설비가 설치된 부분의 출입구 등의 보기 쉬운 곳에 소화약제의 방출을 표시하는 표시등을 설치해야 한다.

**68** 화재시 연기가 찰 우려가 없는 장소로서 호스릴분말소화설비를 설치할 수 있는 기준 중 다음 ( ) 안에 알맞은 것은?

- 지상 1층 및 피난층 중 지상에서 수동 또는 원격조작에 따라 개방할 수 있는 개구부의 유효면적의 합계가 바닥면적의 ( ㉠ )[%] 이상이 되는 부분
- 전기설비가 설치되어 있는 부분 또는 다량의 화기를 사용하는 부분의 바닥면적이 해당 설비가 설치되어 있는 구획 바닥면적의 ( ㉡ ) 미만이 되는 부분

① ㉠ 15, ㉡ 1/5
② ㉠ 15, ㉡ 1/2
③ ㉠ 20, ㉡ 1/5
④ ㉠ 20, ㉡ 1/2

**해설** 분말소화설비의 화재안전기술기준
화재 시 현저하게 연기가 찰 우려가 없는 장소로서 다음의 어느 하나에 해당하는 장소에는 호스릴분말 소화설비를 설치할 수 있다.
1. 지상 1층 및 피난층에 있는 부분으로서 지상에서 수동 또는 원격조작에 따라 개방할 수 있는 개구부의 유효면적의 합계가 바닥면적의 15% 이상이 되는 부분
2. 전기설비가 설치되어 있는 부분 또는 다량의 화기를 사용하는 부분(해당 설비의 주위 5m 이내의 부분을 포함 한다)의 바닥면적이 해당 설비가 설치되어 있는 구획의 바닥면적의 5분의 1 미만이 되는 부분

**69** 다음 ( ) 안에 들어가는 기기로 옳은 것은?

- 분말소화약제의 가압용가스 용기를 3병 이상 설치한 경우에는 2개 이상의 용기에 ( ⓐ )를 부착하여야 한다.
- 분말소화약제의 가압용가스 용기에는 2.5[MPa] 이하의 압력에서 조정이 가능한 ( ⓑ )를 설치하여야 한다.

① ⓐ 전자개방밸브, ⓑ 압력조정기
② ⓐ 전자개방밸브, ⓑ 정압작동장치
③ ⓐ 압력조정기, ⓑ 전자개방밸브
④ ⓐ 압력조정기, ⓑ 정압개방밸브

**해설** 분말소화설비의 화재안전기술기준
① 분말소화약제의 가스용기는 분말소화약제의 저장용기에 접속하여 설치하여야 한다.
② 분말소화약제의 가압용가스 용기를 3병 이상 설치한 경우에는 2개 이상의 용기에 전자개방밸브를 부착하여야 한다.
③ 분말소화약제의 가압용가스 용기에는 2.5MPa 이하의 압력에서 조정이 가능한 압력조정기를 설치하여야 한다.

**70** 이산화탄소 소화약제의 저장용기에 관한 일반적인 설명으로 옳지 않은 것은?

① 방호구역내의 장소에 설치하되 피난구부근을 피하여 설치할 것
② 온도가 40[℃] 이하이고, 온도변화가 적은 곳에 설치할 것
③ 직사광선 및 빗물이 침투할 우려가 없는 곳에 설치할 것
④ 용기간의 간격은 점검에 지장이 없도록 3[cm] 이상의 간격을 유지할 것

**해설** 이산화탄소소화설비의 화재안전기술기준
이산화탄소 소화약제의 저장용기는 다음의 기준에 적합한 장소에 설치하여야 한다.
1. 방호구역외의 장소에 설치할 것. 다만, 방호구역내에 설치할 경우에는 피난 및 조작이 용이하도록 피난구부근에 설치하여야 한다.
2. 온도가 40℃ 이하이고, 온도변화가 적은 곳에 설치할 것
3. 직사광선 및 빗물이 침투할 우려가 없는 곳에 설치할 것
4. 방화문으로 구획된 실에 설치할 것
5. 용기의 설치장소에는 해당 용기가 설치된 곳임을 표시하는 표지를 할 것
6. 용기간의 간격은 점검에 지장이 없도록 3cm 이상의 간격을 유지할 것
7. 저장용기와 집합관을 연결하는 연결배관에는 체크밸브를 설치할 것. 다만, 저장용기가 하나의 방호구역만을 담당하는 경우에는 그러하지 아니하다.

**71** 다음 중 피난사다리 하부 지지점에 미끄럼 방지장치를 설치하여야 하는 것은?

① 내림식사다리
② 올림식사다리
③ 수납식사다리
④ 신축식사다리

**해설** 피난사다리의 종류
"피난사다리"란 화재 시 긴급대피를 위해 사용하는 사다리를 말한다.
㉠ 고정식 사다리 : 상시 사용할 수 있도록 소방대상물의 벽면에 고정시켜 사용되는 것으로 구조상 수납식, 접어개기식 및 신축식 등이 있다.

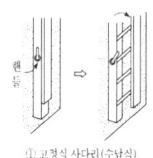 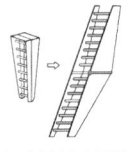 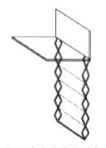
①고정식 사다리(수납식)  ②고정식 사다리(접어개기식)  ③고정식 사다리(신축식)

㉡ 올림식 사다리 : 소방대상물에 올림식 사다리의 상부 지지점을 걸고 올려 받혀서 사용하는 것으로서 신축식과 접어 굽히는 식이 있다.

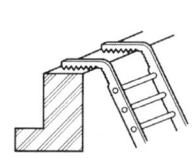 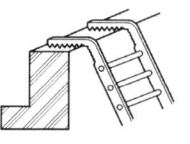
①올림식 사다리(접어굽히는 식)  ②올림식 사다리(신축식)

㉢ 내림식 사다리 : 소방대상물의 견고한 부분에 달아 매어서 접어 개든가 축소시켜 보관하고 사용하는 것으로 접어개기식, 와이어식, 체인식 등이 있다.

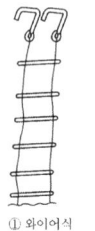 
①와이어식  ②접어개기식

**72** 포소화약제의 혼합장치 중 펌프의 토출관에 압입기를 설치하여 포 소화약제 압입용 펌프로 소화약제를 압입시켜 혼합하는 방식은?

① 펌프 프로포셔너 방식
② 프레져사이드 프로포셔너 방식
③ 라인 프로포셔너 방식
④ 프레져 프로포셔너 방식

**해설** 포소화설비의 화재안전기술기준
① 펌프 프로포셔너방식
  펌프의 토출관과 흡입관 사이의 배관 도중에 설치한 흡입기에 펌프에서 토출된 물의 일부를 보내고, 농도조정밸브에서 조정된 포 소화약제의 필요량을 포 소화약제 탱크에서 펌프 흡입측으로 보내어 이를 혼합하는 방식을 말한다.
② 프레져 프로포셔너방식
  펌프와 발포기의 중간에 설치된 벤추리관의 벤추리작용과 펌프 가압수의 포소화약제 저장탱크에 대한 압력에 따라 포 소화약제를 흡입·혼합하는 방식을 말한다.
③ 라인 프로포셔너방식
  펌프와 발포기의 중간에 설치된 벤추리관의 벤추리작용에 따라 포소화약제를 흡입·혼합하는 방식을 말한다.
④ 프레져사이드 프로포셔너방식
  펌프의 토출관에 압입기를 설치하여 포 소화약제 압입용펌프로 포소화약제를 압입시켜 혼합하는 방식을 말한다.
⑤ 압축공기포 믹싱챔버방식
  물, 포 소화약제 및 공기를 믹싱챔버로 강제주입시켜 챔버 내에서 포수용액을 생성한 후 포를 방사하는 방식을 말한다.

**73** 제연설비에서 예상제연구역의 각 부분으로부터 하나의 배출구까지의 수평거리를 몇 [m] 이내가 되도록 하여야 하는가?

① 10[m]   ② 12[m]
③ 15[m]   ④ 20[m]

**해설** 배출구의 설치위치
㉠ 바닥면적이 400m² 미만인 예상제연구역
  ⓐ 예상제연구역이 벽으로 구획되어 있는 경우 : 천장 또는 반자와 바닥 사이의 중간 윗부분에 설치할 것
  ⓑ 예상제연구역 중 어느 한 부분이 제연경계로 구획되어 있는 경우 : 천장·반자 또는 이에 가까운 벽의 부분에 설치할 것. 다만, 배출구를 벽에 설치하는 경우에는 배출구의 하단이 당해 예상제연구역에서 제연경계의 폭이 가장 짧은 제연경계의 하단보다 높이되도록 하여야 한다.
㉡ 통로인 예상제연구역과 바닥면적이 400m² 이상인 통로 외의 예상제연구역
  ⓐ 예상제연구역이 벽으로 구획되어 있는 경우 : 천장·반자 또는 이에 가까운 벽의 부분에 설치할 것. 다만, 배출구를 벽에 설치한 경우에는 배출구의 하단과 바닥 간의 최단거리가 2m 이상이어야 한다.
  ⓑ 예상제연구역 중 어느 한 부분이 제연경계로 구획되어 있을 경우 : 천장·반자 또는 이에 가까운 벽의 부분(제연경계를 포함한다.)에 설치할 것. 다만, 배출구를 벽 또는 제연경계에 설치하는 경우에는 배출구의 하단이 당해 예상제연구역에서 제연경계의 폭이 가장 짧은 제연경계의 하단보다 높이 되도록 설치하여야 한다.
㉢ 예상제연구역의 각 부분으로부터 하나의 배출구까지의 수평거리는 10m 이내가 되도록 하여야 한다.

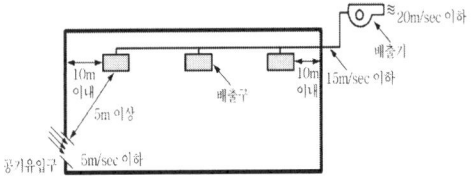

**74** 상수도소화용수설비의 소화전은 특정소방대상물의 수평투영면 각 부분으로부터 최대 몇 [m] 이하가 되도록 설치하는가?

① 25[m]   ② 40[m]
③ 100[m]  ④ 140[m]

**해설** 상수도소화용수설비 화재안전기술기준
2.1 상수도소화용수설비의 설치기준
  2.1.1 상수도소화용수설비는 「수도법」에 따른 기준 외에 다음의 기준에 따라 설치해야 한다.

2.1.1.1 호칭지름 75mm 이상의 수도배관에 호칭지름 100mm 이상의 소화전을 접속할 것
2.1.1.2 소화전은 소방자동차 등의 진입이 쉬운 도로변 또는 공지에 설치할 것
2.1.1.3 소화전은 특정소방대상물의 수평투영면의 각 부분으로부터 140m 이하가 되도록 설치할 것
2.1.1.4 지상식 소화전의 호스접결구는 지면으로부터 높이가 0.5m 이상 1m 이하가 되도록 설치할 것 〈신설 2024.7.1.〉

**75** 물분무소화설비 가압송수장치의 토출량에 대한 최소기준으로 옳은 것은? (단, 특수가연물을 저장취급하는 특정소방대상물 및 차고·주차장의 바닥면적은 $50[m^2]$ 이하인 경우는 $50[m^2]$를 기준으로 한다.)

① 차고 또는 주차장의 바닥면적 $1[m^2]$에 대해 $10[L/min]$로 20분간 방수할 수 있는 양 이상
② 특수가연물을 저장·취급하는 특정 소방대상물의 바닥면적 $1[m^2]$에 대해 $20[L/min]$로 20분간 방수할 수 있는 양 이상
③ 케이블 트레이, 케이블 덕트는 투영된 바닥면적 $1[m^2]$에 대해 $10[L/mim]$로 20분간 방수할 수 있는 양 이상
④ 절연유봉입변압기는 바닥면적을 제외한 표면적을 합한 면적$1[m^2]$에 대해 $10[L/min]$로 20분간 방수할 수 있는 양 이상

**해설** 물분무소화설비 수원의 양
① 특수가연물을 저장 또는 취급하는 소방대상물
$Q = A(m^2) \times 10 l/m^2 \cdot min \times 20min$
Q : 수원($l$)
A : 바닥면적(최대방수구역 바닥면적, 최소 $50m^2$ 이상)
② 차고 또는 주차장
$Q = A(m^2) \times 20 l/m^2 \cdot min \times 20min$
Q : 수원($l$)
A : 바닥면적(최대방수구역 바닥면적, 최소 $50m^2$ 이상)
③ 절연유 봉입변압기
$Q = A(m^2) \times 10 l/m^2 \cdot min \times 20min$
Q : 수원($l$)
A : 바닥면적을 제외한 표면적을 합한 면적($m^2$)
④ 케이블 트레이, 덕트
$Q = A(m^2) \times 12 l/m^2 \cdot min \times 20min$
Q : 수원($l$)
A : 투영된 바닥면적($m^2$)
※ 투영(投影)된 바닥면적 : 위에서 빛을 비출 때 바닥 그림자의 면적
⑤ 컨베이어 벨트 등
$Q = A(m^2) \times 10 l/m^2 \cdot min \times 20min$
Q : 수원($l$)
A : 벨트부분의 바닥면적($m^2$)
⑥ 위험물 저장탱크
$Q = L(m) \times 37 l/m \cdot min \times 20min$
Q : 수원($l$), L : 탱크의 원주둘레길이(m)

**76** 피난기구 설치기준으로 옳지 않은 것은?

① 피난기구는 소방대상물의 기둥·바닥·보, 기타 구조상 견고한 부분에 볼트조임·매입·용접, 기타의 방법으로 견고하게 부착할 것
② 2층 이상의 층에 피난사다리(하향식 피난구용 내임식사다리는 제외한다.)를 설치하는 경우에는 금속성 고정사다리를 설치하고, 피난에 방해되지 않도록 노대는 설치되지 않아야 할 것
③ 승강식피난기 및 하향식 피난구용 내림식사다리는 설치경로가 설치층에서 피난층까지 연계될 수 있는 구조로 설치할 것. 다만, 건축물의 구조 및 설치 여건 상 불가피한 경우에는 그러하지 아니한다.
④ 승강식피난기 및 하향식 피난구용 내림식사다리의 하강구 내측에는 기구의 연결 금속구 등이 없어야 하며 전개된 피난기구는 하강구 수평투영면적 공간 내의 범위를 침범하지 않는 구조이어야 할 것. 단, 직경 60[cm] 크기의 범위를 벗어난 경우이거나, 직하층의 바닥 면으로부터 높이 50[cm] 이하의 범위는 제외한다.

정답 75.④ 76.②

**해설** 피난기구 설치기준

㉠ 피난기구는 계단·피난구 기타 피난시설로부터 적당한 거리에 있는 안전한 구조로 된 피난 또는 소화활동상 유효한 개구부(가로 0.5m 이상 세로 1m 이상인 것을 말한다. 이 경우 개부구 하단이 바닥에서 1.2m 이상이면 발판 등을 설치하여야 하고, 밀폐된 창문은 쉽게 파괴할 수 있는 파괴장치를 비치하여야 한다)에 고정하여 설치하거나 필요한 때에 신속하고 유효하게 설치할 수 있는 상태에 둘 것

㉡ 피난기구를 설치하는 개구부는 서로 동일직선상이 아닌 위치에 있을 것. 다만, 미끄럼봉·피난교·피난용트랩·피난밧줄 또는 간이완강기·아파트에 설치되는 피난기구(다수인 피난장비는 제외한다) 기타 피난상 지장이 없는 것에 있어서는 그러하지 아니하다.

㉢ 피난기구는 소방대상물의 기둥·바닥·보 기타 구조상 견고한 부분에 볼트조임·매입·용접 기타의 방법으로 견고하게 부착할 것

㉣ 4층 이상의 층에 피난사다리(하향식 피난구용 내림식사다리는 제외한다)를 설치하는 경우에는 금속성 고정사다리를 설치하고, 당해 고정사다리에는 쉽게 피난할 수 있는 구조의 노대를 설치할 것

㉤ 완강기는 강하 시 로프가 소방대상물과 접촉하여 손상되지 아니하도록 할 것

㉥ 완강기로프의 길이는 부착위치에서 지면 기타 피난상 유효한 착지 면까지의 길이로 할 것

㉦ 미끄럼대는 안전한 강하속도를 유지하도록 하고, 전락방지를 위한 안전조치를 할 것

㉧ 구조대의 길이는 피난 상 지장이 없고 안정한 강하속도를 유지할 수 있는 길이로 할 것

**승강식 피난기 및 하향식 피난구용 내림식사다리 설치기준**

㉠ 승강식피난기 및 하향식 피난구용 내림식사다리는 설치경로가 설치층에서 피난층까지 연계될 수 있는 구조로 설치할 것. 단, 건축물 규모가 지상 5층 이하로서 구조 및 설치 여건상 불가피한 경우는 그러하지 아니 한다.

㉡ 대피실의 면적은 2m²(2세대 이상일 경우에는 3m²) 이상으로 하고, 건축법시행령 제46조제4항의 규정에 적합하여야 하며 하강구(개구부) 규격은 직경60cm 이상일 것. 단, 외기와 개방된 장소에는 그러하지 아니 한다.

㉢ 하강구 내측에는 기구의 연결 금속구 등이 없어야 하며 전개된 피난기구는 하강구 수평투영면적 공간 내의 범위를 침범하지 않는 구조이어야 할 것. 단, 직경 60cm 크기의 범위를 벗어난 경우이거나, 직하층의 바닥 면으로부터 높이 50cm 이하의 범위는 제외한다.

㉣ 대피실의 출입문은 갑종방화문으로 설치하고, 피난방향에서 식별할 수 있는 위치에 "대피실" 표지판을 부착할 것. 단, 외기와 개방된 장소에는 그러하지 아니 한다.

㉤ 착지점과 하강구는 상호 수평거리 15cm 이상의 간격을 둘 것

㉥ 대피실 내에는 비상조명등을 설치 할 것

㉦ 대피실에는 층의 위치표시와 피난기구 사용설명서 및 주의사항 표지판을 부착 할 것

㉧ 대피실 출입문이 개방되거나, 피난기구 작동 시 해당 층 및 직하층 거실에 설치된 표시등 및 경보장치가 작동되고, 감시 제어반에서는 피난기구의 작동을 확인할 수 있어 야 할 것

㉩ 사용 시 기울거나 흔들리지 않도록 설치할 것

㉪ 승강식피난기는 한국소방산업기술원 또는 법 제42조제1항에 따라 성능시험기관으로 지정받은 기관에서 그 성능을 검증받은 것으로 설치할 것

**77** 포소화설비의 자동식 기동장치를 패쇄형 스프링클러헤드의 개방과 연동하여 가압송수장치·일제개방밸브 및 포 소화약제 혼합 장치를 기동하는 경우 다음 (   ) 안에 알맞은 것은? (단, 자동화재탐지설비의 수신기가 설치된 장소에 상시 사람이 근무하고 있고, 화재시 즉시 해당 조작부를 작동시킬 수 있는 경우는 제외한다.)

> 표시온도가 ( ㉠ )[℃] 미만인 것을 사용하고, 1개의 스프링클러헤드의 경계면적은 ( ㉡ )[m²] 이하로 할 것

① ㉠ 79, ㉡ 8
② ㉠ 121, ㉡ 8
③ ㉠ 79, ㉡ 20
④ ㉠ 121, ㉡ 20

**해설** 포소화설비 화재안전기술기준
▶ 자동식 기동장치의 설치기준

㉠ 폐쇄형 스프링클러헤드를 사용하는 경우에는 다음에 따를 것
　ⓐ 표시온도가 79℃ 미만인 것을 사용하고, 1개의 스프링클러헤드의 경계면적은 20m² 이하로 할 것
　ⓑ 부착면의 높이는 바닥으로부터 5m 이하로 하고, 화재를 유효하게 감지할 수 있도록 할 것

정답 77.③

ⓒ 하나의 감지장치 경계구역은 하나의 층이 되도록 할 것
ⓛ 화재감지기를 사용하는 경우에는 다음에 따를 것
  ⓐ 화재감지기는 자동화재탐지설비의 화재안전기준 제7조의 기준에 따라 설치할 것
  ⓑ 화재감지기 회로에는 다음 기준에 따른 발신기를 설치할 것
    ㉮ 조작이 쉬운 장소에 설치하고, 스위치는 바닥으로부터 0.8m 이상 1.5m 이하의 높이에 설치할 것
    ㉯ 소방대상물의 층마다 설치하되, 당해 소방대상물의 각 부분으로부터 수평거리가 25m 이하가 되도록 할 것. 다만, 복도 또는 별도로 구획된 실로서 보행거리가 40m 이상일 경우에는 추가로 설치하여야 한다.
    ㉰ 발신기의 위치를 표시하는 표시등은 함의 상부에 설치하되, 그 불빛은 부착면 으로부터 15° 이상의 범위 안에서 부착지점으로부터 10m 이내의 어느 곳에서도 쉽게 식별할 수 있는 적색등으로 할 것
ⓒ 동결 우려가 있는 장소의 포소화설비의 자동식 기동장치는 자동화재탐지설비와 연동으로 할 것

**78** 특정소방대상물별 소화기구의 능력단위의 기준 중 다음 ( ) 안에 알맞은 것은?

| 특정 소방대상물 | 소화기구의 능력단위 |
|---|---|
| 장례식장 및 의료시설 | 해당 용도의 바닥면적 ( ㉠ )[m²]마다 능력 단위 1단위 이상 |
| 노유자시설 | 해당 용도의 바닥면적 ( ㉡ )[m²]마다 능력 단위 1단위 이상 |
| 위락시설 | 해당 용도의 바닥면적 ( ㉢ )[m²]마다 능력 단위 1단위 이상 |

① ㉠ 30, ㉡ 50 ㉢ 100
② ㉠ 30, ㉡ 100 ㉢ 50
③ ㉠ 50, ㉡ 100 ㉢ 30
④ ㉠ 50, ㉡ 30 ㉢ 100

**해설** 특정소방대상물별 소화기구의 능력단위기준(제4조제1항제2호 관련)

| 특정소방대상물 | 소화기구의 능력단위 |
|---|---|
| 1. 위락시설 | 해당 용도의 바닥면적 30m² 마다 능력단위 1단위 이상 |
| 2. 공연장·집회장·관람장·문화재·장례식장 및 의료시설 | 해당 용도의 바닥면적 50m² 마다 능력단위 1단위 이상 |
| 3. 근린생활시설·판매시설·운수시설·숙박시설·노유자시설·전시장·공동주택·업무시설·방송통신시설·공장·창고시설·항공기 및 자동차 관련 시설 및 관광휴게시설 | 해당 용도의 바닥면적 100m² 마다 능력단위 1단위 이상 |
| 4. 그 밖의 것 | 해당 용도의 바닥면적 200m² 마다 능력단위 1단위 이상 |

(주) 소화기구의 능력단위를 산출함에 있어서 건축물의 주요구조부가 내화구조이고, 벽 및 반자의 실내에 면하는 부분이 불연재료·준불연재료 또는 난연재료로 된 특정소방대상물에 있어서는 위 표의 기준면적의 2배를 해당 특정소방대상물의 기준면적으로 한다.

**79** 아래 평면도와 같이 반자가 있는 어느 실내에 전등이나 공조용 디퓨저 등의 시설물을 무시하고 수평거리를 2.1[m]로 하여 스프링클러헤드를 정방형으로 설치하고자 할 때 최소 몇 개의 헤드를 설치해야 하는가? (단, 반자 속에는 헤드를 설치하지 아니하는 것으로 본다.)

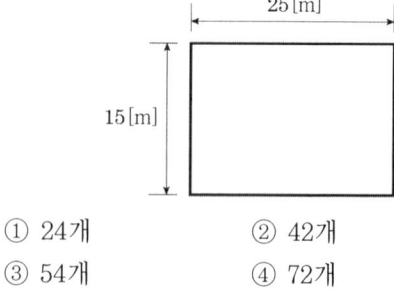

① 24개         ② 42개
③ 54개         ④ 72개

**해설** 헤드의 배치(정방형배치 : 헤드 간의 거리 중 가로의 거리와 세로의 거리가 동일한 헤드의 배치방식)

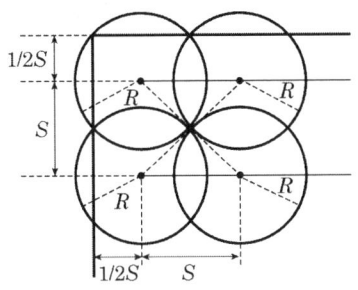

【 정방형 배치 】

$$S = 2R\cos 45°$$

$S$ : 헤드 간의 거리(m), $R$ : 수평 거리(m)

$S = 2R\cos 45$
$= 2 \times 2.1[\text{m}] \times \cos 45$
$= 2.96[\text{m}]$

가로 헤드개수 : $\dfrac{25[\text{m}]}{2.96[\text{m}/개]} = 8.44 ≒ 9[개]$

세로 헤드개수 : $\dfrac{15[\text{m}]}{2.96[\text{m}/개]} = 5.06 ≒ 6[개]$

총 헤드개수 : $9 \times 6 = 54[개]$

**80** 소화용수설비 중 소화수조 및 저수조에 대한 설명으로 틀린 것은?

① 소화수조, 저수조의 채수구 또는 흡수관투입구는 소방차가 2[m] 이내의 지점까지 접근할 수 있는 위치에 설치할 것

② 지하에 설치하는 소화용수설비의 흡수관투입구는 그 한 변이 0.6[m] 이상인 것으로 할 것

③ 채수구는 지면으로부터의 높이가 0.5[m] 이상 1[m] 이하의 위치에 설치하고 "채수구"라고 표시한 표시를 할 것

④ 소화수조가 옥상 또는 옥탑의 부분에 설치된 경우에는 지상에 설치된 채수구에서의 압력이 0.1[MPa] 이상이 되도록 할 것

**해설** 소화수조 및 저수조의 화재안전기술기준
소화수조가 옥상 또는 옥탑의 부분에 설치된 경우에는 지상에 설치된 채수구에서의 압력이 0.15MPa 이상이 되도록 하여야 한다.

정답 80.④

# 2019년 제4회 소방설비기사[기계분야] 1차 필기
[제4과목 : 소방기계구조원리]

**61** 이산화탄소소화설비의 기동장치에 대한 기준으로 틀린 것은?

① 자동식 기동장치에는 수동으로도 기동할 수 있는 구조이어야 한다.
② 가스압력식 기동장치에서 기동용가스용기 및 해당용기에 사용하는 밸브는 20MPa 이상의 압력에 견딜 수 있어야 한다.
③ 수동식 기동장치의 조작부는 바닥으로부터 높이 0.8m 이상 1.5m 이하의 위치에 설치한다.
④ 전기식 기동장치로서 7병 이상의 저장용기를 동시에 개방하는 설비는 2병 이상의 저장용기에 전자 개방밸브를 부착해야 한다.

**해설** 이산화탄소소화설비의 화재안전기술기준
이산화탄소소화설비의 자동식 기동장치는 자동화재탐지설비의 감지기의 작동과 연동하는 것으로서 다음의 기준에 따라 설치하여야 한다.
1. 자동식 기동장치에는 수동으로도 기동할 수 있는 구조로 할 것
2. 전기식 기동장치로서 7병 이상의 저장용기를 동시에 개방하는 설비는 2병 이상의 저장용기에 전자 개방밸브를 부착할 것
3. 가스압력식 기동장치는 다음 각 목의 기준에 따를 것
   가. 기동용가스용기 및 해당 용기에 사용하는 밸브는 25MPa 이상의 압력에 견딜 수 있는 것으로 할 것
   나. 기동용가스용기에는 내압시험압력의 0.8배부터 내압시험압력 이하에서 작동하는 안전장치를 설치할 것
   다. 기동용가스용기의 용적은 5L 이상으로 하고, 해당 용기에 저장하는 질소 등의 비활성기체는 6.0MPa 이상(21℃ 기준)의 압력으로 충전할 것
   라. 기동용가스용기에는 충전여부를 확인할 수 있는 압력게이지를 설치할 것

**62** 천장의 기울기가 10분의 1을 초과할 경우에 가지관의 최상부에 설치되는 톱날지붕의 스프링클러헤드는 천장의 최상부로부터의 수직거리가 몇 cm 이하가 되도록 설치하여야 하는가?

① 50  ② 70
③ 90  ④ 120

**해설** 스프링클러설비 화재안전기술기준
2.7.7.5 천장의 기울기가 10분의 1을 초과하는 경우에는 가지관을 천장의 마루와 평행하게 설치하고, 스프링클러헤드는 다음의 어느 하나에 적합하게 설치할 것
  2.7.7.5.1 천장의 최상부에 스프링클러헤드를 설치하는 경우에는 최상부에 설치하는 스프링클러헤드의 반사판을 수평으로 설치할 것
  2.7.7.5.2 천장의 최상부를 중심으로 가지관을 서로 마주보게 설치하는 경우에는 최상부의 가지관 상호간의 거리가 가지관상의 스프링클러헤드 상호간의 거리의 2분의 1이하(최소 1m 이상이 되어야 한다)가 되게 스프링클러헤드를 설치하고, 가지관의 최상부에 설치하는 스프링클러헤드는 천장의 최상부로부터의 수직거리가 90㎝ 이하가 되도록 할 것. 톱날지붕, 둥근지붕 기타 이와 유사한 지붕의 경우에도 이에 준한다.

**63** 주요 구조부가 내화구조이고 건널 복도가 설치된 층의 피난기구 수의 설치 감소 방법으로 적합한 것은?

① 피난기구를 설치하지 아니할 수 있다.
② 피난기구의 수에서 1/2을 감소한 수로 한다.
③ 원래의 수에서 건널 복도 수를 더한 수로 한다.
④ 피난기구의 수에서 해당 건널 복도의 수의 2배의 수를 뺀 수로 한다.

정답 61.② 62.③ 63.④

**해설** 피난기구 화재안전기술기준
2.3 피난기구 설치의 감소
  2.3.1 피난기구를 설치하여야 할 특정소방대상물중 다음의 기준에 적합한 층에는 2.1.2에 따른 피난기구의 2분의 1을 감소할 수 있다. 이 경우 설치하여야 할 피난기구의 수에 있어서 소수점 이하의 수는 1로 한다.
    2.3.1.1 주요구조부가 내화구조로 되어 있을 것
    2.3.1.2 직통계단인 피난계단 또는 특별피난계단이 2 이상 설치되어 있을 것
  2.3.2 피난기구를 설치해야 할 소방대상물 중 주요구조부가 내화구조이고 다음의 기준에 적합한 건널 복도가 설치되어 있는 층에는 2.1.2에 따른 피난기구의 수에서 해당 건널 복도의 수의 2배의 수를 뺀 수로 한다.
    2.3.2.1 내화구조 또는 철골조로 되어 있을 것
    2.3.2.2 건널 복도 양단의 출입구에 자동폐쇄장치를 한 60분+ 방화문 또는 60분 방화문(방화셔터를 제외한다)이 설치되어 있을 것
    2.3.2.3 피난·통행 또는 운반의 전용 용도일 것
  2.3.3 피난기구를 설치하여야 할 특정소방대상물 중 다음의 기준에 적합한 노대가 설치된 거실의 바닥면적은 2.1.2에 따른 피난기구의 설치개수 산정을 위한 바닥면적에서 이를 제외한다.
    2.3.3.1 노대를 포함한 특정소방대상물의 주요구조부가 내화구조일 것
    2.3.3.2 노대가 거실의 외기에 면하는 부분에 피난상 유효하게 설치되어 있어야 할 것
    2.3.3.3 노대가 소방사다리차가 쉽게 통행할 수 있는 도로 또는 공지에 면하여 설치되어 있거나, 거실부분과 방화 구획되어 있거나 또는 노대에 지상으로 통하는 계단 그 밖의 피난기구가 설치되어 있어야 할 것

## 64 제연설비의 설치장소에 따른 제연구역의 구획 기준으로 틀린 것은?

① 거실과 통로는 상호 제연구획 할 것
② 하나의 제연구역의 면적은 600m² 이내로 할 것
③ 하나의 제연구역은 직경 60m 원내에 들어갈 수 있을 것
④ 하나의 제연구역은 2개 이상 층에 미치지 아니하도록 할 것

**해설** 제연설비 화재안전기술기준
2.1.1 제연설비의 설치장소는 다음의 기준에 따른 제연구역으로 구획해야 한다.
  2.1.1.1 하나의 제연구역의 면적은 1,000m² 이내로 할 것
  2.1.1.2 거실과 통로(복도를 포함한다. 이하 같다)는 각각 제연구획 할 것
  2.1.1.3 통로상의 제연구역은 보행중심선의 길이가 60m를 초과하지 않을 것
  2.1.1.4 하나의 제연구역은 직경 60m 원내에 들어갈 수 있을 것
  2.1.1.5 하나의 제연구역은 2 이상의 층에 미치지 않도록 할 것. 다만, 층의 구분이 불분명한 부분은 그 부분을 다른 부분과 별도로 제연구획 해야 한다.

## 65 물분무소화설비의 가압송수장치로 압력수조의 필요압력을 산출할 때 필요한 것이 아닌 것은?

① 낙차의 환산수두압
② 물분무헤드의 설계압력
③ 배관의 마찰손실 수두압
④ 소방용 호스의 마찰손실 수두압

**해설** 물분무소화설비의 화재안전기술기준
압력수조를 이용한 가압송수장치는 다음의 기준에 따라 설치하여야 한다.
1. 압력수조의 압력은 다음의 식에 따라 산출한 수치 이상이 되도록 할 것
  $P = p_1 + p_2 + p_3$
  $P$ : 필요한 압력(MPa)
  $p_1$ : 물분무헤드의 설계압력(MPa)
  $p_2$ : 배관의 마찰손실 수두압(MPa)
  $p_3$ : 낙차의 환산수두압(MPa)
2. 압력수조에는 수위계·급수관·배수관·급기관·맨홀·압력계·안전장치 및 압력저하방지를 위한 자동식 공기압축기를 설치할 것

**66** 주거용 주방자동소화장치의 설치기준으로 틀린 것은?

① 감지부는 형식승인 받은 유효한 높이 및 위치에 설치해야 한다.
② 소화약제 방출구는 환기구의 청소부분과 분리되어 있어야 한다.
③ 가스차단 장치는 상시 확인 및 점검이 가능하도록 설치해야 한다.
④ 탐지부는 수신부와 분리하여 설치하되, 공기보다 무거운 가스를 사용하는 장소에는 바닥면으로부터 0.2m 이하의 위치에 설치해야 한다.

**[해설]** 소화기구 및 자동소화장치의 화재안전기술기준
자동소화장치는 다음의 기준에 따라 설치하여야 한다.
1. 주거용 주방자동소화장치는 다음의 기준에 따라 설치할 것
  가. 소화약제 방출구는 환기구(주방에서 발생하는 열기류 등을 밖으로 배출하는 장치를 말한다. 이하 같다)의 청소부분과 분리되어 있어야 하며, 형식승인 받은 유효설치 높이 및 방호면적에 따라 설치할 것
  나. 감지부는 형식승인 받은 유효한 높이 및 위치에 설치할 것
  다. 차단장치(전기 또는 가스)는 상시 확인 및 점검이 가능하도록 설치할 것
  라. 가스용 주방자동소화장치를 사용하는 경우 탐지부는 수신부와 분리하여 설치하되, 공기보다 가벼운 가스를 사용하는 경우에는 천장 면으로부터 30cm 이하의 위치에 설치하고, 공기보다 무거운 가스를 사용하는 장소에는 바닥 면으로부터 30cm 이하의 위치에 설치할 것
  마. 수신부는 주위의 열기류 또는 습기 등과 주위온도에 영향을 받지 아니하고 사용자가 상시 볼 수 있는 장소에 설치할 것

**67** 물분무소화설비의 소화작용이 아닌 것은?

① 부촉매작용
② 냉각작용
③ 질식작용
④ 희석작용

**[해설]** 부촉매작용에 의한 소화설비종류
할론소화약제소화설비, 할로겐화합물소화약제소화설비

**68** 소화용수설비에서 소화수조의 소요수량이 20m² 이상 40m² 미만인 경우에 설치하여야 하는 채수구의 개수는?

① 1개
② 2개
③ 3개
④ 4개

**[해설]** 소화수조 및 저수조의 화재안전기술기준
소화수조 또는 저수조는 다음의 기준에 따라 흡수관투입구 또는 채수구를 설치하여야 한다.
1. 지하에 설치하는 소화용수설비의 흡수관투입구는 그 한변이 0.6m 이상이거나 직경이 0.6m 이상인 것으로 하고, 소요수량이 80m³ 미만인 것은 1개 이상, 80m³ 이상인 것은 2개 이상을 설치하여야 하며, "흡관투입구"라고 표시한 표지를 할 것
2. 소화용수설비에 설치하는 채수구는 다음의 기준에 따라 설치할 것
  가. 채수구는 다음 표에 따라 소방용호스 또는 소방용흡수관에 사용하는 구경 65mm 이상의 나사식 결합금속구를 설치할 것
  나. 채수구는 지면으로부터의 높이가 0.5m 이상 1m 이하의 위치에 설치하고 "채수구"라고 표시한 표지를 할 것

| 소요수량 | 20m³ 이상 40m³ 미만 | 40m³ 이상 100m³ 미만 | 100m³ 이상 |
|---|---|---|---|
| 채수구의 수 | 1개 | 2개 | 3개 |

**69** 분말소화설비의 분말소화약제 1kg당 저장용기의 내용적 기준으로 틀린 것은?

① 제1종 분말 : 0.8L
② 제2종 분말 : 1.0L
③ 제3종 분말 : 1.0L
④ 제4종 분말 : 1.8L

**[해설]** 분말소화설비의 화재안전기술기준
분말소화약제의 저장용기는 다음의 기준에 따라 설치하여야 한다.
1. 저장용기의 내용적은 다음 표에 따를 것

| 소화약제의 종별 | 소화약제 1kg당 저장용기의 내용적 |
|---|---|
| 제1종 분말(탄산수소나트륨을 주성분으로 한 분말) | 0.8L |
| 제2종 분말(탄산수소칼륨을 주성분으로 한 분말) | 1L |
| 제3종 분말(인산염을 주성분으로 한 분말) | 1L |
| 제4종 분말(탄산수소칼륨과 요소가 화합된 분말) | 1.25L |

**정답** 66.④ 67.① 68.① 69.④

**70** 다음은 상수도소화용수설비의 설치기준에 관한 설명이다. ( ) 안에 들어갈 내용으로 알맞은 것은?

> 호칭지름 75mm 이상의 수도배관에 호칭지름 ( )mm 이상의 소화전을 접속할 것

① 50    ② 80
③ 100   ④ 125

**해설** 상수도소화용수설비 화재안전기술기준
2.1 상수도소화용수설비의 설치기준
  2.1.1 상수도소화용수설비는 「수도법」에 따른 기준 외에 다음의 기준에 따라 설치해야 한다.
    2.1.1.1 호칭지름 75mm 이상의 수도배관에 호칭지름 100mm 이상의 소화전을 접속할 것
    2.1.1.2 소화전은 소방자동차 등의 진입이 쉬운 도로변 또는 공지에 설치할 것
    2.1.1.3 소화전은 특정소방대상물의 수평투영면의 각 부분으로부터 140m 이하가 되도록 설치할 것
    2.1.1.4 지상식 소화전의 호스접결구는 지면으로부터 높이가 0.5m 이상 1m 이하가 되도록 설치할 것 〈신설 2024.7.1.〉

**71** 특별피난계단의 계단실 및 부속실 제연설비의 안전기준에 대한 내용으로 틀린 것은?

① 제연구역과 옥내와의 사이에 유지하여야 하는 최소 차압은 40Pa 이상으로 하여야 한다.
② 제연설비가 가동되었을 경우 출입문의 개방에 필요한 힘은 110N 이상으로 하여야 한다.
③ 계단실과 부속실을 동시에 제연하는 경우 부속실의 기압은 계단실과 같게 하거나 부속실과 계단실의 압력차이가 5Pa 이하가 되도록 하여야 한다.
④ 계단실 및 그 부속실을 동시에 제연하거나 또는 계단실만 단독으로 제연할 때의 방연풍속은 0.5m/s 이상이어야 한다.

**해설** 특별피난계단의 계단실 및 부속실 제연설비 화재안전기술기준
2.3 차압 등
  2.3.1 2.1.1.1의 기준에 따라 제연구역과 옥내와의 사이에 유지해야 하는 최소차압은 40Pa(옥내에 스프링클러설비가 설치된 경우에는 12.5Pa) 이상으로 해야 한다.
  2.3.2 제연설비가 가동되었을 경우 출입문의 개방에 필요한 힘은 110N 이하로 해야 한다.
  2.3.3 2.1.1.2의 기준에 따라 출입문이 일시적으로 개방되는 경우 개방되지 않은 제연구역과 옥내와의 차압은 2.3.1의 기준에도 불구하고 2.3.1의 기준에 따른 차압의 70% 이상이어야 한다.
  2.3.4 계단실과 부속실을 동시에 제연하는 경우 부속실의 기압은 계단실과 같게 하거나 계단실의 기압보다 낮게 할 경우에는 부속실과 계단실의 압력 차이는 5Pa 이하가 되도록 해야 한다.

**72** 스프링클러설비의 가압송수장치의 정격토출압력은 하나의 헤드선단에 얼마의 방수압력이 될 수 있는 크기이어야 하는가?

① 0.01MPa 이상 0.05MPa 이하
② 0.1MPa 이상 1.2MPa 이하
③ 1.5MPa 이상 2.0MPa 이하
④ 2.5MPa 이상 3.3MPa 이하

**해설** 스프링클러설비 화재안전기술기준
2.2.1.10 가압송수장치의 정격토출압력은 하나의 헤드선단에 0.1MPa 이상 1.2MPa 이하의 방수압력이 될 수 있게 하는 크기일 것

**73** 스프링클러설비의 교차배관에서 분기되는 지점을 기점으로 한쪽 가지배관에 설치되는 헤드는 몇 개 이하로 설치하여야 하는가? (단, 수리학적 배관방식의 경우는 제외한다.)

① 8    ② 10
③ 12   ④ 18

**정답** 70.③  71.②  72.②  73.①

**해설** 스프링클러설비 화재안전기술기준

2.5.9 가지배관의 배열은 다음의 기준에 따른다.
  2.5.9.1 토너먼트(tournament) 배관방식이 아닐 것
  2.5.9.2 교차배관에서 분기되는 지점을 기점으로 한쪽 가지배관에 설치되는 헤드의 개수(반자 아래와 반자속의 헤드를 하나의 가지배관 상에 병설하는 경우에는 반자 아래에 설치하는 헤드의 개수)는 8개 이하로 할 것. 다만, 다음 각 기준의 어느 하나에 해당하는 경우에는 그렇지 않다.
    2.5.9.2.1 기존의 방호구역 안에서 칸막이 등으로 구획하여 1개의 헤드를 증설하는 경우
    2.5.9.2.2 습식스프링클러설비 또는 부압식스프링클러설비에 격자형 배관방식(2 이상의 수평주행배관 사이를 가지배관으로 연결하는 방식을 말한다)을 채택하는 때에는 펌프의 용량, 배관의 구경 등을 수리학적으로 계산한 결과 헤드의 방수압 및 방수량이 소화목적을 달성하는 데 충분하다고 인정되는 경우
  2.5.9.3 가지배관과 헤드 사이의 배관을 신축배관으로 하는 경우에는 소방청장이 정하여 고시한 「스프링클러설비신축배관의 성능인증 및 제품검사의 기술기준」에 적합한 것으로 설치할 것. 이 경우 신축배관의 설치길이는 2.7.3의 거리를 초과하지 않아야 한다.

**74** 지상으로부터 높이 30m가 되는 창문에서 구조대용 유도 로프의 모래주머니를 자연낙하 시킨 경우 지상에 도달할 때까지 걸리는 시간(초)은?

① 2.5
② 5
③ 7.5
④ 10

**해설** 자유낙하이론공식

$s = \frac{1}{2}gt^2$

$s$ : 낙하높이[m]
$g$ : 중력가속도[m/s²]
$t$ : 낙하시간(s)

$30[\text{m}] = \frac{1}{2} \times 9.8[\text{m/s}^2] \times t^2[\text{s}^2]$

$t[\text{s}] = 2.47 ≒ 2.5[\text{s}]$

**75** 포소화설비의 자동식 기동장치에서 폐쇄형스프링클러헤드를 사용하는 경우의 설치기준에 대한 설명이다. ㉠~㉢의 내용으로 옳은 것은?

- 표시온도가 ( ㉠ )℃ 미만인 것을 사용하고, 1개의 스프링클러헤드의 경계면적은 ( ㉡ )m² 이하로 할 것
- 부착면의 높이는 바닥으로부터 ( ㉢ )m 이하로 하고, 화재를 유효하게 감지할 수 있도록 할 것

① ㉠ 68, ㉡ 20, ㉢ 5
② ㉠ 68, ㉡ 30, ㉢ 7
③ ㉠ 79, ㉡ 20, ㉢ 5
④ ㉠ 79, ㉡ 30, ㉢ 7

**해설** 포소화설비 화재안전기술기준

2.8.2 포소화설비의 자동식 기동장치는 화재감지기의 작동 또는 폐쇄형스프링클러헤드의 개방과 연동하여 가압송수장치・일제개방밸브 및 포 소화약제 혼합장치를 기동시킬 수 있도록 다음의 기준에 따라 설치해야 한다. 다만, 자동화재탐지설비의 수신기가 설치되어 있고, 수신기가 설치된 장소에 상시 사람이 근무하고 있으며, 화재 시 즉시 해당 조작부를 작동시킬 수 있는 경우에는 그렇지 않다.
  2.8.2.1 폐쇄형스프링클러헤드를 사용하는 경우에는 다음의 기준에 따를 것
    2.8.2.1.1 표시온도가 79℃ 미만인 것을 사용하고, 1개의 스프링클러헤드의 경계면적은 20m² 이하로 할 것
    2.8.2.1.2 부착면의 높이는 바닥으로부터 5m 이하로 하고, 화재를 유효하게 감지할 수 있도록 할 것
    2.8.2.1.3 하나의 감지장치 경계구역은 하나의 층이 되도록 할 것

**76** 다음은 포소화설비에서 배관 등 설치기준에 관한 내용이다. ㉠~㉢ 안에 들어갈 내용으로 옳은 것은?

> • 연결송수관설비의 배관과 겸용할 경우의 주배관은 구경 100mm 이상, 방수구로 연결되는 배관의 구경은 ( ㉠ )mm 이상의 것으로 하여야 한다.
> • 펌프의 성능은 체절운전시 정격토출압력의 ( ㉡ )%를 초과하지 아니하고, 정격토출량의 150%로 운전시 정격토출압력의 ( ㉢ )% 이상이 되어야 한다.

① ㉠ 40, ㉡ 120, ㉢ 65
② ㉠ 40, ㉡ 120, ㉢ 75
③ ㉠ 65, ㉡ 140, ㉢ 65
④ ㉠ 65, ㉡ 140, ㉢ 75

**해설** 포소화설비 화재안전기술기준
2.3.1.8 펌프의 성능은 체절운전 시 정격토출압력의 140%를 초과하지 않고, 정격토출량의 150%로 운전 시 정격토출압력의 65% 이상이 되어야 하며, 펌프의 성능을 시험할 수 있는 성능시험배관을 설치할 것. 다만, 충압펌프의 경우에는 그렇지 않다.

[연결송수관설비 배관겸용 현행 삭제]

**77** 옥내소화전이 하나의 층에는 6개, 또 다른 층에는 3개, 나머지 모든 층에는 4개씩 설치되어 있다. 수원의 최소 수량($m^3$) 기준은? (30층 미만)

① 7.8
② 10.4
③ 5.2
④ 15.6

**해설** $2 \times 130[L/min] \times 20[min] = 5,200[L] = 5.2[m^3]$

▶ 옥내소화전 수원의 양
• 30층 미만의 경우 : 수원의 양($m^3$) (N : 최대 2개)
  = $N \times 2.6m^3$ 이상 = $N \times 130L/min \times 20min$ 이상
• 30층 이상 49층 이하의 경우 : 수원의 양($m^3$)
  = $N \times 5.2m^3$ 이상 = $N \times 130L/min \times 40min$ 이상
• 50층 이상의 경우 : 수원의 양($m^3$)
  = $N \times 7.8m^3$ 이상 = $N \times 130L/min \times 60min$ 이상
$N$ : 옥내소화전의 설치개수가 가장 많은 층의 설치수 (30층 이상의 경우 최대 5개)

**78** 스프링클러설비의 누수로 인한 유수검지장치의 오작동을 방지하기 위한 목적으로 설치하는 것은?

① 솔레노이드 밸브
② 리타딩 챔버
③ 물올림 장치
④ 성능시험배관

**해설** 리타딩챔버의 역할
㉠ 오보방지
㉡ 안전밸브의 역할
㉢ 수격방지(배관 및 압력스위치의 손상보호)

**79** 전역방출방식 분말 소화설비에서 방호구역의 개구부에 자동폐쇄장치를 설치하지 아니한 경우, 개구부의 면적 $1m^2$에 대한 분말소화약제의 가산량으로 잘못 연결된 것은?

① 제1종 분말 - 4.5kg
② 제2종 분말 - 2.7kg
③ 제3종 분말 - 2.5kg
④ 제4종 분말 - 1.8kg

**해설** 분말소화설비의 화재안전기술기준
소화약제량의 산정
㉠ 전역방출방식

$$W = (V \times \alpha) + (A \times \beta)$$

$W$ : 분말소화약제량(kg)
$V$ : 방호구역의 체적($m^3$)
$\alpha$ : 방호구역의 체적 $1m^3$당의 약제량($kg/m^3$)
$A$ : 자동폐쇄장치가 없는 개구부의 면적($m^2$)
$\beta$ : 개구부의 면적 $1m^2$당의 약제량

[ 방호구역 $1m^3$에 대한 약제량과 자동폐쇄장치가 없는 개구부 $1m^2$당 가산량 ]

| 소화약제의 종별 | 방호구역 $1m^3$에 대한 약제량 | 가산량(개구부 $1m^2$에 대한 약제량) |
|---|---|---|
| 제1종 분말 | 0.6kg | 4.5kg |
| 제2종, 제3종 분말 | 0.36kg | 2.7kg |
| 제4종 분말 | 0.24kg | 1.8kg |

ⓒ 국소방출방식

$$W = V \times Q \times 1.1$$

$W$ : 분말소화약제량(kg)
$V$ : 방호공간의 체적($m^3$)
$Q$ : 방호공간 $1m^3$당의 약제량($kg/m^3$)

- 방호공간 : 방호대상물의 각 부분으로부터 0.6m의 거리에 따라 둘러싸인 공간
- 방호공간 $1m^3$당의 약제량

$$Q = X - Y \frac{a}{A}$$

$Q$ : 방호공간 $1m^3$에 대한 분말소화약제의 양 ($kg/m^3$)
$a$ : 방호대상물 주위에 설치된 벽 면적의 합계($m^2$)
$A$ : 방호공간의 벽 면적(벽이 없는 경우에는 벽이 있는 것으로 가정한 면적)의 합계($m^2$)

**80** 체적 $100m^3$의 면화류 창고에 전역방출 방식의 이산화탄소 소화설비를 설치하는 경우에 소화약제는 몇 kg 이상 저장하여야 하는가? (단, 방호구역의 개구부에 자동폐쇄장치가 부착되어 있다.)

① 12
② 27
③ 120
④ 270

**해설** $100[m^3] \times 2.7[kg/m^3] = 270[kg]$

이산화탄소소화설비 전역방출방식 심부화재인 때 소화약제량

▶ 심부화재인 때(종이·목재·석탄·섬유류·합성수지류 등)

【 방호구역의 체적 $1m^3$에 대한 기본 약제량 】

| 방호대상물 | 방호구역 $1m^3$에 대한 약제량 | 설계 농도 |
|---|---|---|
| 유압기를 제외한 전기설비, 케이블실 | 1.3kg | 50% |
| 체적 $55m^3$ 미만의 전기설비 | 1.6kg | 50% |
| 서고, 전자제품창고, 목재가공품 창고, 박물관 | 2.0kg | 65% |
| 고무류, 면화류창고, 모피창고, 석탄창고, 집진설비 | 2.7kg | 75% |

※ 불연재료나 내열성의 재료로 밀폐된 구조물이 있는 경우에는 그 체적을 제외한다.

정답 80.④

# 2020년 제1,2회 소방설비기사[기계분야] 1차 필기
[제4과목 : 소방기계구조원리]

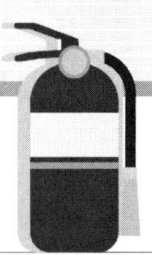

**61** 물분무소화설비의 화재안전기준에 따른 물분무소화설비의 저수량에 대한 기준 중 다음 ( )안의 내용으로 맞는 것은?

> 절연유 봉입변압기는 바닥부분을 제외한 표면적을 합한 면적 1m²에 대하여 ( )L/min로 20분간 방수할 수 있는 양 이상으로 할 것

① 4
② 8
③ 10
④ 12

**해설** 물분무소화설비 수원의 양
㉠ 특수가연물을 저장 또는 취급하는 소방대상물
  $Q = A(m^2) \times 10L/m^2 \cdot min \times 20min$
  Q : 수원(L), A : 바닥면적(최대방수구역 바닥면적, 최소 50m² 이상)
㉡ 차고 또는 주차장
  $Q = A(m^2) \times 20L/m^2 \cdot min \times 20min$
  Q : 수원(L), A : 바닥면적(최대방수구역 바닥면적, 최소 50m² 이상)
㉢ 절연유 봉입변압기
  $Q = A(m^2) \times 10L/m^2 \cdot min \times 20min$
  Q : 수원(L), A : 바닥면적을 제외한 표면적을 합한 면적(m²)
㉣ 케이블 트레이, 덕트
  $Q = A(m^2) \times 12L/m^2 \cdot min \times 20min$
  Q : 수원(L), A : 투영된 바닥면적(m²)
  ※ 투영(投影)된 바닥면적 : 위에서 빛을 비출 때 바닥 그림자의 면적
㉤ 컨베이어 벨트 등
  $Q = A(m^2) \times 10L/m^2 \cdot min \times 20min$
  Q : 수원(L), A : 벨트부분의 바닥면적(m²)
㉥ 위험물 저장탱크
  $Q = L(m) \times 37L/m \cdot min \times 20min$
  Q : 수원(L), L : 탱크의 원주둘레길이(m)

**62** 물분무소화설비의 화재안전기준에 따른 물분무소화설비의 설치장소별 1m²당 수원의 최수 저수량으로 맞는 것은?

① 차고 : 30L/min × 20분 × 바닥면적
② 케이블 트레이 : 12L/min × 20분 × 투영된 바닥면적
③ 컨베이어 벨트 : 37L/min × 20분 × 벨트부분의 바닥면적
④ 특수가연물을 취급하는 특정소방대상물 : 20L/min × 20분 × 바닥면적

**해설** 61번 문제 해설 참조

**63** 피난기구를 설치하여야 할 소방대상물 중 피난기구의 2분의 1을 감소할 수 있는 조건이 아닌 것은?

① 주요구조부가 내화구조로 되어 있다.
② 특별피난계단이 2 이상 설치되어 있다.
③ 소방구조용(비상용) 엘리베이터가 설치되어 있다.
④ 직통계단인 피난계단이 2 이상 설치되어 있다.

**해설** 피난기구 화재안전기술기준
2.3 피난기구 설치의 감소
  2.3.1 피난기구를 설치하여야 할 특정소방대상물중 다음의 기준에 적합한 층에는 2.1.2에 따른 피난기구의 2분의 1을 감소할 수 있다. 이 경우 설치하여야 할 피난기구의 수에 있어서 소수점 이하의 수는 1로 한다.
    2.3.1.1 주요구조부가 내화구조로 되어 있을 것
    2.3.1.2 직통계단인 피난계단 또는 특별피난계단이 2 이상 설치되어 있을 것

정답 61.③ 62.② 63.③

**64** 분말소화설비의 화재안전기준에 따라 분말소화약제의 가압용 가스용기에는 최대 몇 MPa 이하의 압력에서 저정이 가능한 압력조정기를 설치하여야 하는가?

① 1.5MPa  ② 2.0MPa
③ 2.5MPa  ④ 3.0MPa

**해설** 분말소화설비의 화재안전기술기준
① 분말소화약제의 가스용기는 분말소화약제의 저장용기에 접속하여 설치하여야 한다.
② 분말소화약제의 가압용가스 용기를 3병 이상 설치한 경우에는 2개 이상의 용기에 전자개방밸브를 부착하여야 한다.
③ 분말소화약제의 가압용가스 용기에는 2.5MPa 이하의 압력에서 조정이 가능한 압력조정기를 설치하여야 한다.

**65** 분말소화설비의 화재안전기준상 차고 또는 주차장에 설치하는 분말소화설비의 소화약제는?

① 인산염을 주성분으로 한 분말
② 탄산수소칼륨을 주성분으로 한 분말
③ 탄산수소칼륨과 요소가 화합된 분말
④ 탄산수소나트륨을 주성분으로 한 분말

**해설** 차고주차장의 경우 3종분말(A,B,C급 화재)을 사용한다.

**66** 연결살수설비의 화재안전기준에 따른 건축물에 설치하는 연결살수설비의 헤드에 대한 기준 중 다음 ( )안에 알맞은 것은?

> 천장 또는 반자의 각 부분으로부터 하나의 살수헤드까지의 수평거리가 연결살수설비 전용헤드의 경우는 ( ㉠ )m 이하, 스프링클러헤드의 경우는 ( ㉡ )m 이하로 할 것. 다만, 살수헤드의 부착면과 바닥과의 높이가 ( ㉢ )m 이하인 부분은 살수헤드의 살수분포에 따른 거리로 할 수 있다.

① ㉠ 3.7  ㉡ 2.3  ㉢ 2.1
② ㉠ 3.7  ㉡ 2.3  ㉢ 2.3
③ ㉠ 2.3  ㉡ 3.7  ㉢ 2.3
④ ㉠ 2.3  ㉡ 3.7  ㉢ 2.1

**해설** 연결살수설비 화재안전기술기준
① 연결살수설비의 헤드는 연결살수설비전용헤드 또는 스프링클러헤드로 설치하여야 한다.
② 건축물에 설치하는 연결살수설비의 헤드는 다음의 기준에 따라 설치하여야 한다.
 1. 천장 또는 반자의 실내에 면하는 부분에 설치할 것
 2. 천장 또는 반자의 각 부분으로부터 하나의 살수헤드까지의 수평거리가 연결살수설비전용헤드의 경우는 3.7m 이하, 스프링클러헤드의 경우는 2.3m 이하로 할 것. 다만, 살수헤드의 부착면과 바닥과의 높이가 2.1m 이하인 부분은 살수헤드의 살수분포에 따른 거리로 할 수 있다.

**67** 완강기의 형식승인 및 제품검사의 기술기준 상 완강기의 최대사용하중은 최소 몇 N 이상의 하중이어야 하는가?

① 800N   ② 1,000N
③ 1,200N  ④ 1,500N

**해설** 완강기의 형식승인 및 제품검사의 기술기준 제4조 (최대사용하중 및 최대사용자수 등)
① 최대사용하중은 1,500N 이상의 하중이어야 한다.
② 최대사용자수(1회에 강하할 수 있는 사용자의 최대수를 말한다. 이하 같다)는 최대사용하중을 1,500N으로 나누어서 얻은 값(1미만의 수는 계산하지 아니한다)으로 한다.
③ 최대사용자수에 상당하는 수의 벨트가 있어야 한다.

**68** 포소화설비의 화재안전기준에 따라 바닥면적이 180m²인 건축물 내부에 호스릴방식의 포소화설비를 설치할 경우 가능한 포소화약제의 최소필요량은 몇 L인가? (단, 호스접결구 : 2개, 약제농도 : 3%)

① 180L   ② 270L
③ 650L   ④ 720L

**해설** 200m² 미만 주차장 호스릴포소화설비 약제량
$Q(L) = N \times 6,000L \times S \times 0.75$
$= 2 \times 6,000L \times 0.03 \times 0.75$
$= 270L$

**정답** 64.③  65.①  66.①  67.④  68.②

**69** 옥외소화전설비의 화재안전기준에 따라 옥외소화전배관은 특정소방대상물의 각 부분으로부터 하나의 호스접결구까지의 수평거리가 최대 몇 m 이하가 되도록 설치하여야 하는가?

① 25m  ② 35m
③ 40m  ④ 50m

**[해설]** 수평거리 기준
옥내소화전 - 25m 이하
옥외소화전 - 40m 이하

**70** 스프링클러설비의 화재안전기준에 따라 연소할 우려가 있는 개구부에 드렌처설비를 설치한 경우 해당 개구부에 한하여 스프링클러헤드를 설치하지 아니할 수 있다. 관련 기준으로 틀린 것은?

① 드렌처헤드는 개구부위측에 2.5m 이내마다 1개를 설치할 것
② 제어밸브는 특정소방대상물 층마다에 바닥면으로부터 0.5m 이상 1.5m 이하의 위치에 설치할 것
③ 드렌처헤드가 가장 많이 설치된 제어밸브에 설치된 드렌처헤드를 동시에 사용하는 경우에 각 헤드선단의 방수압력은 0.1MPa 이상이 되도록 할 것
④ 드렌처헤드가 가장 많이 설치된 제어밸브에 설치된 드렌처헤드를 동시에 사용하는 경우에 각 헤드선단의 방수량은 80L/min 이상이 되도록 할 것

**[해설]** 제어밸브는 특정소방대상물 층마다 설치하되, 바닥면으로부터 0.8m 이상 1.5m 이하의 위치에 설치할 것

**71** 포소화설비의 화재안전기준 상 차고, 주차장에 설치하는 포소화전설비의 설치기준 중 다음 (   )안에 알맞은 것은? (단, 1개층의 바닥면적이 200m² 이하인 경우는 제외한다)

> 특정소방대상물의 어느 층에 있어서도 그 층에 설치된 포소화전방수구(포소화전방수구가 5개 이상 설치된 경우에는 5개)를 동시에 사용할 경우 각 이동식 포노즐선단의 포수용액 방사압력이 ( ㉠ ) MPa 이상이고 ( ㉡ )L/min 이상의 포수용액을 수평거리 15m 이상으로 방사할 수 있도록 할 것

① ㉠ 0.25  ㉡ 230
② ㉠ 0.25  ㉡ 300
③ ㉠ 0.35  ㉡ 230
④ ㉠ 0.35  ㉡ 300

**[해설]** 차고·주차장에 설치하는 호스릴포소화설비 또는 포소화전설비는 다음의 기준에 따라야 한다.
1. 특정소방대상물의 어느 층에 있어서도 그 층에 설치된 호스릴포방수구 또는 포소화전방수구(호스릴포방수구 또는 포소화전방수구가 5개 이상 설치된 경우에는 5개)를 동시에 사용할 경우 각 이동식 포노즐 선단의 포수용액 방사압력이 0.35MPa 이상이고 300L/min 이상(1개층의 바닥면적이 200㎡ 이하인 경우에는 230L/min 이상)의 포수용액을 수평거리 15m 이상으로 방사할 수 있도록 할 것
2. 저발포의 포소화약제를 사용할 수 있는 것으로 할 것
3. 호스릴 또는 호스를 호스릴포방수구 또는 포소화전방수구로 분리하여 비치하는 때에는 그로부터 3m 이내의 거리에 호스릴함 또는 호스함을 설치할 것
4. 호스릴함 또는 호스함은 바닥으로부터 높이 1.5m 이하의 위치에 설치하고 그 표면에는 "포호스릴함(또는 포소화전함)"이라고 표시한 표지와 적색의 위치표시등을 설치할 것
5. 방호대상물의 각 부분으로부터 하나의 호스릴포방수구까지의 수평거리는 15m 이하(포소화전방수구의 경우에는 25m 이하)가 되도록 하고 호스릴 또는 호스의 길이는 방호대상물의 각 부분에 포가 유효하게 뿌려질 수 있도록 할 것

**72** 소화수조 및 저수조의 화재안전기준에 따라 소화용수설비에 설치하는 채수구의 수는 소요수량이 40m³ 이상 100m³ 미만인 경우 몇 개를 설치해야 하는가?

① 1개　　　　② 2개
③ 3개　　　　④ 4개

**해설** 소화수조 및 저수조의 화재안전기술기준
소화용수설비에 설치하는 채수구는 다음의 기준에 따라 설치할 것
㉮ 채수구는 다음 표에 따라 소방용 호스 또는 소방용 흡수관에 사용하는 구경 65mm 이상의 나사식 결합 금속구를 설치할 것

| 소요수량 | 20m³ 이상<br>40m³ 미만 | 40m³ 이상<br>100m³ 미만 | 100m³<br>이상 |
|---|---|---|---|
| 채수구의 수 | 1개 | 2개 | 3개 |

㉯ 채수구는 지면으로부터의 높이가 0.5m 이상 1m 이하의 위치에 설치하고 "채수구"라고 표시한 표지를 할 것

**73** 화재조기진압용 스프링클러설비의 화재안전기준상 화재조기진압용 스프링클러설비 설치장소의 구조기준으로 틀린 것은?

① 창고내의 선반의 형태는 하부로 물이 침투되는 구조로 할 것
② 천장의 기울기가 1,000분의 168을 초과하지 않아야 하고, 이를 초과하는 경우에는 반자를 지면과 수평으로 설치할 것
③ 천장은 평평하여야 하며 철재나 목재트러스 구조인 경우, 철재나 목재의 돌출부분이 102mm를 초과하지 아니할 것
④ 해당층의 높이가 10m 이하일 것. 다만, 2층 이상일 경우에는 해당층의 바닥을 내화구조로 하고 다른 부분과 방화구획 할 것

**해설** 화재조기진압용스프링클러 화재안전기술기준
화재조기진압용 스프링클러설비를 설치할 장소의 구조는 다음에 적합하여야 한다.
1. 해당층의 높이가 13.7m 이하일 것. 다만, 2층 이상일 경우에는 해당층의 바닥을 내화구조로 하고 다른 부분과 방화구획 할 것
2. 천장의 기울기가 1,000분의 168을 초과하지 않아야 하고, 이를 초과하는 경우에는 반자를 지면과 수평으로 설치할 것
3. 천장은 평평하여야 하며 철재나 목재트러스 구조인 경우, 철재나 목재의 돌출부분이 102mm를 초과하지 아니할 것
4. 보로 사용되는 목재·콘크리트 및 철재사이의 간격이 0.9m 이상 2.3m 이하일 것. 다만, 보의 간격이 2.3m 이상인 경우에는 화재조기진압용 스프링클러헤드의 동작을 원활히 하기 위하여 보로 구획된 부분의 천장 및 반자의 넓이가 28m²를 초과하지 아니할 것
5. 창고내의 선반의 형태는 하부로 물이 침투되는 구조로 할 것

**74** 난방설비가 없는 교육장소에 비치하는 소화기로 가장 적합한 것은? (단, 교육장소의 겨울 최저온도는 -15℃이다)

① 화학포소화기　　② 기계포소화기
③ 산알칼리소화기　④ ABC분말소화기

**해설** 소화기의 형식승인 및 제품검사의 기술기준 제36조 (사용온도범위)
① 소화기는 그 종류에 따라 다음의 온도범위에서 사용할 경우 소화 및 방사의 기능을 유효하게 발휘할 수 있는 것이어야 한다.
　1. 강화액소화기 : -20℃ 이상 40℃ 이하
　2. 분말소화기 : -20℃ 이상 40℃ 이하
　3. 그 밖의 소화기 : 0℃ 이상 40℃ 이하
② 제1항의 규정에 불구하고 사용온도의 범위를 확대하고자 할 경우에는 10℃ 단위로 하여야 한다.

**75** 할론소화설비의 화재안전기준상 축압식 할론소화약제 저장용기에 사용되는 축압용 가스로서 적합한 것은?

① 질소　　　　② 산소
③ 이산화탄소　④ 불활성가스

**정답** 72.② 73.④ 74.④ 75.①

**해설** 할론소화설비의 화재안전기술기준
할론소화약제의 저장용기는 다음의 기준에 따라 설치하여야 한다.
1. 축압식 저장용기의 압력은 온도 20℃에서 할론 1211을 저장하는 것은 1.1MPa 또는 2.5MPa, 할론 1301을 저장하는 것은 2.5MPa 또는 4.2MPa이 되도록 질소가스로 축압할 것
2. 저장용기의 충전비는 할론 2402를 저장하는 것중 가압식 저장용기는 0.51 이상 0.67 미만, 축압식 저장용기는 0.67 이상 2.75 이하, 할론 1211은 0.7 이상 1.4 이하, 할론 1301은 0.9 이상 1.6 이하로 할 것
3. 동일 집합관에 접속되는 용기의 소화약제 충전량은 동일충전비의 것이어야 할 것

**76** 제연설비의 화재안전기준상 유입풍도 및 배출풍도에 관한 설명으로 맞는 것은?

① 유입풍도 안의 풍속은 25m/s 이하로 한다.
② 배출풍도는 석면재료와 같은 내열성의 단열재로 유효한 단열 처리를 한다.
③ 배출풍도와 유입풍도의 아연도금강판 최소 두께는 0.45mm 이상으로 하여야 한다.
④ 배출기 흡입측 풍도안의 풍속은 15m/s 이하로 하고 배출측 풍속은 20m/s 이하로 한다.

**해설** ① 유입풍도 안의 풍속은 20m/s 이하
② 배출풍도는 아연도금강판 또는 이와 동등 이상의 내식성·내열성이 있는 것으로 하며, 내열성(석면재료를 제외한다)의 단열재로 유효한 단열 처리를 할 것
③ 강판의 두께는 배출풍도의 크기에 따라 다음 표에 따른 기준 이상으로 할 것

| 풍도단면의 긴변<br>또는 직경의 크기 | 강판두께 |
|---|---|
| 450mm<br>이하 | 0.5mm |
| 450mm 초과<br>750mm 이하 | 0.6mm |
| 750mm 초과<br>1,500mm 이하 | 0.8mm |
| 1,500mm 초과<br>2,250mm 이하 | 1.0mm |
| 2,250mm<br>초과 | 1.2mm |

**77** 소화수조 및 저수조의 화재안전기준에 따라 소화용수설비를 설치하여야 할 특정소방대상물에 있어서 유수의 양이 최소 몇 m³/min 이상인 유수를 사용할수 있는 경우에 소화수조를 설치하지 아니할 수 있는가?

① 0.8m³/min
② 1m³/min
③ 1.5m³/min
④ 2m³/min

**해설** 소화수조 및 저수조의 화재안전기술기준
소화용수설비를 설치하여야 할 특정소방대상물에 있어서 유수의 양이 0.8m³/min 이상인 유수를 사용할 수 있는 경우에는 소화수조를 설치하지 아니할 수 있다.

**78** 소방시설 설치 및 관리에 관한 법률상 자동소화장치를 모두 고른 것은?

㉠ 분말자동소화장치
㉡ 액체자동소화장치
㉢ 고체에어로졸 자동소화장치
㉣ 공업용 주방자동소화장치
㉤ 캐비닛형 자동소화장치

① ㉠, ㉡
② ㉡, ㉢, ㉣
③ ㉠, ㉢, ㉤
④ ㉠, ㉡, ㉢, ㉣, ㉤

**해설** 소화기구 및 자동소화장치의 화재안전기술기준
1.7.1.4 "자동소화장치"란 소화약제를 자동으로 방사하는 고정된 소화장치로서 법 제37조 또는 제40조에 따라 형식승인이나 성능인증을 받은 유효설치 범위(설계 방호체적, 최대설치높이, 방호면적 등을 말한다) 이내에 설치하여 소화하는 다음 각 소화장치를 말한다.
(1) "주거용 주방자동소화장치"란 주거용 주방에 설치된 열발생 조리기구의 사용으로 인한 화재 발생 시 열원(전기 또는 가스)을 자동으로 차단하며 소화약제를 방출하는 소화장치를 말한다.

**정답** 76.④ 77.① 78.③

(2) "상업용 주방자동소화장치"란 상업용 주방에 설치된 열발생 조리기구의 사용으로 인한 화재 발생 시 열원(전기 또는 가스)을 자동으로 차단하며 소화약제를 방출하는 소화장치를 말한다.
(3) "캐비닛형 자동소화장치"란 열, 연기 또는 불꽃 등을 감지하여 소화약제를 방사하여 소화하는 캐비닛 형태의 소화장치를 말한다.
(4) "가스자동소화장치"란 열, 연기 또는 불꽃 등을 감지하여 가스계 소화약제를 방사하여 소화하는 소화장치를 말한다.
(5) "분말자동소화장치"란 열, 연기 또는 불꽃 등을 감지하여 분말의 소화약제를 방사하여 소화하는 소화장치를 말한다.
(6) "고체에어로졸자동소화장치"란 열, 연기 또는 불꽃 등을 감지하여 에어로졸의 소화약제를 방사하여 소화하는 소화장치를 말한다.

**79** 이산화탄소소화설비의 화재안전기준에 따른 이산화탄소소화설비 기동장치의 설치기준으로 맞는 것은?

① 가스압력식 기동장치 기동용가스용기의 용적은 3L 이상으로 한다.
② 수동식 기동장치는 전역방출방식에 있어서 방호대상물마다 설치한다.
③ 수동식 기동장치의 부근에는 소화약제의 방출을 지연시킬 수 있는 비상스위치를 설치해야 한다.
④ 전기식 기동장치로서 5병의 저장용기를 동시에 개방하는 설비는 2병 이상의 저장용기에 전자개방밸브를 부착해야 한다.

**해설** 이산화탄소소화설비의 자동식 기동장치는 자동화재탐지설비의 감지기의 작동과 연동하는 것으로서 다음의 기준에 따라 설치하여야 한다.
1. 자동식 기동장치에는 수동으로도 기동할 수 있는 구조로 할 것
2. 전기식 기동장치로서 7병 이상의 저장용기를 동시에 개방하는 설비는 2병 이상의 저장용기에 전자 개방밸브를 부착할 것
3. 가스압력식 기동장치는 다음 각 목의 기준에 따를 것
가. 기동용가스용기 및 해당 용기에 사용하는 밸브는 25MPa 이상의 압력에 견딜 수 있는 것으로 할 것
나. 기동용가스용기에는 내압시험압력의 0.8배부터 내압시험압력 이하에서 작동하는 안전장치를 설치할 것
다. 기동용가스용기의 용적은 5L 이상으로 하고, 해당 용기에 저장하는 질소 등의 비활성기체는 6.0MPa 이상(21℃ 기준)의 압력으로 충전 할 것
라. 기동용가스용기에는 충전여부를 확인할 수 있는 압력게이지를 설치할 것
4. 기계식 기동장치는 저장용기를 쉽게 개방할 수 있는 구조로 할 것

**80** 스프링클러설비의 화재안전기준에 따라 개방형 스프링클러설비에서 하나의 방수구역을 담당하는 헤드개수는 최대 몇 개 이하로 설치하여야 하는가?

① 30개　　② 40개
③ 50개　　④ 60개

**해설** 스프링클러설비 화재안전기술기준
2.4 개방형스프링클러설비의 방수구역 및 일제개방밸브
　2.4.1 개방형스프링클러설비의 방수구역 및 일제개방밸브는 다음의 기준에 적합해야 한다.
　　2.4.1.1 하나의 방수구역은 2개 층에 미치지 않아야 한다.
　　2.4.1.2 방수구역마다 일제개방밸브를 설치해야 한다.
　　2.4.1.3 하나의 방수구역을 담당하는 헤드의 개수는 50개 이하로 할 것. 다만, 2개 이상의 방수구역으로 나눌 경우에는 하나의 방수구역을 담당하는 헤드의 개수는 25개 이상으로 해야 한다.
　　2.4.1.4 일제개방밸브의 설치 위치는 2.3.1.4의 기준에 따르고, 표지는 "일제개방밸브실"이라고 표시해야 한다.

# 2020년 제3회 소방설비기사[기계분야] 1차 필기

[제4과목 : 소방기계구조원리]

**61** 다음 중 스프링클러설비에서 자동경보밸브에 리타딩챔버를 설치하는 목적으로 가장 적절한 것은?

① 자동경보밸브의 오보를 방지한다.
② 자동배수를 한다.
③ 경보를 발하기까지 시간을 단축하기 위하여 설치한다.
④ 압력수의 압력 조절을 행한다.

**해설** 리타딩챔버의 역할
㉠ 오보방지
㉡ 안전밸브의 역할
㉢ 수격방지(배관 및 압력스위치의 손상보호)

**62** 구조대의 형식승인 및 제품검사의 기술기준 상 수직강하식 구조대의 구조기준 중 틀린 것은?

① 구조대는 연속하여 강하할 수 있는 구조이어야 한다.
② 구조대는 안전하고 쉽게 사용할 수 있는 구조이어야 한다.
③ 입구틀 및 취부틀의 입구는 지름 40cm 이하의 구체가 통과할 수 있는 것이어야 한다.
④ 구조대의 포지는 외부포지와 내부포지로 구성하되, 외부포지와 내부포지의 사이에 충분한 공기층을 두어야 한다.

**해설** 구조대의 형식승인 및 제품검사의 기술기준 제17조(구조)
수직강하식 구조대(이하 "구조대"라 한다)의 구조는 다음에 적합하여야 한다.
1. 구조대는 안전하고 쉽게 사용할 수 있는 구조이어야 한다.
2. 구조대의 포지는 외부포지와 내부포지로 구성하되, 외부포지와 내부포지의 사이에 충분한 공기층을 두어야 한다. 다만, 건물내부의 별실에 설치하는 것은 외부포지를 설치하지 아니할 수 있다.
3. 입구틀 및 취부틀의 입구는 지름 50cm 이상의 구체가 통과할 수 있는 것이어야 한다.
4. 구조대는 연속하여 강하할 수 있는 구조이어야 한다.
5. 포지는 사용시 수직방향으로 현저하게 늘어나지 아니하여야 한다.
6. 포지, 지지틀, 취부틀 그밖의 부속장치 등은 견고하게 부착되어야 한다.

**63** 분말소화설비의 화재안전기준상 분말소화설비의 가압용가스로 질소가스를 사용하는 경우 질소가스는 소화약제 1kg마다 최소 몇 L 이상이어야 하는가? (단, 질소가스의 양은 35℃에서 1기압의 압력상태로 환산한 것이다)

① 10L   ② 20L
③ 30L   ④ 40L

**해설** 분말분말소화설비의 화재안전기술기준
2.2 가압용가스용기
 2.2.1 분말소화약제의 가스용기는 분말소화약제의 저장용기에 접속하여 설치해야 한다.
 2.2.2 분말소화약제의 가압용가스 용기를 3병 이상 설치한 경우에는 2개 이상의 용기에 전자개방밸브를 부착해야 한다.
 2.2.3 분말소화약제의 가압용가스 용기에는 2.5MPa 이하의 압력에서 조정이 가능한 압력조정기를 설치해야 한다.
 2.2.4 가압용가스 또는 축압용가스는 다음의 기준에 따라 설치해야 한다.
  2.2.4.1 가압용가스 또는 축압용가스는 질소가스 또는 이산화탄소로 할 것

정답 61.① 62.③ 63.④

2.2.4.2 가압용가스에 질소가스를 사용하는 것의 질소가스는 소화약제 1kg마다 40L(35℃에서 1기압의 압력상태로 환산한 것) 이상, 이산화탄소를 사용하는 것의 이산화탄소는 소화약제 1kg에 대하여 20g에 배관의 청소에 필요한 양을 가산한 양 이상으로 할 것

2.2.4.3 축압용가스에 질소가스를 사용하는 것의 질소가스는 소화약제 1kg에 대하여 10L(35℃에서 1기압의 압력상태로 환산한 것) 이상, 이산화탄소를 사용하는 것의 이산화탄소는 소화약제 1kg에 대하여 20g에 배관의 청소에 필요한 양을 가산한 양 이상으로 할 것

2.2.4.4 저장용기 및 배관의 청소에 필요한 양의 가스는 별도의 용기에 저장할 것

**64** 도로터널의 화재안전기준 상 옥내소화전설비 설치기준 중 괄호 안에 알맞은 것은?

> 가압송수장치는 옥내소화전 2개(4차로 이상의 터널인 경우 3개)를 동시에 사용할 경우 각 옥내소화전의 노즐선단에서의 방수압력은 ( ㉠ )MPa 이상이고 방수량은 ( ㉡ )L/min 이상이 되는 성능의 것으로 할것

① ㉠ 0.1, ㉡ 130
② ㉠ 0.17, ㉡ 130
③ ㉠ 0.25, ㉡ 350
④ ㉠ 0.35, ㉡ 190

**해설** 도로터널 화재안전기술기준
옥내소화전설비는 다음의 기준에 따라 설치하여야 한다.
1. 소화전함과 방수구는 주행차로 우측 측벽을 따라 50m 이내의 간격으로 설치하며, 편도 2차선 이상의 양방향 터널이나 4차로 이상의 일방향 터널의 경우에는 양쪽 측벽에 각각 50m 이내의 간격으로 엇갈리게 설치할 것
2. 수원은 그 저수량이 옥내소화전의 설치개수 2개(4차로 이상의 터널의 경우 3개)를 동시에 40분 이상 사용할 수 있는 충분한 양 이상을 확보할 것
3. 가압송수장치는 옥내소화전 2개(4차로 이상의 터널인 경우 3개)를 동시에 사용할 경우 각 옥내소화전의 노즐선단에서의 방수압력은 0.35MPa 이상이고 방수량은 190L/min 이상이 되는 성능의 것으로 할 것. 다만, 하나의 옥내소화전을 사용하는 노즐선단에서의 방수압력이 0.7MPa를 초과할 경우에는 호스접결구의 인입측에 감압장치를 설치하여야 한다.
4. 압력수조나 고가수조가 아닌 전동기 및 내연기관에 의한 펌프를 이용하는 가압송수장치는 주펌프와 동등 이상인 별도의 예비펌프를 설치할 것
5. 방수구는 40mm 구경의 단구형 옥내소화전이 설치된 벽면의 바닥면으로부터 1.5m 이하의 높이에 설치할 것
6. 소화전함에는 옥내소화전 방수구 1개, 15m 이상의 소방호스 3본 이상 및 방수노즐을 비치할 것
7. 옥내소화전설비의 비상전원은 40분 이상 작동할 수 있을 것

**65** 물분무소화설비의 화재안전기준상 110kV 초과 154kV 이하의 고압 전기기기와 물분무헤드 사이의 이격거리는 최소 몇 cm 이상이어야 하는가?

① 110cm
② 150cm
③ 180cm
④ 210cm

**해설** 고압의 전기기기와 물분무헤드 사이의 유지거리

| 전압(kV) | 거리(cm) | 전압(kV) | 거리(cm) |
|---|---|---|---|
| 66 이하 | 70 이상 | 154 초과 181 이하 | 180 이상 |
| 66 초과 77 이하 | 80 이상 | 181 초과 220 이하 | 210 이상 |
| 77 초과 110 이하 | 110 이상 | 220 초과 275 이하 | 260 이상 |
| 110 초과 154 이하 | 150 이상 | – | – |

**66** 분말소화설비의 화재안전기준 상 분말소화설비의 배관으로 동관을 사용하는 경우에는 최고사용압력의 최소 몇 배 이상의 압력에 견딜 수 있는 것을 사용하여야 하는가?

① 1배
② 1.5배
③ 2배
④ 2.5배

**해설** 분말소화설비 화재안전기술기준

분말소화설비의 배관은 다음의 기준에 따라 설치하여야 한다.
1. 배관은 전용으로 할 것
2. 강관을 사용하는 경우의 배관은 아연도금에 따른 배관용탄소강관(KS D 3507)이나 이와 동등 이상의 강도·내식성 및 내열성을 가진 것으로 할 것. 다만, 축압식분말소화설비에 사용하는 것 중 20℃에서 압력이 2.5MPa 이상 4.2MPa 이하인 것은 압력배관용탄소강관(KS D 3562)중 이음이 없는 스케줄 40 이상의 것 또는 이와 동등 이상의 강도를 가진 것으로서 아연도금으로 방식처리된 것을 사용하여야 한다.
3. 동관을 사용하는 경우의 배관은 고정압력 또는 최고 사용압력의 1.5배 이상의 압력에 견딜 수 있는 것을 사용할 것
4. 밸브류는 개폐위치 또는 개폐방향을 표시한 것으로 할 것
5. 배관의 관부속 및 밸브류는 배관과 동등 이상의 강도 및 내식성이 있는 것으로 할 것
6. 분기배관을 사용할 경우에는 법 제39조에 따라 제품검사에 합격한 것으로 설치하여야 한다.

**67** 소화기의 형식승인 및 제품검사의 기술기준 상 A급 화재용 소화기의 능력단위 산정을 위한 소화능력시험의 내용으로 틀린 것은?

① 모형 배열시 모형간의 간격은 3m 이상으로 한다.
② 소화는 최초의 모형에 불을 붙인 다음 1분 후에 시작한다.
③ 소화는 무풍상태(풍속 0.5m/s 이하)와 사용상태에서 실시한다.
④ 소화약제의 방사가 완료된 때 잔염이 없어야 하며, 방사완료 후 2분 이내에 다시 불타지 아니한 경우 그 모형은 완전히 소화된 것으로 본다.

**해설** A급화재용 소화기의 능력단위 산정을 위한 소화능력시험
1. 모형배열시 모형간의 간격은 3m 이상으로 한다.
2. 소화약제의 방사가 완료된때 잔염이 없어야 하며, 방사완료 후 2분 이내에 다시 불타지 아니한 경우 그 모형은 완전히 소화된 것으로 본다.

3. 소화능력시험은 목재를 대상으로 실시한다.
4. 소화기를 조작하는 자는 적합한 작업복(안전모, 내열성의 얼굴가리개 및 방화복, 장갑등)을 착용
5. 소화기의 소화능력시험은 무풍상태(풍속 0.5m/s 이하)와 사용상태에서 실시한다.

**68** 상수도소화용수설비의 화재안전기준 상 소화전은 특정소방대상물의 수평투영면의 각 부분으로부터 몇 m 이하가 되도록 설치하여야 하는가?

① 70m   ② 100m
③ 140m  ④ 200m

**해설** 상수도소화용수설비 화재안전기술기준
2.1 상수도소화용수설비의 설치기준
　2.1.1 상수도소화용수설비는 「수도법」에 따른 기준 외에 다음의 기준에 따라 설치해야 한다.
　　2.1.1.1 호칭지름 75mm 이상의 수도배관에 호칭지름 100mm 이상의 소화전을 접속할 것
　　2.1.1.2 소화전은 소방자동차 등의 진입이 쉬운 도로변 또는 공지에 설치할 것
　　2.1.1.3 소화전은 특정소방대상물의 수평투영면의 각 부분으로부터 140m 이하가 되도록 설치할 것
　　2.1.1.4 지상식 소화전의 호스접결구는 지면으로부터 높이가 0.5m 이상 1m 이하가 되도록 설치할 것 〈신설 2024.7.1.〉

**69** 연소방지설비의 배관의 설치기준 중 다음 ( ) 안에 알맞은 것은?

> 연소방지설비에 있어서의 수평주행배관의 구경은 100[mm] 이상의 것으로 하되, 연소방지설비 전용헤드 및 스프링클러헤드를 향하여 상향으로 ( ) 이상의 기울기로 설치하여야 한다.

① 2/100   ② 1/1,000
③ 1/100   ④ 1/500

**해설** [현행 삭제된 문제]

**70** 포소화설비의 화재안전기준 상 포헤드의 설치기준 중 다음 괄호안에 알맞은 것은?

> 압축공기포소화설비의 분사헤드는 천장 또는 반자에 설치하되 방호대상물에 따라 측벽에 설치할 수 있으며 유류탱크주위에는 바닥면적 ( ㉠ )m²마다 1개 이상, 특수가연물저장소에는 바닥면적 ( ㉡ )m²마다 1개 이상으로 당해 방호대상물의 화재를 유효하게 소화할 수 있도록 할 것

① ㉠ 8, ㉡ 9
② ㉠ 9, ㉡ 8
③ ㉠ 9.3, ㉡ 13.9
④ ㉠ 13.9, ㉡ 9.3

**해설** 포헤드의 설치기준
압축공기포소화설비의 분사헤드는 천장 또는 반자에 설치하되 방호대상물에 따라 측벽에 설치할 수 있으며 유류탱크주위에는 바닥면적 13.9m²마다 1개 이상, 특수가연물저장소에는 바닥면적 9.3m²마다 1개 이상으로 당해 방호대상물의 화재를 유효하게 소화할 수 있도록 할 것

| 방호대상물 | 방호면적 1m²에 대한 1분당 방출량 |
|---|---|
| 특수가연물 | 2.3L |
| 기타의 것 | 1.63L |

**71** 제연설비의 화재안전기준 상 배출구 설치시 예상제연구역의 각 부분으로부터 하나의 배출구까지의 수평거리는 최대 몇 m 이내가 되어야 하는가?

① 5m  ② 10m
③ 15m  ④ 20m

**해설** 수평거리기준

| 구분 | 설명 |
|---|---|
| 수평거리 10m 이하 | • 예상제연구역~배출구 |
| 수평거리 15m 이하 | • 분말호스릴<br>• 포호스릴<br>• $CO_2$호스릴 |
| 수평거리 20m 이하 | • 할론호스릴 |

| | |
|---|---|
| 수평거리 25m 이하 | • 옥내소화전 방수구(호스릴 포함)<br>• 포소화전 방수구<br>• 연결송수관 방수구(지하가, 지하층 바닥면적 3,000m² 이상) |
| 수평거리 40m 이하 | • 옥외소화전 방수구 |
| 수평거리 50m 이하 | • 연결송수관 방수구(사무실) |

**72** 스프링클러설비의 화재안전기준 상 스프링클러헤드를 설치하는 천장, 반자, 천장과 반자사이, 덕트, 선반 등의 각 부분으로부터 하나의 스프링클러헤드까지의 수평거리 기준으로 틀린 것은? (단, 성능이 별도로 인정된 스프링클러헤드를 수리계산에 따라 설치하는 경우는 제외한다)

① 무대부에 있어서는 1.7m 이하
② 공동주택(아파트) 세대 내의 거실에 있어서는 3.2m 이하
③ 특수가연물을 저장 또는 취급하는 장소에 있어서는 2.1m 이하
④ 특수가연물을 저장 또는 취급하는 랙크식 창고의 경우에는 1.7m 이하

**해설** 스프링클러 헤드의 수평거리
스프링클러헤드를 설치하는 천장·반자·천장과 반자사이·덕트·선반 등의 각 부분으로부터 하나의 스프링클러헤드까지의 수평거리는 다음과 같이 하여야 한다. 다만, 성능이 별도로 인정된 스프링클러헤드를 수리계산에 따라 설치하는 경우에는 그러하지 아니 하다.

| 소방대상물 | 수평거리(m) |
|---|---|
| 무대부, 특수가연물 저장 또는 취급하는 장소 | 1.7m 이하 |
| 일반건축물 | 2.1m 이하 |
| 내화건축물 | 2.3m 이하 |

**공동주택 화재안전기술기준**
2.3.1.4 아파트등의 세대 내 스프링클러헤드를 설치하는 천장·반자·천장과 반자사이·덕트·선반 등의 각 부분으로부터 하나의 스프링클러헤드까지의 수평거리는 2.6m 이하로 할 것.

창고시설 화재안전기술기준
2.3.5.1 라지드롭형 스프링클러헤드를 설치하는 천장·반자·천장과 반자사이·덕트·선반 등의 각 부분으로부터 하나의 스프링클러헤드까지의 수평거리는 「화재의 예방 및 안전관리에 관한 법률 시행령」 별표2의 특수가연물을 저장 또는 취급하는 창고는 1.7m 이하, 그 외의 창고는 2.1m(내화구조로 된 경우에는 2.3m를 말한다) 이하로 할 것

**73** 이산화탄소소화설비의 화재안전기준 상 전역방출방식의 이산화탄소 소화설비의 분사헤드 방사압력은 저압식인 경우 최소 몇 MPa 이상이어야 하는가?

① 0.5MPa  ② 1.05MPa
③ 1.4MPa  ④ 2.0MPa

**해설** 이산화탄소소화설비 저압식
$CO_2$ 저장용기에 액화탄산가스를 -18℃ 이하에서 2.1MPa의 압력으로 유지하고 1.05MPa 이상의 압력으로 방사하는 방식

**74** 완강기의 형식승인 및 제품검사의 기술기준 상 완강기 및 간이완강기의 구성으로 적합한 것은?

① 속도조절기, 속도조절기의 연결부, 하부지지장치, 연결금속구, 벨트
② 속도조절기, 속도조절기의 연결부, 로프, 연결금속구, 벨트
③ 속도조절기, 가로봉 및 세로봉, 로프, 연결금속구, 벨트
④ 속도조절기, 가로봉 및 세로봉, 로프, 하부지지장치, 벨트

**해설** 완강기 및 간이완강기의 구성요소
속도조절기, 속도조절기의 연결부(후크), 로프, 연결금속구, 벨트

**75** 스프링클러설비의 화재안전기준 상 스프링클러설비의 교차배관에서 분기되는 지점을 기점으로 한 쪽 가지배관에 설치되는 헤드의 개수는 최대 몇 개 이하인가? (단, 방호구역안에서 칸막이 등으로 구획하여 헤드를 증설하는 경우와 격자형 배관방식을 채택하는 경우는 제외한다)

① 8  ② 10
③ 12  ④ 15

**해설** 스프링클러설비 화재안전기술기준
2.5.9 가지배관의 배열은 다음의 기준에 따른다.
2.5.9.1 토너먼트(tournament) 배관방식이 아닐 것
2.5.9.2 교차배관에서 분기되는 지점을 기점으로 한 쪽 가지배관에 설치되는 헤드의 개수(반자 아래와 반자속의 헤드를 하나의 가지배관 상에 병설하는 경우에는 반자 아래에 설치하는 헤드의 개수)는 8개 이하로 할 것. 다만, 다음 각 기준의 어느 하나에 해당하는 경우에는 그렇지 않다.
2.5.9.2.1 기존의 방호구역 안에서 칸막이 등으로 구획하여 1개의 헤드를 증설하는 경우
2.5.9.2.2 습식스프링클러설비 또는 부압식스프링클러설비에 격자형 배관방식(2 이상의 수평주행배관 사이를 가지배관으로 연결하는 방식을 말한다)을 채택하는 때에는 펌프의 용량, 배관의 구경 등을 수리학적으로 계산한 결과 헤드의 방수압 및 방수량이 소화목적을 달성하는 데 충분하다고 인정되는 경우
2.5.9.3 가지배관과 헤드 사이의 배관을 신축배관으로 하는 경우에는 소방청장이 정하여 고시한 「스프링클러설비신축배관의 성능인증 및 제품검사의 기술기준」에 적합한 것으로 설치할 것. 이 경우 신축배관의 설치길이는 2.7.3의 거리를 초과하지 않아야 한다.

**76** 제연설비의 화재안전기준상 제연설비의 설치장소 기준 중 하나의 제연구역의 면적은 최대 몇 $m^2$ 이내로 하여야 하는가?

① 700  ② 1000
③ 1300  ④ 1500

**해설** 제연설비의 화재안전기술기준
2.1.1 제연설비의 설치장소는 다음의 기준에 따른 제연구역으로 구획해야 한다.
  2.1.1.1 하나의 제연구역의 면적은 1,000㎡ 이내로 할 것
  2.1.1.2 거실과 통로(복도를 포함한다. 이하 같다)는 각각 제연구획 할 것
  2.1.1.3 통로상의 제연구역은 보행중심선의 길이가 60m를 초과하지 않을 것
  2.1.1.4 하나의 제연구역은 직경 60m 원내에 들어갈 수 있을 것
  2.1.1.5 하나의 제연구역은 2 이상의 층에 미치지 않도록 할 것. 다만, 층의 구분이 불분명한 부분은 그 부분을 다른 부분과 별도로 제연구획 해야 한다.

**77** 옥내소화전설비의 화재안전기준상 배관의 설치기준 중 다음 괄호 안에 알맞은 것은?

> 연결송수관설비의 배관과 겸용할 경우의 주배관은 구경 100mm 이상, 방수구로 연결되는 배관의 구경은 65mm 이상의 것으로 하여야 한다.

① ㉠ 80, ㉡ 65
② ㉠ 80, ㉡ 50
③ ㉠ 100, ㉡ 65
④ ㉠ 125, ㉡ 80

**해설** 옥내소화전설비배관

| 배관 | 구경 | 비고 |
|---|---|---|
| 가지배관 | 40mm 이상 | 호스릴 : 25mm 이상 |
| 주배관 중 수직배관 | 50mm 이상 | 호스릴 : 32mm 이상 |
| 연결송수관설비 겸용 주배관 | 100mm 이상 | 방수구로 연결되는 배관의 구경 : 65mm 이상 |

**78** 이산화탄소소화설비의 화재안전기준 상 저압식 이산화탄소소화약제 저장용기에 설치하는 안전밸브의 작동압력은 내압시험압력의 몇 배에서 작동해야 하는가?

① 0.24 ~ 0.4
② 0.44 ~ 0.6
③ 0.64 ~ 0.8
④ 0.84 ~ 1

**해설** 이산화탄소소화설비 화재안전기술기준
2.1.2 이산화탄소 소화약제의 저장용기는 다음의 기준에 적합해야 한다.
  2.1.2.1 저장용기의 충전비는 고압식은 1.5 이상 1.9 이하, 저압식은 1.1 이상 1.4 이하로 할 것
  2.1.2.2 저압식 저장용기에는 내압시험압력의 0.64배부터 0.8배의 압력에서 작동하는 안전밸브와 내압시험압력의 0.8배부터 내압시험압력에서 작동하는 봉판을 설치할 것
  2.1.2.3 저압식 저장용기에는 액면계 및 압력계와 2.3MPa 이상 1.9MPa 이하의 압력에서 작동하는 압력경보장치를 설치할 것
  2.1.2.4 저압식 저장용기에는 용기 내부의 온도가 섭씨 영하 18℃ 이하에서 2.1MPa의 압력을 유지할 수 있는 자동냉동장치를 설치할 것
  2.1.2.5 저장용기는 고압식은 25MPa 이상, 저압식은 3.5MPa 이상의 내압시험압력에 합격한 것으로 할 것

**79** 소화기구 및 자동소화장치 화재안전기준 상 노유자시설은 당해 용도의 바닥면적 얼마마다 능력단위 1단위 이상의 소화기구를 비치해야 하는가?

① 바닥면적 30m² 마다
② 바닥면적 50m² 마다
③ 바닥면적 100m² 마다
④ 바닥면적 200m² 마다

| 특정소방대상물 | 소화기구의 능력단위 |
|---|---|
| 1. 위락시설 | 해당 용도의 바닥면적 $30m^2$ 마다 능력단위 1단위 이상 |
| 2. 공연장·집회장·관람장·문화재·장례식장 및 의료시설 | 해당 용도의 바닥면적 $50m^2$ 마다 능력단위 1단위 이상 |
| 3. 근린생활시설·판매시설·운수시설·숙박시설·노유자시설·전시장·공동주택·업무시설·방송통신시설·공장·창고시설·항공기 및 자동차 관련 시설 및 관광휴게시설 | 해당 용도의 바닥면적 $100m^2$ 마다 능력단위 1단위 이상 |
| 4. 그 밖의 것 | 해당 용도의 바닥면적 $200m^2$ 마다 능력단위 1단위 이상 |

(주) 소화기구의 능력단위를 산출함에 있어서 건축물의 주요구조부가 내화구조이고, 벽 및 반자의 실내에 면하는 부분이 불연재료·준불연재료 또는 난연재료로 된 특정소방대상물에 있어서는 위 표의 기준면적의 2배를 해당 특정소방대상물의 기준면적으로 한다.

**80** 포소화설비의 화재안전기준 상 전역방출방식 고발포용 고정포방출구의 설치기준으로 옳은 것은? (단, 해당 방호구역에서 외부로 새는 양 이상의 포수용액을 유효하게 추가하여 방출하는 설비가 있는 경우는 제외한다)

① 개구부에 자동폐쇄장치를 설치할 것
② 바닥면적 $600m^2$마다 1개이상으로 할 것
③ 방호대상물의 최고부분보다 낮은 위치에 설치할 것
④ 특정소방대상물 및 포의 팽창비에 따른 종별에 관계없이 해당 방호구역의 관포체적 $1m^3$에 대한 1분당 포수용액 방출량은 1L이상으로 할 것

**포소화설비의 화재안전기술기준**
고발포용포방출구는 다음의 기준에 따라 설치하여야 한다.
가. 개구부에 자동폐쇄장치(갑종방화문·을종방화문 또는 불연 재료로된 문으로 포수용액이 방출되기 직전에 개구부가 자동적으로 폐쇄될 수 있는 장치를 말한다)를 설치할 것. 다만, 해당 방호구역에서 외부로 새는 양이상의 포수용액을 유효하게 추가하여 방출하는 설비가 있는 경우에는 그러하지 아니하다.
나. 고정포방출구(포발생기가 분리되어 있는 것은 해당 포발생기를 포함한다)는 특정소방대상물 및 포의 팽창비에 따른 종별에 따라 해당 방호구역의 관포체적(해당 바닥 면으로부터 방호대상물의 높이보다 0.5m 높은 위치까지의 체적을 말한다) $1m^3$에 대하여 1분당 방출량이 다음 표에 따른 양 이상이 되도록 할 것

| 소방대상물 | 포 소화약제의 종류 | $1m^3$에 대한 분당 포수용액 방출량 |
|---|---|---|
| 항공기 격납기 | 팽창비 80 이상 250 미만의 것 | 2.00L |
| | 팽창비 250 이상 500 미만의 것 | 0.50L |
| | 팽창비 500 이상 1,000 미만의 것 | 0.29L |
| 차고 또는 주차장 | 팽창비 80 이상 250 미만의 것 | 1.11L |
| | 팽창비 250 이상 500 미만의 것 | 0.28L |
| | 팽창비 500 이상 1,000 미만의 것 | 0.16L |
| 특수가연물을 저장 또는 취급하는 소방대상물 | 팽창비 80 이상 250 미만의 것 | 1.25L |
| | 팽창비 250 이상 500 미만의 것 | 0.31L |
| | 팽창비 500 이상 1,000 미만의 것 | 0.18L |

다. 고정포방출구는 바닥면적 $500m^2$ 마다 1개 이상으로 하여 방호대상물의 화재를 유효하게 소화할 수 있도록 할 것
라. 고정포방출구는 방호대상물의 최고부분보다 높은 위치에 설치할 것. 다만, 밀어올리는 능력을 가진 것은 방호대상물과 같은 높이로 할 수 있다.

## 2020년 제4회 소방설비기사[기계분야] 1차 필기
[제4과목 : 소방기계구조원리]

**61** 상수도소화용수설비의 화재안전기준에 따라 호칭지름 75mm 이상의 수도배관에 호칭지름 100mm 이상의 소화전을 접속한 경우 상수도소화용수설비 소화전의 설치기준으로 맞는 것은?

① 특정소방대상물의 수평투영면의 각 부분으로부터 80m 이하가 되도록 설치할 것
② 특정소방대상물의 수평투영면의 각 부분으로부터 100m 이하가 되도록 설치할 것
③ 특정소방대상물의 수평투영면의 각 부분으로부터 120m 이하가 되도록 설치할 것
④ 특정소방대상물의 수평투영면의 각 부분으로부터 140m 이하가 되도록 설치할 것

**해설** 상수도소화용수설비 화재안전기술기준
2.1 상수도소화용수설비의 설치기준
 2.1.1 상수도소화용수설비는 「수도법」에 따른 기준 외에 다음의 기준에 따라 설치해야 한다.
  2.1.1.1 호칭지름 75mm 이상의 수도배관에 호칭지름 100mm 이상의 소화전을 접속할 것
  2.1.1.2 소화전은 소방자동차 등의 진입이 쉬운 도로변 또는 공지에 설치할 것
  2.1.1.3 소화전은 특정소방대상물의 수평투영면의 각 부분으로부터 140m 이하가 되도록 설치할 것
  2.1.1.4 지상식 소화전의 호스접결구는 지면으로부터 높이가 0.5m 이상 1m 이하가 되도록 설치할 것 〈신설 2024.7.1.〉

**62** 분말소화설비의 화재안전기준에 따른 분말소화설비의 배관과 선택밸브의 설치기준에 대한 내용으로 틀린 것은?

① 배관은 겸용으로 설치할 것
② 선택밸브는 방호구역 또는 방호대상물마다 설치할 것
③ 동관은 고정압력 또는 최고사용압력의 1.5배 이상의 압력에 견딜수 있는 것을 사용할 것
④ 강관은 아연도금에 따른 배관용 탄소강관이나 이와 동등이상의 강도, 내식성 및 내열성을 가진 것을 사용할 것

**해설** 분말소화설비 화재안전기술기준
2.6.1 분말소화설비의 배관은 다음의 기준에 따라 설치해야 한다.
 2.6.1.1 배관은 전용으로 할 것
 2.6.1.2 강관을 사용하는 경우의 배관은 아연도금에 따른 배관용탄소강관(KS D 3507)이나 이와 동등 이상의 강도·내식성 및 내열성을 가진 것으로 할 것. 다만, 축압식분말소화설비에 사용하는 것 중 20℃에서 압력이 2.5MPa 이상 4.2MPa 이하인 것은 압력배관용탄소강관(KS D 3562) 중 이음이 없는 스케줄 40 이상의 것 또는 이와 동등 이상의 강도를 가진 것으로서 아연도금으로 방식 처리된 것을 사용해야 한다.
 2.6.1.3 동관을 사용하는 경우의 배관은 고정압력 또는 최고사용압력의 1.5배 이상의 압력에 견딜 수 있는 것을 사용할 것
 2.6.1.4 밸브류는 개폐위치 또는 개폐방향을 표시한 것으로 할 것
 2.6.1.5 배관의 관부속 및 밸브류는 배관과 동등 이상의 강도 및 내식성이 있는 것으로 할 것
 2.6.1.6 확관형 분기배관을 사용할 경우에는 소방청장이 정하여 고시한 「분기배관의 성능인증 및 제품검사의 기술기준」에 적합한 것으로 설치할 것

정답 61.④ 62.①

**63** 피난기구의 화재안전기준에 따라 숙박시설, 노유자시설 및 의료시설로 사용되는 층에 있어서는 그 층의 바닥면적이 몇 m²마다 피난기구를 1개 이상 설치해야 하는가?

① 300m²
② 500m²
③ 800m²
④ 1,000m²

**해설** 피난기구 화재안전기술기준
2.1.2 피난기구는 다음의 기준에 따른 개수 이상을 설치해야 한다.
  2.1.2.1 층마다 설치하되, 숙박시설·노유자시설 및 의료시설로 사용되는 층에 있어서는 그 층의 바닥면적 500m²마다, 위락시설·문화집회 및 운동시설·판매시설로 사용되는 층 또는 복합용도의 층(하나의 층이 영 별표 2 제1호 나목 내지 라목 또는 제4호 또는 제8호 내지 제18호 중 2 이상의 용도로 사용되는 층을 말한다)에 있어서는 그 층의 바닥면적 800m²마다, 계단실형 아파트에 있어서는 각 세대마다, 그 밖의 용도의 층에 있어서는 그 층의 바닥면적 1,000m²마다 1개 이상 설치할 것〈개정 2024.1.1.〉
  2.1.2.2 2.1.2.1에 따라 설치한 피난기구 외에 숙박시설(휴양콘도미니엄을 제외한다)의 경우에는 추가로 객실마다 완강기 또는 2 이상의 간이완강기를 설치할 것
  2.1.2.3 〈개정 2024.1.1.〉
  2.1.2.4 2.1.2.1에 따라 설치한 피난기구 외에 4층 이상의 층에 설치된 노유자시설 중 장애인 관련 시설로서 주된 사용자 중 스스로 피난이 불가한 자가 있는 경우에는 층마다 구조대를 1개 이상 추가로 설치할 것

**64** 다음 설명은 미분무소화설비의 화재안전기준에 따른 미분무소화설비 기동장치의 화재감지기 회로에서 발신기 설치기준이다. ( )안에 알맞은 내용은? (단, 자동화재탐지설비의 발신기가 설치된 경우는 제외한다)

- 조작이 쉬운 장소에 설치하고, 스위치는 바닥으로부터 0.8m 이상 ( ㉠ )m 이하의 높이에 설치할 것
- 소방대상물의 층마다 설치하되, 당해 소방대상물의 각 부분으로부터 하나의 발신기까지의 수평거리가 25m 이하가 되도록 할 것. 다만, 복도 또는 별도로 구획된 실로서 보행거리가 ( ㉡ )m 이상일 경우에는 추가로 설치하여야 한다.
- 발신기의 위치를 표시하는 표시등은 함의 상부에 설치하되, 그 불빛은 부착면으로부터 15° 이상의 범위안에서 부착지점으로부터 ( ㉢ )m 이내의 어느 곳에서도 쉽게 식별할 수 있는 적색등으로 할 것

① ㉠ 1.5, ㉡ 20, ㉢ 10
② ㉠ 1.5, ㉡ 25, ㉢ 10
③ ㉠ 2.0, ㉡ 20, ㉢ 15
④ ㉠ 2.0, ㉡ 25, ㉢ 15

**해설** 미분무소화설비 화재안전기준 중 발신기 설치기준
화재감지기 회로에는 다음의 기준에 따른 발신기를 설치할 것. 다만, 자동화재탐지설비의 발신기가 설치된 경우에는 그러하지 아니하다.
가. 조작이 쉬운 장소에 설치하고, 스위치는 바닥으로부터 0.8m 이상 1.5m 이하의 높이에 설치할 것
나. 소방대상물의 층마다 설치하되, 당해 소방대상물의 각 부분으로부터 하나의 발신기까지의 수평거리가 25m 이하가 되도록 할 것. 다만, 복도 또는 별도로 구획된 실로서 보행거리가 40m 이상일 경우에는 추가로 설치하여야 한다.
다. 발신기의 위치를 표시하는 표시등은 함의 상부에 설치하되, 그 불빛은 부착면으로부터 15° 이상의 범위안에서 부착지점으로부터 10m 이내의 어느 곳에서도 쉽게 식별할 수 있는 적색등으로 할 것

정답 63.② 64.②

**65** 소화기구 및 자동소화장치의 화재안전기준에 따른 캐비닛형 자동소화장치 분사헤드의 설치높이 기준은 방호구역의 바닥으로부터 얼마이어야 하는가?

① 최소 0.1m이상 최대 2.7m이하
② 최소 0.1m이상 최대 3.7m이하
③ 최소 0.2m이상 최대 2.7m이하
④ 최소 0.2m이상 최대 3.7m이하

**해설** 소화기구 및 자동소화장치 화재안전기술기준
2.1.2.3 캐비닛형자동소화장치는 다음의 기준에 따라 설치할 것
  2.1.2.3.1 분사헤드(방출구)의 설치 높이는 방호구역의 바닥으로부터 형식승인을 받은 범위 내에서 유효하게 소화약제를 방출시킬 수 있는 높이에 설치할 것
  2.1.2.3.2 화재감지기는 방호구역 내의 천장 또는 옥내에 면하는 부분에 설치하되「자동화재탐지설비 및 시각경보장치의 화재안전기술기준(NFTC 203)」 2.4(감지기)에 적합하도록 설치할 것
  2.1.2.3.3 방호구역 내의 화재감지기의 감지에 따라 작동되도록 할 것
  2.1.2.3.4 화재감지기의 회로는 교차회로방식으로 설치할 것. 다만, 화재감지기를「자동화재탐지설비 및 시각경보장치의 화재안전기술기준(NFTC 203)」 2.4.1 단서의 각 감지기로 설치하는 경우에는 그렇지 않다.
  2.1.2.3.5 교차회로 내의 각 화재감지기회로별로 설치된 화재감지기 1개가 담당하는 바닥면적은「자동화재탐지설비 및 시각경보장치의 화재안전기술기준(NFTC 203)」 2.4.3.5, 2.4.3.8 및 2.4.3.10에 따른 바닥면적으로 할 것
  2.1.2.3.6 개구부 및 통기구(환기장치를 포함한다. 이하 같다)를 설치한 것에 있어서는 소화약제가 방출되기 전에 해당 개구부 및 통기구를 자동으로 폐쇄할 수 있도록 할 것. 다만, 가스압에 의하여 폐쇄되는 것은 소화약제 방출과 동시에 폐쇄할 수 있다.
  2.1.2.3.7 작동에 지장이 없도록 견고하게 고정할 것
  2.1.2.3.8 구획된 장소의 방호체적 이상을 방호할 수 있는 소화성능이 있을 것

**66** 할로겐화합물 및 불활성기체 소화설비의 화재안전기준에 따른 할로겐화합물 및 불활성기체 소화설비의 수동식기동장치의 설치기준에 대한 설명으로 틀린 것은?

① 5kg 이상의 힘을 가하여 기동할 수 있는 구조로 설치할 것
② 전기를 사용하는 기동장치에는 전원표시등을 설치할 것
③ 기동장치의 방출용스위치는 음향경보장치와 연동하여 조작될 수 있는 것으로 할 것
④ 해당 방호구역의 출입구부근 등 조작을 하는 자가 쉽게 피난할 수 있는 장소에 설치할 것

**해설** 할로겐화합물 및 불활성기체 소화설비 화재안전기술기준
2.5 기동장치
  2.5.1 할로겐화합물 및 불활성기체소화설비의 수동식 기동장치는 다음의 기준에 따라 설치해야 한다. 이 경우 수동식 기동장치의 부근에는 소화약제의 방출을 지연시킬 수 있는 방출지연스위치(자동복귀형 스위치로서 수동식 기동장치의 타이머를 순간 정지시키는 기능의 스위치를 말한다)를 설치해야 한다.
    2.5.1.1 방호구역마다 설치할 것
    2.5.1.2 해당 방호구역의 출입구 부근 등 조작을 하는 자가 쉽게 피난할 수 있는 장소에 설치할 것
    2.5.1.3 기동장치의 조작부는 바닥으로부터 0.8m 이상 1.5m 이하의 위치에 설치하고, 보호판 등에 따른 보호장치를 설치할 것
    2.5.1.4 기동장치 인근의 보기 쉬운 곳에 "할로겐화합물 및 불활성기체소화설비 수동식 기동장치"라는 표지를 할 것
    2.5.1.5 전기를 사용하는 기동장치에는 전원표시등을 설치할 것
    2.5.1.6 기동장치의 방출용스위치는 음향경보장치와 연동하여 조작될 수 있는 것으로 할 것
    2.5.1.7 50N 이하의 힘을 가하여 기동할 수 있는 구조로 할 것
    2.5.1.8 기동장치에는 보호장치를 설치해야 하며, 보호장치를 개방하는 경우 기동장치에 설치된 부저 또는 벨 등에 의하여 경고음을 발할 것 〈신설 2024.8.1.〉

**정답** 65.④ 66.①

2.5.1.9 기동장치를 옥외에 설치하는 경우 빗물 또는 외부 충격의 영향을 받지 아니하도록 설치할 것 〈신설 2024.8.1.〉

**67** 연소방지설비의 화재안전기준에 따라 연소방지설비의 살수구역은 환기구 등을 기준으로 지하구의 길이방향으로 최대 몇 m 이내마다 1개 이상의 방수헤드를 설치하여야 하는가?

① 150
② 200
③ 350
④ 400

**해설** [현행 삭제된 문제]

**68** 구조대의 형식승인 및 제품검사의 기술기준에 따른 경사강하식 구조대의 구조에 대한 설명으로 틀린 것은?

① 구조대 본체는 강하방향으로 봉합부가 설치되어야 한다.
② 연속하여 활강할 수 있는 구조로 안전하고 쉽게 사용할 수 있어야 한다.
③ 땅에 닿을 때 충격을 받는 부분에는 완충장치로서 받침포 등을 부착하여야 한다.
④ 입구틀 및 취부틀의 입구는 지름 50 ㎝ 이상의 구체가 통과할 수 있어야 한다.

**해설** 구조대의 형식승인 및 제품검사의 기술기준
**제3조(구조)** 경사강하식구조대(이하 "구조대"라 한다)의 구조는 다음 각 호에 적합하여야 한다.
1. 연속하여 활강할 수 있는 구조로 안전하고 쉽게 사용할 수 있어야 한다.
2. 입구틀 및 취부틀의 입구는 지름 50㎝ 이상의 구체가 통과할 수 있어야 한다.
3. 포지는 사용시에 수직방향으로 현저하게 늘어나지 아니하여야 한다.
4. 포지, 지지틀, 취부틀 그밖의 부속장치 등은 견고하게 부착되어야 한다.
5. 구조대 본체는 강하방향으로 봉합부가 설치되지 아니하여야 한다.
6. 구조대 본체의 활강부는 낙하방지를 위해 포를 2중 구조로 하거나 또는 망목의 변의 길이가 8㎝ 이하

인 망을 설치하여야 한다. 다만, 구조상 낙하방지의 성능을 갖고 있는 구조대의 경우에는 그러하지 아니하다.
7. 본체의 포지는 하부지지장치에 인장력이 균등하게 걸리도록 부착하여야 하며 하부지지장치는 쉽게 조작할 수 있어야 한다.
8. 손잡이는 출구부근에 좌우 각 3개 이상 균일한 간격으로 견고하게 부착하여야 한다.
9. 구조대본체의 끝부분에는 길이 4m 이상, 지름 4㎜ 이상의 유도선을 부착하여야 하며, 유도선 끝에는 중량 3N(300g) 이상의 모래주머니 등을 설치하여야 한다.
10. 땅에 닿을 때 충격을 받는 부분에는 완충장치로서 받침포 등을 부착하여야 한다.

**69** 스프링클러설비의 화재안전기준에 따른 습식 유수검지장치를 사용하는 스프링클러설비 시험장치의 설치기준에 대한 설명으로 틀린 것은?

① 유수검지장치에서 가장 가까운 가지배관의 끝으로부터 연결하여 설치할 것
② 시험배관의 끝에는 물받이 통 및 배수관을 설치하여 시험 중 방사된 물이 바닥에 흘러내리지 아니하도록 할 것
③ 화장실과 같은 배수처리가 쉬운 장소에 시험배관을 설치한 경우에는 물받이 통 및 배수관을 생략할 수 있다.
④ 시험장치 배관의 구경은 유수검지장치에서 가장 먼 가지배관의 구경과 동일한 구경으로 하고, 그 끝에 개폐밸브 및 개방형헤드를 설치할 것

**해설** 스프링클러설비 화재안전기술기준
2.5.12 습식유수검지장치 또는 건식유수검지장치를 사용하는 스프링클러설비와 부압식스프링클러설비에는 동 장치를 시험할 수 있는 시험장치를 다음의 기준에 따라 설치해야 한다.
2.5.12.1 습식스프링클러설비 및 부압식스프링클러설비에 있어서는 유수검지장치 2차 측 배관에 연결하여 설치하고 건식스프링클러설비인 경우 유수검지장치에서 가장 먼 거리에 위치한 가지배관의 끝으로부터 연결하여 설치

할 것. 이 경우 유수검지장치 2차 측 설비의 내용적이 2,840L를 초과하는 건식스프링클러설비는 시험장치 개폐밸브를 완전 개방 후 1분 이내에 물이 방사되어야 한다.

2.5.12.2 시험장치 배관의 구경은 25㎜ 이상으로 하고, 그 끝에 개폐밸브 및 개방형헤드 또는 스프링클러헤드와 동등한 방수성능을 가진 오리피스를 설치할 것. 이 경우 개방형헤드는 반사판 및 프레임을 제거한 오리피스만으로 설치할 수 있다.

2.5.12.3 시험배관의 끝에는 물받이 통 및 배수관을 설치하여 시험 중 방사된 물이 바닥에 흘러내리지 않도록 할 것. 다만, 목욕실·화장실 또는 그 밖의 곳으로서 배수처리가 쉬운 장소에 시험배관을 설치한 경우에는 그렇지 않다.

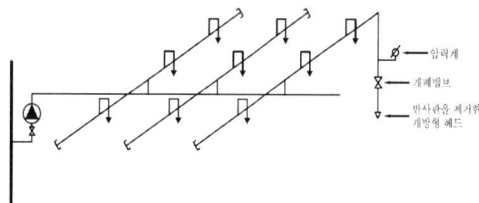

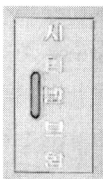

【 말단시험장치 】

**70** 화재조기진압용 스프링클러설비의 화재안전기준에 따라 가지배관을 배열할 때 천장의 높이가 9.1m 이상 13.7m 이하인 경우 가지배관 사이의 거리기준으로 맞는 것은?

① 3.1m 이하
② 2.4m 이상 3.7m 이하
③ 6.0m 이상 8.5m 이하
④ 6.0m 이상 9.3m 이하

**해설** 화재조기진압용 스프링클러설비 헤드 설치기준
① 헤드 하나의 방호면적은 6.0㎡ 이상 9.3㎡ 이하로 할 것
② 가지배관의 헤드 사이의 거리는 천장의 높이가 9.1m 미만인 경우에는 2.4m 이상 3.7m 이하로, 9.1m 이상 13.7m 이하인 경우에는 3.1m 이하로 할 것
③ 헤드의 반사판은 천장 또는 반자와 평행하게 설치하고 저장물의 최상부와 914㎜ 이상 확보되도록 할 것
④ 하향식 헤드의 반사판의 위치는 천장이나 반자 아래 125㎜ 이상 355㎜ 이하일 것
⑤ 상향식 헤드의 감지부 중앙은 천장 또는 반자와 101㎜ 이상 152㎜ 이하 이어야 하며, 반사판의 위치는 스프링클러배관의 윗부분에서 최소 178㎜ 상부에 설치되도록 할 것
⑥ 헤드와 벽과의 거리는 헤드 상호간 거리의 2분의 1을 초과하지 않아야 하며 최소 102㎜ 이상일 것
⑦ 헤드의 작동온도는 74℃ 이하일 것. 다만, 헤드 주위의 온도가 38℃ 이상의 경우에는 그 온도에서의 화재시험 등에서 헤드작동에 관하여 공인기관의 시험을 거친 것을 사용할 것

**71** 옥내소화전설비의 화재안전기준에 따라 옥내소화전 방수구를 반드시 설치하여야 하는 곳은?

① 식물원
② 수족관
③ 수영장의 관람석
④ 냉장창고 중 온도가 영하인 냉장실

**해설** 옥내소화전설비 화재안전기술기준
2.8 방수구의 설치제외
2.8.1 불연재료로 된 특정소방대상물 또는 그 부분으로서 다음의 어느 하나에 해당하는 곳에는 옥내소화전 방수구를 설치하지 않을 수 있다.
2.8.1.1 냉장창고 중 온도가 영하인 냉장실 또는 냉동창고의 냉동실
2.8.1.2 고온의 노가 설치된 장소 또는 물과 격렬하게 반응하는 물품의 저장 또는 취급 장소
2.8.1.3 발전소·변전소 등으로서 전기시설이 설치된 장소
2.8.1.4 식물원·수족관·목욕실·수영장(관람석 부분을 제외한다) 또는 그 밖의 이와 비슷한 장소
2.8.1.5 야외음악당·야외극장 또는 그 밖의 이와 비슷한 장소

**72** 스프링클러설비의 화재안전기준에 따른 특정소방대상물의 방호구역 층마다 설치하는 폐쇄형 스프링클러설비 유수검지장치의 설치높이 기준은?

① 바닥으로부터 0.8m 이상 1.2m 이하
② 바닥으로부터 0.8m 이상 1.5m 이하
③ 바닥으로부터 1.0m 이상 1.2m 이하
④ 바닥으로부터 1.0m 이상 1.5m 이하

**해설** 유수검지장치, 및 기동장치, 전기적인 장치의 설치높이 : 0.8m 이상 1.5m 이하

**73** 포소화설비의 화재안전기준에 따른 용어정의중 다음 ( )안에 알맞은 내용은?

> ( ) 프로포셔너방식이란 펌프와 발포기의 중간에 설치된 벤추리관의 벤추리작용과 펌프 가압수의 포소화약제 저장탱크에 대한 압력에 따라 포소화약제를 흡입·혼합하는 방식을 말한다.

① 라인   ② 펌프
③ 프레져   ④ 프레져사이드

**해설** 포소화설비의 화재안전기술기준
㉠ 펌프 프로포셔너방식
   펌프의 토출관과 흡입관 사이의 배관도중에 설치한 흡입기에 펌프에서 토출된 물의 일부를 보내고, 농도조정밸브에서 조정된 포 소화약제의 필요량을 포 소화약제 탱크에서 펌프 흡입측으로 보내어 이를 혼합하는 방식을 말한다.
㉡ 프레져 프로포셔너방식
   펌프와 발포기의 중간에 설치된 벤추리관의 벤추리작용과 펌프 가압수의 포소화약제 저장탱크에 대한 압력에 따라 포소화약제를 흡입·혼합하는 방식을 말한다.
㉢ 라인 프로포셔너방식
   펌프와 발포기의 중간에 설치된 벤추리관의 벤추리작용에 따라 포소화약제를 흡입·혼합하는 방식을 말한다.
㉣ 프레져사이드 프로포셔너방식
   펌프의 토출관에 압입기를 설치하여 포 소화약제 압입용펌프로 포소화약제를 압입시켜 혼합하는 방식을 말한다.
㉤ 압축공기포 믹싱챔버방식
   물, 포 소화약제 및 공기를 믹싱챔버로 강제주입시켜 챔버 내에서 포수용액을 생성한 후 포를 방사하는 방식을 말한다.

**74** 소화기구 및 자동소화장치의 화재안전기준에 따른 수동으로 조작하는 대형소화기 B급의 능력단위 기준은?

① 10단위 이상   ② 15단위 이상
③ 20단위 이상   ④ 25단위 이상

**해설** "대형소화기"란 화재 시 사람이 운반할 수 있도록 운반대와 바퀴가 설치되어 있고 능력단위가 A급 10단위 이상, B급 20단위 이상인 소화기를 말한다.

**75** 포소화설비의 화재안전기준에 따른 포소화설비의 포헤드 설치기준에 대한 설명으로 틀린 것은?

① 항공기격납고에 단백포 소화약제가 사용되는 경우 1분당 방사량은 바닥면적 $1m^2$당 6.5L 이상 방사되도록 할 것
② 특수가연물을 저장, 취급하는 소방대상물에 단백포 소화약제가 사용되는 경우 1분당 방사량은 바닥면적 $1m^2$당 6.5L 이상 방사되도록 할 것.
③ 특수가연물을 저장, 취급하는 소방대상물에 합성계면활성제포 소화약제가 사용되는 경우 1분당 방사량은 바닥면적 $1m^2$당 8.0L 이상 방사되도록 할 것.
④ 포헤드는 특정소방대상물의 천장 또는 반자에 설치하되, 바닥면적 $9m^2$마다 1개 이상으로 하여 해당 방호대상물의 화재를 유효하게 소화할수 있도록 할 것

**해설** 포소화설비의 화재안전기술기준
포헤드는 특정소방대상물의 천장 또는 반자에 설치하되, 바닥면적 $9m^2$마다 1개 이상으로 하여 해당 방호대상 물의 화재를 유효하게 소화할 수 있도록 할 것

정답 72.② 73.③ 74.③ 75.③

▶ 포헤드설비 수원량(수용액량) 산정
포헤드설비
$Q = N \times \alpha l/min \cdot 개 \times 10min$
  $Q$ : 포수용액체적($l$)
  $N$ : 포헤드수($N = \dfrac{Am^2}{9m^2/개}$)
  $\alpha$ : 표준방사량($l/min$)
  $N$ : 바닥면적이 200m²를 초과하는 경우에는 200m²에 설치된 헤드의 개수
    표준방사량 $\alpha(l/min) = Am^2 \times \beta l/m^2 \cdot min \div N$

**[ $\beta$ 소방대상물별 포헤드의 분당 방사량($l/m^2 \cdot min$) ]**

| 소방대상물 | 포 소화약제의 종류 | 바닥면적 1m²당 방사량 |
|---|---|---|
| 차고 · 주차장 및 항공기격납고 | 단백포 소화약제 | 6.5L 이상 |
|  | 합성계면활성제포 소화약제 | 8.0L 이상 |
|  | 수성막포 소화약제 | 3.7L 이상 |
| 특수가연물을 저장 · 취급하는 소방대상물 | 단백포 소화약제 | 6.5L 이상 |
|  | 합성계면활성제포 소화약제 | 6.5L 이상 |
|  | 수성막포 소화약제 | 6.5L 이상 |

**76** 소화기구 및 자동소화장치의 화재안전기준에 따라 대형소화기를 설치할 때 특정소방대상물의 각 부분으로 부터 1개의 소화기까지의 보행거리가 최대 몇 m 이내가 되도록 배치하여야 하는가?

① 20m　　② 25m
③ 30m　　④ 40m

**해설** 소화기구 및 자동소화장치 화재안전기술기준
2.1.1.4 소화기는 다음의 기준에 따라 설치할 것
  2.1.1.4.1 특정소방대상물의 각 층마다 설치하되, 각 층이 2 이상의 거실로 구획된 경우에는 각 층마다 설치하는 것 외에 바닥면적이 33m² 이상으로 구획된 각 거실에도 배치할 것 〈개정 2024.1.1.〉
  2.1.1.4.2 특정소방대상물의 각 부분으로부터 1개의 소화기까지의 보행거리가 소형소화기의 경우에는 20m 이내, 대형소화기의 경우에는 30m 이내가 되도록 배치할 것. 다만, 가연성물질이 없는 작업장의 경우에는 작업장의 실정에 맞게 보행거리를 완화하여 배치할 수 있다.

**77** 소화수조 및 저수조의 화재안전기준에 따라 소화수조의 채수구는 소방차가 최대 몇 m 이내의 지점까지 접근할수 있도록 설치하여야 하는가?

① 1　　② 2
③ 4　　④ 5

**해설** 소화수조, 저수조의 채수구 또는 흡수관투입구는 소방차가 2m 이내의 지점까지 접근할 수 있는 위치에 설치하여야 한다.

**78** 미분무소화설비 용어의 정의 중 다음 ( ) 안에 알맞은 것은?

> "미분무"란 물만을 사용하여 소화하는 방식으로 최소설계압력에서 헤드로부터 방출되는 물입자 중 99%의 누적체적분포가 ( ㉠ )[μm] 이하로 분무되고 ( ㉡ )급 화재에 적응성을 갖는 것을 말한다.

① ㉠ 400, ㉡ A,B,C　② ㉠ 400, ㉡ B,C
③ ㉠ 200, ㉡ A,B,C　④ ㉠ 200, ㉡ B,C

**해설** 미분무소화설비의 화재안전기술기준
"미분무"란 물만을 사용하여 소화하는 방식으로 최소설계압력에서 헤드로부터 방출되는 물입자 중 99%의 누적체적분포가 400μm 이하로 분무되고 A,B,C급 화재에 적응성을 갖는 것을 말한다.

**79** 분말소화설비의 화재안전기준에 따라 분말소화약제 저장용기의 설치기준으로 맞는 것은?

① 저장용기의 충전비는 0.5 이상으로 할 것
② 제1종 분말(탄산수소나트륨을 주성분으로 한 분말)의 경우 소화약제 1kg당 저장용기의 내용적은 1.25L일 것
③ 저장용기에는 저장용기의 내부압력이 설정압력으로 되었을 때 주밸브를 개방하는 정압작동장치를 설치할 것
④ 저장용기에는 가압식은 최고사용압력의 2배 이하, 축압식은 용기의 내압시험압력의 1배 이하의 압력에서 작동하는 안전밸브를 설치할 것

**해설** 분말소화약제의 저장용기는 다음의 기준에 따라 설치하여야 한다.
1. 저장용기의 내용적은 다음 표에 따를 것

| 소화약제의 종별 | 소화약제 1kg당 저장용기의 내용적 |
|---|---|
| 제1종 분말(탄산수소나트륨을 주성분으로 한 분말) | 0.8L |
| 제2종 분말(탄산수소칼륨을 주성분으로 한 분말) | 1L |
| 제3종 분말(인산염을 주성분으로 한 분말) | 1L |
| 제4종 분말(탄산수소칼륨과 요소가 화합된 분말) | 1.25L |

2. 저장용기에는 가압식은 최고사용압력의 1.8배 이하, 축압식은 용기의 내압시험압력의 0.8배 이하의 압력에서 작동하는 안전밸브를 설치할 것
3. 저장용기에는 저장용기의 내부압력이 설정압력으로 되었을 때 주밸브를 개방하는 정압작동장치를 설치할 것
4. 저장용기의 충전비는 0.8 이상으로 할 것
5. 저장용기 및 배관에는 잔류 소화약제를 처리할 수 있는 청소장치를 설치할 것
6. 축압식의 분말소화설비는 사용압력의 범위를 표시한 지시압력계를 설치할 것

**80** 할론소화설비의 화재안전기준에 따른 할론 1301소화약제의 저장용기에 대한 설명으로 틀린 것은?

① 저장용기의 충전비는 0.9 이상 1.6 이하로 할 것
② 동일 집합관에 접속되는 용기의 충전비는 같도록 할 것
③ 저장용기의 개방밸브는 안전장치가 부착된 것으로 하며 수동으로 개방되지 않도록 할 것
④ 축압식 용기의 경우에는 20℃에서 2.5MPa 또는 4.2MPa의 압력이 되도록 질소가스로 축압할 것

**해설** 할론소화설비의 화재안전기술기준
할론소화약제의 저장용기는 다음의 기준에 따라 설치하여야 한다.
1. 축압식 저장용기의 압력은 온도 20℃에서 할론 1211을 저장하는 것은 1.1MPa 또는 2.5MPa, 할론 1301을 저장 하는 것은 2.5MPa 또는 4.2MPa이 되도록 질소가스로 축압할 것.
2. 저장용기의 충전비는 할론 2402를 저장하는 것중 가압식 저장용기는 0.51 이상 0.67 미만, 축압식 저장용기는 0.67 이상 2.75 이하, 할론 1211은 0.7 이상 1.4 이하, 할론 1301은 0.9 이상 1.6 이하로 할 것
3. 동일 집합관에 접속되는 용기의 소화약제 충전량은 동일충전비의 것이어야 할 것

# 2021년 제1회 소방설비기사[기계분야] 1차 필기
[제4과목 : 소방기계구조원리]

**61** 스프링클러설비의 화재안전기준상 폐쇄형 스프링클러헤드의 방호구역·유수검지장치에 대한 기준으로 틀린 것은?

① 하나의 방호구역에는 1개 이상의 유수검지장치를 설치하되, 화재발생시 접근이 쉽고 점검하기 편리한 장소에 설치할 것
② 하나의 방호구역에는 2개 층에 미치지 아니하도록 할 것. 다만, 1개 층에 설치되는 스프링클러헤드의 수가 10개 이하인 경우와 복층형구조의 공동주택에는 3개 층 이내로 할 수 있다.
③ 송수구를 통하여 스프링클러헤드에 공급되는 물은 유수검지장치 등을 지나도록 할 것
④ 조기반응형 스프링클러헤드를 설치하는 경우에는 습식유수검지장치 또는 부압식스프링클러설비를 설치할 것

**해설** 스프링클러설비의 화재안전기술기준
폐쇄형스프링클러헤드를 사용하는 설비의 방호구역(스프링클러설비의 소화범위에 포함된 영역을 말한다. 이하 같다)·유수검지장치는 다음의 기준에 적합하여야 한다.
1. 하나의 방호구역의 바닥면적은 3,000㎡를 초과하지 아니할 것. 다만, 폐쇄형스프링클러설비에 격자형배관방식(2이상의 수평주행배관 사이를 가지배관으로 연결하는 방식을 말한다)을 채택하는 때에는 3,700㎡ 범위 내에서 펌프용량, 배관의 구경 등을 수리학적으로 계산한 결과 헤드의 방수압 및 방수량이 방호구역 범위 내에서 소화목적을 달성하는 데 충분할 것
2. 하나의 방호구역에는 1개 이상의 유수검지장치를 설치하되, 화재발생시 접근이 쉽고 점검하기 편리한 장소에 설치할 것
3. 하나의 방호구역은 2개 층에 미치지 아니하도록 할 것. 다만, 1개 층에 설치되는 스프링클러헤드의 수가 10개 이하인 경우와 복층형구조의 공동주택에는 3개 층 이내로 할 수 있다.
4. 유수검지장치를 실내에 설치하거나 보호용 철망 등으로 구획하여 바닥으로부터 0.8m 이상 1.5m 이하의 위치에 설치하되, 그 실 등에는 개구부가 가로 0.5m 이상 세로 1m 이상의 출입문을 설치하고 그 출입문 상단에 "유수검지장치실"이라고 표시한 표지를 설치할 것. 다만, 유수검지장치를 기계실(공조용기계실을 포함한다)안에 설치하는 경우에는 별도의 실 또는 보호용 철망을 설치하지 아니하고 기계실 출입문 상단에 "유수검지장치실"이라고 표시한 표지를 설치할 수 있다.
5. 스프링클러헤드에 공급되는 물은 유수검지장치를 지나도록 할 것. 다만, 송수구를 통하여 공급되는 물은 그러하지 아니하다.
6. 자연낙차에 따른 압력수가 흐르는 배관 상에 설치된 유수검지장치는 화재시 물의 흐름을 검지할 수 있는 최소한의 압력이 얻어질 수 있도록 수조의 하단으로부터 낙차를 두어 설치할 것
7. 조기반응형 스프링클러헤드를 설치하는 경우에는 습식유수검지장치 또는 부압식스프링클러설비를 설치할 것

**62** 스프링클러설비의 화재안전기준상 조기반응형 스프링클러헤드를 설치해야 하는 장소가 아닌 것은?

① 수련시설의 침실  ② 공동주택의 거실
③ 오피스텔의 침실  ④ 병원의 입원실

**해설** 스프링클러설비의 화재안전기술기준
다음의 어느 하나에 해당하는 장소에는 조기반응형스프링클러헤드를 설치하여야 한다.
1. 공동주택·노유자시설의 거실
2. 오피스텔·숙박시설의 침실, 병원·의원의 입원실

정답 61.③ 62.①

**63** 스프링클러설비의 화재안전기준상 스프링클러설비를 설치하여야 할 특정소방대상물에 있어서 스프링클러헤드를 설치하지 아니할 수 있는 장소 기준으로 틀린 것은?

① 천장과 반자 양쪽이 불연재료로 되어 있고 천장과 반자사이의 거리가 2.5m 미만인 부분
② 천장 및 반자가 불연재료 외의 것으로 되어 있고 천장과 반자사이의 거리가 0.5m 미만인 부분
③ 천장·반자 중 한쪽이 불연재료로 되어 있고 천장과 반자사이의 거리가 1m 미만인 부분
④ 현관 또는 로비 등으로서 바닥으로부터 높이가 20m 이상인 장소

해설 [스프링클러헤드 제외장소]
스프링클러설비를 설치해야 할 특정소방대상물에 있어서 다음의 어느 하나에 해당하는 장소에는 스프링클러헤드를 설치하지 않을 수 있다.
1. 계단실(특별피난계단의 부속실을 포함한다)·경사로·승강기의 승강로·비상용승강기의 승강장·파이프덕트 및 덕트피트(파이프·덕트를 통과시키기 위한 구획된 구멍에 한한다)·목욕실·수영장(관람석부분을 제외한다)·화장실·직접 외기에 개방되어 있는 복도·기타 이와 유사한 장소
2. 통신기기실·전자기기실·기타 이와 유사한 장소
3. 발전실·변전실·변압기·기타 이와 유사한 전기설비가 설치되어 있는 장소
4. 병원의 수술실·응급처치실·기타 이와 유사한 장소
5. 천장과 반자 양쪽이 불연재료로 되어 있는 경우로서 그 사이의 거리 및 구조가 다음의 어느 하나에 해당하는 부분
 가. 천장과 반자 사이의 거리가 2m 미만인 부분
 나. 천장과 반자 사이의 벽이 불연재료이고 천장과 반자사이의 거리가 2m 이상으로서 그사이에 가연물이 존재하지 않는 부분
6. 천장·반자 중 한쪽이 불연재료로 되어 있고 천장과 반자사이의 거리가 1m 미만인 부분
7. 천장 및 반자가 불연재료 외의 것으로 되어 있고 천장과 반자사이의 거리가 0.5m 미만인 부분
8. 펌프실·물탱크실 엘리베이터 권상기실 그 밖의 이와 비슷한 장소
9. 현관 또는 로비 등으로서 바닥으로부터 높이가 20m 이상인 장소
10. 영하의 냉장창고의 냉장실 또는 냉동창고의 냉동실
11. 고온의 노가 설치된 장소 또는 물과 격렬하게 반응하는 물품의 저장 또는 취급장소
12. 불연재료로 된 특정소방대상물 또는 그 부분으로서 다음의 어느 하나에 해당하는 장소
 가. 정수장·오물처리장 그 밖의 이와 비슷한 장소
 나. 펄프공장의 작업장·음료수공장의 세정 또는 충전하는 작업장 그 밖의 이와 비슷한 장소
 다. 불연성의 금속·석재 등의 가공공장으로서 가연성물질을 저장 또는 취급하지 않는 장소
 라. 가연성 물질이 존재하지 않는 「건축물의 에너지절약설계기준」에 따른 방풍실
13. 실내에 설치된 테니스장·게이트볼장·정구장 또는 이와 비슷한 장소로서 실내 바닥·벽·천장이 불연재료 또는 준불연재료로 구성되어 있고 가연물이 존재하지 않는 장소로서 관람석이 없는 운동시설(지하층은 제외한다)

**64** 물분무소화설비의 화재안전기준상 배관의 설치기준으로 틀린 것은?

① 펌프 흡입측 배관은 공기고임이 생기지 않는 구조로 하고 여과장치를 설치한다.
② 펌프의 흡입측 배관은 수조가 펌프보다 낮게 설치된 경우에는 각 펌프(충압펌프를 포함한다)마다 수조로부터 별도로 설치한다.
③ 연결송수관설비의 배관과 겸용할 경우의 주배관은 구경 100mm 이상으로 한다.
④ 연결송수관설비의 배관과 겸용할 경우 방수구로 연결되는 배관의 구경은 65mm 이하로 한다.

해설 [현행 삭제된 문제]

정답 63.① 64.④

**65** 분말소화설비의 화재안전기준상 배관에 관한 기준으로 틀린 것은?

① 배관은 전용으로 할 것
② 배관은 모두 스케줄 40 이상으로 할 것
③ 동관을 사용하는 경우의 배관은 고정압력 또는 최고사용압력의 1.5배 이상의 압력에 견딜 수 있는 것을 사용할 것
④ 밸브류는 개폐위치 또는 개폐방향을 표시한 것으로 할 것

**해설** 분말소화설비의 화재안전기술기준
분말소화설비의 배관은 다음의 기준에 따라 설치하여야 한다.
1. 배관은 전용으로 할 것
2. 강관을 사용하는 경우의 배관은 아연도금에 따른 배관용탄소강관(KS D 3507)이나 이와 동등 이상의 강도·내식성 및 내열성을 가진 것으로 할 것. 다만, 축압식분말소화설비에 사용하는 것 중 20℃에서 압력이 2.5MPa 이상 4.2MPa 이하인 것은 압력배관용탄소강관(KS D 3562)중 이음이 없는 스케줄 40 이상의 것 또는 이와 동등 이상의 강도를 가진 것으로서 아연도금으로 방식처리된 것을 사용하여야 한다.
3. 동관을 사용하는 경우의 배관은 고정압력 또는 최고사용압력의 1.5배 이상의 압력에 견딜 수 있는 것을 사용할 것
4. 밸브류는 개폐위치 또는 개폐방향을 표시한 것으로 할 것
5. 배관의 관부속 및 밸브류는 배관과 동등 이상의 강도 및 내식성이 있는 것으로 할 것
6. 분기배관을 사용할 경우에는 법 제39조에 따라 제품검사에 합격한 것으로 설치하여야 한다.

**66** 물분무소화설비의 화재안전기준상 수원의 저수량 설치 기준으로 틀린 것은?

① 특수가연물을 저장 또는 취급하는 특정소방대상물 또는 그 부분에 있어서 그 바닥면적(최대 방수구역의 바닥면적을 기준으로 하며, 50m² 이하인 경우에는 50m²) 1m²에 대하여 10L/min로 20분간 방수할 수 있는 양 이상으로 할 것
② 차고 또는 주차장은 그 바닥면적(최대방수구역의 바닥면적을 기준으로 하며, 50m² 이하인 경우에는 50m²) 1m²에 대하여 20L/min로 20분간 방수할 수 있는 양 이상으로 할 것
③ 케이블 트레이, 케이블 덕트 등은 투영된 바닥면적 1m²에 대하여 12L/min로 20분간 방수할 수 있는 양 이상으로 할 것
④ 콘베이어 벨트 등은 벨트부분의 바닥면적 1m²에 대하여 20L/min로 20분간 방수할 수 있는 양 이상으로 할 것

**해설** 물분무소화설비의 수원의 양
㉠ 특수가연물을 저장 또는 취급하는 소방대상물

$$Q = A(m^2) \times 10L/m^2 \cdot min \times 20min$$

Q : 수원(L)
A : 바닥면적(최대방수구역 바닥면적, 최소 50m² 이상)

㉡ 차고 또는 주차장

$$Q = A(m^2) \times 20L/m^2 \cdot min \times 20min$$

Q : 수원(L)
A : 바닥면적(최대방수구역 바닥면적, 최소 50m² 이상)

㉢ 절연유 봉입변압기

$$Q = A(m^2) \times 10L/m^2 \cdot min \times 20min$$

Q : 수원(L)
A : 바닥면적을 제외한 표면적을 합한 면적(m²)

㉣ 케이블 트레이, 덕트

$$Q = A(m^2) \times 12L/m^2 \cdot min \times 20min$$

Q : 수원(L)
A : 투영된 바닥면적(m²)
※ 투영(投影)된 바닥면적 : 위에서 빛을 비출 때 바닥 그림자의 면적

㉤ 컨베이어 벨트 등

$$Q = A(m^2) \times 10L/m^2 \cdot min \times 20min$$

Q : 수원(L)
A : 벨트부분의 바닥면적(m²)

㉥ 위험물 저장탱크

$$Q = L(m) \times 37L/m \cdot min \times 20min$$

Q : 수원(L)
L : 탱크의 원주둘레길이(m)

**67** 분말소화설비의 화재안전기준상 제1종 분말을 사용한 전역방출방식 분말소화설비에서 방호구역의 체적 1m³에 대한 소화약제의 양은 몇 kg인가?

① 0.24kg  ② 0.36kg
③ 0.60kg  ④ 0.72kg

**해설** 분말소화설비의 화재안전기술기준

분말소화약제의 저장량은 다음의 기준에 따라야 한다. 이 경우 동일한 특정소방대상물 또는 그 부분에 2 이상의 방호구역 또는 방호대상물이 있는 경우에는 각 방호구역 또는 방호대상물에 대하여 다음의 기준에 따라 산출한 저장량 중 최대의 것으로 할 수 있다.

1. 전역방출방식은 다음 각 목의 기준에 따라 산출한 양 이상으로 할 것
   가. 방호구역의 체적 1m³에 대하여 다음 표에 따른 양

| 소화약제의 종별 | 방호구역 1m³에 대한 약제량 |
|---|---|
| 제1종 분말 | 0.60kg |
| 제2종 분말 또는 제3종 분말 | 0.36kg |
| 제4종 분말 | 0.24kg |

   나. 방호구역의 개구부에 자동폐쇄장치를 설치하지 아니한 경우에는 가목에 따라 산출한 양에 다음 표에 따라 산출한 양을 가산한 양

| 소화약제의 종별 | 방가산량(개구부 1m³에 대한 약제량) |
|---|---|
| 제1종 분말 | 4.5kg |
| 제2종 분말 또는 제3종 분말 | 2.7kg |
| 제4종 분말 | 1.8kg |

**68** 옥내소화설비의 화재안전기준상 가압송수장치를 기동용수압개폐장치로 사용할 경우 압력챔버의 용적 기준은?

① 50L 이상  ② 100L 이상
③ 150L 이상  ④ 200L 이상

**해설** 옥내소화전설비의 화재안전기술기준

기동용수압개폐장치 중 압력챔버를 사용할 경우 그 용적은 100L 이상의 것으로 할 것

**69** 포소화설비의 화재안전기준상 포헤드를 소방대상물의 천장 또는 반자에 설치하여야 할 경우 헤드 1개가 방호해야 할 바닥면적은 최대 몇 m²인가?

① 3m²  ② 5m²
③ 7m²  ④ 9m²

**해설** 포소화설비의 화재안전기술기준

포헤드는 다음의 기준에 따라 설치하여야 한다.
1. 포워터스프링클러헤드는 특정소방대상물의 천장 또는 반자에 설치하되, 바닥면적 8m²마다 1개 이상으로 하여 해당 방호대상물의 화재를 유효하게 소화할 수 있도록 할 것
2. 포헤드는 특정소방대상물의 천장 또는 반자에 설치하되, 바닥면적 9m²마다 1개 이상으로 하여 해당 방호대상물의 화재를 유효하게 소화할 수 있도록 할 것

**70** 소화기구 및 자동소화장치의 화재안전기준상 규정하는 화재의 종류가 아닌 것은?

① A급 화재  ② B급 화재
③ G급 화재  ④ K급 화재

**해설** 소화기구 및 자동소화장치 화재안전기술기준

1.7.1.7 "일반화재(A급 화재)"란 나무, 섬유, 종이, 고무, 플라스틱류와 같은 일반 가연물이 타고 나서 재가 남는 화재를 말한다. 일반화재에 대한 소화기의 적응 화재별 표시는 'A'로 표시한다.

1.7.1.8 "유류화재(B급 화재)"란 인화성 액체, 가연성 액체, 석유 그리스, 타르, 오일, 유성도료, 솔벤트, 래커, 알코올 및 인화성 가스와 같은 유류가 타고 나서 재가 남지 않는 화재를 말한다. 유류화재에 대한 소화기의 적응 화재별 표시는 'B'로 표시한다.

1.7.1.9 "전기화재(C급 화재)"란 전류가 흐르고 있는 전기기기, 배선과 관련된 화재를 말한다. 기화재에 대한 소화기의 적응 화재별 표시는 'C'로 표시한다.

1.7.1.10 "주방화재(K급 화재)"란 주방에서 동식물유를 취급하는 조리기구에서 일어나는 화재를 말한다. 주방화재에 대한 소화기의 적응 화재별 표시는 'K'로 표시한다.

1.7.1.11 "금속화재(D급화재)"란 마그네슘 합금 등 가연성 금속에서 일어나는 화재를 말한다. 금속화재에 대한 소화기의 적응 화재별 표시는 'D'로 표시한다. 〈신설 2024.7.25.〉

**정답** 67.③ 68.② 69.④ 70.③

**71** 상수도소화용수설비의 화재안전기준상 소화전은 구경(호칭지름)이 최소 얼마 이상의 수도배관에 접속하여야 하는가?

① 50mm 이상의 수도배관
② 75mm 이상의 수도배관
③ 85mm 이상의 수도배관
④ 100mm 이상의 수도배관

**해설** 상수도소화용수설비 화재안전기술기준
2.1 상수도소화용수설비의 설치기준
  2.1.1 상수도소화용수설비는 「수도법」에 따른 기준 외에 다음의 기준에 따라 설치해야 한다.
    2.1.1.1 호칭지름 75mm 이상의 수도배관에 호칭지름 100mm 이상의 소화전을 접속할 것
    2.1.1.2 소화전은 소방자동차 등의 진입이 쉬운 도로변 또는 공지에 설치할 것
    2.1.1.3 소화전은 특정소방대상물의 수평투영면의 각 부분으로부터 140m 이하가 되도록 설치할 것
    2.1.1.4 지상식 소화전의 호스접결구는 지면으로부터 높이가 0.5m 이상 1m 이하가 되도록 설치할 것 〈신설 2024.7.1.〉

**72** 할로겐화합물 및 불활성기체소화설비의 화재안전기준상 저장용기 설치기준으로 틀린 것은?

① 온도가 40℃ 이하이고 온도의 변화가 작은 곳에 설치할 것
② 용기간의 간격은 점검에 지장이 없도록 3cm 이상의 간격을 유지할 것
③ 직사광선 및 빗물이 침투할 우려가 없는 곳에 설치할 것
④ 저장용기를 방호구역 외에 설치한 경우에는 방화문으로 구획된 실에 설치할 것

**해설** 할로겐화합물 및 불활성기체소화설비의 화재안전기술기준
할로겐화합물 및 불활성기체소화약제의 저장용기는 다음의 기준에 적합한 장소에 설치하여야 한다.
1. 방호구역외의 장소에 설치할 것. 다만, 방호구역 내에 설치할 경우에는 피난 및 조작이 용이하도록 피난구 부근에 설치하여야 한다.
2. 온도가 55℃ 이하이고 온도의 변화가 작은 곳에 설치할 것
3. 직사광선 및 빗물이 침투할 우려가 없는 곳에 설치할 것
4. 저장용기를 방호구역 외에 설치한 경우에는 방화문으로 구획된 실에 설치할 것
5. 용기의 설치장소에는 해당 용기가 설치된 곳임을 표시하는 표지를 할 것
6. 용기간의 간격은 점검에 지장이 없도록 3cm 이상의 간격을 유지할 것

**73** 제연설비의 화재안전기준상 제연풍도의 설치 기준으로 틀린 것은?

① 배출기의 전동기 부분과 배풍기 부분은 분리하여 설치할 것
② 배출기와 배출풍도의 접속 부분에 사용하는 캔버스는 내열성이 있는 것으로 할 것
③ 배출기의 흡입측 풍도 안의 풍속은 20m/s 이하로 할 것
④ 유입풍도 안의 풍속은 20m/s 이하로 할 것

**해설** 제연설비 화재안전기술기준
2.6 배출기 및 배출풍도
  2.6.1 배출기는 다음의 기준에 따라 설치해야 한다.
    2.6.1.1 배출기의 배출 능력은 2.3.1부터 2.3.4까지의 배출량 이상이 되도록 할 것
    2.6.1.2 배출기와 배출풍도의 접속부분에 사용하는 캔버스는 내열성(석면재료는 제외한다)이 있는 것으로 할 것
    2.6.1.3 배출기의 전동기 부분과 배풍기 부분은 분리하여 설치해야 하며, 배풍기 부분은 유효한 내열처리를 할 것
  2.6.2 배출풍도는 다음의 기준에 따라야 한다.
    2.6.2.1 배출풍도는 아연도금강판 또는 이와 동등 이상의 내식성·내열성이 있는 것으로 하며, 「건축법 시행령」 제2조제10호에 따른 불연재료(석면재료를 제외한다)인 단열재로 풍도 외부에 유효한 단열 처리를 하고, 강판의 두께는 배출풍도의 크기에 따라 다음 표 2.6.2.1에 따른 기준 이상으로 할 것

**정답** 71.② 72.① 73.③

| 풍도단면의 긴변 또는 직경의 크기 | 450mm 이하 | 450mm 초과 750mm 이하 | 750mm 초과 1,500mm 이하 | 1,500mm 초과 2,250mm 이하 | 2,250mm 초과 |
|---|---|---|---|---|---|
| 강판두께 | 0.5mm | 0.6mm | 0.8mm | 1.0mm | 1.2mm |

2.6.2.2 배출기의 흡입측 풍도안의 풍속은 15㎧ 이하로 하고 배출측 풍속은 20㎧ 이하로 할 것

**74** 포소화설비의 화재안전기준상 압축공기포소화설비의 분사헤드를 유류탱크 주위에 설치하는 경우 바닥면적 몇 m²마다 1개 이상 설치하여야 하는가?

① 9.3m²   ② 10.8m²
③ 12.3m²  ④ 13.9m²

**해설** 포소화설비의 화재안전기술기준
압축공기포소화설비의 분사헤드는 천장 또는 반자에 설치하되 방호대상물에 따라 측벽에 설치할 수 있으며 유류탱크주위에는 바닥면적 13.9m²마다 1개 이상, 특수가연물저장소에는 바닥면적 9.3m²마다 1개 이상으로 당해 방호대상물의 화재를 유효하게 소화할 수 있도록 할 것

| 방호대상물 | 방호면적 1m²에 대한 1분당 방출량 |
|---|---|
| 특수가연물 | 2.3L |
| 기타의 것 | 1.63L |

**75** 소화기구 및 자동소화장치의 화재안전기준상 일반화재, 유류화재, 전기화재 모두에 적응성이 있는 소화약제는?

① 마른모래
② 인산염류소화약제
③ 중탄산염류소화약제
④ 팽창질석·팽창진주암

**해설** 소화기구의 소화약제별 적응성

| 소화약제 구분 / 적응대상 | 가스 | | | 분말 | | 액체 | | | 기타 | | | |
|---|---|---|---|---|---|---|---|---|---|---|---|---|
| | 이산화탄소소화약제 | 할론소화약제 | 할로겐화합물및불활성기체소화약제 | 인산염류소화약제 | 중탄산염류소화약제 | 산알칼리소화약제 | 강화액소화약제 | 포소화약제 | 물·침윤소화약제 | 고체에어로졸화합물 | 마른모래 | 팽창질석·팽창진주암 | 그 밖의 것 |
| 일반화재 (A급 화재) | - | ○ | ○ | ○ | - | ○ | ○ | ○ | ○ | ○ | ○ | ○ | - |
| 유류화재 (B급 화재) | ○ | ○ | ○ | ○ | ○ | ○ | ○ | ○ | ○ | ○ | ○ | ○ | - |
| 전기화재 (C급 화재) | ○ | ○ | ○ | ○ | ○ | * | * | * | * | ○ | - | - | - |
| 주방화재 (K급 화재) | - | - | - | - | * | - | * | * | * | - | - | - | * |
| 금속화재 (D급 화재) | - | - | - | - | * | - | - | - | - | - | ○ | ○ | * |

주) "*"의 소화약제별 적응성은 「소방시설 설치 및 관리에 관한 법률」 제37조에 의한 형식승인 및 제품검사의 기술기준에 따라 화재 종류별 적응성에 적합한 것으로 인정되는 경우에 한한다.

**76** 소화기구 및 자동소화장치의 화재안전기준상 바닥면적이 280m²인 발전실에 부속용도별로 추가하여야 할 적응성이 있는 소화기의 최소 수량은 몇 개인가?

① 2개   ② 4개
③ 6개   ④ 12개

**해설** $\dfrac{280[m^2]}{50[m^2/개]} = 5.6 ≒ 6[개]$

[별표 4]
부속용도별로 추가하여야 할 소화기구 및 자동소화장치(제4조제1항제3호 관련)

| 용도별 | 소화기구의 능력단위 |
| --- | --- |
| 2. 발전실·변전실·송전실·변압기실·배전반실·통신기기실·전산기기실·기타 이와 유사한 시설이 있는 장소. 다만, 제1호 다목의 장소를 제외한다. | 해당 용도의 바닥면적 50㎡ 마다 적응성이 있는 소화기 1개 이상 또는 유효설치방호체적 이내의 가스·분말·고체에어로졸 자동소화장치, 캐비닛형자동소화장치(다만, 통신기기실·전자기기실을 제외한 장소에 있어서는 교류 600V 또는 직류750V 이상의 것에 한한다) |

**77** 상수도소화용수설비의 화재안전기준상 소화전은 소방대상물의 수평투영면의 각 부분으로부터 최대 몇 m 이하가 되도록 설치하는가?

① 75m    ② 100m
③ 125m   ④ 140m

**해설** 상수도소화용수설비 화재안전기술기준
2.1 상수도소화용수설비의 설치기준
  2.1.1 상수도소화용수설비는 「수도법」에 따른 기준 외에 다음의 기준에 따라 설치해야 한다.
    2.1.1.1 호칭지름 75㎜ 이상의 수도배관에 호칭지름 100㎜ 이상의 소화전을 접속할 것
    2.1.1.2 소화전은 소방자동차 등의 진입이 쉬운 도로변 또는 공지에 설치할 것
    2.1.1.3 소화전은 특정소방대상물의 수평투영면의 각 부분으로부터 140m 이하가 되도록 설치할 것
    2.1.1.4 지상식 소화전의 호스접결구는 지면으로부터 높이가 0.5m 이상 1m 이하가 되도록 설치할 것 〈신설 2024.7.1.〉

**78** 이산화탄소소화설비의 화재안전기준상 배관의 설치 기준 중 다음 ( ) 안에 알맞은 것은?

고압식의 경우 개폐밸브 또는 선택밸브의 2차측 배관부속은 호칭압력 2.0MPa 이상의 것을 사용하여야 하며, 1차측 배관부속은 호칭압력 ( ㉠ )MPa 이상의 것을 사용하여야 하고, 저압식의 경우에는 ( ㉡ )MPa의 압력에 견딜 수 있는 배관부속을 사용할 것

① ㉠ 3.0, ㉡ 2.0    ② ㉠ 4.0, ㉡ 2.0
③ ㉠ 3.0, ㉡ 2.5    ④ ㉠ 4.0, ㉡ 2.5

**해설** [현행 개정된 문제]

이산화탄소소화설비 화재안전기술기준
2.5.1 이산화탄소소화설비의 배관은 다음의 기준에 따라 설치해야 한다.
  2.5.1.1 배관은 전용으로 할 것
  2.5.1.2 강관을 사용하는 경우의 배관은 압력배관용 탄소강관(KS D 3562) 중 스케줄 80(저압식은 스케줄 40) 이상의 것 또는 이와 동등 이상의 강도를 가진 것으로 아연도금 등으로 방식 처리된 것을 사용할 것. 다만, 배관의 호칭구경이 20㎜ 이하인 경우에는 스케줄 40 이상인 것을 사용할 수 있다.
  2.5.1.3 동관을 사용하는 경우의 배관은 이음이 없는 동 및 동합금관(KS D 5301)으로서 고압식은 16.5MPa 이상, 저압식은 3.75MPa 이상의 압력에 견딜 수 있는 것을 사용할 것
  2.5.1.4 고압식의 1차측(개폐밸브 또는 선택밸브 이전) 배관부속의 최소사용설계압력은 9.5MPa로 하고, 고압식의 2차측과 저압식의 배관부속의 최소사용설계압력은 4.5MPa로 할 것 〈개정 2024.8.1.〉

**79** 피난기구의 화재안전기준상 의료시설에 구조대를 설치해야 할 층이 아닌 것은?

① 2층    ② 3층
③ 4층    ④ 5층

**정답** 77.④  78.②  79.①

### 해설 피난기구의 적응성

| 설치장소별 구분 \ 층별 | 1층 | 2층 | 3층 | 4층 이상 10층 이하 |
|---|---|---|---|---|
| 1. 노유자시설 | 미끄럼대·구조대·피난교·다수인피난장비·승강식피난기 | 미끄럼대·구조대·피난교·다수인피난장비·승강식피난기 | 미끄럼대·구조대·피난교·다수인피난장비·승강식피난기 | 구조대·피난교·다수인피난장비·승강식피난기 |
| 2. 의료시설·근린생활시설 중 입원실이 있는 의원·접골원·조산원 | | | 미끄럼대·구조대·피난교·피난용트랩·다수인피난장비·승강식피난기 | 구조대·피난교·피난용트랩·다수인피난장비·승강식피난기 |
| 3.「다중이용업소의 안전관리에 관한 특별법 시행령」제2조에 따른 다중이용업소로서 영업장의 위치가 4층 이하인 다중이용업소 | | 미끄럼대·피난사다리·구조대·완강기·다수인피난장비·승강식피난기 | 미끄럼대·피난사다리·구조대·완강기·다수인피난장비·승강식피난기 | 미끄럼대·피난사다리·구조대·완강기·다수인피난장비·승강식피난기 |
| 4. 그 밖의 것 | | | 미끄럼대·피난사다리·구조대·완강기·피난교·피난용트랩·간이완강기·공기안전매트·다수인피난장비·승강식피난기 | 피난사다리·구조대·완강기·피난교·간이완강기·공기안전매트·다수인피난장비·승강식피난기 |

※ 비고 : 간이완강기의 적응성은 숙박시설의 3층 이상에 있는 객실에, 공기안전매트의 적응성은 공동주택(공동주택관리법 시행령 제2조의 규정에 해당하는 공동주택)에 한한다.

## 80
인명구조기구의 화재안전기준상 특정소방대상물의 용도 및 장소별로 설치하여야 할 인명구조기구 종류의 기준 중 다음 ( ) 안에 알맞은 것은?

| 특정소방대상물 | 인명구조기구의 종류 |
|---|---|
| 물분무등소화설비 중 ( )를 설치하여야 하는 특정소방대상물 | 공기호흡기 |

① 분말소화설비
② 할론소화설비
③ 이산화탄소소화설비
④ 할로겐화합물 및 불활성기체소화설비

### 해설 인명구조기구 설치대상

| 특정소방대상물 | 인명구조기구의 종류 | 설치 수량 |
|---|---|---|
| • 지하층을 포함하는 층수가 7층 이상인 관광호텔 및 5층 이상인 병원 | • 방열복 또는 방화복 (헬멧, 보호장갑 및 안전화 포함) • 공기호흡기 • 인공소생기 | 각 2개 이상 비치할 것 다만, 병원의 경우에는 인공소생기를 설치하지 않을 수 있다. |
| • 문화 및 집회시설 중 수용인원 100명 이상의 영화상영관 • 판매시설 중 대규모점포 • 운수시설 중 지하역사 • 지하가 중 지하상가 | • 공기호흡기 | • 층마다 2개 이상 비치할 것 다만, 각 층마다 갖추어 두어야 할 공기호흡기 중 일부를 직원이 상주하는 인근 사무실에 갖추어 둘 수 있다. |
| • 물분무소화설비 중 이산화탄소소화설비를 설치하여야 하는 특정소방대상물 | • 공기호흡기 | • 이산화탄소소화설비가 설치된 장소의 출입구 외부 인근에 1대 이상 비치할 것 |

정답 80.③

# 2021년 제2회 소방설비기사[기계분야] 1차 필기
### [제4과목 : 소방기계구조원리]

**61** 화재조기진압용 스프링클러설비의 화재안전기준상 헤드의 설치기준 중 (  )안에 알맞은 것은?

> 헤드 하나의 방호면적은 ( ⓐ )m² 이상 ( ⓑ )m² 이하로 할 것

① ⓐ 2.4, ⓑ 3.7
② ⓐ 3.7, ⓑ 9.1
③ ⓐ 6.0, ⓑ 9.3
④ ⓐ 9.1, ⓑ 13.7

**해설** 화재조기진압용 스프링클러설비 헤드 설치기준
㉠ 헤드 하나의 방호면적은 6.0m² 이상 9.3m² 이하로 할 것
㉡ 가지배관의 헤드 사이의 거리는 천장의 높이가 9.1m 미만인 경우에는 2.4m 이상 3.7m 이하로, 9.1m 이상 13.7m 이하인 경우에는 3.1m 이하로 할 것
㉢ 헤드의 반사판은 천장 또는 반자와 평행하게 설치하고 저장물의 최상부와 914mm 이상 확보되도록 할 것
㉣ 하향식 헤드의 반사판의 위치는 천장이나 반자 아래 125mm 이상 355mm 이하일 것
㉤ 상향식 헤드의 감지부 중앙은 천장 또는 반자와 101mm 이상 152mm 이하 이어야 하며, 반사판의 위치는 스프링클러배관의 윗부분에서 최소 178mm 상부에 설치되도록 할 것
㉥ 헤드와 벽과의 거리는 헤드 상호간 거리의 2분의 1을 초과하지 않아야 하며 최소 102mm 이상일 것
㉦ 헤드의 작동온도는 74℃ 이하 일 것. 다만, 헤드 주위의 온도가 38℃ 이상의 경우에는 그 온도에서의 화재시험 등에서 헤드작동에 관하여 공인기관의 시험을 거친 것을 사용할 것
㉧ 헤드의 살수분포에 장애를 주는 장애물이 있는 경우에는 다음 각 목의 어느 하나에 적합할 것
ⓐ 천장 또는 천장근처에 있는 장애물과 반사판의 위치는 별도 1 또는 별도 2와 같이 하며, 천장 또는 천장근처에 보·덕트·기둥·난방기구·조명기구·전선관 및 배관 등의 기타 장애물이 있는 경우에는 장애물과 헤드 사이의 수평거리에 따른 장애물의 하단과 그 보다 윗부분에 설치되는 헤드 반사판 사이의 수직거리는 별표1 또는 별표3에 따를 것
ⓑ 헤드 아래에 덕트·전선관·난방용배관 등이 설치되어 헤드의 살수를 방해하는 경우에는 별표1 또는 별표3에 따를 것. 다만, 2개 이상의 헤드의 살수를 방해 하는 경우에는 별표2를 참고로 한다.
㉨ 상부에 설치된 헤드의 방출수에 따라 감열부에 영향을 받을 우려가 있는 헤드에는 방출수를 차단할 수 있는 유효한 차폐판을 설치할 것

**62** 분말소화설비의 화재안전기준상 수동식 기동장치의 부근에 설치하는 비상스위치에 대한 설명으로 옳은 것은?

① 자동복귀형 스위치로서 수동식 기동장치의 타이머를 순간정지 시키는 기능의 스위치를 말한다.
② 자동복귀형 스위치로서 수동식 기동장치가 수신기를 순간정지 시키는 기능의 스위치를 말한다.
③ 수동복귀형 스위치로서 수동식 기동장치의 타이머를 순간정지 시키는 기능의 스위치를 말한다.
④ 수동복귀형 스위치로서 수동식 기동장치가 수신기를 순간정지 시키는 기능의 스위치를 말한다.

**해설** 분말소화설비 수동식기동장치
1. 전역방출방식은 방호구역마다, 국소방출방식은 방호대상물마다 설치할 것
2. 해당 방호구역의 출입구부분 등 조작을 하는 자가 쉽게 피난할 수 있는 장소에 설치할 것

정답 61.③ 62.①

3. 기동장치의 조작부는 바닥으로부터 높이 0.8m 이상 1.5m 이하의 위치에 설치하고, 보호판 등에 따른 보호장치를 설치할 것
4. 기동장치에는 그 가까운 곳의 보기 쉬운 곳에 "분말소화설비 기동장치"라고 표시한 표지를 할 것
5. 전기를 사용하는 기동장치에는 전원표시등을 설치할 것
6. 기동장치의 방출용스위치는 음향경보장치와 연동하여 조작될 수 있는 것으로 할 것

**63** 할론소화설비의 화재안전기준상 화재표시반의 설치 기준이 아닌 것은?

① 소화약제 방출지연 비상스위치를 설치할 것
② 소화약제의 방출을 명시하는 표시등을 설치할 것
③ 수동식 기동장치는 그 방출용스위치의 작동을 명시하는 표시등을 설치할 것
④ 자동식 기동장치는 자동·수동의 절환을 명시하는 표시등을 설치할 것

**해설** 할론소화설비의 제어반 및 화재표시반은 다음의 기준에 따라 설치하여야 한다. 다만, 자동화재탐지설비의 수신기의 제어반이 화재표시반의 기능을 가지고 있는 것은 화재표시반을 설치하지 아니할 수 있다.

1. 제어반은 수동기동장치 또는 감지기에서의 신호를 수신하여 음향경보장치의 작동, 소화약제의 방출 또는 지연 기타의 제어기능을 가진 것으로 하고, 제어반에는 전원표시등을 설치할 것
2. 화재표시반은 제어반에서의 신호를 수신하여 작동하는 기능을 가진 것으로 하되, 다음의 기준에 따라 설치할 것
   가. 각 방호구역마다 음향경보장치의 조작 및 감지기의 작동을 명시하는 표시등과 이와 연동하여 작동하는 벨·부저 등의 경보기를 설치할 것. 이 경우 음향경보장치의 조작 및 감지기의 작동을 명시하는 표시등을 겸용할 수 있다.
   나. 수동식 기동장치는 그 방출용스위치의 작동을 명시하는 표시등을 설치할 것
   다. 소화약제의 방출을 명시하는 표시등을 설치할 것
   라. 자동식 기동장치는 자동·수동의 절환을 명시하는 표시등을 설치할 것

3. 제어반 및 화재표시반의 설치장소는 화재에 따른 영향, 진동 및 충격에 따른 영향 및 부식의 우려가 없고 점검에 편리한 장소에 설치할 것
4. 제어반 및 화재표시반에는 해당회로도 및 취급설명서를 비치할 것

**64** 피난기구의 화재안전기준상 노유자 시설의 4층 이상 10층 이하에서 적응성이 있는 피난기구가 아닌 것은?

① 피난교
② 다수인피난장비
③ 승강식피난기
④ 미끄럼대

**해설** 피난기구의 적응성

| 층별<br>설치장소별<br>구분 | 1층 | 2층 | 3층 | 4층 이상<br>10층 이하 |
|---|---|---|---|---|
| 1. 노유자시설 | 미끄럼대·<br>구조대·<br>피난교·<br>다수인피난장비·<br>승강식피난기 | 미끄럼대·<br>구조대·<br>피난교·<br>다수인피난장비·<br>승강식피난기 | 미끄럼대·<br>구조대·<br>피난교·<br>다수인피난장비·<br>승강식피난기 | 구조대·<br>피난교·<br>다수인피난장비·<br>승강식피난기 |
| 2. 의료시설·근린생활시설 중 입원실이 있는 의원·접골원·조산원 | | | 미끄럼대·<br>구조대·<br>피난교·<br>피난용트랩·<br>다수인피난장비·<br>승강식피난기 | 구조대·<br>피난교·<br>피난용트랩·<br>다수인피난장비·<br>승강식피난기 |
| 3. 「다중이용업소의 안전관리에 관한 특별법 시행령」제2조에 따른 다중이용업소로서 영업장의 위치가 4층 이하인 다중이용업소 | | 미끄럼대·<br>피난사다리·<br>구조대·<br>완강기·<br>다수인피난장비·<br>승강식피난기 | 미끄럼대·<br>피난사다리·<br>구조대·<br>완강기·<br>다수인피난장비·<br>승강식피난기 | 미끄럼대·<br>피난사다리·<br>구조대·<br>완강기·<br>다수인피난장비·<br>승강식피난기 |
| 4. 그 밖의 것 | | | 미끄럼대·<br>피난사다리·<br>구조대·<br>완강기·<br>피난교·<br>피난용트랩·<br>간이완강기·<br>공기안전매트·<br>다수인피난장비·<br>승강식피난기 | 피난사다리·<br>구조대·<br>완강기·<br>피난교·<br>간이완강기·<br>공기안전매트·<br>다수인피난장비·<br>승강식피난기 |

**65** 분말소화설비의 화재안전기준상 다음 (  )안에 알맞은 것은?

> 분말소화약제의 가압용가스 용기에는 (  )의 압력에서 조정이 가능한 압력조정기를 설치하여야 한다.

① 2.5MPa 이하   ② 2.5MPa 이상
③ 25MPa 이하   ④ 25MPa 이상

**해설** 분말소화설비 화재안전기술기준
2.2 가압용가스용기
　2.2.1 분말소화약제의 가스용기는 분말소화약제의 저장용기에 접속하여 설치해야 한다.
　2.2.2 분말소화약제의 가압용가스 용기를 3병 이상 설치한 경우에는 2개 이상의 용기에 전자개방밸브를 부착해야 한다.
　2.2.3 분말소화약제의 가압용가스 용기에는 2.5MPa 이하의 압력에서 조정이 가능한 압력조정기를 설치해야 한다.
　2.2.4 가압용가스 또는 축압용가스는 다음의 기준에 따라 설치해야 한다.
　　2.2.4.1 가압용가스 또는 축압용가스는 질소가스 또는 이산화탄소로 할 것
　　2.2.4.2 가압용가스에 질소가스를 사용하는 것의 질소가스는 소화약제 1kg마다 40L(35℃에서 1기압의 압력상태로 환산한 것) 이상, 이산화탄소를 사용하는 것의 이산화탄소는 소화약제 1kg에 대하여 20g에 배관의 청소에 필요한 양을 가산한 양 이상으로 할 것
　　2.2.4.3 축압용가스에 질소가스를 사용하는 것의 질소가스는 소화약제 1kg에 대하여 10L(35℃에서 1기압의 압력상태로 환산한 것) 이상, 이산화탄소를 사용하는 것의 이산화탄소는 소화약제 1kg에 대하여 20g에 배관의 청소에 필요한 양을 가산한 양 이상으로 할 것
　　2.2.4.4 저장용기 및 배관의 청소에 필요한 양의 가스는 별도의 용기에 저장할 것

**66** 스프링클러설비의 화재안전기준상 개방형스프링클러설비에서 하나의 방수구역을 담당하는 헤드의 개수는 최대 몇 개 이하로 해야 하는가? (단, 방수구역은 나누어져 있지 않고 하나의 구역으로 되어 있다)

① 50개   ② 40개
③ 30개   ④ 20개

**해설** 스프링클러설비 화재안전기술기준
2.4 개방형스프링클러설비의 방수구역 및 일제개방밸브
　2.4.1 개방형스프링클러설비의 방수구역 및 일제개방밸브는 다음의 기준에 적합해야 한다.
　　2.4.1.1 하나의 방수구역은 2개 층에 미치지 않아야 한다.
　　2.4.1.2 방수구역마다 일제개방밸브를 설치해야 한다.
　　2.4.1.3 하나의 방수구역을 담당하는 헤드의 개수는 50개 이하로 할 것. 다만, 2개 이상의 방수구역으로 나눌 경우에는 하나의 방수구역을 담당하는 헤드의 개수는 25개 이상으로 해야 한다.
　　2.4.1.4 일제개방밸브의 설치 위치는 2.3.1.4의 기준에 따르고, 표지는 "일제개방밸브실"이라고 표시해야 한다.

**67** 연결살수설비의 화재안전기준상 배관의 설치기준 중 하나의 배관에 부착하는 살수헤드의 개수가 3개인 경우 배관의 구경은 최소 몇 mm 이상으로 설치해야 하는가? (단, 연결살수설비 전용 헤드를 사용하는 경우이다)

① 40mm   ② 50mm
③ 65mm   ④ 80mm

**해설** 연결살수설비 전용헤드를 사용하는 경우

| 하나의 배관에 부착하는 살수헤드의 개수 | 1개 | 2개 | 3개 | 4개 또는 5개 | 6개 이상 10개 이하 |
|---|---|---|---|---|---|
| 배관의 구경(mm) | 32 | 40 | 50 | 65 | 80 |

**68** 이산화탄소소화설비의 화재안전기준상 수동식 기동장치의 설치기준에 적합하지 않은 것은?

① 전역방출방식에 있어서는 방호대상물마다 설치할 것
② 전기를 사용하는 기동장치에는 전원표시등을 설치할 것
③ 기동장치의 조작부는 바닥으로부터 높이 0.8m 이상 1.5m 이하의 위치에 설치하고, 보호판 등에 따른 보호장치를 설치할 것
④ 기동장치의 방출용 스위치는 음향경보장치와 연동하여 조작될 수 있는 것으로 할 것

해설 ▶ 전역방출방식에 있어서는 방호구역마다 설치할 것

**69** 옥내소화전설비의 화재안전기준상 옥내소화전펌프의 후드밸브를 소방용 설비외의 다른 설비의 후드밸브보다 낮은 위치에 설치한 경우의 유효수량으로 옳은 것은? (단, 옥내소화전설비와 다른 설비 수원을 저수조로 겸용하여 사용한 경우이다)

① 저수조의 바닥면과 상단 사이의 전체 수량
② 옥내소화전설비 후드밸브와 소방용 설비외의 다른 설비의 후드밸브 사이의 수량
③ 옥내소화전설비의 후드밸브와 저수조 상단 사이의 수량
④ 저수조의 바닥면과 소방용 설비 외의 다른 설비의 후드밸브 사이의 수량

해설 ▶ 다른 설비와 겸용하여 옥내소화전설비용 수조를 설치하는 경우에는 옥내소화전설비의 후드밸브·흡수구 또는 수직배관의 급수구와 다른 설비의 후드밸브·흡수구 또는 수직배관의 급수구와의 사이의 수량을 그 유효수량으로 한다.

**70** 포소화설비의 화재안전기준상 포소화설비의 배관 등의 설치기준으로 옳은 것은?

① 포워터스프링클러설비 또는 포헤드설비의 가지 배관의 배열은 토너먼트방식으로 한다.
② 송액관은 겸용으로 하여야 한다. 다만, 포소화전의 기동장치의 조작과 동시에 다른 설비의 용도에 사용하는 배관의 송수를 차단할 수 있거나, 포소화설비의 성능에 지장이 없는 경우에는 전용으로 할 수 있다.
③ 송액관은 포의 방출 종료 후 배관안의 액을 배출하기 위하여 적당한 기울기를 유지하도록 하고 그 낮은 부분에 배액밸브를 설치하여야 한다.
④ 연결송수관설비의 배관과 겸용할 경우의 주배관은 구경 65mm 이상, 방수구로 연결되는 배관의 구경은 100mm 이상의 것으로 하여야 한다.

해설 ▶ 포소화설비 배관 설치기준
㉠ 송액관은 포의 방출 종료 후 배관 안의 액을 배출하기 위하여 적당한 기울기를 유지하도록 하고 그 낮은 부분에 배액밸브를 설치하여야 한다.
㉡ 포워터스프링클러설비 또는 포헤드설비의 가지배관의 배열은 토너먼트방식이 아니어야 하며, 교차배관에서 분기하는 지점을 기점으로 한쪽 가지배관에 설치하는 헤드의 수는 8개 이하로 한다.
㉢ 그 밖의 사항은 스프링클러설비와 동일
㉣ 압축공기포소화설비를 스프링클러 보조설비로 설치하거나 압축공기포소화설비에 자동으로 급수되는 장치를 설치한 때에는 송수구 설치를 아니할 수 있다.
㉤ 압축공기포소화설비의 배관은 토너먼트방식으로 하여야 하고 소화약제가 균일하게 방출되는 등거리 배관구조로 설치하여야 한다.

정답 68.① 69.② 70.③

**71** 물분무소화설비의 화재안전기준상 송수구의 설치기준으로 틀린 것은?

① 구경 65mm의 쌍구형으로 할 것
② 지면으로부터 높이가 0.5m 이상 1m 이하의 위치에 설치할 것
③ 송수구는 하나의 층의 바닥면적이 1,500m² 를 넘을 때마다 1개(5개를 넘을 경우에는 5개로 한다) 이상을 설치할 것
④ 가연성가스의 저장·취급시설에 설치하는 송수구는 그 방호대상물로부터 20m 이상의 거리를 두거나 방호대상물에 면하는 부분이 높이 1.5m 이상, 폭 2.5m 이상의 철근콘크리트 벽으로 가려진 장소에 설치할 것

**해설** 물분무소화설비의 화재안전기술기준
물분무소화설비에는 소방펌프자동차로부터 그 설비에 송수할 수 있는 송수구를 다음의 기준에 따라 설치하여야 한다.
1. 송수구는 화재층으로부터 지면으로 떨어지는 유리창 등이 송수 및 그 밖의 소화작업에 지장을 주지 아니하는 장소에 설치할 것. 이 경우 가연성가스의 저장·취급시설에 설치하는 송수구는 그 방호대상물로부터 20m 이상의 거리를 두거나 방호대상물에 면하는 부분이 높이 1.5m 이상 폭 2.5m 이상의 철근콘크리트 벽으로 가려진 장소에 설치하여야 한다.
2. 송수구로부터 물분무소화설비의 주배관에 이르는 연결배관에 개폐밸브를 설치한 때에는 그 개폐상태를 쉽게 확인 및 조작할 수 있는 옥외 또는 기계실 등의 장소에 설치할 것
3. 구경 65mm의 쌍구형으로 할 것
4. 송수구에는 그 가까운 곳의 보기 쉬운 곳에 송수압력범위를 표시한 표지를 할 것
5. 송수구는 하나의 층의 바닥면적이 3,000m²를 넘을 때마다 1개(5개를 넘을 경우에는 5개로 한다) 이상을 설치할 것
6. 지면으로부터 높이가 0.5m 이상 1m 이하의 위치에 설치할 것
7. 송수구의 가까운 부분에 자동배수밸브(또는 직경 5mm의 배수공) 및 체크밸브를 설치할 것. 이 경우 자동배수밸브는 배관안의 물이 잘 빠질 수 있는 위치에 설치하되, 배수로 인하여 다른 물건 또는 장소에 피해를 주지 아니하여야 한다.
8. 송수구에는 이물질을 막기 위한 마개를 씌울 것

**72** 미분무소화설비의 화재안전기준상 미분무소화설비의 성능을 확인하기 위하여 하나의 발화원을 가정한 설계도서 작성 시 고려하여야 할 인자를 모두 고른 것은?

㉠ 화재 위치
㉡ 점화원의 형태
㉢ 시공 유형과 내장재 유형
㉣ 초기 점화되는 연료 유형
㉤ 공기조화설비, 자연형(문, 창문) 및 기계형 여부
㉥ 문과 창문의 초기상태(열림, 닫힘) 및 시간에 따른 변화상태

① ㉠, ㉢, ㉥
② ㉠, ㉡, ㉢, ㉤
③ ㉠, ㉡, ㉣, ㉤, ㉥
④ ㉠, ㉡, ㉢, ㉣, ㉤, ㉥

**해설** 미분무소화설비의 화재안전기술기준
① 미분무소화설비의 성능을 확인하기 위하여 하나의 발화원을 가정한 설계도서는 다음을 고려하여 작성되어야 하며, 설계도서는 일반설계도서와 특별설계도서로 구분한다.
  1. 점화원의 형태
  2. 초기 점화되는 연료 유형
  3. 화재 위치
  4. 문과 창문의 초기상태(열림, 닫힘) 및 시간에 따른 변화상태
  5. 공기조화설비, 자연형(문, 창문) 및 기계형 여부
  6. 시공 유형과 내장재 유형
② 일반설계도서는 유사한 특정소방대상물의 화재사례 등을 이용하여 작성하고, 특별설계도서는 일반설계도서에서 발화 장소 등을 변경하여 위험도를 높게 만들어 작성하여야 한다.
③ 제1항 및 제2항에도 불구하고 검증된 기준에서 정하고 있는 것을 사용할 경우에는 적합한 도서로 인정할 수 있다.

**73** 특별피난계단의 계단실 및 부속실 제연설비의 화재안전기준상 차압 등에 관한 기준 중 다음 괄호 안에 알맞은 것은?

> 제연설비가 가동되었을 경우 출입문의 개방에 필요한 힘은 ( )N 이하로 하여야 한다.

① 12.5
② 40
③ 70
④ 110

**해설** 특별피난계단의 계단실 및 부속실 제연설비 화재안전기술기준
2.3 차압 등
2.3.1 2.1.1.1의 기준에 따라 제연구역과 옥내와의 사이에 유지해야 하는 최소차압은 40Pa(옥내에 스프링클러설비가 설치된 경우에는 12.5Pa) 이상으로 해야 한다.
2.3.2 제연설비가 가동되었을 경우 출입문의 개방에 필요한 힘은 110N 이하로 해야 한다.
2.3.3 2.1.1.2의 기준에 따라 출입문이 일시적으로 개방되는 경우 개방되지 않은 제연구역과 옥내와의 차압은 2.3.1의 기준에도 불구하고 2.3.1의 기준에 따른 차압의 70% 이상이어야 한다.
2.3.4 계단실과 부속실을 동시에 제연하는 경우 부속실의 기압은 계단실과 같게 하거나 계단실의 기압보다 낮게 할 경우에는 부속실과 계단실의 압력 차이는 5Pa 이하가 되도록 해야 한다.

**74** 포소화설비의 화재안전기준상 펌프의 토출관에 압입기를 설치하여 포소화약제 압입용 펌프로 포소화약제를 압입시켜 혼합하는 방식은?

① 라인 프로포셔너 방식
② 펌프 프로포셔너 방식
③ 프레져 프로포셔너 방식
④ 프레져사이드 프로포셔너 방식

**해설** 포소화설비의 화재안전기술기준
㉠ 펌프 프로포셔너방식 펌프의 토출관과 흡입관 사이의 배관도중에 설치한 흡입기에 펌프에서 토출된 물의 일부를 보내고, 농도 조정밸브에서 조정된 포 소화약제의 필요량을 포소화약제 탱크에서 펌프 흡입측으로 보내어 이를 혼합 하는 방식을 말한다.

㉡ 프레져 프로포셔너방식 펌프와 발포기의 중간에 설치된 벤추리관의 벤추리작용과 펌프 가압수의 포소화약제 저장탱크에 대한 압력에 따라 포소화약제를 흡입·혼합하는 방식을 말한다.
㉢ 라인 프로포셔너방식 펌프와 발포기의 중간에 설치된 벤추리관의 벤추리작용에 따라 포소화약제를 흡입·혼합하는 방식을 말한다.
㉣ 프레져사이드 프로포셔너방식 펌프의 토출관에 압입기를 설치하여 포소화약제 압입용펌프로 포소화약제를 압입시켜 혼합하는 방식을 말한다.
㉤ 압축공기포 믹싱챔버방식
물, 포 소화약제 및 공기를 믹싱챔버로 강제주입시켜 챔버 내에서 포수용액을 생성한 후 포를 방사하는 방식을 말한다.

**75** 소화기구 및 자동소화장치의 화재안전기준에 따라 다음과 같이 간이소화용구를 비치하였을 경우 능력 단위의 합은?

- 삽을 상비한 마른모래 50L포 2개
- 삽을 상비한 팽창질석 80L포 1개

① 1단위
② 1.5단위
③ 2.5단위
④ 3단위

**해설** 소화약제 외의 것을 이용한 간이소화용구의 능력단위(제3조제6호 관련)

| 간이 소화용구 | | 능력단위 |
|---|---|---|
| 1. 마른모래 | 삽을 상비한 50L 이상의 것 1포 | 0.5단위 |
| 2. 팽창질석 또는 팽창진주암 | 삽을 상비한 80L 이상의 것 1포 | |

→ 마른모래 1단위 + 팽창질석 0.5단위 = 1.5단위

**76** 소화수조 및 저수조의 화재안전기준상 연면적이 40,000m² 인 특정소방대상물에 소화용수설비를 설치하는 경우 소화수조의 최소 저수량은 몇 m³ 인가? (단, 지상 1층 및 2층의 바닥면적 합계가 15,000m² 이상인 경우이다)

① 53.3m³
② 60m³
③ 106.7m³
④ 120m³

**정답** 73.④ 74.④ 75.② 76.④

해설) 1, 2층 바닥면적 합계가 15,000m² 이상이므로,

$$\frac{40,000[m^2]}{7,500[m^2]} = 5.33 \Rightarrow 6$$

$6 \times 20[m^3] = 120[m^3]$

- 소화수조 또는 저수조의 저수량은 소방대상물의 연면적을 다음 표에 따른 기준면적으로 나누어 얻은 수(소수점 이하의 수는 1로 본다)에 20m³를 곱한 양 이상이 되도록 하여야 한다.

| 소방대상물의 구분 | 면 적 |
|---|---|
| 1층 및 2층의 바닥면적 합계가 15,000m² 이상인 소방대상물 | 7,500m² |
| 그 밖의 소방대상물 | 12,500m² |

**77** 소화기구 및 자동소화장치의 화재안전기준에 따른 용어에 대한 정의로 틀린 것은?

① "소화약제"란 소화기구 및 자동소화장치에 사용되는 소화성능이 있는 고체·액체 및 기체의 물질을 말한다.
② "대형소화기"란 화재 시 사람이 운반할 수 있도록 운반대와 바퀴가 설치되어 있고 능력 단위가 A급 20단위 이상, B급 10단위 이상인 소화기를 말한다.
③ "전기화재(C급 화재)"란 전류가 흐르고 있는 전기기기, 배선과 관련된 화재를 말한다.
④ "능력단위"란 소화기 및 소화약제에 따른 간이소화용구에 있어서는 소방시설법에 따라 형식승인 된 수치를 말한다.

해설) "대형소화기"란 화재 시 사람이 운반할 수 있도록 운반대와 바퀴가 설치되어 있고 능력 단위가 A급 10단위 이상, B급 20단위 이상인 소화기를 말한다.

**78** 옥내소화전설비의 화재안전기준상 배관 등에 관한 설명으로 옳은 것은?

① 펌프의 토출측 주배관의 구경은 유속이 5m/s 이하가 될 수 있는 크기 이상으로 하여야 한다.
② 연결송수관설비의 배관과 겸용할 경우의 주배관은 구경 80mm 이상, 방수구로 연결되는 배관의 구경은 65mm 이상의 것으로 하여야 한다.
③ 성능시험배관은 펌프의 토출측에 설치된 개폐밸브 이전에서 분기하여 설치하고, 유량측정장치를 기준으로 전단 직관부에 개폐밸브를 후단 직관부에는 유량조절밸브를 설치하여야 한다.
④ 가압송수장치의 체절운전 시 수온의 상승을 방지하기 위하여 체크밸브와 펌프사이에서 분기한 구경 20mm 이상의 배관에 체절압력 이상에서 개방되는 릴리프밸브를 설치하여야 한다.

해설) ① 펌프의 토출측 주배관의 구경은 유속이 4m/s 이하가 될 수 있는 크기 이상으로 하여야 한다.
② 연결송수관설비의 배관과 겸용할 경우의 주배관은 구경 100mm 이상, 방수구로 연결되는 배관의 구경은 65mm 이상의 것으로 하여야 한다.
④ 가압송수장치의 체절운전 시 수온의 상승을 방지하기 위하여 체크밸브와 펌프사이에서 분기한 구경 20mm 이상의 배관에 체절압력 미만에서 개방되는 릴리프밸브를 설치하여야 한다.

**79** 소화전함의 성능인증 및 제품검사의 기술기준상 옥내소화전함의 재질을 합성수지 재료로 할 경우 두께는 최소 몇 mm 이상이어야 하는가?

① 1.5mm  ② 2.0mm
③ 3.0mm  ④ 4.0mm

**해설** 소화전함의 성능인증 및 제품검사의 기술기준 제7조 (재료)
① 소화전함의 각 부분은 내구성이 있는 양질의 재질로 제조하여야 한다.
② 소화전함에 사용되는 재료의 두께는 1.5mm 이상으로 아래 [표]에 적합한 것이거나 이와 동등 이상의 강도가 있는 것이어야 한다. 다만, 옥내소화전함의 경우 문의 일부를 난연재료 또는 망유리로 할 수 있다.

【 소화전함 재료 】

| 표 준 | 재 료 |
|---|---|
| KS D 3501(열간 압연 연강판 및 강대) | SPHC에 적합한 것일 것 |
| KS D 3528(전기 아연 도금 강판 및 강대) | SECC에 적합한 것일 것 |
| KS D 3698(냉간 압연 스테인리스 강판 및 강대) | STS 304에 적합한 것일 것 |

③ 소화전함의 재료로 제2항에 규정한 것 이외에 합성수지를 사용하는 것은 두께 4.0mm 이상의 내열성 및 난연성이 있는 것으로서 시험은 가로 200mm, 세로 200mm의 시험편으로 하거나 함의 일부분에서 채취하여 다음 방법으로 한다.
1. (80±2)℃ 온도에서 24시간 방치하여도 열에 의한 변형이 생기지 아니하여야 한다.
2. 자외선 카본아크등식 내후성시험기로 다음 표의 시험조건에 따라 시험하였을 때 표면이 분말로 되는 현상, 부풀음, 벗겨짐 등이 생기지 아니하여야 한다. 다만, 크세논 아크광원(6,500W)을 사용하는 경우에는 340nm, 0.3W/m²의 자외선 및 다음 표의 조사시간 및 시험온도조건으로 시험할 수 있다.

| 항 목 | 조 건 |
|---|---|
| 자외선 카본아크등의 수 | 2등 |
| 전원전압 | 220V, 3상 |
| 평균전압, 전류 | 120V~145V, 15V~17V |
| 조사시간 | 120시간 |
| 블랙패널손도계기가 나타내는 온도 | (63±3)℃ |
| 시험편 표면에 물분사 | 하지 않음 |

**80** 소화설비용 헤드의 성능인증 및 제품검사의 기술기준상 소화설비용 헤드의 분류 중 수류를 살수판에 충돌하여 미세한 물방울을 만드는 물분무헤드 형식은?
① 디플렉터형
② 충돌형
③ 슬리트형
④ 분사형

**해설** 물분무헤드의 종류
• 충돌형 : 유수와 유수의 충돌에 의해 무상형태의 물방울을 만드는 물분무헤드
• 분사형 : 소구경의 오리피스로부터 고압으로 분사하여 무상형태의 물방울을 만드는 물분무헤드
• 선회류형 : 선회류에 의한 확산 방출 또는 선회류와 직선류의 충돌에 의한 확산 방출에 의하여 무상형태의 물방울을 만드는 물분무헤드
• 디플렉터형 : 수류를 살수판에 충돌하여 미세한 물방울을 만드는 물분무헤드
• 슬리트형 : 수류를 슬리트에 의해 방출하여 수막상의 분무를 만드는 물분무헤드

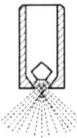 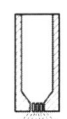 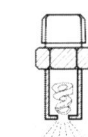 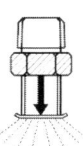

충돌형   분사형   선회류형   디플렉터형

정답 80.①

# 2021년 제4회 소방설비기사[기계분야] 1차 필기
[제4과목 : 소방기계구조원리]

**61** 특별피난계단의 계단실 및 부속실 제연설비의 화재안전기준상 수직풍도에 따른 배출기준 중 각층의 옥내와 면하는 수직풍도의 관통부에 설치하여야 하는 배출댐퍼 설치기준으로 틀린 것은?

① 화재층의 옥내에 설치된 화재감지기의 동작에 따라 당해층의 댐퍼가 개방될 것
② 풍도의 배출댐퍼는 이·탈착구조가 되지 않도록 설치할 것
③ 개폐여부를 당해 장치 및 제어반에서 확인할 수 있는 감지기능을 내장하고 있을 것
④ 배출댐퍼는 두께 1.5mm 이상의 강판 또는 이와 동등 이상의 성능이 있는 것으로 설치하여야 하며 비 내식성 재료의 경우에는 부식방지 조치를 할 것

**해설** 특별피난계단의 계단실 및 부속실 제연설비 화재안전기술기준

2.11.1.3 각층의 옥내와 면하는 수직풍도의 관통부에는 다음의 기준에 적합한 댐퍼(이하 "배출댐퍼"라 한다)를 설치해야 한다.

  2.11.1.3.1 배출댐퍼는 두께 1.5㎜ 이상의 강판 또는 이와 동등 이상의 성능이 있는 것으로 설치해야 하며 비 내식성 재료의 경우에는 부식방지 조치를 할 것
  2.11.1.3.2 평상시 닫힌 구조로 기밀상태를 유지할 것
  2.11.1.3.3 개폐여부를 당해 장치 및 제어반에서 확인할 수 있는 감지 기능을 내장하고 있을 것
  2.11.1.3.4 구동부의 작동상태와 닫혀 있을 때의 기밀상태를 수시로 점검할 수 있는 구조일 것
  2.11.1.3.5 풍도의 내부마감 상태에 대한 점검 및 댐퍼의 정비가 가능한 이·탈착식 구조로 할 것
  2.11.1.3.6 화재 층에 설치된 화재감지기의 동작에 따라 당해 층의 댐퍼가 개방될 것 〈개정 2024. 4. 1.〉
  2.11.1.3.7 개방 시의 실제 개구부(개구율을 감안한 것을 말한다)의 크기는 2.11.1.4의 기준에 따른 수직풍도의 최소 내부단면적 이상으로 할 것 〈개정 2024. 4. 1.〉
  2.11.1.3.8 댐퍼는 풍도 내의 공기흐름에 지장을 주지 않도록 수직풍도의 내부로 돌출하지 않게 설치할 것

**62** 포소화설비의 화재안전기준에 따라 포소화설비 송수구의 설치 기준에 대한 설명으로 옳은 것은?

① 구경 65mm의 쌍구형으로 할 것
② 지면으로부터 높이가 0.5m 이상 1.5m 이하의 위치에 설치할 것
③ 하나의 층 바닥면적이 2,000m²를 넘을 때마다 1개 이상을 설치할 것
④ 송수구의 가까운 부분에 자동배수밸브(또는 직경 3mm의 배수공) 및 안전밸브를 설치할 것

**해설** 포소화설비의 화재안전기술기준
포소화설비에는 소방차로부터 그 설비에 송수할 수 있는 송수구를 다음의 기준에 따라 설치하여야 한다.
1. 송수구는 화재층으로부터 지면으로 떨어지는 유리창 등이 송수 및 그 밖의 소화작업에 지장을 주지 아니하는 장소에 설치할 것
2. 송수구로부터 포소화설비의 주배관에 이르는 연결배관에 개폐밸브를 설치한 때에는 그 개폐상태를 쉽게 확인 및 조작할 수 있는 옥외 또는 기계실 등의 장소에 설치할 것
3. 구경 65mm의 쌍구형으로 할 것
4. 송수구에는 그 가까운 곳의 보기 쉬운 곳에 송수압력범위를 표시한 표지를 할 것

**정답** 61.② 62.①

5. 포소화설비의 송수구는 하나의 층의 바닥면적이 3,000m²를 넘을 때마다 1개 이상을 설치할 것(5개를 넘을 경우에는 5개로 한다)
6. 지면으로부터 높이가 0.5m 이상 1m 이하의 위치에 설치할 것
7. 송수구의 가까운 부분에 자동배수밸브(또는 직경 5mm의 배수공) 및 체크밸브를 설치할 것. 이 경우 자동배수밸브는 배관안의 물이 잘 빠질 수 있는 위치에 설치하되, 배수로 인하여 다른 물건 또는 장소에 피해를 주지 아니하여야 한다.
8. 송수구에는 이물질을 막기 위한 마개를 씌울 것
9. 압축공기포소화설비를 스프링클러 보조설비로 설치하거나 압축공기포 소화설비에 자동으로 급수되는 장치를 설치한 때에는 송수구 설치를 아니할 수 있다.

**63** 스프링클러설비 본체 내의 유수현상을 자동적으로 검지하여 신호 또는 경보를 발하는 장치는?

① 수압계폐장치　　② 물올림장치
③ 일제개방밸브장치　④ 유수검지장치

**해설** 스프링클러설비의 화재안전기술기준
이 기준에서 사용하는 용어의 정의는 다음과 같다.
9. "기동용수압개폐장치"란 소화설비의 배관내 압력변동을 검지하여 자동적으로 펌프를 기동 및 정지시키는 것으로서 압력챔버 또는 기동용압력스위치 등을 말한다.
15. "유수검지장치"란 습식유수검지장치(패들형을 포함한다), 건식유수검지장치, 준비작동식유수검지장치를 말하며 본체내의 유수현상을 자동적으로 검지하여 신호 또는 경보를 발하는 장치를 말한다.
16. "일제개방밸브"란 개방형스프링클러헤드를 사용하는 일제살수식 스프링클러설비에 설치하는 밸브로서 화재발생시 자동 또는 수동식 기동장치에 따라 밸브가 열려지는 것을 말한다.

**64** 옥내소화전설비 화재안전기준에 따라 옥내소화전설비의 표시등 설치기준으로 옳은 것은?

① 가압송수장치의 기동을 표시하는 표시등은 옥내소화전함의 상부 또는 그 직근에 설치한다.
② 가압송수장치의 기동을 표시하는 표시등은 녹색등으로 한다.
③ 자체소방대를 구성하여 운영하는 경우 가압송수장치의 기동표시등을 반드시 설치해야 한다.
④ 옥내소화전설비의 위치를 표시하는 표시등은 함의 하부에 설치하되, 「표시등의 성능인증 및 제품검사의 기술기준」에 적합한 것으로 한다.

**해설** 옥내소화전설비의 화재안전기술기준
표시등은 다음의 기준에 따라 설치하여야 한다.
1. 옥내소화전설비의 위치를 표시하는 표시등은 함의 상부에 설치하되, 소방청장이 고시하는 「표시등의 성능인증 및 제품검사의 기술기준」에 적합한 것으로 할 것
2. 가압송수장치의 기동을 표시하는 표시등은 옥내소화전함의 상부 또는 그 직근에 설치하되 적색등으로 할 것. 다만, 자체소방대를 구성하여 운영하는 경우(「위험물 안전관리법 시행령」 별표8에서 정한 소방자동차와 자체소방대원의 규모를 말한다) 가압송수장치의 기동표시등을 설치하지 않을 수 있다.

**65** 소화기구 및 자동소화장치의 화재안전기준상 건축물의 주요구조부가 내화구조이고, 벽 및 반자의 실내에 면하는 부분이 불연재료로 된 바닥면적이 600m²인 노유자시설에 필요한 소화기구의 능력단위는 최소 얼마 이상으로 하여야 하는가?

① 2단위　　　　② 3단위
③ 4단위　　　　④ 6단위

**해설** $\dfrac{600[m^2]}{200[m^2/1단위]} = 3[단위]$

[별표 3]
**특정소방대상물별 소화기구의 능력단위기준**(제4조제1항제2호 관련)

| 특정소방대상물 | 소화기구의 능력단위 |
| --- | --- |
| 1. 위락시설 | 해당 용도의 바닥면적 30m² 마다 능력단위 1단위 이상 |
| 2. 공연장·집회장·관람장·문화재·장례식장 및 의료시설 | 해당 용도의 바닥면적 50m² 마다 능력단위 1단위 이상 |

| 3. 근린생활시설·판매시설·운수시설·숙박시설·노유자시설·전시장·공동주택·업무시설·방송통신시설·공장·창고시설·항공기 및 자동차 관련 시설 및 관광휴게시설 | 해당 용도의 바닥면적 100m² 마다 능력단위 1단위 이상 |
|---|---|
| 4. 그 밖의 것 | 해당 용도의 바닥면적 200m² 마다 능력단위 1단위 이상 |

(주) 소화기구의 능력단위를 산출함에 있어서 건축물의 주요 구조부가 내화구조이고, 벽 및 반자의 실내에 면하는 부분이 불연재료·준불연재료 또는 난연재료로 된 특정소방대상물에 있어서는 위 표의 기준면적의 2배를 해당 특정소방대상물의 기준면적으로 한다.

## 66
분말소화설비의 화재안전기준에 따라 분말소화설비의 자동식 기동장치의 설치기준으로 틀린 것은? (단, 자동식 기동장치는 자동화재탐지설비의 감지기의 작동과 연동하는 것이다)

① 기동용 가스용기의 충전비는 1.5 이상으로 할 것
② 자동식 기동장치에는 수동으로도 기동할 수 있는 구조로 할 것
③ 전기식 기동장치로서 3병 이상의 저장용기를 동시에 개방하는 설비는 2병 이상의 저장용기에 전자개방밸브를 부착할 것
④ 기동용 가스용기에는 내압시험압력의 0.8배 내지 내압시험압력 이하에서 작동하는 안전장치를 설치할 것

**해설** 분말소화설비 화재안전기술기준
2.4.2 분말소화설비의 자동식 기동장치는 자동화재탐지설비의 감지기의 작동과 연동하는 것으로서 다음의 기준에 따라 설치해야 한다.
  2.4.2.1 자동식 기동장치에는 수동으로도 기동할 수 있는 구조로 할 것
  2.4.2.2 전기식 기동장치로서 7병 이상의 저장용기를 동시에 개방하는 설비는 2병 이상의 저장용기에 전자 개방밸브를 부착할 것
  2.4.2.3 가스압력식 기동장치는 다음의 기준에 따를 것
    2.4.2.3.1 기동용가스용기 및 해당 용기에 사용하는 밸브는 25MPa 이상의 압력에 견딜 수 있는 것으로 할 것
    2.4.2.3.2 기동용가스용기에는 내압시험압력의 0.8배부터 내압시험압력 이하에서 작동하는 안전장치를 설치할 것
    2.4.2.3.3 기동용가스용기의 체적은 5L 이상으로 하고, 해당 용기에 저장하는 질소 등의 비활성기체는 6.0MPa 이상(21℃ 기준)의 압력으로 충전할 것. 다만, 기동용가스용기의 체적을 1L 이상으로 하고, 해당 용기에 저장하는 이산화탄소의 양은 0.6kg 이상으로 하며, 충전비는 1.5 이상 1.9 이하의 기동용가스용기로 할 수 있다.
  2.4.2.4 기계식 기동장치는 저장용기를 쉽게 개방할 수 있는 구조로 할 것

## 67
상수도소화용수설비의 화재안전기준에 따른 설치기준 중 다음 ( ) 안에 알맞은 것은?

> 호칭지름 ( ㉠ )mm 이상의 수도배관에 호칭지름 ( ㉡ )mm 이상의 소화전을 접속하여야 하며, 소화전은 특정소방대상물의 수평투영면의 각 부분으로부터 ( ㉢ )m 이하가 되도록 설치할 것

① ㉠ 65, ㉡ 80, ㉢ 120
② ㉠ 65, ㉡ 100, ㉢ 140
③ ㉠ 75, ㉡ 80, ㉢ 120
④ ㉠ 75, ㉡ 100, ㉢ 140

**해설** 상수도소화용수설비 화재안전기술기준
2.1 상수도소화용수설비의 설치기준
  2.1.1 상수도소화용수설비는 「수도법」에 따른 기준 외에 다음의 기준에 따라 설치해야 한다.
    2.1.1.1 호칭지름 75mm 이상의 수도배관에 호칭지름 100mm 이상의 소화전을 접속할 것
    2.1.1.2 소화전은 소방자동차 등의 진입이 쉬운 도로변 또는 공지에 설치할 것
    2.1.1.3 소화전은 특정소방대상물의 수평투영면의 각 부분으로부터 140m 이하가 되도록 설치할 것
    2.1.1.4 지상식 소화전의 호스접결구는 지면으로부터 높이가 0.5m 이상 1m 이하가 되도록 설치할 것 〈신설 2024.7.1.〉

정답 66.③ 67.④

**68** 스프링클러설비의 화재안전기준에 따라 스프링클러헤드를 설치하지 않을 수 있는 장소로만 나열된 것은?

① 계단실, 병실, 목욕실, 냉동창고의 냉동실, 아파트(대피공간 제외)
② 발전실, 병원의 수술실·응급처치실, 통신기기실, 관람석이 없는 실내 테니스장(실내 바닥·벽 등이 불연재료)
③ 냉동창고의 냉동실, 변전실, 병실, 목욕실, 수영장 관람석
④ 병원의 수술실, 관람석이 없는 실내 테니스장(실내 바닥·벽 등이 불연재료), 변전실, 발전실, 아파트(대피공간 제외)

해설 [스프링클러헤드 제외장소]
스프링클러설비를 설치해야 할 특정소방대상물에 있어서 다음의 어느 하나에 해당하는 장소에는 스프링클러헤드를 설치하지 않을 수 있다.
1. 계단실(특별피난계단의 부속실을 포함한다)·경사로·승강기의 승강로·비상용승강기의 승강장·파이프덕트 및 덕트피트(파이프·덕트를 통과시키기 위한 구획된 구멍에 한한다)·목욕실·수영장(관람석부분을 제외한다)·화장실·직접 외기에 개방되어 있는 복도·기타 이와 유사한 장소
2. 통신기기실·전자기기실·기타 이와 유사한 장소
3. 발전실·변전실·변압기·기타 이와 유사한 전기설비가 설치되어 있는 장소
4. 병원의 수술실·응급처치실·기타 이와 유사한 장소
5. 천장과 반자 양쪽이 불연재료로 되어 있는 경우로서 그 사이의 거리 및 구조가 다음의 어느 하나에 해당하는 부분
    가. 천장과 반자 사이의 거리가 2m 미만인 부분
    나. 천장과 반자 사이의 벽이 불연재료이고 천장과 반자사이의 거리가 2m 이상으로서 그 사이에 가연물이 존재하지 않는 부분
6. 천장·반자 중 한쪽이 불연재료로 되어 있고 천장과 반자사이의 거리가 1m 미만인 부분
7. 천장 및 반자가 불연재료 외의 것으로 되어 있고 천장과 반자사이의 거리가 0.5m 미만인 부분
8. 펌프실·물탱크실 엘리베이터 권상기실 그 밖의 이와 비슷한 장소
9. 현관 또는 로비 등으로서 바닥으로부터 높이가 20m 이상인 장소
10. 영하의 냉장창고의 냉장실 또는 냉동창고의 냉동실
11. 고온의 노가 설치된 장소 또는 물과 격렬하게 반응하는 물품의 저장 또는 취급장소
12. 불연재료로 된 특정소방대상물 또는 그 부분으로서 다음의 어느 하나에 해당하는 장소
    가. 정수장·오물처리장 그 밖의 이와 비슷한 장소
    나. 펄프공장의 작업장·음료수공장의 세정 또는 충전하는 작업장 그 밖의 이와 비슷한 장소
    다. 불연성의 금속·석재 등의 가공공장으로서 가연성물질을 저장 또는 취급하지 않는 장소
    라. 가연성 물질이 존재하지 않는 「건축물의 에너지절약설계기준」에 따른 방풍실
13. 실내에 설치된 테니스장·게이트볼장·정구장 또는 이와 비슷한 장소로서 실내 바닥·벽·천장 이 불연재료 또는 준불연재료로 구성되어 있고 가연물이 존재하지 않는 장소로서 관람석이 없는 운동시설(지하층은 제외한다)

**69** 포소화설비의 화재안전기준에 따라 포소화설비에 소방용 합성수지배관을 설치할 수 있는 경우로 틀린 것은?

① 배관을 지하에 매설하는 경우
② 다른 부분과 내화구조로 구획된 덕트 또는 피트의 내부에 설치하는 경우
③ 동결방지조치로 하거나 동결의 우려가 없는 경우
④ 천장과 반자를 불연재료 또는 준불연재료로 설치하고 그 내부에 습식으로 배관을 설치하는 경우

해설 포소화설비 화재안전기술기준
2.4 배관 등
  2.4.1 배관과 배관이음쇠는 다음의 어느 하나에 해당하는 것 또는 동등 이상의 강도·내식성 및 내열성 등을 국내·외 공인기관으로부터 인정받은 것을 사용해야 하고, 배관용 스테인리스 강관(KS D 3576)의 이음을 용접으로 할 경우에는 텅스텐 불활성 가스 아크 용접(Tungsten Inertgas Arc Welding)방식에 따른다. 다만, 2.4에서 정하지 않은 사항은 「건설기술 진흥법」

정답 68.② 69.③

제44조제1항의 규정에 따른 "건설기준"에 따른다.
2.4.1.1 배관 내 사용압력이 1.2MPa 미만일 경우에는 다음의 어느 하나에 해당하는 것
(1) 배관용 탄소 강관(KS D 3507)
(2) 이음매 없는 구리 및 구리합금관(KS D 5301). 다만, 습식의 배관에 한한다.
(3) 배관용 스테인리스 강관(KS D 3576) 또는 일반배관용 스테인리스 강관(KS D 3595)
(4) 덕타일 주철관(KS D 4311)
2.4.1.2 배관 내 사용압력이 1.2MPa 이상일 경우에는 다음의 어느 하나에 해당하는 것
(1) 압력 배관용 탄소 강관(KS D 3562)
(2) 배관용 아크용접 탄소강 강관(KS D 3583)
2.4.2 2.3.1에도 불구하고 다음의 어느 하나에 해당하는 장소에는 소방청장이 정하여 고시한 「소방용합성수지배관의 성능인증 및 제품검사의 기술기준」에 적합한 소방용 합성수지배관으로 설치할 수 있다.
2.4.2.1 배관을 지하에 매설하는 경우
2.4.2.2 다른 부분과 내화구조로 구획된 덕트 또는 피트의 내부에 설치하는 경우
2.4.2.3 천장(상층이 있는 경우에는 상층바닥의 하단을 포함한다. 이하 같다)과 반자를 불연재료 또는 준불연 재료로 설치하고 소화배관 내부에 항상 소화수가 채워진 상태로 설치하는 경우

**70** 다음 중 피난기구의 화재안전기준에 따라 피난기구를 설치하지 아니하여도 되는 소방대상물로 틀린 것은?

① 발코니 등을 통하여 인접세대로 피난할 수 있는 구조로 되어 있는 계단실형 아파트
② 주요구조부가 내화구조로서 거실의 각 부분으로 직접 복도로 피난할 수 있는 학교(강의실 용도로 사용되는 층에 한함)
③ 무인공장 또는 자동창고로서 사람의 출입이 금지된 장소
④ 문화집회 및 운동시설·판매시설 및 영업시설 또는 노유자시설의 용도로 사용되는 층으로서 그 층의 바닥면적이 1,000m² 이상인 것

**해설** 피난기구의 화재안전기술기준
3. 주요구조부가 내화구조이고 지하층을 제외한 층수가 4층 이하이며 소방사다리차가 쉽게 통행할 수 있는 도로 또는 공지에 면하는 부분에 영 제2조제1호 각 목의 기준에 적합한 개구부가 2 이상 설치되어 있는 층(문화집회 및 운동시설·판매시설 및 영업시설 또는 노유자시설의 용도로 사용되는 층으로서 그 층의 바닥면적이 1,000m² 이상인 것을 제외한다)

**71** 지하구의 화재안전기준에 따라 연소방지설비헤드의 설치기준으로 옳은 것은?

① 헤드간의 수평거리는 연소방지설비 전용헤드의 경우에는 1.5m 이하로 할 것
② 헤드간의 수평거리는 스프링클러헤드의 경우에는 2m 이하로 할 것
③ 천장 또는 벽면에 설치할 것
④ 한쪽 방향의 살수구역의 길이는 2m 이상으로 할 것

**해설** [현행 삭제된 문제]

**72** 소화기구 및 자동소화장치의 화재안전기준상 소화기구의 소화약제별 적응성 중 C급 화재에 적응성이 없는 소화약제는?

① 마른 모래
② 할로겐화합물 및 불활성기체 소화약제
③ 이산화탄소 소화약제
④ 중탄산염류 소화약제

정답 70.④ 71.③ 72.①

**해설** 소화기구의 소화약제별 적응성

| 소화약제 구분<br>적응대상 | 가스 | | | 분말 | | 액체 | | | | 기타 | | |
|---|---|---|---|---|---|---|---|---|---|---|---|---|
| | 이산화탄소소화약제 | 할론소화약제 | 할로겐화합물및불활성기체소화약제 | 인산염류소화약제 | 중탄산염류소화약제 | 산알칼리소화약제 | 강화액소화약제 | 포소화약제 | 물·침윤소화약제 | 고체에어로졸화합물 | 마른모래 | 팽창질석·팽창진주암 | 그밖의것 |
| 일반화재<br>(A급 화재) | - | ○ | ○ | ○ | - | ○ | ○ | ○ | ○ | ○ | ○ | ○ | - |
| 유류화재<br>(B급 화재) | ○ | ○ | ○ | ○ | ○ | ○ | ○ | ○ | ○ | ○ | ○ | ○ | - |
| 전기화재<br>(C급 화재) | ○ | ○ | ○ | ○ | ○ | * | * | * | * | ○ | - | - | - |
| 주방화재<br>(K급 화재) | - | - | - | - | * | - | * | * | * | - | - | - | * |
| 금속화재<br>(D급 화재) | - | - | - | * | - | - | - | - | ○ | ○ | * |

주) "*"의 소화약제별 적응성은 「소방시설 설치 및 관리에 관한 법률」제37조에 의한 형식승인 및 제품검사의 기술기준에 따라 화재 종류별 적응성에 적합한 것으로 인정되는 경우에 한한다.

**73** 이산화탄소소화설비 및 할론소화설비의 국소방출 방식에 대한 설명으로 옳은 것은?

① 고정식 소화약제 공급장치에 배관 및 분사헤드를 설치하여 직접 화점에 소화약제를 방출하는 방식이다.
② 고정된 분사헤드에서 밀폐 방호구역 공간 전체로 소화약제를 방출하는 방식이다.
③ 호스 선단에 부착된 노즐을 이동하여 방호대상물에 직접 소화약제를 방출하는 방식이다.
④ 소화약제 용기 노즐 등을 운반기구에 적재하고 방호대상물에 직접 소화약제를 방출하는 방식이다.

**해설** 이산화탄소소화설비 화재안전기술기준
1.7 용어의 정의
 1.7.1 이 기준에서 사용하는 용어의 정의는 다음과 같다.
  1.7.1.1 "전역방출방식"이란 소화약제 공급장치에 배관 및 분사헤드 등을 설치하여 밀폐 방호구역 전체에 소화약제를 방출하는 방식을 말한다.
  1.7.1.2 "국소방출방식"이란 소화약제 공급장치에 배관 및 분사헤드 등을 설치하여 직접 점에 소화약제를 방출하는 방식을 말한다.
  1.7.1.3 "호스릴방식"이란 소화수 또는 소화약제 저장용기 등에 연결된 호스릴을 이용하여 사람이 직접 화점에 소화수 또는 소화약제를 방출하는 방식을 말한다.

**74** 특고압의 전기시설을 보호하기 위한 소화설비로 물분무소화설비를 사용한다. 그 주된 이유로 옳은 것은?

① 물분무설비는 다른 물 소화설비에 비해서 신속한 소화를 보여주기 때문이다.
② 물분무설비는 다른 물 소화설비에 비해서 물의 소모량이 적기 때문이다.
③ 분무상태의 물은 전기적으로 비전도성이기 때문이다.
④ 물분무입자 역시 물이므로 전기전도성이 있으나 전기 시설물을 젖게 하지 않기 때문이다.

**해설** 분무상태의 물은 전기적으로 비전도성이므로 특고압의 전기시설에 설치가능하다.

**75** 물분소화설비의 화재안전기준에 따라 물분무소화설비를 설치하는 차고 또는 주차장이 배수설비 설치기준으로 틀린 것은?

① 차량이 주차하는 바닥은 배수구를 향해 1/100 이상의 기울기를 유지할 것
② 배수구에서 새어나온 기름을 모아 소화할 수 있도록 길이 40m 이하마다 집수관·소화핏트 등 기름분리장치를 설치할 것

③ 차량이 주차하는 장소의 적당한 곳에 높이 10cm 이상의 경계턱으로 배수구를 설치할 것
④ 배수설비는 가압송수장치의 최대송수능력의 수량을 유효하게 배수할 수 있는 크기 및 기울기로 할 것

**해설** 물분무소화설비의 화재안전기술기준
물분무소화설비를 설치하는 차고 또는 주차장에는 다음의 기준에 따라 배수설비를 하여야 한다.
1. 차량이 주차하는 장소의 적당한 곳에 높이 10㎝ 이상의 경계턱으로 배수구를 설치할 것
2. 배수구에는 새어나온 기름을 모아 소화할 수 있도록 길이 40m 이하마다 집수관·소화핏트 등 기름분리장치를 설치할 것
3. 차량이 주차하는 바닥은 배수구를 향하여 100분의 2 이상의 기울기를 유지할 것
4. 배수설비는 가압송수장치의 최대송수능력의 수량을 유효하게 배수할 수 있는 크기 및 기울기로 할 것

**76** 연결송수관설비의 화재안전기준에 따라 송수구가 부설된 옥내소화전을 설치한 특정소방대상물로서 연결송수관설비의 방수구를 설치하지 아니할 수 있는 층의 기준 중 다음 (  ) 안에 알맞은 것은? (단, 집회장·관람장·백화점·도매시장·소매시장·판매시설·공장·창고시설 또는 지하가를 제외한다)

• 지하층을 제외한 층수가 ( ㉠ )층 이하이고, 연면적이 ( ㉡ )㎡ 미만인 특정소방대상물의 지상층
• 지하층의 층수가 ( ㉢ ) 이하인 특정소방대상물의 지하층

① ㉠ 3, ㉡ 5,000, ㉢ 3
② ㉠ 4, ㉡ 6,000, ㉢ 2
③ ㉠ 5, ㉡ 3,000, ㉢ 3
④ ㉠ 6, ㉡ 4,000, ㉢ 2

**해설** 연결송수관설비의 화재안전기술기준
연결송수관설비의 방수구는 다음의 기준에 따라 설치하여야 한다.
1. 연결송수관설비의 방수구는 그 특정소방대상물의 층마다 설치할 것. 다만, 다음의 어느 하나에 해당하는 층에는 설치하지 아니할 수 있다.
   가. 아파트의 1층 및 2층
   나. 소방차의 접근이 가능하고 소방대원이 소방차로부터 각 부분에 쉽게 도달할 수 있는 피난층
   다. 송수구가 부설된 옥내소화전을 설치한 특정소방대상물(집회장·관람장·백화점·도매시장·소매시장·판매시설·공장·창고시설 또는 지하가를 제외한다)로서 다음의 어느 하나에 해당하는 층
      (1) 지하층을 제외한 층수가 4층 이하이고 연면적이 6,000㎡ 미만인 특정소방대상물의 지상층
      (2) 지하층의 층수가 2 이하인 특정소방대상물의 지하층

**77** 스프링클러설비의 화재안전기준에 따라 폐쇄형스프링클러헤드를 최고 주위온도 40℃인 장소(공장 및 창고 제외)에 설치할 경우 표시온도는 몇 ℃의 것을 설치하여야 하는가?

① 79℃ 미만
② 79℃ 이상 121℃ 미만
③ 121℃ 이상 162℃ 미만
④ 162℃ 이상

**해설** 스프링클러설비의 화재안전기술기준
폐쇄형스프링클러헤드는 그 설치장소의 평상시 최고 주위온도에 따라 다음 표에 따른 표시온도의 것으로 설치하여야 한다. 다만, 높이가 4m 이상인 공장 및 창고(랙크식창고를 포함한다)에 설치하는 스프링클러헤드는 그 설치장소의 평상시 최고 주위온도에 관계없이 표시온도 121℃ 이상의 것으로 할 수 있다.

| 설치장소의 최고주위온도 | 표시온도 |
|---|---|
| 39℃ 미만 | 79℃ 미만 |
| 39℃ 이상 64℃ 미만 | 79℃ 이상 121℃ 미만 |
| 64℃ 이상 106℃ 미만 | 121℃ 이상 162℃ 미만 |
| 106℃ 이상 | 162℃ 이상 |

**78** 할론소화설비의 화재안전기준상 할론 1211을 국소방출방식으로 방사할 때 분사헤드의 방사압력 기준은 몇 MPa 이상인가?

① 0.1MPa  ② 0.2MPa
③ 0.9MPa  ④ 1.05MPa

**해설** 할론소화설비의 화재안전기술기준
국소방출방식의 할론소화설비의 분사헤드는 다음의 기준에 따라 설치하여야 한다.
1. 소화약제의 방사에 따라 가연물이 비산하지 아니하는 장소에 설치할 것
2. 할론 2402를 방사하는 분사헤드는 해당 소화약제가 무상으로 분무되는 것으로 할 것
3. 분사헤드의 방사압력은 할론 2402를 방사하는 것은 0.1MPa 이상, 할론 1211을 방사하는 것은 0.2MPa 이상, 할론1301을 방사하는 것은 0.9MPa 이상으로 할 것
4. 제5조에 따른 기준저장량의 소화약제를 10초 이내에 방사할 수 있는 것으로 할 것

**79** 물분무소화설비의 화재안전기준상 물분무헤드를 설치하지 아니할 수 있는 장소의 기준 중 다음 (   ) 안에 알맞은 것은?

> 운전시에 표면의 온도가 (   )℃ 이상으로 되는 등 직접 분무를 하는 경우 그 부분에 손상을 입힐 우려가 있는 기계장치 등이 있는 장소

① 160   ② 200
③ 260   ④ 300

**해설** 물분무소화설비의 화재안전기술기준
다음의 장소에는 물분무헤드를 설치하지 아니할 수 있다.
1. 물에 심하게 반응하는 물질 또는 물과 반응하여 위험한 물질을 생성하는 물질을 저장 또는 취급하는 장소
2. 고온의 물질 및 증류범위가 넓어 끓어 넘치는 위험이 있는 물질을 저장 또는 취급하는 장소
3. 운전시에 표면의 온도가 260℃ 이상으로 되는 등 직접 분무를 하는 경우 그 부분에 손상을 입힐 우려가 있는 기계장치 등이 있는 장소

**80** 인명구조기구의 화재안전기준에 따라 특정소방대상물의 용도 및 장소별로 설치해야 할 인명구조기구의 기준으로 틀린 것은?

① 지하가 중 지하상가는 인공소생기를 층마다 2개 이상 비치할 것
② 판매시설 중 대규모 점포는 공기호흡기를 층마다 2개 이상 비치할 것
③ 지하층을 포함하는 층수가 7층 이상인 관광호텔은 방열복(또는 방화복), 공기호흡기, 인공소생기를 각 2개 이상 비치할 것
④ 물분무등소화설비 중 이산화탄소소화설비를 설치해야 하는 특정소방대상물은 공기호흡기를 이산화탄소소화설비가 설치된 장소의 출입구 외부 인근에 1대 이상 비치할 것

**해설**

| 특정소방대상물 | 인명구조기구의 종류 | 설치 수량 |
|---|---|---|
| • 지하층을 포함하는 층수가 7층 이상인 관광호텔 및 5층 이상인 병원 | • 방열복 또는 방화복 (헬멧, 보호장갑 및 안전화 포함) • 공기호흡기 • 인공소생기 | • 각 2개 이상 비치할 것. 다만, 병원의 경우에는 인공소생기를 설치하지 않을 수 있다. |
| • 문화 및 집회시설 중 수용인원 100명 이상의 영화상영관 • 판매시설 중 대규모 점포 • 운수시설 중 지하역사 • 지하가 중 지하상가 | • 공기호흡기 | • 층마다 2개 이상 비치할 것. 다만, 각 층마다 갖추어 두어야 할 공기호흡기 중 일부를 직원이 상주하는 인근 사무실에 갖추어 둘 수 있다. |
| • 물분무소화설비 중 이산화탄소소화설비를 설치하여야 하는 특정소방대상물 | • 공기호흡기 | • 이산화탄소소화설비가 설치된 장소의 출입구 외부 인근에 1대 이상 비치할 것 |

# 2022년 제1회 소방설비기사[기계분야] 1차 필기

[제4과목 : 소방기계구조원리]

**61** 소화기구 및 자동소화장치의 화재안전기준상 대형소화기의 정의 중 다음 (   ) 안에 알맞은 것은?

> 화재시 사람이 운반할 수 있도록 운반대와 바퀴가 설치되어 있고 능력단위가 A급 ( ㉠ )단위 이상, B급 ( ㉡ )단위 이상인 소화기를 말한다.

① ㉠ 20, ㉡ 10
② ㉠ 10, ㉡ 20
③ ㉠ 10, ㉡ 5
④ ㉠ 5, ㉡ 10

**해설** 제3조(정의) "소화기"란 소화약제를 압력에 따라 방사하는 기구로서 사람이 수동으로 조작하여 소화하는 다음 각 목의 것을 말한다.
가. "소형소화기"란 능력단위가 1단위 이상이고 대형소화기의 능력단위 미만인 소화기를 말한다.
나. "대형소화기"란 화재 시 사람이 운반할 수 있도록 운반대와 바퀴가 설치되어 있고 능력단위가 A급 10단위 이상, B급 20단위 이상인 소화기를 말한다.

**62** 분말소화설비의 화재안전기준상 분말소화약제의 가압용 가스 또는 축압용 가스의 설치기준으로 틀린 것은?

① 가압용 가스에 질소가스를 사용하는 것의 질소가스는 소화약제 1[kg]마다 40[L](35[℃]에서 1기압의 압력상태로 환산한 것) 이상으로 할 것
② 가압용 가스에 이산화탄소를 사용하는 것의 이산화탄소는 소화약제 1[kg]에 대하여 20[g]에 배관의 청소에 필요한 양을 가산한 양 이상으로 할 것
③ 축압용 가스에 질소가스를 사용하는 것의 질소가스는 소화약제 1[kg]에 대하여 40[L](35[℃]에서 1기압의 압력상태로 환산한 것 이상으로 할 것
④ 축압용 가스에 이산화탄소를 사용하는 것의 이산화탄소는 소화약제 1[kg]에 대하여 20[g]에 배관의 청소에 필요한 양을 가산한 양 이상으로 할 것

**해설** 가압용가스 또는 축압용가스는 다음의 기준에 따라 설치하여야 한다.
㉠ 가압용가스 또는 축압용가스는 질소가스 또는 이산화탄소로 할 것
㉡ 가압용가스에 질소가스를 사용하는 것에 있어서 질소가스는 소화약제 1[kg]마다 40[L](35[℃]에서 1기압의 압력상태로 환산한 것) 이상, 이산화탄소를 사용하는 것에 있어서 이산화탄소는 소화약제 1[kg]에 대하여 20[g]에 배관의 청소에 필요한 양을 가산한 양 이상으로 할 것
㉢ 축압용 가스에 질소가스를 사용하는 것에 있어서 질소가스는 소화약제 1[kg]에 대하여 10[L](35[℃]에서 1기압의 압력상태로 환산한 것) 이상, 이산화탄소를 사용하는 것에 있어서 이산화탄소는 소화약제 1[kg]에 대하여 20[g]에 배관의 청소에 필요한 양을 가산한 양 이상으로 할 것
㉣ 배관의 청소에 필요한 양의 가스는 별도의 용기에 저장할 것

**정답** 61.② 62.③

**63** 포소화설비의 화재안전기준상 포소화설비의 자동식 기동장치에 화재감지기를 사용하는 경우, 화재감지기의 회로의 발신기 설치기준 중 (   ) 안에 알맞은 것은? (단, 자동화재탐지설비의 수신기가 설치된 장소에 상시 사람이 근무하고 있고, 화재 시 즉시 해당 조작부를 작동시킬 수 있는 경우는 제외한다)

> 특정소방대상물의 층마다 설치하되, 해당 특정소방대상물의 각 부분으로부터 수평거리가 ( ㉠ )[m] 이하가 되도록 할 것. 다만, 복도 또는 별도로 구획된 실로서 보행거리가 ( ㉡ )[m] 이상일 경우에는 추가로 설치하여야 한다.

① ㉠ 25, ㉡ 30  ② ㉠ 25, ㉡ 40
③ ㉠ 15, ㉡ 30  ④ ㉠ 15, ㉡ 40

**해설** 발신기 설치기준
특정소방대상물의 층마다 설치하되, 해당 특정소방대상물의 각 부분으로부터 수평거리가 25[m] 이하가 되도록 할 것. 다만, 복도 또는 별도로 구획된 실로서 보행거리가 40[m] 이상일 경우에는 추가로 설치하여야 한다.

**64** 특별피난계단의 계단실 및 부속실 제연설비의 화재안전기준상 급기풍도 단면의 긴 변 길이가 1,300[mm]인 경우, 강판의 두께는 최소 몇 [mm] 이상이어야 하는가?

① 0.6  ② 0.8
③ 1.0  ④ 1.2

**해설** 수직풍도 이외의 풍도로서 금속판으로 설치하는 풍도는 다음의 기준에 적합할 것
㉠ 풍도는 아연도금강판 또는 이와 동등 이상의 내식성·내열성이 있는 것으로 하며, 불연재료의 (석면재료를 제외한다)단열재로 유효한 단열처리를 하고, 강판의 두께는 풍도의 크기에 따라 다음 표에 따른 기준 이상으로 할 것. 다만, 방화구획이 되는 전용실에 급기송풍기와 연결되는 닥트는 단열이 필요 없다.

| 풍도단면의 긴변 또는 직경의 크기 | 450[mm] 이하 | 450[mm] 초과 750[mm] 이하 | 750[mm] 초과 1,500[mm] 이하 | 1,500[mm] 초과 2,250[mm] 이하 | 2,250[mm] 초과 |
|---|---|---|---|---|---|
| 강판두께 | 0.5[mm] | 0.6[mm] | 0.8[mm] | 1.0[mm] | 1.2[mm] |

㉡ 풍도에서의 누설량은 급기량의 10[%]를 초과하지 아니할 것

**65** 옥외소화전설비의 화재안전기준상 옥외소화전설비에서 성능시험배관의 직관부에 설치된 유량측정장치는 펌프 정격토출량의 최소 몇 [%] 이상 측정할 수 있는 성능이 있어야 하는가??

① 175  ② 150
③ 75   ④ 50

**해설** 유량측정장치는 성능시험배관의 직관부에 설치하되, 펌프의 정격토출량의 175[%] 이상 측정할 수 있는 성능이 있을 것

**66** 할론소화설비의 화재안전기준상 자동차 차고나 주차장에 할론 1301 소화약제로 전역방출방식의 소화설비를 설치한 경우 방호구역의 체적 1[m³]당 얼마의 소화약제가 필요한가??

① 0.32[kg] 이상 0.64[kg] 이하
② 0.36[kg] 이상 0.71[kg] 이하
③ 0.40[kg] 이상 1.10[kg] 이하
④ 0.60[kg] 이상 0.71[kg] 이하

**해설**

| 소방대상물 또는 그 부분 | 소화약제의 종별 | 방호구역의 체적 1[m³]당 소화약제의 양 | 가산량 (개구부 1[m³]당) |
|---|---|---|---|
| 차고, 주차장, 전기실, 통신기기실, 전산실, 기타 이와 유사한 전기설비가 설치되어 있는 부분 | 할론 1301 | 0.32~0.64[kg] | 2.4[kg] |

**67** 소화기구 및 자동소화장치의 화재안전기준상 타고 나서 재가 남는 일반화재에 해당하는 일반가연물은?

① 고무   ② 타르
③ 솔벤트  ④ 유성도료

**해설** ① 고무 : 일반가연물
②, ③, ④ : 제4류 위험물

**정답** 63.② 64.② 65.① 66.① 67.①

**68** 특별피난계단의 계단실 및 부속실 제연설비의 화재안전기준상 차압 등에 관한 기준으로 옳은 것은?

① 제연설비가 가동되었을 경우 출입문의 개방에 필요한 힘은 150[N] 이하로 하여야 한다.
② 제연구역과 옥내와의 사이에 유지하여야 하는 최소차압은 옥내에 스프링클러설비가 설치된 경우에는 40[Pa] 이상으로 하여야 한다.
③ 계단실과 부속실을 동시에 제연하는 경우 부속실의 기압은 계단실과 같게 하거나 부속실과 계단실의 압력차이는 3[Pa] 이하가 되도록 하여야 한다.
④ 피난을 위하여 제연구역의 출입문이 일시적으로 개방되는 경우 개방되지 아니하는 제연구역과 옥내와의 차압은 기준에 따른 차압의 70[%] 미만이 되어서는 아니 된다.

**해설** ① 제연구역과 옥내와의 사이에 유지하여야 하는 최소차압은 40[Pa](옥내에 스프링클러설비가 설치된 경우에는 12.5[Pa]) 이상으로 하여야 한다.
② 제연설비가 가동되었을 경우 출입문의 개방에 필요한 힘은 110[N] 이하로 하여야 한다.
③ 출입문이 일시적으로 개방되는 경우 개방되지 아니하는 제연구역과 옥내와의 차압은 ①의 기준에 따른 차압의 70[%] 미만이 되어서는 아니 된다.
④ 계단실과 부속실을 동시에 제연하는 경우 부속실의 기압은 계단실과 같게 하거나 계단실의 기압보다 낮게 할 경우에는 부속실과 계단실의 압력 차이는 5[Pa] 이하가 되도록 하여야 한다.

**69** 스프링클러설비의 화재안전기준상 고가수조를 이용한 가압송수장치의 설치기준 중 고가수조에 설치하지 않아도 되는 것은?

① 수위계　　② 배수관
③ 압력계　　④ 오버플로우관

**해설** 고가수조의 자연낙차를 이용하는 가압송수장치
㉠ 고가수조의 자연낙차수두 산출식

$$H = h_1 + h_2 + 25[m]$$

$H$ : 필요한 낙차[m](수조의 하단으로부터 최고층의 호스 접결구까지 수직거리)
$h_1$ : 소방용 호스 마찰손실수두[m]
$h_2$ : 배관의 마찰손실수두[m]
㉡ 고가수조설치
ⓐ 수위계　　ⓑ 배수관
ⓒ 급수관　　ⓓ 오버플로우관
ⓔ 맨홀

**70** 상수도소화용수설비의 화재안전기준상 소화전은 특정소방대상물의 수평투영면의 각 부분으로부터 최대 몇 [m] 이하가 되도록 설치하여야 하는가?

① 100　　② 120
③ 140　　④ 150

**해설** 상수도소화용수설비 화재안전기술기준
2.1 상수도소화용수설비의 설치기준
　2.1.1 상수도소화용수설비는 「수도법」에 따른 기준 외에 다음의 기준에 따라 설치해야 한다.
　　2.1.1.1 호칭지름 75mm 이상의 수도배관에 호칭지름 100mm 이상의 소화전을 접속할 것
　　2.1.1.2 소화전은 소방자동차 등의 진입이 쉬운 도로변 또는 공지에 설치할 것
　　2.1.1.3 소화전은 특정소방대상물의 수평투영면의 각 부분으로부터 140m 이하가 되도록 설치할 것
　　2.1.1.4 지상식 소화전의 호스접결구는 지면으로부터 높이가 0.5m 이상 1m 이하가 되도록 설치할 것 〈신설 2024.7.1.〉

**71** 상수도소화용수설비의 화재안전기준상 상수도소화용수설비 소화전의 설치기준 중 다음 (　)안에 알맞은 것은?

호칭지름 ( ㉠ )[mm] 이상의 수도배관에 호칭지름 ( ㉡ )[mm] 이상의 소화전을 접속할 것

① ㉠ 65, ㉡ 120　　② ㉠ 75, ㉡ 100
③ ㉠ 80, ㉡ 90　　④ ㉠ 100, ㉡ 100

**해설** 70번 문제해설 참조

**72** 구조대의 형식승인 및 제품검사의 기술기준상 경사강하식 구조대의 구조기준으로 틀린 것은?

① 연속하여 활강할 수 있는 구조로 안전하고 쉽게 사용할 수 있어야 한다.
② 구조대 본체는 강하방향으로 봉합부가 설치되지 아니하여야 한다.
③ 입구틀 및 취부틀의 입구는 지름 40[cm] 이상의 구체가 통과할 수 있어야 한다.
④ 본체의 포지는 하부지지장치에 인장력이 균등하게 걸리도록 부착하여야 하며 하부지지장치는 쉽게 조작할 수 있어야 한다.

**해설** 구조대의 형식승인 및 제품검사의 기술기준
제3조(구조) 경사강하식구조대(아하 "구조대"라 한다)의 구조는 다음 각 호에 적합하여야 한다.
1. 연속하여 활강할 수 있는 구조로 안전하고 쉽게 사용할 수 있어야 한다.
2. 입구틀 및 취부틀의 입구는 지름 50[cm] 이상의 구체가 통과할 수 있어야 한다.
3. 포지는 사용시에 수직방향으로 현저하게 늘어나지 아니하여야 한다.
4. 포지, 지지틀, 취부틀 그밖의 부속장치 등은 견고하게 부착되어야 한다.
5. 구조대 본체는 강하방향으로 봉합부가 설치되지 아니하여야 한다.
6. 구조대 본체의 활강부는 낙하방지를 위해 포를 2중 구조로 하거나 또는 망목의 변의 길이가 8[cm] 이하인 망을 설치하여야 한다. 다만, 구조상 낙하방지의 성능을 갖고 있는 구조대의 경우에는 그러하지 아니하다.
7. 본체의 포지는 하부지지장치에 인장력이 균등하게 걸리도록 부착하여야 하며 하부지지장치는 쉽게 조작할 수 있어야 한다.
8. 손잡이는 출구부근에 좌우 각3개 이상 균일한 간격으로 견고하게 부착하여야 한다.
9. 구조대본체의 끝부분에는 길이 4[m] 이상, 지름 4[mm] 이상의 유도선을 부착하여야 하며, 유도선 끝에는 중량 3[N](300[g]) 이상의 모래주머니 등을 설치하여야 한다.
10. 땅에 닿을 때 충격을 받는 부분에는 완충장치로서 받침포 등을 부착하여야 한다.

**73** 분말소화설비의 화재안전기준상 차고 또는 주차장에 설치하는 분말소화설비의 소화약제는 어느 것인가?

① 제1종 분말   ② 제2종 분말
③ 제3종 분말   ④ 제4종 분말

**해설** 제3종분말 : A,B,C급 소화용

**74** 피난사다리의 형식승인 및 제품검사의 기술기준상 피난사다리의 일반구조 기준으로 옳은 것은?

① 피난사다리는 2개 이상의 횡봉으로 구성되어야 한다. 다만, 고정식 사다리인 경우에는 횡봉의 수를 1개로 할 수 있다.
② 피난사다리(종봉이 1개인 고정식 사다리는 제외)의 종봉의 간격은 최외각 종봉 사이의 안치수가 15[cm] 이상이어야 한다.
③ 피난사다리의 횡봉은 지름 15[mm] 이상 25[mm] 이하의 원형인 단면이거나 또는 이와 비슷한 손으로 잡을 수 있는 형태의 단면이 있는 것이어야 한다.
④ 피난사다리의 횡봉은 종봉에 동일한 간격으로 부착한 것이어야 하며, 그 간격은 25[cm] 이상 35[cm] 이하이어야 한다.

**해설** 제3조(일반구조) 피난사다리의 구조는 다음 각 호에 적합하여야 한다.
1. 안전하고 확실하며 쉽게 사용할 수 있는 구조이어야 한다.
2. 피난사다리는 2개 이상의 종봉(내림식사다리에 있어서는 이에 상당하는 와이어로프·체인 그 밖의 금속제의 봉 또는 관을 말한다. 이하 같다) 및 횡봉으로 구성되어야 한다. 다만, 고정식사다리인 경우에는 종봉의 수를 1개로 할 수 있다.
3. 피난사다리(종봉이 1개인 고정식사다리는 제외한다)의 종봉의 간격은 최외각 종봉 사이의 안치수가 30[cm] 이상이어야 한다.
4. 피난사다리의 횡봉은 지름 14[mm] 이상 35[mm] 이하의 원형인 단면이거나 또는 이와 비슷한 손으로 잡을 수 있는 형태의 단면이 있는 것이어야 한다.

5. 피난사다리의 횡봉은 종봉에 동일한 간격으로 부착한 것이어야 하며, 그 간격은 25[cm] 이상 35[cm] 이하이어야 한다.
6. 피난사다리 횡봉의 디딤면은 미끄러지지 아니하는 구조이어야 한다.

**75** 간이스프링클러설비의 화재안전기준상 간이스프링클러설비의 배관 및 밸브 등의 설치순서로 맞는 것은?

① 상수도직결형은 수도용 계량기, 급수차단장치, 개폐표시형 밸브, 체크밸브, 압력계, 유수검지장치, 2개의 시험밸브 순으로 설치할 것
② 펌프 설치시에는 수원, 연성계 또는 진공계, 펌프 또는 압력수조, 압력계, 체크밸브, 개폐표시형 밸브, 유수검지장치, 2개의 시험밸브 순으로 설치할 것
③ 가압수조 이용시에는 수원, 가압수조, 압력계, 체크밸브, 개폐표시형 밸브, 유수검지장치, 1개의 시험밸브 순으로 설치할 것
④ 캐비닛형인 경우 수원, 펌프 또는 압력수조, 압력계, 체크밸브, 연성계 또는 진공계, 개폐표시형 밸브 순으로 설치할 것

**해설** 간이스프링클러설비 배관 및 밸브의 설치순서
① 상수도직결형
　㉠ 수도용계량기, 급수차단장치, 개폐표시형밸브, 체크밸브, 압력계, 유수검지장치(압력스위치 등 유수검지장치와 동등 이상의 기능과 성능이 있는 것을 포함한다. 이하 같다), 2개의 시험밸브의 순으로 설치할 것
　㉡ 간이스프링클러설비 이외의 배관에는 화재시 배관을 차단할 수 있는 급수차단장 치를 설치할 것
② 펌프 등의 가압송수장치를 이용
　수원, 연성계 또는 진공계(수원이 펌프보다 높은 경우를 제외한다. 이하 같다), 펌프 또는 압력수조, 압력계, 체크밸브, 성능시험배관, 개폐표시형밸브, 유수검지장치, 시험밸브의 순으로 설치할 것.
③ 가압수조를 가압송수장치로 이용
　수원, 가압수조, 압력계, 체크밸브, 성능시험배관, 개폐표시형밸브, 유수검지장치, 2개의 시험밸브의 순으로 설치할 것

④ 캐비닛형의 가압송수장치
　수원, 연성계 또는 진공계(수원이 펌프보다 높은 경우를 제외한다. 이하 같다), 펌프 또는 압력수조, 압력계, 체크밸브, 개폐표시형밸브, 2개의 시험밸브의 순으로 설치할 것. 다만, 소화용 수의 공급은 상수도와 직결된 바이패스관 또는 펌프에서 공급받아야 한다.

**76** 스프링클러설비의 화재안전기준상 스프링클러헤드 설치시 살수가 방해되지 아니하도록 벽과 스프링클러헤드 간의 공간은 최소 몇 [cm] 이상으로 하여야 하는가?

① 60　　② 30
③ 20　　④ 10

**해설** 스프링클러소화설비 헤드의 설치기준
㉠ 살수가 방해되지 아니하도록 스프링클러헤드로부터 반경 60[cm] 이상의 공간을 보유할 것. 다만, 벽과 스프링클러헤드간의 공간은 10[cm] 이상으로 한다.

**77** 물분무소화설비의 화재안전기준상 차고 또는 주차장에 설치하는 물분무소화설비의 배수설비 기준으로 틀린 것은?

① 차량이 주차하는 바닥은 배수구를 향하여 100분의 2 이상의 기울기를 유지할 것
② 차량이 주차하는 장소의 적당한 곳에 높이 5[cm] 이상의 경계턱으로 배수구를 설치할 것
③ 배수설비는 가압송수장치의 최대송수능력의 수량을 유효하게 배수할 수 있는 크기 및 기울기로 할 것
④ 배수구에는 새어나온 기름을 모아 소화할 수 있도록 길이 40[m] 이하마다 집수관·소화피트 등 기름분리장치를 설치할 것

**해설** 물분무소화설비의 화재안전기술기준
물분무소화설비를 설치하는 차고 또는 주차장에는 다음의 기준에 따라 배수설비를 하여야 한다.
1. 차량이 주차하는 장소의 적당한 곳에 높이 10[cm] 이상의 경계턱으로 배수구를 설치할 것

정답 75.① 76.④ 77.②

2. 배수구에는 새어나온 기름을 모아 소화할 수 있도록 길이 40[m] 이하마다 집수관·소화핏트 등 기름분리장치를 설치할 것
3. 차량이 주차하는 바닥은 배수구를 향하여 100분의 2 이상의 기울기를 유지할 것
4. 배수설비는 가압송수장치의 최대송수능력의 수량을 유효하게 배수할 수 있는 크기 및 기울기로 할 것

**78** 미분무소화설비의 화재안전기준상 용어의 정의 중 다음 (   ) 안에 알맞은 것은?

"미분무"란 물만을 사용하여 소화하는 방식으로 최소설계압력에서 헤드로부터 방출되는 물입자 중 99%의 누적체적분포가 ( ㉠ )[$\mu m$] 이하로 분무되고 ( ㉡ )급 화재에 적응성을 갖는 것을 말한다.

① ㉠ 400, ㉡ A, B, C
② ㉠ 400, ㉡ B, C
③ ㉠ 200, ㉡ A, B, C
④ ㉠ 200, ㉡ B, C

**해설** 미분무소화설비의 화재안전기술기준
"미분무"란 물만을 사용하여 소화하는 방식으로 최소설계압력에서 헤드로부터 방출되는 물입자 중 99[%]의 누적체적분포가 400[$\mu m$] 이하로 분무되고 A,B,C급 화재에 적응성을 갖는 것을 말한다.

**79** 포소화설비의 화재안전기준상 포소화설비의 자동식 기동장치에 폐쇄형 스프링클러헤드를 사용하는 경우에 대한 설치기준 중 다음 (   ) 안에 알맞은 것은? (단, 자동화재탐지설비의 수신기가 설치된 장소에 상시 사람이 근무하고 있고, 화재시 즉시 해당 조작부를 작동시킬 수 있는 경우는 제외한다)

• 표시온도가 ( ㉠ )[℃] 미만인 것을 사용하고 1개의 스프링클러헤드의 경계면적은 ( ㉡ )[m²] 이하로 할 것
• 부착면의 높이는 바닥으로부터 ( ㉢ )[m] 이하로 하고 화재를 유효하게 감지할 수 있도록 할 것

① ㉠ 60, ㉡ 10, ㉢ 7
② ㉠ 60, ㉡ 20, ㉢ 7
③ ㉠ 79, ㉡ 10, ㉢ 5
④ ㉠ 79, ㉡ 20, ㉢ 5

**해설** 폐쇄형스프링클러헤드를 사용하는 경우에는 다음의 기준에 따를 것
가. 표시온도가 79[℃] 미만인 것을 사용하고, 1개의 스프링클러헤드의 경계면적은 20[m²] 이하로 할 것
나. 부착면의 높이는 바닥으로부터 5[m] 이하로 하고, 화재를 유효하게 감지할 수 있도록 할 것
다. 하나의 감지장치경계구역은 하나의 층이 되도록 할 것

**80** 할론소화설비의 화재안전기준상 할론소화약제 저장용기의 설치기준 중 다음 (   ) 안에 알맞은 것은?

축압식 저장용기의 압력은 온도 20[℃]에서 할론 1301을 저장하는 것은 ( ㉠ )[MPa] 또는 ( ㉡ )[MPa] 이 되도록 질소가스를 축압할 것

① ㉠ 2.5, ㉡ 4.2
② ㉠ 2.0, ㉡ 3.5
③ ㉠ 1.5, ㉡ 3.0
④ ㉠ 1.1, ㉡ 2.5

**해설** 축압식 저장용기의 압력은 온도 20[℃]에서 할론 1211을 저장하는 것은 1.1[MPa] 또는 2.5[MPa], 할론 1301을 저장하는 것은 2.5[MPa] 또는 4.2[MPa]이 되도록 질소가스로 축압할 것

**정답** 78.① 79.④ 80.①

# 2022년 제2회 소방설비기사[기계분야] 1차 필기

[제4과목 : 소방기계구조원리]

**61** 할론소화설비의 화재안전기준에 따른 할론소화설비의 수동식 기동장치의 설치기준으로 틀린 것은?

① 국소방출방식은 방호대상물마다 설치할 것
② 기동장치의 방출용 스위치는 음향경보장치와 개별적으로 조작될 수 있는 것으로 할 것
③ 전기를 사용하는 기동장치에는 전원표시등을 설치할 것
④ 조작부는 바닥으로부터 높이 0.8[m] 이상 1.5[m] 이하의 위치에 설치할 것

해설 할론소화설비 화재안전기술기준
2.3.1 할론소화설비의 수동식 기동장치는 다음의 기준에 따라 설치해야 한다. 이 경우 수동식 기동장치의 부근에는 소화약제의 방출을 지연시킬 수 있는 방출지연스위치(자동복귀형 스위치로서 수동식 기동장치의 타이머를 순간 정지시키는 기능의 스위치를 말한다)를 설치해야 한다.
2.3.1.1 전역방출방식은 방호구역마다, 국소방출방식은 방호대상물마다 설치할 것
2.3.1.2 해당 방호구역의 출입구 부근 등 조작을 하는 자가 쉽게 피난할 수 있는 장소에 설치할 것
2.3.1.3 기동장치의 조작부는 바닥으로부터 0.8m 이상 1.5m 이하의 위치에 설치하고, 보호판 등에 따른 보호장치를 설치할 것
2.3.1.4 기동장치 인근의 보기 쉬운 곳에 "할론소화설비 수동식 기동장치"라는 표지를 할 것
2.3.1.5 전기를 사용하는 기동장치에는 전원표시등을 설치할 것
2.3.1.6 기동장치의 방출용스위치는 음향경보장치와 연동하여 조작될 수 있는 것으로 할 것

**62** 미분무소화설비의 화재안전기준에 따라 최저사용압력이 몇 [MPa]를 초과할 때 고압 미분무소화설비로 분류하는가?

① 1.2   ② 2.5
③ 3.5   ④ 4.2

해설 ① "저압 미분무소화설비"란 최고사용압력이 1.2[MPa] 이하인 미분무소화설비를 말한다.
② "중압 미분무소화설비"란 사용압력이 1.2[MPa]을 초과하고 3.5[MPa] 이하인 미분무소화설비를 말한다.
③ "고압 미분무소화설비"란 최저사용압력이 3.5[MPa]을 초과하는 미분무소화설비를 말한다.

**63** 피난기구의 화재안전기준에 따른 피난기구의 설치 및 유지에 관한 사항 중 틀린 것은?

① 피난기구를 설치하는 개구부는 서로 동일 직선상의 위치에 있을 것
② 설치장소에는 피난기구의 위치를 표시하는 발광식 또는 축광식 표지와 그 사용방법을 표시한 표지를 부착할 것
③ 피난기구는 소방대상물의 기둥·바닥·보, 기타 구조상 견고한 부분에 볼트조임·매입·용접 기타의 방법으로 견고하게 부착할 것
④ 피난기구는 계단·피난구, 기타 피난시설로부터 적당한 거리에 있는 안전한 구조로 된 피난 또는 소화활동상 유효한 개구부에 고정하여 설치할 것

해설 피난기구를 설치한 개구부는 설호 동일직선상이 아닌 위치에 있을 것. 다만 피난교·피난용트랩·간이완강기·아파트에 설치되는 피난기구(다수인 피난장비는 제외한다) 기타 피난상 지장이 없는 것에 있어서는 그렇지 않다.

**64** 이산화탄소 소화설비의 화재안전기준에 따라 케이블실에 전역방출방식으로 이산화탄소 소화설비를 설치하고자 한다. 방호구역체적은 750[m³], 개구부의 면적은 3[m²]이고, 개구부에는 자동폐쇄장치가 설치되어 있지 않다. 이때 필요한 소화약제의 양은 최소 몇 [kg] 이상인가?

① 930
② 1,005
③ 1,230
④ 1,530

**해설**
$W = V \times \alpha + A \times \beta$
$= 750[m^3] \times 1.3[kg/m^3] + 3[m^2] \times 10[kg/m^2]$
$= 1,005[kg]$

**65** 다음 중 피난기구의 화재안전기준에 따라 의료시설에 구조대를 설치하여야 할 층은?

① 지하 2층
② 지하 1층
③ 지상 1층
④ 지상 3층

**해설** 피난기구의 적응성

| 층별 설치장소별 구분 | 1층 | 2층 | 3층 | 4층 이상 10층 이하 |
|---|---|---|---|---|
| 1. 노유자시설 | 미끄럼대·구조대·피난교·다수인피난장비·승강식피난기 | 미끄럼대·구조대·피난교·다수인피난장비·승강식피난기 | 미끄럼대·구조대·피난교·다수인피난장비·승강식피난기 | 구조대·피난교·다수인피난장비·승강식피난기 |
| 2. 의료시설·근린생활시설 중 입원실이 있는 의원·접골원·조산원 | | | 미끄럼대·구조대·피난교·피난용트랩·다수인피난장비·승강식피난기 | 구조대·피난교·피난용트랩·다수인피난장비·승강식피난기 |
| 3. 「다중이용업소의 안전관리에 관한 특별법 시행령」제2조에 따른 다중이용업소로서 영업장의 위치가 4층 이하인 다중이용업소 | | 미끄럼대·피난사다리·구조대·완강기·다수인피난장비·승강식피난기 | 미끄럼대·피난사다리·구조대·완강기·다수인피난장비·승강식피난기 | 미끄럼대·피난사다리·구조대·완강기·다수인피난장비·승강식피난기 |
| 4. 그 밖의 것 | | | 미끄럼대·피난사다리·구조대·완강기·피난교·피난용트랩·간이완강기·공기안전매트·다수인피난장비·승강식피난기 | 피난사다리·구조대·완강기·피난교·간이완강기·공기안전매트·다수인피난장비·승강식피난기 |

**66** 화재안전기준상 물계통의 소화설비 중 펌프의 성능시험배관에 사용되는 유량측정장치는 펌프의 정격토출량의 몇 [%] 이상 측정할 수 있는 성능이 있어야 하는가?

① 65
② 100
③ 120
④ 175

**해설** 정격토출량의 175[%] 이상 측정할 수 있는 성능이 있을 것

**67** 피난기구의 화재안전기준상 근린생활시설 3층에 적응성이 없는 피난기구는? (단, 근린생활시설 중 입원실이 있는 의원·접골원·조산원에 한한다)

① 완강기
② 미끄럼대
③ 구조대
④ 피난교

**해설** 65번 해설 참조

**68** 제연설비의 화재안전기준에 따른 배출풍도의 설치기준 중 다음 ( ) 안에 알맞은 것은?

> 배출기의 흡입측 풍도 안의 풍속은 ( ㉠ )[m/s] 이하로 하고 배출측 풍속은 ( ㉡ )[m/s] 이하로 할 것

① ㉠ 15, ㉡ 10
② ㉠ 10, ㉡ 15
③ ㉠ 20, ㉡ 15
④ ㉠ 15, ㉡ 20

**해설** 배출기의 흡입측 풍도안의 풍속은 15[m/s] 이하로 하고 배출측 풍속은 20[m/s] 이하로 할 것

**정답** 64.② 65.④ 66.④ 67.① 68.④

**69** 스프링클러헤드에서 이융성 금속으로 융착되거나 이융성 물질에 의하여 조립된 것은?

① 프레임(Frame)
② 디플렉터(Deflector)
③ 유리벌브(Glass bulb)
④ 퓨지블링크(Fusible link)

**해설** 스프링클러헤드의 형식승인 및 제품검사의 기술기준 제2조(용어의 정의)
1. "반사판(디프렉타)"란 스프링클러헤드의 방수구에서 유출되는 물을 세분시키는 작용을 하는 것을 말한다.
2. "후레임"이란 스프링클러헤드의 나사부분과 디프렉타를 연결하는 이음쇠 부분을 말한다.
3. "퓨지블링크"란 감열체중 이융성금속으로 융착되거나 이융성물질에 의하여 조립된 것을 말한다.
4. "유리벌브"란 감열체중 유리구 안에 액체 등을 넣어 봉한 것을 말한다.

**70** 포소화설비의 화재안전기준상 특수가연물을 저장·취급하는 공장 또는 창고에 적응성이 없는 포소화설비는?

① 고정포방출설비
② 포소화전설비
③ 압축공기포소화설비
④ 포워터 스프링클러설비

**해설**

| 구분 | 소방대상물 | 포소화설비의 종류 |
|---|---|---|
| 1 | 특수가연물을 저장·취급하는 공장 또는 창고 | 포워터스프링클러설비<br>포헤드설비<br>고정포방출구설비<br>압축공기포소화설비 |

**71** 분말소화설비의 화재안전기준상 자동화재탐지설비의 감지기의 작동과 연동하는 분말소화설비 자동식 기동장치의 설치기준 중 다음 ( ) 안에 알맞은 것은?

♦ 전기식 기동장치로서 ( ㉠ )병 이상의 저장용기를 동시에 개방하는 설비는 2병 이상의 저장용기에 전자개방밸브를 부착할 것

♦ 가스압력식 기동장치의 기동용 가스용기 및 해당 용기에 사용하는 밸브는 ( ㉡ )[MPa] 이상의 압력에 견딜 수 있는 것으로 할 것

① ㉠ 3, ㉡ 2.5
② ㉠ 7, ㉡ 2.5
③ ㉠ 3, ㉡ 25
④ ㉠ 7, ㉡ 25

**해설** 분말소화설비 화재안전기술기준
2.4.2 분말소화설비의 자동식 기동장치는 자동화재탐지설비의 감지기의 작동과 연동하는 것으로서 다음의 기준에 따라 설치해야 한다.
 2.4.2.1 자동식 기동장치에는 수동으로도 기동할 수 있는 구조로 할 것
 2.4.2.2 전기식 기동장치로서 7병 이상의 저장용기를 동시에 개방하는 설비는 2병 이상의 저장용기에 전자 개방밸브를 부착할 것
 2.4.2.3 가스압력식 기동장치는 다음의 기준에 따를 것
  2.4.2.3.1 기동용가스용기 및 해당 용기에 사용하는 밸브는 25MPa 이상의 압력에 견딜 수 있는 것으로 할 것
  2.4.2.3.2 기동용가스용기에는 내압시험압력의 0.8배부터 내압시험압력 이하에서 작동하는 안전장치를 설치할 것
  2.4.2.3.3 기동용가스용기의 체적은 5L 이상으로 하고, 해당 용기에 저장하는 질소 등의 비활성기체는 6.0MPa 이상(21℃ 기준)의 압력으로 충전할 것. 다만, 기동용가스용기의 체적을 1L 이상으로 하고, 해당 용기에 저장하는 이산화탄소의 양은 0.6kg 이상으로 하며, 충전비는 1.5 이상 1.9 이하의 기동용가스용기로 할 수 있다.
 2.4.2.4 기계식 기동장치는 저장용기를 쉽게 개방할 수 있는 구조로 할 것

**72** 분말소화설비의 화재안전기준상 분말소화약제의 가압용 가스용기에 대한 설명으로 틀린 것은?

① 가압용 가스용기를 3병 이상 설치한 경우에는 2개 이상의 용기에 전자개방밸브를 부착 것
② 가압용가스용기에는 2.5[MPa] 이하의 압력에서 조정이 가능한 압력조정기를 설치할 것

**정답** 69.④ 70.② 71.④ 72.③

③ 가압용가스에 질소가스를 사용하는 것의 질소가스는 소화약제 1[kg]마다 20[L](35[℃]에서 1기압의 압력상태로 환산한 것)이상으로 할 것
④ 축압용 가스에 질소가스를 사용하는 것의 질소가스는 소화약제 1[kg]에 대하여 10[L](35[℃]에서 1기압의 압력상태로 환산한 것) 이상으로 할 것

**해설** 분말소화설비 가압용가스용기 설치기준
㉠ 분말소화약제의 가스용기는 분말소화약제 저장용기에 접속하여 설치하여야 한다.
㉡ 분말소화약제의 가압용가스 용기를 3병 이상 설치한 경우에 있어서는 2개 이상의 용기에 전자개방밸브를 부착하여야 한다.
㉢ 분말소화약제의 가압용가스 용기에는 2.5[MPa] 이하의 압력에서 조정이 가능한 압력 조정기를 설치하여야 한다.
㉣ 가압용가스 또는 축압용가스는 다음 각 호의 기준에 따라 설치하여야 한다.
 ⓐ 가압용가스 또는 축압용가스는 질소가스 또는 이산화탄소로 할 것
 ⓑ 가압용가스에 질소가스를 사용하는 것에 있어서 질소가스는 소화약제 1[kg]마다 40[L](35[℃]에서 1기압의 압력상태로 환산한 것) 이상, 이산화탄소를 사용하는 것에 있어서 이산화탄소는 소화약제 1[kg]에 대하여 20[g]에 배관의 청소에 필요한 양을 가산한 양 이상으로 할 것
 ⓒ 축압용 가스에 질소가스를 사용하는 것에 있어서 질소가스는 소화약제 1kg에 대하여 10[L](35[℃]에서 1기압의 압력상태로 환산한 것) 이상, 이산화탄소를 사용하는 것에 있어서 이산화탄소는 소화약제 1[kg]에 대하여 20[g]에 배관의 청소에 필요한 양을 가산한 양 이상으로 할 것
 ⓓ 배관의 청소에 필요한 양의 가스는 별도의 용기에 저장할 것

**73** 화재조기진압용 스프링클러설비의 화재안전기준상 화재조기진압용 스프링클러설비 가지배관의 배열기준 중 천장의 높이가 9.1[m] 이상 13.7[m] 이하의 경우 가지배관 사이의 거리기준으로 옳은 것은?

① 3.1[m] 이하
② 2.4[m] 이상 3.7[m] 이하
③ 6.0[m] 이상 8.5[m] 이하
④ 6.0[m] 이상 9.3[m] 이하

**해설** 화재조기진압용 스프링클러설비 헤드 설치기준
㉠ 헤드 하나의 방호면적은 6.0[m²] 이상 9.3[m²] 이하로 할 것
㉡ 가지배관의 헤드 사이의 거리는 천장의 높이가 9.1[m] 미만인 경우에는 2.4[m] 이상 3.7[m] 이하로, 9.1[m] 이상 13.7[m] 이하인 경우에는 3.1[m] 이하로 할 것
㉢ 헤드의 반사판은 천장 또는 반자와 평행하게 설치하고 저장물의 최상부와 914[mm] 이상 확보되도록 할 것
㉣ 하향식 헤드의 반사판의 위치는 천장이나 반자 아래 125[mm] 이상 355[mm] 이하일 것
㉤ 상향식 헤드의 감지부 중앙은 천장 또는 반자와 101[mm] 이상 152[mm] 이하이어야 하며, 반사판의 위치는 스프링클러배관의 윗부분에서 최소 178[mm] 상부에 설치되도록 할 것
㉥ 헤드와 벽과의 거리는 헤드 상호간 거리의 2분의 1을 초과하지 않아야 하며 최소 102[mm] 이상일 것
㉦ 헤드의 작동온도는 74[℃] 이하일 것. 다만, 헤드 주위의 온도가 38[℃] 이상의 경우에는 그 온도에서의 화재시험 등에서 헤드작동에 관하여 공인기관의 시험을 거친 것을 사용할 것
㉧ 헤드의 살수분포에 장애를 주는 장애물이 있는 경우에는 다음 각 목의 어느 하나에 적합할 것
 ⓐ 천장 또는 천장근처에 있는 장애물과 반사판의 위치는 별도 1 또는 별도 2와 같이 하며, 천장 또는 천장근처에 보·덕트·기둥·난방기구·조명기구·전선관 및 배관 등의 기타 장애물이 있는 경우에는 장애물과 헤드 사이의 수평거리에 따른 장애물의 하단과 그 보다 윗부분에 설치되는 헤드 반사판 사이의 수직거리는 별표 1 또는 별도 3에 따를 것
 ⓑ 헤드 아래에 덕트·전선관·난방용배관 등이 설치되어 헤드의 살수를 방해하는 경우에는 별표 1 또는 별도 3에 따를 것. 다만, 2개 이상의 헤드의 살수를 방해 하는 경우에는 별표 2를 참고로 한다.
㉨ 상부에 설치된 헤드의 방출수에 따라 감열부에 영향을 받을 우려가 있는 헤드에는 방출수를 차단할 수 있는 유효한 차폐판을 설치할 것

**74** 포소화설비에서 펌프의 토출관에 압입기를 설치하여 포소화약제 압입용 펌프로 포소화약제를 압입시켜 혼합하는 방식은?

① 라인 프로포셔너 방식
② 펌프 프로포셔너 방식
③ 프레져 프로포셔너 방식
④ 프레져사이드 프로포셔너 방식

**해설** ㉠ 펌프 프로포셔너방식
펌프의 토출관과 흡입관 사이의 배관도중에 설치한 흡입기에 펌프에서 토출된 물의 일부를 보내고, 농도조정밸브에서 조정된 포 소화약제의 필요량을 포 소화약제 탱크에서 펌프 흡입측으로 보내어 이를 혼합하는 방식을 말한다.
㉡ 프레져 프로포셔너방식
펌프와 발포기의 중간에 설치된 벤추리관의 벤추리작용과 펌프 가압수의 포소화약제 저장탱크에 대한 압력에 따라 포소화약제를 흡입·혼합하는 방식을 말한다.
㉢ 라인 프로포셔너방식
펌프와 발포기의 중간에 설치된 벤추리관의 벤추리작용에 따라 포소화약제를 흡입·혼합하는 방식을 말한다.
㉣ 프레져사이드 프로포셔너방식
펌프의 토출관에 압입기를 설치하여 포 소화약제 압입용펌프로 포소화약제를 압입시켜 혼합하는 방식을 말한다.
㉤ 압축공기포 믹싱챔버방식
물, 포 소화약제 및 공기를 믹싱챔버로 강제주입시켜 챔버 내에서 포수용액을 생성한 후 포를 방사하는 방식을 말한다.

**75** 스프링클러설비의 화재안전기준상 스프링클러설비의 배관 내 사용압력이 몇 [MPa] 이상일 때 압력배관용 탄소강관을 사용해야 하는가?

① 0.1
② 0.5
③ 0.8
④ 1.2

**해설** 배관의 종류
배관과 배관이음쇠는 다음의 어느 하나에 해당하는 것 또는 동등 이상의 강도·내식성및 내열성을 국내의 공인기관으로부터 인정받은 것을 사용하여야 하고, 배관용 스테인리스강관(KS D 3576)의 이음을 용접으로 할 경우에는 알곤용접방식에 따른다.

㉠ 배관 내 사용압력이 1.2[MPa] 미만일 경우에는 다음 각 목의 어느 하나에 해당하는 것
ⓐ 배관용 탄소강관(KS D 3507)
ⓑ 이음매 없는 구리 및 구리합금관(KS D 5301). 다만, 습식의 배관에 한한다.
ⓒ 배관용 스테인리스강관(KS D 3576) 또는 일반배관용 스테인리스강관(KS D 3595)
ⓓ 덕타일 주철관(KS D 4311)
㉡ 배관 내 사용압력이 1.2[MPa] 이상일 경우에는 다음 각목 어느 하나에 해당하는 것
ⓐ 압력배관용 탄소강관(KS D 3562)
ⓑ 배관용 아크용접 탄소강강관(KS D 3583)

**76** 지하구의 화재안전기준에 따라 연소방지설비 전용헤드를 사용할 때 배관의 구경이 65[mm]인 경우 하나의 배관에 부착하는 살수헤드의 최대개수로 옳은 것은?

① 2
② 3
③ 5
④ 6

**해설** 연소방지설비 전용헤드를 사용하는 경우

| 하나의 배관에 부착하는 살수헤드의 개수 | 1개 | 2개 | 3개 | 4개 또는 5개 | 6개 이상 |
|---|---|---|---|---|---|
| 배관의 구경(mm) | 32 | 40 | 50 | 65 | 80 |

**77** 지하구의 화재안전기준에 따른 지하구의 통합감시시설 설치기준으로 틀린 것은?

① 소방관서와 지하구의 통제실 간에 화재 등 소방활동과 관련된 정보를 상시 교환할 수 있는 정보통신망을 구축할 것
② 수신기는 방재실과 공동구의 입구 및 연소방지설비 송수구가 설치된 장소(지상)에 설치할 것
③ 정보통신망(무선통신망 포함)은 광케이블 또는 이와 유사한 성능을 가진 선로일 것
④ 수신기는 화재신호, 경보, 발화지점 등 수신기에 표시되는 정보가 기준에 적합한 방식으로 119상황실이 있는 관할소방관서의 정보통신장치에 표시되도록 할 것

정답 74.④ 75.④ 76.③ 77.②

**해설** 통합감시시설은 다음의 기준에 따라 설치한다.
① 소방관서와 지하구의 통제실 간에 화재 등 소방활동과 관련된 정보를 상시 교환할 수 있는 정보통신망을 구축할 것
② 위 ①의 정보통신망(무선통신망을 포함한다)은 광케이블 또는 이와 유사한 성능을 가진 선로일 것
③ 수신기는 지하구의 통제실에 설치하되 화재신호, 경보, 발화지점 등 수신기에 표시되는 정보가 표 2.8.1.3에 적합한 방식으로 119상황실이 있는 관할 소방관서의 정보통신장치에 표시되도록 할 것

**78** 소화수조 및 저수조의 화재안전기준에 따라 소화용수설비에 설치하는 채수구의 지면으로부터 설치높이 기준은?

① 0.3[m] 이상 1[m] 이하
② 0.3[m] 이상 1.5[m] 이하
③ 0.5[m] 이상 1[m] 이하
④ 0.5[m] 이상 1.5[m] 이하

**해설** 채수구는 지면으로부터의 높이가 0.5[m] 이상 1[m] 이하의 위치에 설치하고 "채수구"라고 표시한 표지를 할 것

**79** 다음은 물분무소화설비의 화재안전기준에 따른 수원의 저수량 기준이다. ( )에 들어갈 내용으로 옳은 것은?

> 특수가연물을 저장 또는 취급하는 특정소방대상물 또는 그 부분에 있어서 수원의 저수량은 그 바닥면적 1[m²]에 대하여 ( )[L/min]로 20분간 방수할 수 있는 양 이상으로 할 것

① 10            ② 12
③ 15            ④ 20

**해설** 물분무소화설비 수원의 양
① 특수가연물을 저장 또는 취급하는 소방대상물
$Q = A(m^2) \times 10[l/m^2 \cdot min] \times 20[min]$
Q : 수원($l$)
A : 바닥면적(최대방수구역 바닥면적, 최소 50[m²] 이상)

② 차고 또는 주차장
$Q = A(m^2) \times 20[l/m^2 \cdot min] \times 20[min]$
Q : 수원($l$)
A : 바닥면적(최대방수구역 바닥면적, 최소 50[m²] 이상)

③ 절연유 봉입변압기
$Q = A(m^2) \times 10[l/m^2 \cdot min] \times 20[min]$
Q : 수원($l$)
A : 바닥면적을 제외한 표면적을 합한 면적(m²)

④ 케이블 트레이, 덕트
$Q = A(m^2) \times 12[l/m^2 \cdot min] \times 20[min]$
Q : 수원($l$)
A : 투영된 바닥면적(m²)
※ 투영(投影)된 바닥면적 : 위에서 빛을 비출 때 바닥 그림자의 면적

⑤ 컨베이어 벨트 등
$Q = A(m^2) \times 10[l/m^2 \cdot min] \times 20[min]$
Q : 수원($l$)
A : 벨트부분의 바닥면적(m²)

⑥ 위험물 저장탱크
$Q = L(m) \times 37[l/m \cdot min] \times 20[min]$
Q : 수원($l$), L : 탱크의 원주둘레길이(m)

**80** 제연설비의 화재안전기준상 제연설비 설치장소의 제연구역 구획기준으로 틀린 것은?

① 하나의 제연구역의 면적은 1,000[m²] 이내로 할 것
② 하나의 제연구역은 직경 60[m] 원 내에 들어갈 수 있을 것
③ 하나의 제연구역은 3개 이상 층에 미치지 아니하도록 할 것
④ 통로상의 제연구역은 보행중심선의 길이가 60[m]를 초과하지 아니할 것

**해설** 제연설비의 화재안전기술기준
2.1.1 제연설비의 설치장소는 다음의 기준에 따른 제연구역으로 구획해야 한다.
2.1.1.1 하나의 제연구역의 면적은 1,000㎡ 이내로 할 것
2.1.1.2 거실과 통로(복도를 포함한다. 이하 같다)는 각각 제연구획 할 것

**정답** 78.③ 79.① 80.③

2.1.1.3 통로상의 제연구역은 보행중심선의 길이가 60m를 초과하지 않을 것
2.1.1.4 하나의 제연구역은 직경 60m 원내에 들어갈 수 있을 것
2.1.1.5 하나의 제연구역은 2 이상의 층에 미치지 않도록 할 것. 다만, 층의 구분이 불분명한 부분은 그 부분을 다른 부분과 별도로 제연구획 해야 한다.

# 제4회 소방설비기사[기계분야] 1차 필기
[제4과목 : 소방기계구조원리]

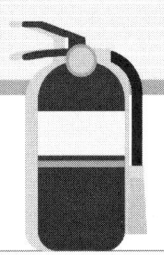

**61** 이산화탄소소화설비의 화재안전기준에 따른 소화약제의 저장용기 설치기준으로 틀린 것은?

① 용기 간의 간격은 점검에 지장이 없도록 2[cm] 이상의 간격을 유지할 것
② 방화문으로 구획된 실에 설치할 것
③ 방호구역 외의 장소에 설치할 것
④ 온도가 40[℃] 이하이고, 온도변화가 적은 곳에 설치할 것

**해설** 저장용기 설치장소 기준
1. 방호구역외의 장소에 설치할 것. 다만, 방호구역 내에 설치할 경우에는 피난 및 조작이 용이하도록 피난구 부근에 설치하여야 한다.
2. 온도가 40[℃] 이하이고 온도의 변화가 작은 곳에 설치할 것
3. 직사광선 및 빗물이 침투할 우려가 없는 곳에 설치할 것
4. 방화문으로 구획된 실에 설치할 것
5. 용기의 설치장소에는 해당 용기가 설치된 곳임을 표시하는 표지를 할 것
6. 용기간의 간격은 점검에 지장이 없도록 3[cm] 이상의 간격을 유지할 것
7. 저장용기와 집합관을 연결하는 연결배관에는 체크밸브를 설치할 것. 다만, 저장용기가 하나의 방호구역만을 담당하는 경우에는 그렇지 않다.

**62** 소화수조 및 저수조의 화재안전기준에 따라 소화수조가 옥상 또는 옥탑의 부분에 설치된 경우에는 지상에 설치된 채수구에서의 압력이 몇 [MPa] 이상이 되도록 하여야 하는가?

① 0.17  ② 0.1
③ 0.15  ④ 0.25

**해설** 소화수조 및 저수조의 화재안전기술기준
소화수조가 옥상 또는 옥탑의 부분에 설치된 경우에는 지상에 설치된 채수구에서의 압력이 0.15[MPa] 이상이 되도록 하여야 한다.

**63** 상수도소화용수설비의 화재안전기준상 상수도소화용수설비 설치기준에 따라 소화전은 특정소방대상물의 수평투영면의 각 부분으로부터 몇 [m] 이하가 되도록 설치해야 하는가?

① 80   ② 140
③ 120  ④ 100

**해설** 상수도소화용수설비 화재안전기술기준
2.1 상수도소화용수설비의 설치기준
  2.1.1 상수도소화용수설비는 「수도법」에 따른 기준 외에 다음의 기준에 따라 설치해야 한다.
    2.1.1.1 호칭지름 75mm 이상의 수도배관에 호칭지름 100mm 이상의 소화전을 접속할 것
    2.1.1.2 소화전은 소방자동차 등의 진입이 쉬운 도로변 또는 공지에 설치할 것
    2.1.1.3 소화전은 특정소방대상물의 수평투영면의 각 부분으로부터 140m 이하가 되도록 설치할 것
    2.1.1.4 지상식 소화전의 호스접결구는 지면으로부터 높이가 0.5m 이상 1m 이하가 되도록 설치할 것 〈신설 2024.7.1.〉

**64** 피난기구의 화재안전기준에 따른 다수인 피난장비 설치기준 중 틀린 것은?

① 사용시에 보관실 외측 문이 먼저 열리고 탑승기가 외측으로 자동으로 전개될 것
② 피난층에는 해당 층에 설치된 피난기구가 착지에 지장이 없도록 충분한 공간을 확보할 것

**정답** 61.① 62.③ 63.② 64.③

③ 보관실의 문은 상시 개방상태를 유지하도록 할 것
④ 하강시에 탑승기가 건물 외벽이나 돌출물에 충돌하지 않도록 설치할 것

**해설** 피난기구 화재안전기술기준
2.1.3.8 다수인피난장비는 다음의 기준에 적합하게 설치할 것
  2.1.3.8.1 피난에 용이하고 안전하게 하강할 수 있는 장소에 적재 하중을 충분히 견딜 수 있도록「건축물의 구조기준 등에 관한 규칙」제3조에서 정하는 구조안전의 확인을 받아 견고하게 설치할 것
  2.1.3.8.2 다수인피난장비 보관실(이하 "보관실"이라 한다)은 건물 외측보다 돌출되지 아니하고, 빗물·먼지 등으로부터 장비를 보호할 수 있는 구조일 것
  2.1.3.8.3 사용 시에 보관실 외측 문이 먼저 열리고 탑승기가 외측으로 자동으로 전개될 것
  2.1.3.8.4 하강 시에 탑승기가 건물 외벽이나 돌출물에 충돌하지 않도록 설치할 것
  2.1.3.8.5 상·하층에 설치할 경우에는 탑승기의 하강경로가 중첩되지 않도록 할 것
  2.1.3.8.6 하강 시에는 안전하고 일정한 속도를 유지하도록 하고 전복, 흔들림, 경로이탈 방지를 위한 안전조치를 할 것
  2.1.3.8.7 보관실의 문에는 오작동 방지조치를 하고, 문 개방 시에는 해당 특정소방대상물에 설치된 경보설비와 연동하여 유효한 경보음을 발하도록 할 것
  2.1.3.8.8 피난층에는 해당 층에 설치된 피난기구가 착지에 지장이 없도록 충분한 공간을 확보할 것
  2.1.3.8.9 한국소방산업기술원 또는 법 제46조제1항에 따라 성능시험기관으로 지정받은 기관에서 그 성능을 검증받은 것으로 설치할 것

**65** 간이스프링클러설비의 화재안전기준에 따라 폐쇄형 스프링클러헤드를 사용하는 설비의 경우로서 1개 중 하나의 급수배관(또는 밸브 등)이 담당하는 구역의 최대면적은 몇 [m$^2$]를 초과하지 아니하여야 하는가?

① 2,500  ② 2,000
③ 1,000  ④ 3,000

**해설** 간이스프링클러설비 방호구역 : 1,000[m$^2$] 이하

**66** 소화기구 및 자동소화장치의 화재안전기준상 자동소화장치의 종류에 따른 설치기준으로 옳은 것은?
① 캐비닛형 자동소화장치 : 감지기는 방호구역 내의 천장 또는 옥내에 면하는 부분에 설치하여야 한다.
② 주거용 주방자동소화장치 : 가스용 주방자동소화장치를 사용하는 경우 탐지부는 수신부와 통합하여 설치하여야 한다.
③ 상업용 주방자동소화장치 : 후드에 방출되는 분사헤드는 후드의 가장 짧은 변의 길이까지 방출될 수 있도록 약제방출방향 및 거리를 고려하여 설치하여야 한다.
④ 고체에어로졸 자동소화장치 : 열감지선의 감지부는 형식승인 받은 최저주위온도범위 내에 설치하여야 한다.

**해설** 용어정의
㉠ "주거용 주방자동소화장치"란 주거용 주방에 설치된 열발생 조리기구의 사용으로 인한 화재 발생 시 열원(전기 또는 가스)을 자동으로 차단하며 소화약제를 방출하는 소화장치를 말한다.
㉡ "상업용 주방자동소화장치"란 상업용 주방에 설치된 열발생 조리기구의 사용으로 인한 화재 발생 시 열원(전기 또는 가스)을 자동으로 차단하며 소화약제를 방출하는 소화장치를 말한다.
㉢ "캐비닛형 자동소화장치"란 열, 연기 또는 불꽃 등을 감지하여 소화약제를 방사하여 소화하는 캐비닛 형태의 소화장치를 말한다.
㉣ "가스자동소화장치"란 열, 연기 또는 불꽃 등을 감지하여 가스계 소화약제를 방사하여 소화하는 소화장치를 말한다.
㉤ "분말자동소화장치"란 열, 연기 또는 불꽃 등을 감지하여 분말의 소화약제를 방사하여 소화하는 소화장치를 말한다.
㉥ "고체에어로졸자동소화장치"란 열, 연기 또는 불꽃 등을 감지하여 에어로졸의 소화약제를 방사하여 소화하는 소화장치를 말한다.

정답 65.③ 66.①

**67** 물분무소화설비의 화재안전기준에 따라 케이블트레이에 물분무소화설비를 설치하는 경우 저장하여야 할 수원의 최소 저수량은 몇 [m³]인가? (단, 케이블트레이의 투영된 바닥면적은 70[m²]이다)

① 12.4
② 14
③ 16.8
④ 28

**해설**
$Q = A(m^2) \times 12[l/m^2 \cdot min] \times 20[min]$
$= 70[m^2] \times 12[l/m^2 \cdot min] \times 20[min]$
$= 16,800[L]$
$= 16.8[m^3]$

**68** 물분무소화설비의 화재안전기준상 물분무헤드의 설치제외장소가 아닌 것은?

① 표준방사량으로 방호대상물의 화재를 유효하게 소화하는데 필요한 장소
② 물과 반응하여 위험한 물질을 생성하는 물질을 저장 또는 취급하는 장소
③ 운전시에 표면의 온도가 260[℃] 이상으로 되는 등 직접 분무를 하는 경우 그 부분에 손상을 입힐 우려가 있는 기계장치 등이 있는 장소
④ 고온의 물질 및 증류범위가 넓어 끓어 넘치는 위험이 있는 물질을 저장 또는 취급하는 장소

**해설** 물분무소화설비의 화재안전기술기준
다음의 장소에는 물분무헤드를 설치하지 아니할 수 있다.
1. 물에 심하게 반응하는 물질 또는 물과 반응하여 위험한 물질을 생성하는 물질을 저장 또는 취급하는 장소
2. 고온의 물질 및 증류범위가 넓어 끓어 넘치는 위험이 있는 물질을 저장 또는 취급하는 장소
3. 운전시에 표면의 온도가 260[℃] 이상으로 되는 등 직접 분무를 하는 경우 그 부분에 손상을 입힐 우려가 있는 기계장치 등이 있는 장소

**69** 포소화설비의 화재안전기준에 따라 포소화설비의 자동식 기동장치로 폐쇄형 스프링클러헤드를 사용하고자 하는 경우 다음 (  )안에 알맞은 내용은?

부착면의 높이는 바닥으로부터 ( ㉠ )[m] 이하로 하고, 1개의 스프링클러헤드의 경계면적은 ( ㉡ )[m²] 이하로 할 것

① ㉠ 5, ㉡ 18
② ㉠ 4, ㉡ 18
③ ㉠ 5, ㉡ 20
④ ㉠ 4, ㉡ 20

**해설** 폐쇄형 스프링클러헤드를 사용하는 경우에는 다음에 따를 것
㉠ 표시온도가 79[℃] 미만인 것을 사용하고, 1개의 스프링클러헤드의 경계면적은 20[m²] 이하로 할 것
㉡ 부착면의 높이는 바닥으로부터 5[m] 이하로 하고, 화재를 유효하게 감지할 수 있도록 할 것
㉢ 하나의 감지장치 경계구역은 하나의 층이 되도록 할 것

**70** 제연설비의 화재안전기준상 제연설비가 설치된 부분의 거실 바닥면적이 400[m²] 이상이고 수직거리가 2[m] 이하일 때, 예상제연구역의 직경이 40[m]인 원의 범위를 초과한다면 예상제연구역의 배출량은 몇 [m³/h] 이상이어야 하는가?

① 40,000
② 25,000
③ 30,000
④ 45,000

**해설** 거실 바닥면적이 400[m²] 이상이고 수직거리가 2[m] 이하일 때, 예상제연구역의 직경이 40[m]인 원의 범위를 초과시 배출량 : 45,000[m³/h] 이상

**71** 스프링클러설비의 화재안전기준에 따라 사무실에 측벽형 스프링클러헤드를 설치하려고 한다. 긴 변의 양쪽에 각각 일렬로 설치하되 마주보는 헤드가 나란히꼴이 되도록 설치해야 하는 경우, 사무실 폭의 범위는?

① 6.3[m] 이상 12.6[m] 이하
② 9[m] 이상 15.5[m] 이하
③ 5.4[m] 이상 10.8[m] 이하
④ 4.5[m] 이상 9[m] 이하

**정답** 67.③ 68.① 69.③ 70.④ 71.④

해설) 측벽형스프링클러헤드를 설치하는 경우 긴 변의 한쪽 벽에 일렬로 설치(폭이 4.5[m] 이상 9[m] 이하인 실에 있어서는 긴변의 양쪽에 각각 일렬로 설치하되 마주보는 스프링클러헤드가 나란히꼴이 되도록 설치)하고 3.6[m] 이내마다 설치할 것

**72** 분말소화설비의 화재안전기준에 따라 화재시 현저하게 연기가 찰 우려가 없는 장소로서 호스릴분말소화설비를 설치할 수 있는 기준 중 다음 ( ) 안에 알맞은 것은?

> ◆ 지상 1층 및 피난층에 있는 부분으로서 지상에서 수동 또는 원격조작에 따라 개방할 수 있는 개구부의 유효면적의 합계가 바닥면적의 ( ㉠ )[%] 이상이 되는 부분
> ◆ 전기설비가 설치되어 있는 부분 또는 다량의 화기를 사용하는 부분의 바닥면적이 해당 설비가 설치되어 있는 구획의 바닥면적의 ( ㉡ ) 미만이 되는 부분

① ㉠ 15, ㉡ $\frac{1}{2}$
② ㉠ 15, ㉡ $\frac{1}{5}$
③ ㉠ 20, ㉡ $\frac{1}{5}$
④ ㉠ 20, ㉡ $\frac{1}{2}$

해설) 분말소화설비의 화재안전기술기준
화재 시 현저하게 연기가 찰 우려가 없는 장소로서 다음의 어느 하나에 해당하는 장소에는 호스릴분말 소화설비를 설치할 수 있다.
1. 지상 1층 및 피난층에 있는 부분으로서 지상에서 수동 또는 원격조작에 따라 개방할 수 있는 개구부의 유효면적의 합계가 바닥면적의 15[%] 이상이 되는 부분
2. 전기설비가 설치되어 있는 부분 또는 다량의 화기를 사용하는 부분(해당 설비의 주위 5[m] 이내의 부분을 포함 한다)의 바닥면적이 해당 설비가 설치되어 있는 구획의 바닥면적의 5분의 1 미만이 되는 부분

**73** 옥외소화전설비의 화재안전기준에 따라 특정소방대상물의 각 부분으로부터 하나의 호스접결구까지의 수평거리가 최대 몇 [m] 이하가 되도록 설치하여야 하는가?

① 25
② 35
③ 40
④ 50

해설) 옥외소화전설비 화재안전기술기준
호스접결구는 지면으로부터 높이가 0.5[m] 이상 1[m] 이하의 위치에 설치하고 특정소방대상물의 각 부분으로부터 하나의 호스접결구까지의 수평거리가 40[m] 이하가 되도록 설치하여야 한다.

**74** 소화기구 및 자동소화장치의 화재안전기준상 주거용 주방자동소화장치의 설치기준으로 틀린 것은?

① 감지부는 형식승인받은 유효한 높이 및 위치에 설치할 것
② 소화약제 방출구는 환기구의 청소부분과 분리되어 있을 것
③ 차단장치(전기 또는 가스)는 상시 확인 및 점검이 가능하도록 설치할 것
④ 가스용 주방자동소화장치를 사용하는 경우 탐지부는 수신부와 분리하여 설치하되, 공기보다 무거운 가스를 사용하는 장소에는 바닥면으로부터 20[cm] 이하의 위치에 설치할 것

해설) 주거용 주방자동소화장치는 다음의 기준에 따라 설치할 것
가. 소화약제 방출구는 환기구(주방에서 발생하는 열기류 등을 밖으로 배출하는 장치를 말한다. 이하 같다)의 청소부분과 분리되어 있어야 하며, 형식승인 받은 유효설치 높이 및 방호면적에 따라 설치할 것
나. 감지부는 형식승인 받은 유효한 높이 및 위치에 설치할 것
다. 차단장치(전기 또는 가스)는 상시 확인 및 점검이 가능하도록 설치할 것
라. 가스용 주방자동소화장치를 사용하는 경우 탐지부는 수신부와 분리하여 설치하되, 공기보다 가벼운 가스를 사용하는 경우에는 천장 면으로 부터 30[cm] 이하의 위치에 설치하고, 공기보다 무거운 가스를 사용하는 장소 에는 바닥 면으로부터 30[cm] 이하의 위치에 설치할 것
마. 수신부는 주위의 열기류 또는 습기 등과 주위온도에 영향을 받지 아니하고 사용자가 상시 볼 수 있는 장소에 설치할 것

**75** 분말소화설비의 화재안전기준상 전역방출방식의 분말소화설비에 있어서 방호구역의 체적이 500[m³]일 때 적합한 분사헤드의 최소 개수는? (단, 제1종 분말이며, 체적 1[m³]당 소화약제의 양은 0.60[kg]이며, 분사헤드 1개의 분당 표준방사량은 18[kg]이다)

① 30  ② 34
③ 134  ④ 17

**해설**
$$\frac{500[m^3] \times 0.6[kg/m^3] \div 0.5[min]}{18[kg/min개]} = 33.33개$$
∴ 34개

**76** 포소화설비의 화재안전기준에 따라 포소화설비의 자동식 기동장치에서 폐쇄형 스프링클러헤드를 사용하는 경우의 설치기준에 대한 설명이다. ( ) 안의 내용으로 옳은 것은?

- 표시온도가 ( ㉠ )[℃] 미만인 것을 사용하고, 1개의 스프링클러헤드의 경계면적은 ( ㉡ )[m²] 이하로 할 것
- 부착면의 높이는 바닥으로부터 ( ㉢ )[m] 이하로 하고, 화재를 유효하게 감지할 수 있도록 할 것

① ㉠ 68, ㉡ 20, ㉢ 5
② ㉠ 68, ㉡ 30, ㉢ 7
③ ㉠ 79, ㉡ 20, ㉢ 5
④ ㉠ 79, ㉡ 30, ㉢ 7

**해설** 폐쇄형 스프링클러헤드를 사용하는 경우에는 다음에 따를 것
㉠ 표시온도가 79[℃] 미만인 것을 사용하고, 1개의 스프링클러헤드의 경계면적은 20[m²] 이하로 할 것
㉡ 부착면의 높이는 바닥으로부터 5[m] 이하로 하고, 화재를 유효하게 감지할 수 있도록 할 것
㉢ 하나의 감지장치 경계구역은 하나의 층이 되도록 할 것

**77** 소화기구 및 자동소화장치의 화재안전기준상 바닥면적이 1,500[m²]인 공연장 시설에 소화기구를 설치하려 한다. 소화기구의 최소능력단위는? (단, 주요구조부는 내화구조이고, 벽 및 반자의 실내와 면하는 부분이 불연재료로 되어 있다)

① 7단위  ② 30단위
③ 9단위  ④ 15단위

**해설**
$$\frac{1,500[m^2]}{100[m^2/1단위]} = 15단위$$
공연장의 경우 50[m²]당 1단위(내화구조, 불연재마감일 경우 100[m²]당 1단위)

**78** 다음 중 제연설비의 화재안전기준에 따른 제연구역 구획에 관한 기준으로 옳은 것은?

① 하나의 제연구역은 직경 50[m] 원 내에 들어갈 수 있어야 한다. 다만, 구조상 불가피한 경우에는 그 직경을 70[m]까지로 할 수 있다.
② 통로상의 제연구역은 보행중심선의 길이가 50[m]를 초과하지 않는다. 다만, 구조상 불가피한 경우에는 70[m]까지로 할 수 있다.
③ 거실과 통로는 하나의 제연구획으로 한다.
④ 하나의 제연구역의 면적은 1,000[m²] 이내로 한다.

**해설** 제연설비의 화재안전기술기준
2.1.1 제연설비의 설치장소는 다음의 기준에 따른 제연구역으로 구획해야 한다.
　2.1.1.1 하나의 제연구역의 면적은 1,000㎡ 이내로 할 것
　2.1.1.2 거실과 통로(복도를 포함한다. 이하 같다)는 각각 제연구획 할 것
　2.1.1.3 통로상의 제연구역은 보행중심선의 길이가 60m를 초과하지 않을 것
　2.1.1.4 하나의 제연구역은 직경 60m 원내에 들어갈 수 있을 것
　2.1.1.5 하나의 제연구역은 2 이상의 층에 미치지 않도록 할 것. 다만, 층의 구분이 불분명한 부분은 그 부분을 다른 부분과 별도로 제연구획 해야 한다.

**정답** 75.② 76.③ 77.④ 78.④

**79** 스프링클러설비의 화재안전기준상 폐쇄형 스프링클러설비의 방호구역 및 유수검지장치에 관한 설명으로 틀린 것은?

① 스프링클러헤드에 공급되는 물은 유수검지장치를 지나도록 한다.
② 유수검지장치란 본체 내의 유수현상을 자동적으로 검지하여 신호 또는 경보를 발하는 장치를 말한다.
③ 하나의 방호구역의 바닥면적은 2,500[m$^2$]를 초과하지 아니한다.
④ 하나의 방호구역에는 1개 이상의 유수검지장치를 설치한다.

**해설** 스프링클러설비 화재안전기술기준
2.3 폐쇄형스프링클러설비의 방호구역 및 유수검지장치
 2.3.1 폐쇄형스프링클러헤드를 사용하는 설비의 방호구역(스프링클러설비의 소화범위에 포함된 영역을 말한다. 이하 같다) 및 유수검지장치는 다음의 기준에 적합해야 한다.
  2.3.1.1 하나의 방호구역의 바닥면적은 3,000㎡를 초과하지 않을 것. 다만, 폐쇄형스프링클러설비에 격자형배관방식(2 이상의 수평주행배관 사이를 가지배관으로 연결하는 방식을 말한다)을 채택하는 때에는 3,700㎡ 범위 내에서 펌프용량, 배관의 구경 등을 수리학적으로 계산한 결과 헤드의 방수압 및 방수량이 방호구역 범위 내에서 소화목적을 달성하는데 충분하도록 해야 한다.
  2.3.1.2 하나의 방호구역에는 1개 이상의 유수검지장치를 설치하되, 화재 시 접근이 쉽고 점검하기 편리한 장소에 설치할 것
  2.3.1.3 하나의 방호구역은 2개 층에 미치지 않도록 할 것. 다만, 1개 층에 설치되는 스프링클러헤드의 수가 10개 이하인 경우와 복층형구조의 공동주택에는 3개 층 이내로 할 수 있다.
  2.3.1.4 유수검지장치를 실내에 설치하거나 보호용 철망 등으로 구획하여 바닥으로부터 0.8m 이상 1.5m 이하의 위치에 설치하되, 그 실 등에는 가로 0.5m 이상 세로 1m 이상의 개구부로서 그 개구부에는 출입문을 설치하고 그 출입문 상단에 "유수검지장치실"이라고 표시한 표지를 설치할 것. 다만, 유수검지장치를 기계실(공조용기계실을 포함한다)안에 설치하는 경우에는 별도의 실 또는 보호용 철망을 설치하지 않고 기계실 출입문 상단에 "유수검지장치실"이라고 표시한 표지를 설치할 수 있다.
  2.3.1.5 스프링클러헤드에 공급되는 물은 유수검지장치를 지나도록 할 것. 다만, 송수구를 통하여 공급되는 물은 그렇지 않다.
  2.3.1.6 자연낙차에 따른 압력수가 흐르는 배관 상에 설치된 유수검지장치는 화재 시 물의 흐름을 검지할 수 있는 최소한의 압력이 얻어질 수 있도록 수조의 하단으로부터 낙차를 두어 설치할 것
  2.3.1.7 조기반응형 스프링클러헤드를 설치하는 경우에는 습식유수검지장치 또는 부압식스프링클러설비를 설치할 것

**80** 이산화탄소 소화설비의 화재안전기준에 따라 전역방출방식을 적용하는 이산화탄소 소화설비에서 심부화재 방호대상물별 방호구역의 체적 1[m$^3$]에 필요한 최소 소화약제량[kg] 및 설계농도[%]로 틀린 것은?

① 고무류·면화류창고, 모피창고, 석탄창고, 집진설비 : 2.7[kg], 75[%]
② 유압기기를 제외한 전기설비, 케이블실 : 1.3[kg], 50[%]
③ 체적 55[m$^3$] 미만의 전기설비 : 1.5[kg], 55[%]
④ 서고, 전자제품창고, 목재가공품창고, 박물관 : 2.0[kg], 65[%]

**해설** 심부화재 전역방출방식의 경우 약제량 표

| 방호대상물 | 방호구역 1[m$^3$]에 대한 약제량 | 설계농도 |
|---|---|---|
| 유압기를 제외한 전기설비, 케이블실 | 1.3[kg] | 50[%] |
| 체적 55[m$^3$] 미만의 전기설비 | 1.6[kg] | 50[%] |
| 서고, 전자제품창고, 목재가공품 창고, 박물관 | 2.0[kg] | 65[%] |
| 고무류, 면화류창고, 모피창고, 석탄창고, 집진설비 | 2.7[kg] | 75[%] |

# 제1회 소방설비기사[기계분야] 1차 필기
[제4과목 : 소방기계구조원리]

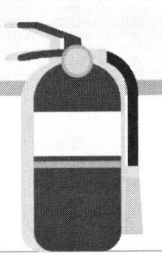

**61** 물분무소화설비의 화재안전기술기준상 물분무헤드를 설치하지 아니할 수 있는 장소의 기준 중 다음 ( ) 안에 알맞은 것은?

"운전 시에 표면의 온도가 ( )℃ 이상으로 되는 등 직접 분무를 하는 경우 그 부분에 손상을 입힐 우려가 있는 기계장치 등이 있는 장소"

① 160  ② 200
③ 260  ④ 300

**해설** 2.12 물분무헤드의 설치제외
  2.12.1 다음의 장소에는 물분무헤드를 설치하지 않을 수 있다.
    2.12.1.1 물에 심하게 반응하는 물질 또는 물과 반응하여 위험한 물질을 생성하는 물질을 저장 또는 취급하는 장소
    2.12.1.2 고온의 물질 및 증류범위가 넓어 끓어 넘치는 위험이 있는 물질을 저장 또는 취급하는 장소
    2.12.1.3 운전시에 표면의 온도가 260℃ 이상으로 되는 등 직접 분무를 하는 경우 그 부분에 손상을 입힐 우려가 있는 기계장치 등이 있는 장소

**62** 다음 중 일반화재(A급 화재)에 적응성을 만족하지 못한 소화약제는?

① 포 소화약제
② 강화액 소화약제
③ 할론 소화약제
④ 이산화탄소 소화약제

**해설** 소화기구의 소화약제별 적응성

| 소화약제 구분 / 적응대상 | 가스 | | | 분말 | | 액체 | | | 기타 | | | |
|---|---|---|---|---|---|---|---|---|---|---|---|---|
| | 이산화탄소소화약제 | 할론소화약제 | 할로겐화합물및불활성기체소화약제 | 인산염류소화약제 | 중탄산염류소화약제 | 산알칼리소화약제 | 강화액소화약제 | 포소화약제 | 물·침윤소화약제 | 고체에어로졸화합물 | 마른모래 | 팽창질석·팽창진주암 | 그밖의것 |
| 일반화재 (A급 화재) | - | O | O | O | - | O | O | O | O | O | O | O | - |
| 유류화재 (B급 화재) | O | O | O | O | O | O | O | O | O | O | O | O | - |
| 전기화재 (C급 화재) | O | O | O | O | * | * | * | * | O | - | - | - | - |
| 주방화재 (K급 화재) | - | - | - | - | * | - | * | * | * | - | - | - | * |
| 금속화재 (D급 화재) | - | - | - | - | * | - | - | - | - | O | O | - | * |

주) "*"의 소화약제별 적응성은 「소방시설 설치 및 관리에 관한 법률」 제37조에 의한 형식승인 및 제품검사의 기술기준에 따라 화재 종류별 적응성에 적합한 것으로 인정되는 경우에 한한다.

**63** 건물 내의 제연 계획으로 자연 제연방식의 특징이 아닌 것은?

① 기구가 간단하다.
② 연기의 부력을 이용하는 원리이므로 외부의 바람에 영향을 받지 않는다.

**정답** 61.③ 62.④ 63.②

③ 건물 외벽의 제연구나 창문 등을 설치해야 하므로 건축계획에 제약을 받는다.
④ 고층건물은 계절별로 연돌효과에 의한 상하 압력차가 달라 제연효과가 불안정하다.

**해설** 자연제연방식의 경우 외부바람의 영향을 받는다.

**64** 스프링클러설비의 화재안전기술기준상 고가수조를 이용한 가압송수장치의 설치기준 중 고가수조에 설치하지 않아도 되는 것은?

① 수위계　　② 배수관
③ 압력계　　④ 오버플로우관

**해설** 고가수조에는 수위계·배수관·급수관·오버플로우관 및 맨홀을 설치할 것

**65** 스프링클러설비의 화재안전기술기준상 건식스프링클러설비에서 헤드를 향하여 상향으로 수평주행배관의 기울기가 최소 몇 이상이 되어야 하는가?

① 1/500　　② 1/1000
③ 0　　④ 1/250

**해설** 습식스프링클러설비 또는 부압식 스프링클러설비 외의 설비에는 헤드를 향하여 상향으로 수평주행배관의 기울기를 500분의 1 이상, 가지배관의 기울기를 250분의 1 이상으로 할 것. 다만, 배관의 구조상 기울기를 줄 수 없는 경우에는 배수를 원활하게 할 수 있도록 배수밸브를 설치해야 한다.

**66** 건축물에 설치하는 연결살수설비 헤드의 설치기준 중 다음 (   ) 안에 알맞은 것은?

천장 또는 반자의 각 부분으로부터 하나의 살수헤드까지의 수평거리가 연결살수설비 전용 헤드의 경우는 ( ㉠ )m 이하, 스프링클러헤드의 경우는 ( ㉡ )m 이하로 할 것. 다만, 살수헤드의 부착면과 바닥과의 높이가 ( ㉢ )m 이하인 부분은 살수헤드의 살수 분포에 따른 거리로 할 수 있다.

① ㉠ 3.7, ㉡ 2.3, ㉢ 2.1
② ㉠ 3.7, ㉡ 2.1, ㉢ 2.3
③ ㉠ 2.3, ㉡ 3.7, ㉢ 2.3
④ ㉠ 2.3, ㉡ 3.7, ㉢ 2.1

**해설** 천장 또는 반자의 각 부분으로부터 하나의 살수헤드까지의 수평거리가 연결살수설비 전용헤드의 경우에는 3.7m 이하, 스프링클러헤드의 경우는 2.3m 이하로 할 것. 다만, 살수헤드의 부착면과 바닥과의 높이가 2.1m 이하인 부분은 살수헤드의 살수분포에 따른 거리로 할 수 있다.

**67** 스프링클러설비의 화재안전기술기준에 따른 스프링클러소화설비에 설치하는 음향장치 및 기동장치에 대한 설명으로 틀린 것은?

① 음향장치는 경종 또는 사이렌(전자식사이렌을 포함한다)으로 하되, 주위의 소음 및 다른 용도의 경보와 구별이 가능한 음색으로 할 것
② 음향장치는 정격전압의 90% 전압에서 음향을 발할 수 있는 것으로 할 것
③ 습식유수검지장치 또는 건식유수검지장치를 사용하는 설비에 있어서는 헤드가 개방되면 유수검지장치가 화재신호를 발신하고 그에 따라 음향장치가 경보되도록 할 것
④ 준비작동식유수검지장치 또는 일제개방밸브를 아용하는 설비에는 화재감지기의 감지에 따라 음향장치가 경보 되도록 할 것

**해설** 2.6.1 스프링클러설비의 음향장치 및 기동장치는 다음의 기준에 따라 설치해야 한다.
2.6.1.1 습식유수검지장치 또는 건식유수검지장치를 사용하는 설비에 있어서는 헤드가 개방되면 유수검지장치가 화재신호를 발신하고 그에 따라 음향장치가 경보되도록 할 것
2.6.1.2 준비작동식유수검지장치 또는 일제개방밸브를 사용하는 설비에는 화재감지기의 감지에 따라 음향장치가 경보되도록 할 것. 이 경우 화재감지기회로를 교차회로방식(하나의 준비작동식유수검지장치 또는 일제개방밸브의 담당구역 내에 2 이상의 화재감지기회로를 설치하고 인접한 2 이상의 화재감지기가 동시에 감지되는 때에 준비작동식유수검지장치 또는 일제개방밸브가 개방·작동되는 방식을 말한다)으로 하는 때에는 하나의 화재감지기

**정답** 64.③ 65.① 66.① 67.②

회로가 화재를 감지하는 때에도 음향장치가 경보되도록 해야 한다.

2.6.1.3 음향장치는 유수검지장치 및 일제개방밸브 등의 담당구역마다 설치하되 그 구역의 각 부분으로부터 하나의 음향장치까지의 수평거리는 25m 이하가 되도록 할 것

2.6.1.4 음향장치는 경종 또는 사이렌(전자식 사이렌을 포함한다)으로 하되, 주위의 소음 및 다른 용도의 경보와 구별이 가능한 음색으로 할 것. 이 경우 경종 또는 사이렌은 자동화재탐지설비·비상벨설비 또는 자동식사이렌설비의 음향장치와 겸용할 수 있다.

2.6.1.5 주 음향장치는 수신기의 내부 또는 그 직근에 설치할 것

2.6.1.6 층수가 11층(공동주택의 경우 16층) 이상의 특정소방대상물은 다음의 기준에 따라 경보를 발할 수 있도록 해야 한다.

2.6.1.6.1 2층 이상의 층에서 발화한 때에는 발화층 및 그 직상 4개층에 경보를 발할 것

2.6.1.6.2 1층에서 발화한 때에는 발화층·그 직상 4개층 및 지하층에 경보를 발할 것

2.6.1.6.3 지하층에서 발화한 때에는 발화층·그 직상층 및 기타의 지하층에 경보를 발할 것

2.6.1.7 음향장치는 다음의 기준에 따른 구조 및 성능의 것으로 할 것

2.6.1.7.1 정격전압의 80% 전압에서 음향을 발할 수 있는 것으로 할 것

2.6.1.7.2 음향의 크기는 부착된 음향장치의 중심으로부터 1m 떨어진 위치에서 90dB 이상이 되는 것으로 할 것

**68** 소화기구 및 자동소화장치의 화재안전기술기준에 따라 옥내소화전설비가 설치된 특정소방대상물에서 소형소화기 감면기준은?

① 소화기의 2분의 1을 감소할 수 있다.
② 소화기의 4분의 3을 감소할 수 있다.
③ 소화기의 3분의 1을 감소할 수 있다.
④ 소화기의 3분의 2를 감소할 수 있다.

**해설** 2.2 소화기의 감소

2.2.1 소형소화기를 설치해야 할 특정소방대상물 또는 그 부분에 옥내소화전설비·스프링클러설비·물분무등소화설비·옥외소화전설비 또는 대형소화기를 설치한 경우에는 해당 설비의 유효범위의 부분에 대하여는 2.1.1.2 및 2.1.1.3에 따른 소형소화기의 3분의 2(대형소화기를 둔 경우에는 2분의 1)를 감소할 수 있다. 다만, 층수가 11층 이상인 부분, 근린생활시설, 위락시설, 문화 및 집회시설, 운동시설, 판매시설, 운수시설, 숙박시설, 노유자시설, 의료시설, 업무시설(무인변전소를 제외한다), 방송통신시설, 교육연구시설, 항공기 및 자동차관련 시설, 관광 휴게시설은 그렇지 않다.

2.2.2 대형소화기를 설치해야 할 특정소방대상물 또는 그 부분에 옥내소화전설비·스프링클러설비·물분무등소화설비 또는 옥외소화전설비를 설치한 경우에는 해당 설비의 유효범위 안의 부분에 대하여는 대형소화기를 설치하지 않을 수 있다.

**69** 분말소화설비의 화재안전기술기준상 제1종 분말(탄산수소나트륨을 주성분으로 한 분말)의 경우 소화약제 1[kg]당 저장용기의 내용적은 몇 L인가?

① 1     ② 0.5
③ 1.25  ④ 0.8

**해설** 2.1.2 분말소화약제의 저장용기는 다음의 기준에 적합해야 한다.

2.1.2.1 저장용기의 내용적은 다음 표에 따를 것

【 소방약제 종류에 따른 저장용기의 내용적 】

| 소화약제의 종류 | 소화약제 1kg당 저장용기의 내용적 |
|---|---|
| 제1종 분말(탄산수소나트륨을 주성분으로 한 분말) | 0.8L |
| 제2종 분말(탄산수소칼륨을 주성분으로 한 분말) | 1.0L |
| 제3종 분말(인산염을 주성분으로 한 분말) | 1.0L |
| 제4종 분말(탄산수소칼륨과 요소가 화합된 분말) | 1.25L |

2.1.2.2 저장용기에는 가압식은 최고사용압력의 1.8배 이하, 축압식은 용기의 내압시험압력의 0.8배 이하의 압력에서 작동하는 안전밸브를 설치할 것

2.1.2.3 저장용기에는 저장용기의 내부압력이 설정압력으로 되었을 때 주밸브를 개방하는 정압작동장치를 설치할 것

2.1.2.4 저장용기의 충전비는 0.8 이상으로 할 것
2.1.2.5 저장용기 및 배관에는 잔류 소화약제를 처리할 수 있는 청소장치를 설치할 것
2.1.2.6 축압식 저장용기에는 사용압력 범위를 표시한 지시압력계를 설치할 것

**70** 스프링클러설비의 화재안전기술기준에 따라 폐쇄형 스프링클러헤드를 사용하는 설비 하나의 방호구역의 바닥면적은 몇 m²를 초과하지 않아야 하는가? (단, 격자형 배관방식은 제외한다.)

① 2000　　② 2500
③ 3000　　④ 1000

**해설** 2.3.1 폐쇄형스프링클러헤드를 사용하는 설비의 방호구역(스프링클러설비의 소화범위에 포함된 영역을 말한다. 이하 같다) 및 유수검지장치는 다음의 기준에 적합해야 한다.
2.3.1.1 하나의 방호구역의 바닥면적은 3,000m²를 초과하지 않을 것. 다만, 폐쇄형스프링클러설비에 격자형배관방식(2 이상의 수평주행배관 사이를 가지배관으로 연결하는 방식을 말한다)을 채택하는 때에는 3,700m² 범위 내에서 펌프용량, 배관의 구경 등을 수리학적으로 계산한 결과 헤드의 방수압 및 방수량이 방호구역 범위 내에서 소화목적을 달성하는데 충분하도록 해야 한다.
2.3.1.2 하나의 방호구역에는 1개 이상의 유수검지장치를 설치하되, 화재 시 접근이 쉽고 점검하기 편리한 장소에 설치할 것
2.3.1.3 하나의 방호구역은 2개 층에 미치지 않도록 할 것. 다만, 1개 층에 설치되는 스프링클러 헤드의 수가 10개 이하인 경우와 복층형구조의 공동주택에는 3개 층 이내로 할 수 있다.
2.3.1.4 유수검지장치를 실내에 설치하거나 보호용 철망 등으로 구획하여 바닥으로부터 0.8m 이상 1.5m 이하의 위치에 설치하되, 그 실 등에는 가로 0.5m 이상 세로 1m 이상의 개구부로서 그 개구부에는 출입문을 설치하고 그 출입문 상단에 "유수검지장치실"이라고 표시한 표지를 설치할 것. 다만, 유수검지장치를 기계실(공조용기계실을 포함한다)안에 설치하는 경우에는 별도의 실 또는 보호용 철망을 설치하지 않고 기계실 출입문 상단에 "유수검지장치실"이라고 표시한 표지를 설치할 수 있다.

2.3.1.5 스프링클러헤드에 공급되는 물은 유수검지장치를 지나도록 할 것. 다만, 송수구를 통하여 공급되는 물은 그렇지 않다.
2.3.1.6 자연낙차에 따른 압력수가 흐르는 배관 상에 설치된 유수검지장치는 화재 시 물의 흐름을 검지할 수 있는 최소한의 압력이 얻어질 수 있도록 수조의 하단으로부터 낙차를 두어 설치할 것
2.3.1.7 조기반응형 스프링클러헤드를 설치하는 경우에는 습식유수검지장치 또는 부압식스프링클러설비를 설치할 것

**71** 연결살수설비의 화재안전기준상 배관의 설치기준 중 하나의 배관에 부착하는 살수헤드의 개수가 7개인 경우 배관의 구경은 최소 몇 mm 이상으로 설치해야 하는가? (단, 연결살수설비 전용 헤드를 사용하는 경우이다.)

① 40　　② 32
③ 50　　④ 80

**해설** 2.2.3.1 연결살수설비 전용헤드를 사용하는 경우에는 다음 표에 따른 구경 이상으로 할 것

【 연결살수설비 전용헤드 수별 급수관의 구경 】

| 하나의 배관에 부착하는 살수헤드의 개수 | 1개 | 2개 | 3개 | 4개 또는 5개 | 6개 이상 10개 이하 |
|---|---|---|---|---|---|
| 배관의 구경(mm) | 32 | 40 | 50 | 65 | 80 |

2.2.3.2 스프링클러헤드를 사용하는 경우에는 「스프링클러설비의 화재안전기술기준(NFTC 103)」 2.5.3.3의 표 2.5.3.3에 따를 것

**72** 미분무소화설비의 화재안전기준상 용어 정의 중 다음 (　) 안에 알맞은 것은?

> "미분무"란 물만을 사용하여 소화하는 방식으로 최소설계압력에서 헤드로부터 방출되는 물입자 중 99%의 누적체적분포가 ( ㉠ )μm 이하로 분무되고 ( ㉡ )급 화재에 적응성을 갖는 것을 말한다."

① ㉠ 200　　㉡ B,C
② ㉠ 400　　㉡ A,B,C

**정답** 70.③ 71.④ 72.②

③ ㉠ 200    ㉡ A,B,C
④ ㉠ 400    ㉡ B,C

**해설** "미분무"란 물만을 사용하여 소화하는 방식으로 최소설계압력에서 헤드로부터 방출되는 물입자 중 99%의 누적 체적분포가 400$\mu m$ 이하로 분무되고 A, B, C급 화재에 적응성을 갖는 것을 말한다.

**73** 다음 중 불소, 염소, 브롬 또는 요오드 중 하나 이상의 원소를 포함하고 있는 유기화합물을 기본 성분으로 하는 할로겐화합물소화약제가 아닌 것은?

① HFC-227ea
② HCFC BLEND A
③ HFC-125
④ IG-541

**해설** IG-541 구성성분 : $N_2$ - 52%
                      Ar - 40%
                      $CO_2$ - 8%

**74** 12층의 사무소 건축물로 1층의 바닥면적이 5,000[m$^2$]이고 연면적이 60,000[m$^2$]인 경우 소화용수의 저수량으로 몇 [m$^3$]가 가장 타당한가?

① 80      ② 100
③ 120     ④ 140

**해설** $\dfrac{60{,}000\mathrm{m}^2}{12{,}500\mathrm{m}^2} = 4.8$    ∴ 5

∴ $5 \times 20\mathrm{m}^3 = 100\mathrm{m}^3$

소화수조 또는 저수조의 저수량은 소방대상물의 연면적을 다음 표에 따른 기준면적으로 나누어 얻은 수(소수점 이하의 수는 1로 본다)에 20m$^3$를 곱한 양 이상이 되도록 하여야 한다.

| 소방대상물의 구분 | 면적 |
| --- | --- |
| 1층 및 2층의 바닥면적 합계가 15,000m$^2$ 이상인 소방대상물 | 7,500m$^2$ |
| 그 밖의 소방대상물 | 12,500m$^2$ |

**75** 상수도 소화용수설비의 설명으로 맞지 않는 것은?

① 호칭지름 75[mm] 이상의 수도배관에 호칭지름 100[mm] 이상의 소화전을 접속하여야 한다.
② 소화전함은 소화전으로부터 5[m] 이내의 거리에 설치한다.
③ 소화전은 소방자동차 등의 진입이 쉬운 도로변 또는 공지에 설치한다.
④ 소화전은 소방대상물의 수평투영면의 각 부분으로부터 140[m] 이하가 되도록 설치한다.

**해설** 소화전함이 없음

**상수도소화용수설비 화재안전기술기준**
2.1 상수도소화용수설비의 설치기준
  2.1.1 상수도소화용수설비는 「수도법」에 따른 기준 외에 다음의 기준에 따라 설치해야 한다.
    2.1.1.1 호칭지름 75mm 이상의 수도배관에 호칭지름 100mm 이상의 소화전을 접속할 것
    2.1.1.2 소화전은 소방자동차 등의 진입이 쉬운 도로변 또는 공지에 설치할 것
    2.1.1.3 소화전은 특정소방대상물의 수평투영면의 각 부분으로부터 140m 이하가 되도록 설치할 것
    2.1.1.4 지상식 소화전의 호스접결구는 지면으로부터 높이가 0.5m 이상 1m 이하가 되도록 설치할 것 〈신설 2024.7.1.〉

**76** 할로겐화합물 및 불활설기체소화설비의 화재안전기준에 따른 할로겐화합물 및 불활성기체소화약제의 저장용기에 대한 기준으로 틀린 것은?

① 저장용기는 약제명·저장용기의 자체증량과 총중량·충전일시·충전압력 및 약제의 체적을 표시할 것
② 집합관에 접속되는 저장용기는 동일한 내용적을 가진 것으로 충전량 및 충전압력이 같도록 할 것
③ 저장용기에 충전량 및 충전압력을 확인할 수 있는 장치를 하는 경우에는 해당 소화약제에 적합한 구조로 할 것

**정답** 73.④   74.②   75.②   76.④

④ 불활성기체 소화약제 저장용기의 압력손실이 10%를 초과할 경우에는 재충전하거나 저장용기를 교체할 것

**해설** 저장용기의 약제량 손실이 5%를 초과하거나 압력손실이 10%를 초과할 경우에는 재충전하거나 저장용기를 교체할 것. 다만, 불활성기체 소화약제 저장용기의 경우에는 압력손실이 5%를 초과할 경우 재충전하거나 저장용기를 교체해야 한다.

**77** 분말소화설비의 화재안전기준에 따라 분말소화약제 가압식 저장용기는 최고사용압력의 몇 배 이하의 압력에서 작동하는 안전밸브를 설치해야 하는가?

① 1.2  ② 2.0
③ 1.8  ④ 0.8

**해설** 저장용기에는 가압식은 최고사용압력의 1.8배 이하, 축압식은 용기의 내압시험압력의 0.8배 이하의 압력에서 작동하는 안전밸브를 설치할 것

**78** 이산화탄소소화설비의 화재안전기준상 이산화탄소소화설비의 배관설치 기준으로 적합하지 않은 것은?

① 고압식의 경우 개폐밸브 또는 선택밸브의 1차측 배관부속은 호칭압력 4.0MPa 이상의 것을 사용할 것
② 동관 사용시 이음이 없는 동 및 동합금관으로서 고압식은 16.5MPa 이상의 압력에 견딜 수 있는 것
③ 배관의 호칭구경이 20mm 이하인 경우에는 스케줄 20 이상인 것을 사용할 것
④ 배관은 전용으로 할 것

**해설** 강관을 사용하는 경우의 배관은 압력배관용탄소강관(KS D 3562) 중 스케줄 80(저압식은 스케줄 40) 이상의 것 또는 이와 동등 이상의 강도를 가진 것으로 아연도금 등으로 방식 처리된 것을 사용할 것. 다만, 배관의 호칭구경이 20mm 이하인 경우에는 스케줄 40 이상인 것을 사용할 수 있다.

**79** 할론소화설비의 국소방출방식에 대한 소화약제 산출방식이 관련된 공식 $Q = X - Y\dfrac{a}{A}$의 설명으로 옳지 않은 것은?

① $Q$는 방호공간 1[m³]에 대한 할로겐화합물소화약제량이다.
② $a$는 방호대상물 주위에 설치된 벽면적 합계이다.
③ $A$는 방호공간의 벽면적이다.
④ $X$는 개구부 면적이다.

**해설** 그 밖의 경우
$W = V \times Q \times \beta$
$W$ : 할론 약제량(kg), $V$ : 방호공간의 체적(m³),
$Q$ : 방호공간 1m²당의 약제량(kg/m²),
$\beta$ : 약제별 계수(2402, 1211은 1.1, 할론 1301은 1.25)
㉮ 방호공간 : 방호대상물의 각 부분으로부터 0.6m의 거리에 따라 둘러싸인 공간
㉯ 방호공간 1m³당의 약제량
$$Q = X - Y\dfrac{a}{A}$$
$Q$ : 방호공간 1m³에 대한 소화약제의 양(kg/m³)
$a$ : 방호대상물 주위에 설치된 벽 면적의 합계(m²)
$A$ : 방호공간의 벽 면적(벽이 없는 경우에는 벽이 있는 것으로 가정한 면적)의 합계(m²)

| 소화약제의 종별 | X의 수치 | Y의 수치 |
|---|---|---|
| 할론 2402 | 5.2 | 3.9 |
| 할론 1211 | 4.4 | 3.3 |
| 할론 1301 | 4.0 | 3.0 |

**80** 호스릴 이산화탄소소화설비의 각 부분으로부터 하나의 호스접결구까지의 수평거리는 몇 [m] 이하가 되어야 하는가?

① 15[m]  ② 20[m]
③ 25[m]  ④ 40[m]

| 구분 | 저장량(kg) | 분당방사량 (kg/min) | 수평거리(m) |
|---|---|---|---|
| 이산화탄소 | 90 | 60 | 15 |
| 할론2402 | 50 | 45 | 20 |
| 할론1211 | 50 | 40 | 20 |
| 할론1301 | 45 | 35 | 20 |
| 분말1종 | 50 | 45 | 15 |
| 분말2,3종 | 30 | 27 | 15 |
| 분말4종 | 20 | 18 | 15 |

# 2023년 제2회 소방설비기사[기계분야] 1차 필기
[제4과목 : 소방기계구조원리]

**61** 소방대상물의 각 부분으로부터 하나의 소형소화기까지의 보행거리는 몇 m 이내이어야 하는가?

① 30[m] 이내  ② 25[m] 이내
③ 20[m] 이내  ④ 15[m] 이내

**해설** 2.1.1.4 소화기는 다음의 기준에 따라 설치할 것
  2.1.1.4.1 특정소방대상물의 각 층마다 설치하되, 각 층이 2 이상의 거실로 구획된 경우에는 각 층마다 설치하는 것 외에 바닥면적이 33㎡ 이상으로 구획된 각 거실(아파트의 경우에는 각 세대를 말한다)에도 배치할 것
  2.1.1.4.2 특정소방대상물의 각 부분으로부터 1개의 소화기까지의 보행거리가 소형소화기의 경우에는 20m 이내, 대형소화기의 경우에는 30m 이내가 되도록 배치할 것. 다만, 가연성물 질이 없는 작업장의 경우에는 작업장의 실정에 맞게 보행거리를 완화하여 배치할 수 있다.

**62** 소화펌프의 성능시험방법 및 배관에 대한 설명으로 맞는 것은?

① 펌프의 성능은 체절운전시 정격토출압력의 150[%]를 초과하지 아니하여야 할 것
② 정격토출량의 150[%]로 운전시 정격토출압력의 65[%] 이상이어야 할 것
③ 성능시험배관은 펌프의 토출측에 설치된 개폐밸브 이후에서 분기할 것
④ 유량측정장치는 펌프의 정격토출압력의 165[%] 이상 측정할수 있는 성능이 있을 것

**해설** 2.2.1.7 펌프의 성능은 체절운전 시 정격토출압력의 140%를 초과하지 않고, 정격토출량의 150%로 운전 시 정격토출압력의 65% 이상이 되어야 하며, 펌프의 성능을 시험할 수 있는 성능시험배관을 설치할 것. 다만, 충압펌프의 경우에는 그렇지 않다.
  2.3.7 펌프의 성능시험배관은 다음의 기준에 적합하도록 설치해야 한다.
  2.3.7.1 성능시험배관은 펌프의 토출 측에 설치된 개폐밸브 이전에서 분기하여 직선으로 설치하고, 유량측정장치를 기준으로 전단 직관부에는 개폐밸브를 후단 직관부에는 유량조절밸브를 설치할 것. 이 경우 개폐밸브와 유량측정장치 사이의 직관부 거리 및 유량측정장치와 유량조절밸브 사이의 직관부 거리는 해당 유량측정장치 제조사의 설치사양에 따르고, 성능시험배관의 호칭지름은 유량측정장치의 호칭지름에 따른다.
  2.3.7.2 유량측정장치는 펌프의 정격토출량의 175% 이상까지 측정할 수 있는 성능이 있을 것

**63** 옥내소화전이 2개소 설치되어 있고 수원의 공급은 모터펌프로 한다. 수원으로부터 가장 먼 소화전의 앵글밸브까지의 요구되는 수두가 29.4[m]라고 할 때 모터의 용량은 몇 [kW] 이상이어야 하는가? (단, 호스 및 관창의 마찰손실수두는 3.6[m], 펌프의 효율은 65[%]이며, 전동기에 직결한 것으로 한다)

① 1.59[kW]
② 2.59[kW]
③ 3.59[kW]
④ 4.59[kW]

정답 61.③ 62.② 63.③

**해설** 
$$P(\text{kW}) = \frac{\gamma QH}{102\eta}K$$
$\gamma : 1,000\text{kgf/m}^3$
$Q : 2 \times 130\text{L/min} = 260\text{L/min} ≒ \frac{0.26}{60}\text{m}^3/\text{sec}$
$H : 29.4\text{m} + 3.6\text{m} + 17\text{m} = 50\text{m}$
$\eta : 0.65$
$K : 1.1$

$$\therefore P(\text{kW}) = \frac{1000 \times \frac{0.26}{60} \times 50}{102 \times 0.65} \times 1.1$$
$$≒ 3.59\text{kW}$$

**64** 옥내소화전설비의 개폐밸브는 해당층의 바닥으로부터 몇 m 이하의 위치에 설치하여야 하는가?

① 1.5[m] 이상  ② 1.5[m] 이하
③ 1.5~2.0[m]  ④ 1.0[m] 이하

**해설** 1.5m 이하

**65** 압력수조를 이용한 가압송수장치에 설치하여야 하는 것이 아닌 것은?

① 수위계  ② 급기관
③ 수동식 공기압축기  ④ 맨홀

**해설** 압력수조를 이용한 가압송수장치는 다음의 기준에 따라 설치하여야 한다.
1. 압력수조의 압력은 다음의 식에 따라 산출한 수치 이상으로 할 것 〈개정 2008.12.15〉
   $P = p1 + p2 + p3 + 0.17$(호스릴옥내소화전설비를 포함한다)
   $P$ : 필요한 압력(MPa)
   $p1$ : 소방용호스의 마찰손실 수두압(MPa)
   $p2$ : 배관의 마찰손실 수두압(MPa)
   $p3$ : 낙차의 환산 수두압(MPa)
2. 압력수조에는 수위계・급수관・배수관・급기관・맨홀・압력계・안전장치 및 압력저하 방지를 위한 자동식 공기압축기를 설치할 것

**66** 옥내소화전이 각층에 3개씩 설치, 스프링클러헤드가 각층에 50개씩 설치된 15층 건축물에 펌프와 수조를 겸용하여 사용한다. 이때 필요한 최소 저수량은 몇 m³인가?

① 42.8m³  ② 52.8m³
③ 53.2m³  ④ 60.8m³

**해설** $Q(\text{m}^3) = 2 \times 2.6\text{m}^3 + 30 \times 1.6\text{m}^3 = 53.2\text{m}^3$

**67** 다음 구성 요소 중 건식 설비에 해당되지 않는 것은?

① 리타딩 챔버  ② 익져스트
③ 에어 레귤레이터  ④ 액셀레이터

**해설** 리타딩 챔버 : 습식유수검지장치에서 오동작 방지목적 설비

**68** 준비작동식 스프링클러설비의 준비작동식 밸브 2차측에는 무엇을 채워 놓는가?

① 물  ② 부동액
③ 고압가스  ④ 저압의 공기

**해설** 스프링클러설비의 종류 및 특징

| 설비의 종류 | 사용 헤드 | 유수검지장치 등 | 배관상태 (1차측/2차측) | 감지기와 연동성 |
|---|---|---|---|---|
| 습식 | 폐쇄형 | 습식유수검지장치 | 가압수/가압수 | 없음 |
| 건식 | 폐쇄형 | 건식유수검지장치 | 가압수/압축공기 | 없음 |
| 준비작동식 | 폐쇄형 | 준비작동식유수검지장치 | 가압수/저압공기 | 있음 |
| 부압식 | 폐쇄형 | 준비작동식유수검지장치 | 가압수/부압수 | 있음 |
| 일제살수식 | 개방형 | 일제개방밸브 | 가압수/대기압 | 있음 |

**69** 분말소화설비의 배관의 설치기준에 대한 설명이다. 관계가 없는 것은?

① 동관의 경우에는 배관의 최고사용압력의 1.2배 이상의 압력에 견딜 수 있어야 한다.
② 배관은 전용으로 한다.
③ 강관을 사용하는 경우, 배관은 아연 도금에 의한 배관용 탄소 강관을 사용한다.
④ 밸브류는 개폐위치 또는 개폐 방향을 표시한 것으로 한다.

정답  64.②  65.③  66.③  67.①  68.④  69.①

**해설** 분말소화설비의 배관은 다음의 기준에 따라 설치하여야 한다.
1. 배관은 전용으로 할 것
2. 강관을 사용하는 경우의 배관은 아연도금에 따른 배관용탄소강관(KS D 3507)이나 이와 동등 이상의 강도·내식성 및 내열성을 가진 것으로 할 것. 다만, 축압식분말소화설비에 사용하는 것 중 20℃에서 압력이 2.5MPa 이상 4.2MPa 이하인 것은 압력배관용탄소강관(KS D 3562) 중 이음이 없는 스케줄 40 이상의 것 또는 이와 동등 이상의 강도를 가진 것으로서 아연도금으로 방식처리된 것을 사용하여야 한다. 〈개정 2012. 8.20.〉
3. 동관을 사용하는 경우의 배관은 고정압력 또는 최고사용압력의 1.5배 이상의 압력에 견딜 수 있는 것을 사용할 것
4. 밸브류는 개폐위치 또는 개폐방향을 표시한 것으로 할 것
5. 배관의 관부속 및 밸브류는 배관과 동등 이상의 강도 및 내식성이 있는 것으로 할 것
6. 분기배관을 사용할 경우에는 법 제39조에 따라 제품검사에 합격한 것으로 설치하여야 한다.

**70** 스프링클러설비의 교차배관은 가지배관과 수평으로 설치하거나 또는 가지배관 밑에 설치하고 최소구경은 얼마 이상으로 하여야 하는가?

① 20[mm]
② 30[mm]
③ 40[mm]
④ 50[mm]

**해설** 교차배관의 위치·청소구 및 가지배관의 헤드설치는 다음의 기준에 따른다.
1. 교차배관은 가지배관과 수평으로 설치하거나 또는 가지배관 밑에 설치하고, 그 구경은 제3항제3호에 따르되 최소구경이 40mm 이상이 되도록 할 것. 다만, 패들형유수검지장치를 사용하는 경우에는 교차배관의 구경과 동일하게 설치할 수 있다.
2. 청소구는 교차배관 끝에 개폐밸브를 설치하고, 호스접결이 가능한 나사식 또는 고정배수 배관식으로 할 것. 이 경우 나사식의 개폐밸브는 옥내소화전 호스접결용의 것으로 하고, 나사보호용의 캡으로 마감하여야 한다.

3. 하향식헤드를 설치하는 경우에 가지배관으로부터 헤드에 이르는 헤드접속배관은 가지관상부에서 분기할 것. 다만, 소화설비용 수원의 수질이 「먹는물관리법」 제5조에 따라 먹는물의 수질기준에 적합하고 덮개가 있는 저수조로부터 물을 공급받는 경우에는 가지배관의 측면 또는 하부에서 분기할 수 있다.

**71** 물분무소화설비의 설치 제외 장소 중 운전시 직접 분무하는 경우 그 부분에 손상을 입힐 우려가 있는 기계장치 등이 있는 곳에 표면의 온도가 몇 [℃] 이상 되어야 하는가?

① 100[℃]
② 160[℃]
③ 200[℃]
④ 260[℃]

**해설** 다음 각 장소에는 물분무헤드를 설치하지 아니할 수 있다.
1. 물과 심하게 반응하는 물질 또는 물과 반응하여 위험한 물질을 생성하는 물질을 저장 또는 취급하는 장소
2. 고온의 물질 및 증류범위가 넓어 끓어 넘치는 위험이 있는 물질을 저장 또는 취급하는 장소
3. 운전시에 표면의 온도가 260℃ 이상으로 되는 등 직접 분무를 하는 경우 그 부분에 손상을 입힐 우려가 있는 기계장치 등이 있는 장소

**72** 미분무소화설비에서 수원의 양을 구하는 공식의 설명으로 틀린 것은?

$$Q = N \times D \times T \times S + V$$

① $N$ : 방호구역(방수구역) 내 헤드의 개수
② $D$ : 설계유량[m$^3$/min]
③ $T$ : 설계방수시간[min]
④ $V$ : 배관의 총면적[m$^2$]

**해설** 수원의 양은 다음의 식을 이용하여 계산한 양 이상으로 하여야 한다.
$Q = N \times D \times T \times S + V$
$Q$ : 수원의 양[m$^3$]
$N$ : 방호구역(방수구역) 내 헤드의 개수
$D$ : 설계유량(m$^3$/min),
$T$ : 설계방수시간(min)
$S$ : 안전율(1.2 이상)
$V$ : 배관의 총체적(m$^3$)

**정답** 70.③ 71.④ 72.④

**73** 플루팅 루프탱크의 측면과 원형파이프 사이의 환상부분에 포를 방출하는 발포기의 명칭은?

① Ⅰ형 포방출구   ② Ⅲ형 포방출구
③ Ⅱ형 포방출구   ④ 특형 포방출구

**해설** 고정포방출구의 종류
- Ⅰ형 방출구 : 고정 지붕구조의 탱크에 상부포주입법을 이용하는 것으로서 방출된 포가 액면 아래로 몰입되거나 액면을 뒤섞지 않고 액면상을 덮을 수 있는 통계단 또는 미끄럼판 등의 설비 및 탱크 내의 위험물증기가 외부로 역류되는 것을 저지할 수 있는 구조·기구를 갖는 포방출구
- Ⅱ형 방출구 : 고정지붕구조 또는 부상덮개부착 고정지붕구조의 탱크에 상부포주입법을 이용하는 것으로서 방출된 포가 탱크 옆판의 내면을 따라 흘러내려 가면서 액면 아래로 몰입되거나 액면을 뒤섞지 않고 액면상을 덮을 수 있는 반사판 및 탱크 내의 위험물증기가 외부로 역류되는 것을 저지할 수 있는 구조·기구를 갖는 포방출구

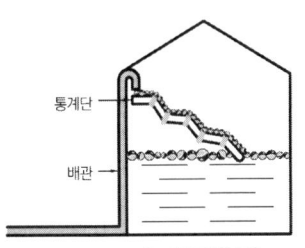
[ Ⅰ형 포방출구 ]

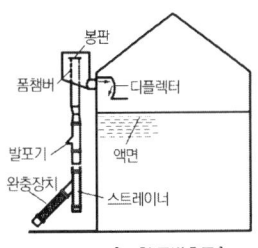
[ Ⅱ형 포방출구 ]

- Ⅲ형 방출구 : 고정지붕구조의 탱크에 저부포주입법을 이용하는 것으로서 송포관으로부터 포를 방출하는 포방출구
- Ⅳ형 방출구 : 고정지붕구조의 탱크에 저부포주입법을 이용하는 것으로서 평상시에는 탱크의 액면하의 저부에 설치된 격납통에 수납되어 있는 특수호스 등이 송포관의 말단에 접속되어 있다가 포를 보내는 것에 의하여 특수호스 등이 전개되어 그 선단이 액면까지 도달한 후 포를 방출하는 포방출구

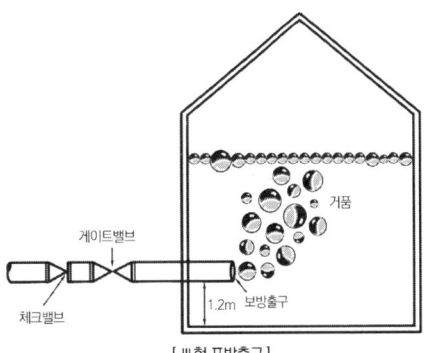
[ Ⅲ형 포방출구 ]

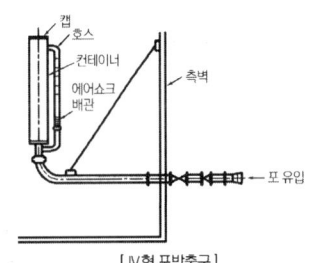
[ Ⅳ형 포방출구 ]

- 특형 방출구 : 부상지붕구조의 탱크에 상부포주입법을 이용하는 것으로서 부상지붕의 부상부분상에 높이 0.9[m] 이상의 금속제의 칸막이를 탱크 옆판의 내측으로부터 1.2[m] 이상 이격하여 설치하고 탱크 옆판과 칸막이에 의하여 형성된 환상부분에 포를 주입하는 것이 가능한 구조의 반사판을 갖는 포방출구

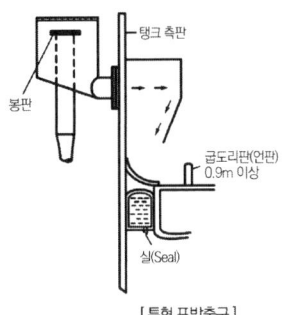
[ 특형 포방출구 ]

**74** 이산화탄소 저압식 저장용기에 설치하는 것이 아닌 것은?

① 액면계   ② 압력계
③ 압력경보장치   ④ 집합관

**해설**

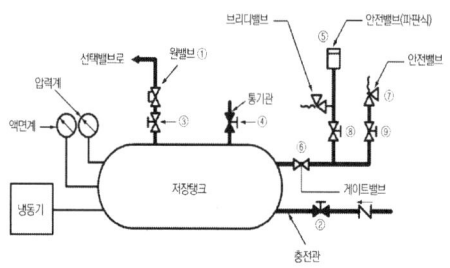

[저압식 저장용기]

**75** 이산화탄소소화설비의 수동식 기동장치의 설치기준 중 적합하지 않은 것은?

① 해당 방호구역의 출입구 부분 등 조작을 하는 자가 쉽게 피난할 수 있는 장소에 설치할 것
② 기동장치의 조작부는 바닥으로부터 높이 0.8[m] 이상 1.5[m] 이하의 위치에 설치할 것
③ 기동장치의 방출용 스위치는 음향 경보장치와 연동하여 조작될 수 있는 것으로 할 것
④ 모든 기동장치에는 전원 표시등을 설치할 것

**해설** 이산화탄소소화설비의 수동식 기동장치는 다음의 기준에 따라 설치하여야 한다. 이 경우 수동식 기동장치의 부근에는 소화약제의 방출을 지연시킬 수 있는 비상스위치(자동복귀형 스위치로서 수동식 기동장치의 타이머를 순간정지시키는 기능의 스위치를 말한다)를 설치하여야 한다.
1. 전역방출방식은 방호구역마다, 국소방출방식은 방호대상물마다 설치할 것
2. 해당방호구역의 출입구부분 등 조작을 하는 자가 쉽게 피난할 수 있는 장소에 설치할 것
3. 기동장치의 조작부는 바닥으로부터 높이 0.8m 이상 1.5m 이하의 위치에 설치하고, 보호판 등에 따른 보호장치를 설치할 것
4. 기동장치에는 그 가까운 곳의 보기 쉬운 곳에 "이산화탄소소화설비 기동장치"라고 표시한 표지를 할 것
5. 전기를 사용하는 기동장치에는 전원표시등을 설치할 것
6. 기동장치의 방출용 스위치는 음향경보장치와 연동하여 조작될 수 있는 것으로 할 것

**76** 메탄을 저장하는 창고에 $CO_2$ 설비를 전역방출방식으로 하려고 한다. 이때 방호체적은 500[$m^3$]이고 개구부 면적은 4[$m^2$]이다. 이때 $CO_2$저장량은? ($CO_2$의 설계농도는 50[%]이고, 보정계수는 1.64이다. 자동폐쇄장치 미설치)

① 420[kg]　② 520[kg]
③ 676[kg]　④ 750[kg]

**해설** $W(\text{kg})$
$= V(\text{m}^3) \times \alpha(\text{kg/m}^3) \times N + A(\text{m}^2) \times \beta(\text{kg/m}^2)$
$= 500\text{m}^3 \times 0.8\text{kg/m}^3 \times 1.64 + 4\text{m}^2 \times 5\text{kg/m}^2$
$= 676\text{kg}$

**77** 내용적이 20[$m^3$]의 전기실에 화재가 발생되어 이산화탄소소화약제를 방출하여 소화를 하였다면 이곳에 방출하여야 하는 이산화탄소소화약제의 양[$m^3$]은 얼마가 되겠는가? (단, 한계산소농도는 15[%]이다)

① 3[$m^3$]　② 4[$m^3$]
③ 8[$m^3$]　④ 9[$m^3$]

**해설** $CO_2(\text{m}^3) = \dfrac{21 - O_2}{O_2} \times V$
$= \dfrac{21 - 15}{15} \times 20\text{m}^3$
$= 8\text{m}^3$

**78** 할론소화약제의 저장용기 중 할론1211에 있어서의 충전비는 얼마인가?

① 0.51 이상 0.67 미만
② 0.7 이상 1.4 이하
③ 0.67 이상 2.75 이하
④ 0.9 이상 1.6 이하

**해설** 저장용기의 설치기준
㉠ 축압식 저장용기의 압력은 온도 20℃에서 할론 1211을 저장하는 것에 있어서는 1.1MPa 또는 2.5MPa, 할론 1301을 저장하는 것에 있어서는 2.5MPa 또는 4.2MPa이 되도록 질소가스로 축압하여야 한다.

정답 75.④ 76.③ 77.③ 78.②

ⓒ 동일 집합관에 접속되는 용기의 소화약제 충전량은 동일 충전비의 것이어야 한다.
ⓒ 저장용기의 충전비
㉮ 할론 2402
• 가압식 : 0.51 이상, 0.67 미만
• 축압식 : 0.67 이상, 2.75 이하
㉯ 할론 1211
• 0.7 이상, 1.4 이하
㉰ 할론 1301
• 0.9 이상, 1.6 이하
ⓔ 가압용 가스용기는 질소가스가 충전된 것으로 하고, 그 압력은 21℃에서 2.5MPa 또는 4.2MPa이 되도록 하여야 한다.
ⓕ 할론소화약제 저장용기의 개방밸브는 전기식·가스압력식 또는 기계식에 따라 자동으로 개방되고 수동으로도 개방되는 것으로서 안전장치가 부착된 것으로 하여야 한다.

**79** 다음은 제연설비의 화재안전기술기준이다. 옳지 않은 것은?

① 배출기의 흡입측 풍도 안의 풍속은 20[m/s] 이하로 하고 배출측 풍속은 15[m/s] 이하로 한다.
② 하나의 제연구역의 면적은 1,000[m²] 이내로 한다.
③ 예상제연구역에 대해서는 화재시 연기배출과 동시에 공기유입이 될 수 있게 하고 배출구역이 거실일 경우에는 통로에 동시에 공기가 유입될 수 있도록 하여야 한다.
④ 예상제연구역의 각 부분으로부터 하나의 배출구까지의 수평거리는 10[m] 이내가 되도록 한다.

**[해설]** 배출기 및 배출풍도
① 배출기의 설치기준
㉠ 배출기의 배출능력은 규정에 의한 배출량 이상이 되도록 할 것
ⓒ 배출기와 배출풍도의 접속부분에 사용하는 캔버스는 내열성이 있는 것으로 할 것
ⓒ 배출기의 전동기 부분과 배풍기 부분은 분리하여 설치하고, 배풍기 부분은 유효한 내열처리를 할 것

② 배출풍도의 기준
㉠ 배출풍도는 아연도금강판 또는 이와 동등 이상의 내식성·내열성이 있는 것으로 하며, 내열성의 단열재로 유효한 단열처리를 하고, 강판의 두께는 배출풍도의 크기에 따라 다음 표에 따른 기준 이상으로 할 것

| 풍도단면의 긴변 또는 직경의 크기 | 450mm 이하 | 450mm 초과 750mm 이하 | 750mm 초과 1,500mm 이하 | 1,500mm 초과 2,250mm 이하 | 2,250mm 초과 |
|---|---|---|---|---|---|
| 강판두께 | 0.5mm | 0.6mm | 0.8mm | 1.0mm | 1.2mm |

ⓒ 배출기의 흡입측 풍도 안의 풍속은 15m/sec 이하, 배출측 풍속은 20m/sec 이하로 할 것

**80** 50층 이상인 건축물에 설치하는 통신, 신호배선은 이중배선을 설치하도록 하고 있는데 이중배선으로 하여야 하는 배선의 종류로 옳지 않은 것은?

① 수신기와 수신기 사이의 통신배선
② 수신기와 중계기 사이의 신호배선
③ 수신기와 감지기 사이의 신호배선
④ 중계기와 감지기 사이의 신호배선

**[해설]** 50층 이상인 건축물에 설치하는 통신·신호배선은 이중배선을 설치하도록 하고 단선(斷線) 시에도 고장표시가 되며 정상 작동할 수 있는 성능을 갖도록 설비를 하여야 한다.
1. 수신기와 수신기 사이의 통신배선
2. 수신기와 중계기 사이의 신호배선
3. 수신기와 감지기 사이의 신호배선

# 2023년 제4회 소방설비기사[기계분야] 1차 필기

[제4과목 : 소방기계구조원리]

**61** 포소화설비의 화재안전기준상 특수가연물을 저장·취급하는 공장 또는 창고에 적응성이 없는 포소화설비는?

① 고정포방출설비
② 포소화전설비
③ 압축공기포소화설비
④ 포워터스프링클러설비

[포소화설비의 화재안전기술기준]
5. 「화재예방법 시행령」 별표 2의 특수가연물을 저장·취급하는 공장 또는 창고 : 포워터스프링클러설비·포헤드설비 또는 고정포방출설비, 압축공기포소화설비

**62** 포소화설비에서 펌프의 토출관에 압입기를 설치하여 포소화약제 압입용 펌프로 포소화약제를 압입시켜 혼합하는 방식은?

① 라인 프로포셔너
② 펌프 프로포셔너
③ 프레져 프로포셔너
④ 프레져사이드 프로포셔너

[포소화약제혼합장치등의 성능인증 및 제품검사의 기술기준 제2조] 용어의 정의
"프레져사이드 프로포셔너방식"이란 펌프의 토출관에 압입기를 설치하여 포소화약제 압입용펌프로 포소화약제를 압입시켜 혼합하는 방식을 말한다.

**63** 제연구획에 대한 설명 중 잘못된 것은?

① 하나의 제연구역의 면적은 1,000[m²] 이내로 하여야 한다.
② 거실과 통로는 각각 제연구획하여야 한다.
③ 제연구역의 구획은 보·제연경계벽 및 벽으로 하여야 한다.
④ 통로상의 제연구역은 보행 중심선으로 길이가 최대 50[m] 이내이어야 한다.

제연설비의 설치장소는 다음 기준에 따른 제연구역으로 구획하여야 한다.
1. 하나의 제연구역의 면적은 1,000㎡ 이내로 할 것
2. 거실과 통로(복도를 포함한다. 이하 같다)는 각각 제연구획 할 것
3. 통로상의 제연구역은 보행중심선의 길이가 60m를 초과하지 아니할 것
4. 하나의 제연구역은 직경 60m 원내에 들어갈 수 있을 것
5. 하나의 제연구역은 2개 이상 층에 미치지 아니하도록 할 것. 다만, 층의 구분이 불분명한 부분은 그 부분을 다른 부분과 별도로 제연구획 하여야 한다.

**64** 스프링클러설비의 화재안전기준상 스프링클러헤드 설치 시 살수가 방해되지 아니하도록 벽과 스프링클러헤드간의 공간은 최소 몇 cm 이상으로 하여야 하는가?

① 60
② 30
③ 20
④ 10

살수가 방해되지 아니하도록 스프링클러헤드로부터 반경 60cm 이상의 공간을 보유할 것. 다만, 벽과 스프링클러헤드간의 공간은 10cm 이상으로 한다.

**정답** 61.② 62.④ 63.④ 64.④

**65** 옥내소화전설비 화재안전기술기준에 따라 옥내소화전설비의 표시등 설치기준으로 옳은 것은?

① 가압송수장치의 기동을 표시하는 표시등은 옥내소화전함의 상부 또는 그 직근에 설치한다.
② 가압송수장치의 기동을 표시하는 표시등은 녹색등으로 한다.
③ 자체소방대를 구성하여 운영하는 경우 가압송수장치의 기동표시등을 반드시 설치해야 한다.
④ 옥내소화전설비의 위치를 표시하는 표시등은 함의 하부에 설치하되, 「표시등의 성능인증 및 제품검사의 기술기준」에 적합한 것으로 한다.

**해설** 표시등은 다음의 기준에 따라 설치하여야 한다.
1. 옥내소화전설비의 위치를 표시하는 표시등은 함의 상부에 설치하되, 소방청장이 고시하는 「표시등의 성능인증 및 제품검사의 기술기준」에 적합한 것으로 할 것
2. 가압송수장치의 기동을 표시하는 표시등은 옥내소화전함의 상부 또는 그 직근에 설치하되 적색등으로 할 것. 다만, 자체소방대를 구성하여 운영하는 경우(「위험물안전관리법 시행령」 별표 8에서 정한 소방자동차와 자체소방대원의 규모를 말한다) 가압송수장치의 기동표시등을 설치하지 않을 수 있다.

**66** 상수도소화용수설비의 화재안전기술기준에 따른 설치기준 중 다음 ( ) 안에 알맞은 것은?

"호칭지름 ( ㉠ )mm 이상의 수도배관에 호칭지름 ( ㉡ )mm 이상의 소화전을 접속하여야 하며, 소화전은 특정소방대상물의 수평투영면의 각 부분으로부터 ( ㉢ )m 이하가 되도록 설치할 것"

① ㉠ 65, ㉡ 80, ㉢ 120
② ㉠ 65, ㉡ 100, ㉢ 140
③ ㉠ 75, ㉡ 80, ㉢ 120
④ ㉠ 75, ㉡ 100, ㉢ 140

**해설** 상수도소화용수설비 화재안전기술기준
2.1 상수도소화용수설비의 설치기준
2.1.1 상수도소화용수설비는 「수도법」에 따른 기준 외에 다음의 기준에 따라 설치해야 한다.
2.1.1.1 호칭지름 75mm 이상의 수도배관에 호칭지름 100mm 이상의 소화전을 접속할 것
2.1.1.2 소화전은 소방자동차 등의 진입이 쉬운 도로변 또는 공지에 설치할 것
2.1.1.3 소화전은 특정소방대상물의 수평투영면의 각 부분으로부터 140m 이하가 되도록 설치할 것
2.1.1.4 지상식 소화전의 호스접결구는 지면으로부터 높이가 0.5m 이상 1m 이하가 되도록 설치할 것 〈신설 2024.7.1.〉

**67** 포소화설비에서 포워터 스프링클러헤드가 5개 설치된 경우 수원의 양[m³]은?

① 1.75[m³]   ② 2.75[m³]
③ 3.75[m³]   ④ 4.75[m³]

**해설** $Q(l) = N \times 75 l/min \times 10 min$
$= 5 \times 75 l/min \times 10 min$
$= 3750 l ≒ 3.75 m^3$

**68** 구조대의 형식승인 및 제품검사의 기술기준에 따른 경사하강식구조대의 구조에 대한 설명으로 틀린 것은?

① 구조대 본체는 강하방향으로 봉합부가 설치되어야 한다.
② 연속하여 활강할 수 있는 구조로 안전하고 쉽게 사용할 수 있어야 한다.
③ 땅에 닿을 때 충격을 받는 부분에는 완충장치로서 받침포 등을 부착하여야 한다.
④ 입구틀 및 취부틀의 입구는 지름 50cm 이상의 구체가 통과할 수 있어야 한다.

**해설** [구조대의 형식승인 및 제품검사의 기술기준 제3조] 구조
경사강하식구조대(이하 "구조대"라 한다)의 구조는 다음 각 호에 적합하여야 한다.
1. 연속하여 활강할 수 있는 구조로 안전하고 쉽게 사용할 수 있어야 한다.

2. 입구틀 및 고정틀의 입구는 지름 60 센티미터(cm) 이상의 구체(공처럼 둥근 형태나 물체, 球體)가 통과할 수 있어야 한다. <개정 2023. 8. 14.>
5. 구조대 본체는 강하방향으로 봉합부가 설치되지 아니하여야 한다.
10. 땅에 닿을 때 충격을 받는 부분에는 완충장치로서 받침포 등을 부착하여야 한다.

**69** 물분무소화설비의 화재안전기술기준에 따른 물분무소화설비의 저수량에 대한 기준 중 다음 ( ) 안의 내용으로 맞는 것은?

> "절연유 봉입 변압기는 바닥부분을 제외한 표면적을 합한 면적 1m²에 대하여 ( )L/min로 20분간 방수할 수 있는 양 이상으로 할 것"

① 4
② 8
③ 10
④ 12

**해설** 수원의 양
① 특수가연물을 저장 또는 취급하는 소방대상물
$Q = A(m^2) \times 10 l/m^2 \cdot \min \times 20\min$
$Q$ : 수원($l$)
$A$ : 바닥면적(최대방수구역 바닥면적, 최소 50m² 이상)
② 차고 또는 주차장
$Q = A(m^2) \times 20 l/m^2 \cdot \min \times 20\min$
$Q$ : 수원($l$)
$A$ : 바닥면적(최대방수구역 바닥면적, 최소 50m² 이상)
③ 절연유 봉입변압기
$Q = A(m^2) \times 10 l/m^2 \cdot \min \times 20\min$
$Q$ : 수원($l$)
$A$ : 바닥면적을 제외한 표면적을 합한 면적(m²)
④ 케이블 트레이, 덕트
$Q = A(m^2) \times 12 l/m^2 \cdot \min \times 20\min$
$Q$ : 수원($l$), $A$ : 투영된 바닥면적(m²)
※ 투영(投影)된 바닥면적 : 위에서 빛을 비출 때 바닥 그림자의 면적
⑤ 컨베이어 벨트 등
$Q = A(m^2) \times 10 l/m^2 \cdot \min \times 20\min$
$Q$ : 수원($l$), $A$ : 벨트부분의 바닥면적(m²)
⑥ 위험물 저장탱크
$Q = L(m) \times 37 l/m \cdot \min \times 20\min$
$Q$ : 수원($l$), $L$ : 탱크의 원주둘레길이(m)

**70** 다음은 상수도소화용수설비의 설치기준에 관한 설명이다. ( ) 안에 들어갈 내용으로 알맞은 것은?

> "호칭지름 75mm 이상의 수도배관에 호칭지름 ( )mm 이상의 소화전을 접속할 것"

① 50
② 80
③ 100
④ 125

**해설** 상수도소화용수설비 화재안전기술기준
2.1 상수도소화용수설비의 설치기준
  2.1.1 상수도소화용수설비는 「수도법」에 따른 기준 외에 다음의 기준에 따라 설치해야 한다.
    2.1.1.1 호칭지름 75mm 이상의 수도배관에 호칭지름 100mm 이상의 소화전을 접속할 것
    2.1.1.2 소화전은 소방자동차 등의 진입이 쉬운 도로변 또는 공지에 설치할 것
    2.1.1.3 소화전은 특정소방대상물의 수평투영면의 각 부분으로부터 140m 이하가 되도록 설치할 것
    2.1.1.4 지상식 소화전의 호스접결구는 지면으로부터 높이가 0.5m 이상 1m 이하가 되도록 설치할 것 <신설 2024.7.1.>

**71** 스프링클러설비의 교차배관에서 분기되는 지점을 기점으로 한쪽 가지배관에 설치되는 헤드는 몇 개 이하로 설치하여야 하는가? (단, 수리학적 배관방식의 경우는 제외한다.)

① 8
② 10
③ 12
④ 18

**해설** 교차배관에서 분기되는 지점을 기점으로 한쪽 가지배관에 설치되는 헤드의 개수(반자 아래와 반자속의 헤드를 하나의 가지배관 상에 병설하는 경우에는 반자 아래에 설치하는 헤드의 개수)는 8개 이하로 할 것.

**72** 다음은 포소화설비에서 배관 등 설치기준에 관한 내용이다. ㉠~㉢ 안에 들어갈 내용으로 옳은 것은?

> • 연결송수관설비의 배관과 겸용할 경우의 주배관은 구경 100mm 이상, 방수구로 연결되는 배관의 구경은 ( ㉠ )mm 이상의 것으로 하여야 한다.
> • 펌프의 성능은 체절운전시 정격토출압력의 ( ㉡ )%를 초과하지 아니하고, 정격토출량의 150%로 운전시 정격토출압력의 ( ㉢ )% 이상이 되어야 한다.

① ㉠ 40, ㉡ 120, ㉢ 65
② ㉠ 40, ㉡ 120, ㉢ 75
③ ㉠ 65, ㉡ 140, ㉢ 65
④ ㉠ 65, ㉡ 140, ㉢ 75

**해설** ① 연결송수관설비의 배관과 겸용할 경우의 주배관은 구경 100mm 이상, 방수구로 연결되는 배관의 구경은 65mm 이상인 것으로 하여야 한다. [현행 삭제]
② 펌프의 성능은 체절운전시 정격토출압력의 140%를 초과하지 않아야 하고, 정격토출량의 150%로 운전시 정격토출압력의 65% 이상이 되어야 하며, 펌프의 성능시험배관은 다음 각 호의 기준에 적합하여야 한다.

**73** 전역방출방식 분말 소화설비에서 방호구역의 개구부에 자동폐쇄장치를 설치하지 아니한 경우, 개구부의 면적 $1m^2$에 대한 분말소화약제의 가산량으로 잘못 연결된 것은?

① 제1종 분말 - 4.5kg
② 제2종 분말 - 2.7kg
③ 제3종 분말 - 2.5kg
④ 제4종 분말 - 1.8kg

**해설** 분말소화약제의 저장량은 다음의 기준에 따라야 한다. 이 경우 동일한 소방대상물 또는 그 부분에 2 이상의 방호구역 또는 방호대상물이 있는 경우에는 각 방호구역 또는 방호대상물에 대하여 다음의 기준에 따라 산출한 저장량중 최대의 것으로 할 수 있다.
1. 전역방출방식에 있어서는 다음의 기준에 따라 산출한 양 이상으로 할 것
  나. 방호구역의 개구부에 자동폐쇄장치를 설치하지 아니한 경우에는 가목에 따라 산출한 양에 다음 표에 따라 산출한 양을 가산한 양

| 소화약제의 종별 | 가산량(개구부의 면적 $1m^2$에 대한 소화약제의 양) |
|---|---|
| 제1종 분말 | 4.5kg |
| 제2종 분말 또는 제3종 분말 | 2.7kg |
| 제4종 분말 | 1.8kg |

**74** 체적 $100m^3$의 면화류 창고에 전역방출 방식의 이산화탄소 소화설비를 설치하는 경우에 소화약제는 몇 kg 이상 저장하여야 하는가? (단, 방호구역의 개구부에 자동폐쇄장치가 부착되어 있다.)

① 12   ② 27
③ 120  ④ 270

**해설** 방호구역의 체적(불연재료나 내열성의 재료로 밀폐된 구조물이 있는 경우에는 그 체적을 감한 체적) $1m^3$에 대하여 다음 표에 따른 양 이상으로 하여야 한다.

| 방호대상물 | 방호구역의 체적 $1m^3$에 대한 소화약제의 양 | 설계농도 (%) |
|---|---|---|
| 유압기기를 제외한 전기설비, 케이블실 | 1.3kg | 50 |
| 체적 $55m^2$ 미만의 전기설비 | 1.6kg | 50 |
| 서고, 전자제품창고, 목재가공품창고, 박물관 | 2.0kg | 65 |
| 고무류·면화류창고, 모피창고, 석탄창고, 집진설비 | 2.7kg | 75 |

▶ $100m^3 \times 2.7kg/m^3 = 270kg$

**75** 표시온도가 163~203[℃]인 퓨즈 메탈형 스프링클러헤드 후레임의 색상은?

① 흰색     ② 파랑색
③ 빨강색   ④ 초록색

**해설** 스프링클러헤드의 형식승인 및 제품검사의 기술기준 제12조의6(표시) 헤드에는 다음 사항을 보기 쉬운 부위에 잘 지워지지 아니하도록 표시하여야 한다. 다만, 제2호 내지 제4호 및 제10호 내지 제13호는 포장 또는 취급설명서에 표시할 수 있다.
1. 종 별
2. 형 식
3. 형식승인번호

4. 제조번호 또는 로트번호
5. 제조년도
6. 제조업체명 또는 상호
7. 표시온도(폐쇄형헤드에 한한다)
8. <삭제>
9. 표시온도에 따른 다음표의 색표시(폐쇄형헤드에 한한다)

| 유리벌브형 | | 퓨지블링크형 | |
|---|---|---|---|
| 표시온도(℃) | 액체의 색별 | 표시온도(℃) | 후레임의 색별 |
| 57℃ | 오렌지 | 77℃ 미만 | 색 표시 안함 |
| 68℃ | 빨강 | 78~120℃ | 흰색 |
| 79℃ | 노랑 | 121~162℃ | 파랑 |
| 93℃ | 초록 | 163~203℃ | 빨강 |
| 141℃ | 파랑 | 204~259℃ | 초록 |
| 182℃ | 연한자주 | 260~319℃ | 오렌지 |
| 227℃ 이상 | 검정 | 320℃ 이상 | 검정 |

10. 최고주위온도(폐쇄형헤드에 한한다)
11. 취급상의 주의사항
12. <삭제>
13. 품질보증에 관한 사항(보증기간, 보증내용, A/S 방법, 자체검사필증 등)

**76** 아래 공식은 무엇을 구하는 공식인가?

$$Q = K\sqrt{10P}$$

① 방수량 ② 하중
③ 흡입량 ④ 살수분포량

**해설** 스프링클러헤드 방수량 $Q = K\sqrt{10P}$

**77** 제어반의 기능에 대한 것 중 없어도 되는 것은?

① 각 펌프의 작동 여부를 확인할 수 있는 표시 기능이 있을 것
② 비상전원의 입력 여부를 확인할 수 있는 표시 기능이 있을 것
③ 확인 회로마다 도통시험을 할 수 있을 것
④ 절연저항시험을 할 수 있을 것

**해설** 감시제어반의 기능은 다음의 기준에 적합하여야 한다.
1. 각 펌프의 작동여부를 확인할 수 있는 표시등 및 음향 경보기능이 있어야 할 것

2. 각 펌프를 자동 및 수동으로 작동시키거나 중단시킬 수 있어야 한다.
3. 비상전원을 설치한 경우에는 상용전원 및 비상전원의 공급여부를 확인할 수 있어야 할 것
4. 수조 또는 물올림탱크가 저수위로 될 때 표시등 및 음향으로 경보할 것
5. 예비전원이 확보되고 예비전원의 적합여부를 시험할 수 있어야 할 것

※ 다음의 각 확인회로마다 도통시험 및 작동시험을 할 수 있도록 할 것
 가. 기동용수압개폐장치의 압력스위치회로
 나. 수조 또는 물올림탱크의 저수위감시회로
 다. 유수검지장치 또는 일제개방밸브의 압력스위치회로
 라. 일제개방밸브를 사용하는 설비의 화재감지기회로
 마. 제8조제16항에 따른 개폐밸브의 폐쇄상태 확인회로
 바. 그 밖의 이와 비슷한 회로

**78** 화재조기진압용스프링클러설비에 저장물의 간격은 모든 방향에서 몇 mm 이상이어야 하는가?

① 102mm ② 120mm
③ 152mm ④ 182mm

**해설** 저장물품 사이의 간격은 모든 방향에서 152mm 이상의 간격을 유지하여야 한다.

**79** 물분무헤드와 고압의 전기기기 사이에는 일정한 거리를 두도록 되어 있다. 이때 전압이 155[kV]일 때 최소한 얼마 이상의 거리를 유지하여야 하는가?

① 80[cm] 이상 ② 110[cm] 이상
③ 150[cm] 이상 ④ 180[cm] 이상

**해설** 고압의 전기기기와 물분무헤드 사이의 유지거리

| 전압(kV) | 거리(cm) |
|---|---|
| 66 이하 | 70 이상 |
| 66 초과 77 이하 | 80 이상 |
| 77 초과 110 이하 | 110 이상 |
| 110 초과 154 이하 | 150 이상 |
| 154 초과 181 이하 | 180 이상 |
| 181 초과 220 이하 | 210 이상 |
| 220 초과 275 이하 | 260 이상 |

**80** 미분무소화설비란 가압된 물이 헤드 통과 후 미세한 입자로 분무됨으로써 소화성능을 가지는 설비를 말하며, 소화력을 증가시키기 위하여 무엇을 첨가할 수 있는 설비인가?

① 기포안정제　　② 중탄산나트륨
③ 강화액　　　　④ 분말소화약제

**해설** 이 기준에서 사용하는 용어의 정의는 다음과 같다.
1. "미분무소화설비"란 가압된 물이 헤드 통과 후 미세한 입자로 분무됨으로써 소화성능을 가지는 설비를 말하며, 소화력을 증가시키기 위해 강화액 등을 첨가할 수 있다.
2. "미분무"란 물만을 사용하여 소화하는 방식으로 최소설계압력에서 헤드로부터 방출되는 물입자 중 99%의 누적체적분포가 400㎛ 이하로 분무되고 A,B,C급화재에 적응성을 갖는 것을 말한다.
3. "미분무헤드"란 하나 이상의 오리피스를 가지고 미분무소화설비에 사용되는 헤드를 말한다.
4. "개방형 미분무헤드"란 감열체 없이 방수구가 항상 열려져 있는 헤드를 말한다.
5. "폐쇄형 미분무헤드"란 정상상태에서 방수구를 막고 있는 감열체가 일정온도에서 자동적으로 파괴·용융 또는 이탈됨으로써 방수구가 개방되는 헤드를 말한다.
6. "저압 미분무 소화설비"란 최고사용압력이 1.2MPa 이하인 미분무소화설비를 말한다.
7. "중압 미분무 소화설비"란 사용압력이 1.2MPa을 초과하고 3.5MPa 이하인 미분무소화설비를 말한다.
8. "고압 미분무 소화설비"란 최저사용압력이 3.5MPa을 초과하는 미분무소화설비를 말한다.

정답 80.③

# 2024년 제1회 소방설비기사[기계분야] 1차 필기
### [제4과목 : 소방기계구조원리]

**61** 물분무헤드와 고압의 전기기기 사이에는 일정한 거리를 두도록 되어 있다. 이때 전압이 155[kV]일 때 최소한 얼마 이상의 거리를 유지하여야 하는가?

① 80[cm] 이상    ② 110[cm] 이상
③ 150[cm] 이상   ④ 180[cm] 이상

해설 고압의 전기기기와 물분무헤드 사이의 유지거리

| 전압(kV) | 거리(cm) |
|---|---|
| 66 이하 | 70 이상 |
| 66 초과 77 이하 | 80 이상 |
| 77 초과 110 이하 | 110 이상 |
| 110 초과 154 이하 | 150 이상 |
| 154 초과 181 이하 | 180 이상 |
| 181 초과 220 이하 | 210 이상 |
| 220 초과 275 이하 | 260 이상 |

**62** 소화기구 및 자동소화장치의 화재안전기술기준상 다음 조건에 따른 소화기의 최소설치개수는?

- 특정소방대상물 : 문화재(주요구조부는 비내화구조임)
- 바닥면적 : 1,000m²
- 소화기 1개의 능력단위 : A급 5단위

① 4개   ② 5개
③ 6개   ④ 7개

해설 문화재 50m²당 1단위
$\dfrac{1000m^2}{50m^2} = 20$단위, $\dfrac{20단위}{5단위/개} = 4$개

**63** 옥내소화전설비의 화재안전기술기준상 펌프를 이용하는 가압송수장치의 설치기준에 관한 내용으로 옳지 않은 것은?

① 펌프는 전용으로 할 것(다만, 다른 소화설비와 겸용하는 경우 각각의 소화설비의 성능에 지장이 없을 때에는 그렇지 않음)
② 동결방지조치를 하거나 동결의 우려가 없는 장소에 설치할 것
③ 펌프의 토출 측에는 압력계를 체크밸브 이후에 설치하고, 흡입 측에는 연성계 또는 진공계를 설치할 것
④ 펌프축은 스테인리스 등 부식에 강한 재질을 사용할 것

해설 펌프의 토출 측에는 압력계를 체크밸브 이전에 펌프 토출 측 플랜지에서 가까운 곳에 설치하고, 흡입 측에는 연성계 또는 진공계를 설치할 것. 다만, 수원의 수위가 펌프의 위치보다 높거나 수직회전축펌프의 경우에는 연성계 또는 진공계를 설치하지 않을 수 있다.

**64** 미분무소화설비란 가압된 물이 헤드 통과 후 미세한 입자로 분무됨으로써 소화성능을 가지는 설비를 말하며, 소화력을 증가시키기 위하여 무엇을 첨가할 수 있는 설비인가?

① 기포안정제    ② 중탄산나트륨
③ 강화액       ④ 분말소화약제

해설 이 기준에서 사용하는 용어의 정의는 다음과 같다.
1. "미분무소화설비"란 가압된 물이 헤드 통과 후 미세한 입자로 분무됨으로써 소화성능을 가지는 설비를 말하며, 소화력을 증가시키기 위해 강화액 등을 첨가할 수 있다.

정답 61.④ 62.① 63.③ 64.③

2. "미분무"란 물만을 사용하여 소화하는 방식으로 최소 설계압력에서 헤드로부터 방출되는 물입자 중 99%의 누적체적분포가 400μm 이하로 분무되고 A,B,C급 화재에 적응성을 갖는 것을 말한다.

**65** 전역방출방식 분말 소화설비에서 방호구역의 개구부에 자동폐쇄장치를 설치하지 아니한 경우, 개구부의 면적 1m²에 대한 분말소화약제의 가산량으로 잘못 연결된 것은?

① 제1종 분말 — 4.5kg
② 제2종 분말 — 2.7kg
③ 제3종 분말 — 2.5kg
④ 제4종 분말 — 1.8kg

**해설** 분말소화약제의 저장량은 다음의 기준에 따라야 한다. 이 경우 동일한 소방대상물 또는 그 부분에 2 이상의 방호구역 또는 방호대상물이 있는 경우에는 각 방호구역 또는 방호대상물에 대하여 다음의 기준에 따라 산출한 저장량 중 최대의 것으로 할 수 있다.
1. 전역방출방식에 있어서는 다음의 기준에 따라 산출한 양 이상으로 할 것
   나. 방호구역의 개구부에 자동폐쇄장치를 설치하지 아니한 경우에는 가목에 따라 산출한 양에 다음 표에 따라 산출한 양을 가산한 양

| 소화약제의 종별 | 가산량(개구부의 면적 1m²에 대한 소화약제의 양) |
|---|---|
| 제1종 분말 | 4.5kg |
| 제2종 분말 또는 제3종 분말 | 2.7kg |
| 제4종 분말 | 1.8kg |

**66** 내용적이 20[m³]의 전기실에 화재가 발생되어 이산화탄소소화약제를 방출하여 소화를 하였다면 이곳에 방출하여야 하는 이산화탄소소화약제의 양[m³]은 얼마가 되겠는가? (단, 한계산소농도는 15[%]이다)

① 3[m³]   ② 4[m³]
③ 8[m³]   ④ 9[m³]

**해설** $CO_2(m^3) = \dfrac{21 - O_2}{O_2} \times V$

$= \dfrac{21 - 15}{15} \times 20m^3 = 8m^3$

**67** 옥외소화전설비의 설치에 관한 내용으로 옳은 것은?

① 호스접결구는 지면으로부터 높이가 0.8m 이상 1.5m 이하의 위치에 설치해야 한다.
② 옥외소화전이 11개 이상 30개 이하 설치된 때에는 10개 이하의 소화전함을 각각 분산하여 설치해야 한다.
③ 배관과 배관이음쇠는 배관용 스테인리스 강관(KS D 3576)의 이음을 용접으로 할 경우 텅스텐 불활성 가스 아크 용접방식에 따른다.
④ 펌프의 토출 측 배관은 공기 고임이 생기지 않는 구조로 하고 여과장치를 설치해야 한다.

**해설** ① 호스접결구는 지면으로부터 높이가 0.5m 이상 1m 이하의 위치에 설치해야 한다.
② 옥외소화전이 11개 이상 30개 이하 설치된 때에는 11개 이상의 소화전함을 각각 분산하여 설치해야 한다.
④ 펌프의 흡입측 배관은 공기 고임이 생기지 않는 구조로 하고 여과장치를 설치해야 한다.

**68** 화재안전기준상 설치 높이 기준이 다른 것은?

① 포소화설비의 송수구
② 옥내소화전설비의 방수구
③ 연결송수관설비의 송수구
④ 소화용수설비의 채수구

**해설** 송수구 : 지면으로부터 0.5[m] 이상 1[m] 이하
옥내소화전 방수구 : 바닥으로부터 1.5[m] 이하

**69** 주요구조부가 내화구조이고 건널 복도가 설치된 층의 피난기구 설치의 감소 방법으로 적합한 것은?

① 원래의 수에서 1/2를 감소한다.
② 원래의 수에서 건널 복도 수를 더한 수로 한다.
③ 피난기구의 수에서 당해 건널 복도 수의 2배의 수를 뺀 수로 한다.
④ 피난기구를 설치하지 아니할 수 있다.

정답 65.③ 66.③ 67.③ 68.② 69.③

**해설** 피난기구 화재안전기술기준
2.3 피난기구 설치의 감소
2.3.1 피난기구를 설치하여야 할 특정소방대상물중 다음의 기준에 적합한 층에는 2.1.2에 따른 피난기구의 2분의 1을 감소할 수 있다. 이 경우 설치하여야 할 피난기구의 수에 있어서 소수점 이하의 수는 1로 한다.
  2.3.1.1 주요구조부가 내화구조로 되어 있을 것
  2.3.1.2 직통계단인 피난계단 또는 특별피난계단이 2 이상 설치되어 있을 것
2.3.2 피난기구를 설치해야 할 소방대상물 중 주요구조부가 내화구조이고 다음의 기준에 적합한 건널 복도가 설치되어 있는 층에는 2.1.2에 따른 피난기구의 수에서 해당 건널 복도의 수의 2배의 수를 뺀 수로 한다.
  2.3.2.1 내화구조 또는 철골조로 되어 있을 것
  2.3.2.2 건널 복도 양단의 출입구에 자동폐쇄장치를 한 60분+ 방화문 또는 60분 방화문(방화셔터를 제외한다)이 설치되어 있을 것
  2.3.2.3 피난·통행 또는 운반의 전용 용도일 것
2.3.3 피난기구를 설치하여야 할 특정소방대상물 중 다음의 기준에 적합한 노대가 설치된 거실의 바닥면적은 2.1.2에 따른 피난기구의 설치개수 산정을 위한 바닥면적에서 이를 제외한다.
  2.3.3.1 노대를 포함한 특정소방대상물의 주요구조부가 내화구조일 것
  2.3.3.2 노대가 거실의 외기에 면하는 부분에 피난상 유효하게 설치되어 있어야 할 것
  2.3.3.3 노대가 소방사다리차가 쉽게 통행할 수 있는 도로 또는 공지에 면하여 설치되어 있거나, 거실부분과 방화 구획되어 있거나 또는 노대에 지상으로 통하는 계단 그 밖의 피난기구가 설치되어 있어야 할 것

**70** 물분무소화설비의 배수설비에 대한 설명 중 틀린 것은?
① 주차장에는 10cm 이상 경계턱으로 배수구를 설치한다.
② 배수구에는 새어나온 기름을 모아 소화할 수 있도록 길이 30m 이하마다 집수관, 소화핏트 등 기름분리장치를 설치한다.
③ 주차장 바닥은 배수구를 향하여 100분의 2 이상의 기울기를 가진다.
④ 배수설비는 가압송수장치의 최대 송수능력의 수량을 유효하게 배수할 수 있는 크기 및 기울기로 한다.

**해설** 제11조(배수설비) 물분무소화설비를 설치하는 차고 또는 주차장에는 다음 각 호의 기준에 따라 배수설비를 하여야 한다.
1. 차량이 주차하는 장소의 적당한 곳에 높이 10cm 이상의 경계턱으로 배수구를 설치할 것
2. 배수구에는 새어나온 기름을 모아 소화할 수 있도록 길이 40m 이하마다 집수관·소화핏트 등 기름분리장치를 설치할 것
3. 차량이 주차하는 바닥은 배수구를 향하여 100분의 2 이상의 기울기를 유지할 것
4. 배수설비는 가압송수장치의 최대송수능력의 수량을 유효하게 배수할 수 있는 크기 및 기울기로 할 것

**71** 포소화약제의 혼합장치 중 펌프의 토출관에 압입기를 설치하여 포소화약제 압입용 펌프로 포소화약제를 압입시켜 혼합하는 방식은 무엇인가?
① 펌프 프로포셔너 방식
② 프레져사이드 프로포셔너 방식
③ 라인 프로포셔너 방식
④ 프레져 프로포셔너 방식

**해설** 포 혼합장치의 종류
㉠ 펌프 프로포셔너방식
  펌프의 토출관과 흡입관 사이의 배관도중에 설치한 흡입기에 펌프에서 토출된 물의 일부를 보내고, 농도조정밸브에서 조정된 포 소화약제의 필요량을 포 소화약제 탱크에서 펌프 흡입측으로 보내어 이를 혼합하는 방식을 말한다.
㉡ 프레져 프로포셔너방식
  펌프와 발포기의 중간에 설치된 벤추리관의 벤추리작용과 펌프 가압수의 포소화약제 저장탱크에 대한 압력에 따라 포 소화약제를 흡입·혼합하는 방식을 말한다.
㉢ 라인 프로포셔너방식
  펌프와 발포기의 중간에 설치된 벤추리관의 벤추리작용에 따라 포소화약제를 흡입·혼합하는 방식을 말한다.

ㄹ. 프레져사이드 프로포셔너방식
   펌프의 토출관에 압입기를 설치하여 포 소화약제 압입용펌프로 포소화약제를 압입시켜 혼합하는 방식을 말한다.
ㅁ. 압축공기포 믹싱챔버방식
   물, 포 소화약제 및 공기를 믹싱챔버로 강제주입시켜 챔버 내에서 포수용액을 생성한 후 포를 방사하는 방식을 말한다.

## 72 연결송수관설비의 화재안전기준에 관한 내용으로 옳지 않은 것은?

① 방수기구함은 피난층과 가장 가까운 층을 기준으로 3개 층마다 설치하되, 그 층의 방수구마다 수평거리 5[m] 이내에 설치할 것
② 송수구는 구경 65[mm]의 쌍구형으로 할 것
③ 충압펌프를 제외한 가압송수장치는 부식 등으로 인한 펌프의 고착을 방지할 수 있도록 펌프축은 스테인리스 등 부식에 강한 재질을 사용할 것
④ 습식의 경우 송수구 부근에는 송수구·자동배수밸브·체크밸브의 순으로 설치할 것

**해설** 방수기구함

연결송수관설비의 방수용기구함을 다음의 기준에 따라 설치하여야 한다.
① 방수기구함은 피난층과 가장 가까운 층을 기준으로 3개 층마다 설치하되, 그 층의 방수구마다 보행거리 5[m] 이내에 설치할 것
② 방수기구함에는 길이 15[m]의 호스와 방사형 관창을 다음 각목의 기준에 따라 비치할 것
   ㄱ. 호스는 방수구에 연결하였을 때 그 방수구가 담당하는 구역의 각 부분에 유효하게 물이 뿌려질 수 있는 개수 이상을 비치할 것. 이 경우 쌍구형 방수구는 단구형 방수구의 2배 이상의 개수를 설치하여야 한다.
   ㄴ. 방사형 관창은 단구형 방수구의 경우에는 1개, 쌍구형 방수구의 경우에는 2개 이상 비치할 것
③ 방수기구함에는 "방수기구함"이라고 표시한 축광식 표지를 할 것

## 73 배출풍도의 설치기준 중 다음 ( ) 안에 알맞은 것은?

배출기 흡입측 풍도안의 풍속은 ( ㉠ )m/s 이하로 하고 배출측 풍속은 ( ㉡ )m/s 이하로 할 것

① ㉠ 15, ㉡ 10
② ㉠ 10, ㉡ 15
③ ㉠ 20, ㉡ 15
④ ㉠ 15, ㉡ 20

**해설** 배출풍도는 다음의 기준에 따라야 한다.
1. 배출풍도는 아연도금강판 또는 이와 동등 이상의 내식성·내열성이 있는 것으로 하며, 내열성(석면재료를 제외한다)의 단열재로 유효한 단열 처리를 하고, 강판의 두께는 배출풍도의 크기에 따라 다음 표에 따른 기준 이상으로 할 것

| 풍도단면의 긴변 또는 직경의 크기 | 450mm 이하 | 450mm 초과 750mm 이하 | 750mm 초과 1,500mm 이하 | 1,500mm 초과 2,250mm 이하 | 2,250mm 초과 |
|---|---|---|---|---|---|
| 강판두께 | 0.5mm | 0.6mm | 0.8mm | 1.0mm | 1.2mm |

2. 배출기의 흡입측 풍도안의 풍속은 15m/s 이하로 하고 배출측 풍속은 20m/s 이하로 할 것

## 74 분말소화설비의 저장용기에 설치된 밸브 중 잔압방출 시 개방·폐쇄 상태로 옳은 것은?

① 가스도입밸브 - 폐쇄
② 주밸브(방출밸브) - 개방
③ 배기밸브 - 폐쇄
④ 클리닝밸브 - 개방

**해설** 클리닝밸브(Cleaning Valve)는 소화약제의 방출 후 송출배관 내에 잔존하는 분말약제를 배출시키는 배관청소용으로 사용되며, 배기밸브(Drain Valve)는 약제방출 후 약제 저장 용기 내의 잔압을 배출시키기 위한 것이다.

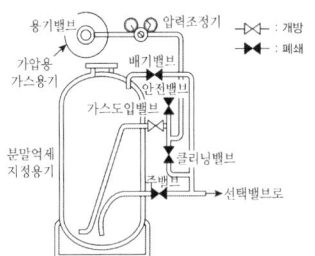

**75** 소방설비용헤드의 분류 중 수류를 살수판에 충돌하여 미세한 물방울을 만드는 물분무 헤드는?

① 디프렉터형  ② 충돌형
③ 슬리트형    ④ 분사형

**해설** 물분무헤드의 종류
- 충돌형 : 유수와 유수의 충돌에 의해 무상형태의 물방울을 만드는 물분무헤드
- 분사형 : 소구경의 오리피스로부터 고압으로 분사하여 무상형태의 물방울을 만드는 물분무헤드
- 선회류형 : 선회류에 의한 확산 방출 또는 선회류와 직선류의 충돌에 의한 확산 방출에 의하여 무상형태의 물방울을 만드는 물분무헤드
- 디프렉터형 : 수류를 살수판에 충돌하여 미세한 물방울을 만드는 물분무헤드
- 슬리트형 : 수류를 슬리트에 의해 방출하여 수막상의 분무를 만드는 물분무헤드

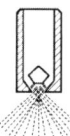 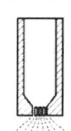 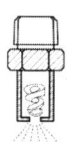 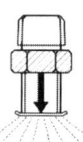

충돌형    분사형    선회류형    디플렉터형

**76** 옥내소화전설비 배관의 설치기준 중 다음 ( ) 안에 알맞은 것은?

> 연결송수관설비의 배관과 겸용할 경우의 주배관은 구경 ( ㉠ )mm 이상, 방수구로 연결되는 배관의 구경은 ( ㉡ )mm 이상의 것으로 하여야 한다.

① ㉠ 80,  ㉡ 65      ② ㉠ 80,  ㉡ 50
③ ㉠ 100, ㉡ 65      ④ ㉠ 125, ㉡ 65

**해설** 옥내소화전설비 배관의 관경
㉠ 펌프의 토출 측 주배관의 구경은 유속이 4㎧ 이하가 될 수 있는 크기 이상으로 하여야 하고, 옥내소화전 방수구와 연결되는 가지배관의 구경은 40mm(호스릴옥내소화전설비의 경우에는 25mm) 이상으로 하여야 하며, 주배관중 수직배관의 구경은 50mm(호스릴옥내소화전설비의 경우에는 32mm) 이상으로 하여야 한다.

㉡ 연결송수관설비의 배관과 겸용할 경우의 주배관은 구경 100mm 이상, 방수구로 연결 되는 배관의 구경은 65mm 이상의 것으로 하여야 한다.

**77** 스프링클러설비의 교차배관에서 분기되는 지점을 기점으로 한쪽 가지배관에 설치되는 헤드의 개수는 최대 몇 개 이하인가? (단, 방호구역 안에서 칸막이 등으로 구획하여 헤드를 증설하는 경우와 격자형 배관방식을 채택하는 경우는 제외한다.)

① 8    ② 10
③ 12   ④ 15

**해설** 스프링클러설비 화재안전기술기준
2.5.9 가지배관의 배열은 다음의 기준에 따른다.
　2.5.9.1 토너먼트(tournament) 배관방식이 아닐 것
　2.5.9.2 교차배관에서 분기되는 지점을 기점으로 한쪽 가지배관에 설치되는 헤드의 개수(반자 아래와 반자속의 헤드를 하나의 가지배관 상에 병설하는 경우에는 반자 아래에 설치하는 헤드의 개수)는 8개 이하로 할 것. 다만, 다음 각 기준의 어느 하나에 해당하는 경우에는 그렇지 않다.
　　2.5.9.2.1 기존의 방호구역 안에서 칸막이 등으로 구획하여 1개의 헤드를 증설하는 경우
　　2.5.9.2.2 습식스프링클러설비 또는 부압식스프링클러설비에 격자형 배관방식(2 이상의 수평주행배관 사이를 가지배관으로 연결하는 방식을 말한다)을 채택하는 때에는 펌프의 용량, 배관의 구경 등을 수리학적으로 계산한 결과 헤드의 방수압 및 방수량이 소화목적을 달성하는 데 충분하다고 인정되는 경우
　2.5.9.3 가지배관과 헤드 사이의 배관을 신축배관으로 하는 경우에는 소방청장이 정하여 고시한 「스프링클러설비신축배관의 성능인증 및 제품검사의 기술기준」에 적합한 것으로 설치할 것. 이 경우 신축배관의 설치 길이는 2.7.3의 거리를 초과하지 않아야 한다.

**78** 차고·주차장에 설치하는 포소화전설비의 설치기준 중 다음 (   ) 안에 알맞은 것은? (단, 1개 층의 바닥면적이 $200m^2$ 이하인 경우는 제외한다.)

> 특정소방대상물의 어느 층에 있어서도 그 층에 설치된 포소화전방수구(포소화전 방수구가 5개 이상 설치된 경우에는 5개)를 동시에 사용할 경우 각 이동식 포노즐 선단의 포수용액 방사압력이 ( ㉠ )MPa 이상이고 ( ㉡ )L/min 이상의 포수용액을 수평거리 15m 이상으로 방사할 수 있도록 할 것

① ㉠ 0.25, ㉡ 230
② ㉠ 0.25, ㉡ 300
③ ㉠ 0.35, ㉡ 230
④ ㉠ 0.35, ㉡ 300

**해설** 차고·주차장에 설치하는 호스릴포소화설비 또는 포소화전설비는 다음의 기준에 따라야 한다.
1. 특정소방대상물의 어느 층에 있어서도 그 층에 설치된 호스릴포방수구 또는 포소화전방수구(호스릴포방수구 또는 포소화전방수구가 5개 이상 설치된 경우에는 5개)를 동시에 사용할 경우 각 이동식 포노즐 선단의 포수 용액 방사압력이 0.35MPa 이상이고 300L/min 이상(1개층의 바닥면적이 $200m^2$ 이하인 경우에는 230L/min 이상)의 포수용액을 수평거리 15m 이상으로 방사할 수 있도록 할 것
2. 저발포의 포소화약제를 사용할 수 있는 것으로 할 것
3. 호스릴 또는 호스를 호스릴포방수구 또는 포소화전방수구로 분리하여 비치하는 때에는 그로부터 3m 이내의 거리에 호스릴함 또는 호스함을 설치할 것
4. 호스릴함 또는 호스함은 바닥으로부터 높이 1.5m 이하의 위치에 설치하고 그 표면에는 "포호스릴함(또는 포소화전함)"이라고 표시한 표지와 적색의 위치표시등을 설치할 것
5. 방호대상물의 각 부분으로부터 하나의 호스릴포방수구까지의 수평거리는 15m 이하(포소화전방수구의 경우 에는 25m 이하)가 되도록 하고 호스릴 또는 호스의 길이는 방호대상물의 각 부분에 포가 유효하게 뿌려질 수 있도록 할 것

**79** 폐쇄형 스프링클러헤드 퓨지블링크형의 표시온도가 121℃~162℃인 경우 후레임의 색별로 옳은 것은? (단, 폐쇄형헤드이다.)

① 파랑
② 빨강
③ 초록
④ 흰색

**해설** 스프링클러헤드의 형식승인 및 제품검사의 기술기준 제12조의6(표시) ①항 9호 표시온도에 따른 다음 표의 색표시(폐쇄형헤드에 한한다)

| 유리벌브형 | | 퓨지블링크형 | |
|---|---|---|---|
| 표시온도(℃) | 액체의 색별 | 표시온도(℃) | 후레임의 색별 |
| 57℃ | 오렌지 | 77℃ 미만 | 색 표시 안함 |
| 68℃ | 빨강 | 78℃~120℃ | 흰색 |
| 79℃ | 노랑 | 121℃~162℃ | 파랑 |
| 93℃ | 초록 | 163℃~203℃ | 빨강 |
| 141℃ | 파랑 | 204℃~259℃ | 초록 |
| 182℃ | 연한자주 | 260℃~319℃ | 오렌지 |
| 227℃ 이상 | 검정 | 320℃ 이상 | 검정 |

**80** 물분무소화설비 수원의 저수량 설치기준으로 옳지 않은 것은?

① 특수가연물을 저장 또는 취급하는 특정소방대상물 또는 그 부분에 있어서 그 바닥면적 $1m^2$에 대하여 10L/min으로 20분간 방수할 수 있는 양 이상으로 할 것
② 차고 또는 주차장은 그 바닥면적 $1m^2$에 대하여 20L/min으로 20분간 방수할 수 있는 양 이상으로 할 것
③ 케이블 덕트는 투영된 바닥면적 $1m^2$에 대하여 12L/min으로 20분간 방수할 수 있는 양 이상으로 할 것
④ 콘베이어 벨트 등은 벨트부분의 바닥면적 $1m^2$에 대하여 20L/min으로 20분간 방수할 수 있는 양 이상으로 할 것

**정답** 78.④ 79.① 80.④

[해설] 20L/min → 10L/min

▶ **물분무소화설비의 수원의 양**

㉠ 특수가연물을 저장 또는 취급하는 소방대상물

$$Q = A(m^2) \times 10L/m^2 \cdot min \times 20min$$

Q : 수원(L), A : 바닥면적(최대방수구역 바닥면적, 최소 50m² 이상)

㉡ 차고 또는 주차장

$$Q = A(m^2) \times 20L/m^2 \cdot min \times 20min$$

Q : 수원(L), A : 바닥면적(최대방수구역 바닥면적, 최소 50m² 이상)

㉢ 절연유 봉입변압기

$$Q = A(m^2) \times 10L/m^2 \cdot min \times 20min$$

Q : 수원(L)
A : 바닥면적을 제외한 표면적을 합한 면적(m²)

㉣ 케이블 트레이, 덕트

$$Q = A(m^2) \times 12L/m^2 \cdot min \times 20min$$

Q : 수원(L), A : 투영된 바닥면적(m²)
※ 투영(投影)된 바닥면적 : 위에서 빛을 비출 때 바닥 그림자의 면적

㉤ 컨베이어 벨트 등

$$Q = A(m^2) \times 10L/m^2 \cdot min \times 20min$$

Q : 수원(L), A : 벨트부분의 바닥면적(m²)

㉥ 위험물 저장탱크

$$Q = L(m) \times 37L/m \cdot min \times 20min$$

Q : 수원(L), L : 탱크의 원주둘레길이(m)

# 2024년 제2회 소방설비기사[기계분야] 1차 필기
### [제4과목 : 소방기계구조원리]

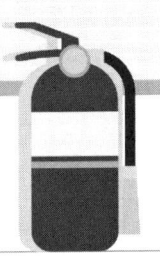

**61** 화재 시 연기가 찰 우려가 없는 장소로서 호스릴분말소화설비를 설치할 수 있는 기준 중 다음 ( ) 안에 알맞은 것은?

- 지상 1층 및 피난층에 있는 부분으로서 지상에서 수동 또는 원격조정에 따라 개방할 수 있는 개구부의 유효면적의 합계가 바닥면적의 ( ㉠ )% 이상이 되는 부분
- 전기설비가 설치되어 있는 부분 또는 다량의 화기를 사용하는 부분의 바닥면적이 해당 설비가 설치되어 있는 구획의 바닥면적의 ( ㉡ ) 미만이 되는 부분

① ㉠ 15, ㉡ 1/5
② ㉠ 15, ㉡ 1/2
③ ㉠ 20, ㉡ 1/5
④ ㉠ 20, ㉡ 1/2

**해설** 호스릴 이산화탄소설비의 설치 가능장소(할론, 분말설비 동일)
화재시 현저하게 연기가 찰 우려가 없는 장소로서 다음의 장소(차고 또는 주차장 제외)
- 지상 1층 및 피난층 중 지상에서 수동 또는 원격조작에 따라 개방할 수 있는 개구부의 유효면적의 합계가 바닥면적의 15% 이상이 되는 부분
- 전기설비가 설치되어 있는 부분 또는 다량의 화기를 사용하는 부분(당해 설비의 주위 5m 이내의 부분을 포함한다.)의 바닥면적이 당해 설비가 설치되어 있는 구획 바닥면적의 5분의 1 미만이 되는 부분

**62** 소화수조의 소요수량이 $20m^3$ 이상 $40m^3$ 미만인 경우 설치하여야 하는 채수구의 개수로 옳은 것은?

① 1개
② 2개
③ 3개
④ 4개

**해설** 소화수조 및 저수조의 화재안전기술기준
소화용수설비에 설치하는 채수구는 다음의 기준에 따라 설치할 것
㉮ 채수구는 다음 표에 따라 소방용 호스 또는 소방용 흡수관에 사용하는 구경 65mm 이상의 나사식 결합 금속구를 설치할 것

| 소요수량 | $20m^3$ 이상 $40m^3$ 미만 | $40m^3$ 이상 $100m^3$ 미만 | $100m^3$ 이상 |
|---|---|---|---|
| 채수구의 수 | 1개 | 2개 | 3개 |

㉯ 채수구는 지면으로부터의 높이가 0.5m 이상 1m 이하의 위치에 설치하고 "채수구"라고 표시한 표지를 할 것

**63** 특별피난계단의 계단실 및 부속실 제연설비의 차압 등에 관한 기준 중 다음 ( ) 안에 알맞은 것은?

제연설비가 가동되었을 경우 출입문이 개방에 필요한 힘은 ( )N 이하로 하여야 한다.

① 12.5
② 40
③ 70
④ 110

**해설** ① 제연구역과 옥내와의 사이에 유지하여야 하는 최소차압은 40Pa(옥내에 스프링클러설 비가 설치된 경우에는 12.5Pa) 이상으로 하여야 한다.
② 제연설비가 가동되었을 경우 출입문의 개방에 필요한 힘은 110N 이하로 하여야 한다.
③ 출입문이 일시적으로 개방되는 경우 개방되지 아니하는 제연구역과 옥내와의 차압은 ①의 기준에 따른 차압의 70% 미만이 되어서는 아니 된다.
④ 계단실과 부속실을 동시에 제연하는 경우 부속실의 기압은 계단실과 같게 하거나 계단실의 기압보다 낮게 할 경우에는 부속실과 계단실의 압력 차이는 5Pa 이하가 되도록 하여야 한다.

**정답** 61.① 62.① 63.④

**64** 미분무소화설비 용어의 정의 중 다음 (  ) 안에 알맞은 것은?

> "미분무"란 물만을 사용하여 소화하는 방식으로 최소설계압력에서 헤드로부터 방출되는 물입자 중 99%의 누적체적분포가 ( ㉠ )μm 이하로 분무되고 ( ㉡ )급 화재에 적응성을 갖는 것을 말한다.

① ㉠ 400, ㉡ A,B,C
② ㉠ 400, ㉡ B,C
③ ㉠ 200, ㉡ A,B,C
④ ㉠ 200, ㉡ B,C

**해설** 제3조(정의) "미분무"란 물만을 사용하여 소화하는 방식으로 최소설계압력에서 헤드로부터 방출되는 물입자 중 99%의 누적체적분포가 400μm 이하로 분무되고 A,B,C급 화재에 적응성을 갖는 것을 말한다.

**65** 옥내소화전설비 수원의 산출된 유효수량 외에 유효수량의 1/3 이상을 옥상에 설치하지 아니할 수 있는 경우의 기준 중 다음 (  ) 알맞은 것은?

> • 수원이 건축물의 최상층에 설치된 ( ㉠ )보다 높은 위치에 설치된 경우
> • 건축물의 높이가 지표면으로부터 ( ㉡ )m 이하인 경우

① ㉠ 송수구, ㉡ 7
② ㉠ 방수구, ㉡ 7
③ ㉠ 송수구, ㉡ 10
④ ㉠ 방수구, ㉡ 10

**해설** 옥상수조제외 기준
㉠ 지하층만 있는 건축물
㉡ 고가수조를 가압송수장치로 설치한 옥내소화전설비
㉢ 수원이 건축물의 최상층에 설치된 방수구보다 높은 위치에 설치된 경우
㉣ 건축물의 높이가 지표면으로부터 10m 이하인 경우
㉤ 주펌프와 동등 이상의 성능이 있는 별도의 펌프로서 내연기관의 기동과 연동하여 작동되거나 비상전원을 연결하여 설치한 경우

㉥ 학교·공장·창고시설(제4조제2항에 따라 옥상수조를 설치한 대상은 제외한다)로서 동결의 우려가 있는 장소에 있어서는 기동스위치에 보호판을 부착하여 옥내소화전함 내에 설치하는 경우
㉦ 가압수조를 가압송수장치로 설치한 옥내소화전설비
※ 옥상수조제외 규정시에도 층수가 30층 이상의 특정소방대상물의 수원은 산출된 유효수량 외에 유효수량의 3분의 1 이상을 옥상(옥내소화전설비가 설치된 건축물의 주된 옥상을 말한다)에 설치하여야 한다. 다만, 고가수조방식인 경우와 수원이 건축물의 최상층에 설치된 방수구보다 높은 위치에 설치된 경우 그러하지 아니하다.

**66** 소화용수설비에 설치하는 채수구의 설치기준 중 다음 (  ) 안에 알맞은 것은?

> 채수구는 지면으로부터의 높이가 ( ㉠ )m 이상 ( ㉡ ) 이하의 위치에 설치하고 "채수구"라고 표시한 표지를 할 것

① ㉠ 0.5, ㉡ 1.0
② ㉠ 0.5, ㉡ 1.5
③ ㉠ 0.8, ㉡ 1.0
④ ㉠ 0.8, ㉡ 1.5

**해설** 소화용수설비에 설치하는 채수구는 다음의 기준에 따라 설치할 것
㉮ 채수구는 다음 표에 따라 소방용 호스 또는 소방용 흡수관에 사용하는 구경 65mm 이상의 나사식 결합 금속구를 설치할 것

| 소요수량 | 20m³ 이상 40m³ 미만 | 40m³ 이상 100m³ 미만 | 100m³ 이상 |
|---|---|---|---|
| 채수구의 수 | 1개 | 2개 | 3개 |

㉯ 채수구는 지면으로부터의 높이가 0.5m 이상 1m 이하의 위치에 설치하고 "채수구"라고 표시한 표지를 할 것

**67** 특정소방대상물에 따라 적응하는 포소화설비의 설치기준 중 특수가연물을 저장·취급하는 공장 또는 창고에 적응성을 갖는 포소화설비가 아닌 것은?

① 포헤드설비
② 고정포방출설비
③ 압축공기포소화설비
④ 호스릴포소화설비

**정답** 64.① 65.④ 66.① 67.③

**해설** 소방대상물에 따른 포소화설비의 종류

| 구분 | 소방대상물 | 포소화설비의 종류 |
|---|---|---|
| 1 | 특수가연물을 저장·취급하는 공장 또는 창고 | 포워터스프링클러설비<br>포헤드설비<br>고정포방출구설비<br>압축공기포소화설비 |
| 2 | 차고 주차장 | 포워터스프링클러설비<br>포헤드설비<br>고정포방출구설비<br>압축공기포소화설비 |
| 3 | ※ 차고 주차장 중<br>① 완전 개방된 옥상주차장 또는 고가 밑의 주차장 등으로서 주된 벽이 없고 기둥뿐이거나 주위가 위해방지용 철주 등으로 둘러쌓인 부분<br>② 지상 1층으로서 지붕이 없는 부분 | 호스릴 포소화설비<br>포소화전설비 |
|  | 항공기 격납고 | 포워터스프링클러설비<br>포헤드설비<br>고정포방출구설비<br>압축공기포소화설비 |
|  | ※ 항공기 격납고 중<br>바닥면적의 합계가 1,000m² 이상이고 항공기의 격납위치가 한정되어 있는 경우에는 그 한정된 장소 외의 부분 | 호스릴 포소화설비 |
| 4 | 발전기실, 엔진 펌프실, 변압기, 전기케이블실, 유압설비(바닥면적 300m² 미만) | 고정식압축공기포소화설비 |
| 5 | 위험물 제조소 등 | 포헤드설비<br>고정포방출구설비<br>호스릴포소화설비 |
| 6 | 위험물<br>옥외탱크저장소(고정포방출구방식) | 고정포방출구+보조포소화전 |

**68** 고압의 전기기기가 있는 장소에 있어서 전기의 절연을 위한 전기기기와 물분무헤드 사이의 최소 이격거리 기준 중 옳은 것은?

① 66kV 이하 - 60cm 이상
② 66kV 초과 77kV 이하 - 80cm 이상
③ 77kV 초과 110kV 이하 - 100cm 이상
④ 110kV 초과 154kV 이하 - 140cm 이상

**해설** 고압의 전기기기와 물분무헤드 사이의 유지거리

| 전압(kV) | 거리(cm) | 전압(kV) | 거리(cm) |
|---|---|---|---|
| 66 이하 | 70 이상 | 154 초과 181 이하 | 180 이상 |
| 66 초과 77 이하 | 80 이상 | 181 초과 220 이하 | 210 이상 |
| 77 초과 110 이하 | 110 이상 | 220 초과 275 이하 | 260 이상 |
| 110 초과 154 이하 | 150 이상 | - | - |

**69** 할로겐화합물 및 불활성기체소화약제 소화설비를 설치할 수 없는 장소의 기준 중 옳은 것은? (단, 소화성능이 인정되는 위험물은 제외한다.)

① 제1류위험물 및 제2류위험물 사용
② 제2류위험물 및 제4류위험물 사용
③ 제3류위험물 및 제5류위험물 사용
④ 제4류위험물 및 제6류위험물 사용

**해설** 할로겐화합물 및 불활성기체소화설비 설치제외 장소
㉠ 사람이 상주하는 곳으로서 최대허용설계농도를 초과하는 장소
㉡ 제3류 위험물 및 제5류 위험물을 사용하는 장소 다만, 소화성능이 인정되는 위험물은 제외한다.

**[ 할로겐화합물 및 불활성기체소화약제의 최대허용 설계농도 ]**

| 소화약제 | 최대허용 설계농도(%) |
|---|---|
| FC-3-1-10 | 40 |
| HCFC BLEND A | 10 |
| HCFC-124 | 1.0 |
| HFC-125 | 11.5 |
| HFC-227ea | 10.5 |
| HFC-23 | 30 |
| HFC-236fa | 12.5 |
| FIC-13 I 1 | 0.3 |
| FK-5-1-12 | 10 |
| IG-01 | 43 |
| IG-100 | 43 |
| IG-541 | 43 |
| IG-55 | 43 |

## 70
대형소화기에 충전하는 최소 소화약제의 기준 중 다음 (　) 안에 알맞은 것은?

- 분말소화기 : ( ㉠ )kg 이상
- 물소화기 : ( ㉡ )kg 이상
- 이산화탄소소화기 : ( ㉢ )kg 이상

① ㉠ 30, ㉡ 80, ㉢ 50
② ㉠ 30, ㉡ 50, ㉢ 60
③ ㉠ 20, ㉡ 80, ㉢ 50
④ ㉠ 20, ㉡ 50, ㉢ 60

**해설** 소화기의 용량별 구분
㉠ 소형소화기
소형소화기란 능력단위가 1단위 이상이고 대형소화기의 능력단위 미만인 소화기를 말한다.
㉡ 대형소화기
대형소화기란 화재 시 사람이 운반할 수 있도록 운반대와 바퀴가 설치되어 있고 A급 10단위 이상, B급 20단위 이상인 소화기를 말한다.

**【 대형소화기의 소화약제 충전량 】**

| 소화기의 종류 | 소화약제의 양 |
| --- | --- |
| 물 소화기 | 80L |
| 기계포소화기 | 20L |
| 강화액 소화기 | 60L |
| 이산화탄소 소화기 | 50kg |
| 할론 소화기 | 30kg |
| 분말 소화기 | 20kg |

## 71
다수인피난장비 설치기준 중 틀린 것은?
① 사용 시에 보관실 외측 문이 먼저 열리고 탑승기가 외측으로 자동으로 전개될 것
② 보관실의 문은 상시 개방상태를 유지하도록 할 것
③ 하강 시에 탑승기가 건물 외벽이나 돌출물에 충돌하지 않도록 설치할 것
④ 피난층에는 해당 층에 설치된 피난기구가 착지에 지장이 없도록 충분한 공간을 확보할 것

**해설** 다수인 피난장비 설치기준
㉠ 피난에 용이하고 안전하게 하강할 수 있는 장소에 적재 하중을 충분히 견딜 수 있도록 「건축물의 구조기준 등에 관한 규칙」제3조에서 정하는 구조안전의 확인을 받아 견고하게 설치할 것
㉡ 다수인피난장비 보관실(이하 "보관실"이라 한다)은 건물 외측보다 돌출되지 아니하고, 빗물·먼지 등으로부터 장비를 보호할 수 있는 구조일 것
㉢ 사용 시에 보관실 외측 문이 먼저 열리고 탑승기가 외측으로 자동으로 전개될 것
㉣ 하강 시에 탑승기가 건물 외벽이나 돌출물에 충돌하지 않도록 설치할 것
㉤ 상·하층에 설치할 경우에는 탑승기의 하강경로가 중첩되지 않도록 할 것
㉥ 하강 시에는 안전하고 일정한 속도를 유지하도록 하고 전복, 흔들림, 경로이탈 방지를 위한 안전조치를 할 것
㉦ 보관실의 문에는 오작동 방지조치를 하고, 문 개방 시에는 당해 소방대상물에 설치된 경보설비와 연동하여 유효한 경보음을 발하도록 할 것
㉧ 피난층에는 해당 층에 설치된 피난기구가 착지에 지장이 없도록 충분한 공간을 확보 할 것
㉨ 한국소방산업기술원 또는 법 제42조제1항에 따라 성능시험기관으로 지정받은 기관에서 그 성능을 검증받은 것으로 설치할 것

**정답** 70.③ 71.②

**72** 화재조기진압용 스프링클러설비 헤드의 기준 중 다음 ( ) 안에 알맞은 것은?

> 헤드 하나의 방호면적은 ( ㉠ )m² 이상 ( ㉡ )m² 이하로 할 것

① ㉠ 2.4, ㉡ 3.7
② ㉠ 3.7, ㉡ 9.1
③ ㉠ 6.0, ㉡ 9.3
④ ㉠ 9.1, ㉡ 13.7

**해설** 화재조기진압용 스프링클러설비 헤드 설치기준
㉠ 헤드 하나의 방호면적은 6.0m² 이상 9.3m² 이하로 할 것
㉡ 가지배관의 헤드 사이의 거리는 천장의 높이가 9.1m 미만인 경우에는 2.4m 이상 3.7m 이하로, 9.1m 이상 13.7m 이하인 경우에는 3.1m 이하로 할 것
㉢ 헤드의 반사판은 천장 또는 반자와 평행하게 설치하고 저장물의 최상부와 914mm 이상 확보되도록 할 것
㉣ 하향식 헤드의 반사판의 위치는 천장이나 반자 아래 125mm 이상 355mm 이하일 것
㉤ 상향식 헤드의 감지부 중앙은 천장 또는 반자와 101mm 이상 152mm 이하이어야 하며, 반사판의 위치는 스프링클러배관의 윗부분에서 최소 178mm 상부에 설치되도록 할 것
㉥ 헤드와 벽과의 거리는 헤드 상호간 거리의 2분의 1을 초과하지 않아야 하며 최소 102mm 이상일 것
㉦ 헤드의 작동온도는 74℃ 이하일 것. 다만, 헤드 주위의 온도가 38℃ 이상의 경우에는 그 온도에서의 화재시험 등에서 헤드작동에 관하여 공인기관의 시험을 거친 것을 사용할 것
㉧ 헤드의 살수분포에 장애를 주는 장애물이 있는 경우에는 다음 각 목의 어느 하나에 적합할 것
  ⓐ 천장 또는 천장근처에 있는 장애물과 반사판의 위치는 별도 1 또는 별도 2와 같이 하며, 천장 또는 천장근처에 보·덕트·기둥·난방기구·조명기구·전선관 및 배관 등의 기타 장애물이 있는 경우에는 장애물과 헤드 사이의 수평거리에 따른 장애물의 하단과 그 보다 윗부분에 설치되는 헤드 반사판 사이의 수직거리는 별도 1 또는 별도 3에 따를 것
  ⓑ 헤드 아래에 덕트·전선관·난방용배관 등이 설치되어 헤드의 살수를 방해하는 경우에는 별도 1 또는 별도 3에 따를 것. 다만, 2개 이상의 헤드의 살수를 방해 하는 경우에는 별도 2를 참고로 한다.

㉨ 상부에 설치된 헤드의 방출수에 따라 감열부에 영향을 받을 우려가 있는 헤드에는 방출수를 차단할 수 있는 유효한 차폐판을 설치할 것

**73** 바닥면적이 1,300m²인 관람장에 소화기구를 설치할 경우 소화기구의 최소 능력단위는? (단, 주요구조부가 내화구조이고, 벽 및 반자의 실내와 면하는 부분이 불연재료로 된 특정 소방대상물이다.)

① 7단위
② 13단위
③ 22단위
④ 26단위

**해설**
$$\text{능력단위} = \frac{1300[\text{m}^2]}{100[\text{m}^2/1\text{단위}]} = 13[\text{단위}]$$

**특정소방대상물별 소화기구의 능력단위기준**(제4조제1항제2호 관련)

| 특정소방대상물 | 소화기구의 능력단위 |
| --- | --- |
| 1. 위락시설 | 해당 용도의 바닥면적 30m² 마다 능력단위 1단위 이상 |
| 2. 공연장·집회장·관람장·문화재·장례식장 및 의료시설 | 해당 용도의 바닥면적 50m² 마다 능력단위 1단위 이상 |
| 3. 근린생활시설·판매시설·운수시설·숙박시설·노유자시설·전시장·공동주택·업무시설·방송통신시설·공장·창고시설·항공기 및 자동차 관련 시설 및 관광휴게시설 | 해당 용도의 바닥면적 100m² 마다 능력단위 1단위 이상 |
| 4. 그 밖의 것 | 해당 용도의 바닥면적 200m² 마다 능력단위 1단위 이상 |

(주) 소화기구의 능력단위를 산출함에 있어서 건축물의 주요구조부가 내화구조이고, 벽 및 반자의 실내에 면하는 부분이 불연재료·준불연재료 또는 난연재료로 된 특정소방대상물에 있어서는 위 표의 기준면적의 2배를 해당 특정소방대상물의 기준면적으로 한다.

**74** 할론소화설비에서 국소방출방식의 경우 할론소화약제의 양을 산출하는 식은 다음과 같다. 여기서 A는 무엇을 의미하는가? (단, 가연물이 비산할 우려가 있는 경우로 가정한다.)

$$Q = X - Y\frac{a}{A}$$

① 방호공간의 벽면적의 합계
② 창문이나 문의 틈새면적의 합계
③ 개구부 면적의 합계
④ 방호대상물 주위에 설치된 벽의 면적의 합계

**해설** 할론소화설비에서 국소방출방식의 경우 할론소화약제의 양을 산출하는 식(가연물이 비산할 우려가 있는 경우)

$$W = V \times Q \times \beta$$

W : 할론 약제량(kg)
V : 방호공간의 체적($m^3$)
Q : 방호공간 $1m^2$당의 약재량($kg/m^2$)
β : 약제별 계수(2402, 1211은 1.1, 할론 1301은 1.25)
  ㉮ 방호공간 : 방호대상물의 각 부분으로부터 0.6m의 거리에 따라 둘러싸인 공간
  ㉯ 방호공간 $1m^3$당의 약제량

$$Q = X - Y\frac{a}{A}$$

Q : 방호공간 $1m^3$에 대한 소화약제의 양($kg/m^3$)
a : 방호대상물 주위에 설치된 벽 면적의 합계($m^2$)
A : 방호공간의 벽 면적(벽이 없는 경우에는 벽이 있는 것으로 가정한 면적)의 합계($m^2$)

| 소화약제의 종별 | X의 수치 | Y의 수치 |
|---|---|---|
| 할론 2402 | 5.2 | 3.9 |
| 할론 1211 | 4.4 | 3.3 |
| 할론 1301 | 4.0 | 3.0 |

**75** 포헤드를 정방형으로 설치 시 헤드와 벽과의 최대 이격거리는 약 몇 m인가?

① 1.48   ② 1.62
③ 1.76   ④ 1.91

**해설** 포헤드 상호간에는 다음 각 목의 기준에 따른 거리를 두도록 할 것
가. 정방형으로 배치한 경우에는 다음의 식에 따라 산정한 수치 이하가 되도록 할 것

$$S = 2r \times \cos 45°$$

S : 포헤드 상호간의 거리(m)
r : 유효반경(2.1m)

나. 장방형으로 배치한 경우에는 그 대각선의 길이가 다음의 식에 따라 산정한 수치 이하가 되도록 할 것

$$P_t = 2r$$

$P_t$ : 대각선의 길이(m)
r : 유효반경(2.1m)

※ 헤드~벽 : $\frac{1}{2}S$ 이하

∴ $\frac{2 \times 2.1 \times \cos 45°}{2} = 1.48m$

**76** 폐쇄형 스프링클러헤드를 최고주위온도 40[℃]인 장소(공장 및 창고 제외)에 설치할 경우 표시온도는 몇 [℃]의 것을 설치하여야 하는가?

① 79[℃] 미만
② 79[℃] 이상 121[℃] 미만
③ 121[℃] 이상 162[℃] 미만
④ 162[℃] 이상

**해설** 폐쇄형헤드의 최고주위온도에 따른 표시온도

| 설치장소의 최고주위온도 | 표시온도 |
|---|---|
| 39℃ 미만 | 79℃ 미만 |
| 39℃ 이상 64℃ 미만 | 79℃ 이상 121℃ 미만 |
| 64℃ 이상 106℃ 미만 | 121℃ 이상 162℃ 미만 |
| 106℃ 이상 | 162℃ 이상 |

정답 74.① 75.① 76.②

**77** 학교, 공장, 창고시설에 설치하는 옥내소화전에서 가압송수장치 및 기동장치가 동결의 우려가 있는 경우 일부 사항을 제외하고는 주펌프와 동등 이상의 성능이 있는 별도의 펌프로서 내연기관의 기동과 연동하여 작동되거나 비상전원을 연결한 펌프를 추가 설치해야 한다. 다음 중 이러한 조치를 취해야 하는 경우는?

① 지하층이 없이 지상층만 있는 건축물
② 고가수조를 가압송수장치로 설치한 경우
③ 수원이 건축물의 최상층에 설치된 방수구보다 높은 위치에 설치된 경우
④ 건축물의 높이가 지표면으로부터 10[m] 이하인 경우

**해설** 옥내소화전설비의 수원은 산출된 유효수량 외에 유효수량의 3분의 1 이상을 옥상(옥내소화전 설비가 설치된 건축물의 주된 옥상을 말한다. 이하 같다)에 설치하여야 한다. 다만, 다음의 어느 하나에 해당하는 경우에는 그러하지 아니하다.
1. 지하층만 있는 건축물
2. 고가수조를 가압송수장치로 설치한 옥내소화전설비
3. 수원이 건축물의 최상층에 설치된 방수구보다 높은 위치에 설치된 경우
4. 건축물의 높이가 지표면으로부터 10m 이하인 경우
5. 주펌프와 동등 이상의 성능이 있는 별도의 펌프로서 내연기관의 기동과 연동하여 작동되거나 비상전원을 연결 하여 설치한 경우
6. 학교·공장·창고시설(제4조제2항에 따라 옥상수조를 설치한 대상은 제외한다)로서 동결의 우려가 있는 장소에 있어서는 기동스위치에 보호판을 부착하여 옥내소화전함 내에 설치할 수 있다.
7. 가압수조를 가압송수장치로 설치한 옥내소화전설비

**78** 다음 ( ) 안에 들어가는 기기로 옳은 것은?

- 분말소화약제의 가압용가스 용기를 3병 이상 설치한 경우에는 2개 이상의 용기에 ( ⓐ )를 부착하여야 한다.
- 분말소화약제의 가압용가스 용기에는 2.5[MPa] 이하의 압력에서 조정이 가능한 ( ⓑ )를 설치하여야 한다.

① ⓐ 전자개방밸브   ⓑ 압력조정기
② ⓐ 전자개방밸브   ⓑ 정압작동장치
③ ⓐ 압력조정기     ⓑ 전자개방밸브
④ ⓐ 압력조정기     ⓑ 정압개방밸브

**해설** 가압용가스용기
① 분말소화약제의 가스용기는 분말소화약제의 저장용기에 접속하여 설치하여야 한다.
② 분말소화약제의 가압용가스 용기를 3병 이상 설치한 경우에는 2개 이상의 용기에 전자개방밸브를 부착하여야 한다.
③ 분말소화약제의 가압용가스 용기에는 2.5MPa 이하의 압력에서 조정이 가능한 압력조정기를 설치하여야 한다.

**79** 포소화설비의 자동식 기동장치를 폐쇄형 스프링클러헤드의 개방과 연동하여 가압송수장치·일제개방밸브 및 포 소화약제 혼합 장치를 기동하는 경우 다음 ( ) 안에 알맞은 것은? (단, 자동화재탐지설비의 수신기가 설치된 장소에 상시 사람이 근무하고 있고, 화재시 즉시 해당 조작부를 작동시킬 수 있는 경우는 제외한다.)

> 표시온도가 ( ㉠ )[℃] 미만인 것을 사용하고, 1개의 스프링클러헤드의 경계면적은 ( ㉡ )[m²] 이하로 할 것

① ㉠ 79, ㉡ 8          ② ㉠ 121, ㉡ 8
③ ㉠ 79, ㉡ 20         ④ ㉠ 121, ㉡ 20

**해설** 포소화설비 화재안전기술기준
▶자동식 기동장치의 설치기준
㉠ 폐쇄형 스프링클러헤드를 사용하는 경우에는 다음에 따를 것
  ⓐ 표시온도가 79℃ 미만인 것을 사용하고, 1개의 스프링클러헤드의 경계면적은 20m² 이하로 할 것
  ⓑ 부착면의 높이는 바닥으로부터 5m 이하로 하고, 화재를 유효하게 감지할 수 있도록 할 것
  ⓒ 하나의 감지장치 경계구역은 하나의 층이 되도록 할 것

**정답** 77.① 78.① 79.③

04. 소방기계구조원리

ⓛ 화재감지기를 사용하는 경우에는 다음에 따를 것
  ⓐ 화재감지기는 자동화재탐지설비의 화재안전기준 제7조의 기준에 따라 설치할 것
  ⓑ 화재감지기 회로에는 다음 기준에 따른 발신기를 설치할 것
    ㉮ 조작이 쉬운 장소에 설치하고, 스위치는 바닥으로부터 0.8m 이상 1.5m 이하의 높이에 설치할 것
    ㉯ 소방대상물의 층마다 설치하되, 당해 소방대상물의 각 부분으로부터 수평거리가 25m 이하가 되도록 할 것. 다만, 복도 또는 별도로 구획된 실로서 보행거리가 40m 이상일 경우에는 추가로 설치하여야 한다.
    ㉰ 발신기의 위치를 표시하는 표시등은 함의 상부에 설치하되, 그 불빛은 부착면으로부터 15° 이상의 범위 안에서 부착지점으로부터 10m 이내의 어느 곳에서도 쉽게 식별할 수 있는 적색등으로 할 것
  ⓒ 동결 우려가 있는 장소의 포소화설비의 자동식 기동장치는 자동화재탐지설비와 연동으로 할 것

**80** 아래 평면도와 같이 반자가 있는 어느 실내에 전등이나 공조용 디퓨져 등의 시설물을 무시하고 수평거리를 2.1[m]로 하여 스프링클러헤드를 정방형으로 설치하고자 할 때 최소 몇 개의 헤드를 설치해야 하는가? (단, 반자 속에는 헤드를 설치하지 아니하는 것으로 본다.)

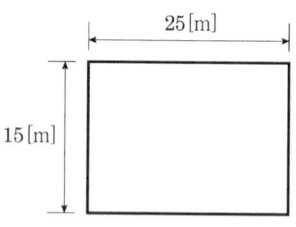

① 24개  ② 42개
③ 54개  ④ 72개

**해설** 헤드의 배치(정방형배치 : 헤드 간의 거리 중 가로의 거리와 세로의 거리가 동일한 헤드의 배치방식)

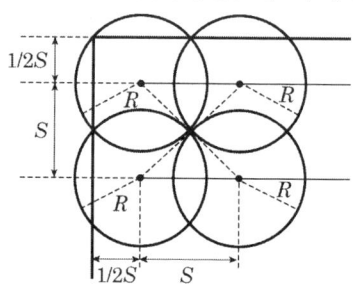

【 정방형 배치 】

$S = 2R\cos 45°$
$S$ : 헤드 간의 거리(m), $R$ : 수평 거리(m)
$S = 2R\cos 45$
  $= 2 \times 2.1[m] \times \cos 45$
  $= 2.96[m]$

가로 헤드개수 : $\dfrac{25[m]}{2.96[m/개]} = 8.44 ≒ 9[개]$

세로 헤드개수 : $\dfrac{15[m]}{2.96[m/개]} = 5.06 ≒ 6[개]$

총 헤드개수 : $9 \times 6 = 54[개]$

정답 80.③

# 제3회 소방설비기사[기계분야] 1차 필기
[제4과목 : 소방기계구조원리]

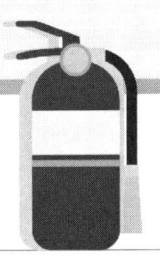

**61** 물분무소화설비의 소화작용이 아닌 것은?

① 부촉매작용   ② 냉각작용
③ 질식작용   ④ 희석작용

**해설** 부촉매작용에 의한 소화설비종류
할론소화약제소화설비, 할로겐화합물소화약제소화설비

**62** 옥내소화전이 하나의 층에는 6개, 또 다른 층에는 3개, 나머지 모든 층에는 4개씩 설치되어 있다. 수원의 최소 수량($m^3$) 기준은?

① 7.8   ② 10.4
③ 5.2   ④ 15.6

**해설** $2 \times 130[L/min] \times 20[min] = 5,200[L] = 5.2[m^3]$

▶ 옥내소화전 수원의 양
- 30층 미만의 경우 : 수원의 양($m^3$) (N : 최대 2개)
  $= N \times 2.6m^3$ 이상 $= N \times 130L/min \times 20min$ 이상
- 30층 이상 49층 이하의 경우 : 수원의 양($m^3$)
  $= N \times 5.2m^3$ 이상 $= N \times 130L/min \times 40min$ 이상
- 50층 이상의 경우 : 수원의 양($m^3$)
  $= N \times 7.8m^3$ 이상 $= N \times 130L/min \times 60min$ 이상
  N : 옥내소화전의 설치개수가 가장 많은 층의 설치수
  (30층 이상의 경우 최대 5개)

**63** 전역방출방식 분말 소화설비에서 방호구역의 개구부에 자동폐쇄장치를 설치하지 아니한 경우, 개구부의 면적 $1m^2$에 대한 분말소화약제의 가산량으로 잘못 연결된 것은?

① 제1종 분말 - 4.5kg
② 제2종 분말 - 2.7kg
③ 제3종 분말 - 2.5kg
④ 제4종 분말 - 1.8kg

**해설** 분말소화설비의 소화약제량 산정
㉠ 전역방출방식

$$W = (V \times \alpha) + (A \times \beta)$$

$W$ : 분말소화약제량(kg)
$V$ : 방호구역의 체적($m^3$)
$\alpha$ : 방호구역의 체적 $1m^3$당의 약제량(kg/$m^3$)
$A$ : 자동폐쇄장치가 없는 개구부의 면적($m^2$)
$\beta$ : 개구부의 면적 $1m^2$당의 약제량

[ 방호구역 $1m^3$에 대한 약제량과 자동폐쇄장치가 없는 개구부 $1m^2$당 가산량 ]

| 소화약제의 종별 | 방호구역 $1m^3$에 대한 약제량 | 가산량(개구부 $1m^2$에 대한 약제량) |
|---|---|---|
| 제1종 분말 | 0.6kg | 4.5kg |
| 제2종, 제3종 분말 | 0.36kg | 2.7kg |
| 제4종 분말 | 0.24kg | 1.8kg |

**64** 체적 $100m^3$의 면화류 창고에 전역방출 방식의 이산화탄소 소화설비를 설치하는 경우에 소화약제는 몇 kg 이상 저장하여야 하는가? (단, 방호구역의 개구부에 자동폐쇄장치가 부착되어 있다.)

① 12   ② 27
③ 120   ④ 270

**해설** $100[m^3] \times 2.7[kg/m^3] = 270[kg]$
이산화탄소소화설비 전역방출방식 심부화재인 때 소화약제량

정답 61.① 62.③ 63.③ 64.④

▶ 심부화재인 때(종이·목재·석탄·섬유류·합성수지류 등)

【 방호구역의 체적 1m³에 대한 기본 약제량 】

| 방호대상물 | 방호구역 1m³에 대한 약제량 | 설계 농도 |
|---|---|---|
| 유압기를 제외한 전기설비, 케이블설 | 1.3kg | 50% |
| 체적 55m³ 미만의 전기설비 | 1.6kg | 50% |
| 서고, 전자제품창고, 목재가공품 창고, 박물관 | 2.0kg | 65% |
| 고무류, 면화류창고, 모피창고, 석탄창고, 집진설비 | 2.7kg | 75% |

※ 불연재료나 내열성의 재료로 밀폐된 구조물이 있는 경우에는 그 체적을 제외한다.

**65** 연결살수설비의 화재안전기준에 따른 건축물에 설치하는 연결살수설비의 헤드에 대한 기준 중 다음 ( ) 안에 알맞은 것은?

> 천장 또는 반자의 각 부분으로부터 하나의 살수헤드까지의 수평거리가 연결살수설비 전용헤드의 경우는 ( ㉠ )m 이하, 스프링클러헤드의 경우는 ( ㉡ )m 이하로 할 것. 다만, 살수헤드의 부착면과 바닥과의 높이가 ( ㉢ )m 이하인 부분은 살수헤드의 살수분포에 따른 거리로 할 수 있다.

① ㉠ 3.7  ㉡ 2.3  ㉢ 2.1
② ㉠ 3.7  ㉡ 2.3  ㉢ 2.3
③ ㉠ 2.3  ㉡ 3.7  ㉢ 2.3
④ ㉠ 2.3  ㉡ 3.7  ㉢ 2.1

**해설** ① 연결살수설비의 헤드는 연결살수설비전용헤드 또는 스프링클러헤드로 설치하여야 한다.
② 건축물에 설치하는 연결살수설비의 헤드는 다음 각 호의 기준에 따라 설치하여야 한다.
 1. 천장 또는 반자의 실내에 면하는 부분에 설치할 것
 2. 천장 또는 반자의 각 부분으로부터 하나의 살수헤드까지의 수평거리가 연결살수설비전용헤드의 경우는 3.7m 이하, 스프링클러헤드의 경우는 2.3m 이하로 할 것. 다만, 살수헤드의 부착면과 바닥과의 높이가 2.1m 이하인 부분은 살수헤드의 살수분포에 따른 거리로 할 수 있다.

**66** 옥외소화전설비의 화재안전기준에 따라 옥외소화전배관은 특정소방대상물의 각 부분으로부터 하나의 호스접결구까지의 수평거리가 최대 몇 m 이하가 되도록 설치하여야 하는가?

① 25m   ② 35m
③ 40m   ④ 50m

**해설** 수평거리 기준
옥내소화전 - 25m 이하
옥외소화전 - 40m 이하

**67** 화재조기진압용 스프링클러설비의 화재안전기준상 화재조기진압용 스프링클러설비 설치장소의 구조기준으로 틀린 것은?

① 창고내의 선반의 형태는 하부로 물이 침투되는 구조로 할 것
② 천장의 기울기가 1,000분의 168을 초과하지 않아야 하고, 이를 초과하는 경우에는 반자를 지면과 수평으로 설치할 것
③ 천장은 평평하여야 하며 철재나 목재트러스 구조인 경우, 철재나 목재의 돌출부분이 102㎜를 초과하지 아니할 것
④ 해당층의 높이가 10m 이하일 것. 다만, 2층 이상일 경우에는 해당층의 바닥을 내화구조로 하고 다른 부분과 방화구획 할 것

**해설** 화재조기진압용스프링클러 설치장소의 구조
화재조기진압용 스프링클러설비를 설치할 장소의 구조는 다음 각 호에 적합하여야 한다.
1. 해당층의 높이가 13.7m 이하일 것. 다만, 2층 이상일 경우에는 해당층의 바닥을 내화구조로 하고 다른 부분과 방화구획 할 것
2. 천장의 기울기가 1,000분의 168을 초과하지 않아야 하고, 이를 초과하는 경우에는 반자를 지면과 수평으로 설치할 것
3. 천장은 평평하여야 하며 철재나 목재트러스 구조인 경우, 철재나 목재의 돌출부분이 102㎜를 초과하지 아니할 것
4. 보로 사용되는 목재·콘크리트 및 철재사이의 간격이 0.9m 이상 2.3m 이하일 것. 다만, 보의 간격이

정답 65.① 66.③ 67.④

2.3m 이상인 경우에는 화재조기진압용 스프링클러헤드의 동작을 원활히 하기 위하여 보로 구획된 부분의 천장 및 반자의 넓이가 28㎡를 초과하지 아니할 것
5. 창고내의 선반의 형태는 하부로 물이 침투되는 구조로 할 것

**68** 스프링클러설비의 화재안전기준에 따라 개방형 스프링클러설비에서 하나의 방수구역을 담당하는 헤드개수는 최대 몇 개 이하로 설치하여야 하는가?

① 30개  ② 40개
③ 50개  ④ 60개

**해설** 개방형스프링클러설비의 방수구역 및 일제개방밸브는 다음 각 호의 기준에 적합하여야 한다.
1. 하나의 방수구역은 2개 층에 미치지 아니 할 것
2. 방수구역마다 일제개방밸브를 설치할 것
3. 하나의 방수구역을 담당하는 헤드의 개수는 50개 이하로 할 것. 다만, 2개 이상의 방수구역으로 나눌 경우에는 하나의 방수구역을 담당하는 헤드의 개수는 25개 이상으로 할 것
4. 일제개방밸브의 설치위치는 제6조제4호의 기준에 따르고, 표지는 "일제개방밸브실"이라고 표시할 것

**69** 분말소화설비의 화재안전기준상 분말소화설비의 가압용가스로 질소가스를 사용하는 경우 질소가스는 소화약제 1kg마다 최소 몇 L 이상이어야 하는가? (단, 질소가스의 양은 35℃에서 1기압의 압력상태로 환산한 것이다)

① 10L  ② 20L
③ 30L  ④ 40L

**해설** 분말소화약제소화설비 가압용가스용기
㉠ 분말소화약제의 가스용기는 분말소화약제 저장용기에 접속하여 설치하여야 한다.
㉡ 분말소화약제의 가압용가스 용기를 3병 이상 설치한 경우에 있어서는 2개 이상의 용기에 전자개방밸브를 부착하여야 한다.
㉢ 분말소화약제의 가압용가스 용기에는 2.5MPa 이하의 압력에서 조정이 가능한 압력조정기를 설치하여야 한다.

㉣ 가압용가스 또는 축압용가스는 다음 각 호의 기준에 따라 설치하여야 한다.
ⓐ 가압용가스 또는 축압용가스는 질소가스 또는 이산화탄소로 할 것
ⓑ 가압용가스에 질소가스를 사용하는 것에 있어서 질소가스는 소화약제 1kg마다 40L(35℃에서 1기압의 압력상태로 환산한 것) 이상, 이산화탄소를 사용하는 것에 있어서 이산화탄소는 소화약제 1kg에 대하여 20g에 배관의 청소에 필요한 양을 가산한 양 이상으로 할 것
ⓒ 축압용 가스에 질소가스를 사용하는 것에 있어서 질소가스는 소화약제 1kg에 대하여 10L(35℃에서 1기압의 압력상태로 환산한 것) 이상, 이산화탄소를 사용하는 것에 있어서 이산화탄소는 소화약제 1kg에 대하여 20g에 배관의 청소에 필요한 양을 가산한 양 이상으로 할 것
ⓓ 배관의 청소에 필요한 양의 가스는 별도의 용기에 저장할 것

**70** 도로터널의 화재안전기준 상 옥내소화전설비 설치기준 중 괄호 안에 알맞은 것은?

> 가압송수장치는 옥내소화전 2개(4차로 이상의 터널인 경우 3개)를 동시에 사용할 경우 각 옥내소화전의 노즐선단에서의 방수압력은 ( ㉠ )MPa 이상이고 방수량은 ( ㉡ )L/min 이상이 되는 성능의 것으로 할것

① ㉠ 0.1, ㉡ 130
② ㉠ 0.17, ㉡ 130
③ ㉠ 0.25, ㉡ 350
④ ㉠ 0.35, ㉡ 190

**해설** 도로터널 화재안전기술기준
옥내소화전설비는 다음의 기준에 따라 설치하여야 한다.
1. 소화전함과 방수구는 주행차로 우측 측벽을 따라 50m 이내의 간격으로 설치하며, 편도 2차선 이상의 양방향 터널이나 4차로 이상의 일방향 터널의 경우에는 양쪽 측벽에 각각 50m 이내의 간격으로 엇갈리게 설치할 것
2. 수원은 그 저수량이 옥내소화전의 설치개수 2개(4차로 이상의 터널의 경우 3개)를 동시에 40분 이상 사용할 수 있는 충분한 양 이상을 확보할 것

3. 가압송수장치는 옥내소화전 2개(4차로 이상의 터널인 경우 3개)를 동시에 사용할 경우 각 옥내소화전의 노즐선단에서의 방수압력은 0.35MPa 이상이고 방수량은 190L/min 이상이 되는 성능의 것으로 할 것. 다만, 하나의 옥내소화전을 사용하는 노즐선단에서의 방수압력이 0.7MPa을 초과할 경우에는 호스접결구의 인입측에 감압장치를 설치하여야 한다.
4. 압력수조나 고가수조가 아닌 전동기 및 내연기관에 의한 펌프를 이용하는 가압송수장치는 주펌프와 동등 이상인 별도의 예비펌프를 설치할 것
5. 방수구는 40mm 구경의 단구형을 옥내소화전이 설치된 벽면의 바닥면으로부터 1.5m 이하의 높이에 설치할 것
6. 소화전함에는 옥내소화전 방수구 1개, 15m 이상의 소방호스 3본 이상 및 방수노즐을 비치할 것
7. 옥내소화전설비의 비상전원은 40분 이상 작동할 수 있을 것

**71** 이산화탄소소화설비의 화재안전기준 상 전역방출방식의 이산화탄소 소화설비의 분사헤드 방사압력은 저압식인 경우 최소 몇 MPa 이상이어야 하는가?

① 0.5MPa  ② 1.05MPa
③ 1.4MPa  ④ 2.0MPa

**해설** 이산화탄소소화설비 저압식
$CO_2$ 저장용기에 액화탄산가스를 -18℃ 이하에서 2.1MPa의 압력으로 유지하고 1.05MPa 이상의 압력으로 방사하는 방식

**72** 스프링클러설비의 화재안전기준상 조기반응형 스프링클러헤드를 설치해야 하는 장소가 아닌 것은?

① 수련시설의 침실
② 공동주택의 거실
③ 오피스텔의 침실
④ 병원의 입원실

**해설** 다음 각 호의 어느 하나에 해당하는 장소에는 조기반응형스프링클러헤드를 설치하여야 한다.
1. 공동주택·노유자시설의 거실
2. 오피스텔·숙박시설의 침실, 병원·의원의 입원실

**73** 피난기구의 화재안전기준상 노유자 시설의 4층 이상 10층 이하에서 적응성이 있는 피난기구가 아닌 것은?

① 피난교  ② 다수인피난장비
③ 승강식피난기  ④ 미끄럼대

**해설** 피난기구의 적응성

| 층별<br>설치장소별<br>구분 | 1층 | 2층 | 3층 | 4층 이상<br>10층 이하 |
|---|---|---|---|---|
| 1. 노유자시설 | 미끄럼대·구조대·피난교·다수인피난장비·승강식피난기 | 미끄럼대·구조대·피난교·다수인피난장비·승강식피난기 | 미끄럼대·구조대·피난교·다수인피난장비·승강식피난기 | 구조대·피난교·다수인피난장비·승강식피난기 |
| 2. 의료시설·근린생활시설 중 입원실이 있는 의원·접골원·조산원 | | | 미끄럼대·구조대·피난교·피난용트랩·다수인피난장비·승강식피난기 | 구조대·피난교·피난용트랩·다수인피난장비·승강식피난기 |
| 3. 「다중이용업소의 안전관리에 관한 특별법 시행령」 제2조에 따른 다중이용업소로서 영업장의 위치가 4층 이하인 다중이용업소 | | 미끄럼대·피난사다리·구조대·완강기·다수인피난장비·승강식피난기 | 미끄럼대·피난사다리·구조대·완강기·다수인피난장비·승강식피난기 | 미끄럼대·피난사다리·구조대·완강기·다수인피난장비·승강식피난기 |
| 4. 그 밖의 것 | | | 미끄럼대·피난사다리·구조대·완강기·피난교·피난용트랩·간이완강기·공기안전매트·다수인피난장비·승강식피난기 | 피난사다리·구조대·완강기·피난교·간이완강기·공기안전매트·다수인피난장비·승강식피난기 |

**74** 연결살수설비의 화재안전기준상 배관의 설치기준 중 하나의 배관에 부착하는 살수헤드의 개수가 3개인 경우 배관의 구경은 최소 몇 mm 이상으로 설치해야 하는가? (단, 연결살수설비 전용 헤드를 사용하는 경우이다)

① 40mm  ② 50mm
③ 65mm  ④ 80mm

**정답** 71.② 72.① 73.④ 74.②

**해설** 연결살수설비 전용헤드를 사용하는 경우

| 하나의 배관에 부착하는 살수헤드의 개수 | 1개 | 2개 | 3개 | 4개 또는 5개 | 6개 이상 10개 이하 |
|---|---|---|---|---|---|
| 배관의 구경(mm) | 32 | 40 | 50 | 65 | 80 |

**75** 포소화설비의 화재안전기준상 포소화설비의 배관 등의 설치기준으로 옳은 것은?

① 포워터스프링클러설비 또는 포헤드설비의 가지 배관의 배열은 토너먼트방식으로 한다.
② 송액관은 겸용으로 하여야 한다. 다만, 포소화전의 기동장치의 조작과 동시에 다른 설비의 용도에 사용하는 배관의 송수를 차단할 수 있거나, 포소화설비의 성능에 지장이 없는 경우에는 전용으로 할 수 있다.
③ 송액관은 포의 방출 종료 후 배관안의 액을 배출하기 위하여 적당한 기울기를 유지하도록 하고 그 낮은 부분에 배액밸브를 설치하여야 한다.
④ 연결송수관설비의 배관과 겸용할 경우의 주배관은 구경 65mm 이상, 방수구로 연결되는 배관의 구경은 100mm 이상의 것으로 하여야 한다.

**해설** 포소화설비 배관 설치기준
㉠ 송액관은 포의 방출 종료 후 배관 안의 액을 배출하기 위하여 적당한 기울기를 유지하도록 하고 그 낮은 부분에 배액밸브를 설치하여야 한다.
㉡ 포워터스프링클러설비 또는 포헤드설비의 가지배관의 배열은 토너먼트방식이 아니어야 하며, 교차배관에서 분기하는 지점을 기점으로 한쪽 가지배관에 설치하는 헤드의 수는 8개 이하로 한다.
㉢ 그 밖의 사항은 스프링클러설비와 동일
㉣ 압축공기포소화설비를 스프링클러 보조설비로 설치하거나 압축공기포소화설비에 자동으로 급수되는 장치를 설치한 때에는 송수구 설치를 아니할 수 있다.
㉤ 압축공기포소화설비의 배관은 토너먼트방식으로 하여야 하고 소화약제가 균일하게 방출되는 등거리 배관구조로 설치하여야 한다.

**76** 미분무소화설비의 화재안전기준상 미분무소화설비의 성능을 확인하기 위하여 하나의 발화원을 가정한 설계도서 작성 시 고려하여야 할 인자를 모두 고른 것은?

㉠ 화재 위치
㉡ 점화원의 형태
㉢ 시공 유형과 내장재 유형
㉣ 초기 점화되는 연료 유형
㉤ 공기조화설비, 자연형(문, 창문) 및 기계형 여부
㉥ 문과 창문의 초기상태(열림, 닫힘) 및 시간에 따른 변화상태

① ㉠, ㉢, ㉥
② ㉠, ㉡, ㉢, ㉤
③ ㉠, ㉡, ㉣, ㉤, ㉥
④ ㉠, ㉡, ㉢, ㉣, ㉤, ㉥

**해설** 설계도서 작성
① 미분무소화설비의 성능을 확인하기 위하여 하나의 발화원을 가정한 설계도서는 다음을 고려하여 작성되어야 하며, 설계도서는 일반설계도서와 특별설계도서로 구분한다.
  1. 점화원의 형태
  2. 초기 점화되는 연료 유형
  3. 화재 위치
  4. 문과 창문의 초기상태(열림, 닫힘) 및 시간에 따른 변화상태
  5. 공기조화설비, 자연형(문, 창문) 및 기계형 여부
  6. 시공 유형과 내장재 유형
② 일반설계도서는 유사한 특정소방대상물의 화재사례 등을 이용하여 작성하고, 특별설계도서는 일반설계도서에서 발화 장소 등을 변경하여 위험도를 높게 만들어 작성하여야 한다.
③ 제1항 및 제2항에도 불구하고 검증된 기준에서 정하고 있는 것을 사용할 경우에는 적합한 도서로 인정할 수 있다.

**77** 소화수조 및 저수조의 화재안전기준상 연면적이 40,000m²인 특정소방대상물에 소화용수설비를 설치하는 경우 소화수조의 최소 저수량은 몇 m³인가? (단, 지상 1층 및 2층의 바닥면적 합계가 15,000m² 이상인 경우이다)

① 53.3m³  ② 60m³
③ 106.7m³  ④ 120m³

**해설** 1, 2층 바닥면적 합계가 15,000m² 이상이므로,
$$\frac{40,000[m^2]}{7,500[m^2]} = 5.33 \Rightarrow 6$$
$$6 \times 20[m^3] = 120[m^3]$$

- 소화수조 또는 저수조의 저수량은 소방대상물의 연면적을 다음 표에 따른 기준면적으로 나누어 얻은 수(소수점 이하의 수는 1로 본다)에 20m³를 곱한 양 이상이 되도록 하여야 한다.

| 소방대상물의 구분 | 면 적 |
|---|---|
| 1층 및 2층의 바닥면적 합계가 15,000m² 이상인 소방대상물 | 7,500m² |
| 그 밖의 소방대상물 | 12,500m² |

**78** 스프링클러설비 본체 내의 유수현상을 자동적으로 검지하여 신호 또는 경보를 발하는 장치는?

① 수압계폐장치  ② 물올림장치
③ 일제개방밸브장치  ④ 유수검지장치

**해설** "유수검지장치"란 습식유수검지장치(패들형을 포함한다), 건식유수검지장치, 준비작동식유수검지장치를 말하며 본체내의 유수현상을 자동적으로 검지하여 신호 또는 경보를 발하는 장치를 말한다.

**79** 상수도소화용수설비의 화재안전기준에 따른 설치기준 중 다음 (   ) 안에 알맞은 것은?

> 호칭지름 ( ㉠ )mm 이상의 수도배관에 호칭지름 ( ㉡ )mm 이상의 소화전을 접속하여야 하며, 소화전은 특정소방대상물의 수평투영면의 각 부분으로부터 ( ㉢ )m 이하가 되도록 설치할 것

① ㉠ 65  ㉡ 80  ㉢ 120
② ㉠ 65  ㉡ 100  ㉢ 140
③ ㉠ 75  ㉡ 80  ㉢ 120
④ ㉠ 75  ㉡ 100  ㉢ 140

**해설** 상수도소화용수설비는 「수도법」에 따른 기준 외에 다음 각 기준에 따라 설치하여야 한다.
1. 호칭지름 75mm 이상의 수도배관에 호칭지름 100mm 이상의 소화전을 접속할 것
2. 제1호에 따른 소화전은 소방자동차 등의 진입이 쉬운 도로변 또는 공지에 설치할 것
3. 제1호에 따른 소화전은 특정소방대상물의 수평투영면의 각 부분으로부터 140m 이하가 되도록 설치할 것
4. 지상식 소화전의 호스접결구는 지면으로부터 높이가 0.5m 이상 1m 이하가 되도록 설치할 것

**80** 물분무소화설비의 화재안전기준상 물분무헤드를 설치하지 아니할 수 있는 장소의 기준 중 다음 (   ) 안에 알맞은 것은?

> 운전시에 표면의 온도가 (   )℃ 이상으로 되는 등 직접 분무를 하는 경우 그 부분에 손상을 입힐 우려가 있는 기계장치 등이 있는 장소

① 160  ② 200
③ 260  ④ 300

**해설** 물분무헤드의 설치제외
1. 물에 심하게 반응하는 물질 또는 물과 반응하여 위험한 물질을 생성하는 물질을 저장 또는 취급하는 장소
2. 고온의 물질 및 증류범위가 넓어 끓어 넘치는 위험이 있는 물질을 저장 또는 취급하는 장소
3. 운전시에 표면의 온도가 260℃ 이상으로 되는 등 직접 분무를 하는 경우 그 부분에 손상을 입힐 우려가 있는 기계장치 등이 있는 장소

**정답** 77.④ 78.④ 79.④ 80.③

 MEMO

 MEMO